Mayr / Battran **Handbuch Brandschutzatlas**

Handbuch Brandschutzatlas

Baulicher Brandschutz

3. Auflage

mit ca. 700 Abbildungen und Farbfotos,
ca. 140 Tabellen und Diagrammen

Dipl.-Ing. (FH) Josef Mayr
Sachverständiger für Brandschutz
Gründer des Feuertrutz Verlags
Hauptautor des Brandschutzatlas

Dipl.-Ing. (FH) Lutz Battran
Sachverständiger für Brandschutz
Herausgeber des Brandschutzatlas

FEUERTRUTZ

Bibliografische Information der Deutschen Nationalbibliothek
Die Deutsche Nationalbibliothek verzeichnet diese Publikation in der Deutschen Nationalbibliografie; detaillierte bibliografische Daten sind im Internet über http://dnb.d-nb.de abrufbar.

Herausgegeben vom FeuerTRUTZ Magazin

Maßgebend für den Brandschutz sind immer die im jeweiligen Bundesland geltende Landesbauordnung mit ihren ergänzenden Verwaltungsvorschriften und Rechtsverordnungen sowie alle einschlägigen Regelwerke, Richtlinien, Merkblätter, Hinweise, Verordnungen usw., für die deren Fassung mit dem neuesten Ausgabedatum gilt, die bei der jeweiligen herausgebenden Institution erhältlich ist. Zitate aus Normen, Merkblättern usw. wurden, unabhängig von ihrem Ausgabedatum, in neuer deutscher Rechtschreibung abgedruckt.

DIN-Normen und Auszüge daraus sind wiedergegeben mit Erlaubnis des DIN Deutsches Institut für Normung e.V. Maßgebend für das Anwenden der Norm ist deren Fassung mit dem neuesten Ausgabedatum, die bei der Beuth Verlag GmbH, Burggrafenstraße 6, 10787 Berlin, erhältlich ist. Auszüge aus VDE-Normen sind wiedergegeben mit Genehmigung des DIN und des VDE Verband der Elektrotechnik, Informationstechnik e.V. Maßgebend für das Anwenden der Normen sind deren Fassungen mit dem neuesten Ausgabedatum, die bei der VDE Verlag GmbH, Bismarckstr. 33, 10625 Berlin und bei Beuth (s.o.) erhältlich sind.

Alle zeichnerischen Darstellungen dienen als brandschutztechnische Prinzipskizzen nur der Orientierung. Weitergehende Anforderungen, die aus bautechnischen und bauphysikalischen Gründen bestehen, werden dabei nicht angesprochen und müssen zusätzlich berücksichtigt werden. Die Wiedergabe von Handelsnamen, Warenbezeichnungen oder sonstigen Kennzeichen berechtigt nicht zu der Annahme, dass diese allgemein frei benutzt werden dürfen. Auch ohne eigene Markierung bzw. Kennzeichnung kann es sich dabei um eingetragene Warenzeichen oder sonstige gesetzlich geschützte Zeichen handeln.

Quellen der Fotos ohne besondere Angaben: jeweilige(r) Autor(in) oder Versicherungskammer Bayern, 80530 München

Das vorliegende Werk wurde mit größter Sorgfalt erstellt. Verlag, Herausgeber und Autoren können dennoch für die inhaltliche und technische Fehlerfreiheit, Aktualität und Vollständigkeit des Werkes keine Haftung übernehmen.

Wir freuen uns Ihre Meinung über dieses Fachbuch zu erfahren. Bitte teilen Sie uns Ihre Anregungen, Hinweise oder Fragen per E-Mail: lektorat@feuertrutz.de oder Telefax: 0221 5497-140 mit.

Umschlaggestaltung: Designbüro Lörzer, Köln
Satz: Satz+Layout Werkstatt Kluth GmbH, Erftstadt
Druck und Bindearbeiten: Stürtz GmbH, Würzburg
Printed in Germany

ISBN 978-3-86235-234-0 (Buch-Ausgabe)
ISBN 978-3-86235-235-7 (E-Book als PDF)

FSC www.fsc.org
MIX
Papier aus verantwortungsvollen Quellen
FSC® C043954

Vorwort

Ein ganzheitliches und dem jeweiligen Risiko angemessenes Brandschutzkonzept ist die Voraussetzung für die rechtskonforme Ausführung von Bauvorhaben. Dabei ist für den Planer und für die ausführenden Unternehmen die Kenntnis der einschlägigen Vorschriften, der Regeln der Technik sowie des richtigen Einsatzes von Bauprodukten unabdingbar.

Das vorliegende Werk gibt Ihnen eine kompetente Arbeitshilfe an die Hand, die Sie bei der täglichen Arbeit in der Brandschutzplanung unterstützt.

Der Brandschutzatlas hat sich seit seiner Herausgabe im Jahr 1996 zum Standardwerk entwickelt. Er bietet Ihnen Sicherheit, Arbeitserleichterung und Argumentationshilfen und ist deshalb als fünfbändiges Standardwerk die herausragende Informationsquelle in Deutschland.

In der täglichen Praxis wurde vielfach der Wunsch nach einer kompakten Buchform geäußert. Diesem Wunsch wird jetzt mit dem Handbuch Brandschutzatlas entsprochen, das die wichtigsten Kapitel aus dem Loseblattwerk Brandschutzatlas zu einer geballten und in dieser Form einzigartigen Fachinformation vereint.

Dabei soll und kann dieses Handbuch den Brandschutzatlas nicht ersetzen. Der Brandschutzatlas ist das Standardwerk und bildet die Grundlage aller Informationen. Er ist aufgrund seiner Loseblatt-Konzeption immer auf dem aktuellen Stand und enthält zudem eine stets aktuelle Bauvorschriften-CD mit den in den einzelnen Ländern geltenden Vorschriften.

Das Handbuch Brandschutzatlas ermöglicht jedoch durch seine kompakte Form den schnellstmöglichen Zugriff und Überblick über die wichtigsten Anforderungen des Brandschutzes. Es gibt die relevanten Teile des Brandschutzatlas **ungekürzt** wieder, so dass es innerhalb der jeweiligen Kapitel auch eigenständig verwendet werden kann. Allerdings enthält der Brandschutzatlas zu den einzelnen Themen noch eine Fülle an ergänzenden Informationen wie Schadenanalysen als Argumentationshilfen, Checklisten und natürlich zahlreiche weitere und ergänzende Beiträge. Im Inhaltsverzeichnis des vorliegenden Handbuchs sind auch die Kapitel angegeben, die nicht in das Handbuch aufgenommen werden konnten, jedoch im Atlas enthalten sind.

Wir möchten an dieser Stelle auch allen Autoren, insbesondere Herrn Brein und Herrn Kotthoff, herzlich danken, die mit ihrem Erfahrungsschatz, den sie in ihre Beiträge eingebracht haben, zum Erfolg des Brandschutzatlas beigetragen haben.

In allen Fällen helfen Ihnen die praxisorientierten und detaillierten Fachinformationen des Handbuchs Brandschutzatlas und des Loseblattwerks Brandschutzatlas, den vorbeugenden Brandschutz mit optimaler Sicherheit und so kostengünstig wie möglich zu realisieren.

Die 3. Auflage wurde entsprechend dem Loseblattwerk aktualisiert und erweitert. Zu den wichtigsten Neuerungen zählen:

- Aufgenommen wurden in Kapitel 1.1 die aktuellen Klassifizierungen nach DIN EN 13501 und Bauregelliste A.
- Teil 3 wurde aktualisiert und durch weitere Vorschriften und Regelungen im nationalen und internationalen Bereich ergänzt.
- Aktualisiert wurde auch das Kapitel 4.1 „Grundlagen des Brennens und der Explosion".
- Das Thema „Trennwände von Brandbekämpfungsabschnitten nach M IndBauRL" behandelt das neu aufgenommene Kapitel 6.2.4.
- Überarbeitet und in einigen Teilen neu gefasst wurde das Kapitel 6.3 „Fassaden und Außenwandbekleidungen"; u.a. sind darin die aktuellen Änderungen der Baustoffklassifizierungen enthalten.
- In Kapitel 6.5 „Dächer" wurden die Grundlagen in 6.5.0 und die Ausführungen zur „harten Bedachung" in 6.5.1-B auf den neuesten Stand gebracht.

Wolfratshausen/München,
im Mai 2014 *Josef Mayr, Lutz Battran*

Inhaltsverzeichnis

Hinweis: Dieses Handbuch enthält ausgewählte Kapitel aus dem **Brandschutzatlas**. Die *blau und kursiv* markierten Kapitel sind nicht enthalten. Sämtliche Kapitel finden Sie im Ordnerwerk oder auf der DVD **Brandschutzatlas**.
(siehe ISBN 978-3-939138-01-3, 978-3-939138-37-2 auf www.feuertrutz.de)

Legende und Abkürzungen . . . 14

1 Allgemeines

1.1 *Abkürzungen, Einheiten, Zeichen,* Klassifizierungen . . . 17
1.1.1 Abkürzungen
1.1.2 Einheiten
1.1.3 Formelzeichen, griechisches Alphabet
1.1.4 Klassifizierungen nach DIN 4102 . . . 18
1.1.5 Klassifizierungen nach DIN EN 13501 und Bauregelliste A . . . 20
1.1.6 Feuerwiderstandsklassen und ihre Zuordnung zu den bauaufsichtlichen Anforderungen . . . 32

2 Lexikon

3 Vorschriften und Regelwerke

3.1 Grundlagen . . . 37
3.2 Europäische Vorschriften . . . 49
3.3 Bundesrecht . . . 63
3.4 Landesrecht . . . 87
3.5 DIN-Normen . . . 135
3.6 VDE-Vorschriftenwerk . . . 145
3.7 VDI-Richtlinien . . . 151
3.8 Unfallverhütungsvorschriften . . . 157
3.9 DVGW-Arbeitsblätter . . . 169
3.10 Regelwerke und Merkblätter der Versicherer . . . 173
3.11 Sonstige Vorschriften und Regelwerke nationaler Organisationen . . 193
3.12 Sonstige Vorschriften und Regelwerke internationaler Organisationen . . . 197

4 Grundlagen

4.1 Grundlagen des Brennens und der Explosion . . . 205
4.2 Baustoffe . . . 237
4.3 Bauteile . . . 293
4.4 Sonderbauteile . . . 323
4.5 Bauarten . . . 353
4.6 Planung und Ausschreibung von Brandschutzmaßnahmen

5 Bauaufsichtliche Anforderungen und Brandschutz-Nachweis-Checklisten

6 Bauprodukte und Bauwerksteile

6.1 Tragende Wände und Stützen
6.1.0 Grundsätzliche Anforderungen an das Tragwerk . . . 359
6.1.1 Tragende Wände ohne raumabschließende Funktion . . . 373
6.1.1-A Anforderungen . . . 375
6.1.1-B Bauausführung . . . 385
6.1.2 Tragende Stützen – Bauausführung . . . 407

6.2 Raumabschließende Wände
6.2.0 Grundsätzliche Anforderungen an den Raumabschluss . . . 417
6.2.1 Trennwände (tragende Wände mit raumabschließender Funktion) . . 427
6.2.1-A Anforderungen . . . 429
6.2.1-B Bauausführung . . . 441
6.2.2 Brandwände . . . 457
6.2.2-A Anforderungen . . . 461
6.2.2-B Bauausführung . . . 483
6.2.3 Komplextrennwände
6.2.4 Trennwände von Brandbekämpfungsabschnitten nach M IndBauRL 569

6.3 Außenwände, Fassaden, Außenwandverkleidungen
6.3.0 Grundlagen . . . 579
6.3.1 Abstände von Außenwänden zu anderen Gebäuden und zu Grundstücksgrenzen . . . 601
6.3.2 Grundlegende Anforderungen an Außenwände . . . 605

6.3.3 Sondernutzungen 657
6.3.4 Öffnungen in der Fassade 663
6.3.5 Literaturangaben zu 6.3. 667

6.4 Decken, Balken, Unterzüge
6.4.1 Decken. 671
6.4.1-A Anforderungen. 673
6.4.1-B Bauausführung 683
6.4.2 Balken, Unterzüge 703
6.4.2-A Anforderungen. 705
6.4.2-B Bauausführung 723

6.5 Dächer
6.5.0 Grundlagen 737
6.5.1 Dachhaut „harte Bedachung“ 755
6.5.1-B Bauausführung 757
6.5.2 Feuerwiderstandsfähige Dächer 767
6.5.2-B Bauausführung 769

6.6 Schutz von Bau- oder Bauwerksteilen

6.7 Nichttragende Bauteile und Bauwerksteile

6.8 Wand- und Deckenöffnungen
6.8.0 Grundsätzliche Anforderungen an den Verschluss von Türöffnungen 781
6.8.1 Feuerschutzabschlüsse. 793
6.8.1-A Anforderungen. 795
6.8.1-B Bauausführung 799
6.8.2 Sicherheitsschleusen
6.8.3 Förderanlagenabschlüsse
6.8.4 Rauchschutzabschlüsse und dichtschließende Türen 851
6.8.4-A Anforderungen. 853
6.8.4-B Bauausführung 855
6.8.5 Feststellanlagen
6.8.6 Fahrschachttüren

6.9 Fenster und Sichtöffnungen

6.10 Haustechnische Anlagen, Installationen und Rohrleitungen
6.10.0 Grundlagen
6.10.1 Grundsätzliche Anforderungen an den Brandschutz von Leitungsanlagen ... 869
6.10.2 Rohrleitungsdurchführungen durch raumabschließende feuerwiderstandsfähige Bauteile
6.10.3 Installationsschächte und -kanäle
6.10.4 Kennzeichnung von Rohrleitungen

6.11 Lüftungsanlagen, -leitungen und Brandschutzklappen
6.12 Elektrische Anlagen, Leitungen und Kabelabschottungen
6.13 Feuerungsanlagen
6.14 Brandmeldetechnik
6.15 Feuerlöschanlagen
6.16 Anlagen zur Rauchableitung
6.17 Produkte zur Brandbekämpfung und Rettung
6.19 Bauwerksteile und sonstige Produkte
6.20 Kosten beim Brandschutz – Brandschutzmaßnahmen und -einrichtungen

7 Bebauung, Rettungswege, Treppen, Räume

7.1 Flächen für die Feuerwehr
7.2 Abstandsflächen und Abstände
7.3 Rettungswege ... 905
7.4 Treppen ... 1051
7.5 Treppenräume ... 1069
7.6 Notwendige Flure ... 1179
7.8 Türen in Rettungswegen ... 1279
7.9 Aufzüge

8 Gebäude: Anforderungen, Beispiele, Schäden

9 Brandschutzingenieurwesen

10 Versicherung, Recht und Haftung

11 Sanierung

12 Betrieblicher, organisatorischer und abwehrender Brandschutz

13 Sonderthemen zum Brandschutz

Stichwortverzeichnis 1319

Legende und Abkürzungen für den Brandschutzatlas

Wände	Kurz-beschreibung	Bauaufsichtliche Benennung
	KTW	Komplextrennwand
	BW	Brandwand
	fb Bauart BW	feuerbeständig und in der Bauart von Brandwänden
	fb	feuerbeständig
	FW fb	Feuerwiderstandsfähigkeit feuerbeständiger Bauteile
	hf Bauart BW	hochfeuerhemmend und in der Bauart von Brandwänden
	hf	hochfeuerhemmend
	FW hf	Feuerwiderstandsfähigkeit hochfeuerhemmender Bauteile
	fh	feuerhemmend
	fh oder nb	feuerhemmend oder aus nichtbrennbaren Baustoffen
	nb	aus nichtbrennbaren Baustoffen
	se	aus schwer entflammbaren Baustoffen
	hb	harte Bedachung

Hinweis: Zuordnung der bauaufsichtlichen Benennungen zu DIN 4102 und DIN EN 13501, siehe Kapitel 1.1.6.

Räume					
	notwendiger Treppenraum		Aufenthaltsraum		Raum mit erhöhter Brandgefahr
	notwendiger Flur		kein Aufenthalts-raum, z.B. Speicher		

Türen, Tore, Abschottungen und Öffnungsverschlüsse	
	Feuerschutzabschlüsse, dicht- und selbstschließend
	Rauchschutztüren
	Türen mit geringen Anforderungen an den Rauchschutz und nicht definierter Mindestanforderung gegen Durchbrennen (länderspezifisch unterschiedlich) D = dichtschließend S = selbstschließend V = vollwandig
	Feuerschutzabschlüsse mit Rauchschutz
	sonstige Öffnungsverschlüsse u. Abschottungen mit Feuerwiderstandsdauer, z.B. Kabelabschottungen, Rohrabschottungen, Brandschutzvorglasungen
	Leitungen mit Feuerwiderstandsdauer, z.B. Lüftungsleitungen, Installationskanäle, Installationsschächte, Funktionserhalt
	Absperrvorrichtungen für Lüftungsleitungen mit Feuerwiderstandsdauer, z.B. Brandschutzklappen

Sonstiges	
	Rauch- und Wärmeabzugsöffnungen RWA/NRA
	Rauchschürze
SPR	**durch Sprinkleranlage geschützter Bereich**
GLA	**durch Gaslöschanlage geschützter Bereich**
BMA	**durch Brandmeldeanlage überwachter Bereich**
1. RW 2. RW	**Fluchtweg**
	anleiterbare Stelle mit tragbarer Leiter
	anleiterbare Stelle mit Hubrettungsgerät
	Rettungsweglänge
	Feuerwehrzufahrt
	Feuerwehrzugang
	Ausgang
NA	**Notausgang**

Abkürzungen und Zeichen

O	keine Anforderungen	–	keine Angaben enthalten	FW	Feuerwiderstandsdauer
fb	feuerbeständig	AR	Aufenthaltsraum	[1]	Literaturhinweise am Ende des jeweiligen Kapitels
hf	hochfeuerhemmend	GK	Gebäudeklassen		
fh	feuerhemmend	VG	Vollgeschoss		
nb	nichtbrennbar	Whg.	Wohnung		
k.A.	keine Angaben enthalten				

Legende für Brandschutzpläne

	**Brandwand/Bauart Brandwand**
	**feuerbeständig**
	**hochfeuerhemmend**
	**feuerhemmend**
	**anleiterbare Stelle**
	**1. Rettungsweg**
	**2. Rettungsweg**
	**Notausgang**
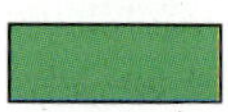	**notwendiger Treppenraum**
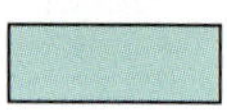	**notwendiger Flur**
	**Raumbezeichnung für bestimmte Räume, z.B. Räume mit erhöhter Brandgefahr**
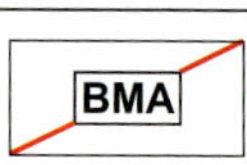	**durch Brandmeldeanlage überwachter Bereich**
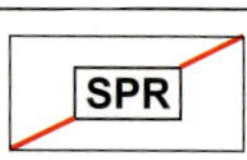	**durch Sprinkleranlage geschützter Bereich**

Die auf den vorangehenden Seiten dargestellten Unterlegungen und Symbole haben sich seit Jahren bei der Gestaltung des Brandschutzatlas bewährt. Anders als bei Illustrationen kommt es bei Brandschutzplänen jedoch darauf an, in einfacher und schnell erfassbarer Form die wesentlichen Brandschutzanforderungen darzustellen. Darüber hinaus sollen die wichtigsten Eintragungen auch auf Schwarz-Weiß-Kopien noch erkennbar sein. Deshalb wurde diese Legende entwickelt.

1 Allgemeines

Dipl.-Ing. (FH) Lutz Battran

Inhalt

1.1 Klassifizierungen
1.1.4 Klassifizierungen nach DIN 4102
1.1.5 Klassifizierungen nach DIN EN 13501 und Bauregelliste A
1.1.6 Feuerwiderstandsklassen und ihre Zuordnung zu den bauaufsichtlichen Anforderungen

1.1 Seite 36 **Abkürzungen, Einheiten, Zeichen, Klassifizierungen**

1.1.4 Klassifizierungen nach DIN 4102

Baustoffe

Bauaufsichtliche Benennung	Baustoffklassen nach DIN 4102
nichtbrennbare Baustoffe	A A 1 A 2
brennbare Baustoffe schwer entflammbare Baustoffe normal entflammbare Baustoffe leicht entflammbare Baustoffe	B B 1 B 2 B 3

Bauteile

Bauaufsichtliche Benennung	Klassen nach DIN 4102-2	Kurzbezeichnung nach DIN 4102-2
feuerhemmend	Feuerwiderstandsklasse F 30	F 30-B[1])
feuerhemmend und in den wesentlichen Teilen aus nichtbrennbaren Baustoffen	Feuerwiderstandsklasse F 30 und in den wesentlichen Teilen aus nichtbrennbaren Baustoffen[5])	F 30-AB[1])
feuerhemmend und aus nichtbrennbaren Baustoffen	Feuerwiderstandsklasse F 30 und aus nichtbrennbaren Baustoffen	F 30-A[1])
hochfeuerhemmend	Feuerwiderstandsklasse F 60 und in den wesentlichen Teilen aus nichtbrennbaren Baustoffen	F 60-AB[2])
	Feuerwiderstandsklasse F 60 und aus nichtbrennbaren Baustoffen	F 60-A[2])
feuerbeständig	Feuerwiderstandsklasse F 90 und in den wesentlichen Teilen aus nichtbrennbaren Baustoffen	F 90-AB[3])[4])
feuerbeständig und aus nichtbrennbaren Baustoffen	Feuerwiderstandsklasse F 90 und aus nichtbrennbaren Baustoffen	F 90-A[3])[4])

[1]) bei nichttragenden Außenwänden auch W 30 zulässig
[2]) bei nichttragenden Außenwänden auch W 60 zulässig
[3]) bei nichttragenden Außenwänden auch W 90 zulässig
[4]) nach bestimmten bauaufsichtlichen Verwendungsvorschriften einiger Länder auch F 120 gefordert
[5]) Die Bezeichnung *„in den wesentlichen Teilen aus nichtbrennbaren Baustoffen“* entspricht der Beschreibung: *„Bauteile, deren tragende und aussteifende Teile aus nichtbrennbaren Baustoffen bestehen und die bei raumabschließenden Bauteilen zusätzlich eine in Bauteilebene durchgehende Schicht aus nichtbrennbaren Baustoffen haben“,* die in neueren Bauordnungen oft zu finden ist.

Abkürzungen, Einheiten, Zeichen, Klassifizierungen | **1.1** Seite 37

Die Gegenüberstellungen der Bauteile in der vorangegangenen Tabelle entsprechen den offiziellen Zuordnungstabellen der Bauregelliste A Teil 1 Anlagen 0.2.1 und 0.1.1.

Die Ausführung von hochfeuerhemmenden Bauteilen aus Holz ist in dieser Bauteiltabelle nicht aufgeführt, da die nach MBO erforderliche brandschutztechnisch wirksame Bekleidung aus nichtbrennbaren Baustoffen in DIN 4102-2 nicht berücksichtigt ist. Hochfeuerhemmende Bauteile aus Holz sind in der Muster-Richtlinie über brandschutztechnische Anforderungen an hochfeuerhemmende Bauteile in Holzbauweise (M-HFHHolzR) beschrieben. Die Klassifizierung erfolgt nach DIN EN 13501.

Die zusammengeführte Zuordnungstabelle enthält der Abschnitt 1.1.6 in diesem Kapitel.

Sonderbauteile

Bauteil		nach DIN 4102	Feuerwiderstandsklasse Feuerwiderstandsdauer [min]					Zusatz
			≥ 30	≥ 60	≥ 90	≥ 120	≥ 180	
Wände, Decken, Stützen		Teil 2	F 30	F 60	F 90	F 120	F 180	A/AB/B
Brandwände	Sonderbauteile	Teil 3	F 90-A + Stoßbeanspruchung					
Nichttragende Außenwände			W 30	W 60	W 90	W 120	W 180	A/AB/B
Feuerschutzabschlüsse (Türen, Tore, Klappen)		Teil 5	T 30	T 60	T 90	T 120	T 180	
Abschlüsse in Fahrschachtwänden der Feuerwiderstandsklasse F 90			verhindern die Übertragung von Feuer und Rauch in andere Geschosse					
Brandschutzverglasungen – strahlungsundurchlässig		Teil 13	F 30	F 60	F 90	F 120		
– strahlungsdurchlässig			G 30	G 60	G 90	G 120		
Rohre und Formstücke für Lüftungsleitungen		Teil 6	L 30	L 60	L 90	L 120		
Absperrvorrichtungen in Lüftungsleitungen (Brandschutzklappen)			K 30	K 60	K 90			
Kabelabschottungen		Teil 9	S 30	S 60	S 90	S 120	S 180	
Installationsschächte und Kanäle		Teil 11	I 30	I 60	I 90	I 120		
Rohrdurchführungen			R 30	R 60	R 90	R 120		
Bedachungen		Teil 7	widerstandsfähig gegen Flugfeuer und strahlende Wärme					
Funktionserhalt elektrischer Leitungen		Teil 12	E 30	E 60	E 90			

1.1
Seite 38
Abkürzungen, Einheiten, Zeichen, Klassifizierungen

1.1.5 Klassifizierungen nach DIN EN 13501 und Bauregelliste A

Baustoffe – ausgenommen Bodenbeläge (Zuordnung zur bauaufsichtlichen Anforderung)

Bauaufsichtliche Anforderungen	Zusatzanforderungen		Europäische Klasse nach DIN EN 13501-1[1][2]	
	kein Rauch	kein brennendes Abfallen/Abtropfen	Bauprodukte, ausgenommen lineare Rohrdämmstoffe	lineare Rohrdämmstoffe
nichtbrennbar	X	X	A 1	A 1_L
	X	X	A 2 – s1, d0	A 2_L – s1, d0
schwer entflammbar	X	X	B – s1, d0 C – s1, d0	B_L – s1, d0 C_L – s1, d0
		X	A 2 – s2, d0 A 2 – s3, d0 B – s2, d0 B – s3, d0 C – s2, d0 C – s3, d0	A 2_L – s2, d0 A 2_L – s3, d0 B_L – s2, d0 B_L – s3, d0 C_L – s2, d0 C_L – s3, d0
	X		A 2 – s1, d1 A 2 – s1, d2 B – s1, d1 B – s1, d2 C – s1, d1 C – s1, d2	A 2_L – s1, d1 A 2_L – s1, d2 B_L – s1, d1 B_L – s1, d2 C_L – s1, d1 C_L – s1, d2
			A 2 – s3, d2 B – s3, d2 C – s3, d2	A 2_L – s3, d2 B_L – s3, d2 C_L – s3, d2

[1]) In den europäischen Prüf- und Klassifizierungsregeln ist das Glimmverhalten von Baustoffen nicht erfasst. Für Verwendungen, in denen das Glimmverhalten erforderlich ist, ist es nach nationalen Regeln nachzuweisen.

[2]) Mit Ausnahme der Klassen A 1 (ohne Anwendung der Fußnote c zu Tabelle 1 der DIN EN 13501-1) und E kann das Brandverhalten von Oberflächen von Außenwänden und Außenwandbekleidungen (Bauarten) nach DIN EN 13501-1 nicht abschließend klassifiziert werden.

Abkürzungen, Einheiten, Zeichen, Klassifizierungen 1.1 Seite 39

Fortsetzung

Bauaufsichtliche Anforderungen	Zusatzanforderungen		Europäische Klasse nach DIN EN 13501-1[1][2]	
	kein Rauch	kein brennendes Abfallen/ Abtropfen	Bauprodukte, ausgenommen lineare Rohrdämmstoffe	lineare Rohrdämmstoffe
normal entflammbar		X	D – s1, d0 D – s2, d0 D – s3, d0 E	D_L – s1, d0 D_L – s2, d0 D_L – s3, d0 E_L
normal entflammbar			D – s1, d1 D – s2, d1 D – s3, d1 D – s1, d2 D – s2, d2 D – s3, d2	D_L – s1, d1 D_L – s2, d1 D_L – s3, d1 D_L – s1, d2 D_L – s2, d2 D_L – s3, d2
leicht entflammbar			F E – d2	F_L E_L – d2

[1]) In den europäischen Prüf- und Klassifizierungsregeln ist das Glimmverhalten von Baustoffen nicht erfasst. Für Verwendungen, in denen das Glimmverhalten erforderlich ist, ist es nach nationalen Regeln nachzuweisen.

[2]) Mit Ausnahme der Klassen A 1 (ohne Anwendung der Fußnote c zu Tabelle 1 der DIN EN 13501-1) und E kann das Brandverhalten von Oberflächen von Außenwänden und Außenwandbekleidungen (Bauarten) nach DIN EN 13501-1 nicht abschließend klassifiziert werden.

1.1 Seite 40	Abkürzungen, Einheiten, Zeichen, Klassifizierungen

Bodenbeläge (Zuordnung zur bauaufsichtlichen Anforderung)

Bauaufsichtliche Anforderungen	Europäische Klasse nach DIN EN 13501-1
nichtbrennbar	A 1_{fl}
	A 2_{fl} s1
schwer entflammbar	B_{fl} s1 C_{fl} s1
normal entflammbar	A 2_{fl} s2 B_{fl} s2 C_{fl} s2 D_{fl} s1 D_{fl} s2 E_{fl}
leicht entflammbar	F_{fl}

Baustoffe (Kurzzeichen) – zusätzliche Angaben zur Klassifizierung des Brandverhaltens

Kurzzeichen	Kriterium	Anwendungsbereich
A 1 A 2 B C D E F	Baustoffklassen (Leistungskriterien)	Klassifizierung des Brandverhaltens von Baustoffen
s (smoke) s1 bis s3	Rauchentwicklung	Anforderungen an die Rauchentwicklung
d (droplets) d0 bis d2	brennendes Abtropfen/Abfallen	Anforderungen an das brennende Abtropfen/Abfallen
... fl (floorings)		Brandverhaltensklasse für Bodenbeläge
... L (Linear Pipe Thermal Insulation Products)		Brandverhaltensklasse für Produkte zur Wärmedammung von linearen Rohren

1.1 Abkürzungen, Einheiten, Zeichen, Klassifizierungen

Seite 40-2

Bauteile (Kurzzeichen) – Erläuterung der Klassifizierungskriterien)

Basiszeichen

Herleitung	Kriterium	Anwendungsbereich
R (Résistance)	Tragfähigkeit	zur Beschreibung der Feuerwiderstandsfähigkeit
E (Étanchéité)	Raumabschluss	
I (Isolation)	Wärmedämmung (unter Brandeinwirkung)	

Zusatz-Kennbuchstaben – zusätzliche Angaben zur Klassifizierung des Feuerwiderstandes

Herleitung	Kriterium	Anwendungsbereich
W (Radiation) [urspr. Watt]	Begrenzung des Strahlungsdurchtritts	zur Beschreibung der Feuerwiderstandsfähigkeit
M (Mechanical)	mechanische Einwirkung auf Wände (Stoßbeanspruchung)	
S_a (Smoke)	Begrenzung der Rauchdurchlässigkeit (Dichtheit, Leckrate), erfüllt die Anforderungen bei Umgebungstemperatur.	dichtschließende Abschlüsse
S_{200} ($Smoke_{max\ leakage\ rate}$)	Begrenzung der Rauchdurchlässigkeit (Dichtheit, Leckrate), erfüllt die Anforderungen sowohl bei Umgebungstemperatur als auch bei 200 °C.	Rauchschutzabschlüsse (als Zusatzanforderung auch bei Feuerschutzabschlüssen)
S (Smoke)	Rauchdichtheit (Begrenzung der Rauchdurchlässigkeit)	Entrauchungsleitungen, Entrauchungsklappen, Brandschutzklappen
C … (Closing)	selbstschließende Eigenschaft (ggf. mit Anzahl der Lastspiele) einschließlich Dauerfunktion	Rauchschutztüren, Feuerschutzabschlüsse (einschließlich Abschlüsse für Förderanlagen)
C_{XX}	Dauerhaftigkeit der Betriebssicherheit (Anzahl der Öffnungs- und Schließzyklen)	Entrauchungsklappen
P [urspr. Power]	Aufrechterhaltung der Energieversorgung und/oder Signalübermittlung	elektrische Kabelanlagen, allgemein
G	Rußbrandbeständigkeit	Schornsteine
K_1, K_2	Brandschutzvermögen	Wand- und Deckenbekleidungen (Brandschutzbekleidungen)

Abkürzungen, Einheiten, Zeichen, Klassifizierungen — 1.1 Seite 41

Herleitung	Kriterium	Anwendungsbereich
I_1, I_2	unterschiedliche Wärmedämmungskriterien	Feuerschutzabschlüsse (einschließlich Abschlüsse für Förderanlagen)
i→o i←o i↔o (in – out)	Richtung der klassifizierten Feuerwiderstandsdauer	nichttragende Außenwände, Installationsschächte/-kanäle, Lüftungsanlagen/-klappen
a↔b (above – below)	Richtung der klassifizierten Feuerwiderstandsdauer	Unterdecken
v_e, h_o (vertical, horizontal)	für vertikalen/horizontalen Einbau klassifiziert	Lüftungsleitungen, Brandschutzklappen, Entrauchungsleitungen
v_{ew}, h_{ow}	für vertikalen/horizontalen Einbau in Wände klassifiziert	Entrauchungsklappen
v_{ed}, h_{od}	für vertikalen/horizontalen Einbau in Leitungen klassifiziert	Entrauchungsklappen
v_{edw}, h_{odw}	für vertikalen/horizontalen Einbau in Wände und Leitungen klassifiziert	Entrauchungsklappen
U/U (uncapped/ uncapped)	Rohrende offen innerhalb des Prüfofens / Rohrende offen außerhalb des Prüfofens	Rohrabschottungen
C/U (capped/ uncapped)	Rohrende geschlossen innerhalb des Prüfofens / Rohrende offen außerhalb des Prüfofens	Rohrabschottungen
U/C	Rohrende offen innerhalb des Prüfofens / Rohrende geschlossen außerhalb des Prüfofens	Rohrabschottungen
MA	manuelle Auslösung (auch automatische Auslösung mit manueller Übersteuerung)	Entrauchungsklappen
multi	Eignung, einen oder mehrere feuerwiderstandsfähige Bauteile zu durchdringen bzw. darin einzubauen	Entrauchungsleitungen, Entrauchungsklappen
-ef	Leistungsverhalten wird nach Außenbrandkurve anstelle nach Einheitstemperaturzeitkurve bestimmt	nichttragende Außenwände

Abgeleitet aus: DIBt, Bauregelliste A Teil 1 Anlage 0.1

1.1 Abkürzungen, Einheiten, Zeichen, Klassifizierungen

Seite 42

Bauteile (Zuordnung zur bauaufsichtlichen Anforderung)

Bauaufsichtliche Anforderung	Tragende Bauteile		Nicht-tragende Innenwände	Nichttragende Außenwände	Doppel-böden	Selbstständige Unterdecken
	ohne Raum-abschluss*)	mit Raum-abschluss*)				
feuerhemmend	R 30	REI 30	EI 30	E 30 (i→o) und EI 30-ef (i←o)	REI 30	EI 30 (a↔b)
hoch-feuerhemmend	R 60	REI 60	EI 60	E 60 (i→o) und EI 60-ef (i←o)		EI 60 (a↔b)
feuerbeständig	R 90	REI 90	EI 90	E 90 (i→o) und EI 90-ef (i←o)		EI 90 (a↔b)
Feuerwider-standsfähigkeit 120 Minuten	R 120	REI 120	–	–		–
Brandwand	–	REI 90-M	EI 90-M	–		–

*) Für die mit reaktiven Brandschutzsystemen beschichteten Stahlbauteile ist die Angabe IncSlow gemäß DIN EN 13501-2 zusätzlich erforderlich.

Wichtig:

Die Landesbauordnungen enthalten mit bestimmten Feuerwiderstandsklassen verknüpfte Baustoffanforderungen (siehe 1.1.6).

Die Ausführung hochfeuerhemmender Bauteile aus Holz ist zusätzlich in der Muster-Richtlinie über brandschutztechnische Anforderungen an hochfeuerhemmende Bauteile in Holzbauweise (M-HFHHolzR) beschrieben.

Bei hochfeuerhemmenden Bauteilen gemäß der vorangehenden Tabelle ist das Brandschutzvermögen der brandschutztechnisch wirksamen Bekleidung aus nichtbrennbaren Baustoffen (Brandschutzbekleidung) zusätzlich zur Feuerwiderstandsfähigkeit nachzuweisen und nach DIN EN 13501-2 mit K_2 60 zu klassifizieren.

Nach deutschem Baurecht muss die Feuerwiderstandsfähigkeit von Decken grundsätzlich *sowohl von oben nach unten als auch von unten nach oben* erfüllt sein. Die europäischen Klassifizierungen berücksichtigen lediglich eine Brandbeanspruchung *von unten nach oben.*

Damit auf eine zusätzliche Brandprüfung mit Brandbeanspruchung auf der Oberseite verzichtet werden kann, müssen feuerwiderstandsfähige Holzbalkendecken bei den Brandprüfungen oberseitig mindestens die in Bauregelliste A Teil 1 Nr. 0.1.2 aufgeführten konstruktiven Bedingungen erfüllen.

Eine zusammengeführte Zuordnungstabelle, in der die Baustoffanforderungen berücksichtigt sind, enthält der Abschnitt 1.1.6 in diesem Kapitel.

Bedachungen (Zuordnung zur bauaufsichtlichen Anforderung)

Bauaufsichtliche Anforderungen	Klasse nach DIN EN 13501-5
Widerstandsfähig gegen Flugfeuer und strahlende Wärme (harte Bedachung)	B_{ROOF} (t 1)
keine Leistung festgestellt (weiche Bedachung)	F_{ROOF} (t 1)

1.1 Seite 42-2 Abkürzungen, Einheiten, Zeichen, Klassifizierungen

Sonderbauteile – Abschlüsse (Zuordnung zur bauaufsichtlichen Anforderung) nach DIN EN 13501

Bauaufsichtliche Anforderungen	Abschlüsse				
	Feuerschutzabschlüsse		Rauchschutzabschlüsse	Feuerschutzabschlüsse in Förderanlagen	Sonstige Abschlüsse nach MBO
	ohne Rauchschutz	mit Rauchschutz			
feuerhemmend[1])				$EI_2 30$-C...[2])	
hochfeuerhemmend[1])				$EI_2 60$-C...[2])	
feuerbeständig[1])				$EI_2 90$-C...[2])	
feuerhemmend[1]), dichtschließend	$EI_2 30$-S_aC...[2])				
hochfeuerhemmend[1]), dichtschließend	$EI_2 60$-S_aC...[2])				
feuerbeständig[1]), dichtschließend	$EI_2 90$-S_aC...[2])				
feuerhemmend[1]), rauchdicht	–	$EI_2 30$-S_{200}C...[2])			
hochfeuerhemmend[1]), rauchdicht		$EI_2 60$-S_{200}C...[2])			
feuerbeständig[1]), rauchdicht		$EI_2 90$-S_{200}C...[2])			
rauchdicht und selbstschließend			S_{200}C...[2])		
dicht- und selbstschließend					S_aC...[2])
dichtschließend					S_a

Quelle: DIBt, Bauregelliste A Teil A Anlage 0.1

[1]) Feuerhemmende, hochfeuerhemmende und feuerbeständige Abschlüsse müssen jeweils auch „selbstschließend“ sein.

[2]) Festlegungen zur Prüfzyklenanzahl für die Dauerfunktionsprüfungen:
C5 (200.000 Zyklen) für Feuerschutz-/Rauchschutztüren (Drehflügelabschlüsse) sowie für Feuerschutzabschlüsse in Förderanlagen als planmäßig geschlossene Abschlüsse
C2 (10.000 Zyklen) für sonstige Feuerschutz-/Rauchschutzabschlüsse (z.B. Klappen, Tore) sowie für Feuerschutzabschlüsse in Förderanlagen als planmäßig offene Abschlüsse

Die jeweiligen bauaufsichtlichen Anforderungen an die Feuerwiderstandsfähigkeit von Abschlüssen ergeben sich aus den Regelungen der Landesbauordnungen zu Öffnungen in den Bauteilen und deren Abschlüssen.
Nach deutschem Bauordnungsrecht müssen Abschlüsse hinsichtlich der Feuerwiderstandsfähigkeit sowohl das Kriterium „Raumabschluss“ als auch das Kriterium „Wärmedämmung“ (unter Brandeinwirkung) erfüllen.
Abschlüsse (z.B. Vorhänge) mit der Klassifizierung „E 30/60/90“ oder „EW 30/60“ sind **nicht** ohne Weiteres dort zu verwenden, wo nach bauordnungsrechtlichen Maßgaben „feuerhemmend“, „hochfeuerhemmend“ oder „feuerbeständig“ gefordert wird. Es sind die Bestimmungen der Verwendbarkeitsnachweise zu beachten.
Fahrschachtabschlüsse mit der Klassifizierung „E 30/60/90“ zum Einbau in feuerhemmende, hochfeuerhemmende oder feuerbeständige Fahrschachtwände erfüllen die Anforderungen an den Raumabschluss und sind nach DIN EN 81-58 zu klassifizieren; eine Übertragung von Wärme (unter Brandeinwirkung) wird nicht behindert; die Anforderungen der Musterbauordnung (MBO) für den Fahrschacht und sinngemäß die der Bauregelliste A Teil 1, Anlage 6.1 sind zu beachten. Die Abschlüsse erfüllen die Mindestanforderungen der MBO § 39 (2).

1.1 Abkürzungen, Einheiten, Zeichen, Klassifizierungen

Seite 42-4

Sonstige Sonderbauteile (Zuordnung zur bauaufsichtlichen Anforderung)

Bauaufsichtliche Anforderungen	Sonderbauteil				
	Kabel-abschottungen	Rohr-abschottungen	Lüftungs-leitungen	Brandschutz-klappen in Lüftungsleitungen	Entrauchungs-leitungen
feuerhemmend	EI 30	EI 30-U/U[3] EI 30-C/U[4]	EI 30 ($v_e h_o$ i↔o)-S	EI 30 ($v_e h_o$ i↔o)-S	EI 30 ($v_e - h_o$)-S,*[6] multi
hochfeuerhemmend	EI 60	EI 60-U/U[3] EI 60-C/U[4]	EI 60 ($v_e h_o$ i↔o)-S	EI 60 ($v_e h_o$ i↔o)-S	EI 60 ($v_e - h_o$)-S,*[6] multi
feuerbeständig	EI 90	EI 90-U/U[3] EI 90-C/U[4]	EI 90 ($v_e h_o$ i↔o)-S	EI 90 ($v_e h_o$ i↔o)-S	EI 90 ($v_e - h_o$)-S,*[6] multi
Feuerwiderstands-fähigkeit 120 Minuten	EI 120	EI 120-U/U[3] EI 120-C/U[4]	–	–	–

Quelle: DIBt, Bauregelliste A Teil A Anlage 0.1

[3]) Für die Abschottung von brennbaren Rohren oder Rohren mit einem Schmelzpunkt < 1000 °C, für Trinkwasser-, Heiz- und Kälteleitungen mit Durchmessern < 110 mm ist auch die Klasse EI ...-U/C zulässig.

[4]) Für die Abschottung von Rohrleitungen aus nichtbrennbaren Rohren mit einem Schmelzpunkt ≥ 1000 °C, Ausführung der Rohrleitung ohne Anschlüsse von brennbaren Rohren.

[5]) Anwendung der Klasse in Verbindung mit G nur bei festen Brennstoffen; Rußbrandbeständigkeit G mit Angabe eines Abstandes in mm zu brennbaren Baustoffen (gemäß Prüfung).

[6]) je nach vorgesehener Verwendung: 500 Pa, 1000 Pa oder 1500 Pa

[7]) je nach vorgesehener Verwendung: v_{ew}, v_{edw}, v_{ed}

[8]) je nach vorgesehener Verwendung: h_{ow}, h_{odw}, h_{od}

[9]) je nach vorgesehener Verwendung: c_{300}, c_{10000}

[10]) Die Anwendung ist in Entrauchungsanlagen zulässig, die manuell ausgelöst oder entsprechend DIN EN 12101-8 Abschnitt 3.26 automatisch ausgelöst und manuell übersteuert werden.

Brandschutzverglasungen der Klassifizierung „E 30/60/90" sind **nicht** als feuerhemmend, hochfeuerhemmend oder feuerbeständig zu verwenden; Brandschutzverglasungen, bei denen eine Übertragung von Feuer und Wärme über eine bestimmte Dauer (Feuerwiderstandsdauer) verhindert wird, werden nach Tabelle 1 klassifiziert.

	Sonderbauteil			
	Entrauchungsklappen	Installationsschächte und -kanäle	Elektrische Leitungsanlagen mit Funktionserhalt	Abgasanlagen
	EI 30 (v_e[7]) – h_o[8]) i↔o)-S[*6]) C_{xx}[9]) MA[10]) multi	EI 30 ($v_e h_o$ i↔o)	P 30	EI 30 (i↔o)-O oder EI 30 (i←o) und Gxx[5])
	EI 60 (v_e[7]) – h_o[8]) i↔o)-S[*6]) C_{xx}[9]) MA[10]) multi	EI 60 ($v_e h_o$ i↔o)	P 60	EI 60 (i↔o)-O oder EI 60 (i←o) und Gxx[5])
	EI 90 (v_e[7]) – h_o[8]) i↔o)-S[*6]) C_{xx}[9]) MA[10]) multi	EI 90 ($v_e h_o$ i↔o)	P 90	EI 90 (i↔o)-O oder EI 90 (i←o) und Gxx[5])
	–	–		

1.1 Seite 44 Abkürzungen, Einheiten, Zeichen, Klassifizierungen

1.1.6 Feuerwiderstandsklassen und ihre Zuordnung zu den bauaufsichtlichen Anforderungen

(abgeleitet aus den Anlagen zur Bauregelliste A Teil 1 und § 26 Abs. 2 MBO)

Bauaufsichtliche Anforderung	Abkürzung[1])	Klassifizierung	
feuerhemmend	fh	Feuerwiderstandsklasse 30 Minuten	
feuerhemmend und in den wesentlichen Teilen aus nichtbrennbaren Baustoffen	fh + wnb	Feuerwiderstandsklasse 30 Minuten, tragende und aussteifende Teile aus nichtbrennbaren Baustoffen; bei raumabschließenden Bauteilen muss zusätzlich eine in Bauteilebene durchgehende Schicht aus nichtbrennbaren Baustoffen vorhanden sein.[3])	
feuerhemmend und aus nichtbrennbaren Baustoffen	fh + nb	Feuerwiderstandsklasse 30 Minuten, aus nichtbrennbaren Baustoffen	
hochfeuerhemmend	hf	Feuerwiderstandsklasse 60 Minuten, tragende und aussteifende Teile aus nichtbrennbaren Baustoffen; bei raumabschließenden Bauteilen muss zusätzlich eine in Bauteilebene durchgehende Schicht aus nichtbrennbaren Baustoffen vorhanden sein.[3])	
		Feuerwiderstandsklasse 60 Minuten, tragende und aussteifende Bauteile aus brennbaren Baustoffen, allseitig besteht eine brandschutztechnisch wirksame Bekleidung aus nichtbrennbaren Baustoffen (Brandschutzbekleidung), Dämmstoffe aus nichtbrennbaren Baustoffen	
Achtung! Entspricht keiner bauaufsichtlichen Bezeichnung.	–	Feuerwiderstandsklasse 60 Minuten	
feuerbeständig	fb	Feuerwiderstandsklasse 90 Minuten, tragende und aussteifende Teile aus nichtbrennbaren Baustoffen; bei raumabschließenden Bauteilen muss zusätzlich eine in Bauteilebene durchgehende Schicht aus nichtbrennbaren Baustoffen vorhanden sein.[3])	
feuerbeständig und aus nichtbrennbaren Baustoffen	fb + nb	Feuerwiderstandsklasse 90 Minuten, aus nichtbrennbaren Baustoffen	

Kurzbezeichnung nach DIN 4102-2[2])				Kurzbezeichnung nach DIN EN 13501[2])			
Tragende Bauteile		Nicht-tragende Innenwände	Nicht-tragende Außenwände	Tragende Bauteile		Nicht-tragende Innenwände	Nicht-tragende Außenwände
ohne Raumabschluss	mit Raumabschluss			ohne Raumabschluss*)	mit Raumabschluss**)		
F 30 [T] oder F 30-B [T]	F 30 [TR] oder F 30-B [TR]	F 30 [R] oder F 30-B [R]	W 30 [R] oder W 30-B [R]	R 30	REI 30	EI 30	E 30 (i→o) und[6]) EI 30-ef (i←o)
F 30-AB [T]	F 30-AB [TR]	F 30-AB [R]	W 30-AB [R]	R 30 [wnb]	REI 30 [wnb]	EI 30 [wnb]	E 30 (i→o) [wnb] und[6]) EI 30-ef (i←o) [wnb]
F 30-A [T]	F 30-A [TR]	F 30-A [R]	W 30-A [R]	R 30 [nb]	REI 30 [nb]	EI 30 [nb]	E 30 (i→o) [nb] und[6]) EI 30-ef (i←o) [nb]
F 60-AB [T]	F 60-AB [TR]	F 60-AB [R]	W 60-AB [R]	R 60 [wnb]	REI 60 [wnb]	EI 60 [wnb]	E 60 (i→o) [wnb] und[6]) EI 60-ef (i←o) [wnb]
Die Feuerwiderstandsfähigkeit von hochfeuerhemmenden Bauteilen, deren tragende, aussteifende und raumabschließende Teile aus brennbaren Baustoffen bestehen, kann nach DIN 4102 nicht nachgewiesen werden.				R 60 [HolzR]	REI 60 [HolzR]	EI 60 [HolzR]	E 60 (i→o) [HolzR] und[6]) EI 60-ef (i←o) [HolzR]
F 60 [T] oder F 60-B [T]	F 60 [TR] oder F 60-B [TR]	F 60 [R] oder F 60-B [R]	W 60 [R] oder W 60-B [R]	R 60	REI 60	EI 60	E 60 (i→o) und[6]) EI 60-ef (i←o)
F 90-AB [T][4])	F 90-AB [TR][4])	F 90-AB [R][4])	W 90-AB [R]	R 90 [wnb]	REI 90 [wnb]	EI 90 [wnb]	E 90 (i→o) [wnb] und[6]) EI 90-ef (i←o) [wnb]
F 90-A [T]	F 90-A [TR]	F 90-A [R]	W 90-A [R]	R 90 [nb]	REI 90 [nb]	EI 90 [nb]	E 90 (i→o) [nb] und[6]) EI 90-ef (i←o) [nb]

1.1 Seite 46 — Abkürzungen, Einheiten, Zeichen, Klassifizierungen

Bauaufsichtliche Anforderung	Abkürzung[1])	Klassifizierung	
Brandwand	BW oder fb + nb + M	Auch unter zusätzlicher mechanischer Beanspruchung Feuerwiderstandsklasse 90 Minuten, aus nichtbrennbaren Baustoffen	
Feuerwiderstandsfähigkeit feuerbeständiger Bauteile[5])	–	Feuerwiderstandsklasse 90 Minuten	

[1]) Abkürzungen nicht offiziell geregelt

[2]) Bei den in [] stehenden Abkürzungen handelt es sich nicht um genormte oder offizielle Abkürzungen, sondern um ein Abkürzungssystem zur Verknüpfung der Bauteilklassen mit den zusätzlichen Anforderungen der Landesbauordnungen, das im Brandschutzatlas zur besseren Handhabbarkeit verwendet wird (siehe Kapitel 4.3, Abschnitt 6.2 in diesem Werk)

[3]) Entspricht der Bezeichnung: *in den wesentlichen Teilen aus nichtbrennbaren Baustoffen*

[4]) Achtung: F 90 ohne ergänzende Einschränkungen an die Baustoffe entspricht nicht der bauaufsichtlichen Anforderung „feuerbeständig".

[5]) Diese Bezeichnung stammt aus § 30 Abs. 3 Nr. 3 MBO. Achtung: Sie ist nicht identisch mit der bauaufsichtlichen Anforderung „feuerbeständig".

[6]) Beide Anforderungen müssen nachgewiesen werden!

*) Für die mit reaktiven Brandschutzsystemen beschichteten Stahlbauteile ist die Angabe IncSlow gemäß DIN EN 13501-2 zusätzlich erforderlich.

**) Nach deutschem Baurecht muss die Feuerwiderstandsfähigkeit von Decken sowohl von oben nach unten als auch von unten nach oben erfüllt sein. Die europäischen Klassifizierungen berücksichtigen nur eine Brandbeanspruchung von unten nach oben. Damit auf eine zusätzliche Brandprüfung mit Brandbeanspruchung auf der Oberseite verzichtet werden kann, müssen feuerwiderstandsfähige Holzbalkendecken oberseitig mindestens die in Bauregelliste A Teil 1 Anlage 0.1.2 aufgeführten konstruktiven Bedingungen erfüllen.

Verwendete Abkürzungen:

Bauaufsichtliche Bezeichnungen

Bauteile:	fh	feuerhemmend	BABW	Bauart einer Brandwand
	hf	hochfeuerhemmend	BW	Brandwand
	fb	feuerbeständig	BWEW	Brandwandersatzwand
Baustoffe	ne	normal entflammbar		
	se	schwer entflammbar		
	nb	nichtbrennbar		

DIN-Bezeichnungen

Bauteile:	F 30	Feuerwiderstandsklasse 30 Minuten
	F 60	Feuerwiderstandsklasse 60 Minuten
	F 90	Feuerwiderstandsklasse 90 Minuten
	[T]	Tragwerk (tragende Bauteile ohne raumabschließende Funktion)
	[R]	Raumabschluss (mit raumabschließender Funktion)[2])
Ergänzungen:	-A	und aus nichtbrennbaren Baustoffen;
	-AB	und in den wesentlichen Teilen aus nichtbrennbaren Baustoffen

Kurzbezeichnung nach DIN 4102-2[2])				Kurzbezeichnung nach DIN EN 13501[2])			
Tragende Bauteile		Nicht-tragende Innenwände	Nicht-tragende Außenwände	Tragende Bauteile		Nicht-tragende Innenwände	Nicht-tragende Außenwände
ohne Raumabschluss	mit Raumabschluss			ohne Raumabschluss*)	mit Raumabschluss**)		
–	F 90-A + M [TR]	F 90-A + M [R]	F 90-A + M [R] (nicht „W"!)	–	REI 90-M [nb]	EI 90-M [nb]	EI 90-M [nb]
F 90 [T][4]) oder F 90-B [T]	F 90 [TR][4]) oder F 90-B [TR]	F 90 [R][4]) oder F 90-B [R]	W 90 [R] oder W 90-B [R]	R 90	REI 90	EI 90	E 90 ($i \rightarrow o$) und[6]) EI 90-ef ($i \leftarrow o$)

Bei raumabschließenden Bauteilen (Bauteilen mit raumabschließender Funktion) müssen die Bauteile eine zusätzlich in Bauteilebene durchgehende Schicht aus nichtbrennbaren Baustoffen haben. Zu den wesentlichen Teilen gehören bei tragenden Bauteilen alle tragenden oder aussteifenden Bauteile (grundsätzliche Definition siehe Kapitel 4.3, Abschnitt 5.2 in diesem Werk).

-B und aus brennbaren Baustoffen (ohne besondere Anforderungen an die Baustoffklasse)

[HolzR] Ausführung gemäß *Muster-Richtlinie über brandschutztechnische Anforderungen an hochfeuerhemmende Bauteile in Holzbauweise* (M-HFHHolzR), Fassung Juli 2004 = Bauteile, deren tragende und aussteifende Teile aus brennbaren Baustoffen bestehen und die allseitig eine brandschutztechnisch wirksame Bekleidung aus nichtbrennbaren Baustoffen (Brandschutzbekleidung) und Dämmstoffe aus nichtbrennbaren Baustoffen haben (siehe auch Kapitel 4.3, Abschnitt 6.3), damit bedeutet der Zusatz [HolzR], dass bei hochfeuerhemmenden Bauteilen mit tragenden und aussteifenden Teilen aus brennbaren Baustoffen zusätzliche Anforderungen bestehen an

- die Baustoffklassen der Bekleidungen und Dämmstoffe (nichtbrennbar, Schmelzpunkt >1000 °C)
- den Einbau der Dämmstoffe
- die brandschutztechnische Wirksamkeit der Bekleidungen ($K_2$60 nach DIN EN 13501)
- die sonstige Ausführung gemäß M-HFHHolzR (siehe Kapitel 4.3, Abschnitt 5.5 in diesem Werk).

Anmerkung: F 60-B bzw. R(EI) 60 ist nicht gleich *hochfeuerhemmend!* Teilweise wird die Anforderung hochfeuerhemmend mit tragenden und aussteifenden Bauteilen aus brennbaren Baustoffen auf nationaler Ebene auch als F 60-BA bezeichnet. Dabei ist zu beachten, dass dieser Begriff nicht nach DIN 4102-2 zu verstehen ist, sondern im Sinne der M-HFHHolzR. F 60-BA ist in der Bauregelliste nicht vorgesehen, weil die Feuerwiderstandsfähigkeit von hochfeuerhemmenden Holzbauteilen nach DIN 4102 nicht nachgewiesen werden kann.

DIN EN-Bezeichnungen

Bauteile:	R	Résistance (Tragfähigkeit)
	E	Étanchéité (Raumabschluss)
	I	Isolation (Wärmedämmung unter Brandeinwirkung)
	M	Mechanical (mechanische Einwirkung auf Wände – Stoßbeanspruchung)
	-ef	Leistungsverhalten wird nach der Außenbrandkurve [abgeminderte Temperaturzeitkurve] anstelle der Einheitstemperaturzeitkurve bestimmt.
	[T]	Tragwerk (tragende Bauteile ohne raumabschließende Funktion)
	[R]	Raumabschluss (mit raumabschließender Funktion)
Ergänzungen:	[nb]	nichtbrennbar (aus nichtbrennbaren Baustoffen)
	[wnb]	und in den wesentlichen Teilen aus nichtbrennbaren Baustoffen (wie -AB)
	[bnb]	Bekleidung nichtbrennbar; Wände und Decken aus brennbaren Baustoffen mit einer Bekleidung aus nichtbrennbaren Baustoffen in ausreichender Dicke
	[HolzR]	Ausführung gemäß M-HFHHolzR, Fassung Juli 2004, s.o.

1.1 Seite 48	Abkürzungen, Einheiten, Zeichen, Klassifizierungen	

3 Vorschriften und Regelwerke

3.1 Grundlagen

Dipl.-Ing. (FH) Lutz Battran

Inhalt

1 Entwicklung des Baurechtes

2 Die Grundlagen der heutigen Baugesetzgebung

3 Gesetzgebung des Bundes

4 Die Integration der neuen Länder

5 Der Einfluss Europas

6 Die Hierarchie der Vorschriften

6.1 Gesetze

6.2 Verordnungen

6.3 Satzungen

6.4 Verwaltungsvorschriften

7 Literatur

Ausführliche aufs Kupffer gelegte Beschreibung/
De s abermal unerhörten und gantz erschröcklichen Brand-Schadens/ in der Löbl.
Ertzbischöfflichen Stadt Passau/
Am 29. Julii dieses 1680. Jahrs/ durch eine um 1. Uhr Nachmittag in Frauen-Closter Marienberg genannt/ durch der Nonnen Laboriren und Wasserbrennen entstandene grausame Feuers-Brunst erlidten.

DJe Stadt Passau/ so auf Lateinisch Patavium oder Patavia, bey dem fürtrefflichen Mathematico Astronomo und Geographo Ptolomæo aber/ welcher zu den Zeiten Käisers Antonii gelebt/ Bojodurum heisset/ ist groß und schöne/ liegt an dem Anfang der Oerter gegen Mittag/ an beyde Provintzen Ober- und Unter Bäyern Gräntzen/ zwischen beyden Strömen Donau und Oen/ wie fast eine Insul: Treibt wegen Wolgelegenheit der Schiffreichen Wasser/ grosse Handelschafft/ welcher wegen Sie dann auch sehr berühmt ist/ und dahero mancher fürnehmer Gewerb-Stadt nicht viel bevor gibt.

Ermelte Stadt ist Anno 1661. mit Anwachsung des grossen Wassers/ welches gantze Häuser/ worinn noch die Leut/ brennende Liechter und völliges Hauswesen verhanden gewesen/ von dem Ufer ab- und mit sich weggeführet/ biß alles jämmerlich zu Grund gangen/ und zu unsäglichen Schaden gekommen.

Ferners ist selbige Stadt in folgendem 1662. Jahr den 27. 17. Aprilis durch eine aus Unachtsamkeit einer Köchin im Spital/ so das Schmaltz verschüttet/ entstandene Feuers-Brunst schröck- und plötzlich/ wegen ohnbeschreiblicher Behändigkeit des Feuers inner anderthalb Stunden gäntzlich in Brand gerahten/ und nebenst der vornemsten Gebäuen/ auch die Brücken über den Oen und die Jenseit des Oenflus gelegene Oenstadt/ 2. Capuciner Clöster/ und dem schönen Gottshaus Maria Loreta/ sonsten Maria Hülff genannt/ woraus aber gleichwol das Bilde und der meiste Schatz damals nach Schärding salviret/ eingeäschert worden.

Durch Göttlichen Gnadenreichen Segen aber/ hat sich die gantz zum Steinhauffen gemachte Stadt dergestalt recolligirt/ und in wenig Jahren die darnieder gelegene Gebäu/ wieder und ansehenlicher als zuvor aufgerichtet/ also daß Sie nachdem in solchen Flor und Ruhm/ als Sie jemals gewesen gekommen.

Es hat aber dem Gerechten und allein Weisen GOtt nach sein unerforschlichen Willen/ selbige auch dieses Jahr in seinem Zorn heimzusuchen gefallen/ indem in der selben den 19. Monats Tag Julii obbesagten jetzt lauffenden 1680. Jahrs um 1. Uhr Nachmittag in Frauen-Closter/ der Nam Marienberg genannt/ ein Feuer durch der Nonnen laboriren und Wasserbrennen auskommen/ welches die gantze Stadt inner wenigen Stunden in volle Flamm gebracht/ und in die Asche gelegt.

Der Berühmte/ mit grossen Bau-Unkosten/ von wegen korermelten vor 18. Jahren erlitenen Feuer-Schaden noch nicht völlig aufgeführet/ doch meistens auf Prächtigst zum Stande gebrachte Thum/ wie auch die Fürstl. viel schöner als zuvor erbaute Residentz/ und dero Geistl. und Weltliche Cantzleyen seynd gleichfalls mit durchs Feuer verzehrt/ und ausserhalb der Oen- und Oenstadt/ so absonderlich über das Wasser liegen/ nicht mehr dann in die 18. Häuser geblieben worden.

Der Barmhertzige GOtt wolle allen denen/ so dieser grausamen Brand-Schade getroffen/ Christliche Gedult verleihen/ sie Vätterlich wieder versorgen/ anderwerts reichlich segnen/ und sie hinfüro (neben uns allen) für dergleichen Elend gnädiglich bewahren.

A. Die Jlstadt. B. Oberhausen. C. Niederhausen. D. Der Thum darinnen es das Gerüst ergriffen/ welches von vielen Claffter-Holtz/ und durchgehends ausgebronnen. E. Jesuiter Closter. F. Die Oenstadt. G. Maria Hülff. H. Capuciner Closter. I. Die Fürstliche Residentz sammt den Cantzleyen verbronnen. K. Das Nonnen Closter/ wo das Feuer ausgebrochen.

Nürnberg/ zu finden bey Felßeckern.

1 Entwicklung des Baurechtes

Bereits im Mittelalter wurden vereinzelt Brandschutzvorschriften erlassen. So war schon Anfang des 13. Jahrhunderts in dem aus dem Lateinischen ins Deutsche übersetzten „Sachsenspiegel" zu lesen:

„Jeder soll auch abdecken seinen Backofen und seine Mauer, daß die Funken nicht in eines anderen Mannes Hof fliegen, jenem zu Schaden."

Mit den stetig wachsenden Städten bzw. dem nicht vorhandenen vorbeugenden Brandschutz gingen jedoch in regelmäßiger Wiederkehr verheerende Brandkatastrophen einher.

Als Beispiele seien hier genannt:

Die Berliner Feuersbrunst von 1659,

der große Brand von London 1666, bei dem in vier Tagen 13.200 Häuser und 90 Kirchen in Schutt und Asche gelegt wurden.

Weitere verheerende Brände ereigneten sich in Stockholm, Leipzig, Dresden, Berlin, Aachen, Passau und vielen anderen Städten.

1 Brand in Passau 1680

Trotz bestehender Anordnungen konnten Großbrände, denen oft ganze Stadtteile und Städte zum Opfer fielen, nicht verhindert werden: Zu viele der wesentlichen Gebäudebestandteile wie Dächer, Wände und Decken waren aus brennbaren Baustoffen (z.B. Holz und Stroh) und boten jedem „Schadenfeuer reichlich Nahrung". Dazu kam noch, daß die Mittel und Möglichkeiten der Brandbekämpfung sehr begrenzt waren.

Die verheerenden Brandkatastrophen brachten die Erkenntnis, daß bei einer Konzentration von Gebäuden Reglementierungen geschaffen werden müssen, die

- die Errichtung von feuerwiderstandsfähigen Abschottungen,
- die Verwendung brennbarer Materialien,
- die Beschaffenheit von „Rauchschloten",
- die Anordnung der Gebäude zueinander und
- die Höhe der Gebäude

beschreiben.

1427 schrieb z.B. die Ulmer Rechtsordnung die Prüfung eines Bauvorhabens durch Geschworene vor. In Frankfurt am Main wurde nach der großen Feuersbrunst von 1719 verfügt, daß von nun an alle Neubauten mit Brandmauern versehen und die anderen Stockwerke in Stein errichtet werden müßten.

Die Erfahrung zeigte aber immer wieder, daß mit den Jahren die Brände in Vergessenheit gerieten und den erlassenen Gesetzen und dem Sicherheitsbewußtsein der Bewohner eine zunehmende Gleichgültigkeit widerfuhr. 1843 schrieb der damalige königliche Universitäts-Bauinspektor zu Greifswald, C.A. Menzel, einen Appell nach vernünftigen gesetzlichen Regelungen nieder.

Erneut waren es große Brandkatastrophen, die hinsichtlich längst überfälliger umfangreicher Brandschutzreglementierungen etwas in Bewegung brachten. Theaterbrände gegen Ende des 19. Jahrhunderts, bei denen teilweise Hunderte von Menschen zu Tode kamen, führten zu einer Ausweitung des Brandschutzgedankens auf den Personenschutz. Neben der Einführung schlagkräftiger Feuerwehren verhalfen sie auch dem Bauordnungsrecht mit seinem Schwerpunkt „Brandschutz" endgültig zum Durchbruch.

Einzelne Länder erließen für ihre Staatsgebiete (oder für Teile davon) sogenannte „Fluchtliniengesetze", die die Mindestabstände der Gebäude regelten. Parallel dazu entwickelten sich Baupolizeiverordnungen, hauptsächlich für Wohngebäude ausgelegt, sowie Sondervorschriften, z.B. für Theater.

Sämtliche Bestrebungen, ein für ganz Deutschland einheitliches Baurecht zu schaffen, scheiterten jedoch vorläufig.

Nach dem Zweiten Weltkrieg wurden die Gesetzgebungskompetenzen neu geregelt und für die Bundesrepublik Deutschland im Grundgesetz verankert.

Hier gilt mit wenigen Ausnahmen grundsätzlich die *konkurrierende Gesetzgebung*, d.h., die Länder haben die Befugnis zur Gesetzgebung, solange und soweit der Bund von seinem Gesetzgebungsrecht keinen Gebrauch macht (Art. 72 Abs. 1 GG). Das Gesetzgebungsrecht des Bundes wird in Art. 72 Abs. 2 GG auf die wenigen Ausnahmen beschränkt, wo im allgemeinen Interesse bundeseinheitliche Regelungen zwingend erforderlich sind.

Zunächst wurden in den einzelnen Bundesländern sogenannte *Aufbaugesetze* verabschiedet, die den schnellen Wiederaufbau der vom Krieg zerstörten Städte und Gemeinden regelten.

2 Die Grundlagen der heutigen Baugesetzgebung

Nachdem der Entwurf eines einheitlichen *Baugesetzes für die Bundesrepublik Deutschland* heftige Diskussionen über Gesetzgebungskompetenzen ausgelöst hatte, wurde im Jahre 1954 vom Bundesverfassungsgericht ein Rechtsgutachten über die Zuständigkeit des Bundes zum Erlass eines Baugesetzes gefertigt (1 PBvV 2/52, BVerfGE Bd. 3 S. 407). Das Bundesverfassungsgericht kommt hierbei zu dem Schluss,

„dass das Baupolizeirecht eine Rechtsmaterie für sich ist, für dessen gesetzgeberische Regelung sich eine Bundeskompetenz nicht durch Auslegung der damit in Zusammenhang stehenden einzelnen Materien begründen lässt. Ausschlaggebend ist, dass das von jeher zur Landeskompetenz gehörende Baupolizeirecht im Kompetenzkatalog des Grundgesetzes nicht enthalten ist.

Der Bund hat lediglich unter Voraussetzungen des Art. 72 Abs. 2 GG die Zuständigkeit zur Regelung des Rechtes der städtebaulichen Planung, der Baulandumlegung, der Erschließung sowie der Bodenbewertung, soweit sie sich auf diese Gebiete beziehen."

Hiermit wurde eine grundsätzliche Regelung geschaffen, die bis zum heutigen Tage währt. Der Bund hat die Gesetzgebungskompetenz im Planungsrecht, die Länder im Bauordnungsrecht. Aus diesem Prinzip heraus entstanden das Baugesetzbuch (BauGB) als Bundesrecht sowie die Landesbauordnungen mit ihren Rechtsverordnungen und Verwaltungsvorschriften als Landesrecht.

Schon bald zeichnete sich jedoch ab, dass unterschiedliche Bauordnungen zu einem Vorschriften-Durcheinander führen würden, vor allem in den Grenzregionen der Länder. Außerdem ließen sich unterschiedliche Anforderungsniveaus sachlich nicht begründen. Daraus ergab sich, dass trotz der Eigenständigkeit der Länder hinsichtlich des Bauordnungsrechts eine Zusammenarbeit untereinander unumgänglich war. Deshalb gründeten die Länder im Jahre 1955 eine *Musterbauordnungskommission.* Ihre Aufgabe war die Erstellung einer *Musterbauordnung* (MBO) sowie der daraus resultierenden Rechtsverordnungen, Verwaltungsvorschriften und Richtlinien als Grundlage für die Baugesetzgebung der Länder.

Im Jahre 1959 konnten die Beratungen abgeschlossen werden. Dieses Gremium, bekannt als *Arbeitsgemeinschaft der für das Bau-, Wohnungs- und Siedlungswesen zuständigen Minister und Senatoren der Länder* – kurz ARGEBAU genannt – erarbeitete bis heute als Aktualisierung der MBO **1959** die Musterbauordnungen 1960, 1974, **1981**, 1990, **1991**, **1993**, **2002** und 2008[1]) sowie viele darauf aufbauende Musterverordnungen und -richtlinien.

[1]) Die fettgedruckten Jahreszahlen weisen auf wesentliche Änderungen hin.

Alle Bauordnungen und Sonderverordnungen der Länder basieren, zumindest in wesentlichen Bereichen, auf diesen Musterentwürfen.

3 Gesetzgebung des Bundes

Im Rahmen der erwähnten konkurrierenden Gesetzgebung besitzt der Bund in vielen Bereichen eine ebenfalls mit dem Bauordnungsrecht zusammenhängende Gesetzgebungskompetenz. Wichtige Beispiele hierfür sind:

- Arbeitsstättenverordnung mit Arbeitsstättenregeln
- Bundesimmissionsschutzgesetz
- Verordnung über Betriebssicherheit
- Wasserhaushaltsgesetz.

Nähere Informationen zur Gesetzgebung des Bundes enthält Kapitel 3.3.

4 Die Integration der neuen Länder

In der ehemaligen DDR wurde der gesamte Staatsaufbau nach 1945 zentralistisch ausgerichtet. Sämtliche Lebensbereiche wurden vom Staat gelenkt bzw. beeinflusst. Die materielle Baufreiheit war unbekannt, d.h., ein einklagbarer Anspruch des Bürgers auf Erteilung einer Baugenehmigung bestand nicht.

Die staatlichen Planvorgaben wurden durch Generalbebauungspläne, Leitplanungen und Ortsgestaltungskonzeptionen als staatliche Maßnahme in die Praxis umgesetzt. Der Staat war dadurch bei volkseigenen Bauvorhaben Bauherr, Bauplaner, Bauaufsicht und bauausführende Firma gleichzeitig. Daneben wurden aber auch private Bauvorhaben geduldet.

Grundlage für Neubauvorhaben waren Standards für *zur Zeit als technische Bestlösung anerkannte Verfahren und Bauweisen.* Diese *Technischen Güte- und Lieferbedingungen* (TGL) existierten als Planungsstandards (vergleichbar mit Bauordnungen) und als Ausführungsstandards (vergleichbar mit DIN-Normen).

Für jedes größere Bauvorhaben musste nach TGL 10 685 eine *brandschutztechnische Bemessung* vorgelegt werden, die auf einer Risikoanalyse unter Zugrundelegung von Berechnungsmethoden beruhte. Für Wohnungsbau und Gesellschaftsbauten (vergleichbar mit Gebäuden besonderer Art oder Nutzung) sowie für andere Sonderbauten existierten darüber hinaus eigene TGLs.

Grundlagenstandard: TGL 10 685: Bautechnischer Brandschutz

TGL 10 685/01: Begriffe

TGL 10 685/02: Brandlast, Brandlaststufen

TGL 10 685/03: Brandsperren, brandschutztechnische Gebäudeabstände

TGL 10 685/04: Evakuierungswege für Personen in Bauwerken

TGL 10 685/05: Löschwasserversorgung, Zufahrten und Zugänge der Feuerwehr

TGL 10 685/06: Brandgefahrenklassen

TGL 10 685/07: Feuerwiderstandsklassen, Forderungen an Ausbaukonstruktionen

TGL 10 685/08: Brandabschnittsgröße

TGL 10 685/09: Rauch- und Hitzeableitung

TGL 10 685/11 und TGL 10 685/13: Hierbei handelte es sich um Fachbereichstandards, vergleichbar mit Prüfnormen.

TGL 9552/04: Wohnungsbau

TGL 10 723: Vielgeschossige Gebäude und Hochhäuser

TGL 10 729: Garagen

TGL 10 731: Versammlungsstätten

TGL 10 732: Verkaufsstätten

TGL 30 121: Landwirtschaftliche Betriebe.

Das daneben existierende DDR-Brandschutzgesetz übertrug den Feuerwehren, die Bestandteil der Volkspolizei waren, exekutive Aufgaben wie

- Verhinderung und Bekämpfung von Bränden und
- Beseitigung von Gemeingefahren.

Zur Vorbereitung der Wiedervereinigung wurden die Rechtsvorschriften der damaligen DDR denen der BRD angeglichen. Die Volkskammer der DDR führte durch mehrere Beschlüsse bis Juli 1991 zunächst große Teile des Bundesdeutschen Baugesetzbuchs auf dem Gebiet der DDR ein. Der Rest sollte nach der Wiedervereinigung folgen.

3.1 Seite 6 Grundlagen

Am 20.07.1990 wurde eine neue Bauordnung, basierend auf der Musterbauordnung 1990 der ARGEBAU, in Kraft gesetzt. Diese galt nach Neubildung der Länder als die jeweilige Landesbauordnung weiter. Damit bestanden – zumindest für kurze Zeit – in den neuen Bundesländern einheitliche Vorschriften.

Im Zuge der Überarbeitung der Landesbauordnungen entwickelte sich jedoch die in den alten Bundesländern bestens bekannte Eigendynamik. Dies führte dazu, dass die nunmehr neuen Bauordnungen in einzelnen Bereichen voneinander abweichen.

5 Der Einfluss Europas

Im Jahre 1957 wurde von den damaligen Mitgliedstaaten der EWG-Vertrag unterzeichnet. Er sah die Errichtung eines gemeinsamen Marktes und die schrittweise Annäherung der Wirtschaftspolitik dieser Staaten vor.

Ein erster Vorschlag über eine Rahmenrichtlinie für Baubedarfsartikel, die technische Handelshemmnisse bei Bauprodukten beseitigen sollte, scheiterte 1981 im Europarat.

Daraufhin wurde 1987 dem Rat ein neuer Vorschlag für eine EG-Richtlinie über Bauprodukte vorgelegt. Am 21.12.1988 wurde diese Bauproduktenrichtlinie verabschiedet. In der Richtlinie werden die grundlegenden Anforderungen an die Erzeugnisse in Form von Leistungsbeschreibungen festgelegt und die wesentlichen Anforderungen konkret formuliert. Dies geschah hinsichtlich des Brandschutzes durch das *Grundlagendokument Brandschutz,* das seit 28.02.1994 vorliegt. Es dient als Verbindung zwischen den wesentlichen Anforderungen der Bauproduktenrichtlinie sowie der Erstellung von harmonisierten europäischen Normen und Leitlinien für europäische technische Zulassungen.

Europäische Richtlinien und Grundlagendokumente können – im Gegensatz zu europäischen Gesetzen – nur Vorgaben aufzeigen und Rahmen abstecken, haben in den einzelnen Ländern jedoch keine Verbindlichkeit. Die Bauproduktenrichtlinie wurde durch den Bund am 10.07.1992 in nationales Recht umgewandelt.

Daneben laufen Aktivitäten zur Schaffung europäischer harmonisierter Normenwerke. Um Rechtscharakter zu erreichen, müssen diese, genau wie nationale Normen, in den jeweiligen Bundesländern bauaufsichtlich eingeführt werden.

Außerdem wird es in Zukunft europäische Zulassungen geben. Voraussetzung hierfür ist jedoch die Schaffung einheitlicher Prüfnormen und Anforderungsprofile. Die Vorgaben hierfür sind ebenfalls im *Grundlagendokument Brandschutz* enthalten.

Der Wandel nationaler Vorschriften durch den Einfluss Europas ist am deutlichsten am Wandel des dritten Abschnittes der Musterbauordnung, Fassung 1991, mit Fortschreibung bis 2002 und in den darauf basierenden Novellierungen der einzelnen Landesbauordnungen abzulesen. Hier wurden die Säulen für bauaufsichtliche Brauchbarkeitsnachweise oder *Verwendbarkeitsnachweise,* wie es in der aktuellen

Terminologie heißt, auf das neue europäische Fundament gestellt.

6 Die Hierarchie der Vorschriften

Nicht alle Vorschriften haben den gleichen Stellenwert. Oft ist bereits an dem Namen der einzelnen Vorschriften zu erkennen, welche Gewichtung, d.h. welches Verhältnis sie zueinander haben.

6.1 Gesetze

An oberster Stelle stehen die *Gesetze,* z.B. das Bundesimmissionsschutzgesetz (Bundesgesetz) oder das Feuerwehrgesetz (Landesgesetz). Auch bei manchen *Ordnungen* (nicht zu verwechseln mit Verordnungen) handelt es sich um Gesetze, z.B. Reichsversicherungsordnung (Bundesgesetz) oder Landesbauordnung (Landesgesetz).

Bundesgesetze werden vom Bundespräsidenten nach Gegenzeichnung ausgefertigt und im Bundesgesetzblatt (BGBl) verkündet. Landesgesetze müssen von den Ministerpräsidenten unterzeichnet und in den entsprechenden Gesetz- bzw. Verordnungsblättern bekannt gemacht werden.

Die Gesetze enthalten meist Ermächtigungen zum Erlass von Verordnungen.

6.2 Verordnungen

Die nächste Stufe bilden *Verordnungen* (z.B. Arbeitsstättenverordnung = Bundesverordnung; Garagenverordnung = Landesverordnung). Verordnungen sind für jeden verbindlich. Sie werden nicht vom Gesetzgeber im Wege der förmlichen Gesetzgebung, sondern von der Verwaltung (Behörden) aufgrund einer gesetzlichen Ermächtigung erlassen.

Bundesverordnungen werden von Bundesbehörden, Landesverordnungen von Landesbehörden erlassen. Dabei ist es jeweils unerheblich, ob die Ermächtigungen in Bundes- oder Landesgesetzen enthalten sind.

Verordnungen müssen wie Gesetze veröffentlicht werden. Ihre Ausfertigung geschieht durch die zuständigen Minister.

Innerhalb der Verordnungen besteht eine Rangordnung nach der Ebene, auf der die erlassende Behörde in der Behördenhierarchie angesiedelt ist. Technischen Verordnungen zugeordnete Technische Richtlinien wie die *Technischen Regeln für Betriebssicherheit* – TRBS (zugeordnet der Verordnung über Sicherheit und Gesundheitsschutz bei Bereitstellung von Arbeitsmitteln und deren Benutzung – Betriebssicherheitsverordnung – BetrSichV) haben keinen Gesetzescharakter, zeigen jedoch Möglichkeiten auf, in der Verordnung auferlegte Pflichten technisch umzusetzen.

6.3 Satzungen

Satzungen beinhalten sogenanntes autonomes Recht. Sie werden von juristischen Personen des öffentlichen Rechts aufgrund ihrer Satzungsbefugnis erlassen und dienen zur Regelung der eigenen Angelegenheiten (z.B. Ortssatzung).

3.1 Seite 8	Grundlagen	

6.4 Verwaltungsvorschriften

Verwaltungsvorschriften sind Dienstanweisungen einer obersten Behörde an nachgeordnete Dienststellen. Sie sind keine Gesetze oder Verordnungen im materiellen Sinn, sondern regeln mit interner Wirkung das Handeln der Verwaltung. Hierzu gehört auch die Auslegung von Gesetzen.

Verwaltungsvorschriften selber begründen für den Bürger weder Rechte noch Pflichten. Allerdings müssen die „am Bau Beteiligten“ bei Vorliegen einer Verwaltungsvorschrift mit einer entsprechenden Rechtsauslegung der Genehmigungsbehörde rechnen.

Von den zuständigen Ministerien herausgegebene Richtlinien oder Bekanntmachungen begründen also, im Gegensatz zu Vorschriften, keine Pflichten für den Bauherrn. Die Genehmigungsbehörde wird aber in den Fällen, wo diese Richtlinien als Verwaltungsvorschrift veröffentlicht sind – im Rahmen der Möglichkeit bei „Gebäuden besonderer Art oder Nutzung“ besondere Anforderungen zu stellen – die entsprechenden Richtlinien ihrem Entscheidungsermessen zugrundelegen. Somit erlangen diese im Einzelfall wieder indirekt Verordnungscharakter.

Einführungserlasse sind ebenfalls Verwaltungsvorschriften. Diese weisen Behörden an, bestimmte technische Normen oder technische Richtlinien der Behandlung von Bauanträgen zugrundezulegen. Die Landesbauordnung wiederum verpflichtet die am Bau Beteiligten, die von der obersten Bauaufsichtsbehörde durch öffentliche Bekanntmachung als Technische Baubestimmungen eingeführten technischen Regeln zu beachten (§ 3 (3) MBO).

2 Hierarchie technischer Regeln

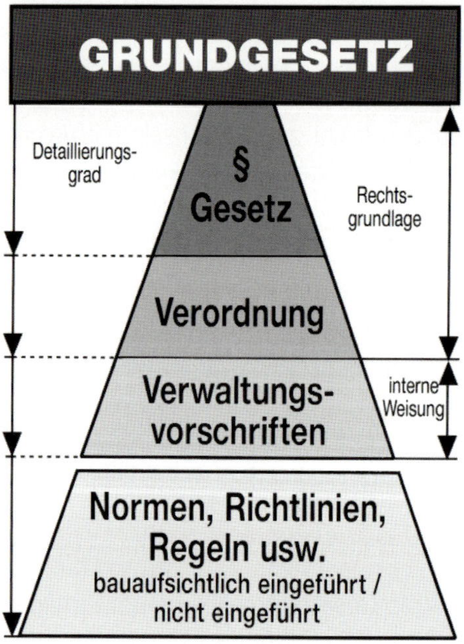

7 Literatur

- Versicherungskammer Bayern: Das Feuer hat zwei Gesichter: Bayerische Versicherungskammer, München 1961
- Bayerische Verwaltungsschule (Hrsg.): Allgemeine Rechtskunde, Einführung, Bearbeitet v. Helmut Linhard; Bayerische Verwaltungsschule, München 1994
- Bub, Heinrich; Kordina Karl; Zwing, Ruth: Eine Auslegungssystematik für den baulichen Brandschutz: E. Schmidt Verlag, Berlin 1983, ISBN 3-503-02301-1
- Heintz, D.: Von der Musterbauordnung bis zur Technischen Richtlinie; Aufsatz in: G. Linden (Hrsg.), K.W. Usemann:Brandschutz in der Gebäudetechnik:VDI Verlag, Düsseldorf 1991, ISBN 3-18-401053-8
- Hertel, Helmut: Erläuterungen zum Grundlagendokument Brandschutz: Mitteilungen Deutsches Institut für Bautechnik, 25. Jahrgang, Nr. 3
- Schlüngel, Heinz: Europäischer Binnenmarkt – Auswirkung auf die Schadenverhütungsarbeit der Sachversicherer; Vortrag beim 19. Brandschutzseminar des Verbands der Schadenversicherer, Köln 1992
- Schulzen, Dr. Georg: Umwelthaftpflicht-Versicherung: Das Modell und die Praxis; Schadenprisma 1/95, ISSN-0343-3560

Bildnachweis:

Bild 1, Seite 1: Brand in Passau 1680. Kupferstich mit Typendruck. Germanisches Nationalmuseum, Nürnberg, Kupferstichkabinett. Aus „Das Feuer hat zwei Gesichter“: Bayerische Versicherungskammer, München 1961

3.1 Seite 10	Grundlagen	

3 Vorschriften und Regelwerke

3.2 Europäische Vorschriften

Dipl.-Ing. (FH) Lutz Battran

Inhalt

1 Allgemeines

2 Institutionen in der Europäischen Union

2.1 Europäischer Rat
2.2 Europäisches Parlament
2.3 Rat (EU-Ministerrat)
2.4 Europäische Kommission
2.5 Europäischer Gerichtshof

3 EU-Recht

3.1 Primärrecht
3.2 Sekundärrecht
3.2.1 Verordnungen
3.2.2 Richtlinien
3.2.3 Entscheidungen und Beschlüsse
3.3 Rechtsprechung

4 Beispiele für EU-Rechtsakte im Hinblick auf Anforderungen für den baulichen Brandschutz

4.1 Verordnungen
4.1.1 Bauproduktenverordnung (BauPVO)
4.1.2 Weitere EU-Verordnungen
4.2 Richtlinien
4.2.1 ATEX-Richtlinien
4.2.2 Weitere EU-Richtlinien
4.3 Entscheidung/Beschluss: Feuerwiderstand von Bauprodukten
4.4 Grundlagendokumente
4.4.1 Grundlagendokument Brandschutz
4.4.2 Weitere Grundlagendokumente

3.2	Europäische Vorschriften	Inhalt

5 Notifizierung nationaler Vorschriften
6 CE-Kennzeichnung
7 Literatur- und Quellenhinweise

3.2 Europäische Vorschriften

1 Allgemeines

Eine der wesentlichen Grundlagen der Europäischen Union (EU) ist ein unabhängiges und selbstständiges Rechtssystem.

Die EU selbst ist kein Staat, sondern eine Gemeinschaft, die in einem Prozess fortschreitender Integration steht. Die Bundesrepublik Deutschland sowie alle anderen Mitgliedstaaten haben bestimmte Hoheitsrechte auf diese Gemeinschaft übertragen.

2 Institutionen der Europäischen Union

2.1 Europäischer Rat

Der Europäische Rat ist das oberste Organ der EU. Seine Mitglieder sind die Staats- und Regierungschefs der Mitgliedstaaten, der Präsident der Europäischen Kommission sowie der Präsident des Europäischen Rates.

Dieses Gremium trifft sich mindestens zweimal im halben Jahr. Dabei werden die allgemeinen politischen Leitlinien der EU festgelegt.

2.2 Europäisches Parlament

Das Europäische Parlament (EP) besteht aus Vertretern der Mitgliedstaaten der Gemeinschaft und wird alle fünf Jahre von den europäischen Bürgern direkt gewählt. Es ist an der Rechtsetzung des Rates beteiligt. Außerdem hat es einen großen Einfluss auf das Haushaltsverfahren. Das EP hat z.B. das Recht, den Haushaltsplan vollständig abzulehnen.

Das EP hat außerdem ein Zustimmungsrecht zu allen wichtigen internationalen Abkommen sowie zu den Beitrittsverträgen, die mit neuen Mitgliedstaaten geschlossen werden. Daneben übt das EP Kontrollfunktion gegenüber der Europäischen Kommission aus.

2.3 Rat (EU-Ministerrat)

Die Regierungen der Mitgliedsländer senden Minister in den Ministerrat der EU. Hierbei handelt es sich abhängig von den vorgesehenen Themen, um die jeweiligen Fachminister der Länder. Neben dem Europäischen Parlament fungiert der Rat als Gesetzgeber der EU. Die Mitglieder entscheiden über die Gesetzentwürfe (Verordnungen, Richtlinien), deren Vorlagen sie von der Europäischen Kommission bekommen.

2.4 Europäische Kommission

Die Europäische Kommission (EU-Kommission) besteht aus von den Regierungen der Mitgliedstaaten benannten Mitgliedern (je ein Kommissionsmitglied pro Mitgliedstaat, einschließlich dem Präsidenten und den Vizepräsidenten).

Der Präsident oder die Präsidentin wird einvernehmlich von den Staats- und Regierungschefs der Mitgliedstaaten nominiert. Vor der Ernennung ist eine Bestätigung durch das Europäische Parlament erforderlich. Der Präsident nominiert anschließend die weiteren Mitgliedern (Kommissarinnen und Kommissare). Anschließend muss die Kommission insgesamt wiederum vom Europäischen Parlament bestätigt werden.

Die Amtszeit einer Kommission dauert fünf Jahre.

In Artikel 245 des Vertrages über die Arbeitsweise der Europäischen Union (AEUV) heißt es für dieses Gremium: *„Die Mitglieder der Kommission haben jede Handlung zu unterlassen, die mit ihren Aufgaben unvereinbar ist. Die Mitgliedstaaten achten ihre Unabhängigkeit und versuchen nicht, sie bei der Erfüllung ihrer Aufgaben zu beeinflussen."*

Die Aufgabe der EU-Kommission besteht darin, Gesetzesvorschläge vorzulegen, die vom EP und vom EU-Ministerrat zu beschließen sind.

Nach der Verabschiedung von EU-Rechtsvorschriften überwacht die Kommission deren ordnungsgemäße Anwendung durch die EU-Mitgliedstaaten.

Außerdem ist sie auch Exekutivorgan. Dies trifft vor allem für den Bereich des Wettbewerbsrechts zu.

2.5 Europäischer Gerichtshof

Der Europäische Gerichtshof (EuGH) hat die alleinige richterliche Gewalt in allen Fragen des Gemeinschaftsrechts. Er setzt sich aus je einem Richter pro Mitgliedstaat und acht Generalanwälten zusammen. Die Amtsperiode der Richter und Generalanwälte dauert jeweils sechs Jahre und kann danach verlängert werden.

3 EU-Recht

Bei der Gründung der *Europäischen Gemeinschaften,* aus denen die EU hervorging, musste ein gemeinsames Rechtssystem entwickelt werden. Vor allem war dabei die Frage zu klären, welcher Art eine gemeinschaftliche Rechtsakte sein könnte und welche Wirkung sie für die einzelnen Mitgliedstaaten haben sollte.

Hierbei war zu berücksichtigen, dass in allen Mitgliedstaaten bereits eigenständige Rechtssysteme bestanden. In diese sollte einerseits in den Fällen eingegriffen werden, wo dies, z.B. zur Schaffung gleicher Lebensbedingungen oder freier Handelswege innerhalb der Gemeinschaft, notwendig erschien. Andererseits sollte aber auf die bestehenden nationalen Rechtsordnungen gebührend Rücksicht genommen werden.

Vor diesem Hintergrund wurde das EU-Recht entwickelt, das den Gemeinschaftsorganen die Einwirkung auf die nationalen Rechtsordnungen in unterschiedlichem Maße ermöglicht. Die schärfste Form hierbei ist die Verdrängung nationaler Vorschriften durch Gemeinschaftsrecht. Als Weiteres folgen Gemeinschaftsnormen, die indirekt auf nationale Vorschriften wirken, und schließlich Vorschriften zur Regelung bestimmter Einzelfälle.

Grundsätzlich handelt es sich beim EU-Recht um ein unabhängiges Rechtssystem mit Vorrang vor den einzelstaatlichen Rechtsvorschriften.

Das Gemeinschaftsrecht besteht aus drei verschiedenen, aber miteinander verwobenen Arten von Rechtsakten, die im Folgenden beschrieben werden.

3-1 Übersicht über die verschiedenen Kompetenzebenen der Gesetzgebung

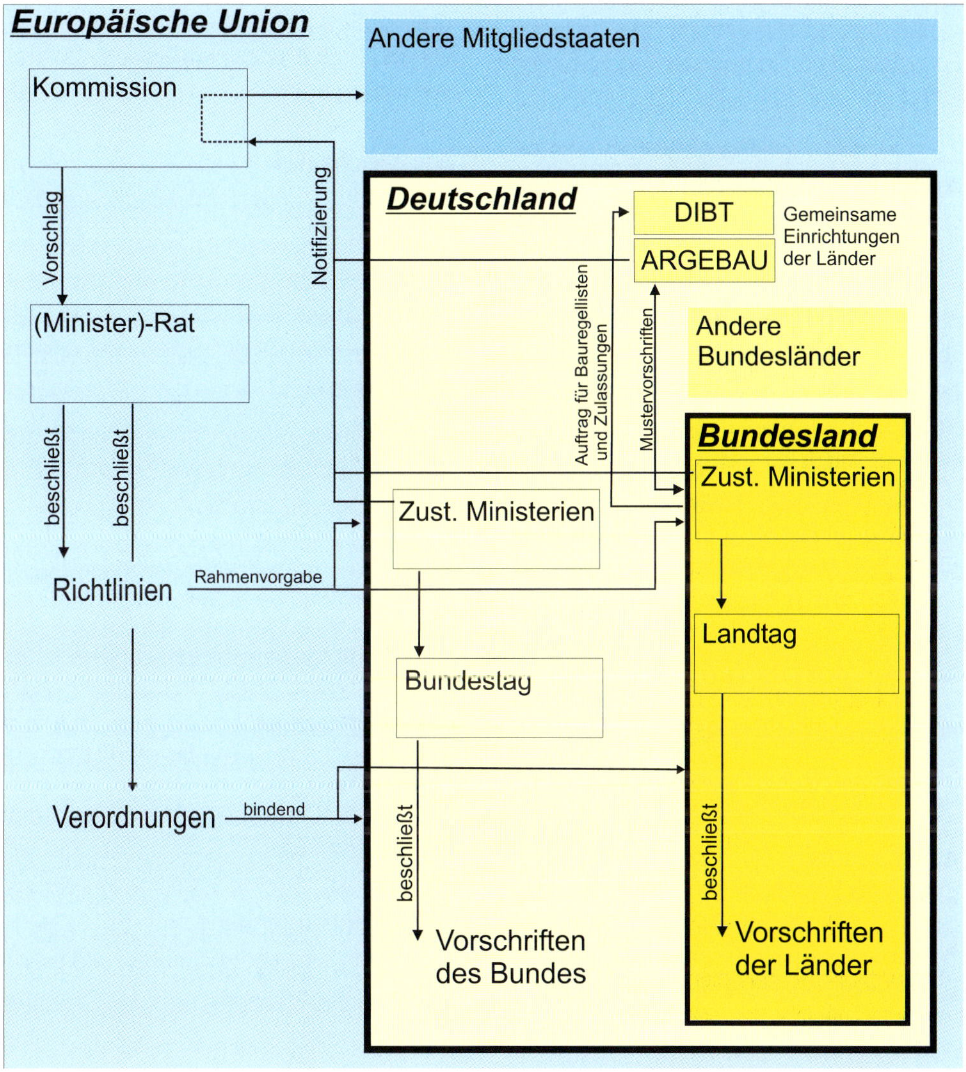

3.1 Primärrecht

Das Primärrecht besteht in erster Linie aus Verträgen und sonstigen Vereinbarungen mit einem vergleichbaren Rechtsstatus.

Rechtsakte des Primärrechts sind Vereinbarungen, die unmittelbar zwischen den Regierungen der Mitgliedstaaten ausgehandelt werden. Diese Vereinbarungen erhalten die Form von Verträgen, die von den nationalen Parlamenten ratifiziert werden müssen. Das gleiche Verfahren gilt für spätere Änderungen der Verträge.

Die Gründungsverträge der früheren *Europäischen Gemeinschaften* wurden mehrfach geändert. Besonders zu erwähnen sind hier:

- der Vertrag von Nizza (2001)
- der Vertrag von Lissabon (2007).

Die Verträge legen auch die Rolle und Zuständigkeit der am Beschlussfassungsverfahren beteiligten Organe und Einrichtungen sowie die Legislativ-, Exekutiv- und Rechtsprechungsverfahren des Gemeinschaftsrechts fest.

3.2 Sekundärrecht

Das Sekundärrecht baut sich auf den Verträgen auf und wird in unterschiedlichen Verfahren erlassen, die in einzelnen Vertragsartikeln festgelegt sind.

In den Verträgen zur Gründung der *Europäischen Gemeinschaften* sind folgende Rechtsakte vorgesehen:

- Verordnungen
- Richtlinien
- Entscheidungen und Beschlüsse
- Empfehlungen und Stellungnahmen.

3.2.1 Verordnungen

Verordnungen sind unmittelbar gültig und in allen EU-Mitgliedstaaten ohne nationale Umsetzungsmaßnahmen rechtlich verbindlich.

3.2.2 Richtlinien

Richtlinien binden die Mitgliedstaaten im Hinblick auf die innerhalb einer bestimmten Frist zu erreichenden Ziele. Sie überlassen den nationalen Behörden jedoch die Wahl der Mittel, mit denen diese Ziele erreicht werden sollen.

Richtlinien müssen entsprechend den einzelstaatlichen Verfahren in nationales Recht umgesetzt werden.

3.2.3 Entscheidungen und Beschlüsse

Entscheidungen und Beschlüsse sind für die Empfänger rechtlich verbindlich. Sie bedürfen daher keiner nationalen Umsetzungsmaßnahmen.

Entscheidungen können an Mitgliedstaaten, Unternehmen oder Einzelpersonen gerichtet sein.

3.3 Rechtsprechung

Hierin enthalten sind Urteile des Europäischen Gerichtshofes und des Gerichtes erster Instanz.

4 Beispiele für EU-Rechtsakte im Hinblick auf Anforderungen für den baulichen Brandschutz

4.1 Verordnungen

4.1.1 Bauproduktenverordnung (BauPVO)

Die BauPVO wurde als Verordnung (EU) Nr. 305/2011 des Europäischen Parlaments und des Rates vom 9. März 2011 zur Festlegung harmonisierter Bedingungen für die Vermarktung von Bauprodukten und zur Aufhebung der Richtlinie 89/106/EWG des Rates im Amtsblatt der Europäischen Union L 88/5 vom 4. April 2011 veröffentlicht.

Allgemeines

Seit Dezember 1988 gab es die EG-Bauproduktenrichtlinie (BPR), deren primäres Ziel darin bestand, Handelshemmnisse abzubauen. Diese ergaben sich nicht zuletzt durch unterschiedliche Klassifizierungen von Bauprodukten und unterschiedliche Anforderungen in den einzelnen Mitgliedstaaten.

Beispiel

Früher gab es in jedem EU-Mitgliedstaat eigene Brandschutz-Prüfnormen, die sehr unterschiedlich waren. In Deutschland war dies hauptsächlich die DIN 4102.

Obwohl diese Norm Ähnlichkeiten zu Standards anderer Länder aufwies (dies betraf vor allem die Einheitstemperaturzeitkurve – ETK), zeigte sich, dass bei Brandprüfungen die Ergebnisse nicht übertragbar waren.

So war es durchaus möglich, dass dasselbe Bauteil, das in einer deutschen Materialprüfanstalt 90 Minuten Feuerwiderstand erzielte, in England oder Italien der Beflammung mehr als zwei Stunden standhielt. Dies lag u.a. am unterschiedlichen Aufbau der zu prüfenden Bauteile im Brandversuchsraum, an unterschiedlichen Lastannahmen, Brennstoffen und vielem mehr.

Für die betroffenen Herstellerfirmen bedeutete dies bisher, dass Bauprodukte (auch bei völlig identischer Konstruktion) in jedem Land nach den dort gültigen Prüfbedingungen geprüft werden mussten.

Die europäischen Staaten erließen zur Umsetzung der BPR eigene Vorschriften. In Deutschland geschah dies z.B. durch das Bauproduktengesetz (BauPG).

Am 1. Juli 2013 löste die BauPVO die BPR ab. Als europäische Verordnung greift die BauPVO unmittelbar in allen Mitgliedstaaten. Im Vorfeld wurde in Deutschland deshalb das Bauproduktengesetz bereits 2012 der neuen Rechtslage angepasst (siehe Kapitel 3.3 in diesem Werk). Das BauPG enthält somit ergänzende Ausführungsvorschriften zur BauPVO.

Inhalt

Eine entscheidende Anforderung der BauPVO liegt also darin, (Prüf-)Normen, inkl. der damit verbundenen Klassifizierungen (insbesondere zur Umsetzung von Sicherheitsanforderungen), so zu harmonisieren, dass sie in allen Mitgliedstaaten der EU in Verkehr gebracht werden können.

Über diese Regelung des *freien Warenverkehrs* hinaus, werden europäisch har-

3.2 Seite 6 | Europäische Vorschriften

monisierte Anforderungen in Anhang 1 der BauPVO konkretisiert:

„1. mechanische Festigkeit und Standsicherheit

2. Brandschutz

3. Hygiene, Gesundheit und Umweltschutz

4. Sicherheit und Barrierefreiheit bei der Nutzung

5. Schallschutz

6. Energieeinsparung und Wärmeschutz

7. nachhaltige Nutzung der natürlichen Ressourcen."

Dabei wurden im Bereich des Brandschutzes die folgenden wesentlichen Anforderungen (Schutzziele) definiert:

„Das Bauwerk muss derart entworfen und ausgeführt sein, dass bei einem Brand

a) die Tragfähigkeit des Bauwerks während eines bestimmten Zeitraums erhalten bleibt;

b) die Entstehung und die Ausbreitung von Feuer und Rauch innerhalb des Bauwerks begrenzt wird;

c) die Ausbreitung von Feuer und Rauch auf benachbarte Bauwerke begrenzt wird;

d) die Bewohner das Bauwerk unverletzt verlassen oder durch andere Maßnahmen gerettet werden können;

e) die Sicherheit der Rettungsmannschaften berücksichtigt ist."

Detailliertere Anforderungen sind in den *Grundlagendokumenten* formuliert.

Mit der neuen BauPVO änderte sich wesentlich das Prozedere bei europäischen Verwendbarkeitsnachweisen: Der Hersteller für jedes Bauprodukt, das von einer harmonisierten Norm erfasst ist oder einer europä-

4-1 Wirkung einer europäischen Verordnung am Beispiel der Bauproduktenverordnung auf Bundes- und Länderrecht

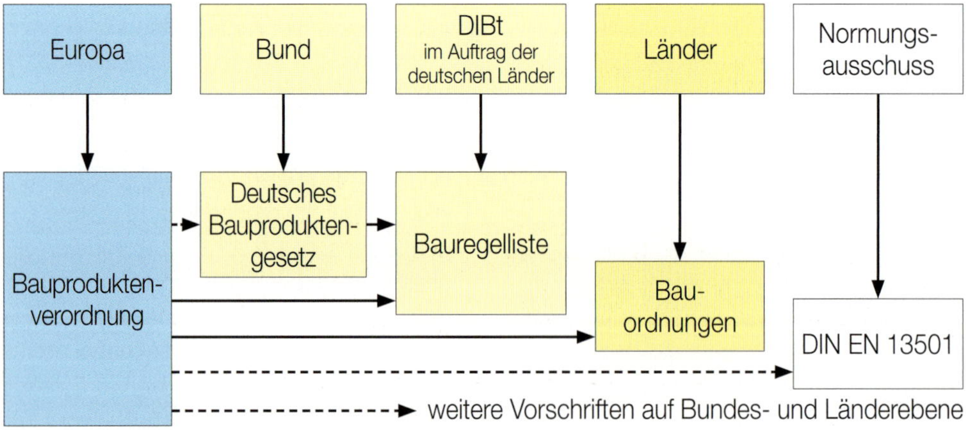

isch technischen Bewertung (bisher: europäisch technische Zulassung) entspricht, hat nunmehr eine Leistungserklärung (bisher: Konformitätserklärung) zu erstellen.

4.1.2 Weitere EU-Verordnungen

Folgende EU-Verordnungen sind in diesem Zusammenhang als wichtige Beispiele zu erwähnen:

REACH-Verordnung

Mit der REACH-Verordnung (Registration, Evaluation, Authorisation of Chemicals = Registrierung, Bewertung und Zulassung von Chemikalien) soll das Chemikalienrecht europaweit vereinheitlicht und vereinfacht werden und der Wissensstand über die Gefahren und Risiken, die von Chemikalien ausgehen, soll sich erhöhen.

CLP-Verordnung

Die CLP-Verordnung (Regulation on Classification, Labelling and Packaging of Substances and Mixtures = Einstufung und Verpackung von Stoffen und Gemischen) verfolgt das Ziel, ein hohes Schutzniveau für die menschliche Gesundheit und die Umwelt sicherzustellen sowie im gemeinsamen europäischen Binnenverkehr den freien Warenverkehr der genannten Stoffe bzw. Erzeugnisse zu gewährleisten. Die Verordnung enthält z.B. Vorgaben für die einheitliche Kennzeichnung der entsprechenden Stoffe.

4.2 Richtlinien

4.2.1 ATEX-Richtlinien

Die Richtlinienreihe ATEX (Atmosphères Explosibles = explosionsfähige Atmosphären) besteht aus zwei Richtlinien: die ATEX-Produktrichtlinie (94/9/EG) und die ATEX-Betriebsrichtlinie (1999/92/EG).

Zweck dieser Richtlinien ist zum einen der Schutz von Personen, die in explosionsgefährdeten Bereichen arbeiten oder die von Explosionen betroffen sein könn-

4-2 Wirkung einer europäischen Richtlinie am Beispiel der Aufzugsrichtlinie auf Bundes- und Länderrecht

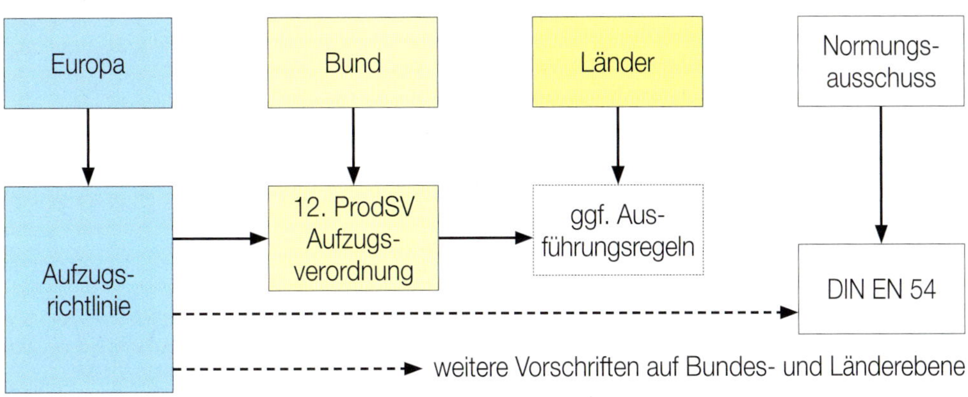

ten und zum anderen die Formulierung von Mindestvorschriften zur Verbesserung des Gesundheitsschutzes und der Sicherheit der Arbeitnehmer, die durch explosionsfähige Atmosphäre gefährdet werden könnten.

In Deutschland wurde die ATEX-Produktrichtlinie durch die Explosionsschutzverordnung (11. ProdSV – Elfte Verordnung zum Produktsicherheitsgesetz) und die ATEX-Betriebsrichtlinie durch die Betriebssicherheitsverordnung in nationales Recht umgesetzt (siehe dazu Kapitel 13.4 in diesem Werk).

4.2.2 Weitere EU-Richtlinien

In der folgenden Aufstellung sind Beispiele weiterer EU-Richtlinien aufgeführt sowie deren Umsetzung in deutsches Recht:

EU-Richtlinie	Umsetzung in deutsches Recht
Inverkehrbringen elektrischer Betriebsmittel	1. ProdSV Verordnung über die Bereitstellung elektrischer Betriebsmittel zur Verwendung innerhalb bestimmter Spannungsgrenzen auf dem Markt (Niederspannungsverordnung)
Inverkehrbringen einfacher Druckbehälter	6. ProdSV Verordnung über die Bereitstellung von einfachen Druckbehältern auf dem Markt
Maschinenrichtlinie	9. ProdSV Maschinenverordnung
Aufzugsrichtlinie	12. ProdSV Aufzugsverordnung
Druckgeräterichtlinie	14. ProdSV Druckgeräteverordnung
Explosivstoffe für zivile Zwecke	Sprengstoffgesetz

4.3 Entscheidung/Beschluss: Feuerwiderstand von Bauprodukten

Die Entscheidung der Kommission vom 3. Mai 2000 zur Durchführung der Richtlinie 89/106/EWG des Rates im Hinblick auf die Klassifizierung des Feuerwiderstandes von Bauprodukten, Bauwerken und Teilen davon (2000/367/EG)[1]) wurde ergänzt und geändert durch den Beschluss der Kommission vom 11. April 2011 zur Änderung der Entscheidung 2000/367/EG der Kommission zur Klassifizierung des Feuerwiderstands von Bauprodukten, Bauwerken und Teilen davon (2011/232/EU)[2]).

Hier werden die europäischen Feuerwiderstandsklassen erläutert und die Zusammenhänge mit den entsprechenden Bauprodukten, einschließlich der zugehörigen Prüfnormen, hergestellt.

4.4 Grundlagendokumente

4.4.1 Grundlagendokument Brandschutz

Im europäischen Grundlagendokument Brandschutz werden die in Anlage 1 der BauPVO genannten Grundanforderungen bzw. Schutzziele (siehe Punkt 4.1.1 in diesem Kapitel) konkretisiert.

Ende 1993 wurde das Grundlagendokument Brandschutz (GD 2) verabschiedet und am 28. Februar 1994 im Amtsblatt der Europäischen Gemeinschaften (Nr. C 62/23) veröffentlicht.

[1]) Amtsblatt EG Nr. L 33 vom 6. Juli 2000, S. 26, ber. Abl. EG Nr. L219 vom 14. August 2001, S. 30

[2]) Amtsblatt EU Nr. L 097 vom 12. April 2011, S. 0049–0050

Inhalt, Bedeutung

Neben allgemeinen Anforderungen und Definitionen sowie Randbedingungen zur Festlegung von Brandszenarien (z.B. als Eckpfeiler für die europäische Normung sowie für Brandsimulationen) enthält das GD 2 eine ganze Reihe von Schutzzielen. Diese stellen die Grundlagen (oder die Schutzzieldefinitionen) für nationale Anforderungen dar.

Beispiel

Punkt 4.2.2.1 in GD 2 nennt für das Haupttragwerk eines Gebäudes folgende Anforderungen:

„Es muss im Brandfall standsicher sein, um

- *die Sicherheit der Nutzer während der wahrscheinlichen Verweildauer im Gebäude zu gewährleisten,*
- *die Sicherheit der Rettungsmannschaften und Feuerwehrleute zu erhöhen,*
- *den Einsturz eines Gebäudes mit Personenschäden zu verhüten,*
- *den Bauprodukten, die dem Brandschutz dienen, zu ermöglichen, ihre Funktion in dem erforderlichen Zeitraum zu erfüllen."*

National umgesetzt befinden sich diese Anforderungen in den konkreten Bauteilanforderungen der Landesbauordnungen. Abhängig von Gebäudeklassen, der Geschosszahl und dem Gebäudetyp bestehen hier genau festgelegte Anforderungen an tragende Wände, Decken und Stützen. Diese reichen von *ohne Anforderung* über *feuerhemmend, hochfeuerhemmend* bis hin zu *feuerbeständig.*

In Verbindung mit den Bauordnungen ist es dabei oft schwierig, Abweichungen (bzw. Befreiungen) zu formulieren, weil hier nur wenig über den Grund der entsprechenden Anforderungen ausgesagt wird. Dabei können die Schutzzieldefinitionen des Grundlagendokuments Brandschutz im Einzelfall eine wertvolle Hilfe darstellen.

Ähnliche Schutzzieldefinitionen finden sich auch für andere brandschutzrelevante Bauprodukte.

Weiterhin werden in den Grundlagendokumenten die Produkte, für die Anforderungen an das Brandverhalten und an den Feuerwiderstand gestellt werden, angesprochen. Dabei wurden auch die grundlegenden Bezeichnungen für die europäischen Feuerwiderstandsklassen festgeschrieben.

Diese Festlegungen bildeten die Grundlagen für die Erarbeitung harmonisierter Normen durch das europäische Komitee für Normung (CEN).

4.4.2 Weitere Grundlagendokumente

Zu den weiteren wichtigen Grundlagendokumenten gehören:

GD 1: Mechanische Festigkeit und Standsicherheit

GD 3: Hygiene, Gesundheit und Umweltschutz

GD 4: Nutzungssicherheit

GD 5: Schallschutz

GD 6: Energieeinsparung und Wärmeschutz

Mit einer Ergänzung der Dokumente hinsichtlich einer nachhaltigen Nutzung der natürlichen Ressourcen nach Anlage 1 BauPVO ist zu rechnen.

5 Notifizierung nationaler Vorschriften

Bereits im Vertrag zur Gründung der Europäischen Gemeinschaft wurde vereinbart, ein Informationsverfahren für Normen und technische Vorschriften einzuführen, das eine der Grundlagen zur reibungslosen Funktion des Binnenmarktes darstellen sollte.

Gestützt auf den Gründungsvertrag, wurde das Informationsverfahren zunächst in der Richtlinie 83/189/EWG des Europäischen Parlaments und des Rates beschrieben. Diese wurde später ersetzt durch die detailliertere Richtlinie Nr. 98/34/EG des Europäischen Parlaments und des Rates vom 22. Juni 1998 über ein Informationsverfahren auf dem Gebiet der Normen und technischen Vorschriften und der Vorschriften für die Dienste der Informationsgesellschaft (ABl. L 204 vom 21. Juli 1998, S. 37), konsolidierte Fassung 2013.

Bereits im Vorspann der Richtlinie wird dargelegt, dass die Europäische Kommission schon vor dem Erlassen technischer Vorschriften über die erforderlichen Informationen verfügen muss. Die Mitgliedstaaten sind nach Artikel 5 des Vertrages gehalten, der Kommission die Erfüllung ihrer Aufgabe zu erleichtern. Sie sind deshalb verpflichtet, die Kommission von ihren Entwürfen auf dem Gebiet technischer Vorschriften zu unterrichten.

Desgleichen müssen alle Mitgliedstaaten über die aus ihrem Kreise vorgesehenen technischen Vorschriften unterrichtet sein. Art. 1 der Richtlinie führt ausdrücklich aus, dass auch Verwaltungsvorschriften, in denen technische Spezifikationen oder Verweise auf technische Vorschriften enthalten sind, hiervon betroffen sind (sogenannte Quasi-Normen).

Dies bedeutet, dass nicht nur Normen und technische Baubestimmungen, sondern auch bauaufsichtliche Einführungserlasse, Bauvorschriften für Sonderbauten und Bauordnungen vor ihrem Inkrafttreten der Europäischen Kommission vorgelegt werden müssen. Diese führt dann eine Prüfung hinsichtlich eventuell vorhandener Handelshemmnisse durch und informiert gleichzeitig die anderen Mitgliedstaaten, die Einwände gegen die jeweiligen Normen und Vorschriften geltend machen können. Dieses Verfahren der gegenseitigen Information wird auch Notifizierung genannt.

Um zu vermeiden, dass jedes Bundesland die in seine Gesetzgebungskompetenz fallenden Vorschriften (z.B. Bauordnungsrecht) einzeln notifizieren muss, werden mittlerweile die meisten Vorschriften des Bauordnungsrechts sowie eine einheitliche Liste der bauaufsichtlich eingeführten Technischen Baubestimmungen, bereits als verabschiedetes Muster der ARGEBAU der EU-Kommission vorgelegt.

Sind mit der bauaufsichtlichen Einführung in den Bundesländern keine wesentlichen Änderungen im Vergleich zum jeweiligen Muster enthalten, kann die Notifizierung des Vorschrifteninhalts entfallen. Lediglich die bauaufsichtliche Einführung als solche muss dann der Kommission mitgeteilt werden.

Dies gibt auch für den nationalen Anwender des länderspezifischen Bauordnungsrechts Grund zur Hoffnung, dass die Unterschiede im Länderrecht langfristig unbedeutend werden.

6 CE-Kennzeichnung

Die Grundlage der CE-Kennzeichnung ist in der BauPVO zu finden.

Für ein Bauprodukt ist gemäß Art. 4 Abs. 2 in Verbindung mit Art. 8 Abs. 2 BauPVO eine Leistungserklärung abzugeben, wenn

- das Bauprodukt von einer harmonisierten Norm erfasst ist oder
- für das Bauprodukt eine europäische technische Bewertung ausgestellt wurde.

In solchen Fällen ist das Bauprodukt verbindlich mit der CE-Kennzeichnung zu versehen.

Ausnahmen gelten entsprechend Art. 5 BauPVO nur für:

- Produkte, die individuell bzw. als Sonderanfertigung hergestellt und vom Hersteller in ein bestimmtes einzelnes Bauwerk eingebaut werden,
- Produkte, die direkt auf der Baustelle hergestellt werden, und
- Produkte, die auf traditionelle oder in einer der Erhaltung des kulturellen Erbes angemessenen bzw. speziellen Art und Weise in einem nichtindustriellen Verfahren, insbesondere z.B. für denkmalgeschützte Gebäude, hergestellt werden, aber auch nur, wenn es keine nationalen oder europäischen Vorschriften hinsichtlich der Erklärung wesentlicher Merkmale gibt.

Die CE-Kennzeichnung steht dabei ausdrücklich nicht für die Übereinstimmung eines Produkts mit den Bestimmungen einer harmonisierten technischen Spezifikation, sondern für die Konformität des Produkts mit der in der Leistungserklärung angegebenen Leistung.

In Einzelfällen müssen zusätzliche Eigenschaften über weitere Nachweise (z.B. eine allgemeine bauaufsichtliche Zulassung) nachgewiesen werden. Dies ist z.B. der Fall, wenn die Bauregelliste B oder die Liste der Technischen Baubestimmungen (Teil II oder Teil III) entsprechende Vorgaben enthalten bzw. hiernach zusätzliche Eigenschaften national nachgewiesen werden müssen.

3.2 Seite 12 | **Europäische Vorschriften**

7 Literatur- und Quellenhinweise

- Borchardt, Klaus-Dieter: Das ABC des Rechts der Europäischen Union, Amt für Veröffentlichungen der Europäischen Union, 2, rue Mercier, 2985 Luxemburg, http://europa.eu/documentation/legislation/pdf/oa8107147_de.pdf
- Springborn, Matthias: Die neue Bauproduktenverordnung – Bekanntes und Neues, in DIBt-Newsletter 2/2013, Deutsches Institut für Bautechnik, Berlin, www.dibt.de
- Weitere Informationen im Internet sind u.a. zu bekommen über:
  bundesregierung.de,
  europa.eu,
  ec.europa.eu,
  reach-clp-helpdesk.de.

3 Vorschriften und Regelwerke

3.3 Bundesrecht

Dipl.-Ing. (FH) Lutz Battran

Inhalt

1 Allgemeines

2 Hauptsäulen des Bundesrechts

2.1 Grundgesetz (GG)

2.2 Strafgesetzbuch (StGB)

2.3 Bürgerliches Gesetzbuch (BGB)

3 Bauplanungsrecht

3.1 Baugesetzbuch (BauGB)

3.2 Baunutzungsverordnung (BauNVO)

4 Inverkehrbringen von Bauprodukten

Bauproduktengesetz (BauPG)

5 Vorschriften des Bundes zur Arbeitssicherheit und zum Gesundheitsschutz

5.1 Gesetze

5.1.1 Sozialgesetzbuch (SGB)

5.1.2 Produktsicherheitsgesetz (PSG)

5.1.3 Arbeitsschutzgesetz (ArbSchG)

5.1.4 Gewerbeordnung (GewO)

5.1.5 Chemikaliengesetz (ChemG)

5.1.6 Sprengstoffgesetz (SprengG)

5.2 Verordnungen

5.2.1 Baustellenverordnung (BaustellV)

5.2.2 Einzelverordnungen zum Geräte- und Produktsicherheitsgesetz (GPSG) – Auswahl

5.2.3 Arbeitsstättenverordnung (ArbStättV)

5.2.4 Betriebssicherheitsverordnung (BetrSichV)

5.2.5 Gefahrstoffverordnung (GefStoffV)

3.3	Bundesrecht	Inhalt

5.3 Technische Regeln
5.3.1 Grundsätzliche Hinweise zu den Technischen Regeln
5.3.2 Arbeitsstättenregeln (ASR)
5.3.3 Technische Regeln für Betriebssicherheit (TRBS)
5.3.4 Technische Regeln für Gefahrstoffe (TRGS)

6 Vorschriften des Bundes zum Schutz der Umwelt
6.1 Gesetze zum Schutz der Umwelt
6.1.1 Wasserhaushaltsgesetz (WHG)
6.1.2 Bundesimmissionsschutzgesetz (BImSchG)
6.2 Verordnungen zum Schutz der Umwelt – Auswahl
6.2.1 Kleinfeuerungsanlagenverordnung – 1. BImSchV
6.2.2 Störfallverordnung – 12. BImSchV

7 Literaturhinweise

3.3 Bundesrecht

1 Allgemeines

Der Bund hat bei der konkurrierenden Gesetzgebung in vielen Bereichen, mit Ausnahme des Bauordnungsrechts, Gesetzgebungskompetenz. Das auf Seite 2 dargestellte Schema zeigt die Zusammenhänge und Bestandteile des mit dem Brandschutz zusammenhängenden Bundesrechts auf.

2 Hauptsäulen des Bundesrechts

2.1 Grundgesetz (GG)

Anforderungen hinsichtlich des Brandschutzes sind bereits im Grundgesetz, dem an oberster Stelle sämtlicher Vorschriften stehenden Gesetzeswerk, zu finden.

Art. 2 GG regelt das ***Recht des Einzelnen auf körperliche Unversehrtheit,*** die als Folge eines Brandes erheblich eingeschränkt werden könnte.

Auch der Ausdruck ***„Eigentum verpflichtet"*** basiert auf dem Grundgesetz (Art. 14 GG).

Das Grundgesetz stellt die Rechtsgrundlage für den Erlass weitergehender Gesetze dar, und dort sind außerdem die Zusammenhänge der verschiedenen Rechtsvorschriften erläutert.

2.2 Strafgesetzbuch (StGB)

Eine wesentliche Grundlage für einen Rechtsstaat findet sich im Strafrecht. Es dient der Aufrechterhaltung der öffentlichen Sicherheit und Ordnung im Staat und dem Schutz der wichtigsten Rechtsgüter der Bürger (Leib, Leben, Gesundheit, Eigentum). Der Hauptpfeiler des Strafrechts ist das Strafgesetzbuch (StGB). Darin werden Tatbestände aufgezeigt, die strafbar sind.

Eine Strafe kann nur gegen natürliche Personen, nicht gegen juristische verhängt werden (Ausnahme: Wirtschafts- und Steuerrecht). Eine Tat kann nur bestraft werden, wenn eine Handlung vorliegt, die ein zur Tatzeit bestehendes Gesetz verletzt ***(„keine Strafe ohne Gesetz" – § 1 StGB).***

Strafbar im Hinblick auf Brandschutz ist z.B. die Baugefährdung (§ 319 StGB):

„(1) Wer bei der Planung, Leitung oder Ausführung eines Baues oder des Abbruchs eines Bauwerks gegen die allgemein anerkannten Regeln der Technik verstößt und dadurch Leib oder Leben eines anderen Menschen gefährdet, wird mit Freiheitsstrafe bis zu fünf Jahren oder mit Geldstrafe bestraft.

(2) Ebenso wird bestraft, wer in Ausübung eines Berufs oder Gewerbes bei der Planung, Leitung oder Ausführung eines Vorhabens, technische Einrichtungen in ein Bauwerk einzubauen oder eingebaute Einrichtungen dieser Art zu ändern, gegen die allgemein anerkannten Regeln der Technik verstößt und dadurch Leib oder Leben eines anderen Menschen gefährdet.

(3) Wer die Gefahr fahrlässig verursacht, wird mit Freiheitsstrafe bis zu drei Jahren oder mit Geldstrafe bestraft.

3.3
Seite 2

Bundesrecht

Ausgewählte Bundesgesetze und damit zusammenhängende Vorschriften und Regeln

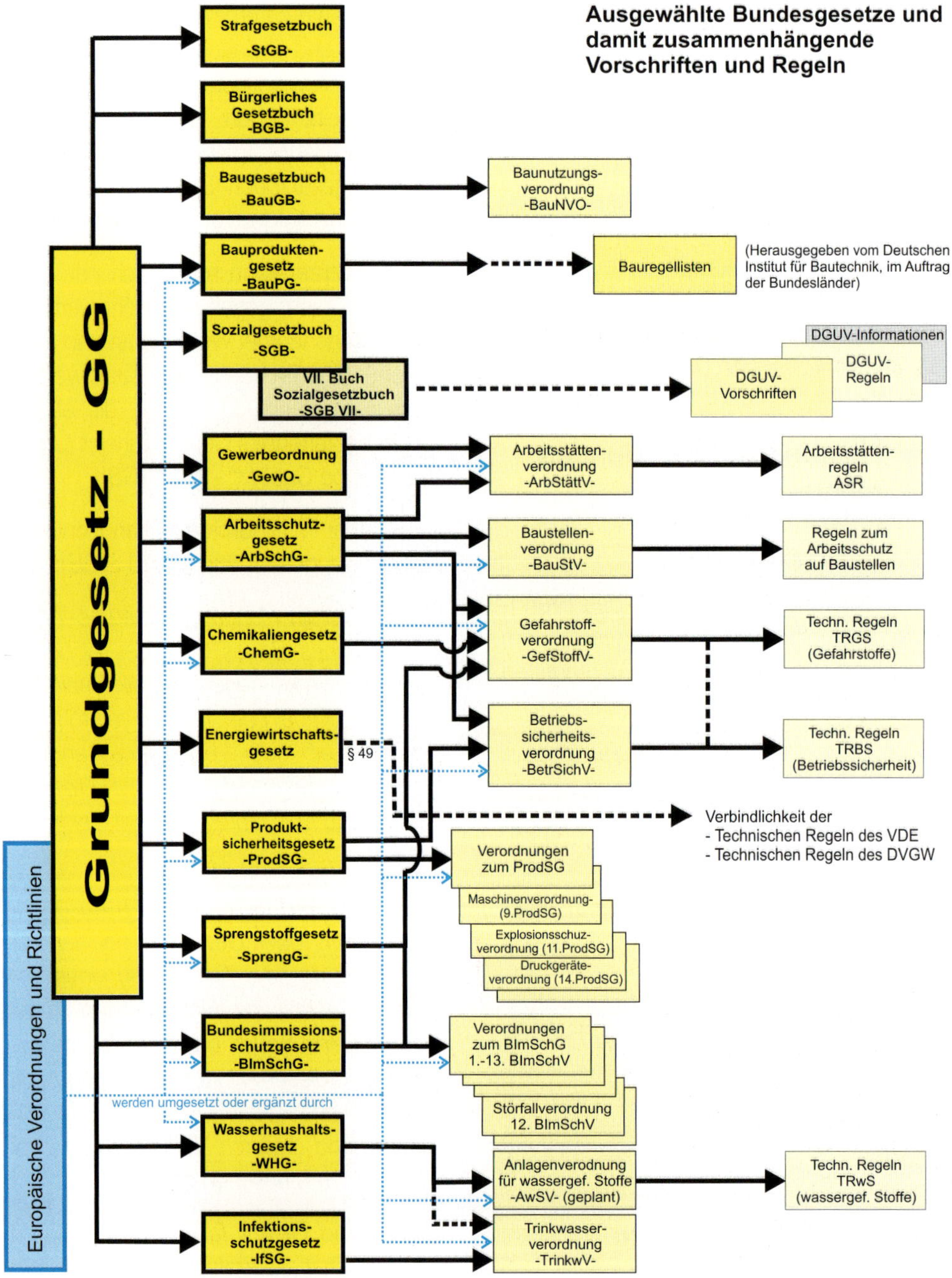

(4) Wer in den Fällen der Absätze 1 und 2 fahrlässig handelt und die Gefahr fahrlässig verursacht, wird mit Freiheitsstrafe bis zu zwei Jahren oder mit Geldstrafe bestraft."

Bei Todesfällen (als Folge von Bränden) in Verbindung mit einer fehlerhaften Bauausführung kann auch § 222 StGB *„Fahrlässige Tötung"* zum Zuge kommen.

Weitere wichtige Paragrafen des StGB, die im Zusammenhang mit Brandschutz zum Tragen kommen können, sind z.B:

- § 303 „Sachbeschädigung"
- § 306 „Brandstiftung"
- § 306a „Schwere Brandstiftung"
- § 306b „Besonders schwere Brandstiftung"
- § 306c „Brandstiftung mit Todesfolge"
- § 306d „Fahrlässige Brandstiftung"
- § 306f „Herbeiführen einer Brandgefahr"
- § 308 „Herbeiführen einer Sprengstoffexplosion"

2.3 Bürgerliches Gesetzbuch (BGB)

Das BGB regelt Rechtsverhältnisse und Rechtsgeschäfte zwischen *„Bürgern"*, d.h. gleichberechtigten Partnern. Im Hinblick auf den vorbeugenden Brandschutz kann das BGB dann zum Zuge kommen, wenn eine Vertragsverletzung vorliegt, wenn z.B. ein Bauwerk von Brandschutzvorschriften abweicht, der Bauherr jedoch vertraglich eine ordnungsgemäße Bauausführung in Auftrag gegeben hat.

Im Übrigen können *„die am Bau Beteiligten"* schadensersatz- oder regresspflichtig werden, wenn z.B. durch Brände, etwa im Zusammenhang mit mangelhafter Bauausführung, anderen materieller Schaden zugefügt wird (Gefährdungshaftung).

3 Bauplanungsrecht

3.1 Baugesetzbuch (BauGB)

Das BauGB regelt das Bauplanungsrecht. Es befasst sich mit dem Recht der Ortsplanung durch die Gemeinden und der Zulässigkeit der Nutzung von Grund und Boden. Im Gegensatz hierzu wird das Bauordnungsrecht in den Landesbauordnungen geregelt.

Auf Grundlage des BauGB wurde die Baunutzungsverordnung erlassen.

3.2 Baunutzungsverordnung (BauNVO)

Verordnung über die bauliche Nutzung der Grundstücke

Die BauNVO regelt das Maß und die Art der baulichen Nutzung von Grundstücken.

4 Inverkehrbringen von Bauprodukten

Bauproduktengesetz (BauPG)

Gesetz über das Inverkehrbringen von und den freien Warenverkehr mit Bauprodukten zur Umsetzung der Richtlinie 89/106/ EWG des Rates vom 21. Dezember 1988 zur Angleichung der Rechts- und Verwaltungsvorschriften der Mitgliedstaaten über Bauprodukte und anderer Rechtsakte der Europäischen Gemeinschaft – zuletzt geändert durch Gesetz vom 05.12.2012

Die Vorschriften des BauPG regeln das Inverkehrbringen von Bauprodukten und den freien Warenverkehr mit Bauprodukten von und nach den Mitgliedstaaten der Europäischen Union (EU) oder von oder nach einem anderen Vertragsstaat des Abkommens über den Europäischen Wirtschaftsraum (EWR).

Durch die neue Europäische Bauproduktenverordnung (siehe Kapitel 3.2, Punkt 4.1.1 in diesem Werk), die direkt auf die nationale Ebene durchgreift, war eine Änderung des (nationalen) Bauproduktengesetzes erforderlich. Statt zur nationalen Umsetzung des europäischen Rechts, dient es nun als dessen Ergänzung.

5 Vorschriften des Bundes zur Arbeitssicherheit und zum Gesundheitsschutz

Die Vorschriften des Bundes zur Arbeitssicherheit waren in der Vergangenheit klar gegliedert: Jedem Gesetz war eine bestimmte Verordnung, jeder Verordnung eine bestimmte technische Regel zugeordnet. So konnten aus allgemeinen Schutzzielen geregelte Ausführungsrichtlinien bis ins Detail abgeleitet werden. Leider war dieses System sehr umfangreich und dadurch unüberschaubar. Außerdem wurden bestimmte Bereiche von mehreren Vorschriften erfasst.

Bereits seit Jahren wurde (nicht zuletzt durch Zwänge des EU-Rechts) versucht, hier neue Strukturen aufzubauen.

Seit der Schaffung eines neuen Arbeitsschutzgesetzes im Jahre 1996 wurden durch sogenannte *Artikelverordnungen* die mit dem Arbeitsschutz zusammenhängenden Verordnungen mehrfach geändert bzw. viele bestehende Verordnungen aufgehoben oder deren Regelungsbereiche in andere Vorschriften integriert.

Die nationalen Arbeitsschutzvorschriften dienen dabei meist zur Umsetzung europäischer Richtlinien.

Die wesentlichen Vorschriften werden im Folgenden vorgestellt.

5.1 Gesetze

5.1.1 Sozialgesetzbuch (SGB)

Siebtes Buch: SGB VII

Mit dem SGB VII wurde eine Basis für alle Unfallverhütungsvorschriften geschaffen und gleichzeitig die Reichsversicherungsordnung aufgehoben. Mittlerweile wird jedoch auch dieser Regelungsbereich von staatlichen Arbeitsschutzvorschriften, z.B. Betriebssicherheitsverordnung und Arbeitsstättenverordnung, überlagert, so dass in absehbarer Zeit mit einer Auslagerung der meisten Unfallverhütungsvorschriften, hauptsächlich in den Bereich des Arbeitsschutzgesetzes, zu rechnen ist.

5.1.2 Produktsicherheitsgesetz (PSG)

Gesetz über die Bereitstellung von Produkten auf dem Markt

Das PSG (früher Geräte- und Produktsicherheitsgesetz – GPSG) dient der Umsetzung mehrerer europäischer Richtlinien. Es gilt für das Bereitstellen, Ausstellen und das erstmalige Verwenden von Produkten auf dem Markt im Rahmen einer Geschäftstätigkeit.

Diese Verbraucherprodukte dürfen (mit wenigen Ausnahmen) im Europäischen Wirtschaftsraum nur dann in Verkehr gebracht oder ausgestellt werden, wenn sie den Anforderungen des PSG bzw. den Verordnungen zu diesem Gesetz entsprechen. Außerdem müssen sie so beschaffen sein, dass bei bestimmungsgemäßer Verwendung oder vorhersehbarer Fehlanwendung Sicherheit und Gesundheit der Verwender oder Dritter nicht gefährdet werden. Zur praktischen Umsetzung des PSG wurden mehrere Einzelverordnungen erlassen und dem PSG bestehende Verordnungen zugeordnet.

Die Verpflichtungen des PSG beziehen sich zunächst zwar nur auf Verbraucherprodukte, sie können aber durchaus auch für andere Produkte (z.B. Arbeitsmittel) gelten, wenn nicht ausgeschlossen werden kann, dass auch Verbraucher sie nutzen könnten.

5.1.3 Arbeitsschutzgesetz (ArbSchG)

Gesetz über die Durchführung von Maßnahmen des Arbeitsschutzes zur Verbesserung der Sicherheit und des Gesundheitsschutzes der Beschäftigten bei der Arbeit

Das Gesetz dient dazu, Sicherheit und Gesundheitsschutz der Beschäftigten bei der Arbeit durch Maßnahmen des Arbeitsschutzes zu gewährleisten und zu verbessern.

Das Arbeitsschutzgesetz regelt hierzu für alle Tätigkeitsbereiche:

- grundlegende Pflichten des Arbeitgebers
- Pflichten und Rechte der Beschäftigten
- Überwachung des Arbeitsschutzes nach diesem Gesetz durch die zuständigen staatlichen Behörden.

Die Grundlage für das Arbeitsschutzgesetz ist die Europäische Rahmenrichtlinie Arbeitsschutz. Sie enthält Mindestanforderungen für den Arbeitsschutz, die in allen Mitgliedstaaten der EU gelten.

Eine der Grundpflichten für Arbeitgeber besteht darin, erforderliche Maßnahmen zu treffen, um die Sicherheit und den Gesundheitsschutz der Beschäftigten bei der Arbeit zu sichern und zu verbessern. Hierzu gehört auch der Brand- und Explosionsschutz. Eine wesentliche Voraussetzung dafür ist die Gefährdungsbeurteilung, d.h. die Ermittlung und Bewertung von Ursachen und Bedingungen, die zu Unfällen bei der Arbeit und zu arbeitsbedingten Gesundheitsgefahren führen können.

5.1.4 Gewerbeordnung (GewO)

Die GewO war ursprünglich die tragende Säule des Gewerberechts. Auf ihrer Basis wurden viele für den Brandschutz wichtige Verordnungen erlassen.

Die meisten dieser Verordnungen wurden mittlerweile durch Änderungsgesetze mit anderen Bundesgesetzen verknüpft bzw. aufgrund dieser Gesetze neu erlassen.

5.1.5 Chemikaliengesetz (ChemG)

Gesetz zum Schutz vor gefährlichen Stoffen

Durch das ChemG sollen Menschen und Umwelt vor schädlichen Einwirkungen gefährlicher Stoffe geschützt werden. Gefährliche Stoffe nach diesem Gesetz sind Stoffe oder Zubereitungen, die giftig, ätzend, reizend, explosionsgefährlich, brandfördernd, entzündlich, krebserzeugend, fruchtschädigend und erbgutverändernd sind oder sonstige umweltgefährliche Eigenschaften haben.

Das ChemG schreibt vor, neue Stoffe auf gefährliche Eigenschaften zu untersuchen und vor dem Inverkehrbringen eingehend zu prüfen und entsprechend einzustufen. Diese Stoffe müssen angemeldet, gekennzeichnet, entsprechend verpackt und zubereitet werden.

Es dient der Umsetzung etlicher europäischer Richtlinien und regelt die Durchführung der Verordnung (EG) Nr. 1907/2006 des Europäischen Parlaments und des Rates zur Registrierung, Bewertung, Zulassung und Beschränkung chemischer Stoffe (REACH-Verordnung).

Zum ChemG wurden mehrere Verordnungen, z.B. die Gefahrstoffverordnung, erlassen. Die Betriebssicherheitsverordnung greift in Teilen wiederum auf die Gefahrstoffverordnung zurück.

5.1.6 Sprengstoffgesetz (SprengG)

Das SprengG regelt den Umgang und die Aufbewahrung explosionsgefährlicher und explosionsfähiger Stoffe. Dabei werden u.a. Anforderungen an Sprengstofflager, Verpackungen, maximale Lagermengen und Grenzen der Genehmigungspflicht angesprochen.

Welche Stoffe in welchem Maße explosionsgefährlich sind, wird in den Anhängen zum SprengG aufgezeigt.

5.2 Verordnungen

5.2.1 Baustellenverordnung (BaustellV)

Verordnung über Sicherheit und Gesundheitsschutz auf Baustellen vom 10.06.1998, geändert 23.12.2004

Die Verordnung dient der Verbesserung von Sicherheit und Gesundheitsschutz der Beschäftigten auf Baustellen. Sie ist z.B. auch die Rechtsgrundlage für den Sicherheits- und Gesundheitskoordinator.

5.2.2 Einzelverordnungen zum Geräte- und Produktsicherheitsgesetz (GPSG) – Auswahl

1. ProdSV
Verordnung über die Bereitstellung elektrischer Betriebsmittel zur Verwendung innerhalb bestimmter Spannungsgrenzen auf dem Markt (Niederspannungsverordnung) vom 11.06.1979, zuletzt geändert 08.11.2011

6. ProdSV
Sechste Verordnung zum Produktsicherheitsgesetz, Verordnung über die Bereitstellung von einfachen Druckbehältern auf dem Markt vom 25.06.1992, zuletzt geändert 08.11.2011

7. ProdSV
Siebte Verordnung zum Produktsicherheitsgesetz, Gasverbrauchseinrichtungsverordnung vom 26.01.1993, zuletzt geändert 08.11.2011

8. ProdSV
Achte Verordnung zum Produktsicherheitsgesetz, Verordnung über die Bereitstellung von persönlichen Schutzausrüstungen auf dem Markt vom 10.06.1992, zuletzt geändert 08.11.2011

9. ProdSV
Neunte Verordnung zum Produktsicherheitsgesetz, Maschinenverordnung vom 12.05.1993, zuletzt geändert 08.11.2011

11. ProdSV
Elfte Verordnung zum Produktsicherheitsgesetz, Explosionsschutzverordnung vom 12.12.1996, zuletzt geändert 08.11.2011

12. ProdSV
Zwölfte Verordnung zum Produktsicherheitsgesetz, Aufzugsverordnung vom 17.06.1998, zuletzt geändert 08.11.2011

13. ProdSV
Dreizehnte Verordnung zum Produktsicherheitsgesetz, Aerosolpackungsverordnung vom 27.09.2002, zuletzt geändert 08.11.2011

14. ProdSV
Vierzehnte Verordnung zum Produktsicherheitsgesetz, Druckgeräteverordnung vom 27.09.2002, zuletzt geändert 08.11.2011

Die Verordnungen enthalten Vorgaben hinsichtlich des Inverkehrbringens der jeweiligen Geräte und Produkte. Sie regeln die entsprechenden Bezeichnungen und die erforderlichen Kennzeichnungen. Dabei bilden die Verordnungen oft das Bindeglied zu gültigen europäischen Richtlinien, die durch entsprechende ProdSV rechtlich verbindlich werden.

Die Sicherheit von Geräten bezieht sich primär auf die Sicherheit der an den Maschinen bzw. Geräten tätigen Personen sowie der Anwender der Produkte. Brandschutz und vor allem auch Explosionsschutz werden in diesem Sicherheitsbereich stellenweise auch thematisiert.

Als Beispiel sei hier die Explosionsschutzverordnung (11. ProdSV) genannt, die die Europäische ATEX-Produkte-Richtlinie (Atmosphères Explosibles = explosionsfähige Atmosphären – 94/9/EG) in nationales Recht überführt.

Diese Richtlinie enthält somit auch für Deutschland erstmals grundlegende Gesundheits- und Sicherheitsanforderungen für folgende Geräte:

- nichtelektrische Geräte, die für den Einsatz in explosionsgefährdeten Bereichen bestimmt sind
- Geräte, die für den Einsatz in Bereichen, in denen wegen der Staubbildung Explosionsgefahr besteht, bestimmt sind.

Außerdem enthält sie Aussagen zur sicheren Funktionsweise von Geräten und Schutzsystemen in Bezug auf Explosionsrisiken.

Aus diesen Vorgaben können sich auch Anforderungen für Gebäude und Gebäudeausrüstungen ergeben.

5.2.3 Arbeitsstättenverordnung (ArbStättV)

Verordnung über Arbeitsstätten vom 12.08.2004, zuletzt geändert 19.07.2010

Die ArbStättV dient der Sicherheit und dem Gesundheitsschutz der Beschäftigten beim Einrichten und Betreiben von Arbeitsstätten.

Sie gilt nicht für Arbeitsstätten in Betrieben, die dem Bundesberggesetz unterliegen, und in weiten Teilen nicht im Reisegewerbe und Marktverkehr, in Transportmitteln, sofern diese im öffentlichen Verkehr eingesetzt werden, sowie für Felder, Wälder und sonstige Flächen, die zu einem land- oder forstwirtschaftlichen Betrieb gehören, aber außerhalb seiner bebauten Fläche liegen.

Die Verordnung dient vor allem der Umsetzung europäischer Sicherheitsrichtlinien für Arbeitsplätze in deutsches Recht. Sie basiert national auf der Gewerbeordnung und dem Arbeitsschutzgesetz und konkretisiert dort aufgeführte Schutzziele.

Beispiele hierfür sind die Vorgaben in Bezug auf die Gestaltung von Arbeitsräumen bzw. hinsichtlich der Vorhaltung von Sanitärräumen, Pausen- und Bereitschaftsräumen sowie Erste-Hilfe-Räumen.

Bei notwendigen Sicherheitsvorkehrungen setzt die ArbStättV seit der Novellierung von 2004 auf Gefährdungsbeurteilungen, die vom Arbeitgeber anzufertigen sind. Den darin festgestellten Gefährdungen ist durch entsprechende Maßnahmen zu begegnen.

Hilfestellungen bzw. Schutzzieldefinitionen hierzu enthält der Anhang 1 zur ArbStättV. Diese Ausführungen werden wiederum durch konkrete Vorgaben in den Arbeitsstättenregeln (ASR) ergänzt.

Aus der jeweiligen Nummerierung der ASR lässt sich der entsprechende Bezugspunkt zu Anhang 1 der ArbStättV ablesen. Beispiel: Die Regel ASR A2.2 konkretisiert

Punkt 2.2 „Maßnahmen gegen Brände". Wird die ASR eingehalten, besteht die Vermutung, dass die jeweiligen Vorgaben der ArbStättV erfüllt sind.

5.2.4 Betriebssicherheitsverordnung (BetrSichV)

Verordnung über Sicherheit und Gesundheitsschutz bei der Bereitstellung von Arbeitsmitteln und deren Benutzung bei der Arbeit, über die Sicherheit beim Betrieb überwachungsbedürftiger Anlagen und über die Organisation des betrieblichen Arbeitsschutzes vom 27.09.2002, zuletzt geändert 08.11.2011

Bei der BetrSichV handelt es sich um eine Verordnung, die aufgrund des Arbeitsschutzgesetzes sowie für bestimmte überwachungsbedürftige Anlagen aufgrund des Produktsicherheitsgesetzes erlassen wurde.

Durch die BetrSichV wurden die früher in verschiedenen Rechtsverordnungen verstreuten Anforderungen an Arbeitsmittel und überwachungsbedürftige Anlagen zusammengefasst und dabei die Vorschriften den europäischen Richtlinien angepasst. Mit der BetrSichV sollte ein einheitliches Anlagensicherheitsrecht mit einer klaren Trennung zwischen Hersteller- und Betreiberpflichten geschaffen werden.

Die BetrSichV legt Anforderungen fest für:

- die Bereitstellung von Arbeitsmitteln durch den Arbeitgeber
- die Benutzung von Arbeitsmitteln durch Beschäftigte bei der Arbeit
- den Betrieb von (insbesondere überwachungsbedürftigen) Anlagen.

Hierzu gehören:

- Dampfkesselanlagen, Druckbehälteranlagen außer Dampfkessel, Füllanlagen, Rohrleitungen für entzündliche, leicht entzündliche, hoch entzündliche, ätzende oder giftige Gase, Dämpfe oder Flüssigkeiten
  Die BetrSichV verweist in diesem Zusammenhang auf detaillierte Aufstellungen entsprechender Anlagen in den einschlägigen EG-Richtlinien.
- bestimmte Aufzugsanlagen
- Anlagen in explosionsgefährdeten Bereichen, die Geräte, Schutzsysteme oder Sicherheits-, Kontroll- oder Regelvorrichtungen im Sinne der einschlägigen EG-Richtlinie sind
  Hierfür sind im Anhang 3 der BetrSichV auch Grundlagen für eine Zoneneinteilung explosionsgefährdeter Bereiche enthalten.
- Lageranlagen mit einem Gesamtrauminhalt von mehr als 10.000 Litern sowie bestimmte Füllstellen und Entleerstellen, soweit entzündliche, leicht oder hoch entzündliche Flüssigkeiten gelagert oder umgeschlagen werden.

Die BetrSichV erfasst auch die Einrichtungen, die für den sicheren Betrieb überwachungsbedürftiger Anlagen erforderlich sind.

Bei Anlagen für brennbare Flüssigkeiten ist Folgendes zu beachten:

- Stoffe werden nach den Klassen **hoch entzündlich, leicht entzündlich und entzündlich** entsprechend der Gefahrstoffverordnung eingeteilt. Die bisherige Einteilung nach den Gefahrklassen AI, AII, AIII, und B entfällt.
- Anlagen ausschließlich für Flüssigkeiten mit einem Flammpunkt über 55 °C (bisherige Gefahrklasse AIII) werden nicht von der BetrSichV erfasst, ebenso nicht Lager mit einem Gesamtrauminhalt < 10.000 Liter sowie Füllstellen mit einer Umschlagkapazität < 1.000 Liter pro Stunde.

Adressaten der BetrSichV sind der Arbeitgeber und der Betreiber überwachungsbedürftiger Anlagen.

Anstelle konkreter Vorgaben, wie sie in den früheren (außer Kraft gesetzten) Verordnungen zu finden waren, sind in der BetrSichV neben den Begriffsbestimmungen hauptsächlich Schutzziele enthalten.

Daneben wird dem Arbeitgeber aufgegeben, bei der Bereitstellung von Arbeitsmitteln entsprechende Gefährdungsbeurteilungen zu erstellen und gleichzeitig dafür zu sorgen, dass nur solche Arbeitsmittel bereitgestellt werden, die den einschlägigen Rechtsvorschriften entsprechen. Außerdem ist er verpflichtet, entsprechende Maßnahmen zu treffen, um dies sicherzustellen.

Konkrete Vorgaben hierzu finden sich in den Anhängen zur Betriebssicherheitsverordnung und den einschlägigen Technischen Regeln (TRBS).

5.2.5 Gefahrstoffverordnung (GefStoffV)

Verordnung zum Schutz vor Gefahrstoffen vom 26.11.2010, zuletzt geändert 24.04.2013

Die GefStoffV enthält Regelungen zur Einstufung, Kennzeichnung und Verpackung gefährlicher Stoffe und Zubereitungen, Maßnahmen zum Schutz der Beschäftigten und anderer Personen bei Tätigkeiten mit Gefahrstoffen und Beschränkungen für das Herstellen und Verwenden bestimmter gefährlicher Stoffe, Zubereitungen und Erzeugnisse.

Außerdem ist das Inverkehrbringen bestimmter gefährlicher Stoffe und Zubereitungen dargestellt.

In den letzten Jahren wurde die GefStoffV regelmäßig geändert. Grund hierfür war das Erfordernis einer Anpassung an das europäische Gefahrstoffrecht. Beispiele hierfür sind zwei europäische Verordnungen: REACH-Verordnung (Registrierung, Bewertung, Zulassung und Beschränkung von Chemikalien) und CLP-Verordnung (Einstufung, Kennzeichnung und Verpackung von Stoffen und Gemischen).

Beide sind europäische Verordnungen, die in den Mitgliedstaaten direkt durchgreifen (siehe Kapitel 3.2, Punkt 4.1.2 in diesem Werk), d.h., in der nationalen Gefahrstoffverordnung dürfen sich keine Doppelregelungen befinden, wohl aber sind hier ergänzende Regelungen angebracht.

Auch sind in der GefStoffV handhabbare Vorgehensweisen mit den Übergangsfristen der CLP-Verordnung enthalten (z.B.

hinsichtlich der Koexistenz alter und neuer Gefahrenkennzeichnungen von Stoffen).

Darüber hinaus werden mit der GefStoffV europäische Richtlinien und Vorgaben des Chemikaliengesetzes umgesetzt.

In den letzten Jahren führte die Entwicklung der GefStoffV weg von der Abhängigkeit erforderlicher Schutzmaßnahmen von der Kennzeichnung und hin zu einer Ableitung solcher Maßnahmen von einer arbeitgeberverantwortlichen Gefährdungsbeurteilung.

Ergänzt wird die GefStoffV durch die Technischen Regeln Gefahrstoffe (TRGS), in denen konkrete Maßnahmen vorgegeben sind.

5.3 Technische Regeln

In den Technischen Regeln werden die Anforderungen der entsprechenden Verordnungen konkretisiert.

Technische Regeln sind keine Rechtsnormen. Sie haben allerdings eine gesetzlich festgelegte *Vermutungswirkung.* Dabei kann davon ausgegangen werden, dass bei Anwendung der Regeln die verbindlichen Vorgaben der Verordnung eingehalten werden.

Bestehen zu bestimmten Punkten keine Technischen Regeln oder soll im Einzelfall davon abgewichen werden, müssen die durchzuführenden Maßnahmen jeweils in der Gefährdungsbeurteilung, die in der Verantwortung des Arbeitgebers liegt, schlüssig dokumentiert werden.

5.3.1 Grundsätzliche Hinweise zu den Technischen Regeln

In den letzten Jahren wurden die *Technischen Regeln zur Arbeitssicherheit und zum Gesundheitsschutz* neu gegliedert und neu gefasst. In einer Übergangszeit galten teilweise Regeln aus dem neuen und alten System nebeneinander.

Mittlerweile sind im Bereich der ArbStättV und der GefStoffV alle Regeln auf das neue System umgestellt.

Dasselbe gilt auch für die Technischen Regeln im Bereich der BetrSichV. Hier galten zunächst etliche Technische Regeln, die auf der Basis früherer Verordnungen entstanden waren, weiter. Dies war in einer Übergangsregelung ausdrücklich vorgesehen. Die Übergangsfrist ist inzwischen abgelaufen.

Dazu ein Auszug aus einer Bekanntmachung des Bundesministeriums für Arbeit und Soziales und der Bundesanstalt für Arbeitsschutz und Arbeitsmedizin vom Oktober 2012*):

„Es wird darauf hingewiesen, dass gemäß § 27 Absatz 4 der Betriebssicherheitsverordnung die nachfolgend aufgeführten Technischen Regeln zum 1. Januar 2013 außer Kraft treten. Dies betrifft die

- *Technischen Regeln für brennbare Flüssigkeiten (TRbF)*
- *Technischen Regeln zur Druckbehälterverordnung – Druckbehälter (TRB)*
- *Technischen Regeln zur Druckbehälterverordnung – Rohrleitungen (TRR)*

*) GMBl 2012, S. 902 [Nr. 47/48]

- *Technische Regeln Druckgase (TRG)*
- *Technische Regeln für Dampfkesselanlagen (TRD)*
- *Technische Regeln für Gashochdruckleitungen (TRGL)*
- *Technische Regeln für Acetylenanlagen und Calciumcarbidlager (TRAC).*

Die Technischen Regeln für Aufzüge (TRA) wurden bereits mit Bekanntmachung des Bundesministeriums für Arbeit und Soziales (BMAS) vom 28. Januar 2011 (GMBl 2011, S. 161 [Nr. 8/2011]) aufgehoben.

Soweit erforderlich hat der Ausschuss für Betriebssicherheit (ABS) inzwischen ein konkretisierendes Regelwerk zur BetrSichV erarbeitet, das vom BMAS im GMBl bekannt gemacht wurde. Darüber hinaus sind Inhalte der außer Kraft tretenden Technischen Regeln in Regelwerken zu anderen Arbeitsschutzverordnungen, insbesondere der Gefahrstoffverordnung, zu finden."

Gerade im Bereich der Betriebssicherheits- und Gefahrstoffregeln bestehen (noch) Regelungslücken oder nur allgemeine Hinweise zur eigenverantwortlichen Gefährdungsbeurteilung. In diesem Zusammenhang kann es hilfreich sein, auf alte Technische Regeln zurückzugreifen. Dabei ist jedoch ausdrücklich zu beachten, dass die darin enthaltenen Vorgaben nur informativ sein können und daraus abgeleitete Maßnahmen an die geltenden Verordnungen anzupassen sind.

5.3.2 Arbeitsstättenregeln (ASR)

Technische Regeln für Arbeitsstätten

Mit einer neuen Gliederung und neuen Inhalten seit 2004 wurde den vormaligen Arbeitsstättenrichtlinien die Basis entzogen. Der Ausschuss für Arbeitsstätten (ASTA) erhielt den Auftrag, neue Arbeitsstättenregeln zu erarbeiten. Dies ist nun fast abgeschlossen.

Die jetzigen Arbeitsstättenregeln ergänzen jeweils die ArbStättV selbst oder die Anlage zur Verordnung. Dies ist am jeweiligen Buchstaben vor der Nummer der jeweiligen ASR (V = Verordnung, A = Anlage) zu erkennen.

Den alten Arbeitsstättenrichtlinien fehlt der Buchstabe vor der Nummer. Sie sind nicht mehr gültig. Jeweils mit dem Erscheinen der entsprechenden neuen ASR wurden sie außer Kraft gesetzt. Die bisher noch nicht überarbeiteten Arbeitsstättenrichtlinien sind seit dem Jahresbeginn 2013 ungültig geworden.

Zurzeit sind folgende ASR gültig:

ASR V3a.2
Barrierefreie Gestaltung von Arbeitsstätten
Ausgabe: August 2012
(GMBl 2012, S. 663)

ASR A1.3
Sicherheits- und Gesundheitsschutzkennzeichnung
Ausgabe: Februar 2013
(GMBl 2013, S. 334, Ersatz für ASR A1.3 Ausgabe 2007)
(siehe auch Kapitel 6.17.1 und 6.17.1-E in diesem Werk)

ASR A1.5/1,2
Fußböden
Ausgabe: Februar 2013
(GMBl 2013, S. 348)

ASR A1.6
Fenster, Oberlichter, lichtdurchlässige Wände
Ausgabe: Januar 2012
(GMBl 2012, S. 5)

ASR A1.7
Türen und Tore
Ausgabe: November 2009
(GMBl 2009, S. 1619, zuletzt geändert im GMBl 2010, S. 751)

ASR A1.8
Verkehrswege
Ausgabe: November 2012
(GMBl 2012, S. 1210)

ASR A2.1
Schutz vor Absturz und herabfallenden Gegenständen, Betreten von Gefahrenbereichen
Ausgabe: November 2012
(GMBl 2012, S. 1220)

ASR A2.2
Maßnahmen gegen Brände
Ausgabe: November 2012
(GMBl 2012, S. 1225)
(siehe auch Kapitel 6.17.1 in diesem Werk)

ASR A2.3
Fluchtwege und Notausgänge, Flucht- und Rettungsplan
Ausgabe: August 2007
(GMBl 2007, S. 902, erste Änderung GMBl 2011, S. 303, zweite Änderung GMBl 2011, S. 1090)

ASR A3.4
Beleuchtung
Ausgabe: April 2011
(GMBl. 2011, S. 303 [Nr. 16])

ASR A3.4/3
Sicherheitsbeleuchtung, optische Sicherheitsleitsysteme
Ausgabe: Mai 2009
(GMBl S. 684 [Nr. 32], Änderung GMBl 2011, S. 303 [Nr. 16])

ASR A3.5
Raumtemperatur
Ausgabe: Juni 2010
(GMBl 2010, S. 751, Ergänzung GMBl 2012, S. 660)

ASR A3.6
Lüftung
Ausgabe: Januar 2012
(GMBl 2012, S. 92, erste Änderung GMBl 2013, S. 359)

ASR A4.1
Sanitärräume
Diese ASR soll noch im Jahr 2013 bekannt gemacht werden.

A4.2
Pausen- und Bereitschaftsräume
Ausgabe: August 2012
(GMBl 2012, S. 660)

ASR A4.3
Erste-Hilfe-Räume, Mittel und Einrichtungen zur Ersten Hilfe
Ausgabe: Dezember 2010
(GMBl Nr. 85/86 2010, S. 1764, Ergänzung GMBl 2011, S. 1090 [Nr. 54])

ASR A4.4
Unterkünfte
Ausgabe: Juni 2010
(GMBl Nr. 35 vom 23. Juni 2010, S. 751)

5.3.3 Technische Regeln für Betriebssicherheit (TRBS)

Um technische Regeln für Betriebssicherheit zu erstellen, wurde der Ausschuss für Betriebssicherheit (ABS) eingerichtet, der diese Regeln erarbeitet.

Wegen der Vielzahl der TRBS wird hier nur eine Auswahl aufgeführt:

Technische Regeln der Reihe 1000 (Allgemeines und Grundlagen)

TRBS 1001
Struktur und Anwendung der Technischen Regeln für Betriebssicherheit
Ausgabe: September 2006
(BAnz Nr. 232a, S. 5 vom 09.12.2006)

TRBS 1111
Gefährdungsbeurteilung und sicherheitstechnische Bewertung
Ausgabe: September 2006
(BAnz Nr. 232a, S. 7 vom 09.12.2006)

TRBS 1112
Instandhaltung
Ausgabe: Oktober 2010
(GMBl Nr. 60, S. 1219 vom 14.10.2010)

TRBS 1112 Teil 1
Explosionsgefährdungen bei und durch Instandhaltungsarbeiten – Beurteilungen und Schutzmaßnahmen
Ausgabe: März 2010
(GMBl Nr. 29, S. 615 vom 12.05.2010)

TRBS 1121
Änderungen und wesentliche Veränderungen von Aufzugsanlagen
Ausgabe: August 2012
(GMBl 2012, S. 864 [Nr. 45/46] vom 17.10.2012)

TRBS 1122
Änderungen und wesentliche Veränderungen von Anlagen nach § 1 Abs. 2 Satz 1 Nr. 4 BetrSichV – Ermittlung der Prüf- und Erlaubnispflicht
Ausgabe: Mai 2010
(GMBl Nr. 41, S. 859 vom 16.07.2010)

TRBS 1123
Änderungen und wesentliche Veränderungen von Anlagen nach § 1 Abs. 2 Satz 1 Nr. 3 BetrSichV – Ermittlung der Prüfnotwendigkeit gemäß § 14 Abs. 1 und 2 BetrSichV
Ausgabe: Februar 2010
(GMBl Nr. 18-20, S. 406 vom 23.03.2010)

TRBS 1201
Prüfungen von Arbeitsmitteln und überwachungsbedürftigen Anlagen
Ausgabe: August 2012
(GMBl 2012, S. 850 [Nr. 45/46] vom 17.10.2012)

TRBS 1201 Teil 1
Prüfung von Anlagen in explosionsgefährdeten Bereichen und Überprüfung von Arbeitsplätzen in explosionsgefährdeten Bereichen
Ausgabe: September 2006
(BAnz Nr. 232a, S. 20 vom 09.12.2006)

TRBS 1201 Teil 2
Prüfungen bei Gefährdungen durch Dampf und Druck
Ausgabe: September 2008
(GMBl Nr. 50, S. 1042 vom 20.10.2008 mit Änderungen und Ergänzungen: GMBl 2012, S. 410 [Nr. 22] vom 03.05.2012)

TRBS 1201 Teil 3
Instandsetzung an Geräten, Schutzsystemen, Sicherheits-, Kontroll- und Regelvorrichtungen im Sinne der Richtlinie 94/9/EG – Ermittlung der Prüfnotwendigkeit gemäß § 14 Abs. 6 BetrSichV
Ausgabe: Februar 2009
(GMBl Nr. 25, S. 527 vom 15.06.2009)

TRBS 1201 Teil 4
Prüfung von überwachungsbedürftigen Anlagen – Prüfung von Aufzugsanlagen
Ausgabe: Oktober 2009
(GMBl Nr. 77, S. 1598 vom 20.11.2009, zuletzt geändert und ergänzt: GMBl 2013, S. 172 [Nr. 9] vom 13.02.2013)

TRBS 1201 Teil 5
Prüfung von Lageranlagen, Füllstellen, Tankstellen und Flugfeldbetankungsanlagen, soweit entzündliche, leichtentzündliche oder hochentzündliche Flüssigkeiten gelagert oder abgefüllt werden, hinsichtlich Gefährdungen durch Brand und Explosion
Ausgabe: März 2010
(GMBl Nr. 29, S. 620 vom 12.05.2010)

TRBS 1203
Befähigte Personen
Ausgabe: März 2010
(GMBl Nr. 29, S. 627 vom 12.05.2010, mit Änderungen und Ergänzungen: GMBl 2012, S. 386 [Nr. 21] vom 26.04.2012)

Technische Regeln der Reihe 2000 (Gefährdungsbezogene Regeln)

TRBS 2111
Mechanische Gefährdungen – Allgemeine Anforderungen
Ausgabe: Januar 2006
(BAnz Nr. 29, S. 867 vom 10.02.2006)
(durch 4 Teile ergänzt)

TRBS 2121
Gefährdung von Personen durch Absturz – Allgemeine Anforderungen
Ausgabe: Januar 2007
(GMBl Nr. 15, S. 326 vom 23.03.2007)
(durch 4 Teile ergänzt)

TRBS 2141
Gefährdungen durch Dampf und Druck – Allgemeine Anforderungen
Ausgabe: Januar 2007
(GMBl Nr. 15, S. 327 vom 23.03.2007)
(durch 4 Teile ergänzt)

TRBS 2152/TRGS 720
Gefährliche explosionsfähige Atmosphäre – Allgemeines
Ausgabe: März 2006
(BAnz Nr. 103a, S. 4 vom 02.06.2006)

TRBS 2152 Teil 1/TRGS 721
Gefährliche explosionsfähige Atmosphäre – Beurteilung der Explosionsgefährdung
Ausgabe: März 2006
(BAnz Nr. 103a, S. 8 vom 02.06.2006)

TRBS 2152 Teil 2/TRGS 722
Vermeidung oder Einschränkung gefährlicher explosionsfähiger Atmosphäre
Ausgabe: März 2012
(GMBl 2012, S. 398 [Nr. 22] vom 03.05.2012)

TRBS 2152 Teil 3
Gefährliche explosionsfähige Atmosphäre – Vermeidung der Entzündung gefährlicher explosionsfähiger Atmosphäre
Ausgabe: September 2009
(GMBl Nr. 77, S. 1583 vom 20.11.2009)

TRBS 2152 Teil 4
Gefährliche explosionsfähige Atmosphäre – Maßnahmen des konstruktiven Explosionsschutzes, welche die Auswirkung einer Explosion auf ein unbedenkliches Maß beschränken
Ausgabe: Februar 2012
(GMBl 2012, S. 387 [Nr. 21] vom 26.04.2012)

TRBS 2153
Vermeidung von Zündgefahren infolge elektrostatischer Aufladungen
Ausgabe: Februar 2009
(GMBl Nr. 15/16, S. 278 vom 09.04.2009)

TRBS 2181
Schutz vor Gefährdungen beim Eingeschlossensein in Personenaufnahmemitteln
Ausgabe: Januar 2007
(GMBl Nr. 15, S. 330 vom 23.03.2007)

TRBS 2210
Gefährdungen durch Wechselwirkungen
Ausgabe: September 2006
(BAnz Nr. 232a, S. 32 vom 09.12.2006)

Technische Regeln der Reihe 3000 (spezifische Regeln für Arbeitsmittel, überwachungsbedürftige Anlagen oder Tätigkeiten)

TRBS 3121
Betrieb von Aufzugsanlagen
Ausgabe: Oktober 2009
(GMBl Nr. 77, S. 1602 vom 20.11.2009)

TRBS 3151/TRGS 751
Vermeidung von Brand-, Explosions- und Druckgefährdungen an Tankstellen und Füllanlagen zur Befüllung von Landfahrzeugen
Ausgabe: August 2012
(GMBl Nr. 45/46, S. 826 vom 17.10.2012, geändert und ergänzt: GMBl 2013 S. 172 [Nr. 9] vom 13.02.2013)

5.3.4 Technische Regeln für Gefahrstoffe (TRGS)

In den Technischen Regeln für Gefahrstoffe werden die Anforderungen der Gefahrstoffverordnung konkretisiert.

Seit der grundlegenden Novellierung der Gefahrstoffverordnung im Jahr 2005 bzw. 2010 wird vom damals gegründeten Ausschuss für Gefahrstoffe (AGS) ein neues Regelwerk geschaffen.

Mittlerweile steht ein sehr umfangreiches Werk zur Verfügung. Dessen Gliederung und einige Regeln werden im Folgenden aufgeführt:

Allgemeines, Aufbau und Anwendung

TRGS 001
Das Technische Regelwerk zur Gefahrstoffverordnung – Allgemeines – Aufbau – Übersicht – Beachtung der Technischen Regeln für Gefahrstoffe
Ausgabe: Dezember 2006
(BArbBl Heft 12/2006 S. 149–150)

Technische Regeln der Reihe 200 (Inverkehrbringen von Stoffen, Zubereitungen und Erzeugnissen)

TRGS 200
Einstufung und Kennzeichnung von Stoffen, Zubereitungen und Erzeugnissen
Ausgabe: Oktober 2011
(GMBl 2011 S. 831 [Nr. 42/43] vom 24.11.2011)

TRGS 201
Einstufung und Kennzeichnung bei Tätigkeiten mit Gefahrstoffen
Ausgabe: Oktober 2011
(GMBl 2011 S. 855 [Nr. 42/43] vom 24.11.2011)

Technische Regeln der Reihe 400 (Gefährdungsbeurteilung)

TRGS 400
Gefährdungsbeurteilung für Tätigkeiten mit Gefahrstoffen
Ausgabe: Dezember 2010
(GMBl 2011 S. 19–32 [Nr. 2] vom 31.01.2011, zuletzt geändert und ergänzt: GMBl 2012 S. 715 vom 13.09.2012 [Nr. 40])

Technische Regeln der Reihe 500 (Schutzmaßnahmen bei Tätigkeiten mit Gefahrstoffen)

TRGS 500
Schutzmaßnahmen
Ausgabe: Januar 2008
(GMBl S. 224-258 [Nr. 11/12] vom 13.03.2008, mit Änderungen und Ergänzungen: GMBl S. 528 [Nr. 26] vom 04.07.2008)

TRGS 510
Lagerung von Gefahrstoffen in ortsbeweglichen Behältern
Ausgabe: Januar 2013
(GMBl 2013 S. 446–475 [Nr. 22] vom 15.05.2013)

TRGS 511
Ammoniumnitrat
Ausgabe: Juni 2004
(BArbBl Heft 6/2004 S. 43–54, zuletzt geändert und ergänzt: GMBl S. 1338 [Nr. 64] vom 29.12.2008)

TRGS 512
Begasungen
Ausgabe: Januar 2007
(GMBl S. 207 [Nr. 10/11] vom 28.02.2007, zuletzt geändert und ergänzt: GMBl 2012 S. 875 vom 17.10.2012 [Nr. 45/46])

TRGS 520
Errichtung und Betrieb von Sammelstellen und Zwischenlagern für Kleinmengen gefährlicher Abfälle
Ausgabe: Januar 2012
(GMBl 2012 S. 102–115 [Nr. 7] vom 02.03.2012)

TRGS 526
Laboratorien
Ausgabe: Februar 2008
(GMBl S. 295–314 [Nr. 15] vom 02.04.2008)

TRGS 528
Schweißtechnische Arbeiten
Ausgabe: Februar 2009
(GMBl S. 236–253 [Nr. 12-14] vom 27.03.2009)

TRGS 553
Holzstaub
Ausgabe: August 2008
(GMBl S. 955–969 [Nr. 46/47] vom 22.09.2008)

TRGS 555
Betriebsanweisung und Information der Beschäftigten
Ausgabe: Januar 2013
(GMBl 2013 S. 321–327 vom 07.03.2013 [Nr. 15])

Technische Regeln der Reihe 600 (Ersatzstoffe und Ersatzverfahren)

TRGS 600
Substitution
Ausgabe: August 2008
(GMBl Nr. 46/47 S. 970–989 vom 22.09.2008)

(Hier wird das Zusammenwirken bzw. die gegenseitige Beeinflussung verschiedener Gefahrstoffe beschrieben.)

Technische Regeln der Reihe 700 und 800 (Brand- und Explosionsschutz)

TRGS 720/TRBS 2152
Gefährliche explosionsfähige Atmosphäre – Allgemeines
Ausgabe: Aug./Sept. 2006
(BArbBl Heft 8/9-2006 S. 36–39)

TRGS 721/TRBS 2152 Teil 1
Gefährliche explosionsfähige Atmosphäre – Beurteilung der Explosionsgefährdung
Ausgabe: Aug./Sept. 2006
(BArbBl Heft 8/9-2006 S. 40–43)

TRGS 722/TRBS 2152 Teil 2
Vermeidung oder Einschränkung gefährlicher explosionsfähiger Atmosphäre
Ausgabe: März 2012
(GMBl 2012 S. 398–410 [Nr. 22])

TRGS 751/TRBS 3151
Vermeidung von Brand-, Explosions- und Druckgefährdungen an Tankstellen und Füllanlagen zur Befüllung von Landfahrzeugen
Ausgabe: August 2012
(GMBl 2012 S. 826–850 vom 17.10.2012 [Nr. 45/46], geändert und ergänzt: GMBl 2013 S. 172 [Nr. 9] vom 13.02.2013)

TRGS 800
Brandschutzmaßnahmen
Ausgabe: Dezember 2010
(GMBl 2011 Nr. 2 S. 33–42 vom 31.01.2011)

Technische Regeln der Reihe 900 (Grenzwerte, Einstufungen, Begründungen und weitere Beschlüsse des AGS)

Hervorzuheben sind die TRGS 500 und die TRGS 800.

Während die TRGS 500 allgemeine Schutzmaßnahmen beschreibt, enthält die TRGS 800 spezielle Hinweise für Maßnahmen zum Brandschutz. Sie gilt für Tätigkeiten mit brennbaren oder oxidierenden Gefahrstoffen, bei denen Brandgefährdungen entstehen können.

Besteht zusätzlich zur Brandgefährdung auch eine Explosionsgefährdung, dann ist diese nach den einschlägigen Vorschriften zu betrachten (TRGS 720 ff.).

In der TRGS 800 wird zunächst der Begriff *brennbarer Gefahrstoff* ausführlich und konkret definiert und gleichgestellte Erzeugnisse werden aufgeführt. Ebenfalls konkretisiert wird der Begriff *oxidierender Gefahrstoff.*

Davon ausgehend wird ausführlich die Vorgehensweise einer Gefährdungsbeurteilung (Brandgefährdung) beschrieben und das Festlegen von Schutzmaßnahmen aus dieser Beurteilung aufgezeigt. Das Ganze wird durch Tabellen mit konkreten Beispielen abgerundet.

6 Vorschriften des Bundes zum Schutz der Umwelt

6.1 Gesetze zum Schutz der Umwelt

6.1.1 Wasserhaushaltsgesetz (WHG)

Gesetz zur Ordnung des Wasserhaushalts

Das Wasserhaushaltsgesetz regelt die Bewirtschaftung der Gewässer als Bestandteil des Naturhaushalts und soll durch seine Vorschriften Nachteile, wie Verunreinigungen oder Veränderungen ihrer Eigenschaften, verhindern.

Dabei wird auch auf Anlagen zum Lagern, Abfüllen, Herstellen und Behandeln wassergefährdender Stoffe im Bereich der gewerblichen Wirtschaft sowie im Bereich öffentlicher Einrichtungen und der Landwirtschaft eingegangen.

Bei der Planung und Ausführung von Anlagen für den Umgang mit wassergefährdenden Stoffen sind die Auffangräume, Abfüllflächen und Produktionsflächen so auszubilden, dass dem in § 62 WHG enthaltene *Besorgnisgrundsatz* entsprochen wird:

„Anlagen zum Lagern, Abfüllen, Herstellen und Behandeln wassergefährdender Stoffe (…) müssen so beschaffen sein und so errichtet, unterhalten, betrieben und stillgelegt werden, dass eine nachteilige Veränderung der Eigenschaften von Gewässern nicht zu besorgen ist."

Einen weiteren Schwerpunkt setzen Vorschriften zur Benutzung von Wasser, d.h. zum Entnehmen von Wasser, außerdem zum Einbringen von Stoffen in (Gewässern) und Manipulationen an Gewässern. Dasselbe gilt auch für das Grundwasser.

Ergänzende Vorschriften zum WHG finden sich im Landesrecht.

6.1.2 Bundes-Immissionsschutzgesetz (BImSchG)

Gesetz zum Schutz vor schädlichen Umwelteinwirkungen durch Luftverunreinigungen, Geräusche, Erschütterungen und ähnliche Vorgänge

Das BImSchG soll nach § 1 dazu dienen, *„Menschen, Tiere und Pflanzen, den Boden, das Wasser, die Atmosphäre sowie Kultur- und sonstige Sachgüter vor schädlichen Umwelteinwirkungen zu schützen und dem Entstehen schädlicher Umwelteinwirkungen vorzubeugen. Soweit es sich um genehmigungsbedürftige Anlagen handelt, dient dieses Gesetz auch der integrierten Vermeidung und Verminderung schädlicher Umwelteinwirkungen durch Emissionen in Luft, Wasser und Boden unter Einbeziehung der Abfallwirtschaft, um ein hohes Schutzniveau für die Umwelt insgesamt zu erreichen, sowie dem Schutz und der Vorsorge gegen Gefahren, erhebliche Nachteile und erhebliche Belästigungen, die auf andere Weise herbeigeführt werden.“*

Das BImSchG regelt die Errichtung und den Betrieb von Anlagen in Bezug auf die in § 1 genannten Aspekte.

Mit der Aufnahme von Bestimmungen über genehmigungsbedürftige Anlagen, die früher in der Gewerbeordnung standen, stieg die Bedeutung des BImSchG für den Brandschutz. Dabei wird bei diesen Anlagen das übliche Baugenehmigungsverfahren durch das im BImSchG beschriebene Verfahren ersetzt.

Zum BImSchG wurden zahlreiche Durchführungsverordnungen unter der Bezeichnung BImSchV erlassen, siehe dazu folgenden Abschnitt 6.2.

6.2 Verordnungen zum Schutz der Umwelt – Auswahl

1. BImSchV
Verordnung über kleine und mittlere Feuerungsanlagen vom 26.01.2010

2. BImSchV
Verordnung zur Emissionsbegrenzung von leichtflüchtigen halogenierten organischen Verbindungen vom 10.12.1990, geändert 02.05.2013

4. BImSchV
Verordnung über genehmigungsbedürftige Anlagen vom 02.05.2013

5. BImSchV
Verordnung über Immissionsschutz- und Störfallbeauftragte vom 30.07.1993, zuletzt geändert 02.05.2013

7. BImSchV
Verordnung zur Auswurfbegrenzung von Holzstaub vom 18.12.1975

9. BImSchV
Verordnung über das Genehmigungsverfahren vom 29.05.1992, geändert 02.05.2013

11. BImSchV
Verordnung über Emissionserklärungen vom 05.03.2007, geändert 02.05.2013

12. BImSchV
Störfall-Verordnung vom 08.06.2005, geändert 26.11.2010

13. BImSchV
Verordnung über Großfeuerungs-, Gasturbinen- und Verbrennungsmotorenanlagen vom 02.05.2013

17. BImSchV
Verordnung über die Verbrennung und Mitverbrennung von Abfällen vom 02.05.2013

32. BImSchV
Geräte- und Maschinenlärmschutzverordnung vom 29.08.2002, zuletzt geändert 08.11.2011

39. BImSchV
Verordnung über Luftqualitätsstandards und Emissionshöchstmengen vom 02.08.2010

In den BImSchV sind Randbedingungen zur Vermeidung bzw. Begrenzung von Emissionen bei den verschiedensten Anlagen enthalten. Schutzziel hierbei ist die Begrenzung und mittelfristig auch die Verbesserung von Immissionen für die Umgebung.

Die zunächst wichtigste Verordnung aus diesem Rechtsbereich ist die 4. BImSchV über genehmigungsbedürftige Anlagen. Hier wird der Geltungsbereich des Bundesimmissionsschutzgesetzes definiert. Das hat u.a. Auswirkungen auf die durchzuführenden Genehmigungsverfahren.

6.2.1 Kleinfeuerungsanlagenverordnung – 1. BImSchV

Die 1. BImSchV enthält Anforderungen an Kleinfeuerungsanlagen (Feuerungsanlagen, die keiner Genehmigung nach dem Bundes-Immissionsschutzgesetz bedürfen). Neben einer Reihe von Begriffsdefinitionen sind die zulässigen Brennstoffe sowie Vorgaben für die Abgaswerte geregelt. Die Verordnung stellt die Grundlage für die regelmäßigen Messungen durch die Kaminkehrer dar.

Ausführungen zur technischen Beschaffenheit von Feuerungsanlagen, Verbindungsstücken und Kaminen bzw. Schornsteinen sind in den jeweiligen Feuerungsverordnungen der Länder zu finden. Hierzu gehören auch Angaben zur Lage von Abgasaustrittsöffnungen über Dächern.

Eine Ausnahme davon bilden Feuerungsanlagen mit einer Wärmeleistung von 1 Megawatt oder mehr. Hier sind über die Forderungen der FeuV hinaus Anforderungen in der 1. BImSchV enthalten.

6.2.2 Störfall-Verordnung – 12. BImSchV

Große Bedeutung für den Brandschutz kann im Einzelfall die 12. BImSchV erhalten. Die Störfall-Verordnung verpflichtet den Betreiber bei Anlagen, die in ihren Geltungsbereich fallen (Anhang I zur Störfall-Verordnung), Maßnahmen zur Verhinderung von Störfällen und zur Begrenzung der Auswirkungen von Störfällen zu treffen.

Hierzu hat der Betreiber vor der Inbetriebnahme ein schriftliches Konzept zur

Verhinderung von Störfällen auszuarbeiten. Die erforderlichen Maßnahmen können anlagentechnischer und baulicher Natur sein und somit auch Auswirkungen auf das gesamte Brandschutzkonzept haben.

Zur Erstellung von Störfallanalysen wird der Betreiber in der Regel einen Spezialisten beauftragen. Hinweise zu solchen Analysen enthalten die Anlagen der Störfallverordnung. Außerdem ist, z.B. vom Umweltbundesamt, ausführliche Literatur zu diesem Thema erhältlich.

7 Literaturhinweise

- Teilweise sind die Vorschriften im Internet im Volltext abgedruckt, z.B. unter:
  www.gesetze-im-internet.de
  www.juris.de
  www.baua.de
  www.arbeitssicherheit.de
  www.bmas.de
  www.baua.de/de/Themen-von-A-Z/Arbeitsstaetten/Arbeitsstaetten.html
  www.baua.de/de/Themen-von-A-Z/Gefahrstoffe/Gefahrstoffe.html

- Umweltrecht: Wichtige Gesetze und Verordnungen zum Schutz der Umwelt: Umweltprüfungen, Umweltinformationen, Tier-, Arten- u. Naturschutz, Boden – … Energien – Gefahrstoffe – Umwelthaftung, Deutscher Taschenbuch Verlag, 23. Auflage Juli 2012

3 Vorschriften und Regelwerke

3.4 Landesrecht

Dipl.-Ing. (FH) Lutz Battran

Inhalt

1 Grundlagen
1.1 Übersicht
1.2 Entwürfe der ARGEBAU

2 Landesbauordnungen
2.1 Allgemeines
2.2 Geltungsbereich
2.3 Grundsätzliche Anforderungen
2.4 Standardbauten – Sonderbauten
2.5 Standardanforderungen in den Landesbauordnungen
2.5.1 Grundlage für Anforderungen
2.5.2 Bebauung des Grundstücks und Abstandsflächen
2.5.3 Bauprodukte, Bauarten
2.5.4 Brandverhalten von Bauprodukten
2.5.5 Rettungswege, Öffnungen, Umwehrungen
2.5.6 Technische Gebäudeausrüstung
2.5.7 Anforderungen an die am Bau Beteiligten
2.5.8 Verwaltungstechnische Anforderungen

3 Allgemeine ergänzende Vorschriften zur Landesbauordnung
3.1 Allgemeine Durchführungsvorschriften
3.2 Vollzugsbekanntmachungen

4 Technische Regeln und deren bauaufsichtliche Einführung

3.4	Landesrecht	Inhalt

5 Technische Regeln in der Liste der Technischen Baubestimmungen

5.1 Baustoffe und Bauteile

5.2 Industriebau
- 5.2.1 Geltungsbereich
- 5.2.2 Inhalt

5.3 Systemböden
- 5.3.1 Geltungsbereich
- 5.3.2 Inhalt

5.4 Löschwasserrückhaltung
- 5.4.1 Geltungsbereich
- 5.4.2 Inhalt

5.5 Lüftungsanlagen
- 5.5.1 Geltungsbereich
- 5.5.2 Inhalt

5.6 Leitungen und Leitungsanlagen
- 5.6.1 Geltungsbereich
- 5.6.2 Inhalt

5.7 Kunststofflager
- 5.7.1 Geltungsbereich
- 5.7.2 Inhalt

5.8 Hochfeuerhemmende Bauteile aus Holz
- 5.8.1 Geltungsbereich
- 5.8.2 Inhalt

5.9 Gebäudetreppen
- 5.9.1 Geltungsbereich
- 5.9.2 Inhalt

5.10 Flächen für die Feuerwehr
- 5.10.1 Geltungsbereich
- 5.10.2 Inhalt

Landesrecht	Inhalt	3.4

6 Technische Regeln, die als Bauvorschriften eingeführt sind
6.1 Elektrische Betriebsräume
6.1.1 Geltungsbereich
6.1.2 Inhalt
6.2 Feuerungsanlagen
6.2.1 Geltungsbereich
6.2.2 Inhalt
6.3 Prüfung technischer Anlagen
6.3.1 Geltungsbereich
6.3.2 Inhalt
6.4 Technische Verordnungen und Erlasse einiger Bundesländer

7 Vorschriften für bestimmte Arten der Nutzung
7.1 Allgemeines
7.2 Beherbergungsstätten
7.2.1 Geltungsbereich
7.2.2 Inhalt
7.3 Fliegende Bauten
7.3.1 Geltungsbereich
7.3.2 Inhalt
7.4 Garagen
7.4.1 Geltungsbereich
7.4.2 Inhalt
7.5 Gaststätten
7.6 Hochhäuser
7.6.1 Geltungsbereich
7.6.2 Inhalt
7.7 Industriebau
7.8 Krankenhäuser
7.8.1 Geltungsbereich
7.8.2 Inhalt
7.9 Schulen
7.9.1 Geltungsbereich
7.9.2 Inhalt
7.10 Verkaufsstätten
7.10.1 Geltungsbereich
7.10.2 Inhalt

3.4	Landesrecht	Inhalt

7.11 Versammlungsstätten
7.11.1 Geltungsbereich
7.11.2 Inhalt

7.12 Verordnungen und Erlasse einiger Bundesländer zu Sondernutzungen

8 Verfahrensvorschriften

8.1 Prüfingenieure und Prüfsachverständige
8.1.1 Geltungsbereich
8.1.2 Inhalt

8.2 Bauvorlagen
8.2.1 Geltungsbereich
8.2.2 Inhalt

9 Vorschriften für Bauprodukte und Bauarten

9.1 Baurregellisten

9.2 Hersteller- und Anwender-Verordnung

9.3 Anerkennungsverordnung

9.4 Übereinstimmungszeichen-Verordnung

9.5 Überwachungsverordnung

10 Brandschutzgesetze und einschlägige Vorschriften

10.1 Feuerwehr und Brandschutz
10.1.1 Geltungsbereich
10.1.2 Inhalt

10.2 Feuerbeschau
10.2.1 Geltungsbereich
10.2.2 Inhalt

3.4 Landesrecht

Im Folgenden werden die das Landesrecht betreffenden Vorschriften und Verordnungen systematisch aufgeführt und in den grundsätzlichen Inhalten kurz erläutert.

Wegen der Übersichtlichkeit wird bei den aufgeführten Vorschriften jeweils auf die Mustervorschriften Bezug genommen.

> Gültigkeit sowie Inhalte der jeweiligen Vorschriften unterscheiden sich in den einzelnen Bundesländern teils erheblich.

Die in den einzelnen Bundesländern derzeit gültigen Vorschriften sind auf der Brandschutz-Nachweis-CD zu diesem Werk enthalten. Diese CD wird mit den Nachlieferungen aktualisiert. Zwischenzeitliche Updates sind über das Internet zu erhalten.

> Um ein rechtskonformes Bauvorhaben zu erstellen, ist es unerlässlich, ausschließlich die in den jeweiligen Bundesländern gültigen Vorschriften in der aktuellen Fassung zu verwenden.

1 Grundlagen

1.1 Übersicht

Das Landesrecht besteht aus einer Vielzahl von Gesetzen, Verordnungen, Richtlinien und Verwaltungsvorschriften.

Diesen sind wiederum Verordnungen aus anderen Gesetzgebungsbereichen (z.B. Bundesrecht) und bauaufsichtlich eingeführte Normen zugeordnet.

Daneben existieren zahlreiche Rundschreiben und Dienstanweisungen von vorgesetzten Dienststellen an die Genehmigungsbehörden. Diese haben zwar keinen Vorschriftencharakter, sind jedoch interne Weisungen, an denen sich die Behörden im Regelfall orientieren.

Manche Brandschutzdienststellen, z.B. Berufsfeuerwehren, geben eigene Merkblätter heraus, deren Inhalte ihren fachtechnischen Stellungnahmen zugrunde gelegt werden.

Wichtigste Pfeiler des Landesrechts sind die Landesbauordnungen sowie die Feuerwehr- und Brandverhütungsgesetze.

Neben Vorschriften mit materiell-rechtlichem Inhalt gibt es eine Reihe technischer und verwaltungstechnischer Ausführungsvorschriften.

Die meisten dieser Ausführungsvorschriften werden aufgrund einer Ermächtigung innerhalb der Landesbauordnungen erlassen und präzisieren pauschale Aussagen der entsprechenden Bauordnungen. Sie enthalten in vielen Fällen sowohl Bau- als auch Betriebsvorschriften.

Bild 1.1 enthält eine Übersicht über die Zusammenhänge ausgewählter Landesvorschriften.

1.2 Entwürfe der ARGEBAU

Die Fachkommission Bauaufsicht in der Arbeitsgemeinschaft der für das Bau-, Wohnungs- und Siedlungswesen zuständigen Minister und Senatoren der Länder (kurz: ARGEBAU oder *Bauministerkonferenz*, siehe Kapitel 3.1) erarbeitet Musterentwür-

3.4
Seite 2

Landesrecht

1-1 Übersicht über das Landesrecht und daraus abgeleitete Vorschriften und Regeln

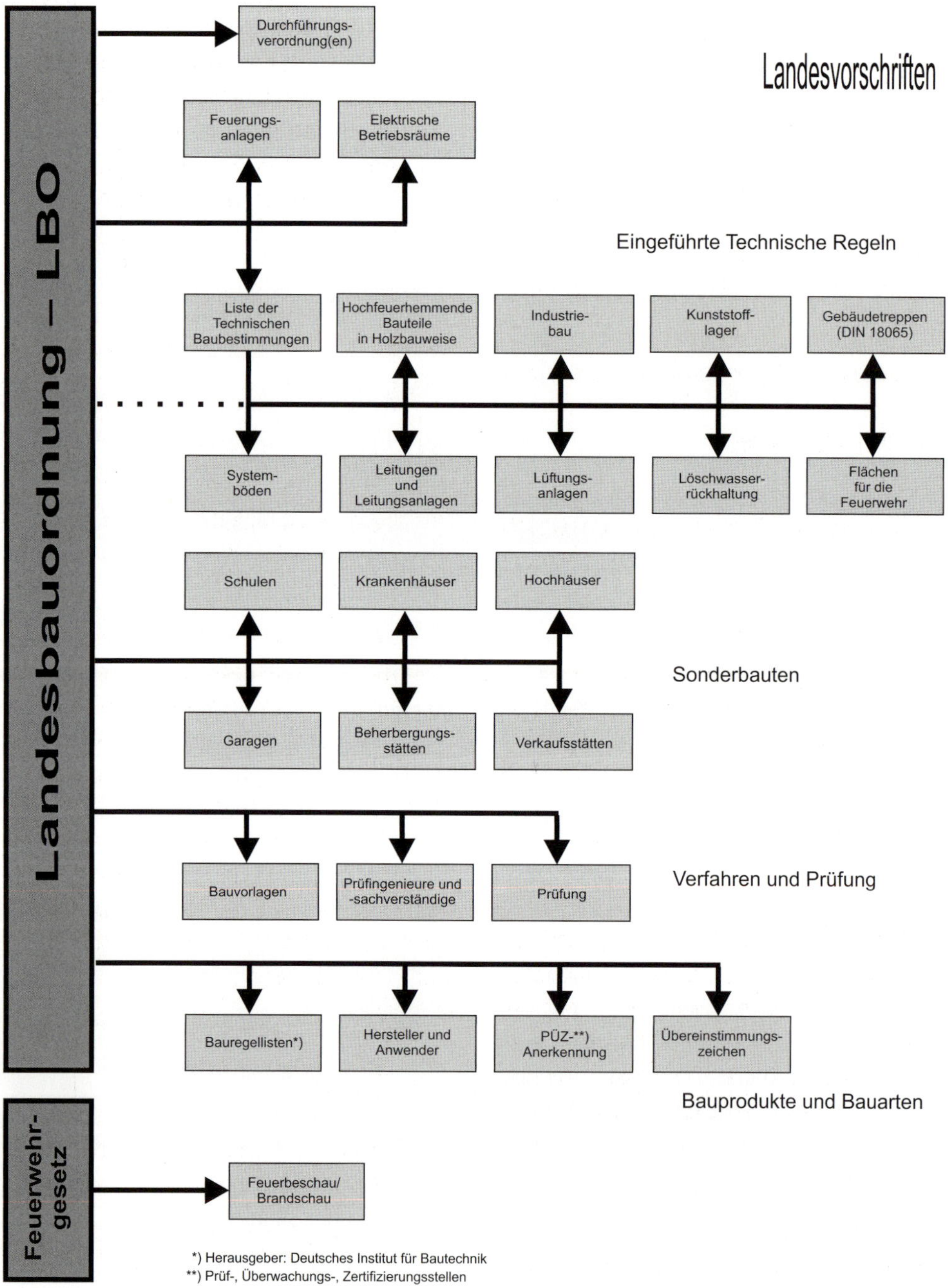

*) Herausgeber: Deutsches Institut für Bautechnik
**) Prüf-, Überwachungs-, Zertifizierungsstellen

fe für die Landesbauordnungen sowie für Landesverordnungen und Richtlinien.

Von einigen Ländern wurden einige dieser Muster durch Einführungserlass direkt übernommen. Zum Teil wurden die Muster zwar ebenfalls eingeführt, jedoch – entsprechend den Vorstellungen der jeweiligen Länder – geändert oder ergänzt. Andere der von der ARGEBAU erarbeiteten Mustervorschriften wurden jedoch von den Ländern nicht in gültiges Recht umgesetzt.

Dies hat zur Folge, dass in Deutschland eine einheitliche Behandlung der Bauvorhaben nicht möglich ist.

Musterentwürfe der ARGEBAU für Verordnungen und Richtlinien können jedoch im Einzelfall, soweit keine Landesvorschriften bestehen, zur Entscheidungshilfe bzw. Orientierung dienen.

Eine Auswahl aktueller Muster für Verordnungen und Richtlinien sind auf der Brandschutz-Nachweis-CD enthalten.

2 Landesbauordnungen

2.1 Allgemeines

Die heutigen gültigen Landesbauordnungen haben den Status von Landesgesetzen und basieren weitgehend auf der Musterbauordnung (MBO). Die einzelnen Länder haben dabei die Mustervorlagen geändert oder ergänzt und damit den Gesetzestext ihren individuellen Vorstellungen angepasst.

Außerdem erfolgten – ebenfalls nach unterschiedlichen Kriterien – teilweise Ergänzungen in Form von Durchführungs- bzw. Verwaltungsvorschriften oder Vollzugsbekanntmachungen. Hieraus folgt, dass die einzelnen Landesbauordnungen zwar etwa den gleichen Aufbau und dieselbe Gliederung besitzen, stellenweise jedoch untereinander erhebliche Differenzen aufweisen können. Dies stellt ein Problem für die am Bau Beteiligten dar, wenn sie in verschiedenen Bundesländern tätig sind.

2.2 Geltungsbereich

Die Landesbauordnungen gelten für bauliche Anlagen und Bauprodukte. Sie gelten auch für Grundstücke sowie für andere Anlagen und Einrichtungen, an die durch die Bauordnungen selber oder durch Vorschriften, die aufgrund der Bauordnungen erlassen wurden, Anforderungen gestellt werden.

Unter *bauliche Anlagen* versteht der Gesetzgeber hier: mit dem Erdboden verbundene, aus Bauprodukten hergestellte Anlagen. Hierzu gehören ausdrücklich auch Aufschüttungen und Abgrabungen, Lager-, Abstell- und Ausstellungsplätze, Sport- und Spielflächen, Camping-, Wochenend- und Zeltplätze, Freizeit- und Vergnügungsparks, Stellplätze für Kraftfahrzeuge, Gerüste sowie Hilfseinrichtungen zur statischen Sicherung von Bauzuständen.

Andere Anlagen sind demnach Anlagen und Einrichtungen, die keine baulichen Anlagen sind.

Die Landesbauordnungen gelten darüber hinaus **nicht** für

- Anlagen des öffentlichen Verkehrs einschließlich Zubehör, Nebenanlagen und Nebenbetrieben, ausgenommen Gebäude,

- Anlagen, die der Bergaufsicht unterliegen, ausgenommen Gebäude,
- Leitungen, die der öffentlichen Versorgung mit Wasser, Gas, Elektrizität, Wärme, der öffentlichen Abwasserentsorgung oder der Telekommunikation dienen,
- Rohrleitungen, die dem Ferntransport von Stoffen dienen,
- Kräne und Krananlagen.

Der räumliche Geltungsbereich der einzelnen Landesbauordnungen ist jeweils auf die Gebiete der entsprechenden Bundesländer begrenzt.

2.3 Grundsätzliche Anforderungen

Die Allgemeinen Anforderungen (Generalklausel) zur Sicherheit und Ordnung finden sich in § 3 MBO:

§ 3 MBO
Allgemeine Anforderungen

(1) Anlagen sind so anzuordnen, zu errichten, zu ändern und instand zu halten, dass die öffentliche Sicherheit und Ordnung, insbesondere Leben, Gesundheit und die natürlichen Lebensgrundlagen, nicht gefährdet werden.

Aufgrund der Wichtigkeit des Brandschutzes werden diese Anforderungen vom Gesetzgeber wie folgt konkretisiert:

§ 14 MBO
Brandschutz

Bauliche Anlagen sind so anzuordnen, zu errichten, zu ändern und instand zu halten, dass

- *der Entstehung eines Brandes und*
- *der Ausbreitung von Feuer und Rauch (Brandausbreitung) vorgebeugt wird und*

bei einem Brand

- *die Rettung von Menschen und Tieren sowie*
- *wirksame Löscharbeiten*

möglich sind.

Daraus ergibt sich folgende Gliederung des Brandschutzes:

- „der Entstehung eines Brandes und der Ausbreitung von Feuer und Rauch vorbeugen" → **Baulicher Brandschutz**
- „Rettung von Menschen und Tieren" → **Personenschutz**
- „wirksame Löscharbeiten" → **Abwehrender Brandschutz**

(Dabei sind die Voraussetzungen zur Rettung von Menschen und Tieren und zur Durchführung wirksamer Löscharbeiten auch im baulichen Brandschutz zu finden.)

2.4 Standardbauten – Sonderbauten

Die Bauordnungen unterscheiden, ohne die Begriffe tatsächlich zu verwenden, zwischen

- Standardbauten,
- typisierten Sonderbauten und
- anderen Sonderbauten.

Die Bauordnungen zeigen zunächst Brandschutzkonzepte für Standardbauten (Wohn-, Büro- und ähnliche Gebäude) auf, abhängig von der entsprechenden Gebäudeklasse.

Ergänzend hierzu können die obersten Bauaufsichtsbehörden technische Regeln bauaufsichtlich einführen, entweder als speziell eingeführte Technische Vorschriften oder durch Bekanntmachung über die Liste der Technischen Baubestimmungen. Vorschriften der Bauordnung bzw. eingeführter technischer Regeln sind grundsätzlich einzuhalten. Soll hiervon im begründeten Fall abgewichen werden, muss dafür eine formelle Abweichung beantragt werden.

Neben technischen Vorschriften können die obersten Bauaufsichtsbehörden auch die Bauordnung ergänzende Sonderbauvorschriften bauaufsichtlich einführen. Diese zeigen dann das typisierte Brandschutzkonzept für die entsprechenden Sonderbauten auf.

Für andere Sonderbauten ist in den Bauordnungen, auf Basis des § 51 MBO folgende Vorgabe zu finden:

> *§ 51 MBO*
> *Sonderbauten*
>
> *An Sonderbauten können im Einzelfall zur Verwirklichung der allgemeinen Anforderungen nach § 3 Abs. 1 besondere Anforderungen gestellt werden. Erleichterungen können gestattet werden, soweit es der Einhaltung von Vorschriften wegen der besonderen Art oder Nutzung baulicher Anlagen oder Räume oder wegen besonderer Anforderungen nicht bedarf.*

Die tatsächlichen Anforderungen sind im Einzelfall in entsprechenden Brandschutzkonzepten zu entwickeln. Wie diese Anforderungen dann aussehen, bleibt letztendlich den Entscheidungsmaßstäben der Genehmigungsbehörden (ggf. unter Einbeziehung der Brandschutzdienststellen) bzw. der Prüfsachverständigen überlassen.

Manche Genehmigungsbehörden, Regierungsbezirke oder Länder regeln entsprechende Anforderungen im Sinne einer Gleichbehandlung mit internen schriftlichen Festlegungen. Zum Teil werden auch Musterrichtlinien bzw. Verordnungen der ARGEBAU oder Verordnungen anderer Bundesländer zur Meinungsfindung herangezogen.

Auf jeden Fall empfiehlt es sich, rechtzeitig mit den zuständigen Stellen Kontakt aufzunehmen und bereits in der Planungsphase entsprechende Brandschutzkonzepte zu entwickeln (siehe auch Kapitel 5.1.2).

2.5 Standardanforderungen in den Landesbauordnungen

Nachfolgend werden grundsätzliche Einzelanforderungen kurz erläutert. (Genauere Angaben zu den einzelnen Landesbauordnungen siehe Kapitel 5 sowie Brandschutz-Nachweis-CD; zu den Bauprodukten siehe Kapitel 6.)

2.5.1 Grundlage für Anforderungen

Die materiell-rechtlichen Anforderungen basieren wie auch viele verfahrensregelnde Bestimmungen auf der Einstufung eines Gebäudes in eine bestimmte Gebäudeklasse.

3.4
Seite 6

Landesrecht

Zurzeit befinden wir uns in einer Umbruchphase, weil die MBO im Jahre 2002 einer völligen Überarbeitung unterzogen wurde (siehe Kapitel 5.1). Die Umsetzung der neuen MBO erfolgt in den einzelnen Bundesländern jedoch nur sehr zögerlich, so dass einigen Landesbauordnungen derzeit noch ältere MBO-Fassungen zugrunde liegen.

Im Folgenden sind die Gebäudeklassen, basierend auf der MBO 1996 und älter, im Vergleich zu den Gebäudeklassen aus der MBO 2002 aufgelistet.

MBO 1996:

I. Kleinere Wohngebäude (mit bis zu zwei Wohnungen) bzw. untergeordnete Gebäude

II. Gebäude geringer Höhe (Fußboden des obersten Geschosses maximal 7 m über Gelände)

III. Gebäude mittlerer Höhe (höher als Gebäude geringer Höhe) und

IV. Hochhäuser (Fußboden des obersten Geschosses mehr als 22 m über Gelände)

Nach der neuen Systematik der **MBO 2002** erfolgt eine Aufteilung in fünf Gebäudeklassen (GKL) (zuzüglich Hochhäuser):

I. GKL 1:
   a) freistehende Gebäude mit einer Höhe bis zu 7 m und nicht mehr als zwei Nutzungseinheiten von insgesamt nicht mehr als 400 m^2 und

2-1 Gebäudeklassen nach MBO 1996

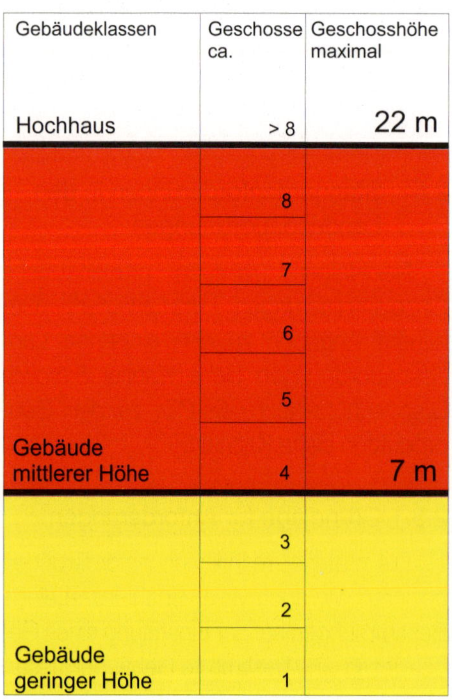

2-2 Gebäudeklassen nach MBO 2002

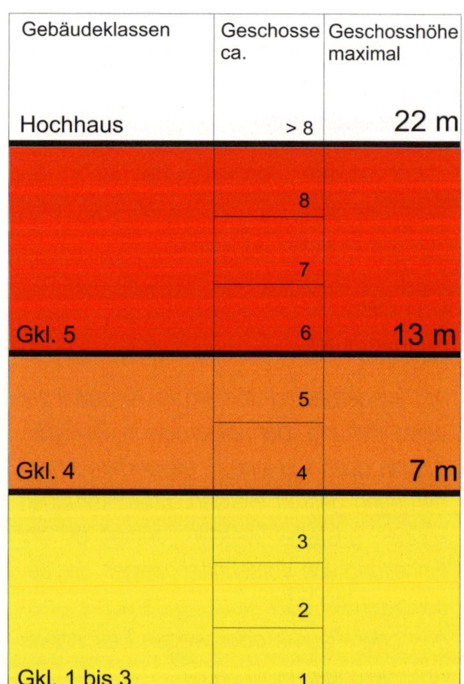

b) freistehende land- oder forstwirtschaftlich genutzte Gebäude

II. GKL 2:
Gebäude mit einer Höhe bis zu 7 m und nicht mehr als zwei Nutzungseinheiten von insgesamt nicht mehr als 400 m²

III. GKL 3:
sonstige Gebäude mit einer Höhe bis zu 7 m

IV. GKL 4:
Gebäude mit einer Höhe bis zu 13 m und Nutzungseinheiten mit jeweils nicht mehr als 400 m²

V. GKL 5:
sonstige Gebäude einschließlich unterirdischer Gebäude

VI. Hochhäuser

Die aufgeführten Höhenangaben beschreiben *das Maß der Fußbodenoberkante des höchstgelegenen Geschosses, in dem ein Aufenthaltsraum möglich ist, über der Geländeoberfläche im Mittel.*

Achtung:
Diese Einstufungen können sich in den einzelnen Bundesländern im Detail unterscheiden. Dies bezieht sich sowohl auf die Masse als auch auf die Bezugsebenen.

2.5.2 Bebauung des Grundstücks und Abstandsflächen

In den Landesbauordnungen wird die Bebauung der Grundstücke mit Gebäuden geregelt. Grundsatz ist hierbei, dass das Grundstück für die jeweilige Nutzung geeignet sein muss, d.h. in erster Linie, dass Gebäude nur errichtet werden dürfen, wenn das Grundstück in angemessener Breite an einer befahrbaren öffentlichen Verkehrsfläche liegt oder wenn das Grundstück eine befahrbare, öffentlich-rechtlich gesicherte Zufahrt zu einer befahrbaren öffentlichen Verkehrsfläche hat.

Zur ordnungsgemäßen Erschließung gehört auch die Erreichbarkeit der baulichen Anlagen für die Feuerwehr. Eine ausführliche Regelung betrifft das Erfordernis und die notwendige Beschaffenheit von Zugängen und Zufahrten für die Feuerwehr.

Ergänzend hierzu gibt es jedoch in den einzelnen Bundesländern (teils unterschiedliche) technische Regeln oder Verwaltungsvorschriften, die die erforderlichen Flächen für die Feuerwehr im Detail beschreiben.

Vor den Außenwänden von oberirdischen Gebäuden sind Abstandsflächen freizuhalten, es sei denn, dass nach planungsrechtlichen Vorschriften das Gebäude an die Grenze gebaut werden muss oder gebaut werden darf. Die Abstandsfläche richtet sich nach der Höhe der Außenwand (siehe Kapitel 7.2).

Die Lage des Gebäudes ist so zu wählen, dass die Abstandsflächen auf dem eigenen Grundstück liegen und sich mit anderen Abstandsflächen nicht überdecken. Diese Regelung hat jedoch vielfältige Sonderregelungen und Zulässigkeiten. Die Abstandsflächen dürfen sich z.B. auf Nachbargrundstücke erstrecken, wenn öffentlich-rechtlich sichergestellt wird, dass sie nicht überbaut werden.

Eine Reduzierung der Abstandsflächen für bestimmte Nutzungsgebiete ist vorgesehen.

2.5.3 Bauprodukte, Bauarten

Ein ganzer Abschnitt innerhalb der MBO widmet sich der Verwendung bzw. dem In-Verkehr-Bringen von Bauprodukten und Bauarten (siehe Kapitel 5.2).

2.5.4 Brandverhalten von Bauprodukten

Zunächst werden grundsätzliche Vorgaben an Baustoffe aufgezeigt:

> *§ 26 Absatz 1 Satz 2 MBO*
>
> *Baustoffe, die nicht mindestens normal entflammbar sind (leicht entflammbare Baustoffe), dürfen nicht verwendet werden; dies gilt nicht, wenn sie in Verbindung mit anderen Baustoffen nicht leicht entflammbar sind.*

Abhängig von der Höhe (Gebäudeklasse) und Nutzung der Gebäude werden Anforderungen an die Feuerwiderstandsdauer und teilweise weitergehende Vorgaben an das Brandverhalten der Baustoffe gestellt. Forderungen bestehen für folgende Bauprodukte:

- tragende Wände
- Decken
- Außenwände
- Innenwände
- Dachtragwerke
- Dächer
- Verkleidungen
- abgehängte Decken
- Bewegungsfugen (Dehnungsfugen).

Teilweise enthalten die Landesbauordnungen nur grundsätzliche Angaben und zeigen detaillierte Forderungen erst in den ergänzenden Durchführungs- bzw. Verwaltungsvorschriften auf.

Für Aufenthaltsräume im Keller- und Dachgeschoss unterscheiden sich, gerade in den Landesbauordnungen, die noch auf der MBO 1996 beruhen, die Vorschriften oft von den Basisanforderungen an Wände und Decken.

Befinden sich Gebäudeabschlusswände in einem Abstand bis zu **2,50 m zur Nachbargrenze,** sind hier Brandwände auszubilden.

Brandabschnitte, gebildet durch innere Brandwände, dürfen in der Regel **40 m Länge** nicht überschreiten. Die Landesbauordnung Rheinland-Pfalz gesteht jedoch Brandabschnittslängen von 60 m zu.

Größere Brandabschnittsflächen sind für **landwirtschaftliche und gärtnerische Betriebsgebäude** (bis 10.000 m^3 möglich) vorgesehen.

Eine Anforderung zur Ausführung als Brandwände besteht außerdem für die Trennwände zwischen land- und forstwirtschaftlichen Betriebs- und Wohngebäuden.

Die Landesbauordnungen enthalten darüber hinaus Erleichterungen für die unteren Gebäudeklassen und Anforderungen an Anschlussdetails sowie Durchdringungen.

Für Gewerbe- und Industriebauten enthalten die in den Bundesländern bauaufsichtlich eingeführten Industriebaurichtlinien (siehe Kapitel 9) spezielle Anforderungen an Bauprodukte und zulässige Flächen von Brandabschnitten.

Besondere Anforderungen für Sonderbauten sind auch in einigen Sonderbauvorschriften enthalten.

Weitere Ausführungen hinsichtlich der erforderlichen Brandschutzeigenschaften von Bauprodukten enthalten Kapitel 5 und die Brandschutz-Nachweis-CD.

Nähere Ausführungen zu Brandabschnitten und -wänden enthält Kapitel 6.2.2.

2.5.5 Rettungswege, Öffnungen, Umwehrungen

Jedes Gebäude muss grundsätzlich zwei voneinander unabhängige Rettungswege enthalten, wobei der *erste Rettungsweg* baulicher Natur sein muss, der *zweite Rettungsweg* jedoch aus einem anleiterbaren Fenster bestehen kann. Letztere Erleichterung ist jedoch abhängig von der Zugänglichkeit und den technischen Möglichkeiten der Feuerwehr und der bestimmungsgemäßen Nutzung des Gebäudes. Wenn eine Rettung über Fenster nicht möglich ist, muss auch der zweite Rettungsweg baulich ausgebildet werden.

Zu den baulichen Rettungswegen im Gebäude gehören die

- Gänge
- notwendigen Flure
- notwendigen Treppenräume
- direkten Ausgänge ins Freie
- Fenster.

Neben den jeweiligen erforderlichen Konzepten beinhalten die Bauordnungen auch materiell-rechtliche Anforderungen an die Beschaffenheit der Rettungswege.

2.5.6 Technische Gebäudeausrüstung

In den Landesbauordnungen werden grundsätzliche Anforderungen für technische Anlagen aufgeführt, wie

- Aufzüge
- Leitungsanlagen, Installationsschächte und -kanäle
- Lüftungsanlagen
- Feuerungsanlagen, sonstige Anlagen zur Wärmeerzeugung, Brennstoffversorgung
- Sanitäre Anlagen, Kleinkläranlagen
- Blitzschutzanlagen.

Diese Anforderungen werden in Bezug auf die meisten Anlagen sehr allgemein gehalten. Für weitergehende und teilweise detaillierte Vorgaben bestehen in den meisten Fällen spezielle Verordnungen oder Richtlinien.

Außerdem enthalten die Landesbauordnungen nutzungsbedingte Anforderungen an bestimmte Räume und Anlagen, nämlich Anforderungen für:

- Aufenthaltsräume,
- Wohnungen und
- Sonderbauten.

2.5.7 Anforderungen an die am Bau Beteiligten

Zu den am Bau Beteiligten gehören

- Bauherr
- Entwurfsverfasser
- Unternehmer

sowie in den meisten Bauordnungen auch der

- Bauleiter.

Sie sind innerhalb ihres Wirkungskreises dafür verantwortlich, dass die öffentlich-rechtlichen Vorschriften und die Anordnungen der Bauaufsichtsbehörde eingehalten werden.

Dieser Verantwortung kommt zunehmend eine größere Bedeutung zu, da der staatliche Prüfungsumfang, gerade hinsichtlich des Brandschutzes, im baurechtlichen Verfahren teilweise beschränkt wird, ganz entfällt bzw. weil bestimmte bauliche Anlagen als „verfahrensfrei" erklärt oder von der Genehmigungspflicht freigestellt werden (je nach Bundesland unterschiedlich).

Der Bauherr hat, soweit er nicht selbst dazu geeignet ist, zur Vorbereitung und Ausführung eines genehmigungspflichtigen Vorhabens geeignete Entwurfsverfasser und Unternehmer zu beauftragen. Die Bauordnung führt die notwendige Sachkunde und Erfahrung des Entwurfsverfassers auf. Besitzt der Entwurfsverfasser diese auf einzelnen Fachgebieten nicht, so sind geeignete Sachverständige (Fachplaner) heranzuziehen. Dieses Verfahren, das bei der Statik oder beim Schallschutz bereits üblich ist, hält auch im Brandschutz Einzug.

In vielen Bundesländern ist mittlerweile die Erstellung von Brandschutzkonzepten bzw. Brandschutznachweisen bei allen oder bei bestimmten Vorhaben obligatorisch.

Neben Sachkunde und Erfahrung benötigt der Entwurfsverfasser auch eine offizielle Bauvorlageberechtigung.

Der Unternehmer ist für die mit den öffentlich-rechtlichen Anforderungen übereinstimmende Ausführung der von ihm übernommenen Arbeiten und insoweit für die ordnungsgemäße Einrichtung und den sicheren Betrieb der Baustelle verantwortlich. Er hat auch die erforderlichen Nachweise über die Verwendbarkeit der Bauprodukte und Bauarten zu erbringen und auf der Baustelle bereitzuhalten.

> Die Ausführung des Bauvorhabens muss, auch wenn eine staatliche Prüfung nicht erfolgte, den öffentlich-rechtlichen Vorschriften und den als Technische Baubestimmungen eingeführten Regeln ordnungsgemäß entsprechen.

In einigen Bundesländern wurden Prüfsachverständige installiert, die eine Prüfung des Brandschutzes bzw. des Brandschutznachweises innerhalb bestimmter Verfahren durchführen.

In fast jedem Bundesland gibt es für diesen Bereich eine eigenständige Regelung.

2.5.8 Verwaltungstechnische Anforderungen

Dieser Teil der Bauordnungen enthält die verwaltungstechnischen Grundsätze. Sie regeln, welche Behörden die Funktion der unteren, höheren und obersten Bauaufsichtsbehörde wahrnehmen, und legen die personelle Besetzung fest. Außerdem werden die Aufgaben und Befugnisse der Bauaufsichtsbehörden verdeutlicht.

Besonders umfangreich ist die Auflistung der genehmigungspflichtigen und verfahrensfreien Vorhaben sowie die Regelung der Ausnahmen von der Genehmigungspflicht.

Darauf folgt die Vorgehensweise bei gewünschten Abweichungen von den materiell-rechtlichen Vorgaben der Bauordnung.

Bei der Beschreibung des bauaufsichtlichen Verfahrens wird zunächst erläutert, auf welchem Weg der Bauantrag einzureichen ist, welche Angaben er enthalten muss und welche Vorlagen beizufügen sind. (Hierzu bestehen in den einzelnen Ländern entsprechende Bauvorlagenverordnungen.)

Im Weiteren wird der Ablauf bis zur Baugenehmigung und die anschließende Bauüberwachung beschrieben. Außerdem wird die Baueinstellung und Baubeseitigung bei Anlagen, die im Widerspruch zu öffentlich-rechtlichen Vorschriften errichtet oder geändert wurden, aufgezeigt.

Abschließend werden die Tatbestände für Ordnungswidrigkeiten geregelt. Dem zuständigen Staatsministerium wird die Ermächtigung erteilt, durch Rechtsverordnung weitergehende Vorschriften zu erlassen.

Auch Gemeinden haben die Möglichkeit, durch eine Satzung örtliche Bauvorschriften zu verabschieden. Deshalb muss der Planer im Einzelfall prüfen, ob eine solche Ortssatzung vorliegt oder nicht.

3 Allgemeine ergänzende Vorschriften zur Landesbauordnung

3.1 Allgemeine Durchführungsvorschriften

Die Durchführungs- oder Ausführungsverordnungen stehen in direktem Zusammenhang mit den Landesbauordnungen. Sie regeln die praktische Umsetzung der Anforderungen in den einzelnen Paragrafen der Bauordnungen. In der Regel ist bei diesen Festlegungen jeweils vermerkt, welche Paragrafen der Bauordnung ergänzt werden (also: zu § xy LBO).

Für einige Landesbauordnungen gibt es keine Durchführungsverordnung. Die wesentlichen Inhalte früherer Durchführungsverordnungen wurden in diesen Fällen in die Bauordnung selbst eingearbeitet.

3.2 Vollzugsbekanntmachungen

Im Rahmen der Veröffentlichung bzw. Einführung einer Landesbauordnung gibt das zuständige Ministerium in der Regel Vollzugsbekanntmachungen heraus. Diese sind als Anwendungshilfe für die Genehmigungsbehörden vorgesehen. Sie regeln Auslegungspraktiken und zeigen Hintergründe zu den einzelnen Festlegungen der Bauordnungen auf. Weitere Vollzugsbekanntmachungen können bei erkannten Auslegungsschwierigkeiten auch zu späteren Terminen herausgegeben werden.

4 Technische Regeln und deren bauaufsichtliche Einführung

Unter technischen Regeln versteht man Vorgaben, die die Umsetzungen technischer Aufgabenstellungen in standardisierter Form beschreiben. Es gibt technische Regeln, die im konstruktiven Sinne ein Werk bzw. eine Anlage beschreiben, während andere Planungsvorgaben enthalten.

Die technischen Regeln konkretisieren die in den Bauordnungen aufgezeigten Schutzziele.

Es gibt

- bauaufsichtlich eingeführte technische Regeln
- **allgemein anerkannte Regeln der Technik**
- Regeln, die als momentaner Stand der Wissenschaft angesehen werden, außerdem
- Regeln, die von Interessenverbänden herausgegeben werden, um bestimmte technische Standards anzustreben. Darunter befinden sich auch technische Regeln, die als überholt oder falsch gelten.

Grundsätzlich kann die Einhaltung bestimmter technischer Regeln privatrechtlich vereinbart werden. Auch aus haftungsrechtlicher Sicht ist vom Planer genau zu ermitteln, welche Regeln jeweils beachtet werden müssen (siehe Kapitel 10). In jedem Fall sind die **bauaufsichtlich eingeführten Technischen Baubestimmungen** als Mindeststandard zwingend jedem Bauvorhaben zugrunde zu legen.

Die einzelnen Bundesländer haben entsprechend den Vorgaben in den Bauordnungen zwei Möglichkeiten technische Regeln bauaufsichtlich einzuführen:

1. In den Bundesländern wird jeweils eine **Liste der eingeführten Technischen Baubestimmungen** (Liste TB) veröffentlicht, deren Status eine Landesverordnung ist. Diese führt Technische Baubestimmungen auf, die damit alle bauaufsichtlich eingeführt sind.
2. Durch Einführungserlasse werden Musterverordnungen, Musterrichtlinien oder Normen bauaufsichtlich eingeführt und erhalten damit den Status einer landesrechtlich gültigen Vorschrift.

(Wichtige eingeführte Technische Baubestimmungen der einzelnen Bundesländer enthält die Brandschutz-Nachweis-CD.)

5 Technische Regeln in der Liste der Technischen Baubestimmungen

Die im Folgenden genannten Richtlinien sind zunächst Musterrichtlinien der ARGEBAU oder Normen. Sie erlangen erst Rechtscharakter, wenn sie in den einzelnen Bundesländern bauaufsichtlich (durch Einzelerlass oder durch Aufnahme in die Liste der Technischen Baubestimmungen) eingeführt sind.

Die als Tabelle 5-1 abgedruckte Liste der **eingeführten Technischen Baubestimmungen** stellt einen Auszug eines Musters der ARGEBAU dar. Durch die Verwendung von Musterlisten soll gewährleistet werden, dass die Liste in allen Bundesländern, die sich dieses Instrumentes bedienen, identisch ist.

Manche Bundesländer streichen einzelne Vorschriften aus der Liste.

Zu ihrer rechtlichen Bedeutung ist im Vorwort zur Liste der ARGEBAU Folgendes ausgeführt:

> *(aus dem Vorwort)*
>
> *Die Liste der Technischen Baubestimmungen enthält technische Regeln für die Planung, Bemessung und Konstruktion baulicher Anlagen und ihrer Teile, deren Einführung als Technische Baubestimmungen auf der Grundlage des § 3 Abs. 3 MBO erfolgt.*
>
> *Technische Baubestimmungen sind allgemein verbindlich, da sie nach § 3 Abs. 3 MBO beachtet werden müssen.*
>
> (siehe Hinweis 2 in diesem Kapitel)

Die bauaufsichtlich eingeführten Technischen Baubestimmungen sind in dieser Liste zwar aufgelistet, jedoch nicht abgedruckt, d.h., dass diese entsprechend der genannten Fundstelle separat bezogen werden müssen.

Die Bezugsquellen bzw. Fundstellen sind in den einzelnen Bundesländern unterschiedlich.

Die wichtigsten Regeln können in diesem Werk oder auf der Brandschutz-Nachweis-CD eingesehen werden:

- DIN 4102-4 mit der Ergänzung DIN 4102-4/A1 und der DIN 4102-22 sind in zusammengefasster Form in Kapitel 3.5-V abgedruckt.
- Die von den Ländern tatsächlich eingeführten, auf dieser Musterliste aufbauenden Listen der Technischen Baubestimmungen mit ihren Fundstellen, einschließlich der dazugehörenden Anlagen, sind auf der Brandschutz-Nachweis-CD enthalten.

> Hinweis 1:
>
> Nur wenige Bundesländer haben von der Einführung über eine solche Liste abgesehen.
>
> In den länderspezifischen Anlagen werden teilweise Inhalte der einzelnen eingeführten technischen (Muster-)Bestimmungen modifiziert. Im Einzelfall werden Teile der (Muster-)Bestimmungen von der Einführung ausgenommen, zusätzliche Regelungen getroffen oder Anwendungshinweise gegeben.

Bei der Liste ist zu beachten, dass in deren Anlagen wichtige länderspezifische Ergänzungen zu den genannten Musterrichtlinien, Normen und Arbeitspapieren enthalten sein können, die jedoch Bestandteil der bauaufsichtlichen Einführung sind.

3.4
Seite 14

Landesrecht

Hinweis 2:

Gemäß § 3 Abs. 3 Satz 3 MBO kann von den Technischen Baubestimmungen abgewichen werden, *„wenn mit einer anderen Lösung in gleichem Maße die allgemeinen Anforderungen des Absatzes 1* [keine Gefährdung der öffentlichen Sicherheit und Ordnung, insbesondere Leben, Gesundheit und natürliche Lebensgrundlagen] *erfüllt werden (...)"*

Diese Rechtsquelle wird in den offiziellen Dienstanweisungen der Bundesländer an die jeweiligen Bauaufsichtsbehörden unterschiedlich bewertet.

Die Vollzugshinweise zur Bayerischen Bauordnung 2008 führen hierzu z.B. Folgendes aus: *„Art. 3 Abs. 2 Satz 3* [entspricht § 3 Abs. 3 Satz 3 MBO] *erlaubt Abweichungen von eingeführten Technischen Baubestimmungen ohne bauaufsichtliche Zulassungsentscheidung nur bei gleich- oder höherwertigen (technischen) Lösungen. Eine Abweichung von materiellen bauordnungsrechtlichen Anforderungen wird von der Regelung auch dann nicht erfasst, wenn sie auch in einer Technischen Baubestimmung enthalten sind; in diesen Fällen ist eine Abweichung nach Art. 63 Abs. 1 Satz 1 von den jeweiligen materiellrechtlichen Anforderungen erforderlich.*

Wird der Mindeststandard des Art. 3 Abs. 1 Satz 1 unterschritten, ist eine Abweichung unzulässig (vgl. Art. 63 Abs. 1 Satz 1 Halbsatz 1).

Wird die Einhaltung einer Technischen Baubestimmung bauaufsichtlich oder durch einen Prüfingenieur/Prüfsachverständigen geprüft (z.B. Industriebaurichtlinie, Holzbaurichtlinie), umfasst diese Prüfung auch die ggf. geplanten Abweichungen."

Andere Bundesländer legen dies teilweise anders aus. Dort begründet der Planer oder Fachplaner auch bei diesen über die Liste der Technischen Baubestimmungen eingeführten Baubestimmungen eigenständig die Vertretbarkeit von Abweichungen ohne zusätzliche Gegenprüfung.

Tabelle 5-1: Technische Baubestimmungen – Musterliste der ARGEBAU – Auszüge

Kenn./ Lfd. Nr.	Bezeichnung	Titel	Ausgabe	Bezugs-quelle/ Fundstelle
1	2	3	4	5
1	Technische Regeln zu Grundlagen der Tragwerksplanung und Einwirkungen			
1.2	DIN EN 1991	Eurocode 1: Einwirkungen auf Tragwerke		
	– 1-2	– Teil 1-2: Allgemeine Einwirkungen – Brandeinwirkungen auf Tragwerke	Dezember 2010	*)
	– 1-2/NA Anlage 1.2/1	Nationaler Anhang – National festgelegte Parameter – Eurocode 1: Einwirkungen auf Tragwerke – Teil 1-2: Allgemeine Einwirkungen – Brandeinwirkungen auf Tragwerke	Dezember 2010	*)

*) Beuth Verlag GmbH, 10772 Berlin

Hinweis: In der Anlage 1.2/1 der Muster Liste der Technischen Baubestimmungen bzw. in den entsprechenden Listen der Länder sind wichtige bauaufsichtliche Vorgaben zum Umgang mit dem Naturbrandmodell bei der Tragwerksbemessung nach Eurocode enthalten.

Kenn./ Lfd. Nr.	Bezeichnung	Titel	Ausgabe	Bezugs-quelle/ Fundstelle
1	2	3	4	5
2	Technische Regeln zur Bemessung und zur Ausführung			
2.3	*Beton-, Stahlbeton- und Spannbetonbau*			
2.3.2	DIN EN 1992	Eurocode 2: Bemessung und Konstruktion von Stahlbeton- und Spannbetontragwerken		
	– 1-2 Anlage 2.3/5	– Teil 1-2: Allgemeine Regeln – Tragwerksbemessung für den Brandfall	Dezember 2010	*)
	– 1-2/NA	Nationaler Anhang – National festgelegte Parameter – Eurocode 2: Bemessung und Konstruktion von Stahlbeton- und Spannbetontragwerken – Teil 1-2: Allgemeine Regeln – Tragwerksbemessung für den Brandfall	Dezember 2010	*)

*) Beuth Verlag GmbH, 10772 Berlin

3.4 Seite 16 — Landesrecht

Fortsetzung:
Tabelle 5-1: Technische Baubestimmungen – Musterliste der ARGEBAU – Auszüge

Kenn./ Lfd. Nr.	Bezeichnung	Titel	Ausgabe	Bezugs-quelle/ Fundstelle
1	2	3	4	5
2.4	*Metall- und Verbundbau*			
2.4.1	DIN EN 1993	Eurocode 3: Bemessung und Konstruktion von Stahlbauten		
	– 1-2 Anlage 2.3/5	– Teil 1-2: Allgemeine Regeln – Tragwerksbemessung für den Brandfall	Dezember 2010	*)
	– 1-2/NA	Nationaler Anhang – National festgelegte Parameter – Eurocode 3: Bemessung und Konstruktion von Stahlbauten – Teil 1-2: Allgemeine Regeln – Tragwerksbemessung für den Brandfall	Dezember 2010	*)
2.4.2	DIN EN 1994	Eurocode 4: Bemessung und Konstruktion von Verbundtragwerken aus Stahl und Beton		
	– 1-2 Anlage 2.3/5	– Teil 1-2: Allgemeine Regeln – Tragwerksbemessung für den Brandfall	Dezember 2010	*)
	– 1-2/NA	Nationaler Anhang – National festgelegte Parameter – Eurocode 4: Bemessung und Konstruktion von Verbundtragwerken aus Stahl und Beton – Teil 1-2: Allgemeine Regeln – Tragwerksbemessung für den Brandfall	Dezember 2010	*)
2.4.3	DIN EN 1999	Eurocode 9: Bemessung und Konstruktion von Aluminiumtragwerken		
	– 1-2 Anlage 2.3/5	– Teil 1-2: Allgemeine Regeln – Tragwerksbemessung für den Brandfall	Dezember 2010	*)
	– 1-2/NA	Nationaler Anhang – National festgelegte Parameter – Eurocode 9: Bemessung und Konstruktion von Aluminiumtragwerken – Teil 1-2: Tragwerksbemessung für den Brandfall	April 2011	*)

*) Beuth Verlag GmbH, 10772 Berlin

Fortsetzung:
Tabelle 5-1: Technische Baubestimmungen – Musterliste der ARGEBAU – Auszüge

Kenn./ Lfd. Nr.	Bezeichnung	Titel	Ausgabe	Bezugs-quelle/ Fundstelle
1	2	3	4	5
2.5	*Holzbau*			
2.5.1	DIN EN 1995	Eurocode 5: Bemessung und Konstruktion von Holzbauten		
	– 1-2 Anlage 2.3/5	– Teil 1-2: Allgemeine Regeln – Tragwerksbemessung für den Brandfall	Dezember 2010	*)
	– 1-2/NA	Nationaler Anhang – National festgelegte Parameter – Eurocode 5: Bemessung und Konstruktion von Holzbauten – Teil 1-2: Allgemeine Regeln – Tragwerksbemessung für den Brandfall	Dezember 2010	*)
2.6	*Bauteile*			
2.6.5	DIN 18516	Außenwandbekleidungen, hinterlüftet		
	– 1 Anlagen 2.6/3 und 2.6/4	,–; Teil 1: Anforderungen, Prüfgrundsätze	Juni 2010	*)

*) Beuth Verlag GmbH, 10772 Berlin

Hinweis: In der Anlage 2.6/4 der Muster-Liste der Technischen Baubestimmungen, bzw. in den entsprechenden Listen der Länder ist die Umsetzung des Schutzzieles *besondere Vorkehrungen gegen die Brandausbreitung bei hinterlüfteten Außenwandbekleidungen,* die

- geschossübergreifende Hohl- oder Lufträume haben oder
- über Brandwände hinweggeführt werden,

beschrieben (Anforderung des § 28 Abs. 4 in Verbindung mit Abs. 5 und § 30 Abs. 7 MBO).

Fortsetzung:
Tabelle 5-1: Technische Baubestimmungen – Musterliste der ARGEBAU – Auszüge

Kenn./ Lfd. Nr.	Bezeichnung	Titel	Ausgabe	Bezugsquelle/ Fundstelle
1	2	3	4	5
3	*Technische Regeln zum Brandschutz*			
3.1	DIN 4102 Anlage 3.1/1	Brandverhalten von Baustoffen und Bauteilen		
	– 4 Anlage 3.1/2	–; Teil 4: Zusammenstellung und Anwendung klassifizierter Baustoffe, Bauteile und Sonderbauteile	März 1994	*)
	– 4/A1 Anlage 3.1/3	–; Teil 4: Zusammenstellung und Anwendung klassifizierter Baustoffe, Bauteile und Sonderbauteile; Änderung A1	November 2004	*)
	– 22 Anlage 3.1/4	–; Teil 22: Anwendungsnorm zu DIN 4102-4 auf der Bemessungsbasis von Teilsicherheitsbeiwerten	November 2004	*)
3.2	Richtlinie Anlage 3.2/1	Muster-Richtlinie über den baulichen Brandschutz im Industriebau (Muster-Industriebaurichtlinie – M IndbauR)	März 2000	**) 6/2000, S. 212
3.3	Richtlinie	Muster-Richtlinie über brandschutztechnische Anforderungen an Systemböden (MSysBöR)	September 2005	**) 3/2006, S. 135
3.4	Richtlinie Anlage 3.4/1	Richtlinie zur Bemessung von Löschwasser-Rückhalteanlagen beim Lagern wassergefährdender Stoffe (LöRüRL)	August 1992	**) 5/1992, S. 160
3.5	Richtlinie	Muster-Richtlinie über brandschutztechnische Anforderungen an Lüftungsanlagen (Muster-Lüftungsanlagen-Richtlinie M-LüAR)	September 2005, geändert Juli 2010	**) 1/2011, S. 8
3.6	Richtlinie	Muster-Richtlinie über brandschutztechnische Anforderungen an Leitungsanlagen (Muster-Leitungsanlagen-Richtlinie MLAR)	November 2005	**) 4/2006, S. 158

Fortsetzung:

Tabelle 5-1: Technische Baubestimmungen – Musterliste der ARGEBAU – Auszüge

Kenn./ Lfd. Nr.	Bezeichnung	Titel	Ausgabe	Bezugs-quelle/ Fundstelle
1	2	3	4	5
3.7	Richtlinie	Muster-Richtlinie über den Brandschutz bei der Lagerung von Sekundärstoffen aus Kunststoff (Muster-Kunststofflagerrichtlinie – MKLR)	Juni 1996	Anlage F oder *****)
3.8	Richtlinie	Muster-Richtlinie über brandschutztechnische Anforderungen an hochfeuerhemmende Bauteile in Holzbauweise – M-HFHHolzR	Juli 2004	**) 5/2004, S. 161 oder *****)

*) Beuth Verlag GmbH, 10772 Berlin

**) Deutsches Institut für Bautechnik, „DIBt Mitteilungen"

*****) entsprechend der Veröffentlichung der ARGEBAU

Kenn./ Lfd. Nr.	Bezeichnung	Titel	Ausgabe	Bezugs-quelle/ Fundstelle
1	2	3	4	5
7	*Technische Regeln als Planungsgrundlagen*			
7.1	DIN 18065 Anlage 7.1/1	Gebäudetreppen – Begriffe, Messregeln, Hauptmaße	Juni 2011	*)
7.4	Richtlinie Anlage 7.4/1	Muster-Richtlinien über Flächen für die Feuerwehr	Februar 2007	*****)

*) Beuth Verlag GmbH, 10772 Berlin

*****) entsprechend der Veröffentlichung der ARGEBAU

Hinweis: In einigen Bundesländern sind bestimmte Regeln nicht eingeführt. Teils sind auch Regeln der älteren Ausgaben in den Listen der Länder enthalten.

Anmerkung: Die hier aufgeführten Richtlinien (keine Normen) können – unabhängig von der angegebenen Bezugsquelle – von der Website der ARGEBAU (www.is-argebau.de) heruntergeladen werden: unter Mustervorschriften/Mustererlasse → Bauaufsicht/Bautechnik.

3.4 Landesrecht
Seite 16-4

5.1 Baustoffe und Bauteile

DIN 4102-4, DIN 4102-4/A1, DIN 4102-2 – Brandverhalten von Baustoffen und Bauteilen

Die DIN 4102-4 enthält Angaben über Baustoffe, Bauteile und Sonderbauteile, die nach ihrem Brandverhalten auf der Grundlage von Prüfungen nach den Prüfnormen der Reihe DIN 4102 klassifiziert wurden.

Für Baustoffe, Bauteile und Sonderbauteile, die in dieser Norm erfasst bzw. beschrieben sind, ist damit der Nachweis über das Brandverhalten ohne zusätzliche Prüfungen erbracht, d.h., dass für diese Baustoffe kein weiterer Verwendbarkeitsnachweis, wie ein allgemeines bauaufsichtliches Prüfzeugnis oder eine allgemeine bauaufsichtliche Zulassung, erforderlich ist.

Die DIN 4102-4/A1 und die DIN 4102-22 beinhalten Anpassungen der DIN 4102-4 an die neuen Entwicklungen der Tragwerksnormung auf nationaler und europäischer Ebene.

(Weitere Ausführungen enthält Kapitel 3.5-E. Die DIN 4102-4 ist mit den eingearbeiteten Berichtigungen des DIN sowie den o.g. Ergänzungen vollständig im Kapitel 3.5-V abgedruckt.)

Hinweis:

Im Jahre 2012 wurden die Anlagen 1-2 der Eurocodes 1, 2, 3, 4, 5 und 9 „Bemessung für den Brandfall“ in die Muster-Liste der Technischen Baubestimmungen aufgenommen. Somit wird hier nunmehr die brandschutztechnische Bemessung der entsprechenden tragenden Bauteile geregelt.

Im gleichen Zuge sollte eine modifizierte DIN 4102-4 als Restnorm veröffentlicht werden. Diese Veröffentlichung zögert sich aus technischen Gründen noch hinaus.

5.2 Industriebau

Richtlinie über den baulichen Brandschutz im Industriebau (Muster-Industriebaurichtlinie (IndBauRL)

Die Landesbauordnungen werden den Erfordernissen des Industriebaus häufig nicht gerecht, da sie im Wesentlichen für die Belange von Wohngebäuden und ähnlichen Gebäuden ausgelegt sind. Auch die in den Bauordnungen geregelten *anderen Gebäude* können zum Teil nicht mit größeren modernen Industriegebäuden verglichen werden.

Deshalb ist die Anwendung der Landesbauordnungen für Industriegebäude nur begrenzt möglich und eine besondere Richtlinie erforderlich.

In der IndBauRL wird, im Gegensatz zur Bauordnung, auch die brandschutztechnische Infrastruktur berücksichtigt.

5.2.1 Geltungsbereich

Industriebauten im Sinne der MInd-BauRL sind Gebäude oder Gebäudeteile im Bereich der Industrie und des Gewerbes, die der Produktion (Herstellung, Behandlung, Verwertung, Verteilung) oder Lagerung von Produkten oder Gütern dienen.

Die Richtlinie gilt **nicht** für:

- Industriebauten, die lediglich der Aufstellung technischer Anlagen dienen und von Personen nur vorübergehend zu Wartungs- und Kontrollzwecken begangen werden (Einhausung, z.B. aus Gründen des Witterungs- oder Immissionsschutzes)
- Industriebauten, die überwiegend offen sind, wie überdachte Freianlagen oder Freilager, oder die aufgrund ihres Verhaltens im Brandfall diesen gleichgestellt werden können.

Für diese baulichen Anlagen können aufgrund eines geringeren Gefahrenrisikos im Einzelfall weitergehende Erleichterungen gestattet werden.

Darüber hinaus gilt die Richtlinie **nicht** für

- Regallager mit Lagerguthöhen von mehr als 9 m (Oberkante Lagergut).

5.2.2 Inhalt

Die IndBauR stellt in Abschnitt 5 **Allgemeine Anforderungen** auf. **Diese gelten immer.** Im weiteren Verlauf zeigt sie **alternativ** drei Möglichkeiten auf, Brandschutzkonzepte für Industriebauten zu ermitteln.

- **Vereinfachte Nachweisführung** (Abschnitt 6 der Richtlinie)
  Ohne rechnerische Nachweise werden zulässige Brandabschnittsgrößen sowie der notwendige Feuerwiderstand der Tragkonstruktion aus Tabellen abgeleitet.
- **Vollinhaltliche Nachweisführung nach IndBauR in Verbindung mit DIN 18230 und DIN 18232** (Abschnitt 7 der Richtlinie)
  Durch rechnerische Ermittlung der Brandlasten im und am Gebäude wird ein darauf abgestimmtes Brandschutzkonzept ermittelt.

  Wegen der Verknüpfung des Sicherheitsniveaus mit der berechneten Brandlast gehört es zu den Pflichten des Betreibers einer Industrieanlage, das Brandschutzkonzept bei einer Änderung der Brandlast zu überprüfen. Stellt sich dabei heraus, dass die neuen Brandlasten zu höheren Ergebnissen führen, liegt eine Nutzungsänderung vor (mit der möglichen Folge brandschutztechnischer Nachrüstungen).

Dies bedeutet, für Gebäude mit wechselnder Brandlast ist dieser Weg ungeeignet.

- **Wissenschaftliche Nachweisführung mit Methoden des Brandschutzingenieurwesens** (Anhang 1)
  Durch wissenschaftlich anerkannte Verfahren (z.B. Wärmebilanzrechnungen) wird nachgewiesen, dass für sicherheitstechnisch erforderliche Zeiträume
  - die vorhandenen Rettungswege benutzbar sind
  - eine wirksame Brandbekämpfung möglich ist
  - die Standsicherheit der Bauteile gewährleistet ist.

  Für den betrachteten Brandbekämpfungsabschnitt müssen bei dieser Methode die Brandszenarien festlegbar sein. Hinsichtlich einer Änderung des mutmaßlichen Brandszenariums im Laufe des Betriebs gelten dieselben Folgen wie bei einem Nachweis nach Abschnitt 7.

(Detaillierte Ausführungen zur Industriebaurichtlinie siehe Kapitel 9.)

5.3 Systemböden

Richtlinie über brandschutztechnische Anforderungen an Systemböden (Systembödenrichtlinie – SysBöR)

Die früher als „Richtlinie über die brandschutztechnischen Anforderungen an Hohlraumestriche und Doppelböden“ bekannte Regel wird der besonderen Brandgefahr von unzugänglichen Installationsebenen mit teilweise erheblicher Brandlast gerecht.

5.3.1 Geltungsbereich

Die Richtlinie stellt brandschutztechnische Anforderungen an Systemböden, deren Hohlräume Installationen (z.B. Leitungen) aufnehmen können. Sie gilt nicht für Systemböden in Sicherheitstreppenräumen.

Systemböden in diesem Sinne sind Hohlböden (mit einem Hohlraum bis zu 200 mm lichter Höhe) oder Doppelböden, durch die ein Hohlraum zwischen einer Fußbodentragschicht und der Rohdecke ausgebildet wird.

5.3.2 Inhalt

Die Richtlinie regelt die Anforderungen hinsichtlich der Baustoff- und Feuerwiderstandsklassen von Fußbodenaufbauten bzw. der Abdeckplatten. Ferner werden maximale Höhen der Hohlräume aufgeführt. Teilweise müssen in den Fußbodenhohlräumen Rauchmelder vorgesehen werden.

Wichtigstes Thema sind die Anschlussdetails von Trennwänden an den Rohfußboden. Unter bestimmten Voraussetzungen ist es möglich, bestimmte, brandschutztechnisch definierte Trennwände auf den Estrich bzw. die aufgeständerte Bodenplatte zu stellen, während in beschriebenen Fällen diese Trennwände den Systemboden unterbrechen müssen.

5.4 Löschwasserrückhaltung

Richtlinie zur Bemessung von Löschwasser-Rückhalteanlagen beim Lagern wassergefährdender Stoffe (Löschwasser-Rückhalte-Richtlinie – LöRüRL)

Seit der Verschmutzung des Rheins durch Löscharbeiten beim spektakulären Großbrand des Chemiebetriebs Sandoz ist die Notwendigkeit ins Bewusstsein gerückt, verschmutztes Löschwasser kontrolliert zurückzuhalten, um es nicht in Gewässer oder in das Grundwasser gelangen zu lassen.

5.4.1 Geltungsbereich

Die Richtlinie gilt für bauliche Anlagen, in denen oder auf denen folgende wassergefährdende Stoffe gelagert werden:

- Stoffe der Wassergefährdungsklasse WGK 1 (schwach wassergefährdende Stoffe) mit mehr als 100 t je Lagerabschnitt
- Stoffe der Wassergefährdungsklasse WGK 2 (wassergefährdende Stoffe) mit mehr als 10 t je Lagerabschnitt
- Stoffe der Wassergefährdungsklasse WGK 3 (stark wassergefährdende Stoffe) mit mehr als 1 t je Lagerabschnitt.

Die Richtlinie findet **keine** Anwendung

- auf die Bereitstellung zur Beförderung, wenn diese binnen 24 Stunden oder am darauf folgenden Werktag erfolgt
- auf transportbedingtes Zwischenlagern
- auf Stoffe, die sich im Produktionsgang oder im Arbeitsgang befinden.

Die Richtlinie findet außerdem **keine** Anwendung auf das Lagern von

- Stoffen, die bei Berührung mit Wasser entzündliche Gase entwickeln
- explosionsgefährlichen Stoffen
- Druckgasen
- organischen Peroxiden
- ammoniumnitrathaltigen Düngemitteln
- radioaktiven Stoffen.

5.4.2 Inhalt

In der Richtlinie wird beschrieben, in welchen Fällen entsprechend große Löschwasserrückhalteanlagen geschaffen werden müssen. Dabei werden auch Randbedingungen wie Lagerart und Lagerhöhe sowie das Vorhandensein von Brandschutzeinrichtungen und die Art der Feuerwehr berücksichtigt.

5.5 Lüftungsanlagen

Richtlinie über brandschutztechnische Anforderungen an Lüftungsanlagen (Lüftungsanlagen-Richtlinie – LüAR)

Lüftungsanlagen führen sehr oft zur Brand- und Rauchausbreitung. Brandschutz in Lüftungsanlagen wird in den Landesbauordnungen jedoch nur in grundsätzlicher Form, durch Nennung von Schutzzielen, angesprochen. Die Lüftungsanlagen-Richtlinie der ARGEBAU bereitet durch Erläuterungen und grafische Darstellungen dieses Thema verständlich auf (siehe Kapitel 6.11.0-V). Damit ist diese Richtlinie auch in den Bundesländern, in denen keine Lüftungsanlagen-Richtlinie eingeführt wurde, ein wichtiges und in der Praxis angewandtes Hilfsmittel.

5.5.1 Geltungsbereich

Diese Richtlinie gilt für den Brandschutz von Lüftungsanlagen, an die Anforderungen nach den Landesbauordnungen gestellt werden. Sie gilt nicht für mit Luft arbeitende Transportanlagen (z.B. Späneabsaugung, Rohrpostanlagen). Lüftungsanlagen im Sinne dieser Richtlinie sind auch Klimaanlagen, raumlufttechnische Anlagen und Warmluftheizungen.

Auch die Lüftung innen liegender Bäder und Spülaborte (nach DIN 18017) wird hier behandelt.

5.5.2 Inhalt

Die Richtlinie behandelt ausführlich den Brandschutz in Lüftungsanlagen. Dabei geht sie auf viele Arten und Einsatzbereiche von Lüftungsanlagen und -leitungen ein. Auch Anforderungen an Baustoffe bzw. deren Feuerwiderstandsdauer werden angegeben. In vielen Beispielen wird anhand von Brandschutzkonzepten der Einsatz feuerwiderstandsfähiger Leitungen und Absperrvorrichtungen (Brandschutzklappen) aufgezeigt.

Weitere Themen sind die erforderliche Ausbildung von Lüftungszentralen sowie die Anforderungen beim Einbau von Lüftungsanlagen im Dachraum.

Auch Grundsätze im Zusammenhang mit Küchenabluft oder Lüftung von Sonderbauten werden angesprochen.

5.6 Leitungen und Leitungsanlagen

Richtlinie über brandschutztechnische Anforderungen an Leitungsanlagen (Leitungsanlagen-Richtlinie – LAR)

Leitungsanlagen können im Brandfall ein Feuer, vergleichbar mit Zündschnüren, weiterleiten. Leitungsanlagen führen (z.B. infolge von Kurzschlüssen) oft sehr schnell zu einer Verrauchung und Brandausbreitung, was zu einer Beeinträchtigung der Rettungswege führen kann. Die Leitungsanlagen-Richtlinie (siehe Kapitel 6.10.0-V) gehört deshalb zu einer der wichtigsten technischen Baubestimmungen. Sie wird bei jedem größeren Bauvorhaben tangiert.

5.6.1 Geltungsbereich

Die LAR gilt für:

- Leitungsanlagen in notwendigen Treppenräumen, in Räumen zwischen notwendigen Treppenräumen und Ausgängen ins Freie, in notwendigen Fluren – ausgenommen offene Gänge vor Außenwänden
- die Führung von Leitungen durch raumabschließende Bauteile (Wände und Decken)
- den Funktionserhalt von elektrischen Leitungsanlagen im Brandfall.

Sie gilt **nicht** für Lüftungs- und Warmluftheizungsanlagen.

Leitungsanlagen im Sinne dieser Richtlinie sind Anlagen aus Leitungen, insbesondere aus elektrischen Leitungen oder Rohrleitungen, sowie aus den zugehörigen Armaturen, Hausanschlusseinrichtungen, Messeinrichtungen, Steuer-, Regel- und Sicherheitseinrichtungen, Netzgeräten, Verteilern und Dämmstoffen für diese Leitungen. Zu den Leitungen gehören deren Befestigungen und Beschichtungen. Auch Lichtwellenleiter-Kabel und elektrische Kabel gelten als elektrische Leitungen.

5.6.2 Inhalt

In der Richtlinie wird der zulässige Eingriff in bestimmte Wände mit Anforderungen an die Feuerwiderstandsdauer und die Verlegung der Leitungen innerhalb von Rettungswegen angesprochen.

Sie enthält auch Angaben zu Leitungen im Zwischendeckenbereich von Rettungswegen und zu den sich daraus ergebenden Brandschutzmaßnahmen.

Außerdem werden die notwendigen Brandschutzmaßnahmen bei Durchdringung abschottender Trennwände und Decken mit Anforderungen an den Feuerwiderstand aufgezeigt.

Auch Angaben zum notwendigen Funktionserhalt elektrischer Leitungsanlagen für Sicherheitseinrichtungen sind enthalten.

5.7 Kunststofflager

Richtlinie über den Brandschutz bei der Lagerung von Sekundärstoffen aus Kunststoff (Kunststofflagerrichtlinie – KLR)

5.7.1 Geltungsbereich

Die Richtlinie über den Brandschutz bei der Lagerung von Sekundärstoffen aus Kunststoff gilt bei Lagermengen von mehr als 200 m^3 in Form von Mono- oder Mischfraktionen, in kompakter Form oder als Schüttgut, lose, in ortsfesten und ortsbeweglichen Behältern, in Lagergebäuden und im Freien.

Sekundärstoffe im Sinne dieser Richtlinie sind Kunststoffe, die bereits in Vorwondung waren (z.B. Recyclingstoffe).

5.7.2 Inhalt

Die Richtlinien enthalten abgestufte Anforderungen an die Größe der Flächen von Brand- und Lagerabschnitten, die Lagerguthöhe sowie die Begrenzung der Brand und Lagerabschnitte durch Trennwände oder durch Freiflächen.

5.8 Hochfeuerhemmende Bauteile aus Holz

Richtlinie über brandschutztechnische Anforderungen an hochfeuerhemmende Bauteile in Holzbauweise (HFHHolzR)

Landesbauordnungen, die aus der MBO 2002 abgeleitet sind schreiben für die Gebäudeklasse 4 die Anforderung „hochfeuerhemmend“ vor. Für hochfeuerhemmende Bauteile aus Holz ist eine brandschutztechnisch wirksame Bekleidung vorgeschrieben. Diese wird in der Richtlinie detailliert beschrieben.

5.8.1 Geltungsbereich

Die Richtlinie gilt für Gebäude, deren tragende, aussteifende oder raumabschließende Teile aus Holz oder Holzwerkstoffen bestehen, die nach bauaufsichtlichen Vorschriften

- hochfeuerhemmend sein müssen,
- allseitig eine brandschutztechnisch wirksame Bekleidung aus nichtbrennbaren Baustoffen haben müssen und
- deren Dämmstoffe gemäß Anforderungen der Bauordnung nur aus nichtbrennbaren Baustoffen bestehen dürfen.

Die Richtlinie gilt für Holzbauweisen, die einen gewissen Grad der Vorfertigung haben wie Holztafel-, Holzrahmen- und Fachwerkbauweise. Sie gilt **nicht** für Holz-Massivbauweisen wie Brettstapel- und Blockbauweise, ausgenommen Brettstapeldecken.

5.8.2 Inhalt

Die Richtlinie führt brandschutztechnische Anforderungen auf für:

- Baustoffe
- Brandschutzbekleidung
- konstruktive Ausbildung der Wand- und Deckenbauteile, Stützen und Träger einschließlich ihrer Anschlüsse
- Öffnungen für Türen, Fenster und sonstige Einbauten
- Installationsführungen.

So müssen z.B. Dämmstoffe aus nichtbrennbaren Baustoffen mit einem Schmelzpunkt ≥ 1000 °C verwendet werden. Außerdem sind tragende Wände einschließlich der aussteifenden Bauteile aus Holz oder Holzwerkstoffen mit einer Brandschutzbekleidung zu versehen, die eine Entzündung während eines Zeitraums von mindestens 60 Minuten verhindert und als $K_2$60 nach DIN EN 13501-2 klassifiziert ist.

Anschlussdetails und Anforderungen an Installationsführungen sind in Texten und Skizzen dargestellt.

5.9 Gebäudetreppen

DIN 18065 „Gebäudetreppen; Definitionen, Messregeln, Hauptmaße“

Seit einigen Jahren sind in den meisten Bauordnungen für Treppenanlagen nur noch Schutzziele, jedoch keine konkreten Angaben zu erforderlichen Maßen zu finden. Dies resultiert aus Erfahrungen mit Doppelregelungen zwischen Normung und Baurecht.

Stattdessen wurde die DIN 18065 bauaufsichtlich eingeführt und so deren Regelungen verbindlich ins Baurecht übernommen.

5.9.1 Geltungsbereich

Diese Norm gilt grundsätzlich für alle Treppen im Bauwesen, sofern sich nicht spezielle Regelungen aus Sonderbauvorschriften ergeben.

Die Anlagen der Länderlisten der Technischen Baubestimmungen nehmen jedoch regelmäßig Treppen in Wohngebäuden der

Gebäudeklassen 1 und 2 und in Wohnungen von der Einführung aus.

In der Norm sind außerdem einschiebbare Treppen, Roll-, Fahr- und Freitreppen im Gelände vom Geltungsbereich freigestellt.

5.9.2 Inhalt

Die Norm regelt sämtliche erforderlichen Grenzmaße der Treppenbestandteile sowie bei Treppenanlagen:

- Treppensteigung
- Treppenauftritt
- Steigungsverhältnis
- Unterschneidung
- Lauflinie
- Lichte Treppendurchgangshöhe
- Geländerhöhe.

Hierzu werden auch Berechnungsformeln und Skizzen aufgezeigt.

5.10 Flächen für die Feuerwehr

Richtlinien über Flächen für die Feuerwehr

Eine Grundsatzanforderung sämtlicher Bauvorschriften ist eine Zugänglichkeit bzw. Zufahrt für die Feuerwehr. In diesem Zusammenhang können auch Aufstell- bzw. Bereitstellungsflächen für Feuerwehrfahrzeuge erforderlich sein.

Anforderungen an *Flächen für die Feuerwehr* werden in den einzelnen Bundesländern in unterschiedlichen Regelwerken behandelt. In den meisten Bundesländern sind die geltenden Regeln über die Liste der Technischen Baubestimmungen bauaufsichtlich eingeführt. In manchen Bundesländern gibt es entsprechende Verwaltungsvorschriften.

Die Listen der Technischen Baubestimmungen verweisen meist auf die *Richtlinie über Flächen für die Feuerwehr*. Deswegen wird hierauf Bezug genommen. Daneben existiert die DIN 14090 mit ähnlichem Inhalt.

5.10.1 Geltungsbereich

In der Richtlinie über Flächen für die Feuerwehr ist kein spezieller Geltungsbereich hervorgehoben. Vielmehr stellt die Richtlinie direkt auf § 5 MBO ab. Sie zeigt auf, wie die dort genannten Anforderungen technisch umgesetzt werden.

5.10.2 Inhalt

Die Richtlinie enthält Angaben über:

- die erforderliche lichte Breite der Zu- oder Durchfahrten
- die Ausbildung von Kurven in Zu- oder Durchfahrten
- Anforderungen an Fahrspuren
- den Umgang mit Neigungen, Stufen, Schwellen und Sperrvorrichtungen in Zu- oder Durchfahrten
- Anforderungen an Aufstellflächen, allgemein auf dem Grundstück sowie speziell entlang der Außenwände
- das Erfordernis von Bewegungsflächen
- Anforderungen an Zu- und Durchgänge.

Die lichte Breite der Zu- oder Durchfahrten muss in der Regel mindestens 3 m, die lichte Höhe mindestens 3,50 m betragen.

Zusätzliche Anforderungen bestehen bei Zu- und Durchfahrten sowie bei beidseitiger Begrenzung durch Bauteile.

Zufahrten führen zu Aufstell- und/oder Bewegungsflächen. Deren Lage und Abmessungen sind schriftlich und zeichnerisch dargestellt.

Zu- oder Durchfahrten, Aufstell- und Bewegungsflächen sind so zu befestigen, dass sie von Feuerwehrfahrzeugen mit einer Achslast bis zu 10 t und einem zulässigen Gesamtgewicht bis zu 16 t befahren werden können.

Bei Zu- oder Durchgängen gilt für die Breite ein Mindestmaß von 1,25 m. Türen und ähnliche Öffnungen müssen mindestens 1 m breit sein.

(Detaillierte Ausführungen hierzu siehe Kapitel 7.1 in diesem Werk.)

6 Technische Regeln, die als Bauvorschriften eingeführt sind

Durch Einführungserlasse auf Grundlage der jeweiligen Landesbauordnung werden in den Bundesländern verschiedenste technische Regeln eingeführt, die zunächst als Muster-Regeln veröffentlicht wurden. Die wichtigsten Bestimmungen sind im Folgenden aufgeführt.

6.1 Elektrische Betriebsräume

Richtlinien über elektrische Betriebsräume

In den meisten Bundesländern wurden für elektrische Betriebsräume eigene Bauvorschriften erlassen, die hierarchisch über den einschlägigen VDE-Bestimmungen angesiedelt sind. Die Richtlinien unterscheiden sich zwischen den einzelnen Bundesländern teilweise in wesentlichen Punkten.

6.1.1 Geltungsbereich

Die Verordnungen/Richtlinien verlangen für die Aufstellung der nachfolgend genannten Anlagen bzw. Geräte in Gebäuden eigene Betriebsräume:

- Transformatoren und Schaltanlagen für Nennspannungen über 1 kV
- ortsfeste Stromerzeugungsaggregate für bauordnungsrechtlich vorgeschriebene sicherheitstechnische Anlagen und Einrichtungen
- zentrale Batterieanlagen für bauordnungsrechtlich vorgeschriebene sicherheitstechnische Anlagen und Einrichtungen.

Ein elektrischer Betriebsraum ist nicht erforderlich für Anlagen in

- freistehenden Gebäuden und
- durch Brandwände abgetrennten Gebäudeteilen,

wenn diese nur die oben aufgezählten elektrischen Anlagen enthalten.

In manchen Bundesländern beschränken sich die Vorschriften auf bestimmte Nutzungen.

6.1.2 Inhalt

Die Vorschriften regeln Anforderungen an elektrische Betriebsräume. Diese reichen von Größe, Höhe über Lage, Zugänglichkeit und Belüftung bis zu Brandschutzanforderungen an Baustoffe und Bauteile sowie Anforderungen an Rettungswege.

Außerdem bestehen Anforderungen zur Verhinderung des Austritts von Isolier- bzw. Kühlflüssigkeiten.

Für ortsfeste Stromerzeugungsaggregate werden auch Anforderungen an den Funktionserhalt aufgezeigt.

Die ARGEBAU hat dazu 2009 eine neue Musterverordnung veröffentlicht.

6.2 Feuerungsanlagen

Feuerungsverordnung (FeuVO)

Für Feuerungsanlagen bestand in Deutschland in der Vergangenheit eine nahezu unüberschaubare Vielfalt an Vorschriften.

In den letzten Jahren wurde von den meisten Bundesländern die Feuerungsverordnung auf der Basis einer Musterverordnung der ARGEBAU bauaufsichtlich eingeführt.

6.2.1 Geltungsbereich

Die FeuVO gilt für Feuerstätten, Wärmepumpen und Blockheizkraftwerke, soweit diese Anlagen der Beheizung von Räumen oder der Warmwasserversorgung dienen oder Gas-Haushaltskochgeräte sind.

Die Verordnung gilt nicht für Brennstoffzellen und ihre Anlagen zur Abführung der Prozessgase.

In der FeuVO sind auch die Anforderungen an die Brennstofflagerung in Brennstofflagerräumen im Zusammenhang mit den oben genannten Anlagen beschrieben.

6.2.2 Inhalt

Die Vorschriften regeln zunächst die Randbedingungen, die beim Aufstellen von Feuerstätten zu beachten sind. Dies bedeutet im Wesentlichen:

- Verbrennungsluftversorgung
- Anforderungen an Gasleitungsanlagen
- Abstände zu Bauteilen aus brennbaren Baustoffen
- Anforderungen an die Bodenbeläge unter und Bauteile um die Feuerstätten
- Anforderungen an Aufstellräume von Feuerstätten.

Grundsätzlich gelten für Aufstellräume von Feuerstätten mit insgesamt mehr als 100 kW (manche Verordnungen enthalten eine Grenze von 50 kW) grundlegende

Anforderungen. Diese Räume dürfen z.B. nicht anderweitig genutzt werden, gegenüber anderen Räumen keine Öffnungen – außer dicht- und selbstschließenden Türen – haben und müssen gelüftet werden können.

Bei Feuerstätten **für feste Brennstoffe** mit einer Nennwärmeleistung (einzeln oder zusammen) von mehr als 50 kW sind Heizräume erforderlich. Für diese Räume bestehen besondere Anforderungen hinsichtlich:

- der Fluchtwege
- der Raumbeschaffenheit (Größe, feuerbeständige Ausbildung von Wänden und Decken, feuerhemmende Türen)
- zulässiger Brennstofflagerung
- notwendiger Lüftung und Beleuchtung.

Des Weiteren werden Anforderungen an Abgasanlagen, einschließlich der Verbindungsstücke (Rauchgasrohre) und Schornsteine, sowie deren erforderlicher Abstand zu brennbaren Bauteilen behandelt.

Abschließend wird auf die Aufstellung von Wärmepumpen, Blockheizkraftwerken und ortsfesten Verbrennungsmotoren eingegangen sowie auf die besonderen Anforderungen für deren Abgasanlagen.

Weitere Ausführungen sowie Vorgaben zum Immissionsschutz sind in der 1. BImSchV enthalten (zu Kleinfeuerungsanlagen – siehe Kapitel 3.3 in diesem Werk).

6.3 Prüfung technischer Anlagen

6.3.1 Prüfverordnung

Hier werden die in Ergänzung zu den Landesverordnungen notwendigen, sicherheitsrelevanten Prüfungen technischer Anlagen aufgezeigt.

6.3.1 Geltungsbereich

Die Verordnung gilt für die Prüfung technischer Anlagen und Einrichtungen in

- Verkaufsstätten im Sinne des § 1 der Verkaufsstättenverordnung,
- Versammlungsstätten im Sinne des § 1 der Versammlungsstättenverordnung,
- Krankenhäusern,
- Beherbergungsstätten im Sinne des § 1 der Beherbergungsstättenverordnung
- Hochhäusern,
- Mittel- und Großgaragen,
- allgemeinbildenden und berufsbildenden Schulen,

wenn sie bauordnungsrechtlich gefordert oder wenn an sie bauordnungsrechtliche Anforderungen hinsichtlich des Brandschutzes gestellt werden.

6.3.2 Inhalt

Die Verordnung nennt Prüfungen für technische Anlagen, die durch staatlich anerkannte Sachverständige (bzw. Prüfsachverständige) oder Sachkundige vor der ersten Inbetriebnahme, nach einer wesentlichen Änderung sowie in bestimmten Zeiträumen durchgeführt werden müssen.

Diese erstrecken sich auf:

- Lüftungsanlagen, ausgenommen solche, die einzelne Räume im selben Geschoss unmittelbar ins Freie be- oder entlüften
- CO-Warnanlagen
- Rauchabzugsanlagen sowie maschinelle Anlagen zur Rauchfreihaltung von Rettungswegen
- selbsttätige Feuerlöschanlagen wie Sprinkleranlagen, Sprühwasser-Löschanlagen und Wassernebel-Löschanlagen
- nichtselbsttätige Feuerlöschanlagen mit nassen Steigleitungen und Druckerhöhungsanlagen einschließlich des Anschlusses an die Wasserversorgungsanlage
- Brandmelde- und Alarmierungsanlagen
- Sicherheitsstromversorgungen.

Die Ergebnisse dieser Prüfungen sind in Berichten festzuhalten, die festgestellten Mängel vom Betreiber unverzüglich zu beseitigen. Teilweise wird gefordert, die Berichte an die Genehmigungsbehörden zu übersenden.

> Hinweis:
> In einigen allgemeinen bauaufsichtlichen Zulassungen werden ebenfalls Wartungs- und Prüfintervalle der entsprechenden technischen Einrichtungen angesprochen. Außerdem sind in manchen Versicherungsverträgen Prüfintervalle von technischen Einrichtungen, auf der Basis einer privatrechtlichen Vereinbarung enthalten.

6.4 Technische Verordnungen und Erlasse einiger Bundesländer

In einigen Bundesländern existieren über die bereits behandelten technischen Vorschriften hinaus Verordnungen, Richtlinien und Erlasse, z.B.:

- Erlass über das Brandverhalten begrünter Dächer
- Brandschutztechnisches Sicherheitskonzept für innen liegende Treppenräume von Wohngebäuden unterhalb der Hochhausgrenze.

7 Vorschriften für bestimmte Arten der Nutzung

Die im Folgenden genannten Verordnungen und Richtlinien sind zunächst als Muster-Richtlinien Vorgaben der ARGEBAU. Sie erlangen erst Rechtscharakter, wenn sie in den einzelnen Bundesländern bauaufsichtlich.

7.1 Allgemeines

Für typisierte Sonderbauten (siehe unter 2.4 in diesem Kapitel) und spezielle Nutzungen haben viele Bundesländer Mustervorschriften der ARGEBAU bauaufsichtlich eingeführt.

Manche Bundesländer verzichten jedoch auf eine bauaufsichtliche Einführung der ARGEBAU-Muster, verpflichten jedoch die Bauaufsichtsbehörden, diese ihren Entscheidungen als Richtlinien zugrunde zu legen. Daneben gibt es in den einzelnen Bundesländern viele interne Dienstanweisungen, die den Umgang mit bestimmten Sonderbauten regeln.

3.4 Seite 28 | Landesrecht

Eine Zusammenstellung über die gültigen Sonderbauvorschriften der einzelnen Bundesländer ist auf der Brandschutz-Nachweis-CD enthalten.

Im Folgenden werden Sonderbauvorschriften aufgeführt und erläutert, die von der ARGEBAU veröffentlicht wurden.

7.2 Beherbergungsstätten

Beherbergungsstättenverordnung (BVO)

Der Bau und Betrieb von Beherbergungsstätten war bisher, zusammen mit den Gaststätten, in der Gaststättenbauverordnung geregelt. Die neue Systematik sieht eine eigene Beherbergungsstättenverordnung vor.

7.2.1 Geltungsbereich

Die Vorschriften der Verordnung gelten für Beherbergungsstätten mit mehr als zwölf Gastbetten.

Als Beherbergungsstätten gelten hierbei Gebäude oder Gebäudeteile, die ganz oder teilweise für die Beherbergung von Gästen bestimmt sind, ausgenommen die Beherbergung in Ferienwohnungen.

7.2.2 Inhalt

Die Verordnung enthält speziell auf Versammlungsstätten abgestimmte Vorschriften hinsichtlich

- der Rettungswege
- der tragenden Wände, Stützen, Decken
- der Trennwände, z.B. zwischen Beherbergungsräumen und
  - Küchen
  - Gasträumen
  - anderen Beherbergungsräumen
  - sonstigen Räumen
- der notwendigen Flure
- der Türen
- der Sicherheitsbeleuchtung, Sicherheitsstromversorgung
- der Alarmierungseinrichtungen, Brandmeldeanlagen, Brandfallsteuerung von Aufzügen.

Außerdem enthält sie sonstige Anforderungen, die über die Regelungen der Bauordnung hinausgehen.

Zu beachten ist, dass spezielle Vorgaben hinsichtlich

- der Freihaltens der Rettungswege,
- der Brandschutzordnung und
- der verantwortlichen Personen

auch für bestehende Versammlungsstätten gelten.

7.3 Fliegende Bauten

Richtlinie über den Bau und Betrieb Fliegender Bauten (FlBauR)

Auch Gebäude und Anlagen, die nur begrenzte Zeit stehen, fallen in den Geltungsbereich der Bauordnungen. Die speziellen Belange dieser Fliegenden Bauten würden jedoch den Rahmen der Standardanforderungen der Bauordnungen sprengen.

Um eine einheitliche Vorgehensweise, gerade für Anlagen, die oft an verschiedenen Orten auf- und abgebaut werden, zu ermöglichen, wurde diese relativ umfangreiche Richtlinie geschaffen.

7.3.1 Geltungsbereich

Hinsichtlich des Geltungsbereichs wird in der Richtlinie selbst auf Fliegende Bauten im Sinne der Bauordnung verwiesen. Dort sind Fliegende Bauten folgendermaßen definiert:

„Fliegende Bauten sind bauliche Anlagen, die geeignet und bestimmt sind, an verschiedenen Orten wiederholt aufgestellt und zerlegt zu werden. Baustelleneinrichtungen und Baugerüste sind keine Fliegenden Bauten."

Die Richtlinie gilt auch für Zelte, die als Camping- und Sanitätszelte verwendet werden, sowie für Zelte mit einer überbauten Fläche bis zu 75 m^2.

7.3.2 Inhalt

Die Richtlinie regelt Anforderungen an Veranstaltungszelte und ähnliche Fliegende Bauten hinsichtlich der Mindestanforderungen an:

- Baustoffe
- Rettungswege
- Balkone, Galerien, Podien
- Rampen, Treppen
- Beleuchtung
- Zahl und Art von Löschgeräten
- Aufenthaltsräumen
- Beschilderungen
- sowie Tribünen.

Außerdem wird ausführlich auf Sicherheitsvorschriften von verschiedensten Schaustellergeschäften (z.B. Fahrgeschäfte, Schaugeschäfte, Belustigungsgeschäfte, Schießgeschäfte) eingegangen.

Schließlich enthält die Richtlinie Bauvorschriften für Zelte und Tragluftbauten mit einem Fassungsvermögen von mehr als 200 Besuchern sowie Betriebsvorschriften für die genannten Nutzungen.

Ergänzend zur FlBauR bestehen meist Verwaltungsvorschriften über Ausführungsgenehmigungen für Fliegende Bauten und deren Gebrauchsabnahmen.

7.4 Garagen

Garagenverordnung (GarVO)

Jedes Bundesland besitzt eine eigene Garagenverordnung. Das Besondere an Garagen besteht darin, dass sie als eigene (Brand-)Abschnitte betrachtet werden, obwohl die Abtrennungen zwischen Garagen und angrenzenden Räumen immer unterhalb der Anforderung *Brandwand* liegen.

Für Garagen gelten im Vergleich zu den Bauordnungen hinsichtlich ihrer baulichen Anforderungen weitaus geringere Maßstäbe. Dafür enthalten die Garagenverordnungen weitreichende Anforderungen in Bezug auf Löschanlagen, Lüftung, Lagerung sowie Betriebsvorschriften.

7.4.1 Geltungsbereich

Die Vorschriften der Garagenverordnung gelten für Stellplätze und Garagen. Wann und wie viele Stellplätze oder Garagen errichtet werden müssen, wird in den

3.4 Seite 30 Landesrecht

Landesbauordnungen aufgezeigt (z.B. § 48 MBO). Hieraus ergibt sich auch die Definition für Garagen und Stellplätze.

7.4.2 Inhalt

Die Begriffsbestimmungen der Garagenverordnung teilen Garagen je nach Nutzfläche in drei Gruppen ein.

- bis 100 m^2: Kleingaragen
- über 100 bis 1000 m^2: Mittelgaragen
- über 1000 m^2: Großgaragen.

Die Nutzflächen ergeben sich aus der Summe der Garagenstellplätze (bei Mehrfachparkern müssen sämtliche Ebenen berücksichtigt werden) und der Verkehrsflächen. Stellplätze auf Dächern werden hier in der Regel nicht hinzugerechnet. Es wird zwischen *offenen* und *geschlossenen* Garagen unterschieden.

In den Bauvorschriften werden Anforderungen an Rampen, Stellplätze, Fahrgassen sowie an tragende und raumabschließende Bauteile aufgezeigt.

Je nach Garagengröße und Garagenverordnung bestehen auch Anforderungen an Brand- und Rauchabschnitte, die Verbindung zu anderen Räumen, Rettungswege, Lüftung sowie brandschutztechnische Einrichtungen. Die Anforderungen steigen mit der zunehmenden Garagengröße erheblich an.

Zusätzlich werden Betriebsvorschriften aufgestellt und Aussagen hinsichtlich Bauvorlagen, Prüfungen und Ordnungswidrigkeiten getroffen.

7.5 Gaststätten

Gaststättenbauverordnung

Der Bau und Betrieb von Gaststätten war bisher, zusammen mit Beherbergungsstätten (mit mehr als acht Gastbetten), in der Gaststättenbauverordnung geregelt. Zunehmend stellen die Bundesländer jedoch auf folgende Systematik um:

- Kleinere Gaststätten (bis 40 Gastplätze) werden nach der Bauordnung beurteilt.
- Mittlere Gaststätten (bis 200 Besucher im Sinne der Versammlungsstättenverordnung) gelten als Sonderbauten. Hier können im Einzelfall höhere Anforderungen erforderlich sein bzw. gefordert werden.
- Große Gaststätten gelten ebenfalls als Sonderbauten und fallen darüber hinaus in den Geltungsbereich der Versammlungsstättenverordnung.

7.6 Hochhäuser

Hochhausrichtlinie

Für Hochhäuser sind spezielle Brandschutzanforderungen notwendig, da deren obere Geschosse mit den bei den Feuerwehren verfügbaren Leitern nicht mehr erreicht werden können.

Einzelne Bundesländer haben auf Basis der Musterrichtlinie eine spezielle Verordnung eingeführt.

7.6.1 Geltungsbereich

Die Verordnungen bzw. Richtlinien gelten für Hochhäuser im Sinne des § 2 Abs. 3 MBO. Danach sind Hochhäuser Gebäude, bei denen der Fußboden mindestens eines Aufenthaltsraums mehr als 22 m über der Geländeoberfläche liegt. Dies ist genau die Höhe, die mit der *Standarddrehleiter* DLK 23/12 noch erreicht werden kann.

7.6.2 Inhalt

In den Vorschriften für Hochhäuser wird im Wesentlichen auf folgende Punkte eingegangen:

- Flächen für die Feuerwehr
- Flure, Treppenräume, Flucht- und Rettungswege
- bauliche Ausführung, z.B. Tragkonstruktion, Decken, Dächer, Verkleidungen
- Außenwände (Feuerüberschlag)
- technische Einrichtungen, z.B. Lüftungsanlagen, Leitungen, Ersatzstromversorgung, Alarmeinrichtungen
- Feuerlöscheinrichtungen
- Feuerwehraufzüge sowie Betriebsvorschriften.

Den größten Stellenwert nehmen die Ausführungen zu Flucht- und Rettungswegen innerhalb des Gebäudes bzw. am Gebäude wie Flure, Treppenräume und Sicherheitstreppenräume ein.

7.7 Industriebau

Die Industriebaurichtlinie wird in den Bundesländern als Technische Baubestimmung bauaufsichtlich eingeführt (siehe unter 5.2 in diesem Kapitel und Kapitel 9).

7.8 Krankenhäuser

Krankenhausbauverordnung

Krankenhäuser stellen aus der Sicht des Brandschutzes besonders sensible und schwierige Gebäude dar. Zum einen sind hier betriebsbedingt viele brennbare Materialien vorhanden, zum anderen muss mit vielen Menschen gerechnet werden, die sich nicht ohne fremde Hilfe in Sicherheit bringen können. Ein besonderes Problem stellt auch der hohe Grad an haustechnischen Installationen dar.

7.8.1 Geltungsbereich

Die Vorschriften der Krankenhausversorgung gelten für den Bau und Betrieb von Krankenhäusern und anderen baulichen Anlagen mit entsprechender Zweckbestimmung und für Polikliniken, soweit die Zweckbestimmung es erfordert.

Dabei sind Krankenhäuser definiert als bauliche Anlagen mit Einrichtungen, in denen durch ärztliche und pflegerische Hilfeleistung Krankheiten, Leiden oder Körperschäden festgestellt, geheilt oder gelindert werden sollen oder in denen Geburtshilfe geleistet wird und in denen die zu versorgenden Personen untergebracht und verpflegt werden können.

7.8.2 Inhalt

Neben den *Allgemeinen Vorschriften* (Bebauung der Grundstücke, Lage der Räume, Rettungswege auf dem Grundstück) sind in großem Umfang Aussagen zu den *baulichen Anforderungen* enthalten.

So bestehen z.B. Brandschutzanforderungen an

- die Ausbildung des Tragwerkes
- Wände und Decken
- Dächer
- Wand- und Deckenverkleidungen
- maximale Brandabschnittsgrößen
- Rettungswege im Gebäude, Flure und Treppenräume
- Sicherheitsstromversorgung
- Aufzüge
- Lüftungsanlage.

Einen weiteren Schwerpunkt bilden die Forderungen nach entsprechenden Feuerlösch- und Brandmeldeeinrichtungen sowie an die Betriebssicherheit. Viele Bundesländer sahen bisher von der Einführung einer entsprechenden Verordnung ab. Bundesländer, die keine eigene Verordnung oder Richtlinie haben, orientieren sich oft an den Vorschriften anderer Länder.

Zudem sind teilweise interne Arbeitspapiere über Detailausbildungen, z.B. die Abtrennung des transparenten Schwesternstützpunktes, vorhanden. In bestimmten Fällen ist auch eine Orientierung an anderen Vorschriften für Gebäude, in denen sich regelmäßig viele Menschen aufhalten, wie Beherbergungsstättenverordnung oder Versammlungsstättenverordnung, denkbar.

Neben den aufgezeigten Vorschriften soll noch auf das gemeinsame Merkblatt der VdS Schadenverhütung GmbH (siehe Kapitel 3.10) und der Vereinigung zur Förderung des deutschen Brandschutzes (VFDB) e.V. mit dem Titel: „Krankenhäuser, Richtlinien für den Brandschutz“ (VdS 2226) hingewiesen werden. Dieses Merkblatt hat zwar nur Empfehlungscharakter, kann aber ebenfalls zur Orientierung verwendet werden.

Die Musterrichtlinie der ARGEBAU stammt aus dem Jahr 1976 und wurde mittlerweile zurückgezogen.

7.9 Schulen

Schulbaurichtlinie (SchulbauR)

Für Schulen, an denen Kinder und Jugendliche unterrichtet werden, ist ein besonderes Rettungskonzept notwendig.

Im Gegensatz zu Erwachsenen ist es Kindern und Jugendlichen meist nicht möglich, sich bei Gefahr selbst über einen ersten Rettungsweg in Sicherheit zu bringen oder einen zweiten Rettungsweg zu suchen. In Schulen muss im Gefahrenfall eine große Zahl von Kindern und Jugendlichen gleichzeitig gerettet werden. Dabei müssen Paniksituationen vermieden werden.

7.9.1 Geltungsbereich

Diese Richtlinie gilt für Anforderungen an allgemeinbildende und berufsbildende Schulen, soweit sie nicht ausschließlich der Unterrichtung Erwachsener dienen.

7.9.2 Inhalt

Die Richtlinie regelt zunächst die Ausbildung von Brandabschnitten und Hallen bei Schulen.

Ein Schwerpunkt liegt in der Gestaltung von Rettungswegen, einschließlich der Ausbildung von Treppen und Türen.

Schließlich wird die Notwendigkeit von Blitzschutzanlagen, einer Sicherheitsbeleuchtung und -stromversorgung, eines Hausalarms sowie eines Feuerwehrplans und einer Brandschutzordnung beschrieben.

Ergänzend zur eigentlichen Richtlinie enthält die *Begründung zur Muster-Schulbaurichtlinie* viele wichtige Hinweise.

Zusätzlich zur Schulbaurichtlinie ist in den meisten Schulen auch die Versammlungsstättenverordnung zu beachten. Diese ist zusätzlich für Vortragssäle, Aulen und andere Räume, die einzeln mehr als 200 Personen fassen, anzuwenden.

Brandschutztechnische Anforderungen an Schulen sind auch in Unfallverhütungsvorschriften der Gemeindeunfallversicherungsverbände (GUV) enthalten (siehe Kapitel 3.8).

7.10 Verkaufsstätten

Verordnung über den Bau und Betrieb von Verkaufsstätten (Verkaufsstättenverordnung – VkVO)

Verkaufsstätten beinhalten aus Sicht des Brandschutzes eine besondere Brisanz.

Einerseits werden vom Betreiber offene, großzügige Räume, oft mit räumlichen Verbindungen über mehrere Geschosse, gewünscht, zum anderen halten sich in diesen Gebäuden zeitweise viele Personen auf. Erschwerend kommt hinzu, dass oft in bestimmten Zeitabständen die Dekorationen einschließlich der Regalanordnung gewechselt werden.

7.10.1 Geltungsbereich

Der Anwendungsbereich dieser Verordnung erstreckt sich auf jede Verkaufsstätte, deren Verkaufsräume und Ladenstraßen einschließlich ihrer Bauteile eine Fläche von insgesamt mehr als 2000 m^2 haben.

Bei der Bemessung der Fläche sind in der Regel alle Räume anzusetzen, die unmittelbar oder mittelbar, insbesondere durch Aufzüge oder Ladenstraßen, miteinander in Verbindung stehen. Nicht als Verbindung in diesem Sinn gilt die Verbindung durch Treppenräume notwendiger Treppen sowie durch Leitungen, Schächte und Kanäle haustechnischer Anlagen.

Bilden Verkaufstätten z.B. eigene Brandabschnitte, sind ihre Flächen zu addieren, falls die einzelnen Abschnitte durch Öffnungen miteinander in Verbindung stehen.

7.10.2 Inhalt

Die Verordnung regelt Anforderungen an

- tragende Wände, Pfeiler und Stützen
- Außenwände
- Trennwände
- Decken
- Dächer
- Verkleidungen, Dämmstoffe.

Hinsichtlich der Brandabschnitte werden entsprechende Größen vorgegeben. Diese sind abhängig von der

- Geschossigkeit (ein- oder mehrgeschossig) und dem
- Vorhandensein einer automatischen, flächendeckenden Löschanlage.

Die Besonderheit hierbei ist, dass Brandabschnitte sowohl durch Brandwände als auch durch Ladenstraßen unterteilt werden können. Voraussetzung ist, dass diese Ladenstraßen

- mindestens 10 m breit sind,
- Rauchabzugsanlagen haben,
- Dächer haben, deren Tragwerk aus nichtbrennbaren Baustoffen ausgeführt ist und
- die Bedachung der Ladenstraßen aus nichtbrennbaren Baustoffen oder, soweit sie lichtdurchlässig ist, aus mindestens schwer entflammbaren Baustoffen besteht; sie darf im Brandfall nicht brennend abtropfen.

Des Weiteren werden die Anforderungen an die Rettungswege einschließlich der Treppen, der Treppenräume und der Treppenraumerweiterungen beschrieben.

Außerdem enthält die Verkaufstättenverordnung Vorgaben zur:

- Rauchabführung
- Beheizung
- einer Sicherheitsbeleuchtung

sowie zum Erfordernis von

- Sicherheitsstromversorgungsanlagen
- Blitzschutzanlagen
- Feuerlöscheinrichtungen, Brandmeldeanlagen und Alarmierungseinrichtungen.

Abschließend folgen Vorschriften

- zur Lage der Verkaufsräume
- zu Räumen für Abfälle und Wertstoffe
- zur allgemeinen Gefahrenverhütung
- zu Vorgaben für verantwortliche Personen, z.B. Brandschutzbeauftragte.

7.11 Versammlungsstätten

Verordnung über den Bau und Betrieb von Versammlungsstätten (Versammlungsstättenverordnung – VStättV)

Versammlungsstätten müssen hinsichtlich ihrer baulichen Beschaffenheit sowie der Ausbildung von Verkehrsflächen einschließlich der Flucht- und Rettungswege den großen Ansammlungen von Menschen – auch unter Berücksichtigung von Ausnahmesituationen – gerecht werden.

Aufgrund der betrieblich notwendigen offenen Verbindungen zwischen Aktionsflächen und Publikumsräumen müssen Randbedingungen geschaffen werden, die eine größtmögliche Sicherheit für Besucher, Personal und bauliche Anlagen bieten.

Um den unterschiedlichsten Arten von Versammlungsstätten gerecht zu werden, gehört die Versammlungsstättenverordnung zu den umfangreichsten Sonderbauvorschriften.

7.11.1 Geltungsbereich

Die Vorschriften der Verordnung gelten für den Bau und Betrieb von:

- Versammlungsstätten mit Versammlungsräumen, die einzeln mehr als 200 Besucher fassen. Sie gelten auch für Versammlungsstätten mit mehreren Versammlungsräumen, die insgesamt mehr als 200 Besucher fassen, wenn diese Versammlungsräume gemeinsame Rettungswege haben

- Versammlungsstätten im Freien mit Szenenflächen, deren Besucherbereich mehr als 1000 Besucher fasst und ganz oder teilweise aus baulichen Anlagen besteht
- Sportstadien, die mehr als 5000 Besucher fassen.

Während bei früheren Versammlungsstättenverordnungen die Zahl der Besucher vom Planer bzw. Bauherrn vorgegeben wurde, ist die Ermittlung der Besucherzahl nunmehr in der Verordnung vorgegeben:

- für Sitzplätze an Tischen: ein Besucher je Quadratmeter Grundfläche des Versammlungsraums
- für Sitzplätze in Reihen und für Stehplätze: zwei Besucher je Quadratmeter Grundfläche des Versammlungsraums
- für Stehplätze auf Stufenreihen: zwei Besucher je laufenden Meter Stufenreihe
- bei Ausstellungsräumen: ein Besucher je Quadratmeter Grundfläche des Versammlungsraums.

Für Besucher nicht zugängliche Flächen werden in die Berechnung nicht einbezogen.

Die Vorschriften dieser Verordnung gelten **nicht** für:

- Räume, die dem Gottesdienst gewidmet sind
- Unterrichtsräume in allgemein- und berufsbildenden Schulen
- Ausstellungsräume in Museen (In der früheren VStättV waren Ausstellungsräume generell von dem Geltungsbereich der Verordnung ausgenommen.)
- Fliegende Bauten.

7.11.2 Inhalt

Zunächst sind in den Allgemeinen Vorschriften Vorgaben für Bauteile, Dächer, Dämmstoffe, Unterdecken, Bekleidungen und Bodenbeläge enthalten.

Die grundsätzliche Anforderung an tragende und aussteifende Bauteile ist *feuerbeständig* für mehrgeschossige und *feuerhemmend* für eingeschossige Anlagen. Keine Anforderungen gelten hier für erdgeschossige Versammlungsstätten mit automatischer Löschanlage.

In diesem Zusammenhang ist zu beachten, dass auf tragende und aussteifende sowie auf raumabschließende Bauteile, die in der Verordnung nicht speziell angesprochen sind, die Anforderungen für die Gebäudeklasse 5 der entsprechenden Landesbauordnung gelten.

Einen breiten Platz nehmen Ausführungen hinsichtlich der

- Führung und Bemessung der Rettungswege sowie bezüglich der
- Treppen, Türen und Tore ein.

Diesem Teil der Verordnung folgen Anforderungen zur Bestuhlung, zu Gängen und Stufengängen, sowie zu Abschrankungen und sonstigen Schutzvorrichtungen.

3.4 Seite 36 Landesrecht

Ein weiterer Abschnitt widmet sich den technischen Anlagen und Einrichtungen, z.B.

- Sicherheitsstromversorgungsanlagen
- Blitzschutzanlagen
- Rauchableitung
- Feuerlöscheinrichtungen und -anlagen
- Brandmelde- und Alarmierungsanlagen
- Brandmelder und Alarmzentrale
- Brandfallsteuerung der Aufzüge.

Unter der Überschrift „Besondere Räume" folgen Anforderungen für Werkstätten, Magazine und Lagerräume.

Besondere Vorschriften widmen sich

- Großbühnen (Bühnen)
  - mit einer Szenenfläche hinter der Bühnenöffnung von mehr als 200 m^2 oder
  - mit einer Oberbühne mit einer lichten Höhe von mehr als 2,50 m über der Bühnenöffnung oder
  - mit einer Unterbühne
- Versammlungsstätten mit mehr als 5000 Besucherplätzen.

Als Weiteres werden Betriebsvorschriften aufgezeigt. Diese beschreiben hauptsächlich Anforderungen

- zur Aufrechterhaltung der Funktion von Rettungswegen
- zur Aufstellung von Bestuhlungsplänen
- zur Brandverhütung
- zum Betrieb technischer Einrichtungen
- zu verantwortlichen Personen
- zur Brandsicherheitswache
- zum Sanitäts- und Rettungsdienst
- zur Brandschutzordnung
- zu Feuerwehrplänen
- zum Sicherheitskonzept
- zum Ordnungsdienst.

Zum Abschluss wird die Anwendung der Vorschriften auf bestehende Versammlungsstätten behandelt. In diesem Zusammenhang ist zu beachten, dass zum Zeitpunkt des In-Kraft-Tretens der Verordnung bestehende Versammlungsstätten mit mehr als 5000 Besucherplätzen innerhalb von zwei Jahren hinsichtlich verschiedenster Vorschriften anzupassen sind. Außerdem sind für bestehende Versammlungsstätten ein Großteil der aktuellen Betriebsvorschriften anzuwenden.

In der Versammlungsstättenverordnung wird auch der Verstoß gegen bestimmte Betriebsvorschriften (z.B. Freihalten, Verschließen, Verstellen von Rettungswegen, Überschreiten der zulässigen Besucherzahlen, Verwenden unzulässiger Materialien) als Ordnungswidrigkeit aufgezeigt.

7.12 Verordnungen und Erlasse einiger Bundesländer zu Sondernutzungen

Einige Bundesländer veröffentlichen eigene Vorschriften zum Umgang mit Sondernutzungen.

Ein Beispiel hierfür sind **Kindergärten**.

Die Besonderheit bei Kindergärten liegt in der Fluchtwegproblematik. Im Brandfall muss es möglich sein, möglichst alle Kinder direkt bzw. ebenerdig ins Freie zu bringen. Deshalb wird in Erlassen oder Dienstanweisungen oft die Ausbildung der Fluchtwege aufgezeigt. Meist sind dabei zwei voneinander unabhängige bauliche Rettungswege oder entsprechende Ersatzmaßnahmen erforderlich. Ein Rettungsweg sollte dabei grundsätzlich direkt ins Freie führen.

Berlin beschritt im Hinblick auf Sonderbauvorschriften eigene Wege: Sämtliche bis dahin gültigen Sonderbauvorschriften wurden außer Kraft gesetzt und durch eine **Verordnung über den Betrieb von Sonderbauten** ersetzt.

Somit werden sämtliche Sonderbauten als „nicht typisierte Sonderbauten" (siehe unter 2.4 in diesem Kapitel) behandelt.

8 Verfahrensvorschriften

Verfahrensvorschriften regeln die Vorgänge und Randbedingungen im Rahmen des Genehmigungsverfahrens. Diese werden in jedem Bundesland unterschiedlich aufgefasst und gehandhabt.

8.1 Prüfingenieure und Prüfsachverständige

Verordnung über die Prüfingenieure und Prüfsachverständigen (PPVO)

Ein neuer Begriff im Bereich des Sachverständigenwesens ist der Prüfingenieur bzw. Prüfsachverständige. Er wurde im Bereich Brandschutz bisher „staatlich anerkannter Sachverständiger für die Prüfung des Brandschutzes" oder „verantwortlicher Sachverständiger für den vorbeugenden Brandschutz" genannt.

8.1.1 Geltungsbereich

Die Geltungsbereiche dieser Verordnung sind in den einzelnen Bundesländern unterschiedlich. Die Prüfsachverständigen werden für die unterschiedlichsten Tätigkeiten in unterschiedlichen Verfahrenswegen eingesetzt. Deshalb ist ein Prüfsachverständiger, der in einem Bundesland eingetragen ist, nicht immer ohne Weiteres berechtigt, in einem anderen Bundesland tätig zu werden.

8.1.2 Inhalt

Die Verordnungen regeln die Qualifikationsvoraussetzungen sowie den Tätigkeitsbereich der Prüfingenieure bzw. Prüfsachverständigen. Zu deren Aufgaben gehört z.B. die Prüfung des Brandschutznachweises bzw. die Ausstellung der Bescheinigung der Übereinstimmung des Brandschutznachweises mit den Anforderungen der Bauordnung und der damit in Verbindung stehenden Vorschriften.

Außerdem soll der Sachverständige die Übereinstimmung der ausgeführten Brandschutzmaßnahmen mit den Vorgaben des Brandschutznachweises prüfen. Hierdurch sollen Zug um Zug Aufgaben der Bauaufsichtsbehörden in den privaten Bereich verlagert werden.

Zu beachten ist, dass der Umfang dieser Prüfungsverlagerung in den einzelnen Bundesländern unterschiedlich gehandhabt wird. Hinzu kommt, dass manche Länder die Prüfung als abschließenden Vorgang verstehen, andere Länder wiederum eine private Prüfung, als Entscheidungshilfe für die Bauaufsicht sehen.

8.2 Bauvorlagen

Bauvorlagenverordnung

Bauvorlagenverordnungen werden in jedem Bundesland individuell gestaltet.

8.2.1 Geltungsbereich

Diese Verordnungen gelten für alle Bauvorlagen, die im Rahmen von Genehmigungsverfahren oder Anzeigeverfahren bei der zuständigen Genehmigungsbehörde bzw. Gemeindeverwaltung vorgelegt werden müssen.

Teilweise enthalten die Verordnungen auch den Mindestinhalt von (Brandschutz-) Nachweisen, die nicht im Prüfumfang der Behörden bzw. des Prüfsachverständigen liegen.

8.2.2 Inhalt

Bauvorlagenverordnungen enthalten vor allem Vorgaben über Umfang, Form und Maßstab von Bauzeichnungen sowie die notwendigen schriftlichen Unterlagen.

Manche Bundesländer schreiben hierbei auch den notwendigen Umfang von Brandschutznachweisen bzw. -konzepten vor.

Neben der Behördeninformation gewinnen die Bauvorlagen zunehmend auch für die Beweissicherung des Planers bei eventuellen juristischen Streitigkeiten an Bedeutung. Sie sollten deshalb vom Planer gewissenhaft erstellt werden.

9 Vorschriften für Bauprodukte und Bauarten

9.1 Bauregellisten

Bauregelliste Teil A, Teil B, Liste C

Die materiell-rechtlichen Anforderungen und die Verwendung von Bauprodukten werden in den Landesbauordnungen geregelt. Welche Bauregeln bzw. Prüfverfahren bei der Herstellung von Bauprodukten und Bausätzen, zur Erfüllung der einzelnen Anforderungen der Bauordnung, zu beachten sind, ist aus den Bauregellisten ablesbar, die das Deutsche Institut für Bautechnik im Auftrag der Bundesländer veröffentlicht. In den Bauregellisten wird u.a. aufgezeigt, wann entsprechende Nachweise, Erklärungen und Zertifikate erforderlich sind.

Die Anlagen zur Bauregelliste A Teil 1 enthalten die offiziellen Verknüpfungen zwischen den bauaufsichtlichen Anforderungen und den nationalen bzw. europäischen Baustoff- und Feuerwiderstandsklassen (siehe unter Kapitel 5.2.2.3).

9.2 Hersteller- und Anwenderverordnung

Verordnung über Anforderungen an Hersteller von Bauprodukten und Anwender von Bauarten (Hersteller- und Anwenderverordnung – HAVO)

Bei Bauprodukten, deren Herstellung in außergewöhnlichem Maß von der Sachkunde und Erfahrung der damit betrauten Personen oder von einer Ausstattung mit besonderen Vorrichtungen abhängt, kann in der jeweiligen allgemeinen bauaufsichtlichen Zulassung, in der Zustimmung im Einzelfall oder durch eine Rechtsverordnung der Obersten Bauaufsichtsbehörden vorgeschrieben werden, dass der Hersteller über entsprechende Fachkräfte und Vorrichtungen verfügt. Dies muss u.a. gegenüber anerkannten Prüfstellen nachgewiesen werden.

Detaillierte Regelungen hierzu enthält diese Verordnung.

9.3 Anerkennungsverordnung

Verordnung über die Anerkennung als Prüf-, Überwachungs- oder Zertifizierungsstelle nach Bauordnungsrecht (PÜZ-Anerkennungsverordnung – PÜZAVO)

Das Bauordnungsrecht sieht Prüf-, Überwachungs- und/oder Zertifizierungsstellen für Bauprodukte bzw. Bauarten vor. Die PÜZ-Anerkennungsverordnung regelt die Anerkennung einer Person, einer Stelle oder einer Überwachungsgemeinschaft sowie die Anerkennungsvoraussetzungen, die Durchführung der Anerkennung und die Pflichten der anerkannten Stellen.

9.4 Übereinstimmungszeichen-Verordnung

Verordnung über das Übereinstimmungszeichen (Übereinstimmungszeichen-Verordnung – ÜZVO)

Die Übereinstimmungszeichen-Verordnung regelt die Beschaffenheit und die Grundlage von Übereinstimmungszeichen (Ü-Zeichen, siehe Kapitel 5.2.6.4).

9.5 Überwachungsverordnung

Verordnung über die Überwachung von Tätigkeiten mit Bauprodukten und bei Bauarten (ÜTVO)

Für Bauprodukte, die wegen ihrer besonderen Eigenschaften oder ihres besonderen Verwendungszwecks einer außergewöhnlichen Sorgfalt beim Einbau, Transport sowie bei der Instandhaltung oder Reinigung bedürfen, kann in der allgemeinen bauaufsichtlichen Zulassung, in der Zustimmung im Einzelfall oder durch eine Rechtsverordnung der jeweiligen Obersten Bauaufsichtsbehörden die Überwachung solcher Tätigkeiten durch eine Überwachungsstelle vorgeschrieben werden.

Die Verordnung regelt diese Überwachungen bei bestimmten Tätigkeiten.

10 Brandschutzgesetze und einschlägige Vorschriften

10.1 Feuerwehr und Brandschutz

Feuerwehrgesetz, Brandschutzgesetz

Nahezu alle Brandschutzgesetze der einzelnen Bundesländer unterscheiden sich grundlegend. Dies ist bereits an der Namensgebung zu erkennen.

Hierbei muss berücksichtigt werden, dass die Vorgänger dieser Gesetze in den alten Bundesländern kurz nach dem Krieg unter dem Einfluss der verschiedenen Besatzungsmächte entstanden sind und dass es keine gemeinsamen Mustergesetze der einzelnen Länder gibt.

3.4 Seite 40 Landesrecht

10.1.1 Geltungsbereich

Der Geltungsbereich erstreckt sich auf die Gebiete der jeweiligen Bundesländer.

10.1.2 Inhalt

Die einzelnen Gesetze sind unterschiedlich aufgebaut und strukturiert. Dennoch bestehen auch einige Gemeinsamkeiten. Sie klären die Trägerschaft der unterschiedlichen Bereiche, nämlich Aufgaben der Gemeinden, der Landkreise und des Staates. Schwerpunkte bilden Arten, Aufgaben, Ausrüstung, personelle Besetzung und Strukturen, Kompetenzen und Bezahlung der Feuerwehren. Auch die Zusammenarbeit der Feuerwehren untereinander ist hier geregelt.

Außerdem werden Pflichten der Bevölkerung im Zusammenhang mit Brandschutz und Hilfeleistungen aufgeführt. Teilweise existieren für einzelne Bereiche separate Ausführungsgesetze.

10.2 Feuerbeschau

Feuerbeschauverordnung, Brandschauverordnung

Die Verordnungen über Brandschau, Feuerbeschau (oder wie auch immer sie in den einzelnen Bundesländern genannt werden) sind direkt den einzelnen Feuerwehrgesetzen zugeordnet. Hinsichtlich ihrer Unterschiede gelten analog die bei den Feuerwehrgesetzen getroffenen Aussagen.

Diese Verordnung hat das Ziel den Brandschutz von Gebäuden und hier vor allem auch die Sicherheit von Personen, unabhängig von einer bauaufsichtlichen Kontrolle, regelmäßig zu überprüfen.

10.2.1 Geltungsbereich

Die Geltungsbereiche sind in den einzelnen Bundesländern unterschiedlich, im Wesentlichen jedoch auf Räume und Gebäude besonderer Art oder Nutzung begrenzt. Teilweise werden auch grundsätzlich die Rettungswege in allen Gebäuden angesprochen.

10.2.2 Inhalt

Die in den Geltungsbereich dieser Verordnungen fallenden Gebäude bzw. Anlagen sollen zur vorbeugenden Abwehr von Bränden, Explosionen oder anderen Gefahren auf das Vorhandensein verbotswidriger oder gefährlicher Zustände untersucht werden.

Zu diesem Zweck müssen sie von dafür beauftragten Personen, im Einzelfall mit hinzugezogenen Fachleuten, regelmäßig begangen werden.

Dabei muss der Betreiber der Anlage den entsprechenden Personen Zutritt gewähren und diese im Einzelfall durch Überlassung fachkundigen Betriebspersonals und notwendiger Unterlagen unterstützen.

Die festgestellten Mängel werden in Protokollen festgehalten und müssen innerhalb bestimmter Fristen abgestellt werden. Geschieht dies nicht, können Geldbußen wegen Ordnungswidrigkeiten erhoben werden.

3 Vorschriften und Regelwerke

3.5 DIN-Normen

Dipl.-Ing. (FH) Lutz Battran

Inhalt

1 Grundlagen
- 1.1 Geschichtlicher Hintergrund
- 1.2 Das Deutsche Institut für Normung

2 Entstehung einer Norm

3 Arten von Normen
- 3.1 Normentwurf
- 3.2 DIN-Norm
- 3.3 Vornorm
- 3.4 Beiblatt
- 3.5 Teil
- 3.6 DIN-EN-Normen
- 3.7 DIN-VDE-Normen

4 Verbindlichkeit von Normen

5 DIN SPEC

6 Literaturhinweise

3.5 DIN-Normen

1 Grundlagen

1.1 Geschichtlicher Hintergrund

Der Ursprung der nationalen Normung liegt schon mehrere Jahrtausende zurück. Bereits im Altertum waren Maßeinheiten und Größenordnungen bekannt, um wirtschaftlich und flexibel arbeiten zu können. So wurden beispielsweise schon im Jahre 10 v. Chr. in Rom einheitliche Abmessungen von Wasserrohren aus Blei festgelegt.

Doch sollte es noch einige Jahrhunderte dauern, bis eine Normung nach heutigem Verständnis zur Durchsetzung kam. Die zwingende Notwendigkeit, in technischen Bereichen eine Kompatibilität auf breiter Ebene herzustellen, ergab sich aus der zunehmenden Verknüpfung lokaler Märkte zu einem nationalen und später sogar internationalen Aktionsverbund.

Bestes Beispiel für die Notwendigkeit von Normung aus dem Bereich Brandschutz sind die Schlauchkupplungen der Feuerwehr. Hier gab es – mit Ausnahme von Preußen, das 1909 einheitliche „Storz-Kupplungen" einführte – bis Mitte der 20er Jahre dieses Jahrhunderts nur Werksnormen der einzelnen Feuerwehrgerätehersteller.

Solange eine Feuerwehrspritze mit zugehörigen Schläuchen nur innerhalb einer Gemeinde oder zusammen mit Geräten gleicher Hersteller eingesetzt wurde, gab es hier keinerlei Probleme. Spätestens aber nach Ausbau der Kommunikationsnetze und der Möglichkeit, Nachbarschaftshilfe in großem Rahmen zu organisieren, wurden die Schwierigkeiten deutlich. Anfangs versuchte man, mit Hilfe von Adapterstücken Abhilfe zu schaffen, bevor es in der Zeit zwischen den Weltkriegen zu einer Normung der Gerätschaften kam.

Was hier am Beispiel der Feuerwehrschläuche beschrieben wurde, ist in etwa auch die Geschichte der nationalen Normung, nur dass sie auf anderen Gebieten einige Jahre früher einsetzte.

Am Anfang der Normung in Deutschland standen Werksnormen (ab ca. 1850). Zunächst war eine weitergehende Normung gar nicht erwünscht, weil Entwicklungsergebnisse den Firmen wirtschaftliche Vorteile schaffen sollten. Später sorgte vor allem der Erste Weltkrieg für eine Konzentration aller wirtschaftlichen Kräfte und damit auch für eine vorher nie gekannte Zusammenarbeit verschiedener Firmen. So war es kein Zufall, dass das Deutsche Institut für Normung im Jahre 1917 gegründet wurde.

Nach dem ersten Weltkrieg erkannte man die Normung als unverzichtbares Mittel für die Wiedererstarkung der nationalen Wirtschaft und dehnte sie auf weitere Gebiete aus. Heute besitzt Deutschland eines der umfangreichsten Normenwerke der Welt.

Nachdem die Anwendung von DIN-Normen in der ehemaligen DDR Anfang der 60er Jahre verboten und durch Technische Lieferbedingungen (TGL) ersetzt wurde, ist mittlerweile in den neuen Bundesländern die Wiedereinsetzung der DIN-Normung abgeschlossen. Damit gilt in ganz Deutschland ein einheitliches Normenwerk.

1.2 Das Deutsche Institut für Normung

Träger der Normungsarbeit in Deutschland ist heute das DIN – Deutsches Institut für Normung e.V. – eine Institution der Selbstverwaltung der deutschen Wirtschaft. Im Jahre 1975 wurde der Normenvertrag mit der Bundesrepublik Deutschland geschlossen und somit die Stellung des DIN als die nationale Normeninstitution rechtlich fixiert.

Die nationale Normung, die mittlerweile mehrere tausend Normenwerke beinhaltet, wurde in den letzten Jahren durch die europäische und internationale Normung ergänzt. Das DIN ist Mitglied in den europäischen (CEN/CENELEC) und internationalen (ISO/IEC) Normungsorganisationen. Mittlerweile basieren die meisten der neu erarbeiteten Normen auf internationalen oder europäischen Vorlagen.

Zukunft der Normung

Die Normung als nationales und internationales „Ordnungsinstrument der technischen Welt", wie das DIN die Stellung der Normung selbst beschreibt, wird in den nächsten Jahren sicher noch weiter an Bedeutung gewinnen. Vor allem die bereits im Entstehen befindliche europäische Normung wird uns in den nächsten Jahren viele neue Normen bescheren. Hier ist auch der vorbeugende Brandschutz ein Gebiet, das ein Umdenken in vielen Bereichen erforderlich machen wird.

2 Entstehung einer Norm

Eine fertig vorliegende Norm ist das Ergebnis meist jahrelanger Normungsarbeit auf nationaler und internationaler Ebene. Dabei sind auch die Einzelheiten zur Durchführung der Normungsarbeit und zur Gestaltung von DIN-Normen genormt. Die Vorgaben hierfür sind in der Normenreihe DIN 820 ausgeführt.

Ein Normungsantrag beim DIN führt nach Klärung der Notwendigkeit, Ziele, Finanzierung usw. zu einem Normungsvorhaben. Hierzu gibt es innerhalb des DIN Lenkungs- und Arbeitsgremien. Zu den Lenkungsgremien gehören die unterschiedlichen Normenausschüsse (NA), die wiederum, je nach Erfordernis, in Fachbereiche (FB) unterteilt sind. Hier werden Facharbeiten koordiniert, Arbeitsprogramme zusammengestellt, Prioritäten und Zeitpläne festgelegt sowie Arbeitsfortschritte kontrolliert.

Die eigentliche fachliche Arbeit wird in Arbeitsausschüssen (AA) geleistet. Zur Erarbeitung eines Vorhabens treffen sich die Experten auf ehrenamtlicher Basis, um den „Stand der Technik" zu definieren und niederzuschreiben.

3 Arten von Normen

3.1 Normentwurf

Vor Herausgabe einer Norm wird in der Regel ein „Normentwurf", auch als Gelbdruck bekannt, veröffentlicht. Dieser ist das vorläufig abgeschlossene Ergebnis der Normungsarbeit. Seine Veröffentlichung soll der breiten Öffentlichkeit die Mitwirkung bei der Normungsarbeit in Form von Stellungnahmen ermöglichen. Normentwürfe sind an dem vorgesetzten E (E DIN ...) und dem eigenen Schriftbild zu erkennen.

Zur Beschleunigung des Normungs-Verfahrens besteht die Möglichkeit sogenannte Kurzverfahren durchzuführen. Bei diesen steht anstelle des Buchstabens E der Buchstabe K.

Europäische Normentwürfe, die als Vorgaben für die nationalen Fassungen (z.B. DIN EN-Normen) erarbeitet werden, sind an der Bezeichnung „prEN" (Projet de norme européenne (franz.) = Entwurf Europäische Norm) zu erkennen.

3.2 DIN-Norm

Der Normentwurf führt nach Berücksichtigung fristgerecht eingegangener Stellungnahmen zur Veröffentlichung einer DIN-Norm. Beispiel: DIN 18095 „Türen, Rauchschutztüren, Begriffe und Anwendungen".

3.3 Vornorm

Neben dem Normentwurf gibt es noch die „Vornorm". Das wohl bekannteste Beispiel einer Vornorm war längere Zeit die DIN V 18230 „Baulicher Brandschutz im Industriebau".

Unter Vornorm versteht man ein Normungsergebnis, das z.B. wegen inhaltlicher oder formaler Vorbehalte vom DIN zunächst nicht als Norm herausgegeben wird. Zu einem späteren Zeitpunkt soll die Vornorm nach notwendigen Veränderungen in eine Norm übergeleitet oder ersatzlos gestrichen werden.

Die ehemalige Vornorm DIN 18230 wurde schließlich doch noch eine „richtige" Norm und ist als DIN 18230-1 „Brandschutz im Industriebau, Rechnerisch erforderliche Feuerwiderstandsdauer" im Mai 1998 erschienen.

3.4 Beiblatt

Die Anlage zu einer Norm wird „Beiblatt" genannt. Ein Beiblatt (Bbl.) enthält zusätzliche Informationen zur Norm, jedoch keine weiteren Festlegungen. Zusätzliche Informationen können z.B. sein: Erläuterungen, Beispiele, Anmerkungen, Ratschläge und Anwendungshilfsmittel.

3.5 Teil

Eine Norm besteht aus einem oder mehreren Teilen (früher „Blätter" genannt), die zwar sachlich zusammenhängen, jedoch jeweils bestimmte Teilgebiete abdecken und hinsichtlich ihres Zustandekommens einschließlich Beginn der Gültigkeit eigenständige Normenwerke darstellen. Eine der umfangreichsten Normen ist die DIN 4102: „Brandverhalten von Baustoffen und Bauteilen". Sie besteht mittlerweile aus über 20 Teilen.

3.6 DIN EN-Normen

Neben den üblichen DIN-Normen gibt es zwischenzeitlich die DIN EN-Normen. Hierbei handelt es sich um gleichberechtigte Normenwerke, die jedoch auf europäischer Ebene erarbeitet und vom DIN in die deutsche Normung übernommen wurden.

DIN EN-Normen bestehen in der Regel aus einem allgemeinen Teil und nationalen

Ergänzungen, die zusätzliche länderspezifische Erfordernisse berücksichtigen. Ein Beispiel für eine DIN EN-Norm ist die DIN EN 3 (Tragbare Feuerlöscher).

Grundlage über die Verwendbarkeit von Bauprodukten und Bauarten, die aufgrund baurechtlicher Vorgaben Anforderungen erfüllen müssen, war bisher hauptsächlich die DIN 4102. Den jeweiligen Anforderungen der Landesbauordnungen waren Klassen nach DIN 4102 entsprechend zugeordnet.

Die offiziellen „Übersetzungstabellen" zwischen den Normen und den Klassifizierungen der Landesbauordnungen sind in den Anlagen 0.1 und 0.2 der „Bauregelliste" enthalten. Diese werden regelmäßig vom Deutschen Institut für Bautechnik herausgegeben.

Im Sonderheft Nr. 26 mit Erscheinungsdatum vom 31. Juli 2002 wurden diese Anlagen nun um die neuen europäischen Klassifizierungen ergänzt. Damit sind den Bezeichnungen in den Landesbauordnungen neben den bisherigen bekannten Klassen der DIN 4102 jetzt neue und gleichberechtigte Klassen der DIN EN 13501 zugeordnet.

Auch die neuen Prüfnormen (z.B. DIN EN 1363) werden in der neuen Bauregelliste angesprochen. Dies hat zur Folge, dass in neuen Verwendbarkeits- oder Anwendbarkeitsnachweisen (z.B. allgemeinen bauaufsichtlichen Prüfzeugnissen oder Zulassungen) bereits die neuen Normbezeichnungen erscheinen können, die mithilfe der vorgenannten neuen Tabellen den bauaufsichtlichen Bezeichnungen zugeordnet werden.

Die Anforderung einer Landesbauordnung nach einer feuerhemmenden und selbstschließenden Türe kann somit durch einen T 30-Feuerschutzabschluss nach DIN 4102 **oder** einen Feuerschutzabschluss $EI_2$30-C nach DIN EN 13501 nachgewiesen werden.

Der Nachweis über eine feuerbeständige, nichttragende Innenwand kann entweder durch ein Prüfzeugnis F 90 nach DIN 4102 **oder** EI 30 nach DIN EN 13501 erfolgen.

Damit ist zu erkennen, dass die DIN EN Normen zunehmend an Bedeutung gewinnen und die nationalen DIN Normen nach und nach ersetzen werden. Im Bereich des Brandschutzes sollen die Normen der Reihe DIN 4102 und die entsprechenden DIN EN mittelfristig parallel Anwendung finden.

3.7 DIN VDE-Normen

Eine weitere Art von DIN-Normen sind die DIN VDE-Normen. Dabei werden die von der Deutschen Elektrotechnischen Kommission (DKE) erarbeiteten Arbeitsergebnisse, welche sicherheitstechnische Festlegungen enthalten, als VDE-Bestimmung oder als VDE-Leitlinie in das VDE-Vorschriftenwerk und gleichzeitig als Deutsche Norm in das Deutsche Normenwerk aufgenommen.

4.1 Struktur der DIN 4102, im Vergleich zu den entsprechenden DIN EN-Normen:

DIN 4102
Feuerwiderstandsprüfungen

- -2: Bauteile (tragende und nichttragende - Wände, Stützen, Decken, Balken, Dächer)
- -13: Brandschutzverglasungen
- -7: Bedachungen
- -3: Brandwände und nicht-tragende Außenwände
- -5: Feuerschutzabschlüsse, Abschlüsse in Fahrschachtwänden
- -6: Lüftungsleitungen
- -9: Kabelabschottungen
- -11: Rohrummantelungen, Rohrabschottungen, Installationsschächte und -kanäle

DIN EN
Feuerwiderstandsprüfungen

4.1

- 1364: Nichttragende Bauteile (Wände, Unterdecken, Vorhangfassaden)
- 1365: Tragende Bauteile (Wände, Decken / Dächer, Balken, Stützen, Balkone, Treppen / Laubengänge)
- 1334: Tür- und Abschluss-einrichtungen (Feuerschutzabschlüsse, Rauchschutzabschlüsse)
- 1366: Installationen (Leitungen, Brandschutzklappen, Abschottungen, Abdichtungssysteme für Bauteilfugen, Installationskanäle und -schächte, Doppelböden, Abschlüsse für Förderanlagen und bahn-gebundene Transportsysteme, Entrauchungsleitungen)

DIN 4102
Baustoffprüfungen

- -1: Baustoffe (A1, A2, B1, B2)

DIN EN
Baustoffprüfungen

- ISO 1182, ISO 1716: Baustoffe (A1, A2)
- ISO 11925: Baustoffe (B, C, D, E)

DIN 4102
Baustoff- und Bauteilkatalog

- -4: Zusammenstellung und Anwendung klassifizierter Baustoffe, Bauteile und Sonderbauteile

DIN EN
Eurocodes

- 1991ff: Rechnerische Ermittlung des Feuerwiderstandes eines Bauteils

Ältere VDE-Bestimmungen, die gleichzeitig DIN-Norm sind, führen neben der VDE-Nummerierung eine DIN Bezeichnung 57... und darauffolgend die VDE Nummer, z.B DIN 57185 (VDE 0185). Später wurde diese Systematik durch einfaches Voransetzen des DIN ersetzt, z.B. DIN VDE 0100.

Neuere VDE-Bestimmungen basieren auf europäischen oder internationalen Normen. Hier ist keine logische Übersetzung der DIN zur VDE-Bezeichnung mehr zu erkennen, z.B. DIN EN 60073 (VDE 0199). Deswegen ist es hier zur Vermeidung von Missverständnissen immer erforderlich, zur Norm-Bezeichnung die VDE-Nummer zu nennen.

4 Verbindlichkeit von Normen

DIN-Normen und Normentwürfe „erscheinen“ zum Zeitpunkt ihrer Verkaufsfreigabe. Ihre Gültigkeit beginnt mit dem Erscheinen oder mit dem in der Norm angegebenen Beginn der Gültigkeit. DIN-Normen berücksichtigen den zum Zeitpunkt der jeweiligen Ausgabe herrschenden Stand der Technik.

Eine DIN-Norm entspricht nicht automatisch den „allgemein anerkannten Regeln der Technik“. Es kann jedoch bei den meisten Normen – aufgrund ihrer Entstehungsgeschichte – davon ausgegangen werden, dass sie die „allgemein anerkannten Regeln der Technik“ beinhalten. Juristisch formuliert besteht bei DIN-Normen „eine tatsächliche Vermutung dafür“, dass sie allgemein anerkannte Regeln der Technik sind. Ausnahmen hiervon wären z.B. Normen oder Teile von Normen, die allgemein als überholt gelten.

Auch das Strafgesetzbuch kennt den Begriff der „anerkannten Regeln der Technik“. Danach macht sich strafbar, wer bei Planung, Leitung oder Ausführung eines Baues gegen die allgemeinen Regeln der Technik verstößt und dadurch Leib und Leben eines anderen gefährdet.

Eine weitere Rechtsquelle liegt im Zivilrecht (BGB). Hierbei kann unterstellt werden, dass bei Werkvertragsabschlüssen, soweit nicht anderes vereinbart, die anerkannten Regeln der Technik stillschweigend zu Grunde gelegt werden. Außerdem wird derjenige haftpflichtig, der fahrlässig gehandelt hat. Fahrlässigkeit kann im Einzelfall auch dem vorgeworfen werden, der DIN-Normen nicht einhält. Auch in VOB-Verträgen wird detailliert auf die einschlägigen Normen verwiesen.

Bauwerksschäden, die nachweislich durch Nichtbeachtung technischer Regeln entstanden sind, ziehen nicht selten zivilrechtliche Auseinandersetzungen nach sich.

Eine baurechtliche Anwendungspflicht von Normen ist in § 3 MBO geregelt. Nach bisherigem Baurecht waren grundsätzlich alle „allgemein anerkannten Regeln der Baukunst und Technik“ zu beachten. Als „allgemein anerkannte Regeln der Technik“ galten auch die vom Staatsministerium des Innern oder der von ihm bestimmten Stelle durch öffentliche Bekanntmachung eingeführten technischen Baubestimmungen.

Alle Landesbauordnungen, die auf Basis der Musterbauordnungen vom Dezember 1993 bzw. November 2002 oder folgende erlassen wurden, verpflichten nur noch zur Einhaltung von technischen Regeln, die als Technische Baubestimmungen eingeführt wurden. Von den Technischen Baubestimmungen kann abgewichen werden, wenn mit einer anderen Lösung in gleichem Maße die in § 3 der MBO definierten Sicherheitsanforderungen erfüllt werden. Darüber hinaus werden DIN-Normen verbindlich durch Bezugnahme, z.B. in einem Vertrag zwischen privaten Parteien.

DIN-Normen bilden einen Maßstab für einwandfreies technisches Verhalten und stehen jedermann zur Anwendung frei.

5 DIN SPEC

Bei DIN SPEC handelt es sich um eine neue Klasse von Publikationen des DIN (Deutsches Institut für Normung e.V.). Dies sind keine Normen im klassischen Sinn, sondern Publikationen bzw. Zusammenstellungen von Regeln, die bestimmte Autoren bzw. Autorengruppen erarbeiten.

Diese Veröffentlichungen werden nicht auf den Grundlagen der üblichen Normungsarbeit einschließlich einer Anhörung der Fachöffentlichkeit erstellt und sie unterliegen auch nicht einer Kontrolle durch das Institut.

DIN SPEC können z.B. Lieferbedingungen, Regelvereinbarungen oder Qualitätsstandards bestimmter Produkte enthalten, die durch diese Veröffentlichung einem breiten Publikum zugänglich gemacht werden.

Sie sollen zwar Standards den Weg bahnen. Deren Erarbeitung erfolgt jedoch nicht in einem klassischen Normungsausschuss. Vielmehr kann prinzipiell jedermann eine Arbeitsgruppe ins Leben rufen und innerhalb kürzester Zeit mit Unterstützung des DIN ein solches Standardisierungspapier erarbeiten. DIN SPEC sind aber keine allgemein anerkannten Regeln der Technik.

Beispiele für DIN SPEC sind zurzeit:

- DIN SPEC 4102-23:2011-10 „Brandverhalten von Baustoffen und Bauteilen; Bedachungen – Anwendungsregeln für Prüfergebnisse von Bedachungen nach DIN V ENV 1187, Prüfverfahren 1, und DIN 4102-7“
- DIN SPEC 91284:2012-04 „Grundlagen mikroskopischer Entfluchtungsanalysen“.

Werden DIN SPEC von europäischen Spezifikationen abgeleitet, erhalten sie, zusätzlich zu einer DIN SPEC-Nummerierung, eine DIN CEN/TS-Kennung.

6 Literaturhinweise

- DIN (Hrsg.):
  Brandschutzmaßnahmen: Normen (DIN-Taschenbuch 120): Beuth Verlag, Berlin, Wien, Zürich 2003, ISBN 3-410-15522-8
- www.din.de
- Wiese, Jürgen:
  DIN SPEC – weder Norm noch aaRdt, in: FeuerTRUTZ Magazin 2.2012
- Sämtliche zitierten Normen sind einzeln erhältlich bei: Beuth Verlag, 10772 Berlin, www.beuth.de

3 Vorschriften und Regelwerke

3.6 VDE-Vorschriftenwerk

Dipl.-Ing. (FH) Lutz Battran

Inhalt

1 Von der Gründung des VDE zur DKE

2 Bestandteile des VDE-Vorschriftenwerks

3 Verbindlichkeit von VDE-Bestimmungen

4 Für den baulichen Brandschutz wichtige VDE-Bestimmungen

5 Literaturhinweise

3.6 VDE-Vorschriftenwerk

1 Von der Gründung des VDE zur DKE

Der Verband Deutscher Elektrotechniker (VDE) wurde vor dem DIN gegründet. Er entstand bereits 1893. Vorausgegangen waren Gründungen lokaler elektrotechnischer Vereine. 1895 wurden auf der VDE-Jahresversammlung in München die ersten „Normalien" verabschiedet. Im darauffolgenden Jahr gab der VDE die ersten Sicherheitsvorschriften für Starkstromanlagen (u.a. über Schmelzsicherungen, Leitungsquerschnitte und isolierte Leitungen) heraus.

Aus diesen Anfängen entstand im Laufe der Zeit das heutige VDE-Vorschriftenwerk mit über 20.000 Seiten. Unter diesem Vorschriftenwerk versteht man die Sammlung der technischen Festlegungen, die der Verband Deutscher Elektrotechniker (VDE) e.V. herausgibt.

Die Festlegungen des VDE-Vorschriftenwerkes (Normen auf dem Gebiet der Elektrotechnik) werden von der Deutschen Elektrotechnischen Kommission im DIN und VDE (DKE) erarbeitet. Dies beruht auf einem Vertrag zwischen DIN und VDE vom 13.10.1970. Die DKE (Träger ist der VDE) nahm am 01.01.1971 ihre Arbeit auf. Sie vereinigte Arbeiten, die früher durch mehrere Gremien des VDE und des DIN unabhängig voneinander durchgeführt wurden.

Die DKE ist maßgeblich am IEC (Internationale Elektrotechnische Kommission) und CENELEC (Europäisches Komitee für elektrotechnische Normung) beteiligt.

CENELEC widmete sich ab Mitte der 1970er Jahre intensiv der Harmonisierung der Normen, die in das Gebiet der sogenannten *EG-Niederspannungsrichtlinie* (sicherer Gebrauch elektrischer Betriebsmittel in den Spannungsgrenzen zwischen 50 und 1500 Volt) fallen. Basis für die Normenvorlagen der CENELEC ist weitgehend die IEC, so dass heute ca. 70 % der CENELEC-Normen auf IEC-Normen basieren. Seit 1991 werden die IEC-Entwürfe aufgrund einer Vereinbarung gleichzeitig als europäische Normentwürfe herausgegeben.

Die neu geschaffenen VDE-Normen begründen sich weitgehend auf CENELEC. Damit beruhen die neueren deutschen elektrotechnischen Normen zum Großteil auf internationalen Vorlagen.

1991 wurden die DDR-Standards (TGL) an die DIN-VDE-Normen angepasst. Alle Neueinrichtungen sowie Erweiterungen und Änderungen dürfen nur noch auf DIN-VDE-Basis ausgeführt werden. Bestehende Einrichtungen können auch weiterhin nach TGL betrieben, geprüft und repariert werden, sofern nicht nach DIN VDE 0100 eine Anpassung gefordert wird.

2 Bestandteile des VDE-Vorschriftenwerkes

Bestandteile des VDE-Vorschriftenwerkes sind:

- Satzungen des VDE (VDE 0022),
- VDE-Bestimmungen,
- VDE-Leitlinien,
- VDE-Vornormen,
- VDE-Anwendungsregeln,
- Beiblätter des VDE-Vorschriftenwerkes

Die **VDE-Bestimmungen** enthalten sicherheitstechnische Festlegungen für das Errichten und Betreiben elektrischer Anlagen sowie für das Herstellen und Betreiben elektrischer Betriebsmittel. Sie stellen den allgemein anerkannten Stand der Technik dar und bilden zurzeit ihrer Aufstellung einen Maßstab für einwandfreies Handeln. VDE-Bestimmungen sind ausdrücklich gekennzeichnet: entweder durch einen Vermerk oder aber das Wort „Bestimmung" im jeweiligen Titel.

VDE-Leitlinien enthalten sicherheitstechnische Festlegungen mit einem im Vergleich zu den VDE-Bestimmungen wesentlich erweiterten Ermessensspielraum für eigenverantwortliches sicherheitstechnisches Handeln.

Eine **VDE-Vornorm** ist ein Normungsergebnis, das wegen bestimmter Vorbehalte zum Inhalt oder wegen des gegenüber einer DIN-VDE-Norm abweichenden Aufstellungsverfahrens oder mit Rücksicht auf europäische Rahmenbedingungen vom VDE zunächst nicht als Norm gekennzeichnet wurde.

Die Entstehung von VDE-Vorschriften ist sehr eng an die Systematik der DIN-Normen angelehnt. Dasselbe gilt hinsichtlich ihrer äußeren Form und ihrer Bezeichnung.

VDE-Anwendungen sind das Ergebnis von Standardisierungsarbeiten der Gremien des DKE oder VDE oder auch Übernahmen veröffentlichter Arbeitsergebnisse von Institutionen außerhalb des Verbandes Deutscher Elektrotechniker.

Auch erhielten bisher VDE-Bestimmungen, die gleichzeitig als Normen veröffentlicht wurden, von der VDE abgeleitete Bezeichnungen. Neue VDE-Bestimmungen sind von europäischen oder internationalen Normen abgeleitet. Hier besteht zwischen Normungs- und VDE-Bezeichnung kein numerischer Zusammenhang mehr.

3 Verbindlichkeit von VDE-Bestimmungen

VDE-Bestimmungen, die den bedeutendsten Teil des VDE-Vorschriftenwerkes ausmachen, bilden zur Zeit ihrer Aufstellung einen Maßstab für einwandfreies technisches Handeln. Grundsätzlich beinhalten sie also im gleichen Maße wie die DIN-Normen allgemein anerkannte Regeln der Technik, wobei es sich bei VDE-Bestimmungen um sicherheitstechnische Festlegungen handelt.

Darüber hinaus besteht hinsichtlich ihrer Verbindlichkeit bzw. ihres Anwendungsgebots ein **gravierender Unterschied** zu DIN-Normen. VDE-Bestimmungen werden entweder direkt namentlich von Bundesgesetzen und -verordnungen genannt, oder es wird die Einhaltung der allgemein anerkannten Regeln der Technik im Bereich der Elektrotechnik vorgeschrieben.

Dies bedeutet, dass VDE-Bestimmungen auch ohne bauaufsichtliche Einführung als verbindliche Regeln der Technik zu betrachten sind.

Bei den einschlägigen Gesetzen/Verordnungen handelt es sich um:

- das Gesetz über technische Arbeitsmittel (Gerätesicherheitsgesetz)
- die Niederspannungsverordnung
- die Medizingeräteverordnung
- Unfallverhütungsvorschriften und mehrere Rechtsgrundlagen, die genehmigungsbedürftige oder überwachungspflichtige Anlagen behandeln (Beispiel: Sprengstoffgesetz).

Außerdem verpflichten die „Allgemeinen Bedingungen für die Elektrizitätsversorgung von Tarifkunden“ den Installateur, die Elektroanlage vorschriftsmäßig zu installieren. Im Extremfall kann sogar ein Anschluss an die Elektrizitätsversorgung verweigert werden.

Aus den genannten Gründen werden VDE-Bestimmungen regelmäßig als zwingend zu beachtende Vorschriften angesehen, weshalb auf diesem Gebiet bisher keine Notwendigkeit einer bauaufsichtlichen Einführung erkannt wurde.

4 Für den baulichen Brandschutz wichtige VDE-Bestimmungen

Im Folgenden wird eine Auswahl wichtiger VDE-Bestimmungen, die ausnahmslos auch in das DIN-Normenwerk aufgenommen wurden, aufgeführt.

VDE 0100-Reihe

Die DIN VDE 0100 regelt detailliert sämtliche Basisanforderungen, die an Elektroinstallationen in Gebäuden gestellt werden. Sie gliedert sich folgendermaßen:

- Teil 1: Allgemeine Grundsätze, Bestimmungen, allgemeine Merkmale, Begriffe
- Teil 2: Begriffe
- Teil 4: Schutzmaßnahmen
- Teil 5: Auswahl und Errichtung elektrischer Betriebsmittel
- Teil 6: Prüfungen
- Teil 7: Anforderungen für Betriebsstätten, Räume und Anlagen besonderer Art

Daneben gibt es eine ganze Reihe von Teilen, die Spezialgebiete von Starkstromanlagen mit Nennspannungen bis 1000 V abdecken:

- VDE 0105 Starkstromanlagen
- VDE 0108 Sicherheitsbeleuchtungsanlagen

- VDE 0132 Brandbekämpfung und Hilfeleistung im Bereich elektrischer Anlagen
- VDE 0165 Explosionsfähige Atmosphäre
- VDE 0185 Blitzschutz
- VDE 0833 Gefahrenmeldeanlagen

5 Literaturhinweise

- VDE 0022: Satzung für das Vorschriftenwerk des Verbandes Deutscher Elektrotechniker (VDE) e.V.
- VDE Bezirksverein Südbayern (Hrsg.): 100 Jahre VDE-Bezirksverein Südbayern; Festschrift 1993
- www.vde.com/de/normung/Seiten/homepage/aspx
- www.dke.de
- Eine Recherche innerhalb des sehr umfangreichen Regelwerkes ist möglich über: www.vde-verlag.de/data/normen.php?action=criteriapage
- Sämtliche zitierten Teile des VDE-Vorschriftenwerkes sind einzeln erhältlich bei: VDE Verlag oder Beuth Verlag, Berlin, www.vde-verlag.de oder www.beuth.de

3 Vorschriften und Regelwerke

3.7 VDI-Richtlinien

Dipl.-Ing. (FH) Lutz Battran

Inhalt

1 Allgemeines

2 Verbindlichkeit

3 Literaturhinweis

4 Für den baulichen Brandschutz wichtige VDI-Richtlinien

3.7 VDI-Richtlinien

1 Allgemeines

Die VDI-Richtlinien werden getragen und herausgegeben vom Verein Deutscher Ingenieure (VDI) als einem technisch-wissenschaftlichen Mitgliederverein. Es gibt sie seit rund 125 Jahren.

Die Richtlinien werden von VDI-Fachgruppen erarbeitet. In ihnen wirken ausgewiesene Fachleute aus allen Bereichen der Forschung und Lehre, Industrie, technischen Überwachung und öffentlichen Hand ehrenamtlich mit. Ziel ist ein Erfahrungsaustausch und Technologietransfer. Zurzeit liegen ca. 1800 gültige VDI-Richtlinien oder Richtlinienentwürfe vor.

Entwürfe von VDI-Richtlinien werden im Gründruck veröffentlicht und unterliegen einem öffentlichen Einspruchsverfahren.

2 Verbindlichkeit

VDI-Richtlinien sind in keinem Fall bauaufsichtlich eingeführt. Sie stellen oftmals jedoch bewährte anerkannte Regeln der Technik dar. Dies ist als ausdrückliches Ziel auch in der VDI-Richtlinie 1000 „Richtlinienarbeit; Grundsätze und Anleitungen" herausgestellt. Die Richtlinien sind als konkrete Arbeitshilfe für alle im Beruf stehenden Ingenieure vorgesehen und stehen jedermann zur Anwendung frei.

3 Literaturhinweis

VDI-Richtlinien können bezogen werden über: Beuth-Verlag, Berlin, www.beuth.de

4 Für den baulichen Brandschutz wichtige VDI-Richtlinien

VDI 2263 1992-05	Staubbrände und Staubexplosionen; Gefahren, Beurteilung, Schutzmaßnahmen
VDI 2263 Blatt 1 1990-05	Staubbrände und Staubexplosionen; Gefahren, Beurteilung, Schutzmaßnahmen; Untersuchungsmethoden zur Ermittlung von sicherheitstechnischen Kenngrößen von Stäuben
VDI 2263 Blatt 2 1992-05	Staubbrände und Staubexplosionen; Gefahren, Beurteilung, Schutzmaßnahmen; Inertisierung
VDI 2263 Blatt 3 1990-05	Staubbrände und Staubexplosionen; Gefahren, Beurteilung, Schutzmaßnahmen; Explosionsdruckstoßfeste Behälter und Apparate; Berechnung, Bau und Prüfung
VDI 2263 Blatt 4 1992-04	Staubbrände und Staubexplosionen; Gefahren, Beurteilung, Schutzmaßnahmen; Unterdrückung von Staubexplosionen
E VDI 2263 Blatt 5 2005-03	Staubbrände und Staubexplosionen; Gefahren, Beurteilung, Schutzmaßnahmen – Explosionsschutz bei Wirbelschichtanlagen

3.7 Seite 2

VDI-Richtlinien

VDI 2263 Blatt 5.1 2004-02	Staubbrände und Staubexplosionen; Gefahren, Beurteilung, Schutzmaßnahmen – Explosionsschutz bei Wirbelschichtanlagen; Hinweise und Ausführungsbeispiele für Hersteller und Betreiber
VDI 2263 Blatt 6 2007-09	Staubbrände und Staubexplosionen – Gefahren, Beurteilung, Schutzmaßnahmen – Brand- und Explosionsschutz an Entstaubungsanlagen
VDI 2263 Blatt 6.1 2009-10	Staubbrände und Staubexplosionen – Gefahren – Beurteilung – Schutzmaßnahmen – Brand- und Explosionsschutz an Entstaubungsanlagen; Beispiele
VDI 2263 Blatt 7 Entwurf, 2008-09	Staubbrände und Staubexplosionen – Gefahren – Beurteilung – Schutzmaßnahmen – Brand- und Explosionsschutz an Sprühtrocknungsanlagen
VDI 2263 Blatt 8 2008-12	Staubbrände und Staubexplosionen – Gefahren – Beurteilung – Schutzmaßnahmen – Brand- und Explosionsschutz an Elevatoren
VDI 2263 Blatt 8.1 Entwurf, 2009-12	Staubbrände und Staubexplosionen – Gefahren – Beurteilung – Schutzmaßnahmen – Brand- und Explosionsschutz an Elevatoren – Beispiele
VDI 2263 Blatt 9 2008-05	Staubbrände und Staubexplosionen – Gefahren – Beurteilungen – Schutzmaßnahmen – Bestimmungen des Staubungsverhaltens von Schüttgütern
VDI 3564 Entwurf, 2009-11	Empfehlungen für Brandschutz in Hochregalanlagen
VDI 3673 Blatt 1 2002-11	Druckentlastung von Staubexplosionen
VDI 3819 Blatt 1 Entwurf, 2009-06	Brandschutz in der Gebäudetechnik – Gesetze, Verordnungen, Technische Regeln
VDI 3819 Blatt 1 2002-01	Brandschutz in der Gebäudetechnik – Gesetze, Verordnungen, Technische Regeln
VDI 3819 Blatt 2 2004-01	Brandschutz in der Gebäudetechnik – Funktionen und Wechselwirkungen
VDI 3819 Blatt 3 2009-01	Brandschutz in der Gebäudetechnik – Brandschutzplanung und -einweisung – Pflichten, Inhalt und Dokumentation
VDI 4406 2000-10	Förderanlagenabschlüsse für feuerwiderstandsfähige Bauteile bei automatischen Materialfluss- und Lagersystemen
VDI 6010 2005-09	Sicherheitstechnische Einrichtungen – Systemübergreifende Funktionen
VDI 6010 Blatt 2 Entwurf, 2009-12	Sicherheitstechnische Einrichtungen – Ansteuerung von automatischen Brandschutzeinrichtungen

VDI 6017 2008-11	Aufzüge – Steuerung für den Brandfall
VDI 6019 Blatt 1 2006-05	Ingenieurverfahren zur Bemessung der Rauchableitung aus Gebäuden – Brandverläufe, Überprüfung der Wirksamkeit
VDI 6019 Blatt 2 2009-07	Ingenieurverfahren zur Bemessung der Rauchableitung aus Gebäuden – Ingenieurmethoden

3 Vorschriften und Regelwerke

3.8 Unfallverhütungsvorschriften

Dipl.-Ing. (FH) Lutz Battran

Inhalt

1 Allgemeines
- 1.1 Einführung
- 1.2 Die einzelnen Unfallversicherungsträger
  - 1.2.1 Die gewerblichen Berufsgenossenschaften
  - 1.2.2 Die Unfallversicherungsträger der öffentlichen Hand

2 Verbindlichkeit

3 Für den baulichen Brandschutz wichtige Unfallverhütungsvorschriften
- 3.1 BGV A 1
- 3.2 BGV A 3 (bisherige BGV A 2, frühere VBG 4)
- 3.3 BGV A 8 (bisherige VBG 125)
- 3.4 BGV B 5 (bisherige VBG 55 a)
- 3.5 BGV D 34 (bisherige VBG 21)

4 Durchführungsanweisungen und sonstige Richtlinien
- 4.1 Durchführungsanweisungen
- 4.2 Richtlinien, Sicherheitsregeln, Grundsätze, Merkblätter

5 Schriften der Gemeindeunfallversicherungsverbände und Unfallkassen

6 Literaturhinweise

3.8 Unfallverhütungsvorschriften

1 Allgemeines

1.1 Einführung

Die Unfallverhütungsvorschriften (nicht zu verwechseln mit der Arbeitsstättenverordnung oder den Arbeitsstättenregeln) sind Vorschriften der einzelnen Unfallverhütungsträger für ihre Mitglieder. Die Mitgliedschaft bei einem Unfallverhütungsträger basiert auf dem Sozialgesetzbuch (§ 15 SGB VII – siehe Kapitel 3.3 bzw. § 14 Arbeitssicherheitsgesetz – ASiG). Die Unfallversicherungsträger erlassen als autonomes Recht Vorschriften zur Verhütung von Arbeitsunfällen, Berufskrankheiten und arbeitsbedingten Gesundheitsgefahren sowie zur Sicherstellung einer wirksamen ersten Hilfe.

1.2 Die einzelnen Unfallversicherungsträger

Fast jede Gewerbesparte hat ihre eigenen Unfallversicherungsträger. Diese sind teilweise regional ausgelegt.

Die einzelnen Unfallversicherungsträger erlassen jeweils nur Unfallverhütungsvorschriften, die für ihren Bereich in Betracht kommen. Die Unfallversicherungsträger gliedern sich in zwei Hauptsäulen:

1. die gewerblichen Berufsgenossenschaften
2. die Unfallversicherungsträger der öffentlichen Hand.

Als Spitzenverband fungiert die Deutsche Gesetzliche Unfallversicherung (DGUV).

Daneben bestehen noch landwirtschaftliche Berufsgenossenschaften.

1.2.1 Die gewerblichen Berufsgenossenschaften

Die gewerblichen Berufsgenossenschaften veröffentlichen über die DGUV Unfallverhütungsvorschriften.

Diese *BG-Vorschriftensammlung* umfasst alle von den einzelnen gewerblichen Berufsgenossenschaften erlassenen, derzeitig gültigen Unfallverhütungsvorschriften. Sie enthält sowohl den Standardtext als auch mögliche Normtextabweichungen einzelner Berufsgenossenschaften.

Seit April 1999 wurden die Bezeichnungen der Unfallverhütungsvorschriften grundlegend reformiert. Die früher mit VBG bezeichneten Vorschriften erhielten nun zum großen Teil die Bezeichnung BGV. Darüber hinaus wurden die Vorschriften in vier Kapitel unterteilt.

1. BGV A: Allgemeine Vorschriften und betriebliche Arbeitsschutzorganisation
2. BGV B: Einwirkungen
3. BGV C: Betriebsart/Tätigkeiten
4. BGV D: Arbeitsplatz/Arbeitsverfahren

Die neue Einteilung zog auch eine neue Nummerierung der Unfallverhütungsvorschriften nach sich. Einige Unfallverhütungsvorschriften behielten zunächst ihre alte VBG-Nummer, weil sie Vorschriften enthielten, die den Maschinen**alt**bestand regelten: Im Rahmen des Geräte- und Produktsicherheitsgesetzes (GPSG) sowie der Betriebssicherheitsverordnung (BetrSichV) bedarf es zur Gültigkeit der in diesen Unfallverhütungsvorschriften geregelten technischen Spezifikationen inzwischen nicht mehr der Rechtsverbindlichkeit dieser Vorschriften.

Die 43 alten Maschinenvorschriften als eigenständiges Recht konnten deshalb zurückgezogen und außer Kraft gesetzt werden. Dies erfolgte zeitgleich mit dem Inkrafttreten der neuen Unfallverhütungsvorschrift BGV A 1 „Grundsätze der Prävention“ zum 1. Januar 2004.

Um im Rahmen der Gefährdungsbeurteilung nach der Betriebssicherheitsverordnung die Schutzziele der zurückgezogenen maschinenbezogenen Unfallverhütungsvorschriften weiter zu erhalten, wurden deren Inhalte in die berufsgenossenschaftliche Regel BGR 500 „Betreiben von Arbeitsmitteln“ übernommen.

Im Geltungsbereich der Betriebssicherheitsverordnung gab es noch andere Unfallverhütungsvorschriften, deren Anforderungen von dieser Verordnung grundsätzlich mit abgedeckt wurden. Deshalb wurden Anfang 2005 22 weitere Unfallverhütungsvorschriften zurückgezogen. Dies betraf vor allem die Vorschriften der Gruppen BGV B, BGV C und BGV D.

Im Frühjahr 2005 wurden abermals Bezeichnungen von Unfallverhütungsvorschriften verändert: Am 1. Februar 2005 ist die neue BGV A 2 „Betriebsärzte und Fachkräfte für Arbeitssicherheit“ in Kraft getreten. Die bisherigen Vorschriften BGV A 6 „Fachkräfte für Arbeitssicherheit“ und BGV A 7 „Betriebsärzte“ wurden gestrichen.

Wegen der Einführung der neuen BGV A 2 hat die bisherige BGV A 2 „Elektrische Anlagen und Betriebsmittel“ mit Wirkung zum 1. Januar 2005 die neue Ordnungsnummer BGV A 3 erhalten. Inhaltlich hat sie sich nicht verändert.

1.2.2 Die Unfallversicherungsträger der öffentlichen Hand

In jedem Bundesland gibt es einen oder mehrere regional tätige Gemeindeunfallversicherungsverbände (GUVV) oder Unfallkassen (UK).

Das Tätigkeitsfeld der GUVV beschränkt sich auf Anlagen, die von der öffentlichen Hand betrieben werden.

Seit Oktober 2002 gelten für die Schriften der GUV und UK neue Bezeichnungen und Nummern. Die Neubenennung brachte neben einer klaren Struktur auch die direkte Vergleichbarkeit mit dem Regelwerk der gewerblichen Berufsgenossenschaften.

2 Verbindlichkeit

Das Sozialgesetzbuch schreibt eine Unfallversicherungspflicht für Unternehmer sowie für Bund, Länder und Gemeinden vor. Damit sind die einzelnen Unfallverhütungsvorschriften Vertragsbedingungen der (Pflicht-)Versicherungsverträge.

Die Einhaltung von Unfallverhütungsvorschriften stellt für Unternehmer und Versicherte die Grundpflichten für den Arbeitsschutz im berufsgenossenschaftlichen Satzungsrecht dar.

Der Versicherte kann im Rahmen einer Ordnungswidrigkeitenahndung zur Einhaltung gezwungen werden. Außerdem wird er bei Zuwiderhandlungen im Einzelfall regresspflichtig.

Der Unternehmer kann hinsichtlich seiner Haftung bei Beachtung der in den Regeln der Berufsgenossenschaften (BG-Regeln – BGR) enthaltenen Empfehlungen, insbesondere der beispielhaften Losungsmöglichkeiten, davon ausgehen, dass er die geeigneten Maßnahmen zur Verhütung von Arbeitsunfällen, Berufskrankheiten und arbeitsbedingten Gesundheitsgefahren getroffen hat.

Sind zur Konkretisierung staatlicher Arbeitsschutzvorschriften von den dafür eingerichteten Ausschüssen technische Regeln ermittelt worden, sind diese vorrangig zu beachten.

3 Für den baulichen Brandschutz wichtige Unfallverhütungsvorschriften

Eine Auflistung aller wichtigen Unfallverhütungsvorschriften sämtlicher Unfallversicherungsträger würde den Rahmen dieses Werkes sprengen. Deshalb werden hier nur einige Vorschriften der gewerblichen Berufsgenossenschaften aufgezeigt.

3.1 BGV A 1

Grundsätze der Prävention

In dieser BGV werden allgemeine Vorschriften und Pflichten des Unternehmers sowie des Versicherten aufgezeigt. Außerdem wird die Organisation des betrieblichen Arbeitsschutzes dargestellt.

Konkrete Aussagen hinsichtlich des baulichen und abwehrenden Brandschutzes sind in BGV A 1 nicht mehr enthalten. Dafür werden Schutzziele im Rahmen einer zu erstellenden Gefährdungsbeurteilung beschrieben.

Im Rahmen des Personenschutzes enthält die BGV A 1 Querverweise auf öffentlich-rechtliche Vorschriften wie das Arbeitsschutzgesetz. Dadurch sollen Parallelregelungen vermieden werden.

Konkretere Aussagen, z.B. zum Brandschutz, befinden sich in den BG-Regeln BGR A 1, die direkt auf die BGV A 1 Bezug nehmen.

Wichtige Paragrafen und zugehörige Erläuterungen siehe unter 4.2 in diesem Kapitel.

3.2 BGV A 3 (bisherige BGV A 2, frühere VBG 4)

Elektrische Anlagen und Betriebsmittel

Hier wird der Unternehmer zur Einhaltung der elektrotechnischen Regeln (im Wesentlichen VDE-Bestimmungen) verpflichtet. Außerdem geht die Vorschrift auf den Umgang mit elektrischen Geräten sowie auf die notwendigen regelmäßigen Prüfungen der elektrischen Anlagen und Betriebsmittel ein. Die grundsätzlichen Vorschriften lauten wie folgt:

> *§ 3*
>
> *(1) Der Unternehmer hat dafür zu sorgen, dass elektrische Anlagen und Betriebsmittel nur von einer Elektrofachkraft oder unter Leitung und Aufsicht einer Elektrofachkraft den elektrotechnischen Regeln entsprechend errichtet, geändert und instand gehalten werden. Der Unternehmer hat ferner dafür zu sorgen, dass die elektrischen Anlagen und Betriebsmittel den elektrotechnischen Regeln entsprechend betrieben werden.*
>
> *(2) Ist bei einer elektrischen Anlage oder einem elektrischen Betriebsmittel ein Mangel festgestellt worden, d.h., entsprechen sie nicht oder nicht mehr den elektrotechnischen Regeln, so hat der Unternehmer dafür zu sorgen, dass der Mangel unverzüglich behoben wird und, falls bis dahin eine dringende Gefahr besteht, dafür zu sorgen, dass die elektrische Anlage oder das elektrische Betriebsmittel im mangelhaften Zustand nicht verwendet werden.*

3.3 BGV A 8 (bisherige VBG 125)

Sicherheits- und Gesundheitsschutzkennzeichnung am Arbeitsplatz

In dieser Vorschrift sind die Grundlagen sämtlicher Kennzeichnungen (Fluchtwege, Feuerlöscher usw.) enthalten. Außerdem wird hier die Beschaffenheit (Material, beleuchtet, nachleuchtend usw.) vorgegeben. Schließlich sind die erforderlichen Größen und das Aussehen der Beschilderungen beschrieben.

3.4 BGV B 5 (bisherige VBG 55 a)

Explosivstoffe und Gegenstände mit Explosivstoff – Allgemeine Vorschrift

3.5 BGV D 34 (bisherige VBG 21)

Verwendung von Flüssiggas

4 Durchführungsanweisungen und sonstige Richtlinien

4.1 Durchführungsanweisungen

Durchführungsanweisungen enthalten Erläuterungen zu Unfallverhütungsvorschriften. Sie geben an, wie die in den Unfallverhütungsvorschriften normierten Schutzziele erreicht werden können. Dabei werden andere, mindestens ebenso sichere Lösungen nicht ausgeschlossen.

4.2 Richtlinien, Sicherheitsregeln, Grundsätze, Merkblätter

Neben den Unfallverhütungsvorschriften geben die Berufsgenossenschaften eine große Zahl von Richtlinien, Sicherheitsregeln, Grundsätzen und Merkblättern heraus.

Richtlinien sind meist Vorläufer von Unfallverhütungsvorschriften. Sicherheitsregeln enthalten Zusammenstellungen einschlägiger Bestimmungen, die in Vorschriften oder technischen Regelwerken enthalten sind.

Richtlinien und Sicherheitsregeln werden seit 1993 durch BG-Regeln (BGR – Regeln für Sicherheit und Gesundheitsschutz bei der Arbeit) abgelöst, eine Auswirkung der europäischen Harmonisierung. Sie enthalten z.B. Inhalte aus staatlichen Arbeitsschutzvorschriften, BG-Vorschriften (BGV), technischen Spezifikationen wie harmonisierten Normen oder berufsgenossenschaftlichem Erfahrungsgut.

Sie dienen dazu, bestimmte staatliche Arbeitsschutzvorschriften oder BG-Vorschriften zu konkretisieren oder zu erläutern. Außerdem können sie im Einzelnen auch Schutzzielangaben zur Verbesserung von Sicherheit und Gesundheit bei der Arbeit enthalten.

Die früher als ZH 1 Schriften bekannten Veröffentlichungen werden seit 2000 in folgende Gruppen unterteilt:

- BG-Regeln (BGR), die sich unmittelbar auf BG-Vorschriften (BGV) beziehen, erhalten deren Nummern.
- BG-Regeln allgemeiner Art erhalten die Nummern BGR 100–500.
- BG-Informationen erhalten die Nummern BGI 500–900 und 5000 ff.
- BG-Grundsätze erhalten die Nummern BGG 900–999.

Übersicht über BG-Regeln und BG-Informationen (Auswahl):

BGR A 1
Grundsätze der Prävention

Hier werden die Vorgaben der BGV A 1 präzisiert.

Hinsichtlich des vorbeugenden Brandschutzes sind vor allem folgende Punkte von Interesse.

> *BGR A 1, Nr. 4.3.2*
> *(zu § 21 Abs. 2 BGV A 1):*
> ***Der Unternehmer hat Maßnahmen zu treffen, die es den Versicherten bei unmittelbarer erheblicher Gefahr ermöglichen, sich durch sofortiges Verlassen der Arbeitsplätze in Sicherheit zu bringen.***
>
> *Dies setzt voraus, dass z.B.*
>
> - *Fluchtwege und Notausgänge in erforderlicher Anzahl und Lage vorhanden sind,*
> - *Fluchtwege und Notausgänge deutlich erkennbar und dauerhaft gekennzeichnet sind,*
> - *bei Störung der Stromversorgung gegebenenfalls eine selbsttätig einsetzende Sicherheitsbeleuchtung vorhanden ist,*
> - *bei nicht ständigen, schwer zugänglichen, hochgelegenen Arbeitsplätzen Einrichtungen vorhanden sind, die ein selbstständiges Verlassen des Gefahrenbereichs ermöglichen.*

3.8 Seite 6 Unfallverhütungsvorschriften

BGR A 1, Nr. 4.4.1
(zu § 22 Abs. 1 BGV A 1):
Der Unternehmer hat entsprechend § 10 Arbeitsschutzgesetz die Maßnahmen zu planen, zu treffen und zu überwachen, die insbesondere für den Fall des Entstehens von Bränden, von Explosionen, des unkontrollierten Austretens von Stoffen und von sonstigen gefährlichen Störungen des Betriebsablaufs geboten sind.

Zu den Notfallmaßnahmen gehört z.B. die Aufstellung

- *eines Alarmplanes,*
- *eines Flucht- und Rettungsplanes,*
- *einer Brandschutzordnung.*

Alarmplan
Der Alarmplan stellt die einfachste Form der schriftlichen Festlegung von Notfallmaßnahmen dar.

Der Unternehmer hat in einem Alarmplan festzulegen, welche Maßnahmen in Notfällen, wie Brand, Unfall, Einbruch, Überfall, durchgeführt werden müssen. Die Versicherten sind über die Inhalte und Abläufe, z.B. im Rahmen einer Unterweisung nach § 4 der Vorschrift, zu informieren. Der Alarmplan wird an geeigneten Stellen im Unternehmen ausgehängt. Er ist regelmäßig zu aktualisieren, z.B. aufgrund Änderung von Telefonnummern, Personalwechsels.

Flucht- und Rettungsplan
In Unternehmen, deren Lage, Ausdehnung und Art der Nutzung es erfordern, ist ein Flucht- und Rettungsplan zu erstellen. Dazu gehören z.B. Unternehmen mit großer räumlicher Ausdehnung oder mit weitläufigen Produktionsstätten, große Bürogebäude oder Gebäude mit unübersichtlichen Gängen, Treppen und Verkehrswegen, Unternehmen, in denen sich regelmäßig eine große Anzahl von Personen, Betriebsfremde oder Personen mit eingeschränkter Mobilität aufhalten, sowie Unternehmen, die mit gefährlichen Stoffen umgehen, wie Raffinerien, Betriebe der chemischen Industrie und Laboratorien.

In einen Flucht- und Rettungswegplan, der zweckmäßigerweise den Alarmplan einschließt, werden Verhaltensweisen und Abläufe in Notfällen, wie Brand, Evakuierung, Unfall, grafisch festgelegt. Diese Pläne werden an geeigneten Stellen im Unternehmen ausgehängt. Sprache (mehrsprachig, einfacher Text) und Darstellung (genormte Symbole) sollten so gewählt werden, dass auch betriebsfremde Personen sich leicht orientieren können.

Im Rahmen der Unterweisung sind die Versicherten mit dem Flucht- und Rettungsplan vertraut zu machen, dazu gehört auch eine praktische Übung.

Befinden sich regelmäßig Betriebsfremde oder Personen mit eingeschränkter Mobilität im Unternehmen, z.B. Verkaufsstätte, Krankenhaus, Behindertenwerkstätte, Pflegeheim, muss deren ordnungsgemäße Flucht bzw. Rettung zusätzlich geplant werden.

Die Inhalte des Flucht- und Rettungsplans sind Bestandteil der Erstunterweisung jedes neuen Versicherten vor Aufnahme der Arbeit, nach internen Umsetzungen oder längerer Abwesenheit vom Arbeitsplatz.

Brandschutz
Der Unternehmer hat für einen Schutz gegen Entstehungsbrände zu sorgen. Dazu gehört die Ausstattung des Unternehmens mit geeigneten Feuerlöscheinrichtungen (Feuerlöscher, stationäre Brandschutzanlagen) in ausreichender Anzahl.

Weitere Hinweise siehe BG-Regeln

- *„Ausrüstung von Arbeitsstätten mit Feuerlöschern" (BGR 133)*
- *„Einsatz von Löschanlagen mit sauerstoffverdrängenden Gasen" (BGR 134).*

Die zu ergreifenden Maßnahmen lassen sich aus der Gefährdungsbeurteilung ableiten.

Ergibt die Gefährdungsbeurteilung eine erhöhte Wahrscheinlichkeit des Auftretens von Bränden und Explosionen, kann eine Brandschutzordnung erforderlich sein. Diese wird zweckmäßigerweise gemeinsam mit der zuständigen Feuerwehr aufgestellt. Sie enthält alle getroffenen und im Brandfall zu treffenden Maßnahmen.

Die Versicherten sind mit dem Inhalt der Brandschutzordnung vertraut zu machen.

BGR A 1, Nr. 4.4.2
(zu § 22 Abs. 2 BGV A 1):
Der Unternehmer hat eine ausreichende Anzahl von Versicherten durch Unterweisung und Übung im Umgang mit Feuerlöscheinrichtungen zur Bekämpfung von Entstehungsbränden vertraut zu machen.

Die ausreichende Anzahl von Versicherten ergibt sich aus der Gefährdungsbeurteilung.

Bei höherer Brandgefährdung, der Anwesenheit einer größeren Anzahl von Personen sowie Personen mit eingeschränkter Mobilität kann eine größere Zahl von unterwiesenen Versicherten erforderlich sein.

Bei der Anzahl der Versicherten sollte auch Schichtbetrieb, Abwesenheit einzelner Personen, z.B. Fortbildung, Urlaub, Krankheit und Personalwechsel, berücksichtigt werden.

(Aus: BGR A 1 Grundsätze der Prävention, Abdruck mit Genehmigung des Carl Heymanns Verlags, Köln)

BGR 104 (frühere ZH-1/10) Explosionsschutz-Regeln Ex-RI

Diese umfangreichen Regeln gelten für die Beurteilung der Explosionsgefahren beim Umgang mit Stoffen, die eine gefährliche, explosionsfähige Atmosphäre bilden können, sowie für die Auswahl und Durchführung von Schutzmaßnahmen zum Vermeiden dieser Gefahren.

3.8 Seite 8 — Unfallverhütungsvorschriften

Hier sind Begriffe, die im Zusammenhang mit Explosionsschutz stehen, beschrieben und Zonen gemäß der Betriebssicherheitsverordnung erläutert. Darauf folgen Grundlagen und Maßstäbe zur Ermittlung der Explosionsgefahr.

Anschließend werden Schutzmaßnahmen angesprochen bezüglich

- der Vermeidung wirksamer Zündquellen
- der Anwendung von Prozessleittechnik im Rahmen von Explosionsschutzmaßnahmen
- der Schutzmaßnahmen bei Instandsetzungsarbeiten.

Schließlich wird die Erstellung eines Explosionsschutzdokuments vorgeschrieben und entsprechende organisatorische Maßnahmen werden geschildert.

Dieses Regelwerk enthält Anlagen mit Beispielen.

Hinweis: Ein Teil der früheren BGR 104 wurde in die Technischen Regeln zur Betriebssicherheitsverordnung (TRBS) 2152 überführt (siehe auch Kapitel 13.4 in diesem Werk).

Über die oben genannten Schriften hinaus werden auch vom Bundesministerium für Arbeit und Sozialordnung erlassene Verordnungen sowie darauf aufbauende technische Richtlinien als BG-Schriften veröffentlicht.

Weitere BGR und BGI in Tabellenform:

BGR 109 (frühere ZH-1/32)	Schleifen, Bürsten und Polieren von Aluminium und seinen Legierungen – Vermeidung der Gefahren von Staubbränden und Staubexplosionen
BGR 132*) (frühere ZH-1/200)	Vermeidung von Zündgefahren infolge elektrostatischer Aufladungen
BGR 133 (frühere ZH-1/201)	Ausrüstung von Arbeitsstätten mit Feuerlöschern Detaillierte Ausführungen hierzu siehe Kapitel 6.17
BGR 134 (frühere ZH-1/206)	Einsatz von Feuerlöschanlagen mit sauerstoffverdrängenden Gasen
BGR 500	Betreiben von Arbeitsmitteln Zusammenstellung ausgewählter Betriebsbestimmungen aus Unfallverhütungsvorschriften, die seit dem 1. Januar 2004 außer Kraft gesetzt worden sind
BGI 560 (frühere ZH-1/112)	Arbeitssicherheit durch vorbeugenden Brandschutz
BGI 562 (frühere ZH-1/116)	Brandschutz im Einzelhandel
BGI 563 (frühere ZH-1/117)	Brandschutz bei feuergefährlichen Arbeiten

*) Ein wesentlicher Teil der BGR 132 wurde in die TRBS 2153 überführt.

BGI 606 (frühere ZH-1/265)	Verschlüsse für Türen in Notausgängen
BGI 725	Arbeitssicherheit und Gesundheitsschutz in Schreinereien/Tischlereien
BGI 726	Arbeitssicherheit und Gesundheitsschutz in der Möbelindustrie
BGI 739	Holzstaub, Arbeitssicherheit und Gesundheitsschutz beim Erfassen, Absaugen und Lagern
BGI 740	Lackierräume und -einrichtungen für flüssige Beschichtungsstoffe
BGI 810-6	Sicherheit bei Produktionen und Veranstaltungen – Brandschutz im Dekorationsbau
BGI 847	Aufgaben, Qualifikation und Ausbildung von Brandschutz-beauftragten
BGI 888	Sicherheitseinrichtungen beim Einsatz von Feuerlöschanlagen mit Löschgasen

5 Schriften der Gemeindeunfallversicherungsverbände und Unfallkassen

Nach der Neubenennung der Schriften der Gemeindeunfallversicherungsverbände und Unfallkassen sorgen hier verschiedene Kategorien für eine klare Struktur:

- Unfallverhütungsvorschriften:
  - GUV-V A: Allgemeine Vorschriften und betriebliche Arbeitsschutzorganisation
  - GUV-V B: Einwirkungen
  - GUV-V C: Betriebsart/Tätigkeiten
  - GUV-V D: Arbeitsplatz/Arbeitsverfahren
- Regeln für Sicherheit und Gesundheitsschutz: GUV-R
- Informationsschriften: GUV-I
- Grundsätze: GUV-G.

Die Einteilung und weitere Spezifizierung ist nahezu identisch mit den bereits beschriebenen Einteilungen der gewerblichen Berufsgenossenschaften.

Darüber hinaus wurden für die Gemeindeunfallversicherungsverbände und Unfallkassen aufgrund der Bedeutung der Schüler-Unfallversicherung die Unterkategorie S für den Bereich Schule, Kindertageseinrichtungen, Hochschule eingeführt (z.B. GUV-VS, GUV-SR, GUV-SI).

6 Literaturhinweise

- Deutsche Gesetzliche Unfallversicherung, www.dguv.de
- BG-Vorschriften, BG-Regeln, BG-Informationen, BG-Grundsätze und weitere BG-Schriften sind zu beziehen über die BGVR-Online-Datenbank erhältlich unter: http://bibliothek.arbeitssicherheit.de
- Das Regelwerk der GUV ist erhältlich unter: http://regelwerk.unfallkassen.de

3.8 Seite 10	Unfallverhütungsvorschriften	

3 Vorschriften und Regelwerke

3.9 DVGW-Arbeitsblätter

Dipl.-Ing. (FH) Lutz Battran

Inhalt

1 Allgemeines

2 Verbindlichkeit

3 Literaturhinweis

4 Für den baulichen Brandschutz wichtige technische Regeln

3.9 DVGW-Arbeitsblätter

1 Allgemeines

Der DVGW - Deutscher Verein des Gas- und Wasserfaches e.V. – wurde am 21. Mai 1859 gegründet.

Laut seiner Satzung steht die Förderung des Gas- und Wasserfaches in technischer und technisch-wissenschaftlicher Hinsicht, unter Berücksichtigung von Sicherheit, Umweltschutz und Hygiene, im Vordergrund.

Die Hauptaufgaben des DVGW sind die Ausarbeitung und die Verbreitung des DVGW-Regelwerkes, die Mitarbeit an einschlägigen Normen sowie die Einrichtung eines Zertifizierungs- und Sachverständigenwesens.

Der DVGW ist gemeinnützig anerkannt und sieht sich heute als moderner Dienstleister. Neben persönlichen Mitgliedern finden sich in der Mitgliederliste hauptsächlich Versorgungsunternehmen sowie Firmen des Gas- und Wasserfaches.

Gremien des DVGW bieten Foren für den Erfahrungsaustausch und die Meinungsbildung. Hier tragen Experten, Versorgungsunternehmen, Vertreter von Hochschulen, Behörden und Vertreter von Industrie und Fachverbänden den aktuellen Stand des Wissens sowie praktische Erfahrung zusammen.

Das Ziel sämtlicher Aktivitäten des DVGW ist eine zuverlässige, sichere und einwandfreie Gas- und Wasserversorgung durch Versorgungsunternehmen zu gewährleisten. Eine wichtige Säule hierfür stellen die technischen Regeln des DVGW dar. Sie werden durch die Gremien ständig auf Aktualität überprüft und gegebenenfalls überarbeitet. Vor Veröffentlichung einer technischen Regel wird deren Entwurf einem öffentlichen Einspruchsverfahren unterzogen.

Die technischen Regeln des DVGW bestehen aus Arbeitsblättern, die technische Grundlagen für die Lösung einer bestimmten Aufgabenstellung enthalten, sowie Merkblättern, die Hinweise zu bestimmten Ausführungen beinhalten.

Die technischen Regeln sind in zwei Hauptgruppen unterteilt. „G" bezeichnet hierbei die Regeln für Gas- und „W" für Wasserinstallationen.

Eine Besonderheit bilden die technischen Regeln Flüssiggas (TRF), die nicht in diese Gruppen eingegliedert wurden.

Die TRF stellen die wichtigste Basis für die Installation und den Betrieb von Flüssiggasanlagen sowie den Umgang mit Flüssiggasgebinden dar.

2 Verbindlichkeit

Im Bereich der Gas- und Wasserinstallation werden vom Gesetzgeber nur allgemeine Festlegungen getroffen. Die konkrete und fachliche Ausfüllung dieser Festlegungen wird hierbei Fachleuten überlassen, die zusammengeschlossen im DVGW entsprechende technische Regeln erarbeiten. Somit sind diese Regeln zwar nicht bauaufsichtlich eingeführt, stellen jedoch grundsätzlich als „allgemein anerkannte Regeln der Technik" die technische Umsetzung gesetzlicher Vorgaben, vor allem aus dem Bereich der Sicherheit, der Gesundheit sowie des Umweltschutzes dar.

Sie sollen als verlässliche Ordnungs- und Rationalisierungsinstrumente die praktische Arbeit des Gas- und Wasserfaches lenken.

3 Literaturhinweis

- DVGW-Arbeitsblätter, Merkblätter sowie sonstige Veröffentlichungen des DVGW sind erhältlich bei der
Wirtschafts- und Verlagsgesellschaft
Gas und Wasser mbH
Josef-Wirmer-Str. 3
53123 Bonn

4 Für den baulichen Brandschutz wichtige technische Regeln

DVGW-Arbeitsblatt G 110	Ortsfeste Gaswarneinrichtungen
DVGW-Arbeitsblatt G 600	Technische Regeln für Gas-Installationen, DVGW-TRGI
DVGW-Arbeitsblatt G 621	Gasanlagen für Laboratorien in naturwissenschaftlich-technischen Unterrichtsräumen, Installation und Betrieb
DVGW-Arbeitsblatt G 634	Installation von Gasgeräten in gewerblichen Küchen in Gebäuden – besondere Anforderung an Verbrennungsluftversorgung und Abgasführung
DVGW-Arbeitsblatt G 638 I	Heizungsanlagen mit Hellstrahlern; Planung, Installation, Betrieb
DVGW-Arbeitsblatt G 638 II	Heizungsanlagen mit Dunkelstrahlern; Planung, Installation, Betrieb
DVGW-Arbeitsblatt G 660	Abgasanlagen mit mechanischer Abgasführung für Gasfeuerstätten mit Brennern ohne Gebläse; Installation
DVGW-Arbeitsblatt G 670	Aufstellung von Gasfeuerstätten in Räumen, Wohnungen oder ähnlichen Nutzungseinheiten mit mechanischen Entlüftungseinrichtungen
TRF 1996	Technische Regeln Flüssiggas
DVGW-Arbeitsblatt W 302	Hydraulische Berechnung von Rohrleitungen und Rohrnetzen, Druckverlusttafeln für Rohrdurchmesser von 40 – 2.000 mm
DVGW-Arbeitsblatt W 311	Planung und Bau von Wasserbehältern; Grundlagen und Ausführungsbeispiele
DVGW-Arbeitsblatt W 321	Hydranten
DVGW-Arbeitsblatt W 403	Planungsregeln für Wasserleitungen und Wasserrohrnetze
DVGW-Arbeitsblatt W 405	Bereitstellung von Löschwasser durch die öffentliche Trinkwasserversorgung

3 Vorschriften und Regelwerke

3.10 Regelwerke und Merkblätter der Versicherer

Dipl.-Ing. (FH) Lutz Battran

Inhalt

1 Allgemeines
- 1.1 Privatrechtliche Vereinbarung
- 1.2 Regeln mit Einfluss auf die Versicherungsprämie
- 1.3 Bauauflagen mit Verweis auf Regeln der Versicherer
- 1.4 Regeln der Versicherer als allgemein anerkannte Regeln der Technik

2 Herausgeber von Regelwerken und Merkblättern der Versicherer
- 2.1 VdS, GDV und CEA
  - 2.1.1 Entstehung von VdS-Richtlinien
  - 2.1.2 Wichtige VdS-Richtlinien/CEA-Richtlinien
- 2.2 FM Global-Richtlinien
- 2.3 Merkblätter sonstiger Versicherer – Beispiel: Versicherungskammer Bayern

3 Literaturhinweise

3.10 Regelwerke und Merkblätter der Versicherer

1 Allgemeines

In Deutschland, wie auch in anderen Ländern, gibt es zwar ein umfangreiches Normenwerk. In manchen Fällen besteht aber aus verschiedenen Gründen ein Bedarf an Regelungen, die für die allgemeine Normung nicht in Betracht kommen. Außerdem haben die Feuerversicherer oft ein besonderes Interesse an Anforderungen, die über die Festlegungen in den allgemeinen Normen hinausgehen. Schließlich sind viele Anforderungen des öffentlichen Baurechts nicht mit technischen Details hinterlegt, was in der Praxis immer wieder zu mangelhaften Ausführungen beiträgt, die nicht den Interessen der Versicherer entsprechen.

Viele große Versicherer und Rückversicherer veröffentlichen deshalb eigene Regelwerke und Merkblätter zur Schadenverhütung. Oft wird dies auch von den Verbänden der Versicherungen wahrgenommen.

Bei technischen Regeln und Merkblättern von Versicherungen handelt es sich zunächst **nicht um Vorschriften mit Gesetzes- oder gesetzesähnlichem Charakter,** sondern um unverbindliche Empfehlungen privatrechtlicher Institutionen. Ihre Anwendung steht also jedermann frei.

Von entscheidender Bedeutung können jedoch vor allem die Regelwerke der Versicherer werden, wenn

- ihre Einhaltung privatrechtlich, z.B. im Versicherungsvertrag, vereinbart wird,
- die Einhaltung bestimmter Regeln Einfluss auf die Versicherungsprämie hat,
- Bauaufsichtsbehörden, z.B. im Rahmen von Bauauflagen für Sonderbauten, auf die Richtlinien der Versicherer zurückgreifen oder
- Richtlinien zu allgemein anerkannten Regeln der Technik werden.

Bereits bei der Erstellung eines Brandschutzkonzeptes sollte sich der Planer bzw. Sachverständige über die erforderliche Einhaltung von Regelwerken der Versicherer, ggf. unter Einbeziehung des mutmaßlichen Objektversicherers, kundig machen.

1.1 Privatrechtliche Vereinbarung

Viele Versicherungsverträge beinhalten die obligatorische Einhaltung von Sicherheitsvorschriften über die öffentlich-rechtlichen Vorschriften hinaus. Mit der Unterschrift auf dem Versicherungsantrag kommt diese Vereinbarung zwischen Versicherungsnehmer und Versicherer zustande, d.h., der Versicherungsnehmer verpflichtet sich, diese Sicherheitsvorschriften einzuhalten. Verstößt er jedoch gegen diese Sicherheitsvorschriften, gilt dies als **Verletzung einer Obliegenheit** bzw. als **Erhöhung der Gefahr.** Führt dies ursächlich zu einem Schaden oder wird hierdurch ein Schaden vergrößert, kann der Versicherer die Entschädigung verwehren oder kürzen.

Darüber hinaus kann der Versicherer bei Feststellung einer Obliegenheitsverletzung den Versicherungsvertrag außerhalb der vereinbarten Kündigungsfristen aufkündigen.

3.10 Seite 2 Regelwerke und Merkblätter der Versicherer

Die Rechtsgrundlagen für Leistungsfreiheit und Vertragskündigung sind im Gesetz über den Versicherungsvertrag (Versicherungsvertragsgesetz – VVG) geregelt.

Folgende Sicherheitsvorschriften werden z.B. oft in der Industrie-Feuerversicherung vereinbart:

- Allgemeine Sicherheitsvorschriften der Feuerversicherer für Fabriken und gewerbliche Anlagen (ASF)
  (aufgestellt von VdS-Schadenverhütung und dem Bundesverband der Deutschen Industrie (BDI); VdS 2038).
  Diese enthalten insbesondere Regelungen über:
  - Feuerschutzabschlüsse, einschließlich notwendiger Hinweisschilder und dem Erfordernis von Feststellvorrichtungen
  - Errichtung und Betrieb elektrischer Anlagen
  - Rauchen und offenes Feuer in feuer- und/oder explosionsgefährdeten Räumen und Bereichen sowie in Garagen und Kfz-Werkstätten, einschließlich entsprechender Beschilderung sowie Schaffung notwendiger Raucherzonen
  - Feuerarbeiten (z.B. Randbedingungen für Schweißarbeiten)
  - Feuerstätten, Heizeinrichtungen, wärmeführende Rohrleitungen, Trocknungsanlagen, mit Vorgaben für Abstände zu brennbaren Stoffen
  - Verwendung und Lagerung brennbarer fester Stoffe, von Flüssigkeiten und Gasen
  - Verpackungsmaterial (zulässige Lagermenge und Anforderung an Lagerräume)
  - Umgang und Aufbewahrung von Abfällen
  - Notwendigkeit von Feuerlöscheinrichtungen und Umgang damit
  - Kontrolle des Betriebs nach Arbeitsschluss
- Sicherheitsvorschriften für Starkstromanlagen bis 1000 Volt (VdS 2046)
  Auszug aus dem Inhalt:
  - Anforderung an die Errichtung elektrischer Anlagen (über die Festlegungen der VDE-Bestimmungen hinaus)
  - Betrieb der Anlagen
  - Verhalten bei Bränden.
- Sicherheitsvorschriften für Feuerarbeiten (VdS 2047)

  In diesen Sicherheitsvorschriften wird in der Regel auf weitere Merkblätter und Vorschriften Bezug genommen.

Die Vereinbarung spezieller Sicherheitsvorschriften wird in den **Versicherungspolicen dokumentiert.** Welche Sicherheitsvorschriften jeweils (über die öffentlich-rechtlichen Vorschriften hinaus) zu beachten sind, muss also in jedem Einzelfall dem Inhalt des Versicherungsvertrags, bzw. der Versicherungspolice entnommen werden.

In manchen Versicherungspolicen sind Sicherheitsvorschriften in Form von Klauseln enthalten.

Beispiel: Versicherungsvertrag mit vereinbarten Sicherheitsvorschriften:

Pfefferminzia AG

Versicherungsschein
Industrie-Feuerversicherung

Versicherungsnummer: **Ind00427318**

Beginn: 01.01.2006, 12 Uhr
Ablauf: 01.01.2007, 12 Uhr

Versicherungsnehmer:
Gebr. Martin Internationale Speditionsgesellschaft mbH
Tulpenstr. 20
99118 Großdorf

Ausfertigungsgrund: Neuversicherung

Geschäfts-/Betriebsart: Spedition

Versicherungsorte: 99118 Großdorf, Tulpenstr. 20
99120 Kleinhofen, Nelkenstr. 17

Vertragsbestandteile: Anlagen Nr.: 011 103 139 190 139

Beitragsrechnung:
Beitrag 01.01.2006: 10.171,58 € Steuer: 1.627,45 € Gesamt: 11.799,03 €

Versicherungsumfang:

Pos. 1	**Gebäude zum Neuwert mit fester Versicherungssumme**			
	Versicherungssumme:	21.843.000,00 €	Beitragssatz in ‰: 0,46	**10.047,78 €**
Pos. 2	**Betriebseinrichtung zum Neuwert mit fester Versicherungssumme**			
	Versicherungssumme:	150.000,00 €	Beitragssatz in ‰: 0,55	**82,50 €**
Pos. 3	**Vorräte mit fester Versicherungssumme**			
	Versicherungssumme:	75.000,00 €	Beitragssatz in ‰: 0,55	**41,30 €**
Gesamtversicherungssumme:		22.068.000,00 €	Gesamtbeitrag	**10.171,58 €**

Erläuterungen zu den Vertragsbestandteilen (Anlagen)
011 = Allgemeine Bedingungen für die Feuerversicherung (AFB 87)
103 = Brandverhütungsvorschriften für Fabriken und gewerbliche Anlagen
139 = Anlage zum Versicherungsschein/Feuerindustrie;
Inhalt siehe Deckblatt der Anlage 139
190 = Zusätzliche Einschlüsse zur Feuerversicherung
193 = Anlage zum Versicherungsschein/Feuerindustrie (Klauselbogen);
Inhalt siehe Anlage 193

Berlin, 30.12.2005

Mayer Huber

3.10 Seite 4

Regelwerke und Merkblätter der Versicherer

Beispiel:
Anlagen als Vertragsbestandteile:

- *Allgemeine Bedingungen für die Feuerversicherung (AFB 87)*
  Hierbei handelt es sich um ein standardisiertes Bedingungswerk, das vielen Versicherungsverträgen zugrunde liegt. Nähere Angaben enthält Kapitel 10.1.
- *Brandverhütungsvorschriften für Fabriken und gewerbliche Anlagen*
  Standardisierte Vorschriften, die vielen Versicherungsverträgen zugrunde liegen. Das Merkblatt ist als VdS-Merkblatt 2039 in Form eines Aushangs erhältlich und muss den Beschäftigten zugänglich gemacht werden.
- *Anlage zum Versicherungsschein Feuer/Industrie*
  Hier wird die Einhaltung verschiedener VdS-Sicherheitsvorschriften bzw. Richtlinien dem Versicherungsnehmer als Obliegenheit auferlegt. Dies bedeutet, ein Verstoß gegen die Regeln in den aufgeführten Merkblättern kann im Schadenfall zu Einbußen bei der Entschädigung führen.
- *Anlage zum Versicherungsschein Feuer/Industrie (Klauselbogen)*
  Standardisierter Klauselbogen, dessen Inhalt Bestandteil des Versicherungsvertrags wird.

Alle aufgeführten Klauseln und Anlagen sind in der Regel dem Versicherungsvertrag als Anlagen beigelegt.

Beispiel: Anlage zum Versicherungsschein – Deckblatt der Anlage 139: Aufzählung der einzuhaltenden VdS-Richtlinien bzw. Sicherheitsvorschriften

Pfefferminzia AG

Anlage 139 zum Versicherungsschein
Industrie-Feuerversicherung

Inhaltsübersicht:

1. Positionen-Erläuterungen für die Feuerversicherung von Fabriken und gewerblichen Anlagen (VdS 171)
2. Allgemeine Sicherheitsvorschriften der Feuerversicherer für Fabriken und gewerbliche Anlagen (VdS 2038)
3. Sicherheitsvorschriften für Starkstromanlagen bis 1000 Volt (VdS 2046)
4. Sicherheitsvorschriften für Feuerarbeiten (VdS 2047)
5. Sicherheitsregeln für die Ausrüstung von Arbeitsstätten mit Feuerlöschern (VdS 2001)
6. Richtlinien für den Brandschutz bei Schweiß-, Löt- und Trennschleifarbeiten (VdS 2008)

Die aufgeführten VdS-Schriften liegen als Anlagen im Volltext bei.

3.10 Seite 6	Regelwerke und Merkblätter der Versicherer

Beispiel: Brandverhütungsvorschriften (VdS 2039)
(Quelle: VdS Schadenverhütung GmbH, Köln, s.a. Seite 17)

Brandverhütungsvorschriften für Fabriken und gewerbliche Anlagen

Feuerschutzabschlüsse	Selbstschließende Feuerschutzabschlüsse dürfen nicht (z.B. durch Verkeilen oder Festbinden) blockiert werden.
Elektrische Anlagen	Elektrische Anlagen sind nach den anerkannten Regeln der Elektrotechnik (Bestimmungen des Verbandes Deutscher Elektrotechniker - VDE -) nur von Fachkräften oder unterwiesenen Personen zu errichten und zu betreiben.
Rauchen und offenes Feuer	In feuer- und/oder explosionsgefährdeten Räumen und Bereichen ist Rauchen und Umgang mit Feuer oder offenem Licht verboten. In explosionsgefährdeten Räumen und Bereichen dürfen außerdem funkenbildende Geräte, Werkzeuge und nicht explosionsgeschützte Elektrogeräte nicht verwendet werden.
Feuerarbeiten	Außerhalb ständiger, hierfür vorgesehener Arbeitsplätze sind Schweiß-, Schneid-, Schleif- und Aufheizarbeiten nur mit schriftlicher Genehmigung (Schweißerlaubnisschein) der Betriebsleitung zulässig. Dieser Schein muß genaue Angaben über die zu treffenden Schutzmaßnahmen enthalten.
Feuerstätten, Heizeinrichtungen	Feuerstätten (einschließlich Schornsteinen und Ofenrohren) und Heizeinrichtungen müssen im Umkreis von mindestens 2 m von brennbaren Stoffen freigehalten werden. Benzin, Petroleum, Spiritus, Lackreste oder ähnliches dürfen nicht als Feuerungsmaterial verwendet werden ● Heiße Schlacke und Asche müssen in dafür vorgesehene feuerbeständig abgetrennten Gruben oder Räumen oder im Freien mit sicherem Abstand gelagert werden ● Behelfsmäßige Feuerstätten, elektrische Heiz- und Kochgeräte sowie Tauchsieder dürfen nur mit Zustimmung der Betriebsleitung benutzt werden.
Brennbare Flüssigkeiten und Gase	Beim Umgang mit brennbaren Flüssigkeiten und Gasen ist besondere Vorsicht geboten ● In den Betriebsräumen dürfen höchstens die für den Fortgang der Arbeit nötigen Mengen (jedoch nicht mehr als der Tagesbedarf) aufbewahrt werden ● Brennbare Flüssigkeiten sind in sicheren Gefäßen aufzubewahren. Sie dürfen nicht in Ausgüsse oder Abwasserkanäle geschüttet werden.
Verpackungsmaterial	In den Packräumen darf leicht entflammbares Verpackungsmaterial (Holzwolle, Stroh, Papier, Faserstoffe, Kunststoffolien, Schaumstoffe und dgl.) höchstens in der Menge eines Tagesbedarfs vorhanden sein. Zerkleinertes Material dieser Art (Füllstoffe) ist in nichtbrennbaren Behältern mit dichtschließendem Deckel aufzubewahren. Packräume und Lagerräume für Verpackungsmaterial dürfen nicht direkt (z.B. durch Ofen, Strahler, ölbefeuerte Lufterhitzer) beheizt werden.
Abfälle	Brennbare Abfälle sind täglich aus den Arbeitsräumen zu entfernen. Sie sind im Freien mit sicherem Abstand oder in feuerbeständig abgetrennten Räumen (Lagerplatz...) zu lagern. Ölige, fettige oder mit brennbaren Flüssigkeiten getränkte Putzwolle, Lappen und dergleichen dürfen nur in nichtbrennbaren Behältern mit dicht schließendem Deckel - keinesfalls in der Arbeitskleidung - aufbewahrt werden ● Zigarettenasche und Abfälle, die noch Glut enthalten können, sind in geeigneten Aschenbehältern aufzubewahren.
Feuerlöscheinrichtungen	Feuerlöscheinrichtungen müssen gut erkennbar und leicht zugänglich sein ● Jede Benutzung ist der Betiebsleitung sofort zu melden. Die Feuerlöscheinrichtungen sind nach der Benutzung unverzüglich wieder betriebsbereit zu machen. Mißbräuchliche Benutzung ist verboten.
Kontrolle nach Arbeitsschluß	Nach Arbeitsschluß hat eine der Betriebsleitung verantwortliche Person die Betriebsräume auf gefahrdrohende Umstände zu kontrollieren. Es ist besonders zu prüfen, daß ● alle Feuerschutzabschlüsse geschlossen, ● alle nicht benötigten elektrischen Anlagen ausgeschaltet, ● an Stellen, an denen Reparaturarbeiten vorgenommen wurden, keine Brandgefahr vorhanden, ● die Abfälle ordnungsgemäß beseitigt und ● die Feuerstätten und Heizeinrichtungen gegen Brandausbruch gesichert sind.

VdS 2039 : 1998-09 (02)
Herausgegeben vom Gesamtverband der Deutschen Versicherungswirtschaft e.V. (GDV) gemeinsam mit dem Bundesverband der Deutschen Industrie e.V.

1.2 Regeln mit Einfluss auf die Versicherungsprämie

Die Ermittlung von Versicherungsprämien ist meist abhängig von den baulichen Gegebenheiten und den vorhandenen Sicherheitseinrichtungen. Viele Versicherer entwickeln ihre eigenen Tarifierungssysteme; eine ähnliche Ermittlung der Prämien einzelner Unternehmen verschwindet allmählich. Deshalb ist es im Einzelfall wichtig, mit dem potentiellen Versicherer einer Gebäudeanlage bereits im Vorfeld des Bauvorhabens bauliche und technische Maßnahmen zu erörtern um zu klären, inwieweit diese Einfluss auf die Versicherungsprämien haben.

Beispiele für solche Maßnahmen sind:

- das Vorhandensein und die Detailausbildung von Komplextrennwänden, Brandwänden sowie feuerbeständigen Wänden und Decken
- die Ausführung von Dächern
- die Verwendung bestimmter Baustoffe bzw. deren Baustoffklassen
- die Feuerwiderstandsklasse und Baustoffklasse der Tragkonstruktion
- der Einbau einer Sprinkleranlage, Brandmeldeanlage, Rauch- und Wärmeabzugsanlage.

Zunehmend setzen Versicherungen auch einen gewissen Sicherheitsstandard bzw. die Existenz bestimmter baulicher und technischer Maßnahmen für den Abschluss einer Versicherung voraus.

1.3 Bauauflagen mit Verweis auf Regeln der Versicherer

Insbesondere bei Sonderbauten können zur Vermeidung einer Gefährdung der allgemeinen Sicherheit und Ordnung besondere Anforderungen gestellt werden. Entsprechende Regelungen sind in § 51 Satz 1 in Verbindung mit § 3 Abs. 1 Musterbauordnung (MBO) sowie annähernd analog in den verschiedenen Landesbauordnungen enthalten.

Diese „besonderen Anforderungen" können z.B. auch Auflagen in der Baugenehmigung sein, bestimmte Richtlinien von Versicherern einzuhalten.

1.4 Regeln der Versicherer als allgemein anerkannte Regeln der Technik

Das Fehlen technischer Baubestimmungen im allgemeinen Vorschriften- und Normenwerk kann auch dazu führen, dass bestimmte Regeln der Versicherer zu allgemein anerkannten Regeln der Technik werden.

Beispiele hierfür sind:

- Löschanlagen:
  VdS CEA 4001 Sprinkleranlagen,
  VdS 2109 Sprühwasser-Löschanlagen,
  VdS 2106 Funkenerkennungs-, Funkenausscheidungs- und Löschanlagen,
  VdS 2093 CO_2-Feuerlöschanlagen,
  VdS 2380 Feuerlöschanlagen mit nicht verflüssigten Inertgasen,
  VdS 2381 Feuerlöschanlagen mit halogenierten Kohlenwasserstoffen

- Feuerwehrschlüsselkästen, Schlüsseldepots: VdS 2105 und VdS 2350 Schlüsseldepots (SD)

Vergleichbare Regeln des amerikanischen Versicherers FM Global weisen meist einen gleichwertigen Sicherheitsstandard auf und können deshalb als alternative allgemein anerkannte Regeln betrachtet werden.

In den offiziellen Erläuterungen der Bauministerkonferenz (ARGE-Bau) zur Muster-Industriebaurichtlinie (siehe Kapitel 9.2) ist folgender Hinweis enthalten:

> „Feuerlöschanlagen sollen grundsätzlich nach den anerkannten Regeln der Technik (VdS, CEA, FM) bemessen werden."

2 Herausgeber von Regelwerken und Merkblättern der Versicherer

2.1 VdS, GDV und CEA

Die deutsche Versicherungswirtschaft gibt zahlreiche Merkblätter, Richtlinien und Sicherheitsvorschriften gemeinsam heraus. Dies geschieht heute über die **VdS Schadenverhütung GmbH,** deren Geschichte bis an den Anfang des 20. Jahrhunderts zurückreicht. Seinerzeit nahmen, vor allem im Bereich von Großwebereien, Sprinkleranlagen in Deutschland ihren Einzug. Wegen großer Brände in solchen Fabrikationsanlagen waren diese in England und den USA entwickelt worden. Um Anlagen dieser Art auch in Deutschland zu etablieren, wurde deren Einrichtung von den Versicherern forciert. Dies geschah auf zwei Wegen:

- Bei bestimmten Betrieben wurde die Errichtung von Sprinkleranlagen zur Voraussetzung für den Abschluss einer Versicherung.
- Für die Löschanlagen gewährten die Versicherer erhebliche Rabatte.

Zur Sicherstellung der Qualität einer Anlage und zur Feststellung des zu gewährenden Rabattsatzes war neben entsprechenden technischen Regeln auch technisches Personal erforderlich.

Um zu vermeiden, dass hier jede Versicherung eigene Kompetenzen schaffen musste, wurde eine gemeinsame **Sprinklerüberwachungsstelle** gegründet. Im Juni 1948 wurde diese Einrichtung in den neu gegründeten **Verband der Sachversicherer e.V. (VdS)** integriert. Dieser erhielt neben der Aufgabe zur Erstellung und Pflege der Sprinklerrichtlinien auch die Aufgabe einer aktiven Schadenverhütung.

Durch den kontinuierlichen Ausbau der technischen VdS-Abteilungen für Brandschutz und Einbruchdiebstahlschutz entstand in den folgenden Jahren ein umfangreiches Regelwerk. Darüber hinaus wurden Zertifizierungsstellen für unterschiedliche Schadenverhütungsprodukte geschaffen. Außerdem fand die technische Kompetenz der VdS-Mitarbeiter auch Einzug in technische Standardisierungsgremien, sowohl auf deutscher als auch auf europäischer Ebene.

Im Januar 1995 schlossen sich der Verband der Sachversicherer e.V. und die eigenständigen Verbände der Haftpflicht-, Unfall-, Auto- und Rechtsschutzversicherungen (HUK-Verband) sowie der Transportversicherungen zum **Verband der Schadenversicherer e.V. (VDS)** zusammen. 1997 schließlich fusionierte dieser Verband und der Verband der Lebensversicherungs-Unternehmen e.V. mit dem bereits bestehenden **Gesamtverband der deutschen Versicherungswirtschaft e.V. (GDV).**

Gleichzeitig wurden die Aufgabenfelder der Abteilung Schadenverhütung und Technik auf zwei Stellen verteilt:

- GDV Büro Schadenverhütung, Berlin
- VdS Schadenverhütung, Köln.

Die VdS Schadenverhütung ist mittlerweile eine GmbH. Alleiniger Gesellschafter ist der GDV.

VdS Schadenverhütung ist heute ein feststehender Begriff, abgeleitet aus den organisatorischen Wurzeln. In neueren Auftritten wird er oft mit dem Slogan „**V**ertrauen **d**urch **S**icherheit“ in Verbindung gebracht.

Seit einer Neustrukturierung zum Januar 2002 werden von der VdS Schadenverhütung GmbH u.a. folgende Aufgaben wahrgenommen:

- **Prüfung** von Produkten des Brandschutzes und des Einbruch-Diebstahlschutzes in den Laboratorien, Prüfung von Brandschutz- und Einbruchmeldeanlagen durch die technischen Prüfstellen vor Ort – auf der Basis von VdS-Richtlinien
- **Veranstaltung** nationaler und internationaler Fachtagungen, Seminare und Lehrgänge
- **Herausgabe** des VdS-Richtlinienwerkes im Auftrag des GDV, außerdem Veröffentlichung von Fachbüchern und eines VdS-Fachmagazins, jeweils durch den VdS-Verlag.

Parallel zur Geschichte und eng verbunden mit dem GDV sowie der VdS Schadenverhütung GmbH verlief auf europäischer Ebene die Entwicklung des **Comité Européen des Assurances (CEA).** Gegründet im Jahr 1953, ist CEA der Dachverband der nationalen Verbände der Versicherungsunternehmen in 29 Ländern Europas. Im Bereich der Schadenverhütung hat sich das CEA zur Aufgabe gemacht, die Erkenntnisse der Versicherer aus der Schadenerfahrung und Schadenforschung den interessierten europäischen Kreisen zugänglich zu machen und in Form von Publikationen zur Verfügung zu stellen. Viele ursprünglich als nationale VdS-Richtlinien veröffentlichte Regelwerke werden heute, auf europäischer Ebene abgestimmt, als VdS-CEA-Richtlinien herausgegeben.

2.1.1 Entstehung von VdS-Richtlinien

Der Anstoß für die Entwicklung neuer Regelwerke kommt vom GDV, von der VdS-Schadenverhütung oder von den Versicherern und wird durch die technische Kommission beim GDV beschlossen. Neben der Erfahrung von Spezialisten der Versicherer fließen auch die Erfahrungen der Polizei über aktuelles Täterverhalten sowie der Feuerwehren aus der Brandbekämpfung in die Richtlinien ein. Nach Fertigstellung eines Entwurfs werden die VdS-Richtlinien mit Verbänden und Behörden abgestimmt. Auch nach ihrer endgültigen Veröffentlichung werden sie weiterentwickelt.

3.10 Seite 10	Regelwerke und Merkblätter der Versicherer	

2.1.2 VdS-Richtlinien/CEA-Richtlinien

Ein Teil der Richtlinien des VdS kann neuerdings kostenlos als PDF von www.vds.de heruntergeladen werden.

Wichtige Richtlinien (Auszug aus dem VdS-Angebot)

Versicherungstechnik	
VdS 0195	Technischer Leitfaden der Feuer- und Feuerbetriebsunterbrechungs-Versicherung – Risiken, Schutzziele, Schutzkonzepte und Schutzmaßnahmen
VdS 0281	Sicherungsbeschreibung mit Grundriss zur Einbruchdiebstahlversicherung
VdS 0691	Sicherungsrichtlinien für Haushalte – Einbruchdiebstahl

Brandschutz allgemein	
VdS 2000	Leitfaden für den Brandschutz im Betrieb
VdS 2001	Regeln für die Ausrüstung von Arbeitsstätten mit Feuerlöschern
VdS 2008	Feuergefährliche Arbeiten, Richtlinien für den Brandschutz
VdS 2036SD	Erlaubnisschein für feuergefährliche Arbeiten
VdS 2037EF	Grafische Symbole auf CD für Feuerwehr- sowie Flucht- und Rettungspläne nach DIN 14095 und DIN 4844-3
VdS 2038	Allgemeine Sicherheitsvorschriften der Feuerversicherer für Fabriken und gewerbliche Anlagen (ASF)
VdS 2039	Brandverhütungsvorschriften für Fabriken und gewerbliche Anlagen, Aushang DIN A3
VdS 2047	Sicherheitsvorschriften für feuergefährliche Arbeiten, SV
VdS 2564-1	Richtlinien für Löschwasser-Rückhalteanlagen, Teil 1: Stationäre Löschwasserbarrieren; Bauteile und Systeme, Anforderungen und Prüfmethoden

Baulicher Brandschutz	
VdS 2035	Stahltrapezprofildächer, Planungshinweise für den Brandschutz
VdS 2216	Brandschutzmaßnahmen für Dächer, Merkblatt für die Planung und Ausführung
VdS 2223	Abnahmeprüfung der Feuerschutzabschlüsse im Zuge bahngebundener Förderanlagen, Merkblatt für den baulichen Brandschutz
VdS 2234	Brand- und Komplextrennwände, Merkblatt für die Anordnung und Ausführung
VdS 2244	Sandwichelemente als raumabschließende Wand- und Dachbauteile, Brandschutz-Hinweise für die Planung, Ausführung und Instandhaltung

Brandschutz für spezielle Branchen und Betriebe	
VdS 2021	Baustellen
VdS 2029	Holz bearbeitende und verarbeitende Betriebe, Richtlinien für den Brandschutz
VdS 2032	Brandschutz für Kühl- und Tiefkühllager, Leitfaden für die Planung, Ausführung und den Betrieb
VdS 2049	Muster-Sicherheitsvorschriften für die Herstellung und Verarbeitung von Kunststoffschäumen, SV
VdS 2056	Sicherheitsvorschriften für Betriebe des Gaststättengewerbes
VdS 2082	Brandschutzkonzept für Hotel- und Beherbergungsbetriebe, Richtlinien für die Planung und den Betrieb
VdS 2083	Hotelgäste, Hinweise über das Verhalten im Brandfall; Aushang DIN A4, dreisprachig
VdS 2154	Inertisierung von Silos im Brandfall, Merkblatt zur Schadenverhütung
VdS 2171	Brandschutz in historischen Gebäuden, Empfehlungen zur Schadenverhütung
VdS 2199	Brandschutz im Lager
VdS 2207	Aufstellen von Müllpresscontainern, Richtlinien für den Brandschutz
VdS 2242	Sicherheitsvorschriften für die Landwirtschaft
VdS 2360	Lagerung von Pflanzenschutzmitteln im landwirtschaftlichen Bereich, Merkblatt zur Schadenverhütung
VdS 2371	Rauchgas-Entschwefelungs-Anlagen (REA), Richtlinien für den Brandschutz
VdS 2513	Lagerung von Sekundärrohstoffen aus Kunststoff, Richtlinien für den Brandschutz
VdS 2515	Abfallverbrennungsanlagen, Richtlinien für den Brandschutz
VdS 2516	Kunststoffe: Informationen zu Eigenschaften, Brandverhalten, Brandgefahren; Broschüre
VdS 2517	Sortierung, Aufbereitung und Lagerung von brennbaren Sekundärrohstoffen; Richtlinien für den Brandschutz
VdS 2551	Brandschutz in Reitbetrieben, Merkblatt zur Schadenverhütung
VdS 3445	Brandschutz in Entstaubungsanlagen, Merkblatt zur Schadenverhütung
VdS 3446	Einsatz von Ersatzbrennstoffen in kohlebefeuerten Kraftwerken, Merkblatt zur Schadenverhütung
VdS 3449	Intensiv-Tierhaltungen – Konzepte für Alarmierungseinrichtungen in Stallanlagen
VdS 3502	Brandschutz in Straßen-Tunnels, Merkblatt
VdS 3523	Windenergieanlagen (WEA), Leitfaden für den Brandschutz

3.10 Seite 12 Regelwerke und Merkblätter der Versicherer

Anlagentechnik allgemein	
VdS 3429	Auswahl des anlagentechnischen Brandschutzes, Leitfaden
VdS 3509	Zusammenwirken von Brandmeldeanlagen (BMA) und Feuerlöschanlagen (FLA)

Löschanlagen	
VdS 2091	Erhaltung der Betriebsbereitschaft von Wasserlöschanlagen, Merkblatt
VdS 2093	CO_2-Feuerlöschanlagen, Planung und Einbau
VdS 2106	Funkenerkennungs-, Funkenausscheidungs- und Funkenlöschanlagen, Planung und Einbau
VdS 2108	Schaum-Löschanlagen, Planung und Einbau
VdS 2109	Sprühwasser-Löschanlagen, Planung und Einbau
VdS 2160	Glasfassauslöseelemente für Sprinkleranlagen, Anforderungen und Prüfmethoden
VdS 2373	Frostschutz in Sprinkleranlagen, Merkblatt
VdS 2377	Sprinkleranlagen – Grenzen der Einsatzmöglichkeiten, Merkblatt
VdS 2380	Feuerlöschanlagen mit nicht verflüssigten Inertgasen, Planung und Einbau
VdS 2381	Feuerlöschanlagen mit halogenierten Kohlenwasserstoffen, Planung und Einbau
VdS 2395-1	Halbstationäre Sprühwasser-Löschanlagen, Planung und Einbau
VdS 2496	Ansteuerung von Feuerlöschanlagen, Richtlinien
VdS 2518	Funkenlöschsysteme, Anforderungen und Prüfmethoden
VdS 2815	Zusammenwirken von Wasser-Löschanlagen und Rauch- und Wärmeabzugsanlagen (RWA), Merkblatt zum Brandschutz
VdS 2893	Erhaltung der Betriebsbereitschaft von Feuerlöschanlagen mit gasförmigen Löschmitteln, Merkblatt
VdS 3518	Sicherheit und Gesundheitsschutz beim Einsatz von Feuerlöschanlagen mit Löschgasen
VdS 3527	Inertisierungs- und Sauerstoffreduzierungsanlagen, Planung und Einbau
VdS 5456	Personenschutz bei Feuerlöschanlagen mit gasförmigen Löschmitteln
VdS 5462	Überprüfung von Wandhydranten und Löschwasserleitungen
VdS CEA 4001	Sprinkleranlagen, Planung und Einbau
VdS CEA 4025	Druckreduziereinrichtungen für Inertgas-Feuerlöschanlagen, Anforderungen und Prüfmethoden
VdS CEA 4033	Wasserführende Funkenlöschteile in Förderleitungen, Anforderungen und Prüfmethoden

Meldeanlagen	
VdS 2095	Automatische Brandmeldeanlagen, Planung und Einbau
VdS 2135	Grafische Symbole für Gefahrenmeldeanlagen
VdS 2182	Betriebsbuch für Brandmeldeanlagen
VdS 2300	Akustische Signalgeber für Externalarm für EMA, Anforderungen
VdS 2309	Installationsattest für automatische Brandmeldeanlagen
VdS 2311	Einbruchmeldeanlagen, Planung und Einbau
VdS 2465	Übertragungsprotokoll für Gefahrenmeldeanlagen
VdS 2471	Übertragungswege in Alarmübertragungsanlagen, Anforderungen und Prüfmethoden
VdS 2489	Brandmeldesysteme, Anforderungen und Prüfmethoden
VdS 2503	Wärmemelder für BMA, Anforderungen und Prüfmethoden
VdS 2504	Rauchmelder für BMA, Anforderungen und Prüfmethoden
VdS 2540	Brandmelderzentralen, Anforderungen und Prüfmethoden
VdS 2541	Energieversorgungseinrichtungen für BMA, Anforderungen und Prüfmethoden
VdS 2542	Feuerwehrbedienfelder für BMA, Anforderungen und Prüfmethoden
VdS 2878	Vernetzung (Zusammenschaltung) von Brandmelde-Alt- und Neuanlagen, Merkblatt
VdS 3424	Hinweise zur Verwendung VdS-anerkannter Systeme für Gefahrenmeldeanlagen (GMA), Merkblatt
VdS 3435	Projektierung von Ansaugbrandmeldern, Merkblatt
VdS 3531	Anlagenübergreifende Vernetzung in automatischen Brandmeldeanlagen, Richtlinien
VdS 5463	Prüfung von Brandmeldeanlagen mittels Rauchgenerator
VdS 5465	Prüfung von Sprachalarmanlagen

Elektrotechnik/Informationstechnologie, Blitz-/Überspannungsschutz	
VdS 2005	Leuchten, Richtlinien zur Schadenverhütung
VdS 2007	Anlagen der Informationstechnologie (IT-Anlagen), Merkblatt zur Schadenverhütung
VdS 2010	Risikoorientierter Blitz- und Überspannungsschutz, Unverbindliche Richtlinien zur Schadenverhütung
VdS 2015	Elektrische Geräte und Einrichtungen, Merkblatt zur Schadenverhütung
VdS 2017	Überspannungsschutz für landwirtschaftliche Betriebe, Unverbindliche Richtlinien zur Schadenverhütung

3.10 Seite 14 Regelwerke und Merkblätter der Versicherer

VdS 2019	Überspannungsschutz in Wohngebäuden, Unverbindliche Richtlinien zur Schadenverhütung
VdS 2023	Elektrische Anlagen in baulichen Anlagen mit vorwiegend brennbaren Baustoffen, Richtlinien zur Schadenverhütung
VdS 2024	Errichtung elektrischer Anlagen in Möbeln und ähnlichen Einrichtungsgegenständen, Unverbindliche Richtlinien für den Brandschutz
VdS 2025	Elektrische Leitungsanlagen, Richtlinien zur Schadenverhütung
VdS 2031	Blitz- und Überspannungsschutz in elektrischen Anlagen, Unverbindliche Richtlinien zur Schadenverhütung
VdS 2033	Elektrische Anlagen in feuergefährdeten Betriebsstätten und diesen gleichzustellende Risiken, Richtlinien zur Schadenverhütung
VdS 2046	Sicherheitsvorschriften für elektrische Anlagen bis 1000 Volt, SV
VdS 2067	Elektrische Anlagen in der Landwirtschaft, Richtlinien zur Schadenverhütung
VdS 2073	Elektrowärmegeräte und -heizungen für Tieraufzucht sowie Tierhaltung, Richtlinien zur Schadenverhütung
VdS 2259	Batterieladeanlagen für Elektrofahrzeuge, Richtlinien zur Schadenverhütung
VdS 2279	Elektrowärmegeräte und Elektroheizungsanlagen, Richtlinien zur Schadenverhütung
VdS 2324	Niedervoltbeleuchtungsanlagen und -systeme, Richtlinien zur Schadenverhütung
VdS 2349	Störungsarme Elektroinstallationen, Richtlinien zur Schadenverhütung
VdS 2499	Elektrische Leuchten mit begrenzter Oberflächentemperatur, Anforderungen und Prüfmethoden
VdS 2556	Sicherung von verfahrenstechnischen Anlagen mit Mitteln der Prozessleittechnik (PLT), Merkblatt

Leitungs-/Lüftungsanlagen	
VdS 2298	Lüftungsanlagen im Brandschutzkonzept, Merkblatt für Planung, Ausführung und Betrieb
VdS 3536	Muster-Richtlinie über brandschutztechnische Anforderungen an Leitungsanlagen

Entrauchung	
VdS 2159	Pneumatische Rauch- und Wärmeabzugssysteme, Anforderungen und Prüfmethoden
VdS 2221	Entrauchungsanlagen in Treppenräumen (EAT), Planung und Einbau

VdS 2890	Systeme für Rauchschutz-Druck-Anlagen, Anforderungen und Prüfmethoden
VdS CEA 4020	Natürliche Rauch- und Wärmeabzugsanlagen (NRA), Planung und Einbau

Brandschutzorganisation	
VdS 2009	Brandschutz-Management, Leitfaden für die Verantwortlichen im Betrieb und Unternehmen
VdS 2213	Brandschutzausbildung im Betrieb
VdS 3111	Brandschutzbeauftragter (Fachkraft für Brandschutz)
VdS 3434	Erstellung von Evakuierungs- und Rettungsplänen für Kunst und Kulturgut, Leitfaden

Einbruchschutz	
VdS 2105	Schlüsseldepots (SD), Anforderungen an Anlageteile
VdS 2163	Einbruchhemmende Verglasungen, Anforderungen und Prüfmethoden
VdS 2201	Zylinderschlösser, Anforderungen und Prüfmethoden
VdS 2350	Schlüsseldepots (SD); Planung, Einbau und Instandhaltung
VdS 2367	Zutrittskontrollanlagen, Planung und Einbau
VdS 2386	Schließanlagen, Anforderungen und Prüfmethoden
VdS 3511	Sicherungsrichtlinien für Museen und Ausstellungshäuser

Sanierung	
VdS 2217	Umgang mit kalten Brandstellen, Muster für ein Informationsblatt der Feuerwehren an brandgeschädigte Haushalte
VdS 2357	Brandschadensanierung, Richtlinien für den Umweltschutz

Elementargefahren	
VdS 2389	Sturm – eine Gefahr für bauliche Anlagen, Planungs- und Ausführungshinweise zur Schadenverhütung

3.10 Seite 16 — **Regelwerke und Merkblätter der Versicherer**

2.2 FM Global-Richtlinien

FM Global ist ein weltweit tätiger Sachversicherer der Industrie mit Hauptsitz in den USA. Die Wurzeln des Unternehmens reichen mehr als 165 Jahre zurück. Eine Philosophie des Unternehmens besteht in der Versicherung hochgeschützter Risiken. Dies bedeutet: Im Rahmen einer Versicherung spielt der Sicherheitsstandard eine herausragende Rolle.

In diesem Zusammenhang beschäftigt FM Global Wissenschaftler und Ingenieure, die an innovativen Schadenverhütungsmaßnahmen arbeiten und neue Industriestandards entwickeln.

Das FM Global Forschungs- und Testzentrum in Rhode Island, USA, ist das größte seiner Art und führt Produktforschungen, Produktprüfungen und Zertifizierungen durch.

FM Global gibt außerdem eine große Palette eigener Merkblätter und Richtlinien heraus. Diese sind größtenteils in englischer Sprache verfasst. Zu diesen Richtlinien zählen z.B. auch eigene Sprinklerrichtlinien.

2.2.1 Zusammenstellung ausgewählter FM Global-Richtlinien

Construction (Konstruktion)	
1-1	Firesafe Building Construction and Materials (Feuersichere Gebäudekonstruktionen und Materialien)
1-3	High-Rise Buildings (Hochhäuser)
1-10	Interaction of Sprinklers, Smoke and Heat Vents and Draft Curtains (Wechselwirkung zwischen Sprinklern, Rauch- und Wärmeabzügen und Rauchschürzen
1-14	Construcion Systems (Konstruktions-Systeme)
1-16	Fire Protection for Buildings over Highways (Brandschutz für Bauwerke über Autobahnen)
1-21	Fire Resistance of Building Assemblies (Feuerwiderstand von Bauteilen)
1-23	Protection of Openings in Fire Subdivisions (Schutz von Öffnungen in Brandabschnittstrennungen)

Sprinklers (Sprinkleranlagen)	
2-0	Installation Guidelines for Automatic Sprinklers (Installationsrichtlinien für automatische Sprinkler) – auch in Deutsch als metrisches Datenblatt erhältlich
2-5	Installation Guidelines for Automatic Sprinklers in Residential Occupancies (Installationsrichtlinien für automatische Sprinkler in Wohnnutzungen)
Electrical (elektrische Anlagen)	
5-40	Fire Alarm Systems (Brandmeldeanlagen)
5-48	Automatic Fire Detection (Automatische Branderkennung)
Hazards (Gefahren)	
Hier sind ca. 100 Branchen und Betriebe aufgeführt und entsprechende Brandschutzrichtlinien beschrieben	
Storage (Lager)	
8-1	Commodity Classification (Lagergut-Klassifizierung)
8-9	Storage of Class 1, 2, 3, 4 and Plastic Commodities (Lagerung der Klassen 1, 2, 3, 4 und Kunststoffwaren)
8-21	Roll Paper Storage (Papierrollenlager)
8-27	Storage of Wood Chips (Hackschnitzellager)
8-29	Refrigerated Storage (Kühllager)

FM Global-Richtlinien sind erhältlich bei:

FM Global
Eschersheimer Landstraße 55
60322 Frankfurt am Main
Tel.: 069 15406-100
Fax: 069 15406-137
www.fmglobal.de
www.fmglobal.com

2.3 Merkblätter sonstiger Versicherer – Beispiel: Versicherungskammer Bayern

Auch einzelne Versicherer stellen, vornehmlich als Information und Aufklärung für ihre Kunden, Informationsschriften zur Verfügung. Bei der Versicherungskammer Bayern haben entsprechende Schriften bereits eine mehr als einhundertjährige Tradition.

Auszug aus dem Publikationsverzeichnis der Versicherungskammer Bayern:

- Bayerische Bauordnung
- Brandwände und Öffnungen in Brandwänden
- Brandschutz auf Baustellen
- Dachausbau im Wohngebäude
- Feuerlöscher im Gewerbe.

Das gesamte Publikationsverzeichnis sowie die entsprechenden Merkblätter sind – für Kunden der Versicherungskammer Bayern kostenlos – erhältlich unter:

Versicherungskammer Bayern
Risk-Management 8RM03
80530 München

Verschiedene Merkblätter können auch über www.vkb.de heruntergeladen werden.

3 Literaturhinweise

- Erläuterungen zur Muster-Richtlinie über den baulichen Brandschutz im Industriebau (Erl M IndBauRL) – Fassung März 2000, DIBt Mitteilungen 2000, Nr. 6
- Adalbert Hochbaum: Die VDE-Bestimmungen und VdS-Richtlinien; Aufsatz in: s+s-Report, VdS-Verlag, Köln 4/1997
- Prof. Dr. Peter Schimikowski: Sicherheitsvorschriften, technische Regeln und Versicherungsschutz; Tagungsunterlagen zur VdS-Fachtagung Brandschutz im Betrieb, 12. und 13. September 1995, VdS-Schadenverhütung, Köln VdS 2444
- VdS Schadenverhütung: Schulung und Information – Allgemeine Einführung zu Lehrgängen

Weitere Informationen über das Internet:

www.gdv.de
www.vds.de
www.fmglobal.com

3 Vorschriften und Regelwerke

3.11 Sonstige Vorschriften und Regelwerke nationaler Organisationen

Dipl.-Ing. (FH) Lutz Battran

Inhalt

1 vfdb – Vereinigung zur Förderung des Deutschen Brandschutzes e.V.

2 VDMA – Verband Deutscher Maschinen- und Anlagenbau e.V.

3.11 Sonstige Vorschriften und Regelwerke nationaler Organisationen

1 vfdb – Vereinigung zur Förderung des Deutschen Brandschutzes e.V.

Die vfdb wurde 1950 gegründet. Ihr Ziel besteht satzungsgemäß darin, die wissenschaftliche, technische und organisatorische Weiterentwicklung der Gefahrenabwehr, u.a. auf dem Gebiet des Brandschutzes zu unterstützen.

Dies geschieht z.B. durch Fachtagungen und die Veröffentlichung einer technisch-wissenschaftlichen Zeitschrift, technischer Berichte, Richtlinien, Merkblätter und Denkschriften. Die meisten der vfdb-Richtlinien betreffen den abwehrenden Brandschutz bzw. den Feuerwehreinsatz.

Im Folgenden sind einige wichtige vfdb-Richtlinien für den vorbeugenden Brandschutz aufgeführt.

vfdb 01-01
Brandschutzkonzept

In heutigen Bauwerken, die immer größere und komplexere Dimensionen erreichen, sind einzelne brandschutztechnische Maßnahmen der Vorschriftenwerke nicht mehr ohne Weiteres anwendbar. Vielmehr muss zur Umsetzung der Schutzziele des Baurechts das Zusammenspiel aller brandschutztechnischen Maßnahmen in sich schlüssig und nachvollziehbar in einem Brandschutzkonzept dargestellt werden. Die Richtlinie gibt hierzu stichpunktartig Hilfestellungen.

vfdb 01-02
Beschreibung der baurechtlichen Bestimmungen zu Rettungswegen

Die Richtlinie erläutert das Grundkonzept der Rettungsweganforderungen des Bauordnungsrechts und gibt Hinweise auf spezielle Problemlösungen; dabei wird das Schutzniveau des Bauordnungsrechts eingehalten.

vfdb 05-01
Minimierung von Falschalarmen aus automatischen Brandmeldeanlagen

Die Verteilung des Einsatzaufkommens der öffentlichen deutschen Feuerwehren weist einen nicht unerheblichen Teil als Reaktion auf das Auslösen automatischer Brandmelde- und Löschanlagen aus. Vielfach handelt es sich dabei um Falschalarme, die Personal und Technik binden und die Einsatzbelastung der Feuerwehr ansteigen lassen. Hier sollen Lösungen gefunden werden. In dieser Richtlinie werden daher grundsätzliche Empfehlungen zur Minimierung von Falschalarmen aus automatischen Brandmeldeanlagen gegeben.

vfdb 12-09-01
Bestellung, Aufgaben, Qualifikation und Ausbildung von Brandschutzbeauftragten

In den Unternehmen und Einrichtungen sind die Vorteile der Anwesenheit eines Brandschutzbeauftragten klar erkannt worden. Es werden Personen benötigt, die die Belange des Brandschutzes gegenüber

Behörden, Versicherern und Planern vertreten. Die Richtlinie zur Bestellung, zu Aufgaben, Qualifikation und Ausbildung von Brandschutzbeauftragten soll helfen, eine bundeseinheitliche Ausbildung für diesen Personenkreis umzusetzen.

vfdb 14-01
Richtlinien für Rauchwarnmelder – Zusatzanforderungen, Anforderungen und Prüfmethoden

Diese Richtlinien legen Anforderungen, Prüfverfahren und Leistungsmerkmale für Rauchwarnmelder zur Verwendung im privaten Bereich innerhalb von Gebäuden fest. Diese gelten zusätzlich zu den Richtlinien gemäß der nach dem Bauproduktenrecht der Europäischen Union harmonisierten Europäischen Norm EN 14604.

Hinweis: vfdb-Richtlinien werden über den VdS-Verlag vertrieben und sind unter www.vds.de erhältlich.

2 VDMA – Verband Deutscher Maschinen- und Anlagenbau e.V.

Der VDMA vertritt über 3.000 vorrangig mittelständische Unternehmen der Investitionsgüterindustrie und ist damit einer der mitgliederstärksten und bedeutendsten Industrieverbände in Europa. Neben seiner Aufgabe, seinen Mitgliedsunternehmen eine politische Stimme zu verleihen, setzen Arbeitskreise innerhalb des VDMA auch technische Standards. Diese werden als VDMA-Einheitsblätter veröffentlicht.

Zusammenstellung für den Brandschutz wichtiger VDMA-Einheitsblätter:

VDMA 13463-3
Leitfaden zum Explosionsschutz an Maschinen – Teil 3: Nichtelektrische Antriebstechnik

VDMA 13463-4
Leitfaden zum Explosionsschutz an Maschinen – Teil 4: Rührbehälter und Mischer zur bestimmungsgemäßen Verwendung in explosionsgefährdeten Bereichen nach Richtlinie 94/9/EG

VDMA 15323
Aufzüge – Anschlüsse des Notrufsystems

VDMA 24177
Ventilatoren zur Rauch- und Wärmefreihaltung von Gebäuden im Brandfall

VDMA 24180
Entstaubungsanlagen – Brand- und Explosionsschutz

VDMA 24186-7
Leistungsprogramm für die Wartung von technischen Anlagen und Ausrüstungen in Gebäuden – Teil 7: Brandschutztechnische Geräte und Anlagen

VDMA 24188
Rauchschutzmaßnahmen in Treppenräumen – Rauchableitung, Rauchverdünnung, Rauchfreihaltung

VDMA 24200-1
Gebäudeautomation – Automatische Brandschutz- und Entrauchungssysteme – ABE

Hinweis: VDMA-Einheitsblätter werden über den Beuth-Verlag vertrieben und sind über www.beuth.de erhältlich.

3 Vorschriften und Regelwerke

3.12 Sonstige Vorschriften und Regelwerke internationaler Organisationen

Dipl.-Ing. (FH) Lutz Battran

Inhalt

1 NFPA – National Fire Protection Association

3.12 Sonstige Vorschriften und Regelwerke internationaler Organisationen

1 NFPA – National Fire Protection Association

Die weltweit größte Organisation, die sich mit dem vorbeugenden Brandschutz beschäftigt, ist die US-amerikanische National Fire Protection Association, Inc. (NFPA). Sie wurde 1896 als gemeinnütziger Verein gegründet und hat mittlerweile weltweit über 70.000 Mitglieder. Gemäß ihrer Satzung besteht ihr Zweck darin, die Erarbeitung wissenschaftlicher Grundlagen des Brandschutzes zu unterstützen und die Weiterentwicklung des Brandschutzingenieurwesens, der Sicherheit im Elektrobereich und in andereren Bereichen zu fördern. Ein Schwerpunkt liegt auch in der Öffentlichkeitsarbeit und der entsprechenden Aus- und Fortbildung.

Neben der Vereinstätigkeit nimmt die NFPA auch öffentliche Aufgaben wahr, die ihr sogar teilweise durch Rechtsvorschriften der Bundesstaaten übertragen wurden. Dazu gehört z.B. auch die Erstellung von Brandschutz-Normen.

Zu den wichtigsten NFPA-Normen gehören die folgenden Normen:

NFPA 1: Fire Code

Der NFPA 1 ist ein umfassendes und umfangreiches Vorschriftenwerk zum Brandschutz. Es enthält sowohl Schutzziele als auch konkrete Vorgaben zum vorbeugenden Brandschutz mit Verweisen auf die entsprechenden technischen NFPA-Normen. Ergänzt wird der Fire Code durch Definitionen und einschlägige Gerichtsurteile.

NFPA 11: Standard for Low-, Medium- and High-Expansion Foam

Technische Regeln für Schaum-Löschmittel

NFPA 11A: Standard for Medium- and High-Expansion Foam Systems

Ergänzung zu NFP 11: Betrieb von Schaum-Löschanlagen

NFPA 12: Standard on Carbon Dioxide Extinguishing Systems

Technische Regeln für CO_2-Löschanlagen

NFPA 12A: Standard on Halon 1301 Fire Extinguishing Systems

Technische Regeln für Halon-Löschanlagen

NFPA 13: Standard for the Installation of Sprinkler Systems

Technische Regeln für die Installation von Sprinkleranlagen

3.12 Seite 2 | **Sonstige Vorschriften und Regelwerke intern. Organisationen**

NFPA 13D: Standard for the Installation of Sprinkler Systems in One- and Two-Family Dwellings and Manufactured Homes

Technische Regeln für die Installation von Sprinkleranlagen in Ein- und Zweifamilienhäusern

NFPA 13R: Standard for the Installation of Sprinkler Systems in Residential Occupancies up to and Including Four Stories in Height

Technische Regeln für Sprinkleranlagen in Wohnanlagen mit bis zu vier oberirdischen Geschossen

NFPA 15: Standard for Water Spray Fixed Systems for Fire Protection

Technische Regeln für Sprühwasser-Löschanlagen

NFPA 16: Standard for the Installation of Foam-Water Sprinkler and Foam-Water Spray Systems

Technische Regeln für die Installation von Schaum-Löschanlagen

NFPA 17: Standard for Dry Chemical Extinguishing Systems

Technische Regeln für chemische Trocken-Löschanlagen

NFPA 17A: Standard for Wet Chemical Extinguishing Systems

Technische Regeln für Nass-Löschanlagen mit chemischen Zusätzen

NFPA 18: Standard on Wetting Agents

Technische Regeln für Netzmittel

NFPA 20: Standard for the Installation of Stationary Pumps for Fire Protection

Technische Regeln für die Installation stationärer Sprinklerpumpen

NFPA 25: Standard for the Inspection, Testing, and Maintenance of Water-Based Fire Protection Systems

Technische Regeln für Inspektion, Prüfung und Wartung von Sprinkleranlagen

NFPA 30: Flammable and Combustible Liquids Code

Vorschriften für brennbare und entflammbare Flüssigkeiten

NFPA 30A: Code for Motor Fuel Dispensing Facilities and Repair Garages

Vorschriften für Tankstellen und Kfz-Reparaturwerkstätten

NFPA 32: Standard for Drycleaning Plants

Regeln für Textilreinigungsunternehmen

NFPA 69: Standard on Explosion Prevention Systems

Explosionsschutz-Regeln

NFPA 70: National Electrical Code® (NEC®)

Nationale Elektro-Vorschriften

NFPA 75: Standard for the Protection of Information Technology Equipment

Regeln zum Schutz von Einrichtungen der Informationstechnologie

NFPA 80: Standard for Fire Doors and Other Opening Protectives

Technische Regeln für Brandschutztüren und andere Öffnungsverschlüsse

NFPA 80A: Recommended Practice for Protection of Buildings from Exterior Fire Exposures

Empfehlungen zum Schutz der Gebäude vor Brandbeanspruchung von außen

NFPA 85: Boiler and Combustion Systems Hazards Code

Vorschriften für Heizkesselanlagen

NFPA 86: Standard for Ovens and Furnaces

Regeln für Öfen und Feuerstätten

NFPA 88A: Standard for Parking Structures

Regeln für Garagen

NFPA 88B: Standard for Repair Garages

Regeln für Reparaturwerkstätten

NFPA 90A: Standard for the Installation of Air-Conditioning and Ventilating Systems

Technische Regeln für Klima- und Lüftungsanlagen

NFPA 90B: Standard for the Installation of Warm Air Heating and Air-Conditioning Systems

Technische Regeln für die Installation von Warmluftheizungen und Klimaanlagen

NFPA 92: Standard for Smoke Control Systems

Technische Regeln für Entrauchungssysteme

NFPA 92A: Standard for Smoke Control Systems Utilizing Barriers and Pressure Differences

Technische Regeln für Rauchschürzen und Überdruck-Entrauchungsanlagen

NFPA 92B: Standard for Smoke Management Systems in Malls, Atria, and Large Spaces

Technische Regeln für Entrauchungssysteme in Malls, Atrien und großen Räumen

NFPA 101: Life Safety Code®

Vorschriften zur Personensicherheit.

Der Life Safety Code enthält u.a. Vorgaben für Flucht- und Rettungswege und stellt somit eine wichtige Ergänzung zur NFPA 1 dar.

NFPA 101A: Guide on Alternative Approaches to Life Safety

Leitfaden für alternative Ansätze zur Personensicherheit

3.12 Seite 4 | Sonstige Vorschriften und Regelwerke intern. Organisationen

NFPA 105: Standard for the Installation of Smoke Door Assemblies and Other Opening Protectives

Technische Regeln für die Installation von Bestandteilen von Rauchschutztüren und anderen Öffnungsverschlüssen

NFPA 203: Guide on Roof Coverings and Roof Deck Constructions

Leitfaden für Dachdeckungen und Dachkonstruktionen

NFPA 204: Standard for Smoke and Heat Venting

Technische Regeln für Rauch- und Wärmeabzugsanlagen

NFPA 211: Standard for Chimneys, Fireplaces, Vents, and Solid Fuel-Burning Appliances

Technische Regeln für Kamine (Schornsteine), Feuerstätten, Lüftungsanlagen und ortsfeste Verbrennungsanlagen

NFPA 220: Standard on Types of Building Construction

Regeln für die Einstufung verschiedener Gebäudekonstruktionen.

– Zusammenfassung der NFPA 5000

NFPA 225: Model Manufactured Home Installation Standard

Technische Regeln für die Errichtung von Fertighäusern

NFPA 230: Standard for the Fire Protection of Storage

Brandschutzregeln für Läger

NFPA 501: Standard on Manufactured Housing

Technische Regeln für Fertighäuser

NFPA 750: Standard on Water Mist Fire Protection Systems

Technische Regeln für Wassernebel-Löschsysteme

NFPA 780: Standard for the Installation of Lightning Protection Systems

Technische Regeln für die Installation von Blitzschutzanlagen

NFPA 914: Code for Fire Protection of Historic Structures

Brandschutzvorschriften für historische Gebäude

NFPA 5000: Building Construction and Safety Code®

Baukonstruktionen und Sicherheitsvorschriften

Darüber hinaus gibt es NFPA-Normen als

- Vorschriften für bestimmte Betriebsarten
- Prüfnormen
- Regeln für betrieblichen Brandschutz
- Standards für Feuerwehren und Feuerwehrequipment.

NFPA-Normen können über www.nfpa.org bestellt werden.

4 Grundlagen

4.1 Grundlagen des Brennens und der Explosion

Dipl.-Ing. (FH) Lutz Battran

Inhalt

1 Brand, Feuer

1.1 Begriffsbestimmung, Entstehung
1.2 Löschen
1.3 Brandklassen
1.4 Wichtige Kriterien
1.4.1 Flammpunkt
1.4.2 Brennpunkt
1.4.3 Zündpunkt und Zündtemperatur
1.4.4 Mindestverbrennungstemperatur, Brandtemperatur
1.5 Die wichtigsten Phasen eines Brandes
1.6 Verbrennungsprodukte
1.7 Brandübertragung
1.7.1 Wärme
1.7.2 Flugfeuer
1.7.3 Pyrolysegase
1.8 Selbstentzündung

2 Explosion

2.1 Begriffsbestimmung
2.2 Verlauf der Explosion
2.3 Staubexplosion
2.4 Explosionsgrenzen

3 Die Ausdehnung von Stoffen durch ihre Erwärmung

3.1 Feste Stoffe
3.2 Flüssigkeiten und Flüssiggase
3.3 Gase

4 Die Wirkung von Bränden auf Menschen

4.1 Wärme
4.2 Rauch

4.1	Grundlagen des Brennens und der Explosion	Inhalt

5 Schadenursachen
6 Auswirkungen von Schäden
7 Literaturhinweise

1 Brand und Feuer

1.1 Begriffsbestimmung, Entstehung

Nach DIN V 14011:2005-6 versteht man unter dem Begriff ***Brand*** ein *nicht bestimmungsgemäßes Brennen (z.B. Schadenfeuer), das sich unkontrolliert ausbreiten kann.*

Die Sachversicherer definieren *Brand* als ein *Feuer,* das ohne bestimmungsgemäßen Herd entstanden ist oder ihn verlassen hat und sich aus eigener Kraft auszubreiten vermag: *Schadenfeuer.* Hier wird die Verknüpfung zwischen Brand und Feuer deutlich. Feuer ist der chemische Vorgang **Verbrennung,** wogegen bei einem Schadenfeuer, sozusagen als Abfallprodukt, Licht und zerstörende Wärme anfallen. Der Chemiker nennt dies einen **Oxidationsvorgang**.

Bei der Verbrennung vereinigen sich die Elemente des Brandstoffes mit dem Element Sauerstoff zu entsprechenden Verbindungen, die man **Oxide** nennt. Nicht oxidierbare Anteile, die bei der Verbrennungstemperatur weder aufspaltbar noch flüchtig sind, bleiben in der Asche. Der Brandstoff ist dabei als Gas zu werten, das entweder als solches vorhanden ist oder aber bei Flüssigkeiten und festen Stoffen durch Verdampfung bzw. Vergasung – wiederum unter Einfluss von Wärme (exotherme Reaktion) – entsteht. Damit kann Wärme die Rahmenbedingungen für die Einleitung des Brandvorgangs schaffen, d.h., dass bei einem entsprechenden Temperaturanstieg im Brandraum letztlich alle darin befindlichen Stoffe zur Zündung kommen können.

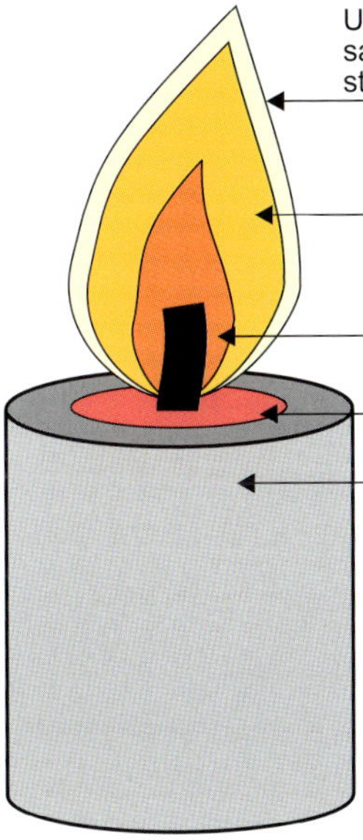

1.1-1 Beispiel für die Aufbereitung eines Brandstoffes bei einer Kerze

Eine weitere wichtige Kraft, die ein Feuer entstehen lässt, ist die Zündenergie. Diese zum Brand notwendige Kraft ist meistens gehemmt, weil der dafür notwendige *Anstoß*, die Aktivierungsenergie, fehlt. Die **Zündung** erfolgt, wenn die Mindestzündenergie überschritten wird. Die Mindestzündenergie ist die Energie, durch die ein brennbarer Stoff gerade noch entzündet werden kann. Neben der Zündenergie bedarf es eines brennbaren Stoffes und des Sauerstoffes (aus der Luft), um eine Entzündung zu ermöglichen:

Sauerstoff + Wärme + Brennstoff + Zündenergie = Feuer.

Wenn nur eine der drei Komponenten des Feuerdreiecks aus der Vereinigung mit den anderen entfernt wird, ist die Ge-

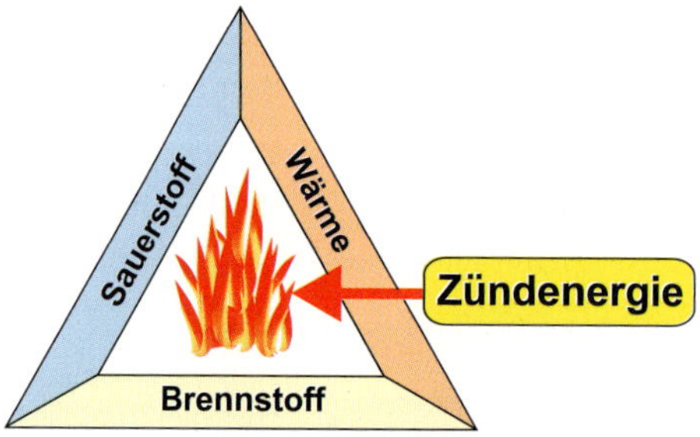

1.1-2 Das **Feuerdreieck**: die wesentlichen Voraussetzungen für die Entstehung eines Brandes

fahr einer Entzündung beseitigt. Auch das Mengenverhältnis der Komponenten zueinander ist ein wesentlicher Faktor für das Zustandekommen der Zündung und für die Intensität der darauffolgenden Verbrennung. Stoffe brennen umso leichter, je größer die dem Sauerstoff zugängliche Oberfläche ist.

Beispiele:

Ein Holzblock kann mit einem Streichholz nicht in Brand gesetzt werden, wogegen sich Holzspäne leicht entzünden lassen. Ein Metallblock brennt praktisch nicht; feine Stahlwolle dagegen lässt sich durch Funken zum Glutbrand bringen.

Die Menge des verfügbaren Brennstoffes in einem definierten Raum wird auch **Brandlast** genannt. Eine exakte Definition enthält die DIN EN ISO 13943:2000-10. Die Brandlast stellt hiernach dar: *„die Summe der Wärmeenergie, die bei der Verbrennung aller brennbaren Stoffe in einem Gebäudebereich einschließlich der Bekleidungen von Wänden, Decken und Fußboden sowie aller brennbaren Gebäudeinhalte wie z.B. Arbeitsmittel frei werden könnte“.*

1.2 Löschen

Aus dem *Feuerdreieck* lassen sich folgende Möglichkeiten zur Unterbrechung der Verbrennungsreaktion = Löschen ableiten.

Wegnahme des Brennstoffes

Wenn im Rahmen eines Feuerwehreinsatzes die Möglichkeit besteht, werden brennbare Stoffe aus dem Gefahrenbereich entfernt. Eine weitaus größere Bedeutung hat dieser Effekt aber im Bereich des vorbeugenden baulichen Brandschutzes: Durch gezielten Einsatz nichtbrennbarer Baustoffe können Brandentstehung und Brandausbreitung verhindert werden.

Abkühlen

Dem Brand wird die notwendige Wärmeenergie entzogen. Hierfür sind alle Stoffe geeignet, die aufgrund ihrer physikalischen Eigenschaften Wärme aufnehmen können. Dabei wird dem System so viel Wärmeenergie entzogen, dass die Mindestzündenergie nicht mehr vorhanden ist.

Das klassische Medium zur Abkühlung ist das Wasser. Durch den konsequenten Ausbau der Löschwasserversorgung in den Industrieländern und der entsprechenden Ausrüstung der Feuerwehren ist Löschwasser praktisch überall in großen Mengen verfügbar. Es ist billig, ungiftig und chemisch neutral. Das Löschen mit Wasser wurde in den letzten Jahren optimiert durch die Verkleinerung der Wassertropfen mithilfe neuartiger Strahlrohre und Löschdüsen (Vergrößerung der Oberfläche) und Einsatz von Hochdruck. Nur Wasser, das durch

Feuer zum Verdampfen gebracht wird, ist auch löschwirksam.

Aufgrund der elementaren Bedeutung von Löschwasser hat dessen Verfügbarkeit einen wesentlichen Einfluss auf jedes Brandschutzkonzept.

Ersticken

Durch inerte Gase (z.B. Kohlendioxid [CO_2], Stickstoff, Edelgase) wird der Sauerstoff verdrängt. Hierbei muss der Sauerstoffgehalt der Luft von 21 Vol.-% auf unter 15 Vol.-% abgesenkt werden. Ein Inertisieren (Einbringen inerter Gase) von Räumen verlangt besondere Maßnahmen hinsichtlich der Dichtigkeit der Gebäudehülle und Ableitung des Überdrucks.

Eine weitere Möglichkeit des Erstickens besteht in der Abtrennung des Brandgutes von der umgebenen Luft, z.B. durch Löschschaum (Schwerschaum, Mittelschaum, Leichtschaum), Sand, Löschpulver oder eine Löschdecke. Der Nachteil des Verwendens von Löschpulver besteht darin, dass dieses in einer sehr feinen Staubwolke aus den Löschgeräten austritt, was zu Folgeschäden, z.B. in elektronischen Anlagen, führen kann.

Inhibition

Durch einen chemischen Eingriff in den Verbrennungsablauf wird die Verbrennung gestoppt. Auf diesem Effekt basierte z.B. die Löschwirkung des mittlerweile verbotenen Halons. Aber auch die meisten Löschpulver wirken neben dem reinen Abtrennungseffekt chemisch auf die Verbrennung ein.

1.3 Brandklassen

Stoffe weisen unterschiedliches Brandverhalten auf, z.B.:

- Verbrennung mit Glut und Flamme
- Verbrennung mit Flamme
- Verbrennung mit Glut.

Deshalb ist nicht jedes Löschmedium universell wirksam. Teilweise kann es sogar schädlich sein, einen Stoff mit einem ungeeigneten Löschmedium in Verbindung zu bringen (z.B. Fettexplosion durch Aufbringen von Wasser auf brennendes Fett oder Öl). Es ist also notwendig, die verschiedenen Löschmittel ihrem möglichen Einsatzgebiet zuzuordnen. Diese Einteilung wird in DIN EN 2 geregelt (siehe Tabelle 1.3-1).

Auf jedem Feuerlöscher muss angegeben werden, für welche Brandklassen er geeignet ist.

1.4 Wichtige Kriterien

1.4.1 Flammpunkt

Der Begriff **Flammpunkt** tritt vor allem im Zusammenhang mit brennbaren Flüssigkeiten auf. Diese brennen jedoch nicht selbst, sondern ihre durch Verdunstung entstehenden Dämpfe. Erst wenn eine bestimmte Temperatureinwirkung die Verdunstung so weit gefördert hat, dass an der Flüssigkeitsoberfläche ein entzündbares Dampf-/Luftgemisch besteht, können Zündung und Verbrennung einsetzen.

4.1 Seite 4 | **Grundlagen des Brennens und der Explosion**

Tabelle 1.3-1: Einteilung in Brandklassen

Brandklasse	Stoffbeispiele	Geeignete Löschmittel
A Feste Stoffe, hauptsächlich organischer Natur, die mit Glut und Flamme brennen	Papier Holz Kohle Stroh Textilien Faserstoffe	Wasser Schaum ABC-Pulver
B Flüssige und flüssig werdende Stoffe, die mit Flamme brennen	Öle, Fette, Benzin, Benzol, Teer, Harze, Alkohol Öle und Fette im Bereich der Küche siehe Brandklasse F	Schaum CO_2 ABC-Pulver BC-Pulver
C Gasförmige Stoffe, die mit Flamme brennen	Methan Propan Wasserstoff Erdgas Acetylen	CO_2 ABC-Pulver BC-Pulver
D Metalle, die mit starker Glutbildung brennen	Aluminium Magnesium Natrium Kalium Titan	D-Pulver trockener Sand Salze
F Speiseöl- und Fettbrände in Frittier- und Fettbackgeräten	Speiseöle Fette	Wasser mit Zusätzen

Die DIN V 14011-1:2005-06 definiert den Flammpunkt folgendermaßen: *„Flammpunkt ist die niedrigste Flüssigkeitstemperatur einer brennbaren Flüssigkeit, bei der sich unter festgelegten Bedingungen Dämpfe in solcher Menge entwickeln, dass sich das Dampf-/Luftgemisch bei Kontakt mit einer Zündquelle sofort entzündet.“*

Tabelle 1.4.1-1: Beispiele für Flammpunkte flüssiger Stoffe (ca.-Werte):

Stoff	Flammpunkt (°C)
Benzin	10–24
Methanol	11
Spiritus	16
Diesel/Heizöl	55–76
Rapsöl	166
Asphalt	205

Vom Flammpunkt hängt letztlich die Gefährlichkeit einer brennbaren Flüssigkeit ab. Dabei ist zu beachten, dass schon die Beimischung geringer Mengen Flüssigkeit mit niedrigem Flammpunkt zu einer Flüssigkeit mit hohem Flammpunkt eine Mischung mit niedrigem Flammpunkt ergeben kann.

Flammpunkte bilden die Grundlage der Einteilung brennbarer Flüssigkeiten in der Gefahrstoffverordnung und der Betriebssicherheitsverordnung (siehe unter 3.3.5.2).

1.4.2 Brennpunkt

Die DIN V 14011:2005-06 definiert den Brennpunkt folgendermaßen: *„Der Brennpunkt ist die niedrigste Temperatur einer brennbaren Flüssigkeit, bei der sich Dämpfe in solchen Mengen entwickeln, dass nach* *ihrer Entzündung durch eine Zündquelle ein ständiges Brennen unterhalten bleibt."*

Mit einer Zündquelle (z.B. offene Flamme oder elektrischer Funke) kann ein entflammbares Gemisch bei Erreichen der Zündtemperatur zum Brennen gebracht werden. Wird die Zündquelle entfernt, erlischt die Flamme bis zum Erreichen des Brennpunktes. Wird das brennbare Medium höher erhitzt, brennt das entflammbare Dampf-/Luftgemisch schließlich aus eigener Kraft weiter. Der Brennpunkt liegt meist ca. 10 K über der Temperatur des Flammpunktes. Er hat jedoch in Bezug auf die Gefahrenbeurteilung von Stoffen nur eine untergeordnete Bedeutung.

1.4.3 Zündpunkt und Zündtemperatur

In der einschlägigen Literatur sind verschiedene Definitionen für die Begriffe **Zündpunkt** bzw. **Zündtemperatur** zu finden.

In der Vergangenheit wurde in standardisierten Definitionen oft das Vorhandensein einer explosionsfähigen Atmosphäre vorausgesetzt. Dazu enthält die DIN V 14011: 2005-06 folgende prägnante Begriffsbestimmung: *„Zündtemperatur ist die niedrigste Temperatur, bei der ein Stoff unter festgelegten Bedingungen beginnt zu brennen."*

Generell versteht man heute unter Zündpunkt bzw. Zündtemperatur die Temperatur in °C, bei der sich eine brennbare Substanz (oder deren Dämpfe) unter Beteiligung von Sauerstoff selbst entzündet. Eine offene Flamme ist hierfür nicht unbedingt erforderlich.

Die Zeit, die vergeht, gemessen von dem Zeitpunkt, an dem ein Stoff auf seine Zündtemperatur gebracht wird, bis zu dem Zeitpunkt, an dem sich eine deutliche Flammenreaktion zeigt, wird **Zündverzug** genannt. Dieser kann Bruchteile einer Sekunde, aber auch einige Minuten betragen.

Tabelle 1.4.3-1: Zündtemperaturen ausgewählter Stoffe

Stoffe	Zündtemperaturen (Mittelwerte in °C)
Holz, je nach Art	240–300
Papier	180–360
Kohle	250–330
Petroleum	380–440
Benzin	470–530

Tabelle 1.4.3-2: Oberflächentemperatur für die Entzündung mit Flamme

Stoffe	Oberflächentemperatur für die Entzündung (°C)
Holz, je nach Art	250–350
Spanplatte	240–350
PVC	220–350
PU-weich	270
PVC-Beschichtung	284

Tabelle 1.4.3-3: Oberflächentemperatur für die Entzündung ohne Flamme (spontan)

Stoffe	Oberflächentemperatur für die Entzündung (°C)
Holz, je nach Art	ca. 600
PVC	340–520

4.1 Seite 6	Grundlagen des Brennens und der Explosion

1.4.4 Mindestverbrennungstemperatur, Brandtemperatur

Durch die Zufuhr von Zündenergie (DIN V 14011:2005-06: *„von einer Zündquelle abgegebene Energie“*) wird die Reaktionsfähigkeit eines brennbaren Stoffes so weit gesteigert, dass (durch die eigene Energieproduktion) ein selbstständiges Brennen erzielt wird (Energiekreislauf). Die hierfür aufgewendete Zündenergie wird **Mindestentzündungsenergie** und die dafür notwendige Temperatur wird **Mindestverbrennungstemperatur** genannt.

Ist diese Temperatur erreicht, produziert das System genügend Energie, um sich selbst ohne weitere Unterstützung von außen zu unterhalten. Im Gegenteil: Die Verbrennung erzeugt nun überschüssige Reaktionswärme, die für die weitere Aufbereitung und Aktivierung nicht mehr verbraucht wird. Deshalb steigt die Temperatur im System weiter an auf die Brandtemperatur.

Die Brandtemperatur (auch Verbrennungstemperatur) ist die bei einem tatsächlichen Brand gemessene Temperatur. Sie ist während eines Brandes nicht gleichbleibend, sondern hängt von der Phase ab, in der sich der Brand gerade befindet (siehe unter 1.5 in diesem Kapitel).

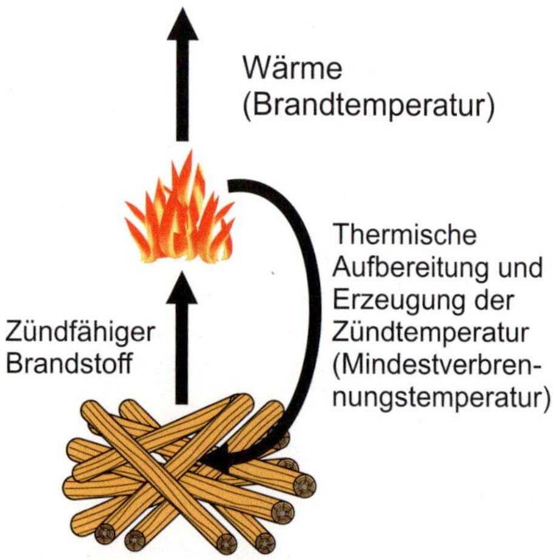

1.4.4-1 Energiekreislauf eines Brandes

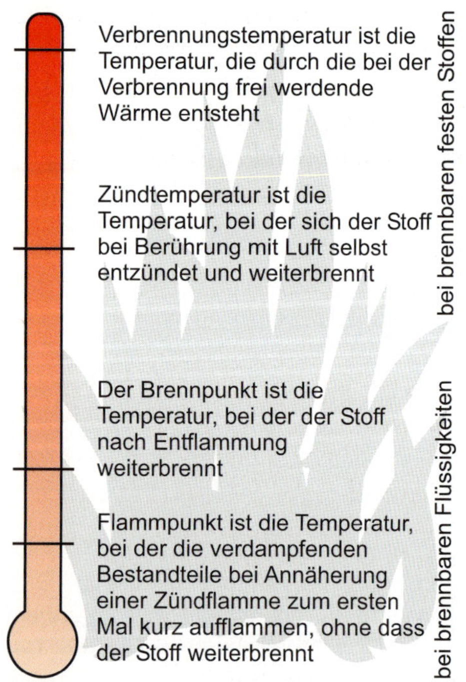

1.4.4-2 Temperaturbereiche

Grundlagen des Brennens und der Explosion | 4.1 Seite 7

1.5 Die wichtigsten Phasen eines Brandes

Nach der Entzündung folgt die Brandentstehungsphase, auch Entstehungsbrand genannt. In der Brandentstehungsphase findet innerhalb eines bestimmten Bereichs (abhängig von den dort vorhandenen brennbaren Stoffen) eine Flammenausbreitung mit ansteigender Wärmeentwicklung statt. Die Wärmezunahme wird jedoch begrenzt durch Art und Menge der am Entstehungsbrand beteiligten Stoffe.

Durch die Wärmeentwicklung des (bis zu diesem Zeitpunkt noch begrenzten) Brandes werden auch die anderen brennbaren Stoffe im Brandraum soweit aufgeheizt bzw. thermisch aufbereitet, dass sie anfangen auszugasen. Schließlich entflammen diese Gase schlagartig (insbesondere wenn genügend Luftsauerstoff vorhanden ist oder dazukommt). Dieser Zeitpunkt, an dem die Temperatur innerhalb kürzester Zeit um mehrere 100 Kelvin (K) ansteigt, wird als **„Feuerübersprung"** oder **„flash over"** bezeichnet.

Ein weiteres Phänomen, das in dieser Brandphase auftreten kann, ist die „Rückzündung", die auch als **„back-draft"** bekannt ist. Diese Gefahr besteht dann, wenn der **Feuerübersprung** wegen mangelndem Sauerstoff zunächst nicht erfolgen konnte. Mit dem Zerspringen von Fensterscheiben oder beim Öffnen von Türen (z.B. durch die Feuerwehr) gelangt vermehrt Luftsauerstoff an den Brandherd, was schlagartig zur Rückzündung führen kann. Dieses Phänomen kann noch nach Stunden in einem durch Glutherde aufgeheizten Raum auftreten.

Die Entwicklung des nun eingetretenen voll entwickelten Brandes (Vollbrand) ist durch einen weiteren Temperaturanstieg gekennzeichnet. Dieser dauert so lange,

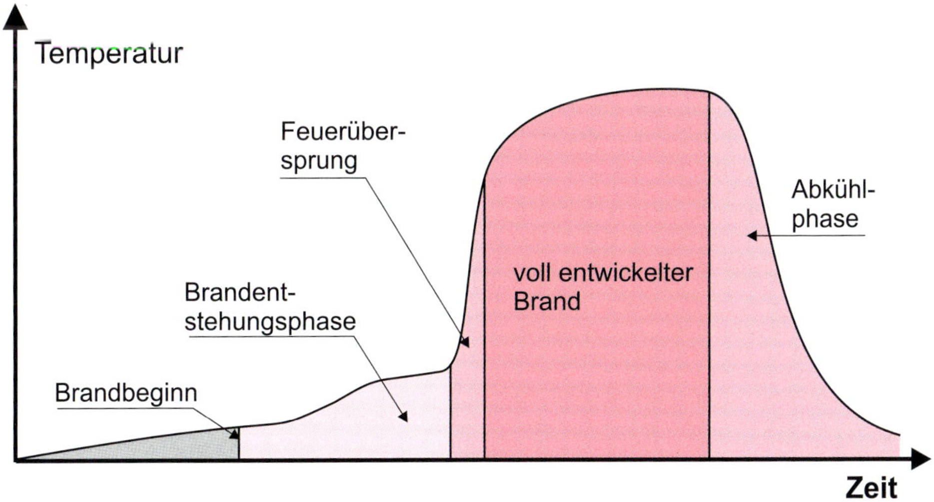

1.5-1 Verlauf eines Brandes

bis das Brandgut aufgezehrt ist. Anschließend folgt dann die Abkühlphase.

1.6 Verbrennungsprodukte

Die Verbrennungsprodukte sind abhängig von den verschiedenen Brandstoffen und den auftretenden Temperaturen. Aufgrund der meist vielfältigen an einem Brand beteiligten Produkte ist es nicht möglich, alle möglichen Verbrennungsprodukte zu behandeln.

Allgemein beschrieben handelt es sich bei Brandgasen um ein gasförmiges Gemisch, das bei Bränden entsteht und unter anderem folgende Gase enthält:

- Oxide
- Kohlendioxid bei vollkommener Verbrennung
- Kohlenmonoxid bei unvollkommener Verbrennung
- Inerte Anteile (nicht brennbare Gase) und
- Pyrolyseprodukte (Schwelprodukte).

Werden bei einer Verbrennung feste oder flüssige Teilchen (z.B Ruß, Holzkohle, Asche, Wasserdampf) mit den Verbrennungsgasen mitgerissen, entsteht Rauch. Bei sehr dichtem Rauch, der auch in Nebelform auftretende Pyrolyse- und Destillationsprodukte enthalten kann, spricht man von Qualm.

Die meisten Stoffe erzeugen bei ihrer Verbrennung Rauch oder Qualm in einer Menge, die ein Vielfaches des ursprünglichen Volumens beträgt (siehe Tabelle 1.6-1). Diese Volumenvergrößerung kann im baulichen Brandschutz von Bedeutung sein und muss deshalb berücksichtigt werden.

Beispiele:

- Rauchverschleppung über (ausgeschaltete) Lüftungsanlagen
- Dichte Türen ohne Fallen, können durch die Volumenvergrößerung aufgedrückt werden
- Rauch wird durch Fugen in andere Abschnitte gedrückt.

Tabelle 1.6-1: Beispiele für Rauchmengen bei verschiedenen Materialien

10 kg Material	Kubikmeter Rauch
Spanplatte	7 000
Weichschaum (PE)	22 000
Schaumgummi	25 000
Heizöl	25 000

Verbrennungsgase und Rauch enthalten für Mensch und Tier gefährliche Atemgifte. Die Gefährlichkeit hängt hierbei von der Konzentration und der Einwirkungsdauer ab.

1.7 Brandübertragung

1.7.1 Wärme

Der am häufigsten auftretende „Brandüberträger“ ist die Hitze oder, physikalisch ausgedrückt, die **Wärme**.

Wärme ist eine besondere Form der mechanischen Energie. Jeder Körper besitzt eine bestimmte Energiemenge, die sich in Form einer messbaren **Temperatur** darstellt. Diese lässt sich durch Hinzugeben oder Wegnehmen von Wärme positiv oder negativ beeinflussen. Mechanische Energie bedeutet im vorliegenden Fall, dass Moleküle und Atome eines Körpers sich in Bewegung befinden.

Bei festen Stoffen ist die Wärme die Schwingungsenergie der Atome um ihre Ruhelage im Kristallgitter. Ihre Bewegung ist hier deshalb stark eingeschränkt. Die Schwingungen lockern jedoch bei entsprechendem Temperaturanstieg den steifen Molekularverbund eines festen Körpers auf. Dies führt zu einer Ausdehnung des Körpers oder gar zum Schmelzen des Stoffes, weil der Zusammenhalt dieses Verbandes verloren geht. Bei Gasen erfolgt die Molekularbewegung relativ ungehemmt, bei Flüssigkeiten wird sie durch die hohe Dichte eingegrenzt.

Im Brandfall kann Wärme wie folgt weitergeleitet werden:

- innerhalb von Stoffen mit großer Wärmeleitfähigkeit durch Wärmeleitung
- in flüssigen bzw. gasförmigen Stoffen durch Wärmeströmung (Konvektion)
- durch Wärmestrahlung.

Wärmeleitung

Da die meisten Metalle eine gute Wärmeleitfähigkeit besitzen, kann z.B. ein Brand durch die Wärmeleitung von Metallrohren oder -profilen, die durch eine feuerwiderstandsfähige raumabschließende Wand führen, in andere Abschnitte übertragen werden (siehe Bilder 1.7.1-1 bis 1.7.1-3).

Wärmestrahlung

Eine Möglichkeit der Wärmeweiterleitung, die im Brandfall von besonderer Bedeutung ist, beruht auf Wärmestrahlung. Sie ist nicht an Materie gebunden, sondern breitet sich auf direktem Weg durch die Luft aus. Trifft die Wärmestrahlung auf andere Körper, so kommt es darauf an, inwieweit sie durchgelassen, reflektiert oder absorbiert wird. Eine starke Absorption von Wärme kann zur Entzündung eines Stoffes führen.

Beispiele hierfür sind Holzkonstruktionen, die durch Feuerstätten, Kamine oder Abgasleitungen aufgeheizt und zur Zündung gebracht werden. Aus diesem Grund schreiben die Feuerungsverordnungen der Länder entsprechende Mindestabstände zwischen entsprechenden Anlagen und brennbaren Baustoffen vor (siehe Kapitel 3.4 und 6.13).

Aber auch Erzeuger von starken Wärmestrahlungen (z.B. Heizstrahler oder Scheinwerfer) können brennbare Stoffe zur Zündung bringen. Deshalb muss in den entsprechenden Gebrauchs- bzw. Einbauanleitungen der Mindestabstand dieser Anlagen zu brennbaren Stoffen angegeben sein. Diese Mindestabstände können im Einzelfall unzureichend sein, wenn eine große Wärmeabsorption (hervorgerufen durch eine dunkle Oberfläche) die Aufheizung brennbarer Stoffe begünstigt.

4.1 Seite 10 | Grundlagen des Brennens und der Explosion

1.7.1-1 bis 1.7.1-3 Beispiel für Brandausbreitung durch Wärmeleitung. An der Fassade des Gebäudes wurde mit einem Schneidbrenner ein Stahlträger abgeschnitten.

1.7.1-1 Übersicht der Fassade.

1.7.1-2 Detail des abgetrennten Stahlträgers. Der Stahlträger führte durch die Giebelwand und stand an der Gebäudeinnenseite etwas hervor.

1.7.1-3 Durch den Schneidvorgang wurde der Stahlträger stark erhitzt. Die Wärmeleitung führte zu einer Erhitzung des an der Gebäudeinnenseite vorstehenden Teils und entzündete brennbare Stoffe, die dort unglücklicherweise gelagert waren. Das Gebäude brannte ab.

Tabelle 1.7.1-1: Beispiele für Flammentemperaturen und Strahlungsintensitäten

Strahlungsquelle	Pyrometrisch ermittelte, durchschnittliche Flammentemperatur (°C)	Durchschnittliche Strahlungsintensität (W/cm²)
Holzstapelbrand	600 – 900	1,8 – 3,5
Treibstoffbrand	900 – 1100	3,5 – 6,0
Gummireifenstapelbrand	1100 – 1300	6,0 – 12,0
Eine Straßenseite vom Brand erfasst: Wirkung auf gegenüberliegende Seite	420	1,7

1.7.1-4 Entzündung eines Baumes durch Wärmestrahlung

Wärmestau

Ein weiteres Kriterium im Zusammenhang mit der Wärmestrahlung ist der **Wärmestau**.

Wärmestau tritt dann auf, wenn Wärmestrahlung oder örtlich erzeugte Wärme nicht abgeführt werden kann. Die gestaute Wärme kann brennbares Lagergut oder einen brennbaren Stoff so stark erhitzen, dass dessen Zündtemperatur erreicht wird. Darüber hinaus führt jede erfolgte Temperatursteigerung je 10 K zu einer Verdoppelung bis Verdreifachung der Oxydationsgeschwindigkeit (Van't-Hoffsche-Regel).

So können sich z.B. Balken oder Konstruktionsteile aus Holz innerhalb von Wand- oder Deckenaufbauten durch Wärmestau entzünden. Hierbei dringt Wärme durch Verkleidungen bzw. Isolierschichten (aber auch durch ungedämmte Massivbauteile) in Hohlräume innerhalb der Konstruktion und kann nicht mehr abgeführt werden. Der Hohlraum heizt sich auf und erreicht den Flammpunkt der vorhandenen brennbaren Stoffe.

Es sind auch Fälle bekannt, wo aus Brandschutzgründen aufgebrachte Verkleidungen einen Wärmestau innerhalb einer Konstruktion erst möglich gemacht haben.

Deshalb sollte darauf geachtet werden, dass Schutzschichten von Holzkonstruktionen immer direkt auf das Bauteil aufgebracht werden und keine Hohlräume bilden.

Eine weitere Möglichkeit zum Schutz brennbarer Stoffe besteht im Anbringen reflektierender Schutzschilde, die jedoch keinen Hohlraum bilden dürfen.

4.1 Seite 12 | **Grundlagen des Brennens und der Explosion**

Besonders gefährlich sind Wärmestaus, die beim Einbetten von Wärmequellen in wärmedämmendes und brennbares Material entstehen. Typische Beispiele hierfür sind das Abdecken von Heizgeräten (Aufwärmen von Betten, Zustapeln von Speicheröfen) oder das Abdecken von Leuchten mit Häckselgut in der Landwirtschaft. Gleiches gilt für an Lampen angebrachtes ungeeignetes Dekorationsmaterial.

Auch können Elektroinstallationen, die in Hohlräumen geführt werden, durch Isolationsfehler, mechanisch bedingte Querschnittsveränderungen oder Überlastung eine Erwärmung des Hohlraumes herbeiführen und somit einen Brand verursachen.

Oft werden entsprechende Schäden bereits in der Planungsphase des Gebäudes vorprogrammiert und könnten durch entsprechende Maßnahmen verhindert werden.

Beispiele für Maßnahmen zur Verhinderung von Wärmestau:

- Grundsätzlich: Vermeidung von Hohlräumen aller Art
- Falls sich Hohlräume nicht vermeiden lassen, für ausreichende Be- und Entlüftung sorgen, damit sich Wärme nicht aufstauen, sondern schadlos abgeführt werden kann
- Keine zugänglichen Heizgeräte in Lagerbereichen
- Kontrollleuchten an Lichtschaltern in der Landwirtschaft sowie in Lager- oder Abstellräumen
- Leitungsführung in Hohlräumen brennbarer Konstruktionen möglichst vermeiden. Wenn dies nicht möglich ist, sollten Leitungen in Schutzrohren geführt und durch FI-Schalter überwacht werden.

Im Zusammenhang mit Wärmestrahlung und Wärmestaus ist auch zu beachten, dass brennbare Stoffe bei einer ständig wiederholten starken Erhitzung über Monate und Jahre hinweg chemisch aufbereitet werden. Dabei sinkt ihr Flammpunkt ab.

Derartige Mechanismen führten in der Vergangenheit in einigen Fällen dazu, dass es in Verbindung mit fehlerhaft ausgeführten Anschlussdetails von Kaminen, z.B. an Holzdecken, oder durch die unzureichenden Abstände zu brennbaren Stoffen noch nach Jahren zu Bränden kam.

1.7.2 Flugfeuer

Eine Brandübertragung ist auch durch Flugfeuer bzw. Funkenflug möglich. Vor allem bei Dächern, die keine Widerstandsfähigkeit gegen Flugfeuer und strahlende Wärme gemäß DIN 4102-7 besitzen (weiche Bedachungen), stellt der Funkenflug eine große Gefahr dar.

Aber auch durch geöffnete Fenster (vor allem Dachflächenfenster und Oberlichter) können Funken ins Gebäudeinnere gelangen und Brände entfachen.

Bereits Anfang der Siebziger Jahre beschäftigte sich das Kieler Laboratorium für Brandschutztechnik (heute IfS) mit dem Thema „Funkenflug“ [1]. Dabei wurde unterschieden zwischen:

Grundlagen des Brennens und der Explosion

4.1
Seite 13

- Zündung durch Funken von festen Brennstoffen wie Holzkohle, Brikett, Torf, Bitumen, Teer, Gummi und
- Zündung durch brennende Teilchen wie Asche von abbrennendem Papier.

Diese Unterscheidung war deshalb von Bedeutzung, weil aufgrund der unterschiedlichen Strukturen der Funken das Zündrisiko in Verbindung mit der Flugweite unterschiedlich ist.

Funken von festen Brennstoffen werden (außer bei Schadenfeuern) aus Schornsteinen ausgeblasen. Ihre Flugweite ist abhängig von der Teilchengröße und vom Auftrieb im Schornstein. Laborversuche sowie Nachuntersuchungen im Rahmen von Realbränden ergaben, dass z.B. glühende Teilchen von Lastwagenreifen aus einem 7 m hohen Kamin bei einer Windstärke von 3,5 bis 4 eine Flugstrecke von 75 m in zündfähigem Zustand überbrücken konnten. Glutteilchen von Teer- und Bitumenpappe wurden aus einem 50 m hohen Fabrikschornstein über 250 m in zündfähigem Zustand fortgetragen.

Beim Abbrand von Papier werden glühende und nicht abgebrannte Teile vom Wind fortgetragen. Abhängig von der Papierart wurden folgende Flugweiten ermittelt:

- Windstärke 2 bis 4: 25 bis 30 m
- Windstärke 4 bis 5: 35 bis 50 m
- Windstärke 6 und mehr: 60 bis 70 m.

In der Praxis werden Brandgefahren durch Funkenflug oft unterschätzt.

1.7.2-1 Bei diesem Brand eines holzverarbeitenden Betriebs bestand über viele Stunden in einem Umkreis von mehreren Kilometern die Gefahr einer Brandübertragung durch Flugfeuer und Funkenflug. Die Bewohner des in der Nähe liegenden Ortes waren stundenlang damit beschäftigt, die auf ihren Grundstücken und Gebäuden ankommenden Funken- und Glutnester abzulöschen, bevor diese Schaden anrichten konnten. Außerdem entstanden in einer Entfernung von einigen Kilometern mehrere Waldbrände.

4.1 Seite 14	Grundlagen des Brennens und der Explosion

1.7.3 Pyrolysegase

In vielen Fällen wird ein Brand durch Pyrolysegase übertragen oder verschleppt.

Pyrolyse wird in der Literatur unterschiedlich definiert. In dem hier angesprochenen Zusammenhang geht es um die thermische Zersetzung von Stoffen.

Auch bei Sauerstoffmangel (der praktisch bei jeder Verbrennungsreaktion in bestimmten Bereichen vorkommt) und in eingehausten – also von der Sauerstoffzufuhr abgeschotteten – Bereichen sind Pyrolysegase anzutreffen.

Reaktionsprodukte sind Gase (z.B. Kohlenmonoxid) und gasförmige Kohlenwasserstoffe sowie ein fester, koksähnlicher Rückstand.

Der Pyrolyse- oder Entgasungsprozess läuft in drei aufeinander folgenden Phasen ab:

- Trocknung
- Verschwelung und
- Gasbildung.

Die Pyrolyse findet etwa bei 300 bis 500 °C statt. Dabei werden Seitengruppen höhermolekularer organischer Substanzen wie Zellulose, Eiweiß, Fette und Kunststoffe abgespalten. Außerdem erfolgt der Abbau von makromolekularen Gerüststrukturen in Gase, flüssige organische Verbindungen und festen Kohlenstoff.

In der Gasbildungsphase oberhalb von 500 °C werden die bei der Verschwelung gebildeten Produkte weiter aufgespaltet. Dabei entstehen aus festem Kohlenstoff und flüssigen organischen Verbindungen die stabil bleibenden Gase Wasserstoff, Kohlenmonoxid, Kohlendioxid und Methan.

Wenn dann bei einem entsprechendem Mischungsverhältnis der Luftsauerstoff hinzukommt, entsteht eine Atmosphäre, die zu einem schlagartigen, in ungünstigen Fällen sogar explosionsartigen Durchzünden führen kann.

Selbst erfahrene Feuerwehrleute werden oft von diesem Vorgang überrascht. Da dieser Prozess praktisch ohne Vorwarnung ablaufen kann, kam es hierbei in der Vergangenheit schon mehrfach zu schweren und teilweise sogar tödlichen Verletzungen der brandbekämpfenden Feuerwehrleute.

„Dachexplosionen" durch Pyrolysegase

Besonders riskant sind in diesem Zusammenhang Trapezblechdächer mit Dämmungen aus Schaumkunststoffen (siehe Bilder 1.7.3-1 bis 1.7.3-4).

Die luftdicht abgeschlossenen Dämmmaterialien im Dachaufbau werden durch einen Brand im Raum darunter erhitzt. Die dadurch entstehenden Pyrolysegase können sich in den Sicken der Trapezbleche oder über konstruktiv bedingte Hohlräume über weite Strecken ausdehnen. Ein Funke kann dann bei einem entsprechenden Mischungsverhältnis das Dach regelrecht explodieren lassen.

Bei diesem Vorgang sind in der Vergangenheit schon oft Feuerwehrleute während ihres Löscheinsatzes zu Schaden gekommen. In den Jahren 1981 und 1982

Grundlagen des Brennens und der Explosion

4.1
Seite 15

1.7.3-1 und 1.7.3-4 Beispiel für die Entstehung und Ausbreitung von Pyrolysegasen bei Bränden in Zusammenhang mit Trapezblechdächern.

1.7.3-1 Zeigt den Schadenmechanismus (Prinzipskizze).

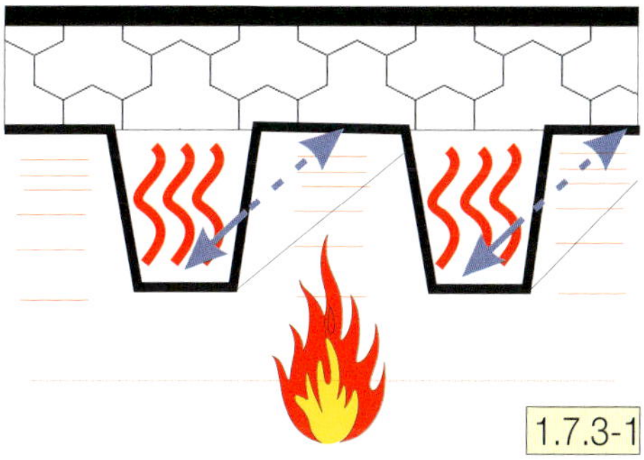

1.7.3-1

1.7.3-2

1.7.3-3

1.7.3-4

1.7.3-2 Trapezblechdach mit Wärmedämmung aus Polystyrol, Bitumenabdichtung und Bekiesung. Deutlich ist zu sehen, dass das Polystyrol und Bitumen unter der Brandeinwirkung von unten teilweise geschmolzen sind. Es kam durch Pyrolysegase zu einer Explosion im angrenzenden Brandabschnitt. Bei diesem Schaden wurden sieben Feuerwehrleute teils erheblich verletzt.

1.7.3-3 Unterseite des Dachs.

1.7.3-4 Der durch die Explosion der Pyrolysegase zerstörte angrenzende Brandabschnitt.

4.1 Seite 16 Grundlagen des Brennens und der Explosion

ereigneten sich in Norddeutschland zwei verheerende Dachbrände. Beim Aufheizen der Dächer wurden zunächst die Lösemittel-Restbestände aus einem Kaltbitumenanstrich ausgetrieben und zusammen mit Bestandteilen einer Polystyrol-Dämmschicht und der erweichten Bitumenbahnen durch die Tiefsicken der Trapezbleche gedrückt. Sie zogen über Brandwände, die nicht über Dach geführt waren, hinweg, traten in nicht vom Brand betroffenen Räumen aus und wurden dort durch unbekannte Zündquellen zur Explosion gebracht. In einem Fall kamen fünf Feuerwehrleute, die mit Nachlöscharbeiten beschäftigt waren, ums Leben.

Schlagartige Brandausbreitung durch Pyrolysegase

Ein weiteres Schadenszenario entsteht durch die Bildung von Rauchgasschichten unter Dächern. Dabei steigen Brandrauch und Pyrolysegase aufgrund der Thermik nach oben. Sind keine geeigneten Maßnahmen zur Abführung getroffen (z.B. automatisch auslösende natürliche oder mechanische Rauchabzüge), bildet sich eine zündfähige Schicht, die schließlich

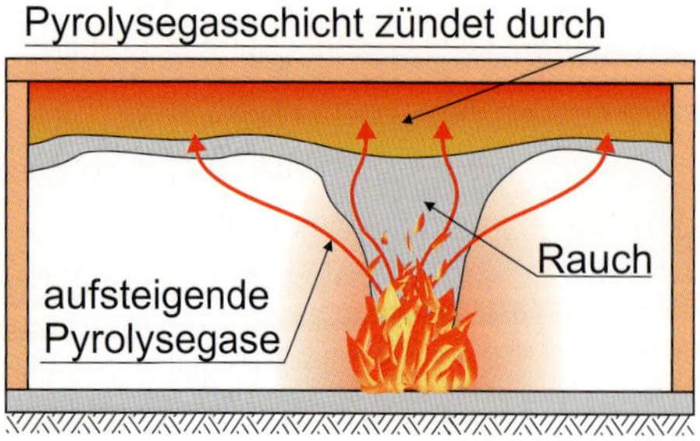

1.7.3-5 Bildung von Pyrolysegasen unter dem Dach (Prinzipskizze)

durchzündet. Dieser Schadenmechanismus führte bereits bei mehreren Entstehungsbränden zu einer schlagartigen (fast explosionsartigen) Brandausbreitung, bei der dann das gesamte Gebäude in Flammen stand.

1.8 Selbstentzündung

Bei der Selbstentzündung handelt es sich um eine Entzündung ohne wesentliche Energiezufuhr von außen. Durch die eigene Reaktionswärme des brennbaren Stoffes, der bereits bei normalen Temperaturen langsam oxydiert und bei dem die erzeugte Wärme nicht abgeführt werden kann, kommt es zu einem Wärmestau und damit zu einer Steigerung der Oxidationsgeschwindigkeit.

In der Anlaufzeit der Selbstentzündung erwärmt sich der betroffene Stoff. Diese Selbsterwärmungsphase kann dauern:

- Minuten (z.B. Phosphor, Natrium, Kalium)
- Stunden (z.B. Leinöl)
- Wochen (z.B. Heu, Tabak) oder
- Monate (z.B. Braunkohle).

Danach steigt die Temperatur plötzlich innerhalb weniger Stunden an.

Wird die entsprechende Zündtemperatur erreicht, kommt es zum Brand. Bei kompakten Lagereinheiten wie Heustöcken werden aufgrund mangelnder Sauerstoffzufuhr zunächst nur Glutnester im Inneren gebildet. Diese können sich bis an die Oberfläche ausdehnen. Kommt es dadurch oder durch Öffnen des Stapels zur Sauerstoffzufuhr, erfolgt schlagartig eine Durchzündung.

Grundlagen des Brennens und der Explosion

Ursachen der Selbstentzündung sind z.B. biologische Vorgänge: Hierbei führen Pilze und Bakterien (hauptsächlich bei pflanzlichen Stoffen) zu der beschriebenen Temperaturerhöhung. Typisch ist hierfür die Selbstentzündung von feucht eingelagertem Heu. In der Vergangenheit mussten oft Totalschäden der betroffenen Gebäude in Kauf genommen werden. Erst die Verbreitung von Heumesssonden in der Landwirtschaft und die Ausstattung der Feuerwehren mit Heuwehrgeräten sowie die Sensibilisierung der Landwirte führte zu einem deutlichen Rückgang der Schadenfälle.

Eine weitere Ursache für Selbstentzündung ist die Verteilung leicht oxidierbarer organischer Flüssigkeiten auf Faserstoffe. Dabei wird in einem kleinen Volumen eine große Oberfläche geschaffen. Eine hohe Neigung zur Selbstentzündung besteht z.B. bei Lein-, Hanf-, Holz- und Sojaöl sowie Lebertran. Ähnliche Vorgänge der Selbstentzündung kommen aber auch bei Mineralölen vor. Deshalb sollten öl- und fettverunreinigte Putzlappen oder Zellulosetücher nur in dichtschließenden, nichtbrennbaren Behältnissen aufbewahrt werden. Diese Vorgabe ist z.B. als Vorschrift in der in Bayern gültigen Verordnung über die Verhütung von Bränden (VVB, siehe 3.4.7.3 in diesem Werk) und in Sicherheitsvorschriften der Versicherer (Grundlage vieler industrieller Feuerversicherungsverträge) enthalten.

Mittlerweile werden dichtschließende Behälter aus Kunststoff angeboten. Diese sollen durch ihre Materialeigenschaften in Verbindung mit einem luftdichten Abschluss einen Brand infolge von Selbstentzündung bzw. eine Brandübertragung von innen nach außen verhindern können. Die Eignung dieser Behälter muss im Einzelfall jedoch nachgewiesen und mit der zuständigen Behörde und dem Versicherer abgestimmt werden. In den entsprechenden Nachweisen sind die Randbedingungen vollständig einzuhalten. Vor allem ist eine dauerhafte Luftdichtigkeit des Verschlusses sicherzustellen.

Auch bei selbsttrocknenden Lacken (Öllacke, Alkyd-, Apoxid-, Polyesterharze) können Lackrückstände zur Selbstentzündung neigen, wenn sie so auf festen Stoffen verteilt werden, dass dem Luftsauerstoff eine große Reaktionsfläche angeboten wird. Beispiele für Schadenfälle infolge Selbstentzündung ungesättigter Öle:

- Nach der Behandlung eines neuen Parkettfußbodens mit Naturharz-Hartöl standen nach sieben Stunden der angrenzende Teppichboden und die darunterliegenden Holzteile in Flammen.
- 1992 brannte in Kopenhagen das „Provianthuset“, ein Teil des historischen dänischen Parlamentsgebäudes. Der Brand wurde durch Handwerker verursacht, die in einem Abfallsack ölige Tücher zurückgelassen hatten.
- Viele Brände (meist Kleinbrände) in der Metallindustrie sind auf Selbstentzündung gebrauchter Putzlappen zurückzuführen.

4.1 Seite 18	Grundlagen des Brennens und der Explosion

2 Explosion

Explosionen sind meist spektakuläre Vorgänge, die einen relativ großen Zerstörungsgrad nach sich ziehen.

Eine Explosion ist eine sehr schnell ablaufende chemische Reaktion (z.B. eine blitzartige Verbrennung), bei der große Gas- und Wärmemengen freigesetzt werden. In der Praxis wird der Begriff „Explosion" teilweise unpräzise verwendet.

2.1 Begriffsbestimmung

Die DIN V 14011:2005-6 definiert **Explosion**: *„eine plötzliche Oxidationsreaktion, die eine Temperatur- und/oder Druckerhöhung bewirkt".*

Die sehr schnell verlaufende Reaktion im Stoffgemisch erzeugt große Gas- und Wärmemengen. Die Gase werden durch die Wärme in ihrem Volumen noch stark vergrößert, wodurch hohe Drücke entstehen. Diese hohen Flammenausbreitungen und Druckanstiege wirken auf Menschen und Sachen im Nahbereich zerstörend.

2.1-1 Gasexplosion in einem Wohnhaus

Während die DIN 14011 früher die Detonation von der Explosion abgrenzte, wird Explosion heute als Oberbegriff verstanden. Als **Detonation** wird in der DIN V 14011:2005-06 eine Explosion definiert, *„durch die sich Flamme und Stoßwelle mit Überschallgeschwindigkeit ausbreiten".*

Ein weiterer Begriff in diesem Zusammenhang ist die **Deflagration**, die in der DIN V 14011:2005-06 bezeichnet wird als *„Explosion mit einer Flammenausbreitungsgeschwindigkeit unterhalb der Schallgeschwindigkeit und geringem Druckanstieg".* Aus einer Deflagration kann in der Praxis eine Detonation werden, denn nicht selten entwickelt sich eine Detonationswelle aus einer ihre Geschwindigkeit ständig steigenden Explosion. Somit ist auch der entsprechende Übergang fließend.

Eine allgemein gebräuchliche Definition der Explosion findet sich auch in den „Allgemeinen Bedingungen für die Feuerversicherung" (AFB 87), die vielen Feuerversicherungen zugrunde liegt: Explosion ist eine auf dem Ausdehnungsbestreben von Gasen oder Dämpfen beruhende plötzlich verlaufende Kraftäußerung. Die Explosion eines Behälters (Kessel, Rohrleitung usw.) liegt gemäß den AFB 87 vor, wenn seine Wandung in einem solchen Umfang zerrissen wird, dass ein plötzlicher Ausgleich des Druckunterschiedes innerhalb und außerhalb des Behälters stattfindet. Wird im Inneren eines Behälters eine Explosion durch chemische Umsetzung hervorgerufen, ist ein dadurch an dem Behälter entstehender Schaden auch dann zu ersetzen, wenn seine Wandung nicht zerrissen ist. Schäden durch Unterdruck sind nicht versichert. Gemäß den einschlägigen Kommentierungen zu den AFB schließt das Wort „plötzlich" die Haftung gegenüber temperaturbedingten Ausdehnungsbestrebungen von Behälterinhalten aus, weil dieser Vorgang eben nicht plötzlich abläuft.

Nicht mit der Explosion zu verwechseln ist die **Verpuffung**. Hierbei handelt es sich um einen plötzlichen Rauch- und Rußausstoß, der in der Regel zwar keine mechanischen, wohl aber große Rußschäden nach sich ziehen kann.

2.2 Verlauf der Explosion

Eine Explosion setzt ein bestimmtes Verhältnis eines Staub-/, Gas-/ oder Dampf-/Luftgemisches sowie das Vorhandensein einer bestimmten Sauerstoffmenge (explosionsfähiges Gemisch) voraus, in denen hohe Verbrennungsgeschwindigkeiten auftreten können, da sich die Teilchen des brennbaren Stoffes und des Sauerstoffes in unmittelbarer Nachbarschaft zueinander befinden und nicht erst durch Strömung und Diffusion dorthin geführt werden müssen.

Die Verbrennung eines oder mehrerer Stoffe pflanzt sich **ohne Zutritt** von Sauerstoff mit großer Geschwindigkeit und unter Ausbildung einer **Flammfront** fort. Im Verlauf dieses Vorgangs werden große Gasmassen gebildet, deren Volumen ein Vielfaches der ursprünglichen Gasmenge ausmacht. Hierbei entsteht eine deutliche **Drucksteigerung**. Die so ausgelöste **Druckwelle** (begleitet durch einen mehr oder weniger heftigen Knall) kann starke mechanische Zerstörungen bewirken.

Bei Explosionen können Explosionsüberdrücke von bis zu 25 bar entstehen. Feuerwiderstandsfähige Bauteile, auch solche, die als Brand- oder Komplextrennwände ausgeführt sind, können diesen Drücken in der Regel nicht standhalten. Auch die üblichen brandschutztechnischen Sicherheitsabstände sind zur Vermeidung von Schäden durch Druckwellen oder Trümmerflug ungeeignet.

In der Praxis werden Explosionen nach folgenden Medienarten unterschieden:

- Gase
- Dämpfe
- Flüssigkeiten
- Stäube und Nebel.

2.2-1 Durch Druckwelle herausgerissene Feuerschutzabschlüsse

4.1 Seite 20	Grundlagen des Brennens und der Explosion

2.3 Staubexplosion

Eine Sonderform der Explosion stellt die Staubexplosion dar. Aufgrund der großen Oberfläche, die durch das Aufwirbeln von Staub entsteht, kann es bei Zündung zu einer schlagartig ablaufenden Reaktion kommen. Da abgelagerter Staub in der Regel nur glimmt, besteht die Gefahr einer Explosion erst nach der Aufwirbelung des Staubes. Je trockener, feiner und leichter der Staub ist, desto leichter kann er sich entzünden.

Bei Staubexplosionen ist besonders die Gefahr von Folgeexplosionen zu beachten. Durch die Druckwelle einer schwachen Primärexplosion wird weiterer Staub aufgewirbelt. Eine Kettenreaktion entsteht, die auch zu starken Explosionen führen kann.

Brennbare Stäube sind z.B.: Baumwoll-, Getreide-, Holz-, Kakao-, Kohle-, Kunststoff-, Papier-, Tabak-, Zuckerstäube.

2.4 Explosionsgrenzen

Um in der Praxis die Gefahr einer Explosion einigermaßen bestimmen zu können, wurden bei Gasen und Dämpfen so genannte **Explosionsgrenzen** (Zündgrenzen) experimentell ermittelt. Bei Stäuben erfolgte eine Ermittlung mit bestimmten Berechnungsmethoden.

Es gibt eine obere und untere Explosionsgrenze. Dabei wird die niedrigste bzw. höchste Konzentration des brennbaren Stoffes im Gemisch von Gasen, Dämpfen, Nebeln und/oder Stäuben beschrieben, bei der nach dem Zünden ein Brennen bzw. eine Reaktionsfortpflanzung nicht mehr stattfinden kann.

Aber auch Gemische, die die obere Explosionsgrenze überschreiten (zu fette Gemische), können gefährlich werden, da sie bei ihrem Auf- oder Abbau den Explosionsbereich durchlaufen. Einen derartigen Abbau kann z.B. eine Beimengung von Luft bewirken.

Die Tabelle 2.4-1 zeigt einige **Explosionsgrenzen (Zündgrenzen)** von Gasen, ermittelt von der Bundesanstalt für Materialprüfung und der Physikalisch-Technischen Bundesanstalt. Die Tabelle 2.4-2 enthält Explosionsgrenzen von Stäuben.

Tabelle 2.4-1:
Explosionsgrenzen von Gasen

Gase und Dämpfe	Zündgrenzen Vol.-% untere–obere	Zündgrenzen g/m^3 untere–obere
Acetylen	1,5–80,0	16–880
Propan	2,1– 9,5	40–180
Wasserstoff	4,0–75,0	3– 63
Kohlenoxid	12,5–74,0	145–870
Ammoniak	15,0–28,0	105–205

Tabelle 2.4-2:
Explosionsgrenzen von Stäuben

Stäube	Zündgrenzen g/m^3 untere
Steinkohle	33–41
Aluminium	37
Zucker	77
Zink	212

3 Die Ausdehnung von Stoffen durch ihre Erwärmung

Stoffe dehnen sich aufgrund einer Erwärmung aus. Dies kann bei der Ausarbeitung von technischen Details im Rahmen des baulichen Brandschutzes von Bedeutung sein.

3.1 Feste Stoffe

Wie nahezu alle Feststoffe dehnen sich **Beton** und **Stahl** mit steigender Temperatur aus. Bei Beton wird die **thermische Dehnung** weitgehend durch die Art der verwendeten Zuschläge und bei Stahl durch die Art und Menge der Legierungszuschläge bestimmt. Bei der Planung von ungeschützten Stahlkonstruktionen ist darauf zu achten, dass von diesen im Brandfall keine „Stempelwirkung“, z.B. auf raumabschließende Bauteile, ausgeht.

Das Rauchrohr einer Feuerstätte „arbeitet“ infolge der an ihm auftretenden Temperaturschwankungen von einigen hundert Kelvin an seinen Stoßstellen ganz erheblich, wodurch im Lauf der Jahre Undichtigkeiten entstehen können. Dies kann dann eine CO-Vergiftung der davon betroffenen Personen oder einen Glimmbrand zur Folge haben.

Auch bei Rohrleitungsdurchführungen von nichtbrennbaren Rohrleitungen durch feuerwiderstandsfähige Trennwände und Decken ist die thermische Längenausdehnung von Bedeutung.

Dies kann schon für den normalen Lastfall (ohne Brand) eine Rolle spielen, z.B. bei Dampfleitungen. Wurde bei der Ausführung der Rohrabschottungen die thermische Längenänderung bei einer Temperaturänderung des Mediums nicht berücksichtigt, so kann dies immer dann, wenn der Dampf ein- bzw. ausgeschaltet wird, zu Schäden an den Rohrschotts führen.

Außerdem ist insbesondere bei größeren Leitungsdurchmessern auch der Lastfall Brand zu berücksichtigen, wenn die bei einem Brand auftretenden Kräfte zu einer frühzeitigen Zerstörung des Rohrschotts oder gar der Wand führen können.

Tabelle 3.1-1: Beispiele für Längenausdehnung bei bestimmten Temperaturschwankungen in mm pro 1 m

Material	0-100 °C	0-500 °C	0-600 °C	0-700 °C
Aluminium	2,38	13,70	16,67	
Flussstahl	1,17	6,91	8,60	10,40
Kupfer	1,65	9,04	11,09	
Schweißeisen	1,22	7,02	8,71	10,49

Die thermische Längenausdehnung lässt sich auch rechnerisch bestimmen. Dabei kann folgende Gleichung verwendet werden:

$$\Delta l = l_1 \cdot \alpha \cdot \Delta T$$

Δl Längenzunahme

l_1 Länge vor der Temperaturänderung (m)

α Längenausdehnungskoeffizient (K^{-1})

ΔT Temperaturänderung

4.1 Seite 22	**Grundlagen des Brennens und der Explosion**

Die Längenausdehnungskoeffizienten als Materialkonstanten, d.h. als charakteristischer Wert eines bestimmten Stoffes, können nachfolgender Tabelle 3.1-2 entnommen werden:

Tabelle 3.1-2:
Längenausdehnungskoeffizienten

Stoff	$\alpha/10^{-6}$ K^{-1}
reines Aluminium	23,8
Gusseisen	10,5
Stahl – legiert – Chromstahl 13 Cr – Ni-Stahl 20 Ni – Ni-Stahl 47 Ni – Wolframstahl 18 Ni	ca.12 11,5 11 19,5 7,5 1,2
Titan	8,2
Kupfer	11,7
Zinklegierungen	28
Holz in Faserrichtung	2,5...7

Genauso wie in der Länge verhalten sich verschiedene Körper auch in der Fläche und im Volumen durch eine entsprechende Ausdehnung.

Eine weitere wichtige Eigenschaft bestimmter fester Körper (z.B. von Stahltragwerken) besteht darin, dass sie ab einer bestimmten Wärmeeinwirkung ihre Festigkeit verlieren (siehe Kapitel 6.6).

Beispiel 1:

Eine Tragkonstruktion aus Stahl soll vor eine massive Trennwand gestellt werden. Dabei ist zu beachten, dass diese Stahlkonstruktion im Brandfall infolge Hitzeausdehnungen keine Kräfte auf die Wand ausüben darf.

Folgendes Beispiel zeigt die Längenausdehnung bei der Erwärmung eines 10 m langen Stahlträgers von 300 K auf 600 K (entspricht 26,84 °C auf 326,84 °C).

Längenzunahme:

$$\Delta l = 10\text{ m} \cdot 12 \cdot 10^{-6}\ 1/\text{K} \cdot (600\text{ K} - 300\text{ K})$$
$$= 10\text{ m} \cdot 12 \cdot 10^{-6} 1/\text{K} \cdot 300\text{ K}$$
$$= 3{,}6 \cdot 10^{-2}\text{ m}$$
$$= 3{,}6\text{ cm}$$

Aus dieser Längenausdehnung ergibt sich für das gewählte Beispiel der notwendige Abstand der Tragkonstruktion von der Massivwand.

Beispiel 2:

Zerstörung einer Brandwand durch einen sich ausdehnenden Stahlträger (siehe Kapitel 6.2.0-S).

3.2 Flüssigkeiten und Flüssiggase

Die Ausdehnung von Flüssigkeiten ist erheblich größer als die fester Materialien. Aus diesem Grund werden für einfache Temperaturanzeigen Flüssigkeitsthermometer hergenommen.

Die starke **Wärmeausdehnung**, insbesondere der organischen Flüssigkeiten wie Propan oder Butan (in ihrer Flüssigphase), hat eine für die Brandentstehung wichtige Folge. Wird eine Flüssiggasflasche im Winter bei niedrigen Temperaturen ohne Einhaltung eines vorgeschriebenen Sicherheitsraumes gefüllt, so dehnt sich die Flasche bei Einbringen in einen wärmeren Raum so weit aus, dass der Behälter ohne Sicherheitsventil zerplatzen würde. Dasselbe gilt für Öle und flüssige Kraftstoffe.

Grundlagen des Brennens und der Explosion		**4.1** Seite 23

3.3 Gase

Gase sind in der Regel stark komprimierbar. Sie dehnen sich beim Erwärmen in großem Maße aus. Druck (p), Temperatur (t), Masse (m) und Volumen (V) sind ihre sogenannten „Zustandsgrößen". Sie stehen in einem gewissen Verhältnis zueinander, das bei allen Gasen oberhalb –100 °C und bei nicht zu hohem Druck etwa gleich ist. Um eine mathematische Verknüpfung zwischen den verschiedenen Größen erfassen zu können, wurde der Begriff des „idealen Gases" eingeführt.

Grundlegende Gesetzmäßigkeiten von idealen Gasen

Bei einer Temperaturerhöhung um 1 °C nimmt das **Volumen** eines idealen Gases um 1/273,16 seines Volumens bei 0 °C zu (Gesetz von Gay-Lussac: Isobare Zustandsänderung).

Aufgrund dieses Gesetzes definierte übrigens der englische Physiker Lord **Kelvin** die absolute Temperaturskala, deren Nullpunkt der „absolute Nullpunkt" ist (0 K = –273,16 °C).

Bei einer Temperaturerhöhung um 1 °C nimmt der **Druck** eines eingeschlossenen, idealen Gases um 1/273,16 seines Druckes bei 0 °C zu (Gesetz von Amonton: Isochore Zustandsänderung).

Druck und Volumen eines Gases sind bei konstanter Temperatur umgekehrt verhältnisgleich (Gesetz von Boyle-Mariotte: Isotherme Zustandsänderung).

Beispiel:

Eine Druckgasflasche (V= 40 l, p = 200 bar, t = 25 °C) wird in einem Brandraum auf 350 °C erwärmt. Im Rahmen der beschriebenen Gesetze errechnet sich ein Druck von 418,12 bar. Sind keine entsprechenden Schutzeinrichtungen (z.B. Überdruckventile) vorhanden, kann dies zum Zerplatzen des Behälters führen.

3.3-1 Von Gasflaschen geht im Brandfall eine große Gefährdung aus.

4.1 Seite 24	Grundlagen des Brennens und der Explosion

4 Die Wirkung von Bränden auf Menschen

In Deutschland sterben jährlich ca. 600 Personen an der Folge von Bränden. Die tatsächliche Zahl ist vermutlich noch höher, da die später Verstorbenen (z.B. durch Einatmung heißer Rauchgase) oft nicht in die Statistik aufgenommen werden. Außerdem werden zahlreiche Personen durch Verbrennungen oder Rauchvergiftung verletzt.

4.1 Wärme

Ein Mensch empfindet eine Strahlungsintensität von 0,006 – 0,01 W/cm² als spürbare Wärme. Bei 0,3 – 0,5 W/cm² kommt es bereits zu einer Schmerzempfindung.

Verbrennungen können nicht nur durch hohe Temperaturen, die auf die Haut einwirken (ab ca. 50 °C), ausgelöst werden (hierbei genügt bereits eine Verbrennungsschwade, deren Flammen in Bruchteilen einer Sekunde über die Haut hinwegstreifen), sondern auch bei längerer Einwirkdauer durch relativ niedrige Temperaturen (ca. 35 °C).

Zu Störungen der Vitalfunktionen kommt es durch den Verbrennungsschock, der sich bei Kleinkindern bei einer Verbrennungsfläche von 10% und bei Erwachsenen von ca. 15% der Körperoberfläche ausbildet.

Durch den Verbrennungsschock wird die den ganzen Organismus erfassende Verbrennungskrankheit ausgelöst. Sie bleibt noch Tage bis Wochen bestehen und kann noch lange nach dem Unfallereignis lebensbedrohliche Krisen auslösen. Die Schwere der Verbrennungskrankheit wird in den ersten Stunden und Tagen entscheidend vom Zeitpunkt und von der Qualität der Erstversorgung bestimmt.

Die effektivste Maßnahme in den ersten Minuten nach Eintritt der Verbrennung ist reichliches Kühlen der Wunde mit Wasser.

Akute lebensbedrohliche Störungen des Atmungssystems drohen nach Stichflammenverbrennungen, wenn der Verletzte im Moment der Hitzeeinwirkung eingeatmet hat und sich dadurch Verbrennungen im Mund-, Rachen-, Kehlkopf- und Luftröhrenbereich zugezogen hat.

4.2 Rauch

Die meisten Verletzten und Toten im Zusammenhang mit Bränden sind aufgrund von Rauchvergiftungen zu beklagen.

Neben Vergiftungen durch Stoffe, die auf das Nervenzentrum wirken (z.B. Blausäure), ist vor allem das Kohlenmonoxid am gefährlichsten. Kohlenmonoxid verhindert durch eine Transportblockade, dass der Sauerstoff durch das Blut transportiert werden kann. Gefahren durch Kohlenmonoxid siehe auch Kapitel 6.16-1.

Daneben wird der Sauerstoff auch durch Gase im Brandrauch (z.B. Kohlendioxid) verdrängt, was zum Ersticken führen kann.

Grundlagen des Brennens und der Explosion

4.1
Seite 25

4-1 Bestandteile des Brandrauchs

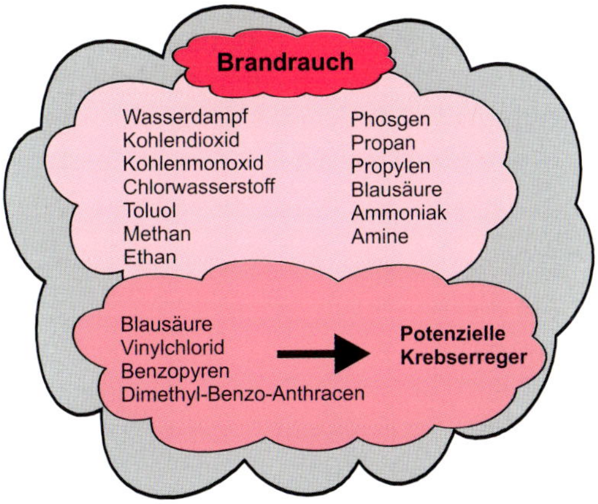

Bezogen auf ihre Gefährlichkeit lassen sich die im Brandrauch enthaltenen Atemgifte unterscheiden in

- Atemgifte mit Wirkung auf Blut und Nerven (z.B. Blausäure)
- Atemgifte mit erstickender Wirkung (z.B. Kohlenmonoxid, Kohlendioxid)
- Atemgifte mit Reiz- und Ätzwirkung (z.B. Ammoniak, Schwefeldioxid).

Erschwerend hinzu kommen die eingeschränkte Sicht und der Verlust der Orientierung, die mit einer Verrauchung einhergehen.

Bei Brandrauch geht man davon aus, dass bereits **drei Atemzüge** Rauch zu Einschränkungen des Bewusstseins führen können. Es folgt Bewusstlosigkeit und schließlich der Tod. Auch zunächst Gerettete sterben oft später an Schädigungen der äußeren Haut, der Schleimhäute, der Luftwege oder der Lunge.

Fast alle tödlichen Verletzungen bei Bränden sind Folgen des Einatmens von Rauch (Rauchgasinhalation).

Die meisten Toten sind im Bereich von Wohn- und Heimnutzungen zu finden. Viele davon werden im Schlaf vom Rauch überrascht. Hierbei ist zu beachten, dass Menschen (und die meisten Tiere) während des Schlafes nicht riechen können und so nicht in der Lage sind, Rauch wahrzunehmen.

Oft spielen bei der Zahl der Toten auch Mängel an den Rettungswegen, entgegen den Vorschriften errichtete Ausbauten (z.B. Kinderzimmer im Dachspitz) oder das Fehlen von Warneinrichtungen (z.B. Heim-Rauchwarnmelder) eine Rolle.

Die folgende Tabelle zeigt aktuelle Zahlen des Statistischen Bundesamtes zu Todesraten durch Rauch, Feuer und Flammen.

Tabelle 4-1:
Todesursachenstatistik des Statistischen Bundesamtes für Deutschland: „Exposition gegenüber Rauch, Feuer und Flammen" [2]

Jahr	Todesrate
2006	406
2007	346
2008	398
2009	433
2010	373

Dabei ist anzumerken, dass in den 1980er Jahren bis Mitte der 1990er Jahre die Zahl der Brandtoten in Deutschland deutlich höher war. Sie pendelte zwischen ca. 600 und ca. 800.

4.1 Seite 26 Grundlagen des Brennens und der Explosion

Diese offiziellen Zahlen sind jedoch mit Vorsicht zu genießen: Viele der zunächst geretteten Menschen sterben, wie bereits erwähnt, oft Wochen später an den Folgen der Rauchgasvergiftung. Inwieweit diese Toten in der offiziellen Statistik erfasst sind, ist nicht abschließend zu klären.

Die Abnahme der Zahl der Brandtoten dürfte im Wesentlichen zwei Gründe haben:

- die Verbreitung von Rauchwarnmeldern in Wohnungen
- die bessere Ausstattung von Feuerwehren (gerade auf dem Land) mit Atemschutz.

In Deutschland wird der Verbreitungsgrad von Rauchwarnmeldern im Zusammenhang mit der Entwicklung der Zahl von Rauchtoten statistisch nicht erfasst. Durch Aufklärungsaktionen, mittlerweile geringe Anschaffungskosten und durch die Einführung der Rauchwarnmelderpflicht für Wohnungen in vielen Bundesländern dürfte jedoch die Anzahl dieser Geräte in den letzten Jahren deutlich gestiegen sein.

Eine Statistik aus Großbritannien, wo seit Jahren Rauchwarnmelder Pflicht sind und deshalb schon ca. 86 % der Haushalte mit entsprechenden Geräten ausgestattet waren, weist in diesem Zusammenhang für 2010 folgende Zahlen aus [3]:

- Räume **ohne** Rauchwarnmelder: 112 Tote
- Räume **mit** funktionierenden Rauchwarnmeldern: 78 Tote

4-2 Rauchvergiftung ist in Wohnbereichen die Todesursache Nr. 1. Bei diesem Schaden war Rauchen im Bett die Brandursache und Rauchvergiftung die Todesursache. Ein Rauchmelder hätte hier bestimmt ein Menschenleben retten können.

- Rauchmelder **versagt** (z.B. technische Mängel, keine Batterie) oder der Alarm wurde aus unterschiedlichsten Gründen nicht wahrgenommen: 106 Tote.

Seit der Einführung der Rauchwarnmelderpflicht sank in Großbritannien insgesamt die Zahl der Toten auf ca. die Hälfte. Andere Länder, wie USA, Kanada und Schweden, melden ähnliche Ergebnisse nach Einführung der Rauchwarnmelderpflicht.

Auch in etlichen deutschen Bundesländern werden mittlerweile in den Landesbauordnungen Rauchwarnmelder in Wohnungen vorgeschrieben. So heißt es z.B. in § 44 Abs. 8 der LBO Rheinland-Pfalz:

„In Wohnungen müssen Schlafräume und Kinderzimmer sowie Flure, über die Rettungswege von Aufenthaltsräumen führen, jeweils mindestens einen Rauchwarnmelder haben. Die Rauchwarnmelder müssen so eingebaut und betrieben werden, dass Brandrauch frühzeitig erkannt und gemeldet wird."

Derzeit (Ende 2011) haben neun Bundesländer (Bremen, Hamburg, Hessen, Mecklenburg-Vorpommern, Rheinland-Pfalz, Saarland, Sachsen-Anhalt, Schleswig-Holstein, Thüringen) eine Rauchwarnmelderpflicht für private Wohnräume eingeführt – teilweise in den Landesbauordnungen unterschiedlich formuliert. Weitere Bundesländer diskutieren derzeit über eine entsprechende Gesetzesänderung.

5 Schadenursachen

Es existieren zurzeit viele verschiedene Schadenauswertungen der einzelnen Versicherer, verschiedener Verbände und Institute sowie vereinzelt der Feuerwehren. Mit der DIN 14010-1 wurde erstmals versucht, eine allgemeine Grundlage für die Erstellung einer solchen Schadenursachenstatistik zu schaffen. Leider hat sich diese Norm in der Praxis noch nicht so weit durchgesetzt, dass umfassende Schlüsse auf ganz Deutschland gezogen werden können. Aus diesem Grund wurde hinsichtlich der Schadenauswertungen oft auf die Zahlen des Gesamtverbandes der deutschen Versicherungswirtschaft (GdV) zurückgegriffen.

Leider sind die Meldungen der einzelnen Versicherer meist nicht vollständig und beruhen zudem oft nur auf dem ersten Eindruck des Schadensachbearbeiters, so dass ihre Repräsentativität ungewiss ist.

Das Institut für Schadenverhütung und Schadenforschung der öffentlichen Versicherer e.V. (IFS) versucht deshalb, diese Lücke durch eigene Erhebungen zu schließen. Die verwendeten Daten stammen aus Ursachenermittlungen, die das IFS im Auftrag von Versicherungen, der Staatsanwaltschaft und von Privatpersonen durchgeführt hat.

Sie basieren deshalb nicht auf absoluten Zahlen aller Schäden in Deutschland, sondern bilden einen statistischen Querschnitt, vergleichbar einer Hochrechnung.

4.1 Seite 28	Grundlagen des Brennens und der Explosion	

5-1 IFS-Brandursachenstatistik 2010 (gerundet) (nach: [4])

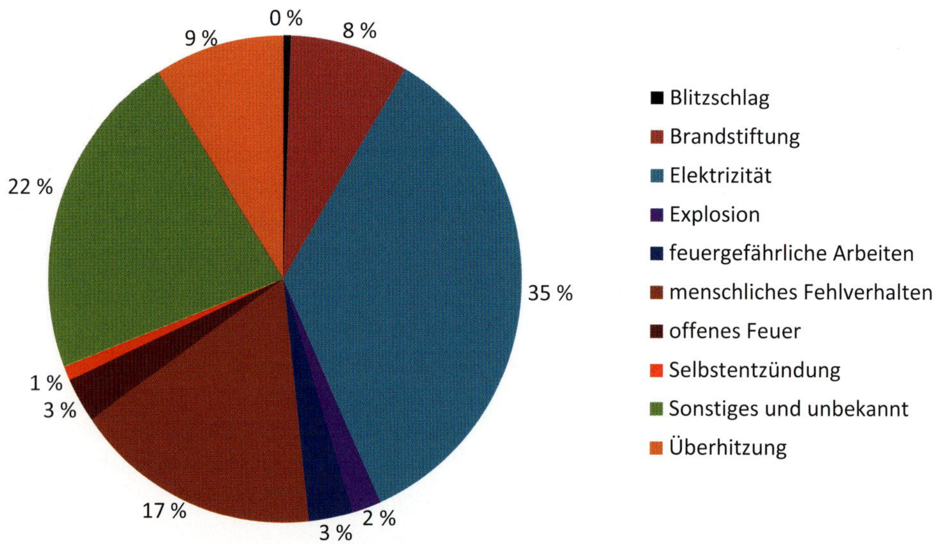

Zu beachten ist aber, dass in dem hier wiedergegebenen Diagramm (Bild 5-1) die Schadenursachen zu kurz kommen, bei denen üblicherweise keine Schadenursachenermittlung durchgeführt werden. Dazu gehören z.B. Schäden infolge Blitzschlags oder Überspannung.

Auf jeden Fall ist in der Darstellung der Brandursachen zu erkennen, dass die Elektrizität zur größten Gruppe der Schadenursachen zählt (siehe hierzu auch Kapitel 6.12.2 in diesem Werk).

Die Höhe des tatsächlich eingetretenen Schadens war in vielen der zugrunde liegenden Fälle abhängig von der Anhäufung brennbarer oder explosionsgefährlicher Stoffe. Aber auch Ursachen baulicher Art, wie fehlender Feuerwiderstand in der Tragkonstruktion, Verwendung brennbarer Baustoffe und nicht zuletzt auch fehlende oder mangelhafte bauliche Trennungen, führten zu teils immensen Schadenausmaßen.

Knapp die Hälfte (!) der finanziellen Schäden resultiert aus Folgeschäden, z.B. durch Ruß, korrosive Gase, die sich in Räumen, aber auch in Konstruktionen ausbreiten, oder Verschmutzung ([5], [6]).

Zahlreiche Beschreibungen und Darstellungen interessanter Schadenfälle und deren Ursachen enthält die Website des IFS [4].

6 Auswirkungen von Schäden

Neben Personenschäden haben Brände oft auch Auswirkungen auf Produktionsbetriebe. Sachschäden und laufende Kosten können zwar durch entsprechende Feuer- und Feuer-Betriebsunterbrechungsversicherungen abgepuffert werden.

Kunden, die aufgrund eines Betriebsausfalls verloren gehen, der „gute Name" eines Betriebs, der durch negative Schlagzeilen gefährdet wird, oder Daten, Halbzeuge und Ähnliches, die bei einem Brand unwiederbringlich zerstört werden, können einen Betrieb jedoch in den Ruin führen.

Die Statistik eines amerikanischen Versicherers (Allendale Mutual) zeigt folgende Zahlen:

Auswirkungen bei Produktionsbetrieben, die einen größeren Schaden, z.B. durch einen Großbrand, hatten:

- 43 % nehmen den Betrieb nie wieder auf.
- 28 % sind innerhalb von drei Jahren aus dem Geschäft.
- 23 % sind wieder voll betriebsfähig.
- 6 % fusionieren oder werden verkauft.

7 Literaturhinweise

[1] Wie groß ist die Flugweite von glühenden Ascheteilchen; Schadenprisma 1/76

[2] Statistisches Bundesamt www.genesis.destatis.de, Tabelle unter GENESIS-Online „Gestorbene: Deutschland, Jahre, Todesursachen", Zeile: Exposition gegenüber Rauch, Feuer und Flammen

[3] Fire Statistics: Great Britain, 2010–2011, November 2011; Department for Communities and Local Government, London, ISBN 978-1-4098-3235-5

[4] Institut für Schadenverhütung und Schadenforschung der öffentlichen Versicherer e.V. (IFS) www. ifs-kiel.de

[5] Dr.-Ing. Wang, Mingyi: Einheitliche Brandschadenerfassung als Grundlage der Schadenverhütung, Aufsatz in s+s-report Nummer 6, Verlag VdS Schadenverhütung, 2004

[6] Gesamtverband der Deutschen Versicherungswirtschaft e.V.: Millionenstatistik in der industriellen Sachversicherung 2003

- Bracker, Gerd-Peter: Pyrolyse: Eine Technologie für das 21. Jahrhundert www.vivis.de
- Christen, Hans Rudolf: Einführung in die Chemie; 9. Aufl.: Frankfurt/Main, Diesterweg Salle 1974, ISBN 3-425-05397-3

4.1 Seite 30 Grundlagen des Brennens und der Explosion

- Danielewski, Gerd: Beton brennt wirklich nicht; Düsseldorf, Beton Verlag 1973, ISBN 3-7640-0085-6
- Klingsohr, Kurt: Brennbare Flüssigkeiten und Gase, Rotes Heft 41; 4. Aufl.: Stuttgart: W. Kohlhammer, 1990 ISBN 3-17-010929-4
- Landesamt für Brand- und Katastrophenschutz: Brennen und Löschen, Merkblatt; Landesamt für Brand- und Katastrophenschutz, München
- Purt, Gustav A.: Einführung in die Brandlehre; Erlenbach-Zürich u. Stuttgart, Eugen Rentsch Verlag, 1969
- Rempe, Alfons; Rodewald, Gisbert: Brandlehre; 4. überarb. Aufl.; Stuttgart, Köln: Kohlhammer, ISBN 3-17-012573-7
- Schildhauer, Peter: Selbstentzündung ungesättigter Pflanzenöle auf saugfähigen Trägerstoffen: Untersuchungen zum Ablauf bei Raumtemperatur und neue Untersuchungsmethoden, Köln, Verlag VdS Schadenverhütung 2001, ISBN 3-936050-00-7
- von Schwartz, Ernst: Handbuch der Feuer- und Explosionsgefahr; 6. Aufl., München, Feuerschutzverlag Ph. L. Jung, 1964

4 Grundlagen
4.2 Baustoffe

Dipl.-Ing. (FH) Josef Mayr

Inhalt

1 Allgemeines
2 Baustoffe im Überblick
3 Beteiligung von Baustoffen am Brandgeschehen
3.1 Brandlast und Brennbarkeit von Baustoffen
3.1.1 Gesamtbrandlast
3.1.2 Betriebliche und bauliche Brandlast
3.1.3 Zerteilung der Baustoffe
3.2 Lage und Anwendung von brennbaren Baustoffen
3.2.1 Beispiel Holz
3.2.2 Beispiel brennbare Schaumkunststoffe
3.2.3 Beispiel Dächer mit brennbarer Abdichtung
3.3 Verhalten von Baustoffen im Brandfall
3.3.1 Standfestigkeit und thermische Beständigkeit
3.3.2 Wärmeleitfähigkeit
3.3.3 Thermische Längenänderung
3.3.4 Rauchentwicklung
3.3.5 Brennendes Abtropfen
3.4 Zusammenfassung
4 Bauaufsichtliche Anforderungen
5 Bewertung durch die Schadenversicherer
6 Klassifizierung nach DIN 4102-1 (nationale Ebene)
7 Klassifizierung nach DIN EN 13501-1 (europäische Ebene)
8 Erfüllung der Anforderungen der Landesbauordnungen (LBOs)
8.1 Genormte Baustoffe nach DIN 4102-4 Abschnitt 2
8.2 Geregelte Baustoffe (Bauprodukte) gemäß Bauregelliste A Teil 1 (nationale Ebene)

4.2	Baustoffe	Inhalt

8.3 Geregelte Baustoffe (Bauprodukte) auf der Grundlage von europäischen Regeln nach der Bauproduktenrichtlinie gemäß Bauregelliste B Teil 1 (europäische Ebene)

8.4 Klassifizierte Baustoffe nach DIN 4102-1 (nationale Ebene)
- 8.4.1 Brandprüfung
- 8.4.2 Baustoffklasse A 1
- 8.4.3 Baustoffklasse A 2
- 8.4.4 Baustoffklasse B 1
- 8.4.5 Baustoffklasse B 2
- 8.4.6 Baustoffklasse B 3
- 8.4.7 Brennendes Abtropfen und Rauchentwicklung

8.5 Klassifizierte Baustoffe (Bauprodukte) nach DIN EN 13501-1 (europäische Ebene)

9 Verwendbarkeitsnachweis, Übereinstimmungsnachweis und Kennzeichnung

9.1 Verwendbarkeitsnachweis
- 9.1.1 Baustoffe (Bauprodukte) als geregelte Bausprodukte
- 9.1.2 Baustoffe (Bauprodukte) als nicht geregelte Bauprodukte
- 9.1.3 Besonderheit für Baustoffe mit europäischen Prüfungen
- 9.1.4 Zustimmung im Einzelfall
- 9.1.5 Verwendbarkeitsnachweis für Baustoffverbunde und Baustoffsysteme

9.2 Übereinstimmungsnachweis
- 9.2.1 Baustoffe (Bauprodukte) als geregelte Bauprodukte
- 9.2.2 Baustoffe (Bauprodukte) als nicht geregelte Bauprodukte

9.3 Kennzeichnung

4.2 Baustoffe

1 Allgemeines

Mit der Anpassung der Bauordnungen an das Bauproduktengesetz und die Bauproduktenrichtlinie haben die Länder die Begriffe **Bauprodukte** und **Bauarten** in die Landesbauordnungen übernommen. Damit werden in den Landesbauordnungen **Baustoffe** teilweise auch als **Bauprodukte** bezeichnet.

Allerdings erfolgte diese Anpassung im Wesentlichen nur jeweils im Abschnitt: **„Bauprodukte und Bauarten“**, in dem Verwendbarkeitsnachweis, Übereinstimmungsnachweis, Kennzeichnung und Prüfung von Bauprodukten (Baustoffen) und Bauarten nach Vorgabe der Bauproduktenrichtlinie neu geregelt werden.

In allen anderen Bereichen der Bauordnungen wird jedoch der Begriff **Baustoffe** wie bisher weiterverwendet. Auch in der **DIN 4102** ist er gebräuchlich.

Aus diesen Gründen wird der Begriff **Baustoffe** im Brandschutzatlas und in diesem Kapitel verwendet. Wenn es im Hinblick auf die Regelungen der Bauproduktenrichtlinie bzw. Landesbauordnungen von Bedeutung ist, erfolgt jedoch immer eine Verknüpfung zur Bauproduktenrichtlinie (durch den Begriff **Bauprodukt** in Klammern).

2 Baustoffe im Überblick

Die nachfolgende Tabelle 2-1 enthält die wichtigsten Angaben zur Klassifizierung und zu den jeweils erforderlichen Verwendbarkeitsnachweisen für Baustoffe.

4.2 Seite 2 — **Baustoffe**

Tabelle 2-1: Klassifizierung und Verwendbarkeitsnachweis für Baustoffe

Baustoffe		**A – B**	**A – F**
Prüfnorm bzw. Klassifizierungsnorm		nationale Ebene DIN 4102-1	europäische Ebene DIN EN 13501-1
nicht brennbar	kein Rauch und kein brennendes Abfallen/Abtropfen	A 1	A 1
		A 2	A 2 – s1, d0
schwer entflammbar	kein Rauch und kein brennendes Abfallen/Abtropfen	B 1	B – s1, d0 oder C – s1, d0
	kein brennendes Abfallen/Abtropfen		A 2 – s2, d0 oder A 2 – s3, d0 B – s2, d0 oder B – s3, d0 C – s2, d0 oder C – s3, d0
	kein Rauch		A 2 – s1, d1 oder A 2 – s1, d2 B – s1, d1 oder B – s1, d2 C – s1, d1 oder C – s1, d2
	keine Zusatzanforderungen		A 2 – s3, d2 oder B – s3, d2 C – s3, d2
normal entflammbar	kein brennendes Abfallen/Abtropfen	B 2	D – s1, d0 oder D – s2, d0 D – s3, d0 oder E
	keine Zusatzanforderungen		D – s1, d1 oder D – s2, d1 D – s3, d1 oder D – s1, d2 D – s2, d2 oder D – s3, d2 E – d2
leicht entflammbar	keine Zusatzanforderungen	B 3	F

Verwendung	Verwendbarkeits-nachweis	Übereinstimmungs-nachweis
als geregelter Baustoff (geregeltes Bauprodukt) nach **DIN 4102-4**	Ausführung nach DIN 4102-4 Abschnitt 2	wie in DIN 4102-1 Abschnitt 7 angegeben
als geregelter Baustoff nach **Bauregelliste A Teil 1**	Ausführung nach den dort angegebenen Regeln	wie in Bauregelliste A Teil 1 angegeben
als geregelter Baustoff (geregeltes Bauprodukt) auf der Grundlage von europäischen Regeln nach der Bauproduktenrichtlinie gemäß **Bauregelliste B Teil 1**	wie in Bauregelliste B Teil 1 angegeben	wie in Bauregelliste B Teil 1 angegeben
als nicht geregeltes Bauprodukt, Prüfung nach den in **Bauregelliste A Teil 2** angegebenen Prüfverfahren (z.B. DIN 4102-1 oder DIN EN 13501-1)	P	ÜH
in bestimmten Fällen, z.B. wenn der Baustoff neben dem Brandschutz noch andere Anforderungen erfüllen muss bzw. bei wesentlichen Abweichungen	Z	gemäß Z
in begründeten Einzelfällen bzw. Ausnahmefällen	ZiE	gemäß ZiE
Abkürzungen siehe Tabelle 7-3 in diesem Kapitel sowie Tabelle 2-3 in Kapitel 4.3		

3 Beteiligung von Baustoffen am Brandgeschehen

Baustoffe haben durch ihr Brandverhalten einen großen Einfluss auf den Verlauf eines Brandes. Dabei sind sowohl die Brennbarkeit des Baustoffes selbst als auch sein Verhalten im Brandfall von besonderer Bedeutung.

3.1 Brandlast und Brennbarkeit von Baustoffen

Die Entwicklung eines Schadenfeuers hängt u.a. von folgenden Faktoren ab:

- Zündquelle
- Art und Zerteilung der **brennbaren Stoffe**
- Verteilung und Lage der **brennbaren Stoffe**
- Ventilation des betroffenen Raums
- **Brennbarkeit der Baustoffe,** die für das Gebäude verwendet wurden
- Löscheinrichtungen des Gebäudes
- Verhalten der betroffenen Personen und Löschkräfte.

Damit wird der Brandschutz eines Gebäudes wesentlich von der Brennbarkeit der dort vorhandenen Stoffe und Baustoffe bestimmt.

3.1.1 Gesamtbrandlast

Für den vorbeugenden baulichen Brandschutz ist es von wesentlicher Bedeutung, **wo, in welcher Menge** und **in welcher Zerteilung** brennbare Stoffe im Gebäude vorhanden sind. Die **Gesamtbrandlast** eines Gebäudes besteht aus der **Summe der Heizwerte** aller vorhandenen brennbaren Stoffe. Sie teilt sich auf in:

- bauliche Brandlast, die aus der Summe der brennbaren Bauprodukte (Baustoffe, Bauteile und Bauarten) besteht und
- betriebliche Brandlast, die sich aus den brennbaren Bestandteilen des Gebäudeinhalts zusammensetzt.

Die **Brandlast** (Brandlastdichte q) wird in kWh/m^2 (Kilowattstunden je Quadratmeter) oder MJ/m^2 (Megajoule je m^2) ermittelt.

Umrechnung:

- 1 MJ/m^2 entspricht 0,278 kWh/m^2.
- 1 kWh/m^2 entspricht 3,6 MJ/m^2.

Eine rechnerische Ermittlung ist z.B. möglich nach:

- DIN 18230 „Baulicher Brandschutz im Industriebau"
- DIN EN 1991-1-2 Anhang E „Brandeinwirkungen auf Tragwerke, Anhang E – Brandlastdichten"
- Beiblatt 1 zu DIN VDE 0108 Teil 1 „Verbrennungswärme für Kabel und Leitungen"
- Anlage 1 zur Muster-Leitungsanlagenrichtlinie – Fassung vom September 1993 – (Merkblatt für die Berechnung der Brandbelastung)

- TRVB A 126 (Brandschutztechnische Kennzahlen verschiedener Nutzungen, Lagerungen, Lagergüter).

3.1.2 Betriebliche und bauliche Brandlast

Die betrieblichen und nutzungsbedingten Brandlasten ergeben sich aus der Nutzung des Gebäudes. Sie können deshalb in der Regel nicht oder nur wenig beeinflusst werden (Schadenbeispiel: Bilder 3.1-1 bis 3.1-4).

Ganz anders ist die Situation dagegen bei den baulichen Brandlasten. Diese können in vielen Fällen sehr wohl beeinflusst werden. So ist es z.B. möglich, durch eine weitgehende Reduzierung der baulichen Brandlasten den vorbeugenden Brandschutz eines Gebäudes insgesamt wesentlich zu verbessern (Schadenbeispiel: Bilder 3.1-5 bis 3.1-8).

Dies soll nicht heißen, dass man möglichst nur nichtbrennbare Baustoffe verwenden sollte. Selbstverständlich dürfen und können im Rahmen der baurechtlichen Zulässigkeit an vielen Stellen auch brennbare Baustoffe verwendet werden. Allerdings steigt mit zunehmender Menge an brennbaren Baustoffen im Gebäude ganz allgemein auch das brandschutztechnische Risiko. Dem kann dann entweder durch entsprechende Kompensationsmaßnamen vorgebeugt werden (z.B. Einhausung der Brandlasten, Löschanlagen), oder das höhere Risiko wird einfach akzeptiert.

Wenn aber besonderer Wert auf einen möglichst guten Brandschutz gelegt werden soll, ist es natürlich empfehlenswert, im Rahmen eines **Brandschutz-Gesamtkonzeptes** in bestimmten Bereichen möglichst **nichtbrennbare Baustoffe** zu verwenden.

Bei vielen **Sonderbauten** ist die Verwendung von brennbaren Baustoffen meist stark eingeschränkt bzw. nicht zulässig (siehe die entsprechenden Sondervorschriften).

3.1-1 bis 3.1-4 Brand der Lagerhalle einer Glasfabrik

Die Lagerhalle hatte eine sehr geringe bauliche Brandlast (Dach aus Asbestzementwellplatten, Dachtragwerk nichtbrennbar und Fassade nichtbrennbar aus Blech). Es brannte damit allein die betriebliche Brandlast. Diese bestand aus verpackten Glasflaschen auf Paletten mit Schrumpffolie geschützt. Der Schaden zeigt, dass betriebliche Brandlasten, die im ersten Augenblick günstig erscheinen, zu sehr großen Schäden führen können, da es nicht nur auf die Menge der Brandlast, sondern auch auf ihre Zerteilung, Verteilung und Lage ankommt.

3.1-1 Lagerhalle im Vollbrand

3.1-2 Die vollständig zerstörte Lagerhalle

Durch die rückseitig zu sehende Brandwand konnte die Feuerwehr eine Brandausbreitung auf die angrenzenden Lagerhallen und die Produktion verhindern.

4.2 Seite 6	Baustoffe	

3.1-3 Blick in das Innere der Lagerhalle

Deutlich sind die Berge von zerstörten Glasflaschen zu sehen.

3.1-4 Detail der Lagerhalle vor dem Brand

Dargestellt ist ein Dachdetail mit der nichtbrennbaren Dachkonstruktion aus Asbestzementwellplatten, dem nichtbrennbaren Dachtragwerk aus Stahl, einer Mauerwerkswand und der **betrieblichen Brandlast** aus verpackten Glasflaschen auf Paletten. Auch die Außenwände aus Blech waren nichtbrennbar.

3.1-5 und 3.1-6 Brand des Herzogstandhauses

Schadenursache war ein Schwelbrand im Bereich einer Wand in der Nähe des Kachelofens. Durch die erhebliche bauliche Brandlast (überwiegend Holzbauweise) und die sehr lange Anrückzeit der Feuerwehr (ca. 30 Minuten bis zum Eintreffen des ersten Löschtrupps) war ein Totalschaden nicht mehr aufzuhalten.

3.1-5 Das Herzogstandhaus vor dem Brand (Foto: Thomas Gaulke – FIRE Foto)

3.1-6 Das Herzogstandhaus nach dem Brand (Foto: Thomas Gaulke – FIRE Foto)

Durch die ungünstigen Voraussetzungen für die Brandbekämpfung und die überwiegende Holzbauweise konnte ein Totalschaden nicht verhindert werden.

4.2 Seite 8	Baustoffe	

3.1-7 und 3.1-8 Brand im Schneefernerhaus auf der Zugspitze

Schadenursache war Funkenflug in Verbindung mit Schneidbrennarbeiten. Auch hier waren die Voraussetzungen für die Brandbekämpfung sehr ungünstig. Die Anrückzeit der Feuerwehr dauerte ca. eine Stunde. Trotzdem konnte der Brand auf das Brandentstehungsgeschoss begrenzt werden. Dies war nur möglich durch die günstige Lage des Geschosses (oberstes Geschoss) und die überwiegende Massivbauweise aus nichtbrennbaren Baustoffen sowie den feuerbeständig abgetrennten Treppenraum.

3.1-7 Das Schneefernerhaus **nach** dem Brand (Foto: Thomas Gaulke – FIRE Foto)

3.1-8 Das ausgebrannte Geschoss des Schneefernerhauses

Die rechten und hinteren Holzwände wurden nach dem Brand zur Sicherung der Brandstelle angebracht.

3.1.3 Zerteilung der Baustoffe

Bei der Brandentstehung bzw. im Brandfall ist es von ausschlaggebender Bedeutung, in welcher Zerteilung die Baustoffe vorhanden sind (Schadenbeispiel: Bilder 3.1-1 bis 3.1-4).

Beispiel Stahl

Nicht zerteilter Stahl ist nichtbrennbar. Stahl in Form von Stahlwolle ist dagegen brennbar. Es genügt z.B. schon, dass eine 9-Volt-Blockbatterie in Stahlwolle fällt, um diese zu entzünden.

Beispiel Holz

Holz ist ein brennbarer Baustoff. Er kann die Baustoffklassen B 3, B 2 und auch B 1 (leicht, normal und schwer entflammbar) aufweisen.

Holzwolle eignet sich z.B. besonders gut zum Entfachen eines Feuers, da sie leicht entflammbar ist.

Holz mit einer Rohdichte ≥ 400 kg/m³ und einer Dicke > 2 mm ist nach DIN 4102-4 Abschnitt 2.3.2 als Baustoff der Baustoffklasse B 2, normal entflammbar, definiert.

Eichenparkett als Fußbodenbelag gilt nach DIN 4102-4 sogar als Baustoffklasse B 1, schwer entflammbar.

Dies hat natürlich auch entsprechende Konsequenzen auf den vorbeugenden Brandschutz.

Massive Holzquerschnitte, z.B. Kanthölzer 18 x 24 cm, Leimbinder, Vollholzwände oder Brettstapeldecken lassen sich nur relativ schwer entzünden. Falls sie doch brennen, verhalten sie sich meist relativ günstig. Feingliedrige Holzquerschnitte (z.B. Holzlatten, Holzbretter, Holznagelbinder) weisen dagegen ein wesentlich ungünstigeres Brandverhalten auf.

3.2 Lage und Anordnung von brennbaren Baustoffen

Auch die Lage und Anordnung von brennbaren Baustoffen kann einen wesentlichen Einfluss auf das Brandgeschehen und den Brandverlauf haben.

3.2.1 Beispiel Holz

Holz nimmt als brennbarer Baustoff natürlich am Brandgeschehen teil, wenn er entsprechend vom Schadenfeuer beansprucht wird. Die Lage und Anordnung der Holzbauteile entscheidet jedoch wesentlich darüber, ob dadurch eine Situation entsteht, die unter günstigen Umständen von der Feuerwehr noch beherrschbar (also löschbar) ist oder ob praktisch ein Totalschaden vorprogrammiert ist, da die Feuerwehr nicht mehr wirksam löschen kann (Schadenbeispiel: Kapitel 6.5.0-S, Punkte 6 und 8).

Eine ungünstige Situation besteht in der Regel bei Holzkonstruktionen, die unzugängliche Hohlräume aufweisen oder bei denen Holz in unzugänglichen Hohlräumen angeordnet ist. Diese Situation wird noch wesentlich verschlechtert, wenn sich dort weitere brennbare Baustoffe, wie brennbare Dämmstoffe, Holzlatten und Holzbretter, befinden.

Beispiele hierfür sind:

- Holzbalken- und Holztafeldecken
- Holztafelwände und Ständerwände mit nichtbrennbaren Platten und brennbarem Holzständerwerk mit brennbaren Dämmstoffen
- Holzdächer und Dächer mit unzugänglichen Hohlräumen, brennbaren Baustoffen und Dämmstoffen
- Holzbauteile oder -konstruktionen mit unzugänglichen Hohlräumen jeglicher Art bzw. Hohlraumkonstruktionen mit Holzlatten und Holzbrettern jeglicher Art mit und ohne weitere brennbare Baustoffe.

Holzkonstruktionen müssen jedoch nicht immer aus brandschutztechnischer Sicht ungünstig sein. Sie können auch so ausgeführt werden, dass sie nahezu eine gleichwertige Sicherheit haben wie Konstruktionen aus nichtbrennbaren Baustoffen.

Hierfür gibt es zwei Möglichkeiten:

Möglichkeit 1

Verwendung von großformatigen Holzquerschnitten (Leimbinder, Massivwände, Brettstapeldecken usw.) sowie Verzicht auf Hohlräume und ausschließliche Verwendung von nichtbrennbaren Dämmstoffen mit einer Schmelztemperatur ≥ 1000 °C.

Möglichkeit 2

Einhausung der Holzquerschnitte mit geeigneten Brandschutzplatten. Beispiele hierfür siehe Muster-Holzbaurichtlinie, Kapitel 8.20.

3.2.2 Beispiel brennbare Schaumkunststoffe

Spätestens die Brandkatastrophe im Düsseldorfer Flughafen hat gezeigt, dass sich brennbare Schaumkunststoffe im Brandfall sehr ungünstig verhalten können. Dabei kommt es wesentlich darauf an, in welcher Einbausituation die Schaumkunststoffe angeordnet werden, wie sie dort vom Feuer beansprucht werden können und wie ihre Lage, Anordnung und Verteilung im Gebäude ist.

Günstig verhalten sich z.B. Schaumkunststoffe auf Stahlbetondecken unter schwimmenden Estrichen, da hier nicht mit einer Entzündung und unkontrollierbaren Brandausbreitung zu rechnen ist. Das Gleiche gilt für Dachdecken, aber nur, wenn diese massiv (aus Stahlbeton) ausgeführt werden und alle Durchdringungen entsprechend geschützt sind.

3.2-1 und 3.2-2 Beispiele für brandschutztechnisch ungünstige Holzkonstruktionen

Ist das Feuer erst einmal in die unzugänglichen Hohlräume des Holztragwerkes eingedrungen, so ist die Feuerwehr meist machtlos und kann in der Regel den Totalschaden des betroffenen Abschnittes nicht mehr verhindern, da sich Feuer und Rauch über die Hohlräume mit brennbaren Holzbrettern usw. nahezu ungehindert ausbreiten können.

3.2-1 Schaden nach einem Brand in Hohlräumen der Holzkonstruktion

3.2-2 Nach einem Feuer in ungünstiger Holzkonstruktion

4.2 Seite 12 Baustoffe

Im Brandfall sehr ungünstig können sich dagegen horizontal und vertikal angeordnete Dämmstoffe aus brennbaren Schaumkunststoffen verhalten, die entweder in unzugänglichen Hohlräumen oder ohne ausreichenden Schutz verlegt werden. Das Gleiche gilt für bestimmte Einbausituationen, z.B. auf Trapezblechdächern mit Bitumenabdichtung und Bekiesung (Schadenbeispiele: Bilder 3.2-3 bis 3.2-16 sowie 3.2-17 und 3.2-18 unter Punkt 3.2.3 und Kapitel 6.5.0-S, Punkt 4).

In jedem Fall hängt es bei brennbaren Schaumkunststoffen von der gesamten Einbausituation und Ausführung ab, wie groß das Risiko im Brandfall ist. Da das Risiko im Brandfall bei ungünstigen Einbausituationen sehr hoch sein kann, ist es bei einer Verwendung von brennbaren Schaumkunststoffen immer empfehlenswert, die jeweilige Risikosituation genau zu prüfen und den Bauherrn bzw. Gebäudebetreiber entsprechend zu informieren und zu beraten.

Der Betrag, der durch die Verwendung der meist billigeren, aber brennbaren Schaumkunststoffe eingespart werden kann, relativiert sich, wenn dadurch im Brandfall unter ungünstigen Umständen eine Schadenvergrößerung oder gar ein Großschaden eintreten kann (siehe Bilder 3.2-3 bis 3.2-16).

3.2-3 bis 3.2-6 Brand in einer Getränkeabfüllanlage

Schadenursache war vermutlich ein technischer Defekt. Obwohl das Feuer während der Betriebszeit ausbrach und Personal mit Feuerlöschern vor Ort war, konnte ein Totalschaden nicht verhindert werden.

Der Grund lag darin, dass im Deckenbereich horizontal eingebaute Dämmplatten aus Polystyrol angeordnet waren. Diese entzündeten sich und das Feuer breitete sich so schnell aus, dass eine Brandbekämpfung des Entstehungsbrandes nicht mehr möglich war. Es entstand im betroffenen Abschnitt ein Totalschaden.

3.2-3 Ansicht der Getränkeabfüllstation vor dem Brand

Deutlich sichtbar der Deckenbereich; dort waren Polystyrol-Dämmplatten horizontal angeordnet.

3.2-4 Betriebliche und bauliche Brandlast

Die betriebliche Brandlast in Form von Getränkedosen nahm sicher nicht am Brandgeschehen teil. Durch die bauliche Brandlast aus horizontal eingebauten Polystyrolplatten war im brandbetroffenen Bereich eine so ungünstige Situation vorhanden, dass ein Totalschaden nicht aufgehalten werden konnte.

4.2 Seite 14	Baustoffe	

3.2-5 Ansicht der Getränkeabfüllanlage nach dem Brand

Der betroffene Abschnitt wurde vollständig zerstört.

3.2-6 Detail zu Bild 3.2-5

Die Stahlbetonrippendecke wurde durch die Brandhitze erheblich beschädigt.

3.2-7 bis 3.2-10 Brand im Flughafen Düsseldorf

An der Unterseite der Stahlbetondecken war eine Dämmung aus Polystyrol (= bauliche Brandlast) angebracht. Darunter befanden sich unterschiedlich hohe Deckenhohlräume, die nach unten mit untergehängten Decken zum eigentlichen Gebäude abgetrennt waren.

Die untergehängten Decken bestanden zum größten Teil aus nichtbrennbaren Blechprofilen und wiesen teilweise eine aufliegende Dämmung aus **nichtbrennbaren** (!) Mineralfasermatten auf. Außerdem waren in den Deckenhohlräumen auch teilweise Elektroinstallationen mit zahlreichen Kabeln vorhanden.

Infolge von Abdichtungsarbeiten (Feuerarbeiten) an der Oberseite der Gebäudetrennfuge zwischen Parkhaus und Flughafengebäude kam es zur Entzündung des Polystyrols unterhalb der Fuge. Eine sofortige Brandbekämpfung war nicht möglich, da die Deckenhohlraumbereiche nicht zugänglich waren.

Damit konnte sich der Entstehungsbrand nahezu ungehindert vergrößern. Schließlich kam es zur rasanten Durchzündung, so dass sich Feuer und Rauch über große Strecken ausbreiten konnten.

3.2-7 Ein nicht verbranntes Stück des Polystyrols

4.2 Seite 16	Baustoffe	

3.2-8 Das hauptsächliche Problem bestand in der Brandlast aus Polystyrol in den unzugänglichen Deckenhohlräumen und der daraus resultierenden Brandausbreitung, die nahezu ungehindert möglich war. Die Feuerwehr hatte große Mühe, zur Brandbekämpfung in die Deckenhohlräume einzudringen.

3.2-9 Teilweise waren die untergehängten Decken mit nichtbrennbaren Mineralfasermatten gedämmt.

3.2-10 Die ungünstige Situation ermöglichte eine rasante Brandausbreitung über größere Entfernungen. Deutlich ist zu sehen, wie sich das Feuer im Deckenbereich ausbreiten konnte.

3.2-11 bis 3.2-16 Brandausbreitung über Fassade mit Wärmedämmverbundsystem aus Polystyrol – Der Wohnungsbrand im zweiten OG eines Wohngebäudes breitete sich über die Fassade so schnell nach oben aus, dass das Feuer innerhalb kurzer Zeit auf das dritte, vierte und fünfte OG übergreifen konnte. Zwei Menschen starben.

3.2-11 Übersicht über das Gebäude

Der Brand brach in der Wohnung im zweiten OG aus.

3.2-12 Situation während der Brandbekämpfung (Foto: Schröder)

Eine an der Fassade nach oben laufende Feuerwalze führte zur Entzündung der darüberliegenden Wohnungen vom dritten bis fünften OG. Auf dem Bild ist auch zu sehen, wie sich das Feuer an der Fassade nicht nur nach oben, sondern teilweise auch nach unten ausbreitet. Ein Detail nach dem Brand zeigt Bild 3.2-14.

4.2 Seite 18	Baustoffe	

3.2-13 Die Fassade nach dem Brand

Deutlich ist zu sehen, wie sich das Feuer vom zweiten OG aus ausgebreitet hat.

3.2-14 Detail vom mittleren Balkon im ersten OG

Sichtbar ist die Brandausbreitung nach unten und über Eck.

3.2-15 Detail vom vierten und fünften OG an der linken Seite

3.2-16 Detail vom dritten OG an der rechten Seite über Eck

Sichtbar ist die Brandausbreitung unterhalb der Deckschicht des Wärmedämmverbundsystems aus Polystyrol.

3.2.3 Beispiel Dächer mit brennbarer Abdichtung

Beispiel A

Trapezblechdach mit Bitumenabdichtung und brennbaren Schaumkunststoffen ohne Bekiesung

Im Brandfall **sehr ungünstig** verhalten sich Trapezblechdächer mit brennbarer Bitumendampfsperre, brennbaren Dämmstoffen aus Schaumkunststoffen und einer zweilagigen Abdichtung aus Bitumendachbahnen mit oder ohne Bekiesung.

Solche Dächer haben eine Brandlast im Bereich von ca. 580 MJ/m^2. Anschaulicher wird dieser Wert bei einer Umrechnung in Heizöl.

1 Liter Heizöl entspricht etwa 42 MJ. Damit ergibt sich für 1 m^2 Dachaufbau ein Heizwert von fast 14 Litern Heizöl. Ein Dach mit einer Fläche von 2000 m^2 hätte danach einen **Heizwert von ca. 28.000 Litern Heizöl!**

Gerät ein derartiges Dach ohne Bekiesung in Brand, ist in der Regel ein Totalschaden des betroffenen Gebäudes bzw. des Brandabschnittes oder Brandbekämpfungsabschnittes vorprogrammiert. Sind dann die Brandwände nicht mindestens 30 cm (MBO) bzw. 50 cm (MIndBauRL) über Dach geführt, vergrößert sich der Totalschaden entsprechend.

Die Feuerwehr ist meist in Anbetracht dieser großen Brandlasten und der durch die Trapezbleche bedingten ungünstigen Situation machtlos und muss sich in der Regel darauf beschränken, das Gebäude kontrolliert abbrennen zu lassen (Schadenbeispiel: Kapitel 6.5.0-S, Punkt 5).

4.2 Seite 20	Baustoffe	

3.2-17 und 3.2-18 Brand eines Trapezblechdaches mit Polystyroldämmung und Bitumenabdichtung

Das Dach hatte folgenden Aufbau: Trapezbleche, bituminöse Dampfsperre, Wärmedämmung aus Polystyrol und Bitumenabdichtung. Die Brandlast dieses Dachaufbaus entsprach damit einem Heizwert von ca. 14 Litern Heizöl je m^2 Dachfläche. Bei so ungünstigen Voraussetzungen hatte die Feuerwehr keine Chance, das Schadenfeuer zu löschen und die Brandausbreitung über das Dach zu begrenzen (weitere Fotos zu diesem Schaden: siehe Kapitel 6.5.0-S, Punkt 5).

3.2-17 Das Dach im Vollbrand (Foto: Thomas Gaulke – FIRE Foto)

3.2-18 Der vollständig abgebrannte brennbare Dachaufbau

Beispiel B

Trapezblechdach mit Bitumenabdichtung und brennbaren Schaumkunststoffen mit Bekiesung

Man könnte meinen, dass dieser Dachaufbau durch die Bekiesung günstiger als der von Beispiel A ist. Dies ist nicht der Fall, da auch ein solches Dach mit Bekiesung **erhebliche Risiken** aufweist, die schon zu toten und schwer verletzten Feuerwehrleuten geführt haben.

Die Bekiesung verhindert nämlich den freien Abbrand der Brandlast. In diesem Fall können in den Tiefsicken der Trapezbleche durch einen *Crack-Prozess* **brennbare Gase** entstehen, die sich über die Sicken ausbreiten. Geraten diese Gase über die Sicken des Daches in einen anderen Bereich des Gebäudes und diffundieren dort in das Gebäude oder in Hohlräume, entsteht bei Erreichen einer entsprechenden Gas-Sauerstoff-Konzentration eine höchst explosive Mischung, die im Fall einer Explosion verheerende Schäden anrichten kann.

Außerdem bilden sich in den Tiefsicken der Trapezbleche *Bäche aus flüssigem Bitumen,* die sich entsprechend verteilen und durch undichte Stellen in den Blechen brennend nach unten tropfen, was einen Innenangriff der Feuerwehr in der Regel unmöglich macht (Schadenbeispiel: Kapitel 4.1, Punkt 1.7).

Beispiel C

Trapezblechdach mit brandlastarmer Abdichtung und nichtbrennbarer Dämmung ohne Bekiesung

Ein Trapezblechdach mit einer brandlastarmen Dampfsperre, einer nichtbrennbaren Dämmung und einer relativ brandlastarmen Abdichtung aus einer Dachkunststofffolie verhält sich im Brandfall **wesentlich günstiger.**

Ein solcher Dachaufbau hätte eine Brandlast im Bereich von ca. 50 MJ, was für 1 m^2 Dachaufbau einen Heizwert von ca. 1,2 Litern Heizöl bedeutet. Damit ergeben sich für ein 2000 m^2 großes Dach immerhin noch 2400 Liter Heizöl.

Allerdings ist die Situation für dieses Dach wesentlich besser, da es durch die nichtbrennbare Dämmung erst viel später zu einer Durchzündung auf das Dach und damit zur Entzündung der Dachhaut kommen kann (wenn sie sich überhaupt entzündet).

Außerdem brennt dann nur die isoliert auf der nichtbrennbaren Dämmung liegende Dachhaut, so dass die Feuerwehr wesentlich bessere Voraussetzungen für eine erfolgreiche Brandbekämpfung hat.

4.2 Seite 22	Baustoffe	

3.2-19 und 3.2-20 Großbrand in einer 23.000 m^2 großen Produktionshalle

Das Trapezblechdach wurde zwar örtlich durch den heftigen Brand zerstört. Es verhielt sich jedoch insgesamt sehr günstig, da es eine nichtbrennbare Wärmedämmung aus Schaumglas aufwies. Eine Brandausbreitung über das Dach fand nicht statt (weitere Bilder zu diesem Schaden siehe Kapitel 6.5.0-S, Punkt 2).

3.2-19 Situation von innen gesehen

Das Dach wurde durch die große Brandhitze örtlich zerstört.

3.2-20 Da die Wärmedämmung aus nichtbrennbarem Schaumglas bestand, fand keine Brandausbreitung über das Dach statt.

Beispiel D

Trapezblechdach mit brandlastarmer Abdichtung und nichtbrennbarer Dämmung und Bekiesung

Dieser Dachaufbau verhält sich im Brandfall in der Regel sehr gut, da die aus der Kunststoff-Dachabdichtung resultierende Brandlast durch die Bekiesung abgedeckt ist, so dass eine Brandausbreitung oberhalb der Dämmung verhindert wird.

Beispiel E

Massivdach

Dachaufbauten ohne Bekiesung auf einer massiven Unterkonstruktion, z.B. aus Stahlbeton oder Porenbeton verhalten sich in der Regel günstiger als die in den Beispielen A und D beschriebenen Aufbauten. Der Grund liegt zum einen darin, dass die Gefahr einer Durchzündung von unten nicht so groß ist. Zum anderen ist auch ein Brand auf der massiven und feuerbeständigen Dachfläche selbst nicht so problematisch wie bei den nicht feuerwiderstandsfähigen Trapezblechen.

Allerdings müssen dabei auch alle Dachöffnungen und -durchdringungen entsprechend geschützt bzw. berücksichtigt werden, da bei einem Brand im Gebäude sonst die Gefahr einer Brandübertragung auf das Dach und bei einem brennenden Dach die Gefahr einer Durchzündung nach unten besteht.

Weist der vorbeschriebene Dachaufbau zudem noch eine flächendeckende Bekiesung auf, ist eine gute Brandsicherheit vorhanden und eine Brandausbreitung über das Dach nicht wahrscheinlich. Bezüglich der Dachöffnungen und -durchdringungen gilt das vorstehend Gesagte.

Zusammenfassung

Die Beispiele zeigen, dass es bei Dächern und der Verwendung von brennbaren Schaumkunststoffen und/oder Bitumenabdichtungen von der gesamten Einbausituation und Ausführung abhängt, wie groß das Risiko im Brandfall ist.

Bei **ungünstigen Einbausituationen** kann das **Risiko im Brandfall sehr hoch** sein. Deshalb ist es immer empfehlenswert, die jeweilige Risikosituation genau zu prüfen und den Bauherrn bzw. Gebäudebetreiber entsprechend zu informieren und zu beraten.

Außerdem ist darauf zu achten, dass bestimmte Dachaufbauten nach den eingeführten Technischen Baubestimmungen nicht zulässig sind oder ab einer bestimmten Gebäudegröße nicht mehr zulässig sind. Ein Beispiel ist die MIndBauRL. Hier bestehen für Bedachungen, die größer als 2500 m^2 sind, weitere Anforderungen.

4.2 Seite 24 | Baustoffe

3.3 Verhalten von Baustoffen im Brandfall

Das Brandverhalten von Baustoffen kann sehr unterschiedlich sein. Entsprechend groß ist deshalb auch die Bandbreite, mit der ein Brand dadurch entweder negativ oder positiv beeinflusst werden kann. Von besonderer Bedeutung sind dabei:

- Standfestigkeit und thermische Beständigkeit
- Wärmeleitfähigkeit
- thermische Längenänderung
- Rauchentwicklung
- brennendes Abtropfen.

3.3.1 Standfestigkeit und thermische Beständigkeit

(Schadenbeispiele: Kapitel 6.1.0, Punkt 2).

Beispiel Stahl

Stahl ist in nicht fein zerteilter Form ein **nichtbrennbarer** Baustoff (Baustoffklasse A 1 nach DIN 4102-4) und weist somit bezogen auf seine Brandlast gute Eigenschaften auf.

Allerdings verliert Stahl – wenn er nicht entsprechend geschützt bzw. ausgebildet ist – bei einer entsprechenden Durchwärmung seine Standfestigkeit. Dies kann (abhängig von der Durchwärmung) relativ schnell und ohne Vorwarnung geschehen.

Anhaltspunkt: Stahl St 37 besitzt bei ca. 500 °C nur noch 50 % und bei 600 bis 700 °C nur noch 25 bis 33 % seiner ursprünglichen Festigkeit. Bei einer Erwärmung nach der ETK (Einheitstemperaturzeitkurve) verlieren Bauteile aus ungeschütztem Stahl bereits nach ca. zehn Minuten ihre Festigkeit, was zum Einsturz führen kann.

Damit ergibt sich z.B. für die Brand bekämpfende Feuerwehr bei nicht feuerwiderstandsfähig klassifizierten Stahltragwerken im Brandfall ein **besonderes Gefahrenpotential.** Ein Betreten derartiger Gebäude (z.B. für einen inneren Löschangriff) ist (wenn überhaupt) nur nach vorheriger genauer Prüfung der Risikosituation möglich und erfordert eine besondere Vorsicht.

Bei einer entsprechenden Brandbelastung (z.B. im Vollbrand) ist ein Betreten derartiger Gebäude in der Regel nicht mehr möglich, so dass in diesen Fällen meist ein Totalschaden des betreffenden Brandabschnittes bzw. Brandbekämpfungsabschnittes nicht mehr verhindert werden kann.

Stahl kann aber auch so ausgeführt bzw. geschützt werden, dass er eine entsprechende Feuerwiderstandsdauer aufweist (siehe Kapitel 6.6.1).

Beispiel Holz

Holz weist als brennbarer Baustoff bezogen auf seine Brennbarkeit und Brandlast natürlich nicht so gute Eigenschaften auf wie nichtbrennbare Stoffe.

Dagegen ist es problemlos möglich, Bauteile aus Holz z.B. feuerhemmend (F 30-B) und hochfeuerhemmend (F 60-B) zu dimensionieren, ohne dass es hierzu einer Brandschutzbekleidung bedarf (z.B. nach DIN 4102 Abschnitt 5.5 bzw. Eurocode 5).

Baustoffe		4.2 Seite 25

Vereinfacht gesehen wird dabei eine bestimmte Abbrandgeschwindigkeit von Holz angenommen (Größenordnung ca. 1 mm/Minute). Die Holzbauteile werden so „über"dimensioniert, dass für die Zeit der erforderlichen Feuerwiderstandsdauer noch der für die rechnerische Tragfähigkeit erforderliche Querschnitt vorhanden ist.

Außerdem kann auch Holz so geschützt werden, dass es eine entsprechende Feuerwiderstandsdauer aufweist (siehe Kapitel 6.6.2).

3.3-1 Beispiel für das Abbrandverhalten von Holz

Die Stütze war im unteren Bereich von den Brettern des Fußbodens umgeben und dadurch gegen das Feuer geschützt. Der Abbrand konnte erst ca. 4 cm oberhalb erfolgen. Die Tiefe der Brandzehrung ist deutlich an der Stahlschraube zu sehen. Dieses Bild zeigt das Abbrandverhalten von Holz und warum ausreichend dimensionierte Holzquerschnitte eine Feuerwiderstandsklasse F 30-B bzw. F 60-B haben können.

3.3-1 Abbrandverhalten einer Holzstütze, die von Fußbodenbrettern umgeben war

4.2 Seite 26 Baustoffe

Beispiel Beton und mineralische Wandbausteine (Mauerwerk)

Beton ist nichtbrennbar (Baustoffklasse A 1 nach DIN 4102-4) und hat ein relativ schlechtes Wärmeleitvermögen.

Im Brandfall führt die Einwirkung der Brandwärme unter bestimmten Randbedingungen zu Abplatzungen. Bei Stahlbeton kann dabei die Bewehrung freigelegt werden. Die Gefahr eines Einsturzes bleibt jedoch bei unbewehrtem Beton oder Stahlbetonbauteilen mit schlaffer Bewehrung relativ gering. Die Betonbauteile mit Abplatzungen können in der Regel nach dem Brand saniert werden (Spritzbeton).

Für Wandbausteine aus mineralischen Baustoffen gilt sinngemäß das Gleiche. Auch hier bleibt – vorausgesetzt sie sind fachgerecht ausgeführt und ausgesteift – die Gefahr eines Einsturzes relativ gering.

3.3.2 Wärmeleitfähigkeit

Stoffe mit hoher Wärmeleitfähigkeit wie Stahl und Kupfer transportieren die Wärme aus dem Brandraum in brandschutztechnisch abgetrennte Bereiche. Sie können dort (auf der dem Feuer abgewandten Seite) zur Zündquelle werden, indem durch die hohe Oberflächentemperatur des Stahls brennbare Stoffe, die sich in der Nähe befinden, entzündet werden (Schadenbeispiel: Kapitel 4.1, Punkt 1.7).

3.3.3 Thermische Längenänderung

Stahl weist bei gleichmäßiger Erwärmung eine erhebliche thermische Längenänderung auf. Der lineare Ausdehnungskoeffizient beträgt bei einer Temperaturerhöhung von 100 K ca. 1,2 mm/m. Damit treten bei entsprechender Erwärmung erhebliche Kräfte auf, die bei nicht fachgerechter Ausführung bzw. konstruktiver Berücksichtigung zum Einsturz oder gar zur Zerstörung angrenzender Bauteile führen können (weitere Informationen siehe Kapitel 4.1, Punkt 3).

Bei ungleichmäßiger Erwärmung sind starke Eigenbewegungen von Stahlbauteilen möglich. Die dabei entstehenden Kräfte können andere Bauteile zum Einsturz bringen.

Baustoffe		**4.2** Seite 27

3.3-2 Kranbahnträger durchstößt Brandwand

Der Kranbahnträger dehnte sich bei einem Brand durch die Temperaturerhöhung um ca. 20 cm aus und durchstieß die massive Brandwand.

3.3-2 Brandwand, von einem Kranbahnträger durchstoßen

4.2 Seite 28 Baustoffe

3.3.4 Rauchentwicklung

Neben der Wärmeentwicklung ist im Brandfall auch die Rauchentwicklung von brennenden Baustoffen von besonderer Bedeutung. Eine starke Rauchentwicklung führt in kurzer Zeit zur Sichtbehinderung und gefährdet damit die Personen im Gebäude. Außerdem erschwert Brandrauch die Rettung und den Löschangriff der Feuerwehr. Eine weitere Gefahr entsteht, weil fast alle Rauchgase auch toxisch sind.

Besonders ungünstig kann sich dabei auswirken, dass bei bestimmten Baustoffen bereits in der Anfangsphase eines Brandes starke Rauchgasmengen entstehen (lange bevor die Erwärmung eine besondere Rolle spielt). Diese Rauchgase haben zudem noch ein viel schnelleres Ausbreitungsvermögen als reine Brandwärme.

Da die Rauchentwicklung eines Baustoffes im Brandfall von erheblicher Bedeutung ist, wird sie bei der Prüfung und Klassifizierung mit berücksichtigt. Auf nationaler Ebene erfolgt für Baustoffe der Baustoffklasse B 1 eine Berücksichtigung innerhalb der Prüfverfahren. Auf europäischer Ebene wurde eine eigene Klassifizierung mit dem Buchstaben s (smoke) geschaffen.

3.3.5 Brennendes Abtropfen

Durch brennendes Abtropfen wird die Flucht und Rettung gefährdet. Außerdem besteht die Gefahr einer Brandweiterleitung. Auch hierfür erfolgt auf nationaler Ebene bei den Baustoffklassen B 1 und B 2 eine Beurteilung innerhalb der Prüfverfahren, die allerdings bei der Klassifizierung nicht berücksichtigt wird. Auf europäischer Ebene wird das brennende Abtropfen mit der Kurzbezeichnung d (droplets) klassifiziert.

3.4 Zusammenfassung

Die vorstehenden Beispiele zeigen, dass der Wahl der richtigen Baustoffe und deren fachgerechte Verwendung und Ausführung im vorbeugenden Brandschutz eine besondere Bedeutung beikommt.

Zum einen muss immer darauf geachtet werden, dass der gesetzlich vorgeschriebene Mindestbrandschutz eingehalten wird. Zum anderen sollte je nach Gebäude und Schutzzielen auch immer geprüft werden, **welche Schutzziele der Bauherr bzw. Betreiber des Gebäudes hat** und ob diese mit den verwendeten Baustoffen auch eingehalten bzw. erreicht werden. Im Zweifelsfall ist es empfehlenswert, den Bauherrn bzw. Betreiber über Vor- und Nachteile bestimmter Baustoffe entsprechend zu informieren.

4 Bauaufsichtliche Anforderungen

Da **brennbare Baustoffe** das Brandgeschehen in erheblichem Umfang negativ beeinflussen können, schränkt der Gesetzgeber in den bauaufsichtlichen Regelwerken ihre Verwendung zum Teil ein. Die Einschränkungen sind abhängig von den jeweiligen Schutzzielen und der

- Gebäudehöhe
- Gebäudeart und/oder -nutzung

- Nutzung der Räume bzw. Bereiche
- Anzahl der Wohnungen im Gebäude
- Lage inner- und außerhalb des Gebäudes.

Grundsätzlich bestehen dabei Anforderungen an das Brandverhalten von Baustoffen in den

- Landesbauordnungen (z.B. MBO)
- ergänzenden Rechtsverordnungen (z.B. Muster-Garagenverordnung)
- ergänzenden Verwaltungsvorschriften (z.B. Muster-Hochhausrichtlinien, Musterrichtlinien für die Verwendung brennbarer Stoffe im Hochbau (M-RiVbBH)
- eingeführten Technischen Baubestimmungen (z.B. Muster-Leitungsanlagenrichtlinie, Muster-Lüftungsanlagenrichtlinie, Muster-Industriebaurichtlinie).

Einige der Verordnungen, Verwaltungsvorschriften und Richtlinien sind nicht in jedem Land bauaufsichtlich eingeführt. Eine Übersicht über den aktuellen Stand enthält die Brandschutz-Nachweis-CD in Verbindung mit der Internetaktualisierung.

Baustoffe werden im Baurecht nach den Anforderungen an ihr Brandverhalten unterschieden in

- nichtbrennbar
- schwer entflammbar
- normal entflammbar und
- leicht entflammbar (dürfen nicht verwendet werden).

Zur Feststellung, welcher Baustoff welche baurechtlich geforderte Eigenschaft bezüglich seines Brandverhaltens aufweist, müssen diese Bezeichnungen den entsprechenden Baustoffklassen zugeordnet werden.

Auf nationaler Ebene erfolgt dies mit der DIN 4102-2. Auf europäischer Ebene werden die Baustoffklassen in der DIN EN 13501-1 geregelt.

In den Tabellen 4-1 und 4-2 werden die wichtigsten Anforderungen, die in der MBO 2002 enthalten sind, tabellarisch zusammengestellt. Genaue Anforderungen für alle Länder und Gebäudeklassen nach der jeweiligen LBO enthalten die Brandschutz-Nachweis-CD und Brandschutz-Nachweis-Checklisten.

4.2 Seite 30 Baustoffe

Tabelle 4-1: Besondere Baustoffanforderungen der MBO 2002

Bauteil bzw. Baustoff	Anforderungen
Leicht entflammbare Baustoffe*)	Baustoffe, die nicht mindestens normal entflammbar sind (leicht entflammbare Baustoffe) dürfen nicht verwendet werden; dies gilt nicht, wenn sie in Verbindung mit anderen Baustoffen nicht leicht entflammbar sind.
Brandwände	Brandwände müssen aus nichtbrennbaren Baustoffen bestehen. Außerdem werden auch Anforderungen an das Brandverhalten der tangierenden Baustoffe und Bauteile gestellt. Damit soll verhindert werden, dass Brände durch die Brandwand hindurch oder um die Brandwand herum geleitet (Zündschnureffekt) bzw. die Brandwände durch andere Bauteile beschädigt werden.
Feuerbeständige Bauteile: tragend mit Raumabschluss	Bauteile, deren tragende und aussteifende Teile aus nichtbrennbaren Baustoffen bestehen und die zusätzlich eine in Bauteilebene durchgehende Schicht aus nichtbrennbaren Baustoffen haben
Feuerbeständige Bauteile: tragend ohne Raumabschluss	Bauteile, deren tragende und aussteifende Teile aus nichtbrennbaren Baustoffen bestehen
Feuerbeständige Bauteile: nichttragend mit Raumabschluss	Bauteile, deren tragende und aussteifende Teile aus nichtbrennbaren Baustoffen bestehen und die zusätzlich eine in Bauteilebene durchgehende Schicht aus nichtbrennbaren Baustoffen haben
Hochfeuerhemmende Bauteile	Bauteile, deren tragende und aussteifende Teile aus brennbaren Baustoffen bestehen und die allseitig eine brandschutztechnisch wirksame Bekleidung aus nichtbrennbaren Baustoffen (Brandschutzbekleidung) und Dämmstoffe aus nichtbrennbaren Baustoffen haben
Feuerhemmende Bauteile	Bauteile aus brennbaren Baustoffen (ausgenommen leicht entflammbare Baustoffe)

*) Erläuterungen siehe unter Punkt 8.4.6 in diesem Kapitel

Tabelle 4-2: Besondere Anforderungen der MBO 2002 an die Baustoffe bestimmter Bauteile und von Rettungswegen

Bauteil bzw. Baustoff	GKL 1–2	GKL 3	GKL 4	GKL 5
Außenwände				
Außenwände und Außenwandteile wie Brüstungen und Schürzen	sind so auszubilden, dass eine Brandausbreitung auf und in diesen Bauteilen ausreichend lang begrenzt ist			
Nichttragende Außenwände und nichttragende Teile tragender Außenwände	normal entflammbar[1])		aus nichtbrennbaren Baustoffen; aus brennbaren Baustoffen zulässig, wenn sie als raumabschließende Bauteile feuerhemmend sind[2])	
Oberflächen von Außenwänden sowie Außenwandbekleidungen	normal entflammbar		einschließlich der Dämmstoffe und Unterkonstruktionen (UK) schwer entflammbar; UK aus normal entflammbaren Baustoffen zulässig, wenn eine Brandausbreitung ausreichend lang begrenzt ist	
Balkonbekleidungen, die über die erforderliche Umwehrungshöhe hinaus hochgeführt werden	normal entflammbar		schwer entflammbar	
Dächer				
Dächer	Bedachungen müssen gegen eine Brandbeanspruchung von außen durch Flugfeuer und strahlende Wärme ausreichend lang widerstandsfähig sein (harte Bedachung).[3]) *Anmerkung: In den GKL 1–3 sind alternativ auch vergrößerte Abstände möglich (siehe jeweilige LBO).*			
Notwendige Treppen und Treppenräume				
Notwendige Treppenräume und Flure sind Flucht- und Rettungswege. Hier muss die Brandlast so gering wie möglich gehalten werden, um die Funktionsfähigkeit im Brandfall nicht zu gefährden.				
Tragende Teile von innen liegenden notwendigen Treppen	normal entflammbar	nb o. fh	nichtbrennbar (nb)	feuerhemmend (fh) und nichtbrennbar (nb)
Tragende Teile von Außentreppen	normal entflammbar	nichtbrennbar		
Treppenraumwände	normal entflammbar	fh[4])	unter zusätzlicher mechanischer Beanspruchung[4])	Bauart von Brandwänden[4])
Bekleidungen, Putze, Unterdecken, Dämmstoffe	normal entflammbar	aus nichtbrennbaren Baustoffen		
Wände und Decken aus brennbaren Baustoffen	normal entflammbar	müssen eine Bekleidung aus nichtbrennbaren Baustoffen in ausreichender Dicke haben		
Brennbare Leitungsanlagen mit nichtbrennbaren Medien	–	entweder Unterdecke F 30-A von oben und unten oder Anordnung eines Installationskanals I 30 (siehe MLAR)[5])		

Fußnoten [1]) bis [5]) siehe nächste Seite

4.2 Seite 32

Baustoffe

(Fortsetzung Tabelle 4-2)

Bauteil bzw. Baustoff	GKL 1–2	GKL 3	GKL 4	GKL 5
Notwendige Flure und Laubengänge				
Bekleidungen, Putze, Unterdecken und Dämmstoffe	normal entflammbar	aus nichtbrennbaren Baustoffen		
Wände und Decken aus brennbaren Baustoffen	normal entflammbar	müssen eine Bekleidung aus nichtbrennbaren Baustoffen in ausreichender Dicke haben		
Brennbare Leitungsanlagen mit nichtbrennbaren Medien	–	entweder Unterdecke F 30-A von oben und unten oder Anordnung eines Installationskanals I 30 (siehe MLAR)[5]		
Aufzüge (falls eigene Fahrschächte erforderlich sind)				
Wände	–	fh[6]	hochfeuerhemmend[6]	feuerbeständig und nb[6]
Leitungsanlagen und Lüftungsanlagen – siehe MLAR und MLüAR				
Sonderbauten wie Industriebauten und Hochhäuser (siehe M IndBauRL bzw. M-Hochhausrichtlinie bzw. die jeweils entsprechende Vorschrift) Im Einzelfall werden von den entsprechenden Sondervorschriften oder im Rahmen von Brandschutzkonzepten verschärfte Anforderungen an das Brandverhalten von Baustoffen gestellt, um dem jeweiligen Sicherheitsbedarf Rechnung zu tragen. Dies kann z.B. durch die Nutzung (Schule, Kindergarten, Krankenhaus, Lagerung gefährlicher Güter usw.) oder einer großen Ausdehnung notwendig werden.				

[1]) Die MBO 2002 stellt hier keine weitergehenden Anforderungen. In einigen älteren LBOs können noch besondere Anforderungen an größere Abstände zu Grundstücksgrenzen und anderen Gebäuden bestehen.

[2]) Gilt nicht für brennbare Fensterprofile und Fugendichtungen sowie brennbare Dämmstoffe in nichtbrennbaren geschlossenen Profilen der Außenwandkonstruktion.

[3]) Lichtdurchlässige Teilflächen aus brennbaren Baustoffen sind zulässig, wenn eine Brandentstehung bei einer Brandbeanspruchung von außen durch Flugfeuer und strahlende Wärme nicht zu befürchten ist oder Vorkehrungen hiergegen getroffen werden.

[4]) Nicht erforderlich für Außenwände von Treppenräumen, die aus nichtbrennbaren Baustoffen bestehen und durch andere an diese Außenwände anschließende Gebäudeteile im Brandfall nicht gefährdet werden können.

[5]) Brennbare Leitungen, die ausschließlich zur Versorgung des Treppenraums bzw. des notwendigen Flurs dienen, sind nach MLAR zulässig.

[6]) Fahrschachtwände aus brennbaren Baustoffen müssen schachtseitig eine Bekleidung aus nichtbrennbaren Baustoffen in ausreichender Dicke haben.

5 Bewertung durch die Schadenversicherer

Grundsätzlich kann davon ausgegangen werden, dass sich ein Gebäude, das in den **wesentlichen Teilen feuerbeständig** ist und zudem überwiegend aus nichtbrennbaren Baustoffen besteht, im Brandfall **günstiger** verhält als ein Gebäude ohne ausreichende Feuerwiderstandsdauer und aus brennbaren Baustoffen.

Deshalb wird die **Bauart eines Gebäudes** (Bauartklasse) auch bei der Prämienbemessung zur Feuerversicherung berücksichtigt. Durch die Wahl der Baustoffe, Bauteile und Feuerwiderstandsdauer des Tragwerkes kann also neben dem baulichen Brandschutz auch die Höhe der Prämie zur Feuerversicherung beeinflusst werden (siehe Kapitel 10).

6 Klassifizierung nach DIN 4102-1 (nationale Ebene)

Damit das Brandverhalten eines Baustoffes geprüft und klassifiziert werden kann, ist ein **einheitliches Prüfverfahren** erforderlich.

Auf nationaler Ebene werden die als **Baustoffklassen** bezeichneten Klassifizierungen A 1, A 2, B 1, B 2 und B 3 durch Prüfungen nach DIN 4102-1 „Brandverhalten von Baustoffen" ermittelt. Auf europäischer Ebene erfolgt der Nachweis des Brandverhaltens auf Grundlage der Klassifizierungsnorm DIN EN 13501-1 sowie nach weiteren europäischen Normen und Vorschriften.

Wie das **Brandverhalten von Baustoffen** nach DIN 4102-1 beurteilt und klassifiziert wird, zeigt die Tabelle 6.1.

Die in Tabelle 6-1 angegebenen Kurzbezeichnungen dürfen nur verwendet werden, wenn das Brandverhalten nach DIN 4102-1 ermittelt worden ist.

Tabelle 6-1:
Einteilung von Baustoffklassen nach DIN 4102-1 und ihre bauaufsichtliche Benennung

Baustoffklasse		Bauaufsichtliche Benennung
A		nichtbrennbare Baustoffe
	A 1	nichtbrennbare Baustoffe (ohne brennbare Bestandteile)
	A 2	nichtbrennbare Baustoffe (mit brennbaren Bestandteilen)
B		brennbare Baustoffe
	B 1	schwer entflammbare Baustoffe
	B 2	normal entflammbare Baustoffe
	B 3	leicht entflammbare Baustoffe[1])

[1]) Nach MBO 2002 dürfen Baustoffe, die nicht mindestens normal entflammbar sind (leicht entflammbare Baustoffe), nicht verwendet werden. Dies gilt nicht, wenn sie in Verbindung mit anderen Baustoffen nicht leicht entflammbar sind (siehe auch Punkt 8.4.6 in diesem Kapitel).

4.2 Seite 34 Baustoffe

7 Klassifizierung nach DIN EN 13501-1 (europäische Ebene)

Auf europäischer Ebene ist das Klassifizierungsverfahren zur Einteilung von Baustoffen (Bauprodukten) in Baustoffklassen in der DIN EN 13501-1 „Klassifizierung von Bauprodukten und Bauarten zu ihrem Brandverhalten" festgelegt.

Danach werden Baustoffe in **sieben europäische Klassen = Euroklassen** eingeteilt: A 1, A 2, B, C, D, E und F. Hinzu kommen weitere Unterteilungen für so genannte Brandparallelerscheinungen wie Rauchentwicklung (s = Smoke, Klassen s1, s2 und s3) und brennendes Abtropfen/Abfallen (d = Droplets, Klassen d0, d1 und d2) eines Baustoffes. Für Bodenbeläge gelten besondere Klassen (fl = Floorings).

Es besteht jedoch keine unmittelbare Korrelation zwischen den nationalen Klassifizierungen nach DIN 4102-1 (A 1, A 2, B 1, B 2 und B 3) und den europäischen Klassifizierungen (A, B, C, D, E und F) nach der DIN EN 13501-1. Entsprechend besteht auch **keine direkte Übertragbarkeit** von einem Klassifizierungssystem auf das andere.

Allerdings können gemäß der Bauregelliste A Teil 1 Anlagen 0.2.1 und 0.2.2 die bauaufsichtlichen Benennungen (nichtbrennbar, schwer entflammbar, normal entflammbar und leicht entflammbar) sowohl den **europäischen Klassifizierungen** nach DIN EN 13501-1 als auch den **nationalen Klassifizierungen** zugeordnet werden (ausgenommen Bodenbeläge). Diese Zuordnung zeigt die Tabelle 7-1.

Tabelle 7-1: Zuordnung der bauaufsichtlichen Benennungen von Baustoffen (ausgenommen Bodenbeläge) zu den europäischen Klassifizierungen nach DIN EN 13501-1 und den nationalen Klassifizierungen nach DIN 4102-1 (nach Bauregelliste A Anlage 0.2.2)

<table>
<tr><th rowspan="2">Nationale Klasse nach DIN 4102-1</th><th rowspan="2">Bauaufsichtliche Anforderung</th><th rowspan="2">Europäische Klasse nach DIN EN 13501-1</th><th colspan="2">Zusatzanforderungen</th></tr>
<tr><th>kein Rauch</th><th>kein brennendes Abfallen/Abtropfen</th></tr>
<tr><td>A 1</td><td rowspan="2">nichtbrennbar</td><td>A 1</td><td>x</td><td>x</td></tr>
<tr><td>A 2</td><td>A 2 – s1, d0</td><td>x</td><td>x</td></tr>
<tr><td rowspan="10">B 1*)</td><td rowspan="10">schwer entflammbar</td><td>B – s1, d0 oder C – s1, d0</td><td>x</td><td>x</td></tr>
<tr><td>A 2 – s2, d0 oder A 2 – s3, d0</td><td rowspan="3"></td><td rowspan="3">x</td></tr>
<tr><td>B – s2, d0 oder B – s3, d0</td></tr>
<tr><td>C – s2, d0 oder C – s3, d0</td></tr>
<tr><td>A 2 – s1, d1 oder A 2 – s1, d2</td><td rowspan="3">x</td><td rowspan="3"></td></tr>
<tr><td>B – s1, d1 oder B – s1, d2</td></tr>
<tr><td>C – s1, d1 oder C – s1, d2</td></tr>
<tr><td>A 2 – s3, d2</td><td rowspan="3"></td><td rowspan="3"></td></tr>
<tr><td>B – s3, d2</td></tr>
<tr><td>C – s3, d2</td></tr>
<tr><td rowspan="6">B 2*)</td><td rowspan="6">normal entflammbar</td><td>D – s1, d0 oder D – s2, d0</td><td rowspan="2"></td><td rowspan="2">x</td></tr>
<tr><td>D – s3, d0 oder E</td></tr>
<tr><td>D – s1, d1 oder D – s2, d1</td><td rowspan="3"></td><td rowspan="3"></td></tr>
<tr><td>D – s3, d1 oder D – s1, d2</td></tr>
<tr><td>D – s2, d2 oder D – s3, d2</td></tr>
<tr><td>E – d2</td><td></td><td></td></tr>
<tr><td>B 3</td><td>leicht entflammbar</td><td>F</td><td></td><td></td></tr>
</table>

*) Angaben über hohe Rauchentwicklung und brennendes Abtropfen/Abfallen im Verwendbarkeitsnachweis und in der Kennzeichnung

4.2 Seite 36 | Baustoffe

Tabelle 7-2: Zuordnung der bauaufsichtlichen Benennungen von Bodenbelägen zu den europäischen Klassifizierungen nach DIN EN 13501-1 und den nationalen Klassifizierungen nach DIN 4102-1 (nach Bauregelliste A Anlage 0.2.2)

Nationale Klasse nach DIN 41402-1	Bauaufsichtline Anforderungen	Europäische Klasse nach DIN EN 13501-1
A 1	nichtbrennbar	A 1_{fl}
A 2		A 2_{fl} s1
B 1	schwer entflammbar	B_{fl} s1 C_{fl} s1
B 2	normal entflammbar	A 2_{fl} s2 B_{fl} s2 C_{fl} s2 D_{fl} s1 D_{fl} s2 E_{fl}
B 3	leicht entflammbar	F_{fl}

Tabelle 7-3: Erläuterung der Kurzbezeichnungen

	Kriterium/Anforderung
A	kein Beitrag zum Brand
B	sehr begrenzter Beitrag zum Brand
C	begrenzter Beitrag zum Brand
D	hinnehmbarer Beitrag zum Brand
E	hinnehmbares Brandverhalten
F	keine Leistung festgestellt
s	smoke (Rauchentwicklung) s1 = geringe Rauchentwicklung s2 = mittlere Rauchentwicklung s3 = hohe Rauchentwicklung bzw. Rauchentwicklung nicht geprüft
d	droplets (brennendes Abtropfen) d0 = kein brennendes Abtropfen/Abfallen innerhalb von 600 Sekunden d1 = kein brennendes Abtropfen/Abfallen mit einer Nachbrennzeit länger als 10 Sekunden innerhalb von 600 Sekunden d2 = keine Leistung festgestellt
fl	Brandverhaltensklasse für Bodenbeläge

8 Erfüllung der Anforderungen der Landesbauordnungen (LBOs)

Zur Erfüllung der bauaufsichtlichen Anforderungen können folgende Baustoffe verwendet werden. (Die Nummerierung in Klammern entspricht den folgenden Punkten in diesem Kapitel):

(8.1) **Geregelte Baustoffe (Bauprodukte) nach DIN 4102-4 Abschnitt 2** = genormte Baustoffe, die allgemein gebräuchlich und bewährt sind (nationale Ebene)

(8.2) **Geregelte Baustoffe (Bauprodukte)** gemäß **Bauregelliste A Teil 1** (nationale Ebene)

(8.3) **Geregelte Baustoffe (Bauprodukte)** auf der Grundlage europäischer Regeln nach der Bauproduktenrichtlinie gemäß **Bauregelliste B Teil 1** (europäische Ebene)

(8.4) **Nicht geregelte Baustoffe (Bauprodukte)** gemäß **Bauregelliste A Teil 2**, die nach **DIN 4102-1** geprüft und klassifiziert sind (nationale Ebene)

(8.5) **Nicht geregelte Baustoffe (Bauprodukte)** gemäß **Bauregelliste A Teil 2**, die nach **DIN EN 13501-1** und ergänzenden europäischen Normen klassifiziert und geprüft sind (europäische Ebene).

Die Baustoffe unter den Punkten 8.1 und 8.4 sind derzeit der **Regelfall.** Mit zunehmender Harmonisierung gewinnen jedoch die anderen Punkte an Bedeutung.

Wichtig: Jeder Baustoff, der in Deutschland verwendet wird, muss **bezüglich seines Brandverhaltens** einen der in den Punkten 8.1 bis 8.5 aufgeführten **Nachweise** haben. Baustoffe, die keinen dieser Nachweise haben, benötigen als Verwendbarkeitsnachweis eine **allgemeine bauaufsichtliche Zulassung** (nationale Ebene) bzw. eine europäisch technische Zulassung – ETA (europäische Ebene).

8.1 Genormte Baustoffe nach DIN 4102-4 Abschnitt 2

Bei diesen Baustoffen handelt es sich um geregelte Bauprodukte, die nach DIN 4102-4 Abschnitt 2 genormt sind. Sie benötigen keinen weiteren Verwendbarkeitsnachweis, müssen jedoch wie in DIN 4102-1 angegeben gekennzeichnet werden (= Übereinstimmungsnachweis).

Anmerkung

Die Baustoffklasse A bleibt bei den nachfolgend unter A 1 und A 2 genannten Baustoffen auch erhalten, wenn sie oberflächlich mit Anstrichen auf Dispersions- oder Alkydharzbasis oder mit üblichen Papierwandbekleidungen (Tapeten) versehen sind.

Baustoffklasse A 1

- Sand, Kies, Lehm, Ton und alle sonstigen in der Natur vorkommenden bautechnisch verwendbaren Steine
- Mineralien, Erden, Lavaschlacke und Naturbims
- aus Steinen und Mineralien durch Brenn- und/oder hydrothermale

4.2 Seite 38 **Baustoffe**

Prozesse und oder Blähprozesse gewonnene Baustoffe, wie Zement, Kalk, Gips, Anhydrit, Schlacken-Hüttenbims, Blähton, Blähschiefer sowie Blähperlite und -vermiculite, Schaumglas

- Mörtel, Beton, Stahlbeton, Spannbeton, Porenbeton, Leichtbeton, Kalksandsteine, Steine und Bauplatten aus mineralischen Bestandteilen, auch mit üblichen Anteilen von Mörtel- oder Betonzusatzmitteln (siehe DIN 1053-1, DIN-1045 und DIN 18550-2)
- Ziegel, Steinzeug und keramische Platten
- Glas
- Mineralfasern ohne organische Zusätze
- Metalle und Legierungen in nicht fein zerteilter Form mit Ausnahme der Alkali- und Erdalkalimetalle und ihrer Legierungen.

Baustoffklasse A 2

- Gipskartonplatten nach DIN 18180 mit geschlossener Oberfläche

Baustoffklasse B 1

- Holzwolle-Leichtbauplatten (HWL-Platten) nach DIN 1101
- Gipskartonplatten nach DIN 18180 mit gelochter Oberfläche
- Kunstharzputze nach DIN 18558 mit ausschließlich mineralischen Zuschlägen auf massivem mineralischem Untergrund
- Wärmedämmputzsysteme nach DIN 18550-3
- Rohre und Formstücke aus PVC-U nach DIN 19531 und PVCC nach DIN 19538, jeweils mit einer Wanddicke ≤ 3,2 mm, sowie PP nach DIN V 19560
- Eichen-Parkettfußböden nach DIN 280-1 und 280-2
- PVC-Bodenbeläge nach DIN 16951, mit handelsüblichen Klebern auf massivem mineralischem Untergrund geklebt.

Baustoffklasse B 2

- Holz sowie Holzwerkstoffe, soweit diese nicht nach B 1 klassifiziert sind, mit einer Rohdichte ≥ 400 kg/m^3 und einer Dicke > 2 mm oder mit einer Rohdichte von ≥ 230 kg/m^3 und einer Dicke > 5 mm
- Gipskarton-Verbundplatten nach DIN 18184
- Rohre und Formstücke aus PVC-U nach DIN 8061 mit einer Wanddicke > 3,2 mm, PP nach DIN 8078, PE-HD nach DIN 8075 und DIN 19535-2
- PVC-Fußbodenbeläge nach DIN 16951 und DIN 16952-1 bis 4, Linoleumbeläge nach DIN 18171 und DIN 18173, textile Fußbodenbeläge nach DIN 66090-1, jeweils auf beliebigem Untergrund
- elektrische Leitungen.

Baustoffklasse B 3

- Baustoffe, die in keine andere Klasse einzuordnen sind, gelten als leicht entflammbar (B 3).

Baustoffklassen von Verbundbaustoffen

Die angegebenen Baustoffklassen gelten nur für die genannten Baustoffe oder Baustoffverbunde. Nichtgenannte Verbunde, z.B. Verbunde von Baustoffen der Klasse B mit anderen Baustoffen der Klasse A oder B, können ein anderes Brandverhalten zeigen und damit einer anderen Baustoffklasse zugeordnet sein. Für Verbundbaustoffe, die vorstehend nicht aufgeführt sind, ist der Nachweis der Baustoffklasse durch ein allgemeines bauaufsichtliches Prüfzeugnis erforderlich (siehe nachfolgende Punkte).

8.2 Geregelte Baustoffe (Bauprodukte) gemäß Bauregelliste A Teil 1 (nationale Ebene)

Für diese Bauprodukte (Baustoffe) sind die technischen Regeln für die Herstellung und Anwendung in Bauregelliste A Teil 1 enthalten. Bezüglich ihres Brandverhaltens gilt in der Regel Folgendes:

- Entweder der Baustoff ist als **geregeltes Bauprodukt** in DIN 4102-4 Abschnitt 2 genormt. In diesem Fall ist bezüglich des Brandverhaltens kein weiterer Verwendbarkeitsnachweis erforderlich.
- Oder der Baustoff gilt bezüglich des Brandverhaltens als **nicht geregeltes Bauprodukt.** In diesem Fall muss das Brandverhalten **zusätzlich** nachgewiesen werden. Die jeweils erforderlichen zusätzlichen Nachweise sind dabei in der Spalte „Technische Regeln" mit angegeben. Der Nachweis des Brandverhaltens erfolgt dabei in der Regel nach DIN 4102-2 (nationale Ebene) oder gemäß einer Klassifizierung nach DIN 13501-1 (europäische Ebene).

8.3 Geregelte Baustoffe (Bauprodukte) auf der Grundlage europäischer Regeln nach der Bauproduktenrichtlinie gemäß Bauregelliste B Teil 1 (europäische Ebene)

Für diese Bauprodukte (Baustoffe) sind die technischen Regeln für die Herstellung und Anwendung in Bauregelliste B Teil 1 enthalten. Die Spalte „In Abhängigkeit vom Verwendungszweck erforderliche Stufen und Klassen" enthält dort weitergehende Anforderungen. Danach sind bei einigen Baustoffen bezüglich ihres Brandverhaltens zusätzlich die Anlagen 03 und teilweise auch 04 zu beachten:

Anlage 03: *„Die harmonisierte Norm enthält keine Festlegungen für die Prüfung des Brandverhaltens der Bauprodukte hinsichtlich Vorbereitung, Konditionierung und Einbau des Produktes in den Prüfeinrichtungen. Bis zu einer Ergänzung der harmonisierten Norm um solche Bestimmungen ist der Nachweis des Brandverhaltens mit Ausnahme der Klasse A 1 noch nicht harmonisiert. Das Brandverhalten ist deshalb bis auf weiteres mit Ausnahme der Klasse A 1 im Rahmen einer allgemeinen bauaufsichtlichen Zulassung festzulegen."*

Anlage 04: *„Das Glimmverhalten von Baustoffen, die nach DIN EN 13501-1 in die Klasse A 2, B oder C eingestuft werden, ist zusätzlich durch Erteilung einer allgemei-*

4.2 Seite 40 | Baustoffe

nen bauaufsichtlichen Zulassung nachzuweisen."

Das bedeutet, dass für diese Baustoffe (ausgenommen Baustoffklasse A 1) zum Nachweis des Brandverhaltens derzeit eine **allgemeine bauaufsichtliche Zulassung** erforderlich ist.

8.4 Klassifizierte Baustoffe nach DIN 4102-1 (nationale Ebene)

Bei diesen Baustoffen handelt es sich um **nicht geregelte Baustoffe** (Bauprodukte) gemäß Bauregelliste A Teil 2, bei denen die Baustoffklasse durch **anerkannte nationale Prüfverfahren** (= Brandprüfungen) ermittelt werden muss. Diese sind in der Bauregelliste A Teil 2 angegeben (zurzeit Abschnitte 2.10.1.1 bis 2.10.3).

8.4.1 Brandprüfung

Für die Klassifizierung der Baustoffe nach DIN 4102-1 werden die in der folgenden Tabelle angegebenen Brandphasen nachgebildet. Die Prüfungen sind von amtlich anerkannten Materialprüfanstalten durchzuführen.

Das Ergebnis dieser Brandprüfungen ermöglicht dann die **Zuordnung der Baustoffe zu bestimmten Baustoffklassen** (= Klassifizierung).

Dabei ist zu beachten, dass die Prüfnachweise nur für den jeweils geprüften Baustoff bzw. Baustoffverbund gelten. Prüfergebnisse eines bestimmten Baustoffverbundes können nicht einfach auf einen anderen Baustoffverbund übertragen werden, da verschiedene Baustoffverbunde – insbesondere bei brennbaren Baustoffen – ein gänzlich anderes Brandverhalten aufweisen können. Deshalb muss jeder Baustoffverbund eigens nachgewiesen werden.

Außerdem ist bei einer Verwendung von Baustoffen auch die Einbaulage zu berücksichtigen, da z.B. bestimmte brennbare Baustoffe im Brandfall bei einer Wandverkleidung ein vollständig anderes Brandverhalten zeigen können als bei einer Deckenverkleidung (siehe Punkt 3.2.2 in diesem Kapitel, Bilder 3.2-3 bis 3.2-6).

Grundsätzlich ist auch zu beachten, dass die Klassifizierungen bezüglich des Brandverhaltens von Baustoffen nichts über die Feuerwiderstandsklasse von Bauteilen aussagen.

Nachfolgend werden die einzelnen Bau -stoffklassen kurz erläutert (Feuerwiderstandsklassen von Bauteilen siehe Kapitel 4.3).

Tabelle 8.4-1: Brandphasen für die Klassifizierung nach DIN 4102-1

Brandversuch	Nachgebildete Brandphase	Überprüfte Baustoffklasse
Ofentest	voll entwickelter Brand	Baustoffklasse A
Brandschachttest	Entstehungsbrand in der Größenordnung eines brennenden Papierkorbs	Baustoffklasse B 1
Kleinbrennertest	Zündung mit einem Streichholz	Baustoffklasse B 2

Baustoffe		**4.2** Seite 41

8.4.2 Baustoffklasse A 1

Bei den Baustoffen der Baustoffklasse A handelt es sich um **nichtbrennbare Baustoffe.** Dabei wird unterschieden zwischen Baustoffklasse A 1 und Baustoffklasse A 2. Baustoffe der Baustoffklasse A 1 müssen in ihrer Zusammensetzung vollständig nichtbrennbar sein.

Die Prüfung der Baustoffklasse A 1 erfolgt mit der so genannten Ofenprüfung mit einer Ausgangstemperatur von 750 °C nach DIN 4102-1 Abschnitt 5. Diese Prüfung stellt modellhaft die Situation eines fortentwickelten, teilweise vollentwickelten Brandes dar.

Unter dieser Beanspruchung müssen die Baustoffe der Baustoffklasse A 1 bestimmte Kriterien erfüllen. So darf keine Entflammung des Baustoffes auftreten und entzündbare Gase dürfen nicht frei werden. Außerdem muss die Wärmeabgabe der Baustoffe unbedenklich sein. Deshalb darf die Temperaturerhöhung im Versuchsbrandofen durch Wärmeabgabe des Baustoffes 50 K nicht übersteigen.

8.4.3 Baustoffklasse A 2

Baustoffe der Baustoffklasse A 2 bestehen im Wesentlichen aus **nichtbrennbaren Baustoffen.** Sie dürfen jedoch in geringem Umfang brennbare Bestandteile enthalten. Hierbei wird aber unterstellt, dass diese nicht aktiv an einem Brand „teilnehmen" können, so dass sich der Baustoff insgesamt wie ein nichtbrennbarer Baustoff verhält.

Die Prüfung der Baustoffklasse A 2 erfolgt wie bei Baustoffklasse A 1 beschrieben, mit der **Ofenprüfung.** Gegenüber der Baustoffklasse A 1 darf hier beim Ofenversuch eine Entflammung bis zu 20 Sekunden Gesamtdauer auftreten. Alternativ ist auch eine Heizwert- und Wärmeentwicklungsprüfung möglich.

Außerdem sind für Baustoffe der Baustoffklasse A 2 weitere Prüfungen erforderlich, z.B. Brandschachtprüfung, Prüfung der Rauchentwicklung und Toxizität.

8.4.4 Baustoffklasse B 1

In der Baustoffklasse B werden **brennbare Baustoffe** klassifiziert. Sie wird hierzu in die Untergruppen B 1 (schwer entflammbar), B 2 (normal entflammbar) und B 3 (leicht entflammbar) eingeteilt.

Baustoffe der Baustoffklasse B 1 enthalten mehr brennbare Bestandteile als Baustoffe der Baustoffklasse A 2. Sie brennen – vereinfacht ausgedrückt – nur mit Unterstützung durch ein Feuer und dürfen nach Erlöschen des Stützfeuers nicht selbstständig weiterbrennen. Dies bedeutet, dass sie bei einem vorhandenen Stützfeuer mitbrennen und deshalb im Hinblick auf Brandlasten als brennbare Stoffe berücksichtigt werden müssen.

Für die Prüfung der Baustoffklasse B 1 werden die Baustoffe wie folgt unterteilt:

a) Baustoffe mit Ausnahme von Außenwandbekleidungen und Bodenbelägen

b) Außenwandbekleidungen

c) Bodenbeläge.

4.2 Seite 42 | Baustoffe

a) Prüfung von Baustoffen (mit Ausnahme von Außenwandbekleidungen und Bodenbelägen)

Bei Baustoffen (mit Ausnahme von Außenwandbekleidungen und Bodenbelägen) stellt die Prüfung modellhaft den **Brand eines Gegenstandes in einem Raum** (z.B. Papierkorb in einer Raumecke) dar. Unter dieser Beanspruchung darf sich die Brandausbreitung nicht wesentlich außerhalb des Primärbrandbereichs erstrecken, und die Wärmeabgabe muss begrenzt sein.

Die Überprüfung der Baustoffklasse B 1 von Baustoffen (mit Ausnahme von Außenwandbekleidungen und Bodenbelägen) erfolgt über die so genannte Brandschachtprüfung (Überprüfung nach DIN 4102-16 in dem in DIN 4101-15 beschriebenen Brandschacht).

Hierbei müssen die Baustoffe der Baustoffklasse B 1 bestimmte Kriterien einhalten. So muss z.B. der Mittelwert der Restlängen jedes Probekörpers mindestens 15 cm betragen und die mittlere Rauchgastemperatur darf 200 °C nicht überschreiten. Außerdem müssen auch die Anforderungen der Baustoffklasse B 2 erfüllt werden.

Bei bestimmten Baustoffen, z.B. Baustoffen, an die Anforderungen hinsichtlich der Rauchentwicklung gestellt werden, sind weitere Prüfungen erforderlich.

b) Prüfung von Außenwandbekleidungen

Bei Außenwandbekleidungen stellt die Prüfung modellhaft die aus einer **Wandöffnung schlagenden Flammen** dar. Unter dieser Beanspruchung darf sich die Brandausbreitung nicht wesentlich außerhalb des Primärbrandbereichs erstrecken.

Die Prüfung erfolgt wie vorstehend bei den Baustoffen beschrieben. Für bestimmte Anwendungen bzw. unter bestimmten Voraussetzungen sind weitere Prüfungen notwendig.

Da es sich z.B. bei Wärmedämmverbundsystemen nicht um einen Baustoff allein, sondern um ein *Baustoffverbundsystem* handelt, ist hierfür eine allgemeine bauaufsichtliche Zulassung erforderlich, in der weitere Anwendungsvoraussetzungen geregelt sind. Wird ein Wärmedämmverbundsystem mit brennbaren Schaumkunststoffen mit einer Dicke > 10 cm ausgeführt, so müssen gemäß der Zulassung bei den Fenster- und Türstürzen zusätzliche Maßnahmen erfolgen, z.B. in Form einer so genannten Brandbarriere (siehe Kapitel 6.3.4).

c) Prüfung von Bodenbelägen

Bei Bodenbelägen stellt die Prüfung modellhaft eine Brandsituation dar, bei der **Flammen aus der Türöffnung zu einem benachbarten Raum schlagen.** Unter dieser Beanspruchung müssen die waagerechte Flammenausbreitung und die Rauchentwicklung unbedenklich sein. Als Bodenbeläge gelten auch Bodenbeschichtungen. Die Prüfung von Bodenbelägen erfolgt nach DIN 4102-14.

8.4.5 Baustoffklasse B 2

Baustoffe der Baustoffklasse B 2 lassen sich als **normal entflammbare Baustoffe** durch Zündquellen entflammen und brennen – abhängig von den Umgebungsbedingungen – von allein weiter.

Die Überprüfung der Baustoffklasse B 2 stellt die Beanspruchung durch eine kleine definierte Flamme (Streichholzflamme) dar. Unter dieser Beanspruchung müssen die Entzündbarkeit und die Flammenausbreitung innerhalb einer bestimmten Zeit begrenzt sein.

Hierzu wird im Rahmen eines Kleinbrandversuchs eine Kantenbeflammung und ggf. eine Flächenbeflammung durchgeführt. Die Flammenausbreitung darf unter Versuchsbedingungen in 20 s eine Messmarke in 150 mm Abstand nicht erreichen.

8.1.6 Baustoffklasse B 3

Als Baustoffe der Baustoffklasse B 3 gelten **alle brennbaren Baustoffe,** die weder in die Baustoffklasse B 1 noch in die Baustoffklasse B 2 einzuordnen sind.

Verglichen mit Baustoffen der Baustoffklasse B 2 **brennen B 3-Baustoffe rasant ab.** Sie lassen sich mit kleinen Zündquellen entflammen und brennen ohne weitere Wärmezufuhr mit steigender Geschwindigkeit weiter.

B 3-Baustoffe stellen im Baugeschehen ein **so hohes Brandrisiko** dar, dass der Gesetzgeber ihre Anwendung bis auf eine Einschränkung verboten hat. Die Einschränkung lautet:

„Baustoffe, die nicht mindestens normal entflammbar sind (leicht entflammbare Baustoffe), dürfen nicht verwendet werden; dies gilt nicht, wenn sie in Verbindung mit anderen Baustoffen nicht leicht entflammbar sind.“

Dazu ist folgende Interpretation möglich: Werden leicht entflammbare Baustoffe, die in Verbindung mit anderen Baustoffen nicht mehr leicht entflammbar sind, verwendet, muss dabei nachgewiesen werden, dass eben diese *Kombination* nicht mehr leicht entflammbar ist. Ein derartiger Nachweis ist in der Regel über **ein allgemeines bauaufsichtliches Prüfzeugnis** einer amtlich anerkannten Materialprüfanstalt zu führen, mit dem dann nachgewiesen wird, dass diese Verbindung mindestens normal entflammbar ist.

> **Allgemein gilt deshalb:**
>
> Alle brennbaren Baustoffe, deren Brandverhalten nicht durch eine entsprechende Prüfung nachgewiesen und klassifiziert wurde und die auch nicht nach DIN 4102-4 Abschnitt 2 genormt sind, gelten in Deutschland als leicht entflammbar und dürfen nicht verwendet werden.

Achtung: Auch bei Einfamilienhäusern dürfen nur Baustoffe verwendet werden, für die mindestens die Baustoffklasse B 2 nachgewiesen wurde. Der Nachweis kann z.B. durch ein allgemeines bauaufsichtliches Prüfzeugnis erfolgen, oder der Baustoff muss nach DIN 4102-4 Abschnitt 2 als geregelter Baustoff genormt sein. Insbesondere ist dies bei den so genannten *baubiologischen Dämmstoffen* zu beachten.

4.2 Seite 44 Baustoffe

Unbehandelte baubiologische Dämmstoffe wie Schafwolle, Kork, Kokosfaser und Papier sind nicht in DIN 4102-4 Abschnitt 2 genormt. Sie gelten damit als **nicht geregeltes Bauprodukt** und werden ohne entsprechenden Nachweis in die Baustoffklasse B 3 eingestuft, so dass ihre Verwendung unzulässig ist.

Ihre Verwendung als Bauprodukt ist nur möglich, wenn sie geprüft und nach erfolgreicher Prüfung in die Baustoffklasse B 2 klassifiziert wurden. Als Nachweis für diese Prüfung ist ein allgemeines bauaufsichtliches Prüfzeugnis erforderlich. Damit diese Baustoffe die Prüfung bestehen, müssen sie in der Regel entsprechend behandelt werden, z.B. mit flammhemmenden Mitteln.

8.4.7 Brennendes Abtropfen und Rauchentwicklung

Bauaufsichtliche Vorschriften können Anforderungen an Baustoffe hinsichtlich des brennenden Abtropfens/Abfallens im Brandfall enthalten.

Für schwer entflammbare und normal entflammbare Baustoffe – ausgenommen Bodenbeläge – werden bei den Prüfungen nach DIN 4102-1 Ergebnisse über das brennende Abtropfen oder das Abfallen brennender Probenteile festgestellt, bei den schwer entflammbaren Bauprodukten außerdem Werte über die Rauchentwicklung. Tritt brennendes Abtropfen/Abfallen auf, wird dies zusätzlich zur Baustoffklassifizierung mit dem Ü-Zeichen angegeben.

Schwer entflammbare Baustoffe mit einer geringen Rauchentwicklung erhalten einen entsprechenden Vermerk, wenn bezüglich der Rauchentwicklung ein bestimmter Grenzwert unterschritten wird (wenn sich die Baustoffe also bezüglich der Rauchentwicklung günstig verhalten).

8.5 Klassifizierte Baustoffe (Bauprodukte) nach DIN EN 13501-1 (europäische Ebene)

Auf europäischer Ebene können klassifizierte Baustoffe als **geregelte** und **nicht geregelte Bauprodukte** verwendet werden.

Die **geregelten Baustoffe** (Bauprodukte) sind eindeutig in den jeweiligen europäischen Produktnormen festgelegt.

Für **nicht geregelte Baustoffe** (Bauprodukte) gibt es zwei Möglichkeiten des Verwendbarkeitsnachweises:

Möglichkeit 1

Ausführung als **nicht geregelte Baustoffe** (Bauprodukte) gemäß Bauregelliste A Teil 2. Dabei wird die Baustoffklasse durch anerkannte europäische Prüfverfahren (= Brandprüfungen) ermittelt. Diese sind in der Bauregelliste A Teil 2 angegeben (zurzeit Abschnitte 2.10.1.2 und 2.10.3). Als Verwendbarkeitsnachweis ist in der Regel ein allgemeines bauaufsichtliches Prüfzeugnis erforderlich. Diese Baustoffe (Bauprodukte) können jedoch nur **national** verwendet werden.

Die Tabelle 8.5-1 zeigt eine Übersicht über die den europäischen Klassen zugrunde liegenden Leistungsanforderungen an Baustoffe (Ausnahme: Bodenbeläge).

Baustoffe 4.2 Seite 45

Möglichkeit 2

Ausführung als **nicht geregelte Baustoffe** (Bauprodukte) gemäß Bauregelliste B nach den dort aufgeführten europäischen Prüfnormen. Als Verwendbarkeitsnachweis ist in der Regel eine europäisch technische Zulassung (ETA) erforderlich. Diese Baustoffe (Bauprodukte) können damit auch in **Europa** verwendet werden.

Tabelle 8.5-1: Europäische Klassifizierung von Baustoffen (ausgenommen Bodenbeläge) mit Angabe der Leistungsanforderungen

Europäische Klasse	Brandphase	Beitrag zum Brand	Leistungsanforderungen
A	Vollbrand im Raum	kein Beitrag zum Brand	• sehr begrenzter Heizwert und sehr begrenzte Wärmeabgabe • keine Verbrennung mit Flammen • begrenzter Masseverlust
B		sehr begrenzter Beitrag zum Brand	• sehr begrenzter Heizwert und/oder sehr begrenzte Wärmeabgabe • begrenzter Masseverlust • fast keine Flammenausbreitung • sehr begrenzte Rauchentwicklung • kein brennendes Abtropfen/Abfallen und/oder eine Kombination davon
C	brennender Gegenstand	begrenzter Beitrag zum Brand	• sehr begrenzte Flammenausbreitung • begrenzte Wärmeabgabe • begrenzte Rauchentwicklung • begrenzte Entzündbarkeit • sehr begrenztes brennendes Abtropfen/Abfallen und/oder eine Kombination davon
D		hinnehmbarer Beitrag zum Brand	• begrenzte Flammenausbreitung • hinnehmbare Wärmebagbe • begrenzte Wärmeabgabe • hinnehmbare Entzündbarkeit • begrenztes brennendes Abtropfen/ Abfallen und/oder eine Kombination davon
E	kleiner Flammenangriff	hinnehmbares Brandverhalten	• hinnehmbare Entzündbarkeit
F		keine Leistung festgestellt	

4.2 Baustoffe

Seite 46

Tabelle 8.5-2: Europäische Klassifizierung von Baustoffen (ausgenommen Bodenbeläge) mit Angabe der Prüfverfahren und Klassifizierungskriterien (DIN EN 13501-1 Tabelle 1)

Klasse	Prüfverfahren	Klassifizierungskriterien	Zusätzliche Klassifikation
A 1	prEN ISO 1182;[1] Beanspruchung = 30 s	$\Delta T \le 30$ °C; und $\Delta m \le 50$ %; und $t_f = 0$ (d.h. keine anhaltende Entflammung)	–
	prEN ISO 1716	$PCS \le 2,0$ MJ/kg[1] und $PCS \le 2,0$ MJ/kg[2][2a] und $PCS \le 1,4$ MJ/m^2[3] und $PCS \le 2,0$ MJ/kg[4]	–
A 2	prEN ISO 1182;[1] oder	$\Delta T \le 50$°C; und $\Delta m \le 50$%; und $t_f \le 20$ s	–
	prEN ISO 1716; und	$PCS \le 3,0$ MJ/kg[1] und $PCS \le 4,0$ MJ/m^2[2] und $PCS \le 4,0$ MJ/m^2[3] und $PCS \le 3,0$ MJ/kg[4]	–
	EN 13823	$FIGRA \le 120$ W/s; und LFS < Rand des Probekörpers und $THR_{600s} \le 7,5$ MJ	Rauchentwicklung[5] und brennendes Abtropfen/Abfallen[6]
B	EN 13823; und	$FIGRA \le 120$ W/s; und LFS < Rand des Probekörpers und $THR_{600s} \le 7,5$ MJ	Rauchentwicklung[5] und brennendes Abtropfen/Abfallen[6]
	prEN ISO 11925-2;[8] Beanspruchung = 30 s	$F_S \le 150$ mm innerhalb von 60 s	–
C	EN 13823; und	$FIGRA \le 250$ W/s; und LFS < Rand des Probekörpers und $THR_{600s} \le 15$ MJ	Rauchentwicklung[5] und brennendes Abtropfen/Abfallen[6]
	prEN ISO 11925-2;[8] Beanspruchung = 30 s	$F_S \le 150$ mm innerhalb von 60 s	–
D	EN 13823; und	$FIGRA \le 750$ W/s	Rauchentwicklung[5] und brennendes Abtropfen/Abfallen[6]
	prEN ISO 11925-2;[8] Beanspruchung = 30 s	$F_S \le 150$ mm innerhalb von 60 s	–
E	prEN ISO 11925-2;[8] Beanspruchung = 15 s	$F_S \le 150$ mm innerhalb von 20 s	brennendes Abtropfen/Abfallen[7]
F	keine Leistung festgestellt		

Fußnoten zu Tabelle 8.5-2

1) Für homogene Bauprodukte und substantielle Bestandteile von nichthomogenen Bauprodukten.

2) Für jeden äußeren nichtsubstantiellen Bestandteil von nichthomogenen Bauprodukten.

2a) Alternativ kann ein äußerer nichtsubstantieller Bestandteil ein *PCS* ≤ 2,0 MJ/m² haben, vorausgesetzt das Produkt erfüllt die folgenden Kriterien der EN 13823: *FIGRA* ≤ 20 W/s und *LFS* < Rand des Probekörpers und THR_{600s} ≤ 4,0 MJ und s1 und d0.

3) Für jeden inneren nichtsubstantiellen Bestandteil von nichthomogenen Bauprodukten.

4) Für das Produkt als Ganzes.

5) In der letzten Phase der Entwicklung des Prüfverfahrens wurden Änderungen des Rauchmesssystems eingeführt, deren Auswirkungen weitere Untersuchungen erfordern. Daraus kann sich eine Korrektur der Grenzwerte und/oder der Parameter zur Beurteilung des Rauches ergeben.
s1 = *SMOGRA* ≤ 30 m²/s² und TSP_{600s} ≤ 50 m²; s2 = *SMOGRA* ≤ 180 m²/s² und TSP_{600s} ≤ 200 m²; s3 = weder s1 noch s2

6) d0 = kein brennendes Abtropfen/Abfallen in DIN EN 13823 innerhalb von 600 s.
d1 = kein brennendes Abtropfen/Abfallen länger als 10 s in DIN EN 13823 während 600 s.
d2 = weder d0 noch d1.
Entzündung des Papiers in prEN ISO 11925-2 führt zu einer Einstufung in d2.

7) Bestanden = keine Entzündung des Papiers (keine Einstufung); nicht bestanden = Entzündung des Papiers (Einstufung d2).

8) Bei einer Flammenbeanspruchung der Oberfläche und – sofern für die Endanwendung des Produkts relevant – einer Flammenbeanspruchung der Probenkante.

Tabelle 8.5-3: Anforderungen an die Rauchentwicklung gemäß europäischer Klassifizierung

Anforderungen an die Rauchentwicklung s (smoke)		
s1	geringe Rauchentwicklung	nach DIN EN 13823: • *SMOGRA* ≤ 30 m²/s² und • TSP_{600s} ≤ 50 m²
s2	mittlere Rauchentwicklung	nach DIN EN 13823: • *SMOGRA* ≤ 180 m²/s² und • TSP_{600s} ≤ 200 m²
s3	hohe Rauchentwicklung bzw. Rauchentwicklung nicht geprüft	–

Tabelle 8.5-4: Anforderungen an brennendes Abtropfen/Abfallen gemäß europäischer Klassifizierung

Anforderungen an brennendes Abtropfen/Abfallen d (droplets)		
d0	kein brennendes Abtropfen/Abfallen innerhalb von 600 Sekunden	nach DIN EN 13823
d1	kein brennendes Abtropfen/Abfallen mit einer Nachbrennzeit länger als 10 Sekunden innerhalb von 600 Sekunden	nach DIN EN 13823
d2	keine Leistungen festgestellt	

4.2 Seite 48 — **Baustoffe**

Beispiel für die Klassifizierung nach DIN EN 13501-1

Klassifizierung des Baustoffs: B – s 1 d 2

- B = Brandverhalten
- s = Rauchentwicklung
- 1 = Klasse der Rauchentwicklung
- d = Tropfverhalten
- 2 = Klasse des Tropfverhaltens

9 Verwendbarkeitsnachweis, Übereinstimmungsnachweis und Kennzeichnung

Baustoffe zählen zu den Bauprodukten und dürfen für die Errichtung, Änderung und Instandhaltung baulicher Anlagen nur verwendet werden, wenn ihre **Verwendbarkeit für die Bauaufsicht** nachgewiesen ist (grundsätzliche Informationen enthält Kapitel 5.2).

Jeder Baustoff, der in **Deutschland verwendet** wird und der nicht nach DIN 4102-4 Abschnitt 2 genormt ist, muss bezüglich seines Brandverhaltens folgende Bedingungen erfüllen:

- Er benötigt einen der nachfolgend aufgeführten **Verwendbarkeitsnachweise.**
- Er benötigt einen dem Verwendbarkeitsnachweis entsprechenden Übereinstimmungsnachweis (in der Bauregelliste bzw. im Verwendbarkeitsnachweis angegeben). Dieser erfolgt in der Regel durch eine entsprechende Kennzeichnung.
- Er benötigt eine im jeweiligen Verwendbarkeitsnachweis vorgeschriebene Kennzeichnung.

9.1 Verwendbarkeitsnachweis

Alle Baustoffe (Bauprodukte) müssen bezüglich ihres Brandverhaltens einen der nachfolgend angegebenen Verwendbarkeitsnachweise haben. **Grundsätzlich gilt dabei:** Bei wesentlichen Abweichungen von den nachstehend angegebenen Verwendbarkeitsnachweisen ist in der Regel eine allgemeine bauaufsichtliche Zulassung des DIBt oder eine Zustimmung im Einzelfall von der Obersten Baubehörde erforderlich. In Einzelfällen reicht auch ein allgemeines bauaufsichtliches Prüfzeugnis.

9.1.1 Baustoffe (Bauprodukte) als *geregelte* Bauprodukte

- Bei Verwendung von geregelten Baustoffen (Bauprodukten), die nach DIN 4102-4 Abschnitt 2 genormt sind, gilt der Verwendbarkeitsnachweis als erbracht.

- Bei Verwendung von **geregelten Baustoffen** (Bauprodukten) gemäß Bauregelliste A Teil 1 und Liste B Teil 1 gilt der Verwendbarkeitsnachweis als erbracht, wenn die dort angegebenen technischen Regeln bzw. Normen eingehalten werden. Bezüglich der Anforderungen an das Brandverhalten der Baustoffe richtet sich der Verwendbarkeitsnachweis danach, wie das Brandverhalten nachgewiesen wird. In der Regel gilt dabei Folgendes:
  - Baustoffe, deren Brandverhalten nach DIN 4102-4 Abschnitt 2 genormt ist, benötigen keinen weiteren Verwendbarkeitsnachweis.
  - Für alle anderen Baustoffe muss das Brandverhalten entsprechend den jeweiligen Angaben der Bauregelliste nachgewiesen werden. In der Regel ist hierzu einer der in den Punkten 9.1.2 und 9.1.3 genannten Verwendbarkeitsnachweise erforderlich.

9.1.2 Baustoffe (Bauprodukte) als *nicht geregelte* Bauprodukte

Bei Verwendung von nicht geregelten Baustoffen (Bauprodukten), deren Baustoffklasse durch anerkannte Prüfverfahren ermittelt werden muss (z.B. Bauregelliste A Teil 2 Abschnitte 2.10.1.1 bis 2.10.3), sind in Abhängigkeit von den Vorgaben der Bauregelliste grundsätzlich folgende Verwendbarkeitsnachweise möglich:

- allgemeines bauaufsichtliches Prüfzeugnis einer amtlich anerkannten Materialprüfanstalt oder
- Zustimmung im Einzelfall von der Obersten Baubehörde.

Damit ist für das Brandverhalten der Baustoffe in der Regel ein allgemeines bauaufsichtliches Prüfzeugnis einer amtlich anerkannten Materialprüfanstalt ausreichend, siehe auch Tabelle 9.2-1.

Allerdings gilt dies nur für den Verwendbarkeitsnachweis bezüglich des Brandverhaltens. Müssen die Baustoffe darüber hinaus noch **weitere Anforderungen** erfüllen (z.B. Wärmeschutz, Schallschutz usw.), so ist eine **allgemeine bauaufsichtliche Zulassung** erforderlich.

Für Baustoffe (Bauprodukte), die nicht in der Bauregelliste A Teil 2 aufgelistet sind, ist in der Regel eine allgemeine bauaufsichtliche Zulassung erforderlich.

9.1.3 Besonderheit für Baustoffe mit europäischen Prüfungen

Derzeit ist (noch) für bestimmte geregelte Baustoffe (Bauprodukte) auf der Grundlage von europäischen Regeln nach der Bauproduktenrichtlinie gemäß Bauregelliste B Teil 1 eine **allgemeine bauaufsichtliche Zulassung** des DIBt erforderlich (siehe auch Bauregelliste B Teil 1 Nr. 7.3 Anlagen 03 und 04).

Für Baustoffe der Baustoffklasse E ist bereits eine **europäische Prüfung** nach DIN EN ISO 11925-2:2002-07 in Verbindung mit DIN EN 13501-1:2002-06 möglich (Bauregelliste A Teil 2 Abschnitt 2.10.1.2). In diesem Fall sind Verwendbarkeitsnachweis und Übereinstimmungsnachweis über die Bauregelliste geregelt, so dass bei einer entsprechenden CE-Kennzeichnung allgemeine bauaufsichtliche Zulassung erforderlich ist. In diesen Fällen reicht ein allgemeines bauaufsichtliches Prüfzeugnis mit einer Übereinstimmungserklärung des Herstellers nach vorheriger Prüfung des Bauprodukts durch eine anerkannte Prüfstelle aus.

Für Baustoffe (Bauprodukte), die nach einer europäischen Norm klassifiziert wurden (z.B. nach DIN EN 13501-1), und die CE-Zeichen haben, muss in Deutschland die Verwendbarkeit durch eine allgemeine bauaufsichtliche Zulassung des DIBt erfolgen. Als Alternative könnte für diese Baustoffe, bezogen auf die Baustoffklasse, auch ihre **Verwendbarkeit gemäß Bauregelliste A Teil 2** nachgewiesen werden, z.B. mit einer Prüfung nach DIN 4102-1 und einem entsprechenden Übereinstimmungsnachweis.

9.1.4 Zustimmung im Einzelfall

In begründeten Einzelfällen (Ausnahmefällen) kann für Baustoffe, die ansonsten keinen Verwendbarkeitsnachweis besitzen, von der Obersten Baubehörde eine **Zustimmung im Einzelfall** erteilt werden (siehe Kapitel 5.2). Voraussetzung hierfür ist jedoch in der Regel, dass die Eignung des Baustoffs nachgewiesen wird, z.B. durch entsprechende Prüfungen.

9.1.5 Verwendbarkeitsnachweise für Baustoffverbunde und Baustoffsysteme

Zu Baustoffverbunden siehe Punkt 8.1, letzter Absatz und 8.4.

Werden Baustoffe innerhalb von Systemen verwendet, so ist der Nachweis des Brandverhaltens der einzelnen Baustoffe in der Regel nicht ausreichend, sondern für das gesamte System muss die Verwendbarkeit nachgewiesen werden.

Welcher Verwendbarkeitsnachweis für ein bestimmtes System erforderlich ist, kann der **Bauregelliste** entnommen werden. Ist das System in der Bauregelliste nicht aufgeführt, dann ist in jedem Fall eine allgemeine bauaufsichtliche Zulassung erforderlich.

Beispiel

Für Wärmedämmverbundsysteme ist eine **allgemeine bauaufsichtliche Zulassung** notwendig, da es sich hierbei nicht nur um einzelne Baustoffe (Unterschichten, Armierung, Dämmstoffe und Deckschichten), sondern um ein **komplettes System** handelt, das insgesamt als System geprüft und zugelassen sein muss.

9.2 Übereinstimmungsnachweis

Neben dem Verwendbarkeitsnachweis müssen Baustoffe (Bauprodukte) auch einen dem Verwendbarkeitsnachweis entsprechenden Übereinstimmungsnachweis aufweisen.

9.2.1 Baustoffe (Bauprodukte) als geregelte Bauprodukte

- Bei Verwendung von geregelten Baustoffen (Bauprodukten), die nach DIN 4102-4 Abschnitt 2 genormt sind, ist eine Kennzeichnung, wie in der DIN 4102-1 angegeben, nicht erforderlich (= Übereinstimmungsnachweis).

- Bei Verwendung von geregelten Baustoffen (Bauprodukten) gemäß Bauregelliste A Teil 1 und Liste B Teil 1 richtet sich der Übereinstimmungsnachweis nach den Vorgaben der Bauregelliste und danach, wie das Brandverhalten nachgewiesen wird (siehe Punkt 9.1.1 in diesem Kapitel).

9.2.2 Baustoffe (Bauprodukte) als nicht geregelte Bauprodukte

Der Übereinstimmungsnachweis bzw. das Übereinstimmungsverfahren ergibt sich aus der Bauregelliste und dem jeweiligen Verwendbarkeitsnachweis (siehe auch Tabelle 9.2-1).

- Für Baustoffe der **Baustoffklassen A 1 und B 2** (ausgenommen von Baustoffen der Bauregelliste C) genügt als Übereinstimmungsnachweis eine **Übereinstimmungserklärung des Herstellers** (ÜH).
- Bei Baustoffen der **Baustoffklassen A 2 und B 1** (ausgenommen Bodenbeläge) ist als Übereinstimmungsnachweis ein **Übereinstimmungszertifikat** durch eine **anerkannte Zertifizierungsstelle** erforderlich (ÜZ).

4.2 Seite 52 **Baustoffe**

Tabelle 9.2-1: Erforderliche Verwendbarkeitsnachweise und Übereinstimmungsnachweise für Baustoffe (Auszug aus der Bauregelliste A Teil 2)

Lfd. Nr.	Bauprodukt	Verwend-barkeits-nachweis	Anerkanntes Prüfverfahren nach	Übereinstim-mungs-nachweis
1	2	3	4	5
2.10.1.1	Baustoffe, an die nur Anforderungen an das Brandverhalten gestellt werden und - die nichtbrennbar (Klasse DIN 4102-A) sind, ohne brennbare Bestandteile, - die normal entflammbar (Klasse DIN 4102-B2) sind. Ausgenommen sind Baustoffe der Liste C.	P	DIN 4102-1:1998-05 in Verbindung mit Anlage 0.2.1 der Bauregelliste A Teil 1	ÜH
2.10.1.2	Baustoffe, an die nur Anforderungen an das Brandverhalten gestellt werden und die normal entflammbar (Klasse E) sind. Ausgenommen sind Baustoffe der Liste C.	P	DIN EN ISO 11925-2:2002-07 in Verbindung mit DIN EN 13501-1:2002-06 und Anlagen 0.2.2 und 0.2.3 der Bauregelliste A Teil 1	ÜH
2.10.2	Baustoffe, an die nur Anforderungen an das Brandverhalten gestellt werden und - die nichtbrennbar (Klasse DIN 4102-A) sind, mit brennbaren Bestandteilen, - die schwer entflammbar (Klasse DIN 4102-B1) sind, ausgenommen Bodenbeläge	P	DIN 4102-1:1998-05 in Verbindung mit Anlage 0.2.1 der Bauregelliste A Teil 1	ÜZ
2.10.3	schwer entflammbare Bodenbeläge, die nicht für Verwendungen in Aufenthaltsräumen vorgesehen sind und die nicht DIN EN 14041 entsprechen	P	DIN 4102-1:1998-05 in Verbindung mit Anlage 0.2.1 der Bauregelliste A Teil 1 oder DIN EN ISO 9239-1:2002-06 in Verbindung mit DIN EN 13501-1:2002-06 und Anlagen 0.2.2 der Bauregelliste A Teil 1	ÜZ

Abkürzungen:
ÜH = Übereinstimmungserklärung des Herstellers
ÜZ = Übereinstimmungszertifikat durch eine anerkannte Zertifizierungsstelle
P = allgemeines bauaufsichtliches Prüfzeugnis

Baustoffe **4.2**
Seite 53

Tabelle 9.2-2: Übersicht über Verwendbarkeitsnachweise und Übereinstimmungsnachweise von Baustoffen

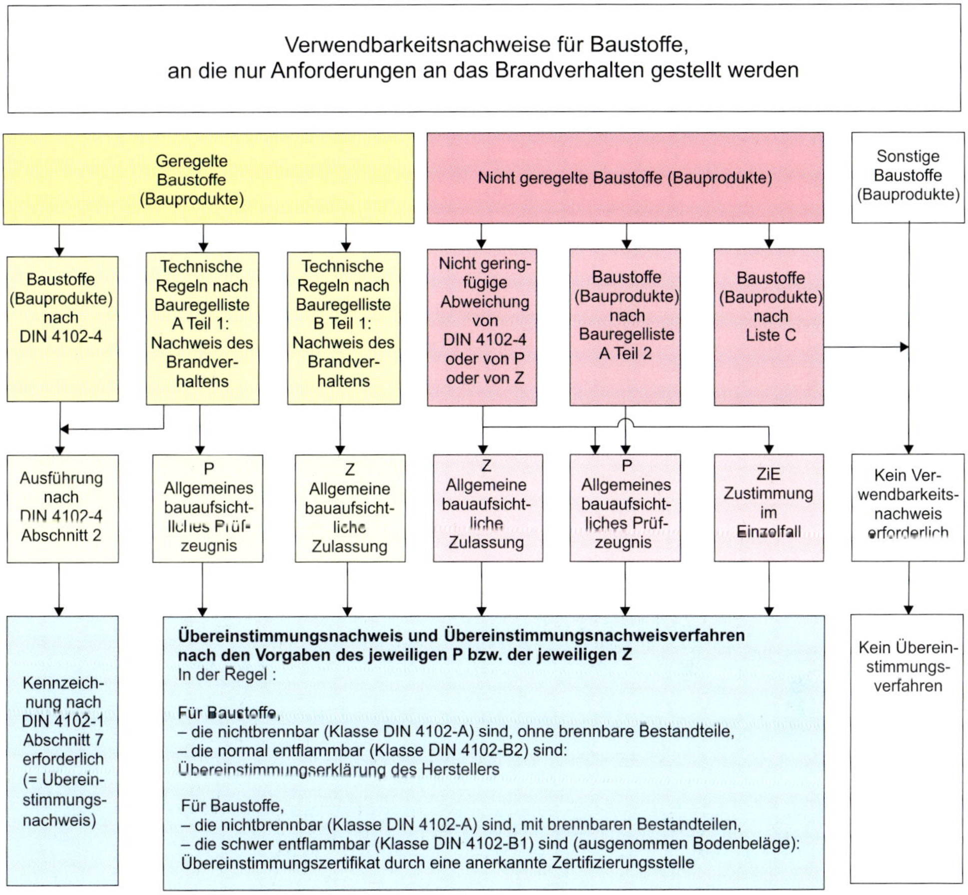

4.2 Seite 54 | Baustoffe

9.3 Kennzeichnung

Grundsätzlich müssen alle geregelten und nicht geregelten Baustoffe (Bauprodukte) bezüglich ihres Brandverhaltens, wie im jeweiligen Verwendbarkeitsnachweis angegeben, mit einem **Ü-Zeichen** (nationaler Baustoff) oder **CE-Zeichen** (europäischer Baustoff) gekennzeichnet werden. Außerdem sind die Regelungen zur Kennzeichnung nach den Übereinstimmungszeichen-Verordnungen (ÜZVO) der Länder maßgebend.

Dabei sind geregelte Baustoffe nach DIN 4102-4 Abschnitt 2 und nicht geregelte Baustoffe, die nach DIN 4102-1 geprüft und klassifiziert wurden, gemäß DIN 4102-1 Abschnitt 7 wie folgt zu kennzeichnen:

- DIN 4102 – A 1
- DIN 4102 – A 2
- DIN 4102 – B 1
- DIN 4102 – B 2.

Die Kennzeichnung ist auf den Baustoffen selbst, auf einem Beipackzettel oder auf seiner Verpackung oder, wenn dies Schwierigkeiten bereitet, auf dem Lieferschein oder auf einer Anlage zum Lieferschein anzubringen.

Von der Kennzeichnungspflicht sind ausgenommen:

- alle Baustoffe der Klasse A 1, die in der DIN 4102-4 aufgeführt sind, sowie
- Holz und Holzwerkstoffplatten von über 400 kg/m^3 Rohdichte und über 2 mm Dicke.

4 Grundlagen

4.3 Bauteile

Dipl.-Ing. (FH) Josef Mayr

Inhalt

1 **Allgemeines**

2 **Bauteile im Überblick**

3 **Bauaufsichtliche Anforderungen**

4 **Bewertung durch die Schadenversicherer**

5 **Klassifizierung nach DIN 4102-2 (nationale Ebene)**

5.1 Feuerwiderstandsklassen nach DIN 4102-2

5.2 Verknüpfung der Klassifizierungen nach DIN 4102-2 mit zusätzlichen Anforderungen an das Brandverhalten von Baustoffen

5.3 Zuordnung der bauaufsichtlichen Bezeichnung von Bauteilen zu den Bezeichnungen nach DIN 4102-2

5.4 F 90 ist nicht gleich *feuerbeständig*

5.5 Besondere Situation für hochfeuerhemmende Bauteile mit tragenden und aussteifenden Teilen aus brennbaren Baustoffen – (R)EI 60 [HolzR]

6 **Klassifizierung nach DIN EN 13501-2 (europäische Ebene)**

6.1 Zuordnung der bauaufsichtlichen Bezeichnung von Bauteilen zu europäischen Klassifizierungen nach DIN EN 13501-2

6.2 Verknüpfung der europäischen Klassifizierungen nach DIN EN 13501-2 mit zusätzlichen Anforderungen an das Brandverhalten von Baustoffen

6.3 Besondere Regelungen für hochfeuerhemmende Bauteile

6.4 Besondere Regelungen für Decken

6.5 Vergleich der europäischen Klassen mit den deutschen Feuerwiderstandsklassen

4.3	Bauteile	Inhalt

7 Erfüllung der Anforderungen der Landesbauordnungen (LBOs)

8 Verwendbarkeitsnachweis, Übereinstimmungsnachweis und Kennzeichnung

8.1 Verwendbarkeitsnachweis

8.1.1 Geregelte Bauteile (Bauprodukte)

8.1.2 Nicht geregelte Bauteile (Bauprodukte) gemäß Bauregelliste A Teil 2

8.1.3 Nicht geregelte Bauteile (Bauprodukte), die nicht in der Bauregelliste geregelt sind

8.1.4 Besonderheiten für Bauteile (Bauprodukte) mit europäischen Prüfungen

8.1.5 Zustimmung im Einzelfall

8.2 Übereinstimmungsnachweis

8.2.1 Geregelte Bauteile (Bauprodukte)

8.2.2 Nicht geregelte Bauteile (Bauprodukte)

8.3 Kennzeichnung

9 Wichtiges zu Bauteilen

4.3 Bauteile

1 Allgemeines

In den Landesbauordnungen werden *Bauteile* teilweise auch als *Bauprodukte* bezeichnet. In allen anderen Bereichen der Bauordnungen wird jedoch der Begriff Bauteile wie bisher weiterverwendet. Auch in der DIN 4102 ist dieser Begriff gebräuchlich. Aus diesen Gründen wird der Begriff Bauteile auch weiterhin im Brandschutzatlas und in diesem Kapitel verwendet (siehe Kapitel 4.2, Punkt 1).

Bauteile und Sonderbauteile

Zur besseren Handhabung erfolgt in diesem und im nächsten Kapitel (4.4) eine weitere Unterteilung in *Bauteile* und *Sonderbauteile.*

Als Bauteile werden bezeichnet:

- Wände
- Decken
- Stützen
- Unterzüge
- Doppelböden
- Selbstständige Unterdecken
- Treppen usw.

Die brandschutztechnischen Begriffe, Anforderungen und Prüfungen für diese Bauteile sind in der DIN 4102-2 festgelegt (siehe dieses Kapitel).

Bauteile mit brandschutztechnischen Sonderanforderungen werden Sonderbauteile genannt. Hierzu gehören z.B.

- Brandwände
- nichttragende Außenwände
- Feuerschutzabschlüsse
- Abschlüsse in Fahrschachtwänden
- Brandschutzverglasungen
- Lüftungsleitungen
- Bedachungen
- Kabel- und Rohrabschottungen
- Installationsschächte und -kanäle usw.

Diese Sonderbauteile sind hinsichtlich der Begriffe, Anforderungen und Prüfungen in der DIN 4102-3 sowie in den Teilen 5 bis 7, 9, 11, 13 und 18 dieser Norm behandelt (siehe Kapitel 4.4).

(Baustoffe siehe Kapitel 4.2.)

2 Bauteile im Überblick

Die beiden folgenden Tabellen enthalten die wichtigsten Angaben zur Klassifizierung und zu den jeweils erforderlichen Verwendbarkeitsnachweisen für Bauteile. Die darin verwendeten Abkürzungen werden in der Tabelle 2-3 erläutert.

4.3
Seite 2

Bauteile

Tabelle 2-1: Tragende Bauteile ohne und mit Raumabschluss

Tragende Bauteile		F	ohne Raumabschluss	R
Brandschutzatlas Kapitel 6.1			mit Raumabschluss	REI
Prüf- bzw. Klassifizierungsnorm		nationale Ebene DIN 4102-2	europäische Ebene DIN EN 13501-2	
fh	ohne Raumabschluss	F 30 [T]	R 30	
	mit Raumabschluss	F 30 [TR]	REI 30	
hf	ohne Raumabschluss	F 60-A [T] F 60-AB [T] 1)	R 60 [nb] R 60 [wnb] R 60 [HolzR]	
	mit Raumabschluss	F 60-A [TR] F 60-AB [TR] 1)	REI 60 [nb] REI 60 [wnb] REI 60 [HolzR]	
fb	ohne Raumabschluss	F 90-A [T] F 90-AB [T]	R 90 [nb] R 90 [wnb]	
	mit Raumabschluss	F 90-A [TR] F 90-AB [TR]	REI 90 [nb] REI 90 [wnb]	

Verwendung	Verwendbarkeitsnachweis	Übereinstimmungsnachweis
• als geregeltes Bauprodukt bzw. geregelte Bauart nach DIN 4102-4	Ausführung nach Abschnitt 3 ff.	bei Bauarten nicht erforderlich
• als geregeltes Bauprodukt nach **Bauregelliste A Teil 1**	Ausführung nach den dort angegebenen Regeln	wie in Bauregelliste A Teil 1 angegeben
• als geregeltes Bauprodukt auf Grundlage europäischer Regeln nach Bauproduktenrichtlinie gemäß **Bauregelliste B Teil 1**	wie in Bauregelliste B Teil 1 angegeben	wie in Bauregelliste B Teil 1 angegeben
• als Bauprodukt nach **Bauregelliste B Teil 2** nach den dort angegebenen Vorschriften zur Umsetzung der **EG-Richtlinien** und den dort angegebenen Anforderungen, die **zusätzlich** zur CE-Kennzeichnung bestehen	wie in Bauregelliste B Teil 2 angegeben (meist Z)	wie in Bauregelliste B Teil 2 angegeben (meist Z)
• als nicht geregeltes Bauprodukt, Prüfung nach den in **Bauregelliste A Teil 2** angegebenen Prüfverfahren (z.B. DIN 4102-2 oder Klassifizierung nach DIN EN 13501-2)	P	ÜH
• als nicht geregelte Bauart, Prüfung nach den in **Bauregelliste A Teil 3** angegebenen Prüfverfahren (z.B. DIN 4102-2 oder Klassifizierung nach DIN EN 13501-2)	P	ÜA
• in bestimmten Fällen, z.B. bei wesentlichen Abweichungen oder bestimmten Bauarten2)	Z	gemäß Z
• in begründeten Einzelfällen bzw. Ausnahmefällen	ZiE	gemäß ZiE

1) Nach Bauregelliste A Teil 1 Anlage 0.1.1 kann die Feuerwiderstandsfähigkeit von hochfeuerhemmenden Bauteilen in Verbindung mit den zusätzlichen Anforderungen an die Brandschutzbekleidung nicht nach DIN 4102-2 nachgewiesen werden. Eine Klassifizierung dieser Bauteile kann deshalb nur nach DIN EN 13501-2 erfolgen (siehe rechte Spalte).

2) z.B. Stahlbauteile mit Brandschutzbeschichtungen

Abkürzungen siehe nachfolgende Tabelle 2-3

Tabelle 2-2: Raumabschließende Bauteile, nichttragend

Raumabschließende Bauteile, nichttragend Brandschutzatlas Kapitel 6.2		F	EI
Prüf- bzw. Klassifizierungsnorm		nationale Ebene DIN 4102-2	europäische Ebene DIN EN 13501-2
fh	mit Raumabschluss nichttragend	F 30 [R]	EI 30
hf	mit Raumabschluss nichttragend	F 60-A [R] F 60-AB [R] *)	EI 60 [nb] EI 60 [wnb] EI 60 [HolzR]
fb	mit Raumabschluss nichttragend	F 90-A [R] F 90-AB [R]	EI 90 [nb] EI 90 [wnb]

Verwendung	Verwendbarkeitsnachweis	Übereinstimmungsnachweis
• als geregeltes Bauprodukt bzw. geregelte Bauart nach DIN 4102-4	Ausführung nach DIN 4102-4 Abschnitt 3 ff.	bei Bauarten nicht erforderlich
• als geregeltes Bauprodukt nach **Bauregelliste A Teil 1**	Ausführung nach den dort angegebenen Regeln	wie in Bauregelliste A Teil 1 angegeben
• als geregeltes Bauprodukt auf der Grundlage von europäischen Regeln nach der Bauproduktenrichtlinie gemäß **Bauregelliste B Teil 1**	Ausführung nach den dort angegebenen Regeln	wie in Bauregelliste B Teil 1 angegeben
• als Bauprodukt nach **Bauregelliste B Teil 2** nach den dort angegebenen Vorschriften zur Umsetzung der **EG-Richtlinien** und den dort angegebenen Anforderungen, die **zusätzlich** zur CE-Kennzeichnung bestehen	wie in Bauregelliste B Teil 2 angegeben (meist Z)	wie in Bauregelliste B Teil 2 angegeben (meist Z)
• als nicht geregeltes Bauprodukt, Prüfung nach den in **Bauregelliste A Teil 2** angegebenen Prüfverfahren (z.B. DIN 4102-2 oder Klassifizierung nach DIN EN 13501-2)	P	ÜH
• als nicht geregelte Bauart, Prüfung nach den in **Bauregelliste A Teil 3** angegebenen Prüfverfahren (z.B. DIN 4102-2 oder Klassifizierung nach DIN EN 13501-2)	P	ÜA
• in bestimmten Fällen, z.B. bei wesentlichen Abweichungen	Z	gemäß Z
• in begründeten Einzelfällen bzw. Ausnahmefällen	ZiE	gemäß ZiE

*) Nach Bauregelliste A Teil 1 Anlage 0.1.1 kann die Feuerwiderstandsfähigkeit von hochfeuerhemmenden Bauteilen in Verbindung mit den zusätzlichen Anforderungen an die Brandschutzbekleidung nicht nach DIN 4102-2 nachgewiesen werden. Eine Klassifizierung dieser Bauteile kann deshalb nur nach DIN EN 13501-2 erfolgen (siehe rechte Spalte).

Abkürzungen siehe nachfolgende Tabelle 2-3

Tabelle 2-3: Legende der in den Tabellen verwendeten Abkürzungen

Es bedeuten:	
-A, -AB, -B nach DIN 4102-2	Grundsätzliche Definition siehe Punkt 5.2 in diesem Kapitel
fh, hf, fb	feuerhemmend, hochfeuerhemmend, feuerbeständig
R	Résistance (Tragfähigkeit)
E	Etanchéité (Raumabschluss)
I	Isolation (Wärmedämmung unter Brandeinwirkung)
[nb]	nichtbrennbar (aus nichtbrennbaren Baustoffen)
[T]	Tragwerk (Bauteil: tragend ohne Raumabschluss)
[R]	Raumabschluss (Bauteil: nichttragend mit Raumabschluss)
[TR]	Tragwerk und Raumabschluss (tragendes Bauteil mit Raumabschluss)
[wnb]	und in den wesentlichen Teilen nichtbrennbar, gleiche Anforderung wie -AB
[HolzR]	Bei hochfeuerhemmenden Bauteilen, deren tragende und aussteifende Teile aus **brennbaren** Baustoffen bestehen, müssen diese gemäß den LBOs • allseitig eine brandschutztechnisch wirksame Bekleidung aus nichtbrennbaren Baustoffen (Brandschutzbekleidung K_260) und • Dämmstoffe aus nichtbrennbaren Baustoffen haben. Diese bauaufsichtliche Anforderung wird erreicht, indem die Ausführung nach der „Muster-Richtlinie über brandschutztechnische Anforderungen an hochfeuerhemmende Bauteile in Holzbauweise – **M-HFHHolzR**" erfolgt (siehe Kapitel 8.20). Damit bedeutet der Zusatz [HolzR], dass bei hochfeuerhemmenden Bauteilen mit tragenden und aussteifenden Teilen aus brennbaren Baustoffen zusätzliche Anforderungen bestehen an • die brandschutztechnische Wirksamkeit der Bekleidungen (K_260) • die Baustoffklasse der Bekleidungen und Dämmstoffe (nichtbrennbar) • den Einbau der Dämmstoffe und der Bekleidungen sowie • die sonstige Ausführung (gemäß M-HFHHolzR).
P	allgemeines bauaufsichtliches Prüfzeugnis einer amtlich anerkannten Materialprüfanstalt
Z	allgemeine bauaufsichtliche Zulassung des Deutschen Instituts für Bautechnik in Berlin
ZiE	Zustimmung im Einzelfall von der Obersten Baubehörde
ÜH	Übereinstimmungserklärung des Herstellers
ÜA	Übereinstimmungserklärung des Anwenders
ÜZ	Übereinstimmungszertifikat durch eine anerkannte Zertifizierungsstelle

Wichtig: Bei den in [] stehenden Abkürzungen in der Tabelle 2-3 handelt es sich nicht um genormte oder offizielle Abkürzungen, sondern um ein Abkürzungssystem zur **Verknüpfung** der Bauteilklassen mit den zusätzlichen Anforderungen der Landesbauordnungen, das im Brandschutzatlas zur besseren Handhabbarkeit verwendet wird (siehe Punkt 6.2 in diesem Kapitel).

3 Bauaufsichtliche Anforderungen

Die bauaufsichtlichen Anforderungen sind in den Landesbauordnungen sowie einer ganzen Reihe von Sonderverordnungen aufgeführt. Sie sind abhängig von der Nutzung, der Ausdehnung und vor allem der Höhe der baulichen Anlagen und betreffen im Wesentlichen

- das Tragwerk (siehe Kapitel 6.1)
- den Raumabschluss (siehe Kapitel 6.2) und
- das Brandverhalten der Baustoffe (siehe Kapitel 4.2).

Genaue Anforderungen für alle Länder und Gebäudeklassen nach jeweiliger LBO siehe Brandschutz-Nachweis-CD und Brandschutz-Nachweis-Checklisten. Auf der Brandschutz-Nachweis-CD sind auch zahlreiche Verordnungen, Verwaltungsvorschriften und Richtlinien der einzelnen Länder enthalten.

Bauteile werden im Baurecht[1]) entsprechend den Anforderungen an ihre Feuerwiderstandsdauer und ihr Brandverhalten unterschieden in:

- feuerbeständig
- hochfeuerhemmend
- feuerhemmend.

Zur Feststellung, welches Bauteil welche baurechtlich geforderten Eigenschaften bezüglich seiner Feuerwiderstandsdauer und seines Brandverhaltens aufweist, müssen diese Bezeichnungen den entsprechenden Feuerwiderstandsklassen zugeordnet werden.

Auf nationaler Ebene erfolgt dies mit DIN 4102-2. Auf europäischer Ebene werden die Baustoffklassen in DIN EN 13501-1 geregelt.

Dabei ist besonders darauf zu achten, dass die bauaufsichtlichen Begriffe nicht nur die jeweilige Feuerwiderstandsklasse definieren, sondern dass damit teilweise auch **weitergehende Anforderungen** verbunden sind (z.B. an die Baustoffe, aus denen das Bauteil besteht), die in Tabelle 3-1 dargestellt werden.

[1]) In einigen Bauordnungen werden nicht die Begriffe feuerhemmend, hochfeuerhemmend und feuerbeständig verwendet, sondern es wird gleich die jeweils erforderliche Feuerwiderstandsklasse nach DIN 4102 angegeben. Auch in diesen Fällen bestehen teilweise besondere Baustoffanforderungen, die dann in den entsprechenden Bezeichnungen bzw. Erläuterungen angegeben sind.

4.3 Seite 6 | Bauteile

Tabelle 3-1: Besondere Baustoffanforderungen der MBO 2002[1])

Bauteil	Besondere Baustoffanforderungen
Feuerbeständige Bauteile: **tragend, ohne** Raumabschluss	Bauteile der Feuerwiderstandsklasse F 90 (national) bzw. R 90 (europäisch), deren tragende und aussteifende Teile aus nichtbrennbaren Baustoffen bestehen
Feuerbeständige Bauteile: **tragend, mit** Raumabschluss	Bauteile der Feuerwiderstandsklasse F 90 (national) bzw. REI 90 (europäisch), deren tragende und aussteifende Teile aus nichtbrennbaren Baustoffen bestehen und die **zusätzlich** eine in Bauteilebene durchgehende Schicht aus nichtbrennbaren Baustoffen haben
Feuerbeständige Bauteile: **nichttragend, mit** Raumabschluss	Bauteile der Feuerwiderstandsklasse F 90 (national) bzw. EI 90 (europäisch), deren tragende und aussteifende Teile aus nichtbrennbaren Baustoffen bestehen[2]) und die **zusätzlich** eine in Bauteilebene durchgehende Schicht aus nichtbrennbaren Baustoffen haben
Hochfeuerhemmende Bauteile mit tragenden und aussteifenden Teilen aus nichtbrennbaren Baustoffen: **tragend, ohne** Raumabschluss	Bauteile der Feuerwiderstandsklasse F 60 (national) bzw. R 60 (europäisch), deren tragende und aussteifende Teile aus nichtbrennbaren Baustoffen bestehen
Hochfeuerhemmende Bauteile mit tragenden und aussteifenden Teilen aus nichtbrennbaren Baustoffen: **tragend, mit** Raumabschluss	Bauteile der Feuerwiderstandsklasse F 60 (national) bzw. REI 60 (europäisch), deren tragende und aussteifende Teile aus nichtbrennbaren Baustoffen bestehen und die **zusätzlich** eine in Bauteilebene durchgehende Schicht aus nichtbrennbaren Baustoffen haben
Hochfeuerhemmende Bauteile mit tragenden und aussteifenden Teilen aus nichtbrennbaren Baustoffen: **nichttragend, mit** Raumabschluss	Bauteile der Feuerwiderstandsklasse F 60 (national) bzw. EI 60 (europäisch), deren tragende und aussteifende Teile aus nichtbrennbaren Baustoffen bestehen[2]) und die **zusätzlich** eine in Bauteilebene durchgehende Schicht aus nichtbrennbaren Baustoffen haben
Hochfeuerhemmende Bauteile mit tragenden und aussteifenden Teilen aus brennbaren Baustoffen	Bauteile, deren tragende und aussteifende Teile aus brennbaren Baustoffen bestehen und die allseitig eine brandschutztechnisch wirksame Bekleidung aus nichtbrennbaren Baustoffen (Brandschutzbekleidung) und Dämmstoffe aus nichtbrennbaren Baustoffen haben[3])
Feuerhemmende Bauteile	Bauteile aus brennbaren Baustoffen (ausgenommen leicht entflammbare Baustoffe)

[1]) Zur Brandwand siehe Kapitel 4.4

[2]) Gemeint ist hier, dass bei nichttragenden Bauteilen alle Bauteile, die deren Standsicherheit bewirken (z.B. Rahmenkonstruktionen von nichttragenden Wänden), nichtbrennbar sein müssen.

[3]) Siehe auch: Musterrichtlinie über brandschutztechnische Anforderungen an hochfeuerhemmende Bauteile in Holzbauweise (Muster-Holzbaurichtlinie, siehe Punkt 5.5 in diesem Kapitel und Kapitel 8.20)

4 Bewertung durch die Schadenversicherer

Zur Bewertung durch die Schadenversicherer siehe Kapitel 6.1, 6.2 und 10.

5 Klassifzierung nach DIN 4102-2 (nationale Ebene)

Das Brandverhalten von Bauteilen wird durch die Feuerwiderstandsdauer und durch weitere brandschutztechnische Eigenschaften der Bauteile gekennzeichnet.

5.1 Feuerwiderstandsklassen nach DIN 4102-2

Die Feuerwiderstandsdauer ist die Mindestdauer in Minuten, während der ein Bauteil die in DIN 4102-2 aufgeführten Prüfanforderungen erfüllt (nationale Ebene). Daraus resultieren **Feuerwiderstandsklassen** mit dem Kurzzeichen **F** und einer daran anschließenden Zahl, die die Feuerwiderstandsdauer in Minuten beschreibt (siehe Tabelle 5-1).

Tabelle 5-1:
Feuerwiderstandsklassen F für Bauteile wie Wände, Decken, Stützen, Unterzüge, Treppen usw.

Feuerwiderstandsklasse	Feuerwiderstandsdauer in Minuten
F 30	≥ 30
F 60	≥ 60
F 90	≥ 90
F 120	≥ 120
F 180	≥ 180

Zur Einreihung in eine bestimmte Feuerwiderstandsklasse müssen die Bauteile für die Zeit ihrer Feuerwiderstandsdauer bestimmte Anforderungen erfüllen. Die Prüfbedingungen sind in Abschnitt 6 der DIN 4102-2 festgelegt. Hier wird auch die Temperatur im Brandraum während des Brandversuchs in Form der Einheitstemperaturzeitkurve (ETK) vorgegeben (siehe Bild 5-1).

5-1 Einheitstemperaturzeitkurve (DIN 4102-2, Bild 3)

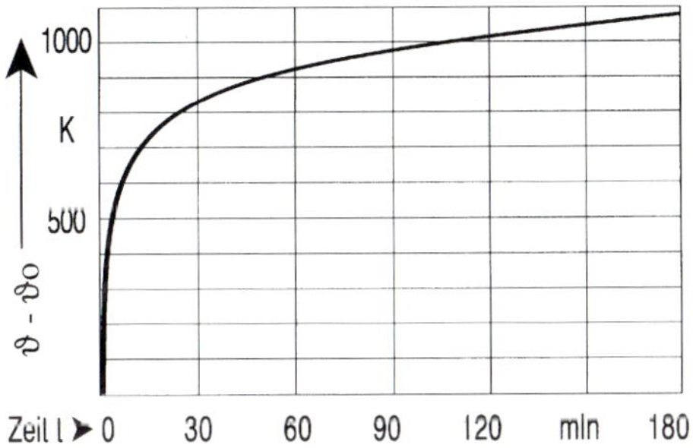

ϑ Brandraumtemperatur in K

ϑ0 Temperatur der Probekörper bei Versuchsbeginn in K

t Zeit in Minuten

Die in Bild 5-1 dargestellte Einheitstemperaturzeitkurve wurde unter der Bezeichnung ISO R 834 in die internationale Normung übernommen.

Die Prüfanforderungen bzw. Versagenskriterien sind für tragende Bauteile in Kapitel 6.1.1-B, Punkt 1 und für raumabschließende Bauteile in Kapitel 6.2.1-B, Punkt 1 auszugsweise angegeben.

4.3 Seite 8 | **Bauteile**

Nach deutschem Baurecht gilt – mit Ausnahme weniger Sonderbauteile – der Feuerwiderstand von beiden Seiten. Damit muss z.B. ein Bauteil mit der Feuerwiderstandsklasse F 90 nach DIN 4102 diese Feuerwiderstandsdauer von beiden Seiten aufweisen, egal auf welcher Seite ein Feuer auftritt.

5.2 Verknüpfung der Klassifizierungen nach DIN 4102-2 mit zusätzlichen Anforderungen an das Brandverhalten von Baustoffen

Nach den Landesbauordnungen und ergänzenden Vorschriften bestehen bei bestimmten Bauteilen neben den Anforderungen an die Feuerwiderstandsklasse auch Anforderungen an das Brandverhalten der für dieses Bauteil verwendeten Baustoffe. Diese Zusatzanforderungen werden ebenfalls in DIN 4102-2 geregelt und dort über **Zusatzbezeichnungen** kenntlich gemacht.

Zusatzbezeichnungen zu den Feuerwiderstandsklassen

Für Bauteile einer bestimmten Feuerwiderstandsklasse erfolgt entsprechend den Baustoffen, aus denen sie bestehen, eine weitere Unterteilung in drei Gruppen. Hierzu erhalten die Feuerwiderstandsklassen die in Tabelle 5-2 aufgeführten Zusatzbezeichnungen.

Tabelle 5-2:
Zusatzbezeichnungen zu den Feuerwiderstandsklassen

Zusatz-bezeichnungen	
-A	aus nichtbrennbaren Baustoffen
-AB	in den wesentlichen Teilen aus nichtbrennbaren Baustoffen
-B	aus brennbaren Baustoffen

-A

Wird ein Bauteil **vollständig** aus **nichtbrennbaren Baustoffen** gefertigt, erhält die Feuerwiderstandsklasse den Zusatz **-A.** Bei der Beurteilung des Brandverhaltens der Baustoffe können Oberflächendeckschichten (z.B. oberflächlich aufgebrachte Tapeten) oder andere Oberflächenbehandlungen (z.B. oberflächliche Anstriche auf Dispersions- oder Alkydharzbasis) außer Betracht bleiben.

-AB

Der Zusatz **-AB** bedeutet, dass das Bauteil in den **wesentlichen Teilen** aus **nichtbrennbaren Baustoffen** besteht. Zu den wesentlichen Teilen gehören:

- alle tragenden oder aussteifenden Teile.

  Bei **nichttragenden Bauteilen** gehören hierzu auch die Bauteile, die deren Standsicherheit bewirken (z.B. Rahmenkonstruktionen von nichttragenden Wänden).

- bei **raumabschließenden Bauteilen** eine in Bauteilebene durchgehende Schicht, die bei der Prüfung nach DIN 4102-2 nicht zerstört werden darf.

  Bei Decken muss diese Schicht eine Gesamtdicke von mindestens 50 mm haben; Hohlräume im Innern dieser Schicht sind zulässig.

  Bei der Beurteilung des Brandverhaltens der Baustoffe können, wie beim Zusatz -A beschrieben, Oberflächendeckschichten oder andere Oberflächenbehandlungen außer Betracht bleiben.

-B

Alle anderen Bauteile erhalten den Zusatz **-B**. Hier bestehen **keine besonderen Anforderungen** an das Brandverhalten der verwendeten Baustoffe (mit Ausnahme des Verbots von leicht entflammbaren Baustoffen).

Feuerbeständige Bauteile müssen in den wesentlichen Teilen aus nichtbrennbaren Baustoffen bestehen. Deshalb ist es wichtig, hier die entsprechende Ergänzung (F 90-AB) zu verwenden (siehe unter 5.4 in diesem Kapitel).

Bei der Zuordnung des Begriffs *feuerhemmend* an die Baustoffklasse kann der Zusatz auch entfallen. Dies bedeutet: Wird nur F 30 angegeben, muss die Baustoffklasse nach DIN 4102-2 mindestens F 30-B sein. F 30-B-Bauteile können z.B. vollständig aus brennbaren Baustoffen (Holz) bestehen (siehe unter 5.3 in diesem Kapitel).

Die Zusatzbezeichnungen bzw. Unterteilungen **-A, -AB und -B** gelten sinngemäß für alle Feuerwiderstandsklassen F 30 bis F 180 (siehe Tabelle 5-3).

Fußnoten zu Tabelle 5-3 auf der rechten Seite

[1]) Zu den wesentlichen Teilen gehören:

a) alle tragenden oder aussteifenden Teile, bei nichttragenden Bauteilen auch die Bauteile, die deren Standsicherheit bewirken (z.B. Rahmenkonstruktionen von nichttragenden Wänden)

b) bei raumabschließenden Bauteilen eine in Bauteilebene durchgehende Schicht, die bei der Prüfung nach dieser Norm nicht zerstört werden darf.

Bei Decken muss diese Schicht eine Gesamtdicke von mindestens 50 mm besitzen; Hohlräume im Innern dieser Schicht sind zulässig.

Bei der Beurteilung des Brandverhaltens der Baustoffe können Oberflächendeckschichten oder andere Oberflächenbehandlungen außer Betracht bleiben.

[2]) Diese Benennung betrifft nur die Feuerwiderstandsfähigkeit des Bauteils; die bauaufsichtlichen Anforderungen an Baustoffe für den Ausbau, die in Verbindung mit dem Bauteil stehen, werden hiervon nicht berührt.

Tabelle 5-3: Zusatzbezeichnungen zu den Feuerwiderstandsklassen für Bauteile (DIN 4102-2 Tabelle 2)

	1	*2*	*3*	*4*	*5*
Zeile	Feuer-widerstands-klasse nach Tabelle 1	Baustoffklasse nach DIN 4102-1 der in den geprüften Bauteilen verwendeten Baustoffe für		Benennung[2]) Bauteile der	Kurz-bezeichnung
		wesent-liche Teile[1])	übrige Bestandteile, die nicht unter den Begriff der Spalte 2 fallen		
1	F 30	B	B	Feuerwiderstandsklasse F 30	F 30-B
2		A	B	Feuerwiderstandsklasse F 30 und in den wesentlichen Teilen aus nichtbrennbaren Baustoffen[1])	F 30-AB
3		A	A	Feuerwiderstandsklasse F 30 und aus nichtbrennbaren Baustoffen	F 30-A
4	F 60	B	B	Feuerwiderstandsklasse F 60	F 60-B
5		A	B	Feuerwiderstandsklasse F 60 und in den wesentlichen Teilen aus nichtbrennbaren Baustoffen[1])	F 60-AB
6		A	A	Feuerwiderstandsklasse F 60 und aus nichtbrennbaren Baustoffen	F 60-A
7	F 90	B	B	Feuerwiderstandsklasse F 90	F 90-B
8		A	B	Feuerwiderstandsklasse F 90 und in den wesentlichen Teilen aus nichtbrennbaren Baustoffen[1])	F 90-AB
9		A	A	Feuerwiderstandsklasse F 90 und aus nichtbrennbaren Baustoffen	F 90-A
10	F 120	B	B	Feuerwiderstandsklasse F 120	F 120-B
11		A	B	Feuerwiderstandsklasse F 120 und in den wesentlichen Teilen aus nichtbrennbaren Baustoffen[1])	F 120-AB
12		A	A	Feuerwiderstandsklasse F 120 und aus nichtbrennbaren Baustoffen	F 120-A
13	F 180	B	B	Feuerwiderstandsklasse F 180	F 180-B
14		A	B	Feuerwiderstandsklasse F 180 und in den wesentlichen Teilen aus nichtbrennbaren Baustoffen[1])	F 180-AB
15		A	A	Feuerwiderstandsklasse F 180 und aus nichtbrennbaren Baustoffen	F 180-A

Fußnoten siehe linke Seite

4.3 Seite 12	Bauteile

5-2 Beispiele für die Einstufung von Bauteilen nach DIN 4102-2

Montagewände

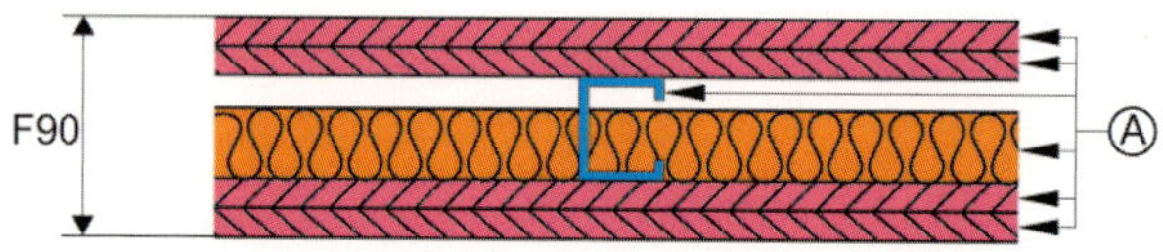	**F 90-A**	Alle Teile aus Baustoffen der Klasse A
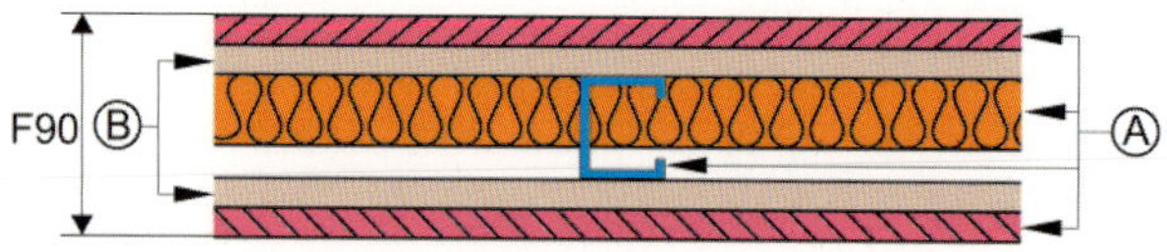	**F 90-AB**	Alle wesentlichen Teile aus Baustoffen der Klasse A
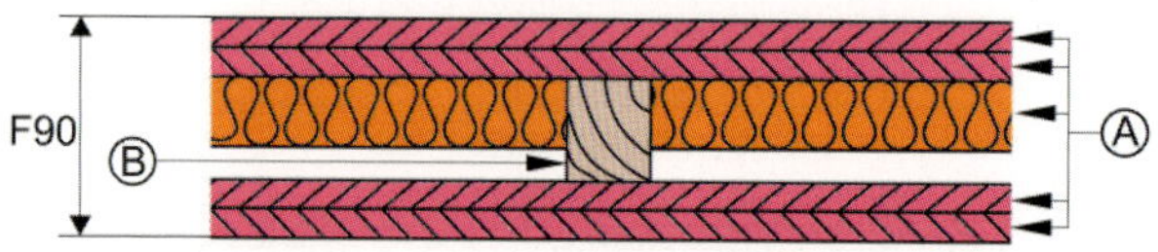	**F 90-B**	Wesentliche Teile aus Baustoffen der Klasse B

Unterdecken in Verbindung mit Rohdecken

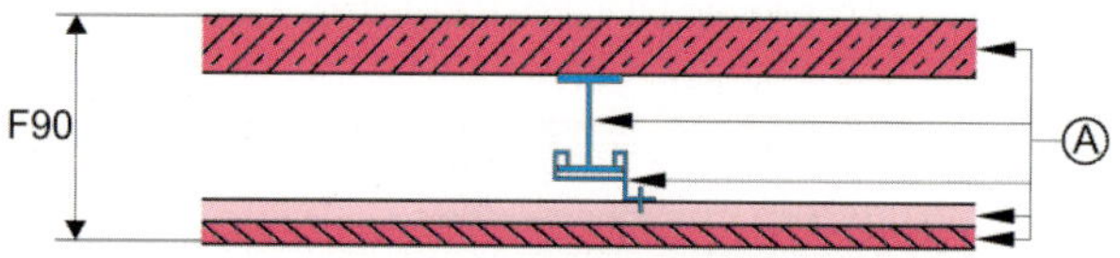	**F 90-A**	Alle Teile aus Baustoffen der Klasse A
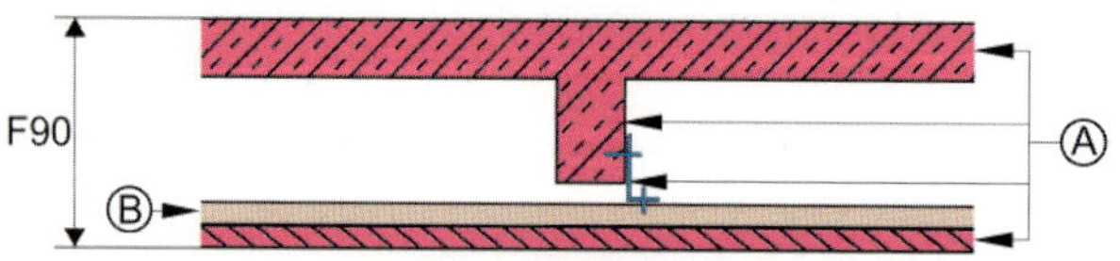	**F 90-AB**	Alle wesentlichen Teile aus Baustoffen der Klasse A
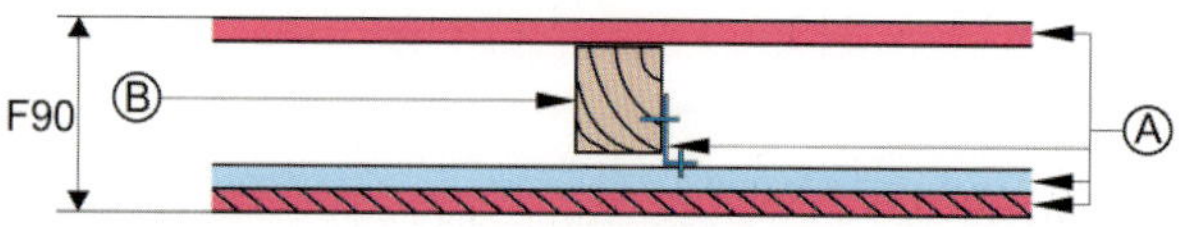	**F 90-B**	Wesentliche Teile aus Baustoffen der Klasse B
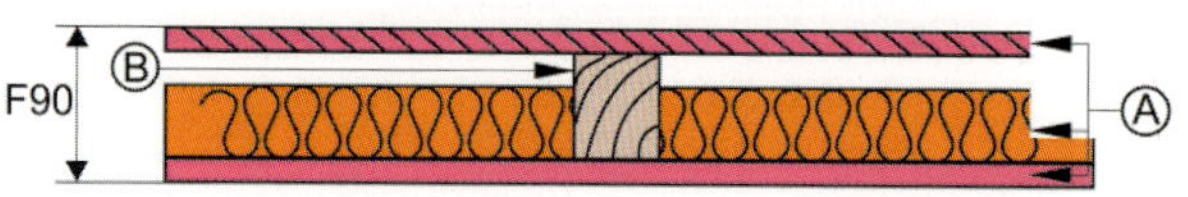	**F 90-B**	Wesentliche Teile aus Baustoffen der Klasse B

5.3 Zuordnung der bauaufsichtlichen Bezeichnung von Bauteilen zu den Bezeichnungen nach DIN 4102-2

Nachfolgend werden die bauaufsichtlichen Anforderungen *feuerbeständig, hochfeuerhemmend und feuerhemmend* den entsprechenden Klassen nach DIN 4102-2 zugeordnet. Dabei sind die Klassifizierungen nach DIN 4102-2 (nationale Ebene) und denen nach DIN EN 13501-2 bis 5 (europäische Ebene) für den Nachweis der geforderten Feuerwiderstandsdauer eines Bauteils alternativ anwendbar.

Gemäß Bauregelliste A Teil 1 Anlage 0.1.1 entsprechen die Bezeichnungen nach DIN 4102-2 den Anforderungen in bauaufsichtlichen Verwendungsvorschriften wie in der Tabelle 5-4 dargestellt.

Tabelle 5-4: Zuordnung der bauaufsichtlichen Bezeichnung von Bauteilen zu den Bezeichnungen nach DIN 4102-2 (nach Bauregelliste A Teil 1 Anlage 0.1.1)

Bauaufsichtliche Anordnungen	Klassen nach DIN 4102-2	Kurzbezeichnung nach DIN 4102-2
feuerhemmend	Feuerwiderstandsklasse F 30	F 30-B
feuerhemmend und aus nichtbrennbaren Baustoffen	Feuerwiderstandsklasse F 30 und aus nichtbrennbaren Baustoffen	F 30-A
hochfeuerhemmend[1])	Feuerwiderstandsklasse F 60 und in den wesentlichen Teilen aus nichtbrennbaren Baustoffen	F 60-AB
	Feuerwiderstandsklasse F 60 und aus nichtbrennbaren Baustoffen	F 60-A
feuerbeständig	Feuerwiderstandsklasse F 90 und in den wesentlichen Teilen aus nichtbrennbaren Baustoffen	F 90-AB
feuerbeständig und aus nichtbrennbaren Baustoffen	Feuerwiderstandsklasse F 90 und aus nichtbrennbaren Baustoffen	F 90-A[2])

[1]) Nach Bauregelliste A Teil 1 Anlage 0.1.1 kann die Feuerwiderstandsfähigkeit von hochfeuerhemmenden Bauteilen in Verbindung mit den zusätzlichen Anforderungen an die Brandschutzbekleidung nicht nach DIN 4102-2 nachgewiesen werden. Eine Klassifizierung dieser Bauteile kann deshalb nur nach DIN EN 13501-2 erfolgen (siehe Tabelle 6-1 in diesem Kapitel).

[2]) Nach bestimmten bauaufsichtlichen Verwendungsvorschriften einiger Länder wird auch F 120 gefordert.

Allerdings wird in der Tabelle 5-4 aus der Bauregelliste nicht berücksichtigt, ob es sich um tragende Bauteile mit/ohne Raumabschluss oder um nichttragende Bauteile mit Raumabschluss handelt. Auch die bauaufsichtliche Anforderung an hochfeuerhemmende Bauteile mit tragenden brennbaren Baustoffen ist nicht enthalten, da diese nicht nach DIN 4102-2 nachgewiesen werden können.

Deshalb enthält die Tabelle 5-5 eine detailliertere Zuordnung der bauaufsichtlichen Bezeichnungen von Bauteilen zu den Bezeichnungen nach DIN 4102-2.

Tabelle 5-5: Bauaufsichtliche Anforderungen an Bauteile und ihre detaillierte Zuordnung zu den Bezeichnungen nach DIN 4102-2

Bauaufsichtliche Anforderungen	Zuordnung zu den Bezeichnungen nach DIN 4102-2			
	Bezeichnung nach DIN 4102-2	Tragend, mit Raumabschluss	Tragend, ohne Raumabschluss	Nichttragend, mit Raumabschluss
feuerhemmend	F 30-B	F 30-B [TR]	F 30-B [T]	F 30-B [R]
	F 30-AB	F 30-AB [TR]	F 30-AB [T]	F 30-AB [R]
	F 30-A	F 30-A [TR]	F 30-A [T]	F 30-A [R]
hochfeuerhemmend	*)			
	F 60-AB	F 60-AB [TR]	F 60-AB [T]	F 60-AB [R]
	F 60-A	F 60-A [TR]	F 60-A [T]	F 60-A [R]
feuerbeständig	F 90-AB	F 90-AB [TR]	F 90-AB [T]	F 90-AB [R]
	F 90-A	F 90-A [TR]	F 90-A [T]	F 90-A [R]
Es bedeuten:				
-A, -AB, -B nach DIN 4102-2	Grundsätzliche Definition siehe Punkt 5.2 in diesem Kapitel			
Alle Abkürzungen in eckigen Klammern [ ]	Tabelle 2-3 unter Punkt 2 in diesem Kapitel			

*) Nach Bauregelliste A Teil 1 Anlage 0.1.1 kann die Feuerwiderstandsfähigkeit von hochfeuerhemmenden Bauteilen in Verbindung mit den zusätzlichen Anforderungen an die Brandschutzbekleidung nicht nach DIN 4102-2 nachgewiesen werden. Eine Klassifizierung dieser Bauteile kann deshalb nur nach DIN EN 13501-2 erfolgen (siehe Tabelle 6-1 in diesem Kapitel).

Wichtig: Bei den in [] stehenden Abkürzungen in der Tabelle 5-5 handelt es sich nicht um genormte oder offizielle Abkürzungen, sondern um ein Abkürzungssystem, das im Brandschutzatlas zur besseren Handhabbarkeit der europäischen Klassifizierungen verwendet wird (siehe Punkt 2, Tabelle 2-3 und Punkt 6.2 in diesem Kapitel).

5.4 F 90 ist nicht gleich *feuerbeständig*

Bei jeder Verwendung von Klassifzierungen (Kurzbezeichnungen nach DIN 4102-2 oder DIN EN 13501-2) ist darauf zu achten, dass immer auch die zusätzlichen Anforderungen an die verwendeten Baustoffe mit angegeben werden (Zusatzbezeichnungen siehe Punkte 5.2 und 5.3 in diesem Kapitel).

Erfolgt z.B. in Plänen oder Schriftstücken nur die Bezeichnung **F 90**, so ist diese Angabe in der Regel **unzureichend!**

F 90 bedeutet nämlich lediglich: Feuerwiderstandsklasse F 90. Diese könnte auch mit tragenden und aussteifenden Teilen aus brennbaren Baustoffen hergestellt werden = **F 90-B.**

Die Feuerwiderstandsklasse F 90 bzw. F 90-B ist jedoch in **keinem Fall identisch** mit der bauaufsichtlichen Anforderung ***feuerbeständig.*** Diese bedeutet immer auch, dass zusätzliche Anforderungen an das Brandverhalten der Baustoffe gestellt werden = **F 90-AB.**

Deshalb ist es z.B. bei Brandschutzplänen und Brandschutzkonzepten bis zur Genehmigungsplanung empfehlenswert, für alle Bauteile möglichst immer die bauaufsichtlichen Begriffe feuerbeständig, hochfeuerhemmend und feuerhemmend zu verwenden (Abkürzungen: fb, hf und fh). Dies hat auch den Vorteil, dass dann für die weitere Ausführung sowohl eine Umsetzung in die nationale als auch in die europäische Klassifzierung erfolgen kann.

5.5 Besondere Situation für hochfeuerhemmende Bauteile mit tragenden und aussteifenden Teilen aus brennbaren Baustoffen – (R)EI 60 [HolzR][1])

Hochfeuerhemmende Bauteile mit tragenden und versteifenden Teilen aus brennbaren Baustoffen – **(R)EI 60 [HolzR]**[1]) müssen nach MBO folgende weitergehende Anforderungen erfüllen:

„Bauteile, deren tragende und aussteifende Teile aus brennbaren Baustoffen bestehen und die allseitig eine brandschutztechnisch wirksame Bekleidung aus nichtbrennbaren Baustoffen (Brandschutzbekleidung) und Dämmstoffe aus nichtbrennbaren Baustoffen haben.“

Für den Pragmatiker wäre es jetzt relativ einfach, diese Anforderung zu erfüllen. Nach dem Wortlaut der MBO-Anforderung müssten hierzu einfach Bauteile verwendet werden, deren tragende und aussteifende Teile aus brennbaren Baustoffen mit einer allseitig wirksamen Brandschutzbekleidung aus nichtbrennbaren Stoffen bekleidet sind, die nichtbrennbare Dämmstoffe haben und die als F 60-B-Bauteil nach DIN 4102-2 geprüft sind.

Dies ist leider aus zwei Gründen nicht so einfach:

Grund A: Muster-Holzbaurichtlinie (M-HFHHolzR)

In der M-HFHHolzR (Fassung Juli 2004, siehe Kapitel 8.20) sind die brandschutztechnischen Anforderungen an hochfeuerhemmende Bauteile in Holzbauweise angegeben. Die M-HFHHolzR wurde in der Regel in denjenigen Ländern eingeführt, in denen die Gebäudeklasse 4 mit der Anforderung *hochfeuerhemmend* in die jeweilige LBO übernommen wurde.

Diese Richtlinie regelt genau, wie die Anforderung hochfeuerhemmend umzusetzen ist, wenn hierzu tragende und aussteifende Teile aus brennbaren Baustoffen verwendet werden. Die wichtigsten Anforderungen sind:

1. Die Dämmstoffe müssen aus nichtbrennbaren Baustoffen mit einem Schmelzpunkt ≥ 1000 °C bestehen.

   Anmerkung: Diese Anforderung lässt sich relativ einfach einhalten.

[1]) Bei den in [ ] stehenden Abkürzungen handelt es sich nicht um genormte oder offizielle Abkürzungen, sondern um ein Abkürzungssystem, das im Brandschutzatlas zur besseren Handhabbarkeit der europäischen Klassifzierungen verwendet wird (siehe Punkt 2, Tabelle 2-3 und Punkt 6.2 in diesem Kapitel).

2. Die Brandschutzbekleidung muss eine Entzündung der tragenden und aussteifenden Holzbauteile bzw. Holzwerkstoffe während eines Zeitraums von mindestens 60 Minuten verhindern und als $K_2$60 nach DIN EN 13501-2 klassifiziert sein.

   Anmerkung: Diese Klassifizierung ist nach DIN 4102-2 nicht möglich. Eine F 60-Klassifizierung nach DIN 4102-2 oder 4102-4 entspricht nicht der bauaufsichtlichen Anforderung *hochfeuerhemmend*).*

3. Es bestehen teilweise besondere Anforderungen an die Ausführung von Anschlüssen, die durch ein P nachgewiesen werden müssen.

4. Für die Bauart ist als Verwendbarkeitsnachweis ein allgemeines bauaufsichtliches Prüfzeugnis erforderlich.

   Anmerkung: Damit sind keine allgemein gültigen „einfachen" Lösungen möglich, sondern nur Systemlösungen, die einschließlich der Ausführung der Anschlüsse ein entsprechendes P haben.

*) Nach Bauregelliste A Teil 1 Anlage 0.1.1 kann die Feuerwiderstandsfähigkeit von hochfeuerhemmenden Bauteilen in Verbindung mit den zusätzlichen Anforderungen an die Brandschutzbekleidung nicht nach DIN 4102-2 nachgewiesen werden. Eine Klassifizierung dieser Bauteile kann deshalb nur nach DIN EN 13501-2 erfolgen (siehe Tabelle 6-1 in diesem Kapitel).

Grund B: Bauregelliste

Sowohl in Bauregelliste A Teil 1 Anlage 0.1.2 als auch Bauregelliste A Teil 2 lfd. Nr. 2.44 sind für die Umsetzung der bauaufsichtlichen Anforderung *hochfeuerhemmend* besondere Bedingungen genannt (siehe sinngemäß bei Grund A).

Lösungsmöglichkeiten

Grundsätzlich gibt es folgende Möglichkeiten, die bauaufsichtliche Anforderung *hochfeuerhemmend* umzusetzen:

Möglichkeit 1

Die Bauteile werden in **F 60-A oder F 60-AB** ausgeführt. Hierfür können dann z.B. Bauteile verwendet werden, die gemäß DIN 4102-2 geprüft und klassifiziert wurden, oder geregelte Bauarten nach DIN 4102-4. Das liegt zwar nicht im Sinn der Einführung von *hochfeuerhemmend,* weil man damit eigentlich in Gebäudeklasse 4 die Holzbauweise ermöglichen wollte. Es ist jedoch derzeit eine einfache und praktikable Lösung, die keinen weiteren Aufwand erfordert.

Möglichkeit 2

Es erfolgt die in der Bauregelliste*) und in der M-HFHHolzR vorgesehene Ausführung mit einem entsprechenden Verwendbarkeitsnachweis für alle Bauteile (in der Regel das allgemeine bauaufsichtliche Prüfzeugnis).

6 Klassifzierung nach DIN EN 13501-2 (europäische Ebene)

Auf europäischer Ebene ist die Klassifizierung von Bauteilen (Bauprodukten und Bauarten) in der DIN EN 13501-2 „Klassifizierung von Bauprodukten und Bauarten zu ihrem Brandverhalten" festgelegt.

Danach sind für Bauteile die Feuerwiderstandsklassen 15, 20, 30, 45, 60, 90, 120, 180 und 240 vorgesehen, wobei die Zahl jeweils die Feuerwiderstandsdauer in Minuten angibt. Die Klassifizierung erfolgt im Wesentlichen mit folgenden Kurzbezeichnungen:

- R = Résistance (Tragfähigkeit)
- E = Etanchéité (Raumabschluss)
- I = Isolation (Wärmedämmung unter Brandeinwirkung).

Für bestimmte Bauteile (Bauprodukte) bzw. Eigenschaften sind zahlreiche Zusatzkriterien vorgesehen (siehe Kapitel 4.4, Tabelle 4-3).

6.1 Zuordnung der bauaufsichtlichen Bezeichnung von Bauteilen zu europäischen Klassifizierungen nach DIN EN 13501-2

Die Tabelle 6-1 gibt an, wie die nach DIN EN 13501-2 klassifizierten Eigenschaften zum Feuerwiderstandsverhalten den Anforderungen in bauaufsichtlichen Verwendungsvorschriften entsprechen.

4.3 Seite 18 Bauteile

Tabelle 6-1: Zuordnung der bauaufsichtlichen Benennungen von Bauteilen zu den europäischen Klassifizierungen nach DIN EN 13501-2 (nach Bauregelliste A Teil 1 Anlage 0.1.2)

Bauaufsichtliche Anforderungen	Tragende Bauteile		Nichttragende Innenwände mit Raumabschluss	Selbstständige Unterdecken mit Raumabschluss
	ohne Raum-abschluss	mit Raum-abschluss		
feuerhemmend	R 30	REI 30	EI 30	EI 30 (a ↔ b) [nb]
hochfeuerhemmend	R 60 [nb] R 60 [wnb] R 60 [HolzR]	REI 60 [nb] REI 60 [wnb] REI 60 [HolzR]	EI 60 [nb] EI 60 [wnb] EI 60 [HolzR]	EI 60 (a ↔ b) [nb]
feuerbeständig	R 90 [nb] R 90 [wnb]	REI 90 [nb] REI 90 [wnb]	EI 90 [nb] EI 90 [wnb]	EI 90 (a ↔ b) [nb]
Feuerwiderstandsfähigkeit 120 Minuten	R 120 [nb] R 120 [wnb]	REI 120 [nb] REI 120 [wnb]	–	–
Es bedeuten:				
R, E, I sowie alle Abkürzungen in eckigen Klammern [ ]	siehe Tabelle 2-3 unter Punkt 2 in diesem Kapitel			
(a ↔ b)	above-below (Richtung der klassifizierten Feuerwiderstandsdauer)			

Wichtig: Bei den in [] stehenden Abkürzungen der Tabelle 6-1 handelt es sich nicht um genormte oder offizielle Abkürzungen, sondern um ein Abkürzungssystem, das im Brandschutzatlas zur besseren Handhabbarkeit der europäischen Klassifizierungen verwendet wird (siehe Punkt 2, Tabelle 2-3 und Punkt 6.2 in diesem Kapitel).

6.2 Verknüpfung der europäischen Klassifizierungen nach DIN EN 13501-2 mit zusätzlichen Anforderungen an das Brandverhalten von Baustoffen

Nach den Landesbauordnungen und ergänzenden Vorschriften bestehen bei bestimmten Bauteilen neben den Anforderungen an die Feuerwiderstandsklasse auch Anforderungen an das Brandverhalten der für dieses Bauteil verwendeten Baustoffe.

Dieses Problem ist im Bereich der nationalen Normung gelöst durch die Zusatzbezeichnungen: -A, -AB und -B (siehe Punkt 5.2 in diesem Kapitel).

Die europäische Klassifizierung der Feuerwiderstandsfähigkeit von Bauteilen berücksichtigt jedoch **nicht** das Brandverhalten der Baustoffe. Das Brandverhalten der Baustoffe muss deshalb immer, wenn diesbezügliche bauaufsichtliche Anforderungen bestehen, zusätzlich nach DIN EN 13501-1 bestimmt werden (siehe Kapitel 4.2).

Außerdem ist in den europäischen Vorschriften eine **Verknüpfung** von europäischen Bauteilklassen mit europäischen Baustoffklassen und einer entsprechenden Kennzeichnung durch Kurzbezeichnungen **nicht** vorgesehen und wegen der Vielzahl von Möglichkeiten auch gar nicht praktikabel.

Damit den Abkürzungen der europäischen Klassifizierungen auf einfache Art und Weise die teilweise vorhandenen Anforderungen an das Brandverhalten der Baustoffe zugeordnet werden können, wurde für den Brandschutzatlas ein eigenes Abkürzungssystem entwickelt, kenntlich an den in eckigen Klammern [] stehenden Kürzeln.

Die in den in eckigen Klammern stehenden Anforderungen müssen also immer **zusätzlich** zu den europäischen Baustoffklassen berücksichtigt oder erfüllt werden, wobei die Baustoffanforderungen entweder nach nationalen oder nach europäischen Vorschriften (DIN 4102-1 oder Klassifizierung nach DIN EN 13501-1) nachgewiesen werden können (siehe Kapitel 4.2).

6.3 Besondere Regelungen für hochfeuerhemmende Bauteile

Bei hochfeuerhemmenden Bauteilen ist das Brandschutzvermögen der brandschutztechnisch wirksamen Bekleidung aus nichtbrennbaren Baustoffen (Brandschutzbekleidung) zusätzlich zur Feuerwiderstandsfähigkeit nachzuweisen und nach DIN EN 13501-2 mit $K_2 60$ zu klassifizieren (siehe auch Punkt 5.5 in diesem Kapitel).

6.4 Besondere Regelungen für Decken

Nach deutschem Baurecht muss die Feuerwiderstandsfähigkeit von Decken grundsätzlich sowohl von oben nach unten als auch von unten nach oben erfüllt sein. Die europäischen Klassifizierungen berücksichtigen eine Brandbeanspruchung von unten nach oben.

Damit auf eine zusätzliche Brandprüfung mit Brandbeanspruchung auf der Oberseite verzichtet werden kann, müssen feuerwiderstandsfähige Holzbalkendecken bei den Brandprüfungen oberseitig mindestens die nachfolgenden konstruktiven Bedingungen erfüllen:

Feuerwiderstandsklasse REI 60:

Variante 1:

13 mm Spanplatten bzw. 21 mm gespundete Schalung und

15 mm nichtbrennbare Dämmstoffe aus Mineralfasern mit einem Schmelzpunkt ≥ 1000 °C und

20 mm Estrich bzw. nichtbrennbare Trockenestrichplatten (mindestens Klasse A 2)

oder

Variante 2:

13 mm Spanplatten bzw. 21 mm gespundete Schalung und

30 mm Estrich bzw. nichtbrennbare Trockenestrichplatten (mindestens Klasse A 2)

Feuerwiderstandsklasse REI 90:

Variante 1:

13 mm Spanplatten bzw. 21 mm gespundete Schalung und 15 mm nichtbrennbare Dämmstoffe aus Mineralfasern mit einem Schmelzpunkt ≥ 1000 °C und

30 mm Estrich bzw. nichtbrennbare Trockenestrichplatten (mindestens Klasse A 2)

oder

Variante 2:

13 mm Spanplatten bzw. 2 mm gespundete Schalung und

40 mm Estrich bzw. nichtbrennbare Trockenestrichplatten (mindestens Klasse A 2).

6.5 Vergleich der europäischen Klassen mit den deutschen Feuerwiderstandsklassen

Beim Vergleich der europäischen REI-Kriterien mit den deutschen Feuerwiderstandsklassen fällt auf, dass das europäische System eine wesentlich differenziertere Klassifizierung zulässt. Nach DIN 4102-2 wird jeder Feuerwiderstandsklasse ein starres Paket von Anforderungen zugrunde gelegt. Demgegenüber ergibt sich nach der europäischen Regelung die Möglichkeit, im Einzelfall verschiedene Leistungskriterien miteinander zu verknüpfen oder auf einzelne zu verzichten.

Beispiel

Ein tragendes und raumabschließendes Wandelement erfüllt bei einer Prüfung während

- 90 Minuten die Anforderung an die Tragfähigkeit,
- 60 Minuten die Anforderung an den Raumabschluss und
- 30 Minuten die Anforderung an die Wärmedämmung.

Die DIN 4102-2 lässt für dieses Bauteil nur eine Klassifizierung in der Feuerwiderstandsklasse F 30 zu, obwohl große Reserven hinsichtlich Tragfähigkeit und Raumabschluss vorhanden wären.

Nach den Leistungskriterien der DIN EN 13501-2 ist eine differenzierte Klassifizierung in R 90 E 60 I 30 möglich. Dabei bedeuten:

R 90 = Tragfähigkeit: 90 Minuten

E 60 = Raumabschluss: 60 Minuten

I 30 = Wärmedämmung: 30 Minuten.

Damit wird deutlich, dass durch das europäische System eine sehr differenzierte Abstimmung der Brandschutzmaßnahmen auf die jeweiligen Erfordernisse möglich ist. Dies setzt jedoch voraus, dass die Schutzziele entsprechend den brandschutztechnischen Gesamtkonzepten genau festgelegt, definiert und umgesetzt werden.

7 Erfüllung der Anforderungen der Landesbauordnungen (LBOs)

Zur Erfüllung der bauaufsichtlichen Anforderungen können folgende Bauteile verwendet werden:

- geregelte Bauteile nach **DIN 4102-4**, d.h. Bauteile, die allgemein gebräuchlich und bewährt sind (genormte Bauteile) nach DIN 4102-4 Abschnitt 3 ff. (nationale Ebene).
- geregelte Bauteile (Bauprodukte) gemäß **Bauregelliste A Teil 1** (nationale Ebene)
- geregelte Bauteile (Bauprodukte) auf der Grundlage europäischer Regeln nach der Bauproduktenrichtlinie gemäß **Bauregelliste B Teil 1** (europäische Ebene).

- Bauprodukte nach **Bauregelliste B Teil 2,** d.h. nach den dort angegebenen Vorschriften zur Umsetzung der **EG-Richtlinien** und den dort angegebenen Anforderungen, die zusätzlich zur CE-Kennzeichnung bestehen.
- nicht geregelte Bauteile (Bauprodukte) gemäß **Bauregelliste A Teil 2,** die nach **DIN 4102-2** geprüft und klassifiziert sind (nationale Ebene).
- nicht geregelte Bauteile (Bauprodukte) gemäß **Bauregelliste A Teil 2,** die nach **DIN EN 13501-2 bis 13501-5** und ergänzenden europäischen Normen klassifiziert und geprüft sind (europäische Ebene).

Geregelte Bauteile nach DIN 4102-4 und nicht geregelte Bauteile mit einer Prüfung und Klassifzierung nach DIN 4102-2 sind derzeit der Regelfall. Mit zunehmender Harmonisierung gewinnen jedoch Bauprodukte, die nach DIN EN 13501-2 bis 13501-5 und ergänzenden europäischen Normen klassifiziert sind, an Bedeutung.

(Weitere Informationen zur Erfüllung der bauaufsichtlichen Anforderungen an Bauteile siehe Kapitel 6.1 ff.)

8 Verwendbarkeitsnachweis, Übereinstimmungsnachweis und Kennzeichnung

Bauteile, die zu den Bauprodukten zählen, dürfen für die Errichtung, Änderung und Instandhaltung baulicher Anlagen nur verwendet werden, wenn ihre Verwendbarkeit für die Bauaufsicht nachgewiesen ist. Für Bauteile, die als Bauarten zu bewerten sind, gilt Kapitel 4.5. (Grundsätzliche Informationen hierzu enthält Kapitel 5.2.)

Wichtig: Bestehen auf Grund von bauaufsichtlichen Vorschriften auch besondere Anforderungen an das Brandverhalten der Baustoffe (Baustoffklasse), so ist darauf zu achten, dass diese entsprechend nachgewiesen und eingehalten werden.

8.1 Verwendbarkeitsnachweis

Alle Bauteile (Bauprodukte) müssen bezüglich ihres Brandverhaltens einen der nachfolgend angegebenen Verwendbarkeitsnachweise haben. Grundsätzlich gilt dabei: Bei wesentlichen Abweichungen von den angegebenen Verwendbarkeitsnachweisen ist immer eine allgemeine bauaufsichtliche Zulassung des DIBt oder eine Zustimmung im **Einzelfall** der Obersten Baubehörde erforderlich.

8.1.1 Geregelte Bauteile (Bauprodukte)

- Bei Verwendung von geregelten Bauteilen (Bauprodukten), die in technischen Regeln – im Brandschutz im Wesentlichen in **DIN 4102-4** Abschnitt 3 ff. – genormt sind, gilt der Verwendbarkeitsnachweis als erbracht, wenn diese Regeln eingehalten werden.

- Bei Verwendung von geregelten Bauteilen (Bauprodukten) gemäß **Bauregelliste A Teil 1 und Liste B Teil 1 bzw. Liste B Teil 2** gilt der Verwendbarkeitsnachweis als erbracht, wenn die dort angegebenen technischen Regeln, Normen oder Vorgaben eingehalten werden.

  Dabei wird in **Liste B Teil 1** in der Spalte: „In Abhängigkeit vom Verwendungszweck erforderliche Stufen und Klassen" teilweise auf weitere Anforderungen verwiesen, die in den entsprechenden Anlagen erläutert sind.

  Außerdem wird in **Liste B Teil 2** angegeben, welche weiteren Verwendbarkeitsnachweise zusätzlich zur CE-Kennzeichnung erforderlich sind (meist: allgemeine bauaufsichtliche Zulassung).

8.1.2 Nicht geregelte Bauteile (Bauprodukte) gemäß Bauregelliste A Teil 2

Bei Verwendung von nicht geregelten Bauteilen (Bauprodukten) gemäß **Bauregelliste A Teil 2**, deren Feuerwiderstandsklasse durch anerkannte Prüfverfahren ermittelt werden muss (z.B. Bauregelliste A Teil 2 Abschnitte 2.1, 2.2 und 2.44), sind in Abhängigkeit von den Vorgaben der Bauregelliste grundsätzlich folgende Verwendbarkeitsnachweise erforderlich:

- das allgemeine bauaufsichtliche Prüfzeugnis oder
- die Zustimmung im Einzelfall von der Obersten Baubehörde.

Damit ist für den Nachweis der Feuerwiderstandsklasse dieser Bauteile in der Regel ein **allgemeines bauaufsichtliches Prüfzeugnis** ausreichend, siehe auch Tabelle 8-1.

8.1.3 Nicht geregelte Bauteile (Bauprodukte), die nicht in der Bauregelliste geregelt sind

Bei Verwendung von allen anderen nicht geregelten Bauteilen (Bauprodukten), die nicht in der Bauregelliste geregelt sind und deren Feuerwiderstandsklasse durch anerkannte Prüfverfahren ermittelt werden muss, sind grundsätzlich folgende Verwendbarkeitsnachweise erforderlich:

- die allgemeine bauaufsichtliche Zulassung des Deutschen Instituts für Bautechnik in Berlin oder
- die Zustimmung im Einzelfall von der Obersten Baubehörde.

Damit ist für den Nachweis der Feuerwiderstandsklasse für alle **nicht geregelten Bauteile** (Bauprodukte), die auch **nicht in der Bauregelliste** aufgeführt sind, in der Regel eine **allgemeine bauaufsichtliche Zulassung des DIBt** notwendig.

8.1.4 Besonderheit für Bauteile (Bauprodukte) mit europäischen Prüfungen

Bei Bauteilen, die **nur** nach europäischen Normen geprüft und klassifiziert werden, ist es immer erforderlich, die Baustoffklasse zusätzlich nachzuweisen (siehe Kapitel 4.2).

Für Bauteile (Bauprodukte), die **nur nach einer europäischen Norm** klassifiziert wurden (z.B. nach DIN EN 13501-2) und die

kein CE-Zeichen haben, muss in Deutschland die Verwendbarkeit in der Regel durch eine **allgemeine bauaufsichtliche Zulassung** des DIBt nachgewiesen werden.

Aber auch bei Bauteilen (Bauprodukten) nach **Bauregelliste B Teil 2,** bei denen nationale Anforderungen durch die europäischen Vorschriften nicht abgedeckt sind, ist entsprechend den Vorgaben der Bauregelliste B Teil 2 **zusätzlich** zur europäischen CE-Kennzeichnung ein weiterer **nationaler Verwendbarkeitsnachweis** erforderlich (meist eine allgemeine bauaufsichtliche Zulassung bzw. wie in der Bauregelliste B Teil 2 angegeben).

8.1.5 Zustimmung im Einzelfall

Ausführungen hierzu siehe Kapitel 4.2, Punkt 8.1.4.

8.2 Übereinstimmungsnachweis

Neben dem Verwendbarkeitsnachweis müssen die Bauteile (Bauprodukte) noch einen, dem Verwendbarkeitsnachweis entsprechenden Übereinstimmungsnachweis aufweisen.

8.2.1 Geregelte Bauteile (Bauprodukte)

- Bei Verwendung von geregelten Bauteilen, die nach **DIN 4102-4** Abschnitt 3 ff. genormt sind, ist kein **Übereinstimmungsnachweis** erforderlich.

  Anmerkung: Für alle am Bau Beteiligten, insbesondere für den Bauleiter und den Bauherrn, ist es empfehlenswert, darauf zu achten, dass auch bei diesen Bauteilen von der ausführenden Firma eine formlose Erklärung der Übereinstimmung mit der technischen Regel (DIN 4102-4 Abschnitt 3 ff. = Übereinstimmungserklärung) vorliegt. Dafür genügt eine einfache Formulierung, z.B.:

  „Hiermit bestätigen wir (die ausführende Firma), dass die Ausführung der Bauteile (Angabe der entsprechenden Bauteile) entsprechend den Vorschriften der DIN 4102-4 Abschnitt … (genaue Angabe des entsprechenden Abschnitts der DIN) erfolgte und die Bauteile damit die Feuerwiderstandsklasse … (z.B. F 90-AB) aufweisen."

  Solche Bestätigungen haben den Vorteil, dass später bei allen Bauteilen (auch bei den geregelten) jederzeit nachvollzogen werden kann, nach welcher Regel sie ausgeführt wurden und welche Feuerwiderstandsklasse sie aufweisen.

- Bei Verwendung von geregelten Bauteilen (Bauprodukten) gemäß **Bauregelliste A Teil 1 und Liste B Teil 1 bzw. Liste B Teil 2** richtet sich der Übereinstimmungsnachweis nach den Vorgaben der Bauregelliste und danach, wie das Brandverhalten nachgewiesen wurde.

4.3 Seite 24 | Bauteile

8.2.2 Nicht geregelte Bauteile (Bauprodukte)

Der Übereinstimmungsnachweis bzw. das Übereinstimmungsverfahren ergibt sich aus der Bauregelliste und dem jeweiligen Verwendbarkeitsnachweis (siehe auch Tabelle 8-1).

Beispiele

- Für vorgefertigte Bauteile, deren Feuerwiderstandsklasse nach DIN 4102-2 (nationale Ebene) bzw. DIN EN 13501-2 (europäische Ebene) klassifiziert wurde (mit Ausnahme der nachfolgend genannten hochfeuerhemmenden Bauteile), ist als Verwendbarkeitsnachweis in der Regel ein allgemeines bauaufsichtliches Prüfzeugnis und als Übereinstimmungsnachweis eine **Übereinstimmungserklärung des Herstellers** erforderlich (ÜH).
- Bei *„hochfeuerhemmenden Bauteilen, deren tragende, aussteifende und raumabschließende Teile aus Holz oder Holzwerkstoffen bestehen und die allseitig eine brandschutzechnisch wirksame Bekleidung aus nichtbrennbaren Baustoffen (Brandschutzbekleidung) und Dämmstoffe aus nichtbrennbaren Baustoffen haben“* ist als Verwendbarkeitsnachweis ein allgemeines bauaufsichtliches Prüfzeugnis und als Übereinstimmungsnachweis ein **Übereinstimmungszertifikat** durch eine **anerkannte Zertifizierungsstelle** notwendig (ÜZ).
- Für nicht geregelte Bauteile, die **nicht in der Bauregelliste geregelt sind,** ist als Verwendbarkeitsnachweis in der Regel eine allgemeine bauaufsichtliche Zulassung erforderlich. Der **Übereinstimmungsnachweis** ergibt sich dann aus den Vorgaben der Zulassung.

Tabelle 8-1: Erforderliche Verwendbarkeitsnachweise und Übereinstimmungsnachweise für bestimmte Bauteile (Auszug aus der Bauregelliste A Teil 2)

Lfd. Nr.	Bauprodukt	Verwend-barkeits-nachweis	anerkanntes Prüfverfahren	Überein-stimmungs-nachweis
1	2	3	4	5
2.1	Vorgefertigte Decken, Dächer, Unterdecken, Doppelböden, Stützen, Träger, Unterzüge, Treppen und tragende Wände, die mit Ausnahme der Feuerwiderstandsdauer und/oder des Schallschutzes von den technischen Regeln der Bauregelliste A Teil 1 nicht wesentlich abweichen	P	Je nach Bauprodukt gilt **für die Feuerwiderstandsdauer:** DIN 4102-2:1977-09 in Verbindung mit Anlage 0.1.1 der Bauregelliste A Teil 1 (für Brandwände DIN 4102-3:1977-09) oder DIN EN 13501-2:2003-12 in Verbindung mit Anlage 0.1.2 der Bauregelliste A Teil 1 und DIN EN 1363-1,-2:1999-10, DIN EN 1364-2:1999-10, DIN EN 1365-1,-4:1999-10, DIN EN 1365-2,-3:2000-02 **für den Schallschutz:** DIN EN 20140-3:1995-05, DIN EN ISO 717-1:1997-01, DIN EN ISO 140-6:1998-12, DIN EN ISO 717-2:1997-01	ÜH, sofern sich nicht aus der Bauregelliste A Teil 1 für diese Bauprodukte eine andere Art des Übereinstimmungsnachweises ergibt
2.2	Vorgefertigte, nichttragende, innere Trennwände, einschließlich Einbauten (z.B. Sanitäreinrichtungen), die entweder der Absturzsicherung dienen und/oder für deren Verwendung Anforderungen an die Feuerwiderstandsdauer und/ oder den Schallschutz gestellt werden, mit Ausnahme von solchen aus Glas	P	Je nach Bauprodukt gilt **für die Absturzsicherung:** DIN 4103-1:1984-07 **für die Feuerwiderstandsdauer:** DIN 4102-2:1977-09 in Verbindung mit Anlage 0.1.1 der Bauregelliste A Teil 1 oder DIN EN 13501-2:2003-12 in Verbindung mit Anlage 0.1.2 der Bauregelliste A Teil 1 und DIN EN 1363-1:1999-10, DIN EN 1364-1:1999-10 **für den Schallschutz:** DIN EN 20140-3:1995-05, DIN EN ISO 717-1:1997-01	ÜH
2.44	Hochfeuerhemmende Bauteile, deren tragende, aussteifende und raumabschließende Teile aus Holz oder Holzwerkstoffen bestehen und die allseitig eine brandschutztechnisch wirksame Bekleidung aus nichtbrennbaren Baustoffen (Brandschutzbeklei-dung) und Dämmstoffe aus nichtbrennbaren Baustoffen haben	P	**für die Anforderungen des Brandschutzes:** Richtlinie über brandschutztechnische Anforderungen an hochfeuerhemmende Bauteile in Holz-bauweise – HFHHolzR (2004-07) in Verbindung mit Anlage 0.1.2 der Bauregelliste A Teil 1 und Anlage 13 der Bauregelliste A Teil 2 **für den Schallschutz:** DIN EN 20140-3:1995-05, DIN EN ISO 717-1:1997-01, DIN EN ISO 140-6:1998-12, DIN EN ISO 717-2:1997-01 **für die Absturzsicherung:** ETB-Richtlinie „Bauteile, die gegen Absturz sichern“ (1985-06)	ÜZ

Abkürzungen: ÜH – Übereinstimmungserklärung des Herstellers
ÜZ – Übereinstimmungszertifikat durch eine andere Zertifizierungsstelle

8.3 Kennzeichnung

Die Anforderungen an die Kennzeichnung sind im jeweiligen Verwendbarkeitsnachweis angegeben.

(Zur Kennzeichnung der für die Bauteile verwendeten Baustoffe siehe Kapitel 4.2, Punkt 9.3.)

9 Wichtiges zu Bauteilen

Bestehen Anforderungen an den Brandschutz, muss zwischen Baustoff- und Bauteileigenschaften unterschieden werden. Die feuerwiderstandsfähigen Bauteile werden aus Baustoffen hergestellt. Dabei ist zu beachten, dass nicht der einzelne Baustoff, sondern nur die Bauart (das System von Baustoffen, die in einer ganz bestimmten Art zu einem Bauteil zusammengefügt werden) im eingebauten Zustand die gewünschte Feuerwiderstandsklasse erbringt.

Beispiel 1

Brandschutzplatten, die aus nichtbrennbaren Baustoffen bestehen und entsprechend gekennzeichnet sind, haben keine Feuerwiderstandsklasse. Auch wenn sie ein- oder mehrlagig auf irgendwelche Unterkonstruktionen geschraubt werden, wird damit noch keine definierte Feuerwiderstandsklasse erreicht.

Erst wenn sie nach den Bestimmungen des Verwendbarkeitsnachweises (DIN 4102-4 bzw. allgemeines bauaufsichtliches Prüfzeugnis) ein- oder zusammengebaut werden, erreichen sie die dort angegebene Feuerwiderstandsklasse (siehe Bild 9-1).

9-1 Es gibt keine F 30-Brandschutzplatten, sondern nur aufeinander abgestimmte Systeme, die mit entsprechenden Platten (z.B. Brandschutzplatten) die im Verwendbarkeitsnachweis angegebene Feuerwiderstandsklasse erreichen.

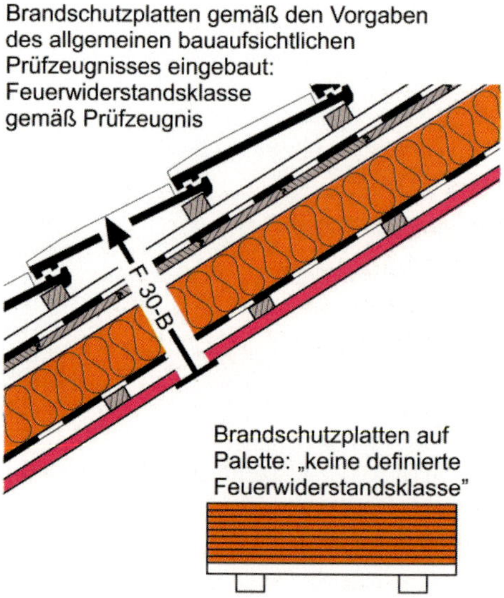

Beispiel 2

Sinngemäß das Gleiche gilt auch für Brandschutzverglasungen. Mit einem **„Brandschutzglas"** allein wird keine Brandschutzverglasung mit definierter Feuerwiderstandsdauer erreicht. Erst wenn das **„Brandschutzglas"** – genau wie im Verwendbarkeitsnachweis vorgeschrieben – in geeignete Bauteile eingebaut wird, kann für die Bauart der Brandschutzverglasung eine definierte Feuerwiderstandsklasse erreicht werden.

Beispiel 3

Muss das Tragwerk einer Halle eine bestimmte Feuerwiderstandsklasse aufweisen, gilt diese Anforderung sinngemäß auch für alle anderen Komponenten des Hallentragwerkes (Aussteifungen, Einspannungen, Befestigungsmittel), die für die Standsicherheit erforderlich sind.

Beispiel 4

Ist in einer eingeschossigen Halle, die an ein höheres Gebäude mit Fenstern anschließt, eine feuerbeständige Dachdecke erforderlich, muss auch das Tragwerk dieser Deckenkonstruktion feuerbeständig ausgeführt werden.

Beispiel 5

Wichtig ist auch, dass bezüglich der Feuerwiderstandsdauer des Tragwerkes alle Komponenten eines Systems aufeinander abgestimmt sind. Dabei muss die Feuerwiderstandsklasse von oben nach unten gleich bleiben bzw. zunehmen, denn ein Bauteil kann maximal die Feuerwiderstandsklasse seiner statischen Unterkonstruktion erreichen (siehe Bild 9-2).

9-2 Abstimmung der Komponenten

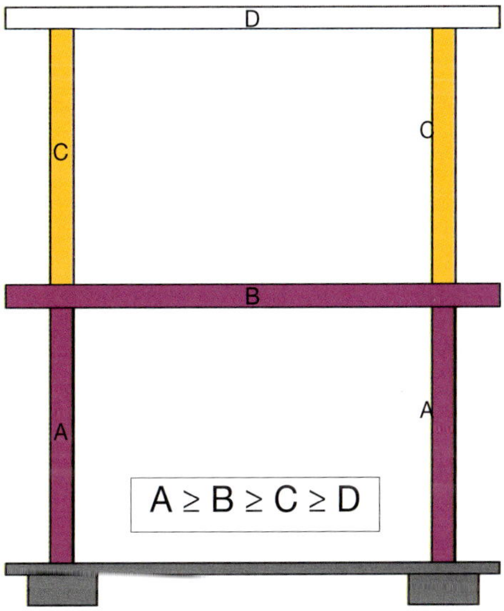

4.3 Seite 28	Bauteile	

4 Grundlagen

4.4 Sonderbauteile

Dipl.-Ing. (FH) Josef Mayr

Inhalt

1 Allgemeines

2 Bauaufsichtliche Anforderungen

3 Klassifizierung nach DIN 4102 (Übersicht)

4 Klassifizierung nach DIN EN 13501-2 bis 13501-5 (Übersicht)

5 Sonderbauteile im Überblick

5.1 Brandwände
5.2 Nichttragende Außenwände
5.3 Feuerschutzabschlüsse ohne Rauchschutz
5.4 Feuerschutzabschlüsse mit Rauchschutz
5.5 Rauchschutztüren
5.6 Feststellanlagen für Feuer- und Rauchschutzabschlüsse
5.7 Fahrschachttüren in feuerwiderstandsfähigen Fahrschachtwänden
5.8 Brandschutzverglasungen
5.9 Kabelabschottungen
5.10 Rohrabschottungen
5.11 Rohre und Formstücke für Lüftungsleitungen
5.12 Absperrvorrichtungen für Lüftungsleitungen (Brandschutzklappen)
5.13 Installationsschächte und -kanäle
5.14 Elektrische Leitungsanlagen mit Funktionserhalt
5.15 Bedachungen

4.4 Sonderbauteile

1 Allgemeines

In DIN 4102-2 sind nur Bauteile mit dem Kennbuchstaben F, z.B. Wände, Decken, Stützen, Unterzüge, Treppen usw., klassifiziert. Alle anderen Bauteile mit brandschutztechnischen Sonderanforderungen, auch Sonderbauteile genannt, werden in anderen Teilen der DIN 4102 behandelt und auch mit anderen Kennbuchstaben bezeichnet.

Auf europäischer Ebene gehören die Sonderbauteile genau wie die Bauteile zu den Bauprodukten und Bauarten (siehe auch Kapitel 4.3, Punkt 1).

2 Bauaufsichtliche Anforderungen

Bauaufsichtliche Anforderungen enthält Kapitel 4.3, Punkt 3.

3 Klassifizierung nach DIN 4102 (Übersicht)

Die Tabelle 3-1 zeigt eine Übersicht der in DIN 4102 klassifizierten Bauteile und Sonderbauteile.

Tabelle 3-1: Zusammenstellung der Feuerwiderstandsklassen von Bauteilen und Sonderbauteilen nach DIN 4102

		Klassifiziert nach DIN 4102	Feuerwiderstandsklassen nach DIN 4102 (Feuerwiderstandsdauer in Minuten) ≥ 30	≥ 60	≥ 90	≥ 120	≥ 180	Zusatz
Bauteile: Wände, Decken, Stützen, Unterzüge, Treppen		Teil 2	F 30	F 60	F 90	F 120	F 180	A / AB / B
Sonderbauteile	Brandwände	Teil 3	F 90-A + Stoßbeanspruchung					
	Nichttragende Außenwände	Teil 3	W 30	W 60	W 90	W 120	W 180	A / AB / B
	Feuerschutzabschlüsse (Türen, Tore, Klappen)	Teil 5	T 30	T 60	T 90	T 120	T 180	
	Abschlüsse in feuerbeständigen Fahrschachtwänden	Teil 5	verhindern die Übertragung von Feuer und Rauch in andere Geschosse					
	Rohre und Formstücke für Lüftungsleitungen	Teil 6	L 30	L 60	L 90	L 120		
	Absperrvorrichtungen für Lüftungsleitungen (Brandschutzklappen)	Teil 6	K 30	K 60	K 90			
	Bedachungen	Teil 7	widerstandsfähig gegen Flugfeuer und strahlende Wärme					
	Kabelabschottungen	Teil 9	S 30	S 60	S 90	S 120	S 180	
	Installationsschächte und -kanäle	Teil 11	I 30	I 60	I 90	I 120		
	Rohrdurchführungen	Teil 11	R 30	R 60	R 90	R 120		
	F-Brandschutzverglasungen (strahlungsundurchlässig)	Teil 13	F 30	F 60	F 90	F 120		
	G-Brandschutzverglasungen (strahlungsdurchlässig)	Teil 13	G 30	G 60	G 90	G 120		
Funktionserhalt elektrischer Leitungen		Teil 12	E 30	E 60	E 90			

4 Klassifizierung nach DIN EN 13501-2 bis 13501-5 (Übersicht)

Die Tabellen 4-1 bis 4-4 zeigen Übersichten der in DIN EN 13501-2 bis 13501-5 klassifizierten Bauteile und Sonderbauteile in Verbindung mit den bauaufsichtlichen Anforderungen.

Tabelle 4-1: Zusammenstellung der Feuerwiderstandsklassen von Brandwänden, nichttragenden Außenwänden, Doppelböden, Brandschutztüren und Brandschutzverglasungen nach DIN EN 13501-2 bis 13501-4[1]) (nach Bauregelliste A Teil 1 Anlage 0.1.2)

Bauaufsichtliche Anforderungen	Bauteil nach DIN EN 13501-2				Sonderbauteil nach DIN EN 13501-2 bis 13501-4				
	Brandwand, tragend	Brandwand, nichttragend	Nichttragende Außenwände	Doppelböden	Feuerschutzabschlüsse (auch in Förderanlagen)		Rauchschutztüren	Brandschutzverglasungen[3])	Fahrschachttüren in feuerwiderstandsfähigen Fahrschachtwänden[7])
					ohne Rauchschutz	mit Rauchschutz			
feuerhemmend	–	–	E 30 (i→o) und EI 30-ef (i←o)	REI 30**)	$EI_2$30-C...[2])	$EI_2$30-C...S_m[2])		E 30	E 30/DIN EN 81-58***)
hochfeuerhemmend	–*)	–*)	E 60 (i→o) [wnb] und EI 60-ef (i←o) [wnb] oder E 60 (i→o) [HolzR] und EI 60-ef (i←o) [HolzR]	–	$EI_2$60-C...[2])	$EI_2$60-C...S_m[2])		E 60	E 60/DIN EN 81-58***)
feuerbeständig	REI 90-M [nb]	EI 90-M [nb]	E 90 (i→o) [wnb] und EI 90-ef (i←o) [wnb]	–	$EI_2$90-C...[2])	$EI_2$90-C...S_m[2])		E 90	E 90/DIN EN 81-58***)
rauchdicht und selbstschließend	–	–	–	–			S_m-C...[2])		–

Hinweise:

Zur Bedeutung der Abkürzungen in eckigen Klammern [] sowie zusätzliche Anforderungen an die Baustoffklassen der verwendeten Baustoffe und die Ausführung der Bauteile siehe Kapitel 4.3, Punkt 2, Tabelle 2-3.

Erläuterungen der Fußnoten siehe unter Tabelle 4-2

Tabelle 4-2: Zusammenstellung der Feuerwiderstandsklassen von „gebäudetechnischen" Sonderbauteilen nach DIN EN 13501-2 bis 13501-4 (nach Bauregelliste A Teil 1 Anlage 0.1.2)

Bauaufsichtliche Anforderungen	Sonderbauteile nach DIN EN 13501-2 bis 13501-4						
	Kabelabschottungen	Rohrabschottungen	Lüftungsleitungen	Klappen in Lüftungsleitungen	Installationsschächte und -kanäle	elektrische Leitungsanlagen mit Funktionserhalt	Abgasanlagen
feuerhemmend	EI 30	EI 30-U/U[4]) EI 30-C/U[5])	EI 30 ($v_e h_o$ i↔o)-S	EI 30 ($v_e h_o$ i↔o)-S	EI 30 ($v_e h_o$ i↔o)	P 30	EI 30 (i↔o)-O oder EI 30 (i←o) und Gxx[6])
hochfeuerhemmend	EI 60	EI 60-U/U[4]) EI 60-C/U[5])	EI 60 ($v_e h_o$ i↔o)-S	EI 60 ($v_e h_o$ i↔o)-S	EI 60 ($v_e h_o$ i↔o)	P 60	EI 60 (i↔o)-O oder EI 60 (i←o) und Gxx[6])
feuerbeständig	EI 90	EI 90-U/U[4]) EI 90-C/U[5])	EI 90 ($v_e h_o$ i↔o)-S	EI 90 ($v_e h_o$ i↔o)-S	EI 90 ($v_e h_o$ i↔o)	P 90	EI 90 (i↔o)-O oder EI 90 (i←o) und Gxx[6])
Feuerwiderstandsfähigkeit 120 Minuten	EI 120	EI 120-U/U[4]) EI 120-C/U[5])	–	–	–	–	–

1) DIN EN 13501-4 ist zurzeit ein Entwurf. Sie ist anwendbar mit ihrem Erscheinen.

2) Festlegungen zur Lastspielzahl für die Dauerfunktionsprüfungen werden noch getroffen.

3) Brandschutzverglasungen nach dieser Spalte sind nicht als feuerhemmend, hochfeuerhemmend oder feuerbeständig zu verwenden.

4) Für die Abschottung von brennbaren Rohren oder Rohren mit einem Schmelzpunkt < 1000 °C; für Trinkwasser-, Heiz- und Kälteleitungen mit Durchmessern ≥ 110 mm ist auch die Klasse EI…-U/C zulässig.

5) Für die Abschottung mit nichtbrennbaren Rohren mit einem Schmelzpunkt ≥ 1000 °C.

6) Anwendung der Klasse in Verbindung mit G nur bei festen Brennstoffen; Rußbrandbeständigkeit G mit Angabe eines Abstandes in mm zu brennbaren Baustoffen (gemäß Prüfung).

7) Fahrschachtabschlüsse nach dieser Tabelle zum Einbau in feuerhemmende, hochfeuerhemmende oder feuerbeständige Fahrschachtwände erfüllen die Anforderungen an den Raumabschluss und sind nach DIN EN 81-58 zu klassifizieren; eine Übertragung von Wärme wird nicht behindert; die konstruktiven Randbedingungen nach Bauregelliste A Teil 1 Anlage 6.1 sind sinngemäß zu beachten.

*) Für hochfeuerhemmende Wände mit Anforderungen an die mechanische Einwirkung (Stoßbeanspruchung), die gemäß den LBOs unter bestimmten Voraussetzungen anstelle von Brandwänden zulässig sind, gilt Folgendes: hochfeuerhemmende Wände mit Stoßbeanspruchung, tragend: REI 60-M [nb], nichttragend: EI 60-M [nb] oder tragend: REI 60-M [bdnb], nichttragend: EI 60 [bdnb]

**) Es bestehen zusätzliche Anforderungen an die Baustoffklassen der verwendeten Bauteile, z.B. nach Musterrichtlinie über brandschutztechnische Anforderungen an Hohlraumestriche und Doppelböden.

***) Die E 30-, E 60- und E 90-Klassifikation von Fahrschachttüren nach DIN EN 81-58 ist nicht das Gleiche wie die E-Klassifikation der anderen Bauteile und Sonderbauteile nach DIN EN 13501-1 bis 13501-4. Deshalb ist es empfehlenswert, bei der E-Klassifikation von Fahrschachttüren immer auch die dazugehörige Klassifizierungsnorm = DIN EN 81-58 anzugeben.

Tabelle 4-3: Erläuterungen der Klassifizierungskriterien und der zusätzlichen Angaben zur Klassifizierung des Feuerwiderstandes nach DIN EN 13501-2 und DIN EN 13501-3

Herleitung des Kurzzeichens	Kriterium	Anwendungsbereich
R (Résistance)	Tragfähigkeit	zur Beschreibung der Feuerwiderstandsfähigkeit
E (Étanchéité)	Raumabschluss	
I (Isolation)	Wärmedämmung (unter Brandeinwirkung)	
W (Radiation)	Begrenzung des Strahlungsdurchtritts	
M (Mechanical)	mechanische Einwirkung auf Wände (Stoßbeanspruchung)	
S_m (Smoke$_{max...\ leakage\ rate}$)	Begrenzung der Rauchdurchlässigkeit (Dichtheit, Leckrate), erfüllt die Anforderungen sowohl bei Umgebungstemperatur als auch bei 200 °C	Rauchschutztüren (als Zusatzanforderung auch bei Feuerschutzabschlüssen), Lüftungsanlagen einschließlich Klappen
C… (Closing)	selbstschließende Eigenschaft (ggf. mit Anzahl der Lastspiele) einschließlich Dauerfunktion	Rauchschutztüren, Feuerschutzabschlüsse (einschließlich Abschlüsse für Förderanlagen)
P	Aufrechterhaltung der Energieversorgung und/oder Signalübermittlung	elektrische Kabelanlagen allgemein
G	Rußbrandbeständigkeit	Schornsteine
K_1, K_2	Brandschutzvermögen (Kapselung von brennbaren Baustoffen)	Wand- und Deckenbekleidungen (Brandschutzbekleidungen)
I_1, I_2	unterschiedliche Wärmedämmungskriterien	Feuerschutzabschlüsse (einschließlich Abschlüsse für Förderanlagen)
i→o i←o i←→o (in – out)	Richtung der klassifizierten Feuerwiderstandsdauer	nichttragende Außenwände, Installationsschächte/-kanäle, Lüftungsanlagen/-klappen
a←→b (above – below)	Richtung der klassifizierten Feuerwiderstandsdauer	Unterdecken
v_e, h_o (vertical, horizontal)	für vertikalen/horizontalen Einbau klassifiziert	Lüftungsleitungen/-klappen
U/U (uncapped/uncapped)	Rohrende offen innerhalb des Prüfofens/ Rohrende offen außerhalb des Prüfofens	Rohrabschottungen
C/U (capped/uncapped)	Rohrende geschlossen innerhalb des Prüfofens/Rohrende offen außerhalb des Prüfofens	Rohrabschottungen
U/C (uncapped/capped)	Rohrende offen innerhalb des Prüfofens/ Rohrende geschlossen außerhalb des Prüfofens	Rohrabschottungen

Tabelle 4-4:
Zuordnung der bauaufsichtlichen Anforderungen an Bedachungen zu den Klassen von Bedachungen nach DIN EN 13501-5 (nach Bauregelliste A Teil 1 Anlagen 0.1.2 und 0.1.3)

Bauaufsichtliche Anforderung	Klasse nach DIN EN 13501-5
Widerstandsfähig gegen Flugfeuer und strahlende Wärme (harte Bedachung)	B_{ROOF} (t1)
Keine Leistung festgestellt (weiche Bedachung)	F_{ROOF} (t1)

5 Sonderbauteile im Überblick

Die nachfolgenden Tabellen enthalten die wichtigsten Angaben zur Klassifizierung und die jeweils erforderlichen Verwendbarkeitsnachweise für Sonderbauteile.

Erläuterungen der allgemeinen Abkürzungen sowie der Abkürzungen in eckigen Klammern [] siehe Kapitel 4.3, Punkt 2, Tabelle 2-3. Europäische Abkürzungen siehe unter Punkt 4, Tabelle 4-3 in diesem Kapitel.

5.1 Brandwände

Brandwände Brandschutzatlas Kapitel 6.2.2		BW	REI 90-M
Prüf- bzw. Klassifizierungsnorm		nationale Ebene DIN 4102-3	europäische Ebene DIN EN 13501-2
fh	tragend	–	–
	nichttragend	–	–
hf	tragend	–	REI 60-M [nb]**) oder REI 60-M [wnb] oder REI 60-M [HolzR]**)
	nichttragend	–	EI 60-M [nb]**) oder EI 60-M [wnb] oder EI 60-M [HolzR]**)
F 30-F 90*)	tragend	F 30 (i→a) – F 90 (i←a) [TR]**)	REI 30 (i→o) – REI 90 (i←o)**)
	nichttragend	F 30 (i→a) – F 90 (i←a) [R]**)	EI 30 (i→o) – EI 90 (i←o)**)
BW	tragend	F 90-A + Stoßbeanspruchung	REI 90-M [nb]
	nichttragend	F 90-A + Stoßbeanspruchung	EI 90-M [nb]

Verwendung	Verwendbarkeitsnachweis	Übereinstimmungsnachweis
• als geregeltes Bauprodukt bzw. geregelte Bauart nach DIN 4102-4	Ausführung nach DIN 4102-4 Abschnitt 4.8	nicht erforderlich, jedoch empfehlenswert
• als nicht geregeltes Bauprodukt; Prüfung nach den in Bauregelliste A Teil 2 angegebenen Prüfverfahren (z.B. DIN 4102-3 oder Klassifizierung nach DIN EN 13501-2)	P	ÜH
• als nicht geregelte Bauart nach den in Bauregelliste A Teil 3 angegebenen Prüfverfahren (z.B. DIN 4102-3 oder Klassifizierung nach DIN EN 13501-2)	P	ÜA
• in bestimmten Fällen, z.B. bei Brandwänden aus Porenbeton und bei wesentlichen Abweichungen	Z	gemäß Z
• in begründeten Einzelfällen bzw. Ausnahmefällen	ZiE	gemäß ZiE

Abkürzungen siehe Tabelle 4-3 in diesem Kapitel und in Kapitel 4.3, Punkt 2, Tabelle 2-3.

*) Gebäudeabschlusswand nach LBO, die jeweils von innen nach außen F 30-Bauteile und von außen nach innen F 90-Bauteile hat.

**) Die LBOs lassen unter bestimmten Voraussetzungen bestimmte hochfeuerhemmende Wände mit Stoßbeanspruchung bzw. F 30–F 90-Wände anstelle von Brandwänden zu. Dargestellt sind die Anforderungen an diese Wände.

4.4
Seite 8

Sonderbauteile

Brandwände dienen zur Bildung von Brandabschnitten. Sie müssen auf nationaler Ebene aus Baustoffen der Klasse A nach DIN 4102-1 bestehen und mindestens die Anforderungen der Feuerwiderstandsklasse F 90 nach DIN 4102-2 erfüllen. Darüber hinaus werden im Rahmen der Prüfungen nach DIN 4102-3 Abschnitt 4.3 die Bauteile zusätzlichen Prüfungen sowie Stoßbeanspruchungen ausgesetzt.

Auf europäischer Ebene müssen sie nach DIN EN 13501-2 klassifiziert sein und ebenfalls zusätzliche Anforderungen erfüllen (Stoßbeanspruchung = Mechanische Einwirkung = Kurzzeichen: M).

Wichtig: Bei der europäischen Klassifizierung bestehen keine Anforderungen an das Brandverhalten der Baustoffe. Aus diesen Gründen müssen Brandwände mit europäischer Klassifizierung **zusätzlich** noch die **Baustoffanforderung** nichtbrennbar erfüllen. Dies kann entweder auf nationaler Ebene oder auch auf europäischer Ebene geschehen (siehe Kapitel 4.2).

Eine Sonderstellung nehmen die hochfeuerhemmenden „Brandwände" ein, die nach MBO 2002 unter bestimmten Voraussetzungen anstelle von Brandwänden möglich sind (siehe auch Fußnote **) der vorstehenden Tabelle). Diese können mit brennbaren tragenden und aussteifenden Wänden hergestellt werden. In diesem Fall müssen sie zum einen die Anforderung K_260 sowie die Anforderungen der Muster-Holzbaurichtlinie (siehe Kapitel 4.3, Punkte 5.5 und 6.3) und zum anderen das Kriterium „Mechanische Einwirkung = M" nach DIN EN 13501-2 erfüllen.

Natürlich können hochfeuerhemmende „Brandwände" auch aus nichtbrennbaren Baustoffen hergestellt werden. In diesem Fall müssen sie jedoch zusätzlich die Anforderungen an die Stoßbeanspruchung erfüllen, so dass eine Ausführung F 60-A nach DIN 4102-4 nicht möglich ist, da hier die Stoßbeanspruchung nicht berücksichtigt wird.

Nach MIndBauRL sind auch feuerhemmende Brandbekämpfungsabschnitts-Trennwände möglich. Diese müssen die Feuerwiderstandsklasse F 30 bzw. REI 30 bzw. EI 30 erfüllen, aus nichtbrennbaren Baustoffen bestehen und zusätzlich auch die Anforderungen an die Stoßbeanspruchung einhalten.

Da es feuerhemmende und hochfeuerhemmende „Brandwände" als geregelte Bauarten nach DIN 4102-4 Abschnitt 4.8 nicht gibt, ist für sie **immer** ein allgemeines bauaufsichtliches Prüfzeugnis einer amtlich anerkannten Materialprüfanstalt erforderlich.

5.2 Nichttragende Außenwände

Nichttragende Außenwände Brandschutzatlas Kapitel 6.3		W	E (i→o) E (i←o)
Prüf- bzw. Klassifizierungsnorm		nationale Ebene DIN 4102-3	europäische Ebene DIN EN 13501-2
fh	nichttragend	W 30	E 30 (i→o) und EI 30-ef (i←o)
hf	nichttragend	W 60 [Rnb] oder W 60 [bdnb]	E 60 (i→o) [wnb] und EI 60-ef (i←o) [wnb] oder E 60 (i→o) [HolzR] und EI 60-ef (i←o) [HolzR]
fb	nichttragend	W 90 [Rnb]	E 90 (i→o) [wnb] und EI 90-ef (i←o) [wnb]

Verwendung	Verwendbarkeits-nachweis	Übereinstim-mungsnachweis
• als geregeltes Bauprodukt bzw. geregelte Bauart nach DIN 4102-4	Ausführung nach DIN 4102-4 Abschnitt 8.1	nicht erforderlich, jedoch empfehlenswert
• als nicht geregeltes Bauprodukt; Prüfung nach den in **Bauregelliste A Teil 2** angegebenen Prüfverfahren (z.B. DIN 4102-3 oder Klassifizierung nach DIN EN 13501-2)	P	ÜH
• als nicht geregelte Bauart nach den in **Bauregelliste A Teil 3** angegebenen Prüfverfahren (z.B. DIN 4102-3 oder Klassifizierung nach DIN EN 13501-2)	P	ÜA
• bei wesentlichen Abweichungen	Z	gemäß Z
• in begründeten Einzelfällen bzw. Ausnahmefällen	ZiE	gemäß ZiE

Abkürzungen siehe Tabelle 4-3 in diesem Kapitel und in Kapitel 4.3, Punkt 2, Tabelle 2-3.

Mit dem Kennbuchstaben W werden auf nationaler Ebene ausschließlich nichttragende Außenwände klassifiziert. Für alle anderen Wände erfolgt die Klassifizierung mit dem Kennbuchstaben F (siehe Kapitel 4.3).

Die DIN 4102-3 definiert nichttragende Außenwände als raumhohe, raumabschließende Bauteile, wie Außenwandelemente, Ausfachungen usw., die auch im Brandfall nur durch ihr Eigengewicht beansprucht werden und zu keiner Aussteifung von Bauteilen dienen. Als Ausnahme werden hierbei die Ableitung von

- Windlasten, die auf die Außenwandfläche wirken und
- horizontalen Verkehrslasten

auf tragende Bauteile genannt.

Zu den nichttragenden Außenwänden zählen außerdem brüstungshohe, nichtraumabschließende, nichttragende Au-

4.4 Seite 10

Sonderbauteile

ßenwandelemente und schürzenartige, nichtraumabschließende, nichttragende Außenwandelemente, die jeweils den Überschlagsweg des Feuers an der Außenseite von Gebäuden vergrößern.

Nichttragende Außenwände werden nach DIN 4102-3 Abschnitt 5.3 hinsichtlich ihrer Feuerwiderstandsklasse geprüft. Die Prüfbedingungen unterscheiden:

- Außenwände
- Brüstungen
- Schürzen
- Brüstungen in Kombination mit Schürzen.

Mit Ausnahme der Prüfungen für Schürzen werden die W-Bauteile von innen nach der Einheitstemperaturzeitkurve gemäß DIN 4102-2 (siehe Kapitel 4.3), von außen jedoch nach einer abgeminderten Temperaturzeitkurve nach DIN 4102-3 (siehe Bild 5-1) durchgeführt.

5-1 Abgeminderte Temperaturzeitkurve (DIN 4102-3, Bild 1)

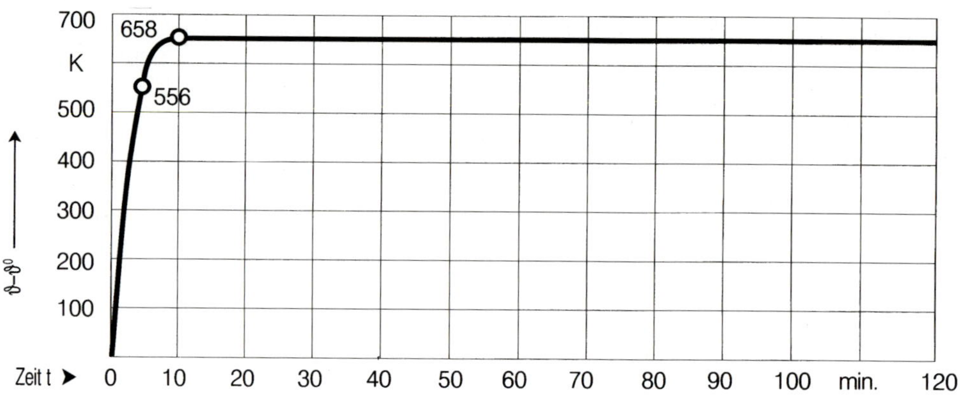

5.3 Feuerschutzabschlüsse ohne Rauchschutz

Feuerschutzabschlüsse ohne Rauchschutz Brandschutzatlas Kapitel 6.8.1		T	EI-C
Prüf- bzw. Klassifizierungsnorm		nationale Ebene DIN 4102-5	europäische Ebene DIN EN 13501-2
fh	dicht und selbstschließend	T 30 [D]	$EI_2$30-C...[2]) [D]
hf	dicht und selbstschließend	T 60 [D]	$EI_2$60-C...[2]) [D]
fb	dicht und selbstschließend	T 90 [D]	$EI_2$90-C...[2]) [D]

Verwendung	Verwendbarkeitsnachweis	Übereinstimmungsnachweis
• als nicht geregeltes Bauprodukt, das nicht in der Bauregelliste aufgeführt ist (Prüfung nach DIN 4102-5 oder Klassifizierung nach DIN EN 13501-2)	Z	gemäß Z
• als Bauprodukt bzw. Bausatz nach Bauregelliste B Teil 2 nach den dort angegebenen Vorschriften zur Umsetzung der EG-Richtlinien (73/23/EWG, 89/336/EWG und 98/37/EG)	Z	gemäß Z
• bei wesentlichen Abweichungen	Z	gemäß Z
• in begründeten Einzelfällen bzw. Ausnahmefällen	ZiE	gemäß ZiE

Fußnote und Abkürzungen siehe Tabellen 4-2 und 4-3 in diesem Kapitel und in Kapitel 4.3, Punkt 2, Tabelle 2-3.
[D] Dichtschließend (Abdichtung längs der seitlichen und oberen Türränder, siehe Erläuterungen im Text.)

Feuerschutzabschluss ist der Oberbegriff für Türen, Tore, Klappen und ähnliche Elemente, die dafür bestimmt sind, im eingebauten Zustand den Durchtritt von Feuer durch Öffnungen in Wänden oder Decken zu verhindern.

Feuerschutzabschlüsse werden auf nationaler Ebene entsprechend der Prüfnorm DIN 4102-5 Abschnitt 5 geprüft und klassifiziert. Dabei muss während der jeweiligen Feuerwiderstandsdauer die raumabschließende Wirkung der Feuerschutzabschlüsse gewahrt und der Durchgang des Feuers verhindert werden.

Bis zum Erscheinen der Bauregelliste 2004 galten Stahltüren T 30-1 nach DIN 18082-1 und 3 als geregeltes Bauprodukt. In der Bauregelliste 2004 wurden diese Produkte jedoch gestrichen. Ab diesem Zeitpunkt können alle Feuerschutzabschlüsse nur noch als nicht geregeltes Bauprodukt hergestellt werden und benötigen immer eine allgemeine bauaufsichtliche Zulassung des DIBt als Verwendbarkeitsnachweis.

Dichtschließend

Mit Erscheinen der MBO 2002 und allen LBOs, die auf der MBO 2002 aufbauen, müssen Feuerschutzabschlüsse dichtschließend sein – Abkürzung [D]. Als dichtschließend im Sinne der LBOs gelten allgemein Türen mit einer Abdichtung längs der seitlichen und oberen Türränder. Besondere Vorkehrungen im Schwellenbereich sind dabei jedoch nicht erforderlich.

Damit dürfen – wenn die bauaufsichtliche Anforderung dichtschließend besteht – die einfachen Feuerschutzabschlüsse mit Stahlblechzargen und -türen ohne dreiseitige Dichtung nicht mehr eingebaut werden, sondern es sind Feuerschutzabschlüsse erforderlich, die mindestens eine dreiseitige Dichtung aufweisen.

Wichtig: Mit dem Begriff *dichtschließend* ist keine definierte Rauchdichtigkeit gemeint, sondern der Abschluss soll zumindest längs der seitlichen und oberen Türränder „einigermaßen“ dicht sein. Bestehen besondere Anforderungen an die Dichtigkeit, so stellt die MBO 2002 die Anforderung *rauchdicht*. Rauchdichte Türen müssen höhere Anforderungen erfüllen (siehe Punkte 5.4 und 5.5 in diesem Kapitel).

5.4 Feuerschutzabschlüsse mit Rauchschutz

Feuerschutzabschlüsse mit Rauchschutz Brandschutzatlas Kapitel 6.8.1 und 6.8.4		T-RS	EI-C S
Prüf- bzw. Klassifizierungs-norm „Feuerschutz“		nationale Ebene DIN 4102-5	europäische Ebene DIN EN 13501-2
Prüf- bzw. Klassifizierungs-norm „Rauchschutz“		nationale Ebene DIN 18095	europäische Ebene DIN EN 13501-2
fh	rauchdicht und selbstschließend	T 30 DIN 18095-RS	$EI_2$30-C…S_m 2)
hf	rauchdicht und selbstschließend	T 60 DIN 18095-RS	$EI_2$60-C…S_m 2)
fb	rauchdicht und selbstschließend	T 90 DIN 18095-RS	$EI_2$90-C…S_m 2)

Kriterium Feuerschutz*)	Verwendbarkeits-nachweis	Übereinstim-mungsnachweis
• als nicht geregeltes Bauprodukt, das nicht in der Bauregelliste aufgeführt ist (Prüfung nach DIN 4102-5 oder Klassifizierung nach DIN EN 13501-2)	Z	gemäß Z
• bei wesentlichen Abweichungen	Z	gemäß Z
• in begründeten Einzelfällen bzw. Ausnahmefällen	ZiE	gemäß ZiE
Kriterium Rauchschutz*)	**Verwendbarkeits-nachweis**	**Übereinstim-mungsnachweis**
• als nicht geregeltes Bauprodukt; Prüfung nach den in Bauregelliste A Teil 2 angegebenen Prüfverfahren (z.B. DIN 18095) oder Klassifizierung nach DIN EN 13501-2	P	ÜH
• bei wesentlichen Abweichungen	Z	gemäß Z
• in begründeten Einzelfällen bzw. Ausnahmefällen	ZiE	gemäß ZiE

Fußnote und Abkürzungen siehe Tabellen 4-2 und 4-3 in diesem Kapitel und in Kapitel 4.3, Punkt 2, Tabelle 2-3.

*) Ab 2006 genügt für einen Feuerschutzabschluss mit Rauchschutz als Verwendbarkeitsnachweis eine allgemeine bauaufsichtliche Zulassung, in der sowohl der Rauchschutz als auch der Feuerschutz berücksichtigt sind (siehe auch nachfolgende Erläuterungen).

Feuerschutzabschlüsse mit Rauchschutz müssen zwei Kriterien erfüllen. Zum einen den Feuerschutz (Prüfung nach DIN 4102-5 oder Klassifizierung nach DIN EN 13501-2) und zum anderen den Rauchschutz (Prüfung nach DIN 18095 oder Klassifizierung nach DIN EN 13501-2).

Bis 2005 waren hierfür zwei Verwendbarkeitsnachweise erforderlich. In der Regel eine allgemeine bauaufsichtliche Zulassung des DIBt für den Feuerschutz und ein allgemeines bauaufsichtliches Prüfzeugnis einer amtlich anerkannten Materialprüfanstalt für den Rauchschutz. Entsprechend waren auch zwei Kennzeichnungen mit Stahlblechschildern erforderlich.

Ab 2006 gibt es jedoch ein modifiziertes Zulassungsverfahren, nach dem beide Kriterien (Feuerschutz und Rauchschutz) in nur einer Zulassung geregelt und nachgewiesen werden. Seit dem ist für diese Abschlüsse also nur noch ein Verwendbarkeitsnachweis in Form einer allgemeinen bauaufsichtlichen Zulassung erforderlich, die dann den Feuerschutz und den Rauchschutz regelt. Als Kennzeichnung genügt dann auch ein Stahlblechschild mit den entsprechenden Angaben.

5.5 Rauchschutztüren

<table>
<tr><td colspan="2">Rauchschutztüren
Brandschutzatlas Kapitel 6.8.4</td><td>RS</td><td colspan="2">S_m-C</td></tr>
<tr><td colspan="2">Prüf- bzw. Klassifizierungsnorm</td><td>nationale Ebene
DIN 18095</td><td colspan="2">europäische Ebene
DIN EN 13501-2</td></tr>
<tr><td>RD*)</td><td>rauchdicht und selbstschließend</td><td>DIN 18095-RS</td><td colspan="2">S_m-C...[2])</td></tr>
<tr><td colspan="3">Verwendung</td><td>Verwendbarkeitsnachweis</td><td>Übereinstimmungsnachweis</td></tr>
<tr><td colspan="3">• als nicht geregeltes Bauprodukt. Prüfung nach den in Bauregelliste A Teil 2 angegebenen Prüfverfahren (z.B. DIN 18095)</td><td>P</td><td>ÜH</td></tr>
<tr><td colspan="3">• bei wesentlichen Abweichungen</td><td>Z</td><td>gemäß Z</td></tr>
<tr><td colspan="3">• in begründeten Einzelfällen bzw. Ausnahmefällen</td><td>ZiE</td><td>gemäß ZiE</td></tr>
</table>

Fußnote und Abkürzungen siehe Tabellen 4-2 und 4-3 in diesem Kapitel und in Kapitel 4.3, Punkt 2, Tabelle 2-3.

*) Abkürzung für die bauaufsichtliche Anforderung rauchdicht und selbstschließend. Diese Anforderung wird auf nationaler Ebene mit einer Rauchschutztür „Tür DIN 18095-RS“ und auf europäischer Ebene mit einer „Tür S_m-C...“ erfüllt.

5.6 Feststellanlagen für Feuer- und Rauchschutzabschlüsse

Feststellanlagen für Feuer- und Rauchschutzabschlüsse	–	–
Brandschutzatlas Kapitel 6.8.5		
Prüf- bzw. Klassifizierungsnorm	nationale Ebene	europäische Ebene
	–	–
selbstschließend	gewährleistet die Eigenschaft selbstschließend	

Verwendung	Verwendbarkeitsnachweis	Übereinstimmungsnachweis
• als nicht geregeltes Bauprodukt, das nicht in der Bauregelliste aufgeführt ist	Z	gemäß Z
• als Bauprodukt bzw. Bausatz nach Bauregelliste B Teil 2 nach den dort angegebenen Vorschriften zur Umsetzung der EG-Richtlinien (73/23/EWG, 89/336/EWG und 98/37/EG)	Z	gemäß Z
• bei wesentlichen Abweichungen	Z	gemäß Z
• in begründeten Einzelfällen bzw. Ausnahmefällen	ZiE	gemäß ZiE

Abkürzungen siehe Tabelle 4-3 in diesem Kapitel und in Kapitel 4.3, Punkt 2, Tabelle 2-3.

Wenn bei Feuer- und Rauchschutztüren, die selbstschließend sein müssen, die selbstschließende Eigenschaft stört, werden diese oft unzulässig offen gehalten (z.B. durch Keile), was im Brandfall katastrophale Folgen haben kann. Deshalb ist es Aufgabe des Planers, bei allen Feuer- und Rauchschutztüren, bei denen zu erwarten ist, dass die bauaufsichtlich geforderte selbstschließende Funktion stört, von vornherein bauaufsichtlich zugelassene Feststellanlagen vorzusehen.

Bauaufsichtlich zugelassene Feststellanlagen gewährleisten bei selbstschließenden Türen die Eigenschaft *selbstschließend*. Mit ihnen ist eine fachgerechte Feststellung von selbstschließenden Feuer- und Rauchschutztüren möglich, da sie im Brandfall die festgestellten Abschlüsse zum Schließen freigeben.

4.4
Seite 16

Sonderbauteile

5.7 Fahrschachttüren in feuerwiderstandsfähigen Fahrschachtwänden

Fahrschachttüren in feuerwiderstandsfähigen Fahrschachtwänden Brandschutzatlas Kapitel 6		–	E nach DIN EN 81-58
Prüf- bzw. Klassifizierungsnorm		nationale Ebene DIN 4102-5	europäische Ebene DIN EN 13501-2
fh	Fahrschachtwand		E 30/DIN EN 81-58
hf	Fahrschachtwand		E 60/DIN EN 81-58
fb	Fahrschachtwand	Abschluss in feuerbeständigen Fahrschachtwänden	E 90/DIN EN 81-58

Verwendung	Verwendbarkeitsnachweis	Übereinstimmungsnachweis
• als geregeltes Bauprodukt nach Bauregelliste A Teil 1	Ausführung nach DIN 18090, 18091 und 18092	ÜZ
• als nicht geregeltes Bauprodukt, das nicht in der Bauregelliste aufgeführt ist (Prüfung bzw. Klassifizierung nach DIN 4102-5 oder DIN EN 13501-2 oder DIN EN 81-58*))	Z	gemäß Z
• bei wesentlichen Abweichungen	Z	gemäß Z
• in begründeten Einzelfällen bzw. Ausnahmefällen	ZiE	gemäß ZiE

Abkürzungen siehe Tabelle 4-3 in diesem Kapitel und in Kapitel 4.3, Punkt 2, Tabelle 2-3.

*) Fahrschachttüren E 30, E 60 und E 90 nach DIN EN 81-58 sind Bestandteile des gesamten Aufzugs und unterliegen der Aufzugsverordnung bzw. den europäischen Maschinenrichtlinien.

Abschlüsse in Fahrschachtwänden der Feuerwiderstandsklasse F 90 sind Bauteile, die so ausgebildet sind, dass Feuer und Rauch nicht in andere Geschosse übertragen werden können. Dabei handelt es sich nicht um F 90- oder T 90-Feuerschutzabschlüsse, sondern um Abschlüsse, die eingebaut in F 90-Fahrschachtwänden, zusammen mit der Fahrschachtentlüftung und dem Fahrkorb, der überwiegend aus nichtbrennbaren Baustoffen besteht, eine Übertragung von Feuer und Rauch in andere Geschosse verhindern.

Auf nationaler Ebene werden Abschlüsse in Fahrschachtwänden der Feuerwiderstandsklasse F 90 gemäß DIN 4102-5 Abschnitt 6.3 geprüft. Diese Prüfungen unterscheiden sich wesentlich von denen für T-Feuerschutzabschlüsse.

Außerdem können Abschlüsse in Fahrschachtwänden der Feuerwiderstandsklasse F 90 nach folgenden Normen ausgeführt werden:

- DIN 18090 „Aufzüge; Flügel- und Falttüren für Fahrschächte mit feuerbeständigen Wänden"
- DIN 18091 „Aufzüge; Schachtschiebetüren für Fahrschächte mit Wänden der Feuerwiderstandsklasse F 90"
- DIN 18092 „Aufzüge; Vertikalschiebetüren für Kleingüteraufzüge in Fahrschächten mit Wänden der Feuerwiderstandsklasse F 90".

Auf **europäischer** Ebene sind folgende Bauarten von Fahrschachttüren möglich:

- Fahrschachttüren E 30, E 60, E 90 nach DIN EN 81-58 (Prüfnorm).

  Wichtig: Die Bezeichnungen E 30, E 60 und E 90 nach DIN EN 81-58 für Aufzugtüren können leicht verwechselt werden mit den Bezeichnungen E 30, E 60 und E 90 nach DIN EN 13501-2. Deshalb ist es empfehlenswert, bei den Aufzugtüren immer die Prüfnorm, nach der diese Türen geprüft worden sind, anzugeben (Beispiele: E 30/DIN EN 81-58, E 60/DIN EN 81-58, E 90/DIN EN 81-58).

- Fahrschachttüren E 30, E 60 und E 90 nach DIN EN 81-58 sind Bestandteile des gesamten Aufzugs und unterliegen der Aufzugsverordnung bzw. den europäischen Maschinenrichtlinien

Türen nach den nationalen Normen DIN 18090,18091,18092 bzw. DIN 4102-5 können noch während einer längeren Übergangsfrist verwendet werden. Sie werden danach abgelöst durch Türen nach DIN EN 81-58. Der aktuelle Stand ist in den jeweils gültigen Bauregellisten A und B angegeben.

4.4 Seite 18	Sonderbauteile	

5.8 Brandschutzverglasungen

F-Brandschutzverglasungen Brandschutzatlas Kapitel 6.9		F	EI
Prüf- bzw. Klassifizierungsnorm		nationale Ebene DIN 4102-13	europäische Ebene DIN EN 13501-2
fh	Raumabschluss + Wärmedämmung	F 30	EI 30
hf	Raumabschluss + Wärmedämmung	F 60	EI 60
fb	Raumabschluss + Wärmedämmung	F 90	EI 90

Verwendung	Verwendbarkeitsnachweis	Übereinstimmungsnachweis
• als nicht geregeltes Bauprodukt bzw. nicht geregelte Bauart, die nicht in der Bauregelliste aufgeführt sind (Prüfung nach DIN 4102-13 oder Klassifizierung nach DIN EN 13501-2)	Z	gemäß Z
• bei wesentlichen Abweichungen	Z	gemäß Z
• in begründeten Einzelfällen bzw. Ausnahmefällen	ZiE	gemäß ZiE

Abkürzungen siehe Tabelle 4-3 in diesem Kapitel und in Kapitel 4.3, Punkt 2, Tabelle 2-3.

G-Brandschutzverglasungen Brandschutzatlas Kapitel 6.9		G	E
Prüf- bzw. Klassifizierungsnorm		nationale Ebene DIN 4102-13	europäische Ebene DIN EN 13501-2
fh	nur Raumabschluss	G 30	E 30
hf	nur Raumabschluss	G 60	E 60
fb	nur Raumabschluss	G 90	E 90

Verwendung	Verwendbarkeitsnachweis	Übereinstimmungsnachweis
• für bestimmte G-Brandschutzverglasungen: Geregelte Bauart nach DIN 4102-4	Ausführung nach DIN 4102-4 Abschnitt 8.4	nicht erforderlich, jedoch empfehlenswert
• als nicht geregeltes Bauprodukt bzw. nicht geregelte Bauart, die nicht in der Bauregelliste aufgeführt sind (Prüfung nach DIN 4102-13 oder Klassifizierung nach DIN EN 13501-2)	Z	gemäß Z
• bei wesentlichen Abweichungen	Z	gemäß Z
• in begründeten Einzelfällen bzw. Ausnahmefällen	ZiE	gemäß ZiE

Abkürzungen siehe Tabelle 4-3 in diesem Kapitel und in Kapitel 4.3, Punkt 2, Tabelle 2-3.

Brandschutzverglasungen sind Bauprodukte bzw. Bauarten, die aus mehreren Teilen bestehen. Dies sind im Einzelnen:

- lichtdurchlässige Elemente
- Rahmen
- Halterungen
- Dichtungen
- Befestigungsmittel.

Sie müssen entsprechend den Bestimmungen des Verwendbarkeitsnachweises hergestellt und eingebaut werden.

Brandschutzverglasungen werden auf nationaler Ebene gemäß DIN 4102-13 klassifiziert und geprüft. Dabei muss die Verglasung während einer entsprechenden Feuerwiderstandsdauer als Raumabschluss wirksam bleiben. Außerdem sind in der DIN 4102-4 Abschnitt 8.4 G-Verglasungen als allgemein anerkannte und bewährte Bauart beschrieben.

Verwendung von G-Verglasungen bzw. E-Verglasungen

G-Verglasungen (nationale Ebene) bzw. E-Verglasungen (europäische Ebene) gelten im bauaufsichtlichen Sinne **nicht** als feuerhemmend, hochfeuerhemmend bzw. feuerbeständig, da sie nur den Raumabschluss, nicht aber die Wärmedämmung unter Brandeinwirkung gewährleisten. Sie dürfen deshalb nur eingesetzt werden, wenn keine Bedenken wegen der Strahlungswärme bestehen.

In der Regel ist für derartige Verglasungen im bauaufsichtlichen Verfahren eine entsprechende und meist genehmigungspflichtige **Abweichung** erforderlich. Nach einigen LBOs ist z.B. der Einbau von G 30-Brandschutzverglasungen in die Wände notwendiger Flure in einer Höhe von ≥ 1,80 m zulässig.

4.4
Seite 20 Sonderbauteile

5.9 Kabelabschottungen

Kabelabschottungen Brandschutzatlas Kapitel 6.12	S	EI
Prüf- bzw. Klassifizierungsnorm	nationale Ebene DIN 4102-9	europäische Ebene DIN EN 13501-2
fh	S 30	EI 30
hf	S 60	EI 60
fb	S 90	EI 90
Feuerwiderstands-fähigkeit 120 Minuten	S 120	EI 120

Verwendung	Verwendbarkeits-nachweis	Übereinstim-mungsnachweis
• als nicht geregeltes Bauprodukt bzw. nicht geregelte Bauart, die nicht in der Bauregelliste aufgeführt sind (Prüfung nach DIN 4102-9 oder Klassifizierung nach DIN EN 13501-2)	Z	gemäß Z
• bei wesentlichen Abweichungen	Z	gemäß Z
• in begründeten Einzelfällen bzw. Ausnahmefällen	ZiE	gemäß ZiE

Abkürzungen siehe Tabelle 4-3 in diesem Kapitel und in Kapitel 4.3, Punkt 2, Tabelle 2-3.

Kabelabschottungen werden auf nationaler Ebene nach DIN 4102-9 geprüft und klassifiziert. In dieser Norm sind folgende Einsatzbereiche aufgezeigt:

Verschließen von Öffnungen für die Durchführung elektrischer Leitungen, insbesondere von

- Kabeln und Leitungen mit metallischen Leitern
- Stromschienen
- Leitungen mit nichtmetallischen Leitern, z.B. Lichtwellenleitern.

Innerhalb der Feuerwiderstandsdauer dürfen Feuer und Rauch nicht an die dem Feuer abgekehrte Seite des raumabschließenden Bauteils gelangen.

Für die Abschottung einzelner Elektrokabel siehe MLAR von 2005.

Sonderbauteile		4.4 Seite 21

5.10 Rohrabschottungen

Rohrabschottungen Brandschutzatlas Kapitel 6.10	R	EI
Prüf- bzw. Klassifizierungsnorm	nationale Ebene DIN 4102-11	europäische Ebene DIN EN 13501-2
fh	R 30	EI 30-U/U[4]) EI 30-C/U[5])
hf	R 60	EI 60-U/U[4]) EI 60-C/U[5])
fb	R 90	EI 90-U/U[4]) EI 90-C/U[5])
Feuerwiderstands-fähigkeit 120 Minuten	R 120	EI 120-U/U[4]) EI 120-C/U[5])
Rohrabschottungen und Rohrummantelungen, deren Funktion nicht auf dem Verschluss des Rohrquerschnitts durch dämmschichtbildende Baustoffe oder Mechanik beruht	**Verwendbarkeits-nachweis**	**Übereinstim-mungsnachweis**
• als nicht geregeltes Bauprodukt; Prüfung nach den in Bauregelliste A Teil 2 angegebenen Prüfverfahren (z.B. DIN 4102-11 oder Klassifizierung nach DIN EN 13501-2)	P	ÜH
• als nicht geregelte Bauart; Prüfung nach den in Bauregelliste A Teil 3 angegebenen Prüfverfahren (z.B. DIN 4102-11 oder Klassifizierung nach DIN EN 13501-2)	P	ÜA
• bei wesentlichen Abweichungen	Z	gemäß Z
• in begründeten Einzelfällen bzw. Ausnahmefällen	ZiE	gemäß ZiE
Rohrabschottungen und Rohrummantelungen, deren Funktion auf dem Verschluss des Rohrquerschnitts durch dämmschichtbildende Baustoffe oder Mechanik beruht	**Verwendbarkeits-nachweis**	**Übereinstim-mungsnachweis**
• als nicht geregeltes Bauprodukt, das nicht in der Bauregelliste aufgeführt ist (Prüfung nach DIN 4102-11 oder Klassifizierung nach DIN EN 13501-2)	Z	gemäß Z
• als nicht geregelte Bauart, die nicht in der Bauregelliste aufgeführt ist (Prüfung nach DIN 4102-11 oder Klassifizierung nach DIN EN 13501-2)	Z	gemäß Z
• bei wesentlichen Abweichungen	Z	gemäß Z
• in begründeten Einzelfällen bzw. Ausnahmefällen	ZiE	gemäß ZiE

Fußnoten und Abkürzungen siehe Tabellen 4-2 und 4-3 in diesem Kapitel und in Kapitel 4.3, Punkt 2, Tabelle 2-3.

4.4
Seite 22

Sonderbauteile

Als Maßnahmen gegen Brandübertragung bei Rohrleitungen gelten Rohrabschottungen sowie Rohrummantelungen (vollständige oder teilweise Ummantelungen oder Unterputz-Verlegung der Rohre). Die jeweils erforderlichen Brandschutzmaßnahmen richten sich danach, ob die Rohrleitungen brennbar oder nichtbrennbar sind, wie groß sie sind und welche Medien sie führen.

Für die Durchführung einzelner Rohre siehe MLAR von 2005.

5.11 Rohre und Formstücke für Lüftungsleitungen

Rohre und Formstücke für Lüftungsleitungen Brandschutzatlas Kapitel 6.11	L	EI-S
Prüf- bzw. Klassifizierungsnorm	nationale Ebene DIN 4102-6	europäische Ebene DIN EN 13501-3
fh	L 30	EI 30($v_e h_o$ i↔o)-S
hf	L 60	EI 60($v_e h_o$ i↔o)-S
fb	L 90	EI 90($v_e h_o$ i↔o)-S

Verwendung	Verwendbarkeitsnachweis	Übereinstimmungsnachweis
• für bestimmte Rohre und Formstücke: Geregeltes Bauprodukt bzw. geregelte Bauart nach DIN 4102-4	Ausführung nach DIN 4102-4 Abschnitt 8.5	nicht erforderlich, jedoch empfehlenswert
• als nicht geregeltes Bauprodukt; Prüfung nach den in Bauregelliste A Teil 2 angegebenen Prüfverfahren (z.B. DIN 4102-11 oder Klassifizierung nach DIN EN 13501-3 bzw. DIN EN 1363-1 bzw. DIN EN 1366-1)	P	ÜH
• als nicht geregelte Bauart; Prüfung nach den in Bauregelliste A Teil 3 angegebenen Prüfverfahren (z.B. DIN 4102-11 oder Klassifizierung nach DIN EN 13501-3 bzw. DIN EN 1363-1 bzw. DIN EN 1366-1)	P	ÜA
• bei wesentlichen Abweichungen	Z	gemäß Z
• in begründeten Einzelfällen bzw. Ausnahmefällen	ZiE	gemäß ZiE

Abkürzungen siehe Tabelle 4-3 in diesem Kapitel und in Kapitel 4.3, Punkt 2, Tabelle 2-3.

Brandschutztechnische Begriffe, Anforderungen und Prüfungen von Lüftungsleitungen werden auf nationaler Ebene in DIN 4102-6 behandelt. Dabei wird unterschieden zwischen den Feuerwiderstandsklassen von

- Rohren und Formstücken für Lüftungsleitungen (Kennbuchstabe L) und
- Absperrvorrichtungen gegen Brandübertragung in Lüftungsleitungen (Brandschutzklappen – Kennbuchstabe K).

Schächte, Kanäle, Rohre und Formstücke als Bauteile von Lüftungsanlagen werden entsprechend der in DIN 4102-6 Abschnitt 5 angegebenen Prüfung auf ihre Tauglichkeit geprüft. Dabei müssen die zu Probekörpern zusammengesetzten Bauteile von Lüftungsleitungen, einschließlich ihrer Befestigungs- und Verbindungsmittel, im Brandversuch die vorgegebenen Anforderungen erfüllen.

4.4 Seite 24	Sonderbauteile	

5.12 Absperrvorrichtungen für Lüftungsleitungen (Brandschutzklappen)

Absperrvorrichtungen für Lüftungsleitungen (Brandschutzklappen) Brandschutzatlas Kapitel 6.11	K	EI-S
Prüf- bzw. Klassifizierungsnorm	nationale Ebene DIN 4102-6	europäische Ebene DIN EN 13501-3
fh	K 30	EI 30($v_e h_o$ i↔o)-S
hf	K 60	EI 60($v_e h_o$ i↔o)-S
fb	K 90	EI 90($v_e h_o$ i↔o)-S

Verwendung	Verwendbarkeits-nachweis	Übereinstim-mungsnachweis
• als nicht geregeltes Bauprodukt bzw. nicht geregelte Bauart, die nicht in der Bauregelliste aufgeführt sind (Prüfung nach DIN 4102-6 oder Klassifizierung nach DIN EN 13501-3)	Z	gemäß Z
• Bauprodukt bzw. Bausatz nach Bauregelliste B Teil 2 nach den dort angegebenen Vorschriften zur Umsetzung der EG-Richtlinien (73/23/EWG, 89/336/EWG und 98/37/EG)	Z	gemäß Z
• bei wesentlichen Abweichungen	Z	gemäß Z
• in begründeten Einzelfällen bzw. Ausnahmefällen	ZiE	gemäß ZiE

Abkürzungen siehe Tabelle 4-3 in diesem Kapitel und in Kapitel 4.3, Punkt 2, Tabelle 2-3.

Die Prüfungen für Brandschutzklappen sind auf nationaler Ebene in DIN 4102-6 Abschnitt 6.2 beschrieben. Brandschutzklappen müssen im Brandfall die Lüftungsleitung im Bereich einer Decken- oder Wanddurchdringung schließen.

Nach dem Schließen muss der Durchtritt von Feuer und Rauch verhindert bleiben. An der Absperrvorrichtung dürfen keine wesentlichen Beschädigungen auftreten. Insbesondere dürfen die Dichtheit und die sonstigen brandschutztechnischen Eigenschaften nicht beeinträchtigt werden.

Sonderbauteile		4.4 Seite 25

5.13 Installationsschächte und -kanäle

Installationsschächte und -kanäle Brandschutzatlas Kapitel 6.10	I	EI
Prüf- bzw. Klassifizierungsnorm	nationale Ebene DIN 4102-11	europäische Ebene DIN EN 13501-2
fh	I 30	EI 30($v_e h_o$ i$\leftrightarrow$o)
hf	I 60	EI 60($v_e h_o$ i$\leftrightarrow$o)
fb	I 90	EI 90($v_e h_o$ i$\leftrightarrow$o)

Verwendung	Verwendbarkeitsnachweis	Übereinstimmungsnachweis
• für bestimmte Installationsschächte und -kanäle: Geregeltes Bauprodukt bzw. geregelte Bauart nach DIN 4102-4	Ausführung nach DIN 4102-4 Abschnitt 8.6	nicht erforderlich, jedoch empfehlenswert
• als nicht geregeltes Bauprodukt; Prüfung nach den in Bauregelliste A Teil 2 angegebenen Prüfverfahren (z.B. DIN 4102-11 oder Klassifizierung nach DIN EN 13501-2)	P	ÜH
• als nicht geregelte Bauart; Prüfung nach den in Bauregelliste A Teil 3 angegebenen Prüfverfahren (z.B. DIN 4102-11 oder Klassifizierung nach DIN EN 13501-2)	P	ÜA
• bei wesentlichen Abweichungen	Z	gemäß Z
• in begründeten Einzelfällen bzw. Ausnahmefällen	ZiE	gemäß ZiE

Abkürzungen siehe Tabelle 4-3 in diesem Kapitel und in Kapitel 4.3, Punkt 2, Tabelle 2-3.

Unter Installationsschächten versteht man vom übrigen Baukörper getrennte oder auf den Geschossdecken aufgesetzte Bauteile, die im Bereich der Geschossdecken abgeschottet sein können.

Installationskanäle sind nicht begehbare, vorwiegend waagerechte Bauteile zur Umhüllung von Elektroinstallationen, die durch mehrere Räume hindurchgehen. Ihr lichter Querschnitt kann im Bereich der Wände abgeschottet sein.

Installationsschächte und -kanäle schotten die in ihnen geführten Installationen entsprechend ihrer Feuerwiderstandsklasse gegenüber der Umgebung ab. Auf nationaler Ebene sehen die Prüfanordnungen der DIN 4102-11 Abschnitte 4.2 und 5.2 dabei eine Brandbeanspruchung von innen vor. Ein Brand im Inneren dieser Schächte bzw. Kanäle soll also eingeschlossen werden, so dass sich dieser nicht in die Umgebung ausbreiten kann. Es soll aber auch verhindert werden, dass ein Brand aus einem anderen Abschnitt über die raumabschließende Wand bzw. Decke weitergeleitet wird (anstelle einer Abschottung).

4.4 Seite 26 | Sonderbauteile

5.14 Elektrische Leitungsanlagen mit Funktionserhalt

Elektrische Leitungsanlagen mit Funktionserhalt Brandschutzatlas Kapitel 6.12		E	P
Prüf- bzw. Klassifizierungsnorm		nationale Ebene DIN 4102-12	europäische Ebene DIN EN 13501-2
30	Minuten Funktionserhalt	E 30	P 30
60		E 60	P 60
90		E 90	P 90

Verwendung	Verwendbarkeitsnachweis	Übereinstimmungsnachweis
• als nicht geregeltes Bauprodukt; Prüfung nach den in Bauregelliste A Teil 2 angegebenen Prüfverfahren (z.B. DIN 4102-11 oder Klassifizierung nach DIN EN 13501-2)	P	ÜH
• als nicht geregelte Bauart; Prüfung nach den in Bauregelliste A Teil 3 angegebenen Prüfverfahren (z.B. DIN 4102-11 oder Klassifizierung nach DIN EN 13501-2)	P	ÜA
• als Bauprodukt bzw. Bausatz nach Bauregelliste B Teil 2 nach den dort angegebenen Vorschriften zur Umsetzung der EG-Richtlinien (73/23/EWG)	wie in Bauregelliste B Teil 2 angegeben	ÜH
• bei wesentlichen Abweichungen	Z	gemäß Z
• in begründeten Einzelfällen bzw. Ausnahmefällen	ZiE	gemäß ZiE

Abkürzungen siehe Tabelle 4-3 und Tabelle unter Punkt 5.1 in diesem Kapitel sowie in Kapitel 4.3, Punkt 2, Tabelle 2-3.

Der Anwendungsbereich von DIN 4102-12 (nationale Ebene) ist auf Kabel mit Nennspannungen bis 1 kV beschränkt. Funktionserhalt im Sinne der DIN 4102-12 bedeutet, dass in den entsprechenden Kabeln bzw. Leitungsanlagen während einer Prüfung nach Abschnitt 6 dieser Norm kein Kurzschluss und keine Unterbrechung des Stromflusses auftritt.

Der Funktionserhalt elektrischer Kabelanlagen kann z.B. erzielt werden durch:

- Kanäle und Schächte
- Kabelanlagen und Schienenverteiler, jeweils mit integriertem Funktionserhalt.

Elektrische Kabelanlagen mit Funktionserhalt werden z.B. eingesetzt bei Sprinkleranlagen, Notbeleuchtungen, lebensnotwendigen Systemen usw. (siehe Muster-Leitungsanlagenrichtlinie).

Der Funktionserhalt elektrischer Kabelanlagen ist zwar in der Systematik der

Sonderbauteile nach DIN 4102 enthalten. Gleichwohl handelt es sich bei Kabelanlagen um keine Bauteile. Dementsprechend beschreibt der Kennbuchstabe E auch keine Feuerwiderstandsklassen, sondern Funktionserhaltsklassen.

5.15 Bedachungen

Bedachungen Brandschutzatlas Kapitel 6.5	Harte Bedachung	B_{ROOF}
Prüf- bzw. Klassifizierungsnorm	nationale Ebene DIN 4102-7	europäische Ebene DIN EN 13501-5
Widerstandsfähig gegen eine Brandbeanspruchung von außen durch Flugfeuer und strahlende Wärme (harte Bedachung)	Widerstandsfähig gegen Flugfeuer und strahlende Wärme	B_{ROOF} (t1)
Verwendung	Verwendbarkeits-nachweis	Übereinstim-mungsnachweis
• für bestimmte harte Bedachungen: geregeltes Bauprodukt bzw. geregelte Bauart nach DIN 4102-4	Ausführung nach DIN 4102-4 Abschnitt 8.7*)	Nicht erforderlich, jedoch empfehlenswert
• als nicht geregeltes Bauprodukt bzw. nicht geregelte Bauart; Prüfung nach Prüfverfahren (z.B. DIN 4102-11 oder Klassifizierung nach DIN EN 13501-5)	P	gemäß P
• bei wesentlichen Abweichungen	Z	gemäß Z
• in begründeten Einzelfällen bzw. Ausnahmefällen	ZiE	gemäß ZiE

Abkürzungen siehe Tabellen 4-3 in diesem Kapitel und Kapitel 4.3, Punkt 2, Tabelle 2-3.

*) Teilweise enthalten die Listen der Technischen Baubestimmungen der Länder eine Anlage zur DIN 4102-4 (in der Regel Anlage 3.1/8), in der weitere Dachdeckungsprodukte bzw. -materialien aufgeführt sind, die die bauaufsichtliche Anforderung „harte Bedachung" erfüllen.

Bei Bedachungen werden im Gegensatz zu anderen Sonderbauteilen keine Feuerwiderstandsklassen definiert. Hier lautet die Anforderung:

- Widerstandsfähigkeit gegen Flugfeuer und strahlende Wärme (harte Bedachung).

Bedachungen ohne Klassifizierung gelten als nicht widerstandsfähig gegen Flugfeuer und strahlende Wärme (weiche Bedachung).

Gegen Flugfeuer und strahlende Wärme widerstandsfähige Bedachungen sollen die Ausbreitung des Feuers auf dem Dach und eine Brandübertragung vom Dach auf das Innere des Gebäudes verhindern. Dies wird auf nationaler Ebene entsprechend der Norm DIN 4102-7 anhand von Probedächern ermittelt.

4.4 Seite 28 | **Sonderbauteile**

Darüber hinaus wurde für Dächer die DIN 18234 entwickelt. Die nach dieser Norm geprüften Dächer erfüllen folgendes Schutzziel:

„Begrenzung der Brandweiterleitung im Bereich der geschlossenen Dachfläche bei unterseitiger Brandbeanspruchung durch einen begrenzten Entstehungsbrand."

Dächer nach DIN 18234 sollen sich im Brandfall neutral verhalten und nicht zur Brandweiterleitung beitragen.

Die DIN 18234-1 wurde hauptsächlich für den Industriebau entwickelt.

4 Grundlagen
4.5 Bauarten

Dipl.-Ing. (FH) Josef Mayr

Inhalt

1 Allgemeines

2 Bauaufsichtliche Anforderungen, Bewertung durch den Schadenversicherer und Klassifizierung

3 Erfüllung der Anforderungen der Landesbauordnungen (LBOs)

4 Anwendbarkeitsnachweis, Übereinstimmungsnachweis und Kennzeichnung

4.1 Anwendbarkeitsnachweis
- 4.1.1 Geregelte Bauarten
- 4.1.2 Nicht geregelte Bauarten gemäß Bauregelliste A Teil 3
- 4.1.3 Nicht geregelte Bauarten, die nicht in der Bauregelliste geregelt sind
- 4.1.4 Zustimmung im Einzelfall

4.2 Übereinstimmungsnachweis
- 4.2.1 Geregelte Bauarten
- 4.2.2 Nicht geregelte Bauarten

4.3 Kennzeichnung

4.5 Bauarten

1 Allgemeines

Bauteile und Sonderbauteile können sowohl als Bauprodukte als auch als Bauarten hergestellt werden.

Bauprodukte sind:

- Baustoffe, Bauteile und Anlagen, die hergestellt werden, um dauerhaft in bauliche Anlagen eingebaut zu werden,
- aus Baustoffen und Bauteilen vorgefertigte Anlagen, die hergestellt werden, um mit dem Erdboden verbunden zu werden, wie Fertighäuser, Fertiggaragen und Silos

Eine Bauart ist:

das Zusammenfügen von Bauprodukten zu baulichen Anlagen oder Teilen von baulichen Anlagen.

Grundsätzlich können die bauaufsichtlichen Anforderungen sowohl mit Bauprodukten als auch mit Bauarten erfüllt werden, wenn das jeweilige Bauprodukt bzw. die jeweilige Bauart für die vorgesehene Aufgabe geeignet und am Markt erhältlich ist.

Der wesentliche Unterschied liegt in der Ausführung und damit im Anwendbarkeitsnachweis, im Übereinstimmungsnachweis (bzw. Übereinstimmungsverfahren) und in der Kennzeichnung.

(Weitere Informationen siehe Kapitel 5.2, Abschnitt 3).

2 Bauaufsichtliche Anforderungen, Bewertung durch den Schadenversicherer und Klassifizierung

Siehe Kapitel 4.3 (Bauteile) und 4.4 (Sonderbauteile).

3 Erfüllung der Anforderungen der Landesbauordnungen (LBOs)

Zur Erfüllung der bauaufsichtlichen Anforderungen können folgende Bauarten verwendet werden:

- **geregelte Bauarten** nach technischen Regeln, d. h. Bauarten, die allgemein gebräuchlich und bewährt sind (genormte Bauarten). Im Brandschutz sind dies im Wesentlichen Bauarten nach DIN 4102-4 Abschnitt 3 ff. (nationale Ebene).
- **nicht geregelte Bauarten** gemäß Bauregelliste A Teil 3, die nach DIN 4102-2 sowie in den Teilen 3, 5 bis 7, 9,11,13 und 18 geprüft und klassifiziert sind (nationale Ebene).
- **nicht geregelte Bauarten** gemäß Bauregelliste A Teil 3, die nach DIN EN 13501-2 bis 5 und ergänzenden europäischen Normen klassifiziert und geprüft sind (europäische Ebene).

Geregelte Bauarten nach DIN 4102-4 und nicht geregelte Bauarten mit einer Prüfung und Klassifizierung nach DIN 4102-2, 3, 5 bis 7, 9, 11, 13 und 18 sind derzeit der Regelfall. Mit zunehmender Harmonisierung gewinnen jedoch Bauarten, die nach

DIN EN 13501-2 bis 5 und ergänzenden europäischen Normen klassifiziert sind, an Bedeutung.

(Weitere Informationen zur Erfüllung bauaufsichtlicher Anforderungen an Bauteile und Bauarten siehe Kapitel 6.1 ff.)

4 Anwendbarkeitsnachweis, Übereinstimmungsnachweis und Kennzeichnung

Bis auf einige Besonderheiten bestehen für Bauarten grundsätzlich die gleichen Anforderungen wie an Bauteile und Sonderbauteile (Bauprodukte) (siehe zu Bauteilen Kapitel 4.3, Punkt 8).

Nachfolgend werden die für Bauarten geltenden Besonderheiten angegeben.

4.1 Anwendbarkeitsnachweis

4.1.1 Geregelte Bauarten

Bei Verwendung von geregelten Bauarten, die in technischen Regeln – im Brandschutz im Wesentlichen in DIN 4102-4 Abschnitt 3 ff. – genormt sind, gilt der Anwendbarkeitsnachweis als erbracht, wenn diese Regeln eingehalten werden.

4.1.2 Nicht geregelte Bauarten gemäß Bauregelliste A Teil 3

Bei Anwendung von nicht geregelten Bauarten gemäß Bauregelliste A Teil 3, deren Feuerwiderstandsklasse durch anerkannte Prüfverfahren ermittelt werden muss, sind in Abhängigkeit von den Vorgaben der Bauregelliste grundsätzlich folgende Anwendbarkeitsnachweise erforderlich:

- allgemeines bauaufsichtliches Prüfzeugnis oder
- Zustimmung im Einzelfall von der Obersten Baubehörde.

Damit ist für den Nachweis der Feuerwiderstandsklasse dieser Bauarten in der Regel ein allgemeines bauaufsichtliches Prüfzeugnis ausreichend.

4.1.3 Nicht geregelte Bauarten, die nicht in der Bauregelliste geregelt sind

Bei Anwendung aller anderen nicht geregelten Bauarten, die nicht in der Bauregelliste geregelt sind, und deren Feuerwiderstandsklasse durch anerkannte Prüfverfahren ermittelt werden muss, sind grundsätzlich folgende Anwendbarkeitsnachweise erforderlich:

- allgemeine bauaufsichtliche Zulassung des DIBt oder
- Zustimmung im Einzelfall von der Obersten Baubehörde.

Damit ist für den Nachweis der Feuerwiderstandsklasse für alle nicht geregelten Bauarten, die auch nicht in der Bauregelliste aufgeführt sind, in der Regel eine allgemeine bauaufsichtliche Zulassung des DIBt notwendig.

4.1.4 Zustimmung im Einzelfall

Zur Zustimmung im Einzelfall siehe Kapitel 4.2, Punkt 8.1.4.

4.2 Übereinstimmungsnachweis

Neben dem Anwendbarkeitsnachweis müssen die Bauarten auch noch einen dem Anwendbarkeitsnachweis entsprechenden Übereinstimmungsnachweis aufweisen.

4.2.1 Geregelte Bauarten

- Bei Anwendung geregelter Bauarten, die nach DIN 4102-4 Abschnitt 3 ff. genormt sind, ist ein Übereinstimmungsnachweis nicht erforderlich. Eine formlose Bestätigung der fachgerechten Ausführung ist jedoch sinnvoll (siehe Kapitel 4.3, Punkt 8.2.1).

4.2.2 Nicht geregelte Bauarten

Der Übereinstimmungsnachweis bzw. das Übereinstimmungsverfahren ergibt sich aus der Bauregelliste und dem jeweiligen Anwendbarkeitsnachweis.

- Für nicht geregelte Bauarten gemäß Bauregelliste A Teil 3 ist als Anwendbarkeitsnachweis in der Regel ein allgemeines bauaufsichtliches Prüfzeugnis und als Übereinstimmungsnachweis eine Übereinstimmungserklärung des Anwenders erforderlich (ÜA).

  Der Übereinstimmungsnachweis bezieht sich auf die Übereinstimmung mit dem allgemeinen bauaufsichtlichen Prüfzeugnis. Hierbei hat der Anwender der Bauart zu bestätigen, dass die Bauart entsprechend den Bestimmungen des allgemeinen bauaufsichtlichen Prüfzeugnisses ausgeführt wurde und die hierbei verwendeten Produkte den Bestimmungen des allgemeinen bauaufsichtlichen Prüfzeugnisses entsprechen.

- Für nicht geregelte Bauarten, die nicht in der Bauregelliste geregelt sind, ist als Anwendbarkeitsnachweis in der Regel eine allgemeine bauaufsichtliche Zulassung erforderlich. Der Übereinstimmungsnachweis ergibt sich dann aus den Vorgaben der Zulassung.

4.3 Kennzeichnung

Die Anforderungen an die Kennzeichnung sind im jeweiligen Anwendbarkeitsnachweis angegeben. In der Regel werden Bauarten nicht gekennzeichnet.

(Zur Kennzeichnung der für die Bauteile verwendeten Baustoffe siehe Kapitel 4.2, Punkt 8.3).

4.5 Seite 4	Bauarten	

6.1 Tragende Wände und Stützen

6.1.0 Grundsätzliche Anforderungen an das Tragwerk

Dipl.-Ing. (FH) Josef Mayr

Inhalt

1 Brandschutztechnische Funktion von Wänden
- 1.1 Tragende Wände ohne raumabschließende Funktion (R 30, R 60, R 90)
- 1.2 Tragende Wände mit raumabschließender Funktion (REI 30, REI 60, REI 90)
- 1.3 Nichttragende Wände mit raumabschließender Funktion (EI 30, EI 60, EI 90)
- 1.4 Nichttragende Wände ohne raumabschließende Funktion

2 Brandschutztechnische Bedeutung des Tragwerkes

3 Gesamtstabilität des Gebäudes im Brandfall

4 Erforderliche Dauer der Standsicherheit

5 Bauaufsichtliche Anforderungen

6 Anforderungen an Gebäude für Industrie- und Gewerbebetriebe

7 Bewertung durch die Schadenversicherer

8 Erfüllung der materiellen Anforderungen

9 Verwendbarkeits- und Übereinstimmungsnachweis für die Bauaufsicht

10 Verantwortung der am Bau Beteiligten

6.1.0 Grundsätzliche Anforderungen an das Tragwerk

1 Brandschutztechnische Funktion von Wänden

Wände sind für den vorbeugenden baulichen Brandschutz von herausragender Bedeutung. Zum einen haben sie meist eine **raumabschließende** und **unter Brandeinwirkung wärmedämmende Funktion,** sind also als abschottende Bauteile für die Begrenzung der Ausbreitung von Feuer und Rauch zuständig. Zum anderen müssen sie neben Stützen, Decken und Balken als **tragende Bauteile** im Brandfall die Tragfähigkeit des Bauwerks für die erforderliche Dauer der Standsicherheit gewährleisten.

Während aus der deutschen Klassifizierung (F 30, F 60, F 90) nicht ersichtlich ist, ob es sich dabei um Wände mit einer raumabschließenden oder tragenden Funktion handelt, wird dies bei der europäischen Klassifizierung deutlich ausgedrückt.

Wände müssen unabhängig vom Brandschutz eine Reihe weiterer Anforderungen, z.B. an den Wärme-, Schall- und Feuchtigkeitsschutz, erfüllen. Dementsprechend wird aus der Sicht des baulichen Brandschutzes zwischen folgenden Wandbauarten und Funktionen unterschieden (in Klammern die entsprechende europäische Klassifizierung):

- tragend ohne raumabschließende Funktion (R 30, R 60, R 90)
- tragend mit raumabschließender Funktion (REI 30, REI 60, REI 90)
- nichttragend mit raumabschließender Funktion (EI 30, EI 60, EI 90)
- nichttragend ohne raumabschließende Funktion (ohne europäische Brandschutzklassifizierung).

R = Tragfähigkeit („R“ésistance)
E = Raumabschluss („E“tanchéité)
I = Wärmedämmung unter Brandeinwirkung („I“solation)
30, 60, 90 = Feuerwiderstandsdauer in Minuten

Näheres zu Wänden mit raumabschließender Funktion enthält Kapitel 6.2.

1.1 Tragende Wände ohne raumabschließende Funktion (R 30, R 60, R 90)

Tragende Wände ohne raumabschließende Funktion (europäische Klassifizierung R 30, R 60, R 90) sind überwiegend auf Druck beanspruchte Bauteile, die im Brandfall ausschließlich die **Tragfähigkeit** gewährleisten müssen. Sie nehmen neben den unmittelbar auf sie wirkenden horizontalen und vertikalen Lasten, wie Eigengewicht des Bauwerks und Windlasten, auch Lasten aus anderen Konstruktionselementen auf.

Aussteifende Wände sind bezüglich des Brandschutzes wie tragende Wände zu bemessen, da sie der Aussteifung des Gebäudes oder Knickaussteifung tragender Wände dienen.

Brandbeanspruchung

Tragende Wände ohne raumabschließende Funktion (z.B. Innenwände ohne raumabschließende Funktion) werden **mindestens zweiseitig vom Brand beansprucht.** Wenn sie als Wandscheiben (z.B. als Außenwandscheiben bis 1 m Breite oder Mauerwerkspfeiler) teilweise oder ganz freistehen, so liegt eine drei- oder vierseitige Brandbeanspruchung vor.

Als Pfeiler oder kurze Wände aus Mauerwerk gelten Querschnitte, die aus einem oder mehreren ungetrennten Steinen oder aus getrennten Steinen mit einem Lochanteil < 35 % bestehen, die nicht durch Schlitze oder Aussparungen geschwächt sind oder deren Querschnittsfläche < 0,10 m^2 ist. Gemauerte Querschnitte, deren Flächen < 0,04 m^2 betragen, sind als tragende Teile unzulässig (siehe auch DIN 1053-1 Abschnitt 6.9.1).

Aus der Sicht des Baurechts werden tragende Wände ohne raumabschließende Funktion wie tragende Stützen behandelt.

Auf europäischer Ebene sind nach DIN EN 13501-2 Abschnitt 7.2.2 tragende Wände ohne raumabschließende Funktion als Stützen nach DIN EN 1365-4 zu prüfen.

1.2 Tragende Wände mit raumabschließender Funktion (REI 30, REI 60, REI 90)

Tragende Wände mit raumabschließender Funktion (europäische Klassifizierung REI 30, REI 60, REI 90) sind überwiegend auf Druck beanspruchte Bauteile, die im Brandfall sowohl die **Tragfähigkeit** als auch den **Raumabschluss** und die **Wärmedämmung unter Brandeinwirkung** für die Dauer ihrer Feuerwiderstandsfähigkeit gewährleisten müssen. Der Raumabschluss ist gegeben, wenn während der Feuerwiderstandsdauer eine Übertragung von Feuer und Rauch von einem brandschutztechnisch getrennten Bereich, wie

- Raum,
- Abschnitt,
- Geschoss,
- Brandabschnitt,
- Komplex,
- Brandbekämpfungsabschnitt,

in den anderen verhindert wird. Definition, Anforderungen und Prüfungen sind enthalten in DIN 4102-2 Abschnitte 5 und 6 (nationale Ebene) bzw. DIN EN 13501-2, DIN 1364-1 und DIN 1365-1 (europäische Ebene).

Tragende Wände mit raumabschließender Funktion werden deshalb nur einseitig vom Brand beansprucht. Die in den Landesbauordnungen geregelten Brandwände, Trennwände und Wohnungstrennwände gehören zu den feuerwiderstandsfähigen Wänden mit raumabschließender Funktion (raumabschließende feuerwiderstandsfähige Trennwände) und können sowohl tragend als auch nichttragend ausgeführt werden.

Außenwandscheiben mit einer Breite von mehr als 1 m gelten im Sinne der Klassifizierung nach DIN 4102-4 Abschnitt 4 ebenfalls als raumabschließende Wände.

1.3 Nichttragende Wände mit raumabschließender Funktion (EI 30, EI 60, EI 90)

Nichttragende Wände mit raumabschließender Funktion (europäische Klassifizierung EI 30, EI 60, EI 90) sind Bauteile, die auch im Brandfall überwiegend nur durch ihr Eigengewicht beansprucht werden, jedoch die Brand- und Rauchübertragung von einem Raum zum anderen verhindern. Hierzu gehören z.B. Wände zur Sicherung von Rettungswegen oder nichttragende raumabschließende Trennwände in Gebäuden. Sie werden auch als Raumabschluss zum Freien (nichttragende Außenwände) eingesetzt (siehe Kapitel 6.3).

Nichttragende Wände mit raumabschließender Funktion werden im Brandfall nur einseitig vom Brand beansprucht. Öffnungen müssen mit fachgerechten Abschlüssen bzw. Abschottungen gesichert werden.

Nichttragende Wände sind nicht für die Knickaussteifung tragender Wände geeignet, müssen aber die auf ihre Fläche wirkenden Windlasten auf tragende Bauteile (Wände, Decken) abtragen.

Klassifizierungen von nichttragenden Wänden nach DIN 4102-4 Abschnitt 4 gelten nur, wenn auch die Bauteile, die nichttragende Wände aussteifen, in ihrer aussteifenden Wirkung der gleichen Feuerwiderstandsklasse angehören.

Nichttragende Wände haben keine bzw. nur eine untergeordnete Tragfunktion. Sie können deshalb entfernt werden, ohne dass das Gebäude seine Standsicherheit verliert. Nichttragende raumabschließende Wände werden in Kapitel 6.7 besprochen.

1.4 Nichttragende Wände ohne raumabschließende Funktion

Diese Wandbauarten haben für den vorbeugenden baulichen Brandschutz keine Funktion und werden deshalb nicht näher zur Sprache gebracht.

2 Brandschutztechnische Bedeutung des Tragwerkes

Das Haupttragwerk muss im Brandfall ausreichend lange standsicher bleiben, um

- den Schutz der im Gebäude anwesenden Menschen und Tiere so lange zu gewährleisten, bis diese das Gebäude verlassen konnten.
- die Rettung von Menschen und Tieren sowie die Durchführung wirksamer Löschmaßnahmen zu ermöglichen.
- den Einsturz des Gebäudes mit Personen- und eventuellen Umweltschäden zu verhüten.
- eine ausreichend lange Funktion der Bauprodukte, die dem Brandschutz dienen, sicherzustellen.

Bei der Beurteilung des Tragwerkes eines Gebäudes sind neben den eigentlich lasttragenden Bauteilen auch diejenigen Teile und Maßnahmen zu berücksichtigen, die den Feuerwiderstand erhöhen.

Zu den lasttragenden Bauwerksteilen gehören z.B.:

- tragende Wände (raumabschließend und nichtraumabschließend)
- Stützen, Pfeiler und Zugglieder
- Unterzüge und Balken
- Decken
- Dächer
- Treppen.

Eine Erhöhung des Feuerwiderstandes ist mit folgenden Bauwerksteilen bzw. Schutzmaßnahmen möglich (siehe Kapitel 6.6):

- Unterdecken
- selbstständigen Unterdecken
- Brandschutzbeschichtungen
- Brandschutzputzen
- Brandschutzbekleidungen
- wassergefüllten Konstruktionen
- Berieselungsanlagen zum Zweck der Kühlung tragender Bauteile.

Die Tragfähigkeit des Bauwerkes ist eine wichtige Komponente für die Funktion des vorbeugenden Brandschutzes. Die jeweils erforderliche Feuerwiderstandsdauer des Tragwerkes ist jedoch immer in Zusammenhang mit dem Gesamt-Brandschutzkonzept des Gebäudes zu sehen.

2-1 Stahltragwerk ohne Feuerwiderstandsdauer

Beispiel

Ein feuerwiderstandsfähiges Tragwerk bleibt im Brandfall entsprechend seiner Feuerwiderstandsdauer stehen. Wenn jedoch keine weiteren vorbeugenden Brandschutzmaßnahmen getroffen wurden und die Brandmeldung zu spät erfolgt, ist bei entsprechender Brandlast ebenso ein Totalschaden zu erwarten wie bei einem Tragwerk ohne Feuerwiderstandsdauer (siehe Bilder 2-1 bis 2-4). Weitere Informationen und Bilder enthalten die Kapitel 6.6.1 und 8.14-S.

2-2

2-3

2-4

2-2 Holztragwerk mit feuerhemmenden Holzleimbindern

2-3 Feuerbeständiges Stahlbetontragwerk mit Trapezblechdach

2-4 Feuerbeständiges Stahlbetontragwerk mit feuerbeständiger Dachdecke

3 Gesamtstabilität des Gebäudes im Brandfall

Bei der brandschutztechnischen Beurteilung der Standsicherheit sind die möglichen Auswirkungen eines Brandes auf die Gesamtkonstruktion zu berücksichtigen. Im Brandfall müssen die Gesamtstabilität des Gebäudes sowie die Funktion der tragenden und raumabschließenden Bauteile für die Dauer ihrer Feuerwiderstandsfähigkeit gewährleistet sein (siehe 6.1.0-S und Kapitel 6.2.0, Punkt 3).

Beispiel 1

Werden ungeschützte Stahlhallen (ohne Feuerwiderstandsdauer des Tragwerkes) durch Brandwände getrennt, so muss sichergestellt sein, dass auch beim Einsturz einer Halle die Brandwand für die Dauer von 90 Minuten (Komplextrennwand: 180 Minuten) stehen bleibt und ihre raumabschließende Funktion nicht verliert (siehe 6.1.0-S, Bild 1).

Beispiel 2

Raumabschließende Wände können durch thermische Längenänderungen und Bewegungen von Stahltragwerken zerstört bzw. beschädigt werden (siehe 6.1.0-S, Bild 4).

Beispiel 3

Raumabschließende Wände können durch einstürzende Tragwerksteile so beschädigt werden, dass sie ihre raumabschließende Funktion verlieren (siehe 6.1.0-S, Bilder 5 und 6).

Beispiel 4

Auf direkte und indirekte Einwirkungen durch die Folgen der thermischen Ausdehnung, der Durchbiegung und/oder des Versagens von tragenden Bauteilen ist zu achten. Ein Stahlträger z.B. kann sich erheblich ausdehnen und eine Brandwand wie ein Rammbock durchstoßen. Ebenso können raumabschließende Wände durch sich ausdehnende oder zusammen mit dem Dachtragwerk einstürzende Rohrleitungen beschädigt bzw. zerstört werden (siehe 6.2.0-S, Bilder 8 bis 11).

Weitere Bilder zu diesem Thema enthält Kapitel 6.6.1-S.

Leider enthalten die DIN-Normen und sonstigen technischen Regelwerke nur wenige Angaben zu diesen Problemen. Zum Teil sind solche Angaben auch gar nicht möglich, da ein Bauwerk durch das Zusammenfügen einer Vielzahl von Bauprodukten entsteht.

Grundsätzlich sind jedoch bei der Planung und Ausführung baulicher Anlagen die anerkannten Regeln der Baukunst zu beachten. Dazu gehört auch das Zusammenwirken der verschiedenen Bauwerksteile und Bauprodukte im Brandfall (siehe 6.1.0-S, Bilder 2 und 3).

4 Erforderliche Dauer der Standsicherheit

Die erforderliche Dauer der Standsicherheit wird durch die Feuerwiderstandsdauer ausgedrückt. Sie hängt in erster Linie von den Schutzzielen ab, die für ein Gebäude bestehen.

Die Schutzziele des Gesetzgebers und der anderen an einem Gebäude Beteiligten, wie Betreiber, Nutzer und Schadenversicherer, führen über ein brandschutztechnisches Gesamtkonzept zu den erforderlichen Einzelmaßnahmen. Zu diesen gehört wesentlich auch die Standsicherheit des Gebäudes im Brandfall.

Auf die erforderliche Feuerwiderstandsfähigkeit bezogen, können damit z.B. folgende Zielsetzungen bestehen:

- keine bestimmten Anforderungen an die Feuerwiderstandsdauer für Gebäude, bei denen die Folgen des Einsturzes von Bauteilen (Totalschaden) hingenommen werden können
- Feuerwiderstandsdauer für eine bestimmte Zeit, innerhalb der sich die Gebäudebenutzer in Sicherheit bringen können bzw. die Rettung von Menschen und Tieren und die Durchführung wirksamer Löscharbeiten möglich ist
- Feuerwiderstandsdauer des Haupttragwerkes, die gewährleistet, dass das Gebäude auch ohne Eingreifen der Feuerwehr einen Abbrand aller brennbaren Stoffe übersteht.

5 Bauaufsichtliche Anforderungen

Die bauaufsichtlichen Anforderungen an die Feuerwiderstandsdauer des Tragwerkes orientieren sich in erster Linie an den Schutzzielen *Rettung von Menschen und Tieren* und *Durchführung von wirksamen Löscharbeiten.* Tabelle 5-1 zeigt allgemein die grundsätzlichen Anforderungen der Landesbauordnungen.

Die Möglichkeiten zur Durchführung von Rettungs- und Brandbekämpfungsmaßnahmen hängen weitgehend von der Höhe eines Gebäudes ab. Mit zunehmender Höhenentwicklung wird die Rettung und Brandbekämpfung schwieriger und damit auch zeitaufwändiger. Analog dazu muss das *Nichtversagen des Tragwerkes,* also die Feuerwiderstandsdauer, für einen zunehmend längeren Zeitraum gewährleistet sein, und die bauaufsichtlichen Anforderungen nehmen entsprechend zu. Ab der Hochhausgrenze werden unter Berücksichtigung der besonderen Situation die materiellen Brandschutzanforderungen noch weiter angehoben.

Ausführliche Erläuterungen hierzu enthält Kapitel 6.1.1-A, Punkt 3.

Außerdem wird auch das jeweilige Gefahrenpotential, das sich aus der Nutzung oder den Abmessungen der Gebäude ergibt, mit berücksichtigt. Für bauliche Anlagen besonderer Art oder Nutzung bestehen auch besondere Anforderungen. Diese können verschärft, aber im Einzelfall z.B. bei geringer Brandgefahr bzw. geringen Brandlasten auch reduziert werden.

Tabelle 5-1:
Allgemeine bauaufsichtliche Anforderungen an die Feuerwiderstandsdauer des Tragwerkes gemäß MBO 2002

Gebäudeklasse	Feuerwiderstandsdauer des Tragwerkes
Gebäudeklasse 1 a: freistehende Gebäude mit einer Höhe bis zu 7 m und nicht mehr als zwei Nutzungseinheiten von insgesamt nicht mehr als 400 m^2	keine besonderen Anforderungen im KG: feuerhemmend
Gebäudeklasse 2: Gebäude mit einer Höhe[1]) bis zu 7 m und nicht mehr als zwei Nutzungseinheiten von insgesamt nicht mehr als 400 m^2	feuerhemmend
Gebäudeklasse 3: sonstige Gebäude mit einer Höhe[1]) bis 7 m	feuerhemmend im KG: feuerbeständig
Gebäudeklasse 4: Gebäude mit einer Höhe[1]) bis zu 13 m und Nutzungseinheiten mit jeweils nicht mehr als 400 m^2	hochfeuerhemmend im KG: feuerbeständig
Gebäudeklasse 5: sonstige Gebäude mit einer Höhe[1]) bis zu 22 m einschließlich unterirdischer Gebäude	feuerbeständig

[1]) Die Höhe zur Definition der Gebäudeklassen ist nach der Musterbauordnung (MBO) 2002 *„das Maß der Fußbodenoberkante des höchstgelegenen Geschosses, in dem ein Aufenthaltsraum möglich ist, über der Geländeoberfläche im Mittel"*.

Achtung: In den LBOs bestehen zum Teil davon abweichende Regelungen.

Um festzulegen, welches *Maß an Brandschutz* in Wohngebäuden erforderlich ist, unterstellt die Bauordnung zunächst, dass eine Brandbelastung im Gebäude vorhanden ist, die der eines *üblich ausgestatteten* Wohngebäudes entspricht. Dabei kann von einer mittleren Brandlast, die etwa zwischen 120 und 240 kWh/m^2 Geschossfläche schwankt, ausgegangen werden. Diese unterliegt natürlich einer großen Streuung, was bei der Festlegung der brandschutztechnischen Bauteilanforderungen entsprechend mit berücksichtigt wurde.

An die Tragwerke von Kellergeschossen werden zum Teil höhere Anforderungen gestellt als an die anderen tragenden Bauteile. Der Grund hierfür ist, dass von der Nutzung der Kellerräume, z.B. für Feuerungsanlagen, Brennstofflagerung, Lagerung von diversem Hausrat usw., eine größere Brandgefahr ausgeht als von anderen Nutzungen. Zudem sind Kellerbrände schwieriger löschbar.

Für landwirtschaftliche Betriebsgebäude bestehen zum Teil wesentliche Erleichterungen. Damit soll die Errichtung von Ställen und Scheunen in Holzkonstruktionen ermöglicht werden. In einigen Bundesländern gelten diese Erleichterungen auch für ähnliche Gebäude, wie z.B. forstwirtschaftliche und gärtnerische Betriebsgebäude.

6 Anforderungen an Gebäude für Industrie- und Gewerbebetriebe

Bauliche Anlagen für Industrie- und Gewerbebetriebe sind Sonderfälle. Hier kommt es nicht selten zu Problemen in der Meinungsfindung, welche brandschutztechnischen Anforderungen an das Tragwerk zu stellen sind.

Deshalb ist es in der Regel sinnvoll und meist gemäß den bauaufsichtlichen Vorschriften auch erforderlich, zur Ermittlung der erforderlichen Feuerwiderstandsdauer und der Brandschutzmaßnahmen ein brandschutztechnisches Gesamtkonzept zu erstellen, das auf die jeweiligen Schutzziele abgestimmt ist. Dabei sollten auch wirtschaftliche Überlegungen einbezogen werden, die die Situation sowohl **vor** als auch **nach** einem eventuellen Brand berücksichtigen.

Die Ermittlung der jeweiligen Brandschutzmaßnahmen und damit auch der Feuerwiderstandsdauer des Tragwerkes erfolgt in der Regel gemäß der Muster-Industriebaurichtlinie (M IndBauRL), die neben einem einfachen tabellarischen Verfahren für übliche Gewerbe- und Industriebauten auch die Möglichkeit vorsieht, die zulässigen Flächen und die Anforderungen an die Bauteile nach den Brandsicherheitsklassen auf der Grundlage des Rechenverfahrens nach DIN 18230-1 zu ermitteln. Darüber hinaus können auch Methoden des Brandschutzingenieurwesens eingesetzt werden.

Die Rechenverfahren eignen sich, um bei einer **vorher festgelegten Brandbelastung** reproduzierbare Ergebnisse bei der Ermittlung der erforderlichen Feuerwiderstandsdauer zu erhalten.

Das Hauptproblem dieser Rechenverfahren besteht jedoch genau darin, dass die dabei zugrunde gelegte Brandbelastung **vorher festgelegt** wird und auch später während der gesamten Nutzungsdauer des Gebäudes nicht überschritten werden darf.

Mit anderen Worten: Eine Überschreitung der in den Berechnungsverfahren festgelegten Brandbelastung führt automatisch zum **Verlust der Baugenehmigung,** die diesen Berechnungsverfahren zugrunde liegt. In solchen Fällen ist dann eine entsprechende Nachbesserung erforderlich, die bei einem bestehenden Gebäude natürlich (wenn sie überhaupt noch möglich ist) sehr kostspielig und aufwändig werden kann.

Nicht zuletzt wird noch darauf hingewiesen, dass die gesetzlichen Anforderungen an die Standsicherheit Mindestanforderungen sind. Es kann aus vielen Gründen sinnvoll sein, mehr zu tun, als der Gesetzgeber vorschreibt (siehe unter folgendem Punkt 7).

7 Bewertung durch die Schadenversicherer

Neben einer Reihe anderer Faktoren hat die Bauart eines Gebäudes großen Einfluss auf das Brandrisiko bzw. die Brandentwicklung und damit auf die Schadenhöhe im Brandfall. Damit kann sich die Bauart auch auf die Höhe der Versicherungsprämien in der Feuerversicherung auswirken.

So besteht z.B. die Möglichkeit die Gebäude für Großgewerbe und Industrie in verschiedene Bauartklassen (BAK) einzustufen, die für den Feuerversicherer als Risikoeinstufungsmerkmal dienen und damit auch die Höhe der Versicherungsprämie beeinflussen können (z.B. durch Zuschläge bei ungünstiger oder Rabatte bei günstiger Bauartklasse). Allerdings hängt dies von den einzelnen Versicherungsunternehmen ab und kann unterschiedlich gehandhabt werden.

Deshalb sollte insbesondere bei Industrie- und Gewerbegebäuden, aber auch bei anderen größeren baulichen Anlagen der Versicherungsaspekt bereits im Vorplanungsstadium in die Überlegungen mit einbezogen werden. So können (oft sogar ohne wesentliche Mehrkosten)

- der vorbeugende Brandschutz und die Sicherheit verbessert,
- später Rabatte auf die Feuerversicherungsprämien erhalten und
- in der Plangenehmigungsphase durch eine genehmigungsfähige Planung Zeit und Kosten gespart und Ärger vermieden werden.

Viele Feuerversicherungen führen hierzu mit ihren Schadenverhütungsexperten entsprechende Beratungen durch.

Weitere Informationen zum Thema Brandschutz und Versicherung enthält Kapitel 10.

8 Erfüllung der materiellen Anforderungen

Als Ergebnis der bauaufsichtlichen und gutachterlichen Beurteilung des baulichen Brandschutzes werden u.a. auch brandschutztechnische Anforderungen an das Tragwerk gestellt. Die Standsicherheit des Gebäudes muss durch einen ausreichenden Feuerwiderstand des Haupttragwerkes gesichert sein.

Dieser gilt als erfüllt, wenn der Feuerwiderstand der einzelnen Bauteile einschließlich seiner Aussteifungen als mindestens gleich groß nachgewiesen ist und die Bauteilverbindungen den Feuerwiderstand des Haupttragwerkes nicht beeinträchtigen.

Eine Schwierigkeit besteht jedoch darin, die materiellen **bauaufsichtlichen Anforderungen,** wie

- feuerhemmend,
- hochfeuerhemmend oder
- feuerbeständig,

fachgerecht in gebauten Brandschutz umzusetzen.

In der MBO 2002 und den ergänzenden Sonderverordnungen und Richtlinien werden zur Beschreibung dieser materiellen Anforderungen an die Bauteile die vorgenannten verbalen Bezeichnungen verwendet.

Die Landesbauordnungen handhaben dies jedoch zum Teil unterschiedlich, was dazu führt, dass in einzelnen Ländern sowohl verbale Bezeichnungen (z.B. in den Sonderverordnungen und Richtlinien) als auch Bezeichnungen nach DIN 4102 (in der Landesbauordnung) verwendet werden. Die Tabelle 8-1 zeigt eine vereinfachte Übersicht.

Eine genaue und vollständige Auflistung ist in Kapitel 4.3 sowie in den Kapiteln 6.1.1-B, 6.1.2-B und 6.1.4-B enthalten.

Weitere Informationen zur *Umsetzung* der bauaufsichtlichen Benennung *hochfeuerhemmend* und *feuerbeständig* auf nationaler und europäischer Ebene enthält Kapitel 6.1.1-B, Punkt 3.

Tabelle 8-1: Vereinfachte Übersicht der bauaufsichtlichen verbalen Benennungen und die entsprechenden Klassifizierungen nach DIN 4102 (nationale Ebene) und DIN EN 13501-2 (europäische Ebene)

Bauaufsichtliche Benennung	Kurzbezeichnung nach DIN 4102-2	Kurzbezeichnung nach DIN EN 13501-2		
		tragend ohne raumabschließende Funktion	tragend mit raumabschließender Funktion	nichttragend mit raumabschließender Funktion
feuerhemmend	F 30-A oder F 30-AB oder F 30-B	R 30	REI 30	EI 30
hochfeuerhemmend	F 60-A oder F 60-AB oder F 60-B²)	R 60¹) oder R 60²)	REI 60¹) oder REI 60²)	EI 60¹) oder EI 60²)
feuerbeständig	F 90-A oder F 90-AB	R 90¹)	REI 90¹)	EI 90¹)

¹) Es bestehen noch zusätzliche Anforderungen an die Baustoffklasse der verwendeten Baustoffe.

²) F 60-B bzw. R(EI) 60 ist **nicht gleich** hochfeuerhemmend!
Für F 60-B, R 60, REI 60 und EI 60 mit **tragenden und aussteifenden Teilen aus brennbaren Baustoffen** bestehen zusätzliche **Anforderungen** an die
- Baustoffklassen der Bekleidung und Dämmstoffe,
- den Einbau der Dämmstoffe,
- die brandschutztechnische Wirksamkeit der Bekleidungen ($K_2$60) und
- die sonstige Ausführung (gemäß Muster-Holzbaurichtlinie, siehe auch Kapitel 4.3, Punkt 5.5).

9 Verwendbarkeits- und Übereinstimmungsnachweis für die Bauaufsicht

Tragwerke benötigen zur Erfüllung der bauaufsichtlichen Anforderungen *feuerhemmend, hochfeuerhemmend* und *feuerbeständig* einen Verwendbarkeits- und Übereinstimmungsnachweis.

Die erforderlichen Verwendbarkeits- und Übereinstimmungsnachweise sind in den folgenden Kapiteln jeweils angegeben. Grundsätzliche Informationen enthält Kapitel 5.2.

10 Verantwortung der am Bau Beteiligten

Bei der Planung und Ausführung baulicher Anlagen ist zu bedenken, dass sich Brandschutzmängel am Tragwerk vor einem Brand nicht negativ bemerkbar machen. Doch wenn im Brandfall das Tragwerk zu früh versagt, sind unmittelbar Leben und Gesundheit von Menschen gefährdet. Dabei geht es nicht nur um die Benutzer des Gebäudes, sondern auch um die Sicherheit der Feuerwehrleute und Rettungsmannschaften.

Die ausreichende (aus Gründen des Brandschutzes geforderte) *Standsicherheit im Brandfall* ist also gleichwertig mit der *statischen Standsicherheit* eines Gebäudes zu sehen. Dementsprechend sorgfältig und zuverlässig sollte diese Problematik bei der Erstellung von baulichen Anlagen mit berücksichtigt werden.

Die Landesbauordnungen und die zugehörigen Sonderverordnungen sind geltendes Recht. Für die Einhaltung dieser Vorschriften sind die am Bau Beteiligten, wie z.B. Bauherr, Architekt, Bauleiter, Bauunternehmer und Betreiber, verantwortlich. Zusätzlich müssen von diesem Personenkreis auch noch die privatrechtlichen Belange und Interessen berücksichtigt werden. Kommt es während eines Brandes z.B. durch einen zu frühen Einsturz des Tragwerkes zu Personenschäden, wird anschließend die Problematik auch noch aus strafrechtlicher Sicht untersucht und behandelt.

Nicht zuletzt sollte noch berücksichtigt werden, dass Mängel und Schäden Geld kosten. Oft sogar sehr viel Geld! Dies gilt im besonderen Maße auch für den vorbeugenden baulichen Brandschutz. Hier können Mängel, z.B. bei einer nicht ausreichenden Feuerwiderstandsdauer des Tragwerkes, wenn überhaupt, oft nur mit einem sehr hohen Aufwand beseitigt werden. Außerdem können Mängel im Brandfall zu einer wesentlichen Schadenvergößerung führen, was zu Konsequenzen bei der Feuerversicherung führen kann.

6.1 Tragende Wände und Stützen

6.1.1 Tragende Wände ohne raumabschließende Funktion

Dipl.-Ing. (FH) Josef Mayr

Dipl.-Ing. (FH) Lutz Battran

Inhalt

Teil A Anforderungen

1 Allgemeines

2 Vorbemerkungen

3 Grundsätzliche Anforderungen der Bauordnungen

Teil B Bauausführung

1 Nationale Klassifizierung nach DIN 4102-2

2 Europäische Klassifizierung nach DIN EN 13501-2

3 Zuordnung der bauaufsichtlichen Benennungen zu den Feuerwiderstandsklassen

4 Erfüllung der bauaufsichtlichen Anforderungen

4.1 Geregelte (genormte) Bau*arten* nach DIN 4102-4 in Verbindung mit DIN 4102-4/A1 und DIN 4102-22

4.2 Geregelte (genormte) Bau*produkte* nach Bauregelliste A Teil 1 in Verbindung mit DIN 4102-4, DIN 4102-4/A1 und DIN 4102-22

4.3 Nicht geregelte Bau*arten,* die nach DIN 4102-2 geprüft und klassifiziert sind (nationale Ebene)

4.4 Nicht geregelte Bau*produkte,* die nach DIN 4102-2 geprüft und klassifiziert sind (nationale Ebene)

4.5 Nicht geregelte Bau*arten* gemäß DIN EN 13501-2 (europäische Ebene)

4.6 Nicht geregelte Bau*produkte* gemäß DIN EN 13501-2 (europäische Ebene)

4.7 Bauarten und Bauprodukte, die nach den jeweiligen Eurocodes bemessen wurden

5 Verwendbarkeitsnachweis

6 Übereinstimmungsnachweis

7 Wandbauarten von tragenden Wänden ohne raumabschließende Funktion

7.1 Beton- und Stahlbetonwände aus Normalbeton (mehrseitige Brandbeanspruchung)

7.2 Gegliederte Stahlbetonwände F 90-A (allseitig beflammte Wandteile mit Öffnungen für Türen und Fenster)

7.3 Wände aus Leichtbeton mit geschlossenem Gefüge nach DIN 4219-1 und 2

7.4 Wände aus Leichtbeton mit haufwerksporigem Gefüge nach DIN 4232 mit Rohdichteklasse ≥ 0,8

7.5 Wände aus bewehrtem Porenbeton

7.6 Wände aus Mauerwerk und Wandbauplatten (mehrseitige Brandbesanspruchung)

7.7 Stürze im Bereich von Mauerwerkswänden

7.8 Fachwerkwände mit ausgefüllten Gefachen

7.9 Wände in Holztafel- und -ständerbauart

7.10 Wände F 30-B aus Vollholz-Blockbalken

7.11 Stahlfachwerk bzw. Stahlprofil-Trennwände

6.1.1 Tragende Wände ohne raumabschließende Funktion

Teil A Anforderungen

1 Allgemeines

Tragende Wände können raumabschließend oder nichtraumabschließend sein. Entsprechend der Systematik der Landesbauordnungen liegt in diesem Kapitel der Schwerpunkt auf dem Tragwerksverhalten von Wänden und Stützen. Demgemäß werden hier tragende Wände ohne raumabschließende Funktion behandelt.

Tragende Wände mit raumabschließender Funktion (tragende Trennwände bzw. tragende raumabschließende Wände) enthält Kapitel 6.2, nichttragende Wände ohne raumabschließende Funktion (nichttragende Trennwände) werden in Kapitel 6.7 behandelt.

2 Vorbemerkungen

Obwohl seit Jahren Bestrebungen im Gange sind, die materiellen Anforderungen der Landesbauordnungen in den einzelnen Ländern weitgehend den Anforderungen der Musterbauordnung (MBO) anzugleichen, sind die materiellen Anforderungen an Bauteile bzw. Bauprodukte (z.B. an die Feuerwiderstandsdauer und das Brandverhalten) in einzelnen Bundesländern noch unterschiedlich. Sie sind vom jeweiligen Erkenntnisstand der Bundesländer abhängig. Zum Teil bestehen in den einzelnen Ländern auch unterschiedliche Schwerpunkte und Auffassungen über das Maß der bauaufsichtlichen Schutzziele.

Deshalb werden nachfolgend die grundsätzlichen Bestimmungen der MBO 2002 angegeben, kommentiert und durch Zeichnungen veranschaulicht.

Die genauen Anforderungen für alle Länder und Gebäudeklassen nach der jeweiligen LBO sind auf der Brandschutz-Nachweis-CD in Form von LBO-Checklisten, Brandschutz-Nachweis-Checklisten und den dort aufgeführten Vorschriften enthalten. Bezüglich der im jeweiligen Bundesland geltenden Anforderungen der Landesbauordnung wird auf diese Publikation verwiesen.

> Alle Angaben gelten als *Übersicht* und als *allgemeine Erläuterung* der grundlegenden, bauaufsichtlichen Schutzziele. Sie erfolgen nach bestem Wissen, ohne Gewähr für die Vollständigkeit und Richtigkeit. Maßgebend sind die im jeweiligen Bundesland geltenden Landesbauordnungen, Verwaltungsvorschriften und Rechtsverordnungen sowie die sonstigen Regelungen und Vorschriften in der zuletzt gültigen Fassung.

Im Folgenden werden die Anforderungen für Wohngebäude und *andere Gebäude* behandelt, die nicht unter Sonderbauten bzw. bauliche Anlagen und Räume besonderer Art oder Nutzung einzustufen sind.

Bei den Sonderbauten bzw. baulichen Anlagen und Räumen besonderer Art oder Nutzung können nach den Landesbauordnungen im Einzelfall besondere Anforderungen gestellt oder Erleichterungen gestattet werden. Hierzu sind auch die entsprechenden (weitergehenden) Bestimmungen der jeweiligen Sonderbauverordnungen und Verwaltungsvorschriften zu beachten.

3 Grundsätzliche Anforderungen der Bauordnungen

Das Tragwerk eines Gebäudes, bestehend aus tragenden und aussteifenden Wänden und Stützen, muss gemäß den Landesbauordnungen bestimmte Anforderungen an die Feuerwiderstandsdauer erfüllen. Es muss mit einfachen Worten **im Brandfall ausreichend standsicher sein.**

Die grundsätzlichen Anforderungen an das Tragwerk des Gebäudes sind abhängig von der

- **Gebäudehöhe, z.B.**
  - Gebäudeklassen 1 bis 3 (Höhe[1]) ≤ 7 m)
  - Gebäudeklasse 4 (Höhe[1]) ≤ 13 m und Nutzungseinheiten ≤ 400 m^2)
  - Gebäudeklasse 5 sonstige Gebäude einschließlich unterirdischer Gebäude (Höhe[1]) ≤ 22 m)
- **Anzahl und Größe der Wohnungen bzw. Nutzungseinheiten, z.B.**
  - bis zwei Wohnungen
  - bis zwei Nutzungseinheiten
  - mit Wohnungen/Nutzungseinheiten ≤ 400 m^2
- **Gebäudeart und -nutzung, z.B.**
  - Wohngebäude
  - land- und forstwirtschaftlich genutzte Gebäude
  - Sonderbauten bzw. bauliche Anlagen und Räume besonderer Art oder Nutzung
- **Lage im Gebäude, z.B.**
  - im Normalgeschoss
  - im Kellergeschoss
  - im nicht ausgebauten Dachgeschoss (Speicher)
  - im ausgebauten Dachgeschoss.

Zur Erläuterung der Systematik werden im Folgenden die grundsätzlichen Anforderungen der MBO 2002 an *tragende und aussteifende Wände und Stützen* tabellarisch zusammengefasst und durch Systemskizzen visualisiert.

[1]) Höhe ist das Maß der Fußbodenoberkante des höchstgelegenen Geschosses, in dem ein Aufenthaltsraum möglich ist, über der Geländeoberfläche im Mittel.

Anmerkung: Die Definition der Geländeoberfläche ist in einigen LBOs unterschiedlich geregelt.

Tabelle 3-1: Erforderliche Feuerwiderstandsdauer von tragenden und aussteifenden Wänden und Stützen ohne raumabschließende Funktion nach § 27 MBO 2002 (genaue Anforderungen der einzelnen LBOs siehe Checklisten der Brandschutz-Nachweis-CD).

Anforderungen der MBO 2002 an tragende und aussteifende Wände und Stützen ohne raumabschließende Funktion					
Gebäudeklasse	GKL 1	GKL 2	GKL 3	GKL 4	GKL 5
Definition	Gebäude freistehend[1]) $h^{3)} \leq 7$ m NE ≤ 2 NE ≤ 400 m^2	Gebäude $h^{3)} \leq 7$ m NE ≤ 2 NE ≤ 400 m^2	Gebäude $h^{3)} \leq 7$ m	Gebäude $h^{3)} \leq 13$ m NE ≤ 400 m^2	sonstige Gebäude[2]) $h^{3)} \leq 22$ m
Normal-geschosse	–	fh	fh	hf	fb
Kellergeschosse	fh	fh	fb	fb	fb
DG, wenn darüber noch AR möglich sind	–	fh	fh	hf	fb
DG, wenn darüber keine AR möglich sind	–	–	–	–	–
Laubengänge	–	fh	fh	hf	fb
Balkone	–	–			

[1]) oder freistehende land- und forstwirtschaftliche Gebäude

[2]) einschließlich unterirdischer Gebäude

[3]) *Höhe ist das Maß der Fußbodenoberkante des höchstgelegenen Geschosses, in dem ein Aufenthaltsraum möglich ist, über der Geländeoberfläche im Mittel.*

Anmerkung: Die Definition der Geländeoberfläche ist in einigen LBOs unterschiedlich geregelt.

DG = Dachgeschosse
AR = Aufenthaltsräume

6.1.1-A Seite 4	Tragende Wände und Stützen	Tragende Wände ohne raumabschließende Funktion

3-1 Gebäudeklasse 1 a – Wohngebäude

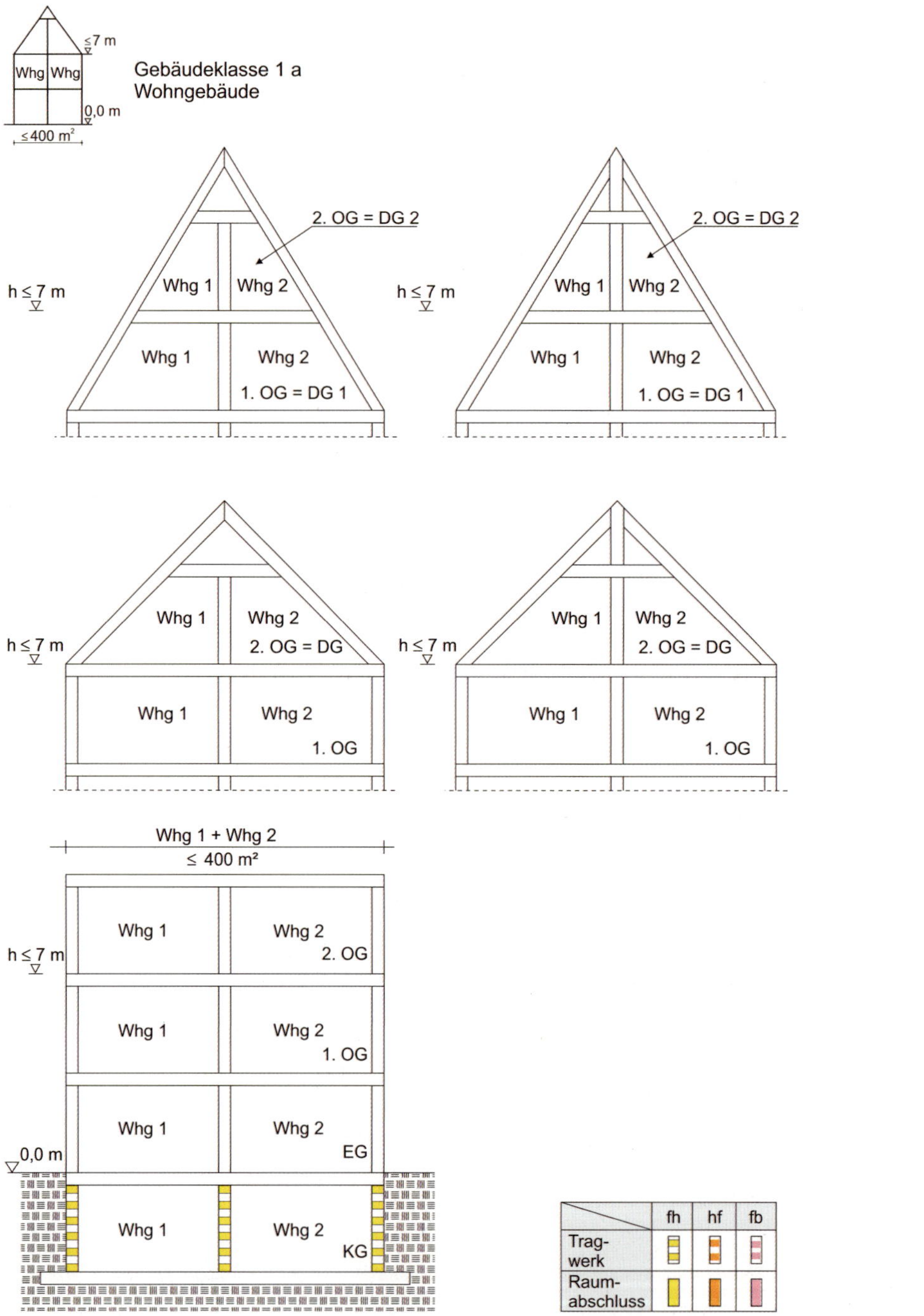

Tragende Wände und Stützen	Tragende Wände ohne raumabschließende Funktion	**6.1.1-A** Seite 5

3-2 Gebäudeklasse 1 a – sonstige und gemischt genutzte Gebäude

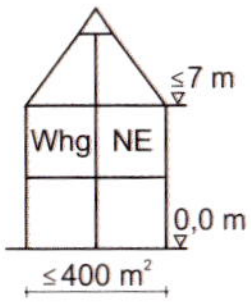

Gebäudeklasse 1 a
sonstige und gemischt
genutzte Gebäude

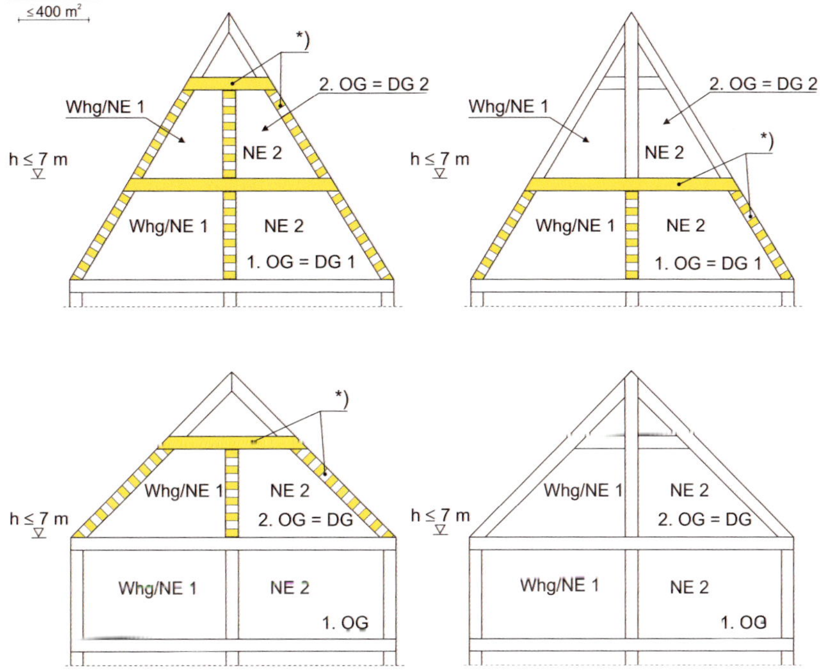

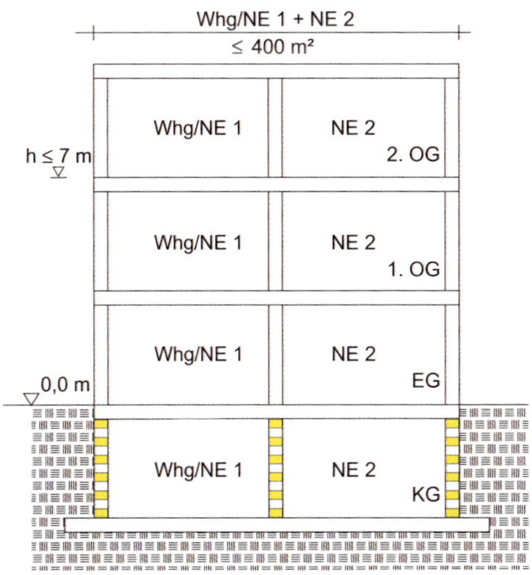

*) Anforderung ergibt sich durch oberen An- bzw. Abschluss der feuerwiderstandsfähigen Trennwand an die Decke (§ 29 (4) MBO 2002).

	fh	hf	fb
Tragwerk			
Raumabschluss			

6.1.1-A Seite 6	Tragende Wände und Stützen	Tragende Wände ohne raumabschließende Funktion

3-3 Gebäudeklasse 2 – Wohngebäude

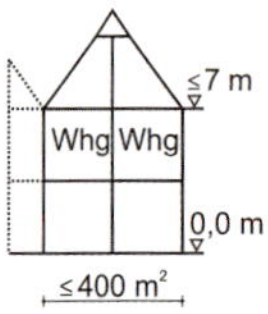

Gebäudeklasse 2
Wohngebäude

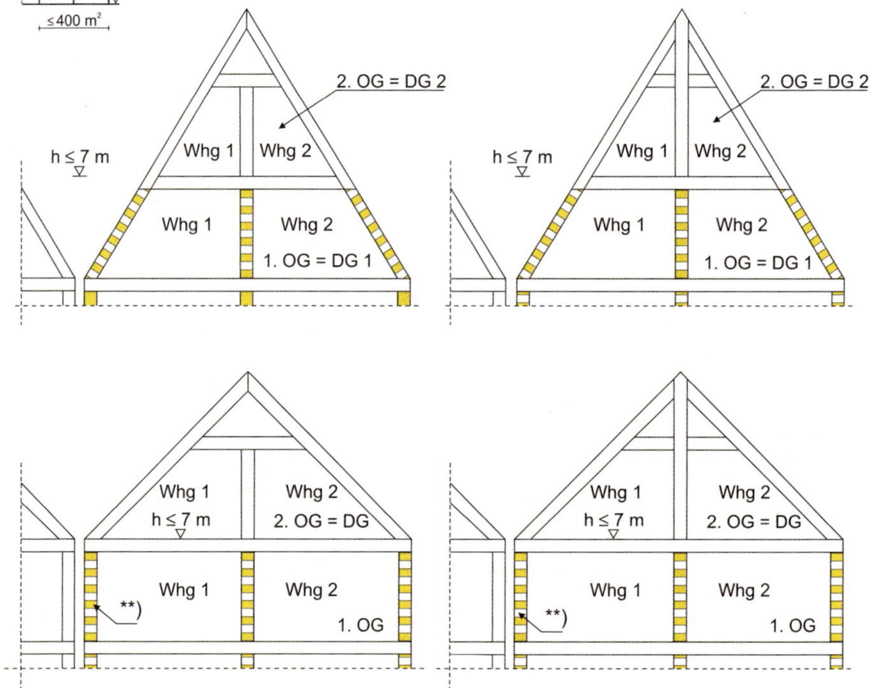

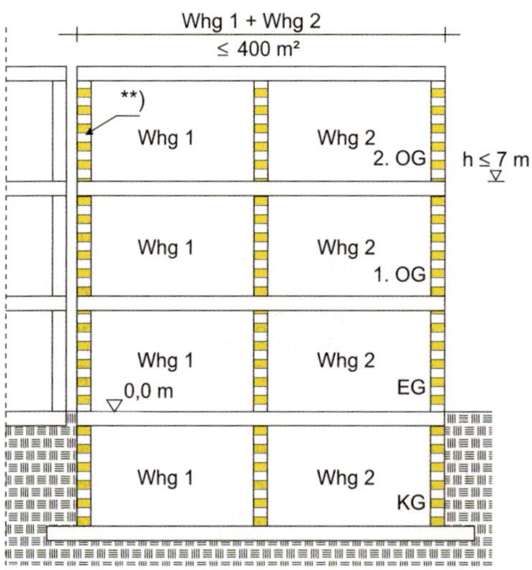

**) Dargestellt sind nur die Anforderungen an das Tragwerk. Anforderungen an die Gebäudetrennwand siehe Kapitel 6.2.2-B, Bild 2.1-6.

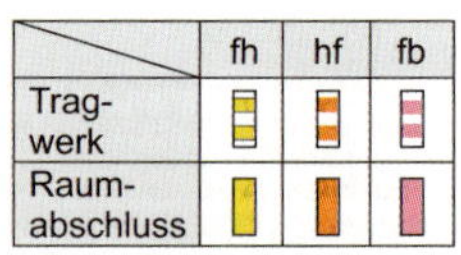

Tragende Wände und Stützen	Tragende Wände ohne raumabschließende Funktion	**6.1.1-A** Seite 7

3-4 Gebäudeklasse 2 – sonstige und gemischt genutzte Gebäude

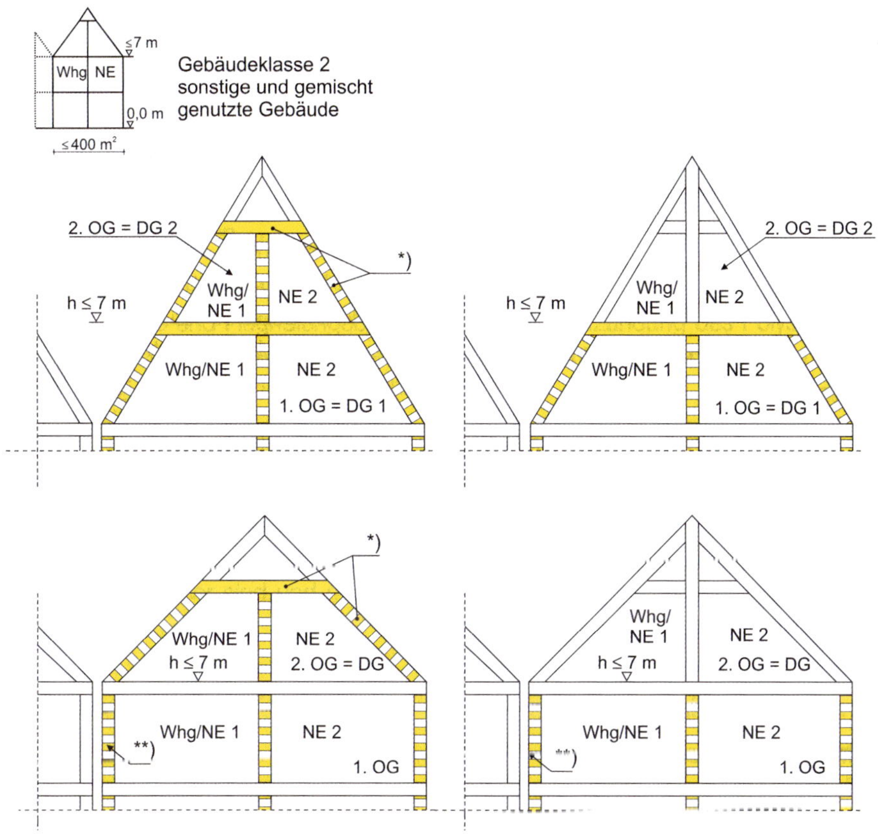

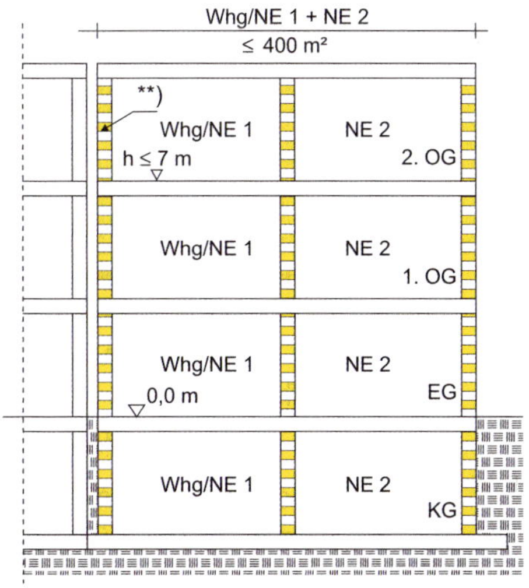

*) Anforderung ergibt sich durch oberen An- bzw. Abschluss der feuerwiderstandsfähigen Trennwand an die Decke (§ 29 (4) MBO 2002).

**) Dargestellt sind nur die Anforderungen an das Tragwerk. Anforderungen an die Gebäudetrennwand siehe Kapitel 6.2.2-B, Bild 2.1-6.

	fh	hf	fb
Tragwerk			
Raumabschluss			

6.1.1-A Seite 8	Tragende Wände und Stützen	Tragende Wände ohne raumabschließende Funktion

3-5 Gebäudeklasse 3

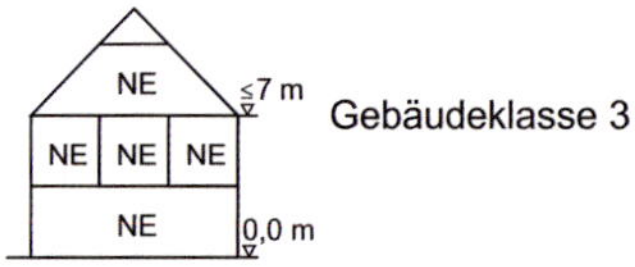

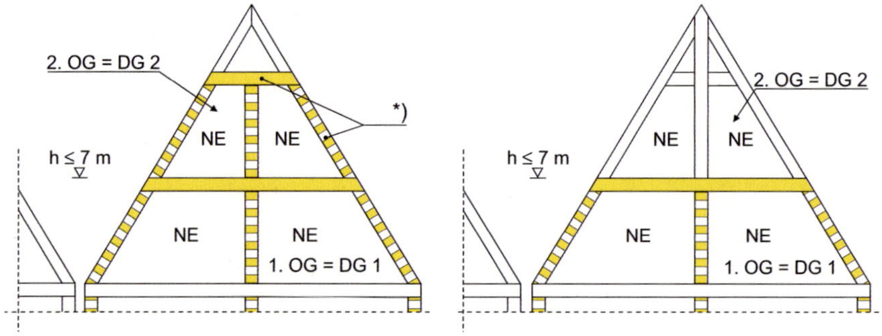

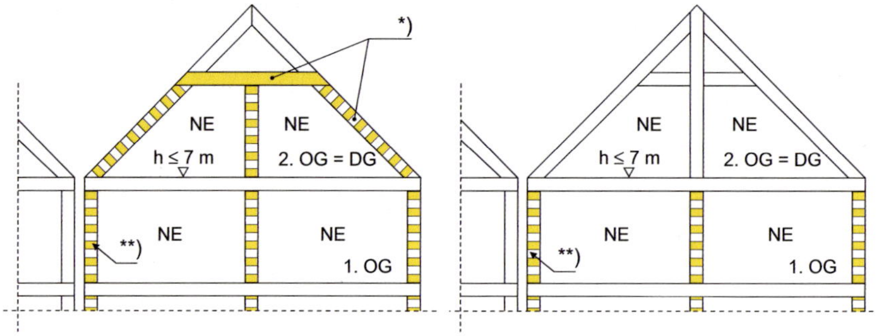

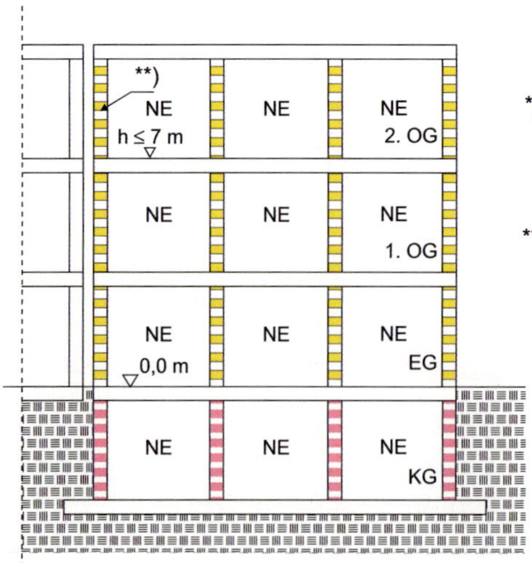

*) Anforderung ergibt sich durch oberen An- bzw. Abschluss der feuerwiderstandsfähigen Trennwand an die Decke (§ 29 (4) MBO 2002).

**) Dargestellt sind nur die Anforderungen an das Tragwerk. Anforderungen an die Gebäudetrennwand siehe Kapitel 6.2.2-B, Bilder 2.1-3 und 2.1-4.

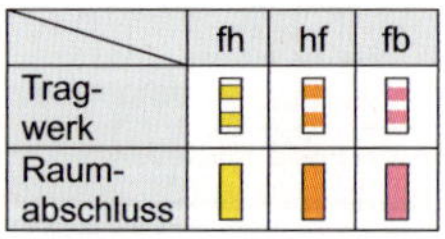

Tragende Wände und Stützen	Tragende Wände ohne raumabschließende Funktion	**6.1.1-A** Seite 9

3-6 Gebäudeklasse 4

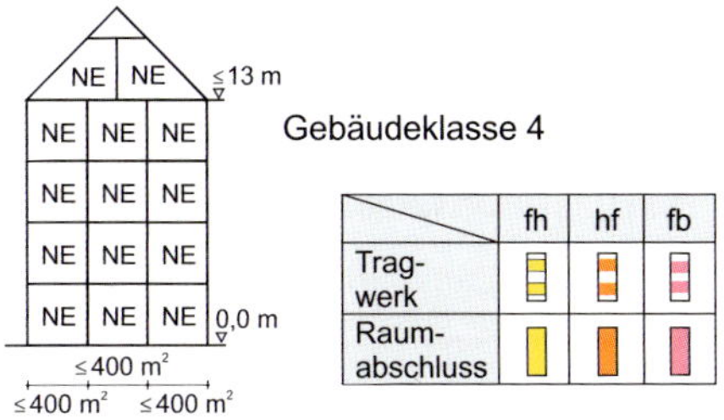

*) Anforderung ergibt sich durch oberen An- bzw. Abschluss der feuerwiderstandsfähigen Trennwand an die Decke (§ 29 (4) MBO 2002).

**) Dargestellt sind nur die Anforderungen an das Tragwerk. Anforderungen an die Gebäudetrennwand siehe Kapitel 6.2.2-B, Bild 2.1-2.

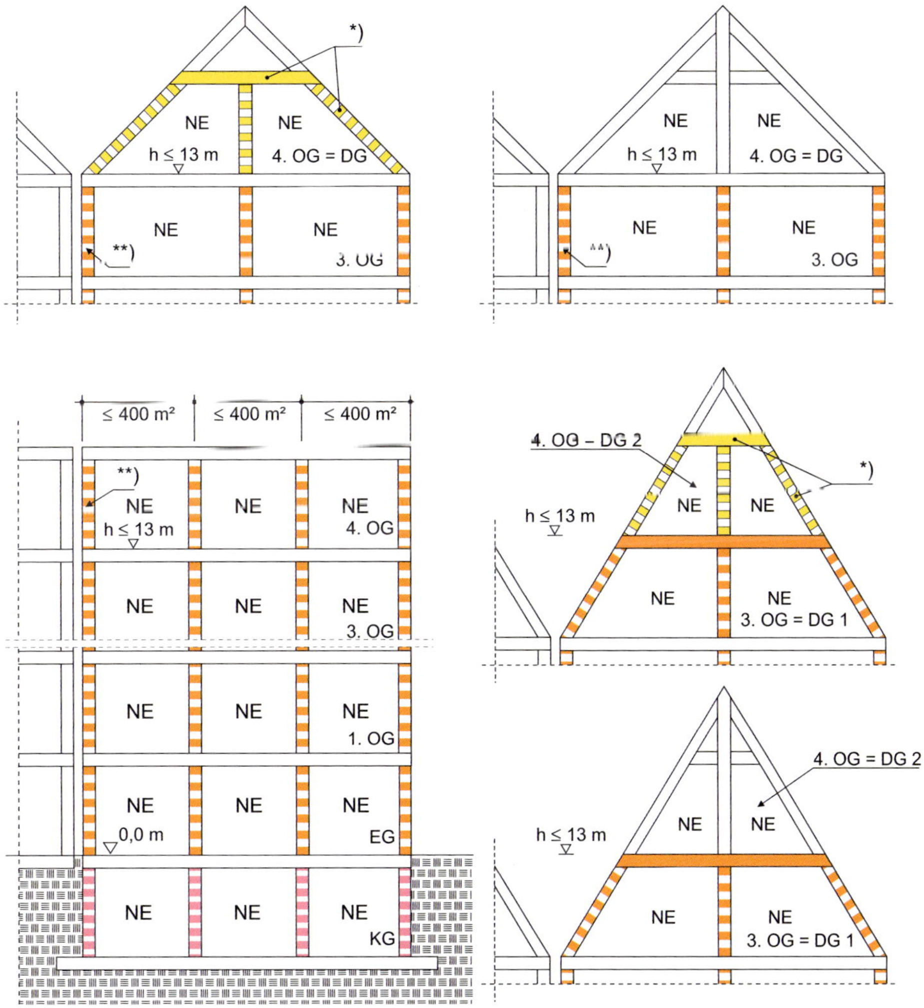

6.1.1-A Seite 10	Tragende Wände und Stützen	Tragende Wände ohne raumabschließende Funktion

3-7 Gebäudeklasse 5

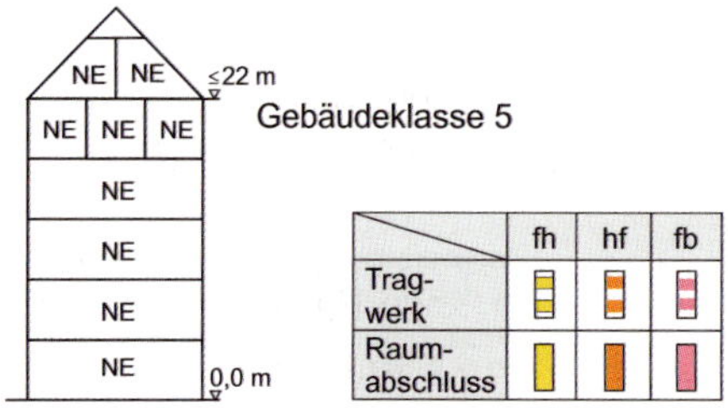

*) Anforderung ergibt sich durch oberen An- bzw. Abschluss der feuerwiderstandsfähigen Trennwand an die Decke (§ 29 (4) MBO 2002).

**) Dargestellt sind nur die Anforderungen an das Tragwerk. Anforderungen an die Gebäudetrennwand siehe Kapitel 6.2.2-B, Bild 2.1-1.

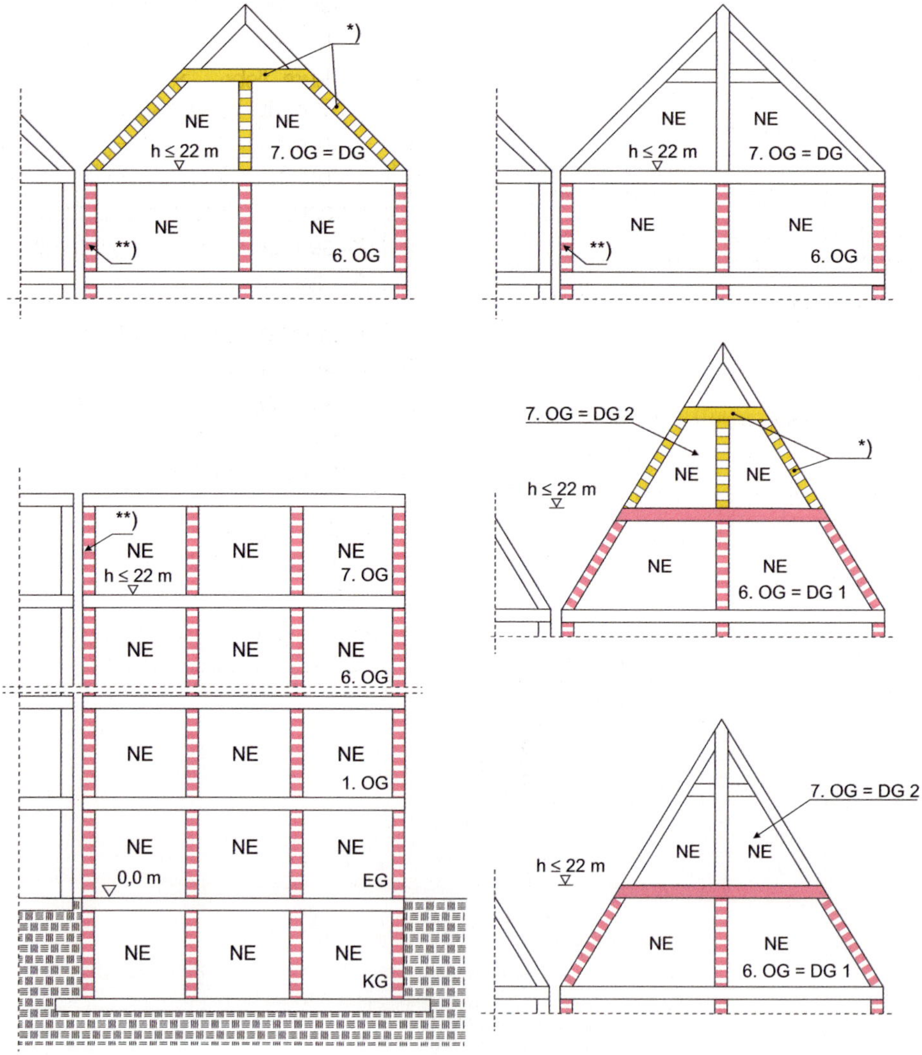

6.1.1 Tragende Wände ohne raumabschließende Funktion

Teil B Bauausführung

1 Nationale Klassifizierung nach DIN 4102-2

Das Brandverhalten von Bauprodukten und Bauarten wie Wänden, Decken, Stützen, Unterzügen und Treppen wird durch die Feuerwiderstandsdauer und durch weitere Eigenschaften (z.B. mit raumabschließender Funktion, ohne raumabschließende Funktion, Baustoffeigenschaften) gekennzeichnet. Nach DIN 4102-2 werden für tragende Wände die in Tabelle 1-1 genannten Feuerwiderstandsklassen unterschieden.

Tabelle 1-1:
Feuerwiderstandsklassen F (DIN 4102-2 Tabelle 1) für tragende Wände ohne raumabschließende Funktion (nationale Ebene)

Feuerwiderstands klasse	Feuerwiderstands-dauer in Minuten
F 30	≥ 30
F 60	≥ 60
F 90	≥ 90
F 120	≥ 120
F 180	≥ 180

Entsprechend den Bauteileigenschaften (mit raumabschließender Funktion, ohne raumabschließende Funktion, tragend, nichttragend) bestehen nach DIN 4102-2 Abschnitt 5.2 unterschiedliche Anforderungen.

Tragende Bauteile ohne raumabschließende Funktion dürfen während der jeweiligen Feuerwiderstandsdauer unter ihrer rechnerisch zulässigen Gebrauchslast bei gleichzeitig zweiseitiger Temperaturbeanspruchung nicht zusammenbrechen. Dies gilt z.B. für Innenwandscheiben, Innenwände mit Öffnungen, die nicht durch Feuerschutzabschlüsse mindestens der vergleichbaren Feuerwiderstandsklasse geschlossen sind, und für Außenwandscheiben bis 1 m Breite.

Tragende Wände, die auch Anforderungen an den **Raumabschluss** erfüllen müssen (tragende Wände mit raumabschließender Funktion bzw. tragende Trennwände), werden in Kapitel 6.2 behandelt.

Zur Zuordnung der bauaufsichtlichen Benennungen *feuerhemmend, hochfeuerhemmend* und *feuerbeständig* zu den Feuerwiderstandsklassen nach DIN 4102-2 siehe unter 3 in diesem Kapitel.

2 Europäische Klassifizierung nach DIN EN 13501-2

Gemäß DIN 13501-2 besteht für tragende Bauteile ohne raumabschließende Funktion das Leistungskriterium *Tragfähigkeit* (= R für Résistance). Tragende Stützen müssen nach DIN EN 1365-4 geprüft werden.

Die Prüfung von tragenden Wänden ohne raumabschließende Funktion erfolgt ebenfalls als Stützen nach DIN EN 1365-4. Damit ergeben sich die in Tabelle 2-1 dargestellten Klassifizierungen.

Tabelle 2-1:
Feuerwiderstandsklassen R nach DIN EN 13501-2 (europäische Ebene)

Tragende Bauteile ohne raumabschließende Funktion	
Feuerwiderstands-dauer in Minuten	Klassifizierung R
≥ 15	15
≥ 20	20
≥ 30	30*)
≥ 45	45
≥ 60	60*)
≥ 90	90*)
≥ 120	120
≥ 180	180
≥ 240	240

*) Klassifizierung nach derzeitigen bauaufsichtlichen Anforderungen in Deutschland. Bei den Klassifizierungen R 60 und R 90 bestehen noch zusätzliche Anforderungen an die Baustoffklassen. Soll die Klassifizierung R 60 mit tragenden und aussteifenden Bauteilen aus brennbaren Baustoffen erreicht werden, bestehen noch zusätzliche Anforderungen an die brandschutztechnisch wirksame Bekleidung, die Dämmstoffe und die sonstige Ausführung (siehe unter 3 in diesem Kapitel).

3 Zuordnung der bauaufsichtlichen Benennungen zu den Feuerwiderstandsklassen

In den Landesbauordnungen (entsprechend MBO 2002) bestehen in vielen Fällen nicht nur Anforderungen an die eigentliche Feuerwiderstandsfähigkeit (F 30, F 60, F 90 bzw. R 30, R 60 und R 90), sondern es werden bei den Feuerwiderstandsdauern *hochfeuerhemmend* (hf) und *feuerbeständig* (fb) in Abhängigkeit von Bauteilfunktionen (z.B. ... ohne bzw. ... mit raumabschließender Funktion) und Baustoffklassen (z.B. ... tragende und aussteifende Teile aus brennbaren Baustoffen) noch **weitergehende Anforderungen** gestellt.

Deshalb muss immer besonders darauf geachtet werden, dass den jeweiligen bauaufsichtlichen Benennungen auch die richtigen Feuerwiderstandsklassen mit den entsprechenden **Zusatzanforderungen** zugeordnet werden.

Die Tabelle 3-1 zeigt als Übersicht die Zuordnung der bauaufsichtlichen Benennungen für tragende Wände ohne raumabschließende Funktion zu den Feuerwiderstandsklassen nach DIN 4102-2 (nationale Ebene) und DIN EN 13501-2 (europäische Ebene) mit Angabe der bauaufsichtlich verlangten Zusatzanforderungen.

Wichtig:

Nach DIN EN 13501-1 und 13501-2 (europäische Ebene) ist es derzeit nicht ohne Weiteres möglich, die **Zusatzanforderungen** ähnlich wie nach DIN 4102-2 (nationale Ebene) durch die Zusätze -A bzw. -AB bzw. -B zu benennen.

Sinngemäß das Gleiche gilt (sowohl national als auch europäisch) für die Zusatzanforderungen an *hochfeuerhemmende* Bauprodukte bzw. Bauarten. Soll die Klassifizierung F 60 bzw. R 60/ EI 60/REI 60 mit tragenden und aussteifenden Bauteilen aus brennbaren Baustoffen erreicht werden, so bestehen ebenfalls umfangreiche **Zusatzanforderungen,** für die derzeit keine Zusätze als Abkürzungen definiert sind.

Deshalb wird in diesem Werk zur besseren Handhabbarkeit ein **Abkürzungssystem** zur Verknüpfung der Bauteilklassen mit den zusätzlichen Anforderungen der Landesbauordnungen verwendet.

Zur Kenntlichmachung, dass es sich hierbei nicht um *offizielle Abkürzungen* sondern um *Abkürzungen aus dem Brandschutzatlas* handelt, werden diese in eckige Klammern [ ] gesetzt (siehe auch Legende zu Tabelle 3-1).

6.1.1-B Seite 4	Tragende Wände und Stützen	Tragende Wände ohne raumabschließende Funktion

Tabelle 3-1: Zuordnung der bauaufsichtlichen Benennungen von **tragenden Wänden ohne raumabschließende Funktion** zu den Feuerwiderstandsklassen nach DIN 4102-2 (nationale Ebene) und DIN EN 13501-2 (europäische Ebene) mit Angabe der bauaufsichtlich verlangten Zusatzanforderungen[1])

Bauteil	Benennung nach LBO	Kurzbezeichnung nach DIN 4102-2	Kurzbezeichnung nach DIN EN 13501-2
Tragende Wände ohne raumabschließende Funktion	fh	F 30-A oder F 30-AB oder F 30-B	R 30
	hf	F 60-A oder F 60-AB *)	R 60 [nb] oder R 60 [wnb] oder R 60 [HolzR]
	fb	F 90-A oder F 90-AB	R 90 [nb] oder R 90 [wnb]

*) Nach Bauregelliste A Teil 1 Anlage 0.1.1 kann die Feuerwiderstandsfähigkeit von hochfeuerhemmenden Bauteilen in Verbindung mit den zusätzlichen Anforderungen an die Brandschutzbekleidung nicht nach DIN 4102-2 nachgewiesen werden. Eine Klassifizierung dieser Bauteile kann deshalb nur nach DIN EN 13501-2 erfolgen (siehe rechte Spalte).

Die Abkürzungen in den Tabellen 3-1 bis 3-3 und im folgenden Text bedeuten:

-A und aus nichtbrennbaren Baustoffen

-AB und in den wesentlichen Teilen aus nichtbrennbaren Baustoffen
Bei raumabschließenden Bauteilen (Bauteilen mit raumabschließender Funktion) müssen die Bauteile eine zusätzlich in Bauteilebene durchgehende Schicht aus nichtbrennbaren Baustoffen haben.[2])
Zu den wesentlichen Teilen gehören bei tragenden Bauteilen alle tragenden oder aussteifenden Bauteile (grundsätzliche Definition siehe Kapitel 4.3, Punkt 5.2).

-B und aus brennbaren Baustoffen (ohne besondere Anforderungen an die Baustoffklasse)

fh, hf, fb feuerhemmend, hochfeuerhemmend, feuerbeständig

R Résistance (Tragfähigkeit)

E Etanchéité (Raumabschluss)

I Isolation (Wärmedämmung unter Brandeinwirkung)

M Mechanical (Mechanische Einwirkung auf Wände – Stoßbeanspruchung)

W Radiation (Begrenzung des Strahlungsdurchtritts)

[nb] nichtbrennbar (aus nichtbrennbaren Baustoffen)

[T] Tragwerk (tragende Bauteile ohne raumabschließende Funktion)

[R] Raumabschluss (mit raumabschließender Funktion)[2])

[TR] Tragwerk und Raumabschluss (tragendes Bauteil mit Raumabschluss)[2])

[wnb] und in den wesentlichen Teilen nichtbrennbar, gleiche Anforderung wie -AB

[HolzR] Bei hochfeuerhemmenden Bauteilen, deren tragende und aussteifende Teile aus **brennbaren** Baustoffen bestehen, müssen diese gemäß den LBOs
- allseitig eine brandschutztechnisch wirksame Bekleidung aus nichtbrennbaren Baustoffen (Brandschutzbekleidung $K_2 60$) und
- Dämmstoffe aus nichtbrennbaren Baustoffen haben.

Diese bauaufsichtliche Anforderung wird erreicht, indem die Ausführung nach der „Muster-Richtlinie über brandschutztechnische Anforderungen an hochfeuerhemmende Bauteile in Holzbauweise – **M-HFHHolzR**“ erfolgt (siehe Kapitel 8.20).

Damit bedeutet der Zusatz [HolzR], dass bei hochfeuerhemmenden Bauteilen mit tragenden und aussteifenden Teilen aus brennbaren Baustoffen zusätzliche Anforderungen bestehen an

- die brandschutztechnische Wirksamkeit der Bekleidungen ($K_2$60)
- die Baustoffklasse der Bekleidungen und Dämmstoffe (nichtbrennbar)
- den Einbau der Dämmstoffe und der Bekleidungen sowie
- die sonstige Ausführung (gemäß M-HFHHolzR).

Anmerkung: Daraus ergibt sich, dass F 60-B bzw. R(EI) 60 nicht gleich hochfeuerhemmend ist! Teilweise wird die Anforderung *hochfeuerhemmend mit tragenden und aussteifenden Bauteilen aus brennbaren Baustoffen* auf nationaler Ebene auch als **F 60-BA** bezeichnet (z.B. Anhang zur LBO Sachsen). Dabei ist darauf zu achten, dass dieser Begriff nicht nur im Sinne von DIN 4102-2 zu verstehen ist (brennbares Tragwerk, nichtbrennbare Bekleidung), sondern im Sinne der vorstehenden Zusatzanforderung [HolzR].

[1]) **Wichtig:** Bei den in [ ] stehenden Abkürzungen handelt es sich nicht um genormte oder offizielle Abkürzungen, sondern um ein Abkürzungssystem zur Verknüpfung der Bauteilklassen mit den zusätzlichen Anforderungen der Landesbauordnungen, das im Brandschutzatlas zur besseren Handhabbarkeit verwendet wird (siehe Anmerkung sowie Kapitel 4.3, Punkt 6.2).

[2]) Auf europäischer Ebene müssen raumabschließende Wände immer eine raumabschließende Funktion **und** eine Wärmedämmung unter Brandeinwirkung haben.

Wichtiges zur bauaufsichtlichen Benennung *hochfeuerhemmend*

Achtung: Hochfeuerhemmend ist **nicht gleich** F 60-B bzw. R 60/EI 60/REI 60!

Zur Umsetzung der bauaufsichtlichen Benennung *hochfeuerhemmend* bestehen zwei Möglichkeiten (siehe auch Tabelle 3-2).

- Bestehen die tragenden und aussteifenden Teile aus **nichtbrennbaren Baustoffen,** kann die bauaufsichtliche Anforderung *hochfeuerhemmend* auf nationaler Ebene mit F 60-A- bzw. F 60-AB-Bauteilen gemäß DIN 4102-2 bzw. DIN 4102-4 erfüllt werden.

  Auf europäischer Ebene müssen **zusätzlich** zur europäischen Feuerwiderstandsklasse R 60/EI 60/REI 60 noch **die nationalen Baustoffanforderungen** (*„aus nichtbrennbaren Bauteilen bzw. Bauteile, deren tragende und aussteifende Teile aus nichtbrennbaren Baustoffen bestehen und die bei raumabschließenden Bauteilen zusätzlich eine in Bauteilebene durchgehende Schicht aus nichtbrennbaren Baustoffen haben“*) eingehalten werden.

  Da es für diese zusätzlichen nationalen Baustoffanforderungen keine europäischen Abkürzungen gibt, werden hierfür im eigenen Abkürzungssystem des Werkes die Abkürzungen [nb] [wnb] und [HolzR] verwendet (siehe Tabellen 3-1 bis 3-3 und Legende zu Tabelle 3-1).

- Bestehen die tragenden und aussteifenden Teile dagegen aus **brennbaren Baustoffen,** müssen diese allseitig eine brandschutztechnisch wirksame Bekleidung aus nichtbrennbaren Baustoffen (Brandschutzbekleidung) und Dämmstoffe aus nichtbrennbaren Baustoffen haben. In diesen Fällen kann die bauaufsichtliche Anforderung hochfeuerhemmend **nicht** mit F 60-B-Bauteilen gemäß DIN 4102-2 und 4102-4 (national) bzw. R 60/EI 60/REI 60-Bauteilen gemäß DIN EN 13501-2 (europäisch) erfüllt werden.

Diese Bauteile müssen **zusätzlich** zur Anforderung R 60/EI 60/REI 60 nach DIN 13501-2[1]) eine allseitig wirksame Brandschutzbekleidung aus nichtbrennbaren Baustoffen aufweisen, die die Anforderung K_260 nach DIN EN 13501-2 erfüllt. Außerdem müssen die Dämmstoffe aus nichtbrennbaren Baustoffen (Schmelzpunkt ≥ 1000 °C) bestehen und es gibt noch weitergehende Anforderungen an die gesamte Ausführung dieser Bauteile (siehe auch Kapitel 4.3, Punkt 5.5 und Kapitel 8.20-V „Muster-Holzbaurichtlinie").

Tabelle 3-2: Umsetzung der bauaufsichtlichen Anforderung *„hochfeuerhemmend"* bei tragenden Wänden ohne raumabschließende Funktion

Hochfeuerhemmend bei tragenden Wänden ohne raumabschließende Funktion				
Norm	DIN 4102-2 (nationale Ebene)	DIN EN 13501-2 (europäische Ebene)	DIN 4102-2 (nationale Ebene)	DIN EN 13501-2 (europäische Ebene)
Baustoffklasse der tragenden oder aussteifenden Bauteile	aus nichtbrennbaren Baustoffen		aus brennbaren Baustoffen	
Benennung	Feuerwiderstandsklasse F 60	Feuerwiderstandsklasse R 60	1)	Feuerwiderstandsklasse R 60
	... **und** aus nichtbrennbaren Baustoffen **oder** ... **und** in den wesentlichen[2]) Teilen aus nichtbrennbaren Stoffen		... **und** mit einer allseitig brandschutztechnisch wirksamen Bekleidung aus nichtbrennbaren Baustoffen (Brandschutzbekleidung K_260) **und** Dämmstoffen aus nichtbrennbaren Baustoffen **und** weitergehenden Anforderungen an die sonstige Ausführung (gemäß Muster-Holzbaurichtlinie)	
Kurzbezeichnung	F 60-A oder F 60-AB	R 60 [nb] oder R 60 [wnb]	1)	R 60 [HolzR]

Legende und Ausdrücke in [ ] siehe unter Tabelle 3-1 in diesem Kapitel.

*) Nach Bauregelliste A Teil 1 Anlage 0.1.1 kann die Feuerwiderstandsfähigkeit von hochfeuerhemmenden Bauteilen in Verbindung mit den zusätzlichen Anforderungen an die Brandschutzbekleidung nicht nach DIN 4102-2 nachgewiesen werden. Eine Klassifizierung dieser Bauteile kann deshalb nur nach DIN EN 13501-2 erfolgen.

2) Zu den wesentlichen Teilen gehören alle tragenden oder aussteifenden Teile und bei raumabschließenden Bauteilen eine in Bauteilebene durchgehende Schicht. Bei der Beurteilung des Brandverhaltens der Baustoffe können Oberflächendeckschichten oder andere Oberflächenbehandlungen außer Betracht bleiben.

Da es für diese zusätzlichen Anforderungen an die Brandschutzbekleidung, Wärmedämmung und besondere Ausführung von hochfeuerhemmenden Bauteilen weder eine nationale noch eine europäische Abkürzung gibt, wird hierfür im eigenen Abkürzungssystem des Werkes die Abkürzung [HolzR] verwendet (siehe Tabellen 3-1 bis 3-3 und Legende zu Tabelle 3-1).

Wichtiges zur bauaufsichtlichen Benennung *feuerbeständig*

Achtung: Feuerbeständig ist **nicht gleich** F 90-B bzw. R 90/EI 90/REI 90!

Gemäß MBO 2002 müssen bei tragenden Bauteilen mit der bauaufsichtlichen Anforderung *feuerbeständig* die **tragenden und aussteifenden** Teile aus **nichtbrennbaren Baustoffen** bestehen.

Dies wird auf nationaler Ebene mit den Feuerwiderstandsklassen F 90-A und F 90-AB nach DIN 4102-2 erfüllt. Die Klassifizierung F 90-AB entspricht nach DIN 4102-2 Tabelle 2 der Feuerwiderstandsklasse F 90 und in den wesentlichen Teilen aus nichtbrennbaren Baustoffen.

Zu den wesentlichen Teilen gehören dabei alle tragenden und aussteifenden Bauteile. Damit wird die bauaufsichtliche Anforderung *tragende und aussteifende Teile aus nichtbrennbaren Baustoffen* auch mit der Feuerwiderstandsklasse F 90-AB eingehalten, da bei dieser definitionsgemäß alle tragenden und aussteifenden Bauteile aus nichtbrennbaren Baustoffen bestehen müssen (siehe Tabelle 3-3).

Auf europäischer Ebene müssen zusätzlich zur europäischen Feuerwiderstandsklasse R 90 noch die nationalen Baustoffanforderungen *tragende und aussteifende Teile aus nichtbrennbaren Baustoffen* eingehalten werden.

Bei Holztragwerken bestehen die tragenden und aussteifenden Teile dagegen aus brennbaren Baustoffen. Damit kann bei entsprechender Bauweise zwar F 90-B erreicht werden, eine im genannten bauaufsichtlichen Sinne feuerbeständige Ausführung (F 90-AB) ist mit Holz jedoch nicht möglich.

Für die Praxis bedeutet dies, dass zur Erfüllung der bauaufsichtlichen Anforderung feuerbeständig eine Bauweise erforderlich ist, bei der die tragenden und aussteifenden Teile aus nichtbrennbaren Baustoffen bestehen (F 90-AB). (Bei raumabschließenden Bauteilen müssen diese zusätzlich eine in Bauteilebene durchgehende Schicht aus nichtbrennbaren Baustoffen haben.) Ist dies nicht möglich oder z.B. im Bestand unter wirtschaftlichen Gesichtspunkten nicht sinnvoll, so kann im Rahmen einer Abweichung auch F 90-B ausgeführt werden.

In diesen Fällen ist jedoch darauf zu achten, dass die Ausführung so erfolgt, dass das bauaufsichtliche Schutzziel eingehalten wird (z.B. allseitige Beplankung mit Brandschutzplatten und Ausfüllen sämtlicher Hohlräume mit Mineralfaser, Schmelzpunkt ≥ 1000 °C). Außerdem ist hierfür eine genehmigungspflichtige Abweichung von der Bauordnung erforderlich, die eigens beantragt werden muss.

Wichtig:

Es ist zu beachten, dass **F 90-B-Bauteile** (nach DIN 4102-2) **nicht hochfeuerhemmend** sind, da die Anforderungen an hochfeuerhemmende Bauteile teilweise über die Anforderungen an F 90-B-Bauteile hinausgehen. Deshalb kann ein F 90-B-Bauteil nur als hochfeuerhemmend eingestuft werden, wenn es neben der Feuerwiderstandsklasse zusätzlich auch die für hochfeuerhemmend bestehenden weitergehenden bauaufsichtlichen Anforderungen erfüllt (siehe weiter oben).

Tabelle 3-3: Umsetzung der bauaufsichtlichen Anforderung *feuerbeständig* bei **tragenden Wänden ohne raumabschließende Funktion**

<table>
<tr><th colspan="5">Feuerbeständig bei tragenden Wänden ohne raumabschließende Funktion</th></tr>
<tr><td>Norm</td><td>DIN 4102-2 (nationale Ebene)</td><td>DIN EN 13501-2 (europäische Ebene)</td><td>DIN 4102-2 (nationale Ebene)</td><td>DIN EN 13501-2 (europäische Ebene)</td></tr>
<tr><td>Baustoffklasse der tragenden oder aussteifenden Bauteile</td><td colspan="2">aus nichtbrennbaren Baustoffen</td><td colspan="2">aus brennbaren Baustoffen</td></tr>
<tr><td rowspan="2">Benennung</td><td>Feuerwiderstandsklasse F 90</td><td>Feuerwiderstandsklasse R 90</td><td colspan="2" rowspan="3">nicht zulässig.

Anmerkung: Falls doch die Feuerwiderstandsklasse F 90 bzw. R 90 und aus brennbaren Baustoffen ausgeführt werden soll, ist hierfür eine entsprechende Abweichung erforderlich.</td></tr>
<tr><td colspan="2">... und aus nichtbrennbaren Baustoffen
oder
... und in den wesentlichen*) Teilen aus nichtbrennbaren Stoffen</td></tr>
<tr><td>Kurzbezeichnung</td><td>F 90-A oder F 90-AB</td><td>R 90 [nb] oder R 90 [wnb]</td></tr>
</table>

Legende und Ausdrücke in [ ] siehe unter Tabelle 3-1 in diesem Kapitel.

*) Zu den wesentlichen Teilen gehören alle tragenden oder aussteifenden Teile und bei raumabschließenden Bauteilen eine in Bauteilebene durchgehende Schicht. Bei der Beurteilung des Brandverhaltens der Baustoffe können Oberflächendeckschichten oder andere Oberflächenbehandlungen außer Betracht bleiben.

4 Erfüllung der bauaufsichtlichen Anforderungen

Zur Erfüllung der bauaufsichtlichen Anforderungen an die Bauarten von tragenden Wänden ohne raumabschließende Funktion können grundsätzlich folgende Bauarten bzw. Bauprodukte verwendet werden:

- **Geregelte (genormte) Bauarten und Bauprodukte,** die allgemein gebräuchlich und bewährt sind (nationale Ebene)
- **Nicht geregelte Bauarten und Bauprodukte,** die nach **DIN 4102-2** geprüft und klassifiziert sind (nationale Ebene)
- **Nicht geregelte Bauarten und Bauprodukte** gemäß **DIN EN 13501-2** (europäische Ebene)
- **Bauarten und Bauprodukte,** die nach den jeweiligen **Eurocodes** bemessen wurden (nach deren nationaler Einführung).

4.1 Geregelte (genormte) Bau*arten* nach DIN 4102-4 in Verbindung mit DIN 4102-4/A1 und DIN 4102-22

Bei diesen tragenden Wänden ohne raumabschließende Funktion handelt es sich um **geregelte Bauarten** auf nationaler Ebene, die nach DIN 4102-4 in Verbindung mit DIN 4102-4/A1 und DIN 4102-22 genormt sind.

Danach sind die tragenden Wände wie folgt auszuführen:

- Für die grundsätzlichen Anforderungen gilt die DIN 4102-4:1994-03.

  Allerdings wurde diese Norm inzwischen mehrmals umfangreich korrigiert, geändert und ergänzt, siehe die nachfolgenden Aufzählungspunkte.

- Zusätzlich gilt die DIN 4102-4/A1:2004-11.

  Dies bedeutet, dass zur ursprünglichen DIN 4102-4:1994 die in DIN 4102-4/A1:2004 auf 50 Seiten angegebenen Änderungen beachtet werden müssen. So wurden z.B. die ursprünglichen Tabellen 38 bis 42 geändert.

- Zusätzlich gilt außerdem die DIN 4102-22:2004-11.

  Dies bedeutet, dass in Verbindung mit DIN 4102-4:1994 und 4102-4/A1:2004 für die statische Bemessung außerdem noch DIN 4102-22:2004 zu beachten ist. Mit dieser Norm soll die Anwendbarkeit der DIN 4102-4:1994 einschließlich DIN 4102-4/A1:2004 auch nach der Überarbeitung von nationalen Bemessungsnormen (z.B. DIN 1045, DIN 1052) auf der Basis von Teilsicherheitswerten sichergestellt werden.

  Anmerkung: Die DIN 4102-4/A1:2004-11 und die DIN 4102-22:2004-11 wurden in die in Kapitel 3.5-V abgedruckte Norm DIN 4102-4 bereits eingearbeitet, so dass diese dort als Ganzes gelesen werden kann.

Für feuerwiderstandsfähige tragende Wände ohne raumabschließende Funktion in Normalbeton ist es danach möglich, die Wände nach DIN 1045-1:2001-07 zusammen mit DIN 1045-1/A1:2002-07 zu bemessen (Kaltbemessung DIN 1045 neu) und den Brandschutz nach DIN 4102-22 in

Verbindung mit DIN 4102-4 und DIN 4102-4/A1 zu ermitteln.

Allerdings besteht diese Möglichkeit nur für bestimmte in DIN 4102-22 behandelte Wände.

Der **Mauerwerksbau** wird derzeit in der DIN 4102-22 nicht behandelt. Deshalb sind hierbei bei einer Bemessung nach semiprobabilistischem Sicherheitskonzept (DIN 1053-100) die Aussagen nach der „alten" DIN 4102-4:1994 Abschnitt 4 nicht anwendbar, d.h., dass die Angaben nach der „alten" DIN 4102-4:1994 nur bei einer Bemessung nach DIN 1053-1:1996 gültig sind.

Bis zur Einführung von Bemessungsregeln nach Teilsicherheitsbeiwerten im Mauerwerksbau in der DIN 1053-100 und der Anpassung der entsprechenden brandschutztechnischen Bemessungsregeln bei kalter Bemessung nach dieser Norm bleibt im Mauerwerksbau der Weg der Bemessung nach DIN 1053:1996 und DIN 4102-4:1994 in Verbindung mit DIN 4102-4/A1:2004. Dabei handelt es sich um eine Behelfs- bzw. Übergangslösung, die so lange möglich bzw. sinnvoll ist, bis die entsprechenden neuen Normen vorliegen, eingeführt worden sind und darauf abgestimmte Lösungsmöglichkeiten bestehen.

4.2 Geregelte (genormte) Bau*produkte* nach Bauregelliste A Teil 1 in Verbindung mit DIN 4102-4, DIN 4102-4/A1 und DIN 4102-22

Tragende Wände ohne raumabschließende Funktion werden in der Regel als Bauarten hergestellt (zum Unterschied zwischen Bauarten und Bauprodukten siehe Kapitel 5.2, Abschnitt 3). Sie können jedoch auch als Bauprodukte hergestellt werden, z.B. als

- *„tragende Fertigteile aus Beton, Stahlbeton oder Spannbeton"* (Bauregelliste A Teil 1 Nr. 1.6.23)
- *„Mauertafeln, Vergusstafeln und Verbundtafeln"* (Bauregelliste A Teil 1 Nr. 2.4.1)
- *„Brettschichtholz"* (Bauregelliste A Teil 1 Nr. 3.1.4).

Bei diesen Bauprodukten handelt es sich um geregelte Bauprodukte, wenn sie in der Bauregelliste A Teil 1 aufgeführt sind. Die dort jeweils angegebenen technischen Regeln, Übereinstimmungsnachweise und Verwendbarkeitsnachweise bei wesentlichen Abweichungen von den technischen Regeln müssen eingehalten werden.

Bezüglich des Brandschutzes wird dabei je nach Verwendungszweck in der Regel auf die DIN 4102-4 verwiesen, d.h., dass für den Brandschutz je nach Verwendungszweck und Bauprodukt die DIN 4102-4 in Verbindung mit DIN 4102-4/A1 und DIN 4102-22 gilt (siehe auch unter 4.1 in diesem Kapitel).

4.3 Nicht geregelte Bau*arten,* die nach DIN 4102-2 geprüft und klassifiziert sind (nationale Ebene)

Nicht geregelte Bauarten von tragenden Wänden ohne raumabschließende Funktion, die von den genormten Bauarten nach DIN 4102-4 wesentlich abweichen, sind in der Bauregelliste A Teil 3 aufgeführt. Unter der lfd. Nr. 2.1 wird dort für *„Bauarten zur Errichtung von Stützen und tragenden Wänden, an die Anforderungen an die Feuerwiderstandsdauer und/oder den Schallschutz gestellt werden"* als Anwendbarkeitsnachweis ein allgemeines bauaufsichtliches Prüfzeugnis (P) gefordert.

„Das gilt nicht für die Teile baulicher Anlagen, an die weitere Anforderungen gestellt werden, wenn die maßgebenden Bauarten von Technischen Baubestimmungen wesentlich abweichen oder wenn es für die maßgebenden Bauarten keine allgemein anerkannten Regeln der Technik gibt."

Auf der nationalen Ebene müssen diese Bauarten die Bedingungen der DIN 4102-2 einhalten und entsprechend geprüft und klassifiziert sein. Der Nachweis hierfür erfolgt durch ein allgemeines bauaufsichtliches Prüfzeugnis (P) und eine Übereinstimmungserklärung des **Anwenders.**

4.4 Nicht geregelte Bau*produkte,* die nach DIN 4102-2 geprüft und klassifiziert sind (nationale Ebene)

In der Bauregelliste A Teil 2 Nr. 2.1 wird für die Bauprodukte *vorgefertigte Stützen und tragende Wände, „die mit Ausnahme der Feuerwiderstandsdauer und/oder des Schallschutzes von den technischen Regeln der Bauregelliste A Teil 1 nicht wesentlich abweichen"* als Verwendbarkeitsnachweis ein P gefordert.

Auf der nationalen Ebene müssen diese Bauprodukte die Bedingungen der DIN 4102-2 einhalten und entsprechend geprüft und klassifiziert sein. Der Nachweis hierfür erfolgt durch ein P und eine Übereinstimmungserklärung des **Herstellers,** sofern sich nicht aus Bauregelliste A Teil 1 für dieses Bauprodukt eine andere Art des Übereinstimmungsnachweises ergibt.

4.5 Nicht geregelte Bau*arten* gemäß DIN EN 13501-2 (europäische Ebene)

Auf der europäischen Ebene werden die nicht geregelten Bauarten von tragenden Wänden ohne raumabschließende Funktion, wie unter Punkt 4.3 in diesem Kapitel angegeben, in Bauregelliste A Teil 3 behandelt.

Danach müssen diese auf europäischer Ebene die Bedingungen der DIN EN 13501-2 in Verbindung mit DIN EN 1365-1 „Wände" und DIN EN 1365-4 „Stützen" einhalten und entsprechend geprüft und klassifiziert sein.

6.1.1-B Seite 12	Tragende Wände und Stützen	Tragende Wände ohne raumabschließende Funktion

Als Nachweis hierfür ist eine europäische technische Zulassung (ETA) erforderlich.

Sinngemäß hierzu können tragende Wände ohne raumabschließende Funktion nach Anlage 8 der Bauregelliste A Teil 2 auch als F... nach DIN 4102 klassifiziert werden, wenn sie *„nach DIN EN 1363-1 in Verbindung mit DIN EN 1365-1 und DIN EN 1365-4 geprüft wurden und während einer Prüfdauer von ... Minuten die Anforderungen nach DIN EN 1363-1 Abschnitt 11.1, Tragfähigkeit, Ziffer II erfüllt haben.*

Für die Prüfung nach DIN EN 1363-1 in Verbindung mit DIN EN 1365-1 und DIN EN 1365-4 ist bei symmetrischen Wänden und bei Stützen ein Versuch erforderlich."

Damit können alle Bauarten, die nach DIN EN 13501-2 in Verbindung mit DIN EN 1363-1, 1365-1 und 1365-4 klassifiziert und von einer anerkannten Materialprüfanstalt geprüft sind, verwendet werden. Als Verwendbarkeitsnachweis ist eine europäische technische Zulassung (ETA) erforderlich.

> Wichtig:
>
> Zur Erfüllung der bauaufsichtlichen Anforderungen hochfeuerhemmend und feuerbeständig bestehen **zusätzliche Anforderungen** an die Baustoffklasse und Ausführung der tragenden Wände (siehe unter 3 in diesem Kapitel, Tabellen 3-2 und 3-3.

4.6 Nicht geregelte Bau*produkte* gemäß DIN EN 13501-2 (europäische Ebene)

Auf der europäischen Ebene werden die nicht geregelten Bauprodukte von tragenden Wänden ohne raumabschließende Funktion, wie unter 4.4 in diesem Kapitel angegeben, in Bauregelliste A Teil 2 behandelt.

Für die Prüfung, Klassifizierung und Erfüllung der bauaufsichtlichen Anforderungen gilt sinngemäß Punkt 4.5 in diesem Kapitel.

4.7 Bauarten und Bauprodukte, die nach den jeweiligen Eurocodes bemessen wurden

In Bezug auf die Eurocodes befinden wir uns noch in einer längeren Übergangsphase, die vermutlich bis 2010 dauern wird. Zum Teil wurden auch Eurocodes inzwischen zurückgezogen oder sie sind noch nicht als endgültige Norm erschienen bzw. die entsprechenden Informationen sind teilweise in DIN 4102-22 enthalten.

Grundsätzlich gilt: Nach deren Einführung ist auch eine entsprechende Brandschutzbemessung nach den Eurocodes möglich.

5 Verwendbarkeitsnachweis

Grundsätzliche Informationen enthält Kapitel 5.2.

Folgende Verwendbarkeitsnachweise sind möglich:

Tragende Wände ohne raumabschließende Funktion als *geregelte* Bauarten und Bauprodukte

Bei den **geregelten Bau*arten*** sind die tragenden Wände nach DIN 4102-4 in Verbindung mit DIN 4102-4/A1 und DIN 4102-22 auszuführen.

Bei den **geregelten Bau*produkten*** sind die einzuhaltenden technischen Regeln jeweils in der Bauregelliste angegeben. Bezüglich des Brandschutzes wird dabei in der Regel auf die DIN 4102-4 verwiesen.

Der Verwendbarkeitsnachweis gilt bei den geregelten Bauarten und Bauprodukten als erbracht durch die Übereinstimmung mit der jeweiligen technischen Regel.

Tragende Wände ohne raumabschließende Funktion als *nicht geregelte* Bauarten und Bauprodukte

Ausführung der Wände als nicht geregelte Bauarten (Bauregelliste A Teil 3 Nr. 2.1) oder nicht geregelte Bauprodukte (Bauregelliste A Teil 2 Nr. 2.1).

In Abhängigkeit von den Vorgaben der Bauregelliste sind folgende Verwendbarkeitsnachweise möglich:

- allgemeine bauaufsichtliche Zulassung (Z) oder
- allgemeines bauaufsichtliches Prüfzeugnis (P) oder
- Zustimmung im Einzelfall von der Obersten Baubehörde.

Allgemeine bauaufsichtliche Zulassung (Z)

Eine Z ist für tragende Wände ohne raumabschließende Funktion in der Regel nicht erforderlich.

Sie ist nur erforderlich, wenn

- eine Zulassung in der Bauregelliste verlangt wird
- die tragenden Wände wesentlich vom P abweichen
- die tragenden Wände weder als geregelte noch als nicht geregelte Bauarten oder Bauprodukte in der Bauregelliste aufgeführt sind.

Allgemeines bauaufsichtliches Prüfzeugnis (P)

Für tragende Wände ohne raumabschließende Funktion ist in der Regel ein P ausreichend. Es muss von einer im bauaufsichtlichen Verfahren **amtlich anerkannten Materialprüfanstalt** ausgestellt sein.

Zustimmung im Einzelfall von der Obersten Bauaufsichtsbehörde

Tragende Wände ohne raumabschließende Funktion, die nicht als

- geregelte bzw. genormte Bauarten bzw. Bauprodukte nach DIN 4102-4 in Verbindung mit DIN 4102-4/A1 und DIN 4102-22 und nicht als

- nicht geregelte Bauarten bzw. Bauprodukte gemäß Bauregelliste A Teile 2 und 3 hergestellt wurden oder
- die von den vorgenannten Regelungen wesentlich abweichen oder die überhaupt nicht in der Bauregelliste aufgeführt sind und die auch keine allgemeine bauaufsichtliche Zulassung aufweisen,

benötigen als Verwendbarkeitsnachweis eine Zustimmung im Einzelfall von der Obersten Bauaufsichtsbehörde.

6 Übereinstimmungsnachweis

Tragende Wände ohne raumabschließende Funktion als *geregelte* Bauarten und Bauprodukte

- Geregelte Bau*arten*

  Ein besonderer Übereinstimmungsnachweis ist nicht erforderlich. Es ist jedoch empfehlenswert, dass die ausführende Firma die fachgerechte Ausführung nach DIN 4102-4 Abschnitt 4.8 in Verbindung mit DIN 4102-4/A1 und DIN 4102-22 schriftlich bestätigt.

- Geregelte Bau*produkte*

  Für die geregelten Bauprodukte gemäß Bauregelliste A Teil 1 sind die erforderlichen Übereinstimmungsnachweise jeweils angegeben. Wird in der Bauregelliste bei der Angabe der technischen Regeln bezüglich des Brandschutzes auf die DIN 4102-4 verweisen, ist hierfür in der Regel kein besonderer Übereinstimmungsnachweis erforderlich. Es ist jedoch empfehlenswert, dass die ausführende Firma die fachgerechte Ausführung nach DIN 4102-4 in Verbindung mit DIN 4102-4/A1 und DIN 4102-22 schriftlich bestätigt.

Tragende Wände ohne raumabschließende Funktion als *nicht geregelte* Bauarten und Bauprodukte

Der notwendige Übereinstimmungsnachweis ergibt sich aus der Bauregelliste und dem jeweiligen Verwendbarkeitsnachweis.

- Nicht geregelte Bauarten

  Bei den nicht geregelten Bauarten ist als Übereinstimmungsnachweis in der Regel eine Übereinstimmungserklärung des **Anwenders** (der ausführenden Firma) erforderlich, mit der die Übereinstimmung mit dem allgemeinen bauaufsichtlichen Prüfzeugnis (P) bestätigt wird. Der Anwender muss bestätigen, dass die Bauart entsprechend den Bestimmungen des P ausgeführt wurde und auch die hierbei verwendeten Produkte seinen Bestimmungen entsprechen.

- Nicht geregelte Bauprodukte

  Bei nicht geregelten Bauprodukten ist als Übereinstimmungsnachweis in der Regel eine Übereinstimmungserklärung des **Herstellers** erforderlich, mit der er bestätigt, dass das Bauprodukt mit dem P übereinstimmt, sofern sich nicht aus Bauregelliste A Teil 1 für dieses Bauprodukt eine andere Art des Übereinstimmungsnachweises ergibt. Falls dies im Verwendbarkeitsnachweis verlangt wird, muss der Übereinstimmungsnachweis durch das im Verwendbarkeitsnachweis vorgegebene Ü-Zeichen (nationales Bauprodukt) oder CE-Zeichen (europäisches Bauprodukt) geführt werden.

7 Wandbauarten von tragenden Wänden ohne raumabschließende Funktion

Die folgenden Übersichten enthalten Normenauszüge und dienen der Übersicht und Kurzinformation. Maßgebend sind die Bestimmungen der DIN 4102-4 in Verbindung mit DIN 4102-4/A1 und DIN 4102-22 bzw. der jeweils gültigen Verwendbarkeitsnachweise.

Bei den geregelten (genormten) Bauarten sind die Fundstellen in der DIN 4102-4 (siehe Kapitel 3.5-V) angegeben. Für andere (oder von der DIN 4102-4 abweichende) Bauarten und Bauprodukte wird auf die dann erforderlichen Verwendbarkeitsnachweise sowie auf mögliche Feuerwiderstandsklassen hingewiesen.

Die Übersichten erheben nicht den Anspruch auf Vollständigkeit und erfolgen ohne Gewähr für die Richtigkeit.

Legende zu den folgenden Übersichten

DIN 4102-4

Hinweis auf die Fundstelle in DIN 4102-4 in Verbindung mit DIN 4102-4/A1 und DIN 4102-22

Bes. Nachweis Hinweis auf besonders geprüfte Bauprodukte und Bauarten mit Angabe des erforderlichen Verwendbarkeitsnachweises

6.1.1-B Seite 16	Tragende Wände und Stützen	Tragende Wände ohne raumabschließende Funktion

7.1 Beton- und Stahlbetonwände aus Normalbeton (mehrseitige Brandbeanspruchung)

DIN 4102-4 ▶ Abschnitt 4.2 Tabelle 36 in Verbindung mit DIN 4102-4/A1 und DIN 4102-22

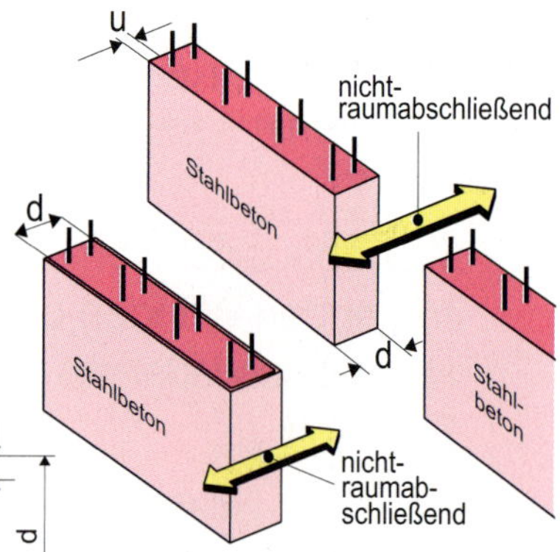

u = Achsabstand der Längsbewehrung
c = Mindestwert der Betonüberdeckung nach DIN 1045
d = Wanddicke ohne Putz

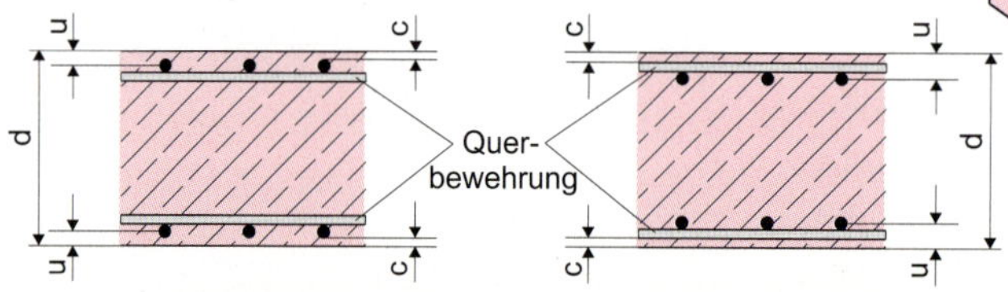

DIN 4102-4 ▶ **Beispiel für Mindestwanddicke d und Mindestachsabstände u für unbekleidete Wände**

Feuerwiderstandsklasse	F 30-A		F 60-A		F 90-A	
d: Mindestwanddicke ohne Putz (mm) u: Mindestachsabstand der Längsbewehrung (mm)	d	u	d	u	d	u
Ausnutzungsfaktor $\alpha_1 = 0{,}1$	120	10	120	10	120	10
Ausnutzungsfaktor $\alpha_1 = 0{,}5$	120	10	120	10	140	10
Ausnutzungsfaktor $\alpha_1 = 1{,}0$	120	10	140	10	170	25
u bzw. u_S über Öffnungen ≤ 2,0 m[1)]	–	10	–	15	–	25
u bzw. u_S über Öffnungen > 2,0 m[1)]	–	10	–	25	–	35
Wände mit beidseitiger Putzbekleidung[2)]	Mindestwanddicke d = 80 mm					

[1)] u bzw. u_S: Mindestachsabstand in Wandbereichen über Öffnungen
[2)] Nach den Abschnitten 3.1.6.1 bis 3.1.6.5 DIN 4102-4 sind Abminderungen (nach Tabelle 2 DIN 4102-4) möglich, jedoch muss die Mindestwanddicke eingehalten werden und u bzw. u_S dürfen nicht kleiner als 10 mm sein.

7.2 Gegliederte Stahlbetonwände F 90-A (allseitig beflammte Wandteile mit Öffnungen für Türen und Fenster)

DIN 4102-4 ▶ Abschnitt 4.3 Tabelle 37 in Verbindung mit DIN 4102-4/A1 und DIN 4102-22

Abschnitt 4.3 gilt nur für Wände F 90-A (Randbedingungen, aufnehmbare zentrische Last und aufnehmbare exzentrische Last siehe DIN 4102-22 Abschnitt 4.3)

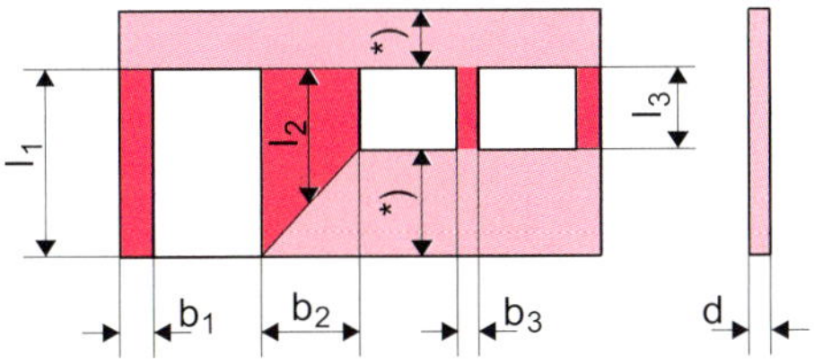

*) Mindestens eine Seite ober- oder unterhalb der jeweiligen Öffnung muss eine Höhe ≥ 3 d, in jedem Fall ≥ 50 cm aufweisen.

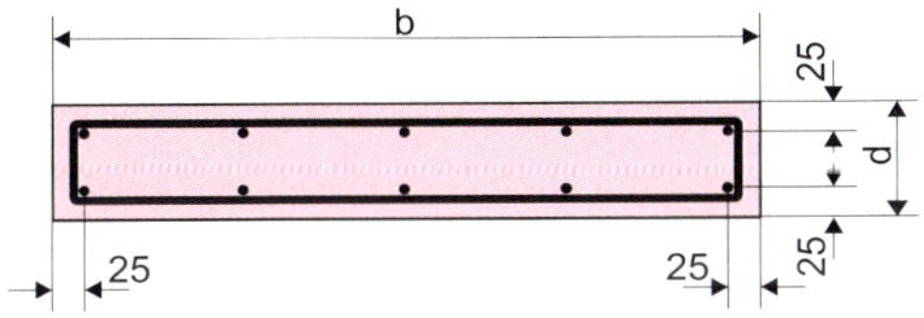

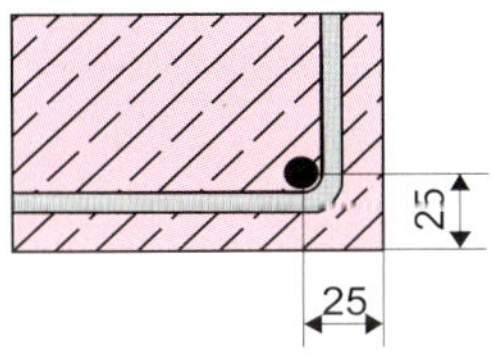

Mindestachsabstände der tragenden Längsbewehrung zur Einstufung in die Feuerwiderstandsklasse F 90 nach DIN 4102-2

7.3 Wände aus Leichtbeton mit geschlossenem Gefüge nach DIN 4219-1 und 2

DIN 4102-4 ▶ Abschnitt 4.4 in Verbindung mit DIN 4102-4/A1 und DIN 4102-22

Feuerwiderstandsklassen F 30-A bis F 180-A

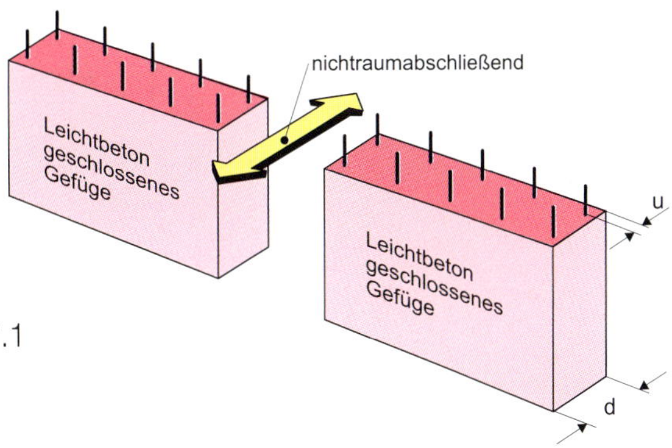

u = Achsabstand der Längsbewehrung, siehe Punkt 7.1

d = Wandstärke

6.1.1-B Seite 18	Tragende Wände und Stützen	Tragende Wände ohne raumabschließende Funktion

7.4 Wände aus Leichtbeton mit haufwerksporigem Gefüge nach DIN 4232 mit Rohdichteklasse ≥ 0,8

DIN 4102-4 Abschnitt 4.6 Tabelle 43 in Verbindung mit DIN 4102-4/A1 und DIN 4102-22

Feuerwiderstandsklassen F 30-A bis F 180-A

Bes. Nachweis **Prüfzeugnis bzw. Zulassung**

Ausführung nach Prüfzeugnis bzw. Zulassung

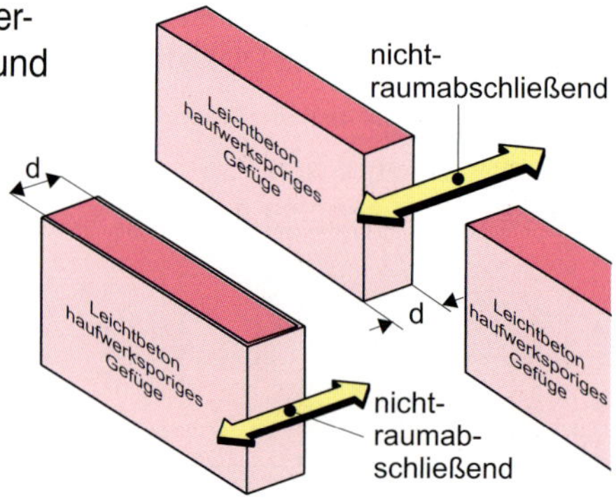

d = Wanddicke

7.5 Wände aus bewehrtem Porenbeton

DIN 4102-4 Abschnitt 4.7 Tabelle 44 in Verbindung mit DIN 4102/A1 und DIN 4102-22

Feuerwiderstandsklassen F 30-A bis F 180-A

Wände aus Porenbeton-Wandplatten bedürfen zurzeit einer allgemeinen bauaufsichtlichen Zulassung.*)

Bes. Nachweis ***) Zulassung**

Ausführung nach Zulassung

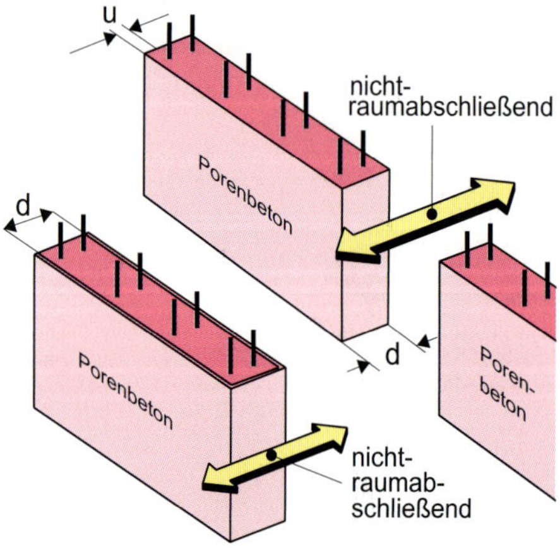

u = Achsabstand der Längsbewehrung, siehe Punkt 7.1

d = Wandstärke

7.6 Wände aus Mauerwerk und Wandbauplatten (mehrseitige Brandbeanspruchung)

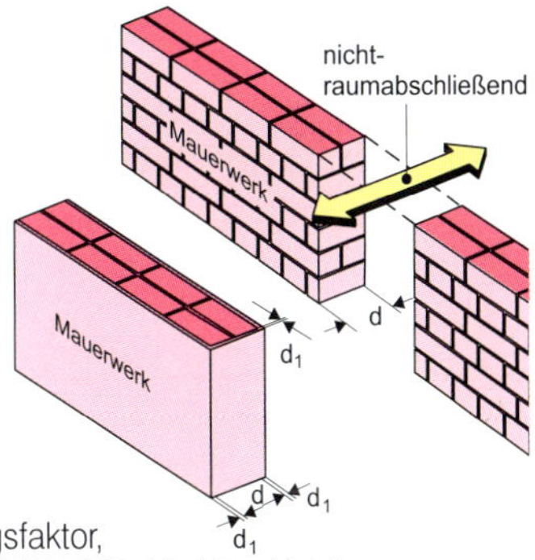

DIN 4102-4 — Abschnitt 4.5 Tabelle 40 in Verbindung mit DIN 4102-4/A1 und DIN DIN 4102-22

Anmerkung: Die Werte gelten nur bei einer Bemessung des Mauerwerks nach DIN 1053, Ausgabe 1996.

Bes. Nachweis — Prüfzeugnis bzw. Zulassung

α_2 = Ausnutzungsfaktor, siehe auch DIN 4102-4/A1 Punkt 4.5
d = Mindestwanddicke
d_1 = Dicke des Putzes nach Abschnitt 4.5.2.10 DIN 4102-4, siehe auch DIN 4102-4/A1 Punkt 4.5

DIN 4102-4 — Beispiele für Mindestwanddicken d in mm

Die ()-Werte gelten für Wände mit beidseitigem Putz nach DIN 4102-4 Abschnitt 4.5.2.10

Feuerwiderstandsklasse		Mindestwanddicke d (mm)		
		F 30-A	F 60-A	F 90-A
Porenbetonsteine DIN V 4165 (Plansteine und Planelemente[6]) Rohdichtenklasse ≥ 0,4 unter Verwendung von Dünnbettmörtel	$\alpha_2 = 0{,}2$	115	150 (115)	150 (115)
	$\alpha_2 = 0{,}6$	150 (115)	175 (150)	175 (150)
	$\alpha_2 = 1{,}0$	175 (150)	175 (150)	240 (175)
Hohlblöcke aus Leichtbeton (DIN V 18151) Vollsteine und Vollblöcke aus Leichtbeton (DIN V 18152) Mauersteine aus Beton (DIN 18153, Rohdichteklasse ≥ 0,5) unter Verwendung von Normalmörtel und Leichtmörtel	$\alpha_2 = 0{,}2$	115	140 (115)	140 (115)
	$\alpha_2 = 0{,}6$	140 (115)	175(140)	190 (175)
	$\alpha_2 = 1{,}0$	175 (140)	175 (175)	240 (175)
Mauerziegel (DIN 105-1) Voll- und Hochlochziegel, Lochung: Mz, HLz A, HLz B unter Verwendung von Normalmörtel	$\alpha_2 = 0{,}2$	115	115	175 (115)
	$\alpha_2 = 0{,}6$	115	115	175 (115)
	$\alpha_2 = 1{,}0$[4]	115	115	240 (115)
Mauerziegel (DIN V 105-2 und DIN V 105-6[6]) Lochung A und B, Rohdichteklasse ≥ 0,8 unter Verwendung von Normal-, Dünnbett- und Leichtmörtel	$\alpha_2 = 0{,}2$	(115)	(115)	(115)
	$\alpha_2 = 0{,}6$[7]	(115)	(115)	(115)
	$\alpha_2 = 1{,}0$	(115)	(115)	(115)
Mauerziegel (DIN V 105-2), Leichthochlochziegel W Rohdichteklasse ≥ 0,8 unter Verwendung von Normal-, Dünnbett- und Leichtmörtel	$\alpha_2 = 0{,}2$	(175)	(175)	(175)
	$\alpha_2 = 0{,}6$	(175)	(175)	(240)
	$\alpha_2 = 1{,}0$	(240)	(240)	(240)
Kalksandsteinmauerwerk: DIN V 106-1: Voll-, Loch-, Block-, Hohlblock- und Plansteine, Planelemente[6], Bauplatten DIN V 106-2: Vormauersteine und Verblender unter Verwendung von Normalmörtel und Dünnbettmörtel	$\alpha_2 = 0{,}2$	115	115	115
	$\alpha_2 = 0{,}6$	115	115	140[5] (115)
	$\alpha_2 = 1{,}0$[4]	115	115	140[5] (115)
Mauerwerk (DIN 1053-4), Bauten aus Ziegelfertigteilen		115	165 (115)	165

[4] Bei 3,0 N/mm² < vorh. σ ≤ 4,5 N/mm² gelten die Werte nur für Mauerwerk aus Voll-, Block- und Plansteinen
[5] Bei Verwendung von Dünnbettmörtel ist d mindestens 115 mm
[6] Bemessung nach allgemeiner bauaufsichtlicher Zulassung
[7] Zusätzlich auch unter Verwendung von Dünnbettmörtel

6.1.1-B Seite 20	Tragende Wände und Stützen	Tragende Wände ohne raumabschließende Funktion

7.7 Stürze im Bereich von Mauerwerkswänden

DIN 4102-4 ▶ Abschnitt 4.5.3 Tabelle 42 in Verbindung mit DIN 4102-4/A1 und DIN 4102-22

Vorgefertigte Flachstürze

Porenbetonstürze

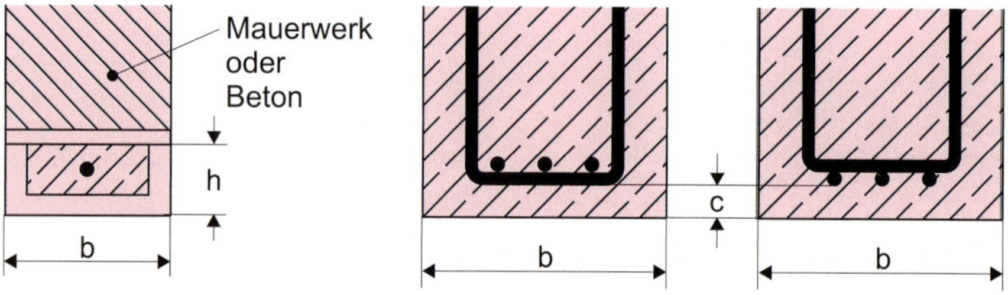

b = Mindestbreite
h = Mindesthöhe
c = Betondeckung der Bewehrung nach DIN 1045

DIN 4102-4 ▶ Beispiele für Mindestbreiten b und Mindesthöhen h in mm

Die ()- Werte gelten für Stürze mit dreiseitigem Putz nach DIN 4102-4 Abschnitt 4.5.2.10[1)]

Bauart	Mindestbeton-deckung (mm)	Mindest-höhe h (mm)	Mindestbreite b (mm) F 30-A	F 60-A	F 90-A
Vorgefertigte Flachstürze					
Mauerziegel (DIN 105-1 bis 5)	–	71	(115)	(115)	(115)
	–	113	115	115	175 (115)
Kalksandsteine DIN V 106-1	–	71	115	115	175 (115)
	–	113	115	115	115
Leichtbeton	–	71	115	115	175
	–	113	115	115	115
Flachstürze und Kombistürze aus Porenbeton	–	124	175 (115)	175 (115)	240 (175)
Ausbetonierte U-Schalen aus					
Porenbeton	–	199	175	175	175
Leichtbeton	–	240	175	175	175
Mauerziegel	–	240	115	115	175
Kalksandstein	–	240	115	115	175
Porenbetonstürze					
Porenbetonstürze	10	240	175	240 (200)	–
	20	240	175	240 (200)	300[2)] (240)
	30	240	175	175	200 (175)

1) Auf den Putz an der Sturzunterseite kann bei Anordnung von Stahl- oder Holzumfassungszargen verzichtet werden.
2) Mindeststabzahl n = 4

Tragende Wände und Stützen	Tragende Wände ohne raumabschließende Funktion	**6.1.1-B** Seite 21

7.8 Fachwerkwände mit ausgefüllten Gefachen

DIN 4102-4 Abschnitt 4.11 in Verbindung mit DIN 4102-4/A1 und DIN 4102-22

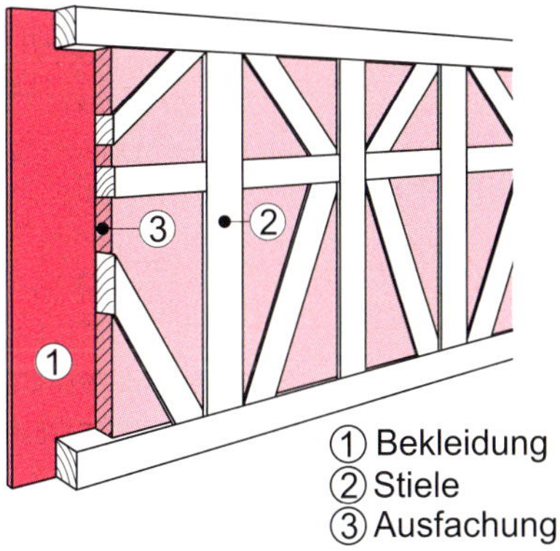

Feuerwiderstandsklasse F 30-B
Ausführung siehe Verwendbarkeitsnachweis (DIN 4102-4 bzw. Prüfzeugnis)

Bes. Nachweis **Prüfzeugnis**

Ausführung nach Prüfzeugnis
Feuerwiderstandsklassen F 30-B bis F 90-B

7.9 Wände mit Holztafel- und -ständerbauart

DIN 4102-4 Abschnitt 4.12 Tabelle 50 in Verbindung mit DIN 4102-4/A1 und DIN 4102-22

Achtung: In DIN 4102-22 sind Änderungen in Abschnitt 4.12 und Tabelle 50 angegeben. Diese Änderungen wurden in der im Brandschutzatlas abgedruckten DIN 4102-4 bereits berücksichtigt (siehe Kapitel 3.5-V).

Feuerwiderstandsklassen F 30-B bis F 60-B
Achtung: F 60-B ist nicht gleich **hochfeuerhemmend**. (Ausführung von hochfeuerhemmenden Wänden siehe Kapitel 8.20).

① Holzständer d_1/b_1 = Querschnitt
② Beplankung bzw. Bekleidung d_2 bzw. d_3 = Dicke
③ Wärmedämmung D = Dicke

Mindestabmessungen, Holzständer, Bekleidungen (Material, Anzahl der Lagen) und brandschutztechnische erforderliche Wärmedämmung siehe Verwendbarkeitsnachweis (DIN 4102-4 in Verbindung mit DIN 4102-4/A1 Abschnitt 4.12 und DIN 4102-22 Abschnitt 4.12 bzw. Prüfzeugnis).

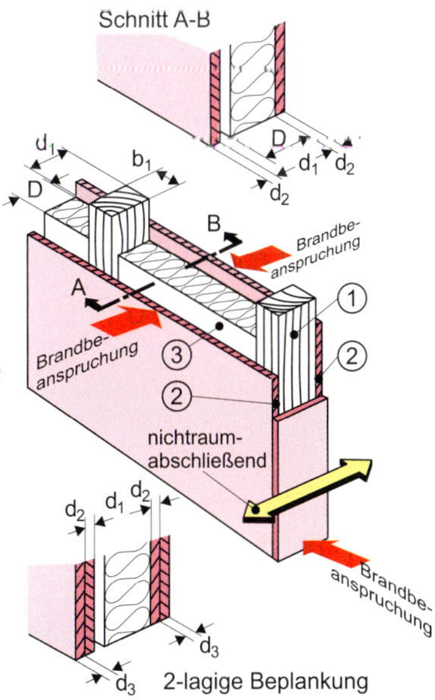

Bes. Nachweis **Prüfzeugnis**

Ausführung nach Prüfzeugnis
Feuerwiderstandsklassen F 30-B bis F 90-B

6.1.1-B Seite 22	Tragende Wände und Stützen	Tragende Wände ohne raumabschließende Funktion

7.10 Wände F 30-B aus Vollholz-Blockbalken

DIN 4102-4

Abschnitt 4.13 Tabelle 55 in Verbindung mit DIN 4102-4/A1 und DIN 4102-22

Achtung: In DIN 4102-22 ist eine Ergänzung in Abschnitt 4.13 angegeben. Diese Ergänzung wurde in der im Brandschutzatlas abgedruckten DIN 4102-4 bereits berücksichtigt (siehe Kapitel 3.5-V).

Feuerwiderstandsklassen F 30-B

① Vollholz-Blockbalken

② Mineralfaser-Dämmschicht (brandschutztechnisch nicht erforderlich)

③ Bekleidung nach DIN 4102-4 Tabelle 55

④ Holzrippen

⑤ Halteleisten

Ausführung siehe Verwendbarkeitsnachweis (DIN 4102-4 bzw. Prüfzeugnis).

Bes. Nachweis — **Prüfzeugnis**

Ausführung nach Prüfzeugnis

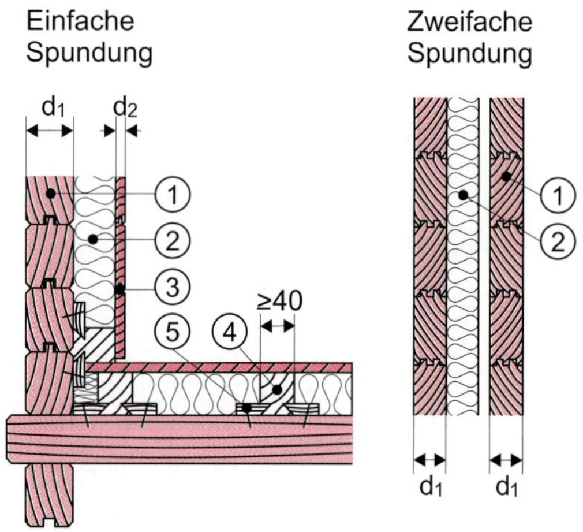

7.11 Stahlfachwerk bzw. Stahlprofil-Trennwände

DIN 4102-4

Als tragende Wände nicht in DIN 4102-4 klassifiziert

Als Verwendbarkeitsnachweis ist deshalb immer ein Prüfzeugnis bzw. (im Ausnahmefall) eine Zustimmung im Einzelfall erforderlich

① Stahlprofile

② Beplankung bzw. Bekleidung d_2 bzw. d_3 = Dicke

③ Wärmedämmung D = Dicke

Bes. Nachweis — **Prüfzeugnis**

Ausführung nach Prüfzeugnis

Feuerwiderstandsklassen F 30-A bis F 180-A

Mindestabmessungen, Stahlprofile, Bekleidungen (Material, Anzahl der Lagen) und brandschutztechnische erforderliche Wärmedämmung siehe Prüfzeugnis.

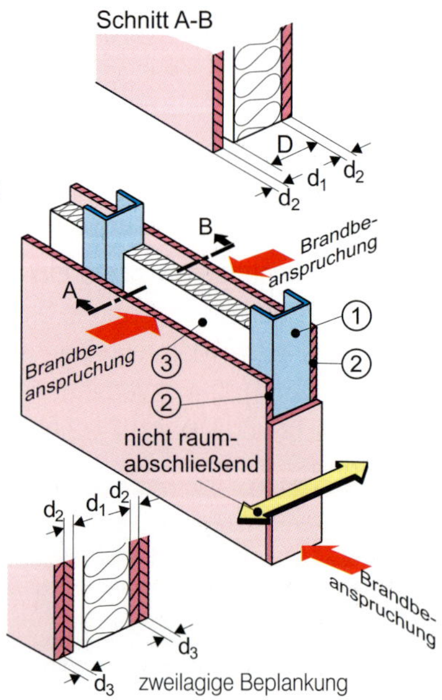

6.1 Tragende Wände und Stützen

6.1.2 Tragende Stützen

Dipl.-Ing. (FH) Josef Mayr

Dipl.-Ing. (FH) Lutz Battran

Inhalt

Teil B Bauausführung

1 Allgemeines

2 Bauarten von tragenden Stützen

2.1 Stahlbetonstützen aus Normalbeton

2.2 Verbundstützen

2.3 Tragende Pfeiler bzw. nichtraumabschließende Wandabschnitte aus Mauerwerk

2.4 Unbekleidete Stützen und Balken aus Vollholz (Nadelholz)

2.5 Unbekleidete Stützen und Balken aus Brettschichtholz (Nadelholz)

2.6 Bekleidete Balken, Stützen und Zugglieder aus Voll- oder Brettschichtholz

2.7 Brandschutzbeschichtung von Holz

2.8 Übersicht: Brandschutzmaßnahmen an Holzstützen und Holzbalken

2.9 Stahlstützen einschließlich Konsolen

6.1.2 Tragende Stützen

Teil B Bauausführung

1 Allgemeines

Tragende Stützen werden entsprechend der Systematik der Landesbauordnungen genauso behandelt wie tragende Wände ohne raumabschließende Funktion. Deshalb kann bezüglich der grundsätzlichen brandschutztechnischen Bedeutung des Tragwerkes auf Kapitel 6.1.0 verwiesen werden. Anforderungen, Bauausführung, Klassifizierung und Verwendbarkeitsnachweis enthält Kapitel 6.1.1.

2 Bauarten von tragenden Stützen

Die folgenden Übersichten enthalten Auszüge aus den entsprechenden Normen(teilen) und dienen der Kurzinformation. Maßgebend sind die Bestimmungen der DIN 4102-4 in Verbindung mit DIN 4102-4/A1 und DIN 4102-22 bzw. der jeweils gültigen Verwendbarkeitsnachweise.

Legende zu den folgenden Übersichten

DIN 4102-4

Hinweis auf die Fundstelle in DIN 4102-4 in Verbindung mit DIN 4102-4/A1 und DIN 4102-22

Bes. Nachweis Hinweis auf besonders geprüfte Bauprodukte und Bauarten mit Angabe des erforderlichen Verwendbarkeitsnachweises

6.1.2-B Seite 2 | Tragende Wände und Stützen | Tragende Stützen

2.1 Stahlbetonstützen aus Normalbeton

DIN 4102-4 ► Abschnitt 3.13 in Verbindung mit DIN 4102-4/A1 und DIN 4102-22 sowie mit neuer Tabelle 31[1)]

Feuerwiderstandsklassen R 30 [nb][2)] bis R 180 [nb][2)]

Mindestdicke und Mindestabstand von Stahlbetonstützen aus Normalbeton[1)]

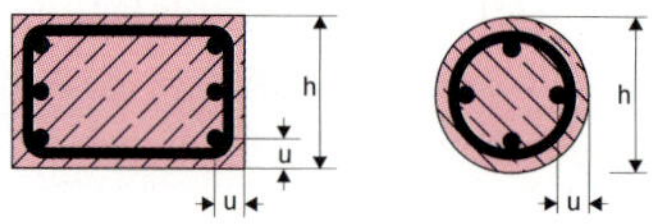

Zeile	Konstruktionsmerkmale max. l_{col} = 6 m; min. l_{col} = 2 m (rechteckig) max. l_{col} = 5 m; min. l_{col} = 1,7 m (rund)	Feuerwiderstandsklasse – Benennung R 30	R 60	R 90	R 120	R 180
1	Mindestquerschnittsabmessungen unbekleideter Stahlbetonstützen **bei mehrseitiger Brandbeanspruchung** bei einem					
1.1	Ausnutzungsfaktor α_1 = 0,2					
1.1.1	Stützenlänge min. l_{col}					
1.1.1.1	Mindestdicke h in mm	120	120	150	180	240
1.1.1.2	zugehöriger Mindestachsabstand u in mm	34	34	34	37	34
1.1.2	Stützenlänge max. l_{col}					
1.1.2.1	Mindestdicke h in mm	120	120	180	240	290
1.1.2.2	zugehöriger Mindestachsabstand u in mm	34	34	37	34	40
1.2	Ausnutzungsfaktor α_1 = 0,5					
1.2.1	Stützenlänge min. l_{col}					
1.2.1.1	Mindestdicke h in mm	120	160	200	260	350
1.2.1.2	zugehöriger Mindestachsabstand u in mm	34	34	34	46	40
1.2.2	Stützenlänge max. l_{col}					
1.2.2.1	Mindestdicke h in mm	120	180	270	300	400
1.2.2.2	zugehöriger Mindestachsabstand u in mm	34	37	34	40	46
1.3	Ausnutzungsfaktor α_1 = 0,7					
1.3.1	Stützenlänge min. l_{col}					
1.3.1.1	Mindestdicke h in mm	120	190	250	320	440
1.3.1.2	zugehöriger Mindestachsabstand u in mm	34	34	37	40	46
1.3.2	Stützenlänge max. l_{col}					
1.3.2.1	Mindestdicke h in mm	120	250	320	360	490
1.3.2.2	zugehöriger Mindestachsabstand u in mm	34	37	40	46	46
2	Mindestquerschnittsabmessungen unbekleideter Stahlbetonstützen mit max. l_{col} **bei einseitiger Brandbeanspruchung** bei einem Ausnutzungsfaktor α_1 = 0,7					
2.1	Mindestdicke h in mm	120	120	190	200	220
2.2	zugehöriger Mindestachsabstand u in mm	34	34	34	34	37

1) Es gelten die neue in der Muster-Liste der Technischen Baubestimmungen – Fassung Februar 2007 – Anlage 3.1/10 geänderte Tabelle 31 sowie die in Anlage 3.1/10 aufgeführten Änderungen und Ergänzungen zu DIN 4102-4 Abschnitt 3.13.
2) [nb] aus nichtbrennbaren Baustoffen

2.2 Verbundstützen

DIN 4102-4

Abschnitt 7.3 Tabellen 105 bis 108 in Verbindung mit DIN 4102-4/A1 und DIN 4102-22

Anwendungsbereich, Ausnutzungsfaktor und Randbedingungen siehe DIN 4102-22, Abschnitt 9.2 und 9.3

Feuerwiderstandsklassen F 30-A bis F 180-A

Die Angaben der DIN 4102-4 gelten für Verbundstütze mit vierseitiger Brandbeanspruchung. Es wird zwischen folgenden Bauarten unterschieden:

ⓐ Verbundstützen aus betongefüllten Hohlprofilen nach DIN 18808 Tabelle 105

ⓑ Verbundstützen aus vollständig einbetonierten Stahlprofilen nach DIN 18806-1 Tabelle 106

ⓒ Verbundstützen aus Stahlprofilen mit ausbetonierten Seitenteilen nach DIN 18806-1 Tabellen 107 und 108

d = Mindestdicke
b = Mindestbreite
D = Mindestdurchmesser
u = zugehöriger Mindestachsabstand der Längsbewehrung in mm
c = zugehörige Mindestbetonüberdeckung des Stahlprofils
s = Stegdichte
t = Flanschdicke

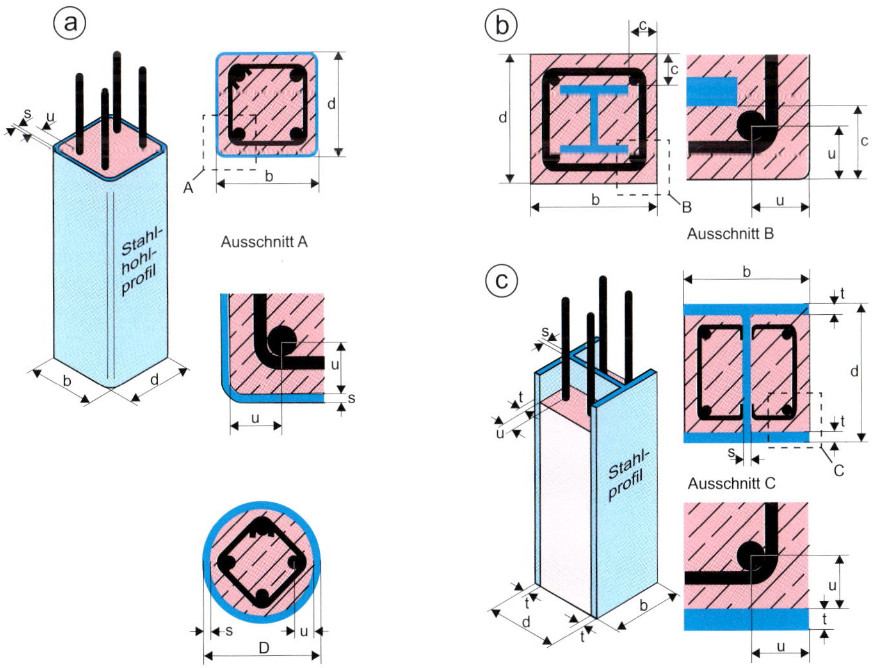

6.1.2-B Seite 4 | Tragende Wände und Stützen | Tragende Stützen

2.3 Tragende Pfeiler bzw. nichtraumabschließende Wandabschnitte aus Mauerwerk

DIN 4102-4 ▶ Abschnitt 4.5, Tabelle 41 in Verbindung mit DIN 4102-4/A1 und DIN 4102-22

Als Pfeiler oder kurze Wände aus Mauerwerk gelten Querschnitte, die aus einem oder mehreren ungetrennten Steinen oder aus getrennten Steinen mit einem Lochanteil < 35 % bestehen und nicht durch Schlitze oder Aussparungen geschwächt sind oder deren Querschnittsfläche < 0,10 m² ist.
Gemauerte Querschnitte, deren Flächen < 0,04 m² sind, sind als tragende Teile unzulässig (siehe auch DIN 1053-1:1996-11 Punkt 6.9.1).

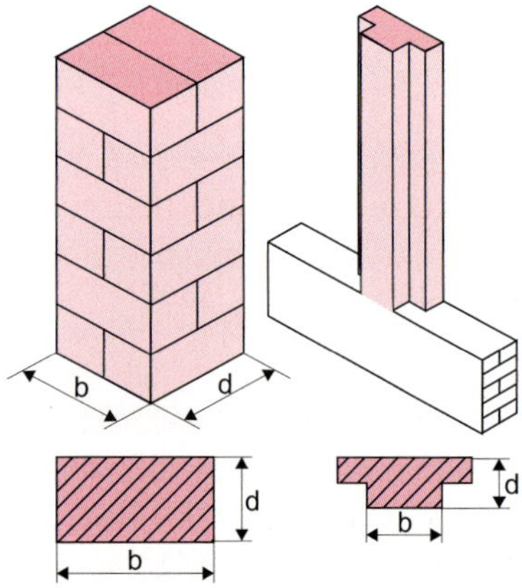

Bes. Nachweis ▶ **Prüfzeugnis bzw. Zulassung**

Ausführung nach Prüfzeugnis bzw. Zulassung

DIN 4102-4 ▶ **Beispiele für Mindestdicken d und Mindestbreiten b in mm**

Die ()- Werte gelten für Pfeiler mit allseitigem Putz nach DIN 4102-4 Abschnitt 4.5.2.10.
Der Putz kann ein- oder mehrseitig durch eine Verblendung ersetzt werden.

			Mindestbreite b (mm)		
d = Mindestdicke, α_2 = Ausnutzungsfaktor	α_2	d (mm)	F 30-A	F 60-A	F 90-A
Porensteine nach DIN V 4165 (Plansteine und Planelemente)[10] Rohdichteklasse ≥ 0,4 Verwendung von Dünnbettmörtel	$\alpha_2 = 0{,}6$	175	365	365	490
		200	240	365	365
		240	240	240	300
		300	240	240	240
		365	175	175	240
	$\alpha_2 = 1{,}0$	175	490	490	–[8]
		200	365	490	–[8]
		240	300	365	615
		300	240	300	490
		365	240	240	365
Hohlblöcke aus Leichtbeton (DIN V 18151), Vollsteine und Vollblöcke aus Leichtbeton (DIN V 18152), Mauersteine aus Beton (DIN 18153), Rohdichteklasse ≥ 0,5 Verwendung von Normalmörtel und Leichtmörtel	$\alpha_2 = 0{,}6$	175	240	365	490
		240	175	240	300
		300	190	240	240
	$\alpha_2 = 1{,}0$	175	365	490	–[8]
		240	240	300	365
		300	240	240	300

DIN 4102-4 Beispiele für Mindestdicken d und Mindestbreiten b in mm (Fortsetzung)

Die ()- Werte gelten für Pfeiler mit allseitigem Putz nach DIN 4102-4 Abschnitt 4.5.2.10.
Der Putz kann ein- oder mehrseitig durch eine Verblendung ersetzt werden.

			Mindestbreite b (mm)		
d = Mindestdicke, α_2 = Ausnutzungsfaktor	α_2	d (mm)	F 30-A	F 60-A	F 90-A
Mauerziegel (DIN 105-1), Voll- und Hochlochziegel Lochung: Mz, HLz A, HLz B Verwendung von Normalmörtel Es gelten auch die ()- Werte der folgenden acht Zeilen	$\alpha_2 = 0{,}6$	115	615[5)]	730[5)]	990[5)]
		175	490	615	730[5)]
		240	200	240	300
		300	200	200	240
	$\alpha_2 = 1{,}0$[4)]	115	990[5)]	990[5)]	–[8)]
		175	615	730	990[5)]
		240	365	490	615
		300	300	365	490
Mauerziegel (DIN V 105-2 und DIN V 105-6[10)]) Lochung A und B, Rohdichteklasse ≥ 0,8 Verwendung von Normalmörtel und Leichtmörtel	$\alpha_2 = 0{,}6$[11)]	115	(365)	(490)	(615)
		175	(240)	(240)	(240)
		240	(175)	(175)	(175)
		300	(175)	(175)	(175)
	$\alpha_2 = 1{,}0$	115	(490)	(615)	(730)
		175	(240)	(240)	(365)
		240	(175)	(175)	(240)
		300	(175)	(175)	(200)
Mauerziegel (DIN V 105-2), Leichthochlochziegel W, Rohdichteklasse ≥ 0,8 Verwendung von Normalmörtel, Leichtmörtel	$\alpha_2 = 0{,}6$	240	(240)	(240)	(240)
		300	(175)	(175)	(175)
		365	(175)	(175)	(175)
	$\alpha_2 = 1{,}0$	240	(240)	(240)	(300)
		300	(240)	(240)	(240)
		365	(240)	(240)	(240)
Kalksandsteinmauerwerk (DIN V 106-1), Voll-, Loch-, Block-, Hohlblock-, Plansteine, Planelemente[10)] und Bauplatten) (DIN V 106-2) Vormauersteine und Verblender, Verwendung von Normalmörtel und Dünnbettmörtel	$\alpha_2 = 0{,}6$	115	365	490	(615)
		150	300	300	300
		175	240	240	240
		240	175	175	175
	$\alpha_2 = 1{,}0$[4)]	115	(365)	(490)	(730)
		150	300	300	300
		175	240	240	300[6) 7)]
		240	175	175	240

4) Bei 3,0 N/mm² < vorh. σ ≤ 4,5 N/mm² gelten die Werte nur für Mauerwerk aus Voll-, Block-, und Planziegeln.
5) Nur bei Verwendung von Vollziegeln
6) Bei $h_k/d \leq 10$ darf b = 240 mm betragen.
7) Bei Verwendung von Dünnbettmörtel $h_k/d \leq 15$ und vorh. σ ≤ 3,0 N/mm² darf b = 240 mm betragen.
8) Die Mindestbreite ist b > 1,0 m; Bemessung bei Außenwänden daher als raumabschließende Wand nach Tabelle 39 DIN 4102-4 – sonst als nicht raumabschließende Wand nach Tabelle 40 DIN 4102-4.
10) Bemessung nach allgemeiner bauaufsichtlicher Zulassung
11) Zusätzlich auch unter Verwendung von Dünnbettmörtel

6.1.2-B Seite 6	Tragende Wände und Stützen	Tragende Stützen

2.4 Unbekleidete Stützen und Balken aus Vollholz (Nadelholz)

DIN 4102-4

Abschnitte 5.5, 5.6 in Verbindung mit DIN 4102-4/A1 und DIN 4102-22

Ausführung und Bemessung nach DIN 4102-4/A1 Abschnitt 3.4 sowie DIN 4102-22 Abschnitt 6

Feuerwiderstandsklassen F 30-B bis F 60-B
Achtung: F 60-B ist nicht gleich **hochfeuerhemmend.**
(Ausführung von hochfeuerhemmenden Stützen siehe Kapitel 8.20).

Dreiseitige Brandbeanspruchung

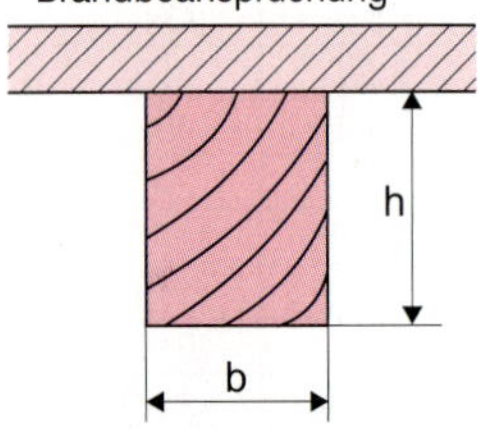

Vierseitige Brandbeanspruchung

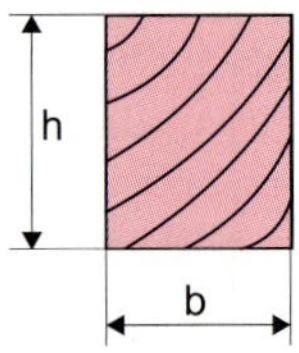

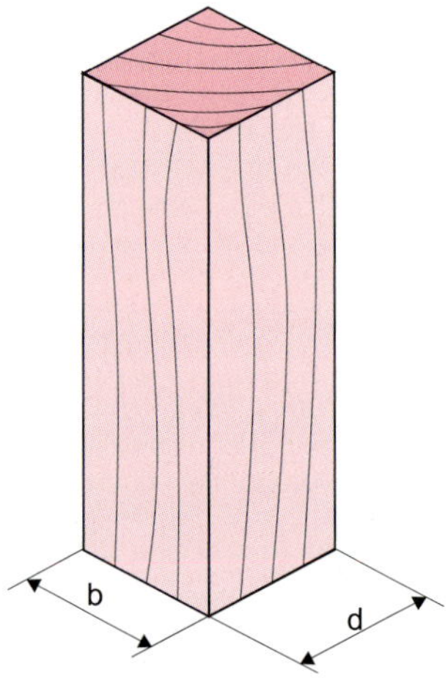

b = Mindestbreite
h = Mindesthöhe
d = Mindestdicke

2.5 Unbekleidete Stützen und Balken aus Brettschichtholz (Nadelholz)

DIN 4102-4

Abschnitte 5.5, 5.6 in Verbindung mit DIN 4102-4/A1 und 4102-22

Ausführung und Bemessung nach DIN 4102-4/A1 Abschnitt 3.4 sowie DIN 4102-22 Abschnitt 6

Feuerwiderstandsklassen F 30-B bis F 60-B
Achtung: F 60-B ist nicht gleich **hochfeuerhemmend.**
(Ausführung von hochfeuerhemmenden Stützen siehe Kapitel 8.20).

Dreiseitige Brandbeanspruchung

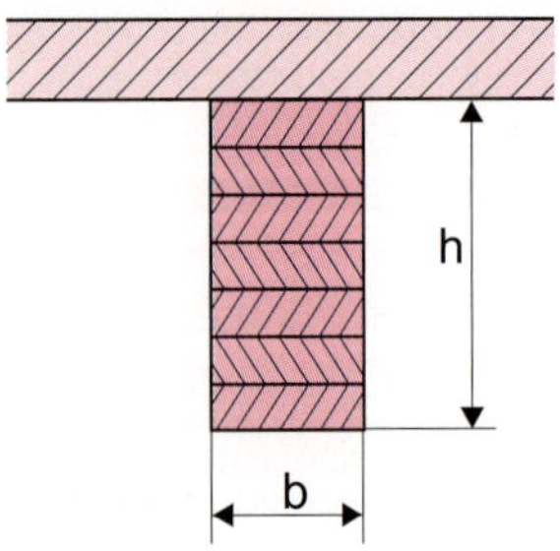

Vierseitige Brandbeanspruchung

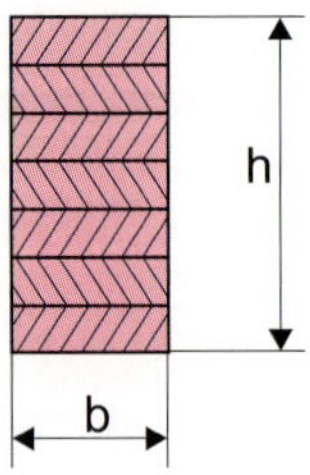

2.6 Bekleidete Balken, Stützen und Zugglieder aus Voll- oder Brettschichtholz

DIN 4102-4 ▶ **Abschnitt 5.5.3 Tabelle 84 in Verbindung mit DIN 4102-4/A1 und DIN 4102-22**

Achtung: F 60-B ist nicht gleich **hochfeuerhemmend**.
(Ausführung von hochfeuerhemmenden Stützen siehe Kapitel 8.20).

Die bekleideten Holzbauteile müssen unabhängig von der Spannungsausnutzung und der Holzart die in den Skizzen 1 bis 3 angebenen Bekleidungsdicken besitzen.

Einlagige Bekleidung (DIN 4102-4) | Zweilagige Bekleidung (DIN 4102-4)

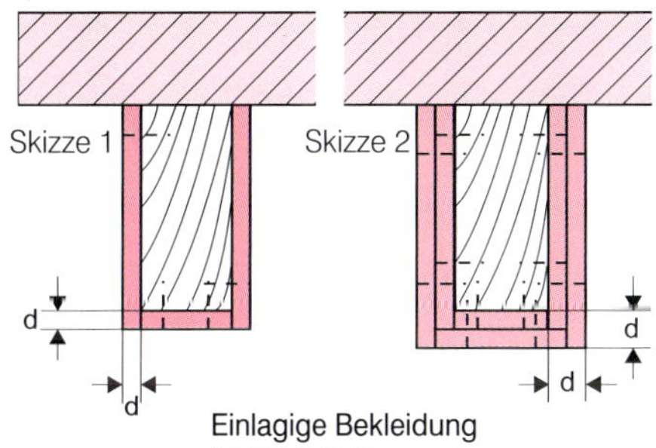

Einlagige Bekleidung (DIN 4102-4)

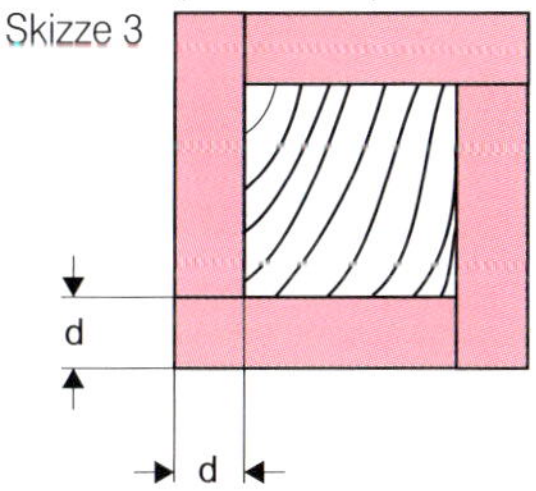

Bes. Nachweis ▶ **Prüfzeugnis**

Feuerwiderstandsklasse F 30-B bis F 90-B

Plattenmaterial, Plattendicke und Ausführung je nach Feuerwiderstandsklasse und Prüfzeugnis

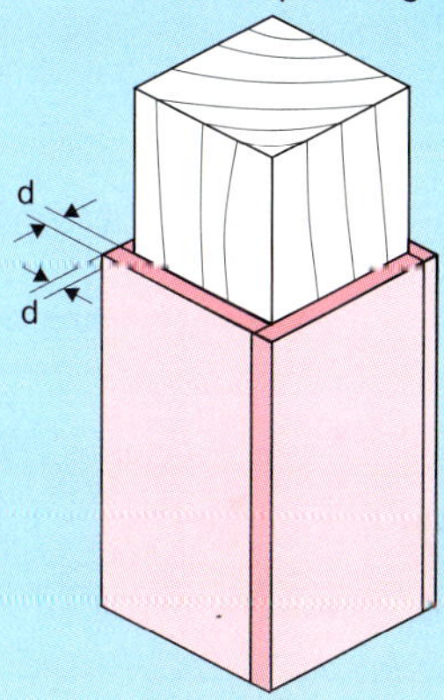

d = Mindestdicke der Bekleidung

DIN 4102-4 ▶ **Mindestdicken d der Bekleidungen (in mm)**

Holzbauteile, dreiseitige Brandbeanspruchung (Skizzen 1 und 2)		
Mindestdicke d der Bekleidung bei Verwendung von:	F 30-B	F 60-B
• Gipskarton-Feuerschutzplatten (GKF DIN 18180)	d = 12,5 mm	d = 2 x 12,5 mm
• Sperrholz nach DIN 68705-3[1)]	d = 19 mm	–
• Sperrholz nach DIN 68705-5[1)]	d = 15 mm	–
• Spanplatten nach DIN 68763[1)]	d = 19 mm	–
• gespundeten Brettern aus Nadelholz (DIN 4072)	d = 24 mm	–
Stützen, vierseitige Brandbeanspruchung (Skizze 3)		
• Wandbauplatten aus Gips mit Rohdichten ≥ 0,6 kg/dm³	d = 50 mm	d = 50 mm

1) Bei Holzwerkstoffplatten der Baustoffklasse B 1 darf die Mindestdicke um 10 % verringert werden.

6.1.2-B Seite 8 | Tragende Wände und Stützen | Tragende Stützen

2.7 Brandschutzbeschichtung von Holz[1])

DIN 4102-4 ▶ In DIN 4102-4 in Verbindung mit DIN 4102-4/A1 und DIN 4102-22 nicht klassifiziert

Als Verwendbarkeitsnachweis ist deshalb immer eine Zulassung bzw. (nur im Ausnahmefall) eine Zustimmung im Einzelfall erforderlich.

[1]) Hinweis: Mit Brandschutz-Beschichtungssystemen kann bei Holzstützen und -balken nicht eine bestimmte Feuerwiderstandsklasse, sondern ein anderes Brandverhalten des Baustoffes erreicht werden. Eine Holzstütze wird also nicht (als Bauteil) feuerhemmend, sondern (als Baustoff) schwerentflammbar (= Baustoffklasse B 1).

Bes. Nachweis ▶ Zulassung

Baustoffklasse B 1
Ausführung nach Zulassung

Vierseitige Brandbeanspruchung

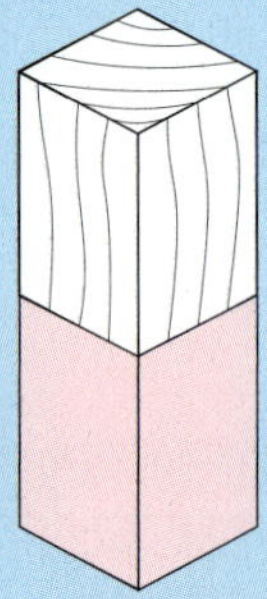

2.8 Übersicht: Brandschutzmaßnahmen an Holzstützen und -balken

	Unbekleidete Stützen und Balken		Bekleidete Stützen und Balken		Brandschutzbeschichtung von Holz
	Vollholz aus Nadelholz	Brettschichtholz aus Nadelholz	Voll- oder Brettschichtholz aus Nadelholz		
Feuerwiderstandsklasse	F 30-B	F 30-B F 60-B	F 30-B F 60-B	F 30-B F 60-B F 90-B	B 1[1)]
Ausführung nach folgendem Verwendbarkeitkeitsnachweis	DIN 4102-4[2)] (5.5 und 5.6)	DIN 4102-4[2)] (5.5 und 5.6)	DIN 4102-4[2)] (5.5.3)	Allgemeines bauaufsichtliches Prüfzeugnis	Allgemeine bauaufsichtliche Zulassung

[1)] Siehe auch Kapitel 6.6
[2)] In Verbindung mit DIN 4102-4/A1 und DIN 4102-22

2.9 Stahlstützen einschließlich Konsolen

DIN 4102-4 ▶ Abschnitt 6.3 Tabellen 93 bis 95 in Verbindung mit DIN 4102-4/A1 und DIN 4102-22

Feuerwiderstandsklasse F 30-A und F 180-A

Plattenbekleidungen, Putzbekleidungen, Beschichtungen

Bes. Nachweis ▶ Zulassung bzw. Prüfzeugnis (je nach Maßnahme)

Feuerwiderstandsklasse F 30-A bis F 180-A,
Ausführung nach Verwendbarkeitsnachweis

6.2 Raumabschließende Wände

6.2.0 Grundsätzliche Anforderungen an den Raumabschluss

Dipl.-Ing. (FH) Josef Mayr

Inhalt

1 Einführung
2 Planung
3 Stabilität der raumabschließenden Bauteile im Brandfall
4 Räumliche Trennung = Brandschutz durch Abstand
5 Bauliche Trennung = Brandschutz durch Abschottung
5.1 Komplextrennung und Komplextrennwand
5.2 Brandabschnitt und Brandwand nach den Landesbauordnungen
5.3 Brandwand nach den VdS-Regelwerken
5.4 Feuerbeständige Abtrennung
6 Sicherung von Öffnungen
7 Bewertung durch die Schadenversicherer
8 Erfüllung der Anforderungen und Verwendbarkeitsnachweis für die Bauaufsicht
9 Verantwortung der am Bau Beteiligten
10 Literaturhinweise

6.2.0 Grundsätzliche Anforderungen an den Raumabschluss

1 Einführung

Das Abschottungsprinzip ist die älteste und zugleich auch eine der wirksamsten Maßnahmen des vorbeugenden baulichen Brandschutzes. Durch die Anordnung von *feuerfesten Mauern* in enger Bebauung versuchte man schon frühzeitig, einen Brand auf einen möglichst kleinen Raum zu beschränken. So verfügte z.B. Kaiser Ludwig der Bayer im Jahre 1342 nach einem großen Stadtbrand in München im Einverständnis mit dem Stadtrat, dass neue Häuser künftig aus Steinen gebaut und mit Ziegeln gedeckt werden sollten [1].

Aufbauend auf jahrhundertelangen positiven Erfahrungen mit diesen Maßnahmen finden wir heute in allen Landesbauordnungen [2] mit ihren ergänzenden Rechtsverordnungen und Verwaltungsvorschriften, den DIN-Normen sowie in den VdS-Regelwerken [3] konkrete Forderungen zur Bildung von

- Abständen und Abstandsflächen
- räumlichen Komplex- und Brandabschnittstrennungen
- Komplextrennwänden
- Brandwänden
- Gebäudeabschlusswänden zu anderen Gebäuden oder zur Grundstücksgrenze
- Brandbekämpfungsabschnittstrennwänden
- feuerbeständigen Wänden in der Bauart von Brandwänden
- Wohnungstrennwänden
- Trennwänden zwischen Räumen mit unterschiedlicher Brandgefahr
- Treppenraumwänden
- Trennwänden zu Fluren und Fluchtwegen
- feuerbeständigen Wänden und Decken
- feuerhemmenden Wänden und Decken.

Diese raumabschließenden Wände (und Decken) verhindern für die Dauer ihrer Feuerwiderstandsfähigkeit eine Ausbreitung von Feuer und Rauch und ermöglichen deshalb je nach Schutzzielen und Brandschutzkonzept eine Begrenzung des Entstehungsbrandes wie folgt:

a) auf den Brandentstehungsraum

b) auf einen Abschnitt, Brandabschnitt bzw. Brandbekämpfungsabschnitt innerhalb des betroffenen Gebäudes

c) auf das betroffene Gebäude

d) auf den betroffenen Komplex.

Außerdem müssen die raumabschließenden Wände und Decken den Brandbereich (Gefahrenbereich) von den Flucht- und Rettungswegen mindestens so lange Zeit zuverlässig abgrenzen, wie für die Selbstrettung der Nutzer bzw. die Rettung durch Rettungsmannschaften benötigt wird.

Die tägliche Schadenerfahrung zeigt deutlich, dass diese abschottenden Maßnahmen wesentlich dazu beitragen, die Brandausbreitung in andere Abschnitte zu verhindern und damit den Schaden zu begrenzen. Je nachdem, wie das Gesamt-Brandschutzkonzept aufgebaut ist und wie konsequent und mangelfrei es in die Praxis umgesetzt wurde, brennt im Ernstfall entweder nur ein kleiner begrenzter Bereich (a) oder aber der ganze Gebäudekomplex (d) ab.

Das Abschottungsprinzip kann jedoch nur wirksam sein, wenn die Abstände nicht mit brennbaren Stoffen überbrückt werden bzw. die abschottenden Wände und Decken keine Schwachstellen aufweisen und eine ausreichend lange Feuerwiderstandsdauer besitzen. Bei den nach den VdS-Regelwerken [3] erstellten Komplextrennwänden, nach den Landesbauordnungen und DIN 4102 ausgeführten Brandwänden sowie sonstigen feuerwiderstandsfähigen Wänden und Decken (feuerbeständig oder feuerhemmend) gibt es bezüglich der Standsicherheit und Feuerwiderstandsdauer der Bauteile selbst in der Regel nur wenig Probleme. Schwierigkeiten bereiten jedoch insbesondere

- die An- und Abschlüsse
- die richtige Ausführung im Dachanschlussbereich
- die Sicherung der für die Nutzung des Gebäudes notwendigen Öffnungen und Durchdringungen (siehe auch Kapitel 6.8 bis 6.12).

Die spätere Wirksamkeit des Abschottungsprinzips hängt direkt mit der Lage, Anordnung und Gliederung von baulichen Anlagen auf dem Grundstück zusammen. Eine frühzeitige Abstimmung der Planung auf die Belange des vorbeugenden Brandschutzes führt deshalb in den meisten Fällen zu einem besseren vorbeugenden Brandschutz bei gleichzeitiger Zeit- und Kosteneinsparung.

2 Planung

Bereits in der Vorplanungsphase sollte untersucht werden, in welchem Umfang der vorbeugende Brandschutz in die Überlegungen mit einbezogen werden kann oder muss. Dabei sind z.B. folgende Faktoren zu berücksichtigen:

- gesetzliche und behördliche Bestimmungen – diese regeln, welche öffentlich-rechtlichen Anforderungen gestellt werden, um die öffentliche Sicherheit und Ordnung, insbesondere Leben und Gesundheit, und die natürlichen Lebensgrundlagen nicht zu gefährden.
- sicherheitstechnische Überlegungen, z.B. zur Risikominimierung oder zum Schutz der Produktion = Firmenschutz
- firmenpolitische Überlegungen, z.B. besonderes Sicherheitsprofil der Firma durch erhöhten Brand- und Umweltschutz
- planungstechnische Überlegungen, z.B. Berücksichtigung späterer Nutzungsänderungen
- versicherungstechnische Überlegungen, z.B. um Rabatte bei der Feuerversicherung zu erhalten.

Werden größere Neu- und Umbaumaßnahmen durchgeführt, empfiehlt es sich immer, bereits zu einem sehr frühen Zeitpunkt ein Brandschutzkonzept zu erstellen und diese Punkte bei den Planungsüberlegungen zu berücksichtigen. Gerade in der Vorplanungsphase können dadurch – oft sogar ohne größere Schwierigkeiten und Mehrkosten – vorbeugende bauliche Brandschutzmaßnahmen mit verwirklicht werden.

Je später der vorbeugende bauliche Brandschutz berücksichtigt wird, umso teurer wird er. Stellt sich z.B. erst in der Plangenehmigungs-, Ausführungs- oder Versicherungsphase heraus, dass bauliche Maßnahmen, wie die feuerwiderstandsfähige Ausführung der Tragkonstruktion, Brandwände oder feuerbeständige Wände und Decken, erforderlich sind, kann dies zu einem so späten Zeitpunkt sehr unangenehme Konsequenzen sowohl vom zeitlichen Ablauf als auch von der finanziellen Seite haben.

Oft ist es zu einem fortgeschrittenen Planungszeitpunkt auch nicht mehr möglich, brandschutztechnische Versäumnisse bzw. Fehler zu korrigieren. Oder die erforderlichen Änderungen bzw. Ersatzmaßnahmen sind dann nur mit einem höheren Kostenaufwand realisierbar. Abgesehen von den ungünstigeren Kosten- und Zeitfaktoren führt dies auch häufig zu schlechteren Ergebnissen. Mit anderen Worten: Bei frühzeitiger Berücksichtigung wäre mit dem gleichen Zeit- und Kostenaufwand ein wesentlich besserer baulicher Brandschutz zu erzielen gewesen.

Dies gilt analog auch für die Feuerversicherung. Hier empfiehlt es sich ebenfalls, schon frühzeitig Kontakt zum Feuerversicherer aufzunehmen, da z.B. Bauart, Brandschutzabstände, bauliche Trennungen oder anlagentechnische Brandschutzmaßnahmen die Höhe der zukünftigen Versicherungsprämie wesentlich beeinflussen können. Eine rechtzeitige Berücksichtigung dieser Umstände kann ohne unnötige Mehrkosten neben einer wirtschaftlichen und brandsicheren Bauweise zu erheblichen Einsparungen in der Feuerversicherung führen. Weitere Informationen hierzu enthält Kapitel 10.

Zusammenfassend gilt, dass bei einer frühzeitigen und konsequenten Berücksichtigung der auf die Gebäudenutzung abgestimmten Schutzziele ein besserer vorbeugender Brandschutz bei gleichzeitig reduziertem Zeit- und Kostenaufwand erzielt werden kann.

3 Stabilität der raumabschließenden Bauteile im Brandfall

Raumabschließende Wände und Decken müssen für die Dauer ihrer Feuerwiderstandsfähigkeit standsicher sein. Deshalb sind bei ihrer Planung, Berechnung und Ausführung auch die möglichen Auswirkungen eines Brandes auf die Gesamtstabilität des Bauwerks zu berücksichtigen (siehe auch Kapitel 6.1.0, Punkt 3). Wird z.B. an eine Trennwand das Schutzziel *raumabschließend* für 90 Minuten (= feuerbeständig) gestellt, sind auch die aussteifenden und angrenzenden Bauteile so auszuführen, dass die Standsicherheit der Wand im Brandfall für 90 Minuten gewährleistet ist.

Für Brandwände nach DIN 4102-4 und Komplextrennwände nach den VdS-Regelwerken bestehen bezüglich der Stoßbeanspruchung besondere Anforderungen (siehe Kapitel 6.2.2 und 6.2.3).

Beispiel

Bei der Planung, Berechnung und Ausführung von raumabschließenden Wänden sind auch die aussteifenden Bauteile mit einzubeziehen. Fehlende Aussteifungen (z.B. fehlende Ringanker), unzureichende Anschlüsse an aussteifende Bauteile sowie nicht ausreichend feuerwiderstandsfähige Aussteifungen können einen zu frühen Einsturz bzw. ein Versagen des Raumabschlusses zur Folge haben (siehe Teil S in diesem Kapitel, Bilder 4–6).

4 Räumliche Trennung = Brandschutz durch Abstand

Eine Verbesserung des Brandschutzes kann allein schon durch die Anordnung ausreichender Abstände erreicht werden. Deshalb sollte diese Möglichkeit, durch Abstand Brandschutz zu realisieren, bei der Planung grundsätzlich immer mit berücksichtigt werden.

Außerdem wird *Brandschutz durch Abstand* nicht nur von der Bauaufsicht, sondern auch vom Gebäudeversicherer positiv bewertet und zum Teil auch gefordert. Zudem kann eine räumliche Komplextrennung helfen, beachtliche Prämien bei der Industrie-Feuerversicherung einzusparen; dabei kostet sie – wenn genug Platz zur Verfügung steht – keinen Cent mehr. Obendrein wird dadurch auch die Brandsicherheit eines Gebäudes wesentlich verbessert.

Weitere Informationen zur räumlichen Trennung und zu Abstandsflächen enthält Kapitel 7.2.

5 Bauliche Trennung = Brandschutz durch Abschottung

Grundsätzlich gilt, dass Abstände bevorzugt als Brandschutzmaßnahme eingesetzt werden sollten. Leider lassen sich jedoch, z.B. wegen der Baulandknappheit oder der Struktur moderner Fertigungsbetriebe, die aus Brandschutzgründen wünschenswerten Abstände zwischen den Gebäuden nicht immer einhalten.

In diesem Fall bietet die bauliche Trennung, z.B. durch Komplextrennwände, Brandwände, Brandbekämpfungsabschnittstrennwände oder feuerbeständige Wände und Decken, eine wirkungsvolle Möglichkeit, den erforderlichen vorbeugenden baulichen Brandschutz zu erreichen.

5.1 Komplextrennung und Komplextrennwand

Mit der Erfüllung der gesetzlich vorgeschriebenen Bestimmungen wie der Ausführung von Brandwänden nach Punkt 5.2 wird ein Mindest-Brandschutz erreicht, der den öffentlich-rechtlichen Anforderungen genügt.

Versicherungs- und sicherheitstechnische Überlegungen (siehe Kapitel 10) können z.B. bei Industrie- und Gewerbebauten dazu führen, mehr als den gesetzlich vorgeschriebenen Mindestbrandschutz auszuführen. Dies kann durch eine räumliche oder bauliche Komplextrennung geschehen.

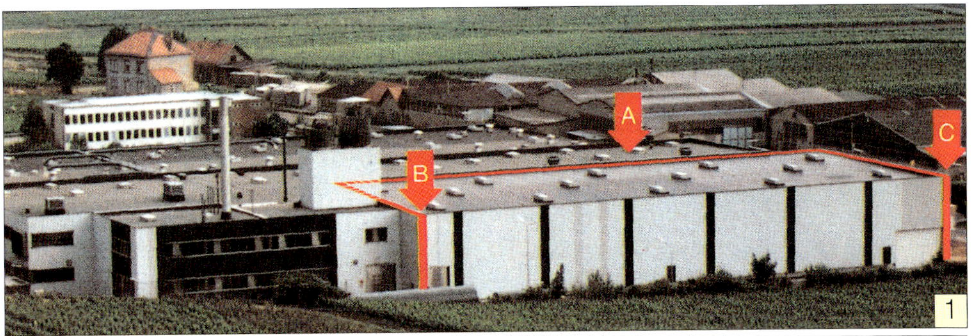

1 und 2 Ein gutes Beispiel für die Funktion des Abschottungsprinzips: Die Brandwand zwischen Wellpappenfabrik und Lager hielt stand. So wurde nur das Lager zerstört. Die große Produktionshalle mit den wertvollen Maschinen konnte gerettet werden (weitere Bilder siehe unter 6.2.2-S und 6.5.1-S).

3 und 4 Durch die fehlende Brandwand konnte der Brand auch auf das Wohngebäude übergreifen und dort großen Schaden anrichten. (Fotos: Freiwillige Feuerwehr Füssen)

Ist eine **räumliche Komplextrennung** nicht möglich, kann als gleichwertige Maßnahme eine Trennung durch Komplextrennwände, eine **bauliche Komplextrennung** ausgeführt werden.

Nach den VdS-Regelwerken [3] sind Komplextrennwände bauliche Trennungen, die Gebäude oder Gebäudegruppen in Komplexe unterteilen. Wegen ihrer besonderen brandschutz- und versicherungstechnischen Bedeutung werden an sie höhere Anforderungen als an Brandwände gestellt (siehe Kapitel 6.2.3).

5.2 Brandabschnitt und Brandwand nach den Landesbauordnungen

Für Wohngebäude, Gebäude mit vergleichbarer Nutzung und landwirtschaftliche Betriebsgebäude sind die Anforderungen an Brandabschnitte, Brandbekämpfungsabschnitte und Brandwände in der jeweiligen Landesbauordnung [2] geregelt. Das Gleiche gilt auch für das Erfordernis feuerbeständiger oder feuerhemmender Wände und Decken.

Für bauliche Anlagen und Räume besonderer Art oder Nutzung sind die entsprechenden Bestimmungen zum Teil in Rechtsverordnungen und Verwaltungsvorschriften enthalten. Dabei gilt grundsätzlich, dass bezüglich von Brandwänden oder feuerbeständigen Wänden und Decken im Einzelfall besondere Anforderungen gestellt werden können, wenn dies aus öffentlich-rechtlichen Gründen erforderlich ist. Sinngemäß können auch Erleichterungen gestattet werden, wenn es besonderer Anforderungen nicht bedarf.

Bauaufsichtliche Anforderungen an das Erfordernis und die Ausführung von Brandwänden enthält Kapitel 6.2.2.

5.3 Brandwand nach den VdS-Regelwerken

Erfüllen Brandwände nur die Anforderungen der Landesbauordnung und nicht auch die der VdS-Regelwerke [3], können dadurch z.B. bei der Industrie-Feuerversicherung Nachteile durch höhere Prämien entstehen. Aus versicherungstechnischer Sicht ist es von Bedeutung, dass die VdS-Regelwerke zum Teil höhere Anforderungen an die Ausbildung von Brandwänden stellen als die Landesbauordnungen.

5.4 Feuerbeständige Abtrennung

Neben Komplextrennwänden und Brandwänden bilden auch feuerbeständige Wände und Decken eine hervorragende Möglichkeit, baulichen Brandschutz durch das Abschottungsprinzip zu realisieren. Eine wichtige Voraussetzung für die Funktion ist jedoch zum einen, dass das Brandschutzkonzept in sich schlüssig ist, und zum anderen, dass die Wände und Decken einschließlich ihrer An- und Abschlüsse fachgerecht und den Schutzzielen entsprechend ausgebildet sind. Dabei ist besonders auf den oberen Abschluss von feuerbeständigen Trennwänden zu achten (siehe Teil S in diesem Kapitel, Bild 3 sowie Kapitel 6.2.1-B und S).

Feuerbeständige Abtrennung nach den Landesbauordnungen

Anforderungen an die feuerbeständige Ausführung von Trennwänden und Decken enthält Kapitel 6.2.1, 6.4 und 6.7.1.

Feuerbeständige Abtrennung nach den VdS-Regelwerken

Wie unter 5.3 in diesem Kapitel beschrieben, fordern die VdS-Regelwerke auch bei feuerbeständigen Abtrennungen zum Teil mehr als die Landesbauordnungen (zu genauen Anforderungen siehe [3]).

6 Sicherung von Öffnungen

Das Abschottungsprinzip kann natürlich nur wirksam sein, wenn damit eine Brandübertragung bzw. -weiterleitung vom brandbetroffenen Abschnitt in andere brandschutztechnisch abgetrennte Abschnitte zuverlässig verhindert wird. Absolute Voraussetzung dafür ist jedoch, dass die abschottenden Bauteile entweder öffnungslos oder ihre Öffnungen brandschutztechnisch ausreichend geschützt sind.

Deshalb gilt: Sind in raumabschließenden Trennungen durch

- Komplextrennwände,
- Brandwände,
- Brandbekämpfungsabschnittstrennwände,
- Treppenraumwände,
- feuerbeständige Wände und Decken,
- feuerhemmende Wände und Decken

Öffnungen z.B. für

- Türen, Tore und Luken,
- bahnengebundene Förderanlagen,
- pneumatische Förderanlagen (z.B. Spänetransportleitungen),
- Sichtverbindungen,
- elektrische Kabeldurchführungen,
- Rohrleitungen und Installationen und
- Lüftungsleitungen

erforderlich, müssen in jedem Fall Maßnahmen getroffen werden, um die Übertragung von Feuer und Rauch während der Feuerwiderstandsdauer der raumabschließenden Trennung zuverlässig zu verhindern.

Dies ist umso wichtiger, als schon kleine Schwachstellen bzw. Mängel unter Umständen zu sehr großen Schadenerhöhungen führen können.

Aus diesen Gründen wird in der Musterbauordnung und auch in den Landesbauordnungen verlangt, dass Öffnungen in abschottenden Wänden und Decken nur zulässig sind, wenn sichergestellt ist, dass die Übertragung von **Feuer und/oder Rauch** nicht möglich ist.

In äußeren Brandwänden (Brandwände zum Abschluss von Gebäuden = Gebäudeabschlusswände), bei denen die Abschlusswand bis zu 2,50 m von der Nachbargrenze errichtet wird, sind Öffnungen nicht zulässig. Öffnungen in inneren Brandwänden sind nur zulässig, wenn die Nutzung des Gebäudes dies erfordert.

Weitere Informationen zur Sicherung von Öffnungen in abschottenden Wänden und Decken enthalten die Kapitel 6.8 bis 6.12.

7 Bewertung durch die Schadenversicherer

Räumliche und bauliche Trennungen sind wesentliche Maßnahmen des vorbeugenden baulichen Brandschutzes. Komplexe werden zur Ermittlung des *wahrscheinlichen Höchstschadens* (PML) herangezogen. Die Bildung von Komplexen kann einen großen Einfluss auf die Tarifierung und damit auf die Höhe der Prämie haben. Auch Brandabschnitte bzw. feuerbeständige Abtrennungen können sich positiv auf die Höhe der Feuerversicherungsprämie auswirken. Deshalb ist eine frühzeitige Beratung durch die Schadenverhütungsexperten der Feuerversicherung empfehlenswert.

Mangelhafte räumliche oder bauliche Trennungen haben nicht nur den Nachteil, dass der vorbeugende bauliche Brandschutz nicht gewährleistet ist und im Brandfall eine wesentliche Schadenvergrößerung eintreten kann; sie können auch zu Problemen bei der Entschädigung durch die Versicherung führen.

8 Erfüllung der Anforderungen und Verwendbarkeitsnachweis für die Bauaufsicht

Siehe sinngemäß Kapitel 6.1.0, Punkte 8 und 9.

9 Verantwortung der am Bau Beteiligten

In vielen Fällen lässt sich die Entstehung von Bränden nicht verhindern. Wenn jedoch der Ernstfall eintritt, kommt der Funktion des Abschottungsprinzips eine wesentliche Bedeutung zu. Fachgerecht ausgeführte raumabschließende Wände und Decken tragen wesentlich zur Schadenbegrenzung bei. Andernfalls kann sich der Feuerschaden aber auch wesentlich erhöhen, wenn die raumabschließenden Bauteile unfachgerecht ausgeführt wurden bzw. Mängel und Schwachstellen aufweisen.

10 Literaturhinweise

[1] Bayerische Versicherungskammer, München: „Das Feuer hat zwei Gesichter“, Festgabe zum hundertfünfzigjährigen Bestehen der Bayerischen Landesbrandversicherungsanstalt 1811–1961, Seite 25

[2] Siehe z.B.: Musterbauordnung (MBO), Fassung vom November 2002, § 6 Abstandsflächen, § 29 Trennwände, § 30 Brandwände und § 31 Decken

[3] Gesamtverband der Deutschen Versicherungswirtschaft e.V. Berlin (GDV): VdS-Merkblatt 2234 „Brand- und Komplextrennwände“ sowie VdS-Druckstück 195 „Technischer Leitfaden der Feuer- und Feuerbetriebsunterbrechungs-Versicherung“, VdS-Verlag, 50735 Köln, www.vds.de

6.2 Raumabschließende Wände

6.2.1 Trennwände (tragende Wände mit raumabschließender Funktion)

Dipl.-Ing. (FH) Josef Mayr

Inhalt

Teil A Anforderungen
1 Allgemeines
2 Grundsätzliche Anforderungen der Bauordnungen

Teil B Bauausführung
1 Nationale Klassifizierung nach DIN 4102-2
2 Europäische Klassifizierung nach DIN EN 13501-2
3 Zuordnung der bauaufsichtlichen Benennungen zu den Feuerwiderstandsklassen
4 Erfüllung der bauaufsichtlichen Anforderungen
5 Verwendbarkeitsnachweis
6 Übereinstimmungsnachweis
7 Wichtiges zur Planung und Ausführung von Trennwänden
8 Wandbauarten von tragenden Wänden mit raumabschließender Funktion
8.1 Tragende Beton- und Stahlbetonwände aus Normalbeton (einseitige Brandbeanspruchung)
8.2 Tragende Wände aus Leichtbeton mit geschlossenem Gefüge nach DIN 4219-1 und 2
8.3 Tragende Wände aus Leichtbeton mit haufwerksporigem Gefüge nach DIN 4232 mit Rohdichteklasse ≥ 0,8
8.4 Tragende Wände aus bewehrtem Porenbeton

6.2.1	Raumabschließende Wände	Trennwände (tragende Wände mit raumabschließender Funktion)

8.5 Tragende Wände aus Mauerwerk und Wandbauplatten
8.6 Tragende Fachwerkwände mit ausgefüllten Gefachen
8.7 Tragende Wände mit Holztafel- und -ständerbauart
8.8 Tragende Wände F 30-B aus Vollholz-Blockbalken
8.9 Tragende Stahlfachwerk- bzw. Stahlprofil-Trennwände

6.2.1 Trennwände (tragende Wände mit raumabschließender Funktion)

Teil A Anforderungen

1 Allgemeines

Unter dem bauaufsichtlichen Begriff *Trennwände* sind *Wände mit raumabschließender Funktion* zu verstehen, also Wände, deren Schutzziel es ist, bei einem eventuellen Brand auf der einen Seite der Trennwand eine Übertragung von Feuer und Rauch auf die andere Seite der Trennwand für die Dauer der Feuerwiderstandsfähigkeit der Wand zu verhindern.

Für die Funktion des Abschottungsprinzips sind feuerwiderstandsfähige Trennwände (Wände mit raumabschließender Funktion) unverzichtbar; sie sind deshalb in den meisten Gebäuden anzutreffen.

Die bauaufsichtlichen Anforderungen an Trennwände unterscheiden zunächst nicht zwischen *tragenden* und *nichttragenden* Trennwänden. In § 29 MBO werden nur Anforderungen an die trennenden (abschottenden) Eigenschaften der Trennwände (feuerhemmend, hochfeuerhemmend und feuerbeständig) gestellt.

Aus diesen Gründen werden nachfolgend die bauaufsichtlichen Anforderungen an Trennwände (unabhängig vom Tragwerksverhalten) behandelt.

In vielen Fällen sind die Trennwände jedoch auch als *tragende Wände* in das Gebäudetragwerk integriert, so dass sie im Brandfall während der geforderten Feuerwiderstandsdauer neben dem *Raumabschluss* auch ihre tragende bzw. aussteifende = **statische Funktion** nicht verlieren dürfen.

Deshalb werden in Teil B dieses Kapitels die **tragenden Trennwände** (tragende Wände mit raumabschließender Funktion) behandelt.

Ausführungen zu nichttragenden Trennwänden (nichttragende Wände mit raumabschließender Funktion) enthält Kapitel 6.7 und tragende Wände ohne raumabschließende Funktion Kapitel 6.1.1.

2 Grundsätzliche Anforderungen der Bauordnungen

Vorbemerkungen siehe Kapitel 6.1.1-A, Punkt 2.

Bauaufsichtliches Schutzziel

Trennwände müssen als raumabschließende Bauteile von Räumen oder Nutzungseinheiten innerhalb von Geschossen ausreichend lange widerstandsfähig gegen Brandausbreitung sein.

Je nach Aufgabe und Funktion müssen Trennwände (Wände mit raumabschließender Funktion) im Brandfall besondere Anforderungen erfüllen.

6.2.1-A Seite 2	Raumabschließende Wände	Trennwände (tragende Wände mit raumabschließender Funktion)

Dabei werden in den Landesbauordnungen z.B. folgende Trennwände angesprochen:

- Trennwände zwischen Nutzungseinheiten wie
  - Büros (Architekturbüros, Rechtsanwaltskanzleien)
  - Arztpraxen
  - andere Räume gewerblicher Nutzung.

  Dazu gehören auch Trennwände zwischen Wohnungen (Wohnungstrennwände).
- Trennwände zwischen Nutzungseinheiten bzw. Wohnungen und anders genutzten Räumen, z.B. zwischen Wohnungen und fremden Nutzungseinheiten
- Trennwände zum Abschluss von Räumen mit Explosions- oder erhöhter Brandgefahr
- Trennwände zwischen Aufenthaltsräumen und anders genutzten Räumen im Kellergeschoss
- Trennwände zwischen Wohngebäuden und angebauten landwirtschaftlich genutzten Gebäuden sowie zwischen dem Wohnteil und dem landwirtschaftlich genutzten Teil eines Gebäudes, wenn der umbaute Raum des landwirtschaftlich genutzten Gebäudes oder Gebäudeteils nicht größer als 2000 m^3 ist.

Teilweise sind auch anstelle von Brandwänden feuerbeständige Trennwände zulässig. Diese werden im Kapitel 6.2.2 mitbehandelt. Trennwände in Treppenräumen und Fluren (Rettungswegen) enthalten die Kapitel 7.4 bis 7.6.

Zur Erläuterung der Systematik werden im Folgenden die grundsätzlichen Anforderungen der MBO an Trennwände tabellarisch zusammengefasst (Tabelle 2-1) und durch Systemskizzen (Bilder 2-7 bis 2-13) und Details dazu (Bilder 2-1 und 2-6) visualisiert.

Tabelle 2-1: Erforderliche Feuerwiderstandsdauer und Ausführung von Trennwänden (Wänden mit raumabschließender Funktion) nach § 29 MBO 2002 (Anforderungen der einzelnen LBOs siehe Checklisten auf der Brandschutz-Nachweis-CD.)

Anforderungen der MBO 2002 an Trennwände (Wände mit raumabschließender Funktion)						
Gebäudeklasse	GK 1 GK 2	GK 1	GK 2	GK 3	GK 4	GK 5
	Wohn-gebäude h[3]) ≤ 7 m NE ≤ 2 NE ≤ 400m²	Sonstige Gebäude[1]) freistehend h[3]) ≤ 7 m NE ≤ 2 NE ≤ 400m²	Sonstige Gebäude h[3]) ≤ 7 m NE ≤ 2 NE ≤ 400m²	Gebäude h[3]) ≤ 7 m	Gebäude h[3]) ≤ 13 m NE ≤ 400m²	Sonstige Gebäude[2])
Trennwände zwischen Nutzungseinheiten und anders genutzten Räumen, ausgenommen notwendigen Fluren						
Normalgeschosse	–	fh	fh	fh	hf	fb
Kellergeschosse[4])	–	fh	fh	fb	fb	fb
DG, wenn darüber noch AR möglich sind	–	fh	fh	fh	hf	fb
DG, wenn darüber keine AR möglich sind	–	fh	fh	fh	fh	fh
Trennwände zum Abschluss von Räumen mit Explosions- oder erhöhter Brandgefahr						
Alle Geschosse	–	fb	fb	fb	fb	fb
Ausführung der Trennwände						
Oberer Abschluss	–	Die Trennwände sind bis zur Rohdecke, im Dachraum bis unter die Dachhaut, zu führen. Werden in Dachräumen Trennwände nur bis zur Rohdecke geführt, ist diese Decke als raumabschließendes Bauteil einschließlich der sie tragenden und aussteifenden Bauteile feuerhemmend herzustellen.				
Öffnungen	–	Öffnungen sind nur zulässig, wenn sie auf die für die Nutzung erforderliche Zahl und Größe beschränkt sind; sie müssen feuerhemmende, dicht- und selbstschließende Abschlüsse haben.				

[1]) oder freistehende land- und forstwirtschaftliche Gebäude

[2]) oder unterirdische Gebäude

[3]) Höhe ist das Maß der Fußbodenoberkante des höchstgelegenen Geschosses, in dem ein Aufenthaltsraum möglich ist, über der Geländeoberfläche im Mittel.

Anmerkung: Die Definition der Geländeoberfläche ist in einigen LBOs unterschiedlich geregelt.

[4]) Trennwände zwischen Aufenthaltsräumen und anders genutzten Räumen im KG

DG = Dachgeschosse, AR = Aufenthaltsräume

6.2.1-A Seite 4	Raumabschließende Wände	Trennwände (tragende Wände mit raumabschließender Funktion)

2-1 bis 2-4 Beispiele für den Anschluss einer feuerhemmenden Trennwand an die Dachschräge

2-1/2-2 Die Trennwand ist im Dachraum bis unter die Dachhaut zu führen. Verläuft die Trennwand parallel zur Traufe, wäre die hier dargestellte Ausführung zwar theoretisch möglich, sie ist jedoch praktisch nicht bzw. nur mit großem Aufwand realisierbar. Eine wesentlich bessere Lösung ist in den Bildern 2-3 und 2-4 dargestellt.

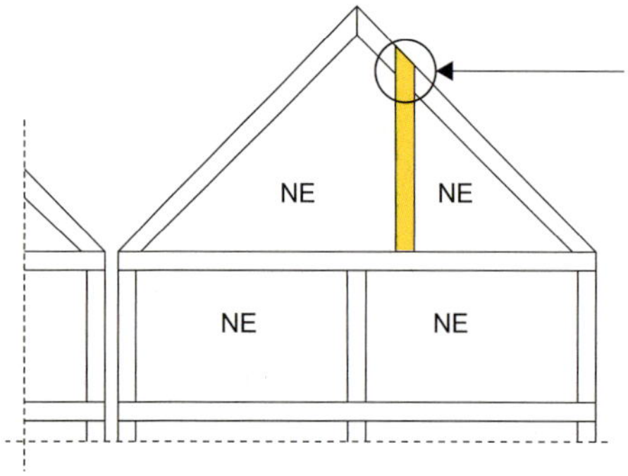

Anmerkung zur Ausführbarkeit des Details 2-2:
Der Dachanschluss ist mit vertretbarem Aufwand sowohl brandschutztechnisch als auch bauphysikalisch nicht befriedigend möglich. Mit einer Ausführung sinngemäß wie bei Brandwänden der Gebäudeklassen 2 und 3 liegt man deutlich auf der sicheren Seite. Eine empfehlenswerte und praktikable Lösung enthalten die Bilder 2-3 und 2-4.

2-3 und 2-4 Das Detail mit einer feuerhemmenden Bekleidung der Dachschräge. Die feuerhemmende Bekleidung (der feuerhemmende Dachausbau) ist zwar gemäß MBO nicht vorgeschrieben, sie ist jedoch wegen der in den Bildern 2-1 und 2-2 dargestellten Problematik eine Möglichkeit, die Anforderungen und Schutzziele der MBO einzuhalten. Allerdings muss der Anschluss der feuerhemmenden Trennwand an die feuerhemmende Bekleidung der Dachschräge gemäß dem Verwendbarkeitsnachweis der Trennwand möglich sein.

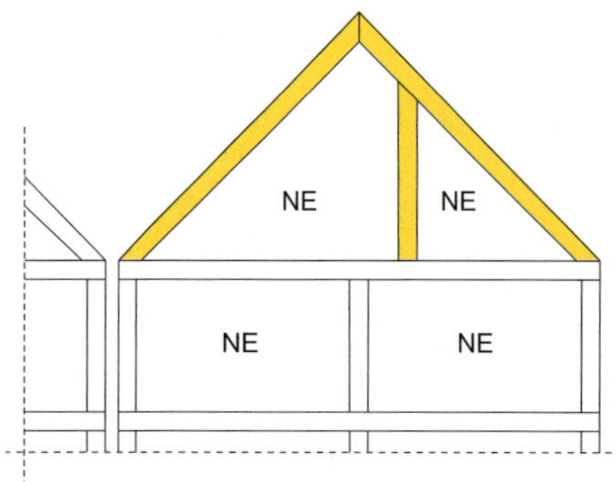

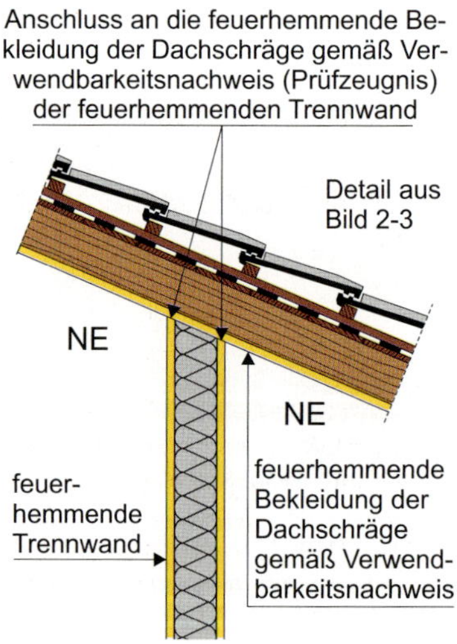

Raumabschließende Wände	Trennwände (tragende Wände mit raumabschließender Funktion)	**6.2.1-A** Seite 5

2-5 und 2-6 Beispiel für den Anschluss einer feuerhemmenden Rohdecke an die Dachschrägen (Detail zu den nachfolgenden Systemskizzen)

Wird im Dachraum die feuerhemmende Trennwand nur bis zur Rohdecke geführt, so ist diese Decke gemäß MBO 2002 als raumabschließendes Bauteil einschließlich der sie tragenden und aussteifenden Bauteile ebenfalls feuerhemmend herzustellen.

Die feuerhemmende Ausführung der Rohdecke selbst (in der Regel Kehlbalkendecke oder Holzbalkendecke) bereitet nur geringe Probleme. Dabei ist jedoch besonders darauf zu achten, dass die gesamte Ausführung einschließlich des Anschlusses der feuerhemmenden Trennwand an die feuerhemmende Rohdecke nach den jeweiligen Verwendbarkeitsnachweisen (in der Regel *allgemeine bauaufsichtliche Prüfzeugnisse*) möglich ist und auch entsprechend erfolgen muss.

Das bauaufsichtliche Schutzziel besteht darin, die raumabschließende Funktion der feuerhemmenden Trennwand zu gewährleisten, indem die feuerhemmende Rohdecke eine Übertragung von Feuer und Rauch für die Zeit ihrer Feuerwiderstandsdauer in den darüberliegenden Dachraum verhindert. Damit dies möglich wird, sind auch die tragenden und aussteifenden Bauteile der Rohdecke (in der Regel die Dachsparren der Dachschrägen) feuerhemmend herzustellen. Außerdem muss auch ihr Anschluss an die Dachschrägen entsprechend ausgeführt werden.

2-5 Als Beispiel ein Detail, in dem nur das Tragwerk der Rohdecke (also nur die Dachschrägen) feuerhemmend hergestellt wurde. In diesem Fall muss die Rohdecke oder die unterseitige feuerhemmende Bekleidung der Rohdecke möglichst weit nach außen bis zur Dachhaut geführt werden. Diese Ausführung wäre zwar theoretisch möglich, ist praktisch jedoch nicht bzw. nur mit großem Aufwand realisierbar. Eine wesentlich bessere Lösung besteht darin, den gesamten Dachausbau feuerhemmend auszuführen, also die Dachschrägen von innen feuerhemmend zu bekleiden (siehe Bild 2-6).

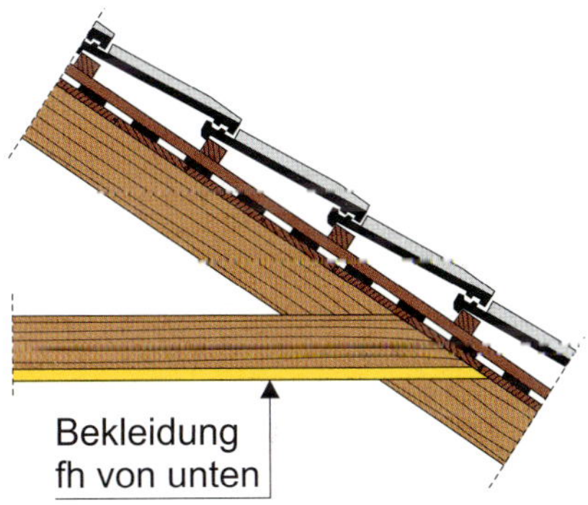

2-6 Das Detail mit einer feuerhemmenden Bekleidung der Dachschrägen. Die feuerhemmende Bekleidung (der feuerhemmende Dachausbau) ist zwar gemäß MBO nicht vorgeschrieben. Sie ist jedoch wegen der in Bild 2-5 dargestellten Problematik eine Möglichkeit, die Anforderungen und Schutzziele der MBO problemlos einzuhalten.

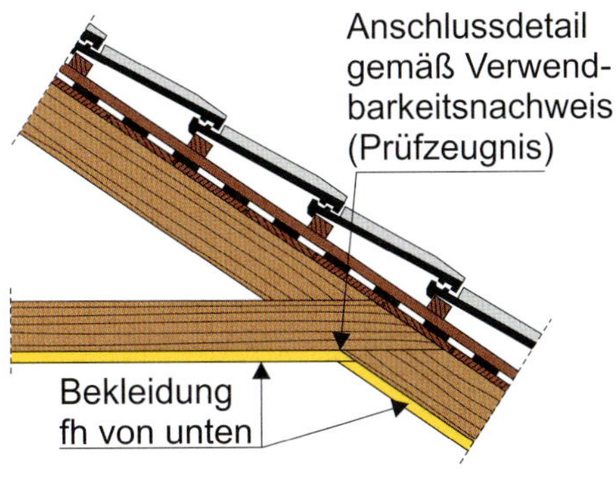

6.2.1-A Seite 6	Raumabschließende Wände	Trennwände (tragende Wände mit raumabschließender Funktion)

2-7 Gebäudeklasse 1 a – freistehende Wohngebäude

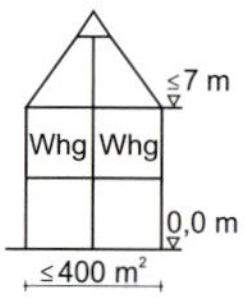

Gebäudeklasse 1 a
freistehende Wohngebäude

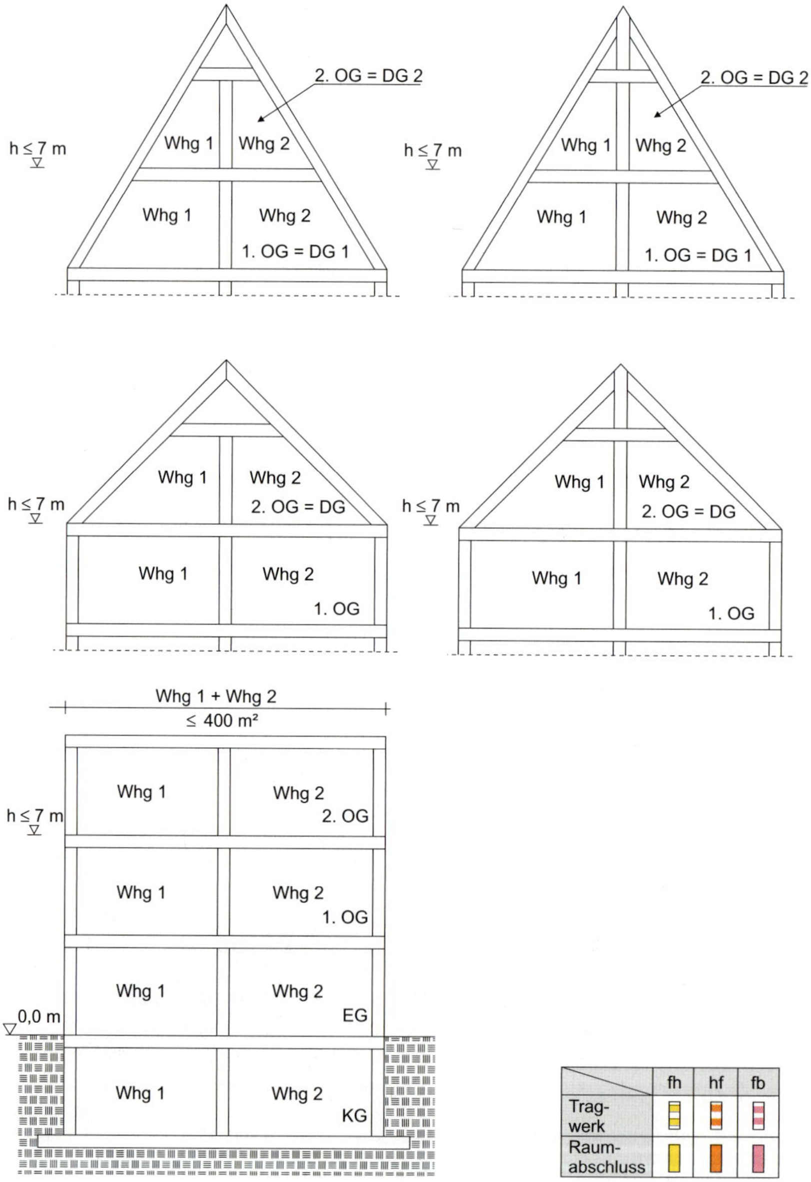

	fh	hf	fb
Tragwerk			
Raumabschluss			

Raumabschließende Wände	Trennwände (tragende Wände mit raumabschließender Funktion)	**6.2.1-A** Seite 7

2-8 Gebäudeklasse 1 a – sonstige und gemischt genutzte freistehende Gebäude

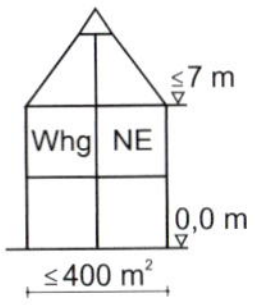

Gebäudeklasse 1 a
sonstige und gemischt
genutzte freistehende Gebäude

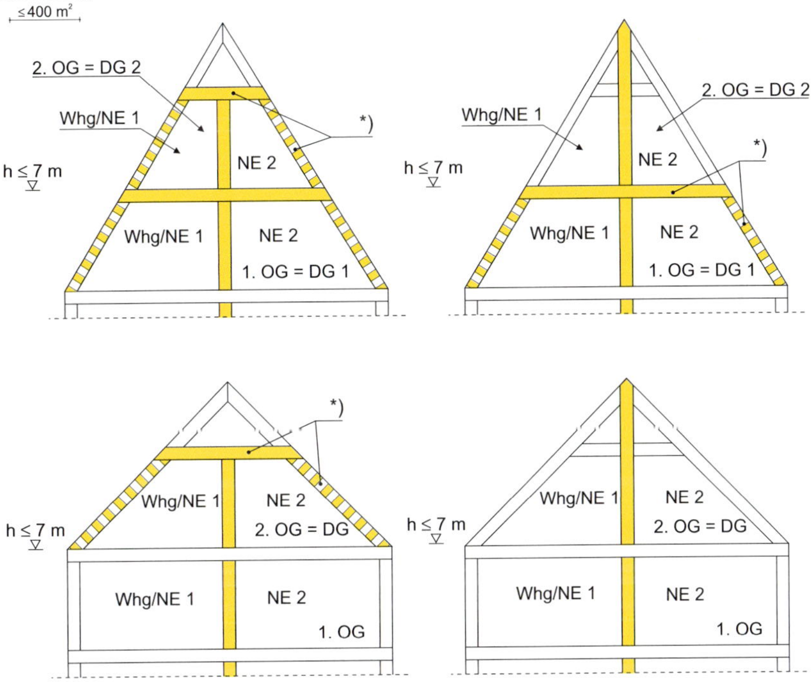

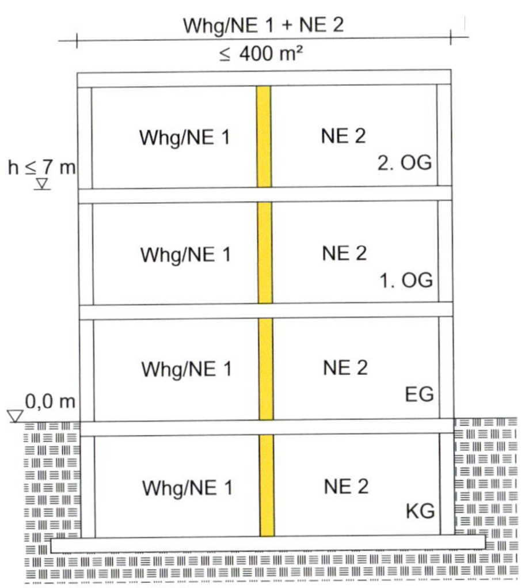

*) Anforderung ergibt sich durch oberen An- bzw. Abschluss der feuerwiderstandsfähigen Trennwand an die Decke (§ 29 (4) MBO 2002).

	fh	hf	fb
Tragwerk			
Raumabschluss			

6.2.1-A Raumabschließende Wände — Trennwände (tragende Wände mit raumabschließender Funktion)

2-9 Gebäudeklasse 2 – Wohngebäude

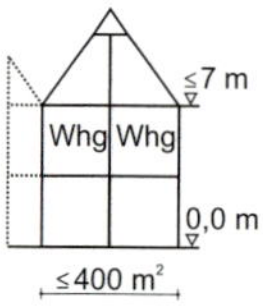

Gebäudeklasse 2
Wohngebäude

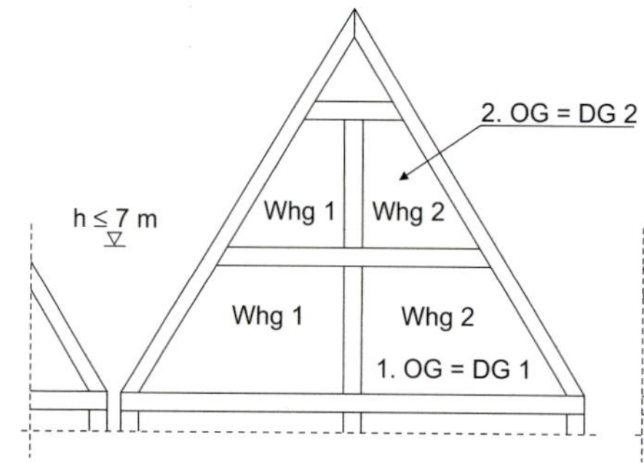

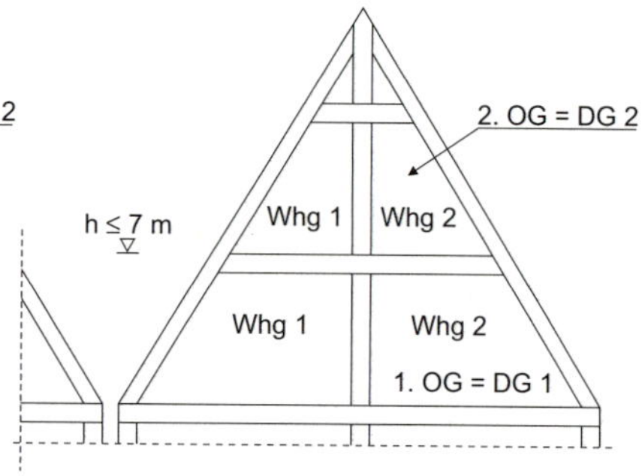

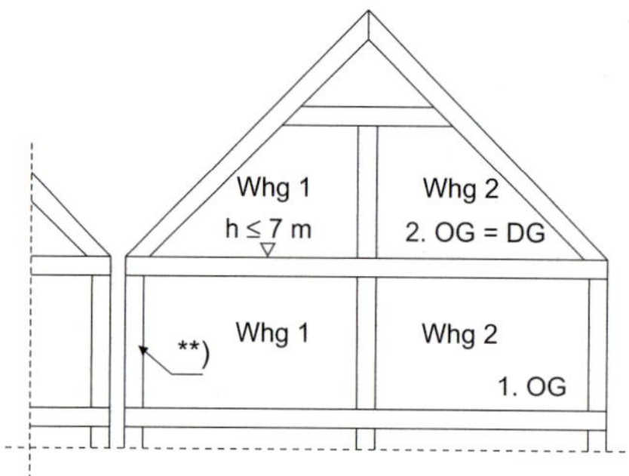

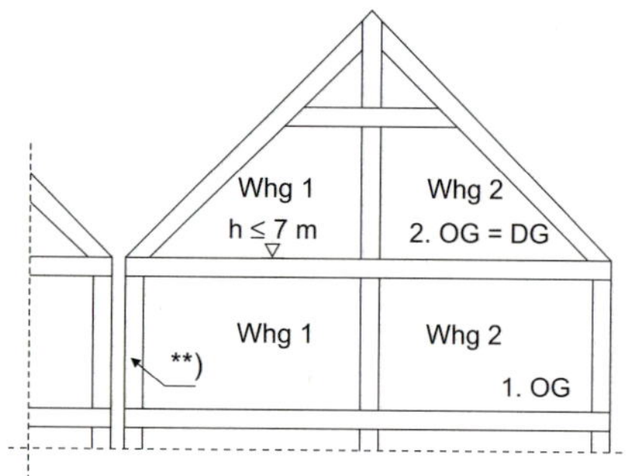

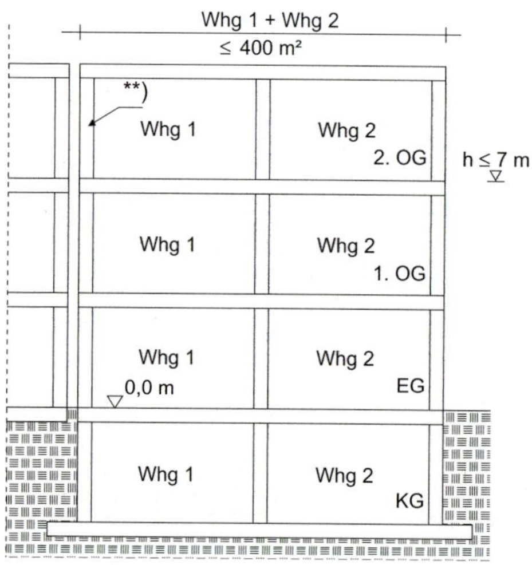

**) Dargestellt sind nur die Anforderungen an die Trennwände. Anforderungen an die Gebäudetrennwand siehe Kapitel 6.2.2-B, Bild 2.1-6.

	fh	hf	fb
Tragwerk			
Raumabschluss			

2-10 Gebäudeklasse 2 – sonstige und gemischt genutzte Gebäude

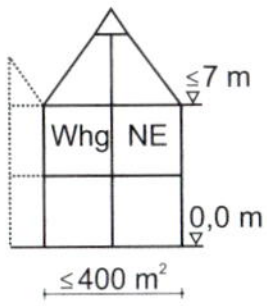

Gebäudeklasse 2
sonstige und gemischt
genutzte Gebäude

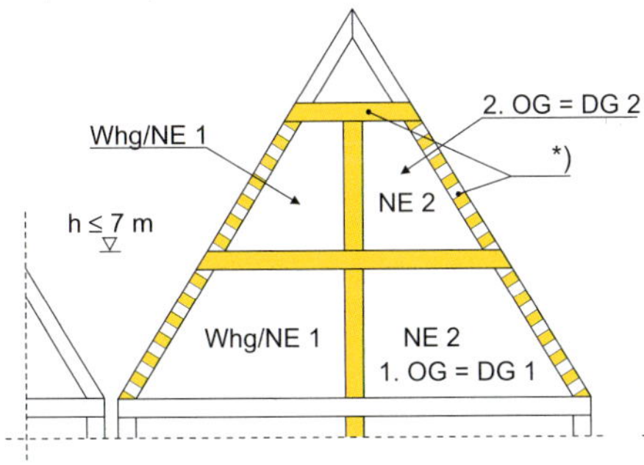

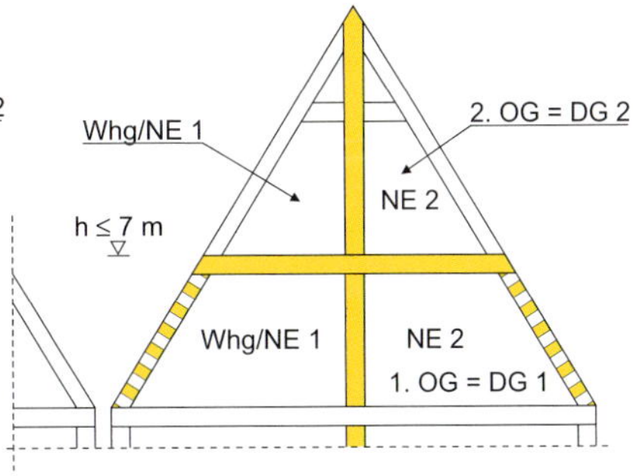

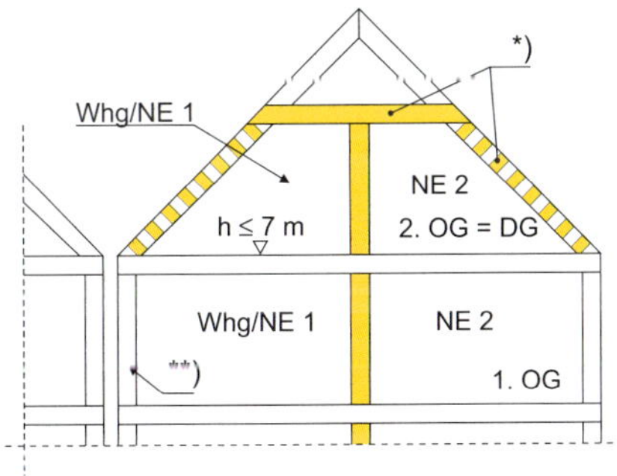

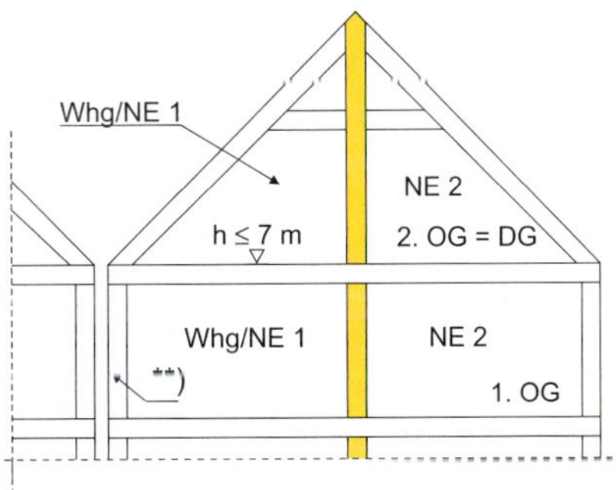

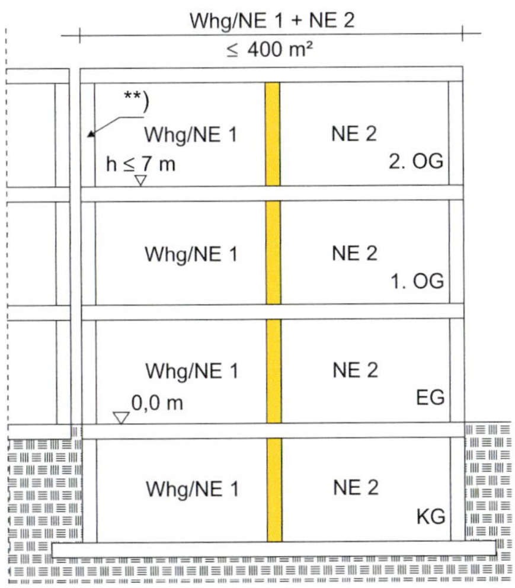

*) Anforderung ergibt sich durch oberen An- bzw. Abschluss der feuerwiderstandsfähigen Trennwand an die Decke (§ 29 (4) MBO 2002).

**) Dargestellt sind nur die Anforderungen an die Trennwände. Anforderungen an die Gebäudetrennwand siehe Kapitel 6.2.2-B, Bild 2.1-6.

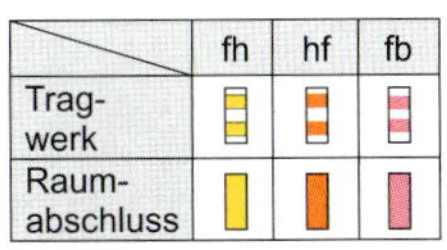

6.2.1-A Seite 10 | Raumabschließende Wände | Trennwände (tragende Wände mit raumabschließender Funktion)

2-11 Gebäudeklasse 3

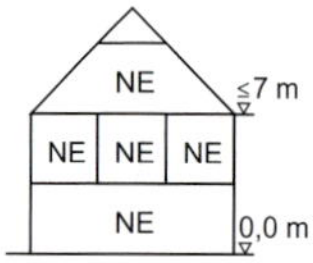

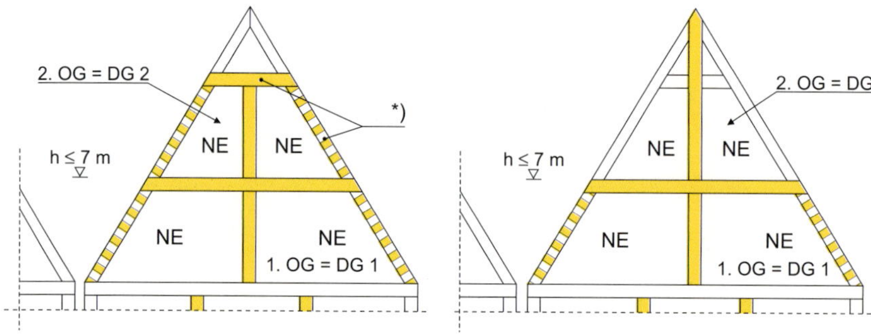

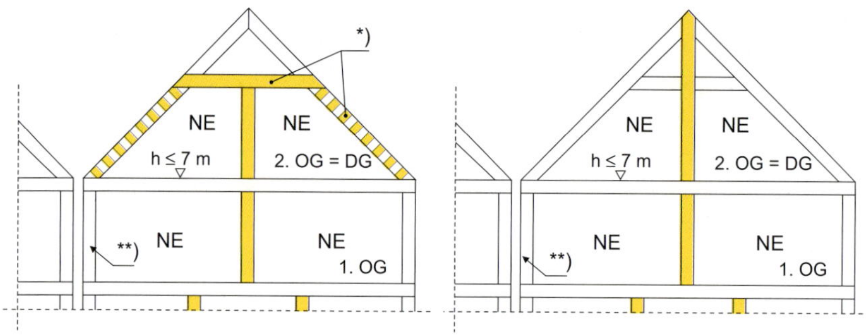

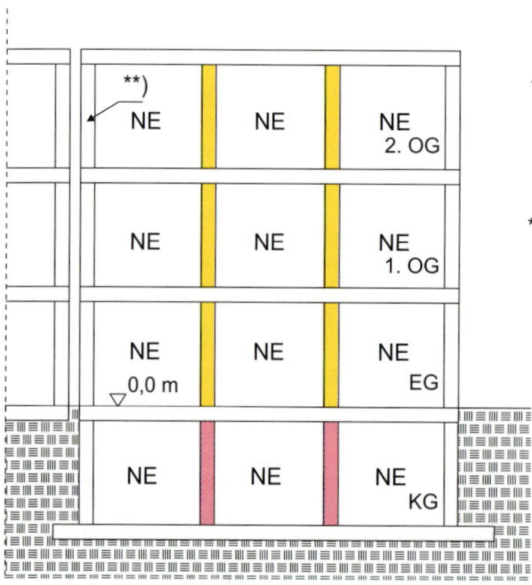

*) Anforderung ergibt sich durch oberen An- bzw. Abschluss der feuerwiderstandsfähigen Trennwand an die Decke (§ 29 (4) MBO 2002).

**) Dargestellt sind nur die Anforderungen an die Trennwände. Anforderungen an die Gebäudetrennwand siehe Kapitel 6.2.2-B, Bilder 2.1-3 und 2.1-4.

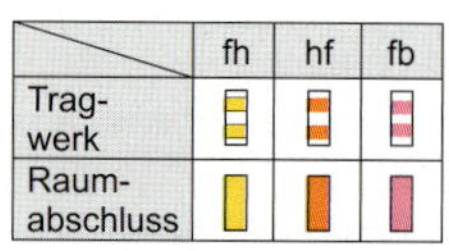

2-12 Gebäudeklasse 4

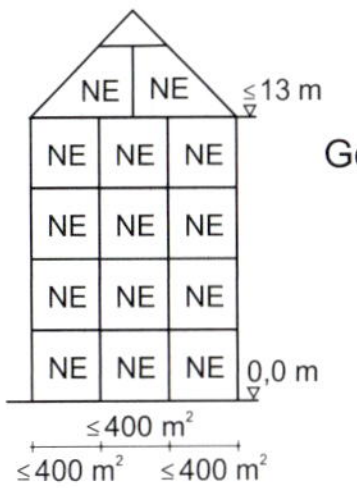

Gebäudeklasse 4

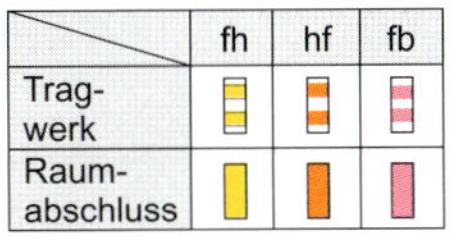

*) Anforderung ergibt sich durch oberen An- bzw. Abschluss der feuerwiderstandsfähigen Trennwand an die Decke (§ 29 (4) MBO 2002).

**) Dargestellt sind nur die Anforderungen an die Trennwände. Anforderungen an die Gebäudetrennwand siehe Kapitel 6.2.2-B, Bild 2.1-2.

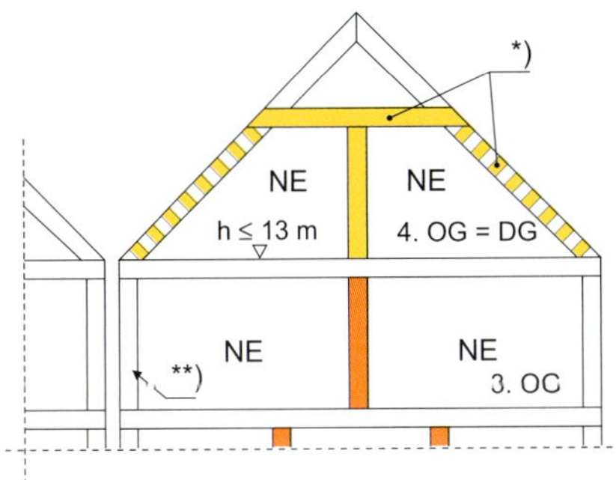

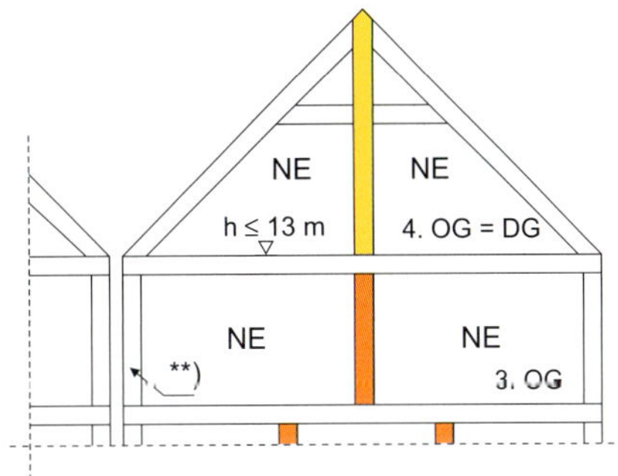

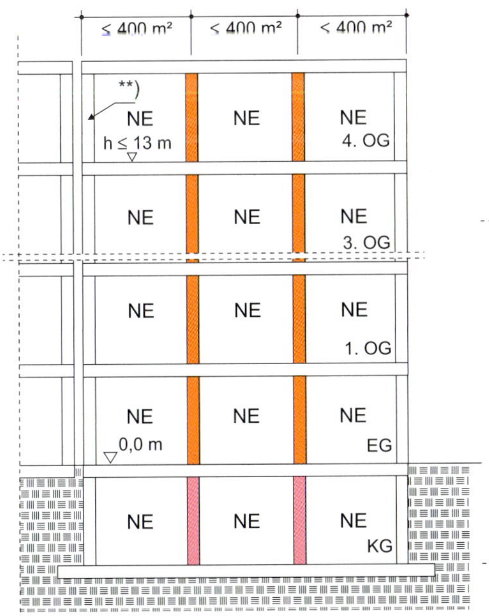

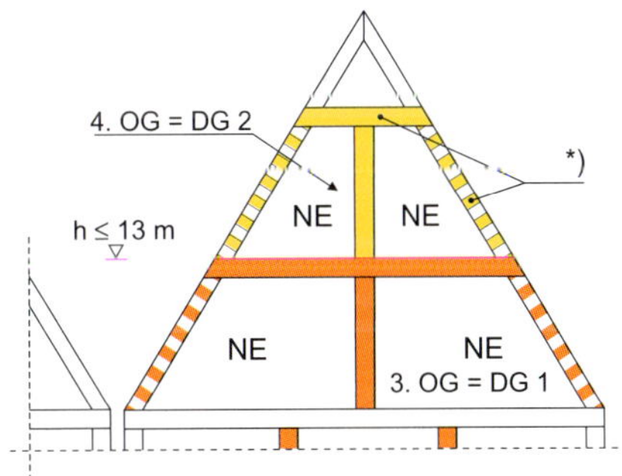

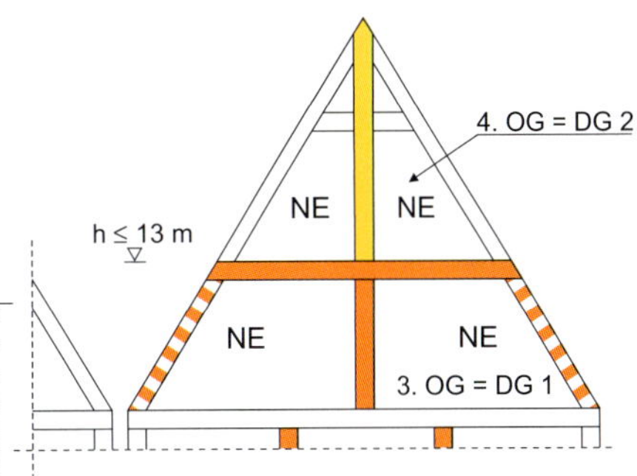

6.2.1-A Seite 12	Raumabschließende Wände	Trennwände (tragende Wände mit raumabschließender Funktion)

2-13 Gebäudeklasse 5

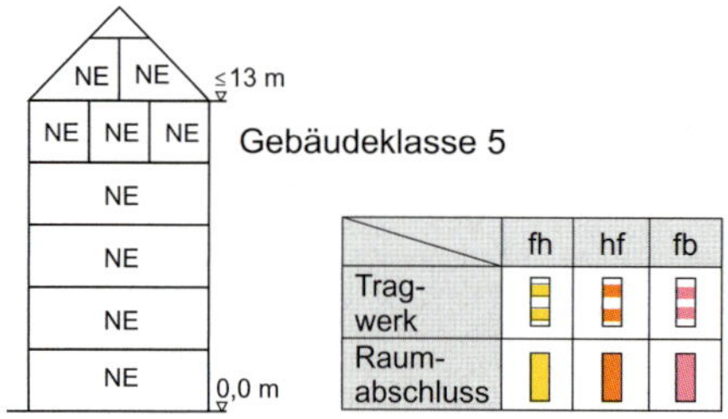

*) Anforderung ergibt sich durch oberen An- bzw. Abschluss der feuerwiderstandsfähigen Trennwand an die Decke (§ 29 (4) MBO 2002).

**) Dargestellt sind nur die Anforderungen an die Trennwände. Anforderungen an die Gebäudetrennwand siehe Kapitel 6.2.2-B, Bild 2.1-1.

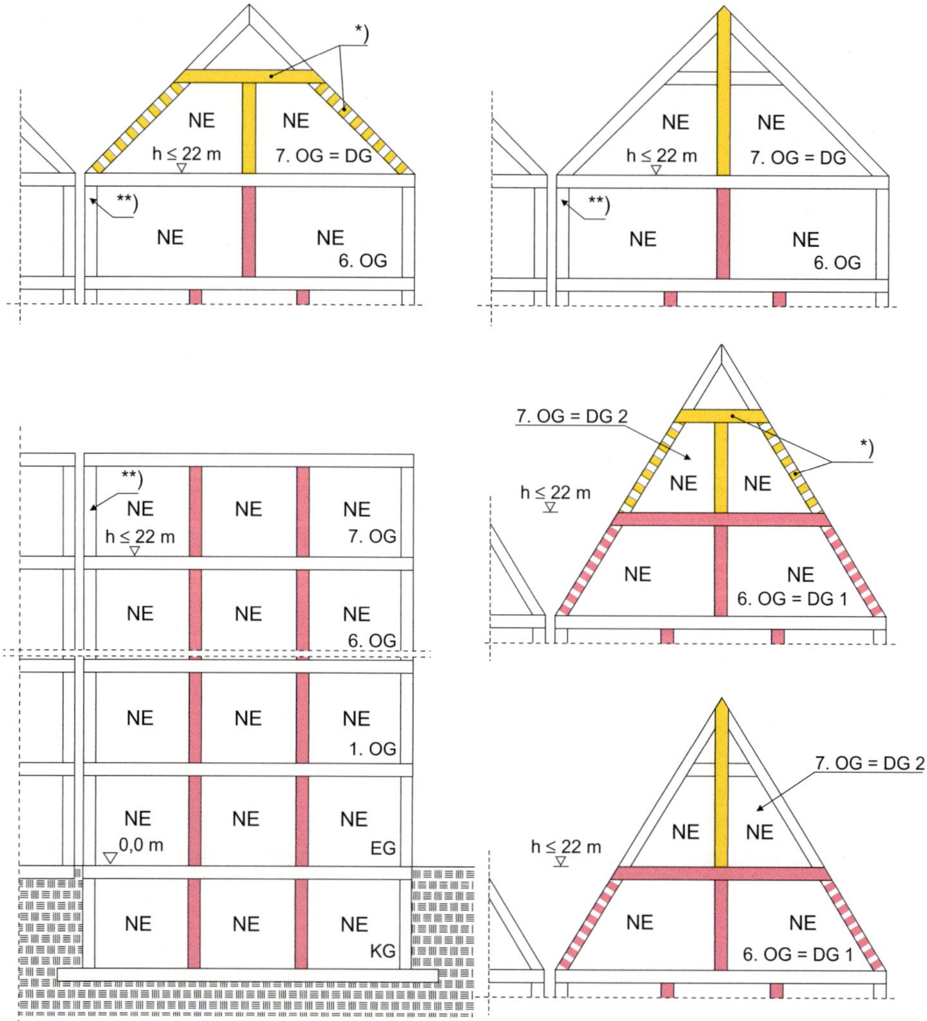

6.2.1 Trennwände (tragende Wände mit raumabschließender Funktion)

Teil B Bauausführung

Nachfolgende werden tragende Trennwände (tragende Wände mit raumabschließender Funktion) behandelt. Nichttragende Trennwände mit raumabschließender Funktion enthält Kapitel 6.7.1, tragende Trennwände ohne raumabschließende Funktion Kapitel 6.1.1.

1 Nationale Klassifizierung nach DIN 4102-2

Siehe hierzu sinngemäß Kapitel 6.1.1-B, Punkt 1. Trennwände (Wände mit raumabschließender Funktion) müssen im Brandfall während ihrer Feuerwiderstandsdauer den Durchgang des Feuers (von Feuer und Rauch) verhindern. Hierzu müssen sie nach DIN 4102-2 u.a. folgende Prüfungen bestehen:

a) Die Wände dürfen sich auf der dem Feuer abgewandten Seite nicht unzulässig hoch erwärmen (während der Prüfdauer [Feuerwiderstandsdauer] im Mittel um nicht mehr als 140 K und maximal nicht mehr als 180 K gegenüber der Anfangstemperatur).

b) Ein an der feuerabgekehrten Seite angehaltener Wattebausch darf sich nicht entzünden.

c) Die Punkte a) und b) müssen auch nach einer Festigkeitsprüfung (dreimal Kugelstoß) noch voll erfüllt werden.

Zusätzlich dürfen tragende Trennwände mit raumabschließender Funktion während der jeweiligen Feuerwiderstandsdauer unter ihrer rechnerisch zulässigen Gebrauchslast nicht zusammenbrechen (weitere Anforderungen siehe DIN 4102-2, Abschnitt 5.2).

Zur Zuordnung der bauaufsichtlichen Benennungen *feuerhemmend, hochfeuerhemmend* und *feuerbeständig* zu den Feuerwiderstandsklassen nach DIN 4102-2 siehe unter 3 in diesem Kapitel.

2 Europäische Klassifizierung nach DIN EN 13501-2

Gemäß DIN 13501-2 bestehen für tragende Wände mit raumabschließender Funktion folgende Leistungskriterien:

- Tragfähigkeit (R – Résistance)
- Raumabschluss (E = Etanchéité)
- Wärmedämmung unter Brandeinwirkung (I = Isolierung)
- Strahlung (W = Radiation)
- Mechanische Beanspruchung (M = Mechanical)

In Verbindung mit der jeweiligen Feuerwiderstandsdauer ergeben sich damit Klassifizierungen für folgende Wände:

6.2.1-B Seite 2 | Raumabschließende Wände | **Trennwände (tragende Wände mit raumabschließender Funktion)**

R
Tragende Wand ohne raumabschließende Funktion (siehe Kapitel 6.1.1)

EI
Nichttragende Wand **mit** raumabschließender Funktion **und** Wärmedämmung unter Brandeinwirkung = nichttragende Trennwand (siehe Kapitel 7.1)

REI
Tragende Wand **mit** raumabschließender Funktion **und** Wärmedämmung unter Brandeinwirkung = tragende Trennwand.

Anmerkung: Auf nationaler Ebene (im bauaufsichtlichen Verfahren) müssen raumabschließende Wände stets die Kriterien *raumabschließende Funktion* und *Wärmedämmung* (E und I) **gleichzeitig** erfüllen. Zur Vereinfachung werden im Brandschutzatlas die im bauaufsichtlichen Verfahren geforderten *Trennwände* bzw. *raumabschließenden Wände* als **Wände mit raumabschließender Funktion** bezeichnet. Diese *Wände mit raumabschließender Funktion* müssen nach nationalen Vorgaben die Kriterien E und I gleichzeitig erfüllen.

REI-M
Tragende Wand **mit** raumabschließender Funktion **und** Wärmedämmung unter Brandeinwirkung **und** mechanischer Einwirkung (Stoßbeanspruchung) = tragende Brandwand (siehe Kapitel 6.2.2).

RE
Tragende Wand ***nur*** *mit raumabschließender Funktion* ***ohne*** *Wärmedämmung unter Brandeinwirkung. Diese Kriterienkombination ist im bauaufsichtlichen Verfahren (auf nationaler Ebene)* **nicht relevant** *und wird deshalb auch nicht weiter behandelt. Im bauaufsichtlichen Verfahren müssen Trennwände bzw. raumabschließende Wände immer die Kriterien mit raumabschließender Funktion* ***und*** *Wärmedämmung unter Brandeinwirkung* ***zusammen*** *erfüllen.*

Tabelle 2-1:
Feuerwiderstandsklassen REI nach DIN EN 13501-2 (europäische Ebene) für tragende Wände mit raumabschließender Funktion

Tragende Wände mit raumabschließender Funktion	
Feuerwiderstandsdauer in Minuten	Klassifizierung REI
≥ 15	15
≥ 20	20
≥ 30	30*)
≥ 45	45
≥ 60	60*)
≥ 90	90*)
≥ 120	120
≥ 180	180
≥ 240	240

*) Klassifizierung nach derzeitigen bauaufsichtlichen Anforderungen in Deutschland. Bei den Klassifizierungen REI 60 und REI 90 bestehen noch zusätzliche Anforderungen an die Baustoffklassen. Soll die Klassifizierung REI 60 mit tragenden und aussteifenden Bauteilen aus brennbaren Baustoffen erreicht werden, bestehen noch zusätzliche Anforderungen an die brandschutztechnisch wirksame Bekleidung, die Dämmstoffe und die sonstige Ausführung (siehe unter Punkt 3 in diesem Kapitel).

REW
Tragende Wand mit raumabschließender Funktion und Begrenzung des Strahlungsdurchgangs. Diese Kriterienkombination ist im bauaufsichtlichen Verfahren **nicht relevant** *und wird deshalb auch nicht weiter behandelt (siehe Erläuterung zum Kriterium RE).*

Zusammen mit der Feuerwiderstandsdauer ergeben sich mit den genannten Kriterien die in Tabelle 2-1 genannten Klassifizierungen.

3 Zuordnung der bauaufsichtlichen Benennungen zu den Feuerwiderstandsklassen

Grundsätzliche Erläuterungen sind sinngemäß in Kapitel 6.1.1-B, Punkt 3 enthalten. Nachfolgend werden dazu ergänzend noch die Besonderheiten angegeben bzw. beschrieben, die für tragende Wände mit raumabschließender Funktion zusätzlich gelten.

Zusätzlich gilt: Für tragende Wände mit raumabschließender Funktion, die hochfeuerhemmend und feuerbeständig sein müssen, bestehen Zusatzanforderungen an die Baustoffklassen und Ausführung. Diese sind in den Tabellen 3-1 bis 3-3 jeweils angegeben.

Außerdem ist zu beachten: Trennwände müssen **raumabschließend** sein. Für die Anforderung *Raumabschluss* bestehen jedoch vom Grundsatz her auf nationaler Ebene andere Anforderungen bzw. Begriffsdefinitionen als auf europäischer Ebene.

Auf nationaler Ebene bedeutet *raumabschließend* bzw. *mit raumabschließender Funktion* immer, dass Anforderungen an den Raumabschluss **und** an die Wärmedämmung unter Brandeinwirkung gestellt werden. Dies wird bei der Prüfung und Klassifizierung nach DIN 4102-2 auch entsprechend berücksichtigt. Auf europäischer Ebene bedeutet dies immer die Klassifizierung EI bzw. REI.

Auf europäischer Ebene bedeutet die Anforderung *mit raumabschließender Funktion* nur, dass Anforderungen an den Raumabschluss (ohne Wärmedämmung unter Brandeinwirkung) gestellt werden. Die europäische Klassifizierung hierfür lautet E. Wände mit der europäischen Klassifizierung E allein sind jedoch im bauaufsichtlichen Verfahren nicht relevant und werden nachfolgend auch nicht behandelt.

Grundsätzlich gilt deshalb: Bei Trennwänden mit Anforderungen an den Raumabschluss (tragende Wände mit raumabschließender Funktion) erfolgt die Umsetzung auf europäischer Ebene immer mit der Klassifizierung EI bzw. REI (Anforderungen an den Raumabschluss und an die Wärmedämmung unter Brandeinwirkung).

Die Tabelle 3-1 zeigt als Übersicht die Zuordnungen der bauaufsichtlichen Benennungen für tragende Wände mit raumabschließender Funktion zu den Feuerwiderstandsklassen nach DIN 4102-2 (nationale Ebene) und DIN EN 13501-2 (europäische Ebene) mit Angabe der bauaufsichtlich verlangten Zusatzanforderungen.

Tabelle 3-1: Zuordnung der bauaufsichtlichen Benennungen von tragenden Wänden mit raumabschließender Funktion zu den Feuerwiderstandsklassen nach DIN 4102-2 (nationale Ebene) und DIN EN 13501-2 (europäische Ebene) mit Angabe der bauaufsichtlich verlangten Zusatzanforderungen[1])

Bauteil	Benennung nach LBO	Kurzbezeichnung nach DIN 4102-2	Kurzbezeichnung nach DIN EN 13501-2
Tragende Wände mit raumabschließender Funktion	fh	F 30-A oder F 30-AB oder F 30-B	REI 30
	hf	F 60-A oder F 60-AB *)	REI 60 [nb] oder REI 60 [wnb] oder REI 60 [HolzR]
	fb	F 90-A oder F 90-AB	REI 90 [nb] oder REI 90 [wnb]

*) Nach Bauregelliste A Teil 1 Anlage 0.1.1 kann die Feuerwiderstandsfähigkeit von hochfeuerhemmenden Bauteilen in Verbindung mit den zusätzlichen Anforderungen an die Brandschutzbekleidung nicht nach DIN 4102-2 nachgewiesen werden. Eine Klassifizierung dieser Bauteile kann deshalb nur nach DIN EN 13501-2 erfolgen (siehe rechte Spalte).

Die Abkürzungen in den Tabellen 3-1 bis 3-3 und im folgenden Text bedeuten:

- -A und aus nichtbrennbaren Baustoffen
- -AB und in den wesentlichen Teilen aus nichtbrennbaren Baustoffen

  Bei raumabschließenden Bauteilen (Bauteilen mit raumabschließender Funktion) müssen die Bauteile eine zusätzlich in Bauteilebene durchgehende Schicht aus nichtbrennbaren Baustoffen haben.[2])

  Zu den wesentlichen Teilen gehören bei tragenden Bauteilen alle tragenden oder aussteifenden Bauteile (grundsätzliche Definition siehe Kapitel 4.3, Punkt 5.2).
- -B und aus brennbaren Baustoffen (ohne besondere Anforderungen an die Baustoffklasse)
- fh, hf, fb feuerhemmend, hochfeuerhemmend, feuerbeständig
- R Résistance (Tragfähigkeit)
- E Etanchéité (Raumabschluss)
- I Isolation (Wärmedämmung unter Brandeinwirkung)
- M Mechanical (Mechanische Einwirkung auf Wände – Stoßbeanspruchung)
- W Radiation (Begrenzung des Strahlungsdurchtritts)
- [nb] nichtbrennbar (aus nichtbrennbaren Baustoffen)
- [T] Tragwerk (tragende Bauteile ohne raumabschließende Funktion)
- [R] Raumabschluss (mit raumabschließender Funktion)[2])
- [TR] Tragwerk und Raumabschluss (tragendes Bauteil mit Raumabschluss)[2])
- [wnb] und in den wesentlichen Teilen nichtbrennbar, gleiche Anforderung wie -AB

[HolzR] Bei hochfeuerhemmenden Bauteilen, deren tragende und aussteifende Teile aus **brennbaren** Baustoffen bestehen, müssen diese gemäß den LBOs

- allseitig eine brandschutztechnisch wirksame Bekleidung aus nichtbrennbaren Baustoffen (Brandschutzbekleidung $K_2 60$) und
- Dämmstoffe aus nichtbrennbaren Baustoffen haben.

Diese bauaufsichtliche Anforderung wird erreicht, indem die Ausführung nach der „Muster-Richtlinie über brandschutztechnische Anforderungen an hochfeuerhemmende Bauteile in Holzbauweise – **M-HFHHolzR**" erfolgt (siehe Kapitel 8.20).

Damit bedeutet der Zusatz [HolzR], dass bei hochfeuerhemmenden Bauteilen mit tragenden und aussteifenden Teilen aus brennbaren Baustoffen zusätzliche Anforderungen bestehen an

- die brandschutztechnische Wirksamkeit der Bekleidungen ($K_2 60$)
- die Baustoffklasse der Bekleidungen und Dämmstoffe (nichtbrennbar)
- den Einbau der Dämmstoffe und der Bekleidungen sowie
- die sonstige Ausführung (gemäß M-HFHHolzR).

Anmerkung: Daraus ergibt sich, dass F 60-B bzw. R(EI) 60 **nicht gleich** hochfeuerhemmend ist! Teilweise wird die Anforderung *hochfeuerhemmend mit tragenden und aussteifenden Bauteilen aus brennbaren Baustoffen* auf nationaler Ebene auch als **F 60-BA** bezeichnet (z.B. Anhang zur LBO Sachsen). Dabei ist darauf zu achten, dass dieser Begriff nicht nur im Sinne von DIN 4102-2 zu verstehen ist (brennbares Tragwerk, nichtbrennbare Bekleidung), sondern im Sinne der vorstehenden Zusatzanforderung [HolzR].

[1]) **Wichtig:** Bei den in [ ] stehenden Abkürzungen handelt es sich nicht um genormte oder offizielle Abkürzungen, sondern um ein Abkürzungssystem zur Verknüpfung der Bauteilklassen mit den zusätzlichen Anforderungen der Landesbauordnungen, das im Brandschutzatlas zur besseren Handhabbarkeit verwendet wird (siehe Anmerkung sowie Kapitel 1.3, Punkt 6.2).

[2]) Auf europäischer Ebene müssen raumabschließende Wände immer eine raumabschließende Funktion **und** eine Wärmedämmung unter Brandeinwirkung haben.

Wichtiges zur bauaufsichtlichen Benennung *hochfeuerhemmend* ist enthalten in Kapitel 6.1.1-B, Punkt 3.

6.2.1-B Seite 6 | Raumabschließende Wände | **Trennwände (tragende Wände mit raumabschließender Funktion)**

Tabelle 3-2: Umsetzung der bauaufsichtlichen Anforderung „hochfeuerhemmend“ bei tragenden Wänden mit raumabschließender Funktion

Norm	DIN 4102-2 (nationale Ebene)	DIN EN 13501-2 (europäische Ebene)	DIN 4102-2 (nationale Ebene)	DIN EN 13501-2 (europäische Ebene)
Baustoffklasse der tragenden oder aussteifenden Bauteile	aus nichtbrennbaren Baustoffen		aus brennbaren Baustoffen	
Benennung	Feuerwiderstandsklasse F 60	Feuerwiderstandsklasse REI 60	[1]	Feuerwiderstandsklasse REI 60
	... **und** aus nichtbrennbaren Baustoffen oder ... **und** in den wesentlichen[2] Teilen aus nichtbrennbaren Stoffen		... **und** mit einer allseitig brandschutztechnisch wirksamen Bekleidung aus nichtbrennbaren Baustoffen (Brandschutzbekleidung $K_2$60) **und** Dämmstoffen aus nichtbrennbaren Baustoffen **und** weitergehenden Anforderungen an die sonstige Ausführung (gemäß Muster-Holzbaurichtlinie)	
Kurzbezeichnung	F 60-A oder F 60-AB	REI 60 [nb] oder REI 60 [wnb]	[1]	REI 60 [HolzR]

Legende und Ausdrücke in [] siehe unter Tabelle 3-1 in diesem Kapitel.

1) Nach Bauregelliste A Teil 1 Anlage 0.1.1 kann die Feuerwiderstandsfähigkeit von hochfeuerhemmenden Bauteilen in Verbindung mit den zusätzlichen Anforderungen an die Brandschutzbekleidung nicht nach DIN 4102-2 nachgewiesen werden. Eine Klassifizierung dieser Bauteile kann deshalb nur nach DIN EN 13501-2 erfolgen (siehe rechte Spalte).

2) Zu den wesentlichen Teilen gehören alle tragenden oder aussteifenden Teile und bei raumabschließenden Bauteilen eine in Bauteilebene durchgehende Schicht. Bei der Beurteilung des Brandverhaltens der Baustoffe können Oberflächendeckschichten oder andere Oberflächenbehandlungen außer Betracht bleiben.

Wichtiges zur bauaufsichtlichen Benennung *feuerbeständig* enthält Kapitel 6.1.1-B, Punkt 3.

Tabelle 3-3: Umsetzung der bauaufsichtlichen Anforderung *feuerbeständig* bei tragenden Wänden mit raumabschließender Funktion

<table>
<tr><th>Norm</th><th>DIN 4102-2 (nationale Ebene)</th><th>DIN EN 13501-2 (europäische Ebene)</th><th>DIN 4102-2 (nationale Ebene)</th><th>DIN EN 13501-2 (europäische Ebene)</th></tr>
<tr><td>Baustoffklasse der tragenden oder aussteifenden Bauteile</td><td colspan="2">aus nichtbrennbaren Baustoffen</td><td colspan="2">aus brennbaren Baustoffen</td></tr>
<tr><td rowspan="2">Benennung</td><td>Feuerwiderstandsklasse F 90</td><td>Feuerwiderstandsklasse REI 90</td><td colspan="2" rowspan="2">nicht zulässig
Anmerkung: Falls doch die Feuerwiderstandsklasse F 90 bzw. REI 90 und aus brennbaren Baustoffen ausgeführt werden soll, ist hierfür eine entsprechende, genehmigungspflichtige Abweichung erforderlich.</td></tr>
<tr><td colspan="2">... und aus nichtbrennbaren Baustoffen
oder
... und in den wesentlichen*) Teilen aus nichtbrennbaren Stoffen</td></tr>
<tr><td>Kurzbezeichnung</td><td>F 90-A
oder
F 90-AB</td><td>REI 90 [nb]
oder
REI 90 [wnb]</td><td colspan="2">Kurzbezeichnung hierfür:
DIN 4102-2: F 90-B
DIN EN 13501-2: REI 90</td></tr>
</table>

Legende und Ausdrücke in [] siehe unter Tabelle 3-1 in diesem Kapitel.

*) Zu den wesentlichen Teilen gehören alle tragenden oder aussteifenden Teile und bei raumabschließenden Bauteilen eine in Bauteilebene durchgehende Schicht. Bei der Beurteilung des Brandverhaltens der Baustoffe können Oberflächendeckschichten oder andere Oberflächenbehandlungen außer Betracht bleiben.

4 Erfüllung der bauaufsichtlichen Anforderungen

Siehe sinngemäß Kapitel 6.1.1-B, Punkt 4.

5 Verwendbarkeitsnachweis

Siehe sinngemäß Kapitel 6.1.1-B, Punkt 5.

6 Übereinstimmungsnachweis

Siehe sinngemäß Kapitel 6.1.1-B, Punkt 6.

7 Wichtiges zur Planung und Ausführung von Trennwänden

Feuerwiderstandsfähige Trennwände können ihre Funktion nur erfüllen, wenn sie konsequent geplant und ausgeführt werden. Hierfür ist auch wichtig, dass die oberen An- und Abschlüsse fachgerecht und den Schutzzielen entsprechend ausgebildet sind.

In der MBO 2002 wird deshalb gefordert, dass die Trennwände bis zur Rohdecke oder im Dachraum bis unter die Dachhaut zu führen sind. Wenn die Trennwände im Dachraum nur bis zur Rohdecke des Dachraums geführt werden, muss diese Decke als raumabschließendes Bauteil einschließlich der sie tragenden und aussteifenden Bauteile feuerhemmend hergestellt werden (siehe Kapitel 6.2.1-A, Punkt 2, Bilder 2-1 und 2-2).

Ein Beispiel hierfür sind Dachkonstruktionen aus Holz-Fachwerkbindern mit Unterdecken, die mit ihren unzugänglichen Dachhohlräumen ohne Abschottungen und Unterbrechungen über Trennwände führen. In diesem Fall können die Trennwände ihre raumabschließende (abschottende) Funktion nicht erfüllen, da sich ein Brand in den Dachhohlraum ausweiten und von dort in alle Richtungen über die Trennwände hinweg ausbreiten kann.

Die Schadenerfahrung zeigt hier regelmäßig, dass bei derartigen Konstruktionen eine Brandbekämpfung durch die Feuerwehr nicht oder nur unter schwierigen und gefährlichen Bedingungen durchgeführt werden kann und dass in der Regel die feuerwiderstandsfähigen raumabschließenden Trennwände im oberen An- bzw. Abschlussbereich vom Feuer überlaufen werden und entsprechende Totalschäden zu erwarten sind (siehe unter S in diesem Kapitel sowie Kapitel 6.2.0-S, Bild 3 und Kapitel 6.8.1-S, Bilder 15 bis 19).

Außerdem ist es auch erforderlich, in feuerbeständigen Trennwänden alle Öffnungen entsprechend den Schutzzielen gegen eine Übertragung von Feuer und Rauch zu sichern (siehe Kapitel 6.8 bis 6.12).

8 Wandbauarten von tragenden Wänden mit raumabschließender Funktion

Die folgenden Übersichten enthalten Auszüge aus den entsprechenden Normen(teilen) und dienen der Übersicht und Kurzinformation. Maßgebend sind die Bestimmungen der DIN 4102-4 in Verbindung mit DIN 4102-4/A1 und DIN 4102-22 bzw. der jeweils gültigen Verwendbarkeitsnachweise.

Bei den geregelten (genormten) Bauarten sind die Fundstellen in DIN 4102-4 (siehe Kapitel 3.5-V) angegeben. Für andere (oder von DIN 4102-4 abweichende) Bauarten und Bauprodukte wird auf die dann erforderlichen Verwendbarkeitsnachweise sowie auf die möglichen Feuerwiderstandsklassen hingewiesen.

Die Übersichten erheben nicht den Anspruch auf Vollständigkeit und erfolgen ohne Gewähr für die Richtigkeit.

Legende zu den folgenden Übersichten

DIN 4102-4

Hinweis auf die Fundstelle in der DIN 4102-4 in Verbindung mit DIN 4102-4/A1 und DIN 4102-22

Bes. Nachweis

Hinweis auf besonders geprüfte Bauprodukte und Bauarten mit Angabe des erforderlichen Verwendbarkeitsnachweises

8.1 Tragende Beton- und Stahlbetonwände aus Normalbeton (einseitige Brandbeanspruchung)

DIN 4102-4 ▶ Abschnitt 4.2 Tabelle 35 in Verbindung mit DIN 4102-4/A1 und DIN 4102-22

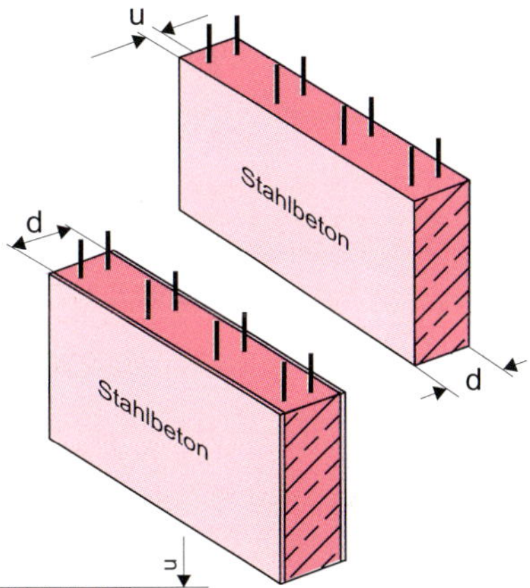

u = Achsabstand der Längsbewehrung
c = Mindestwert der Betonüberdeckung nach DIN 1045
d = Wanddicke ohne Putz

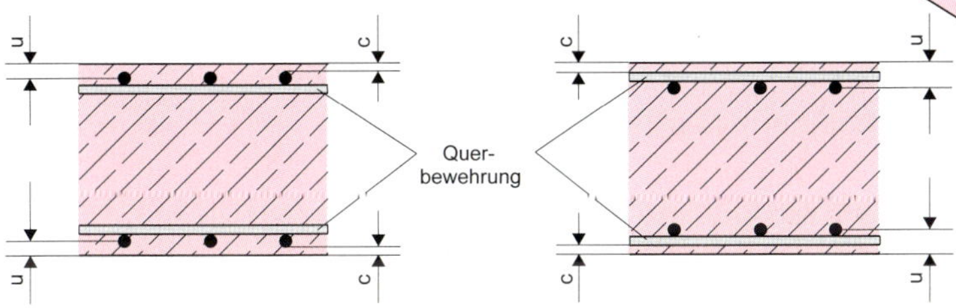

DIN 4102-4 ▶ Beispiel für Mindestwanddicke d und Mindestachsabstände u für unbekleidete Wände

Feuerwiderstandsklasse	F 30-A		F 60-A		F 90-A	
d: Mindestwanddicke ohne Putz (mm) u: Mindestachsabstände der Längsbewehrung (mm)	d	u	d	u	d	u
Ausnutzungsfaktor $\alpha_1 = 0{,}1$	80[1]	10	90[1]	10	100[1]	10
Ausnutzungsfaktor $\alpha_1 = 0{,}5$	100[1]	10	110[1]	10	120	20
Ausnutzungsfaktor $\alpha_1 = 1{,}0$	120	10	130	10	140	25
u bzw. u_s über Öffnungen 2,0 m [2]	–	10	–	15	–	25
u bzw. u_s über Öffnungen > 2,0 m [2]	–	10	–	25	–	35
Wände mit beidseitiger Putzbekleidung [3]	Mindestwanddicke d = 80 mm					

[1] Mindestwanddicke 120 mm bei Betonfeuchtgehalten > 4 % (angegeben als Massenanteil) sowie bei Wänden mit sehr dichter Bewehrung (Stababstände < 100 mm)
[2] u bzw. u_S: Mindestachsabstände in Wandbereichen über Öffnungen
[3] Nach den Abschnitten 3.1.6.1 bis 3.1.6.5 DIN 4102-4 sind Abminderungen (nach Tabelle 2 DIN 4102-4) möglich, jedoch Mindestwanddicke muss eingehalten werden und u bzw. u_S nicht kleiner als 10 mm. Zulässige Schlankheit nach DIN 1045

6.2.1-B Seite 10	Raumabschließende Wände	Trennwände (tragende Wände mit raumabschließender Funktion)

8.2 Tragende Wände aus Leichtbeton mit geschlossenem Gefüge nach DIN 4219-1 und 2

DIN 4102-4 — Abschnitt 4.4 in Verbindung mit DIN 4102-4/A1 und 4102-22

Feuerwiderstandsklassen F 30-A bis F 180-A

u = Achsabstand der Längsbewehrung (siehe Punkt 8.1)
d = Wanddicke

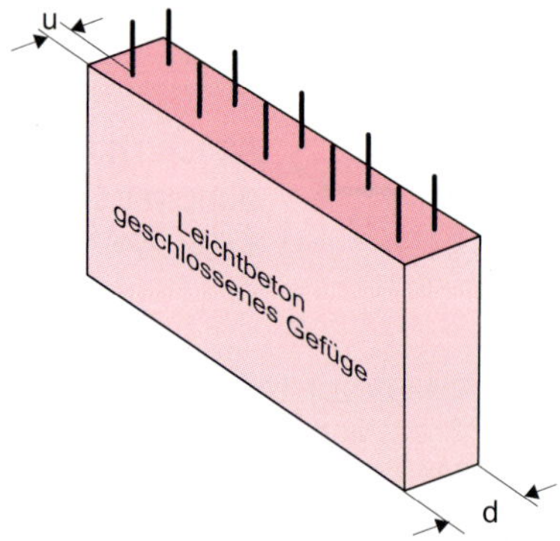

8.3 Tragende Wände aus Leichtbeton mit haufwerksporigem Gefüge nach DIN 4232 mit Rohdichteklasse ≥ 0,8

DIN 4102-4 — Abschnitt 4.6 Tabelle 43 in Verbindung mit DIN 4102-4/A1 und 4102-22

Bes. Nachweis — Prüfzeugnis bzw. Zulassung

Ausführung nach Prüfzeugnis bzw. Zulassung

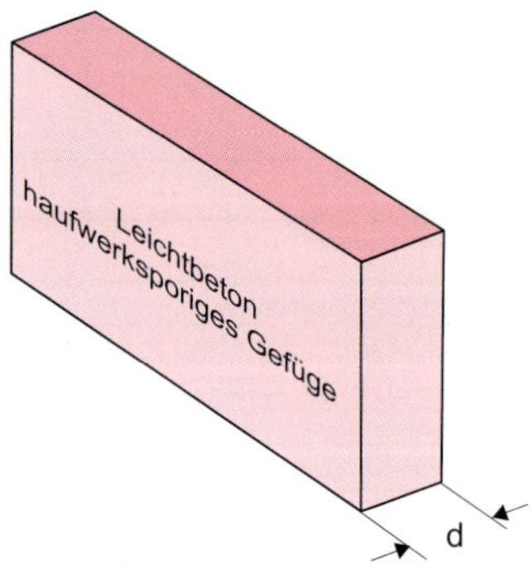

DIN 4102-4 — Beispiele für Mindestwanddicken d in mm[1)]

Die ()- Werte gelten für Wände mit beidseitigem Putz nach DIN 4102-4 Abschnitt 4.5.2.10

	Mindestwanddicken d (mm)		
Feuerwiderstandsklasse	F 30-A	F 60-A	F 90-A
Ausnutzungsfaktor $\alpha_3 = 0{,}2$	115[2)] (115)[2)]	150 (115)[2)]	150 (115)[2)]
Ausnutzungsfaktor $\alpha_3 = 0{,}5$	150 (115)[2)]	175 (150)	200 (175)
Ausnutzungsfaktor $\alpha_3 = 1{,}0$	175 (150)	200 (175)	240 (175)

1) Die Angaben in der Tabelle gelten sowohl für tragende raumabschließende als auch für tragende nicht-raumabschließende Wände.
2) Die Mindestmaße nach DIN 4232 sind zu beachten.

8.4 Tragende Wände aus bewehrtem Porenbeton

DIN 4102-4 ▶ Abschnitt 4.7 Tabelle 44 in Verbindung mit DIN 4102-4/A1 und DIN 4102-22

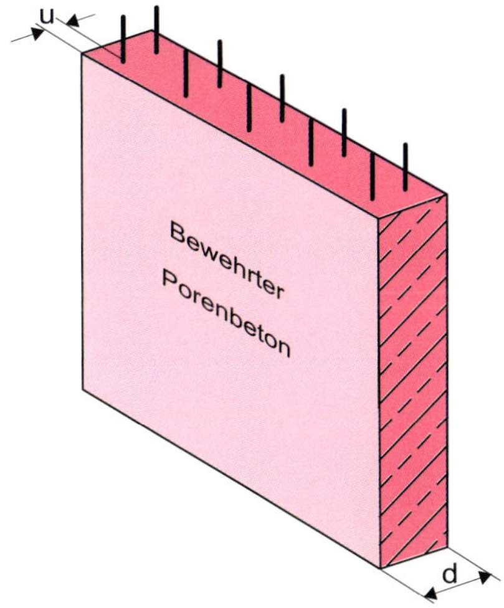

Wände aus Porenbeton-Wandtafeln bedürfen zur Zeit einer allgemeinen bauaufsichtichen Zulassung.

u = Achsabstand der Längsbewehrung (siehe Punkt 8.1)
d = Wanddicke

Bes. Nachweis ▶ **Zulassung**

Ausführung nach Zulassung

DIN 4102-4 ▶ Beispiele für Mindestwanddicken d und Mindestachsabstände u von tragenden[1)] Wandtafeln[2)]

Die ()- Werte gelten für Wände mit beidseitigem Putz nach DIN 4102-4 Abschnitt 4.7.2.3						
Ausführung der Wände und zulässige Schlankheit nach Zulassung						
Feuerwiderstandsklasse	F 30-A		F 60-A		F 90-A	
d: Mindestwanddicke (mm) u: Mindestachsabstand der Längsbewehrung (mm)	d	u	d	u	d	u
Ausnutzungsfaktor $\alpha_4 = 0{,}5$	150 (125)	10	175 (150)	10	200 (175)	20
Ausnutzungsfaktor $\alpha_4 = 1{,}0$	175 (150)	10	200 (175)	20	225 (200)	30

1) Die Angaben in der Tabelle gelten sowohl für tragende raumabschließende als auch für tragende nichtraumabschließende Wände.

2) Die Mindestwerte gelten auch für unbewehrte Wandtafeln.

Tragende unbewehrte Porenbeton-Wandtafeln, die derzeit noch einer allgemeinen bauaufsichtlichen Zulassung bedürfen, wie Mauerwerk aus Porenbeton-Plansteinen, können nach DIN V 4165 behandelt werden (siehe Zulassung).

6.2.1-B Seite 12	Raumabschließende Wände	Trennwände (tragende Wände mit raumabschließender Funktion)

8.5 Tragende Wände aus Mauerwerk und Wandbauplatten

DIN 4102-4 Abschnitt 4.5 Tabelle 39 in Verbindung mit DIN 4102-4/A1 und DIN DIN 4102-22

Anmerkung: Die Werte gelten nur bei einer Bemessung des Mauerwerks nach DIN 1053, Ausgabe 1996.

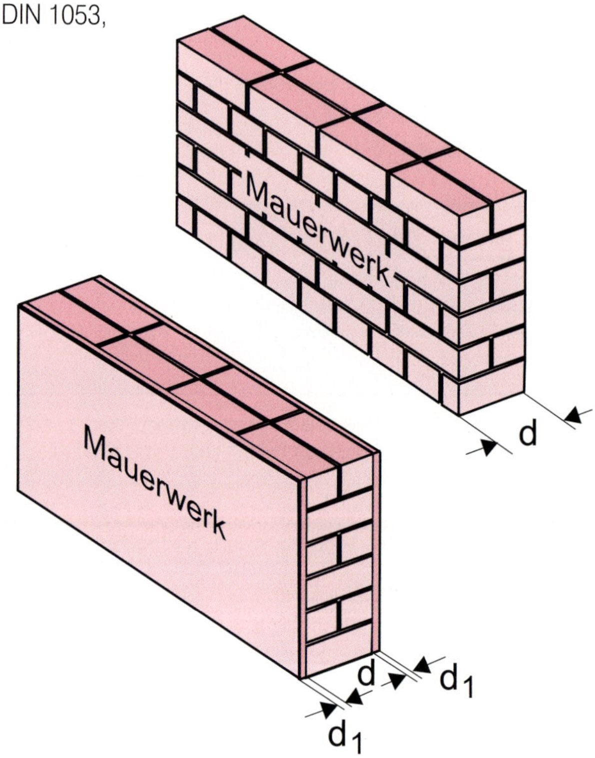

α_2 = Ausnutzungsfaktor, siehe auch DIN 4102-4/A1 Punkt 4.5
d = Mindestwanddicke
d_1 = Dicke des Putzes nach Abschnitt 4.5.2.10 DIN 4102-4 (siehe auch DIN 4102-4/A1 Punkt 4.5).

Bes. Nachweis Prüfzeugnis bzw. Zulassung

Ausführung nach Prüfzeugnis bzw. Zulassung

DIN 4102-4 Beispiele für Mindestwanddicken d in mm

Die ()- Werte gelten für Wände mit beidseitigem Putz nach DIN 4102-4 Abschnitt 4.5.2.10

Feuerwiderstandsklasse		F 30-A	F 60-A	F 90-A
Porenbetonsteine DIN V 4165 (Plansteine und Planelemente[8]) Rohdichteklasse ≥ 0,4 Verwendung von Dünnbettmörtel	$\alpha_2 = 0{,}2$	115	115	115
	$\alpha_2 = 0{,}6$	115	115	150 (115)
	$\alpha_2 = 1{,}0$	115	150 (115)	175 (150)
Hohlblöcke aus Leichtbeton (DIN V 18151) Vollsteine und Vollblöcke aus Leichtbeton (DIN V 18152) Mauersteine aus Beton (DIN 18153) Rohdichteklasse ≥ 0,5 unter Verwendung von Normalmörtel und Leichtmörtel	$\alpha_2 = 0{,}2$	115	115	115
	$\alpha_2 = 0{,}6$	140 (115)	140 (115)	175 (115)
	$\alpha_2 = 1{,}0$	175 (140)	175 (140)	175 (140)
Mauerziegel (DIN 105-1) Voll- und Hochlochziegel, Lochung Mz, HLz A, HLz B Verwendung von Normalmörtel	$\alpha_2 = 0{,}2$	115	115	115
	$\alpha_2 = 0{,}6$	115	115	140 (115)
	$\alpha_2 = 1{,}0$[4]	115	115	175 (115)
Mauerziegel DIN V 105-2 und DIN V 105-6[8] Rohdichteklasse ≥ 0,8 Lochung A und B Verwendung von Normal-, Dünnbett- und Leichtmörtel	$\alpha_2 = 0{,}2$	175[5] (115)	175[5] (115)	175[5] (115)
	$\alpha_2 = 0{,}6$	175[5] (115)	175[5] (115)	175[5] (115)
	$\alpha_2 = 1{,}0$	175[5)7)] (115)	175[5)7)] (115)	175[5)7)] (115)
Mauerziegel DIN V 105-2, Leichthochlochziegel W Rohdichteklasse ≥ 0,8 Verwendung von Normal-, Dünnbett- und Leichtmörtel	$\alpha_2 = 0{,}2$	(115)	(115)	(140)
	$\alpha_2 = 0{,}6$	(115)	(140)	(175)
	$\alpha_2 = 1{,}0$	(115)	(175)	(240)
Kalksandsteinmauerwerk DIN V 106-1: Voll-, Loch-, Block-, Hohlblock- und Plansteine, Planelemente[8], Bauplatten) DIN V 106-2: Vormauersteine und Verblender unter Verwendung von Normalmörtel und Dünnbettmörtel	$\alpha_2 = 0{,}2$	115	115	115
	$\alpha_2 = 0{,}6$	115	115	115
	$\alpha_2 = 1{,}0$[4]	115	115	115
Mauerwerk (DIN 1053-4), Bauten aus Ziegelfertigteilen		115	165 (115)	165

4) Bei 3,0 N/mm² < vorh. $\sigma \leq 4{,}5$ N/mm² gelten die Werte nur für Mauerwerk aus Voll-, Block- und Plansteinen

5) Rohdichteklasse ≥ 0,9

7) Gilt nicht bei Verwendung von Dünnbettmörtel.

8) Bemessung nach allgemeiner bauaufsichtlicher Zulassung

6.2.1-B Seite 14 | Raumabschließende Wände | Trennwände (tragende Wände mit raumabschließender Funktion)

8.6 Tragende Fachwerkwände mit ausgefüllten Gefachen

DIN 4102-4 ▶ **Abschnitt 4.11 in Verbindung mit DIN 4102-4/A1 und DIN 4102-22**

Feuerwiderstandsklasse F 30-B
Ausführung siehe Verwendbarkeitsnachweis (DIN 4102-4 bzw. Prüfzeugnis)

Bes. Nachweis ▶ Prüfzeugnis
Ausführung nach Prüfzeugnis
Feuerwiderstandsklassen F 30-B bis F 90-B

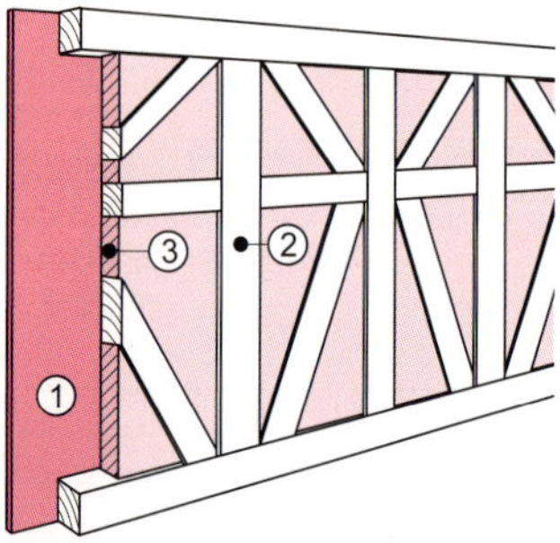

① Bekleidung ② Stiele ③ Ausfachung

8.7 Tragende Wände mit Holztafel- und -ständerbauart

DIN 4102-4 ▶ **Abschnitt 4.12 Tabellen 51 bis 53 in Verbindung mit DIN 4102-4/A1 und DIN 4102-22**

Achtung: In DIN 4102-22 sind Änderungen in Abschnitt 4.12 und Tabellen 51 bis 53 angegeben. Diese Änderungen wurden in der im Brandschutzatlas abgedruckten DIN 4102-4 bereits berücksichtigt (siehe Kapitel 3.5-V).

Feuerwiderstandsklassen F 30-B bis F 90-B
Achtung: F 60-B ist nicht gleich **hochfeuerhemmend** (siehe Kapitel 8.20).

Die Wände bestehen aus Holzrippen. Als Beplankungen/Bekleidungen können verwendet werden:

A **Beplankungen/Bekleidungen**
- a) Sperrholz nach DIN 68705-3 oder 5
- b) Spanplatten nach DIN 68763
- c) Holzfaserplatten nach DIN 68754-1
- d) Gipskarton-Bauplatten GKB und GKF nach DIN 18180

B **Bekleidungen**
- e) Faserzementplattten
- f) Fasebretter aus Nadelholz nach DIN 68122
- g) Stülpschalungsbretter aus Nadelholz nach DIN 68123
- h) Profilbretter mit Schattennut nach DIN 68126-1
- i) gespundete Bretter aus Nadelholz nach DIN 4072
- k) Holzwolle-Leichtbauplatten nach DIN 1101.

Mindestabmessungen, Holzständer, Bekleidungen (Material, Anzahl der Lagen und brandschutztechnisch erforderliche Wärmedämmung siehe Verwendbarkeitsnachweis (DIN 4102-4 in Verbindung mit DIN 4102-4/A1 Abschnitt 4.12 und DIN 4102-22 Abschnittt 4.12 bzw. Prüfzeugnis).

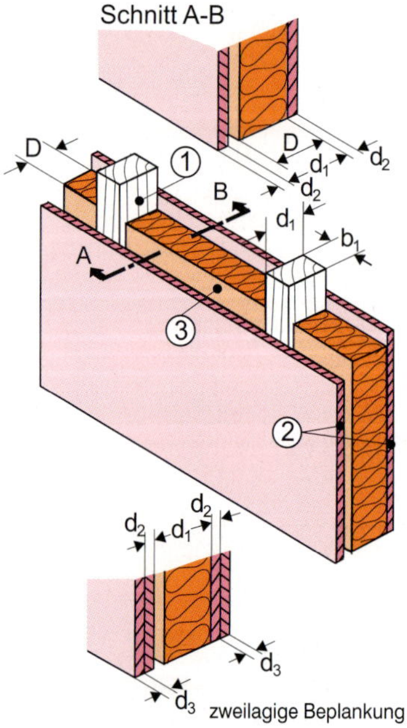

① Holzständer d_1/b_1 = Querschnitt
② Beplankung bzw. Bekleidung d_2 bzw. d_3 = Dicke
③ Wärmedämmung D = Dicke

Bes. Nachweis ▶ Prüfzeugnis
Ausführung nach Prüfzeugnis
Feuerwiderstandsklassen F 30-B bis F 90-B

Raumabschließende Wände	Trennwände (tragende Wände mit raumabschließender Funktion)	**6.2.1-B** Seite 15

8.8 Tragende Wände F 30-B aus Vollholz-Blockbalken

DIN 4102-4

Abschnitt 4.13 Tabelle 55 in Verbindung mit DIN 4102-4/A1 und DIN 4102-22

Achtung: In DIN 4102-22 ist eine Ergänzung in Abschnitt 4.13 angegeben. Diese Ergänzung wurde in der im Brandschutzatlas abgedruckten DIN 4102-4 bereits berücksichtigt (siehe Kapitel 3.5-V).

Feuerwiderstandsklassen F 30-B

① Vollholz-Blockbalken
② Mineralfaser-Dämmschicht (brandschutztechnisch nicht erforderlich)
③ Bekleidung nach DIN 4102-4 Tabelle 55
④ Holzrippen
⑤ Halteleisten

Ausführung siehe Verwendbarkeitsnachweis (DIN 4102-4 bzw. Prüfzeugnis).

Bes. Nachweis — **Prüfzeugnis**

Ausführung nach Prüfzeugnis

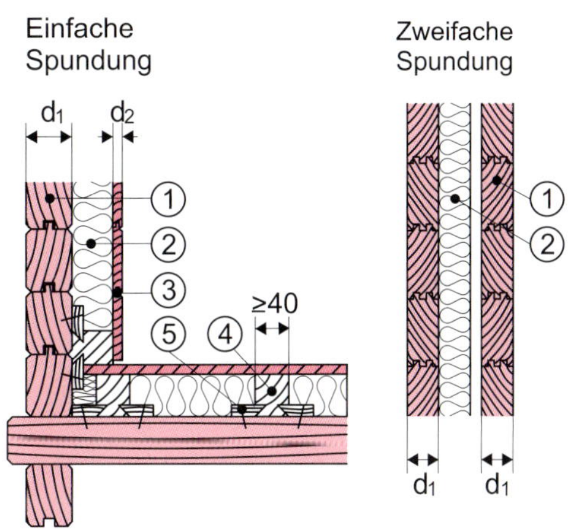

8.9 Tragende Stahlfachwerk- bzw. Stahlprofil-Trennwände

DIN 4102-4

Als tragende Wände nicht in DIN 4102-4 klassifiziert

Als Verwendbarkeitsnachweis ist deshalb immer ein Prüfzeugnis bzw. (im Ausnahmefall) eine Zustimmung im Einzelfall erforderlich.

① Stahlprofile (Ständerwerk)
② Beplankung bzw. Bekleidung d_2 bzw. d_3 = Dicke
③ Wärmedämmung D = Dicke

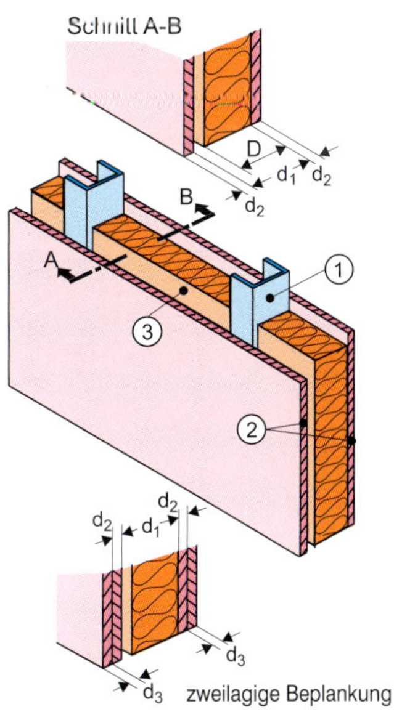

Bes. Nachweis — **Prüfzeugnis**

Ausführung nach Prüfzeugnis

Feuerwiderstandsklassen F 30-A bis F 180-A

Mindestabmessungen, Stahlprofile, Bekleidungen (Material, Anzahl der Lagen) und brandschutztechnische erforderliche Wärmedämmung siehe Prüfzeugnis.

6.2.1-B Seite 16	Raumabschließende Wände	Trennwände (tragende Wände mit raumabschließender Funktion)

6.2 Raumabschließende Wände

6.2.2 Brandwände

Dipl.-Ing. (FH) Josef Mayr

Inhalt

Teil A Anforderungen

1 Allgemeines

2 Begriffe

2.1 Brandwand (BW)

2.2 Gebäudeabschlusswand (GA)

2.3 Innere Brandwand (IBW)

2.4 Brandabschnitt (BA)

2.5 Wand, die anstelle einer Brandwand zulässig ist

2.6 Bauart einer Brandwand

2.7 Brandwand für Industrie- und Gewerbebauten nach M IndBauRL

2.8 Brandbekämpfungsabschnitt und Brandbekämpfungsabschnittstrennwand

2.9 Brandwand der Industrie-Feuerversicherung

2.10 Komplextrennwand

3 Anforderungen der Landesbauordnungen (LBOs)

3.1 Vorbemerkungen

3.2 Übersicht über die Anforderungen der MBO 2002

3.3 Brandwände als Gebäudeabschlusswände an der Grundstücksgrenze

3.4 Brandwände als innere Brandwände zur Unterteilung ausgedehnter Gebäude

3.5 Brandwände als Gebäudeabschlusswände bei aneinandergereihten Gebäuden auf demselben Grundstück

6.2.2	Raumabschließende Wände	Brandwände

3.6 Brandwände als innere Brandwände zur Unterteilung landwirtschaftlich genutzter Gebäude > 10.000 m^3
3.7 Brandwände bzw. raumabschließende feuerbeständige Wände zwischen Wohnnutzung und Landwirtschaft
4 Anforderungen der Industrie-Feuerversicherung

Teil B Bauausführung
1 Bauart der Brandwände
1.1 Anforderungen der Landesbauordnungen (LBOs)
1.2 Erfüllung der Anforderungen der Landesbauordnungen (LBOs)
1.2.1 Genormte Bauarten nach DIN 4102-4
1.2.2 Klassifizierte Bauarten und Bauprodukte nach DIN 4102-3
1.2.3 Klassifizierte Bauarten und Bauprodukte nach DIN EN 13501-2
1.2.4 Verwendbarkeitsnachweis
1.2.5 Übereinstimmungsnachweis
1.2.6 Einhaltung der Randbedingungen
1.3 Anforderungen der Muster-Industriebaurichtlinie (M IndBauRL)
1.4 Anforderungen der Industrie-Feuerversicherung
2 Wände, die anstelle von Brandwänden zulässig sind
2.1 Gebäude, bei denen anstelle von Brandwänden andere Wände zulässig sind
2.2 Anforderungen an die Bauart von Wänden, die anstelle von Brandwänden zulässig sind
2.3 Erfüllung der Anforderungen der Landesbauordnungen (LBOs)
2.3.1 Feuerbeständige raumabschließende Wand
2.3.2 Raumabschließende Wand, die auch unter zusätzlicher mechanischer Beanspruchung hochfeuerhemmend ist
2.3.3 Raumabschließende hochfeuerhemmende Wand
2.3.4 Gebäudeabschlusswand F 30–F 90
2.4 Verwendbarkeitsnachweis und Übereinstimmungsnachweis
3 Durchgängigkeit von Brandwänden
3.1 Anforderungen der Landesbauordnungen (LBOs)
3.2 Anforderungen der Muster-Industriebaurichtlinie (M IndBauRL)
3.3 Anforderungen der Industrie-Feuerversicherung

Raumabschließende Wände	Brandwände	**6.2.2**

4 **Ausbildung im Dachbereich**

4.1 Anforderungen der Landesbauordnungen (LBOs)

4.2 Dächer mit Plattendeckung – Dachanschluss
Gebäudeklassen 4 und 5 (MBO 2002) bzw. Gebäude mittlerer Höhe (MBO 1996)

4.3 Dächer mit Plattendeckung – Dachanschluss
Gebäudeklassen 1 bis 3 (MBO 2002) bzw. Gebäude geringer Höhe (MBO 1996)

A Vermeidung von Brandbrücken
B Vermeidung von Wärmebrücken
C Vermeidung von Feuchtigkeitsbrücken
D Vermeidung von Schallbrücken

4.4 Dächer mit Plattendeckung – Dachanschluss (sonstige Gebäude)

4.5 Dächer mit Plattendeckung – Dachvorsprünge

4.6 Dächer mit Plattendeckung – Traufbereich

4.7 Dächer mit Plattendeckung – Ortgangbereich

4.8 Dächer mit brennbarer Dachabdichtung

4.9 Blechdächer

4.10 Brandwände bei Gebäuden mit weicher Bedachung

4.11 Brandwände zwischen Gebäuden mit unterschiedlichen Höhen

4.12 Brandwände bei Grabendächern

4.13 Abstand von Dachöffnungen zu Brandwänden

4.14 Anforderungen der Muster-Industriebaurichtlinie (M IndBauRL)

4.15 Anforderungen der Industrie-Feuerversicherung

5 **Brandwände im Bereich des einspringenden Winkels**

5.1 Anforderungen der Landesbauordnungen (LBOs)

5.2 Anforderungen der Muster-Industriebaurichtlinie (M IndBauRL)

5.3 Anforderungen der Industrie-Feuerversicherung

6 **Ausbildung im Fassadenbereich**

6.1 Anforderungen der Landesbauordnungen (LBOs)

6.2 Anforderungen der Muster-Industriebaurichtlinie (M IndBauRL)

6.3 Anforderungen der Industrie-Feuerversicherung

6.2.2	Raumabschließende Wände	Brandwände

7 Standsicherheit und Mindestquerschnitt
7.1 Anforderungen der Landesbauordnungen (LBOs)
7.2 Anforderungen der Muster-Industriebaurichtlinie (M IndBauRL) und der Industrie-Feuerversicherung
8 Öffnungen in Brandwänden
Anforderungen der Landesbauordnungen (LBOs)
9 Sichtöffnungen in Brandwänden
Anforderungen der Landesbauordnungen (LBOs)
10 Leitungsdurchführungen durch Brandwände

6.2.2 Brandwände

Teil A Anforderungen

1 Allgemeines

Schutzziel gemäß MBO 2002 § 30 (1):

Brandwände müssen als raumabschließende Bauteile zum Abschluss von Gebäuden (Gebäudeabschlusswand) oder zur Unterteilung von Gebäuden in Brandabschnitte (innere Brandwand) ausreichend lang die Brandausbreitung auf andere Gebäude oder Brandabschnitte verhindern.

Vorschriften über Erfordernis, Anordnung und Ausführung von Brandwänden gehören zu den ältesten Anforderungen des Baurechts. Die Errichtung von Brandwänden hat sich als eine der wirksamsten Maßnahmen erwiesen, um das Übergreifen von Feuer und Rauch auf

- Nachbargebäude,
- angrenzende Gebäudeteile und
- innerhalb größerer Gebäude auf angrenzende Gebäudebereiche

zu verhindern.

Damit dienen Brandwände

- der **Abgrenzung** von Brandabschnitten = **Nachbarschutz** und
- zur **Trennung von Brandabschnitten** = Personen- und Sachschutz durch Unterteilung größerer Gebäude bzw. Gebäudeteile in einzelne Brandabschnitte.

Grundsätzliche Informationen zum Abschottungsprinzip siehe Kapitel 6.2.0.

Brandwände bilden außerdem eine wichtige **Schnittstelle** zum abwehrenden Brandschutz. Entlang von Brandwänden kann die Feuerwehr im Ernstfall „Widerstandslinien" aufbauen und so die abschottende Funktion der Brandwände aktiv unterstützen. Damit wird sichtbar, wie sich baulicher Brandschutz (Brandwände) und abwehrender Brandschutz (Feuerwehren) ergänzen.

Die Analyse von Brandschäden zeigt immer wieder, dass Brandwände einen wesentlichen Beitrag zur Erfüllung der grundsätzlichen bauaufsichtlichen **Schutzziele** des Brandschutzes leisten. Immer wenn eine Brandentstehung nicht verhindert werden kann und eine sofortige Brandmeldung nicht gesichert ist (z.B. in Gebäuden, in denen sich nicht ständig Menschen aufhalten bzw. die keine automatische Brandmelde-

1-1 Aufbau einer Widerstandslinie durch die Feuerwehr entlang einer fachgerecht über Dach geführten Brandwand. Weitere Bilder zu diesem Schaden siehe Kapitel 6.2.0-S.

anlage aufweisen), bietet eine Brandwand oft die einzige Möglichkeit, den Schaden wenigstens **auf den betroffenen Brandabschnitt zu begrenzen.**

Damit gehören Brandwände zu den **elementaren Bausteinen** des vorbeugenden baulichen Brandschutzes. Leider zeigt die Brandschadenanalyse immer wieder, dass Mängel und Schwachstellen in Brandwänden im Brandfall oft zu einer erheblichen Schadenvergrößerung führen (siehe 6.2.2-S). Deshalb müssen alle Brandwände fachgerecht geplant, ausgeführt und auch unterhalten werden.

2 Begriffe

Da das Baurecht und die tägliche Anwendungspraxis in Verbindung mit Brandwänden teilweise unterschiedliche Begriffe verwenden, werden nachstehend einige wichtige Begriffe erläutert.

2.1 Brandwand (BW)

Raumabschließende, auch unter **zusätzlicher mechanischer Beanspruchung** feuerbeständige Wand aus nichtbrennbaren Baustoffen, die ausreichend lang eine Brandausbreitung auf andere Gebäude oder Brandabschnitte verhindert.

Damit die Brandausbreitung im Sinne der LBO ausreichend lange verhindert wird, muss die Brandwand abhängig von Gebäudehöhe und -typ noch weitergehende Anforderungen erfüllen. Die wichtigste ist, dass bei Gebäuden, die höher als Gebäude geringer Höhe sind (z.B. Gebäudeklassen 4 und 5 gemäß MBO 2002 bzw. Gebäude mittlerer Höhe gemäß MBO 1996), die Brandwand 30 cm über die Bedachung zu führen ist. Außerdem gilt grundsätzlich, dass Bauteile mit brennbaren Stoffen nicht über Brandwände und Wände, die anstelle von Brandwänden zulässig sind, hinweggeführt werden dürfen.

2.2 Gebäudeabschlusswand (GA)

Brandwand zum Abschluss von Gebäuden mit dem Schutzziel, einen entstandenen Brand auf das Gebäude bzw. Grundstück zu begrenzen, in dem bzw. auf dem er ausgebrochen ist. Die Brandwand als Gebäudeabschlusswand schützt die auf den Nachbargrundstücken stehenden Gebäude und ist damit **nachbarschützend.** Teilweise wird eine Brandwand als Gebäudeabschlusswand auch als **„äußere Brandwand"** bezeichnet.

Nach einigen Landesbauordnungen muss nicht nur der Nachbar auf angrenzenden **fremden Grundstücken** durch eine Brandwand als Gebäudeabschlusswand geschützt werden, sondern auch der Nachbar auf dem **eigenen Grundstück.** Allerdings enthält die MBO 2002 keine diesbezüglichen Anforderungen, da sie bei aneinandergebauten selbstständigen Gebäuden auf demselben Grundstück davon ausgeht, dass die Gebäude jeweils **eigenständige Nutzungseinheiten** darstellen, die ohnehin durch entsprechende feuerwiderstandsfähige Trennwände voneinander zu trennen sind.

Gebäudeabschlusswände dienen in wechselseitiger Beziehung sowohl dem **Nachbarschutz** (bei einem Brand im eigenen Gebäude) als auch dem **Eigenschutz** (bei einem Brand des Nachbargebäudes).

2.3 Innere Brandwand (IBW)

Brandwand zur **Unterteilung** von **ausgedehnten Gebäuden** in Brandabschnitte von nicht mehr als 40 m (gemäß MBO 2002 und fast allen LBOs) mit dem Schutzziel, einen entstandenen Brand auf den Brandabschnitt zu begrenzen, in dem er ausgebrochen ist.

Innere Brandwände ermöglichen (wenn sie fachgerecht ausgeführt sind) die **Begrenzung** eines entstandenen Brandes auf den jeweiligen durch die inneren Brandwände und die Außenwände begrenzten Gebäudeabschnitt = **Brandabschnitt.** Damit dienen sie sowohl dem **Personenschutz** (weil die Menschen in den angrenzenden Brandabschnitten nicht gefährdet werden) und dem **Sachschutz** (weil der Brandschaden auf einen Brandabschnitt begrenzt werden kann).

2.4 Brandabschnitt (BA)

Bei ausgedehnten Gebäuden mit inneren Brandwänden: Teil eines Gebäudes, der durch die inneren Brandwände und ggf. Außenwände begrenzt wird.

Bei nicht ausgedehnten Gebäuden ohne innere Brandwände: das Gebäude selbst, das durch Außenwände und ggf. durch Gebäudeabschlusswände begrenzt wird.

2.5 Wand, die anstelle einer Brandwand zulässig ist

Raumabschließende Wand mit einer geringeren Feuerwiderstandsdauer als die einer Brandwand, die bei bestimmten Gebäuden **anstelle einer Brandwand** zulässig ist. Diese Wand muss sowohl bestimmte Anforderungen an die Feuerwiderstandsdauer als auch **weitergehende Anforderungen** erfüllen, die sich für den jeweiligen Gebäudetyp aus der jeweiligen LBO ergeben.

Nach der MBO und den LBOs sind bei bestimmten Gebäuden (z.B. bei Gebäuden der Gebäudeklassen 1 bis 3 gemäß MBO 2002 oder bei Wohngebäuden geringer Höhe mit bis zu zwei Wohnungen gemäß verschiedenen LBOs) als Gebäudeabschlusswände anstelle von Brandwänden raumabschließende Wände mit einer geringeren Anforderung an die Feuerwiderstandsdauer zulässig (z.B. so genannte „F 30 F 90 Wände").

Diese Wände, die anstelle von „echten" Brandwänden zulässig sind, müssen zwar bezüglich ihrer Bauart nur eine geringere Feuerwiderstandsdauer aufweisen (F 30 von innen und F 90 von außen), bezüglich ihrer sonstigen Ausführung gelten jedoch teilweise weitere Anforderungen (z.B. dass Öffnungen unzulässig sind).

Gemäß MBO 2002 gelten für Wände, die anstelle von Brandwänden zulässig sind, entsprechend auch alle weiteren Anforderungen, die an Brandwände gestellt werden.

Da die Anforderungen der einzelnen LBOs teilweise unterschiedlich sind, ist bei

Wänden, die anstelle von Brandwänden zulässig sind, immer genau zu prüfen, welche weitergehenden Anforderungen für diese Wände gelten.

2.6 Bauart einer Brandwand

Raumabschließende, auch unter zusätzlicher mechanischer Beanspruchung feuerbeständige Wand aus nichtbrennbaren Baustoffen.

Diese Wand muss in ihrer ganzen Bauart (Baustoffe, Dicke, statische Bemessung usw.) wie eine Brandwand ausgeführt werden (z.B. nach DIN 4102-4, Abschnitt 4.8, in Verbindung mit DIN 4102-4/A1, Tabelle 45, und DIN 4102-22).

Wände in der **Bauart von Brandwänden** werden gemäß MBO und entsprechend auch nach den LBOs bei Gebäuden der Gebäudeklassen 4 und 5 (MBO 2002) bzw. bei Gebäuden mittlerer Höhe (MBO 1996) zur Begrenzung von Treppenräumen (= Treppenraumwände) verlangt.

Allerdings gelten bezüglich der weiteren Ausführung dieser Wände (z.B. Sicherung von Türöffnungen, Ausbildung im Dachbereich) teilweise erhebliche Erleichterungen. So müssen z.B. Türöffnungen zu Wohnungen und zu vergleichbaren Nutzungseinheiten bis 200 m² nach MBO 2002 nicht mit dichten T-90-Abschlüssen (die für eine Brandwand eigentlich erforderlich wären), sondern nur mit dichten und selbstschließenden Türen gesichert werden.

2.7 Brandwand für Industrie- und Gewerbebauten nach M IndBauRL

Für diese Brandwände gelten grundsätzlich die Anforderungen der MBO bzw. LBOs. Darüber hinaus gelten bezüglich ihrer **Detailausbildung** teilweise **höhere Anforderungen**, die in der Muster-Industriebaurichtlinie (M IndBauRL) geregelt sind (siehe Kapitel 9.2). Sie müssen z.B. 50 cm über Dach geführt werden (anstelle von 30 cm) usw.

2.8 Brandbekämpfungsabschnitt und Brandbekämpfungsabschnittstrennwand

Siehe Kapitel 9.2 „Brandschutz nach Muster-Industriebaurichtlinie“.

2.9 Brandwand der Industrie-Feuerversicherung

Neben der bauaufsichtlich geforderten Brandwand (z.B. gemäß MBO, LBO oder M IndBauRL) gibt es auch die vom Industrie-Feuerversicherer geforderte Brandwand. Die Anforderungen an die Ausführung dieser Brandwand sind in einzelnen Punkten höher als bei der LBO-Brandwand. Weitere Informationen hierzu siehe Punkt 4 in diesem Kapitel.

2.10 Komplextrennwand

Komplextrennwände werden bei bestimmten Risikosituationen vom Industrie-Feuerversicherer gefordert. Sie müssen wesentlich höhere Anforderungen erfüllen als Brandwände (z.B. F 180-A usw.) (weitere Informationen siehe Kapitel 10.2).

3 Anforderungen der Landesbauordnungen (LBOs)

3.1 Vorbemerkungen

Die bauaufsichtlichen Anforderungen der einzelnen Länder sind teilweise unterschiedlich. Nachfolgend werden die grundsätzlichen Bestimmungen der Musterbauordnung 2002 angegeben, kommentiert und durch Zeichnungen veranschaulicht.

Die genauen Anforderungen für alle Länder und Gebäudeklassen nach der jeweiligen LBO sind auf der **Brandschutz-Nachweis-CD** in Form von **LBO-Checklisten, Brandschutz-Nachweis-Checklisten** und den dort aufgeführten **Vorschriften** enthalten.

Brandwände und **Wände, die anstelle von Brandwänden zulässig sind:** Nachfolgend wird als grundsätzliche Anforderung immer angegeben, dass eine Brandwand erforderlich ist. In vielen Fällen (abhängig von der Gebäudehöhe und -art) ist es jedoch zulässig, anstelle dieser Brandwand eine bestimmte feuerwiderstandsfähige raumabschließende Wand auszuführen, die bezüglich ihrer Bauart geringere Anforderungen aufweisen muss. In solchen Fällen gelten die dargestellten Anforderungen dann für diese Wand.

Dies bedeutet, dass bei den nachfolgenden Beispielen bei Vorliegen der entsprechenden Voraussetzungen anstelle der jeweils dort angegebenen **Brandwand** eine **Wand, die anstelle der Brandwand zulässig ist,** ausgeführt werden kann, siehe hierzu auch Teil B dieses Kapitels, Punkt 2.

3.2 Übersicht über die Anforderungen der MBO 2002

Die Tabelle 3.2-1 zeigt als Übersicht alle von der MBO 2002 in § 30 gestellten Anforderungen an Brandwände.

6.2.2-A Seite 6 | Raumabschließende Wände | Brandwände

Tabelle 3.2-1: Erfordernis und Ausführung von Brandwänden nach § 30 MBO 2002

Gebäudeart	Wohngebäude und andere Gebäude			Landwirtschaftliche Gebäude	
Gebäudeklasse	1 bis 3	4	5	> 2000 m³	≤ 2000 m³
Schutzziel	Brandwände müssen als raumabschließende Bauteile zum Abschluss von Gebäuden (Gebäudeabschlusswand) oder zur Unterteilung von Gebäuden in Brandabschnitte (innere Brandwand) ausreichend lang die Brandausbreitung auf andere Gebäude oder Brandabschnitte verhindern.				
Erfordernis: Brandwände sind erforderlich	1. als Gebäudeabschlusswand, ausgenommen von Gebäuden ohne Aufenthaltsräume und ohne Feuerstätten mit nicht mehr als 50 m³ Brutto-Rauminhalt, wenn diese Abschlusswände an oder mit einem Abstand bis zu 2,50 m gegenüber der Grundstücksgrenze errichtet werden, es sei denn, dass ein Abstand von mindestens 5 m zu bestehenden oder nach den baurechtlichen Vorschriften zulässigen künftigen Gebäuden gesichert ist. Dies gilt nicht für seitliche Wände von Vorbauten im Sinne des § 6 Abs. 6 MBO 2002, wenn sie von dem Nachbargebäude oder der Nachbargrenze einen Abstand einhalten, der ihrer eigenen Ausladung entspricht, mindestens jedoch 1 m beträgt. 2. als innere Brandwand zur Unterteilung ausgedehnter Gebäude in Abständen von nicht mehr als 40 m			3. als innere Brandwand zur Unterteilung landwirtschaftlich genutzter Gebäude in Brandabschnitte von nicht mehr als 10.000 m³ Brutto-Rauminhalt 4. als Gebäudeabschlusswand zwischen Wohngebäuden und angebauten landwirtschaftlich genutzten Gebäuden sowie als innere Brandwand zwischen dem Wohnteil und dem landwirtschaftlich genutzten Teil eines Gebäudes	
Ausführung	• hochfeuerhemmend bzw. • Gebäudeabschlusswände F 30-F 90	unter zusätzlicher mechanischer Beanspruchung hochfeuerhemmend	nichtbrennbar (nb) + unter zusätzlicher mechanischer Beanspruchung feuerbeständig (fb)		feuerbeständig
Durchgängigkeit	Brandwände müssen bis zur Bedachung durchgehen und in allen Geschossen übereinander angeordnet sein. Abweichend davon dürfen anstelle innerer Brandwände Wände geschossweise versetzt angeordnet werden, wenn 1. die Wände im Übrigen Absatz 3 Satz 1 entsprechen, 2. die Decken, soweit sie in Verbindung mit diesen Wänden stehen, nb und fb sind und keine Öffnungen haben, 3. die Bauteile, die diese Wände und Decken unterstützen, nb und fb sind, 4. die Außenwände in der Breite des Versatzes in dem Geschoss oberhalb oder unterhalb des Versatzes fb sind und 5. Öffnungen in den Außenwänden im Bereich des Versatzes so angeordnet oder andere Vorkehrungen so getroffen sind, dass eine Brandausbreitung in andere Brandabschnitte nicht zu befürchten ist.				
Ausbildung im Dachbereich	mindestens bis unter die Dachhaut	30 cm über die Bedachung oder in Höhe der Dachhaut Abschluss mit einer beiderseits 50 cm auskragenden nb und fb Platte; darüber dürfen brennbare Teile des Daches nicht hinweggeführt werden.			GKL 1–3: bis unter die Dachhaut GKL 4–5: 30 cm über Dach oder 50 cm fb Kragplatte
	Verbleibende Hohlräume sind vollständig mit nichtbrennbaren Baustoffen auszufüllen.				
Ausbildung im Außenwandbereich	Bauteile mit brennbaren Baustoffen dürfen über Brandwände nicht hinweggeführt werden. Außenwandkonstruktionen, die eine seitliche Brandausbreitung begünstigen können, wie Doppelfassaden oder hinterlüftete Außenwandbekleidungen, dürfen ohne besondere Vorkehrungen über Brandwände nicht hinweggeführt werden.				
Ausbildung im Inneneckenbereich	Müssen Gebäude oder Gebäudeteile, die über Eck zusammenstoßen, durch eine Brandwand getrennt werden, so muss der Abstand dieser Wand von der inneren Ecke mindestens 5 m betragen; das gilt nicht, wenn der Winkel der inneren Ecke mehr als 120 Grad beträgt oder mindestens eine Außenwand auf 5 m Länge als öffnungslose feuerbeständige Wand aus nichtbrennbaren Baustoffen ausgebildet ist.				
Vermeidung von Brandbrücken und Schwachstellen	Bauteile mit brennbaren Baustoffen dürfen über Brandwände nicht hinweggeführt werden. Bauteile dürfen in Brandwände nur so weit eingreifen, dass deren Feuerwiderstandsfähigkeit nicht beeinträchtigt wird.				
Türöffnungen	Öffnungen in Brandwänden (Brandwänden als Gebäudeabschlusswänden) sind unzulässig. Sie sind in inneren Brandwänden nur zulässig, wenn sie auf die für die Nutzung erforderliche Zahl und Größe beschränkt sind:				
	hochfeuerhemmende, dicht- und selbstschließende Abschlüsse		feuerbeständige, dicht- und selbstschließende Abschlüsse.		
Sichtöffnungen	In inneren Brandwänden nur zulässig, wenn sie auf die für die Nutzung erforderliche Zahl und Größe beschränkt sind *(in der Regel Größenbegrenzung auf 1 m² je Öffnung)*:				
	hochfeuerhemmende, dicht- und selbstschließende Abschlüsse		feuerbeständige, dicht- und selbstschließende Abschlüsse.		
Leitungen, Leitungsschlitze und Schornsteine	Sie dürfen in Brandwände nur so weit eingreifen, dass deren Feuerwiderstandsfähigkeit nicht beeinträchtigt wird, Sicherung von Leitungsdurchführungen siehe Muster-Leitungsanlagenrichtlinie:				
	Sicherung hochfeuerhemmend		Sicherung feuerbeständig		

3.3 Brandwände als Gebäudeabschlusswände an der Grundstücksgrenze

MBO 2002 § 30 (2) Nr. 1 und (10):

Brandwände sind erforderlich:

als ***Gebäudeabschlusswand****, ausgenommen von Gebäuden ohne Aufenthaltsräume und ohne Feuerstätten mit nicht mehr als 50 m³ Brutto-Rauminhalt, wenn diese Abschlusswände an oder mit einem Abstand bis zu 2,50 m gegenüber der Grundstücksgrenze errichtet werden, es sei denn, dass ein Abstand von mindestens 5 m zu bestehenden oder nach den baurechtlichen Vorschriften zulässigen künftigen Gebäuden gesichert ist.*

Dies gilt nicht für seitliche Wände von Vorbauten im Sinne des § 6 Abs. 6 MBO 2002, wenn sie von dem Nachbargebäude oder der Nachbargrenze einen Abstand einhalten, der ihrer eigenen Ausladung entspricht, mindestens jedoch 1 m beträgt.

Diese Vorschrift dient dem **Nachbarschutz**. Mit ihr werden **nicht** die gemäß Abstandsflächenrecht erforderlichen Grenzabstände geregelt, sondern nur Anforderungen gestellt, wenn aus Brandschutzgründen ein zu geringer Grenz- bzw. Gebäudeabstand besteht. Dies bedeutet, dass die Abstandsflächenregelungen **zusätzlich** eingehalten werden müssen.

In den nachfolgenden Prinzipskizzen sind immer Brandwände angegeben. Nach MBO 2002 und den LBOs ist es möglich, bei bestimmten Gebäuden **anstelle von Brandwänden F 30-F 90-Wände** anzuordnen, z.B. bei Wohngebäuden geringer Höhe mit bis zu zwei Wohnungen. In diesem Fall könnten dann die in den Skizzen dargestellten Brandwände bezüglich ihrer Bauart als F 30-F 90-Wände ausgeführt werden.

6.2.2-A Seite 8 | Raumabschließende Wände | Brandwände

3.3-1 Gebäudeabschlusswand an der Grundstücksgrenze

Gebäude A benötigt eine Gebäudeabschlusswand, da der Abstand der Außenwand zur Grundstücksgrenze weniger als 2,50 m beträgt. Der Abstand der Außenwand von Gebäude B beträgt mindestens 2,50 m. Damit ist für Gebäude B keine Gebäudeabschlusswand erforderlich.

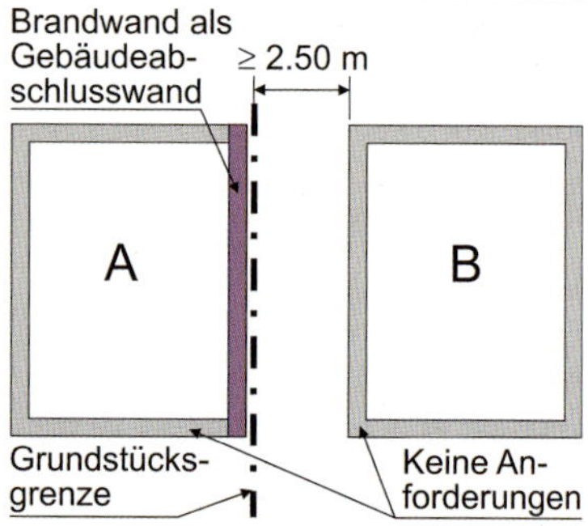

3.3-2 Beide Gebäudeabschlusswände direkt an der Grundstücksgrenze

Beide Außenwände sind als Gebäudeabschlusswände auszuführen, da sie einen Abstand von weniger als 2,50 m zur Grundstücksgrenze aufweisen.

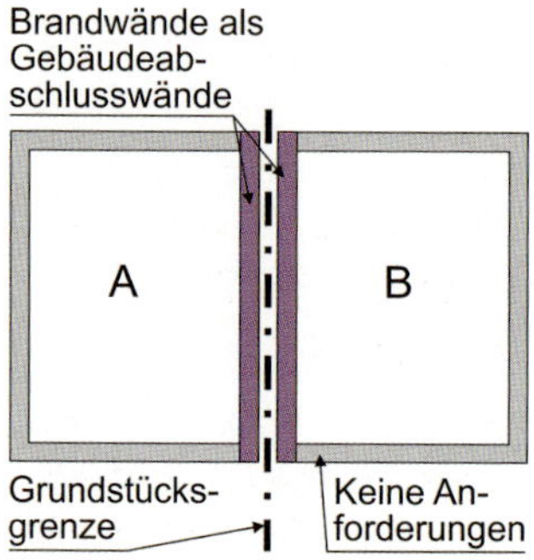

3.3-3 Versetzte Gebäude

Bei versetzten Gebäuden sind nur die Außenwände, die der Grundstücksgrenze gegenüberstehen und deren Abstand weniger als 2,50 m beträgt, als Gebäudeabschlusswände auszuführen.

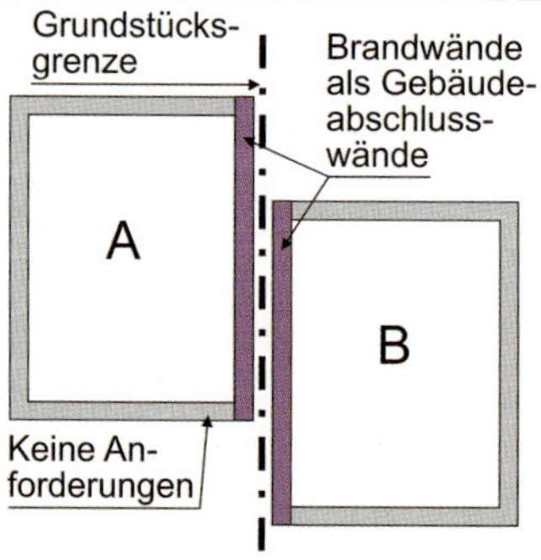

3.3-4 Beispiel für rechtwinkelig abknickende Grundstücksgrenze

Nur der Wandbereich, der direkt an bzw. gegenüber der Grundstücksgrenze steht, wird als Gebäudeabschlusswand ausgeführt.*)

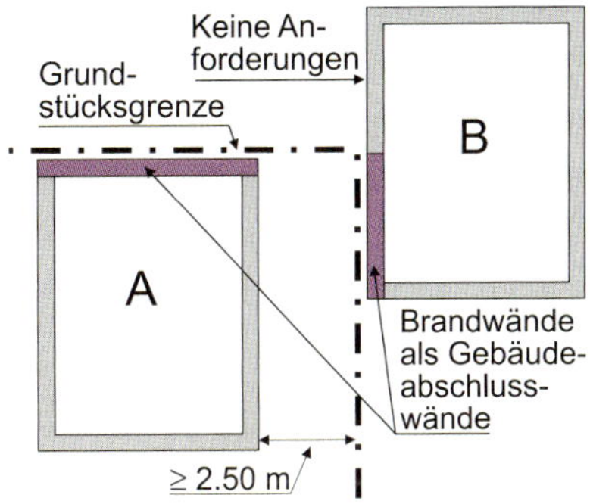

3.3-5 Beispiel für abknickende Außenwand

Da die untere Wand in einem Winkel von weniger als 75° zur Nachbargrenze steht, wird sie innerhalb eines Streifens von 2,50 m als Gebäudeabschlusswand ausgeführt. Die obere Wand weist einen Winkel von mehr als 75° auf, so dass auf eine Anforderung verzichtet werden kann.*)

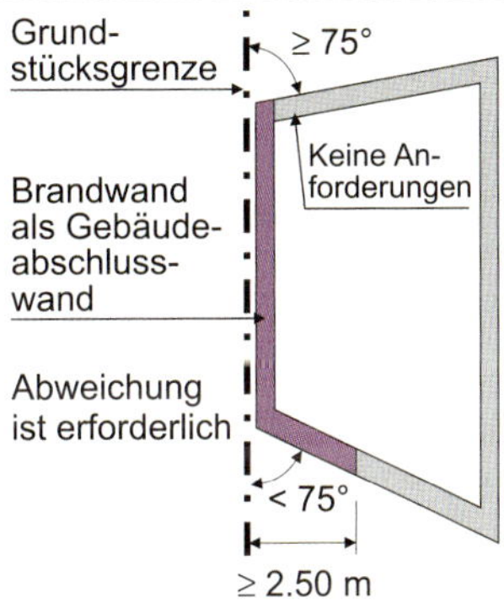

3.3-6 Gesicherter Abstand zu Gebäuden

Die Gebäudeaußenwand von Gebäude A braucht nicht als Gebäudeabschlusswand ausgeführt werden, da zum bestehenden bzw. künftig zulässigen Gebäude B ein Abstand von 5 m baurechtlich gesichert ist.

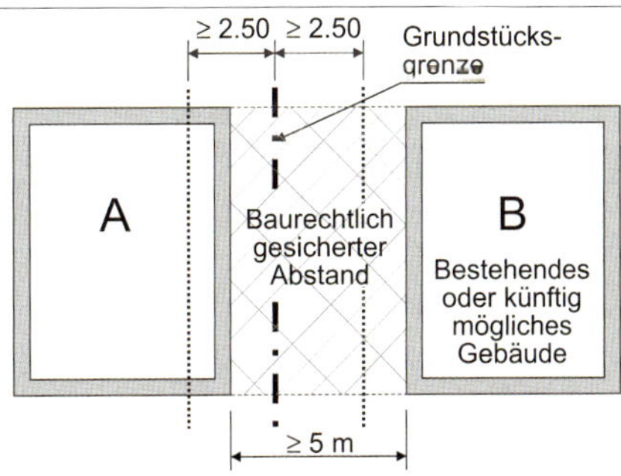

*) Eine Abstimmung mit der zuständigen Brandschutzdienststelle bzw. Bauaufsichtsbehörde ist empfehlenswert, da dieser Fall in der MBO (bzw. LBO) nicht geregelt ist. Ggf. ist eine Abweichung erforderlich.

6.2.2-A Seite 10	Raumabschließende Wände	Brandwände

3.3-7 **Gebäude ohne Aufenthaltsräume und ohne Feuerstätten mit nicht mehr als 50 m³ Brutto-Rauminhalt**

Bei diesen Gebäuden ist auch bei Abständen unter 2,50 m zur Grundstücksgrenze keine Gebäudeabschlusswand erforderlich.

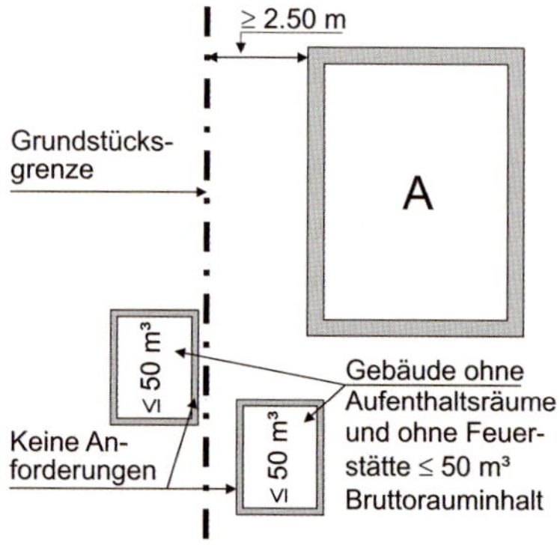

3.3-8 **Beispiel für Wohngebäude mit Garage**

Bei der typischen Wohnbebauung mit Kleingaragen an der Grundstücksgrenze ist für die Garagenaußenwände auch bei Abständen unter 2,50 m zur Grundstücksgrenze keine Gebäudeabschlusswand erforderlich. Die Anforderungen an die Garagenaußenwände an der Grundstücksgrenze und die Trennung der Garage zum Wohngebäude richten sich nach der jeweiligen LBO und Garagenverordnung.

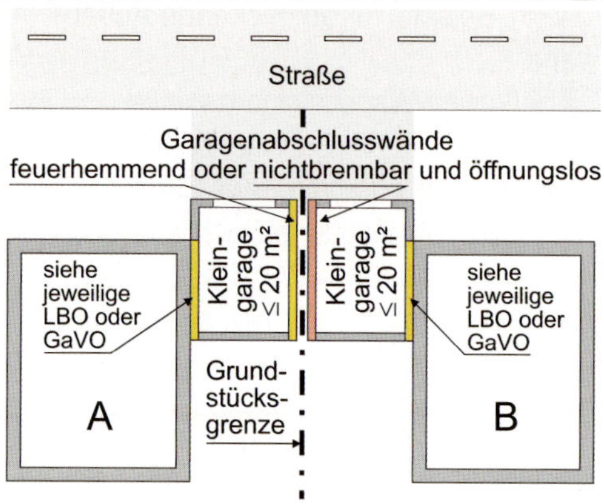

3.3-9 **Beispiel für räumliche Brandabschnittstrennung**

Aus der sinngemäßen Anwendung der vorstehenden Regelungen ergibt sich, dass bei ausgedehnten Gebäuden auf **demselben** Grundstück anstelle einer inneren Brandwand durch Anordnung eines 5 m großen Abstandes eine räumliche Brandabschnittstrennung möglich ist.*)

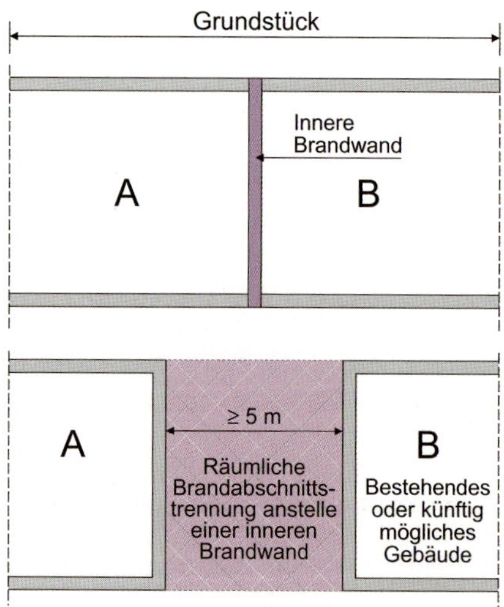

*) Eine Abstimmung mit der zuständigen Brandschutzdienststelle bzw. Bauaufsichtsbehörde ist empfehlenswert, da dieser Fall in der MBO (bzw. LBO) nicht geregelt ist. Ggf. ist eine Abweichung erforderlich.

3.4 Brandwände als innere Brandwände zur Unterteilung ausgedehnter Gebäude

> MBO 2002 § 30 (2) Nr. 2:
>
> *Brandwände sind erforderlich:*
>
> *als **innere Brandwand** zur Unterteilung ausgedehnter Gebäude in Abständen von nicht mehr als 40 m*

Ausgedehnte Gebäude sind in bestimmten Abschnitten (gemäß MBO: 40 m) in **Brandabschnitte** zu unterteilen, um einen entstandenen Brand auf einen Gebäudeabschnitt = Brandabschnitt zu begrenzen. Damit dient diese Vorschrift sowohl dem **Personen**- als auch dem **Sachschutz.**

Größere Abstände als 40 m sind in der Regel als **Abweichung** möglich. Hierfür müssen jedoch folgende Voraussetzungen vorliegen:

- Die Nutzung des Gebäudes muss diese größeren Abstände erfordern und
- es dürfen keine Bedenken wegen des Brandschutzes bestehen.

Die Regelung, dass größere Abstände gestattet werden können, wurde in der MBO 2002 nicht mehr eigens aufgeführt, da diese Möglichkeit im Rahmen einer Abweichung immer besteht. Außerdem war sie ursprünglich hauptsächlich für Gewerbe- und Industriegebäude gedacht, deren Nutzung oft größere Abstände erforderte. Diese Gebäude sind jedoch in der M IndBauRL geregelt, so dass die vorbeschriebene Abweichung für diese Gebäude an Bedeutung verloren hat.

3.4-1 Beispiel für innere Brandwand eines ausgedehnten Wohngebäudes oder vergleichbaren Gebäudes
Zunächst wird bei dieser Vorschrift davon ausgegangen, dass es sich um übliche Wohngebäude und vergleichbare Gebäude handelt, die in der Regel Gebäudetiefen von maximal 15 bis 20 m aufweisen.

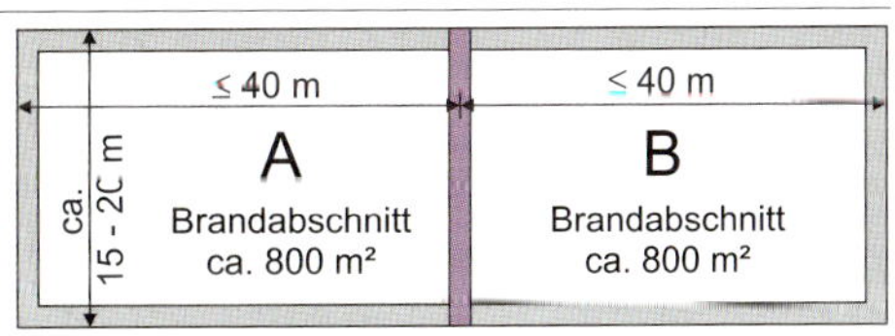

3.4-2 Beispiel für innere Brandwand eines ausgedehnten Gebäudes
Bei anderen Gebäuden als Wohngebäuden, die nach der MBO beurteilt werden können, wird die Größe des einzelnen Brandabschnittes auf maximal 40 x 40 m = maximal 1600 m², jedoch innerhalb eines 40-m-Rasters, begrenzt.

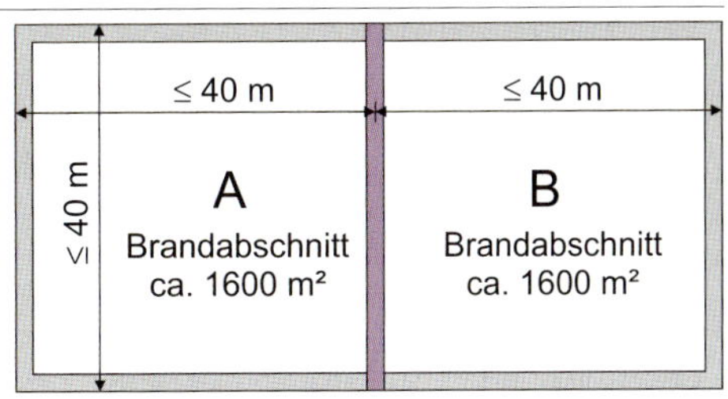

6.2.2-A Seite 12 | Raumabschließende Wände | Brandwände

3.4-3 Beispiel für mögliche Brandabschnittsgrößen von eingeschossigen Gewerbe- und Industriegebäuden

Bei Gewerbe- und Industriegebäuden ergibt sich die maximal zulässige Größe des Brandabschnittes aus der M IndBauRL. Diese lässt (abhängig von der Geschosszahl und der jeweiligen brandschutztechnischen Infrastruktur) auch wesentlich größere Brandabschnitte zu. Allerdings müssen die Gebäude dann in allen anderen Punkten ebenfalls der M IndBauRL entsprechen (siehe Kapitel 9.2).

3.4-4 Beispiel für sinnvolle Brandabschnittsunterteilung eines Industriegebäudes

Auch wenn es gemäß M IndBauRL möglich wäre, bei entsprechender brandschutztechnischer Infrastruktur sehr große Brandabschnitte zu bilden, kann es z.B. zur Risikotrennung (Sachschutz, Produktionssicherheit, wirtschaftliche Prämie für die Industrie-Feuerversicherung) sinnvoll sein, kleinere Brandabschnitte anzuordnen. Deshalb ist es sowohl bei der Neuplanung als auch beim Umbau von Industriegebäuden immer **empfehlenswert,** die geplanten Maßnahmen mit dem **Industrie-Feuerversicherer** abzustimmen.

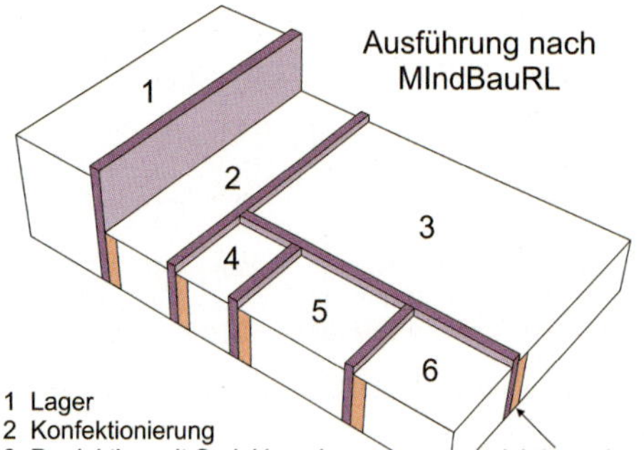

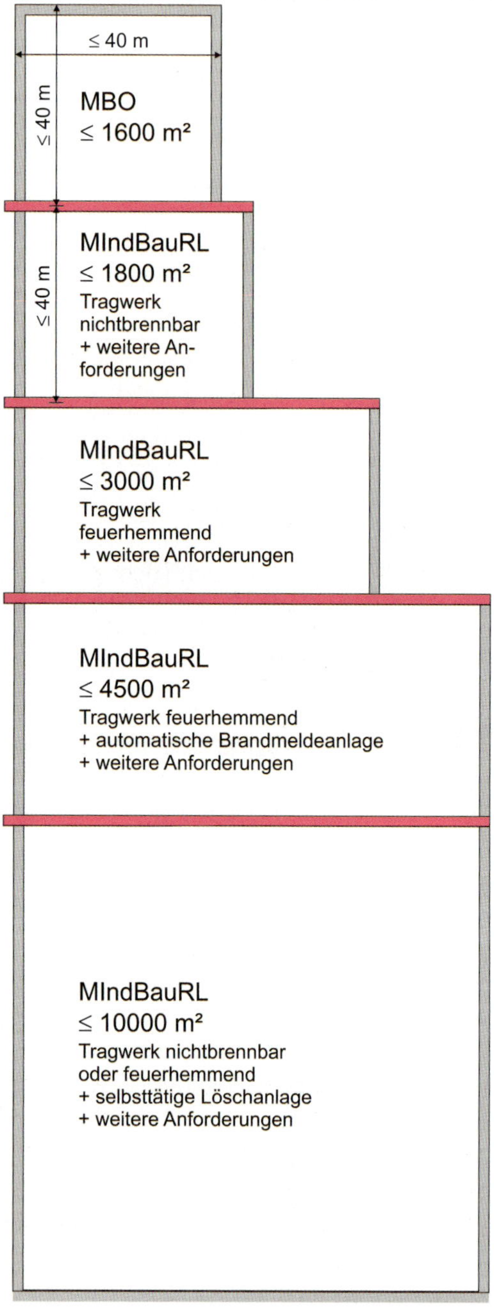

Raumabschließende Wände	Brandwände	**6.2.2-A** Seite 13

3.4-5 und 3.4-6 Bestimmung der Länge eines Brandabschnittes

Bei geraden Grundrissen entspricht der Abstand der inneren Brandwände der Gebäudelänge und kann damit einfach bestimmt werden. Bei unregelmäßig gestalteten Grundrissen fehlt jedoch eine konkrete gesetzliche Regelung, so dass unterschiedliche Interpretationen möglich sind.

3.4-5 *Interpretation 1:* Brandwand erforderlich, da die Gebäudelänge mehr als 40 m beträgt

Zur Bestimmung des Abstands der inneren Brandwände wird die Gebäudelänge, die sich aus der Gebäudeabwicklung ergibt, zugrunde gelegt. In diesem Fall ist eine Brandwand erforderlich, da die tatsächliche vorhandene Gebäudelänge den zulässigen Abstand von 40 m überschreitet.

3.4-6 *Interpretation 2:* Keine Brandwand erforderlich, da die Gebäudefläche in einem Quadrat von 40 x 40 m untergebracht werden kann

Es wird vom Sinn dieser Regelung ausgegangen, um das Maß von 40 m zu ermitteln. Dabei wird das Gebäude ohne Berücksichtigung der Abwicklung als Ganzes betrachtet. Da grundsätzlich eine maximale Brandabschnittsfläche von 40 x 40 m möglich ist, sind auch bei diesem Gebäude Brandwände nicht erforderlich, da es in einem Quadrat von 40 x 40 m untergebracht werden kann und jeweils Abstände bis zur nächsten inneren Brandwand von 40 m zulässig sind.

Maßgebend ist Interpretation 2:

Daraus ergibt sich, dass auch bei unregelmäßigen Grundrissen, die in einem 40 x 40 m großen Quadrat untergebracht werden können, keine inneren Brandwände erforderlich sind.

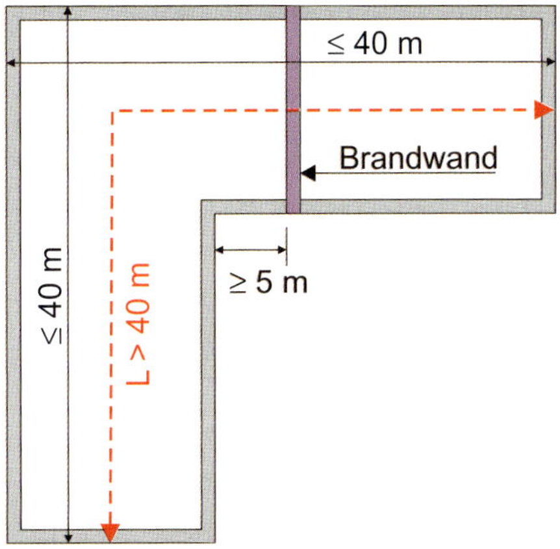

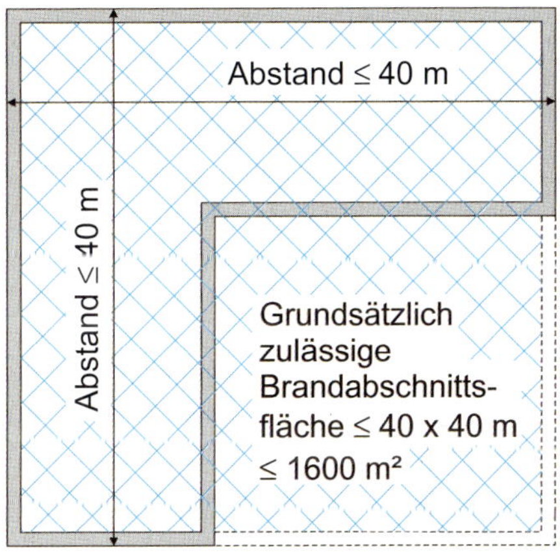

Auch aus der Sicht des abwehrenden Brandschutzes spricht nichts gegen diese Interpretation, da die Brandbekämpfung in einem 40 x 40 m großen Gebäude sicher schwieriger ist, als in einem Gebäude mit unregelmäßig gestaltetem Grundriss, der in einem 40 x 40 m großen Quadrat untergebracht werden kann und kleiner als 1600 m^2 ist.

Im Zweifelsfall ist eine **Abstimmung** mit der zuständigen Brandschutzdienststelle bzw. Bauaufsichtsbehörde empfehlenswert, da die Bestimmung der Brandabschnittslänge in der MBO (bzw. LBO) nicht geregelt ist. Ggf. ist eine Abweichung erforderlich.

6.2.2-A Seite 14 | Raumabschließende Wände | Brandwände

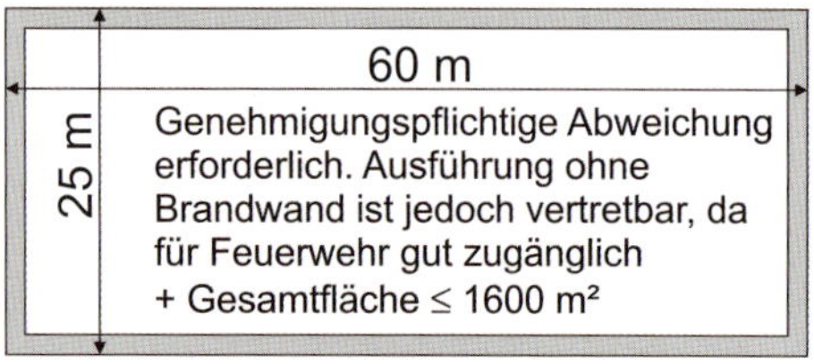

3.4-7 Beispiel für eventuell mögliche Abweichung bei einem Gebäude mit geringer Gebäudebreite

Wenn das Gebäude von allen Seiten für die Feuerwehr gut erreichbar ist, liegt durch die geringe Gebäudebreite auch bei größeren Abständen als 40 m eine relativ günstige Risikosituation vor. Deshalb ist grundsätzlich (sinngemäß wie zu Bild 3.4-6 beschrieben) eine Abweichung möglich, wenn die Fläche des Brandabschnittes 1600 m^2 nicht überschreitet und auch ansonsten keine Bedenken wegen des Brandschutzes bestehen.*) Eine Abstimmung mit der zuständigen Brandschutzdienststelle bzw. Bauaufsichtsbehörde ist erforderlich.

*) Die maximal zulässigen Rettungsweglängen dürfen jedoch nicht überschritten werden.

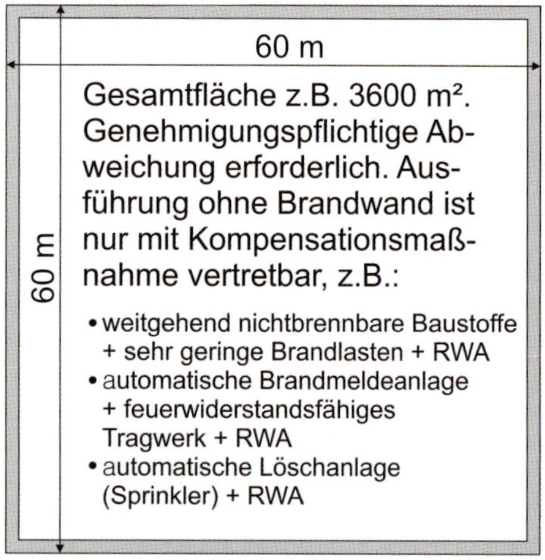

3.4-8 Beispiel für Abweichung bei einem größeren Gebäude

Da das Gebäude sowohl in der Länge als auch in der Breite größer als 40 m ist, besteht für die Feuerwehr eine ungünstige Risikosituation. In diesem Fall sind für eine Abweichung auf das Gebäude abgestimmte Kompensationsmaßnahmen erforderlich, damit keine Bedenken wegen des Brandschutzes bestehen. Diese können z.B. sein:

- Verwendung von nichtbrennbaren Baustoffen und keine bzw. nur sehr geringe Brandlasten im Gebäude + RWA*)
- Automatische Brandmeldeanlage und ausreichend feuerwiderstandsfähige Bauweise des Tragwerks + RWA*)
- Automatische Löschanlage (in der Regel Sprinkleranlage) + RWA.*)

Selbstverständlich ist es auch möglich, derartige Kompensationsmaßnahmen im Rahmen eines entsprechenden Brandschutzkonzeptes mit Methoden des Brandschutzingenieurwesens zu ermitteln. Für Industrie- und Gewerbebauten gilt die M IndBauRL, siehe Kapitel 9.2.

3.5 Brandwände als Gebäudeabschlusswände bei aneinandergereihten Gebäuden auf demselben Grundstück

> MBO 2002:
>
> *Die MBO 2002 enthält diesbezüglich keine Anforderungen.*

Solange sich die aneinandergereihten Gebäude auf demselben Grundstück befinden, ist nach MBO eine Trennung durch Brandwände nicht erforderlich. Diese Regelung war bereits in der MBO 1996 enthalten. Danach waren bei aneinandergebauten Gebäuden auf demselben Grundstück nur dann Brandwände erforderlich, wenn diese insgesamt länger als 40 m waren. Damit mussten zwischen den aneinandergebauten Gebäuden selbst keine Brandwände (als Gebäudeabschlusswände) angeordnet werden (Begründung siehe weiter unten). Allerdings waren gemäß MBO 1996 **in Abständen von höchstens 40 m innere Brandwände** erforderlich.

In der MBO 2002 ist diese Anforderung entfallen. Damit sind bei aneinandergebauten Gebäuden auf demselben Grundstück **keine** Brandwände mehr erforderlich, auch keine inneren Brandwände. Die MBO 2002 geht dabei von folgenden Überlegungen aus:

- Handelt es sich bei den aneinandergereihten Gebäuden **nicht** um selbstständige Gebäude, sondern um eine gleiche Nutzungseinheit, dann gelten die Aussagen in Punkt 3.4 und es sind zur **Unterteilung ausgedehnter Gebäude** in Abständen von nicht mehr als 40 m **innere Brandwände** erforderlich.
- Handelt es sich bei den aneinandergereihten Gebäuden jedoch um **selbstständige Gebäude,** dann stellen diese jeweils Nutzungseinheiten dar, die voneinander durch **feuerwiderstandsfähige Trennwände** nach § 29 MBO zu trennen sind. Damit werden die einzelnen Nutzungseinheiten nach Auffassung der MBO 2002 brandschutztechnisch ausreichend getrennt und es sind weder Brandwände als Gebäudeabschlusswände zwischen den Nutzungseinheiten noch innere Brandwände in Abständen von höchstens 40 m erforderlich.

Allerdings wird dieser Punkt in einigen Landesbauordnungen vollständig anders interpretiert. Verschiedene LBOs fordern, dass bei aneinandergebauten Gebäuden auf demselben Grundstück **zwischen den Gebäuden selbst** Brandwände als Gebäudeabschlusswände anzuordnen sind.

Es ist jedoch davon auszugehen, dass die meisten Länder bei einer Neufassung ihrer LBO die neue Regelung und Sichtweise der MBO 2002 übernehmen werden, wonach bei aneinandergebauten Gebäuden auf demselben Grundstück keine Brandwände als Gebäudeabschlusswände zwischen den Nutzungseinheiten erforderlich sind.

6.2.2-A Seite 16	Raumabschließende Wände	Brandwände

3.5-1 **Aneinandergereihte Wohngebäude auf demselben Grundstück nach MBO 1996**
Zwischen den einzelnen Wohngebäuden sind keine Brandwände (Gebäudeabschlusswände), sondern nur feuerwiderstandsfähige raumabschließende Wände (gemäß § 27 MBO 1996) erforderlich. In Abständen von höchstens 40 m müssen jedoch Brandwände angeordnet werden.

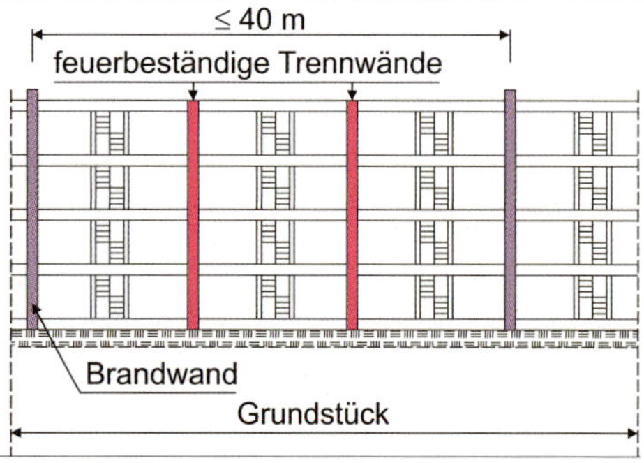

3.5-2 **Aneinandergereihte sonstige Gebäude auf demselben Grundstück nach MBO 1996**
Zwischen den einzelnen sonstigen Gebäuden sind weder Brandwände (Gebäudeabschlusswände) noch feuerwiderstandsfähige raumabschließende Wände (gemäß § 27 MBO 1996) erforderlich. In Abständen von höchstens 40 m müssen jedoch Brandwände angeordnet werden.

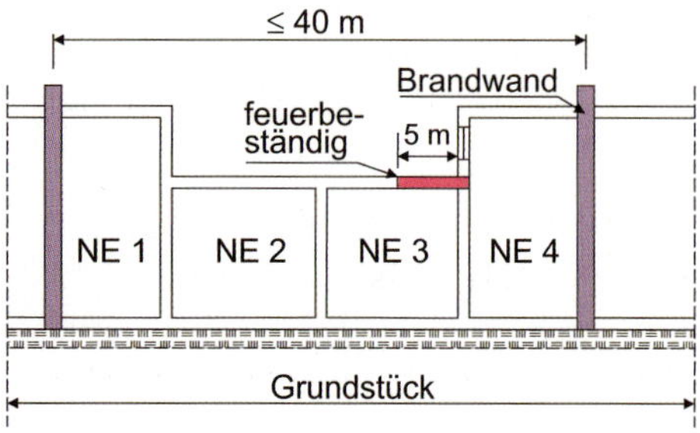

3.5-3 und **3.5-4** **Aneinandergereihte Gebäude auf demselben Grundstück nach MBO 2002**
Zwischen den einzelnen Gebäuden sind keine Brandwände (Gebäudeabschlusswände), sondern nur feuerwiderstandsfähige raumabschließende Wände (gemäß § 29 MBO 2002) erforderlich. Auch in Abständen von höchstens 40 m müssen keine Brandwände angeordnet werden. Bild 3.5-3 zeigt ein Wohngebäude und Bild 3.5-4 ein sonstiges Gebäude. Begründung siehe Punkt 3.5 dieses Kapitels.

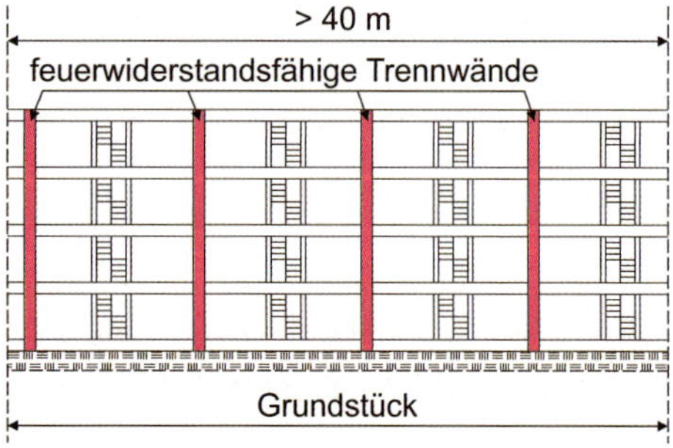

Allerdings müssen die in Bild 3.5-4 dargestellten Trennwände im Gegensatz zur MBO 1996 feuerwiderstandsfähig ausgeführt werden, da die MBO 2002 grundsätzlich für Trennwände zwischen Nutzungseinheiten Anforderungen an die Feuerwiderstandsdauer stellt und dabei nicht mehr zwischen Wohnungen und anderen Nutzungseinheiten unterscheidet.

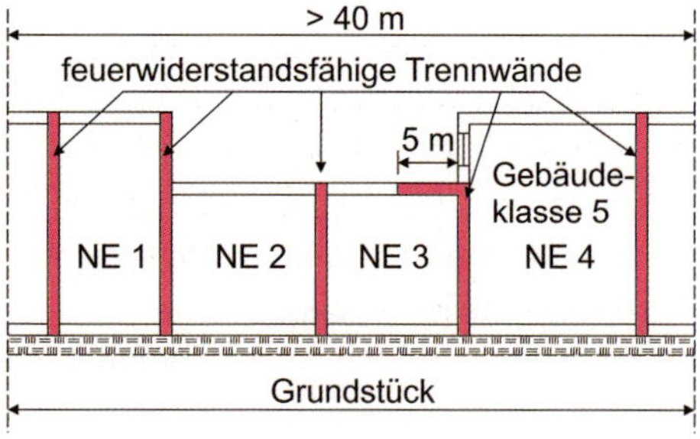

3.5-5 Aneinandergereihte Wohngebäude auf demselben Grundstück nach verschiedenen LBOs

Zwischen den einzelnen Wohngebäuden sind Brandwände (Gebäudeabschlusswände) erforderlich.*)

Falls die Wohngebäude als ein **zusammengehörendes Wohngebäude** beurteilt werden können, z.B. weil sie über ein gemeinsames Kellergeschoss und/oder eine gemeinsame Tiefgarage verfügen, kann die Ausführung nach Abstimmung mit der zuständigen Brandschutzdienststelle bzw. Bauaufsichtsbehörde gemäß Bild 3.5-1 erfolgen. In diesem Fall ist ggf. eine Abweichung erforderlich.

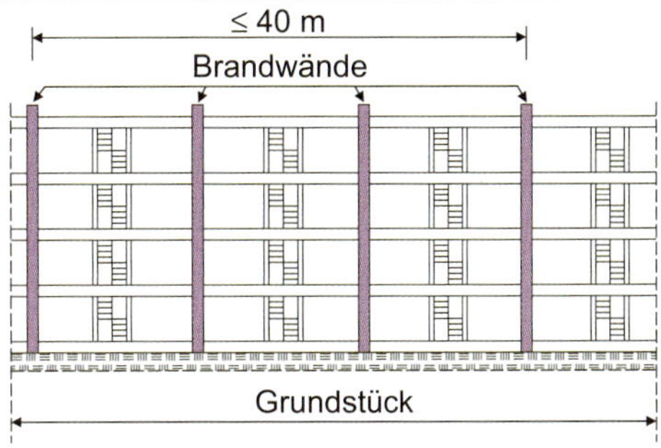

3.5-6 Aneinandergereihte Gebäude auf demselben Grundstück nach verschiedenen LBOs

Zwischen den einzelnen Gebäuden sind Brandwände (Gebäudeabschlusswände) erforderlich.*)

Falls die Gebäude als ein **zusammengehörendes Gebäude** beurteilt werden können, weil sie über ein gemeinsames Kellergeschoss und/oder eine gemeinsame Tiefgarage verfügen, siehe sinngemäß Bild 3.5-5.

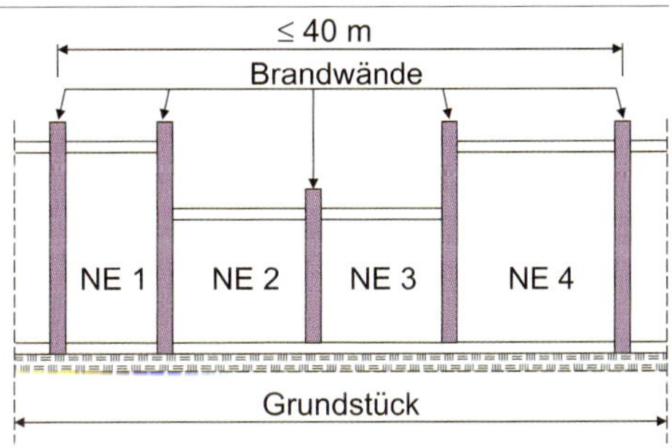

3.5-7 Beispiel für aneinandergereihte Industriegebäude auf demselben Grundstück

Zur Risikotrennung und aus Gründen des Sachschutzes, der Produktionssicherheit und einer wirtschaftlichen Prämie für die Industrie-Feuerversicherung wurden zwischen den einzelnen Gebäuden Brandwände angeordnet (siehe sinngemäß Beschreibung zu Bild 3.4-4).

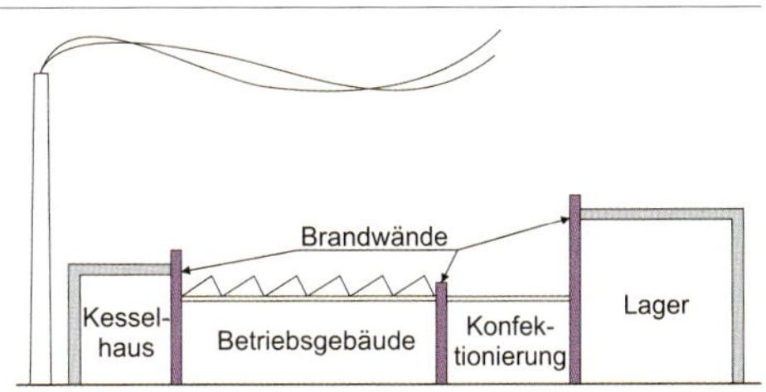

*) Diese Anforderung wird nach Neufassung der LBOs vermutlich in den meisten Ländern entfallen, wenn die materiellen Regelungen der MBO 2002 übernommen werden. In diesen Fällen gelten dann die Bilder 3.5-3 und 3.5-4.

6.2.2-A Seite 18	Raumabschließende Wände	Brandwände

3.5-8 Beispiel für die Anordnung von Brandwänden zwischen Gebäuden mit Löschanlage und ungeschützten Gebäuden

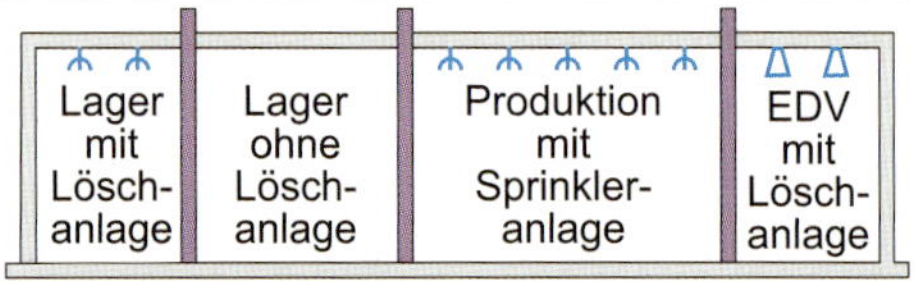

Brandwände sind erforderlich zwischen Gebäuden bzw. Bereichen, die durch automatische Löschanlagen (z.B. Sprinkleranlagen oder Gaslöschanlagen) geschützt sind und nicht geschützten Gebäuden bzw. Bereichen. Obwohl die Produktion und auch die EDV geschützt sind, ist hier zur Risikobegrenzung für die Industrie-Feuerversicherung eine Brandwand erforderlich.

3.6 Brandwände als innere Brandwände zur Unterteilung landwirtschaftlich genutzter Gebäude > 10.000 m³

MBO 2002 § 30 (2) Nr. 3:

Brandwände sind erforderlich:

als innere Brandwand zur Unterteilung landwirtschaftlich genutzter Gebäude in Brandabschnitte von nicht mehr als 10.000 m³ Brutto-Rauminhalt.

3.6-1 Innere Brandwände zur Unterteilung von landwirtschaftlich genutzten Gebäuden in Brandabschnitte von höchstens 10.000 m³ umbauten Raums sowie Brandwand als Gebäudeabschlusswand zur Abtrennung des Wohngebäudes

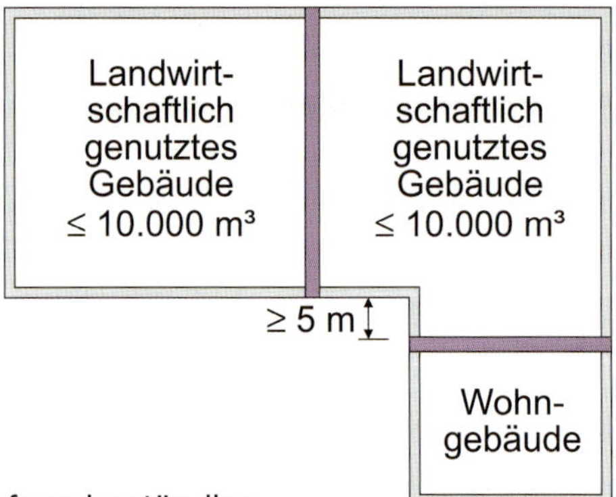

3.7 Brandwände bzw. raumabschließende feuerbeständige Wände zwischen Wohnnutzung und Landwirtschaft

MBO 2002 § 30 (2) Nr. 4 und § 30 (3) Satz 2 Nr. 4:

Brandwände sind erforderlich:

als Gebäudeabschlusswand zwischen Wohngebäuden und angebauten landwirtschaftlich genutzten Gebäuden sowie als innere Brandwand zwischen dem Wohnteil und dem landwirtschaftlich genutzten Teil eines Gebäudes.

Anstelle von Brandwänden sind zulässig: *feuerbeständige Wände, wenn der umbaute Raum des landwirtschaftlich genutzten Gebäudes oder Gebäudeteils nicht größer als 2000 m³ ist.*

3.7-1 Brandwand*) als Gebäudeabschlusswand zwischen einem Wohngebäude und einem angebauten landwirtschaftlich genutzten Gebäude mit einem umbauten Raum von mehr als 2000 m³

3.7-2 Brandwand*) als innere Brandwand zwischen dem Wohnteil und dem landwirtschaftlich genutzten Teil des Gebäudes mit einem umbauten Raum von mehr als 2000 m³

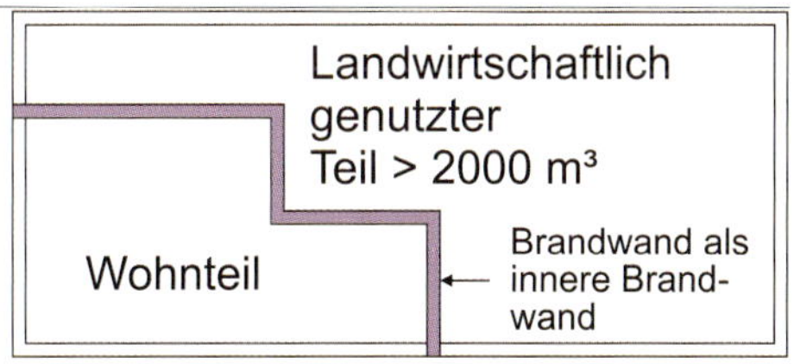

4 Anforderungen der Industrie-Feuerversicherung

Siehe Kapitel 6.2.0, Punkte 5.3 und 7.

Die Schadenerfahrung der Industrie-Feuerversicherer zeigt immer wieder, dass das Risiko einer Brandübertragung in angrenzende Brandabschnitte gerade bei nicht über Dach geführten Brandwänden besonders groß ist. Mit anderen Worten: In vielen Fällen sind Brandwände, die nicht über Dach geführt wurden, wirkungslos und werden im Brandfall vom Feuer überlaufen.

Aus diesen Gründen fordert der allgemeine Teil der unverbindlichen Prämienrichtlinien der Industrie-Feuerversicherer (siehe Kapitel 10.2) in folgenden Punkten mehr als die LBOs:

- Brandwände müssen bei feuerbeständigem Dach mindestens an dieses anschließen. Bei nicht feuerbeständigem Dach müssen sie mindestens 30 cm über das Dach oder die Shedspitze hinausragen (unabhängig von der Höhe und Geschosszahl des Gebäudes).
  Anmerkung: Für Neubauten bzw. Bestandsbauten die nach der M IndBauRL beurteilt werden, hat diese Anforderung an Bedeutung verloren, da nach der M IndBauRL Brandwände immer mindestens 50 cm über Dach zu führen sind.
- Brandwände müssen unversetzt durch alle Geschosse führen.
- Brandwände müssen von Dachöffnungen mindestens 5 m entfernt sein.
- Brandwände dürfen weder von brennbaren Baustoffen noch von nicht feuerbeständigen Bauteilen überbrückt werden.

*) Bei einem umbauten Raum bis zu 2000 m³ ist anstelle einer Brandwand eine raumabschließende feuerbeständige Wand zulässig, siehe Teil B dieses Kapitels, Bilder 2.1-7 und 2.1-8.

6.2.2-A Seite 20	Raumabschließende Wände	Brandwände

4-1 Konsequent verwirklichtes Abschottungsprinzip durch Brandwände in den Produktionsgebäuden einer pyrotechnischen Fabrik.
Obwohl gemäß MBO und auch M IndBauRL größere Brandabschnittsgrößen zulässig wären, wurden aufgrund der Risikosituation sehr kleine Brandabschnitte gewählt. Eine eventuelle Explosion führt damit nicht zum Großschaden, sondern nur zu einer örtlich begrenzten und sehr kleinen Beschädigung.

Beispiel: Abstand von Öffnungen in der angrenzenden Dachhaut

Gemäß MBO bestehen keine besonderen Anforderungen an den Abstand von Dachöffnungen zur Brandwand, wenn die Brandwand über Dach geführt ist. Nach den Anforderungen des allgemeinen Teils der Prämienrichtlinien für die Industrie-Feuerversicherung müssen Öffnungen im Dach mindestens 5 m von der Brandwand entfernt sein.

Mögliche Konsequenzen bei Nichteinhaltung der Anforderungen der Industrie-Feuerversicherung

Die Nichteinhaltung der Anforderungen verschiedener Industrie-Feuerversicherer kann zu erheblichen Nachteilen bei der Industrie-Feuerversicherung führen (z.B. höhere Prämien, da die Brandwand zwischen dem mit einer Löschanlage geschützten Bereich und dem ungeschützten Bereich wegen fehlender Überdachführung von den Industrie-Feuerversicherern nicht anerkannt wird).

Deshalb ist es immer zu empfehlen, den vorbeugenden Brandschutz und die Anordnung und Ausführung von Brandwänden und eventuell auch Komplextrennwänden mit dem Industrie-Feuerversicherer abzustimmen. Weitere Informationen hierzu siehe Kapitel 10.2.

Viele Industrie-Feuerversicherer bieten hierfür als Dienstleistung ihre Beratung und Unterstützung an. Diese Beratungsleistung ist bei einigen Versicherungen für ihre Kunden sogar kostenlos.

6.2.2-A Seite 22	Raumabschließende Wände	Brandwände

6.2.2 Brandwände

Teil B Bauausführung

Wichtiger Hinweis:

Die in diesem Kapitel enthaltenen Ausführungsbeispiele sind **keine geprüften Konstruktionen** mit einem Verwendbarkeitsnachweis, sondern sie zeigen als Prinzipskizzen beispielhaft, wie die Anforderungen der MBO umgesetzt werden können. Deshalb muss **vor jeder Anwendung** die brandschutztechnische Eignung **überprüft** werden. Ggf. ist eine entsprechende **Abstimmung** mit der zuständigen **Brandschutzdienststelle bzw. Bauaufsichtsbehörde** erforderlich bzw. empfehlenswert. Teilweise sind Abweichungen erforderlich.

1 Bauart der Brandwände

Brandwände müssen in ihrer **Bauart** besondere Anforderungen einhalten (siehe die folgenden Punkte 1.1 und 1.2).

Darüber hinaus müssen Brandwände aber bezüglich ihrer weiteren Ausführung und Detailausbildung noch **weitergehende Anforderungen** erfüllen (siehe die folgenden Punkte 3 bis 10). Diese werden in erster Linie von den **Landesbauordnungen** (gemäß MBO 2002 § 30) gestellt.

Auch in anderen Regelwerken bestehen **besondere Anforderungen** an die weitere Ausführung und Detailausbildung von Brandwänden, die teilweise über die Anforderungen der Landesbauordnungen hinausgehen (z.B. **M IndBauRL** und **Prämienrichtlinien der Industrie-Feuerversicherung**).

1.1 Anforderungen der Landesbauordnungen (LBOs)

MBO 2002 § 30 (3):

Brandwände müssen

- *auch unter zusätzlicher mechanischer Beanspruchung feuerbeständig sein und*
- *aus nichtbrennbaren Baustoffen bestehen.*

Damit müssen Brandwände nicht nur **F 90-A** sein, sondern sie müssen **zusätzlich** noch die Komponente **„mechanische Beanspruchung"** erfüllen.

Diese Anforderungen gelten als eingehalten, wenn die Brandwände als **geregelte Bauarten** nach DIN 4102-4 in Verbindung mit DIN 4102-4/A1 und DIN 4102-22 ausgeführt werden (siehe Kapitel 3.5-V).

Alternativ ist auch eine Ausführung als **nicht geregelte Bauarten bzw. Bauprodukte** mit einer Prüfung und Klassifizierung nach DIN 4102-3 (nationale Ebene) bzw. DIN EN 13501-2 (europäische Ebene) möglich. In diesen Fällen muss dann die Einhaltung der Klassifizierung durch einen im bauaufsichtlichen Verfahren anerkannten Verwendbarkeitsnachweis (bei Brandwänden in der Regel durch das allgemeine bauaufsichtliche **Prüfzeugnis**) nachgewiesen werden.

Brandwände als innere Brandwände werden in der Regel als **einschalige Wände** ausgeführt. Bei Brandwänden als Gebäudeabschlusswände erfolgt meist aus Schallschutzgründen die Ausführung in **zweischaliger Bauweise.**

Da die MBO 2002 keine diesbezüglichen Begrenzungen enthält, können Brandwände grundsätzlich als einschalige und als zweischalige Brandwände ausgeführt werden. Der **Nachteil von einschaligen Brandwänden** bzw. gemeinsamen Gebäudeabschlusswänden besteht jedoch darin, dass im Brandfall die Brandwand meist so beschädigt wird, dass sie für die Sanierung komplett ausgetauscht werden muss. Dies hat dann natürlich einen erheblichen Eingriff auf den angrenzenden Brandabschnitt bzw. das Nachbargebäude zur Folge. Bei **zweischaligen Brandwänden** bzw. getrennten Gebäudeabschlusswänden besteht dieser Nachteil nicht.

1.2 Erfüllung der Anforderungen der Landesbauordnungen (LBOs)

Zur Erfüllung der bauaufsichtlichen Anforderungen an die **Bauart von Brandwänden** können grundsätzlich folgende Bauarten verwendet werden:

- **Geregelte Bauarten,** die allgemein gebräuchlich und bewährt sind, d.h. genormte Bauarten nach DIN 4102-4, Abschnitt 4.8, in Verbindung mit DIN 4102-4/A1, Tabelle 45, und DIN 4102-22 (nationale Ebene)
- **Nicht geregelte Bauarten bzw. Bauprodukte,** die nach DIN 4102-3 geprüft und klassifiziert sind (nationale Ebene)
- **Nicht geregelte Bauarten bzw. Bauprodukte,** die nach DIN EN 13501-2 geprüft und klassifiziert sind (europäische Ebene).

1.2.1 Genormte Bauarten nach DIN 4102-4

Bei diesen Brandwänden handelt es sich um **geregelte Bauarten,** da sie nach DIN 4102-4 in Verbindung mit DIN 4102-4/A1 Tabelle 45 und DIN 4102-22 genormt sind. Danach sind Brandwände wie folgt auszuführen:

- Für die grundsätzlichen Anforderungen gilt **DIN 4102-4:1994-03,** Abschnitt 4.8. Allerdings kann die dort enthaltene Tabelle 45 nicht mehr verwendet werden (siehe nächsten Aufzählungspunkt).
- Für die Anforderungen an die zulässige Schlankheit, Mindestwanddicken und Mindestachsabstände gilt **DIN 4102-4/A1:2004-11, Tabelle 45.** Diese ersetzt die alte Tabelle 45 von DIN 4102-4.
- Außerdem gilt in Verbindung mit DIN 4102-4 und 4102-4/A1 für die statische Bemessung zusätzlich noch **DIN 4102-22:2004-11.**

Für feuerwiderstandsfähige **Trennwände in Normalbeton** ist es demnach möglich, die Wände nach DIN 1045-1:2001-07 zusammen mit DIN 1045-1/A1:2002-07 zu bemessen (Kaltbemessung DIN 1045 neu) und den Brandschutz nach DIN 4102-22 in Verbindung mit DIN 4102-4 und DIN 4102-4/A1 zu ermitteln.

Allerdings besteht diese Möglichkeit für Brandwände derzeit (Januar 2006) noch nicht, da Brandwände in DIN 4102-22 noch nicht entsprechend behandelt bzw. berücksichtigt sind. Als Übergangslösung (bis auch Brandwände in DIN 4102-22 aufgenommen und geregelt werden) ist folgende Bemessungsmöglichkeit denkbar:

- Die **grundsätzliche Bemessung** (Kaltbemessung einschließlich Bewehrungswahl und Ausführung) erfolgt nach DIN 1045-1:2001-07 zusammen mit DIN 1045-1/A1:2002-07.
- Zusätzlich wird für den **Brandfall** die über die Kaltbemessung gewählte Konstruktion **nochmals parallel** nach DIN 1045:1988-07 **nachgewiesen.**
- Für die so nachgewiesene Konstruktion kann dann die **Brandschutzbemessung** nach DIN 4102-4 und DIN 4102-4/A1 durchgeführt werden.

Achtung:
Bei der vorbeschriebenen Vorgehensweise handelt es sich um eine **Behelfslösung,** die unbedingt vorher mit dem zuständigen **Prüfer** (Prüfamt, Prüfingenieur für Baustatik, verantwortlicher Sachverständiger für Standsicherheit) abgestimmt werden muss. Sie ist nur so lange möglich bzw. sinnvoll, bis die DIN 4102-22 entsprechend geändert wurde bzw. bis eine andere mit DIN 4102-22 abgestimmte Lösungsmöglichkeit vorliegt.

Anmerkung:
DIN 4102-4/A1 sowie DIN 4102-22 wurden in Kapitel 3.5-V dieses Werkes bereits in die DIN 4102-4 eingearbeitet.

Genormte Bauarten von Brandwänden nach DIN 4102-4/A1, Tabelle 45, sind in der Tabelle 1.2.1-1 aufgeführt. Bei den dort aufgeführten Brandwänden aus bewehrtem Porenbeton ist für die zulässige Schlankheit als Verwendbarkeitsnachweis eine allgemeine bauaufsichtliche Zulassung erforderlich.

6.2.2-B Seite 4 | Raumabschließende Wände | **Brandwände**

Tabelle 1.2.1-1: Zulässige Schlankheit, Mindestwanddicke und Mindestachsabstand von ein- und zweischaligen Brandwänden (DIN 4102-4/A1, Tabelle 45)
Die ()-Werte gelten für Wände mit beidseitigem Putz nach DIN 4102-4 Punkt 4.5.2.10

Wandart		Rohdichteklasse	Zulässige Schlankheit h_s/d	Mindestdicke *d* in mm bei 1-schaliger Ausführung	Mindestdicke *d* in mm bei 2-schaliger[9] Ausführung	Mindestachsabstand *u* mm
Wände aus Normalbeton nach DIN 1045 Unbewehrter Beton			Bemessung nach DIN 1045*)	200	2 x 180	nach DIN 1045
Bewehrter Beton	Nichttragend		Bemessung nach DIN 1045*)	120	2 x 100	nach DIN 1045
	Tragend		25	140	2 x 120[1]	25
Wände aus Leichtbeton mit haufwerksporigem Gefüge nach DIN 4232		≥ 1,4	Bemessung nach DIN 4232	250	2 x 200	entfällt
		≥ 0,8		300	2 x 200	
Wände aus bewehrtem Porenbeton						
Nichttragende Wandplatten der Festigkeitsklasse 4,4		≥ 0,55	nach allgemeiner bauaufsichtlicher Zulassung	175	2 x 175	20
Nichttragende Wandplatten der Festigkeitsklasse 3,3		≥ 0,55		200	2 x 200	30
Tragende, stehend angeordnete, bewehrte Wandtafeln der Festigkeitsklasse 4,4		≥ 0,65		200[2]	2 x 200[2]	20[2]
Wände aus Ziegelfertigbauteilen nach DIN 1053-4 Hochlochtafeln mit Ziegeln für vollvermörtelte Stoßfugen			25	165	2 x 165	nach DIN 1053-4
Verbundtafeln mit zwei Ziegelschichten			25	240	2 x 165	
Wände aus Mauerwerk[8] nach DIN 1053-1 unter Verwendung von Normalmörtel der Mörtelgruppe II, IIa oder III, IIIa						
Mauerziegel nach DIN V 105-1		≥ 1,4	Bemessung nach DIN 1053-1[3]	240 (175)	2 x 175	entfällt
		≥ 1,2		300 (175)	2 x 200 (2 x 150)[11]	
Mauerziegel nach DIN V 105-2	Lochung A und B	≥ 0,9		(175)	(2 x 150)[11]	
		≥ 0,8		365[6] (240)	2 x 240 (2 x 175)	
	Leichthochlochziegel W	≥ 0,8		(240)	2 x 175	
Mauerziegel nach DIN V 105-6[5]		≥ 0,9	nach allgemeiner bauaufsichtlicher Zulassung	240[12] (240)[13]	(2 x 175)	
Kalksandsteine nach DIN V 106-1[4] sowie DIN V 106-2	Voll-, Loch, Block- und Plansteine	≥ 1,8	Bemessung nach DIN 1053-1[3]	175[5]	2 x 150[5]	entfällt
		≥ 1,4		240	2 x 175	
		≥ 0,9		300 (300)	2 x 200 (2 x 175)	
		= 0,8		300	2 x 240 (2 x 175)	
	Planelemente	≥ 1,8	nach allgemeiner bauaufsichtlicher Zulassung	175[11] 200	2 x 150[11] 2 x 175	entfällt

*) Die Tabelle bezieht sich auf DIN 1045 alt (DIN 1045:1988-07)

Raumabschließende Wände	Brandwände	6.2.2-B Seite 5

Wandart		Rohdichteklasse	Zulässige Schlankheit h_s/d	Mindestdicke d in mm bei 1-schaliger Ausführung	Mindestdicke d in mm bei 2-schaliger[9] Ausführung	Mindestachsabstand u mm
Porenbetonsteine nach DIN V 4165[5]	Plansteine	≥ 0,55	Bemessung nach DIN 1053-1[3]	300	2 x 240	entfällt
		≥ 0,55[7]		240	2 x 175	
		≥ 0,40[10]		300	2 x 240	
		≥ 0,40[11), 14)]		240	2 x 175	
	Planelemente	≥ 0,55	nach allgemeiner bauaufsichtlicher Zulassung	240[11), 15)]	2 x 175[11), 15)]	entfällt
		≥ 0,45		300	2 x 240	
Steine nach DIN V 18151, DIN V 18152, DIN 18153		≥ 0,8	Bemessung nach DIN 1053-1[3]	240 (175)	2 x 175 (2 x 175)	entfällt
		≥ 0,6		300 (240)	2 x 240 (2 x 175)	

Schema-Skizze für bewehrte Wände

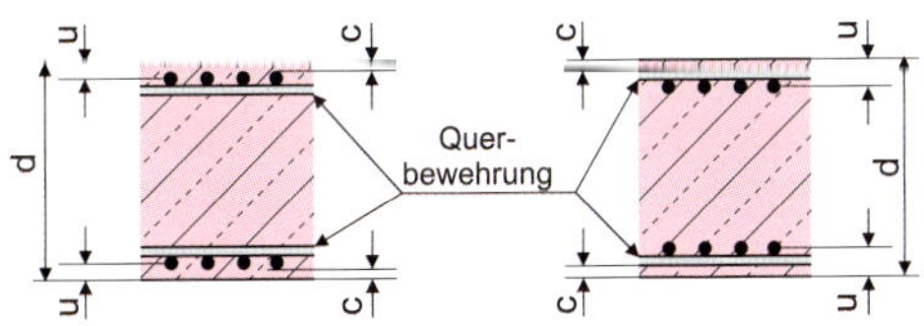

Schema-Skizze für Wände aus Mauerwerk

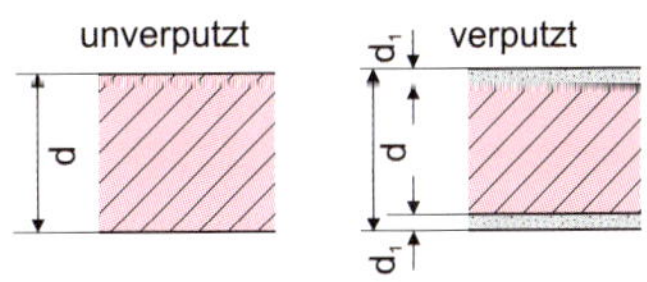

1) Sofern infolge hohen Ausnutzungsfaktors nach Tabelle 35 keine größeren Werte gefordert werden.
2) Sofern infolge hohen Ausnutzungsfaktors nach Tabelle 44 keine größeren Werte gefordert werden.
3) Exzentrizität e ≤ d/3.
4) Auch mit Dünnbettmörtel.
5) Bei Verwendung von Dünnbettmörtel und Plansteinen.
6) Bei Verwendung von Leichtmauermörtel; Ausnutzungsfaktor $\alpha_2 \leq 0,6$
7) Bei Verwendung von Dünnbettmörtel und Plansteinen mit Vermörtelung der Stoß- und Lagerfugen.
8) Weitere Angaben siehe z.B. [1] in DIN 4102-4.
9) Hinsichtlich des Abstandes der beiden Schalen bestehen keine Anforderungen.
10) Bei Verwendung von Dünnbettmörtel und Plansteinen ohne Stoßfugenvermörtelung.
11) Mit aufliegender Geschossdecke mit mindestens F 90 als konstruktive obere Halterung.
12) Ausnutzungsfaktor $\alpha_2 \leq 0,6$.
13) Bei Ausnutzungsfaktor $\alpha_2 \leq$ 0,6 gilt: (175).
14) Bei Verwendung von Dünnbettmörtel und Plansteinen mit glatter, vermörtelter Stoßfuge.
15) Bei Verwendung von Dünnbettmörtel und Planelementen mit Vermörtelung der Stoß- und Lagerfugen.

1.2.2 Klassifizierte Bauarten und Bauprodukte nach DIN 4102-3

Bei diesen Brandwänden handelt es sich um **nicht geregelte Bauarten und Bauprodukte.**

Brandwände als nicht geregelte Bauarten sind in der Bauregelliste A Teil 3 lfd. Nr. 1 behandelt, Brandwände als nicht geregelte Bauprodukte in der Bauregelliste A Teil 2 lfd. Nr. 2.1. Zum Unterschied zwischen Bauarten und Bauprodukten siehe Kapitel 5.2.

Definition und Anforderungen nach DIN 4102-3

Gemäß DIN 4102-3 Abschnitt 4.1 sind Brandwände Wände zur Trennung oder Abgrenzung von Brandabschnitten. Sie sind dazu bestimmt, die **Ausbreitung von Feuer** auf andere Gebäude oder Gebäudeabschnitte zu **verhindern.**

Um diese Anforderungen zu erfüllen, müssen Brandwände nach DIN 4102-3 Abschnitt 4.2

- aus Baustoffen der **Klasse A** nach DIN 4102-1 bestehen,
- die Anforderungen der Abschnitte 4.2.3 und 4.2.4 der DIN 4102-3 ohne Anordnung von **Bekleidungen** erfüllen,
- bei mittiger und ausmittiger Belastung die Anforderungen mindestens der Feuerwiderstandsklasse F 90 nach DIN 4102-2 erfüllen = **F 90-A,**
- einer dreimaligen **Stoßbeanspruchung** nach DIN 4102-3 Abschnitt 4.3.3 (Stoßarbeit 3000 Nm) so widerstehen, dass sie standsicher und raumabschließend im Sinne der DIN 4102-2 bleiben.

Das bedeutet, dass Brandwände neben der Erfüllung von F 90-A (bei mittiger und ausmittiger Belastung) so auszuführen sind, dass sie während eines Brandes ihre **Standsicherheit** nicht verlieren.

Sie dürfen bei **Stoßbelastungen** (z.B. durch im Brandfall einstürzende und herabfallende Bauteile wie Träger oder Balken) nicht zusammenbrechen und müssen dabei als **Raumabschluss** voll wirksam bleiben. Außerdem müssen sie zusätzlich der **Löschwasserbeanspruchung** standhalten.

Um diese hohen Anforderungen erfüllen zu können, müssen Brandwände in der Regel eine größere Dicke aufweisen als lediglich feuerbeständige Wände. Nichttragende Brandwände in Trockenbauweise (Systembrandwände) benötigen meist eine zusätzliche Verstärkung und Aussteifung durch in Wandebene angeordnete Stahlbleche.

Die Tabelle 1.2.2-1 zeigt eine Übersicht der in den LBOs geforderten Brandwände und deren Benennung und Klassifizierung nach DIN 4102-3 und DIN EN 13501-2.

Zur Erfüllung der bauaufsichtlichen Anforderungen können alle Bauarten verwendet werden, die nach DIN 4102-3 klassifiziert und von einer amtlich anerkannten Materialanstalt geprüft sind und für die als Verwendbarkeitsnachweis ein allgemeines bauaufsichtliches Prüfzeugnis vorliegt.

In bestimmten Fällen, wenn z.B. nicht alle Anforderungen von DIN 4102-3 Abschnitt 4.2 erfüllt sind, ist auch eine allge-

Tabelle 1.2.2-1: Kurzbezeichnungen der in den LBOs geforderten Brandwände nach DIN 4102-3 und DIN EN 13501-2

Benennung nach LBO	tragend/ nichttragend	Kurzbezeichnung nach DIN 4102-3	Kurzbezeichnung nach DIN EN 13501-2
Brandwand		Brandwand	
	tragend	F 90-A + M [TR]	REI 90-M [nb]
	nichttragend	F 90-A + M [R]	EI 90-M [nb]

Zusatzkriterien nach DIN EN 13501-2:
- R Tragfähigkeit (**R**ésistance)
- E Raumabschluss (**E**tanchéité)
- I Wärmedämmung unter Brandeinwirkung (**I**solation)
- M **M**echanische Einwirkung auf Wände

Weitere im Brandschutzatlas verwendete Abkürzungen für Zusatzkriterien.
Um eine Verwechslung auszuschließen, sind diese in Klammern [] angegeben:
- [M] **M**echanische Einwirkung auf Wände = Das Bauteil muss die Feuerwiderstandsdauer auch unter zusätzlicher mechanischer Beanspruchung erfüllen.
- [T] **T**ragwerk
- [R] **R**aumabschluss
- [TR] **T**ragwerk und **R**aumabschluss
- [nb] **n**icht**b**rennbar = aus nichtbrennbaren Baustoffen

meine bauaufsichtliche Zulassung als Verwendbarkeitsnachweis erforderlich.

Kapitel 6.7.1 B enthält unter Punkt 6.1 Beispiele für Bauarten und Typen von Brandwänden in Trockenbauweise, die nach DIN 4102-3 klassifiziert und geprüft sind.

1.2.3 Klassifizierte Bauarten und Bauprodukte nach DIN EN 13501-2

Bei diesen Brandwänden handelt es sich um **nicht geregelte Bauarten und Bauprodukte** auf europäischer Ebene.

Die Brandwände werden gemäß DIN EN 13501-2 klassifiziert. In der Tabelle 1.2.2-1 sind auch die Benennungen und Klassifizierung nach dieser Norm angegeben.

Alle Bauarten und Bauprodukte, die nach DIN EN 13501-2 klassifiziert und von einer anerkannten Materialanstalt geprüft sind, können verwendet werden. Als Verwendbarkeitsnachweis ist ein entsprechendes und im **bauaufsichtlichen Verfahren anerkanntes** europäisches Prüfzeugnis erforderlich.

6.2.2-B Raumabschließende Wände — Brandwände
Seite 8

1.2.4 Verwendbarkeitsnachweis

Grundsätzliche Informationen enthält Kapitel 5.2.

Folgende Verwendbarkeitsnachweise sind möglich:

für Brandwände als *geregelte* Bauarten
Ausführung der Brandwände als geregelte Bauarten = Bauarten, die nach DIN 4102-4 Abschnitt 4.8 in Verbindung mit DIN 4102-4/A1 Tabelle 45 und DIN 4102-22 genormt sind. Für diese Brandwände gilt der Verwendbarkeitsnachweis als erbracht.

für Brandwände als *nicht geregelte* Bauprodukte und Bauarten
Ausführung der Brandwände als nicht geregelte Bauarten (Bauregelliste A Teil 3 lfd. Nr. 2) oder nicht geregelte Bauprodukte (Bauregelliste A Teil 2 lfd. Nr. 2.1). In Abhängigkeit von den Vorgaben der Bauregelliste sind folgende Verwendbarkeitsnachweise möglich:

- allgemeine bauaufsichtliche Zulassung oder
- allgemeines bauaufsichtliches Prüfzeugnis oder
- Zustimmung im Einzelfall von der Obersten Baubehörde.

Dabei ist für Brandwände in der Regel ein **allgemeines bauaufsichtliches Prüfzeugnis** ausreichend. Nur für bestimmte Brandwände (die z.B. nicht allen Anforderungen der DIN 4102-3 Abschnitt 4.2 entsprechen, oder für Brandwände aus Porenbeton-Wandtafeln) ist eine allgemeine bauaufsichtliche Zulassung erforderlich.

1.2.5 Übereinstimmungsnachweis

Brandwände als *geregelte* Bauarten
Ein besonderer Übereinstimmungsnachweis ist nicht erforderlich. Es ist jedoch empfehlenswert, dass die ausführende Firma die fachgerechte Ausführung nach DIN 4102-4 Abschnitt 4.8 in Verbindung mit DIN 4102-4/A1 und DIN 4102-22 schriftlich bestätigt.

Brandwände als *nicht geregelte* Bauprodukte und Bauarten
Der notwendige Übereinstimmungsnachweis ergibt sich aus der Bauregelliste und dem jeweiligen Verwendbarkeitsnachweis.

Bei nicht geregelten **Bauprodukten** ist in der Regel eine **Übereinstimmungserklärung des Herstellers** erforderlich. Falls es im Verwendbarkeitsnachweis verlangt wird, muss der Übereinstimmungsnachweis durch das im Verwendbarkeitsnachweis vorgegebene **Ü-Zeichen** (nationales Bauprodukt) oder **CE-Zeichen** (europäisches Bauprodukt) geführt werden.

Bei nicht geregelten **Bauarten** muss der Übereinstimmungsnachweis in der Regel durch eine **Übereinstimmungserklärung des Anwenders** geführt werden.

1.2.6 Einhaltung der Randbedingungen

Die Randbedingungen und Bestimmungen des jeweiligen Verwendbarkeitsnachweises (DIN 4102-4, allgemeines bauaufsichtliches Prüfzeugnis, allgemeine bauaufsichtliche Zulassung) müssen eingehalten werden.

Bei einer Ausführung nach DIN 4102-4 Abschnitt 4.8 in Verbindung mit DIN 4102-4/A1 und DIN 4102-22 ist u.a. Folgendes zu beachten:

- Aussteifungen von Brandwänden (z.B. aussteifende Querwände, Decken, Riegel, Stützen oder Rahmen) müssen mindestens der Feuerwiderstandsklasse F 90-A entsprechen. Stützen und Riegel aus Stahl, die unmittelbar vor einer Brandwand angeordnet werden, müssen darüber hinaus die in den Bildern 25 bis 30 der DIN 4102-4 angegebenen Randbedingungen erfüllen.
- Wandbereiche bzw. Stürze über Öffnungen, sofern diese nach bauaufsichtlichen Bestimmungen möglich sind, müssen ebenfalls mindestens der Feuerwiderstandsklasse F 90-A entsprechen.
- Die Bedingungen bezüglich zulässiger Schlankheit, Mindestwanddicke und Mindestachsabstand der Längsbewehrung sind zu erfüllen.
- Bekleidungen dürfen nicht zur Verminderung der in Tabelle 45 der DIN 4102-4/A1 angegebenen Mindestwanddicken in Ansatz gebracht werden.
- Anschlüsse von Ortbeton- und Mauerwerkswänden an angrenzende Massivbauteile sind nach DIN 4102-4 Abschnitt 4.8.4 in Verbindung mit DIN 4102-4/A1 und DIN 4102-22 auszuführen.

1.3 Anforderungen der Muster-Industriebaurichtlinie (M IndBauRL)

Brandwände, die gemäß dem Verfahren nach Abschnitt 6 der M IndBauRL erforderlich sind, müssen in ihrer Bauart die gleichen Anforderungen erfüllen wie die in den Landesbauordnungen verlangten Brandwände (siehe Punkt 1.2).

Darüber hinaus stellt die M IndBauRL jedoch bezüglich ihrer weiteren Ausführung höhere Anforderungen. So müssen diese Brandwände z.B. 50 cm über Dach geführt werden, und auch an den Fassadenanschluss werden besondere Anforderungen gestellt (siehe Kap. 9.2).

Im Verfahren nach Abschnitt 7 der M IndBauRL werden Wände zur Trennung von Brandbekämpfungsabschnitten (= Brandbekämpfungsabschnittstrennwände) ermittelt. Diese müssen nichtbrennbar sein und bezüglich ihrer mechanischen Beanspruchung (Stoßfestigkeit) ebenfalls die Anforderungen an Brandwände erfüllen.

Sie können jedoch (abhängig vom Berechnungsergebnis nach Abschnitt 7 M IndBauRL) auch andere Feuerwiderstandsklassen aufweisen. Außerdem bestehen auch für diese Brandbekämpfungsabschnittstrennwände die gleichen weitergehenden Anforderungen wie für Brandwände nach der M IndBauRL.

Die Tabelle 1.3-1 zeigt eine Übersicht der in der M IndBauRL geregelten Brandwände und Brandbekämpfungsabschnittstrennwände und deren Benennung und Klassifizierung nach DIN 4102-3 und DIN EN 13501-2.

6.2.2-B Seite 10 | Raumabschließende Wände | Brandwände

Tabelle 1.3-1: Kurzbezeichnungen der in der M IndBauRL geregelten Brandwände und Brandbekämpfungsabschnittstrennwände nach DIN 4102-3 und DIN EN 13501-2

Benennung nach M IndBauRL	tragend/ nichttragend	Kurzbezeichnung nach DIN 4102-3	Kurzbezeichnung nach DIN EN 13501-2
Brandwand		Brandwand	
	tragend	F 90-A + M [TR]	REI 90-M [nb]
	nichttragend	F 90-A + M [R]	EI 90-M [nb]
F 90 – Brandbekämpfungsabschnittstrennwand	tragend	F 90-A + M [TR]	REI 90-M [nb]
	nichttragend	F 90-A + M [R]	EI 90-M [nb]
F 60 – Brandbekämpfungsabschnittstrennwand	tragend	F 60-A + M [TR]	REI 60-M [nb]
	nichttragend	F 60-A + M [R]	EI 60-M [nb]
F 30 – Brandbekämpfungsabschnittstrennwand	tragend	F 30-A + M [TR]	REI 30-M [nb]
	nichttragend	F 30-A + M [R]	EI 30-M [nb]

Zusatzkriterien nach DIN EN 13501-2:

R Tragfähigkeit (Résistance)
E Raumabschluss (Etanchéité)
I Wärmedämmung unter Brandeinwirkung (Isolation)
M Mechanische Einwirkung auf Wände

Weitere im Brandschutzatlas verwendete Abkürzungen für Zusatzkriterien.
Um eine Verwechslung auszuschließen, sind diese in Klammern [] angegeben:

[M] Mechanische Einwirkung auf Wände = Das Bauteil muss die Feuerwiderstandsdauer auch unter zusätzlicher mechanischer Beanspruchung erfüllen.
[T] Tragwerk
[R] Raumabschluss
[TR] Tragwerk und Raumabschluss
[nb] nichtbrennbar = aus nichtbrennbaren Baustoffen

1.3-1 Gemäß M IndBauRL sind anstelle einer inneren Brandwand zwei sich gegenüberstehende Wände der Feuerwiderstandsklasse F 90 aus nichtbrennbaren Baustoffen zulässig. Bauteile, die diese Wände unterstützen oder aussteifen, sind dabei in der gleichen Feuerwiderstandsklasse auszuführen wie die tragenden Bauteile des zugeordneten Brandabschnittes.

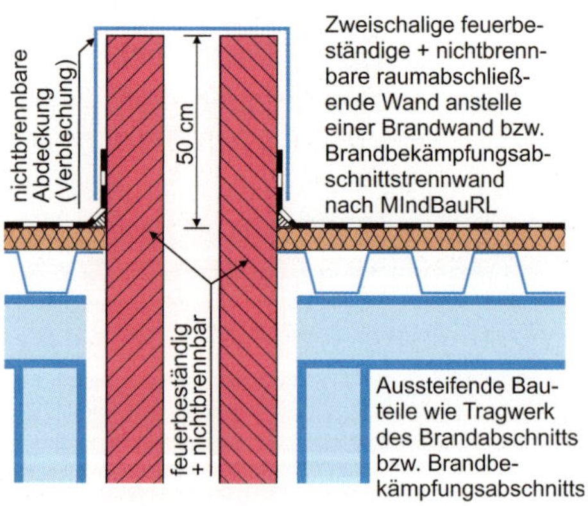

1.4 Anforderungen der Industrie-Feuerversicherung

Brandwände mit höherer Feuerwiderstandsdauer als F 90-A bzw. mit Anforderungen, die über die LBOs hinausgehen, sind im bauaufsichtlichen Verfahren nicht relevant.

Im allgemeinen Teil der unverbindlichen Prämienrichtlinien für die Industrie-Feuerversicherung (siehe Kapitel 10.2) sind jedoch Brandwände und Komplextrennwände geregelt, die in bestimmten Fällen vom Industrie-Feuerversicherer gefordert werden.

An die Bauart von Brandwänden werden dabei keine höheren Anforderungen gestellt. Allerdings bestehen bezüglich ihrer weiteren Ausführung und Detailausbildung einige besondere Bestimmungen, die über die Anforderungen der LBOs hinausgehen.

Für **Komplextrennwände** bestehen wesentlich höhere Anforderungen als an

Tabelle 1.4-1: Kurzbezeichnungen der in den unverbindlichen Prämienrichtlinien für die Industrie-Feuerversicherung geregelten Brandwände und Komplextrennwände nach DIN 4102-3 und DIN EN 13501-2

Benennung nach den unverbindlichen Prämienrichtlinien für die Industrie-Feuerversicherung	tragend/ nichttragend	Kurzbezeichnung nach DIN 4102-3	Kurzbezeichnung nach DIN EN 13501-2
Brandwand		Brandwand	
	tragend	F 90-A + M [TR]	REI 90-M [nb]
	nichttragend	F 90-A + M [R]	EI 90-M [nb]
Komplextrennwand	tragend	F 180-A + M [TR]*)	REI 180-M [nb]*)
	nichttragend	F 180-A + M [R]*)	EI 180-M [nb]*)

*) Dreimalige Stoßbeanspruchung von 4000 Nm

Zusatzkriterien nach DIN EN 13501-2:

R Tragfähigkeit (Résistance)
E Raumabschluss (Etanchéité)
I Wärmedämmung unter Brandeinwirkung (Isolation)
M Mechanische Einwirkung auf Wände

Weitere im Brandschutzatlas verwendete Abkürzungen für Zusatzkriterien.
Um eine Verwechslung auszuschließen, sind diese in Klammern [] angegeben:

[M] Mechanische Einwirkung auf Wände = Das Bauteil muss die Feuerwiderstandsdauer auch unter zusätzlicher mechanischer Beanspruchung erfüllen.
[T] Tragwerk
[R] Raumabschluss
[TR] Tragwerk und Raumabschluss
[nb] nichtbrennbar = aus nichtbrennbaren Baustoffen

Brandwände. Sie müssen in **F 180-A** ausgeführt werden, einer dreimaligen Stoßbeanspruchung von 4000 Nm standhalten und noch zahlreiche andere Bedingungen erfüllen. Deshalb sind Komplextrennwände in der Regel dicker als Brandwände (bei Mauerwerk 36 cm). Weitere Informationen enthält Kapitel 10.2.

Die Tabelle 1.4-1 zeigt eine Übersicht der in den Prämienrichtlinien für die Industrie-Feuerversicherung geregelten Brandwände und Komplextrennwände und deren Benennung und Klassifizierung nach DIN 4102-3 und DIN EN 13501-2.

2 Wände, die anstelle von Brandwänden zulässig sind

2.1 Gebäude, bei denen anstelle von Brandwänden andere Wände zulässig sind

MBO 2002 § 30 (3) Satz 2:

Anstelle von Brandwänden ... sind zulässig

1. *für Gebäude der Gebäudeklasse 4 Wände, die auch unter zusätzlicher mechanischer Beanspruchung hochfeuerhemmend sind,*
2. *für Gebäude der Gebäudeklassen 1 bis 3 hochfeuerhemmende Wände,*
3. *für Gebäude der Gebäudeklassen 1 bis 3 Gebäudeabschlusswände, die jeweils von innen nach außen die Feuerwiderstandsfähigkeit der tragenden und aussteifenden Teile des Gebäudes, mindestens jedoch feuerhemmende Bauteile, und von außen nach innen die Feuerwiderstandsfähigkeit feuerbeständiger Bauteile haben,*
4. *als Gebäudeabschlusswand zwischen Wohngebäuden und angebauten landwirtschaftlich genutzten Gebäuden sowie als innere Brandwand zwischen dem Wohnteil und dem landwirtschaftlich genutzten Teil eines Gebäudes feuerbeständige Wände, wenn der umbaute Raum des landwirtschaftlich genutzten Gebäudes oder Gebäudeteils nicht größer als 2000 m³ ist.*

Die MBO bzw. die LBOs unterscheiden zwischen **echten Brandwänden** und **Wänden**, die unter **bestimmten** (jeweils in der MBO bzw. LBO genau geregelten) Voraussetzungen **anstelle von Brandwänden** zulässig sind.

2.1-1 Gebäudeklasse 5 (MBO 2002) bzw. Gebäude mittlerer Höhe (MBO 1996)

Für diese Gebäude sind keine Erleichterungen vorgesehen. Es sind Brandwände erforderlich.

Gebäudeklasse 5 (MBO 2002)
Gebäude mittlerer Höhe (MBO 1996)

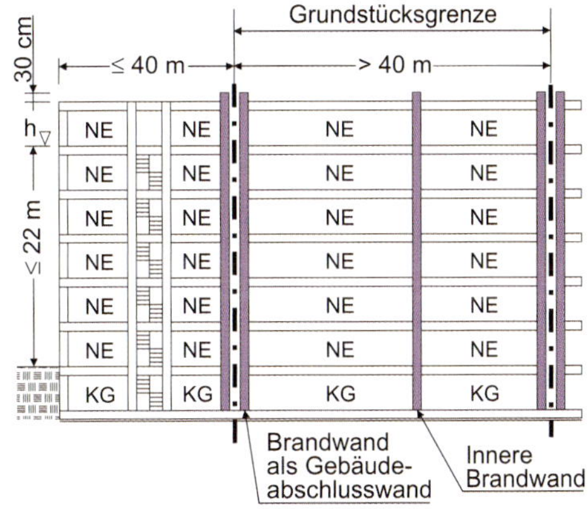

2.1-2 Gebäudeklasse 4 (MBO 2002)

Anstelle von Brandwänden sind Wände zulässig, die auch unter zusätzlicher mechanischer Beanspruchung hochfeuerhemmend sind. Diese Erleichterung gilt für Gebäudeabschlusswände und innere Brandwände.

Im KG müssen Tragwerk und Trennwände feuerbeständig sein, so dass hier insgesamt eine Brandwand erforderlich ist. Andernfalls ist eine entsprechende Abweichung notwendig.

Die vorstehenden Erleichterungen gelten **nicht** für Gebäude mittlerer Höhe gemäß MBO 1996. Für diese Gebäude gilt Bild 2.1-1.

Gebäudeklasse 4 (MBO 2002)
Nutzungseinheiten ≤ 400 m²

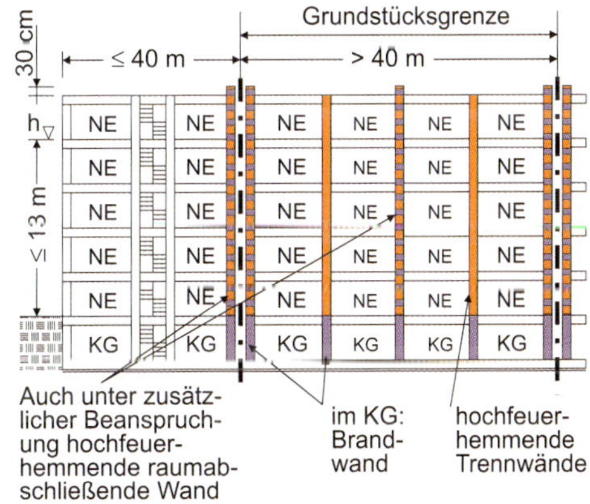

6.2.2-B Seite 14	Raumabschließende Wände	Brandwände

2.1-3 Gebäudeklasse 3 (MBO 2002)

Anstelle von Brandwänden sind raumabschließende hochfeuerhemmende Wände zulässig. Diese Erleichterung gilt für Gebäudeabschlusswände und innere Brandwände.

Im KG müssen Tragwerk und Trennwände feuerbeständig sein, so dass hier eine raumabschließende feuerbeständige Wand erforderlich ist. Andernfalls ist eine entsprechende Abweichung notwendig.

Gebäude geringer Höhe nach MBO 1996 und vergleichbaren LBOs (siehe Bilder 2.1-5 und 2.1-6).

Gebäudeklasse 3 (MBO 2002)

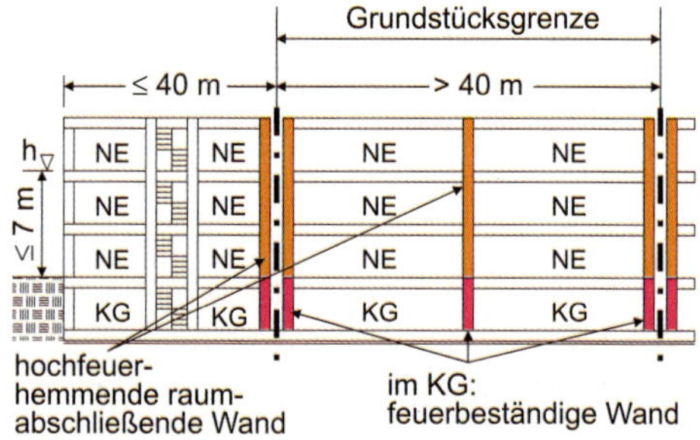

2.1-4 Gebäudeklasse 3 (MBO 2002)

Anstelle von Brandwänden als Gebäudeabschlusswände sind Gebäudeabschlusswände zulässig, die jeweils von innen nach außen die Feuerwiderstandsfähigkeit feuerhemmender und von außen nach innen die Feuerwiderstandsfähigkeit feuerbeständiger Bauteile haben = F 30-F 90-Wände (siehe Tabelle 2.2.1).

Im KG müssen Tragwerk und Trennwände feuerbeständig sein, so dass die Gebäudeabschlusswand hier auch von innen nach außen die Feuerwiderstandsfähigkeit feuerbeständiger Bauteile haben muss (siehe Tabelle 2.2.1).

Gebäudeklasse 3 (MBO 2002)

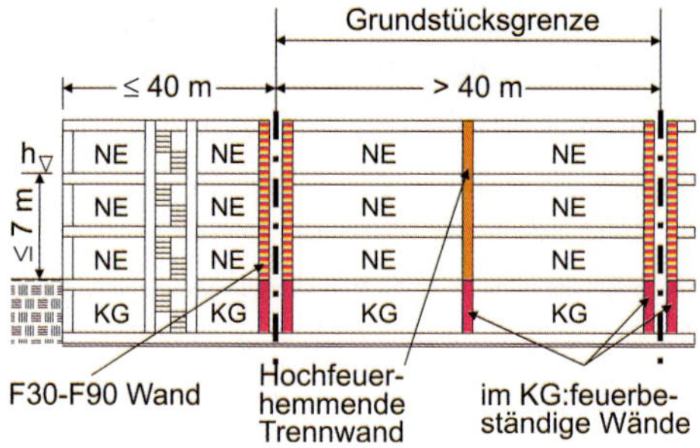

2.1-5 **Gebäude geringer Höhe nach MBO 1996 und vergleichbaren LBOs**

Hier bestehen in der Regel keine Erleichterungen, so dass immer Brandwände erforderlich sind.

Gemäß einigen LBOs können bei Wohngebäuden geringer Höhe anstelle von Brandwänden raumabschließende feuerbeständige Wände ausgeführt werden.

Gebäude geringer Höhe nach MBO 1996 und vergleichbaren LBOs

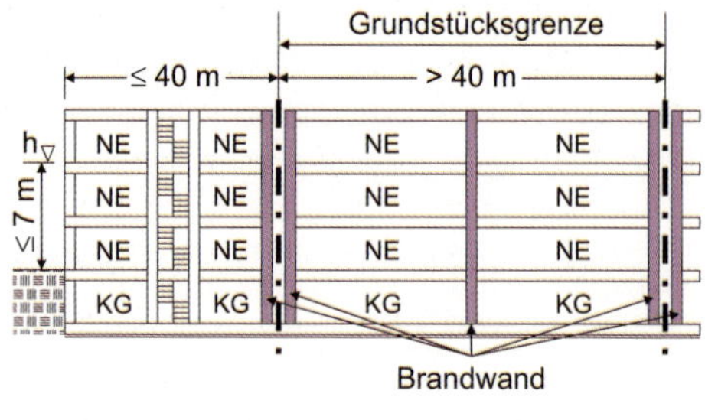

2.1-6 Gebäudeklassen 1 bis 2 (MBO 2002) bzw. Wohngebäude geringer Höhe mit bis zu zwei Wohnungen (MBO 1996 und vergleichbare LBOs)
Anstelle von Brandwänden als Gebäudeabschlusswände sind Gebäudeabschlusswände zulässig, die jeweils von innen nach außen die Feuerwiderstandsfähigkeit feuerhemmender und von außen nach innen die Feuerwiderstandsfähigkeit feuerbeständiger Bauteile haben = F 30-F 90-Wände (siehe Tabelle 2.2.1).

Wohngebäude geringer Höhe mit bis zu zwei Wohnungen

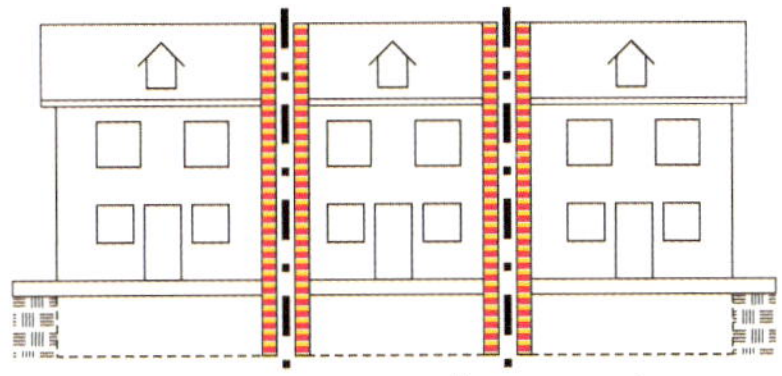

Gebäudeabschlusswände von innen F 30 und von außen F 90 (F30-F90)

2.1-7 Zwischen einem Wohngebäude und einem angebauten landwirtschaftlich genutzten Gebäude mit einem umbauten Raum bis zu 2000 m³ ist anstelle einer Brandwand als Gebäudeabschlusswand eine raumabschließende feuerbeständige Wand zulässig.

2.1-8 Zwischen dem Wohnteil und dem landwirtschaftlich genutzten Teil eines Gebäudes mit einem umbauten Raum bis zu 2000 m³ ist anstelle einer Brandwand als innere Brandwand eine raumabschließende feuerbeständige Wand zulässig.

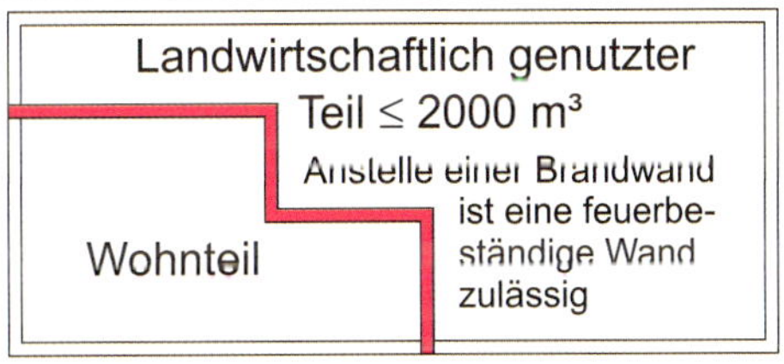

2.2 Anforderungen an die Bauart von Wänden, die anstelle von Brandwänden zulässig sind

Die Tabelle 2.2-1 zeigt eine Übersicht der in den LBOs genannten Wände, die anstelle von Brandwänden zulässig sind und deren Benennung und Klassifizierung nach DIN 4102-2, DIN 4102-3, DIN 4102-4 in Verbindung mit DIN 4102-4/A1 und DIN 4104-22 sowie DIN EN 13501-2 erfolgt.

Wichtig:

Die Erleichterungen für Wände, die anstelle von Brandwänden zulässig sind, gelten in der Regel nur für die Bauart der Wände selbst. Für die weitere Ausführung dieser Wände gelten meist die gleichen Anforderungen, die auch für entsprechende Brandwände gelten nach MBO 2002 § 30 (11), wenn dies nicht in der jeweiligen LBO anders geregelt ist.

6.2.2-B Seite 16 | Raumabschließende Wände | **Brandwände**

Tabelle 2.2-1: Kurzbezeichnungen der nach den LBOs möglichen Wände, die anstelle von Brandwänden zulässig sind, nach DIN 4102 und DIN EN 13501-2

Wände, die anstelle einer Brandwand zulässig sind – Benennung nach MBO bzw. LBO	tragend/ nichttragend	Kurzbezeichnung nach DIN 4102	Kurzbezeichnung nach DIN EN 13501-2
Feuerbeständige raumabschließende Wand	tragend	F 90-A [TR] F 90-AB [TR]	REI 90 [nb] REI 90 [wnb]
	nichttragend	F 90-A [R] F 90-AB [R]	EI 90 [nb] EI 90 [wnb]
Raumabschließende Wand, die auch unter zusätzlicher mechanischer Beanspruchung **hochfeuerhemmend** ist*)	tragend	F 60-A + M [TR] F 60-AB + M [TR] *)	REI 60-M [nb] REI 60-M [wnb] REI 60-M [HolzR]
	nichttragend	F 60-A + M [R] F 60-AB + M [R] *)	EI 60-M [nb] EI 60-M [wnb] EI 60-M [HolzR]
Hochfeuerhemmende raumabschließende Wand*)	tragend	F 60-A [TR] F 60-AB [TR] *)	REI 60 [nb] REI 60 [wnb] REI 60 [HolzR]
	nichttragend	F 60-A [R] F 60-AB [R] *)	EI 60 [nb] EI 60 [wnb] EI 60 [HolzR]
Gebäudeabschlusswand innen F 30 und außen F 90 (F 30-F 90)	tragend	F 30 (i→a)–F 90 (i←a) [TR]	REI 30 (i→o)/REI 90 (i←o)
	nichttragend	F 30 (i→a)–F 90 (i←a) [R]	EI 30 (i→o)/EI 90 (i←o)

*) Nach Bauregelliste A Teil 1 Anlage 0.1.1 kann die Feuerwiderstandsfähigkeit von hochfeuerhemmenden Bauteilen in Verbindung mit den zusätzlichen Anforderungen an die Brandschutzbekleidung nicht nach DIN 4102-2 nachgewiesen werden. Eine Klassifizierung dieser Bauteile kann deshalb nur nach DIN EN 13501-2 erfolgen (siehe rechte Spalte).

Zusatzkriterien nach DIN EN 13501-2:

R Tragfähigkeit (**R**ésistance)
E Raumabschluss (**E**tanchéité)
I Wärmedämmung unter Brandeinwirkung (**I**solation)
M **M**echanische Einwirkung auf Wände

Weitere im Brandschutzatlas verwendete Abkürzungen für Zusatzkriterien.
Um eine Verwechslung auszuschließen, sind diese in Klammern [] angegeben:

[M] Mechanische Einwirkung auf Wände: Das Bauteil muss die Feuerwiderstandsdauer auch unter zusätzlicher mechanischer Beanspruchung erfüllen (Stoßfestigkeit).
[T] **T**ragwerk
[R] **R**aumabschluss
[TR] **T**ragwerk und **R**aumabschluss
[nb] **n**ichtbrennbar (aus **n**icht**b**rennbaren Baustoffen)

[wnb] und in den wesentlichen Teilen nichtbrennbar, gleiche Anforderung wie -AB

[HolzR] Bei hochfeuerhemmenden Bauteilen, deren tragende und aussteifende Teile aus **brennbaren** Baustoffen bestehen, müssen diese gemäß den LBOs
- allseitig eine brandschutztechnisch wirksame Bekleidung aus nichtbrennbaren Baustoffen (Brandschutzbekleidung K_260) und
- Dämmstoffe aus nichtbrennbaren Baustoffen haben.

Diese bauaufsichtliche Anforderung wird erreicht, indem die Ausführung nach der „Muster-Richtlinie über brandschutztechnische Anforderungen an hochfeuerhemmende Bauteile in Holzbauweise – **M-HFHHolzR**" erfolgt (siehe Kapitel 8.20).

Damit bedeutet der Zusatz [HolzR], dass bei hochfeuerhemmenden Bauteilen mit tragenden und aussteifenden Teilen aus brennbaren Baustoffen zusätzliche Anforderungen bestehen an
- die brandschutztechnische Wirksamkeit der Bekleidungen (K_260)
- die Baustoffklasse der Bekleidungen und Dämmstoffe (nichtbrennbar)
- den Einbau der Dämmstoffe und der Bekleidungen sowie
- die sonstige Ausführung (gemäß M-HFHHolzR).

F 30-F 90 Gebäudeabschlusswände, die jeweils von innen nach außen die Feuerwiderstandsfähigkeit F 30 und von außen nach innen die Feuerwiderstandsfähigkeit F 90 haben

(i→a), (i←a) Richtung der klassifizierten Feuerwiderstandsdauer:
(i→o), (i←o) i = innen, a = außen bzw. i = inside, o = outside

Außerdem ist zu beachten, dass an das Tragwerk und die Trennwände in Kellergeschossen teilweise höhere Anforderungen gestellt werden als an die Wände, die anstelle von Brandwänden zulässig sind.

Beispiel 1: Brandwände in einem Gebäude der Gebäudeklasse 4

Nach MBO 2002 ist anstelle einer Brandwand *„eine auch unter zusätzlicher mechanischer Beanspruchung hochfeuerhemmende Trennwand"* möglich. Im KG müssen Tragwerk und Trennwände jedoch feuerbeständig ausgeführt werden. Damit lautet die Anforderung für die *„Wand anstelle einer Brandwand"* im KG sinngemäß: feuerbeständige Trennwand, die auch unter zusätzlicher mechanischer Beanspruchung hochfeuerhemmend ist. Daraus ergibt sich sinngemäß die Anforderung: Brandwand. Soll dort *„eine unter zusätzlicher mechanischer Beanspruchung hochfeuerhemmende Trennwand"* angeordnet werden, so ist eine entsprechende Abweichung erforderlich.

Beispiel 2: Innere Brandwände in einem Gebäude der Gebäudeklasse 3

Nach MBO 2002 ist bei einem Gebäude geringer Höhe anstelle einer Brandwand auch eine hochfeuerhemmende Wand möglich. Im KG müssen Tragwerk und Trennwände jedoch feuerbeständig ausgeführt werden, so dass hier auch die *„Wand anstelle einer Brandwand"* feuerbeständig sein muss. Soll im KG ebenfalls eine hochfeuerhemmende Wand anstelle einer Brandwand ausgeführt werden, ist hierfür eine entsprechende Abweichung erforderlich.

Beispiel 3: Äußere Brandwände in einem Gebäude der Gebäudeklasse 3

Nach MBO 2002 ist bei Gebäudeklasse 1 bis 3 (Gebäude geringer Höhe) anstelle einer äußeren Brandwand eine so genannte F 30-F 90-Wand möglich. Da im KG Tragewerk und Trennwände feuerbeständig ausgeführt werden müssen, besteht für diese Wand dort die Anforderung feuerbeständig.

2.3 Erfüllung der Anforderungen der Landesbauordnungen (LBOs)

Grundsätzlich gilt hierfür Punkt 1.2 ff. sinngemäß. Darüber hinaus ergeben sich noch folgende Besonderheiten:

2.3.1 Feuerbeständige raumabschließende Wand

Ausführung nach MBO 1996 und 2002

Feuerwiderstandsklasse F 90 + raumabschließend + entweder vollständig oder zumindest in den *wesentlichen* Teilen aus nichtbrennbaren Baustoffen:

Kurzbezeichnung tragend:
F 90-A [TR] oder F 90-AB [TR]

Kurzbezeichnung nichttragend:
F 90-A [R] oder F 90-AB [R].

Anmerkung: Erläuterung der *wesentlichen* Teile enthält Kapitel 4.3, Punkt 5.2.

Folgende Bauarten sind möglich:

- **geregelte** Bauarten, die allgemein gebräuchlich und bewährt sind = genormte Bauarten nach **DIN 4102-4**, Abschnitt 4.1 ff., in Verbindung mit **DIN 4102-4/A1** und **DIN 4102-22** (nationale Ebene)
- **nicht geregelte** Bauarten bzw. Bauprodukte, die nach **DIN 4102-2** geprüft und klassifiziert sind (nationale Ebene)
- **nicht geregelte** Bauarten bzw. Bauprodukte, die nach **DIN EN 13501-2** geprüft und klassifiziert sind (europäische Ebene).

2.3.2 Raumabschließende Wand, die auch unter zusätzlicher mechanischer Beanspruchung hochfeuerhemmend ist

Ausführung nach MBO 1996

In der MBO 1996 und sinngemäß auch in den entsprechenden LBOs nicht vorgesehen

Ausführung nach MBO 2002 mit Tragwerk aus *nichtbrennbaren* Baustoffen

Feuerwiderstandsklasse F 60 + raumabschließend + zusätzliche Festigkeit unter mechanischer Beanspruchung (Stoßfestigkeit) + entweder vollständig oder zumindest in den *wesentlichen* Teilen aus nichtbrennbaren Baustoffen:

Kurzbezeichnung tragend:
F 60-A + M [TR] oder F 60-AB + M [TR]

Kurzbezeichnung nichttragend:
F 60-A + M [R] oder F 60-AB + M [R].

Anmerkung: Erläuterung der *wesentlichen* Teile enthält Kapitel 4.3, Punkt 5.2.

Ausführung nach MBO 2002 mit Tragwerk aus *brennbaren* Baustoffen

Feuerwiderstandsklasse (R)EI 60*) + zusätzliche Festigkeit unter mechanischer Beanspruchung (Stoßfestigkeit) + tragende und aussteifende Bauteile aus brennbaren Baustoffen mit einer allseitigen brandschutztechnisch wirksamen Bekleidung aus nichtbrennbaren Baustoffen (Brand-

*) siehe folgende Seite

schutzbekleidung) und Dämmstoffe aus nichtbrennbaren Baustoffen:

Kurzbezeichnung tragend:
REI 60 [HolzR] + M

Kurzbezeichnung nichttragend:
EI 60 + M [HolzR].

Erläuterung [HolzR] siehe Tabelle 2.2-1 in diesem Kapitel.

Folgende Bauarten sind möglich:

- **nicht geregelte** Bauarten bzw. Bauprodukte, die sinngemäß nach **DIN 4102-3** geprüft und klassifiziert sind (nationale Ebene)
- **nicht geregelte** Bauarten bzw. Bauprodukte, die nach **DIN EN 13501-2** geprüft und klassifiziert sind (europäische Ebene).

Auf nationaler Ebene ist die sinngemäße Ausführung und Prüfung nach DIN 4102-3 zunächst nur für nichtbrennbare Bauarten und Bauprodukte möglich, da Brandwände nach dieser Norm aus nichtbrennbaren Baustoffen bestehen müssen. Sollen diese Bauarten bzw. Bauprodukte in den tragenden und aussteifenden Bauteilen aus brennbaren Baustoffen hergestellt werden, sind neben der sinngemäßen Prüfung nach DIN 4102-3 (dreimalige Stoßbeanspruchung mit einer Stoßarbeit von 3000 Nm) zusätzlich die Anforderungen der Muster-Holzbau-Richtlinie (MHBauRL) einzuhalten (siehe Kapitel 8.20).

Geregelte Bauarten nach **DIN 4102-4** bzw. **DIN 4102-22** sind nicht möglich, da diese Norm keine derartigen Bauarten enthält.

2.3.3 Raumabschließende hochfeuerhemmende Wand

Ausführung nach MBO 1996
In der MBO 1996 und sinngemäß auch in den darauf aufbauenden LBOs nicht vorgesehen

Ausführung nach MBO 2002 mit Tragwerk aus *nichtbrennbaren* Baustoffen
Feuerwiderstandsklasse F 60 + raumabschließend + entweder vollständig oder zumindest in den *wesentlichen* Teilen aus nichtbrennbaren Baustoffen:

Kurzbezeichnung tragend:
F 60-A [TR] oder F 60-AB [TR]

Kurzbezeichnung nichttragend:
F 60-A [R] oder F 60-AB [R].

Anmerkung: Erläuterung der *wesentlichen* Teile enthält Kapitel 4.3, Punkt 5.2.

Ausführung nach MBO 2002 mit Tragwerk aus *brennbaren* Baustoffen
Feuerwiderstandsklasse (R)EI 60*) + tragende und aussteifende Bauteile aus brennbaren Baustoffen mit einer allseitigen brandschutztechnisch wirksamen Bekleidung aus nichtbrennbaren Baustoffen (Brandschutzbekleidung) und Dämmstoffe aus nichtbrennbaren Baustoffen.

Kurzbezeichnung tragend:
REI 60 [HolzR]

Kurzbezeichnung nichttragend:
EI 60 [HolzR]

Erläuterung [HolzR] siehe Tabelle 2.2-1 in diesem Kapitel.

*) Nach Bauregelliste A Teil 1 Anlage 0.1.1 kann die Feuerwiderstandsfähigkeit von hochfeuerhemmenden Bauteilen in Verbindung mit den zusätzlichen Anforderungen an die Brandschutzbekleidung nicht nach DIN 4102-2 nachgewiesen werden. Eine Klassifizierung dieser Bauteile kann deshalb nur nach DIN EN 13501-2 erfolgen (siehe Tabelle 6-1, Kapitel 4.3).

6.2.2-B Seite 20	Raumabschließende Wände	Brandwände

Folgende Bauarten sind möglich:

- **geregelte** Bauarten, die allgemein gebräuchlich und bewährt sind = genormte Bauarten nach **DIN 4102-4**, Abschnitt 4.1 ff., in Verbindung mit **DIN 4102-4/A1** und **DIN 4102-22** (nationale Ebene).

  Anmerkung: nur für F 60-A und F 60-AB.
- **nicht geregelte** Bauarten bzw. Bauprodukte, die nach **DIN 4102-2** geprüft und klassifiziert sind (nationale Ebene)
- **nicht geregelte** Bauarten bzw. Bauprodukte, die nach **DIN EN 13501-2** geprüft und klassifiziert sind (europäische Ebene).

Sollen diese Bauarten bzw. Bauprodukte in den tragenden und aussteifenden Bauteilen aus brennbaren Baustoffen hergestellt werden, sind zusätzlich noch die Anforderungen der MHBauRL einzuhalten (siehe Legende zu Tabelle 2.2-1 sowie Kapitel 8.20).

2.3.4 Gebäudeabschlusswand F 30-F 90

Ausführung nach MBO 1996 bzw. darauf aufbauenden LBOs

Raumabschließende Wände, die vom Gebäudeinneren die Anforderungen der Feuerwiderstandsklasse F 30 und vom Gebäudeäußeren der Feuerwiderstandsklasse F 90 erfüllen. Kurzbezeichnung tragend/nichttragend: F 30 (i→a) – F 90 (i←a) [TR]/F 30 (i→a) – F 90 (i←a) [R].

Ausführung nach MBO 2002

Gebäudeabschlusswände, die jeweils von innen nach außen die Feuerwiderstandsfähigkeit der tragenden und aussteifenden Teile des Gebäudes, mindestens jedoch feuerhemmende Bauteile, und von außen nach innen die Feuerwiderstandsfähigkeit feuerbeständiger Bauteile haben.

In der Regel (mit Ausnahme des Kellergeschosses in der Gebäudeklasse 3) müssen die in Frage kommenden tragenden und aussteifenden Teile des Gebäudes feuerhemmend sein. Damit ergibt sich folgende Kurzbezeichnung tragend/nichttragend: F 30 (i→a) – F 90 (i←a) [TR]/F 30 (i→a) – F 90 (i←a) [R].

Bei Gebäuden der Gebäudeklasse 3 müssen im KG die tragenden und aussteifenden Teile des Gebäudes feuerbeständig sein.

Folgende Bauarten sind möglich:

- **geregelte** Bauarten, die allgemein gebräuchlich und bewährt sind = genormte Bauarten nach **DIN 4102-4**, Abschnitt 4.12.8, in Verbindung mit **DIN 4102-4/A1** und **DIN 4102-22** (nationale Ebene)
- **nicht geregelte** Bauarten bzw. Bauprodukte, die sinngemäß nach **DIN 4102-2** geprüft und klassifiziert sind (nationale Ebene)
- **nicht geregelte** Bauarten bzw. Bauprodukte, die sinngemäß nach **DIN EN 13501-2** geprüft und klassifiziert sind (europäische Ebene).

2.3.4-1 und 2.3.4-2 Gebäudeabschlusswände in F 30-F 90-Bauweise

Für bestimmte Gebäude (z.B. nach MBO 2002 Gebäude der Gebäudeklassen 1 bis 3 bzw. nach MBO 1996 und den meisten LBOs Wohngebäude geringer Höhe mit bis zu zwei Wohnungen) sind anstelle von Brandwänden spezielle F 30-F 90-Gebäudeabschlusswände zulässig. Diese müssen vom Gebäudeinneren die Anforderungen der Feuerwiderstandsklasse F 30-B und vom Gebäudeäußeren die Anforderungen der Feuerwiderstandsklasse F 90-B erfüllen.

In Gebäudeklasse 3 nach MBO 2002 müssen diese Wände im KG als feuerbeständige Gebäudeabschlusswände ausgeführt werden.

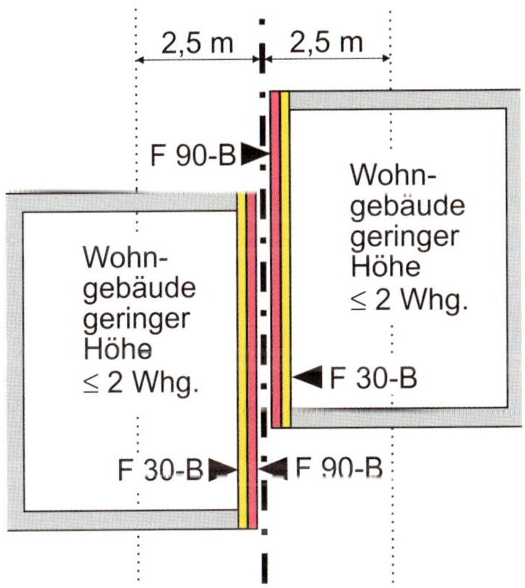

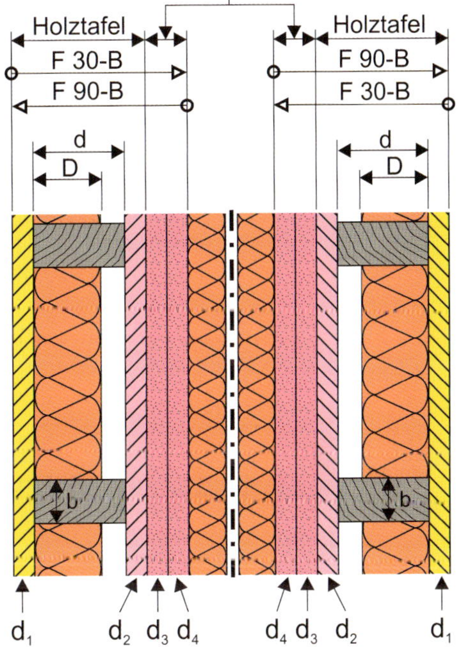

6.2.2-B Seite 22	Raumabschließende Wände	Brandwände

Tabelle 2.3.4-1: Raumabschließende Gebäudeabschlusswände F 30-B + F 90-B nach DIN 4102-4, Abschnitt 4.12.8

Konstruktion			
Holzrippen	Mindestquerschnitt b x d ≥ 40 x 80 mm Maximal vorhandene Spannung $\sigma_D \leq 2{,}5$ N/mm²		
Dämmschicht aus Mineralfasern (nach DIN 4102-4, Abschnitt 4.12.5)	Mindestdicke D ≥ 80 mm Mindestrohdichte ≥ 30 kg/m³		
Innen-Beplankung oder -Bekleidung (nach DIN 4102-4, Abschnitt 4.12.4)	Mindestdicke	Zeile 1 (Ausführung 1)	Zeile 2 (Ausführung 2)
Holzwerkstoffplatten, Mindestrohdichte = 600 kg/m³ oder Gipskarton-Feuerschutzplatten (GKF nach DIN 18180)	d_1 (mm)	13 oder 12,5	16 + 9,5
Außen-Beplankungen oder -Bekleidungen (nach DIN 4102-4, Abschnitt 4.12.4)			
Holzwerkstoffplatten, Mindestrohdichte = 600 kg/m³ oder Gipskarton-Feuerschutzplatten (GKF nach DIN 18180)	d_2 (mm)	13 oder 12,5	
Gipskarton-Feuerschutzplatten (GKF)	d_3 (mm)	18	
	d_4 (mm)	18	
Holzwolle-Leichtbauplatten nach DIN 1101	d_2 (mm)		35
Putz der Mörtelgruppe II nach DIN 18550	d_3 bis d_4 (mm)		15

2.4 Verwendbarkeitsnachweis und Übereinstimmungsnachweis

Siehe hierzu sinngemäß die Erläuterungen zu den Punkten 1.2.4 und 1.2.5.

3 Durchgängigkeit von Brandwänden

3.1 Anforderungen der Landesbauordnungen (LBOs)

MBO 2002 § 30 (4):

Brandwände müssen bis zur Bedachung durchgehen und in allen Geschossen übereinander angeordnet sein. Abweichend davon dürfen anstelle innerer Brandwände Wände geschossweise versetzt angeordnet werden, wenn

1. *die Wände im Übrigen auch unter zusätzlicher mechanischer Beanspruchung feuerbeständig sind und aus nichtbrennbaren Baustoffen bestehen,*
2. *die Decken, soweit sie in Verbindung mit diesen Wänden stehen, feuerbeständig sind, aus nichtbrennbaren Baustoffen bestehen und keine Öffnungen haben,*
3. *die Bauteile, die diese Wände und Decken unterstützen, feuerbeständig sind und aus nichtbrennbaren Baustoffen bestehen,*
4. *die Außenwände in der Breite des Versatzes in dem Geschoss oberhalb oder unterhalb des Versatzes feuerbeständig sind und*
5. *Öffnungen in den Außenwänden im Bereich des Versatzes so angeordnet oder andere Vorkehrungen so getroffen sind, dass eine Brandausbreitung in andere Brandabschnitte nicht zu befürchten ist.*

Die vorstehenden Anforderungen gelten sinngemäß auch für Wände, die anstelle von Brandwänden zulässig sind (MBO 2002 § 11).

Damit müssen Brandwände und Wände, die anstelle von Brandwänden zulässig sind, grundsätzlich von der Gründung bis unter bzw. über das Dach unversetzt durchgehen. Ist dies aus notwendigen Gründen bei inneren Brandwänden nicht möglich, müssen bei diesen die vorstehenden Bedingungen (bzw. die entsprechenden Bedingungen der jeweiligen LBO) eingehalten werden. Bei sinngemäßer Auslegung ergeben sich damit gemäß MBO 2002 die in Tabelle 3.1-1 zusammengefassten Anforderungen.

6.2.2-B Seite 24	Raumabschließende Wände	Brandwände

Tabelle 3.1-1: Übersicht über die Anforderungen an geschossweise versetzte innere Brandwände und Wände, die anstelle von inneren Brandwänden zulässig sind

Anforderungen	Geschossweise versetzte innere Brandwand bzw. Wand, die anstelle einer inneren Brandwand zulässig ist			
	Brandwand	feuerbeständige Wand	Wand, die auch unter zusätzlicher mechanischer Beanspruchung hochfeuerhemmend ist	hochfeuerhemmende Wand
Bauart der Wände	Brandwand	feuerbeständig	auch unter zusätzlicher mechanischer Beanspruchung hochfeuerhemmend	hochfeuerhemmend
Decken, soweit sie in Verbindung mit diesen Wänden stehen	feuerbeständig, nichtbrennbar und öffnungslos	feuerbeständig, nichtbrennbar und öffnungslos	auch unter zusätzlicher mechanischer Beanspruchung hochfeuerhemmend und öffnungslos	hochfeuerhemmend und öffnungslos
Bauteile, die diese Wände und Decken unterstützen	feuerbeständig, nichtbrennbar	feuerbeständig	hochfeuerhemmend	hochfeuerhemmend
Außenwände in der Breite des Versatzes in dem Geschoss oberhalb oder unterhalb des Versatzes	feuerbeständig	feuerbeständig	hochfeuerhemmend	hochfeuerhemmend
Öffnungen in den Außenwänden im Bereich des Versatzes (Sicherung des Feuerüberschlagsweges)	Anordnung oder andere Vorkehrungen so, dass eine Brandausbreitung in andere Brandabschnitte nicht zu befürchten ist			

3.1-1 Brandwände müssen grundsätzlich bis zur Bedachung durchgehen und in allen Geschossen übereinander angeordnet sein.

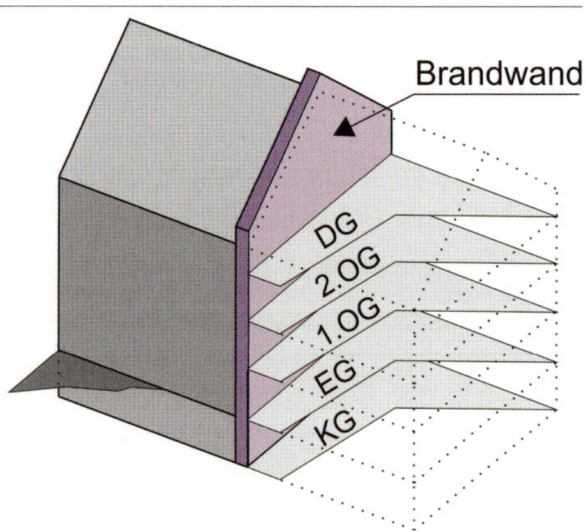

Raumabschließende Wände	Brandwände	**6.2.2-B** Seite 25

3.1-2 Ist es aus notwendigen Gründen nicht möglich, Brandwände unversetzt bis zur Bedachung zu führen, so dürfen unter den in Bild 3.1-2 angegebenen Voraussetzungen anstelle von inneren Brandwänden Wände geschossweise versetzt angeordnet werden.

Außerdem müssen die Außenwände und Öffnungen im Bereich des Versatzes bestimmte Anforderungen erfüllen, siehe die folgenden Bilder.

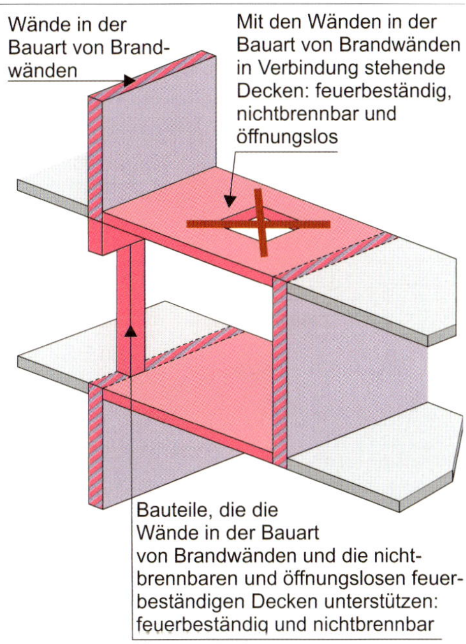

Sicherung des Feuerüberschlagsweges

Die folgenden Bilder zeigen grundsätzlich Möglichkeiten, wie bei Öffnungen in den Außenwänden im Bereich des Versatzes der Feuerüberschlagsweg gesichert werden kann. Neben den hier dargestellten Maßnahmen gibt es noch weitere Möglichkeiten, z.B. durch Anordnung einer automatischen Löschanlage mit zwei voneinander unabhängigen Versorgungssträngen (siehe Kapitel 6.3.3, Bild 4.2-5).

3.1-3 und 3.1-4 Sicherung des Feuerüberschlagsweges durch eine feuerbeständige öffnungslose Wand im Geschoss unterhalb bzw. oberhalb des Versatzes

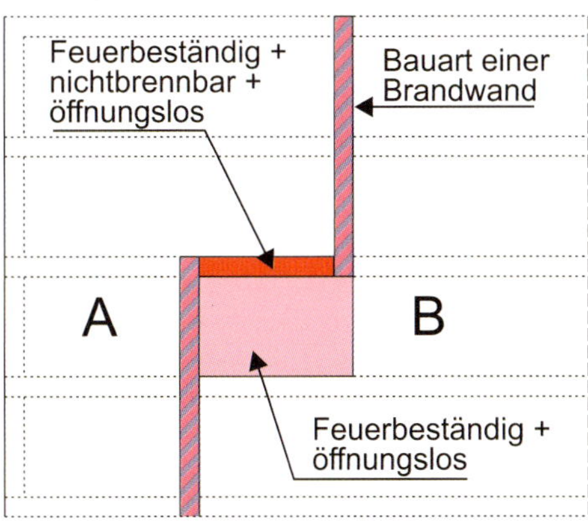

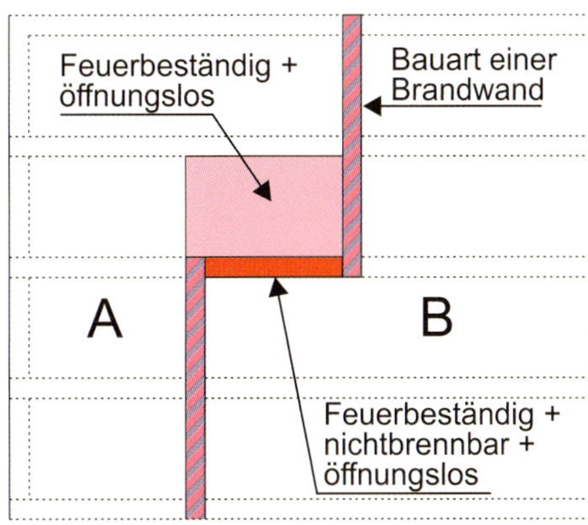

6.2.2-B Seite 26 | Raumabschließende Wände | Brandwände

3.1-5 und 3.1-6 Sicherung des Feuerüberschlagsweges durch eine feuerbeständige Wand mit Öffnung im Geschoss unterhalb bzw. oberhalb des Versatzes. Sicherung der Fensteröffnung mit Brandschutzverglasung G 90 bzw. F 90*)

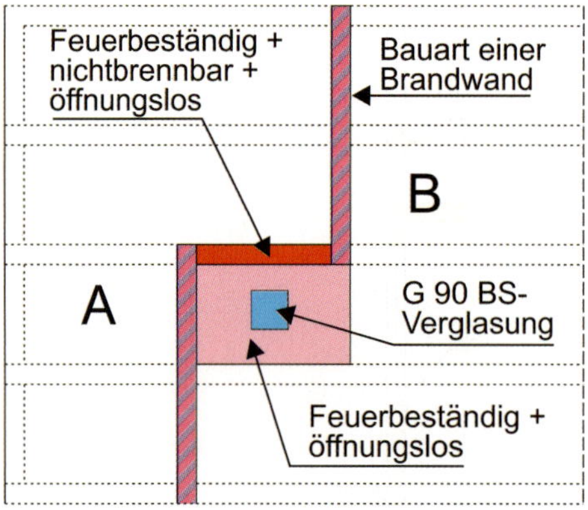

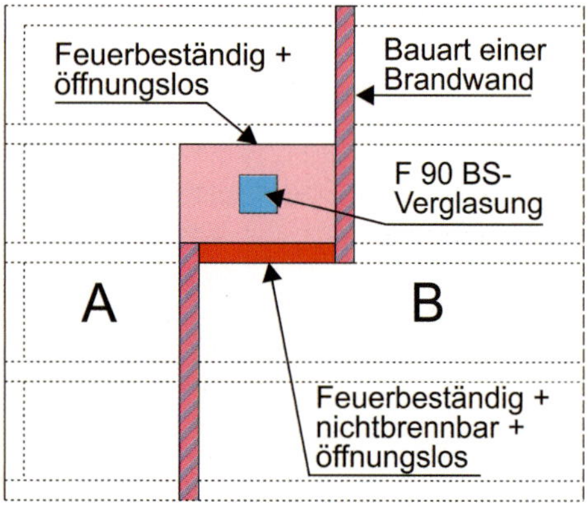

Anmerkung:
Mit den in den Bildern 3.1-3 bis 3.1-6 dargestellten Maßnahmen ist es **nicht** möglich, ohne Eingreifen der **Feuerwehr** einen Brandüberschlag von B nach A sicher zu verhindern, siehe z.B. Kapitel 6.3.0, Bild 2.3.2. Die Feuerüberschlagsgefahr gilt damit im bauaufsichtlichen Verfahren jedoch als hinnehmbar. Das bestehende Restrisiko wird dabei akzeptiert. Eine wesentliche Verbesserung würde z.B. erreicht, indem die Wände unterhalb **und** oberhalb des Versatzes gesichert werden.

*) Genannt sind die grundsätzlichen auf der sicheren Seite liegenden Anforderungen an Brandschutzverglasungen. Bei einer genaueren Einzelfallbeurteilung sind oft Abweichungen möglich, wenn keine Bedenken wegen des Brandschutzes bestehen.

In Bild 3.1-6 kann z.B. anstelle einer F 90-Verglasung auch eine G 90-Verglasung verwendet werden, da wegen der Strahlungshitze keine Bedenken bestehen. Unter bestimmten Voraussetzungen sind im nachgewiesenen Einzelfall auch F 30- oder G 30-Verglasungen möglich, z.B. wenn nur relativ geringe Brandlasten vorhanden sind und dies **auch zukünftig** garantiert ist.

Sinngemäß ist es grundsätzlich auch möglich, anstelle von Brandschutzverglasungen so genannte **Brandschutzvorhänge** anzuordnen. Diese müssen dann mit bauaufsichtlich zugelassenen Feststellanlagen offen gehalten werden und im Brandfall automatisch schließen. Außerdem muss ihre Verwendbarkeit entsprechend nachgewiesen werden.

Es ist empfehlenswert, die Ausführung und Möglichkeiten mit dem Bauherrn und der zuständigen Brandschutzdienststelle bzw. Bauaufsichtsbehörde abzustimmen. Ggf. ist eine Abweichung erforderlich.

Raumabschließende Wände	Brandwände	**6.2.2-B** Seite 27

3.1-7 Sicherung des Feuerüberschlagsweges der Fensteröffnungen durch Anordnung einer mindestens 1,50 m auskragenden feuerbeständigen Kragplatte. Ausführung der Außenwand: nichtbrennbar.

Mit dieser Maßnahme wird auch ohne Hilfe der Feuerwehr ein Feuerüberschlag zuverlässig verhindert.

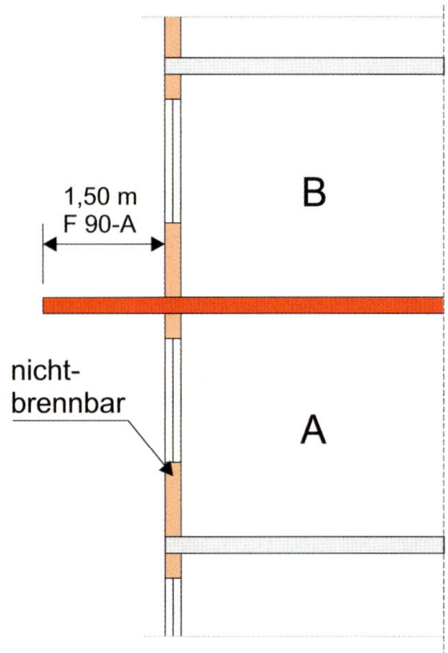

3.2 Anforderungen der Muster-Industriebaurichtlinie (M IndBauRL)

Gemäß M IndBauRL sind versetzt übereinander angeordnete Brandabschnitte bzw. Brandbekämpfungsabschnitte möglich. Als geeignete Vorkehrungen gegen einen Feuerüberschlag gelten die in den Bildern 3.1-7 und 3.2-1 dargestellten Maßnahmen (siehe auch Kapitel 9.2).

3.2-1 Sicherung des Feuerüberschlagsweges durch Anordnung von teuerbeständigen Bauteilen in einer Höhe von mindestens 1,5 m zwischen den Öffnungen

Anmerkung:
Mit dieser Maßnahme ist es **nicht** möglich, ohne Eingreifen der **Feuerwehr** einen Brandüberschlag von B nach A sicher zu verhindern, siehe sinngemäß Anmerkung zu den Bildern 3.1-3 bis 3.1-6. Sie gilt jedoch gemäß M IndBauRL als ausreichend bzw. das bestehende **Restrisiko** wird in der M IndBauRL akzeptiert.

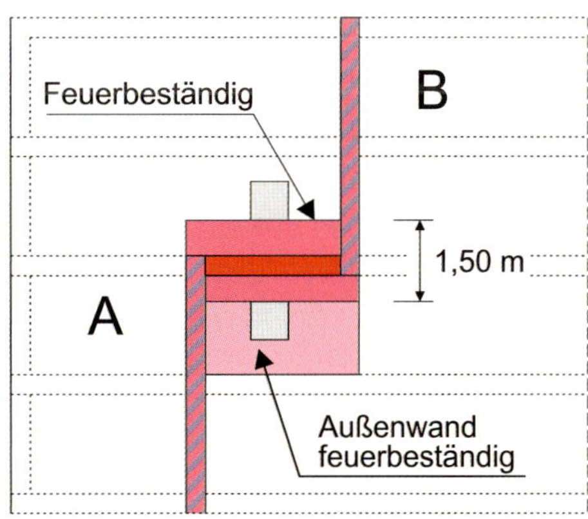

Es ist empfehlenswert, bei Gebäuden, die nicht dem Geltungsbereich der M IndBauRL unterliegen, die Anwendbarkeit und die Möglichkeiten dieser Maßnahme mit der für den Brandschutz zuständigen Stelle abzustimmen.

3.3 Anforderungen der Industrie-Feuerversicherung

Nach den Anforderungen des allgemeinen Teils der unverbindlichen Prämienrichtlinien für die Industrie-Feuerversicherung (siehe Kapitel 10.2) **müssen** Brandwände **unversetzt** durch alle Geschosse führen. Falls hiervon abgewichen werden soll, ist eine entsprechende **Abstimmung** mit dem zuständigen **Feuerversicherer** empfehlenswert, da dies sonst zu Nachteilen bei der Versicherungsprämie führen kann.

4 Ausbildung im Dachbereich

4.1 Anforderungen der Landesbauordnungen (LBOs)

MBO 2002 § 30 (5) und § 30 (7) Satz 1:

Brandwände sind 0,30 m über die Bedachung zu führen oder in Höhe der Dachhaut mit einer beiderseits 0,50 m auskragenden feuerbeständigen Platte aus nichtbrennbaren Baustoffen abzuschließen; darüber dürfen brennbare Teile des Daches nicht hinweggeführt werden.

Bei Gebäuden der Gebäudeklassen 1 bis 3 sind Brandwände mindestens bis unter die Dachhaut zu führen. Verbleibende Hohlräume sind vollständig mit nichtbrennbaren Baustoffen auszufüllen.

Bauteile mit brennbaren Baustoffen dürfen über Brandwände nicht hinweggeführt werden.

Wichtiger Hinweis:
Die folgenden Bildbeispiele zeigen meist Brandwände als geregelte Bauarten nach DIN 4102-4 in Verbindung mit DIN 4102-4/A1 und DIN 4102-22.

Gemäß MBO 2002 können anstelle von Brandwänden auch bestimmte hochfeuerhemmende Wände ausgeführt werden. Allerdings sind in der Anfangsphase solche geprüften Bauarten oder Bauprodukte auf dem Markt noch nicht erhältlich, bzw. es ist relativ aufwändig, sie zu erhalten. Aus diesen Gründen wurden sie bei den Beispielskizzen noch nicht berücksichtigt.

Grundsätzlich gelten alle nachfolgend aufgeführten Anforderungen und Beispiele der MBO 2002 entsprechend auch für Wände, die anstelle von Brandwänden zulässig sind.

Die Schadenanalyse zeigt immer wieder, dass die kritischen Stellen von Brandwänden im Dachanschluss- und -abschlussbereich liegen. An keiner anderen Stelle werden Brandwände so oft vom Feuer überlaufen wie im Dachbereich. Deshalb kommt der Ausführung der Brandwände im Dachbereich eine besondere Bedeutung zu.

Die Brandwand kann noch so fachgerecht und perfekt sein, ein kleiner Mangel bzw. eine kleine Schwachstelle im Dachbereich kann dazu führen, dass sie vom Feuer überlaufen wird. In diesen Fällen hat die Feuerwehr oft keine Chance mehr, den Entstehungsbrand auf einen Brandabschnitt zu begrenzen und einen Totalschaden von zwei oder gar mehreren Brandabschnitten zu verhindern (siehe Teil S dieses Kapitels).

Die Tabelle 4.1-1 zeigt als Übersicht die Anforderungen der MBO 2002, wie Brandwände im Dachbereich auszuführen sind. Die Anforderungen der einzelnen LBOs weichen teilweise davon ab oder haben noch ergänzende „Spezialregeln". Tatsächliche Anforderungen für alle Länder sind in den Brandschutz-Checklisten auf der Brandschutz-Nachweis-CD enthalten.

Tabelle 4.1-1: Übersicht über die Anforderungen an die Ausbildung von Brandwänden und Wänden, die anstelle von Brandwänden zulässig sind, im Dachbereich

Gebäudeklasse bzw. Gebäudeart	Erforderliche Wand	Ausbildung im Dachbereich
Gebäudeklasse 5 *(Gebäude mittlerer Höhe)*	Brandwand	• Überdachführung 30 cm**) oder • Abschluss in Höhe der Dachhaut mit einer beidseitig 0,50 m auskragenden feuerbeständigen Platte aus nichtbrennbaren Baustoffen.***) • Darüber dürfen brennbare Teile des Dachs nicht hinweggeführt werden. • Verbleibende Hohlräume sind vollständig mit nichtbrennbaren *und raumbeständigen* Baustoffen auszufüllen. • Bauteile mit brennbaren Baustoffen dürfen über Brandwände nicht hinweggeführt werden.
Gebäudeklasse 4	Wand, die auch unter zusätzlicher mechanischer Beanspruchung hochfeuerhemmend ist	
Landwirtschaftliche Gebäude > 10.000 m³*)	Brandwand	
Wohngebäude mit angebauten landwirtschaftlichen Gebäuden/Gebäudeteilen > 2000 m³*)	Brandwand	
Gebäudeklasse 1–3 *(Gebäude geringer Höhe)* Innere Brandwand	Hochfeuerhemmende Wand	• Führung bis mindestens unter die Dachhaut • Verbleibende Hohlräume sind vollständig mit nichtbrennbaren *und raumbeständigen* Baustoffen auszufüllen. • Bauteile mit brennbaren Baustoffen dürfen über Brandwände nicht hinweggeführt werden.
Gebäudeklasse 1–3 *(Gebäude geringer Höhe)* Gebäudeabschlusswand	Hochfeuerhemmende Wand oder F 30-F 90-Wand	
Wohngebäude mit angebauten landwirtschaftlichen Gebäuden/ Gebäudeteilen ≤ 2000 m³	Feuerbeständige Wand	

*) Interpretation bzw. Empfehlung, da die Anforderungen hierzu in der MBO 2002 nicht eindeutig geregelt sind. Eine Abstimmung mit der Brandschutzdienststelle bzw. Bauaufsichtsbehörde ist empfehlenswert.

**) Bei weicher Bedachung 50 cm (gemäß einigen LBOs)

***) Bei weicher Bedachung nicht zulässig (gemäß einigen LBOs)

6.2.2-B Seite 30 | Raumabschließende Wände | Brandwände

4.2 Dächer mit Plattendeckung – Dachanschluss Gebäudeklassen 4 und 5 (MBO 2002) bzw. Gebäude mittlerer Höhe (MBO 1996)

4.2-1 bis 4.2-3 Überdachführung einer ungedämmten und gedämmten Brandwand

Brandwände sind 30 cm über die Bedachung zu führen. Darüber dürfen brennbare Teile des Daches nicht hinweggeführt werden.

Seitliche Dämmung: Ausführung der seitlichen Dämmung aus nichtbrennbaren Baustoffen – falls hierfür ein Wärmedämmverbundsystem verwendet wird, muss ein System mit nichtbrennbarer Dämmung verwendet werden.

Obere horizontale Dämmung: Die Kriterien nichtbrennbar und raumbeständig (z.B. Mineralfaser oder Schaumglas) gelten sinngemäß auch für die Dämmung der Stirnseiten. Die Mineralfaserdämmung muss einen Schmelzpunkt ≥ 1000 °C aufweisen. Befestigung mechanisch oder durch Kleben mit nichtbrennbaren Klebern. Geeignete Dämmungen sind z.B. Rockwool Hardrock II oder Schaumglas oder Gleichwertiges.

4.2-2 Die 30 cm der Überdachführung werden rechtwinklig zur Dachhautebene gemessen.

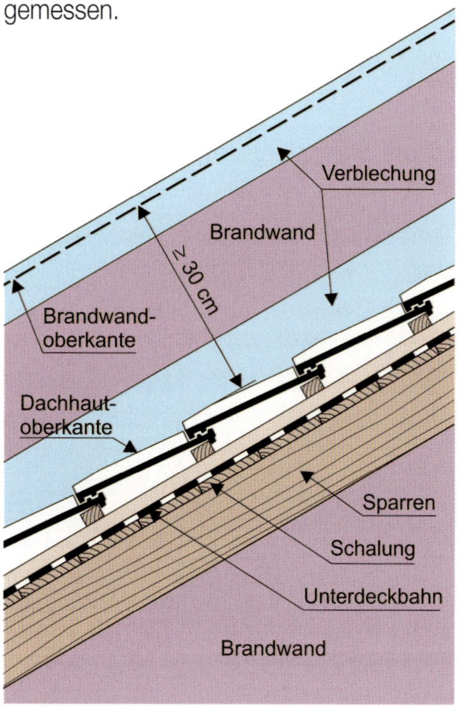

4.2-1 Ungedämmte Brandwand

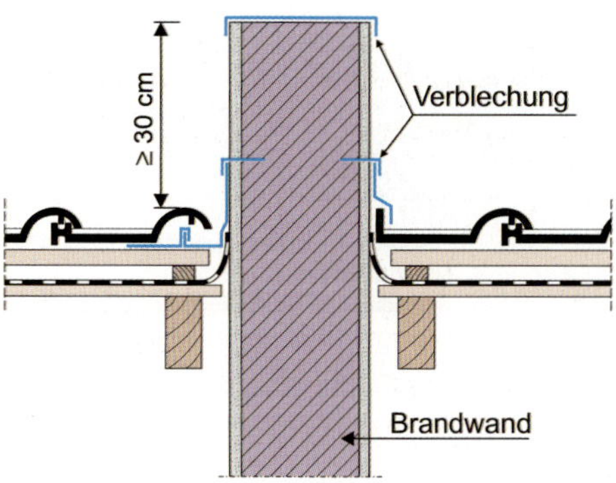

4.2-3 Gedämmte Brandwand

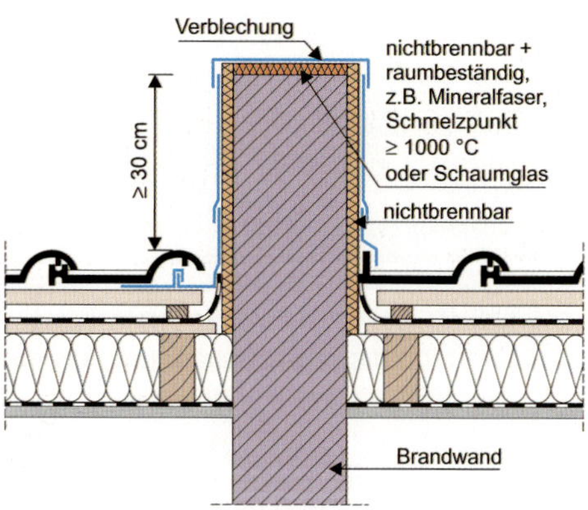

4.2-4 Überdachführung einer zweischaligen Brandwand

Die Ausführung erfolgt bei zweischaligen Brandwänden sinngemäß wie bei einschaligen bzw. bei gemeinsamen Gebäudeabschlusswänden. Die Dämmung zwischen den Brandwänden sollte aus nichtbrennbaren Baustoffen bestehen.

Beide Schalen müssen voneinander unabhängig standsicher sein. Bei einer Zerstörung eines Brandabschnittes darf nur die Beschädigung der diesem Brandabschnitt zugehörigen Brandwand möglich sein.

4.2-4 Zweischalige Brandwand

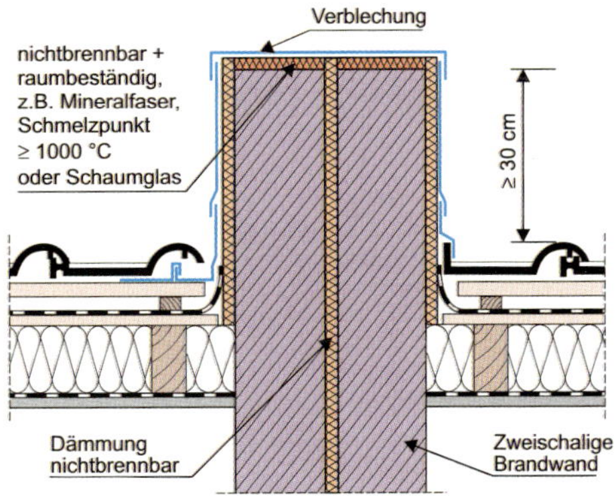

4.2-5 bis 4.2-8 Feuerbeständige Kragplatte, ungedämmt und gedämmt als Ersatz für eine Überdachführung

Anstelle einer Überdachführung von 30 cm können Brandwände in Höhe der Dachhaut mit einer zu beiden Seiten 0,50 m auskragenden feuerbeständigen Platte aus nichtbrennbaren Baustoffen (Stahlbetonplatte) abgeschlossen werden. Darüber dürfen brennbare Teile des Daches nicht hinweggeführt werden. Verbleibende Hohlräume sind vollständig mit nichtbrennbaren Baustoffen auszufüllen.

Zur Ausführung der **Dachlatten und Dachdeckung** siehe Punkt 4.3 A. Die hölzernen Dachlatten werden durch Blechspangen ersetzt und die Blechspangen in der Brandwandachse

4.2-5 Ungedämmte Kragplatte

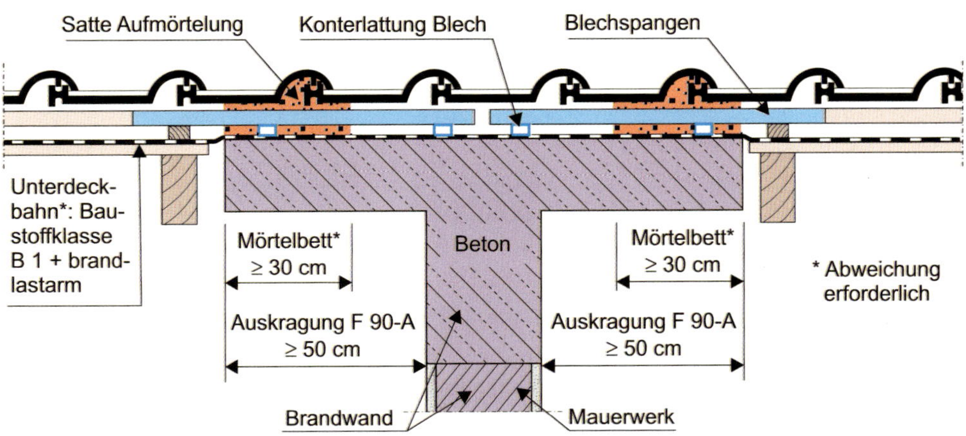

6.2.2-B Seite 32	Raumabschließende Wände	Brandwände

4.2-6 und 4.2-7 Gedämmte Kragplatte

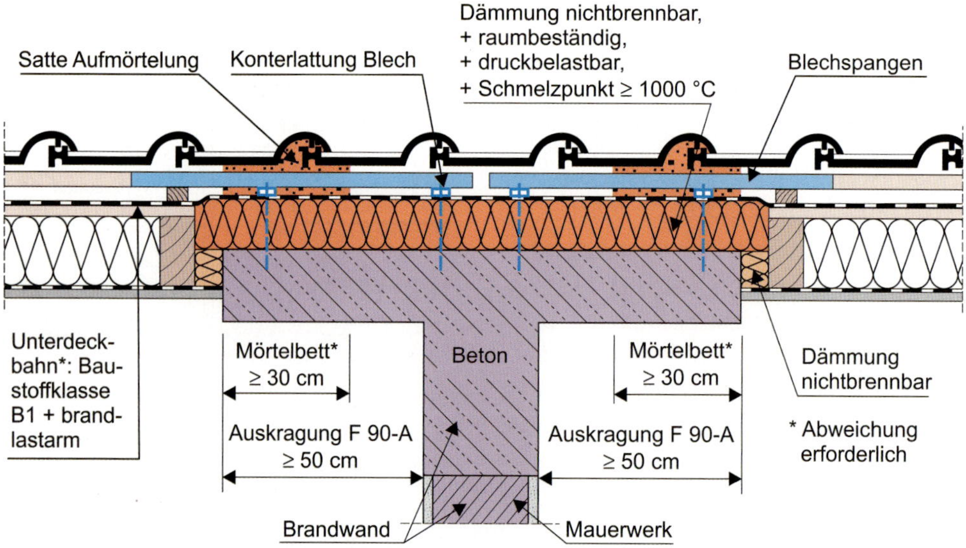

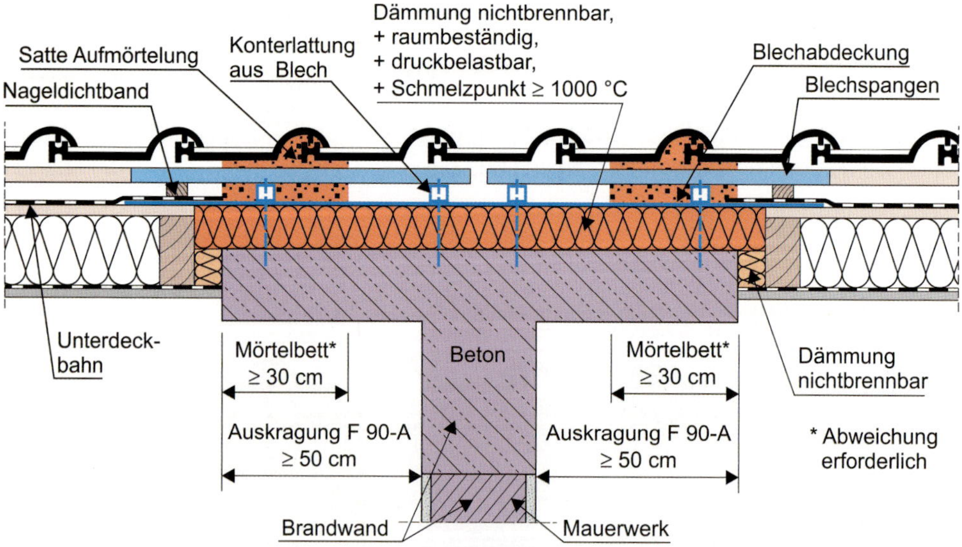

unterbrochen. Auch die Konterlatten im Bereich der Kragplatte bestehen aus Blechlatten. Außerdem ist die Dacheindeckung auf der gesamten Plattenbreite satt aufzumörteln (satt in ein Mörtelbett zu verlegen). Alternativ bestehen in der Regel keine Bedenken, wenn die Dachdeckung nur zu beiden Seiten als jeweils ca. 30 cm breiter Streifen satt aufgemörtelt wird. Hierfür ist jedoch eine Abweichung erforderlich.

Zur Ausführung der **Unterdeckbahn** siehe Punkt 4.3 C. Die brennbare Folie der Unterdeckbahn kann über die Kragplatte geführt werden, wenn sie im Bereich der beiden 30 cm breiten Mörtelbettstreifen hohlraumfrei zwischen nichtbrennbaren Baustoffen verlegt wird, so dass ein „Durchbrennen“ nicht zu erwarten ist. Hierfür ist eine entsprechende Abweichung erforderlich.

Bild 4.2-6: Zur Ausführung der Dämmung siehe Punkt 4.3 B. Die Dämmung muss aus nichtbrennbaren, raumbeständigen, druckbelastbaren Dämmstoffen mit einem Schmelzpunkt ≥ 1000 °C bestehen und ausreichend auf der Kragplatte befestigt werden.

Zur weiteren Ausführung der Dachlatten, Dachdeckung und Unterdeckbahn siehe sinngemäß die Ausführungen zu Bild 4.2-5.

Bild 4.2-7: **Diese Ausführung entspricht vom Wortlaut her allen bauaufsichtlichen Anforderungen,** da im Bereich der Kragplatte eine nichtbrennbare Unterdeckung aus Blech angeordnet wurde. Es ist jedoch darauf zu achten, dass das Blech ausreichend auf der Kragplatte befestigt wird, siehe Punkt 4.3.4. Eine weitere Ausführungsbeschreibung siehe sinngemäß bei Bild 4.2-5 und unter Punkt 4.3 A bis D.

4.2-8 F 90-B-Kragplatte als Ersatz für eine Überdachführung

Insbesondere bei bestehenden Gebäuden, aber auch bei Neubauten (z.B. Holzbauweise in Gebäudeklasse 4 gemäß MBO 2002) ist es mit einem meist unverhältnismäßig hohen Aufwand verbunden, eine F 90-A-Kragplatte herzustellen.

Das Bild zeigt eine Möglichkeit, im Rahmen einer **Abweichung** die Kragplatte in Holzbauweise feuerwiderstandsfähig auszuführen. Dabei werden die zu beiden

4.2-8 F 90-B-Kragplatte (Abweichung ist erforderlich.)

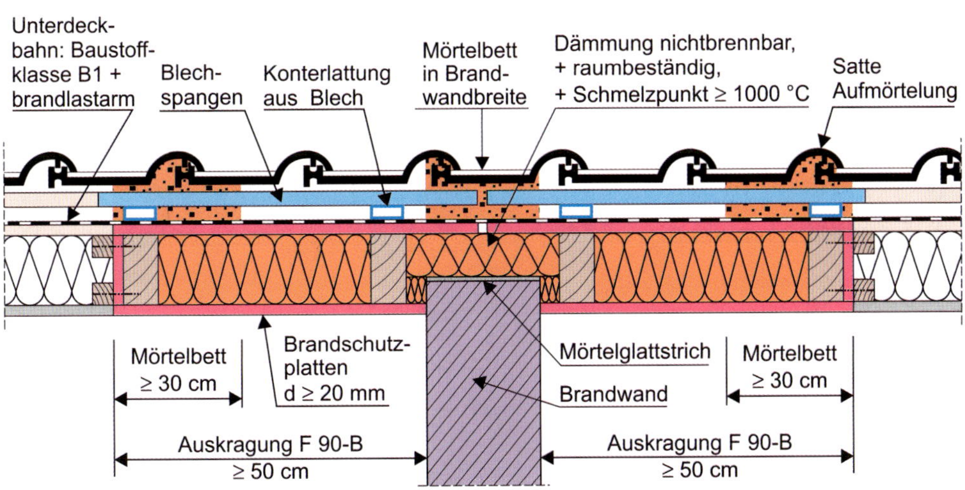

6.2.2-B Seite 34 | Raumabschließende Wände | Brandwände

Seiten angrenzenden Sparrenfelder umlaufend mit mindestens 20 mm dicken Brandschutzplatten bekleidet und alle Hohlräume zwischen den Sparren mit Mineralfaser, Schmelzpunkt 1000 °C, **hohlraumfrei** ausgefüllt. Die Dämmung oberhalb und seitlich der Brandwand muss zudem noch raumbeständig sein (siehe Punkt 4.3 B).

Zur Aufmörtelung siehe sinngemäß die Beschreibung zu Bild 4.2-5. Zusätzlich werden auch noch die Dachplatten oberhalb der Brandwand in Brandwandbreite satt aufgemörtelt.

Die Unterdeckbahn wird, wie in Bild 4.2-6 beschrieben, über die Kragplatte geführt. Es ist eine Abweichung erforderlich. Eine weitere Beschreibung siehe sinngemäß Punkt 4.3 A bis D.

4.2-9 „Halbe“ Kragplatte an angrenzender, nicht über Dach geführter Gebäudeabschlusswand

Wird z.B. im Bestand nur ein Gebäude saniert bzw. ein Neubau an ein Bestandsgebäude angebaut und soll nicht in die Bausubstanz des bestehenden, nicht zu sanierenden Gebäudes eingegriffen werden, so kann die Ausführung als „halbseitige“ Kragplatte erfolgen.

Das Bild zeigt als Beispiel die Ausführung einer „halbseitigen“ Stahlbeton-Kragplatte. Die Beschreibung siehe sinngemäß bei Bild 4.2-5. Diese Ausführung ist auch in anderen Varianten möglich (siehe sinngemäß Bilder 4.2-6 bis 4.2-8).

Es ist eine Abweichung und Abstimmung mit der zuständigen Brandschutzdienststelle bzw. der Bauaufsichtsbehörde empfehlenswert bzw. erforderlich.

4.2-9 „Halbe“ Kragplatte

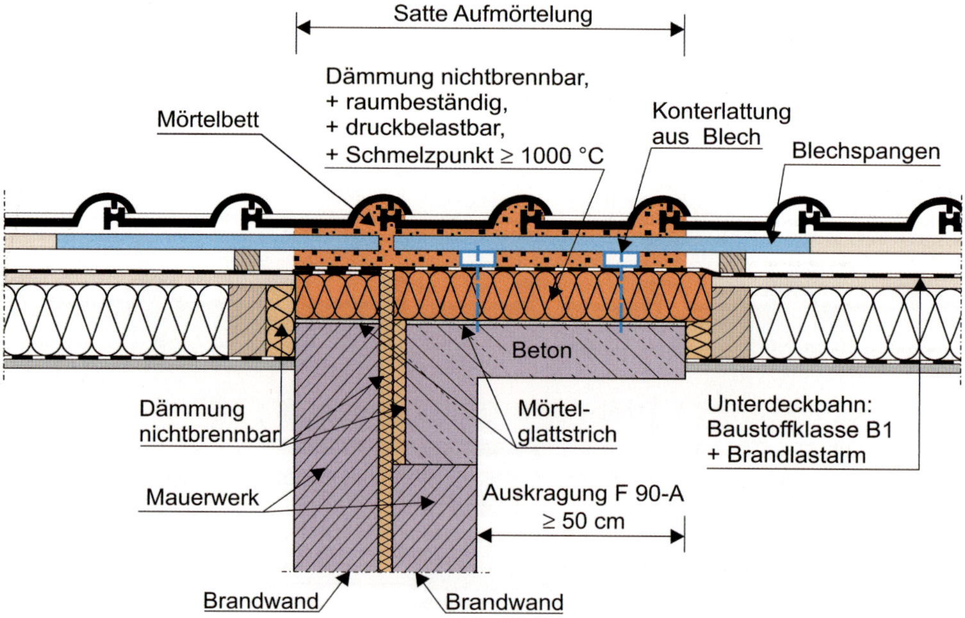

Raumabschließende Wände	Brandwände	**6.2.2-B** Seite 35

4.2-10 Einseitige Kragplatte an angrenzender, nicht über Dach geführter Gebäudeabschlusswand

Alternativ zu der in Bild 4.2-9 dargestellten Ausführung kann der erforderliche Brandschutz auch ganz von dem Neubau bzw. dem zu sanierenden Gebäude „übernommen" werden, indem eine 1 m einseitig auskragende Stahlbetonplatte angeordnet wird.

Weitere Beschreibung siehe sinngemäß bei vorstehendem Bild 4.2-9. Es ist eine Abweichung und Abstimmung mit der zuständigen Brandschutzdienststelle bzw. der Bauaufsichtsbehörde erforderlich bzw. empfehlenswert.

4.2-10 Einseitige Kragplatte

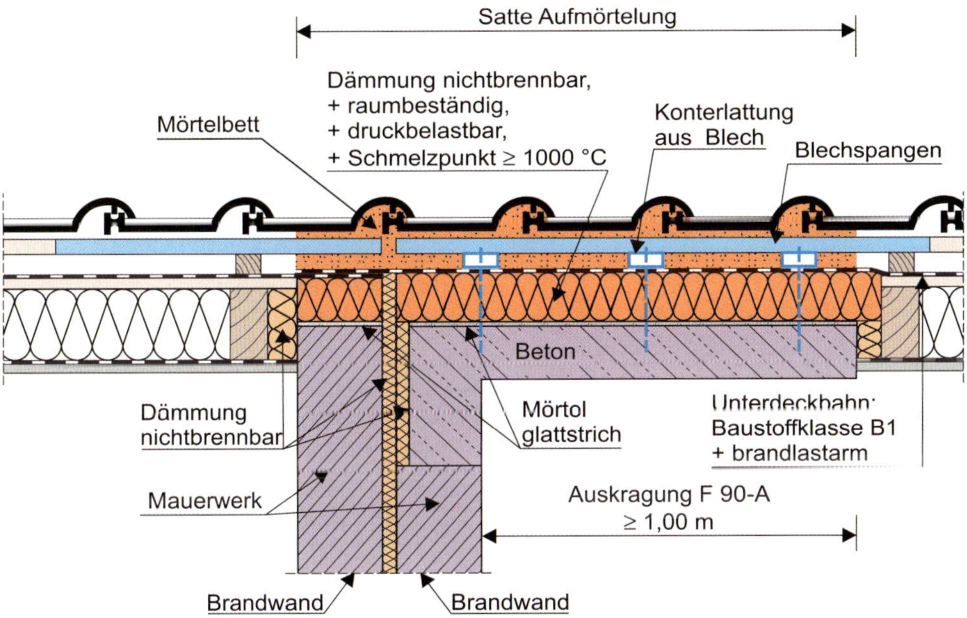

6.2.2-B Seite 36	Raumabschließende Wände	Brandwände

4.3 Dächer mit Plattendeckung – Dachanschluss Gebäudeklassen 1 bis 3 (MBO 2002) bzw. Gebäude geringer Höhe (MBO 1996)

Bei Gebäuden der Gebäudeklassen 1 bis 3 (MBO 2002) sowie bei Gebäuden geringer Höhe (MBO 1996) sind Brandwände mindestens bis unter die Dachhaut zu führen. Verbleibende Hohlräume sind vollständig mit nichtbrennbaren Baustoffen auszufüllen. Außerdem dürfen Bauteile mit brennbaren Baustoffen über Brandwände nicht hinweggeführt werden.

Im Dachanschlussbereich der Brandwand ergeben sich damit folgende Probleme:

A Vermeidung von Brandbrücken

B Vermeidung von Wärmebrücken

C Vermeidung von Feuchtigkeitsbrücken

D Vermeidung von Schallbrücken.

A Vermeidung von Brandbrücken

Zur Vermeidung von Brandbrücken muss die Brandwand bis unmittelbar unter die (nichtbrennbare) Dachhaut geführt werden. Hierzu sind hölzerne Dachlatten durch nichtbrennbare Bauteile (in der Regel Blechspangen aus mindestens 0,6 mm dickem Blech (siehe Bild 4.3-A 1) zu ersetzen. Die Dacheindeckung ist auf Brandwandbreite satt aufzumörteln, so dass zwischen Oberkante der Brandwand bzw. der dort angeordneten Dämmung und der Dachdeckung keine Hohlräume verbleiben.

Sowohl aus Brandschutz- aber auch aus Schallschutzgründen ist es empfehlenswert, die Blechspangen im Bereich der Brandwandachse zu trennen. Dies ist einfach möglich, indem sie beidseits der Brandwand einen Kragarm in Richtung Brandwandachse bilden. Damit der Kragarm ausreichend stabil aufliegt, sollten die Blechspangen von der Sparrenachse in die andere Richtung etwas länger sein als der Kragarm und dort auf den Dachlatten ausreichend befestigt werden (durch Verschraubung).

Die Trennung hat den Vorteil, dass bei einem eventuellen Einsturz der Dachkonstruktion auf einer Seite der Brandwand

4.3-A 1 Beispiel für Blechspange

Sie besteht aus einem mindestens 0,6 mm dicken Blech und ist so geformt, dass sie auf die Dachlatten aufgesteckt und dort angeschraubt werden kann. Die beiden kleinen Abkantungen dienen zur Verbesserung der Steifigkeit.

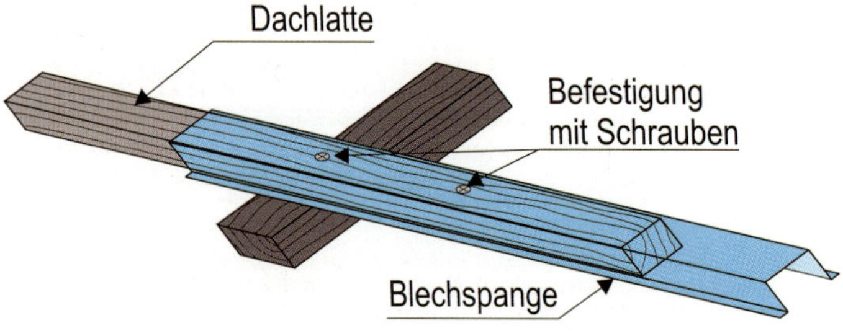

die Blechwinkel und Dachplatten nur bis zur Brandwandachse mitgerissen werden und die Konstruktion auf der dem Feuer abgewandten Seite der Brandwand erhalten bleibt. Außerdem wird die thermische Wärmeleitung unterbunden und es werden Schallbrücken reduziert.

B Vermeidung von Wärmebrücken

Bei ausgebauten Dächern bildet die Brandwand im Dachbereich eine erhebliche Wärmebrücke. Deshalb ist im oberen An- bzw. Abschlussbereich zwischen Brandwandoberkante und Dachhaut eine ausreichende Wärmedämmung erforderlich. Die Dämmung bildet damit sozusagen eine Fortsetzung bzw. Verlängerung der Brandwand. Sie muss deshalb folgende Anforderungen erfüllen:

- Die Dämmstoffe müssen **nichtbrennbar** sein (Baustoffklasse A).
- Die Dämmstoffe müssen einen **Schmelzpunkt ≥ 1000 °C** haben.
- Die Dämmstoffe müssen **raumbeständig** und in einem ausreichenden Maße **druckbelastbar** sein. Raumbeständig und ausreichend druckbelastbar sind z.B. begehbare Dachdämmstoffe für die Dämmung von Flachdächern. Zusammendrückbare Mineralfasermatten mit relativ geringer Rohdichte sind dagegen weder raumbeständig noch druckbelastbar.
- Die Dämmstoffe müssen grundsätzlich so verlegt und befestigt werden, dass sie beim Anschluss an die Brandwand, bei den Fugenanschlüssen untereinander und bei allen anderen An- und Abschlüssen keine offenen Fugen und Undichtigkeiten aufweisen.

  Hierzu sind die Dämmstoffe so dicht auf der Brandwandoberseite zu verlegen, dass zwischen Brandwandoberseite und Dämmstoffunterseite keine Hohlräume und offenen Fugen bestehen. Dazu muss die Brandwandoberseite entsprechend eben sein, z.B. durch einen Glattstrich.

  Außerdem sind alle Fugen der Dämmstoffe untereinander und zu anschließenden Bauteilen so knirsch zu stoßen, dass sie keine Undichtigkeiten und Hohlräume aufweisen.

  Schließlich müssen die Dämmstoffe noch an der Brandwand ausreichend befestigt werden. Die Befestigung kann mechanisch erfolgen (z.B. mit geeigneten nichtbrennbaren Dübeln) oder durch Verkleben mit einem geeigneten nichtbrennbaren Kleber. Wichtig: Bei einer Dämmung aus Schaumglas dürfen keine bitumenhaltigen Kleber und Folien verwendet werden, es sei denn, deren Unbedenklichkeit wurde entsprechend nachgewiesen.

Mögliche Dämmstoffe sind z.B. Rockwool Hardrock II, Schaumglas oder gleichwertige Stoffe.

C Vermeidung von Feuchtigkeitsbrücken

Auf der Oberseite der Brandwand bzw. Kragplatte ergibt sich folgendes Problem: Die Unterdeckbahn besteht aus einer brennbaren Folie. Sie muss aus bauphysikalischen Gründen über die gedämmte

Brandwandoberseite bzw. Kragarmoberseite geführt werden, da sonst Feuchtigkeitsschäden zu erwarten sind. Dies ist gemäß dem Wortlaut der MBO bzw. der LBOs bei Brandwänden und gemäß MBO 2002 bei Wänden, die anstelle von Brandwänden zulässig sind, nicht erlaubt.

Da geeignete nichtbrennbare Folien nicht verfügbar sind, bietet sich als Lösungsmöglichkeit an, die brennbare Folie des Unterdaches als untergeordnetes Bauteil zu betrachten, über das keine Gefahr einer Brandweiterleitung besteht. Hierbei kann davon ausgegangen werden, dass keine Bedenken wegen eines „Durchbrennens" der Folie in den anderen Brandabschnitt bestehen, wenn folgende Voraussetzungen eingehalten sind:

- Die Folie muss mindestens schwer entflammbar sein (Baustoffklasse B 1).
- Die Folie muss möglichst brandlastarm sein. Dieses Kriterium wird von den üblichen schwer entflammbaren Unterdeckbahnen in der Regel erfüllt, da diese relativ dünn sind. Bei Verwendung dickerer Folien ist jedoch eine entsprechende Überprüfung erforderlich.
- Die Folie muss auf Brandwandbreite vollständig und hohlraumfrei zwischen nichtbrennbaren Baustoffen eingeschlossen sein. Dies ist z.B. der Fall, wenn sie direkt auf der Brandwandoberseite oder einer entsprechenden nichtbrennbaren raumbeständigen Dämmung verlegt und durch eine Aufmörtelung der Dachdeckung flächendeckend und hohlraumfrei von oben abgedeckt wird.

  Bei den jeweils um 0,50 m auskragenden feuerbeständigen Kragplatten bestehen in der Regel keine Bedenken, wenn die Folie zu beiden Seiten der Kragplatte in einem jeweils ca. 30 cm breiten Streifen satt und hohlraumfrei zwischen nichtbrennbaren Baustoffen angeordnet wird.

Beispiele für geeignete Folien: DELTA-MAXX oder DELTA-PURAFOL oder gleichwertige.

Liegen die vorstehenden Voraussetzungen vor, so ist davon auszugehen, dass keine Bedenken bestehen, die brennbare Unterdeckbahn über die Brandwandoberseite bzw. Kragplattenoberseite zu führen. Je nachdem, wie die Bauordnung zu diesem Punkt ausgelegt wird, ist hierfür eine entsprechende Abweichung erforderlich. Gemäß MBO 2002 ist hierfür immer eine Abweichung notwendig.

Alternative: Blech

Alternativ zur brennbaren Folie kann die Brandwand- bzw. Kragplattenoberseite auch mit einer **Verblechung** abgedeckt werden. Damit würde zwar dem Wortlaut der MBO 2002 bzw. dem der darauf aufbauenden LBOs voll entsprochen. Allerdings weist diese Ausführung u.a. die folgenden Nachteile auf und ist deshalb nicht zu empfehlen, bzw. es ist eine entsprechend sorgfältige Ausführungsplanung erforderlich.

- Bei Blechabdeckungen besteht die Gefahr, dass sich das Blech bei einer direkten Brandbeanspruchung von unten verwerfen und Hohlräume bilden kann, durch die dann eine Brandweiterleitung in den angrenzenden Brandabschnitt möglich ist. Aus diesem Grund muss die Blechabdeckung auf der Brandwand- bzw. Kragplattenoberseite so angeordnet und befestigt werden, dass eine solche Gefahr ausgeschlossen bzw. reduziert werden kann. Eine derartige Befestigung und Ausführung ist jedoch (wenn überhaupt) nur sehr aufwändig möglich.

- Blech wirkt als Dampfsperre, so dass bereits vorhandene Baufeuchtigkeit und eventuell eingedrungene Feuchtigkeit in diesem Bereich nicht schadlos abgeführt werden kann.
- Blech leitet die Wärme, so dass unter Umständen auch diese Problematik zu beachten ist (z.B. bei geringen Brandwandbreiten).
- Der Anschluss von Unterdeckbahnen an Blech ist problematisch. Der Anschlussbereich ist (wenn überhaupt) nur schwierig abzudichten.
- Wird die Blechabdeckung nicht in der Brandwandachse geteilt, so verschlechtert sich unter Umständen der Schallschutz. Eine Teilung in der Brandwandachse ist jedoch sehr aufwändig (wegen der Befestigung und Abdichtung).

D Vermeidung von Schallbrücken

Durch die über die Brandwand geführten Bauteile verschlechtert sich der Schallschutz. Aus diesem Grund ist es z.B. empfehlenswert, die Blechwinkel im Bereich der Brandwandachse zu trennen.

Schallbrücken können bei diesen Details jedoch nicht vermieden, sondern nur soweit möglich reduziert werden. Deshalb ist immer zu prüfen, ob ein ausreichender Schallschutz vorliegt.

6.2.2-B Seite 40	Raumabschließende Wände	Brandwände

4.3-1 Dachanschluss einer ungedämmten Brandwand

Die Brandwand wird bis unmittelbar unter die (nichtbrennbare) Dachhaut geführt. Hölzerne Dachlatten werden im Bereich der Brandwand durch Blechwinkel ersetzt. Die Dacheindeckung wird auf Brandwandbreite satt aufgemörtelt, so dass zwischen Oberkante der Brandwand bzw. Unterdeckbahn und der Dachdeckung keine Hohlräume verbleiben.

Die brennbare Unterdeckbahn führt über die Brandwand (siehe Punkt 4.3 C).

4.3-1 Ungedämmte Brandwand

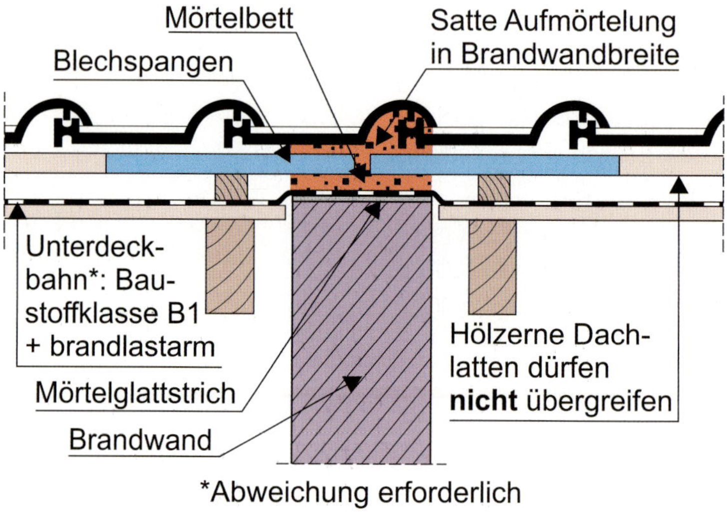

4.3-2 bis 4.3-4 Dachanschlüsse an gedämmte Brandwände

4.3-2 Detail mit brennbarer Folie als Unterdeckbahn

Zur Ausführung der **Dachlatten und Dachdeckung** siehe Punkt 4.3 A.

Bei gedämmten Dächern ist eine Wärmedämmung der Brandwand erforderlich. Diese muss im Bereich der Brandwand aus nichtbrennbaren, raumbeständigen, druckbelastbaren Dämmstoffen mit einem Schmelzpunkt ≥ 1000 °C bestehen und ausreichend befestigt werden (siehe Punkt 4.3 B).

Die Unterdeckbahn wird aus bauphysikalischen Gründen über die Brandwand geführt. Eine Abweichung ist erforderlich. Es bestehen keine Bedenken, wenn die Folie schwer entflammbar und brandlastarm ist und vollständig und hohlraumfrei zwischen nichtbrennbare Baustoffe eingeschlossen wird (siehe Punkt 4.3 C).

Wichtig:
Bei dieser Ausführung ist unbedingt darauf zu achten, dass geeignete Dämmstoffe verwendet und diese **hohlraumfrei und mit knirsch gestoßenen Fugen** verlegt werden (siehe Punkt 4.3 B). Bei unfachgerechter Verlegung mit offenen Fugen besteht z.B. die Gefahr, dass Pyrolysegase in den angrenzenden Brandabschnitt eindringen und nach deren Durchzündung zur Brandweiterleitung führen können. Diese Gefahr kann bei einer Ausführung nach Bild 4.3-3 erheblich reduziert werden.

4.3-2

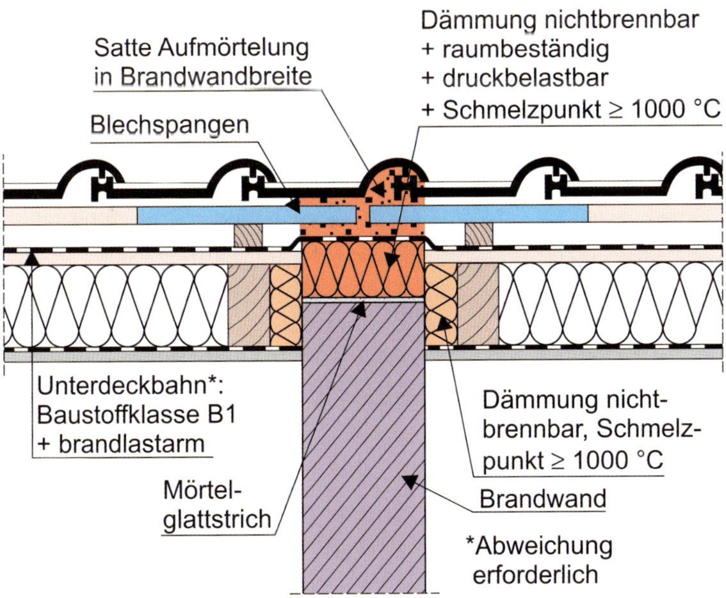

6.2.2-B Seite 42	Raumabschließende Wände	Brandwände

4.3-3 Detail mit seitlichen Brandschutzplatten zur Reduzierung von Undichtigkeiten

Zur Ausführung siehe sinngemäß die Beschreibung zu Bild 4.3-2. Die Brandschutzplatten werden hierzu als Kragplatten mit Metalldübeln oder zugelassenen Dübeln ausreichend an der Brandwand befestigt.

Durch die Anordnung der beiden Brandschutzplatten wird die Sicherheit gegen ein Eindringen von Pyrolysegasen wesentlich verbessert. Allerdings ist diese Ausführung entsprechend aufwändiger.

Anmerkung:
Grundsätzlich ist eine Ausführung nach Detail 4.3-2 ausreichend, vorausgesetzt sie erfolgt fachgerecht und ohne Hohlräume (siehe Punkt 4.3 B). Bei Unsicherheiten bzw. wenn eine bessere Ausführung gewünscht wird, ist das in Bild 4.3-3 dargestellte Detail empfehlenswert.

4.3-3

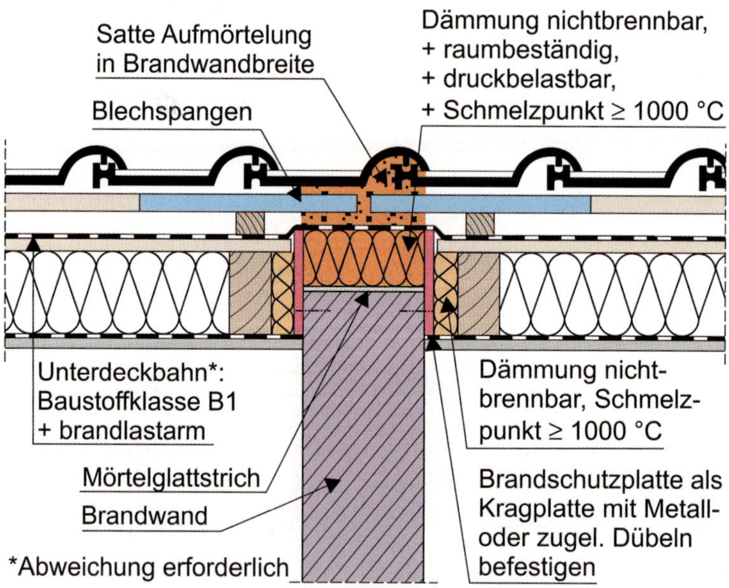

Raumabschließende Wände	Brandwände	**6.2.2-B** Seite 43

4.3-4 Detail mit darüberführender Blechabdeckung

Diese Ausführung entspricht zwar vom Wortlaut her der MBO bzw. den LBOs. Allerdings ist hier die Feuerüberschlagsgefahr größer als bei dem Detail mit der darübergeführten Folie (siehe Bild 4.3-2).

Zum einen besteht die Gefahr, dass das Blech sich bei einer Brandbeanspruchung von unten verwerfen und Hohlräume bilden kann, durch die dann eine Brandweiterleitung möglich ist. Zum anderen kann die thermische Wärmeleitung bei der relativ geringen Brandwanddicke zu einer Brandweiterleitung führen. Deshalb ist die dargestellte Ausführung nicht empfehlenswert (siehe auch Punkt 4.3 C).

4.3-4

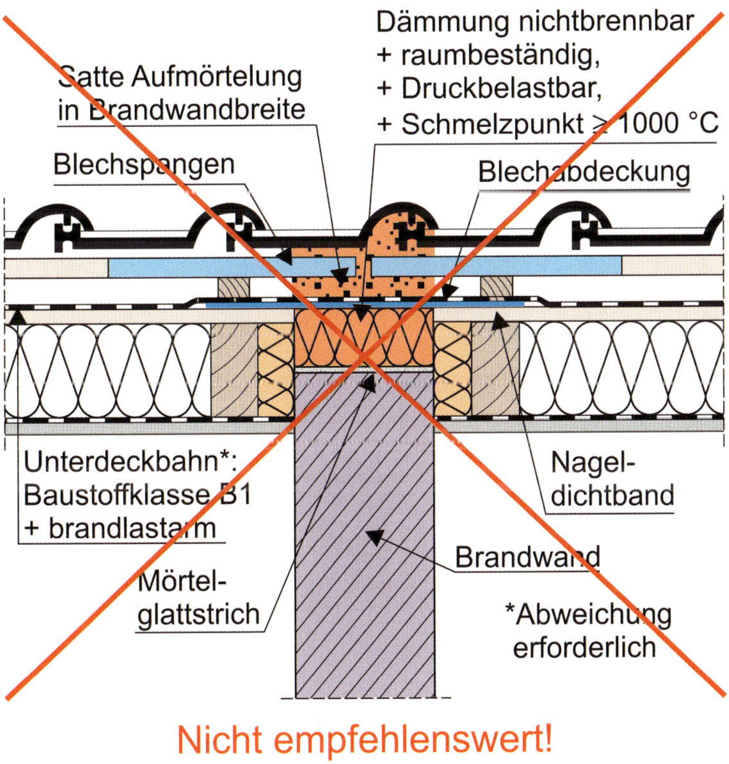

6.2.2-B Seite 44	Raumabschließende Wände	Brandwände

4.3-5 Detail mit bis zu den Sparren geführter Wärmedämmung

Hier wird die nichtbrennbare raumbeständige Wärmedämmung einfach zwischen das Sparrenfeld im Bereich der Brandwand eingelegt und anschließend ausreichend befestigt. Dadurch wird mit nur geringem Aufwand der Feuerüberschlag erschwert und somit der Brandschutz verbessert.

Die grundsätzliche Beschreibung siehe unter den Punkten 4.3 A bis D. Wegen der brennbaren Unterdeckbahn ist eine Abweichung erforderlich.

4.3-5

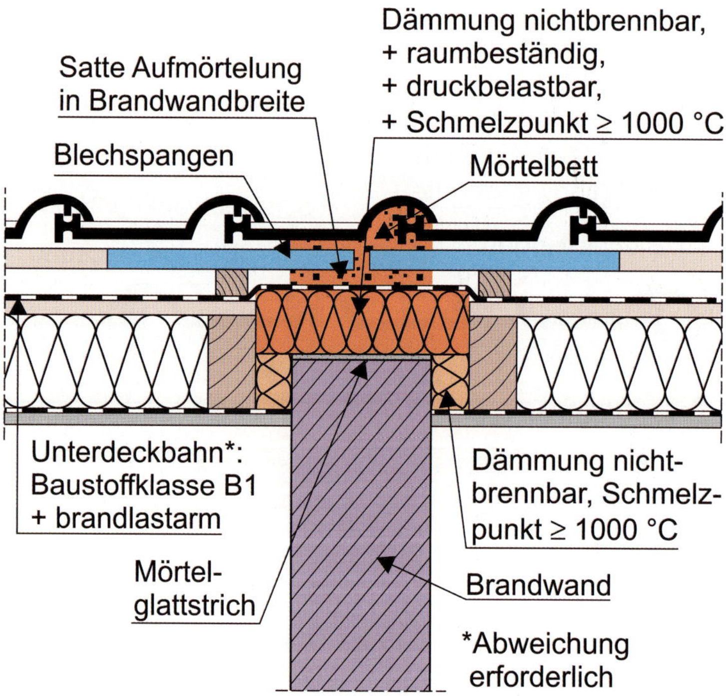

4.3-6 und 4.3-7 Dachanschlüsse an zweischalige Brandwände

Die Ausführung erfolgt sinngemäß wie bei einschaligen Brandwänden bzw. gemeinsamen Gebäudeabschlusswänden. Die Dämmung zwischen den Brandwänden selbst sollte aus nichtbrennbaren Baustoffen bestehen.

Alternativ ist auch eine Ausführung mit seitlichen Brandschutzplatten möglich (siehe sinngemäß Anmerkungen zu Bild 4.3-3).

Die Ausführung wäre sinngemäß auch mit darüberführender Blechabdeckung möglich. Hier gelten jedoch die gleichen Bedenken wie bei Bild 4.3-4 geäußert.

4.3-6 Zweischalige Brandwand mit darüberführender brennbarer Unterdeckbahn

Eine Beschreibung siehe sinngemäß Bild 4.3-2 sowie die Punkte 4.3 A bis D.

4.3-7 Zweischalige Brandwand mit bis zu den Sparren geführter Wärmedämmung

Die Beschreibung siehe sinngemäß in Bild 4.3-5.

4.3-6

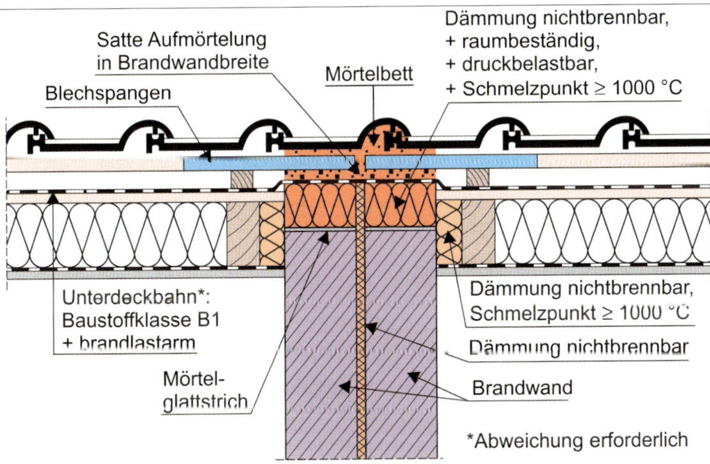

4.3-7

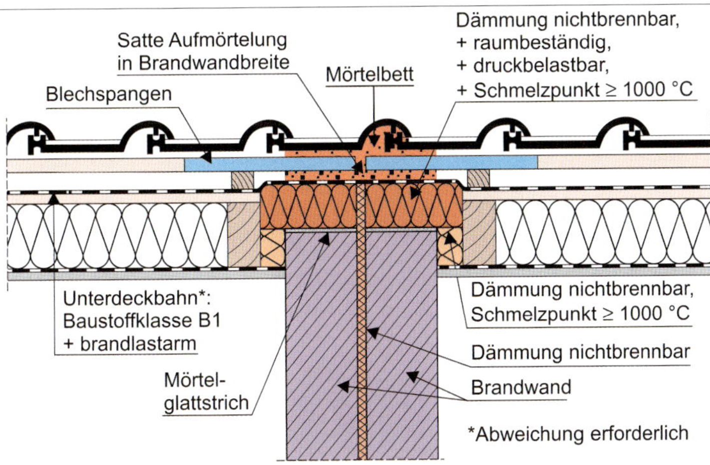

6.2.2-B Seite 46 | Raumabschließende Wände | Brandwände

4.3-8 bis 4.3-10 Dachanschlüsse von Dächern mit Aufdachdämmsystemen an Brandwände

4.3-8 Anschluss einer einschaligen Brandwand an ein Dach mit brennbarem Aufdachdämmsystem

Da das Aufdachdämmsystem aus brennbaren Baustoffen besteht (meist Schaumkunststoffe), ist die Gefahr einer Brandweiterleitung im Dachanschlussbereich der Brandwand besonders groß.

Eine Beschreibung siehe sinngemäß bei Bild 4.3-2 und den Punkten 4.3 A bis D.

Wichtig:
Bei dieser Ausführung ist unbedingt darauf zu achten, dass geeignete Dämmstoffe verwendet und diese **hohlraumfrei und mit knirsch gestoßenen Fugen** verlegt werden (siehe Punkt 4.3 B). Bei unfachgerechter Verlegung mit offenen Fugen besteht z.B. die Gefahr, dass Pyrolysegase in den angrenzenden Brandabschnitt eindringen und nach deren Durchzündung zur Brandweiterleitung führen können. Diese Gefahr kann bei einer Ausführung nach Bild 4.3-9 erheblich reduziert werden.

4.3-8

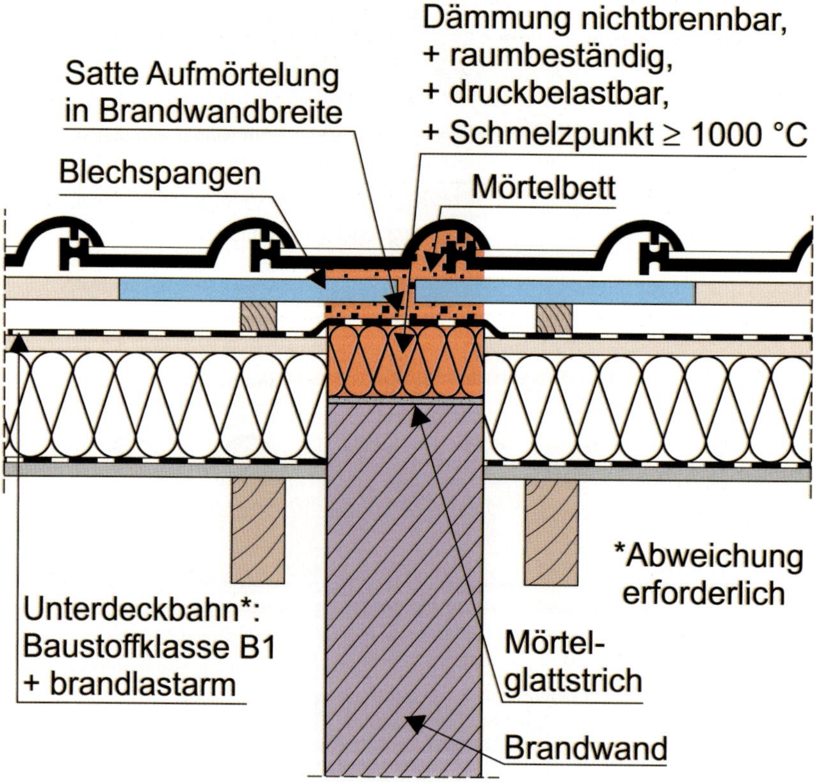

Raumabschließende Wände	Brandwände	**6.2.2-B** Seite 47

4.3-9 Detail mit seitlichen Brandschutzplatten zur Reduzierung von Undichtigkeiten

Zur Ausführung siehe sinngemäß Anmerkungen zu Bild 4.3-3.

4.3-9

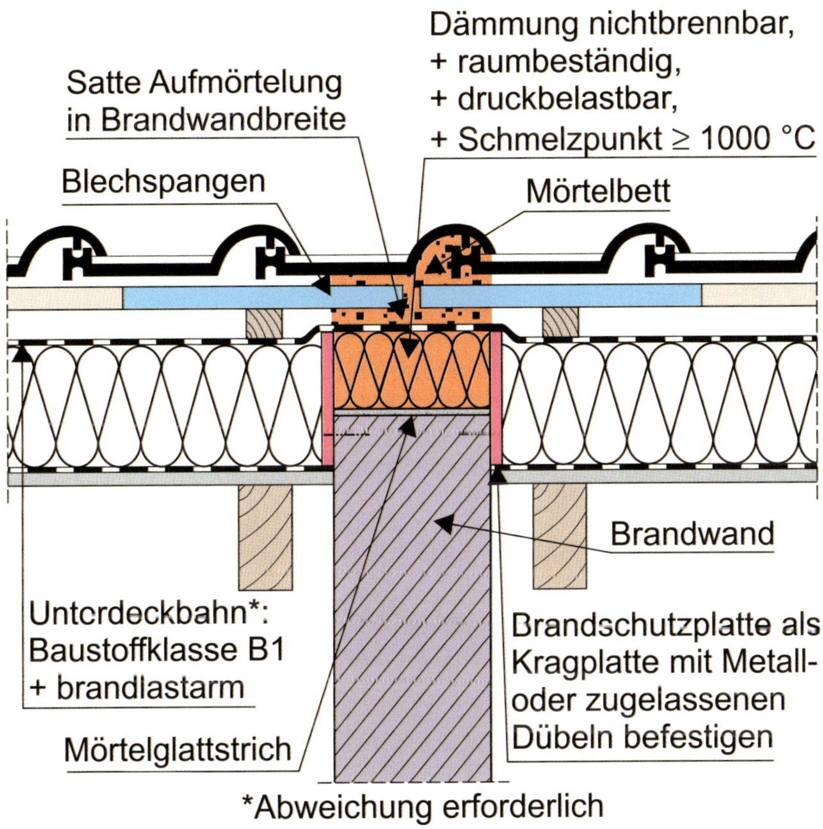

6.2.2-B Seite 48	Raumabschließende Wände	Brandwände

4.3-10 Anschluss einer zweischaligen Brandwand an ein Dach mit brennbarem Aufdachdämmsystem

Die Ausführung entspricht sinngemäß der zu Bild 4.3-8 beschriebenen.

Nichtbrennbare Aufdachdämmsysteme

Bei nichtbrennbrennbaren Aufdachdämmsystemen ist die Situation durch Verwendung nichtbrennbarer Dämmstoffe aus brandschutztechnischer Sicht wesentlich günstiger. Trotzdem ist es empfehlenswert, den Brandwandanschluss sinngemäß auszuführen, wie in den Bildern 4.3-8 und 4.3-9 dargestellt.

Alternativ ist auch eine Ausführung mit seitlichen Brandschutzplatten möglich (siehe sinngemäß Anmerkungen zu Bild 4.3-9).

4.3-10

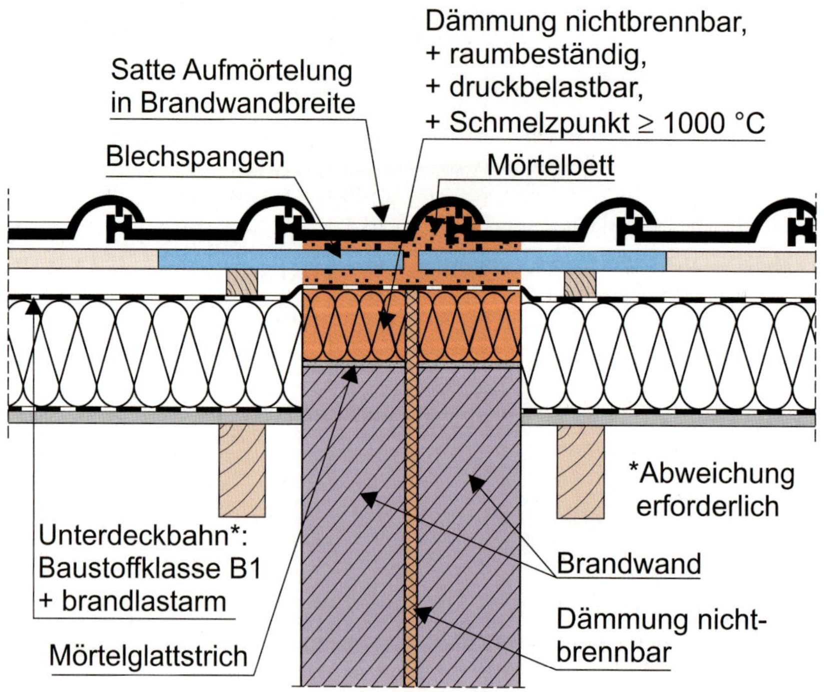

4.3-11 und 4.3-12 **Dachanschlüsse an hochfeuerhemmende Wände**

Bei Gebäuden der Gebäudeklassen 1 bis 3 können anstelle von Brandwänden hochfeuerhemmende Wände verwendet werden. Zur Ausführung der hochfeuerhemmenden Wände siehe Punkt 2.3.3 und Kapitel 8.20.

Bei einer Verwendung hochfeuerhemmender Wände anstelle von Brandwänden ist besonders auf eine ausreichende und fachgerechte obere Aussteifung zu achten.

4.3-11 **Beispiel für den Dachanschluss einer einschaligen hochfeuerhemmenden Wand anstelle einer inneren Brandwand**

An der Oberseite der hochfeuerhemmenden Wand wird eine in der Wandachse geteilte mindestens 20 mm dicke Brandschutzplatte angeordnet. Über diese führt die brennbare Folie der Unterdeckbahn. Die Dachdeckung wird auf eine Breite von mindestens 24 cm satt auf die Unterspannbahn aufgemörtelt. Weitere Ausführung siehe sinngemäß unter den Punkten 4.3 A bis D.

4.3-11

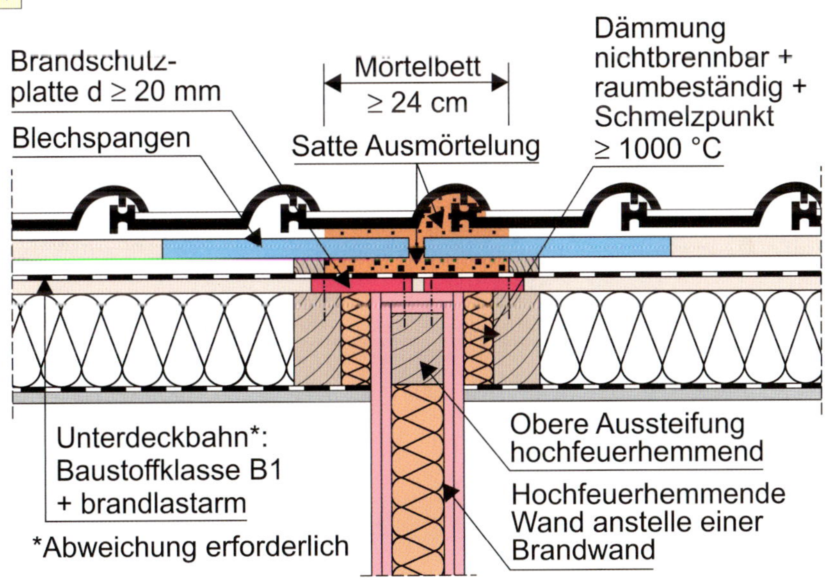

6.2.2-B Seite 50	Raumabschließende Wände	Brandwände

4.3-12 Beispiel für den Dachanschluss einer zweischaligen hochfeuerhemmenden Wand anstelle einer Brandwand als Gebäudeabschlusswand

Die Ausführung erfolgt sinngemäß, wie bei Bild 4.3-11 beschrieben.

4.3-12

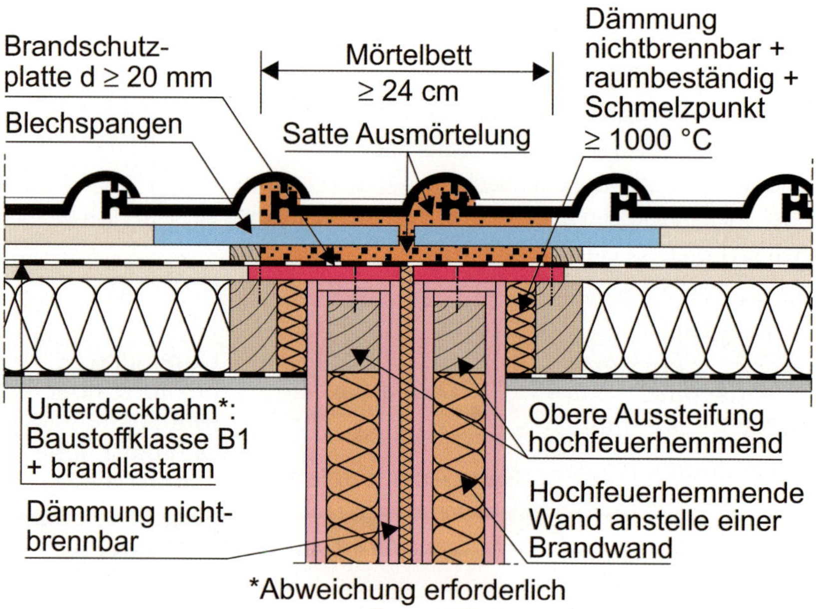

4.3-13 Beispiel für den Dachanschluss einer zweischaligen F 30-F 90-Gebäudeabschlusswand anstelle einer Brandwand

Bei Gebäuden der Gebäudeklassen 1 bis 3 bzw. Wohngebäuden geringer Höhe mit bis zu zwei Wohnungen können anstelle von Brandwänden Gebäudeabschlusswände verwendet werden, die jeweils von innen nach außen feuerhemmende Bauteile und von außen nach innen die Feuerwiderstandsfähigkeit feuerbeständiger Bauteile haben.

Die Ausführung erfolgt sinngemäß, wie bei Bild 4.3-11 beschrieben.

4.3-13

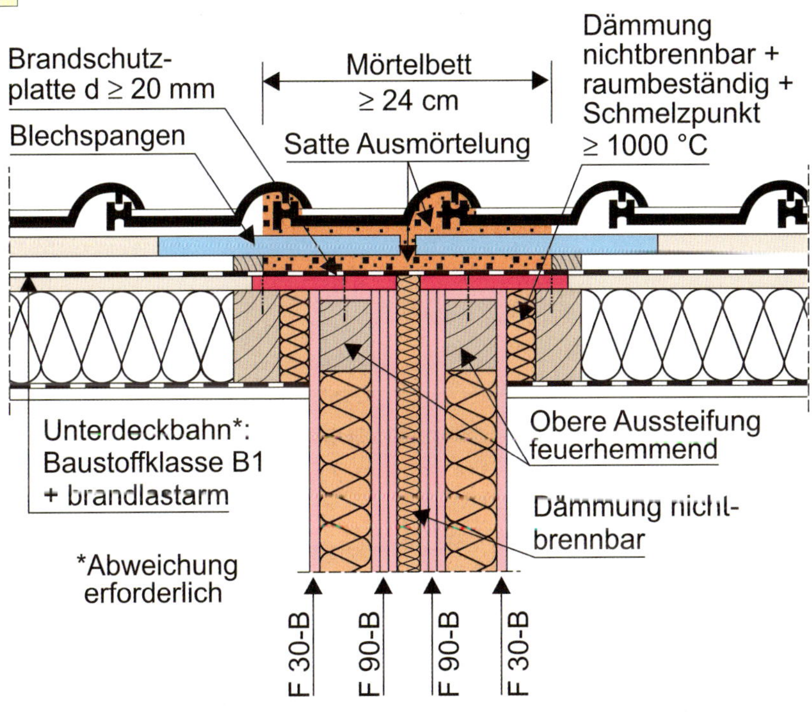

4.4 Dächer mit Plattendeckung – Dachanschluss (sonstige Gebäude)

Bei landwirtschaftlichen Gebäuden > 10.000 m^3 bzw. Wohngebäuden/Gebäudeteilen mit angebauten landwirtschaftlichen Gebäuden/Gebäudeteilen > 2000 m^3 sollten die Brandwände sinngemäß wie in Punkt 4.2 beschrieben 30 cm über die Dachhaut geführt werden.*)

Bei Wohngebäuden/Gebäudeteilen der Gebäudeklassen 1 bis 3 (Gebäude geringer Höhe) mit angebauten landwirtschaftlichen Gebäuden/Gebäudeteilen ≤ 2000 m^3 können die Wände, die anstelle von Brandwänden zulässig sind, sinngemäß wie in Punkt 4.3 beschrieben bis unmittelbar unter die Dachhaut ausgeführt werden.

Verschiedene LBOs stellen teilweise noch andere bzw. unterschiedliche Anforderungen (siehe hierzu die jeweiligen Brandschutz-Checklisten).

*) Interpretation bzw. Empfehlung, da die Anforderungen hierzu in der MBO 2002 nicht eindeutig geregelt sind. Eine Abstimmung mit der Brandschutzdienststelle bzw. der Bauaufsichtsbehörde ist empfehlenswert.

4.5 Dächer mit Plattendeckung – Dachvorsprünge

Wie Dachvorsprünge im Bereich von Brandwänden auszuführen sind, ist in der MBO 2002 und auch in den LBOs nicht eindeutig geregelt.

Die MBO bezieht sich mit ihren Anforderungen bei den Dach- und Fassadenanschlüssen im Wesentlichen auf den Bereich **über** bzw. **unter** der Brandwand. Der Bereich seitlich der Brandwand, z.B. bei hölzernen Dachvorsprüngen, wird nicht eigens genannt.

Danach würden (streng nach dem Wortlaut der MBO 2002) im Bereich von Dachvorsprüngen aus brennbaren Baustoffen (Holzsparren, Holzschalung, Dachlatten) keine Anforderungen bestehen. Dies würde bedeuten, dass zunächst einmal keine brandschutztechnische Trennung erforderlich ist.

Allerdings wird in § 30 Abs. 1 MBO das Schutzziel der Brandwand eindeutig so definiert, dass *„... Brandwände ... ausreichend lang die Brandausbreitung auf andere Gebäude oder Brandabschnitte verhindern müssen“.*

Um dieses Schutzziel zu erfüllen, müssen natürlich auch die Dachvorsprünge im Bereich der Brandwände mit einbezogen werden, da derartige Dachvorsprünge aus brennbaren Baustoffen (Holzsparren, Holzschalung, Dachlatten) Brandbrücken bilden, bei denen im Brandfall die Gefahr einer Brandweiterleitung besteht.

Die Gefahr einer Brandweiterleitung über brennbare Dachvorsprünge ist jedoch nicht **so groß** wie in den Dachbereichen über bzw. unter der Brandwand selbst. Diese sind für die Feuerwehr in der Regel nur von außen bzw. oben zugänglich. Dort befindet sich jedoch die regensichere Dachhaut. Damit ist eine Brandbekämpfung zur Verhinderung einer Brandweiterleitung im Dachanschlussbereich der Brandwand von außen praktisch nicht möglich.

Bei ausgebauten Dächern sind diese Bereiche aber auch von **innen** nicht zugänglich, da sie von der Ausbaukonstruktion verdeckt werden. Damit ist also auch die Brandbekämpfung zur Verhinderung einer Brandweiterleitung im Dachanschlussbereich der Brandwand von innen nicht bzw. nur sehr eingeschränkt möglich.

Aus diesen Gründen müssen die Anschlüsse der Brandwand über und unter das Dach besonders sicher ausgeführt werden, da sie im Brandfall weitgehend auch **ohne Hilfe der Feuerwehr** funktionieren müssen.

Dagegen ist die Situation im Bereich von brennbaren Dachvorsprüngen anders. Diese sind in der Regel leicht einsehbar und von unten gut zugänglich. Außerdem ist die Gefahr örtlich begrenzt. Damit kann die Feuerwehr eine Brandweiterleitung in diesem Bereich relativ leicht verhindern, wenn sie rechtzeitig vor Ort ist und die brennbaren Baustoffe tatsächlich nur im Bereich der Dachvorsprünge durchlaufen.

Der Erfolg der Brandbekämpfung und die Möglichkeiten der Feuerwehr, eine Brandweiterleitung zu verhindern, hängen jedoch auch hier u.a. von der Höhe ab, in der sich die Dachvorsprünge befinden. Mit zunehmender Höhe werden sie schwieriger erreichbar und einsehbar. Umso schwieriger ist dann auch die Brandbekämpfung.

Unter Berücksichtigung dieser Überlegungen werden folgende **Empfehlungen** gegeben.

Bei Gebäuden, bei denen die **Brandwände über Dach** geführt werden müssen (Gebäude der Gebäudeklassen 4 und 5 bzw. Gebäude mittlerer Höhe sowie Sonderbauten) sollten bei den Brandwänden auch im Bereich von brennbaren Dachvorsprüngen Maßnahmen getroffen werden, die eine Brandweiterleitung zuverlässig verhindern (Beispiele siehe Bilder 4.5-1 bis 4.5-3).

Bei Gebäuden, bei denen **anstelle von Brandwänden** feuerbeständige, hochfeuerhemmende oder F 30-F 90-Wände zulässig sind, die nicht über Dach geführt werden müssen (Gebäude der Gebäudeklassen 1 bis 3 bzw. Gebäude geringer Höhe), wird davon ausgegangen, dass es als Mindestanforderung nicht zwingend erforderlich ist, brennbare Dachvorsprünge im Bereich dieser Wände brandschutztechnisch zu sichern. Allerdings ist auch bei diesen Gebäuden eine entsprechende Sicherung empfehlenswert (siehe z.B. die Bilder 4.5-4 bis 4.5-7).

Im **Zweifelsfall** wird empfohlen, die jeweils notwendigen Maßnahmen und die Ausführung mit dem Bauherrn und mit der zuständigen Brandschutzdienststelle bzw. der Bauaufsichtsbehörde abzustimmen. Ggf. ist für bestimmte nachfolgend dargestellte Ausführungsvarianten eine Abweichung erforderlich.

6.2.2-B Seite 54	Raumabschließende Wände	Brandwände

Gebäudeklassen 4 und 5 (MBO 2002)
Gebäude mittlerer Höhe (MBO 1996)

4.5-1 Brandwandvorkopf bei 30 cm über Dach geführter Brandwand

Um eine Brandweiterleitung im Bereich von brennbaren Dachvorsprüngen zu verhindern, sollte die 30 cm über Dach geführte Brandwand (siehe Bilder 4.2-1 bis 4.2-4) auch im Vordachbereich 30 cm über Dach geführt werden.

Entsprechend sollten hölzerne Vor- und Schutzdächer und ähnliche Bauteile durch Vorköpfe getrennt werden. Die Vorköpfe sind in der Bauart der Brandwand, mindestens aber feuerbeständig auszuführen.

4.5-1 Brandwand, 30 cm über Dach

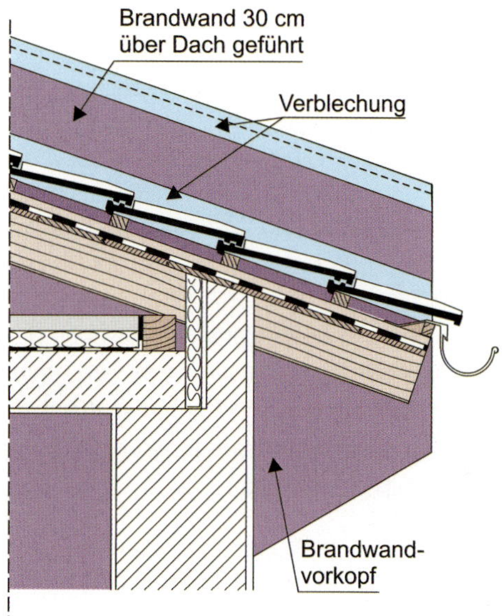

4.5-2 Ersatz für den Brandwandvorkopf bei 50 cm auskragender feuerbeständiger Platte

Wird anstelle der Überdachführung eine zu beiden Seiten 50 cm auskragende feuerbeständige Platte aus nichtbrennbaren Baustoffen angeordnet (siehe Bilder 4.2-5 bis 4.2-7), so sollte diese im Bereich von Dachüberständen bis zum Traufpunkt geführt werden.

4.5-2 Auskragende feuerbeständige Platte

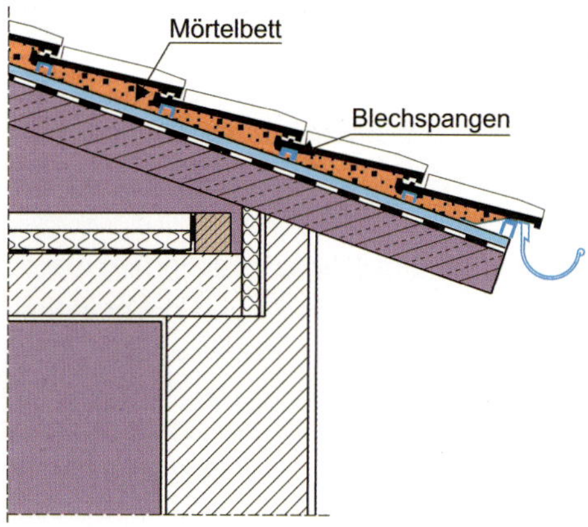

4.5-3 Ersatz für den Brandwandvorkopf bei 50 cm auskragender F 90-B-Platte

Wird im Rahmen einer Abweichung anstelle der Überdachführung eine 50 cm auskragende F 90-B-Platte angeordnet (siehe Bild 4.2-8), ist auch im Vordachbereich eine Brandübertragung nicht zu erwarten, wenn sie sinngemäß bis zur Traufe weitergeführt wird.

4.5-3 Auskragende F 90-B-Platte

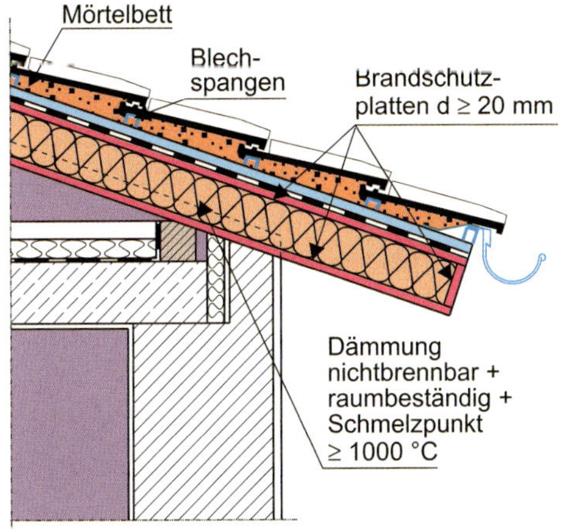

Gebäudeklassen 1 bis 3 (MBO 2002)
Gebäude geringer Höhe (MBO 1996)

4.5-4 Brandwandvorkopf bei bis unter die Dachhaut geführter Brandwand

Auch in den Gebäudeklassen 1 bis 3 bzw. bei Gebäuden geringer Höhe ist ein Brandwandvorkopf eine zuverlässige Maßnahme, um eine Brandübertragung im Bereich des brennbaren Dachüberstandes zu verhindern.

4.5-4

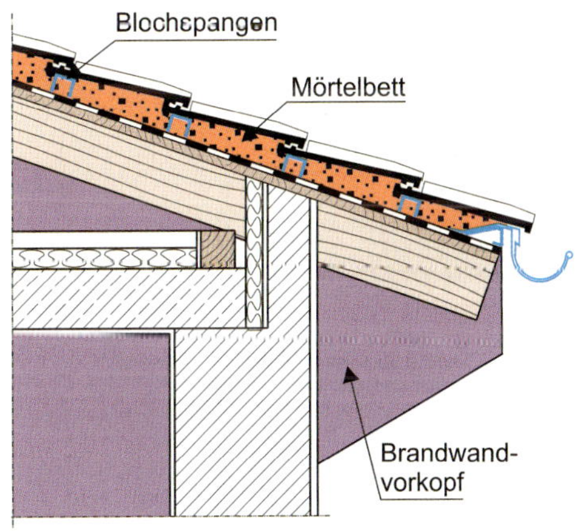

6.2.2-B Seite 56 | Raumabschließende Wände | Brandwände

4.5-5 und 4.5-6 Ersatz für den Brandwandvorkopf bei bis unter die Dachhaut geführter Brandwand

Alternativ zu einem Brandwandvorkopf ist auch bei den nachfolgend genannten Voraussetzungen eine Brandweiterleitung nicht zu erwarten und es bestehen keine Bedenken wegen des Brandschutzes.

4.5-5 Ausführung des hölzernen Dachvorsprungs

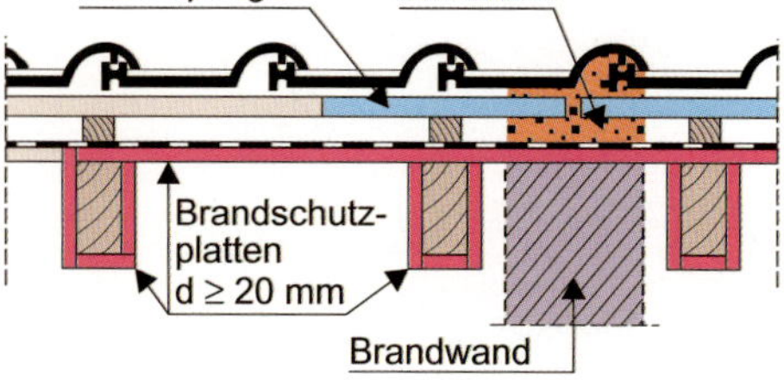

Er wird im Bereich der zu beiden Seiten angrenzenden Sparrenfelder (mindestens auf eine Gesamtbreite von ca. 1,50 m) folgendermaßen ausgeführt:

- Die Holzschalung wird durch mindestens 20 mm dicke Brandschutzplatten ersetzt.
- Die Sparren werden allseitig mit mindestens 20 mm dicken Brandschutzplatten bekleidet.
- Die Dachdeckung wird durch Blechwinkel gehalten und auf Brandwandbreite satt aufgemörtelt (Ausführung sinngemäß, wie in Bild 4.3-1 dargestellt).

4.5-6

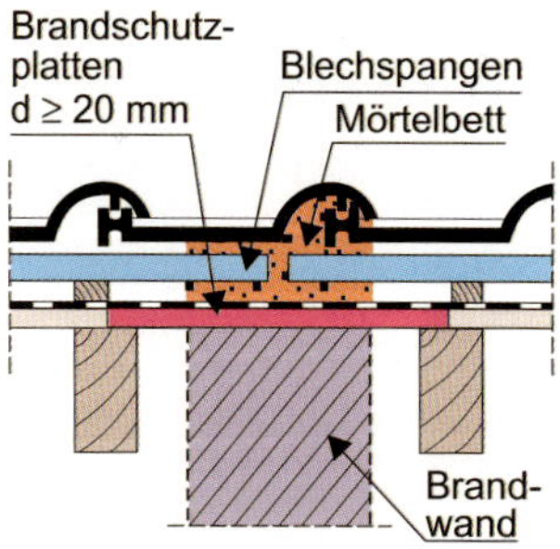

4.5-6 Empfohlene Mindestmaßnahme gegen eine Brandweiterleitung bei Wohngebäuden mit bis zu zwei Wohnungen

Verbesserung mit wenig Aufwand

Bereits mit einem relativ geringen Aufwand ist eine Verbesserung möglich. Hierzu werden im Bereich des Sparrenfeldes zwischen der Brandwand bzw. der Wand, die anstelle einer Brandwand zulässig ist, statt der Holzschalung Brandschutzplatten angeordnet und die Dachplatten auf Blechwinkeln sinngemäß wie in Bild 4.3-1 dargestellt aufgemörtelt.

4.6 Dächer mit Plattendeckung – Traufbereich

Es gelten grundsätzlich die gleichen Anforderungen wie für die Ausführung im Dachbereich (siehe Punkte 4.2 bis 4.4).

Demnach sind Brandwände bei Gebäuden der Gebäudeklassen 4 und 5 (bzw. Gebäuden mittlerer Höhe) an der Traufe entweder 30 cm über Dach zu führen oder es ist eine entsprechende nichtbrennbare feuerbeständige Kragplatte erforderlich.

Allerdings bestehen bei den nachfolgend dargestellten Brandwänden keine Bedenken wegen des Brandschutzes, wenn sie wie bei Gebäuden der Gebäudeklassen 1 bis 3 (bzw. Gebäuden geringer Höhe) bis mindestens unter die Dachhaut geführt werden. Für Gebäude der Gebäudeklassen 4 und 5 (bzw. Gebäude mittlerer Höhe) ist dann jedoch eine entsprechende Abweichung erforderlich.

4.6-1 bis 4.6-5 Brandwandabschlüsse an der Traufe

4.6-1 **Der Ortgang entlang der Brandwand** muss in Brandwandbreite aus nichtbrennbaren Baustoffen feuerbeständig hergestellt sein. Bauteile aus brennbaren Baustoffen sind in diesem Bereich durch raumbeständige nichtbrennbare Bauteile bzw. Dämmungen zu ersetzen. Die Dachplatten sind (sinngemäß, wie in Bild 4.3-1 dargestellt) auf Blechwinkeln satt aufzumörteln. Bauteile aus brennbaren Baustoffen wie Dachlatten, Gesimse oder Stirnbretter dürfen Brandwände nicht überbrücken.

4.6-1

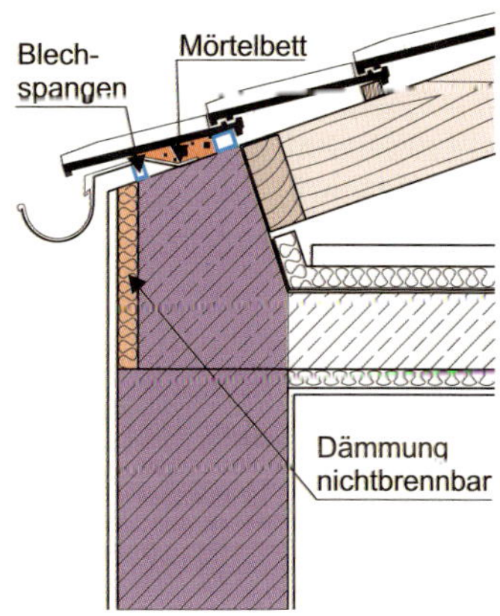

4.6-2 **Dachvorsprünge im Traufbereich** entlang von Brandwänden müssen ebenfalls aus nichtbrennbaren Baustoffen hergestellt sein.

4.6-2

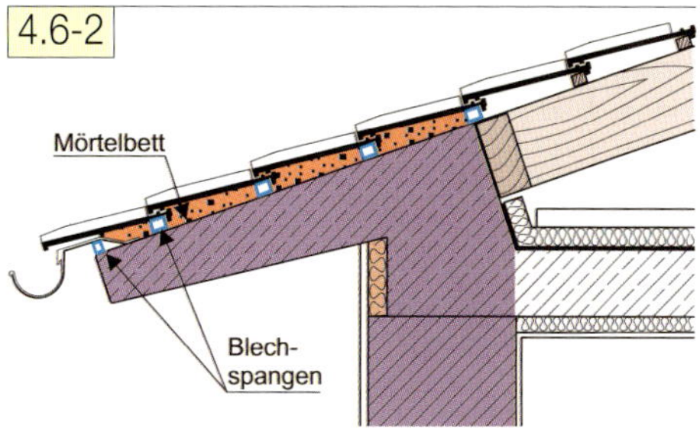

6.2.2-B Seite 58	Raumabschließende Wände	Brandwände

4.6-3 **Hölzerne Dachvorsprünge** aus brennbaren Baustoffen entlang von feuerbeständigen Wänden sind mit mindestens 20 mm dicken Feuerschutzplatten unterseitig zu schützen. Die Sparren können ungeschützt bleiben, wenn sie entsprechende Mindestabmessungen haben (DIN 4102-4, Abschnitt 5.5, in Verbindung mit DIN 4102-4/A1 und DIN 4102-22). Die Ausführung der Dachdeckung erfolgt sinngemäß wie in Bild 4.6-1 beschrieben. Hierfür ist eine Abweichung erforderlich.

4.6-3

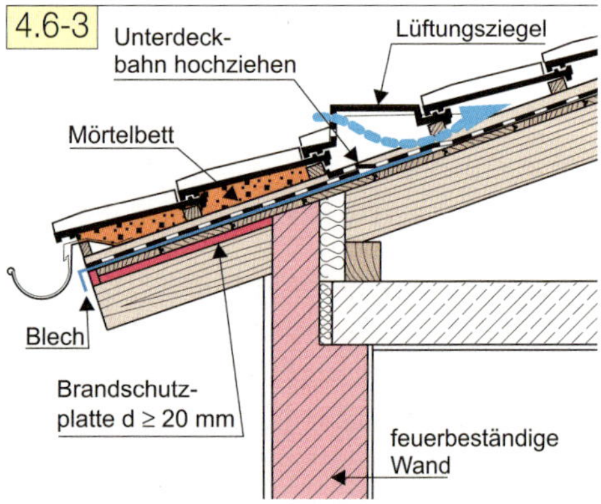

4.6-4 und 4.6-5 **Ausführung bei einer F 30-F 90-Gebäudeabschlusswand**

Die F 90-Bekleidung ist bis unter die Dachdeckung zu führen. Die Aufmörtelung der Dachdeckung auf Blechwinkeln erfolgt sinngemäß wie in Punkt 4.3 A beschrieben.

Eine Alternative zur Verbesserung der in den Bildern 4.6-3 und 4.6-5 dargestellten Details besteht z.B. darin, im Bereich des Dachvorsprungs die brennbare Schalung durch 20 mm dicke Brandschutzplatten zu ersetzen und die Sparren mit 20 mm dicken Brandschutzplatten zu bekleiden.

4.6-4

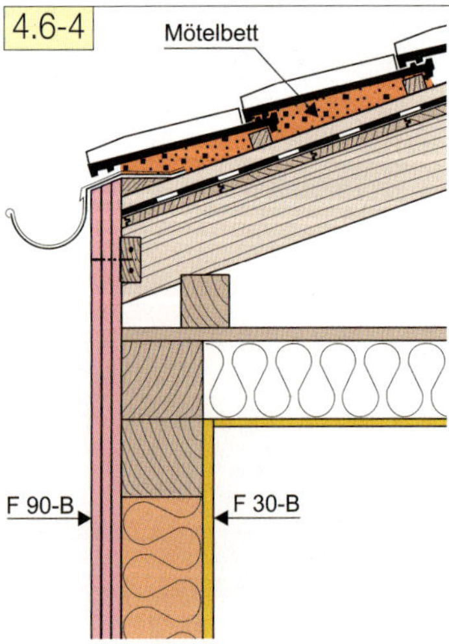

4.6-5

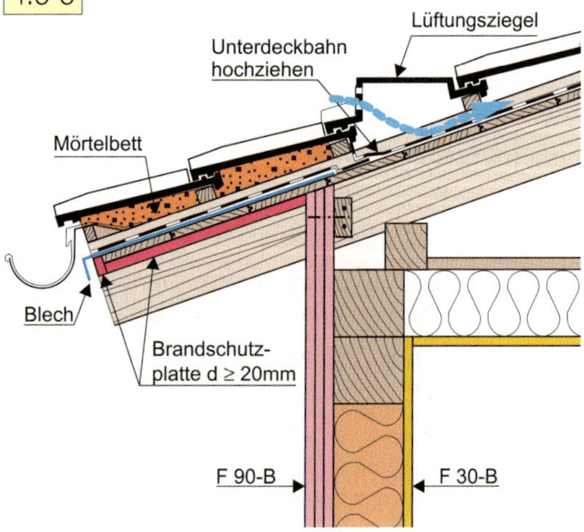

Raumabschließende Wände	Brandwände	**6.2.2-B** Seite 59

4.7 Dächer mit Plattendeckung – Ortgangbereich

Die Anforderungen enthält sinngemäß Punkt 4.6.

4.7-1 bis 4.7-5 Brandwandabschlüsse an der Traufe

4.7-1 **Der Ortgang entlang der Brandwand** muss in Brandwandbreite aus nichtbrennbaren Baustoffen feuerbeständig hergestellt sein. Bauteile aus brennbaren Baustoffen sind in diesem Bereich durch raumbeständige nichtbrennbare Bauteile bzw. Dämmungen zu ersetzen. Die Dachplatten sind sinngemäß wie in Bild 4.3-1 dargestellt auf Blechwinkeln satt aufzumörteln. Bauteile aus brennbaren Baustoffen wie Dachlatten, Gesimse oder Stirnbretter dürfen Brandwände nicht überbrücken.

4.7-1

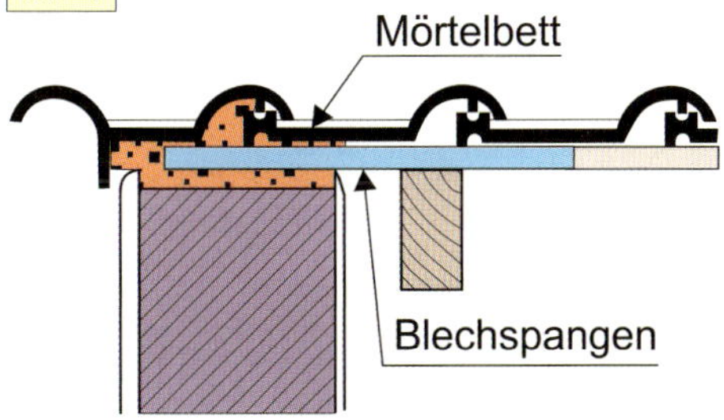

4.7-2 **Dachvorsprünge im Ortgangbereich** entlang von Brandwänden müssen ebenfalls aus nichtbrennbaren Baustoffen hergestellt sein.

4.7-2

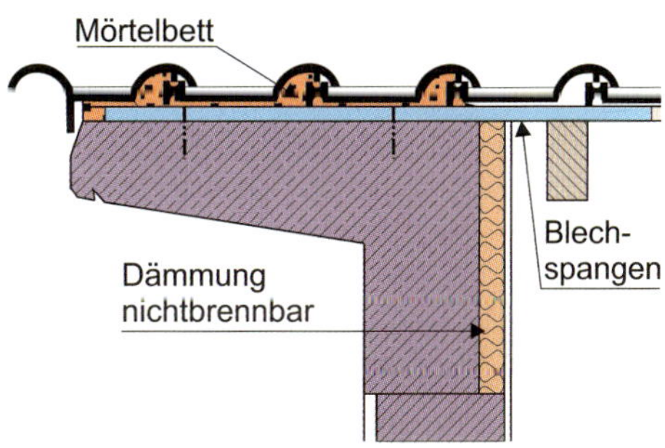

4.7-3 **Hölzerne Dachvorsprünge** aus brennbaren Baustoffen entlang von feuerbeständigen Wänden, die anstelle von Brandwänden zulässig sind, sind mit mindestens 20 mm dicken Feuerschutzplatten unterseitig zu schützen (Ausführung sinngemäß wie in Bild 4.6-5 beschrieben). Hierfür ist eine Abweichung erforderlich.

Besser ist es, im Bereich des Dachvorsprungs die brennbare Schalung durch Brandschutzplatten zu ersetzen.

4.7-3

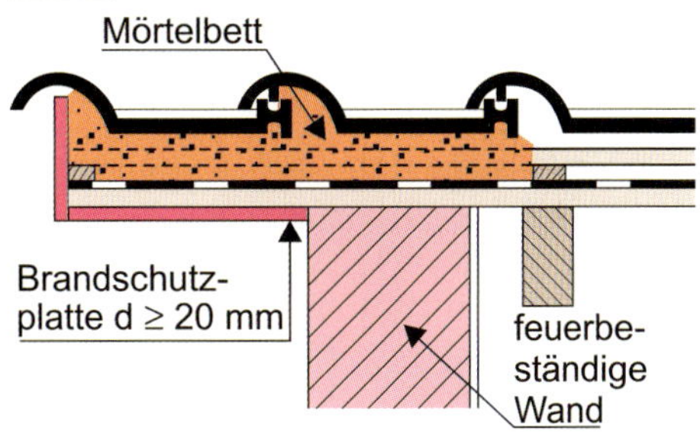

6.2.2-B Seite 60	Raumabschließende Wände	Brandwände

4.7-4 und 4.7-5 Ausführung bei einer F 30-F 90-Gebäudeabschlusswand. Die F 90-Bekleidung ist bis unter die Dachdeckung zu führen. Die Aufmörtelung der Dachdeckung auf Blechwinkeln erfolgt sinngemäß wie in Punkt 4.3 A beschrieben.

4.7-4

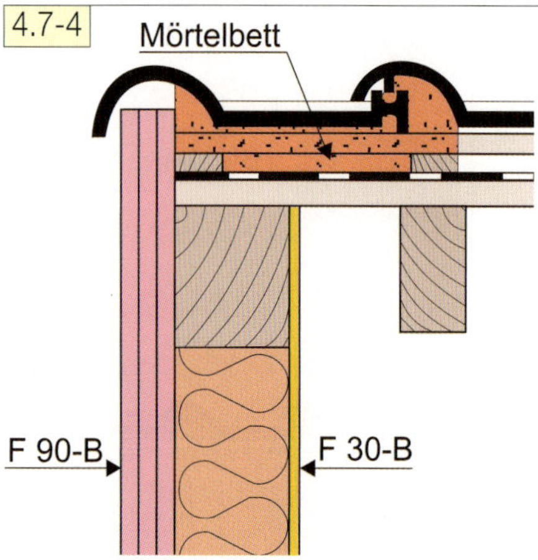

4.7-5

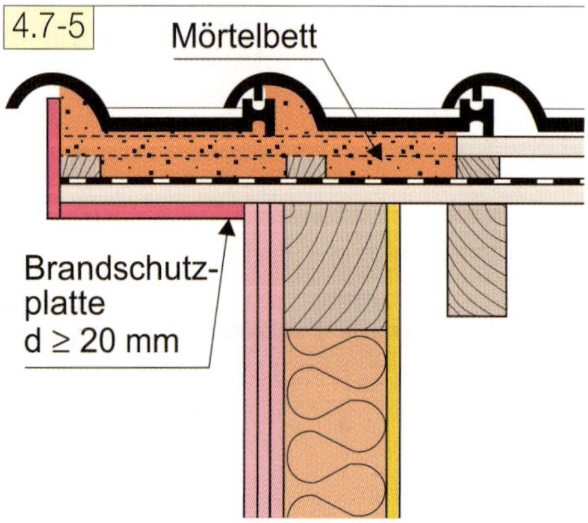

4.8 Dächer mit brennbarer Dachabdichtung

Brennbare Dachabdichtungen sind problematisch, da sie im Brandfall leicht vom Feuer überlaufen werden können. Aus diesem Grund dürfen Bauteile mit brennbaren Baustoffen über Brandwände nicht hinweggeführt werden und im Dachan- bzw. -abschlussbereich von Brandwänden sind immer Maßnahmen erforderlich, die eine Brandweiterleitung über die Dachabdichtung bzw. den Dachaufbau zuverlässig verhindern. Die erforderlichen Maßnahmen richten sich dabei nach der jeweiligen Risikosituation.

Am ungünstigsten sind Dächer mit relativ großen Brandlasten und fehlender Bekiesung, z.B. mit bituminöser Dampfsperre, brennbarer Wärmedämmung aus Schaumkunststoffen und brennbarer Abdichtung aus Bitumen-Dachbahnen. Geraten solche Dächer in Brand, ist in der Regel ein Totalschaden des Dachs vorprogrammiert.

Die Größe des weiteren Brandschadens richtet sich dann nach dem Dachtragwerk. Bei feuerwiderstandsfähigen und weitgehend öffnungslosen Dachtragwerken, z.B. aus Stahlbetondecken, kann der Schaden von der Feuerwehr oft auf das Dach begrenzt werden.

Besteht das Dachtragwerk jedoch z.B. aus Trapezblechen, so ist in der Regel der Totalschaden des betroffenen Brandabschnittes nicht zu verhindern. Sind dann die Brandwände im Dachbereich nicht fachgerecht ausgeführt, führt das meist auch zu einer entsprechenden Vergrößerung des Totalschadens auf die angrenzenden Brandabschnitte (siehe z.B. Teil S unter

Punkt 7 dieses Kapitels und Kapitel 6.5.0-S unter Punkt 5).

Aus brandschutztechnischer Sicht relativ günstig sind dagegen Dächer mit brandlastarmer Dampfsperre, nichtbrennbarer Wärmedämmung und relativ brandlastarmer Folienabdichtung. Wird der letztgenannte Dachaufbau noch mit einer Bekiesung ausgestattet, ist das Risiko einer Brandweiterleitung und damit verbundener Schadenvergrößerung eher gering.

Die folgenden Ausführungsbeispiele sind nicht auf Gebäudeklassen bzw. Gebäudehöhen beschränkt, da die wesentliche Aufgabe darin besteht, eine Brandweiterleitung über die brennbare Bedachung zu verhindern.

4.8-1 bis 4.8-3 **Massivdach mit brennbarer Dachabdichtung**

Die Stahlbetondecke des Massivdaches ist feuerbeständig und hat damit vom Prinzip her die gleiche Wirkung wie eine zu beiden Seiten der Brandwand 50 cm auskragende feuerbeständige Stahlbetonplatte. Damit müsste selbst bei Gebäuden der Gebäudeklassen 4 und 5 bzw. Gebäuden mittlerer Höhe die Brandwand nicht 30 cm über die Bedachung geführt werden.

4.8-1 Die Brandwand ist trotz der feuerbeständigen Stahlbetondecke über Dach zu führen, da die brennbare Abdichtung nicht über die Brandwand geführt werden darf. Allerdings ist die Überdachführung nur zur Unterbrechung des brennbaren Dachaufbaus und für einen fachgerechten An- bzw. Abschluss der brennbaren Abdichtungsfolie erforderlich. Theoretisch könnte sie dadurch auch weniger als 30 cm betragen, da die 30 cm bereits durch die Kragplatte „erfüllt" sind. In diesem Fall müssten jedoch auch alle anderen Randbedingungen der 50-cm-Kragplattenlösung eingehalten werden, anderenfalls es ist eine entsprechende Abweichung erforderlich.

4.8-1

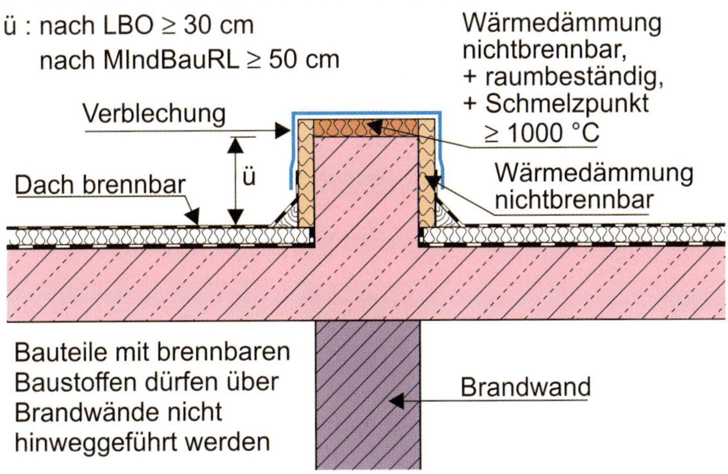

6.2.2-B Seite 62	Raumabschließende Wände	Brandwände

4.8-2 Es bestehen keine Bedenken wegen des Brandschutzes, da die Wärmedämmung der Bedachung auf einer Breite von mindestens 1 m zu beiden Seiten der Brandwand raumbeständig und nichtbrennbar ist und die Bedachung eine 5 cm dicke vollständig bedeckende Bekiesung aufweist, so dass eine Brandweiterleitung über das Dach nicht zu befürchten ist. Durch die über die Brandwand geführte brennbare Dachabdichtung ist eine Abweichung erforderlich.

4.8-2

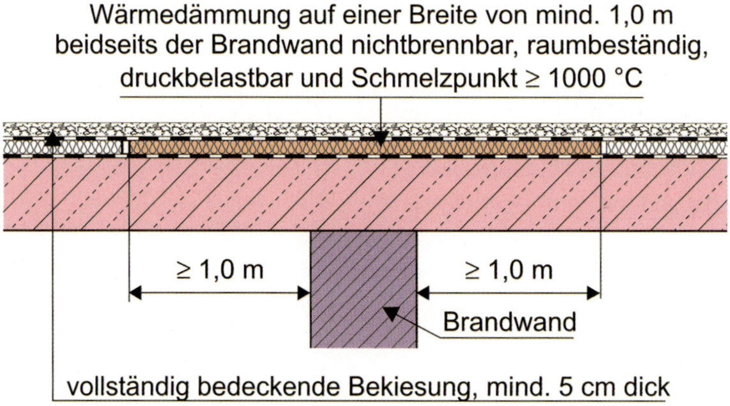

4.8-3 Es bestehen keine Bedenken wegen des Brandschutzes, weil eine brandlastarme Dampfsperre, eine nichtbrennbare Wärmedämmung und eine brandlastarme Folienabdichtung verwendet werden. Zur Verhinderung der Brandweiterleitung genügt es in diesem Fall, die Bedachung auf einer Breite von mindestens 1 m zu beiden Seiten der Brandwand zu bekiesen. Durch die über die Brandwand geführte brennbare Dachabdichtung ist eine Abweichung erforderlich.

4.8-3

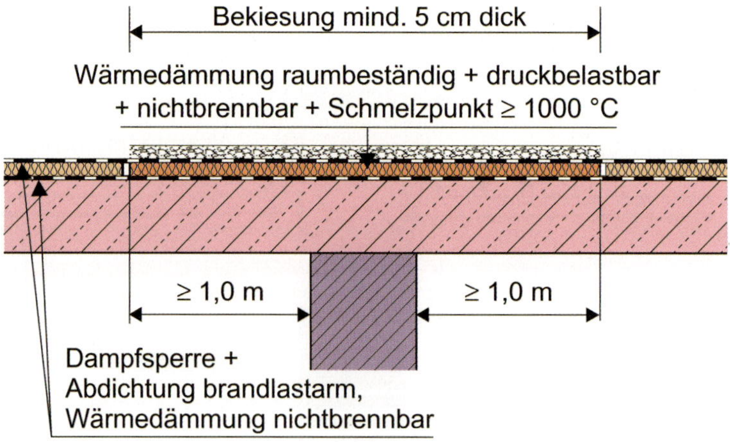

Raumabschließende Wände	Brandwände	**6.2.2-B** Seite 63

Alle Gebäudeklassen (MBO 2002)
Gebäude geringer und mittlerer Höhe (MBO 1996)

4.8-4 und 4.8-5 Trapezblechdach mit brennbarer Dachabdichtung

4.8-4 **Bei Trapezblechdächern mit brennbarer Dachabdichtung** müssen die Trapezbleche im Bereich der Brandwand getrennt und die Brandwand muss über Dach geführt werden.

Die Trennung der Trapezbleche ist **unbedingt erforderlich,** da ansonsten im Brandfall durch Verwerfungen der Bleche Brandbrücken entstehen können. Außerdem können bei nicht getrennten Trapezblechen und vorhandener Dämmung aus Schaumkunststoffen bzw. Bitumenfolien brennbare Pyrolysegase durch nicht getrennte Sicken in andere Brandabschnitte gelangen und dort zu Durchzündungen oder gar zu Explosionen führen.

4.8-4

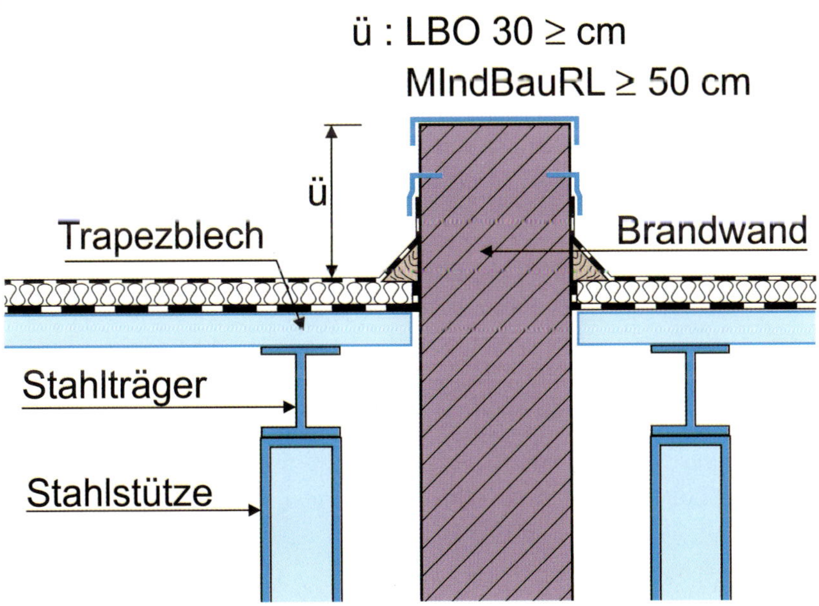

6.2.2-B Seite 64	Raumabschließende Wände	Brandwände

4.8-5 **Im Bestand ist eine nachträgliche Verbesserung z.B. möglich,** indem die Trapezbleche getrennt werden. Die Brandwand ist dann bis Oberkante der Trapezbleche zu führen. Die Hoch- und Tiefsicken der Trapezbleche sind im Auflagerbereich hohlraumfrei auszumörteln. Auf einen Bereich von 1 m zu beiden Seiten der Brandwand muss die Wärmedämmung raumbeständig sein und aus nichtbrennbaren Baustoffen bestehen (Schmelzpunkt ≥ 1000 °C). Außerdem ist in diesem Bereich eine flächendeckende, mindestens 5 cm dicke Bekiesung erforderlich.

Anmerkung:
Diese Lösung ist nur für bestehende Gebäude gedacht, bei denen eine nachträgliche Überdachführung nicht möglich ist. Es ist in jedem Fall eine entsprechende Abweichung und Abstimmung mit der Brandschutzdienststelle und dem Feuerversicherer erforderlich.

4.8-5

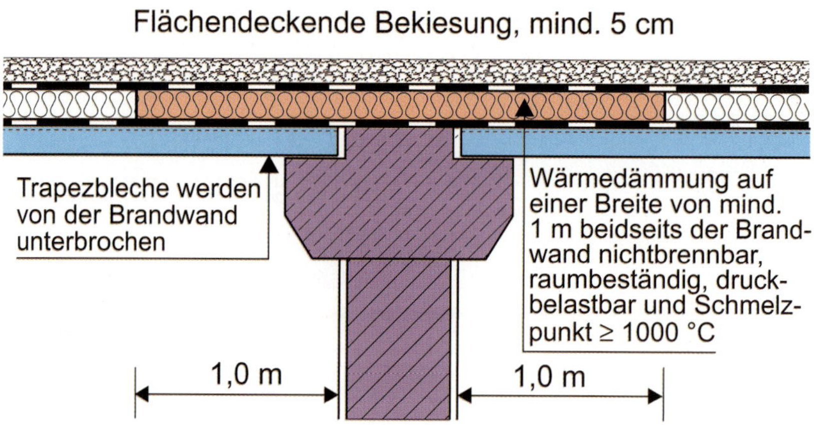

Gebäudeklassen 4 und 5 (MBO 2002)
Gebäude mittlerer Höhe (MBO 1996)

4.8-6 Ausbildung der 50-cm-Kragplatte bei Dächern mit brennbarer Dachabdichtung

Im Bereich der Brandwand wird eine zu beiden Seiten 50 cm auskragende nichtbrennbare feuerbeständige Platte ausgeführt. Auf dieser Kragplatte dürfen keine brennbaren Abdichtungsfolien angeordnet werden. In diesem Beispiel wird die Folie durch eine Blechdeckung ersetzt.

4.8-6 50-cm-Kragplatte

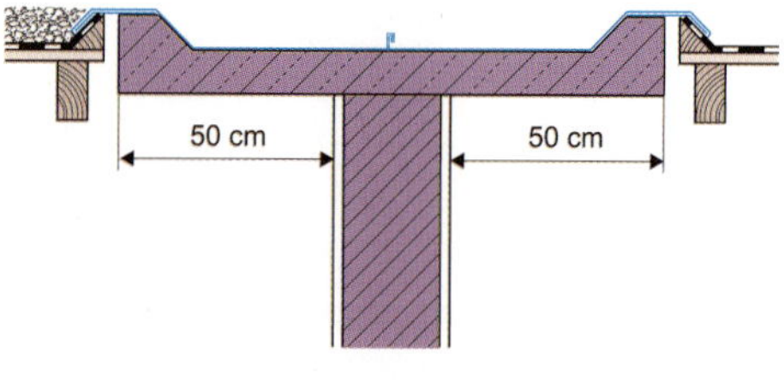

Sie muss ausreichend auf der Kragplatte befestigt werden, so dass sie sich nicht verwerfen und Brandbrücken bilden kann (siehe sinngemäß Punkt 4.9).

4.9 Blechdächer

Bei Dachdeckungen aus Blech und nicht über Dach geführter Brandwand besteht die Gefahr, dass sich das Blech bei einer unterseitigen Brandbeanspruchung verformt und aufwirft. Durch diese Verformungen können zwischen Brandwandoberseite und Blechunterseite Öffnungen entstehen, die als Brandbrücken wirken. Da diese Brandbrücken oft für die Feuerwehr nicht oder nur schwer zugänglich sind, ist damit eine Brandübertragung in den angrenzenden Brandabschnitt möglich (siehe Teil S, Bilder 7.11 bis 7.16).

Deshalb sollte auch bei Gebäuden der Gebäudeklassen 1 bis 3 bzw. Gebäuden geringer Höhe mit einem Blechdach die Brandwand entweder 30 cm über das Dach geführt oder eine Brandübertragung durch weitere Maßnahmen verhindert werden (z.B. entsprechende Befestigung der Bleche, Anordnung von Sollbruchstellen).

Hinweis:
Auch eine geringere Überdachung als 30 cm ist in jedem Fall wesentlich besser als alternative Maßnahmen.

Gebäudeklassen 4 und 5 (MBO 2002) Gebäude mittlerer Höhe (MBO 1996)

4.9-1 Ausbildung der 50-cm-Kragplatte bei Dächern mit Blechdeckung

Im Bereich der Brandwand wird eine zu beiden Seiten 50 cm auskragende nichtbrennbare und feuerbeständige Platte ausgeführt.

Bild 4.9-1 zeigt als Prinzipskizze die Ausführung der Blechdeckung im Bereich der Kragplatte. Wichtig sind eine ausreichende Befestigung der Verblechung auf der Kragplatte selbst und die Anordnung von „Sollbruchstellen" zu beiden Seiten der Kragplatte.

Auf der Kragplatte dürfen keine brennbaren Abdichtungsfolien angeordnet werden. In diesem Beispiel wird die Folie durch eine Blechdeckung ersetzt. Diese muss ausreichend auf der Kragplatte befestigt werden, so dass sie sich nicht verwerfen und Brandbrücken bilden kann (siehe sinngemäß Punkt 4.9).

4.9-1

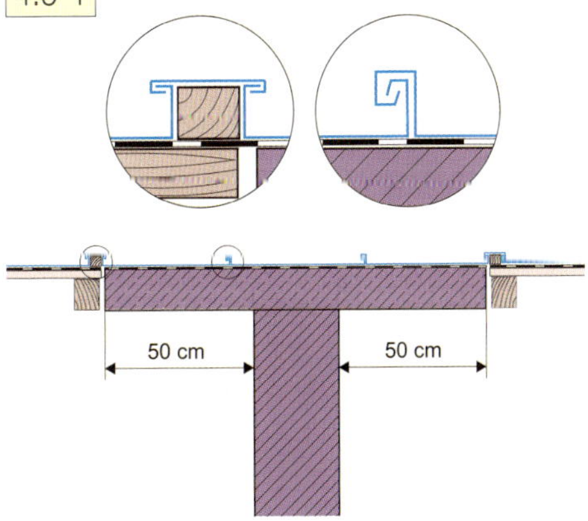

6.2.2-B Seite 66	Raumabschließende Wände	Brandwände

4.10 Brandwände bei Gebäuden mit weicher Bedachung

4.10-1 Überdachführung einer Brandwand bei weicher Bedachung

In der MBO sind keine besonderen Anforderungen für weiche Bedachungen genannt. Gemäß einigen LBOs ist es jedoch erforderlich, bei Gebäuden mit weicher Bedachung die Brandwände immer 50 cm über Dach zu führen (unabhängig von der Gebäudehöhe).

Das Risiko einer Brandübertragung ist im Dachbereich bei einer weichen Bedachung besonders groß. Deshalb wird empfohlen, auch in den Ländern, in denen dies nicht eigens vorgeschrieben ist, die Brandwände immer 50 cm über Dach zu führen.

4.10-1

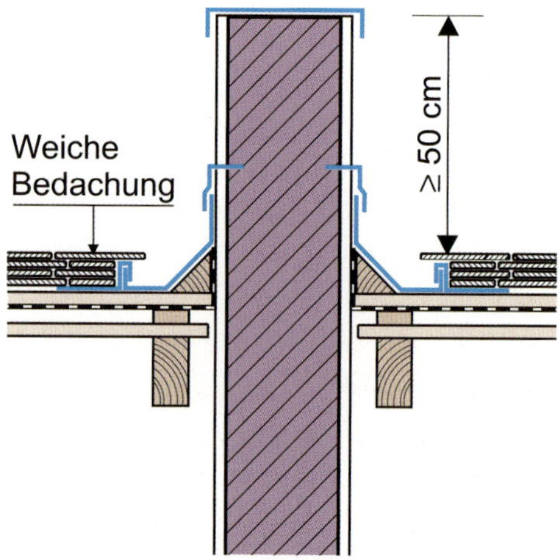

4.11 Brandwände zwischen Gebäuden mit unterschiedlichen Höhen

Alle Gebäudeklassen (MBO 2002)
Gebäude geringer und mittlerer Höhe (MBO 1996)

4.11-1 bis 4.11-4 Gebäude unterschiedlicher Höhe

4.11-1 Gebäudeklassen 4 und 5

Bei diesen Gebäuden (bzw. Gebäuden mittlerer Höhe) mit unterschiedlicher Höhe müsste die Brandwand zwischen den Gebäuden vom Grundsatz her 30 cm über das Dach des höheren Gebäudes geführt werden. In der Regel bestehen jedoch keine Bedenken, wenn sie bis unter die Bedachung des höheren Gebäudes führt. Hierfür ist jedoch eine Abweichung erforderlich.

Bei Gebäuden geringer Höhe ist die Brandwand bis unter die Bedachung des höheren Gebäudes zu führen.

Ausführung der Bedachung im Bereich der Brandwand siehe sinngemäß unter 4.2 und 4.3.

4.11-2 Ersatz für die Überdachführung

Anstelle der in Bild 4.11-1 dargestellten Überdachführung kann als Ersatz auch die an das höhere Gebäude anschließende Dachdecke des niedrigeren Gebäudes gegen Brandübertragung gesichert werden. Dazu muss die Brandwand bis unter die Dachhaut des niedrigeren Gebäudes geführt werden.

Die Dachdecke ist öffnungslos und einschließlich ihrer statisch zusammenhängenden Tragwerke feuerbeständig auszuführen. Die Dachabdichtung in diesem Bereich muss nichtbrennbar sein. Brennbare Abdichtungen sind ausreichend zu schützen, z.B. mit einer mindestens 5 cm dicken Kiesschicht. Die Wand des höheren Gebäudes sollte öffnungslos sein und aus nichtbrennbaren Baustoffen bestehen.

Der so gesicherte Dachbereich sollte, in der Waagrechten gemessen (a), so breit wie der Höhenunterschied Δh der beiden Gebäude sein, mindestens jedoch 5 m und höchstens 15 m.

Es ist eine Abweichung erforderlich.

4.11-1

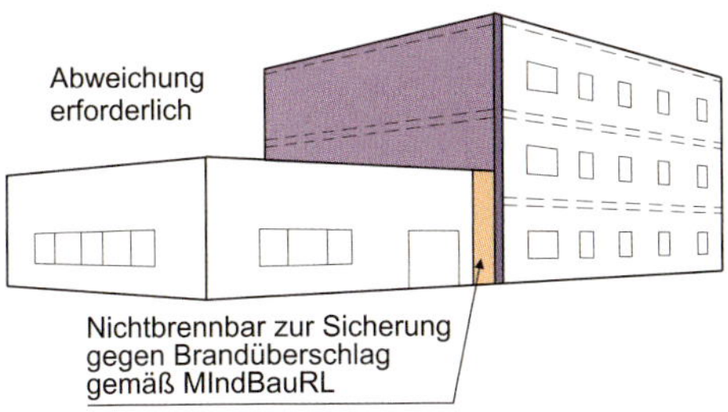

4.11-2

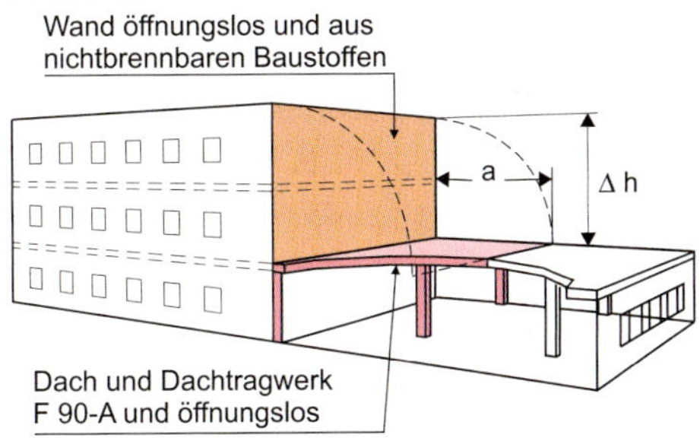

6.2.2-B Seite 68	Raumabschließende Wände	Brandwände

4.11-3 Ergänzung zu Bild 4.11-2

Ist das niedrigere Gebäude länger als das höhere, muss der gesicherte Dachdeckenbereich sinngemäß in beide Richtungen verlängert werden.

4.11-3

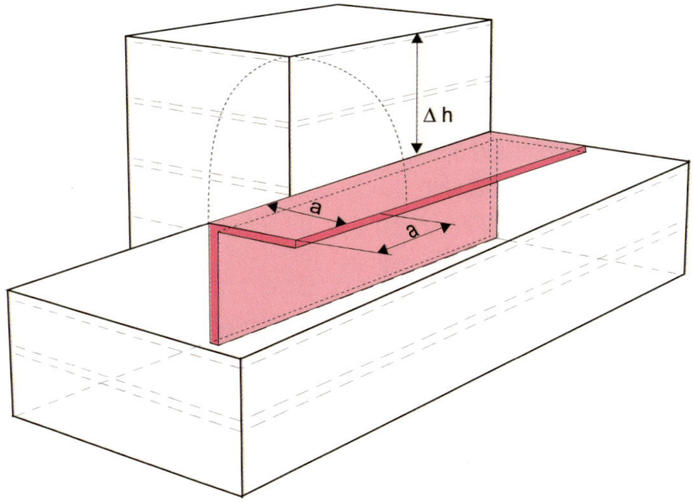

4.11-4 Brandwand im niedrigeren Gebäude

Anstelle der in den Bildern 4.11-2 und 4.11-3 dargestellten Ausführung kann die **Brandwand auch im niedrigeren Gebäude** errichtet werden. Sie ist dann so weit vom höheren Gebäude abzurücken, wie der Höhenunterschied Δ h der beiden Gebäude beträgt, mindestens 5 m, höchstens 15 m.

4.11-4

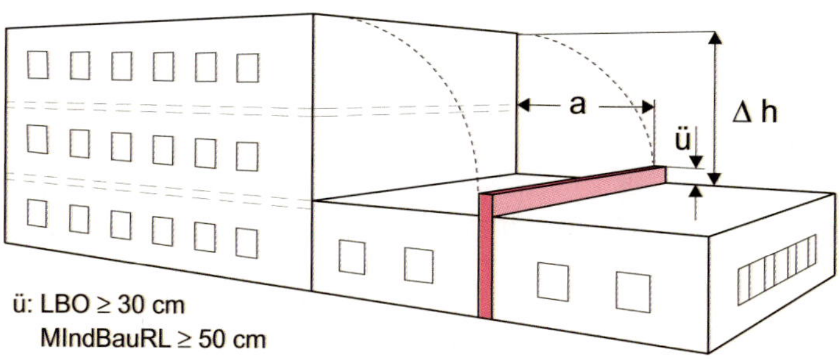

Raumabschließende Wände	Brandwände	**6.2.2-B** Seite 69

4.12 Brandwände bei Grabendächern

4.12-1 Brandwand beim Grabendach

Wird die Brandwand hier nur bis dicht unter die Dachhaut geführt, besteht trotzdem die Gefahr einer Brandübertragung über die Dächer. Deshalb ist es empfehlenswert, diejenigen Dachflächen, die voneinander weniger als 5 m entfernt sind und nicht mit Blech gedeckt werden, mit einer Blechunterlage zu versehen.

Außerdem stellen bei Grabendächern Dachaufbauten und Dachgauben aus brennbaren Baustoffen sowie Öffnungen in der Dachhaut eine besondere Gefahr der Brandübertragung dar. Insbesondere bei tieferen Gebäuden in eng bebauten Altstadtgebieten sollten hier weitere Brandschutzmaßnahmen erfolgen. Hierzu kann der Abstand dieser Bauteile und Öffnungen von den Brandwänden von 1,25 m auf mindestens 2,00 m vergrößert werden. Zweckmäßig ist es auch, die Dachaufbauten und Dachöffnungen durch bauliche Maßnahmen gegen Brandeinwirkung zu schützen.

4.12-1

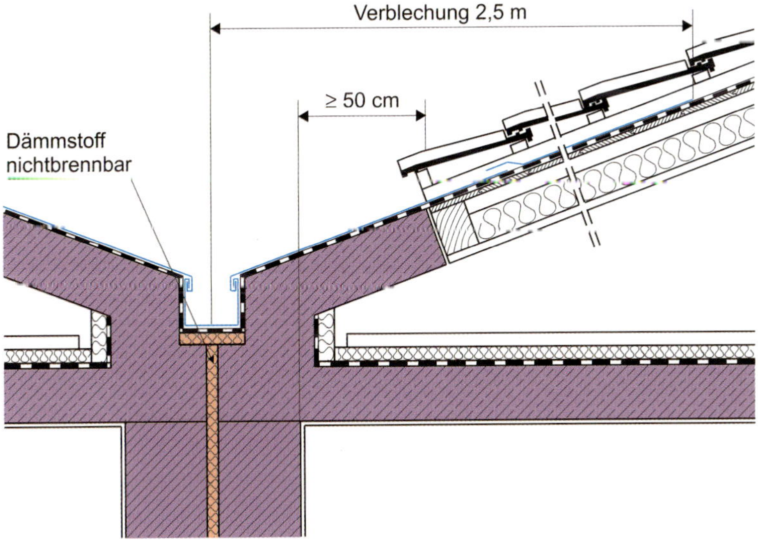

6.2.2-B Seite 70	Raumabschließende Wände	Brandwände

4.13 Abstand von Dachöffnungen zu Brandwänden

> MBO 2002 § 32 (5):
>
> *(5) Dachüberstände, Dachgesimse und Dachaufbauten, lichtdurchlässige Bedachungen, Lichtkuppeln und Oberlichte sind so anzuordnen und herzustellen, dass Feuer nicht auf andere Gebäudeteile und Nachbargrundstücke übertragen werden kann.*
>
> *Von Brandwänden und von Wänden, die anstelle von Brandwänden zulässig sind, müssen mindestens 1,25 m entfernt sein:*
>
> *1. Oberlichte, Lichtkuppeln und Öffnungen in der Bedachung, wenn diese Wände nicht mindestens 30 cm über die Bedachung geführt sind,*
>
> *2. Dachgauben und ähnliche Dachaufbauten aus brennbaren Baustoffen, wenn sie nicht durch diese Wände gegen Brandübertragung geschützt sind.*

Bei Gewerbe- und Industriegebäuden sind größere Abstände einzuhalten (siehe unter 4.15).

4.13-1

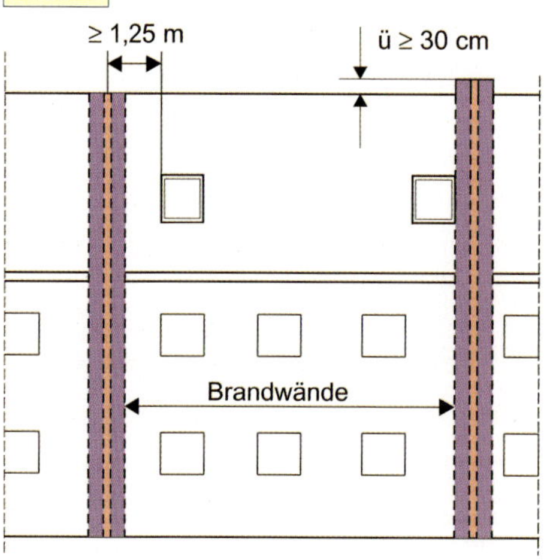

4.13-1 Abstand von Dachöffnungen zu Brandwänden

Zur Ausführung bestehen zwei Möglichkeiten.

Möglichkeit 1:
Die Brandwand (bzw. die Wand, die anstelle einer Brandwand zulässig ist) wird **nicht über Dach** geführt (linke Wand). In diesem Fall müssen Oberlichte, Lichtkuppeln und Öffnungen in der Dachhaut mindestens 1,25 m von der Brandwand entfernt sein. Dies gilt sinngemäß auch, wenn anstelle einer Überdachführung der Brandwand eine feuerbeständige Kragplatte angeordnet wurde.

Möglichkeit 2:
Die Brandwand (bzw. Wand, die anstelle einer Brandwand zulässig ist) wird mindestens **30 cm über Dach** geführt (rechte Wand). In diesem Fall besteht keine Anforderung an einen Mindestabstand von Oberlichten, Lichtkuppeln und Öffnungen in der Dachhaut. Sie können direkt neben der Brandwand angeordnet werden.

Wie die 1,25 m gemessen werden, ist in der MBO 2002 nicht angegeben. Damit kann (je nach Interpretation) sowohl von der Wandinnenseite als auch von der Wandaußenseite aus gemessen werden.

Das Schutzziel besteht darin, bei einem Brand des benachbarten Gebäudes eine Brandübertragung zu verhindern. Maßgebend ist damit also letztendlich der Abstand zur Brandwand (bzw. der Wand, die anstelle einer Brandwand zulässig ist) des **Nachbargebäudes.** Aus diesem Grund wird hier davon ausgegangen, dass der Abstand von der Grundstücksachse = von der Wandaußenseite der Brandwand gemessen werden kann. Im Zweifelsfall ist eine Abstimmung mit der zuständigen Brandschutzdienststelle bzw. der Bauaufsichtsbehörde erforderlich.

4.13-2

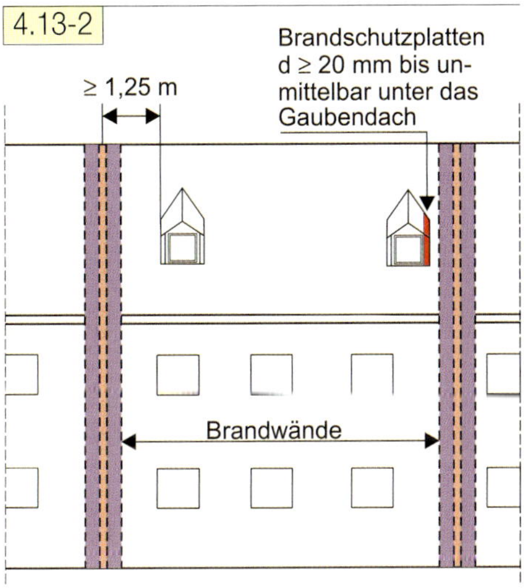

4.13-2 **Abstand von Dachaufbauten (Dachgauben) zu Brandwänden**

Dachaufbauten aus brennbaren Baustoffen müssen von Brandwänden und Wänden, die anstelle von Brandwänden zulässig sind, mindestens 1,25 m entfernt sein (linke Wand). Ein geringerer Abstand ist möglich, wenn die Dachaufbauten durch ihre an die Brandwand angrenzende Wand gegen Brandübertragung ausreichend geschützt sind (rechte Wand).

Beispiel: Gebäudeklasse 1 bis 3 (MBO 2002) oder Wohngebäude geringer Höhe bis zwei Wohnungen (MBO 1996 und LBOs).

Die Gebäudeabschlusswand des Wohngebäudes kann anstelle einer Brandwand als F 30-F 90-Wand ausgeführt werden. Die an die Brandwand angrenzende Gaubenwand wird einschließlich ihres Anschlusses an das Gaubendach sinngemäß in der gleichen Bauart ausgeführt wie die Brandwand des Wohngebäudes (F 30-F 90). Ein Beispiel für die Ausführung der seitlichen Gaubenwand siehe sinngemäß in Bild 4.7-4.

Ein eventueller Dachvorsprung des Gaubendaches in Richtung Gebäudeabschlusswand muss nichtbrennbar hergestellt werden. Alternativ kann er auch mit Bandschutzplatten bekleidet werden.

Damit ist die Gaubenwand ausreichend gegen eine Brandübertragung geschützt und muss keinen bestimmten Mindestabstand zur Brandwand bzw. zur Wand, die anstelle einer Brandwand zulässig ist, einhalten.

6.2.2-B Seite 72 | Raumabschließende Wände | Brandwände

4.14 Anforderungen der Muster-Industriebaurichtlinie (M IndBauRL)

Gemäß der M IndBauRL müssen Brandwände immer (unabhängig von der Gebäudeklasse bzw. Gebäudehöhe) 50 cm über Dach geführt werden. Die Möglichkeit, dies mit einer Kragplatte zu kompensieren, besteht grundsätzlich nicht. Falls eine solche Kompensation erfolgen soll, ist hierfür eine entsprechende Abweichung erforderlich (Anforderungen und Ausführungsbeispiele siehe Kapitel 9.2).

Industrie- und Verwaltungsgebäude nach M IndBauRL

4.14-1 und 4.14-2 Graben und Sheddächer

Beispiele für die Überdachführung von Brandwänden bei Gebäuden mit nicht feuerbeständigen Shed- und Grabendächern

Die Brandwände sind 50 cm über Dach zu führen.

4.14-1

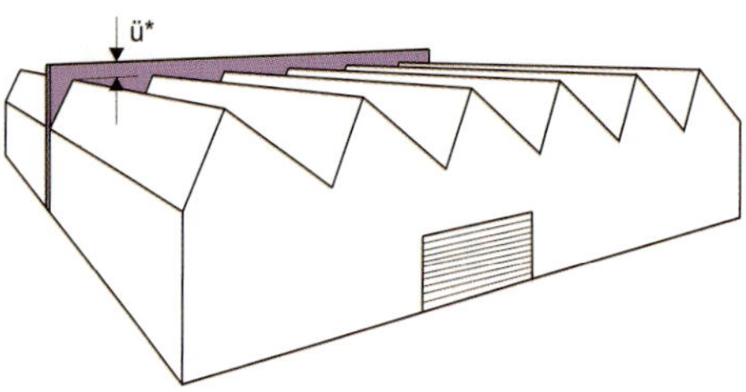

4.14-2

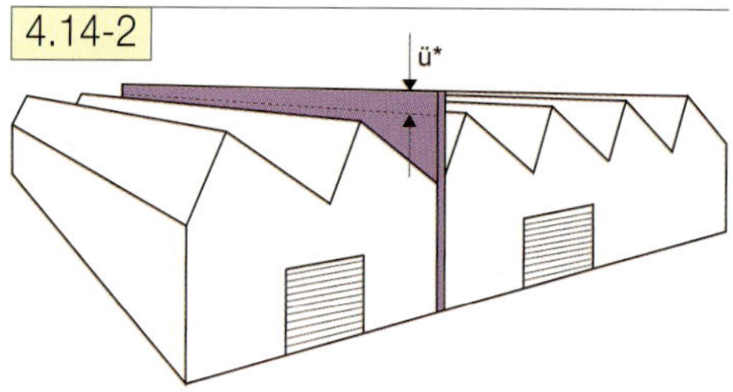

4.15 Anforderungen der Industrie-Feuerversicherung

Gemäß den Anforderungen des allgemeinen Teils der unverbindlichen Prämienrichtlinien für die Industrie-Feuerversicherung (siehe Kapitel 10.2) entfällt die Möglichkeit, eine Kragplatte anzuordnen. Die Brandwand muss deshalb immer über Dach geführt werden oder an ein feuerbeständiges Dach anschließen.

Schließt die Brandwand an ein feuerbeständiges Dach an und wird sie damit nicht über Dach geführt, müssen nach MBO 2002 Oberlichte, Lichtkuppeln und Öffnungen in der Bedachung mindestens 1,25 m von der Brandwand entfernt sein. Gemäß den Anforderungen des allgemeinen Teils der unverbindlichen Prämienrichtlinien für die Industrie-Feuerversicherung ist hier jedoch ein **Mindestabstand von 5 m** erforderlich.

Im Zweifelsfall sollte die Ausführung mit dem Feuerversicherer abgestimmt werden, da die Nichteinhaltung der vorstehenden Anforderungen zu Nachteilen bei der Versicherungsprämie führen kann.

5 Brandwände im Bereich des einspringenden Winkels

5.1 Anforderungen der Landesbauordnungen (LBOs)

> MBO 2002 § 30 (6):
>
> *Müssen Gebäude oder Gebäudeteile, die über Eck zusammenstoßen, durch eine Brandwand getrennt werden, so muss der Abstand dieser Wand von der inneren Ecke mindestens 5 m betragen; das gilt nicht, wenn der Winkel der inneren Ecke mehr als 120 Grad beträgt oder mindestens eine Außenwand auf 5 m Länge als öffnungslose feuerbeständige Wand aus nichtbrennbaren Baustoffen ausgebildet ist.*

5.1-1 bis 5.1-4 Die Gebäude bzw. Gebäudeteile stoßen über Eck zusammen und müssen dort von einer Brandwand getrennt werden.

Wichtig:
Bei den in den Bildern 5.1-1 bis 5.1-4 dargestellten Maßnahmen sind auch die Dachüberstände entsprechend zu sichern.

5.1-1
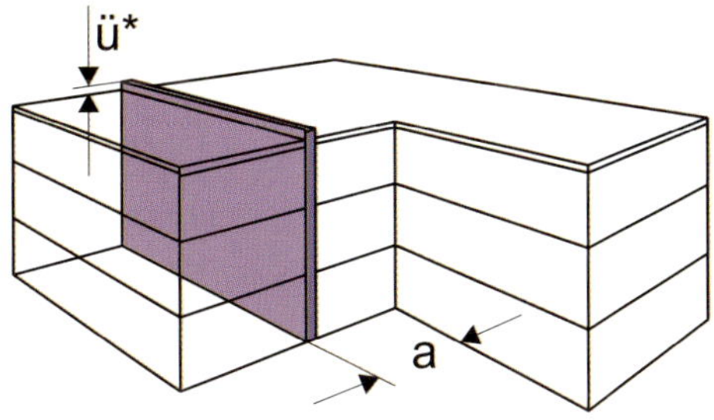

5.1-2
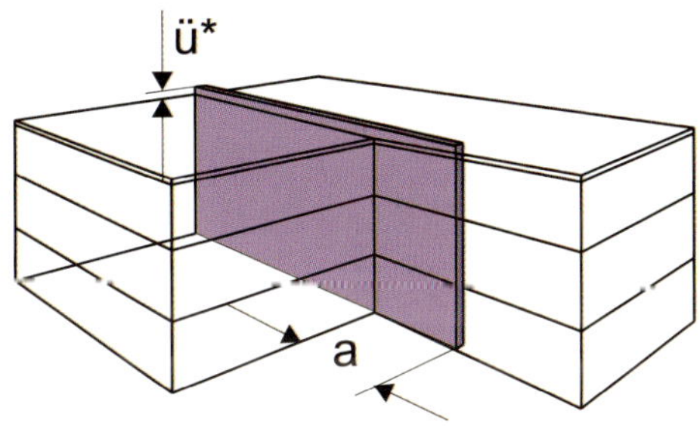

5.1-3
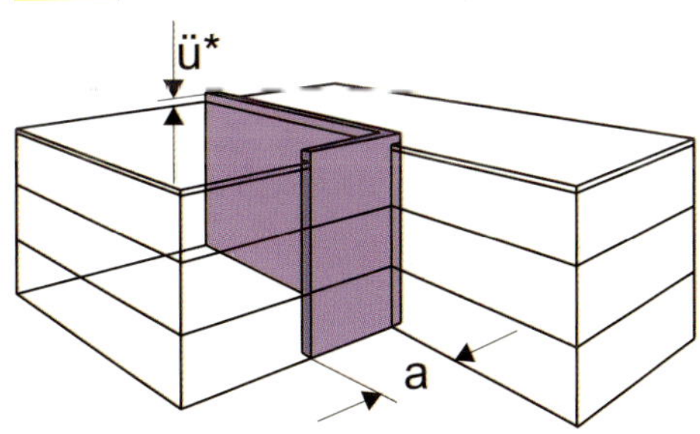

5.1-1 Die Brandwand wird so angeordnet, dass ihr Abstand von der inneren Ecke mindestens 5 m beträgt.

5.1-2 und 5.1-3 Die Außenwand wird im Inneneckenbereich auf eine Länge von 5 m als öffnungslose, feuerbeständige Wand ausgebildet.

Falls in dieser Wand Öffnungen erforderlich sind (z.B. Sichtöffnungen), werden diese mit F 90-Brandschutzverglasungen gesichert. Anstelle von F 90-Verglasungen sind im Einzelfall auch G 90- und eventuell auch F 30- bzw. G 30-Verglasungen möglich, wenn dies besonders nachgewiesen wird (z.B. wenn gewährleistet wird, dass im Eckbereich in beiden Brandabschnitten keine größeren Brandlasten vorhanden sind). Hierfür ist eine Abweichung erforderlich.

6.2.2-B Seite 74	Raumabschließende Wände	Brandwände

5.1-4 Anstelle der in den Bildern 5.1-1 bis 5.1-3 dargestellten Ausführung genügt es sinngemäß auch, die beiden im Inneneckenbereich zusammenstoßenden Außenwände nur so weit als Brandwände auszubilden, dass deren Endpunkte 5 m voneinander entfernt sind. Hierfür ist eine Abweichung erforderlich.

ü*:	LBO ≥ 30 cm M IndBauRL ≥ 50 cm
a:	LBO ≥ 5 m

5.1-4

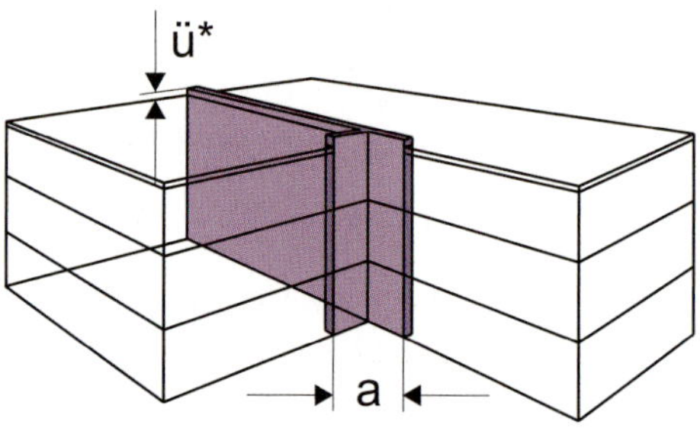

5.1-5 Die vorstehenden Anforderungen gelten nicht, wenn der Winkel der inneren Ecke mehr als 120° beträgt.

5.1-5

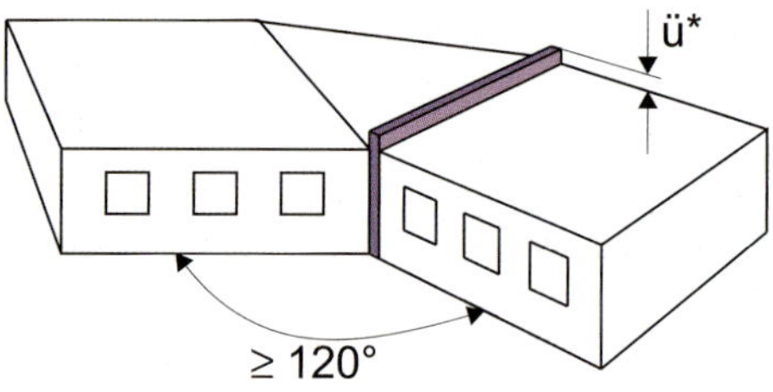

5.2 Anforderungen der Muster-Industriebaurichtlinie (M IndBauRL)

Hier gelten die gleichen Anforderungen wie in der MBO.

5.3 Anforderungen der Industrie-Feuerversicherung

Für Brandwände bestehen bei der Industrie-Feuerversicherung sinngemäß die gleichen Anforderungen wie nach der MBO. Bei Komplextrennwänden ist der Bereich des einspringenden Winkels sinngemäß auf 7 m Länge zu sichern.

6 Ausbildung im Fassadenbereich

6.1 Anforderungen der Landesbauordnungen (LBOs)

> MBO 2002 § 30 (7) Sätze 1 und 2:
>
> *Bauteile mit brennbaren Baustoffen dürfen über Brandwände nicht hinweggeführt werden. Außenwandkonstruktionen, die eine seitliche Brandausbreitung begünstigen können, wie Doppelfassaden oder hinterlüftete Außenwandbekleidungen, dürfen ohne besondere Vorkehrungen über Brandwände nicht hinweggeführt werden.*

Danach dürfen brennbare Baustoffe auch im Bereich der Außenwand und Fassade nicht über Brandwände hinweggeführt werden. Allerdings wird für alle „kritischen" Außenwandkonstruktionen, die eine Brandausbreitung begünstigen können, eine Ausführungsmöglichkeit aufgezeigt. Sie dürfen nämlich immer in den Fällen verwendet werden, wenn durch „besondere Vorkehrungen" eine Brandweiterleitung nicht zu befürchten ist.

Es ist empfehlenswert bzw. erforderlich, diese besonderen Vorkehrungen im Vorfeld mit der Brandschutzdienststelle abzustimmen. Wenn die Wirksamkeit dieser Vorkehrungen nicht anders beurteilt werden kann, sind entsprechende Nachweise erforderlich, z.B. durch ein allgemeines bauaufsichtliches Prüfzeugnis oder eine allgemeine bauaufsichtliche Zulassung oder eine Zustimmung im Einzelfall.

Anmerkung:
Die folgenden Beispiele (Bilder 6.1-1 ff.) gelten sinngemäß auch für **einschalige Brandwände** und einschalige raumabschließende feuerwiderstandsfähige Wände, die anstelle von Brandwänden zulässig sind.

6.1-1

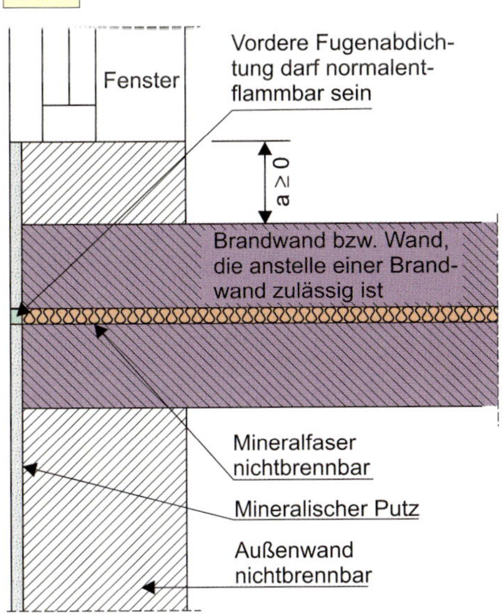

6.1-1 Mineralische Außenwände

Bei mineralischen Außenwänden führt die Brandwand bis zur Außenwand. Mineralische (nichtbrennbare) Putze dürfen darüber hinweggeführt werden.

Ein Abstand von der Brandwand zu Fensteröffnungen (a) ist in der MBO nicht vorgeschrieben. Gemäß **M IndBauRL** und den **Prämienrichtlinien der Feuer-Industrieversicherung** bestehen hier jedoch **besondere Anforderungen.** Allerdings kann es bei bestimmten brennbaren Außenwänden oder Außenwandbekleidungen erforderlich bzw. empfehlenswert sein, einen Mindestabstand zwischen Brandwand und Fensteröffnung einzuhalten.

Die Fugendämmung zwischen den zweischaligen Brandwänden sollte aus nichtbrennbaren Baustoffen (in der Regel Mineralfaser) bestehen.

6.2.2-B Seite 76 | Raumabschließende Wände | Brandwände

6.1-2 Wärmedämmung an der Stirnseite der Brandwand

Ist aus Wärmeschutzgründen eine Wärmedämmung erforderlich, kann die Stirnseite der Brandwand mit nichtbrennbaren raumbeständigen Dämmstoffen gedämmt werden. Die Dämmstoffe müssen ausreichend fest und mit nichtbrennbaren Befestigungsmitteln an der Brandwandoberfläche befestigt werden.

Der Putzträger für den mineralischen nichtbrennbaren Putz sollte aus nichtbrennbaren Baustoffen bestehen. Die vordere Fugenabdeckung bzw. -abdichtung darf aus normalentflammbaren Baustoffen ausgeführt werden.

6.1-2

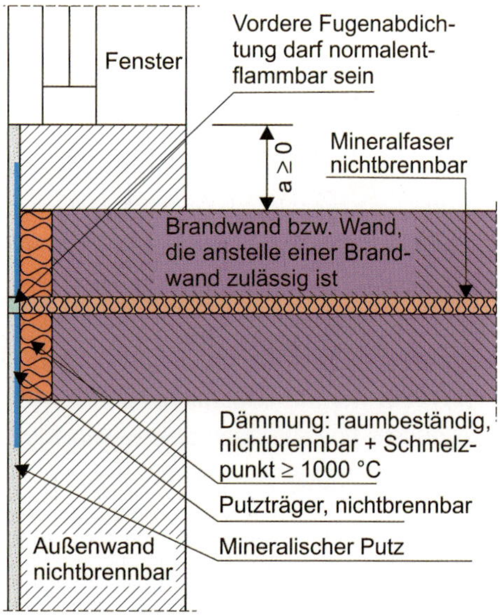

6.1-3 und 6.1-4 Brennbares Wärmedämmverbundsystem

Bei brennbaren Wärmedämmverbundsystemen muss das brennbare Wärmedämmverbundsystem im Bereich der Brandwand mindestens in Brandwandbreite durch ein **nichtbrennbares System** ersetzt werden.

Der Dämmstoff des nichtbrennbaren Systems muss einen Schmelzpunkt ≥ 1000 °C haben. Die Baustoffklassen und die Verwendbarkeit der Wärmedämmverbundsysteme müssen durch eine allgemein bauaufsichtliche Zulassung nachgewiesen werden.

Bild 6.1-3 zeigt die Ausführung bei einer Gebäudeabschlusswand aus Mauerwerk.

Bild 6.1-4 zeigt die Situation bei einer so genannten F 30-F 90-Gebäudeabschlusswand.

6.1-3

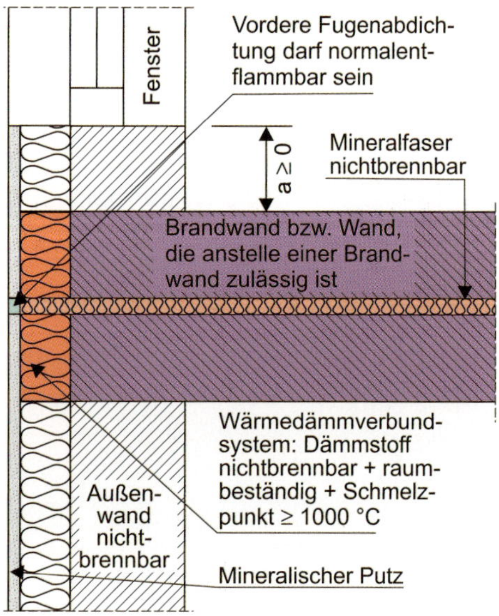

Raumabschließende Wände	Brandwände	**6.2.2-B** Seite 77

6.1-4

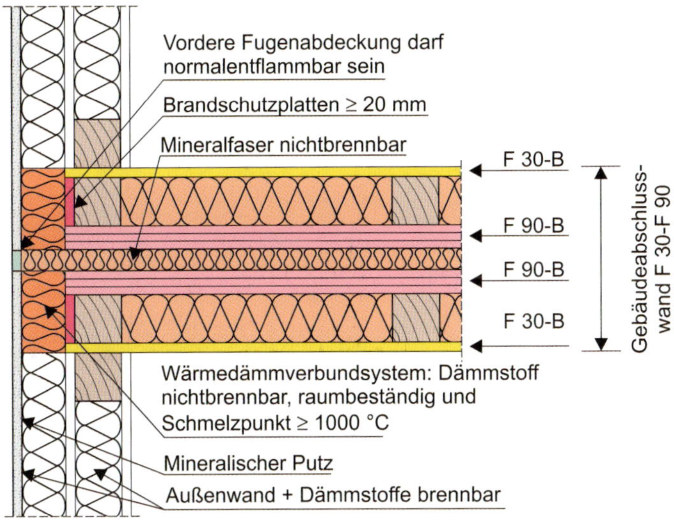

6.2.2-B Seite 78 | Raumabschließende Wände | Brandwände

6.1-5 bis 6.1-7 Brennbare Außenwandbekleidungen bei Gebäuden der Gebäudeklassen 1 bis 3 (MBO 2002) bzw. Gebäuden geringer Höhe (MBO 1996)

Bei diesen Gebäuden sind nichttragende Außenwände und deren Oberflächen bzw. Bekleidungen aus brennbaren Baustoffen zulässig (z.B. aus Holz). Diese dürfen nicht über Brandwände und Wände, die anstelle von Brandwänden zulässig sind, hinweggeführt werden oder es sind besondere Maßnahmen erforderlich, die eine seitliche Brandausbreitung verhindern.

6.1-5 Bei Außenwänden aus brennbaren Baustoffen mit Bekleidungen aus brennbaren Baustoffen (Holz) besteht eine einfache und wirkungsvolle Maßnahme, den Brandüberschlag zu verhindern, darin, die Brandwand im Fassadenbereich 30 cm vor die Holzverkleidung zu führen.

6.1-6 Zur Verhinderung des Brandüberschlags wurde ein nichtbrennbarer Streifen einer Außenwandverkleidung angeordnet. Um eine seitliche Brandausbreitung zu verhindern, sollte die Breite dieses Streifens ca. 1 m betragen. Soweit der Hinterlüftungsspalt größer als 4 cm ist, sollte dieser im Bereich der Gebäudetrennwand durch nichtbrennbare Baustoffe dauerhaft verschlossen werden.

6.1-5

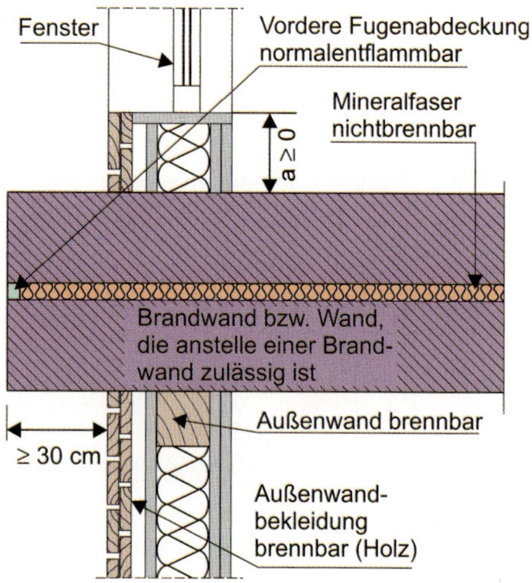

6.1-6

Gebäude geringer Höhe bzw. Gebäudeklassen 1 bis 3

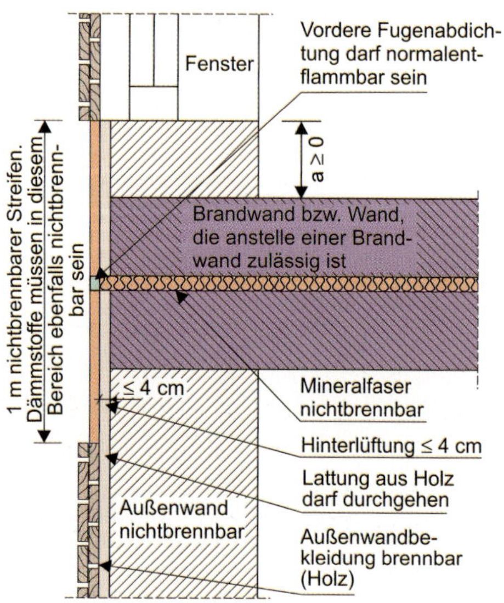

Raumabschließende Wände	Brandwände	**6.2.2-B** Seite 79

6.1-7 Alternative Ausführung des 1 m breiten nichtbrennbaren Streifens mit einem nichtbrennbaren Wärmedämmverbundsystem aus Mineralfaser, Schmelzpunkt ≥ 1000 °C

Für die auf den Bildern 6.1-7 und 6.1-8 dargestellten Ausführungen kann je nach Land eine Abstimmung mit der zuständigen Brandschutzdienststelle bzw. der Bauaufsichtsbehörde erforderlich bzw. empfehlenswert sein.

6.1-7

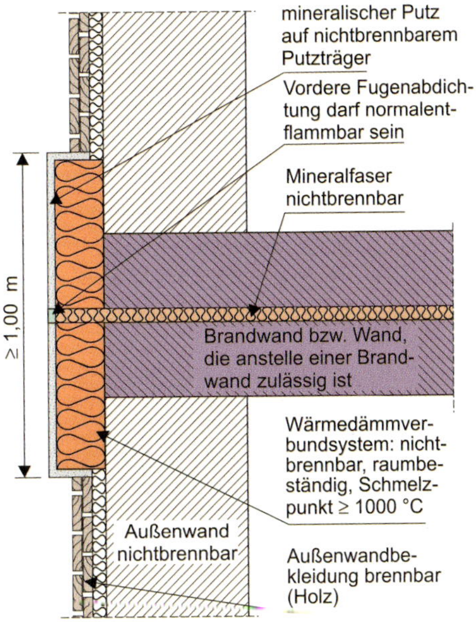

6.1-8 Brandwandanschluss an Vorhangfassade

Ein besonderes Problem besteht beim Anschluss von Vorhangfassaden aus nichtbrennbaren Baustoffen an Brandwände. Wird die Vorhangfassade ohne Unterbrechung und sonstige Maßnahmen über die Brandwand geführt, versagt im Brandfall der Anschlussbereich bereits nach kurzer Zeit und Feuer und Rauch können in den angrenzenden Brandabschnitt eindringen.

Aus diesen Gründen sind im Bereich der Brandwand besondere Vorkehrungen erforderlich, die eine seitliche Brandausbreitung verhindern. Dargestellt ist als Prinzipskizze eine „Schwertkonstruktion" mit raumbeständigen und nichtbrennbaren Dämmstoffen (Schmelzpunkt ≥ 1000 °C). Es sind auch andere Vorkehrungen möglich, wenn deren Verwendbarkeit entsprechend nachgewiesen ist. Weitere Informationen siehe Kapitel 6.3.3.

6.1-8

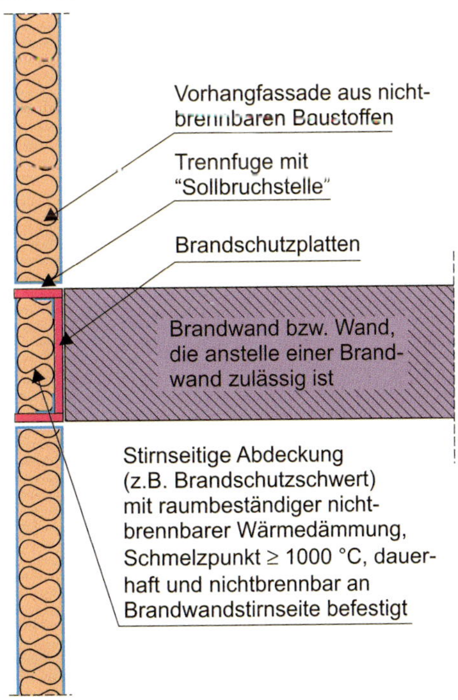

6.2.2-B Seite 80	Raumabschließende Wände	Brandwände

Weitere Hinweise und Ausführungsdetails zum Anschluss von Brandwänden an Außenwände enthält Kapitel 6.3 in diesem Werk.

Dort wird auch detailliert auf Außenwandkonstruktionen mit geschossübergreifenden Hohl- oder Lufträumen sowie auf Doppelfassaden eingegangen.

6.2 Anforderungen der Muster-Industriebaurichtlinie (M IndBauRL)

Die M IndBauRL stellt höhere Anforderungen an den Anschluss von Brandwänden an die Außenwände bzw. Fassade (siehe Punkt 9.2).

6.3 Anforderungen der Industrie-Feuerversicherung

Gemäß der VdS-Richtlinie 2234 (siehe Kapitel 3.10) dürfen Brandwände beim Anschluss an die Außenwände bzw. Fassade weder von brennbaren Baustoffen noch von nicht feuerbeständigen Bauteilen überbrückt werden.

Komplextrennwände müssen mindestens 50 cm feuerbeständig über die Außenwandoberfläche hinausgeführt werden oder die angrenzenden Wände müssen in einer Gesamtbreite von mindestens 5 m feuerbeständig ausgeführt sein (siehe Kapitel 6.2.3).

7 Standsicherheit und Mindestquerschnitt

7.1 Anforderungen der Landesbauordnungen (LBOs)

MBO 2002 § 30 (7) Satz 3:

Bauteile dürfen in Brandwände nur so weit eingreifen, dass deren Feuerwiderstandsfähigkeit nicht beeinträchtigt wird; für Leitungen, Leitungsschlitze und Schornsteine gilt dies entsprechend.

Anschlüsse von Brandwänden, die als geregeltes Bauprodukt gelten, an angrenzende Bauteile sind nach DIN 4102-4 Abschnitt 4.8 in Verbindung mit DIN 4102-4/A1 und DIN 4102-22 auszuführen. Bei nicht geregelten Anschlüssen richten sich die Anforderungen nach dem jeweiligen Verwendbarkeitsnachweis. Erläuterungen zur Ausführung, zu Anschlüssen und zur oberen Aussteifung von Brandwänden in Trockenbauweise enthält Kapitel 6.7.1-B.

7.1-1

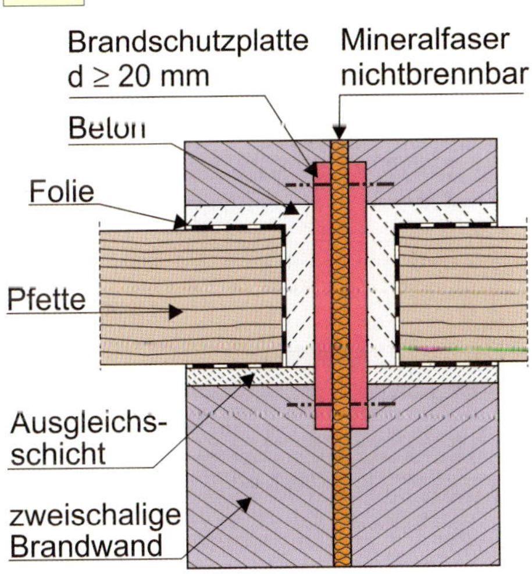

7.1-1 **Beispiel für direktes Pfettenauflager auf einer Brandwand aus Mauerwerk**

Bei der dargestellten Ausführung ist davon auszugehen, dass die Feuerwiderstandsfähigkeit der Brandwand im Brandfall nicht beeinträchtigt wird, so dass keine Bedenken bestehen. Diese Ausführung ist zwar machbar, aber nicht empfehlenswert (Schallschutz). Wesentlich bessere Ausführungen enthalten die Bilder 7.1-2 und 7.1-3.

Es ist eine Abweichung erforderlich, da die restliche Wanddicke im Auflagerbereich nicht klassifiziert feuerbeständig ist.

6.2.2-B Seite 82	Raumabschließende Wände	Brandwände

7.1-2 Schnitt

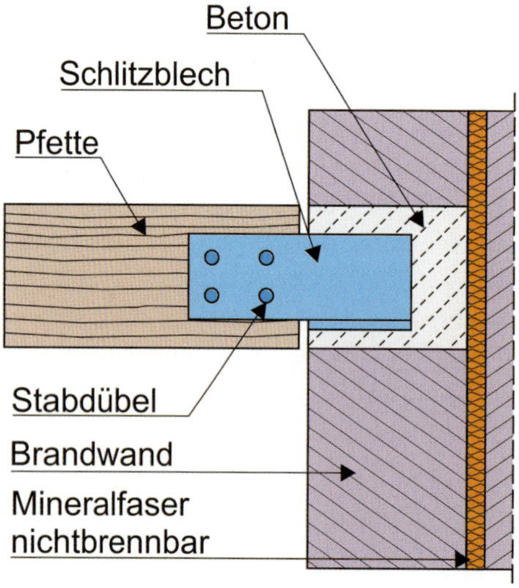

7.1-3 Draufsicht

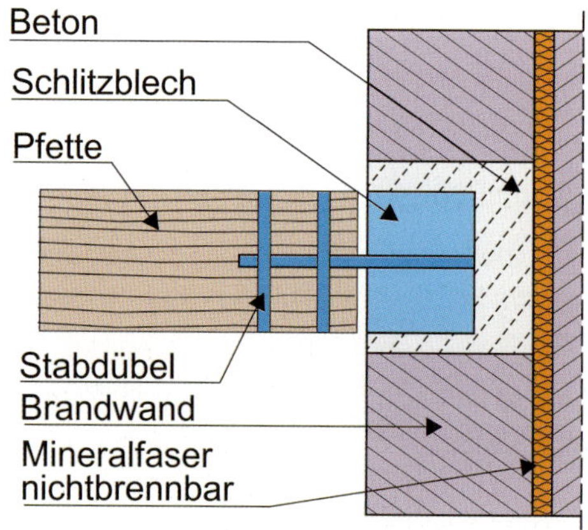

7.1-4

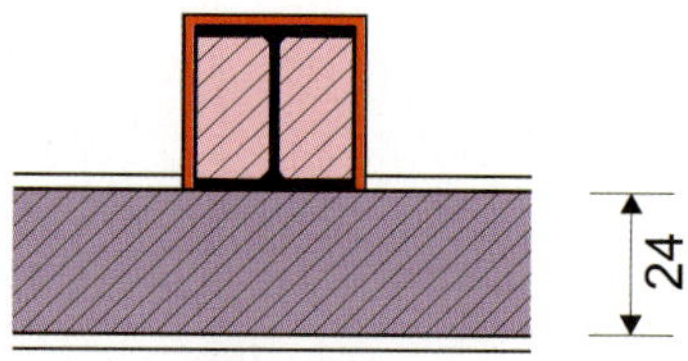

7.1-5

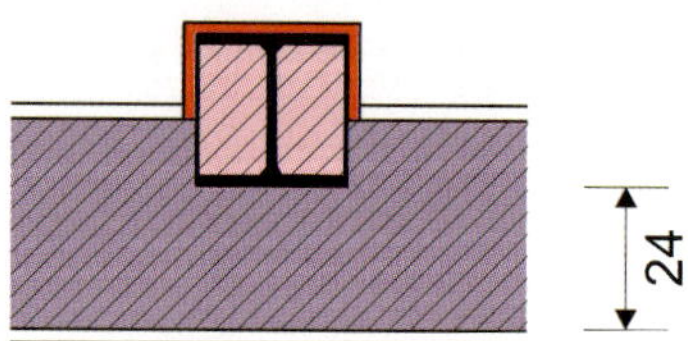

7.1-2 und 7.1-3 **Beispiel für Pfettenauflager mit Schlitzblech auf einer Brandwand aus Mauerwerk**
Diese Ausführungen sind sowohl aus Brandschutz- als auch aus Schallschutzgründen wesentlich besser als die auf Bild 7.1-1 dargestellte Lösung.

Eine Abweichung ist nicht erforderlich, da die Feuerwiderstandsfähigkeit der Brandwand nicht beeinträchtigt wird.

7.1-4 **Stahlstützen, die unmittelbar vor einer Brandwand stehen,** sind feuerbeständig und ausreichend stoßsicher zu ummanteln, da sie bei Verformung durch Brandeinwirkung Brandwände zum Einsturz bringen können.

7.1-5 Stahlstützen dürfen aus den bei Bild 7.1-4 genannten Gründen in die Brandwände nur eingreifen, wenn sie keine Verbindung mit anderen ungeschützten Stahlkonstruktionen haben und feuerbeständig ummantelt sind. Die Mindestdicke der Brandwand muss gewahrt bleiben und die Standsicherheit darf nicht gefährdet werden.

Im Übrigen müssen bei Aussteifungen von Brandwänden die Bauteile (z.B. aussteifende Querwände, Decken, Riegel, Stützen oder Rahmen) wenigstens der Feuerwiderstandsklasse F 90-A entsprechen.

7.1-6 Trennung von Längspfetten aus Holz oder Stahl

Bei Stahlpfetten ist die thermische Längenänderung im Brandfall zu berücksichtigen (siehe Bilder 7.1-9 und 7.1-10).

„a“ = Sicherheitsabstand wegen thermischer Längenänderung im Brandfall.

7.1-6

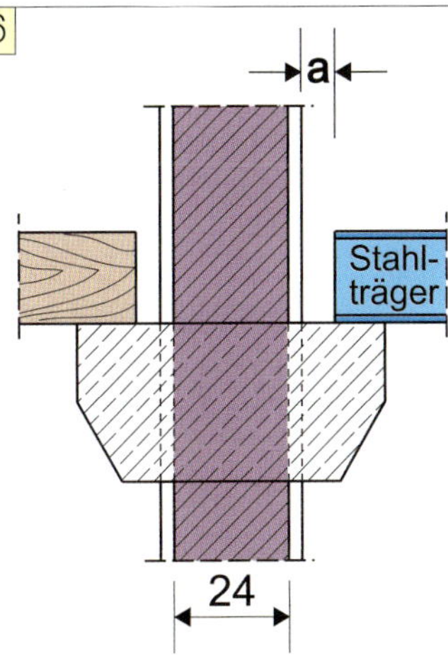

7.1-7 Beim Anschluss von Kaminen an Brandwände darf aus Gründen der Standsicherheit die Mindestdicke der Brandwände nicht verringert werden. Das Gleiche gilt auch für Nischen, z.B. für Einbaumöbel, elektrische Hausanschlusskästen oder Heizkörper.

7.1-7

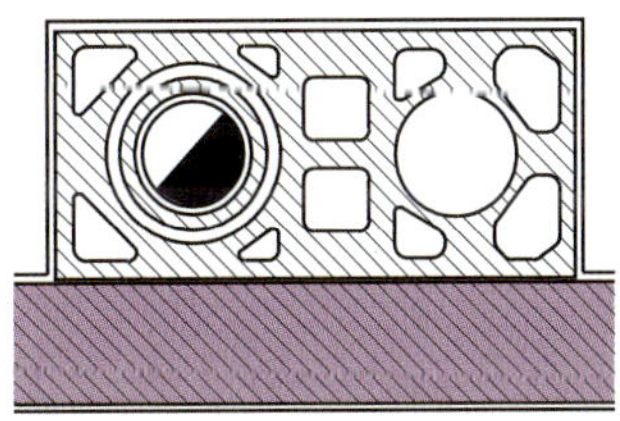

7.1-8 Zur Gewährleistung der Standsicherheit von Brandwänden sowie zur Verringerung des Schadenausmaßes bei einem Brand sollten auch feuerbeständig ausgeführte Bauteile, z.B. Stahlbetonbinder, nicht durch Brandwände hindurchgeführt werden (siehe Kapitel 6.1.1, Teil S, Bild 6).

7.1-8

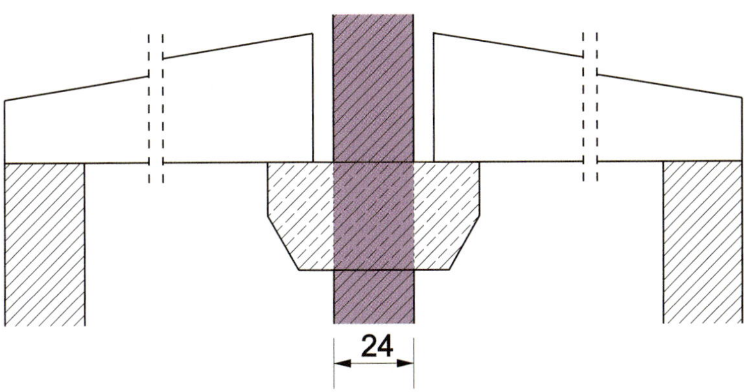

6.2.2-B Seite 84	Raumabschließende Wände	Brandwände

7.1-9

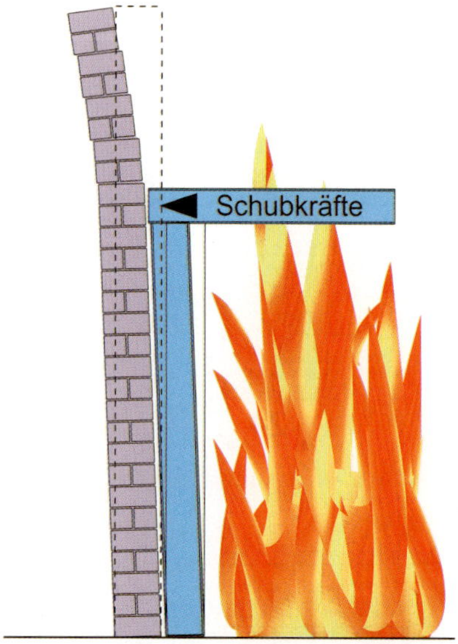

7.1-10

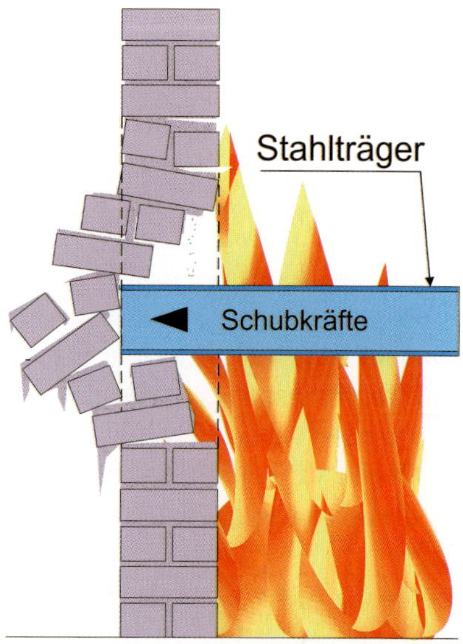

7.1-9 und 7.1-10 **Bauteile und technische Einrichtungen,** wie Stützen, anschließende Wände, Unterzüge, Binder, Kranbahnen, Rohre und Lüftungsleitungen, sind im Bereich von Brandwänden so auszuführen, dass sie im Brandfall die Standsicherheit der Brandwände nicht gefährden. Die Standsicherheit wird z.B. gefährdet durch thermische Längenänderung, Versagen und Einsturz ungeschützter Stahlstützen, -binder und Tragkonstruktionen in und vor Brandwänden.

Beispiel: Ein 10 m langer Stahlträger dehnt sich bei einer Temperaturdifferenz von 600 K um ca. 9 cm aus.

7.1-11 bis 7.1-13 Bewegungsfugen und Anschlüsse

Bewegungsfugen sind so zu verschließen, dass Bewegungen der einzelnen Bauteile möglich sind und im Brandfall ein Übergreifen von Feuer und Rauch auf den anschließenden Brandabschnitt verhindert wird.

7.1-11

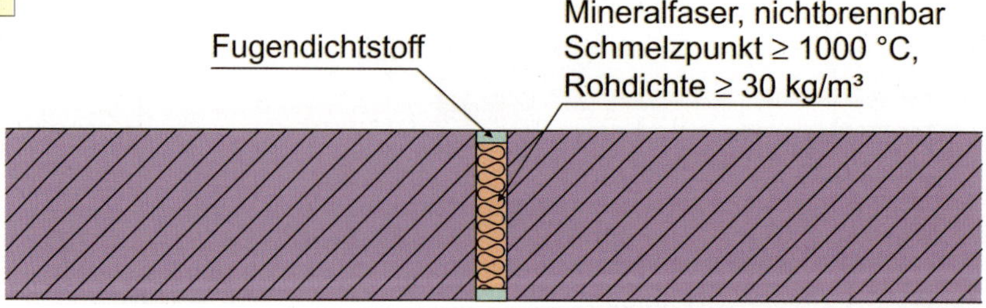

Raumabschließende Wände	Brandwände	**6.2.2-B** Seite 85

7.1-12

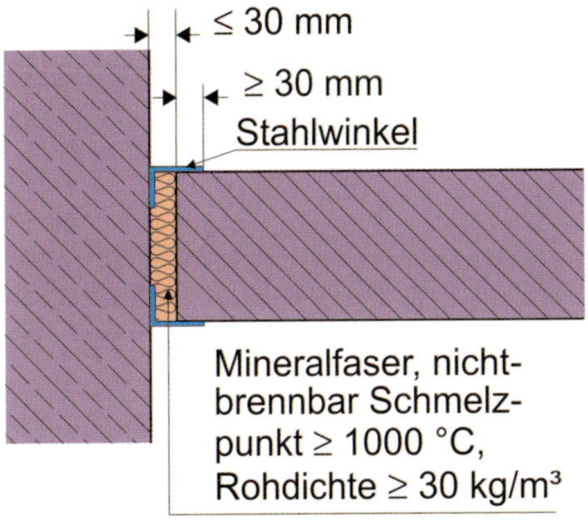

7.1-13

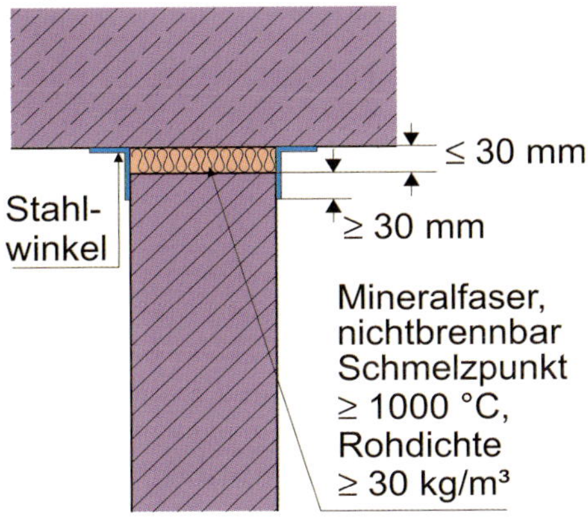

7.1-12 und 7.1-13 Anschlüsse an angrenzende Massivbauteile

Beispiele für statisch erforderliche Anschlüsse von Brandwänden aus Mauerwerk oder Stahlbeton an angrenzende Stahlbetonbauteile (weitere Angaben siehe DIN 4102-4 Abschnitt 4.8.4).

Bei Brandwänden und Komplextrennwänden mit einem Verwendbarkeitsnachweis durch eine allgemeine bauaufsichtliche Zulassung oder ein allgemeines bauaufsichtliches Prüfzeugnis sind in den jeweiligen Verwendbarkeitsnachweisen Anforderungen an Anschlüsse enthalten.

Hierzu sind die Fugen entweder als allgemein gebräuchliche und bewährte Bauart nach DIN 4102-4 in Verbindung mit DIN 4102-4/A1 und DIN 4102-22 auszuführen oder es sind Fugenkonstruktionen zu verwenden, für die die Verwendbarkeit durch ein allgemeines bauaufsichtliches Prüfzeugnis oder durch eine allgemeine bauaufsichtliche Zulassung nachgewiesen wurde (Feuerwiderstandsklasse F 90-A nach DIN 4102-2).

Bei Komplextrennwänden muss die Feuerwiderstandsklasse F 180-A nachgewiesen werden.

Bei Ausführung nach DIN 4102-4 in Verbindung mit DIN 4102-4/A1 und DIN 4102-22 muss die Dämmschicht aus mineralischen Fasern der Baustoffklasse A, Schmelzpunkt ≥ 1000 °C, Rohdichte ≥ 30 kg/m³ bestehen. Gegebenenfalls vorhandene Hohlräume müssen dicht ausgestopft werden. Fugendichtstoffe im Sinne von DIN EN 26972 auf der Außenseite der Dämmschichten beeinflussen die Feuerwiderstandsklasse und Benennung nicht. Weitere Angaben siehe DIN 4102-4, Abschnitt 4.5.2.6.

7.2 Anforderungen der Muster-Industriebaurichtlinie (M IndBauRL) und der Industrie-Feuerversicherung

Für Brandwände gelten die gleichen Anforderungen wie bei der MBO. Komplextrennwände müssen höhere Anforderungen erfüllen (siehe Punkt 10.2).

8 Öffnungen in Brandwänden

Anforderungen der Landesbauordnungen (LBOs)

> MBO 2002 § 30 (8):
>
> *Öffnungen in Brandwänden sind unzulässig. Sie sind in inneren Brandwänden nur zulässig, wenn sie auf die für die Nutzung erforderliche Zahl und Größe beschränkt sind; die Öffnungen müssen feuerbeständige, dicht- und selbstschließende Abschlüsse haben.*

Anforderungen und Erläuterungen hierzu siehe Kapitel 6.8.

9 Sichtöffnungen in Brandwänden

Anforderungen der Landesbauordnungen (LBOs)

> MBO 2002 § 30 (9):
>
> *In inneren Brandwänden sind feuerbeständige Verglasungen nur zulässig, wenn sie auf die für die Nutzung erforderliche Zahl und Größe beschränkt sind.*

Anforderungen und Erläuterungen hierzu siehe Kapitel 6.9.

10 Leitungsdurchführungen durch Brandwände

Die Sicherung von Leitungsdurchführungen durch Brandwände ist in der Leitungsanlagenrichtlinie, der Lüftungsanlagenrichtlinie und der Richtlinie über brandschutztechnische Anforderungen an Hohlraumestriche und Doppelböden geregelt (siehe Kapitel 6.10 bis 6.12 und 6.7.3).

6.2 Raumabschließende Wände

6.2.4 Trennwände von Brandbekämpfungsabschnitten nach M IndBauRL

Dipl.-Ing. (FH) Lutz Battran

Inhalt

1 Allgemeines zu den Trennwänden

2 Bauausführung der Trennwände

2.1 Allgemeines zur Bauausführung

2.2 Konstruktive Anforderungen

2.3 Dach- und Wandanschlüsse

3 Literatur

6.2.4 Trennwände von Brandbekämpfungsabschnitten nach M IndBauRL

Das Bauordnungsrecht kennt sowohl Brandabschnitte (BA) als auch Brandbekämpfungsabschnitte (BBA). Entsprechend werden in diesen Abschnitten zum Teil Trennwände mit unterschiedlichen brandschutztechnischen Anforderungen verwendet.

1 Allgemeines zu den Trennwänden

Anforderungen an Trennwände zur Begrenzung von BBA kommen zurzeit nur nach Abschnitt 7 der Muster-Industriebaurichtlinie (M IndBauRL) zur Anwendung. Der Inhalt dieses Abschnittes baut auf dem rechnerischen Verfahren nach DIN 18230-1 auf, mit dem Anforderungen an Bauteile aus der rechnerischen Brandbelastung ermittelt werden.

Wird das Verfahren ohne Brandlastermittlung nach Abschnitt 6 M IndBauRL angewendet, werden keine BBA-Trennwände eingesetzt. Vielmehr ergeben sich hier BA, die durch *echte* Brandwände voneinander getrennt werden müssen. Dasselbe gilt für Trennwände zwischen Bereichen, die nach Abschnitt 7 M IndBauRL beurteilt wurden, und Bereichen, deren Brandschutzkonzept nicht auf Abschnitt 7 M IndBauRL beruht (siehe Bild 1-1).

Hinweis: Ein wesentlicher Unterschied zwischen BA und BBA (nach M IndBauRL) liegt darin, dass sich **Brandabschnitte** (BA) auf die Grundfläche der sie begrenzenden Brandwände und Außenwände beziehen, während **Brandbekämpfungsabschnitte** (BBA) ein oder mehrgeschossige Gebäudebereiche sein können, die durch entsprechende Trennwände oder entsprechend feuerwiderstandsfähig bemessene Decken begrenzt werden können.

Die Fläche eines BBA ist somit die Summe der Grundfläche und aller damit zusammenhangenden höheren Ebenen (Ausnahmen siehe z.B. unter E.4.1 in DIN

1-1 Schematischer Schnitt durch eine Trennung mit Brandwänden

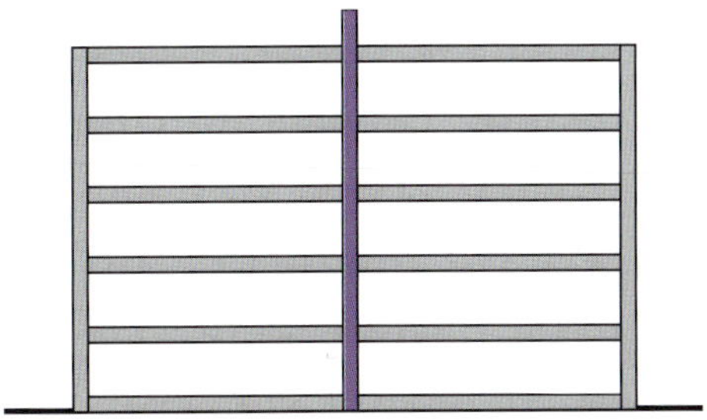

1-2 Schematischer Schnitt durch eine Trennung mit BBA-Trennwänden, in Verbindung mit feuerwiderstandsfähigen Decken

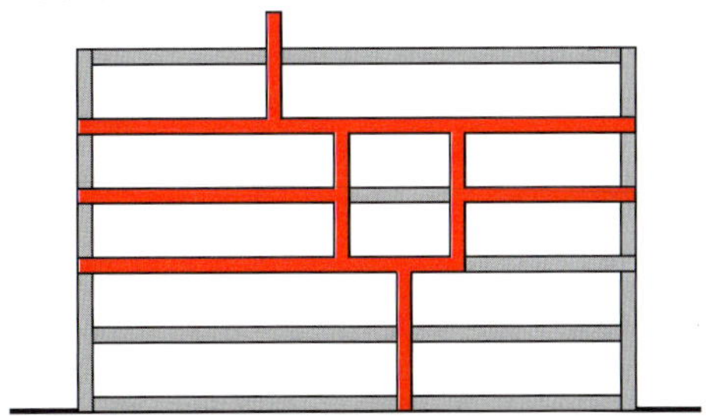

18230-1:2010-09), die durch entsprechende Wände und Decken begrenzt werden (siehe Bild 1-2).

2 Bauausführung der Trennwände

2.1 Allgemeines zur Bauausführung

Trennwände von BBA werden in der MIndBauRL in den Abschnitten 5.8 „Anschlussdetails“ und 7.6 „erforderliche Feuerwiderstandsdauer“ beschrieben.

Zu beachten ist dabei, dass die MIndBauRL ein in sich abgeschlossenes Konzept für wesentliche Anforderungen an Industriebauten beschreibt. Erleichterungen, wie sie z.B. in der Musterbauordnung (MBO) für bestimmte Gebäudeklassen beschrieben werden (*Wände anstelle von Brandwänden* oder *Erleichterungen am Dach- bzw. Wandanschluss*), sind für Brandwände oder BBA-Trennwände nach MIndBauRL nicht vorgesehen, sondern sind allenfalls über Abweichungen möglich.

2.2 Konstruktive Anforderungen

Die MIndBauRL sieht vor, dass die Feuerwiderstandsklasse der Trennwände von BBA (gegenüber der Feuerwiderstandsklasse von Brandwänden), abhängig von der *rechnerisch erforderlichen Feuerwiderstandsdauer* erf t_F“, reduziert werden kann (wobei diese mindestens der äquivalenten Branddauer $t_ä$ entsprechen muss).

Die Idee hierbei ist relativ simpel: Wird der Nachweis erbracht, dass aufgrund der aus der Nutzung resultierenden Brandlast und aufgrund der örtlichen Randbedingungen die Brandwirkung unterhalb der Randbedingungen der Einheitstemperaturzeitkurve (ETK) liegt, kann der erforderliche Feuerwiderstand des Bauteils abgemindert werden.

Hierbei wird das z.B. der Brandwand zugrunde liegende Schutzziel eines 90-minütigen Abschottungsprinzips (siehe z.B. Kapitel 6.2.2 in diesem Werk) nicht aufgegeben. Vielmehr wird unterstellt, dass ein Bauteil, das auf der Basis einer ETK-Prüfung (z.B. DIN 4102-2 oder DIN EN 1364) erfolgreich geprüft wurde, dem anzunehmenden realen Feuer bei einer geringeren Brandbelastung widersteht.

In der Praxis erfolgt diese *Umrechnung* auf der Basis der DIN 18230-1:2010-09.

Nach den dort festgelegten Berechnungen resultiert z.B. aus

- den ermittelten Brandlasten,
- der Lagerungsart,
- den Ventilationsbedingungen,
- bestimmten Gebäude- und Bauteileigenschaften und
- dem bauordnungsrechtlich festgelegten Sicherheitskonzept

eine rechnerisch erforderliche Feuerwiderstandsdauer erf t_F nach

- dem globalen Nachweis,
- dem Teilabschnittsnachweis oder
- dem Geschossnachweis.

Auf dieser Basis legt die M IndBauRL die erforderliche Feuerwiderstandsfähigkeit der einzelnen Bauteile fest. Hierbei fallen Trennwände von BBA grundsätzlich in die höchste Brandsicherheitsklasse SK_b3.

Zusätzlich ist zu beachten, dass bei überdurchschnittlicher Brandbelastung eines Teilabschnittes entlang der entsprechenden Trennwand Teilflächennachweise nach DIN 18230-1:1998-05 bzw. DIN 18230-1:2010-09 zu führen sind.

In der aktuellen DIN 18230-1 von 2010 ist hierzu in der Erläuterung E.5 Folgendes vermerkt:

„Bei Teilflächen mit lokal erhöhten Brandlasten ist die Wirkung auf die Bauteile nicht ausreichend erfasst. Daher ist durch einen gesonderten Nachweis für diese Brandlasten die Tragsicherheit, insbesondere von Bauteilen der Brandsicherheitsklasse SK_b3, sicherzustellen oder durch zusätzliche Schutzmaßnahmen (siehe 6.4.6 und 6.4.7) eine ausreichende Sicherheit zu gewährleisten. Dies gilt insbesondere für die Wände zur Trennung von Brandbekämpfungsabschnitten und für Bauteile, die Decken zur Trennung von Brandbekämpfungsabschnitten unterstützen."

Diese *besonderen Nachweise* sind mit den Methoden des Brandschutzingenieurwesens zu führen. *Schutzmaßnahmen,* wie hier erwähnt, werden in der Regel als automatische Feuerlöschanlagen oder als höherwertig brandschutztechnisch bemessene Bauteile erwartet.

Tabelle 2-1:
Feuerwiderstandsklasse nach DIN 4102 von BBA-Trennwänden sowie deren Abschlüssen (Auszug aus Tabelle 8 M IndBauRL)

Rechnerisch erforderliche Feuerwiderstandsdauer erf t_F nach DIN 18230-1 in Minuten	Feuerwiderstandsklasse nach DIN 4102 von Bauteilen, die Brandbekämpfungsabschnitte trennen oder überbrücken, und von Abschlüssen
1	2
≤ 15	F 30-A[1]) T 30 R 30, S 30 K 30, L 30, I 30
> 15 bis ≤ 30	F 30-A[1]) T 30 R 30, S 30 K 30, L 30, I 30
> 30 bis ≤ 60	F 60-A[1]) T 60 R 60, S 60 K 60, L 60, I 60
> 60[4])	F 90-A[1]) T 90 R 90, S 90 K 90, L 90, I 90

Neben der Feuerwiderstandsklasse und der Baustoffklasse A (nichtbrennbar) ist hier auch die Anmerkung in der Fußnote [1]) zu beachten:

[1]) Die Wände sind nach DIN 4102 Teil 3 Abschnitt 4.3 zu prüfen. Dabei sind die Bedingungen in den Abschnitten 4.2.1 und 4.2.4 von DIN 4102 Teil 3 einzuhalten.

2-1 Versuchsaufbau einer Stoßpendelprüfung nach DIN 4102-3

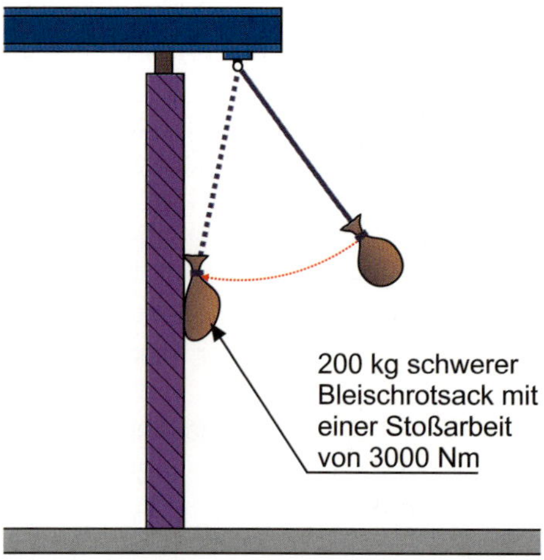

Aufgrund der Ausführungen muss festgestellt werden, dass BBA-Trennwände, mit abgeminderter Feuerwiderstandsdauer in Verbindung mit lokal erhöhten Brandlasten derzeit nicht ohne Weiteres bemessen werden können bzw. dass Teilflächennachweise nicht geeignet sind, um die Standsicherheit von Trennwänden nachzuweisen.

Weitere Hinweise zur Ermittlung der erforderlichen Feuerwiderstandsdauer von BBA-Trennwänden enthält Kapitel 9.2 in den Abschnittem 7.1 ff. in diesem Werk.

Die Feuerwiderstandsklasse nach DIN 4102 für Trennwände von BBA und deren Abschlüsse ergibt sich aus Tabelle 8 der MIndBauRL (siehe Tabelle 2-1 in diesem Kapitel).

Dies bedeutet, neben der Feuerwiderstandsklasse muss für die entsprechenden Trennwände dieselbe Stoßpendelprüfung (zusätzliche mechanische Beanspruchung) wie für eine Brandwand nachgewiesen werden. Die Prüfung sieht vor, dass gemäß DIN 4102-3 ein Prüfsack (Bleischrotsack), an einem Pendel gegen den Probekörper gestoßen wird (siehe Bild 2-1).

Zurzeit (Dezember 2011) sind Bauteile mit nachgewiesener Stoßpendelprüfung nach DIN 4102-3 jedoch nur in Kombination mit einer Feuerwiderstandsklasse von 90 Minuten erhältlich.

Deshalb erfolgt die in der MIndBauRL aufgezeigte Reduzierung der Feuerwiderstandsklasse bei den Wänden selbst (siehe auch Kapitel 6.2.2-B, Tabelle 1.3-1 in diesem Werk) nur in der Theorie.

Tatsächlich besteht derzeit in der Regel als einzige Möglichkeit, die BBA-Trennwände in der *Bauart von Brandwänden* zu erstellen. Eine Reduzierung analog der Tabelle 2-2 ist nur bei den Abschlüssen möglich.

Aussteifende Bauteile der Trennwände von BBA können im Einzelfall auf die Feuerwiderstandsdauer entsprechend der Tabelle 2-1 reduziert werden, es sei denn, die Trennwand (Bauart Brandwand) basiert auf einem Verwendbarkeitsnachweis, der das Gesamtsystem einschließlich der aussteifenden Bauteile beschreibt.

Eine Aussteifung mit Feuerwiderstandsfähigkeit ist nach der MIndBauRL nicht erforderlich, wenn aussteifende Bauteile redundant in beiden BBA vorhanden sind und die Funktionsfähigkeit der Trennwand beim Versagen der Aussteifung auf der brandbeanspruchten Seite gewährleistet ist.

Tabelle 2-2: Feuerwiderstandsklassen von BBA-Trennwänden und deren Abschlüssen (Auswahl)

Erf t_F	≤ 30 Minuten	> 30 bis ≤ 60 Minuten	> 60 Minuten
Trennwand	Bauart Brandwand (F 90(!)-A + M, EI-M 90 [nb])	Bauart Brandwand (F 90(!)-A + M, EI-M 90 [nb])	Brandwand (F 90-A + M, EI-M 90 [nb])
Verglasung	F 30*), EI 30*)	F 60*), EI 60*)	F 90*), EI 90*)
Tor	T 30, EI_2 30-C...	T 60, EI_2 60-C...	T 90, EI_2 90-C...
Rohrabschottung	R 30, EI 30-U/U bzw. EI 30-C/U	R 60, EI 60-U/U bzw. EI 60-C/U	R 90, EI 90-U/U bzw. EI 90-C/U
Kabelabschottung	S 30, EI 30	S 60, EI 60	S 90, EI 90
Brandschutz-klappe	K 30, EI 30 ($v_e h_o$ i↔o)-S	K 60, EI 60 ($v_e h_o$ i↔o)-S	K 90, EI 90 ($v_e h_o$ i↔o)-S

schwarz: Feuerwiderstandsklassen nach DIN 4102
blau: Feuerwiderstandsklassen nach DIN EN 13501

*) Brandschutzverglasungen weisen regelmäßig keinen Stoßnachweis (zusätzliche mechanische Beanspruchung) auf. Deshalb sollte die Größe der einzelnen Brandschutzverglasung, entsprechend den Vorgaben für Brandwände, 1 m^2 nicht überschreiten (siehe auch Kapitel 6.9.1-A in diesem Werk).

Dann kann eine Aussteifung z.B. über die beiden tangierenden Tragkonstruktionen erfolgen, auch wenn diese unterhalb der Feuerwiderstandsfähigkeit der Trennwand liegen. Dabei muss nachgewiesen werden, dass beim Versagen einer Tragkonstruktion

- die gegenüberliegende Tragkonstruktion die erforderliche Aussteifung übernimmt und
- die versagende Tragkonstruktion keine Auswirkungen auf die Funktionsfähigkeit der Trennwand hat.

Dies muss in beide Richtungen funktionieren und ist im Rahmen des Standsicherheitsnachweises aufzuzeigen (siehe Bild 2-2).

2-2 Eine Aussteifung der BBA-Trennwand über die tangierenden Tragkonstruktionen unterhalb des Feuerwiderstandes der Trennwand ist unter bestimmten Voraussetzungen möglich (schematische Darstellung).

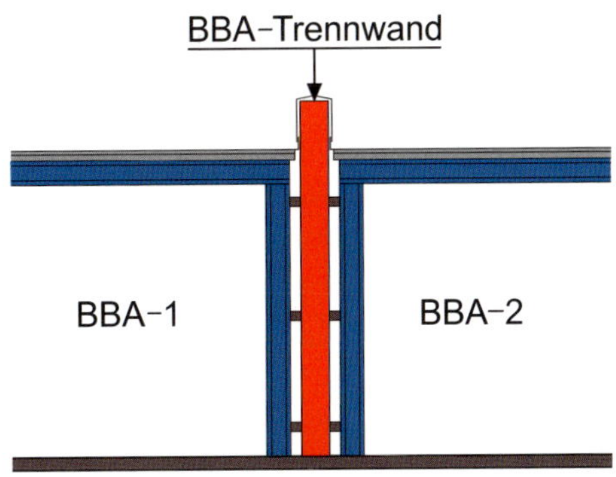

Aufgrund der beschriebenen Probleme

- hinsichtlich der Nachweise für Teilflächen mit lokal erhöhten Brandlasten und
- des praktisch **nicht** vorhandenen Angebots an feuerwiderstandsfähigen Trennwänden unterhalb 90 Minuten in Verbindung mit einer Pendelschlagprüfung nach DIN 4102-3

wird derzeit diskutiert, in der zu überarbeitenden M IndBauRL BBA-Trennwände grundsätzlich in der Bauart von Brandwänden (d.h. mit einem Feuerwiderstand von 90 Minuten) zu definieren.

2.3 Dach- und Wandanschlüsse

Die Dach- und Wandanschlüsse gestalten sich bei Industriebauten analog zu den Brandwänden und sind im Wesentlichen im Abschnitt 5.8 M IndBauRL beschrieben. Hier werden die Anforderungen ausdrücklich jeweils auch auf die Trennwände von BBA ausgedehnt, d.h., dass diese Trennwände immer 50 cm über Dach zu führen sind (siehe Bild 2-3).

Im Bereich der Außenwände muss durch geeignete Maßnahmen eine Brandübertragung auf andere BBA behindert werden.

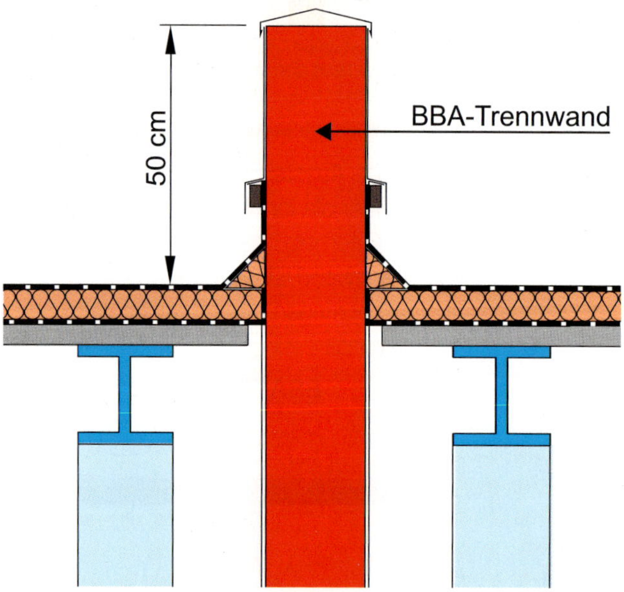

2-3 Die Trennwände von BBA sind nach M IndBauRL mindestens 50 cm über Dach zu führen. Brennbare Baustoffe dürfen nicht über sie hinweggeführt werden.

Als geeignete Maßnahmen werden aufgeführt:

- Die BBA-Trennwand steht mindestens 50 cm vor der Außenwand vor und ist einschließlich ihrer Bekleidung aus nichtbrennbaren Baustoffen ausgeführt (siehe Bild 5.8.2-1, Kapitel 9.2 in diesem Werk).
- Ein Außenwandabschnitt mit einer Breite von 1 m, der einschließlich seiner Bekleidung aus nichtbrennbaren Baustoffen besteht, wird angeordnet (siehe Bilder 5.8.2-2 bis 5.8.2-4, Kapitel 9.2).
- Brennbare Baustoffe (z.B. PU-Sandwichelemente) dürfen durchlaufend (d.h. die Trennwand überbrückend) angeordnet werden, wenn auf beiden Seiten der BBA-Trennwand jeweils eine Wand in der Feuerwiderstandsklasse der Trennwand angeordnet wird. Die beiden Wände müssen eine Länge von mindestens 1 m aufweisen (siehe Bilder 5.8.2-5 und 5.8.2-6, Kapitel 9.2).

Zur Sicherung des einspringenden Winkels muss die Trennwand mindestens 5 m über die innere Ecke hinausragen (siehe Bild 2-4 a bis c).

Dies gilt nicht, wenn die Gebäude oder Gebäudeteile in einem Winkel von mehr als 120° übereck zusammenstoßen (siehe hierzu Kapitel 9.2, Abschnitt 5.8 und Kapitel 6.2.2 in diesem Werk).

2-4 a bis c Sicherung des einspringenden Winkels

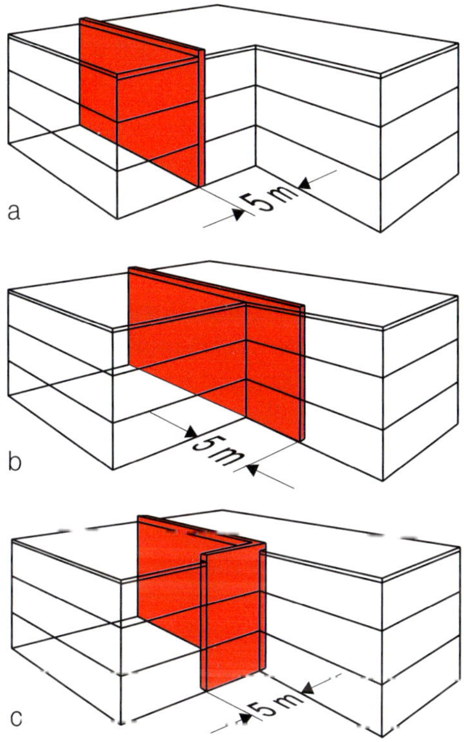

3 Literatur

- DIN 4102-2:1977-09: Brandverhalten von Baustoffen und Bauteilen – Bauteile, Begriffe, Anforderungen und Prüfungen
- DIN 4102-3:1977-09: Brandverhalten von Baustoffen und Bauteilen – Brandwände und nichttragende Außenwände, Begriffe, Anforderungen und Prüfungen
- DIN 4102-4:1994-03: Brandverhalten von Baustoffen und Bauteilen – Zusammenstellung und Anwendung klassifizierter Baustoffe, Bauteile und Sonderbauteile
- DIN 4102-4/A1:2004-11: Brandverhalten von Baustoffen und Bauteilen – Teil 4: Zusammenstellung und Anwendung klassifizierter Baustoffe, Bauteile und Sonderbauteile; Änderung A1
- DIN 4102-22:2004-11: Brandverhalten von Baustoffen und Bauteilen – Teil 22: Anwendungsnorm zu DIN 4102-4 auf der Bemessungsbasis von Teilsicherheitsbeiwerten
- DIN EN 1364:1990-10: Feuerwiderstandsprüfungen für nichttragende Bauteile – Teil 1: Wände, Teil 2: Unterdecken
- DIN EN 13501-1:2007-05: Klassifizierung von Bauprodukten und Bauarten zu ihrem Brandverhalten – Teil 1: Klassifizierung mit den Ergebnissen aus den Prüfungen zum Brandverhalten von Bauprodukten
- DIN EN 13501-2:2008-01: Klassifizierung von Bauprodukten und Bauarten zu ihrem Brandverhalten – Teil 2: Klassifizierung mit den Ergebnissen aus den Feuerwiderstandsprüfungen, mit Ausnahme von Lüftungsanlagen
- DIN EN 13501-3:2010-02: Klassifizierung von Bauprodukten und Bauarten zu ihrem Brandverhalten – Teil 3: Klassifizierung mit den Ergebnissen aus den Feuerwiderstandsprüfungen an Bauteilen von haustechnischen Anlagen: Feuerwiderstandsfähige Leitungen und Brandschutzklappen
- DIN 18230-1:1998-05 und 2010-09: Baulicher Brandschutz im Industriebau – Teil 1: Rechnerisch erforderliche Feuerwiderstandsdauer
- Musterbauordnung (MBO), Fassung 2002
- Muster-Richtlinie über den baulichen Brandschutz im Industriebau (Muster-Industriebaurichtlinie – M IndBauRL), Fassung 2000

6.3 Außenwände, Fassaden, Außenwandverkleidungen
6.3.0 Grundlagen

Dipl.-Ing. Ingolf Kotthoff, Dipl.-Ing. (FH) Josef Mayr
Dipl.-Ing. (FH) Lutz Battran

Inhalt

1 Begriffe und Definitionen
- 1.1 Außenwände
- 1.2 Außenwandarten
  - 1.2.1 Tragende Außenwände
  - 1.2.2 Nichttragende Außenwände und nichttragende Teile tragender Außenwände
  - 1.2.3 Vorhangfassaden
  - 1.2.4 Glasfassaden
  - 1.2.5 Sandwich-Paneele
- 1.3 Oberflächen, Bekleidungen, Dämmstoffe
  - 1.3.1 Vorgehängte hinterlüftete Fassaden bzw. Außenwandbekleidungen (VHF)
  - 1.3.2 Wärmedämmverbundsysteme (WDVS)
- 1.4 Brandschutztechnische Eigenschaften von Fassaden
- 1.5 Doppelfassaden
- 1.6 Besondere Fassadenbauarten

2 Mögliche thermische Beanspruchungen
- 2.1 Brand eines benachbarten Gebäudes
- 2.2 Brand außerhalb des Gebäudes, unmittelbar an der Fassade
- 2.3 Brand innerhalb des Gebäudes in einem an die Außenwand grenzenden Raum mit Öffnung

3 Brandausbreitungsgefahren

4 Der Feuerüberschlag

6.3.0	Außenwände, Fassaden, Außenwandverkleidungen	Grundlagen

5 Brandversuch: Raumbrand an der Außenwand

5.1 Zündphase

5.2 Schwelbrandphase bzw. entwickelter Brand

5.3 Vollbrandphase

5.4 Abkühlphase

6 Grundsätzliche Beanspruchung einer Fassade bei einem Wohnraumbrand

6.3.0 Grundlagen

1 Begriffe und Definitionen

1.1 Außenwände

Außenwände sind vertikale Bauteile, die das Gebäudeinnere gegenüber der äußeren Umgebung abgrenzen und so den äußeren Raumabschluss des Gebäudes bilden.

Zur Außenwand gehören lichtundurchlässige und lichtdurchlässige Bauteile.

Außenwände können tragend (Teil des Gebäudetragwerkes) oder nichttragend (am Gebäudetragwerk befestigt) sein. Sie müssen neben dem Klima- und Schallschutz auch bestimmte Mindestanforderungen an den Brandschutz erfüllen.

Abgrenzung gegenüber anderen aneinander gebauten Gebäuden

Bei aneinander gebauten Gebäuden (z.B. Doppel- oder Reihenhäusern) bilden die Außenwände nicht nur die Abgrenzung gegenüber der äußeren Umgebung, sondern auch zum anschließenden Gebäude.

Falls die Abgrenzung **an** oder **mit** einem Abstand von weniger als 2,50 m (in einigen Landesbauordnungen: *„... bis zu 2,50 m ...“)* gegenüber der Grundstücksgrenze erfolgt, werden die Außenwände zugleich zu Gebäudetrennwänden bzw. *Gebäudeabschlusswänden* – wie diese mittlerweile in den meisten Landesbauordnungen (LBOs) bezeichnet werden.

Dies bedeutet: Bei einer Grenzbebauung erhalten die Gebäude beidseitig der Grenze jeweils eine eigene Gebäudeabschlusswand (siehe Bilder 3.3-1 ff. in Kapitel 6.2.2-A in diesem Werk). Gemeinsame Wände (Kommunwände) sind im aktuellen Bauordnungsrecht nicht mehr vorgesehen.

Die Anforderungen an Gebäudeabschlusswände werden ausführlich in Kapitel 6.2.2-A unter den Punkten 2.2 und 3.3 und deren Ausführung in Kapitel 6.2.2-B in diesem Werk beschrieben.

1.2 Außenwandarten

Aus der Sicht des Brandschutzes wird zwischen tragenden und nichttragenden sowie zwischen raumabschließenden und nichtraumabschließenden Außenwänden unterschieden.

Dabei können raumabschließende Außenwände sowohl tragende als auch nichttragende Wände sein.

Raumabschließende Außenwände

Als raumabschließende Wände gelten Außenwandscheiben mit einer Breite > 1 m.

Nichtraumabschließende Außenwände

Als nichtraumabschließende Wände gelten Außenwandscheiben mit einer Breite ≤ 1 m.

1.2.1 Tragende Außenwände

Tragende Außenwände haben in erster Linie eine statische Funktion.

Weitere Hinweise zu tragenden Wänden enthält Kapitel 6.1 in diesem Werk.

Die Abgrenzung zwischen tragenden und nichttragenden Außenwänden wird in Abschnitt 6.3.2 dieses Kapitels unter Punkt 2.2 dargestellt.

1.2.2 Nichttragende Außenwände und nichttragende Teile tragender Außenwände

Nichttragende Außenwände leiten statisch allenfalls raumhohe, raumabschließende Bauteile wie Außenwandelemente, Ausfachungen usw., die auch im Brandfall nur durch ihr Eigengewicht beansprucht werden und zu keiner Aussteifung von Bauteilen dienen.

Sie können außerdem die auf ihre Fläche wirkenden Windlasten und horizontale Verkehrslasten auf tragende Bauteile, z.B. Wand- oder Deckenscheiben, ableiten.

Brandschutztechnisch können sie dennoch von großer Bedeutung sein, da sie bei bestimmten Brandszenarien den Überschlagsweg des Feuers an der Außenseite von Gebäuden vergrößern.

Anforderungen an nichttragende Außenwände werden in Abschnitt 6.3.2 dieses Kapitels unter Punkt 3 aufgeführt.

1.2.3 Vorhangfassaden

Eine Vorhangfassade ist eine von der Gebäudetragkonstruktion unabhängige nichttragende Außenwand. Bei einer vorgestellten Montage wird sie an verschiedenen Stellen an den Außenrändern der Geschossdecken und der Querwände befestigt.

Es ist auch möglich, die Vorhangfassade auf die tragende Decke einzustellen. Typische Bestandteile von Vorhangfassaden sind Paneele, Verglasungen, Fugendichtungen und Befestigungen.

1.2.4 Glasfassaden

Eine besondere Form nichttragender Außenwände bilden Glasfassaden (als Einfach- oder Doppelglasfassaden) in Elementbauweise oder als Pfosten-Riegel-Konstruktion.

Die Glasfassaden können sowohl eingestellt (aufgesetzt) als auch vorgestellt werden.

1.2.2-1 Beispiele für Einbausituationen nichttragender Außenwände (Zeichnungen nach: Ingolf Kotthoff)

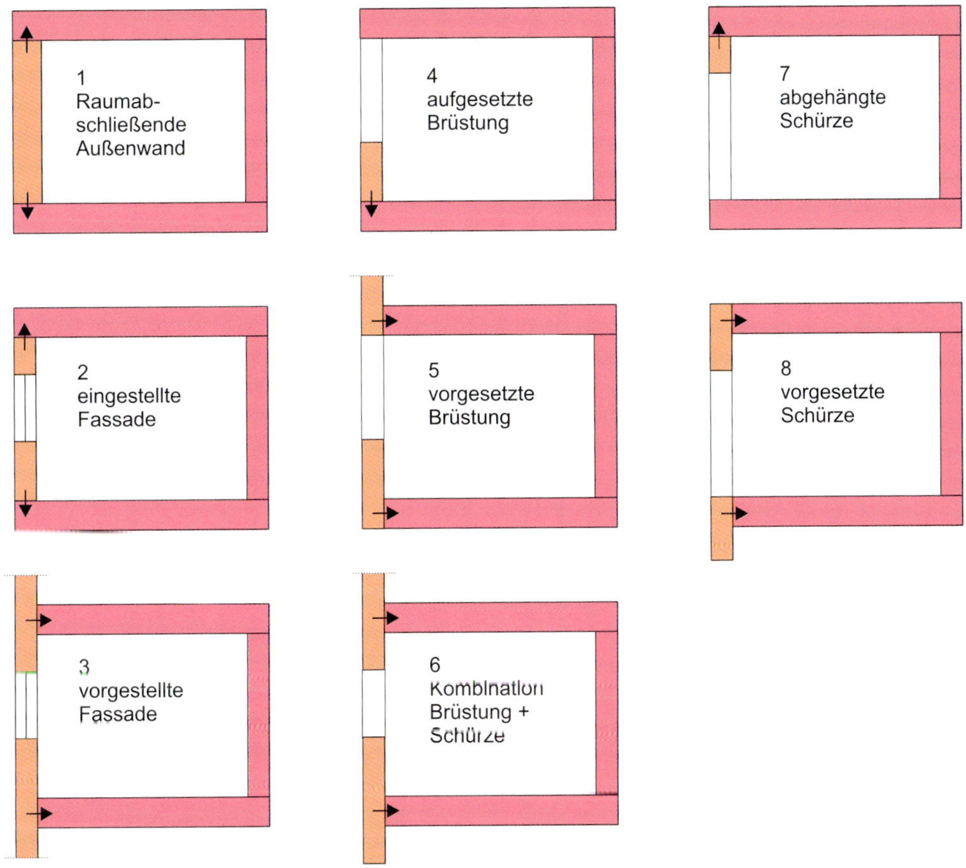

Glasfassaden in Elementbauweise bestehen aus vorgefertigten Elementen, die meist ein definiertes Raster aufweisen. Glasfassaden in Pfosten-Riegel-Konstruktion weisen ein Tragwerk aus Holz, Aluminium, Stahl oder Kunststoff auf.

Zur Ausfachung werden in der Regel Mehrscheiben-Isoliergläser (MSG) ohne Brandschutzeigenschaften sowie Paneele verwendet.

1.2.5 Sandwich-Paneele

Die bisher beschriebenen Außenwandarten sind in ihrer Anwendung im Wesentlichen Wohngebäuden und vergleichbaren Gebäuden zuzuordnen.

Im Industriebau werden häufig weitere Außenwandtypen wie Verblechungen oder Sandwich-Paneele verwendet.

Sandwich-Paneele weisen in der Regel einen dreischichtigen Aufbau auf. Dieser besteht meist aus einer wärmedämmenden Kernschicht mit einer beidseitigen flächigen und aussteifenden Beplankung. Üblich sind Sandwich-Paneele mit Kerndämmung aus PUR-Hartschaum oder Mineralfaserdämmung (je nach Brandschutzerfordernis). Die äußeren Deckschichten bestehen vorwiegend aus Stahl, in Einzelfällen auch aus Aluminium.

Typische Verblechungen bestehen ebenfalls aus drei Schichten. Aus einer innenseitigen Verblechung, die am Tragwerk (in der Regel Stahltragwerk) montiert wird, einer Wärmedämmung und der äußeren Verblechung, z.B. in Form von Trapezblechprofilen.

1.3 Oberflächen, Bekleidungen, Dämmstoffe

Die äußere Oberfläche einer Außenwand wird als Fassade bezeichnet. Auf dieser können für den erforderlichen Witterungs- und Wärmeschutz sowie auch aus ästhetisch-architektonischen Gründen zusätzliche Bekleidungen, Beschichtungen und/ oder Anstriche angeordnet werden. Die Bekleidungen, Beschichtungen und Anstriche benötigen jedoch immer ein raumabschließendes Medium (= Außenwand), auf das sie aufgebracht werden können.

An die Oberflächen, Bekleidungen und Dämmstoffe werden ab einer bestimmten Gebäudehöhe bzw. bei bestimmten Sonderbauten brandschutztechnische Mindestanforderungen gestellt, die eine Ausbreitung eines Feuers im Bereich der Außenwand sowohl in horizontaler als auch in vertikaler Richtung behindern sollen. Dabei ist zu beachten, dass auch die Unterkonstruktion in diese Mindestanforderungen mit einbezogen ist.

Oberfläche

Darunter wird entweder die unmittelbare Oberfläche der Außenwand verstanden (Sichtbeton, Klinker) oder es sind nachträglich aufgebrachte Beschichtungen und/ oder Anstriche (Putze, Farben) gemeint.

Außenwandbekleidung

Die Außenwandbekleidung ist die Bekleidung der Oberfläche der tragenden bzw. nichttragenden Außenwand zur Wärmedämmung und zum Wetterschutz. Grundsätzlich können folgende Bekleidungsarten unterschieden werden:

- vorgehängte hinterlüftete Fassaden (VHF)
- nicht hinterlüftete Wärmedämmverbundsysteme (WDVS).

1.3.1 Vorgehängte hinterlüftete Fassaden bzw. Außenwandbekleidungen (VHF)

Eine vorgehängte hinterlüftete Außenwandbekleidung bildet eine Wetterschutzschale, die über eine tragende Unterkonstruktion kraftschlüssig auf einer raumabschließenden Wand (Außenwand) montiert wird. Dabei handelt es sich in der Regel um Fassadensysteme, die aus folgenden Komponenten bestehen (nach DIN 18516-1):

- Bekleidung mit offenen, geschlossenen oder überlappten Fugen bzw. Stößen,

- Unterkonstruktion (soweit erforderlich) bestehend aus Trag- und gegebenenfalls Wandprofilen aus Metall, z.B. Konsolen, eventuell mit Gleit- und Festpunkten, alternativ aus Holzlatten (Traglatten) oder Schalungen, z.B. aus Holzwerkstoffplatten mit oder ohne Konterlatten (Grundlatten),
- Verbindungen, Befestigungen, Verankerungen,
- Ergänzungsteile, z.B. Anschlussprofile für Gebäudeecken, Gebäudesockel, Leibungen, Attiken und Ähnliches,
- Lüftungsschienen,
- Vorrichtungen zum Anbringen von Gerüsten, Dichtungsbänder,
- gegebenenfalls Wärmedämmung, Dämmstoffhalter.

1.3.2 Wärmedämmverbundsysteme (WDVS)

Wärmedämmverbundsysteme bestehen aus einem vorgefertigten Wärmedämmstoff, der auf eine Wand geklebt oder mithilfe von Dübeln, Profilen, Spezialteilen usw. mechanisch befestigt wird, oder aus einer Kombination von Kleber und mechanischen Befestigungen.

Der Wärmedämmstoff wird mit einem Putz versehen, der aus einer oder mehreren (auf der Baustelle aufgebrachten) Schichten besteht, von denen eine Schicht eine Bewehrung enthält. Der Putz wird direkt auf die Dämmplatten ohne Luftzwischenraum oder Trennschicht aufgebracht.

1.4 Brandschutztechnische Eigenschaften von Fassaden

In Abhängigkeit von den jeweiligen Anforderungen an Außenwände und Fassaden ist es möglich, sowohl tragende als auch nichttragende Außenwände und deren Bekleidungen brandschutztechnisch zu ertüchtigen. Eine Ertüchtigung kann z.B. erfolgen durch

- Verwendung geeigneter Baustoffe,
- eine entsprechende Ausbildung,
- architektonische Maßnahmen und
- Maßnahmen des apparativen Brandschutzes (Brandschutzvorhänge, Löschanlagen).

Beispiel 1

Eine bauliche Möglichkeit, den Brandüberschlag über Lichtöffnungen in der Fassade in die darüber liegenden Geschosse zu verhindern, besteht z.B. in der Anordnung von Brandschutzverglasungen oder Feuerschutzvorhängen.

Beispiel 2

Als technische Möglichkeit zur Verhinderung eines Brandüberschlags bieten sich Sprinkleranlagen an, die entweder als Brandschutzmaßnahme für das gesamte Gebäude dienen (Gebäudeschutz durch Vollsprinklerung) oder aber auch als spezielle Anlagen für den Schutz gegen einen Brandüberschlag im Bereich der Fassade ausgebildet werden können.

Besteht das Schutzziel darin, eine Brandweiterleitung zu brennbaren Fassaden anderer Gebäude zu verhindern (z.B. im Bestand bei Holzfassaden), so kann dies ebenfalls mit Sprinkleranlagen bzw. Berieselungsanlagen erreicht werden.

1.5 Doppelfassaden

Unter einer Doppelfassade (Twin-face) versteht man eine Bauweise, bei der vor der raumabschließenden Wand aus klimatechnischen Gründen mit einem Luftzwischenraum eine weitere Fassadenebene angeordnet wird, die in der Regel aus lichtdurchlässigen Elementen wie Glas besteht. Dadurch entsteht zwischen Innen- und Außenfassade ein Zwischenraum, der von Luft durchströmt wird.

Typische Beispiele sind Glasfassaden (zwei nichttragende Außenwände) sowie vorgesetzte Glasschalen vor raumabschließenden, nichtlichtdurchlässigen Wänden.

Bei derartigen Doppelfassaden besteht durch eine mögliche Verrauchung des Fassadenzwischenraums und der Gefahr eines Feuerüberschlags in darüber liegende Geschosse eine besondere Risikosituation, die in der Regel ein individuelles Brandschutzkonzept erforderlich macht.

1.6 Besondere Fassadenbauarten

Zu den besonderen Fassadenbauarten gehören z.B. Textilien (Zelte), Folien (Außenwände, Fassaden, Membranen) und Begrünungen als Fassadenbekleidungen.

Das Thema Folienfassade ist derzeit durch das in München geplante neue Fußballstadion, das eine derartige Fassade erhalten soll, besonders aktuell. Da für derartige Folienfassaden noch relativ wenige Erfahrungen vorliegen, gilt auch hier das Vorgesagte, dass die besondere Risikosituation in der Regel ein individuelles Brandschutzkonzept erforderlich macht.

Im Fall des Fußballstadions müssen dabei nicht nur die brandschutztechnischen Eigenschaften der Folien selbst, sondern auch die besonderen Umgebungsbedingungen berücksichtigt werden (z.B. wie sich die Folienfassade bei einer Beanspruchung durch Feuerwerksartikel verhält).

2 Mögliche thermische Beanspruchungen

Die Ausbreitung eines Brandes an der Gebäudeaußenwand wird wesentlich durch die Art und Intensität sowie den Ort des Entstehungsbrandes beeinflusst. Die Oberfläche einer Gebäudeaußenwand (Fassade) kann durch folgende Brandszenarien thermisch beansprucht werden:

- Brand eines benachbarten Gebäudes,
- Brand außerhalb des Gebäudes, unmittelbar an der Fassade,
- Brand innerhalb des Gebäudes in einem an die Außenwand grenzenden Raum mit Öffnung.

2.1 Brand eines benachbarten Gebäudes

Bei dem Brand eines benachbarten Gebäudes wird die Oberfläche der Außenwand im Wesentlichen durch Wärmestrahlung beansprucht. Die Intensität der auftreffenden Wärmestrahlung ist abhängig vom Entwicklungsstadium des Brandes, der Größe der

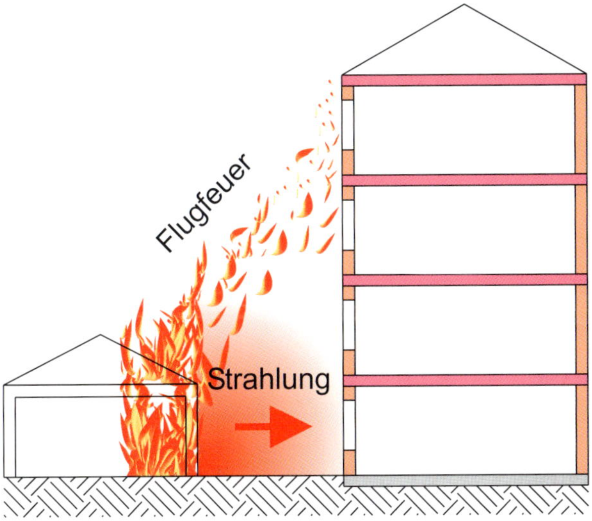

2.1-1 Beispiel für die Brandbeanspruchung einer Fassade durch den Brand eines benachbarten Gebäudes. Die Fassadenoberfläche wird bei diesem Brandszenario durch Wärmestrahlung und eventuell auch Flugfeuer beansprucht.

2.1-2

2.1-3

2.1-2 und 2.1-3 Beispiel für die Brandbeanspruchung einer Fassade durch den Brand eines benachbarten Gebäudes.

Das Gebäude eines Holz verarbeitenden Betriebs wurde durch einen Brand vollständig zerstört (auf Bild 2.1-2 links bzw. Bild 2.1-3 im Vordergrund zu sehen).

Die Fassade eines benachbarten Gebäudes (auf Bild 2.1-2 rechts bzw. Bild 2.1-3 im Hintergrund zu sehen) war größtenteils mit Holz bekleidet. Das Gebäude wies zwar einen Abstand von ca. 10 m zum brennenden Gebäude auf. Die Strahlungshitze war jedoch so stark, dass die Holzfassade des Nachbargebäudes ebenfalls zu brennen anfing und die Fensterscheiben zerstört wurden. Damit konnte sich das Schadenfeuer auch auf Nachbargebäude ausbreiten.

strahlenden Fläche, dem Abstand des Nachbargebäudes und der Stellung der Gebäude zueinander (Winkel). Unter ungünstigen Voraussetzungen ist auch eine kurzzeitige thermische Beaufschlagung der Fassadenoberfläche durch sogenanntes „Flugfeuer“ lokal möglich.

2.2 Brand außerhalb des Gebäudes, unmittelbar an der Fassade

Bei einem Brand unmittelbar vor dem Gebäude oder auf einem Balkon werden die Außenwandoberfläche und der Fassadensockel thermisch beansprucht. Je nach Lage und Größe des Brandes können auch die Öffnungsanschlüsse von Fenstern, Fensterrahmen, Fensterstürzen und Hinterlüftungsöffnungen (bei hinterlüfteten Fassaden) von den Flammen erreicht werden. Die Brandentwicklung ist ausschließlich abhängig von Art und Menge der vorhandenen Brandlast, da der für die Verbrennung benötigte Sauerstoff immer ausreichend zur Verfügung steht. Die Intensität des Brandes kann von einem kleinen Entstehungsbrand bis zum vollentwickelten Brand reichen.

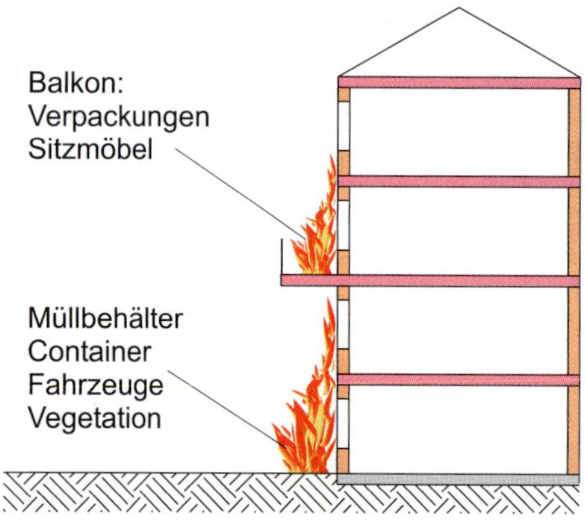

2.2-1 Beispiel für Brandbeanspruchung der Fassade durch einen Brand unmittelbar vor dem Gebäude oder auf einem Balkon. Die Fassadenoberfläche und der Außenwandsockel werden bei diesem Brandszenario unmittelbar thermisch beansprucht.

Brandorte sind z.B. der Geländeanschluss des Gebäudes und eventuell auch Balkone und Terrassen. Typische Brandquellen am Gebäudefuß stellen zum Beispiel Müllcontainer, abgestellte Fahrzeuge, Verpackungsmaterialien und auch die Vegetation dar. Als Brandquellen auf Balkonen und Terrassen kommen z.B. Sitzmöbel, Verpackungsmaterialien oder Grillgeräte in Betracht, wobei in der Regel nur die Fassadenoberfläche thermisch beansprucht wird.

2.3 Brand innerhalb des Gebäudes in einem an die Außenwand grenzenden Raum mit Öffnung

Bei einem Brand eines an die Außenwand grenzenden Raums werden die Fassadenöffnungen (Fenster), die Öffnungsanschlüsse (Rahmen), die Fensterstürze, die Hinterlüftungsöffnungen (bei hinterlüfteten Fassaden) und die Oberfläche der Außenwand thermisch beansprucht. Aus realen Schadenfeuern ist bekannt, dass ein Brand aus einem geöffneten oder zerstörten Fenster für eine Fassade am kritischsten ist.

Die Intensität der Beanspruchung richtet sich nach dem jeweiligen Brandszenario, das wie folgt aussehen kann:

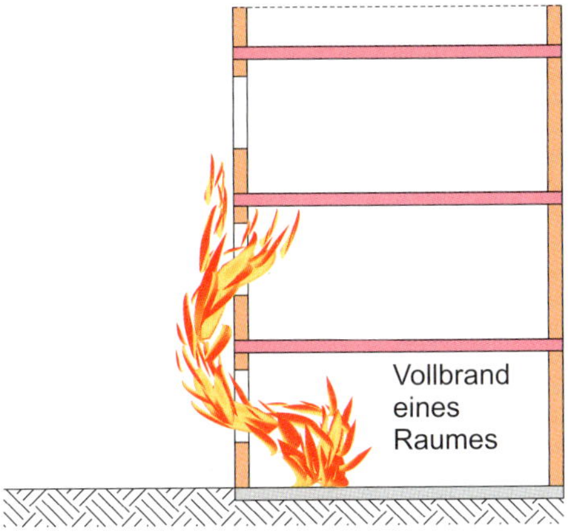

2.3-1 Beispiel für Brandbeanspruchung der Fassade durch einen Brand innerhalb des Gebäudes. Die Fassadenöffnungen (Fenster), die Öffnungsanschlüsse (Rahmen), die Fensterstürze, die Hinterlüftungsöffnungen (bei hinterlüfteten Fassaden) und die Oberfläche der Außenwand werden bei diesem Brandszenario unmittelbar thermisch beansprucht.

2.3-2 Wohnraumbrand 1994 in Kopenhagen. Die Flammenlängen betrugen ca. 4 bis 5 m. Es fand ein Feuerüberschlag ins nächste Geschoss und in das Dach statt.

In dem Raum kommt es zu einem Entstehungsbrand, der sich in Abhängigkeit von der vorhandenen Brandlast und den Ventilationsbedingungen entwickelt. Bei geschlossenen Raumöffnungen (Fenster bzw. Türen geschlossen) kann sich der Brand zunächst wegen des unzureichenden Sauerstoffangebotes nicht ohne weiteres zum Vollbrand entwickeln. Er kann unter bestimmten Voraussetzungen sogar zum Erliegen kommen oder er geht in eine Schwelbrandphase über.

Falls jedoch ausreichend Sauerstoff vorhanden ist (entweder von Anfang an, wenn z.B. ein Fenster oder eine Balkontür von Beginn des Brandes an offen steht, oder während der Schwelbrandphase, wenn das Fenster oder die Balkontür durch den Brand zerstört wird), geht der Brand im Raum durch den „Flashover" schlagartig in einen Vollbrand über. In diesem Fall schlagen die Flammen aus den Öffnungen heraus und beanspruchen die Öffnungsanschlüsse, Stürze, die eventuell vorhandenen Hinterlüftungsöffnungen bei hinterlüfteten Fassaden und beaufschlagen schließlich die Oberfläche der Außenwand.

3 Brandausbreitungsgefahren

Vorrangige Aufgabe der Außenwand bzw. Fassade ist es natürlich, das Gebäude gegen Witterungseinflüsse und Schall zu schützen. Zu diesem Zweck müssen diese Bauteile zahlreiche bauphysikalische Anforderungen erfüllen und sollen zudem noch ausreichend lange mängel- und schadenfrei funktionieren. Allein schon aus diesen Gründen bedürfen Außenwände und Fassaden einer sorgfältigen Planung und Ausführung.

Bei einem eventuellen Brand treten nun noch zusätzliche extreme Beanspruchungen auf, die zu einer Brandausbreitung bzw. Brandweiterleitung in angrenzende Bereiche bzw. Gebäude führen können. Unter ungünstigen Umständen können bei entsprechenden brandschutztechnischen Mängeln hierdurch auch Großschäden bzw. Totalschäden entstehen.

Aus den vorbeschriebenen Brandszenarien ergeben sich folgende Brandausbreitungsgefahren.

Brandausbreitungsgefahren bei nichtbrennbaren Außenwänden bzw. nichtbrennbaren Außenwandbekleidungssystemen

- Vertikaler Feuerüberschlag von Gebäudeöffnung zu Gebäudeöffnung in darüber liegende Geschosse
- Horizontaler und diagonaler Feuerüberschlag von Gebäudeöffnung zu Gebäudeöffnung im Bereich von Innenecken in seitlich benachbarte Räume
- Flammenweiterleitung im Hinterlüftungsspalt eines vorgehängten Fassadenbekleidungssystems bzw. einer Doppelfassade bis zur nächsten Gebäudeöffnung
- Bei Brand eines benachbarten Gebäudes: Entflammung von Fensterrahmen bzw. Einrichtungsgegenständen hinter Öffnungen in der Außenwand durch Strahlung bzw. Flugfeuer
- Durchbrennen bzw. Versagen der Anschlussfugen zwischen Außenwand und Decke bei vorgehängten nichttragenden Außenwänden (Vorhangfassaden)

Brandausbreitungsgefahren bei brennbaren Wandoberflächen bzw. brennbaren Außenwandbekleidungssystemen

- Entzündung der brennbaren Oberfläche der Außenwand oder des Bekleidungssystems und Brandausbreitung in oberhalb des Brandherdes liegende Geschosse bzw. in angrenzende Räume und Bereiche der gleichen Etage, d.h. sowohl vertikal nach oben als auch horizontal zur Seite
- Brandweiterleitung durch Brennen im Inneren eines Fassadenbekleidungssystems, z.B. der brennbaren Unterkonstruktion oder des Dämmstoffes
- Brandweiterleitung in Geschosse unterhalb der Brandetage durch brennendes Abtropfen bzw. Abfallen von Teilen der Fassadenbekleidung bzw. der Außenwandbeschichtung

Diesen Brandausbreitungsgefahren soll durch entsprechende bauaufsichtliche Anforderungen an die Außenwände und Oberflächen der Außenwände begegnet werden.

Leider sind die bauaufsichtlichen Anforderungen teilweise nicht geeignet, bestimmte Brandausbreitungsmechanismen zu verhindern. Ein Beispiel hierfür ist der vertikale Feuerüberschlag, siehe den nachfolgenden Punkt.

4 Der Feuerüberschlag

Der Gefahr eines Feuerüberschlages von Geschoss zu Geschoss steht der Wunsch gegenüber, Licht, Luft und Sonne in das Gebäudeinnere hereinzulassen. Der Gesetzgeber räumt diesem Wunsch bei Wohngebäuden und vergleichbaren Gebäuden Vorrang ein. Aus diesem Grund sind in den meisten Landesbauordnungen keine konkreten Anforderungen zur Abwendung der Gefahr eines Feuerüberschlages von Geschoss zu Geschoss enthalten.

Aber auch die Anforderungen, die in einigen Sondervorschriften, z.B. den Hochhausrichtlinien oder den Industriebaurichtlinien, bestehen, sind teilweise nicht geeignet, einen vertikalen Feuerüberschlag zu verhindern. So ist z.B. nach der Muster-Hochhausrichtlinie die Sicherung des Feuerüberschlags nach oben durch Anordnung einer 1 m hohen feuerbeständigen Brüstung möglich; eine Maßnahme, die in der Regel nicht ausreicht, einen Feuerüberschlag zu verhindern.

Grundsätzlich geht der Gesetzgeber offensichtlich davon aus, dass mit den vorgeschriebenen Maßnahmen ein Feuerüberschlag zumindest so behindert bzw. verzögert wird, dass die Feuerwehr eingreifen kann und es ihr dann durch Brandbekämpfungsmaßnahmen möglich ist, eine weitere Brandausbreitung durch Feuerüberschlag in die darüber liegenden Geschosse zu verhindern.

Eine wesentliche Voraussetzung dafür, dass dieses Konzept funktioniert, besteht jedoch darin, dass es sich um Wohngebäude bzw. mit Wohngebäuden vergleichbare Gebäude handelt, die durch Wohnungen und Nutzungseinheiten vergleichbarer Größe in entsprechende Schotten aufgeteilt sind.

Bei anderen Gebäuden, die ungünstigere Voraussetzungen aufweisen wie größere, brandschutztechnisch nicht abgetrennte Nutzungseinheiten, größere zusammenhängende Brandlasten und/oder größere Öffnungen in den Außenwänden, besteht eine ungünstigere Situation, so dass hier gemäß dem jeweiligen Brandschutzkonzept besondere Maßnahmen zur Verhinderung eines Brandüberschlags erforderlich sein können.

Typisches Brandszenario eines Feuerüberschlags bei einer nichtbrennbaren, tragenden Außenwand

Eine Brandübertragung von der Brandetage in das darüber befindliche Geschoss kann auch bei vollständig nichtbrennbaren Außenwänden bzw. Fassadenbekleidungen stattfinden, wenn Fensteröffnungen vorhanden sind, da der Feuerüberschlagsweg, d.h. die Entfernung bis zur nächsten Fensteröffnung, in der Regel nur von 1 bis 1,5 m variiert.

Der Brandüberschlag vollzieht sich in folgenden Schritten:

1. Beginn des Brandes.
2. Flammen treten aus der Fensteröffnung des Brandentstehungsraums aus und schlagen nach oben.
3. Die Fensterscheiben im oberhalb der Flammenaustrittsöffnung liegenden Raum werden durch thermische Einwirkung zerstört.
4. Gegenstände, die sich in der Nähe der Fensteröffnung befinden (Vorhänge, Gardinen usw.), werden entzündet.
5. Brennbare Gegenstände im oberen Raumdrittel werden entzündet.
6. Herabfallende brennende Teile entzünden brennbare Gegenstände im unteren Raumdrittel.
7. Der Brand geht auch in diesem Raum in den Vollbrand über.
8. Flammen treten aus der Fensteröffnung aus und der in Punkt 1 bis 5 beschriebene Vorgang wiederholt sich.

Dieser Prozess setzt sich ohne rechtzeitiges Eingreifen der Löschkräfte der Feuerwehr ungehindert nach oben fort („leap frogging“) und kann zusätzlich beschleunigt werden, wenn das Fenster im über dem Brandraum liegenden Geschoss geöffnet ist.

5 Brandversuch: Raumbrand an der Außenwand

Nachfolgend wird ein Modellbrandversuch beschrieben, der möglichst wirklichkeitsnah mit originaler Möblierung durchgeführt wurde (siehe Bild 5.1-1).

Der Brand in einem an die Fassade angrenzenden Raum entwickelt sich in Abhängigkeit von Art und Anordnung der im Raum befindlichen brennbaren Materialien, der „Brandlast“, sowie den Ventilationsbedingungen in der Regel in vier typischen Phasen.

5.1 Zündphase

Siehe Bilder 5.1-1 bis 5.1-3. Die Couch in der linken hinteren Raumecke wird mithilfe von 200 ml Brandbeschleuniger und einer offenen Flamme entzündet. Die Couch fängt großflächig zu brennen an.

Dieser Entstehungsbrand ist brandlastgesteuert, d.h., für den Abbrand steht im Raum selbst – unabhängig von zusätzlich geöffneten Flächen (Fenster) – ausreichend Sauerstoff zur Verfügung. Die Temperaturen unterhalb der Raumdecke liegen deutlich unter 200 °C.

5.2 Schwelbrandphase bzw. entwickelter Brand

Siehe Bilder 5.2-1 und 5.2-2. Zunächst steigt die Temperatur im Raum nur gering an. Gegenstände, die unmittelbar angrenzen, werden thermisch aufbereitet und beginnen, sich zu zersetzen. Der Brand breitet sich langsam aus.

Mit dem Übergang zum entwickelten Brand wird der Brand zunehmend ventilationsgesteuert und kann sich in Abhängigkeit von der vorhandenen Frischluftzufuhr entweder zum Schwelbrand (Raum geschlossen) oder weiter zum Vollbrand (Raum verfügt über ausreichende Öffnungen mit Frischluftnachschub) entwickeln.

5.1-1

5.1-1 Versuchsraum mit der Verteilung der Brandlast im Raum.

5.1-2

5.1-2 Versuchsbeginn: Zündung der Couch links hinten im Brandraum.

5.1-3

5.1-3 8. Prüfminute: Der Entstehungsbrand breitet sich langsam aus.

6.3.0 Seite 14	Außenwände, Fassaden, Außenwandverkleidungen	Grundlagen

5.2-1 10. Prüfminute: Der Brand dehnt sich aus. Benachbarte Möbel entflammen.

5.2-2 12. Prüfminute: Entwickelter Brand. Flammen breiten sich unter der Decke aus. Die Halterung der Lampe aus Kunststoff wird weich und fällt ab.

Steht im Brandraum (z.B. durch ein offenes Fenster) ausreichend Sauerstoff zur Verfügung, breitet sich der Brand bei Vorhandensein brennbarer Materialien weiter aus.

Bei einer Brandfläche von ca. 1 m² erreicht die Energieabgabe bis zu 1,0 MW. Erste Flammen berühren direkt oberhalb der Brandausbruchstelle die Decke. Im Raum entsteht eine Gasschichtung. Aus der Außenwandöffnung beginnen im oberen Drittel auch Brandgase abzuströmen.

Die Temperatur der ausströmenden Brandgase beträgt ca. 200 bis 300 °C und ist damit für die Entflammung einer brennbaren Fassade noch zu gering. Fensternahe Fassadenbereiche werden jedoch bereits vorgewärmt.

Beim Fehlen von Raumöffnungen, durch die Frischluft nachströmen kann, würde sich ein extrem unterventilierter Brand unter Abgabe beträchtlicher Mengen von Kohlenmonoxid entwickeln. Nach der im Europäischen Grundlagendokument

5.3-1 12. Prüfminute: Flächige Ausbreitung des Brandes im Raum. Selbstständige Zündung von Gegenständen, die vom Feuer weiter entfernt sind. Die Brandentwicklung ist soweit fortgeschritten, dass sich die Situation unmittelbar vor der Durchzündung befindet.

5.3-2 Flammenaustritt auf die Fassade nach der Durchzündung (dem „Flashover").

5.3-3 Seitenansicht des Flammenaustritts.

„Brandschutz" vereinbarten Schwelbrandkurve (bzw. nach DIN 4102-11) erreichen die Temperaturen unter der Raumdecke nach zehn Minuten 274 °C und nach 20 Minuten 326 °C. Zur Erreichung einer weiteren Temperatursteigerung ist eine zusätzliche Sauerstoffzufuhr notwendig. Ohne diese würde der Brand nach einer bestimmten Zeit selbstständig zum Erliegen kommen.

5.3 Vollbrandphase

Siehe Bilder 5.3-1 bis 5.3-3 (Seite 15). Da genügend Brandgut und ausreichend Sauerstoffangebot vorhanden sind, kann sich die Brandfläche im Raum rasch weiter ausbreiten. Die Flammen strömen unter der Raumdecke zur Frischluftöffnung (Fenster). Die Temperaturen der Heißgasschicht erreichen dabei Werte zwischen 400 und 500 °C.

Bedingt durch die hohe Wärmestrahlung dieser Schicht kommt es zur pyrolytischen Zersetzung der brennbaren Oberflächen im Raum. Zündfähige Gase treten aus und steigen zur Decke. Unmittelbar danach kommt es zur Durchzündung, dem so genannten „Flashover“. Dies ist eine Art Gasexplosion. Die Raumtemperaturen erreichen dabei sprunghaft Werte von über 700 °C.

Der Druck im Brandraum steigt auf mehr als 20 Pa und der Sauerstoffgehalt im Raum sinkt drastisch, während der Kohlenmonoxidgehalt ansteigt. Bedingt durch den Überdruck treten jetzt Rauchgase, gemischt mit noch unverbrannten Pyrolysegasen (infolge des Sauerstoffmangels im Brandraum) aus der Außenwandöffnung aus. Nachdem die austretenden Rauchgase die Frischluft erreichen und mit dieser durchmischt werden, fackeln sie unmittelbar oberhalb der Flammenaustrittsöffnung in der Art eines „Gasbrenners“ ab.

Die Dauer dieser Vollbrandphase, in der Temperaturen von über 1000 °C auftreten, ist abhängig von der Brandlastmenge und den Ventilationsbedingungen.

Ohne einen „Flashover“ im Raum würde es (auch bei lokalen Bränden in Fensternähe) nicht zu einem dauerhaften Flammenaustritt aus dem Fenster mit Beanspruchung der Fassade kommen.

5.4 Abkühlphase

Nach Überschreiten eines Temperaturmaximums kommt der Brand langsam zum Erliegen, nachdem alle brennbaren Gegenstände aus dem Raum verbrannt sind.

6 Grundsätzliche Beanspruchung einer Fassade bei einem Wohnraumbrand

Die nachfolgenden Aussagen werden auf Grundlage der Erfahrungen von mehr als sechs Serien mit über 85 Raumbränden in der MFPA Leipzig e.V. getroffen. Sie gelten für den Brand eines zeitgemäß möblierten Wohnraums (Brandlast zwischen 500 und 600 MJ/m²) mit einer Grundfläche von ca. 20 m², einer Raumhöhe von 2,6 m und einer Fensteröffnungsfläche von ca. 2 m².

Zeitpunkt des „Flashover“

- zwischen der 7. und 15. Minute

Energieabgabe im Brandraum

- zwischen 5 und 8 MW (Bestimmung über Masseverlust)

Dauer des Flammenaustritts

- 15 bis 25 Minuten

Sichtbare Flammen (T ≈ 540 °C) oberhalb des Fenstersturzes

- Länge: – durchschnittlich 3,0 bis 4,5 m
  – maximal 6,5 m

- Dicke: ca. 1 m

Sekundärbrand vor der Fassade oberhalb des Sturzes

- nach Schätzung zwischen 2 und 3 MW

Temperaturen unterhalb des Fenstersturzes

- über einen Zeitraum von 30 Minuten mindestens der ETK nach DIN 4102-2 entsprechend, nach dem „Flashover" deutlich darüber
- gleich oder höher als die Temperaturen unterhalb der Decke des Brandraumes
- über 15 bis 20 Minuten zwischen 700 und 900 °C

Wärmestromdichte in verschiedenen Höhen vor der Fassade

- 60 bis 100 kW/m² in 0,5 m Höhe oberhalb der Flammenaustrittsöffnung
- 70 bis 100 kW/m² in 1,0 m Höhe oberhalb der Flammenaustrittsöffnung
- 40 bis 50 kW/m² in 1,5 m Höhe oberhalb der Flammenaustrittsöffnung
- 10 bis 20 kW/m² in 3,0 m Höhe oberhalb der Flammenaustrittsöffnung

Durchschnittliche Temperaturen in verschiedenen Höhen mittig oberhalb der Flammenaustrittsöffnung

- 0,5 m oberhalb des Sturzes 700 bis 800 °C
- 1,0 m oberhalb des Sturzes 650 bis 750 °C
- 2,0 m oberhalb des Sturzes 400 bis 600 °C
- 3,0 m oberhalb des Sturzes 350 bis 400 °C
- 4,0 m oberhalb des Sturzes 200 bis 300 °C

6.1 Maximale Temperaturverteilung vor der Fassade (Bemaßung in Meter).

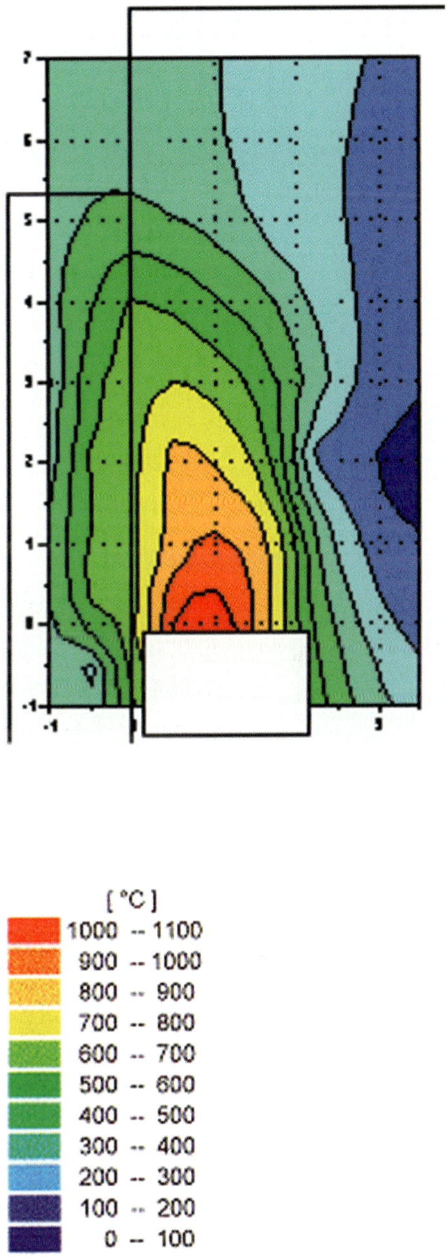

6.3.0 Seite 18	Außenwände, Fassaden, Außenwandverkleidungen	Grundlagen

Die Verteilung der Heißgasströme vor der Außenwand wird in Form und Höhe entscheidend durch die Geometrie der Fensteröffnung, die Sturzhöhe und das Raumvolumen beeinflusst. Bei gleicher Geometrie der Räume und ähnlicher Brandlast gilt allgemein:

Fenster mit größerer Breite als Höhe (siehe Bild 6.2)

Diese Fenster bewirken eine flächigere Verteilung der Heißgase vor der Fassade. Die Flammenhöhen reduzieren sich.

Infolge des geringeren Überdrucks (5 bis 8 Pa) im Brandraum ist die Austrittsgeschwindigkeit der Heißgase relativ gering. Der Heißgasstrom steigt durch den direkt vor der Fassadenoberfläche herrschenden Unterdruck in unmittelbarer Nähe der Fassade auf. Unmittelbar vor der Oberfläche werden die höchsten Temperaturen und Gasgeschwindigkeiten ermittelt.

6.2 und 6.3 **Typische Flammenverteilungen in Abhängigkeit der Fenstergeometrie.**

Bild 6.2 zeigt einen Brandversuch, bei dem das Fenster breiter als hoch ist. Auf Bild 6.3 wird ein Brandversuch dargestellt, bei dem das Fenster höher als breit ist.

6.2

6.3

Fenster mit größerer Höhe als Breite (siehe Bild 6.3)

Diese Fenster bewirken eine hohe Gasaustrittsgeschwindigkeit mit großen Flammenlängen vor der Fassade.

Die Achse der höchsten Temperaturen und Strömungsgeschwindigkeiten verläuft zunächst parallel in einem Abstand zur Fassadenoberfläche und legt sich erst ab einer Höhe von ca. einem Meter oberhalb der Austrittsöffnung an die Fassade an. Zu diesem Zeitpunkt können die Rauchgase durch Frischluftbeimischung bereits abgekühlt sein.

Diskussion der Ergebnisse der experimentellen Untersuchungen vor dem Hintergrund baurechtlicher Forderungen

Die Versuche und auch die Schadenerfahrungen zeigen, dass eine Brandübertragung in das darüber liegende Geschoss bei üblichen Brandszenarien auch bei vollständig nichtbrennbaren Außenwänden bzw. Fassadenbekleidungen stattfinden kann, wenn Fensteröffnungen vorhanden sind.

Ein horizontaler Feuerüberschlagsweg, d.h. die Entfernung bis zur nächsten Fensteröffnung in Höhe von 1 m bis 1,5 m, kann dies unter ungünstigen Voraussetzungen nicht verhindern.

Der Brandüberschlag vollzieht sich dabei in der Regel in folgenden Schritten:

- Die Fensterscheiben des darüber liegenden Raums werden durch thermische Einwirkung zerstört.
- In der Nähe der Öffnung befindliche Gegenstände (Vorhänge, Gardinen usw.) werden entzündet.
- Brennbare Gegenstände im oberen Raumdrittel werden entzündet.
- Herabfallende brennende Teile entzünden brennbare Gegenstände im unteren Raumdrittel.
- Der Brand geht auch in diesem Raum vom Entstehungsbrand über den entwickelten Brand in den Vollbrand über.
- Flammen treten aus der Raumöffnung aus und der vorbeschriebene Vorgang wiederholt sich.
- Dieser Prozess setzt sich ohne rechtzeitiges Eingreifen der Löschkräfte der Feuerwehr ungehindert nach oben fort („leap frogging“) und kann zusätzlich beschleunigt werden, wenn das Fenster im über dem Brandraum liegenden Geschoss geöffnet ist.

6.3.0 Seite 20	Außenwände, Fassaden, Außenwandverkleidungen	Grundlagen

6.3 Außenwände, Fassaden, Außenwandverkleidungen

6.3.1 Abstände von Außenwänden zu anderen Gebäuden und zu Grundstücksgrenzen

Dipl.-Ing. (FH) Josef Mayr

Inhalt

1 Allgemeines

2 Grundsätzliche bauaufsichtliche Anforderungen

2.1 Bauaufsichtlich erforderliche Abstandsflächen

2.2 Gebäudeabschlusswände gegenüber der Nachbargrenze

2.3 Gebäudeabschlusswände von aneinandergereihten Gebäuden auf demselben Grundstück

2.4 Außenwände gegenüber anderen Gebäuden auf demselben Grundstück

6.3.1 Abstände von Außenwänden zu anderen Gebäuden und zu Grundstücksgrenzen

1 Allgemeines

Ein wichtiges bauaufsichtliches Schutzziel besteht darin, dass beim Brand eines Gebäudes die Brandübertragung auf andere Gebäude verhindert wird.

Dieses Schutzziel kann entweder durch die Anordnung ausreichender Abstände (Brandschutzabstände) oder bei aneinandergebauten Gebäuden durch eine besondere Ausbildung der Gebäudetrennwände (Brandwände, Gebäudeabschlusswände) erreicht werden.

Bei Außenwänden, die einen bestimmten Abstand zueinander aufweisen, besteht das grundsätzliche bauaufsichtliche Schutzziel darin, dass bei einem Brand des benachbarten Gebäudes eine Brandübertragung durch überschlagende Flammen, Wärmestrahlung und Flugfeuer verhindert wird.

Dieses Schutzziel kann grundsätzlich mit folgenden Schutzmaßnahmen erreicht werden:

- Anordnung öffnungsloser feuerwiderstandsfähiger Gebäudeabschlusswände (äußere Brandwände äußere Trennwände)
- Anordnung ausreichender Abstände
- Anordnung nichtbrennbarer Außenwandoberflächen. Bei brennbaren Außenwandoberflächen: Anordnung ausreichender Abstände oder einer bestimmten Feuerwiderstandsdauer
- Unter bestimmten Randbedingungen (z.B. unzureichenden Abständen zur Grundstücksgrenze): Sicherung der Lichtöffnungen (Fenster) durch Brandschutzverglasungen oder Brandschutzvorhänge
- Unter besonderen Umständen (z.B. bei bestehendem denkmalgeschütztem Sonderbau): Sicherung der Fassade durch Löschanlagen bzw. Berieselungsanlagen.

2 Grundsätzliche bauaufsichtliche Anforderungen

2.1 Bauaufsichtlich erforderliche Abstandsflächen

Obwohl die in den LBOs geforderten Abstandsflächen in erster Linie aus Gründen des sozialen Wohlbefindens, der Belichtung und der Beleuchtung vorgeschrieben werden, dienen sie auch dem Brandschutz.

Ausführliche Erläuterungen hierzu enthält Kapitel 7.2, Punkt 1 in diesem Werk.

2.2 Gebäudeabschlusswände gegenüber der Nachbargrenze

Gebäudeabschlusswände (Außenwände, die das Gebäude abschließen), die an der Nachbargrenze oder mit einem Abstand von weniger als 2,50 m gegenüber der Grundstücksgrenze errichtet werden, müssen als Brandwände ausgeführt werden. Ausführliche Erläuterungen hierzu enthält Kapitel 6.2.2-A, Punkt 3.3 in diesem Werk.

2.3 Gebäudeabschlusswände von aneinandergereihten Gebäuden auf demselben Grundstück

Ausführliche Erläuterungen hierzu enthält Kapitel 6.2.2-A, Punkt 3.5 in diesem Werk.

2.4 Außenwände gegenüber anderen Gebäuden auf demselben Grundstück

Gemäß MBO 2002/2012 werden mit Ausnahme der in Punkt 2.2 dieses Kapitels genannten Anforderungen an solche Außenwände keine besonderen Anforderungen mehr gestellt.

6.3 Außenwände, Fassaden, Außenwandverkleidungen
6.3.2 Grundlegende Anforderungen an Außenwände

Dipl.-Ing. (FH) Lutz Battran

Inhalt

1 Einleitung

2 Tragende Außenwände
- 2.1 Allgemeines
- 2.2 Differenzierung zwischen tragenden und nichttragenden Komponenten
- 2.3 Bauaufsichtliche Anforderungen und Bauausführung

3 Nichttragende Außenwände und nichttragende Teile tragender Außenwände
- 3.1 Allgemeine Anforderungen
- 3.2 Bauaufsichtliche Anforderungen
- 3.3 Bauausführung
- 3.4 Anschluss von Außenwänden an Brandwände und Wände anstelle von Brandwänden

4 Oberflächen von Außenwänden sowie Außenwandbekleidungen
- 4.1 Allgemeine Anforderungen
- 4.2 Gebäudeabschlusswände
- 4.3 Baustoffklassifizierungen
- 4.4 Nachweis der Baustoffklassen

5 Wärmedämmverbundsysteme (WDVS)
- 5.1 Verhalten im Brandfall
- 5.2 Anforderungen und Verwendbarkeit
- 5.3 Sturzschutz
- 5.4 Brandriegel
- 5.5 Kombination von Brandschutzmaßnahmen
- 5.6 Wärmedämmverbundsysteme (WDVS) für den Holzbau
- 5.7 Bestätigung der Ausführung

6.3.2	Außenwände, Fassaden, Außenwandverkleidungen	Grundlegende Anforderungen an Außenwände

6 Außenwandkonstruktionen mit geschossübergreifenden Hohl- oder Lufträumen

6.1 Einleitung
6.2 Verankerung in den Landesbauordnungen (LBOs)
6.3 Hinterlüftete Außenwandbekleidungen (ohne Doppelfassaden)
6.4 Doppelfassaden

7 Vorhangfassaden

7.1 Bauaufsichtliche Anforderungen
7.2 Anschluss an die Deckenstirnseite
7.3 Anschluss von Vorhangfassaden an Brandwände und Treppenraumwände
7.4 Besonderes architektonisches Anschlussdetail

8 Sensible Außenwandbereiche eines Gebäudes

8.1 Schachtförmiger Fassadenverlauf
8.2 Bestimmungsgemäße Abstellbereiche und Nutzungen außerhalb des Gebäudes
8.3 Rettungswege entlang der Außenwände
8.4 Außenwände von Treppenräumen
8.5 Feuerwehrdurchfahrten

9 Versicherungstechnische Betrachtung

6.3.2 Grundlegende Anforderungen an Außenwände

1 Einleitung

Die Ausbildung von Außenwänden kann im Einzelfall eine Brandausbreitung deutlich beeinflussen.

In der Musterbauordnung (MBO) sind die bauaufsichtlichen Schutzziele für Fassaden folgendermaßen definiert:

§ 28 Abs. 1

„Außenwände und Außenwandteile wie Brüstungen und Schürzen sind so auszubilden, dass eine Brandausbreitung auf und in diesen Bauteilen ausreichend lang begrenzt ist."

In den darauffolgenden Absätzen sind konkrete Anforderungen enthalten für:

- nichttragende Außenwände
- nichttragende Teile tragender Außenwände

1-1 Verifizieren der Bestandteile einer Außenwand

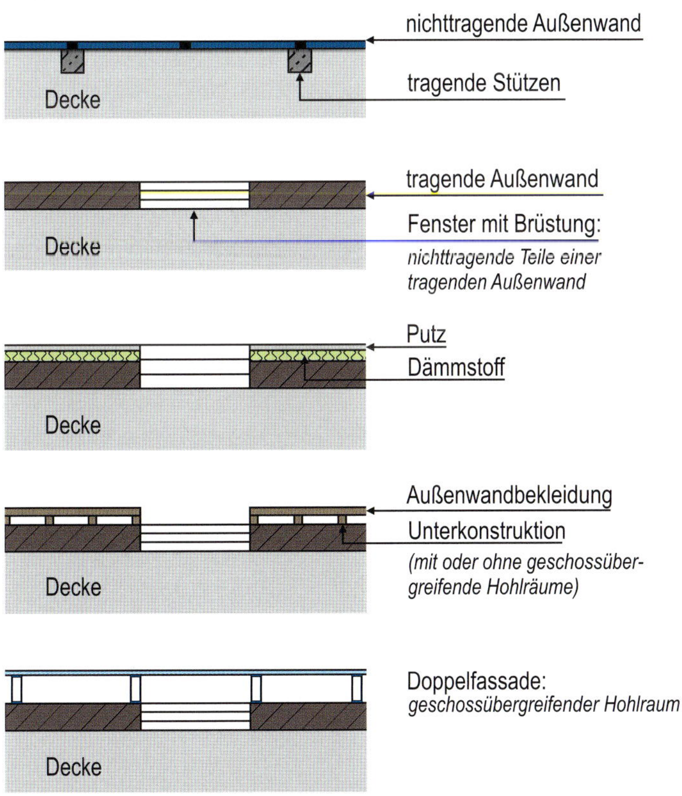

- Oberflächen von Außenwänden
- Außenwandbekleidungen einschließlich der Dämmstoffe
- Unterkonstruktionen
- Außenwandkonstruktionen mit geschossübergreifenden Hohl- oder Lufträumen wie Doppelfassaden.

Zu manchen Landesbauordnungen (LBOs) wurden zudem Durchführungsverordnungen erlassen, die entsprechende Anforderungen weiter ausführen oder gar ausdehnen.

Das Schutzziel *Verhinderung eines Brandüberschlags von Geschoss zu Geschoss* lässt sich mit den aktuellen bauaufsichtlichen Anforderungen nicht erfüllen. Deshalb wird unterstellt, dass dieses Schutzziel nicht im Begriff *Brandausbreitung* des § 28 Abs. 1 MBO enthalten ist. Vielmehr wird hier hauptsächlich auf eine Brandausbreitung über die Fassade abgestellt.

Wie die Bilder 2.3-1 und 2.1-2 im vorangehenden Abschnitt 6.3.0 zeigen, überspringt ein Zimmerbrand ab dem Zeitpunkt des Flashovers das darüberliegende Sturz- und Brüstungselement. Maßnahmen in diesen Bereichen können dies behindern, aber nicht verhindern. Ein Erfolg könnte lediglich durch eine auskragende Platte erreicht werden. Eine solche Maßnahme würde jedoch das Schutzniveau für Standardbauten übersteigen. Sie ist jedoch bei bestimmten Sonderbauten denkbar (siehe Abschnitt 6.3.3 in diesem Kapitel).

Im Folgenden wird auf die verschiedenen Arten und Bestandteile von Außenwänden eingegangen.

2 Tragende Außenwände

2.1 Allgemeines

Tragende Außenwände übernehmen in der Regel die tragende oder aussteifende Funktion, z.B. für Decken. Sie werden in den LBOs nicht extra behandelt. Daraus ergibt sich, dass in den Bauordnungen tragende Außenwände den tragenden Wänden gleichgestellt werden.

In der Praxis ist jedoch wichtig, dass die entsprechenden Anforderungen nur für die tragenden Komponenten der Außenwand gelten.

Hier zeigt sich, wie wichtig es z.B. bei der Erstellung eines Brandschutznachweises ist, Anforderungen an tragende oder raumabschließende Bauteile und Bauarten zu unterscheiden.

Dies wird auch aus der Schutzzieldefinition des § 27 Abs. 1 Satz 1 MBO deutlich: *„Tragende und aussteifende Wände und Stützen müssen im Brandfall ausreichend lang standsicher sein."*

Deshalb können aus den Regelungen für tragende Bauteile keine Anforderungen an raumabschließende Bauteile oder an Öffnungen in solchen Wänden abgeleitet werden. Die Anforderungen gelten also nur für die statisch relevanten Bestandteile einer Außenwand.

Dies wird im europäischen System durch die Klassifizierung R 30 bis R 90 nach DIN EN 13501 deutlich.

Das Schutzziel liegt allein darin, als Komponente eines Gesamttragwerkes dessen Standsicherheit nicht zu gefährden.

In der Praxis besteht bei Außenwänden das einzige Problem oft darin, die tragenden oder nichttragenden Komponenten zu differenzieren.

2.2 Differenzierung zwischen tragenden und nichttragenden Komponenten

Eine vorgehängte Fassade ist das einzige statische System, bei dem es sich zweifelsfrei um **keine** tragende Wand handelt. Die äußere Hülle wird lediglich vorgehängt (siehe Bild 2-1), d.h., die Standsicherheit des Gebäudes ist ohne diese Außenwand gewährleistet.

Bei Außenwänden, die Bestandteil eines tragenden Systems sind, ist die Differenzierung komplizierter. Brüstungen oder Schürzen sind z.B., genauso wie Fenster oder Türen, in der Regel keine tragenden Elemente (siehe Bild 2-2). Bei Wandscheiben kann die Frage, ob tragend oder nichttragend letztendlich nur aus dem Standsicherheitsnachweis abgeleitet werden.

In dem entsprechenden Standsicherheitsnachweis sind die Einzelnachweise über die Maßnahmen zum Erreichen der erforderlichen Feuerwiderstandsklassen zu führen.

2-1 Vorgehängte Fassade – ohne statische Wirkung für die Tragkonstruktion des Gebäudes

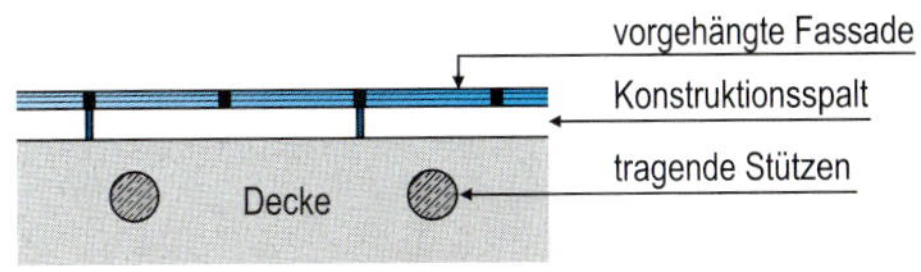

2-2 Genaue Differenzierung zwischen tragenden und nichttragenden Teilen ist nur mithilfe eines Standsicherheitsnachweises möglich.

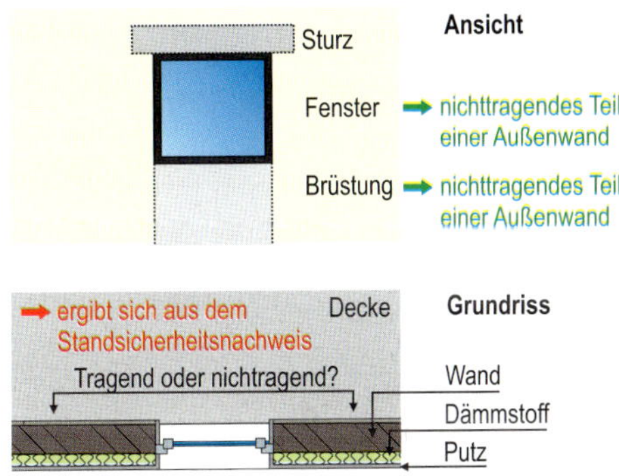

Beim Brandschutznachweis (bzw. -konzept) ist in der Regel keine exakte örtliche Zuordnung der Anforderungen an die Tragkonstruktion möglich. Deshalb können hier nur die entsprechenden Vorgaben in allgemeiner Form (als Handlungsanweisung für den Ersteller des Standsicherheitsnachweises) getroffen werden. Eine farbliche Kennzeichnung der tragenden Bauteile mit den entsprechenden Anforderungen im Brandschutzplan ist in der Regel nicht zielführend.

2-3 Darstellung der tragenden Bauteile und entsprechender Anforderungen im Brandschutzplan sind nicht zielführend – Beispiel: Gebäudeklasse (GK) 5

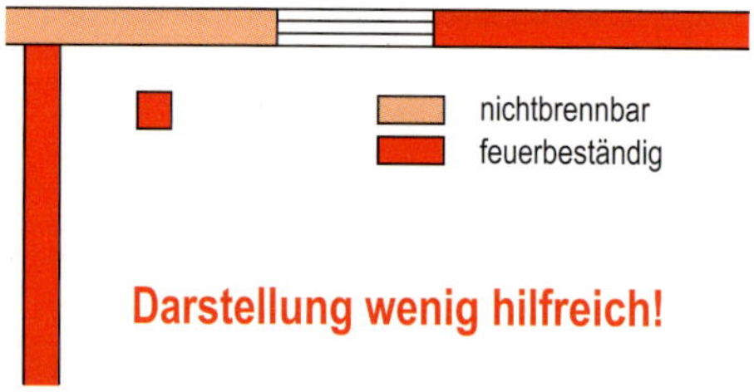

2-4 Mögliche Darstellung der Außenwände und der Anforderungen an die Tragkonstruktion – Beispiel: GK 5

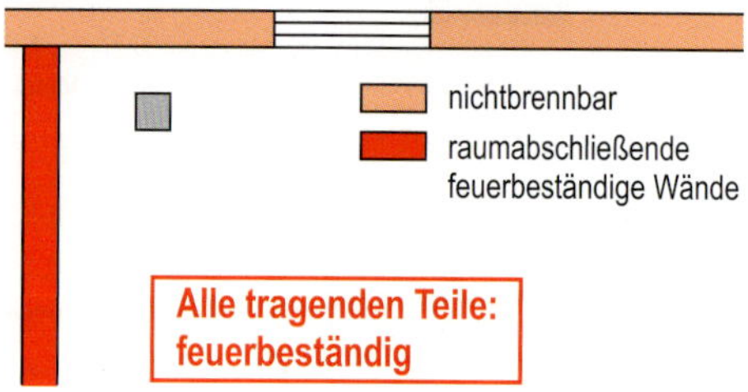

2.3 Bauaufsichtliche Anforderungen und Bauausführung

Die bauaufsichtlichen Anforderungen entsprechen den Darstellungen in Kapitel 6.1.1 in diesem Werk.

Für tragende raumabschließende Außenwände gilt entsprechend Kapitel 6.2.1.

3 Nichttragende Außenwände und nichttragende Teile tragender Außenwände

3.1 Allgemeine Anforderungen

Nichttragende Außenwände und nichttragende Teile tragender Außenwände werden in den LBOs ausführlich beschrieben und an sie werden in der Regel geringere Anforderungen gestellt als an die Tragkonstruktion eines Gebäudes.

Zu beachten ist, dass hierbei die Bauteilanforderungen für den Raumabschluss gelten. Die entsprechenden Schutzziele bestehen hauptsächlich in der

- Vermeidung einer großflächigen Brandausbreitung über die Fassade und der
- Verhinderung einer frühzeitigen Unbenutzbarkeit des zweiten Rettungsweges über Leitern, die an der Außenwand positioniert werden.

Beide Schutzziele können nur mit Unterstützung der Feuerwehr erreicht werden. Je höher das Gebäude ist, desto schwieriger und anspruchsvoller wird natürlilch die Tätigkeit der Feuerwehr. Daraus wird deutlich, warum die Anforderungen mit zunehmender Gebäudehöhe ansteigen.

3.2 Bauaufsichtliche Anforderungen

Anforderungen an Oberflächen von Außenwänden sowie Außenwandbekleidungen enthält Abschnitt 4 in diesem Kapitel.

- Allgemeines

Die grundsätzlichen bauaufsichtlichen Anforderungen sind in der MBO enthalten:

> **§ 28 Abs. 2 Satz 1 MBO**
>
> *„Nichttragende Außenwände und nichttragende Teile tragender Außenwände müssen aus nichtbrennbaren Baustoffen bestehen; sie sind aus brennbaren Baustoffen zulässig, wenn sie als raumabschließende Bauteile feuerhemmend sind."*

Gemäß § 28 Abs. 5 MBO gelten diese Anforderungen nicht für Gebäude der GK 1 bis 3. Daraus darf jedoch nicht der Schluss gezogen werden, dass für diese keine Anforderungen gelten. Die grundsätzliche Anforderung des § 26 Abs. 1 Satz 2 MBO, dass Baustoffe, *„die nicht mindestens normal entflammbar sind"*, nicht verwendet werden dürfen (also: Verwendungsverbot für leicht entflammbare Baustoffe), gilt auch hier.

Tabelle 3-1:
Übersicht über bauaufsichtliche Anforderungen an nichttragende Außenwände und nichttragende Teile tragender Außenwände

GK 1 bis 3	GK 4 und 5
normal entflammbar	nichtbrennbar **oder** normal entflammbar und als raumabschließendes Bauteil: feuerhemmend
Zu Anforderungen an Oberflächen von Außenwänden sowie Außenwandbekleidungen siehe Abschnitt 4 in diesem Kapitel.	

Hier kommt eine Besonderheit im Bauordnungsrecht zum Tragen: Die MBO gibt bei den GK 4 und 5 als Alternative Anforderungen an Baustoffe oder Bauteile vor – also Baustoff- oder Bauteilanforderungen.

Die Auswahl zwischen beiden Anforderungen erscheint zunächst etwas verwunderlich. Rekapituliert man jedoch die erwähnten Schutzziele, werden die Intentionen des Gesetzgebers deutlich: Entweder kann die Außenwand nicht brennen oder es wird verhindert, dass ein Brand in die Konstruktion des Gebäudes eindringt bzw. sich über diese ausbreitet.

- Erleichterungen für bestimmte Außenwandbestandteile

Würden die genannten Anforderungen auch für Fenster gelten, wären Holz(rahmen)fenster nicht möglich – oder die Verglasungen müssten mit einem Feuerwiderstand ausgeführt werden. Auch bei Dichtungen würden solche Anforderungen zu Problemen führen, da für bestimmte Anwendungen keine nichtbrennbaren Produkte verfügbar sind.

Um – gerade bei Standardbauten – das Bauen praktikabel zu machen, führt die MBO folgende Erleichterungen auf:

> **§ 28 Abs. 2 Satz 2 MBO**
>
> *„Satz 1 gilt nicht für*
> 1. *Türen und Fenster,*
> 2. *Fugendichtungen und*
> 3. *brennbare Dämmstoffe in nichtbrennbaren geschlossenen Profilen der Außenwandkonstruktionen."*

6.3.2 Seite 6	Außenwände, Fassaden, Außenwandverkleidungen	Grundlegende Anforderungen an Außenwände

3-1 Wahl zwischen Anforderung an Baustoff oder Feuerwiderstand mit Erleichterungen

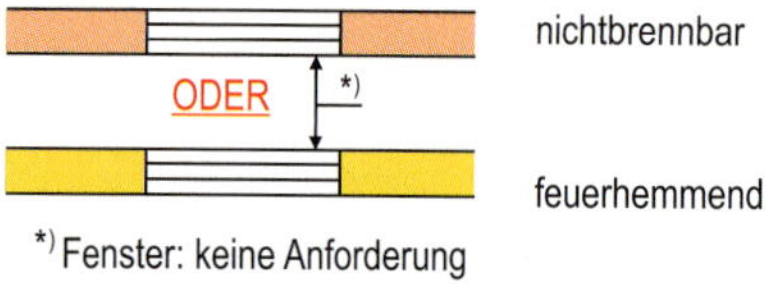

3-2 Brennbare Dämmstoffe in nichtbrennbaren geschlossenen Profilen der Außenwandkonstruktion

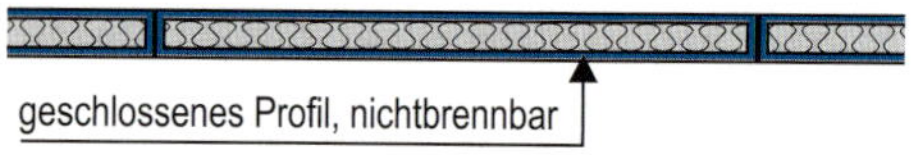

Für diese Bauteile gilt ausschließlich die Anforderung *normal entflammbar.* Weitergehende Nachweise sind nicht erforderlich.

Im Gegensatz zu früheren MBOs und nach vielen aktuellen LBOs (!) gelten die Erleichterungen der MBO für Fenster und Türen ab der Fortschreibung von 2012 nicht nur für Fensterprofile, sondern auch für die gesamten Fenster und Türen. Somit sind nunmehr Holz- oder Kunststofftüren genauso möglich wie Kunststoffgläser.

Gemäß den Erläuterungen zur MBO gelten diese Erleichterungen allerdings nur für (einzelne) Fenster und Türen in Außenwänden (Lochfassaden), nicht aber für Festverglasungen bzw. großflächige Verglasungen oder Glasfassaden.

Brennbare Dämmstoffe in nichtbrennbaren geschlossenen Profilen der Außenwandkonstruktionen sind z.B. Metall-Polyurethan-Sandwichelemente. Durch eine allseitige Umschließung der brennbaren Dämmung mit Blech werden die oben genannten Schutzziele erfüllt. Dies ist jedoch nur mit **geschlossenen** Profilen möglich.

- Höhere Anforderungen im Einzelfall

Im Einzelfall können sich auch höhere Anforderungen ergeben als bisher beschrieben.

Werden vor der Außenwand im Sinne des § 29 Abs. 2 Nr. 2 MBO Stoffe mit Explosions- oder erhöhter Brandgefahr gelagert, kann (ausgenommen für Wohngebäude der GK 1 und 2) aus dieser Rechtsquelle die Anforderung *feuerbeständig* abgeleitet werden. Diese Maßnahme ist aber nur sinnvoll, wenn auch die Verglasungen sowie die betroffenen Traufen und Ortgänge entsprechend geschützt sind. Für Türen ergibt sich, abgeleitet aus § 29 Abs. 5 MBO die Anforderung *feuerhemmend, dicht- und selbstschließend.*

Das Gefahrstoff- oder Betriebssicherheitsrecht kennt ähnliche Anforderungen. Diese sind für den jeweiligen Fall aus einer Gefährdungsanalyse zu ermitteln. Im Einzelfall kann sich hier auch die Anforderung *Brandwand* ergeben.

Siehe hierzu auch Punkt 8 in diesem Abschnitt. Und zur Kompensation zu geringer Abstände siehe Punkt 6.2 in diesem Abschnitt bzw. Kapitel 6.2.2 in diesem Werk.

Im Einzelfall (z.B. bei bestimmten Sonderbauten) ist die Anforderung *feuerhemmend und nichtbrennbar* möglich. In diesem Fall sind beide Anforderungen nachzuweisen.

3.3 Bauausführung

- Baustoffklassifizierungen *normal entflammbar oder nichtbrennbar*

Die *Übertragung* der bauaufsichtlichen Begriffe *normal entflammbar* und *nichtbrennbar* in DIN-Bezeichnungen erfolgt in der Bauregelliste (BRL). Die BRL enthält dazu zwei Tabellen, jeweils für die (deutsche) Klassifizierung nach DIN 4102 sowie für die (europäische) Klassifizierung nach DIN EN 13501.

Gemäß BRL A Teil 1 Anlage 0.2.1 ergibt sich aus Tabelle 1 folgende Zuordnung:

Bauaufsichtliche Anforderung	Baustoffklasse nach DIN 4102
normal entflammbar	B 2
nichtbrennbar	A 1 oder A 2

Und BRL A Teil 1 Anlage 0.2.2 enthält in Tabelle 1 folgende Zuordnung:

Bauaufsichtliche Anforderung	Baustoffklasse nach DIN EN 13501
normal entflammbar	D – s1, d2 (oder 1 oder 0) D – s2, d2 (oder 1 oder 0) D – s3, d2 oder 1 oder 0) E – d2 E
nichtbrennbar	A 1 oder A 2 – s1, d0
Die Tabelle gilt nur für nichttragende Außenwände. Nach Bauregelliste A Teil 1 Anlage 0.2.2 kann das Brandverhalten der Oberflächen von Außenwänden und Außenwandbekleidungen (Bauarten) nach DIN EN 13501-1 nicht abschließend klassifiziert werden.	

Angaben zu Oberflächen und Bekleidungen enthält Abschnitt 4.3 in diesem Kapitel.

- Nachweis der Baustoffklassen

Für den Nachweis der Baustoffklassen ergeben sich verschiedene Möglichkeiten:

Geregelte Bauprodukte: Nachweis nach der Restnorm DIN 4102-4 oder nach Beschlüssen der Europäischen Kommission über Brandverhaltensklassen bestimmter Bauprodukte auf der Basis der Entscheidung 2000/147/EG. Für die hier aufgeführten Baustoffe gilt der Verwendbarkeitsnachweis als erbracht.

Nicht geregelte Bauprodukte: Nachweis durch einen Verwendbarkeitsnachweis in Form eines allgemeinen bauaufsichtlichen Prüfzeugnisses (ABP) bei vorgefertigten Systemen. Bei nicht vorgefertigten Systemen ist der Nachweis, abhängig vom Baustoff, über ein ABP oder über eine allgemeine bauaufsichtliche Zulassung (ABZ) zu führen (abhängig von den Vorgaben der BRL A). Eine weitere Möglichkeit besteht mit der Erteilung einer Zustimmung im Einzelfall (ZIE) durch die jeweilige Oberste Baubehörde.

Daneben gibt es die Möglichkeit des Nachweises über eine europäische technische Zulassung (ETA)*). Hierbei sind ggf. Zusatznachweise zu erbringen. Dies ergibt sich im Einzelfall aus der BRL B.

Der notwendige **Übereinstimmungsnachweis** (Übereinstimmungserklärung des Herstellers, Ü-Zeichen, CE-Zeichen) ergibt sich aus der BRL und dem jeweiligen Verwendbarkeitsnachweis.

- Bauteilklassifizierung feuerhemmend

Eine Besonderheit für nichttragende Außenwände besteht darin, dass die entsprechenden Prüfkriterien abgeminderte Temperaturzeitkurven vorsehen. Dies gilt sowohl für das deutsche als auch für das europäische System. Begründet wird dies damit, dass bei einer Brandbeanspruchung von außen ein Teil der Wärmeenergie in die Atmosphäre entweichen kann. Dadurch werden die Außenwände an ihrer Außenseite geringer beansprucht.

*) Das System der ETA wird derzeit modifiziert. In diesem Zusammenhang werden zukünftig *europäisch technische Bewertungen* die Leistung eines Produkts definieren.

Entsprechend BRL A Teil 1, Anlage 0.1.1, Tabelle 1 *(Anmerkung)* müssen nichttragende Außenwände bei der Anforderung *feuerhemmend* mindestens folgende Klassifizierung aufweisen:

Bauaufsichtliche Anforderung	Kurzbezeichnung nach DIN 4102 (für nichttragende Außenwände)
feuerhemmend	W 30

Werden im Einzelfall höhere Feuerwiderstandsklassen erforderlich, kann dies durch die Klassen W 60 (hochfeuerhemmend) und W 90 (feuerbeständig) beschrieben werden.

W ist eine Klassifizierung nach DIN 4102-3. Hiernach *„dürfen Außenwände bei Brandbeanspruchung von innen bei einer Beflammung nach DIN 4102-2* [Einheitstemperaturzeitkurve – ETK] *entsprechend ihrer Feuerwiderstandsklasse nicht zusammenbrechen“,* d.h., die Prüfung von innen entspricht dem Versuchsaufbau, vergleichbar mit Trennwänden. Dasselbe gilt hinsichtlich der Festigkeitsprüfung.

Die Prüfung von außen erfolgt hingegen durch eine Beflammung mit abgeminderter ETK (siehe Bild 3-3).

Selbstverständlich können nichttragende Außenwände auch mit Bauteilen errichtet werden, die eine (bessere) F-Klassifizierung besitzen.

3-3 Einheitstemperaturzeitkurve (ETK) sowie abgeminderte ETK

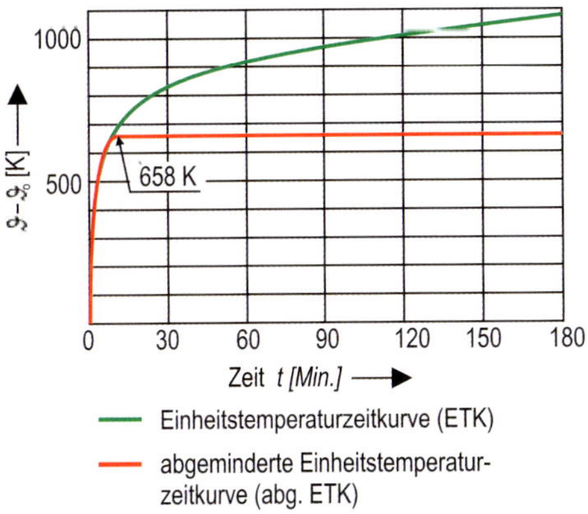

Die BRL A Teil 1 Anlage 0.1.2 weist in Tabelle 1 nichttragenden Außenwänden bei der Anforderung feuerhemmend mindestens folgende Klassifizierung zu:

Bauaufsichtliche Anforderung	Kurzbezeichnung nach DIN EN 13501 (für nichttragende Außenwände)
feuerhemmend	E 30 (i→o) **und** EI 30-ef (i←o)

Dies bedeutet E (Etanchéité = Raumabschluss) von innen nach außen **und** EI (Etanchéité + Isolation – Hitzedämmung unter Brandeinwirkung), geprüft auf der Basis der Außenbrandkurve (gekennzeichnet durch **ef**).

Bei höheren Anforderungen wird im Einzelfall jeweils die Zahl 30 durch 60 (hochfeuerhemmend) bzw. 90 (feuerbeständig) ersetzt.

Die Außenbrandkurve wird in den Normen DIN EN 13501-2 und 1363-2 beschrieben. Sie weist eine Temperatur-Zeit-Beziehung auf, die eine Beanspruchung der äußeren Oberfläche einer Wand mit dem aus einem Fenster eines Gebäudes heraustretenden Feuer oder einem frei brennenden äußeren Feuer darstellt.

Die Außenbrandkurve wird durch folgende Beziehung beschrieben:

$$T = 660\,(1 - 0{,}687\,e^{-0{,}32\,t} - 0{,}313\,e^{-3{,}8\,t}) + 20$$

Dabei ist t die Zeit ab Versuchsbeginn in Minuten (Min.) und T die mittlere Temperatur im Prüfofen in Grad Celsius (°C).

Die Außenbrandkurve entspricht etwa der abgeminderten ETK (siehe Bild 3-3).

Zu beachten ist hierbei, dass die jeweilige deutsche Bezeichnung nicht dasselbe Anforderungsniveau angibt wie die europäische. Dennoch erfüllen beide Klassifizierungen nach BRL A Teil 1 die bauaufsichtliche Anforderung *feuerhemmend* bei Außenwänden.

Unabhängig davon bleibt es natürlich für die Ausführenden unbenommen, die nichttragende Außenwand nach den Klassifizierungen, die auf der normalen ETK basieren, auszubilden.

Eine (bessere) Ausführung nichttragender Außenwände mit EI-Bauteilen (ohne **ef**) ist auch hier möglich.

6.3.2 Seite 10	Außenwände, Fassaden, Außenwandverkleidungen	Grundlegende Anforderungen an Außenwände

Werden in einem Brandschutzkonzept gezielt **Schürzen** unterhalb der Geschossdecke angeordnet, mit dem Ziel einen Brandüberschlag ins darüberliegende Geschoss zu behindern, sind die aufgeführten Erleichterungen nicht möglich. In diesen Fällen ist eine F-Klassifizierung nach DIN 4102 bzw. eine EI-Klassifizierung nach DIN EN 1501 erforderlich.

- Nachweis der Feuerwiderstandsklassen

Für den Nachweis der Feuerwiderstandsklassen ergeben sich verschiedene Möglichkeiten:

Geregelte Bauprodukte: Nachweis nach Eurocode bzw. nach der Restnorm DIN 4102-4. Für die hier aufgeführten Systeme gilt der Verwendbarkeitsnachweis als erbracht.

Nicht geregelte Bauprodukte: Nachweis durch Verwendbarkeitsnachweis in Form eines ABP bei vorgefertigten Systemen. Bei nicht vorgefertigten Systemen ist der Nachweis, abhängig vom verwendeten Material, über ein ABP oder über eine ABZ zu führen (abhängig von den Vorgaben der BRL A).

Eine weitere Möglichkeit besteht mit der Erteilung einer ZIE durch die jeweilige Oberste Baubehörde.

Daneben gibt es die Möglichkeit des Nachweises über eine ETA. Hierbei sind ggf. Zusatznachweise zu erbringen. Dies ergibt sich im Einzelfall aus der BRL B.

Der notwendige **Übereinstimmungsnachweis** (Übereinstimmungserklärung des Herstellers, Ü-Zeichen, CE-Zeichen) ergibt sich auch hier aus der BRL und dem jeweiligen Verwendbarkeitsnachweis.

3.4 Anschluss von Außenwänden an Brandwände und Wände anstelle von Brandwänden

Fassaden, die Brandwände oder Wände anstelle von Brandwänden tangieren, können, abhängig von ihrer Konstruktion, eine Brandübertragung zwischen zwei Brandabschnitten begünstigen.

Aus diesem Grund enthält die MBO folgende Regelung:

> § 30 Abs. 7 Satz 1 MBO
>
> *„Bauteile mit brennbaren Baustoffen dürfen über Brandwände nicht hinweggeführt werden."*

Der Ausdruck *„über Brandwände hinweg"* beschreibt hierbei sowohl die Dach- als auch die Wandsituation. Deshalb ist es erforderlich, gerade Wandbekleidungen im Bereich von Brandwänden aus nichtbrennbaren Baustoffen herzustellen.

Die Ausführungen für Brandwände gelten nach § 30 Abs. 11 MBO auch für *Wände anstelle von Brandwänden.*

Weitere Hinweise zum Brandwandanschluss an die Fassade enthält Kapitel 6.2.2-B in diesem Werk unter Punkt 6.

4 Oberflächen von Außenwänden sowie Außenwandbekleidungen

4.1 Allgemeine Anforderungen

Neben Anforderungen an die nichttragende Außenwandkonstruktion enthalten die LBOs auch Anforderungen an die Oberflächen der Wandaufbauten sowie an Außenwandbekleidungen. Diese basieren ebenfalls auf den unter Punkt 3.2 aufgeführten Schutzzielen.

Dazu führt die MBO aus:

> **§ 28 Abs. 3 Satz 1 MBO**
>
> *„Oberflächen von Außenwänden sowie Außenwandbekleidungen müssen einschließlich der Dämmstoffe und Unterkonstruktionen schwer entflammbar sein; Unterkonstruktionen aus normal entflammbaren Baustoffen sind zulässig, wenn die Anforderungen nach Absatz 1 erfüllt sind."*

Dies gilt nach § 28 Abs. 5 MBO *„nicht für Gebäude der Gebäudeklassen 1 bis 3."*

Tabelle 4-1:
Übersicht über bauaufsichtliche Anforderungen an Oberflächen von Außenwänden sowie Außenwandbekleidungen einschließlich der Dämmstoffe und Unterkonstruktionen

GK 1 bis 3	GK 4 und 5
normal entflammbar	schwer entflammbar*)

*) Zusätzlich gilt die Anforderung: kein brennendes Abfallen oder Abtropfen (siehe auch am Ende dieses Abschnittes).

Der § 28 Abs. 3 Satz 1 Halbsatz 2 MBO enthält eine Erleichterung: *„Unterkonstruktionen aus normal entflammbaren Baustoffen sind zulässig, wenn die Anforderungen nach Absatz 1 erfüllt sind."* Diese setzt voraus, dass die Brandausbreitung auf und in diesen Bauteilen ausreichend lange begrenzt ist, wenn diese Konstruktionen z.B.

4-1 Schutz der normal entflammbaren Unterkonstruktion vor einer Brandausbreitung – Beispiel: GK 4 und 5

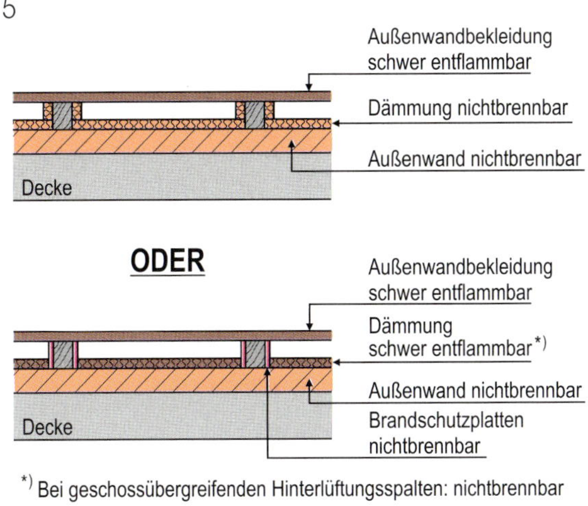

*) Bei geschossübergreifenden Hinterlüftungsspalten: nichtbrennbar

4-2 a und b Balkonbekleidungen, die über die erforderliche Umwehrungshöhe hinaus hochgeführt werden – Beispiel: GK 4 und 5

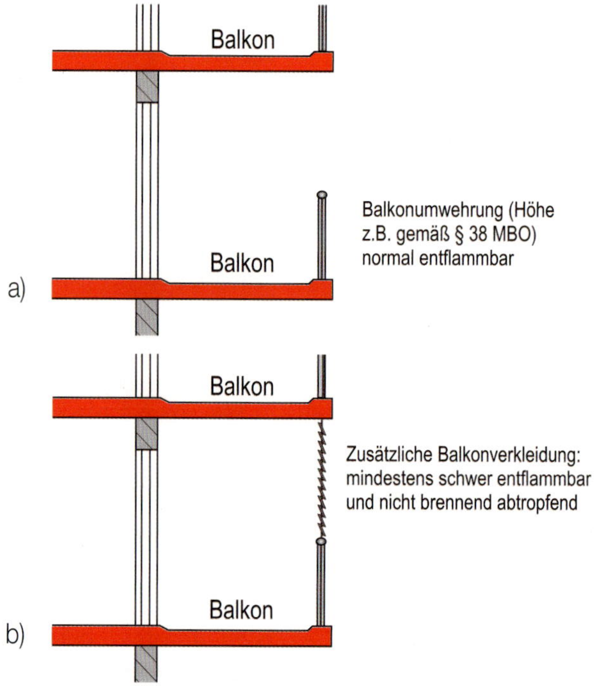

durch brennbare Baustoffe abgedeckt sind (siehe Bild 4-1).

Weitere Anforderungen der MBO betreffen Balkonbekleidungen über der erforderlichen Umwehrungshöhe und Photovoltaikanlagen:

> **§ 28 Abs. 3 Satz 2 MBO**
>
> *„Balkonbekleidungen, die über die erforderliche Umwehrungshöhe hinaus hochgeführt werden, und mehr als zwei Geschosse überbrückende Solaranlagen an Außenwänden müssen schwer entflammbar sein.“*

Dies gilt nach § 28 Abs. 5 MBO *„nicht für Gebäude der Gebäudeklasse 1 bis 3“.*

Der folgende Satz 3 in § 28 Abs. 3 MBO soll verhindern, dass das Schutzziel des § 28 Abs. 1 MBO für Außenwände durch abfallende oder abtropfende Bauteile unterlaufen wird:

> **§ 28 Abs. 3 Satz 3 MBO**
>
> *„Baustoffe, die schwer entflammbar sein müssen, in Bauteilen nach Satz 1 Halbsatz 1 und Satz 2 dürfen nicht brennend abfallen oder abtropfen.“*

Auch diese Anforderung gilt nach § 28 Abs. 5 MBO *„nicht für Gebäude der Gebäudeklasse 1 bis 3.“*

4-3 Mehr als zwei Geschosse überbrückende Solaranlagen an Außenwänden – Beispiel: GK 4 und 5

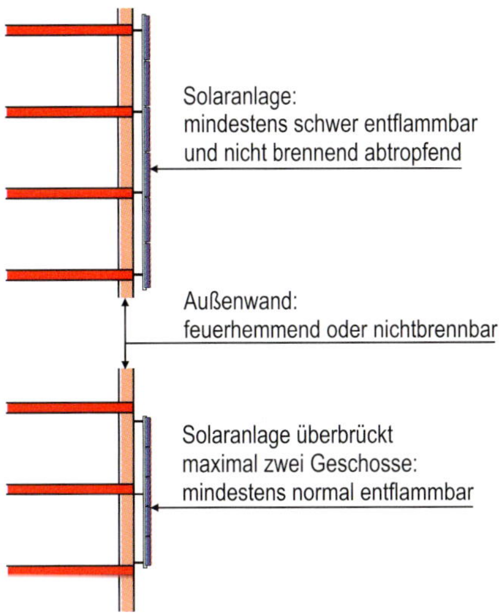

4-4a Außenwandbekleidung aus nichtbrennbaren Baustoffen

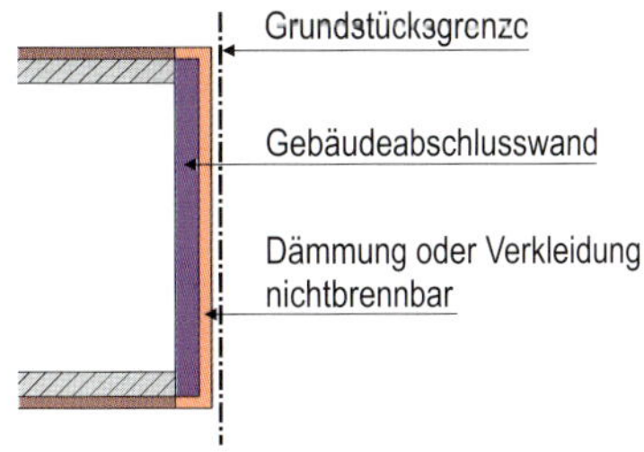

4-4b Gegenüberliegende Außenwandbekleidungen (mit Versatz)

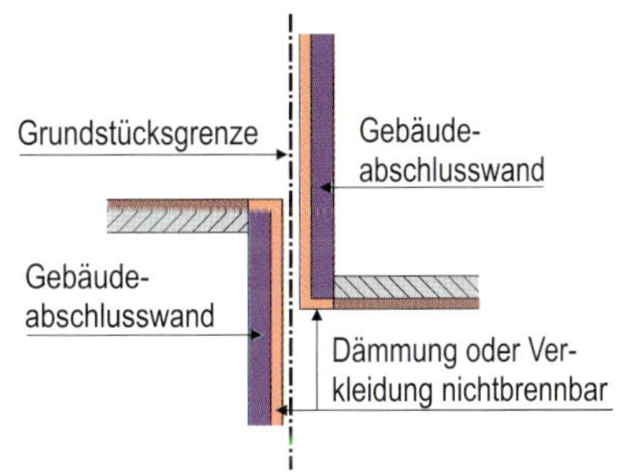

4.2 Gebäudeabschlusswände

Über Jahre wurde in Fachkreisen diskutiert, inwieweit gemäß den aufgeführten Anforderungen für Gebäudeabschlusswände, die (z.B. im Sinne des § 30 Abs. 2 Nr. 1 MBO) als Brandwände oder als *Wände anstelle von Brandwänden* ausgebildet werden müssen, brennbare Baustoffe zulässig sind.

Zur Klarstellung wurde bei der Novellierung der MBO 2012 folgende Ergänzung eingefügt:

> § 30 Abs. 7 Satz 3 MBO
>
> *„Außenwandbekleidungen von Gebäudeabschlusswänden müssen einschließlich der Dämmstoffe und Unterkonstruktionen nichtbrennbar sein."*

4.3 Baustoffklassifizierungen

Die Übertragung der bauaufsichtlichen Begriffe *normal entflammbar, schwer entflammbar* und *nichtbrennbar* in DIN-Bezeichnungen erfolgt – wie schon erwähnt – in der Bauregelliste (BRL).

Die BRL enthält zwei entsprechende Tabellen, jeweils für die (deutsche) Klassifizierung nach DIN 4102 sowie die (europäische) Klassifizierung nach DIN EN 13501.

Im deutschen System ergibt sich gemäß BRL A Teil 1 Anlage 0.2.1 Tabelle 1 folgende Zuordnung:

Bauaufsichtliche Anforderung	Baustoffklasse nach DIN 4102
normal entflammbar	B 2
schwer entflammbar	B 1
nichtbrennbar	A 1 oder A 2

Ein zusätzlicher Nachweis für *„kein brennendes Abfallen/Abtropfen“* muss geführt werden – Ausnahme: normal entflammbare und nichtbrennbare Unterkonstruktionen.

Im deutschen System gilt ein Baustoff als „nicht brennend abtropfend“, wenn das zugehörige Ü-Zeichen keinen anderslautenden Hinweis enthält (siehe Bild 4-5).

4-5 Ü-Zeichen mit dem Hinweis, dass der Baustoff brennend abtropfend ist

Dies ergibt sich aus der BRL A Teil 1 Anlage 0.2.1: *„Tritt brennendes Abtropfen/Abfallen auf bzw. wird bei schwer entflammbaren Bauprodukten – ausgenommen Bodenbeläge – der Grenzwert für die Rauchentwicklung überschritten, ist dies zusätzlich zur Baustoffklassifizierung mit dem Ü-Zeichen anzugeben.“*

Dies bedeutet: Befindet sich beim Ü-Zeichen kein Vermerk, ist davon auszugehen, dass die Anforderung „kein brennendes Abfallen/Abtropfen“ erfüllt ist.

Die BRL A Teil 1 Anlage 0.2.2 enthält in Tabelle 1 folgende Zuordnung für das europäische System:

Bauaufsichtliche Anforderung	Baustoffklasse nach DIN EN 13501
normal entflammbar	E*)
schwer entflammbar	*)
nichtbrennbar	A 1*)

*) Gemäß BRL A Teil 1 Anlage 0.2.2 Tabelle 1 Fußnote 2 kann mit Ausnahme der Klassen A 1 (ohne Anwendung der Fußnote c zu Tabelle 1 der DIN EN 13501-1) und E das Brandverhalten von Oberflächen von Außenwänden und Außenwandbekleidungen (Bauarten) nach DIN EN 13501-1 nicht abschließend klassifiziert werden. Deshalb sind hier weitere Zuordnungen derzeit nicht möglich.

Hinweis:
Bei den hier aufgezeigten Klassen des europäischen Systems ist die Zusatzanforderung *„kein brennendes Abfallen/Abtropfen“* bereits enthalten (siehe Zuordnungen in der BRL A Teil 1 Anlage 0.2.2 Tabelle 1).

4.4 Nachweis der Baustoffklassen

Für den Nachweis der Baustoffklassen ergeben sich verschiedene Möglichkeiten:

Geregelte Bauprodukte: Nachweis nach der Restnorm DIN 4102-4 oder nach Beschlüssen der Europäischen Kommission über Brandverhaltensklassen bestimmter Bauprodukte auf der Basis der Entscheidung 2000/147/EG. Für die hier aufgeführten Baustoffe gilt der Verwendbarkeitsnachweis als erbracht.

Nicht geregelte Bauprodukte: Nachweis durch einen Verwendbarkeitsnachweis in Form eines ABP bei vorgefertigten Systemen. Bei nicht vorgefertigten Systemen ist der Nachweis, abhängig vom Baustoff, über ein ABP oder über eine ABZ zu führen (abhängig von den Vorgaben der BRL A).

Eine weitere Möglichkeit besteht mit der Erteilung einer ZIE durch die jeweilige Oberste Baubehörde.

Daneben gibt es die Möglichkeit des Nachweises über eine europäische technische Bewertung (ETA). Hierbei sind ggf. Zusatznachweise zu erbringen. Dies ergibt sich im Einzelfall aus der BRL B.

In den europäischen Produktnormen, die als DIN EN-Normen veröffentlicht wurden, sind teilweise klassifizierte Baustoffe oder Bauteile enthalten.

6.3.2 Seite 14-2	Außenwände, Fassaden, Außenwandverkleidungen	Grundlegende Anforderungen an Außenwände

5 Wärmedämmverbundsysteme (WDVS)

5.1 Verhalten im Brandfall

Wärmedämmverbundsysteme (WDVS), international bezeichnet als External Thermal Insulation Composite Systems (ETICS), dienen der Verbesserung des Wärmeschutzes, in der Regel der Außenwände. Mit diesen Systemen (auch als *Thermohaut* oder Vollwärmeschutz bezeichnet) werden Gebäude quasi „eingepackt", um so den Wärmedurchgang von Außenbauteilen zu reduzieren.

Die ersten WDVS im heutigen Sinne wurden in Deutschland Ende der 1950er Jahre eingebaut. Ab Ende der 1970er Jahre wurden mit der Einführung der ersten Wärmeschutzverordnung (1977) WDVS in großen Mengen verbaut. Mit der ständigen Verschärfung der Bestimmungen der Wärmeschutzverordnung (heute: Energieeinsparverordnung) wurden die Dämmstoffe, die sowohl aus brennbaren als auch aus nichtbrennbaren Baustoffen bestehen können, immer dicker.

Die Dämmstoffe eines WDVS haben einen genau definierten Schichtaufbau: Dämmstoffplatten werden auf eine Wand gedübelt und/oder geklebt. Darauf wird ein Armierungsgewebe in einen Putz eingebettet (Unterputz). Die obere Lage besteht aus einer weiteren Putzschicht bzw. mehreren Putzschichten (Oberputz). Die Oberfläche erhält meist noch einen Anstrich.

Neben bauphysikalischen Gründen und neben dem Witterungsschutz dienen die Putzschichten – gerade bei brennbaren Dämmstoffen – auch dem Schutz der Dämmschichten vor einem Brandeintrag. Sensibel sind hier vor allem die Anschlusspunkte, wie Sockelbereiche oder Stürze, wenn diese nicht ordnungsgemäß ausgebildet werden: Bei einem Einbrand in den Dämmschichtbereich ist nicht auszuschließen, dass es innerhalb der Verbundkonstruktion zu einer Brandausbreitung nach oben und unten sowie in die Breite kommt. Diese Problematik wurde durch die immer steigende Dämmstoffdicke verstärkt. Deswegen darf bei solchen Konstruktionen ein Brand möglichst lange die brennbaren Dämmstoffe nicht erreichen.

In letzter Zeit stehen in den Schlagzeilen oft Brände, bei denen durch massive Fassadenfeuer im Bereich von WDVS großflächige Brandausbreitungen zu beobachten waren. Diese Brände waren für die Feuerwehren eine große Herausforderung und nach einschlägigen Berichten fast nicht beherrschbar.

Beispiele hierfür waren:

- Zimmerbrand in Berlin-Pankow im April 2005: Als Flammen aus einem geborstenen Fenster schlugen, entzündeten sie die mit Polystyrol gedämmte Fassade einer Wohnanlage.
- Fassadenbrand im Juni 2011 im niedersächsischen Delmenhorst, bei dem fünf Mehrfamilienhäuser ausbrannten und etwa 200 Menschen evakuiert werden mussten.

6.3.2 Seite 16	Außenwände, Fassaden, Außenwandverkleidungen	Grundlegende Anforderungen an Außenwände

5-1 bis 5-4 Verschiedene Phasen im Brandverhalten eines WDVS (Zeichnungen nach: Ingolf Kotthoff)

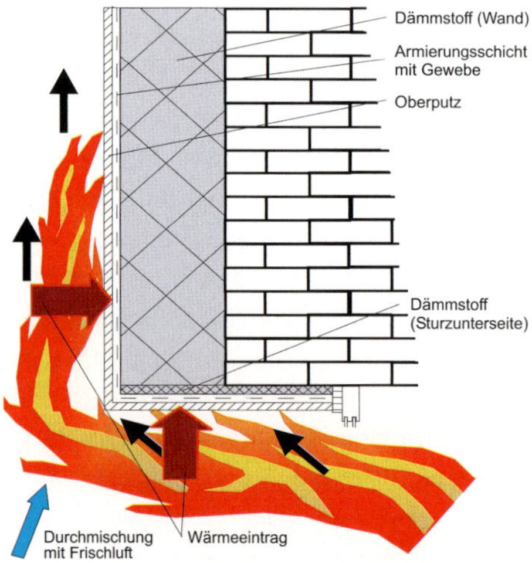

Phase 1:
Wärmeeintrag von unten und von vorn in das WDVS

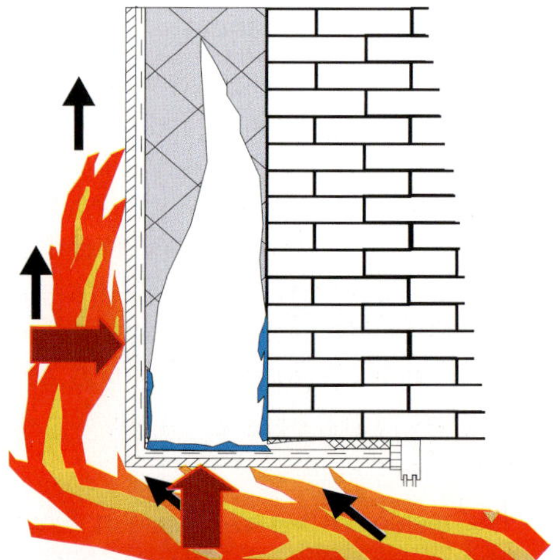

Phase 2:
- Dämmstoff schmilzt
- Hohlraumbildung
- Schmelze an der Rückseite der Putzschicht und der Wand
- ablaufende Schmelze sammelt sich am tiefsten Punkt (Fenstersturz)

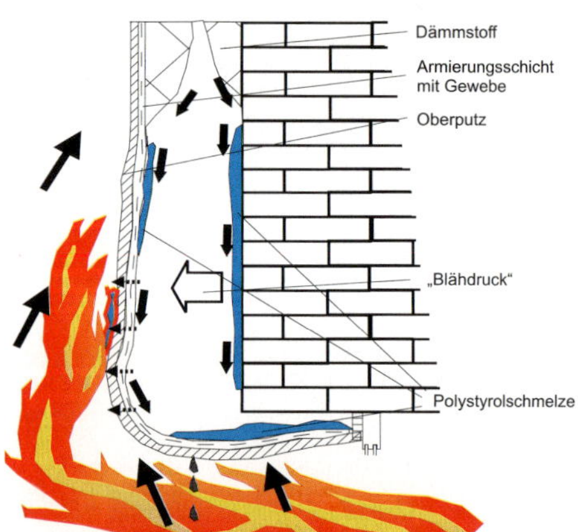

Phase 3:
- Aufbau eines „Blähdrucks" im Inneren des WDVS durch Erwärmung der Luft und entstehen von Pyrolysegasen
- Austritt von Pyrolysegasen durch die Putzschicht
- Abbrand der organischen Putzanteile
- Wölbung der Putzoberfläche nach außen, Risse
- Absenken des Sturzes durch das Gewicht der Schmelze
- vereinzeltes Abtropfen brennender Polystyrolschmelze

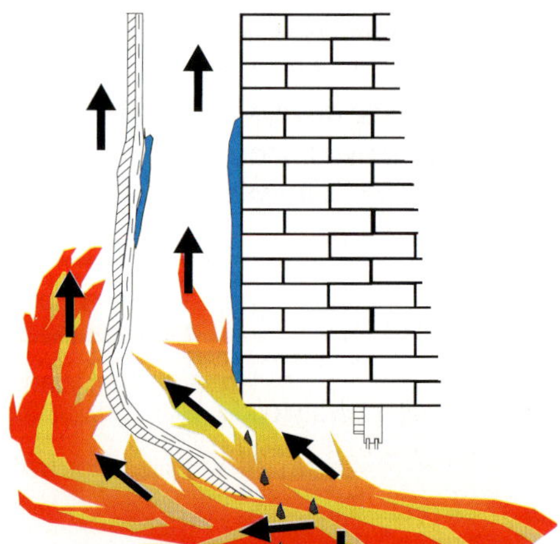

Phase 4:
- Abreißen des Sturzes
- Öffnen des Systems
- Flammeneintritt in das Systeminnere
- Brennen außen und innen
- brennendes Abtropfen von Polystyrolschmelze

- Feuer-Inferno in der Frankfurter Adickesallee im Juni 2012: Innerhalb von Minuten war die Polystyrolfassade auf einer Baustelle in Brand geraten; Ausgangspunkt für das Feuer waren gelagerte Materialien.

Alle Brände hatten zwei gemeinsame Eigenschaften: Als Dämmmaterial wurde Polystyrol verwendet und der Einbau entsprach dem Vernehmen nach (noch) nicht in allen Punkten einschlägigen ABZ.

Auch die Bauministerkonferenz befasste sich im September 2012 mit dieser Thematik. Im Folgenden ist der entsprechende Auszug aus der Niederschrift über die Sitzung abgedruckt:

> Aus der Niederschrift über die Sitzung der Bauministerkonferenz am 20./21. September 2012 in Saarbrücken
>
> *„TOP 10: Brandverhalten von Wärmedämmverbundsystemen mit Polystyroldämmstoffen*
>
> *Beschluss:*
>
> *1. Die Bauministerkonferenz stellt fest, dass Wärmedämmverbundsysteme mit Polystyroldämmstoffen ordnungsgemäß zertifiziert und bei der zulassungsentsprechenden Ausführung sicher sind. Gleichwohl nimmt sie die Brandereignisse mit solchen Wärmedämmverbundsystemen ernst.*
>
> *2. Die Bauministerkonferenz beauftragt den Ausschuss für Stadtentwicklung, Bau- und Wohnungswesen unter Einbeziehung der Feuerwehr, alle relevanten Brandereignisse von Wärmedämmverbundsystemen mit Polystyroldämmstoffen unter Berücksichtigung der besonderen Umstände und Gefahren bei Montagezuständen zu untersuchen. Sofern angezeigt, sind konkrete Handlungsempfehlungen auszusprechen.“*

Grundsätzlich muss sich jeder Anwender darüber im Klaren sein, dass er mit brennbaren Dämmmaterialien ein zusätzliches Brandausbreitungsrisiko in eine Gebäudesubstanz integriert. Auf der anderen Seite ist gerade Polystyrol ein verhältnismäßig günstiger Dämmstoff, der gern verwendet wird.

Über 40 Mio. m^2 WDVS werden jährlich in Deutschland verbaut; die meisten aus Polystyrol. Damit lassen sich normal entflammbare und schwer entflammbare Wärmedämmverbundsysteme realisieren. Das weitverbreitete Missverständnis, dass schwer entflammbare Systeme nicht brennen, wird spätestens durch die oben beschriebenen Brände widerlegt.

Nicht zuletzt wurde in Brandversuchen deutlich, dass die Art, wie solche Systeme brennen, sehr stark von deren Einbausituationen abhängig ist.

Vor diesem Hintergrund wurden im Laufe der letzten Jahrzehnte – in erster Linie durch die Systemhersteller – Prüfungen in Auftrag gegeben. Aus deren Ergebnissen

6.3.2 Seite 18	Außenwände, Fassaden, Außenwandverkleidungen	Grundlegende Anforderungen an Außenwände

5-5 Verhinderung einer großflächigen Brandweiterleitung nach zulassungskonformem Einbau, aus FeuerTRUTZ Magazin 1.2009 (Foto: Fachverband Wärmedämm-Verbundsysteme – FV WDVS)

wurden Randbedingungen abgeleitet, die sich schnell ausbreitende Fassadenbrände verhindern sollen.

Das Bild 5-5 zeigt, wie sich im Gegensatz zu den vorher beschriebenen Großbränden die Brandausbreitung bei diesem Brand in Grenzen hielt.

Auch bei durchgeführten Brandversuchen wurde eine große Diskrepanz zwischen den Ergebnissen deutlich. Unabhängig von den normativen Brandversuchen hat auch ein Fernsehmagazin bei der MPA Braunschweig einen Brandversuch in Auftrag gegeben. Hierfür baute ein Fachbetrieb ein Wärmedämmverbundsystem eines Markenherstellers auf, das durch ein Stützfeuer beflammt wurde. Das System fing so schnell Feuer, dass der Versuch bereits nach acht Minuten außer Kontrolle geriet. Die Feuerwehr musste wegen der heftigen Flammen und extremer Rauchgasentwicklung unter Atemschutz umgehend löschen.

Dieser extreme Unterschied zu dem im Bild 5-5 dargestellten Brandverlauf war:

Auf einen Brandriegel (siehe Punkt 5.4 in diesem Abschnitt) wurde verzichtet.

Außerdem stellte das DIBt in einer Stellungnahme vom 28.11.2011 fest:

„Zu dem bei der MPA Braunschweig durchgeführten Brandversuch ist Folgendes anzumerken:

Der Versuchsaufbau entsprach nicht dem für Zulassungsprüfungen geforderten Aufbau, wie er auch im Arbeitsentwurf von DIN 4102-20 beschrieben wird. Anstelle eines L-förmigen Versuchsstandes wurde nur eine rückwärtige Versuchsstandswand mit dem WDV-System bekleidet und geprüft und die Wand war links und rechts durch massive Wände aus mineralischen Baustoffen begrenzt (U-förmiger Versuchsstand). Durch diese schachtförmige Versuchsanordnung wird die thermische Exposition des WDV-Systems deutlich erhöht und entspricht nicht mehr einer Brandbeanspruchung unter Realbrandbedingungen."

Die bisherigen Ausführungen zeigen: Das System von Wärmedämmverbünden ist sehr sensibel. Wird ein System exakt entsprechend den Verwendbarkeitsnachweisen eingebaut, kann grundsätzlich davon ausgegangen werden, dass es zu keiner großflächigen Brandausbreitung über die Fassade kommt. Selbst kleinere Abweichungen von vorgegebenen Einbau- oder Randbedingungen können dies jedoch völlig verändern.

Die ordnungsgemäße Ausbildung der Verbundsysteme setzt eine hoch qualifizierte Verarbeitung an der Baustelle voraus.

Ob dies heute in Praxis immer gewährleistet ist, darf zumindest bezweifelt werden. Darüber hinaus ist anzunehmen, dass besondere Einbausituationen (z.B. viele Innenecken zwischen kurzen Wandscheiben) oder bestimmte äußere Einflüsse (z.B. massive Brandeinwirkung von außen) das Brandverhalten der Verbundsysteme verändert.

Ähnliche Aussagen wie für Polystyrol gelten – wenn auch in relativierter Form – auch für WDVS aus anderen brennbaren Stoffen, meist auf Holz- oder Zellulosebasis.

Aus brandschutztechnischer Sicht völlig unproblematisch zeigten sich in der Vergangenheit WDVS aus nichtbrennbaren Baustoffen. Sie haben den Nachteil, dass sie meist teurer sind als andere Systeme und oft höhere Dämmstoffdicken im Vergleich zu Polystyrol benötigen.

5.2 Anforderungen und Verwendbarkeit

Die Anforderungen bestehen analog der Vorgaben in vorangehendem Punkt 4.1 abhängig von den Gebäudeklassen (siehe auch Tabelle 4-1). Und die Zuordnungen der Baustoffklassen nach DIN 4102 bzw. DIN EN 13501 sind in Punkt 4.2 ausführlich beschrieben.

Bei WDVS handelt es sich immer um Bauarten bzw. Bausätze (Systeme), bei denen alle Schichten (Systembauteile) aufeinander abgestimmt sein müssen. Deshalb dürfen nur jeweils komplette Systeme eines Herstellers verwendet werden.

6.3.2 Seite 20	Außenwände, Fassaden, Außenwandverkleidungen	Grundlegende Anforderungen an Außenwände

5-6 Deckblatt einer aktuellen bauaufsichtlichen Zulassung

Deutsches Institut für Bautechnik DIBt

Allgemeine bauaufsichtliche Zulassung

Zulassungsstelle für Bauprodukte und Bauarten
Bautechnisches Prüfamt
Eine vom Bund und den Ländern gemeinsam getragene Anstalt des öffentlichen Rechts
Mitglied der EOTA, der UEAtc und der WFTAO

Datum: 06.06.2011
Geschäftszeichen: II 12-1.33...

Zulassungsnummer:
Z-33...

Geltungsdauer
vom: 30. Mai 2011
bis: 28. April 2013

Antragsteller:
...

Zulassungsgegenstand:
Wärmedämm-Verbundsystem "A..." nach ETA-06...

Der oben genannte Zulassungsgegenstand wird hiermit allgemein bauaufsichtlich zugelassen. Diese allgemeine bauaufsichtliche Zulassung umfasst sieben Seiten und fünf Anlagen mit sechs Blatt.

DIBt | Kolonnenstraße 30 B | D-10829 Berlin | Tel.: +4930 78730-0 | Fax: +4930 78730-320 | E-Mail: dibt@dibt.de | www.dibt.de

Die Verwendbarkeit von WDVS werden heute als nicht geregelte Bauprodukte bzw. Bauarten regelmäßig durch ABZ bzw. ETA nachgewiesen.

Entsprechende Nachweise sind grundsätzlich entsprechend den in Punkt 4 dieses Abschnittes aufgeführten Anforderungen zu erbringen.

Die **allgemeinen bauaufsichtlichen Zulassungen** (ABZ) für WDVS enthalten wichtige Randbedingungen, die beim Einbau zu beachten sind. Diese resultieren aus etlichen Brandversuchen, die hauptsächlich an der MPA Leipzig durchgeführt wurden.

Frühere ABZ bezogen sich auf die Baustoffklassen, während die neuere Generation einen Baustoff mit seinen möglichen Anforderungen (nicht nur bezüglich des Brandschutzes) beschreibt (siehe Bild 5-6).

Bei brennbaren Dämmstoffen unterscheiden sich die Detailanforderungen beim Brandschutz in:

- normal entflammbar und
- schwer entflammbar.

Diese sind auch abhängig von der Dämmstoffdicke.

Folgende Anforderungen sind beispielhaft für eine ABZ eines WDVS:

- Baustoffanforderungen der verwendeten Dämmplatten
- Aufbau des Dämmsystems (ggf. mit Anforderungen an die Verarbeitungstemperaturen)
- Anforderungen an den Hersteller und die ausführende Firma
- Eingangskontrolle der Bestandteile (Bauprodukte) an der Baustelle
- Anforderungen an den Untergrund mit ggf. erforderlichen Maßnahmen
- Angaben hinsichtlich der Beschaffenheit und Mischung des Klebemörtels
- Anbringen der Dämmplatten
  - auf der Fläche
  - im Sturz- und Laibungsbereich
  - Verklebung
- Ausführung des Ober- und Unterputzes
- Überbrückung der Fugen

- weitere Hinweise, z.B. zu erforderlichen Zusatzmaßnahmen hinsichtlich des Witterungsschutzes.

ABZ für brennbare Dämmsysteme, **die als schwer entflammbar eingestuft werden müssen,** sehen regelmäßig noch folgende zusätzliche Anforderungen vor:

Bei Polystyrol-WDVS mit Dämmplattendicken über 100 mm (in früheren ABZ über 80 mm) muss regelmäßig im Sturzbereich oberhalb jeder Fenster- oder Türöffnung ein nichtbrennbarer, mindestens 200 mm breiter Mineralfaser-Lamellendämmstreifen angeordnet werden **(Sturzschutz)** (siehe Punkt 5.3), um im Brandfall ein Wegschmelzen des Polystyrols zu verhindern. Gleiches gilt für die Laibung im Sturzbereich. Ausnahmen hierzu regeln die jeweiligen ABZ.

In vielen neueren ABZ dürfen – bei Dämmstoffdicken über 100 mm bis maximal 200 mm bzw. 300 mm – die Mineralwollstürze oberhalb jeder Öffnung entfallen, wenn mindestens in jedem zweiten Geschoss ein horizontal um das Gebäude umlaufender Brandriegel angeordnet wird (siehe Punkt 5.4 in diesem Abschnitt).

Ohne Einbau eines Sturzschutzes oder Brandriegels lassen sich bei Polystyrolsystemen in der Regel nur normal entflammbare Konstruktionen realisieren.

Firmenspezifische Sonderlösungen sind möglich, wenn sie in den WDVS-Zulassungen geregelt sind.

ETA enthalten einen ähnlichen Aufbau wie ABZ. Grundsätzlich können WDVS auch nach ETA konzipiert und errichtet werden. Dabei ist jedoch Folgendes zu beachten: Ergänzend zur jeweiligen ETA, die auf der Basis der europäischen Zulassungsleitlinie (ETAG) 004 erstellt wurde (außenseitige WDVS mit Putzschicht) gilt die folgende Anwendungsregel in Teil II der Muster-Liste der Technischen Baubestimmungen *„Anwendungsregelungen für Bauprodukte und Bausätze nach europäischen technischen Zulassungen und harmonisierten Normen nach der Bauproduktenrichtlinie“.*

> Bestimmungen für die Anwendung der WDVS:
>
> ***Lfd. Nr. 2.2, Anlage 2/2 Liste der Technischen Baubestimmungen Teil II***
>
> *(...)*
>
> *„b) Brandschutz*
>
> *Wärmedämmverbundsysteme, die unter Verwendung von Polystyrol-Dämmstoffen mit Dicken > 100 mm oder anderen brennbaren Dämmstoffen als schwer entflammbar eingestuft werden sollen, müssen die Eignung als Außenwandbekleidung durch eine allgemeine bauaufsichtliche Zulassung erbringen.“*

Dies bedeutet, der Nachweis für solche Systeme ist derzeit nicht nach einer ETA möglich, sondern muss über eine (nationale) ABZ erfolgen.

Diese Forderung besteht, damit für Gebäude ab GK 4 bzw. für bestimmte Sonderbauten das Erfordernis nach Sturzschutz bzw. Brandriegeln bei brennbaren Dämmstoffen aus Polystyrol in jedem Fall gewährleistet ist.

6.3.2 Seite 22	Außenwände, Fassaden, Außenwandverkleidungen	Grundlegende Anforderungen an Außenwände

5-7 Ausführung eines WDVS mit Dämmstoffplatten aus Polystyrol in Dicken über 100 mm bei einem Gebäude der GK 4 und 5 (Zeichnung: Josef Mayr)

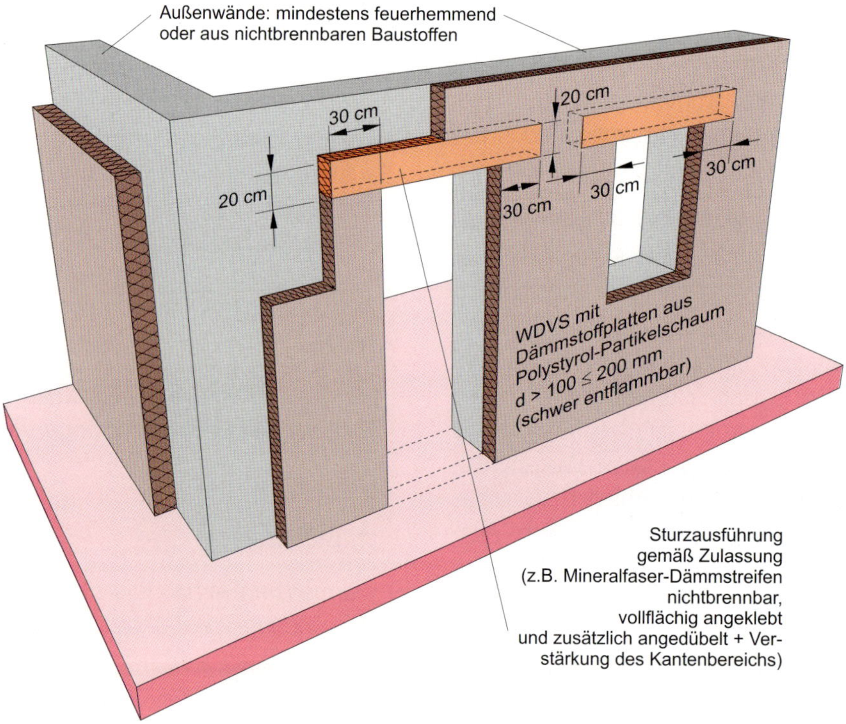

Schadenbilder von Bränden bei Gebäuden ohne diese Schutzmaßnahmen (z.B. bei Standard-Bauvorhaben bis GK 3 bzw. bei regelwidrigem Einbau) zeigen, dass diese Schutzmaßnahmen (im Folgenden näher beschrieben) bei der Verwendung von Dämmmaterialien aus Polystyrol auch in den Fällen dringend zu empfehlen sind, in denen sie durch Bauvorschriften nicht verpflichtend anzuwenden sind.

5.3 Sturzschutz

Die Erfahrung zeigt, dass der Flammenangriff eines voll entwickelten Brandes auf die Stirnseite einer brennbaren Dämmung oder in den Luftspalt hinter die Dämmung ein Schmelzen des Dämmstoffes, verbunden mit brennbarem Abtropfen, aber auch eine rasante Brandausbreitung über die Außenwand nach sich zieht.

Solche Szenarien entstehen vor allem in der Folge von Raumbränden, deren Flammen massiv aus den Fenstern schlugen (siehe auch vorangehenden Punkt 4.2).

Das in Punkt 4.2 beschriebene Erfordernis eines Sturzschutzes bei schwer entflammbaren Systemen hat mittlerweile Eingang in alle ABZ für WDVS aus Polystyrol genommen.

5-8 Ausführung eines WDVS mit Dämmstoffplatten aus Polystyrol in Dicken über 100 mm bei einem Gebäude der GK 4 und 5 (Schnitt) (nach: Fachverband Wärmedämm-Verbundsysteme, Systeminfo 6)

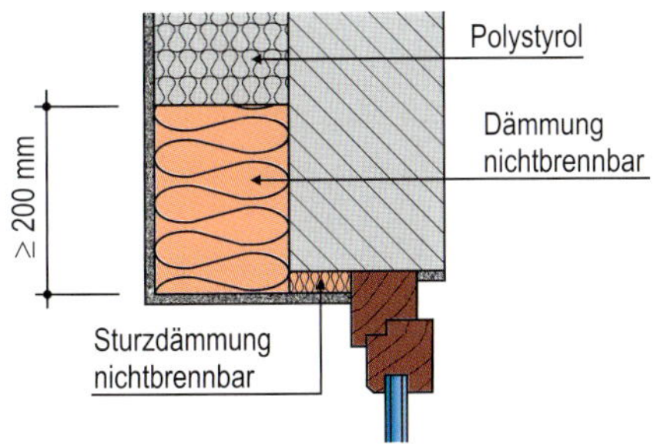

In einer beispielhaften ABZ ist Folgendes geregelt:

> *„Oberhalb jeder Öffnung im Bereich der Stürze ist ein mindestens 200 mm hoher und mindestens 300 mm seitlich überstehender (links und rechts der Öffnung) nichtbrennbarer Mineralwolle-Lamellenstreifen*) vollflächig anzukleben; im Kantenbereich ist das Bewehrungsgewebe zusätzlich mit Gewebeeckwinkeln zu verstärken. Werden hierbei auch Laibungen gedämmt, ist für die Dämmung der horizontalen Laibung im Sturzbereich ebenfalls nichtbrennbarer Mineralwoll-Dämmstoff zu verwenden."*
>
> *) Die ABZ enthalten in der Regel auch weitere Vorgaben zur Beschaffenheit des Dämmstoffes.

Das Bild 5-7 stellt die hier aufgeführte Ausführung dar.

Die in den ABZ enthaltenen Randbedingungen sind jeweils genau zu beachten. Dies gilt insbesondere auch für die Lage der Fensterebene, wenn z.B. das Fenster im Bereich der vorgesetzten Dämmebene liegt.

Dasselbe gilt im Prinzip auch für Rollladenkästen.

Hierzu eine beispielhafte Ausführung in einer ABZ (siehe Bilder 5-9 bis 5-14):

> *„Beim Einbau von Rollladen und Jalousien unmittelbar oberhalb von Öffnungen bzw. bei der Montage von Fenstern in der Dämmebene sind diese dreiseitig – oberhalb und an beiden Seiten – von einem mindestens 200 mm hohen bzw. breiten nichtbrennbaren Mineralwolle-Lamellenstreifen* zu umschließen."*
>
> *) Die ABZ enthalten in der Regel auch weitere Vorgaben zur Beschaffenheit des Dämmstoffes.

Bei Einbaurollläden schwanken die Vorgaben in den Verwendbarkeitsnachweisen zwischen mindestens 50 mm bis mindestens 200 mm (siehe Bild 5-12).

Ist die jeweilige Einbausituation in der betroffenen ABZ nicht enthalten, handelt es sich dabei in der Regel um eine *wesentliche Abweichung,* für deren Verwendbarkeit die Oberste Bauaufsichtsbehörde eine ZIE erteilen kann.

6.3.2 Seite 24	Außenwände, Fassaden, Außenwandverkleidungen	Grundlegende Anforderungen an Außenwände

5-9 Ausführung eines WDVS mit Dämmstoffplatten aus Polystyrol in Dicken über 100 bis 300 mm im Bereich eines Aufsatzrollladens (nach: Fachverband Wärmedämm-Verbundsysteme, Systeminfo 6)

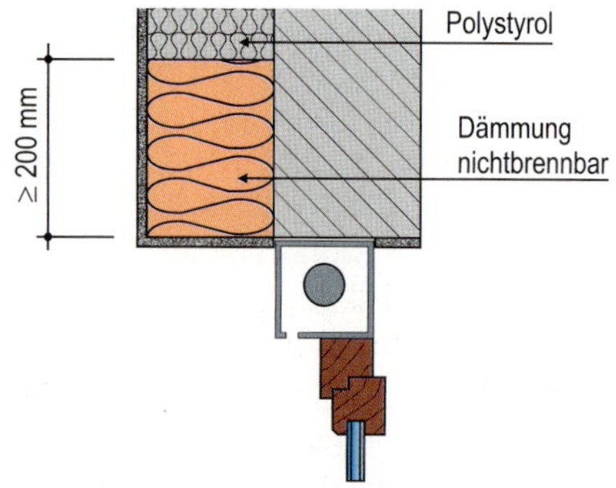

5-11 Ausführung eines WDVS mit Dämmstoffplatten aus Polystyrol in Dicken über 100 bis 300 mm im Bereich einer Jalousie (nach: Fachverband Wärmedämm-Verbundsysteme, Systeminfo 6)

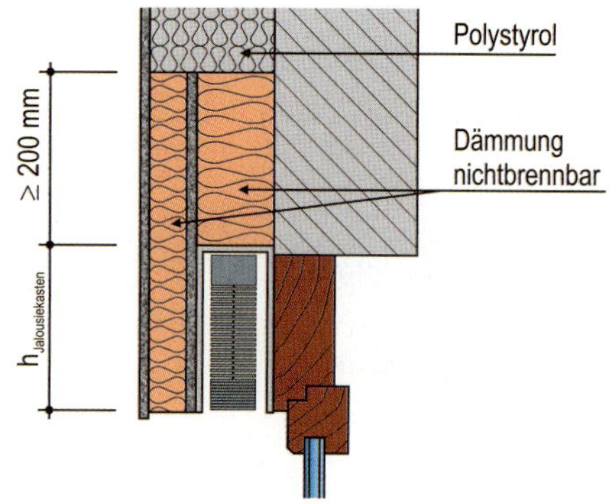

5-10 Ausführung eines WDVS mit Dämmstoffplatten aus Polystyrol in Dicken über 100 bis 300 mm im Bereich eines Vorsatzrollladens (nach: Fachverband Wärmedämm-Verbundsysteme, Systeminfo 6)

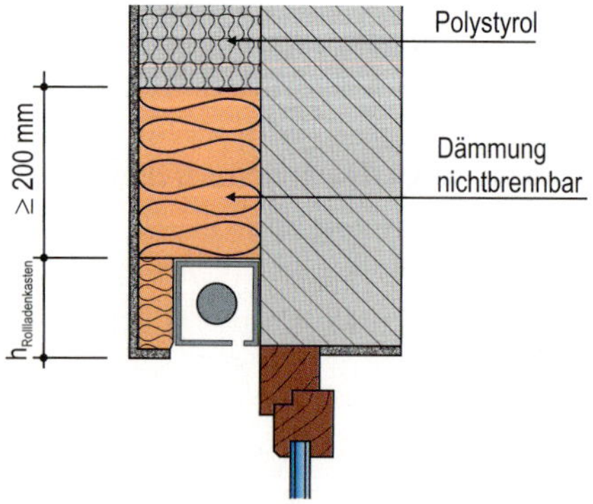

5-12 Ausführung eines WDVS mit Dämmstoffplatten aus Polystyrol in Dicken über 100 bis 300 mm im Bereich eines Einbaurollladens (nach: Fachverband Wärmedämm-Verbundsysteme, Systeminfo 6)

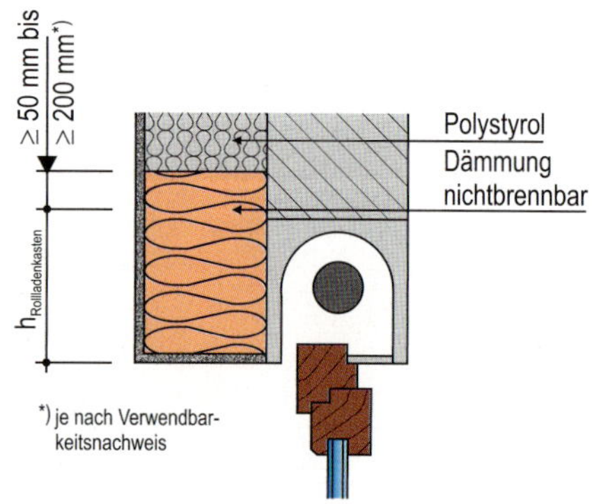

5-13 Ausführung eines WDVS mit Dämmstoffplatten aus Polystyrol in Dicken über 100 mm im Bereich eines Fensters in der Dämmstoffebene (nach: Fachverband Wärmedämm-Verbundsysteme, System-info 6)

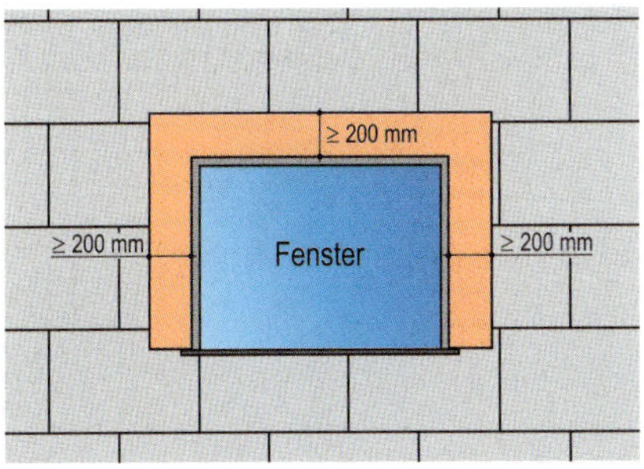

5-14 Ausführung eines WDVS mit Dämmstoffplatten aus Polystyrol in Dicken über 100 mm im Bereich eines Fensters in der Dämmstoffebene (Schnitt) (nach: Fachverband Wärmedämm-Verbund-systeme, Systeminfo 6)

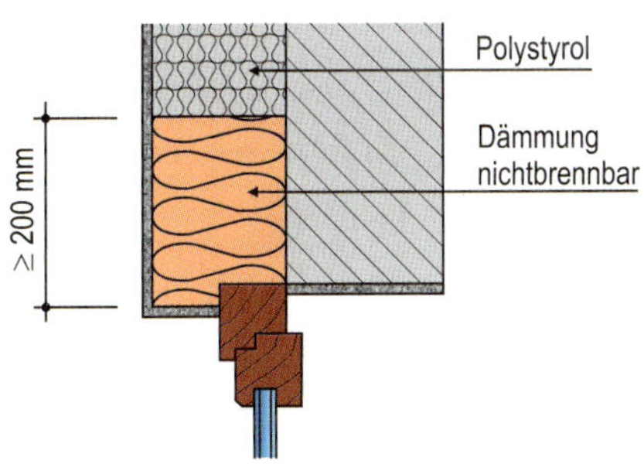

5.4 Brandriegel

Die Ausbildung der Schutzmaßnahmen im Bereich der Stürze bei schwer entflammbaren Konstruktionen bedeutet in vielen Fällen einen nicht unerheblichen Aufwand.

Deshalb wurde von Fachverbänden aus dem Bereich der WDVS, in Zusammenarbeit mit der MFPA Leipzig ein Forschungsprojekt ins Leben gerufen, in dem alternative Möglichkeiten entwickelt werden sollten, um in der Dämmebene der Polystyrolsysteme (Dicke über 100 bis 300 mm) eine fortschreitende geschossübergreifende Brandausbreitung zu vermeiden.

Das Ergebnis dieses Projektes war der Brandriegel. Er ist europaweit patentrechtlich geschützt und darf nur von bestimmten Herstellern von WDVS genutzt werden.

In den ABZ entsprechender Hersteller findet sich z.B. dazu Folgendes:

„Die Sturzsicherung darf entfallen, wenn in jedem zweiten Geschoss ein horizontal um das Gebäude umlaufender Brandriegel angeordnet wird. Der Brandriegel muss aus einem mindestens 200 mm hohen und vollflächig angeklebten Mineralwolle-Lamellenstreifen (Rohdichte 80 kg/m^3 bis 100 kg/m^3, hergestellt aus Steinfasern [!])) bestehen. Der Dämmstreifen ist so anzuordnen, dass ein maximaler Abstand von 0,50 m zwischen Unterkante Sturz und Unterkante Brandriegel eingehalten wird. In unmittelbar über Öffnungen befindlichen Kantenbereichen ist das Bewehrungsgewebe*

*) Die ABZ enthalten in der Regel auch weitere Vorgaben zur Beschaffenheit des Dämmstoffes.

6.3.2 Seite 26	Außenwände, Fassaden, Außenwandverkleidungen	Grundlegende Anforderungen an Außenwände

5-15 Ausbildung eines Brandriegels in jedem zweiten Geschoss

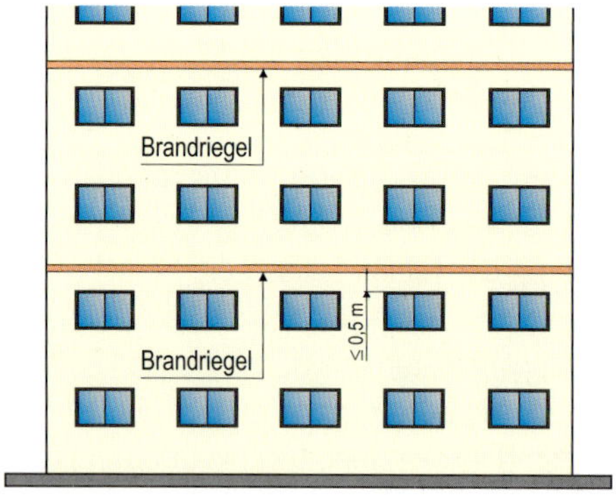

5-16 Detailausbildung des Brandriegels

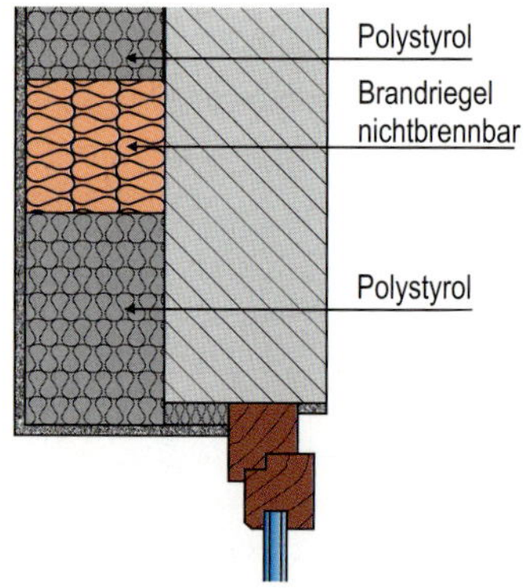

zusätzlich mit Gewebeeckwinkeln zu verstärken. Bei Dämmplattendicken über 200 mm muss die Gesamtputzdicke (Oberputz + Unterputz) mindestens 6 mm betragen."

Die beschriebenen Vorgaben können sich bei unterschiedlichen Herstellern unterscheiden.

Zusätzlich zu den Brandriegeln sind bei Verschattungseinrichtungen und vorgesetzten Fenstern keine Sonderdetails erforderlich.

Die Angaben der ABZ für erforderliche Randbedingungen, insbesondere in Bezug auf vorhandene Untergründe (in der Regel ausschließlich massive mineralische Flächen), sind außerdem zu beachten.

Der Brandriegel darf also nur dort eingesetzt werden, wo dies ausdrücklich im Verwendbarkeitsnachweis des Dämmsystems beschrieben wird.

5-17 Bemessung des Abstandes zwischen Unterkante Sturz und Unterkante Brandriegel
(nach: Fachverband Wärmedämm-Verbundsysteme, Systeminfo 6)

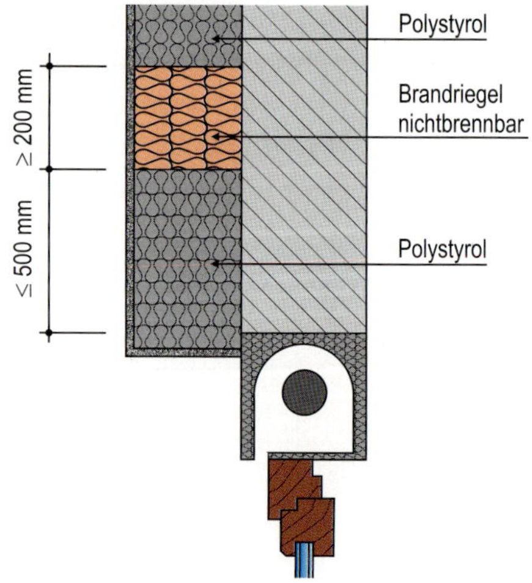

Der in der ABZ beschriebene Sturz stellt den oberen Abschluss einer potentiellen Öffnung dar, durch die Flammen aus dem Gebäude austreten können (z.B. Tür oder Fenster).

5-18 Bemessung des Abstandes zwischen Unterkante Sturz und Unterkante Brandriegel bei Jalousien oder Rollladenkästen, die sich vor der Außenwand befinden
(nach: Fachverband Wärmedämm-Verbundsysteme, Systeminfo 6)

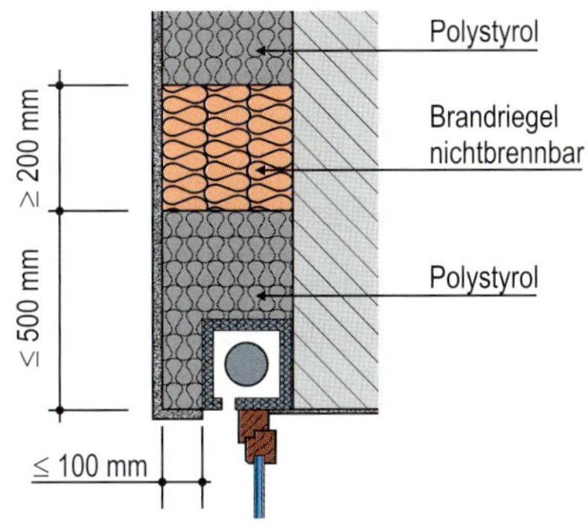

5-19 Ausbildung des Brandriegels bei unterschiedlichen Fenstergrößen
(nach: Fachverband Wärmedämm-Verbundsysteme, Systeminfo 6)

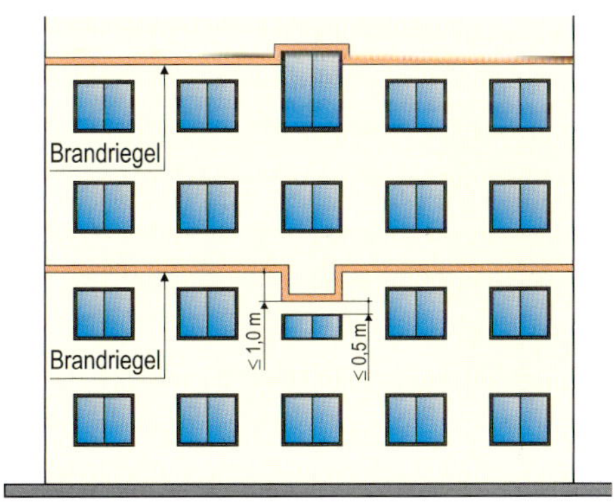

Der beschriebene Abstand von 0,50 m zwischen Unterkante Sturz und der Unterkante des Brandriegels ist in Bild 5-17 dargestellt.

5-20 Brandriegel im Bereich geschossübergreifender Fenster notwendiger Treppenräume
(nach: Fachverband Wärmedämm-Verbundsysteme, Systeminfo 6)

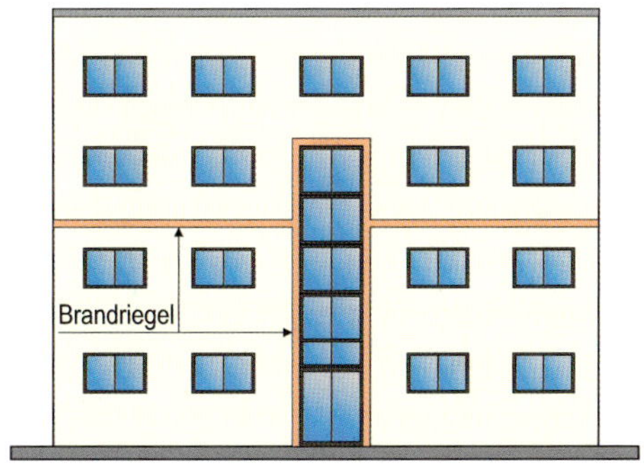

Im Bereich der Jalousien oder Rollladenkästen, die sich vor der Außenwand befinden und deren Überdämmung nicht mehr als 100 mm beträgt, darf eine Überdämmung der Jalousien oder Rollladenkästen (Aufsatz) bis zu einer Höhe von 0,40 m in die Bemessung einbezogen und muss nicht extra berücksichtigt werden (siehe Bild 5-18).

Bei unterschiedlichen Fenstergrößen muss der Brandriegel ggf. „springen" (siehe Bild 5-19). Die Höhe des Versprungs sollte maximal 1 m betragen.

Bei der Festlegung der erforderlichen Zahl an Brandriegeln ist bei Gebäuden in Hanglage die Gebäudeseite mit der höchsten Fassade maßgeblich.

Geschossübergreifende Fenster notwendiger Treppenräume müssen vom Brandriegel umschlossen sein (siehe Bild 5-20). Dies gilt nicht bei Einzelöffnungen (z.B. auf Höhe der Treppenpodeste).

6.3.2 Seite 28	Außenwände, Fassaden, Außenwandverkleidungen	Grundlegende Anforderungen an Außenwände

5-21 Gesims übernimmt die Funktion des Brandriegels
(nach: Fachverband Wärmedämm-Verbundsysteme, Systeminfo 6)

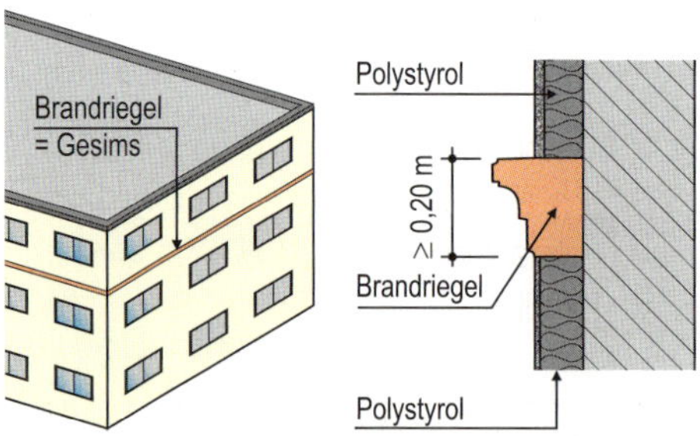

Bei vorhandenen massiven und ungedämmten Gebäudeteilen, wie z.B. mindestens feuerhemmende, dichtschließende Balkonplatten oder Gesimse, kann der Brandriegel entfallen, wenn sichergestellt ist, dass das jeweilige Bauteil dessen Funktion übernimmt. Das WDVS muss hierbei komplett unterbrochen sein (siehe Bild 5-21).

Dieselbe Erleichterung kann mit durchgängigen Fensterbändern in einer Höhe von mindestens 1 m (Rohbaumaß) oder durch Rücksprünge (mindestens 0,50 m) erreicht werden. Bei diesen Maßnahmen ist zu beachten, dass Zündschnureffekte durch brennbare Baustoffe vermieden werden.

5-22 Die Wirkung eines Brandriegels bei einem Fassadenbrand, aus FeuerTRUTZ Magazin 1.2009
(Foto: Fachverband Wärmedämm-Verbundsysteme – FV WDVS)

5-23 Brandschutztechnische Trennung zwischen zwei Systemen
(nach: Fachverband Wärmedämm-Verbundsysteme, Systeminfo 6)

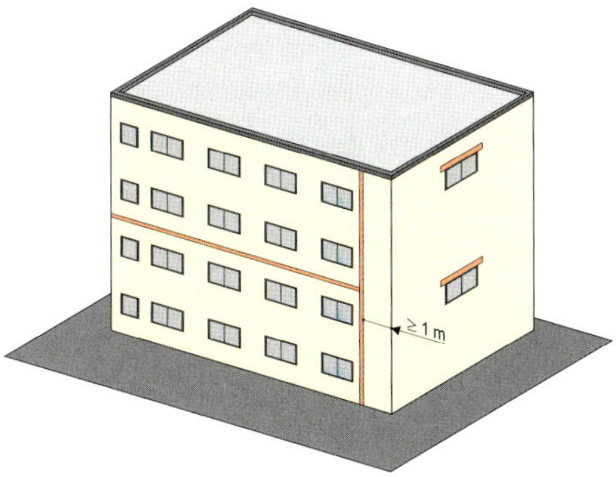

5.5 Kombination von Brandschutzmaßnahmen

Eine Kombination zwischen Sturzschutz und Brandriegel sollte möglichst vermieden werden. Das System *Brandriegel* kann jedoch durch die Ausbildung eines vertikalen Riegels begrenzt werden. Im Anschluss ist eine Fassade ohne zu schützende Öffnungen oder mit sturzgeschützten Öffnungen möglich (siehe Bild 5-23).

Solche vertikalen Brandriegel müssen mindestens 1 m von der Gebäudeecke entfernt sein.

Generell müssen WDVS immer als abgeschlossene Systeme betrachtet und zulassungskonform errichtet werden. Eine Kombination der Komponenten verschiedener Systeme ist nicht zulässig!

5.6 Wärmedämmverbundsysteme (WDVS) für den Holzbau

Die meisten ABZ geben als Randbedingung den Einbau der WDVS auf massivem Mauerwerk oder auf Beton vor, jeweils mit oder ohne Putz.

Dasselbe ergibt sich hinsichtlich der ETA nach ETAG 004 aus Anlage 2/2 der Muster-Liste der Technischen Baubestimmungen Teil II.

Dies bedeutet, WDVS sind im Holzbau nur möglich, wenn diese Verwendung in den Randbedingungen der entsprechenden ABZ ausdrücklich beschrieben ist.

5.7 Bestätigung der Ausführung

In den Anlagen der ABZ befinden sich Vorgaben für eine erforderliche Bestätigung der ausführenden Firma über einen zulassungskonformen Einbau des WDVS (siehe z.B. Bild 5-24), die dem Bauherrn nach dem Einbau vorzulegen ist.

Zu einem rechtskonformen Einbau eines WDVS gehört die Vorlage einer solchen Bestätigung immer, wenn dies im Verwendbarkeitsnachweis vorgesehen ist. Erst dann ist das Gewerk vollständig ausgeführt.

Planer und Bauherren ist dennoch dringend zu empfehlen, bei Auftragsvergabe bzw. Ausschreibungen die jeweilige Vorlage solcher Nachweise zum Vertragsbestandteil zu machen.

6.3.2 Seite 30	Außenwände, Fassaden, Außenwandverkleidungen	Grundlegende Anforderungen an Außenwände

5-24 Beispiel für die Bestätigung des zulassungsgemäßen Einbaus eines WDVS durch die ausführende Firma (Auszug aus einer ABZ) für den Bauherrn

Das Fachpersonal der ausführenden Firma wurde vom Hersteller über die sachgerechte Ausführung unterrichtet durch:

<Name und Anschrift der Firma>

Ausführung nach allgemeiner bauaufsichtlicher Zulassung (ABZ) Nr. Z…

<Zulassungsnummer der maßgeblichen ABZ>

Ausgeführtes System:

<Bezeichnung des ausgeführten Systems innerhalb der ABZ>

Die Beurteilung der Abreißfestigkeit der Wandoberfläche und der dauerhaften Verträglichkeit eventuell vorhandener Beschichtungen mit dem Klebemörtel ist erfolgt durch:

<Name und Anschrift des Beurteilenden>

Das System wurde zusätzlich befestigt mit:

<Bezeichnung der Dübel>

Die Überprüfung der Ebenheit ergab:

<Angabe der Prüfmethode und des Ergebnisses>

Die Oberfläche der Wand wurde vorbereitet durch:

<Name und Anschrift des Unternehmens, das die Wandoberfläche vorbereitet hat>

Die Eingangskontrolle der Bestandteile wurde vorgenommen. Alle Bestandteile entsprachen den Bestimmungen der ABZ Nr. Z…

<Zulassungsnummer der maßgeblichen allgemeinen bauaufsichtlichen Zulassung>

<Ort> und *<Datum>*

<Unterschrift>

<Ausführende Firma>

6 Außenwandkonstruktionen mit geschossübergreifenden Hohl- oder Lufträumen

6.1 Einleitung

Bei Außenwandkonstruktionen mit geschossübergreifenden Hohl- oder Lufträumen handelt es sich in der Regel um

- vorgehängte hinterlüftete Fassaden bzw. Außenwandbekleidungen (VHF), siehe Kapitel 6.3.0, Punkt 1.3.1 in diesem Werk, oder um
- Doppelfassaden, siehe Kapitel 6.3.0, Punkt 1.5.

Beide Systeme haben eines gemeinsam: einen Luftspalt, der über das komplette Gebäude führt (siehe Bild 6-1).

Während bei VHF-Systemen die Fenster den Luftspalt und die Außenhaut durchstoßen, führen bei Doppelfassaden die Fenster regelmäßig in einen nach außen geschlossenen Luftraum. Dies kann – gerade bei Zimmerbränden – verheerende Folgen haben.

Versuche der Forschungsstelle für Brandschutztechnik in Karlsruhe und der MFPA Leipzig zeigen, dass Pyrolysegas-Durchzündungen in den Luftspalten zu massiven Bränden in diesen Bereichen führen können. Ein eindrucksvoller Brandversuch hierzu ist im Internet zu sehen, unter www.ffb.uni-karlsruhe.de.

Abhilfe könnten nur Abschottungen dieser Luftspalte schaffen. Dies widerspricht aber den bauphysikalischen Zielen, die diesen Luftspalten zugrunde liegen.

6-1 Luftspalt über das gesamte Gebäude

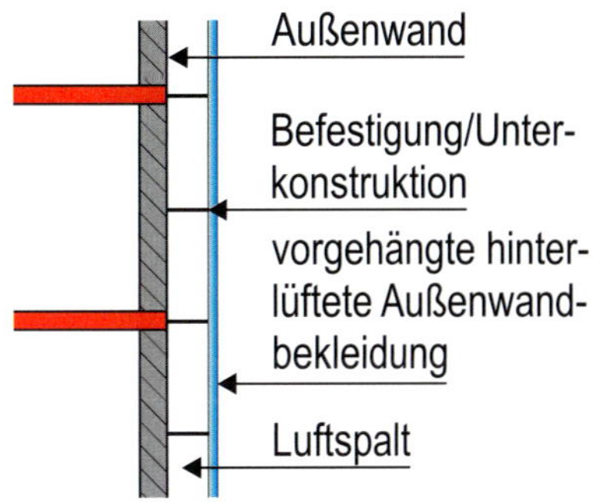

Aus diesem Grund wurden in Forschungsvorhaben für beide Systeme Lösungen gesucht, die bei geschossübergreifenden Hohl- oder Lufträumen sowohl den brandschutztechnischen als auch bauphysikalischen Anforderungen gerecht werden (siehe Punkt 6.3 in diesem Kapitel).

6.2 Verankerung in den Landesbauordnungen (LBOs)

Die LBOs formulieren die beschriebene Brandschutzproblematik durch Schutzzieldefinitionen. Die MBO führt hierzu Folgendes aus:

> § 28 Abs. 4 MBO
>
> *„Bei Außenwandkonstruktionen mit geschossübergreifenden Hohl- oder Lufträumen wie hinterlüfteten Außenwandbekleidungen sind gegen die Brandausbreitung besondere Vorkehrungen zu treffen.*
>
> *Satz 1 gilt für Doppelfassaden entsprechend."*

6.3.2 Seite 32	Außenwände, Fassaden, Außenwandverkleidungen	Grundlegende Anforderungen an Außenwände

Tabelle 6-1:
Übersicht über die bauaufsichtlichen Anforderungen zu Vorkehrungen gegen Brandausbreitung bei Außenwandkonstruktionen mit Hohl- oder Lufträumen

	GK 1 und 2	GK 3	GK 4 und 5
Geschossübergreifende Hohl- oder Lufträume (allgemein)	–	–	Vorkehrungen*)
Doppelfassaden	–	Vorkehrungen*)	Vorkehrungen*)
*) besondere Vorkehrungen gegen Brandausbreitung notwendig			

Wegen der ähnlichen Gefahrensituation stellt die MBO zunächst hinterlüftete Außenwandbekleidungen und Doppelfassaden gleich.

Da bei Doppelfassaden die mit einer Brandausbreitung, insbesondere der Rauchgase, verbundenen möglichen Gefahren größer einzuschätzen sind als bei hinterlüfteten Außenwandbekleidungen, erfolgt in der MBO im folgenden Absatz dennoch eine Differenzierung:

§ 28 Abs. 5 MBO

„(…) Absatz 4 Satz 1 gilt nicht für Gebäude der Gebäudeklassen 1 bis 3;

Absatz 4 Satz 2 gilt nicht für Gebäude der Gebäudeklassen 1 und 2."

Während also *besondere Vorkehrungen gegen Brandausbreitung* bei geschossübergreifenden Hohl- oder Lufträumen generell erst ab Gebäudeklasse 4 zu treffen sind, ist dies bei Doppelfassaden bereits ab Gebäudeklasse 3 erforderlich.

Was letztendlich unter *besondere Vorkehrungen gegen Brandausbreitung* zu verstehen ist, wird in der MBO selbst (und auch in den meisten LBOs) nicht weiter ausgeführt.

6.3 Hinterlüftete Außenwandbekleidungen (ohne Doppelfassaden)

In verschiedenen Brandversuchen wurden geeignete Maßnahmen gesucht, die Brandausbreitung in den Hohlräumen zu unterbinden (siehe Punkt 6.1 in diesem Kapitel).

Die Ergebnisse führten zu einer bauaufsichtlichen Richtlinie der ARGEBAU, die die Schutzzieldefinition des § 28 Abs. 4 MBO ausfüllt.

Aus verschiedensten – auch politischen – Gründen wurde diese Richtlinie aber nicht als eigenständiges Werk verabschiedet und in den Bundesländern nicht bauaufsichtlich eingeführt, sondern als Anlage in die Muster-Liste der Technischen Baubestimmungen aufgenommen.

Unter der lfd. Nr. 2.6.5 in Teil I der Muster-Liste der Technischen Baubestimmungen war bereits die DIN 18516-1 bauaufsichtlich eingeführt (siehe Tabelle 6-2). Diese gilt für alle hinterlüfteten Außenwandbekleidungen, nicht jedoch für Doppelfassaden und WDVS.

Tabelle 6-2:
Auszug aus der Muster-Liste der Technischen Baubestimmungen Teil I

Lfd. Nr.	Bezeichnung	Titel	Ausgabe
1	2	3	4
2.6.5	DIN 18516	Außenwandbekleidungen, hinterlüftet	
	-1 Anlagen 2.6/3 und 2.6/4	- , - ; Teil 1: Anforderungen, Prüfgrundsätze	Juni 2010

In der DIN 18516-1 sind vor allem Vorgaben zur Standsicherheit (z.B. Befestigungen) sowie zum Witterungsschutz enthalten. Zum Brandschutz gibt es nur den Punkt 4.4. Dieser enthält lediglich einen Querverweis auf Anlage 2.6/11 in der Muster-Liste der Technischen Baubestimmungen Teil I.

Tatsächlich findet sich in der Anlage 2.6/4 der Muster-Liste der Technischen Baubestimmungen (Stand: September 2012) die ursprünglich als eigenständig erstellte bauaufsichtliche Richtlinie, die über diesen Weg in den meisten Bundesländern bauaufsichtlich eingeführt wurde.

Hinweis: In vielen Veröffentlichungen und auch in der DIN 18516-1 wird in diesem Zusammenhang auf die Anlage 2.6/11 der Muster-Liste der Technischen Baubestimmungen Teil I verwiesen. Dieser Verweis bezieht sich aber auf eine ältere Fassung dieser Liste. Länderlisten, die auf der Liste mit Stand ab Dezember 2011 beruhen, bezeichnen die betreffende Anlage regelmäßig mit 2.6/4.

Der für hinterlüftete Außenwandbekleidungen maßgebliche Auszug der **Anlage 2.6/4 der Muster-Liste der Technischen Baubestimmungen Teil I** lautet wörtlich:

„Zu DIN 18516-1

Bei Anwendung der technischen Regel sind folgende besondere brandschutztechnische Vorkehrungen bei hinterlüfteten Außenwandbekleidungen, die geschossübergreifende Hohlräume haben, oder über Brandwände hinweggeführt werden, zu beachten:

1 Anwendungsbereich

Bei hinterlüfteten Außenwandbekleidungen, die

- geschossübergreifende Hohl- oder Lufträume haben oder
- über Brandwände hinweggeführt werden,

sind nach § 28 Abs. 4 in Verbindung mit Abs. 5 sowie nach § 30 Abs. 7 MBO 2002, besondere Vorkehrungen gegen die Brandausbreitung zu treffen. Nachfolgend werden mögliche Vorkehrungen beschrieben.

2 Begriffe

2.1 Hinterlüftete Außenwandbekleidungen bestehen aus

- Bekleidungen mit offenen oder geschlossenen Fugen, sich überdeckenden Elementen bzw. Stößen;
- Unterkonstruktionen (z.B. Trag- und ggf. Wandprofilen aus Metall, Holzlatten (Traglatten), Konterlatten (Grundlatten));
- Halterungen (Verankerungs-, Verbindungs-, Befestigungselementen);
- Zubehörteilen (z.B. Anschlussprofile, Dichtungsbänder, thermische Trennelemente);
- Hinterlüftungsspalt;
- ggf. Wärmedämmung mit Dämmstoffhaltern.

2.2 Hinterlüftungsspalt ist der Luftraum zwischen der Bekleidung und der Wärmedämmung oder zwischen der Bekleidung und der Wand, soweit keine außenliegende Wärmedämmung vorgesehen ist.

2.3 Brandsperren dienen der Begrenzung der Brandausbreitung im Hinterlüftungsspalt über eine ausreichend lange Zeit durch Unterbrechung oder partielle Reduzierung des freien Querschnitts des Hinterlüftungsspalts.

3 Dämmstoffe, Unterkonstruktionen, Hinterlüftungsspalt

3.1 Abweichend von § 28 Abs. 3 Satz 1 MBO muss die Wärmedämmung nichtbrennbar sein. Die Dämmstoffe sind entweder mechanisch oder mit einem Klebemörtel, der schwer entflammbar ist oder einen Anteil von nicht mehr als 7,5 % an organischen Bestandteilen aufweist, auf dem Untergrund zu befestigen. Stabförmige Unterkonstruktionen aus Holz sind zulässig (§ 28 Abs. 3 Satz 1 Halbsatz 2 MBO).

3.2 Die Tiefe des Hinterlüftungsspalts darf nicht größer sein als:

- 50 mm bei Verwendung einer Unterkonstruktion aus Holz und
- 150 mm bei Verwendung einer Unterkonstruktion aus Metall.

4 Horizontale Brandsperren

4.1 In jedem zweiten Geschoss sind horizontale Brandsperren im Hinterlüftungsspalt anzuordnen. Die Brandsperren sind zwischen der Wand und der Bekleidung einzubauen. Bei einer außenliegenden Wärmedämmung genügt der Einbau zwischen dem Dämmstoff und der Bekleidung, wenn der Dämmstoff im Brandfall formstabil ist und einen Schmelzpunkt von > 1.000 °C aufweist.

4.2 Unterkonstruktionen aus brennbaren Baustoffen müssen im Bereich der horizontalen Brandsperren vollständig unterbrochen werden.

4.3 Die Größe der Öffnungen in den horizontalen Brandsperren ist insgesamt auf 100 cm²/lfm Wand zu begrenzen. Die Öffnungen können als gleichmäßig verteilte Einzelöffnungen oder als durchgehender Spalt angeordnet werden.

4.4 Die horizontalen Brandsperren müssen über mindestens 30 Minuten hinreichend formstabil sein (z.B. aus Stahlblech mit einer Dicke von d ≥ 1 mm). Sie sind in der Außenwand in Abständen von ≤ 0,60 m zu verankern. Die Stahlbleche sind an den Stößen mindestens 30 mm zu überlappen.

4.5 Laibungen von Außenwandöffnungen (Türen, Fenster) dürfen integraler Bestandteil von Brandsperren sein, soweit der Hinterlüftungsspalt durch Bekleidung der Laibungen und Stürze der Außenwandöffnungen verschlossen ist; die Bekleidung muss den Anforderungen nach Ziffer 4.4 entsprechen, Unterkonstruktionen und eine ggf. vorhandene Wärmedämmung müssen aus nichtbrennbaren Baustoffen bestehen.

4.6 Horizontale Brandsperren sind nicht erforderlich

1. bei öffnungslosen Außenwänden,
2. wenn durch die Art der Fensteranordnung eine Brandausbreitung im Hinterlüftungsspalt ausgeschlossen ist (z.B. durchgehende Fensterbänder, geschossübergreifende Fensterelemente) und
3. bei Außenwänden mit hinterlüfteten Bekleidungen, die einschließlich ihrer Unterkonstruktionen, Wärmedämmung und Halterungen aus nichtbrennbaren Baustoffen bestehen, wenn der Hinterlüftungsspalt im Bereich der Laibung von Öffnungen umlaufend im Brandfall über mindestens 30 Minuten formstabil (z.B. durch Stahlblech mit einer Dicke von d ≥ 1 mm) verschlossen ist.

5 Vertikale Brandsperren im Bereich von Brandwänden

Der Hinterlüftungsspalt darf über die Brandwand nicht hinweggeführt werden. Der Hinterlüftungsspalt ist mindestens in Brandwanddicke mit einem im Brandfall formstabilen Dämmstoff mit einem Schmelzpunkt von > 1.000 °C auszufüllen.

§ 30 Abs. 7 Satz 1 MBO bleibt unberührt.

6.3.2 Seite 36	Außenwände, Fassaden, Außenwandverkleidungen	Grundlegende Anforderungen an Außenwände

6-2 Aufbau hinterlüfteter Außenwandbekleidungen

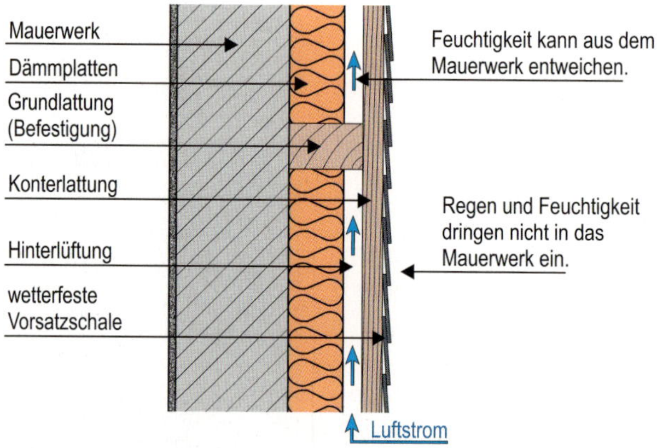

Achtung: Unabhängig von Regelungen der Bauordnungen sind bei diesen Konstruktionen ausschließlich nichtbrennbare Dämmstoffe zu verwenden.

Nach § 3 Abs. 3 Satz 1 MBO sind *„die von der obersten Bauaufsichtsbehörde durch öffentliche Bekanntmachung als Technische Baubestimmungen eingeführten technischen Regeln* [hierzu gehören auch die Anlagen in der Muster-Liste der Technischen Baubestimmungen] *zu beachten".*

Nach § 3 Abs. 3 Satz 3 MBO kann von den Technischen Baubestimmungen *„abgewichen werden, wenn mit einer anderen Lösung in gleichem Maße die allgemeinen Anforderungen des Absatzes 1 erfüllt werden".* Die Nachweispflicht hierfür obliegt dann allerdings dem Bauherrn bzw. dem Planer.

Grundsätzlich kann davon ausgegangen werden, dass bei Einhaltung der vorn aufgeführten Vorgaben die Schutzziele des § 28 Abs. 4 MBO eingehalten werden.

6-3 Horizontale Brandsperren in jedem zweiten Geschoss

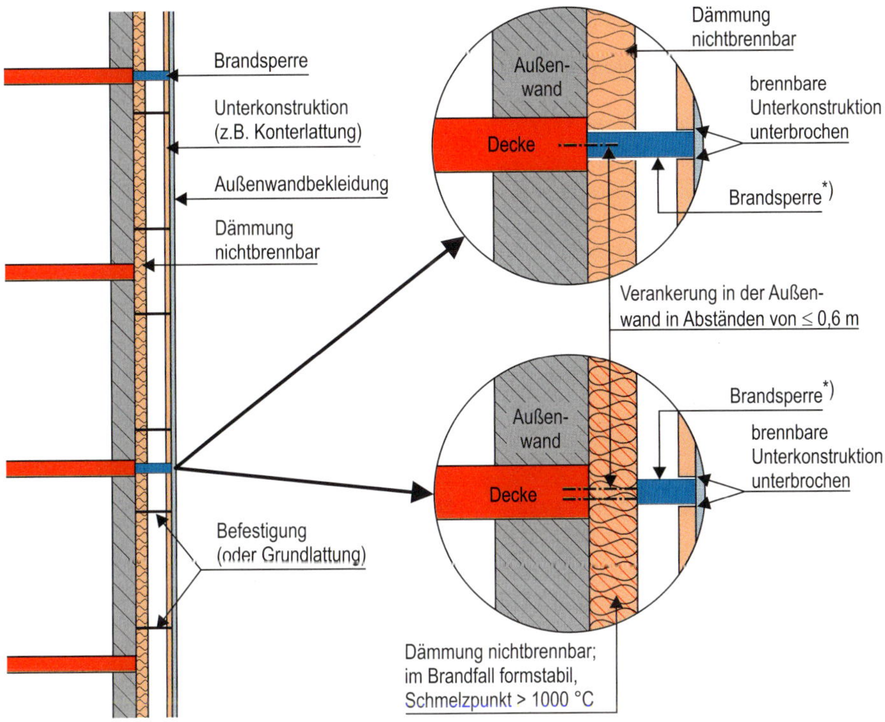

*) über mindestens 30 Minuten hinreichend formstabil (z.B. aus Stahlblech mit einer Dicke von d ≤ 1 mm); Öffnungen von maximal 100 cm²/lfd. M. Wand (als gleichmäßig verteilte Einzelöffnungen oder als durchgehender Spalt) zulässig

Die dargestellen *Labyrinth-Bleche* verengen die Hinterlüftung partiell auf 100 cm^2/ lfd. M. und lenken die im Brandfall eingedrungenen Flammen auf die nichtbrennbare Mineralwolle-Dämmung um, an der mangels Brennbarem der Brand endet.

Hinweis: Alternativ zu den dargestellten Brandsperren sind Bauteile möglich, die durch Hitzeeinwirkung aufquellen und damit den Hinterlüftungsraum komplett verschließen. Die Funktion muss jedoch durch Verwendbarkeitsnachweise nachgewiesen werden.

6.3.2 Seite 38	Außenwände, Fassaden, Außenwandverkleidungen	Grundlegende Anforderungen an Außenwände

6-4 Möglicher Verzicht auf horizontale Brandsperren durch Anordnung der Fenster

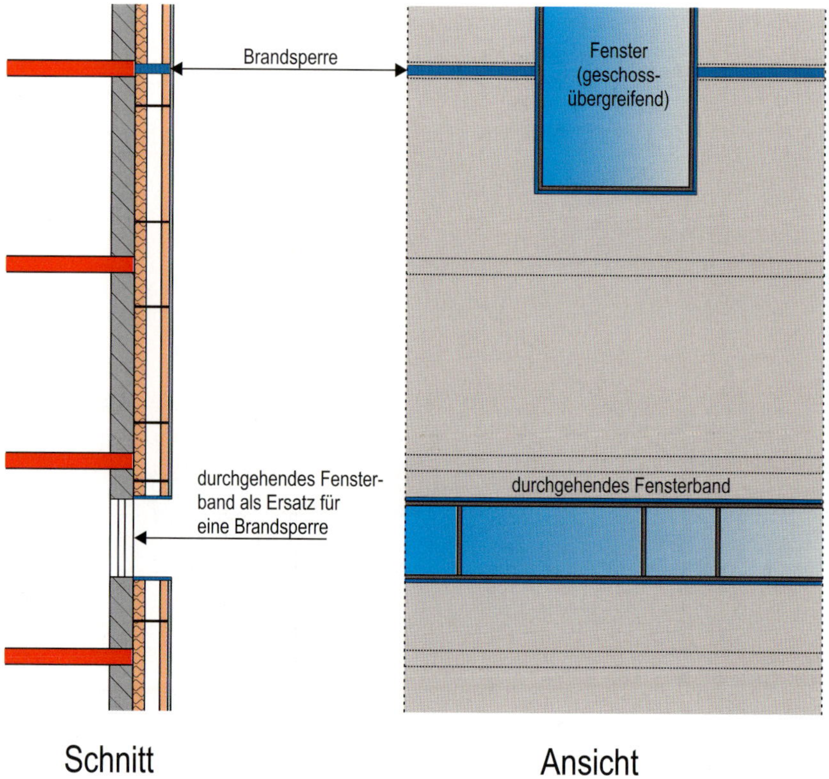

6-5 Möglicher Verzicht auf horizontale Brandsperren durch Maßnahmen an den Laibungen zur Verhinderung einer Brandeindringung in den Wandaufbau

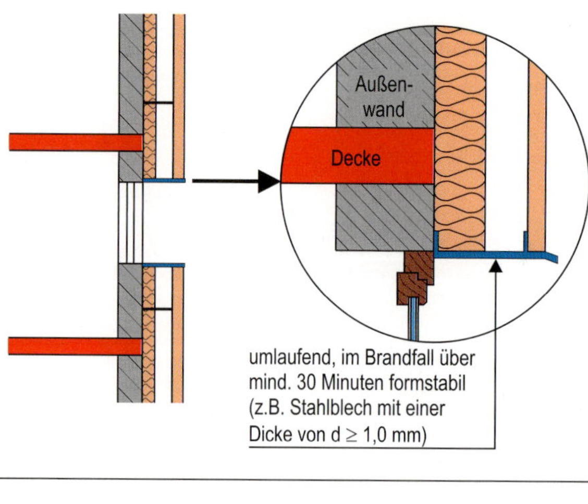

6-6 Detail einer Brandwand bei hinterlüfteten Außenwandbekleidungen

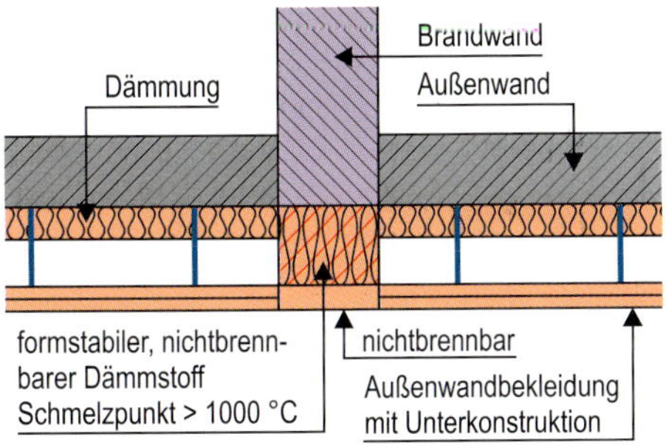

6-7 Doppelfassade

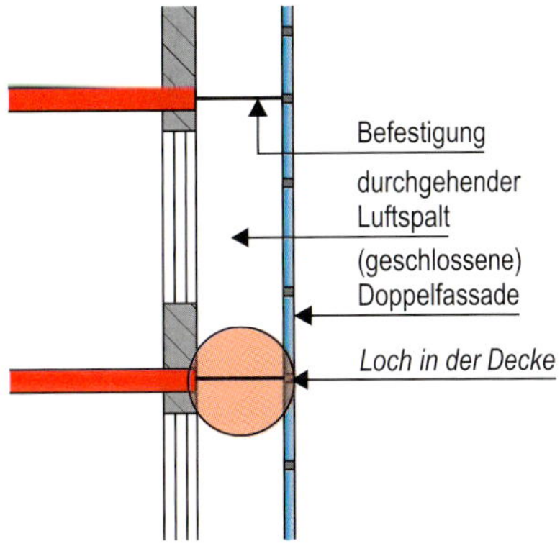

Ein Verzicht auf horizontale Brandsperren ist möglich:

- bei öffnungslosen Außenwänden
- durch Anordnung der Fenster (siehe Bild 6-4)
- durch Maßnahmen an den Laibungen zur Verhinderung einer Brandeindringung in den Wandaufbau (siehe Bild 6-5).

Der Einbau von Brandriegeln stellt einen Kompromiss zwischen der Verhinderung eines Branddurchschlags im Bereich des Hinterlüftungsspalts und der bauphysikalischen Notwendigkeit der Luftdurchströmung dar.

In vielen Veröffentlichungen wird in diesem Zusammenhang die Befürchtung geäußert, dass die Einschränkung des Lüftungsquerschnittes u.U. zu einer Durchfeuchtung des Fassadenaufbaus führen könnte. Deshalb sollte der Einbau des jeweiligen Brandriegels rechtzeitig aus bauphysikalischer Sicht geprüft werden.

Im Bereich von Brandwänden darf der Hinterlüftungsspalt nicht über die Brandwand hinweggeführt werden. Der Hinterlüftungsspalt ist mindestens in Brandwanddicke mit einem im Brandfall formstabilen Dämmstoff mit einem Schmelzpunkt von > 1.000 °C auszufüllen (siehe Bild 6-6).

6.4 Doppelfassaden

Werden Doppelfassaden angeordnet, rutscht baurechtlich gesehen die eigentliche Fassade nach außen. Zwischen Innen- und Außenfassade entstehen im Prinzip Löcher in den Decken, d.h., brandschutztechnische Zusatzmaßnahmen sind in den Fällen erforderlich, in denen die Bauordnung diese *Löcher* in der Decke nicht zulässt.

6.3.2 Seite 40	Außenwände, Fassaden, Außenwandverkleidungen	Grundlegende Anforderungen an Außenwände

Dies regelt die MBO in:

> **§ 31 Abs. 4 MBO**
>
> *„Öffnungen in Decken, für die eine Feuerwiderstandsfähigkeit vorgeschrieben ist, sind nur zulässig*
>
> *1. in Gebäuden der Gebäudeklassen 1 und 2,*
> *2. innerhalb derselben Nutzungseinheit mit nicht mehr als insgesamt 400 m² in nicht mehr als zwei Geschossen,*
> *3. im Übrigen, wenn sie auf die für die Nutzung erforderliche Zahl und Größe beschränkt sind und Abschlüsse mit der Feuerwiderstandsfähigkeit der Decke haben."*

In den Fällen der Nrn. 1 und 2 sind also prinzipiell **Doppelfassaden ohne Anforderungen** möglich. Nr. 1 geht hierbei konform mit § 28 Abs. 4 Satz 2 MBO (siehe vorangehenden Punkt 6.2).

Nr. 3 bedeutet im Prinzip die Fortführung der Außenwand bis zur Vorderkante der äußeren Fassade oder alternativ den Einbau eines bauaufsichtlich zugelassenen Schottsystems im Bereich des Doppelfassadenspalts. So ein System ist nach Kenntnis des Autors zum derzeitigen Stand (Dezember 2012) nicht verfügbar.

Eine weitere Möglichkeit, eine Doppelfassade – außer in den oben genannten Fällen – zu realisieren, stellt die bauaufsichtliche Abweichung nach § 67 Abs. 1 MBO dar. Dabei können Bauaufsichtsbehörden

6-8 Beispiel für die Sicherung gegen einen Brandüberschlag durch eine automatische Löschanlage in den angrenzenden Geschossen

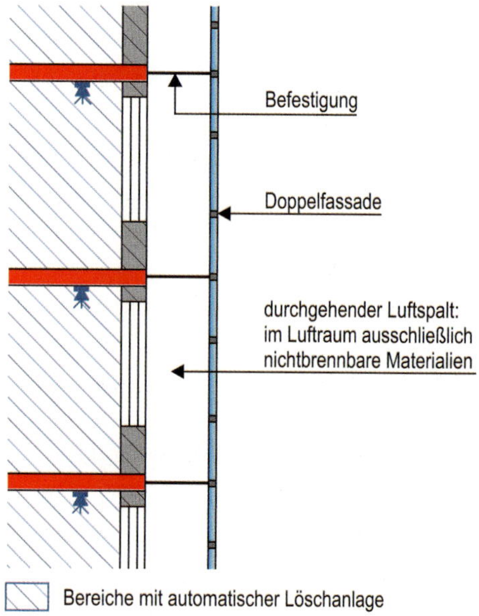

(in manchen Bundesländern auch Prüfsachverständige für Brandschutz) Abweichungen von materiell-rechtlichen Anforderungen zulassen (bzw. bescheinigen), wenn nachgewiesen wird, dass keine Sicherheitsbedenken (im Sinne des § 3 Abs. 1 MBO) bestehen.

Eine solche Begründung kann z.B. dadurch erbracht werden, dass durch den Einbau einer Löschanlage innerhalb der einzelnen Geschosse des Gebäudes der Einbrand in den Doppelfassadenspalt verhindert wird (siehe Bild 6-8).

Hinweis: Wird nur der Doppelfassadenspalt mit einer automatischen Löschanlage ausgestattet, stellt dies keine adäquate Schutzmaßnahme dar, da sich Pyrolysegase aus einem Raumbrand trotzdem über den Spalt ausbreiten können. Neben einer Rauchausbreitung ist hierbei auch eine Durchzündung zu befürchten.

Brandwände oder Brandwandersatzwände sind bei diesen Systemen prinzipiell bis zur äußeren Fassade zu führen.

7 Vorhangfassaden

Das Besondere an Vorhangfassaden (curtain walls) besteht darin, dass eine eigenständige Gebäudehülle vor der Stützen- und Deckenkonstruktion (Skelettbau) eines Gebäudes steht. Die Vorhangfassade wird zwar üblicherweise durch diese Tragkonstruktion ausgesteift und statisch gehalten, ihre Materialbeschaffenheit differiert aber deutlich.

Aus Montagegründen entsteht zwischen Tragkonstruktion und Vorhangfassade eine Fuge.

Bei Vorhangfassaden handelt es sich üblicherweise um Glas- oder Paneelsysteme mit integrierten oder verdeckten Profilen (Pfosten-Riegel-Konstruktionen).

7.1 Bauaufsichtliche Anforderungen

Die LBOs kennen keine eigenständige Regelungen für Vorhangfassaden. Deshalb gelten die Grundsatzanforderungen für nichttragende Außenwände (Punkte 3 und 4 in diesem Abschnitt) analog. Abgeleitet

7-1 a und b Beispiel einer Vorhangfassade als Pfosten-Riegel-Konstruktion mit Glasfüllung (Zeichnung und Foto: Josef Mayr)

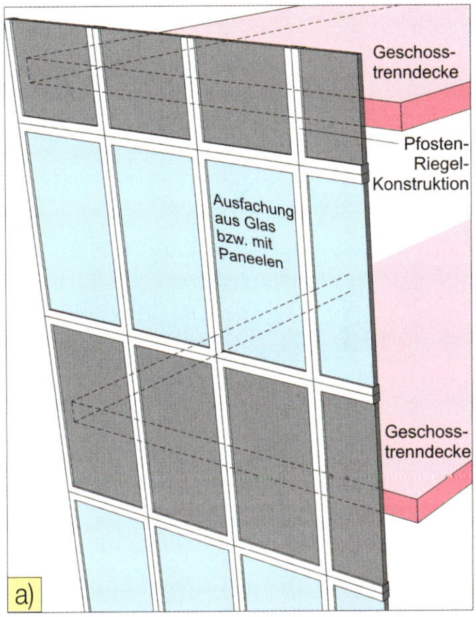

aus den Anforderungen des § 28 Abs. 2 MBO ergeben sich für Vorhangfassaden bauaufsichtlich folgende Möglichkeiten:

- GK 1 bis 3: Gesamtaufbau normal entflammbar.
- GK 4 und 5: Pfosten-Riegel-Konstruktion mit Außenhaut:
  - nichtbrennbar (Fenster, Türen und Dichtungen mindestens normal entflammbar)
  - Paneele: nichtbrennbar (auch mit normal entflammbarer Füllung)
  - alternativ: Fassade feuerhemmend als Raumabschluss (ausgenommen Türen und Fenster).

Angaben zur Baustoff- und Bauteilklassifizierung enthält Punkt 3.3 in diesem Abschnitt.

7.2 Anschluss an die Deckenstirnseite

Für Fassaden und Decken bestehen bauaufsichtlich völlig unterschiedliche Anforderungen (z.B. GK 5: Decke feuerbeständig, Fassade ohne Feuerwiderstand, nichtbrennbar).

Bedingt durch das Zusammentreffen zweier Konstruktionen, entsteht genau an dieser Zäsur zwischen Vorhangfassade und Skelettkonstruktion eine Fuge. Dieses Detail ist bauaufsichtlich nicht geregelt: Weder gibt es zwischen den feuerwiderstandsfähigen Bauteilen und denen ohne Feuerwiderstand geprüfte Schottsysteme, noch existieren bauaufsichtliche Regeln, die dieses Detail beschreiben.

7-2 Anschluss einer Decke an eine Vorhangfassade (Zeichnung: Josef Mayr)

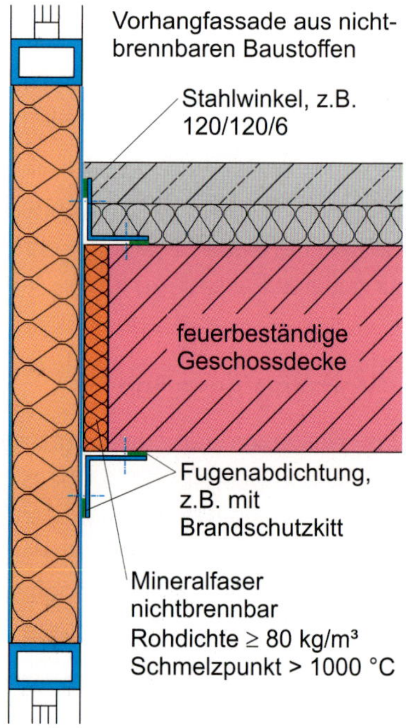

Würde man für diese Fuge ein bauaufsichtliches Schutzziel definieren, könnte dieses folgendermaßen lauten: Die Fuge muss mindestens so lange dem Feuer standhalten wie die Fassade. Denn wird die Fassade durch einen Brand zerstört, spielt es bei einer Brand- oder Rauchausbreitung keine Rolle, ob die verbleibende feuerwiderstandsfähige Decke (im Zentimeterbereich) kürzer oder länger ist.

Andererseits muss, solange die Fassade intakt ist, sichergestellt sein, dass Feuer und vor allem auch Rauch (einschließlich des giftigen Kohlenmonoxids) nicht durch die Fugen in andere Geschosse gelangen können.

7-3 Beispiel für den Anschluss einer Decke an eine Vorhangfassade, Ausführung mit Sollbruchstelle

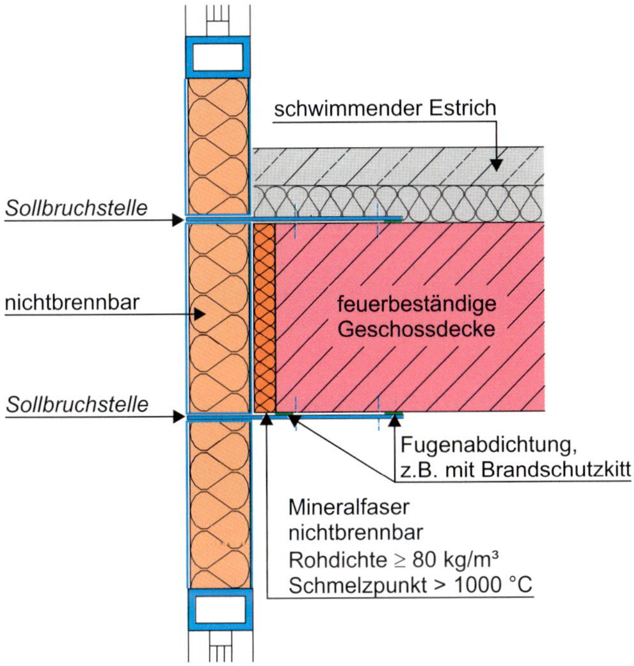

Die Bilder 7-2 und 7-3 beschreiben ein Anschlussdetail als Vorschlag. Diesem liegt **keine** Prüfung oder gar ein Verwendbarkeitsnachweis zugrunde. Erfahrungen zeigen jedoch, dass hiermit die aufgeführten Schutzziele erreicht werden können.

Die Dimensionierung des Stahlwinkels resultiert letztlich aus der Stabilität der Vorhangfassade im Brandfall.

Das an die Decke angrenzende Fassadenpaneel sollte durchgehend aus nichtbrennbaren Baustoffen bestehen.

Hinweis: Alle bisher beobachteten Versuche, hier am Markt verfügbare Schottsysteme (ausschließlich für andere Anwendungsbereiche zugelassen) einzusetzen, führen mutmaßlich zu deutlich ungünstigeren Situationen: Die Randbedingungen sind anders als in den einschlägigen Prüfungen, so dass deren tatsächliche Funktion völlig unberechenbar ist. Werden gar aufschäumende Systeme verwendet, kann dies im Brandfall zu einem (nachteiligen) deutlich früheren Versagen der Fassade oder zu Undichtigkeiten im Fugenbereich führen.

Die Beispiele gelten analog für Decken anderer Feuerwiderstandsklassen.

6.3.2 Seite 44	Außenwände, Fassaden, Außenwandverkleidungen	Grundlegende Anforderungen an Außenwände

7-4 Trennwand bis Vorderkante Fassade (Zeichnung: Josef Mayr)

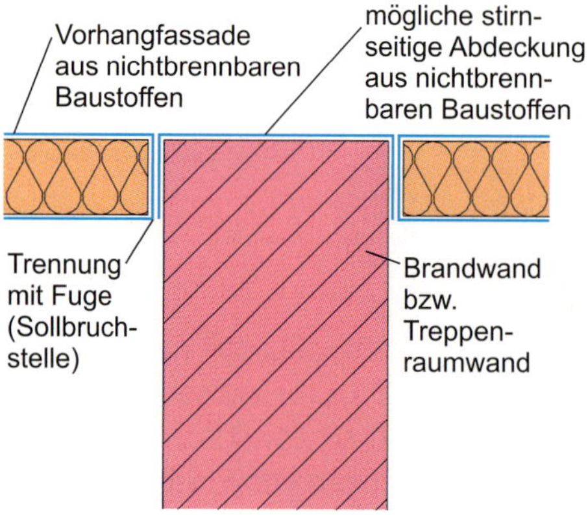

7-5 Beispiel für eine unzureichende Ausbildung des Fassadenanschlusses (Zeichnung: Josef Mayr)

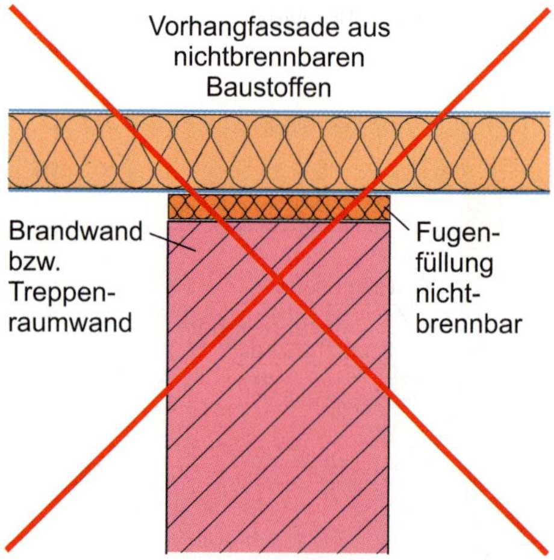

7.3 Anschluss von Vorhangfassaden an Brandwände und Treppenraumwände

Der Anschluss einer Vorhangfassade an Brandwände, Wände anstelle von Brandwänden oder Treppenraumwände stellt immer einen Schwachpunkt dar. Auch für dieses Detail gibt es weder eine konkrete bauaufsichtliche Regelung noch geprüfte Systeme.

Grundsätzlich gehen die bauaufsichtlichen Regelungen davon aus, dass die genannten Trennwände bis zur Vorderkante der Fassade führen (siehe Bild 7-4).

Dieses Detail wird aber in der Regel den bauphysikalischen Anforderungen, dem Wärmeschutz oder auch den gestalterischen Vorstellungen nicht gerecht. Und ein Vorbeiführen der Vorhangfassade an der Trennwand mit (nichtbrennbarer) Fugenfüllung wird den brandschutztechnischen Anforderungen nicht gerecht.

Selbst wenn hier alle Baustoffe aus nichtbrennbaren Materialien bestehen, über die eine Brandweiterleitung im Brandfall nicht zu befürchten ist, muss bei höherer Temperatureinwirkung mit einem Versagen der Fuge gerechnet werden.

Auch Schottsysteme sind hier ungeeignet. Der Hinweis am Ende des vorangehenden Punktes 7.2 gilt hier analog.

Grundsätzlich könnte eine Ausbildung analog des oben gezeigten Deckenanschlusses (siehe Bild 7-5) diskutiert werden. Die abschottende Funktion der Brandwände, der hochfeuerhemmenden Trennwände mit zusätzlicher mechanischer Beanspruchung und der Treppenraumwände der GK 4 und 5 ist höher zu bewerten (nicht zuletzt wegen des notwendigen Prallschutzes) als die der Decken. Außerdem fehlt

7-6 Beispiel für die Ausbildung einer Vorhangfassade an der Stirnseite einer Trennwand
(Zeichnung: Josef Mayr)

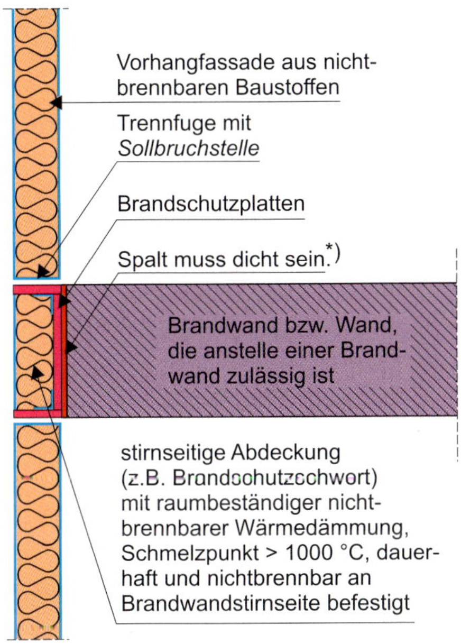

*) ggf. Brandschutzplatte in Baukleber verlegen oder Brandschutzkitt zwischen Brandschutzplatte und Deckenstirnseite einbringen

hier die Schutzwirkung des überdeckenden Bodenaufbaus.

Für Treppenraumwände, die nur feuerhemmend sein müssen (z.B. in GK 3), bestehen keine Bedenken, analog zu den Bildern 7-2 und 7-3 im vorangehenden Punkt 7.2 zu verfahren, wenn diese statisch eigenständig ausgesteift werden, d.h., wenn sie auch bei einem Versagen der Fassade stehen bleiben.

Auf der Basis der vorangegangenen Überlegungen wird folgendes Ausführungsbeispiel vorgeschlagen: Durch Ausbildung

7-7 Fassadenanschluss eines Sandwichpaneels an eine Trennwand

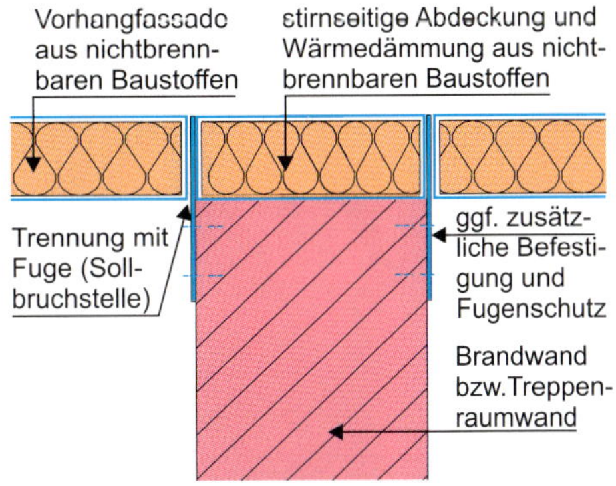

eines Schutzbettes, ausgefüllt mit einer nichbrennbaren Dämmung (Schmelzpunkt > 1000 °C), entsteht ein wärmegedämmtes Schutzschwert. In Verbindung mit der Ausbildung der Trennfugen als Sollbruchstelle ist ein Durchbrand in der Regel nicht zu befürchten (siehe Bild 7-6).

Als Alternative ist auch denkbar, ein Vorhangfassadensystem auf die Stirnseite der Trennwand zu setzen, wenn zusätzliche Befestigungen in Verbindung mit einem Schutz der Fuge vorgesehen werden. Beidseitig der Trennwand sind Paneeltrennungen als Sollbruchstellen erforderlich (siehe Bild 7-7).

Da nach dem Versagen der Fassade und dem dadurch resultierenden Öffnen der Sollbruchstelle das stirnseitige Paneel mit Dämmung vom Brand beansprucht wird, muss dieses so form- und raumbeständig befestigt und abgedeckt sein, dass 90 Minuten lang Feuer und Rauch nicht in den anderen Abschnitt eindringen können.

7-8 Verjüngung der Decke im Bereich der Vorhangfassade
(Foto: Josef Mayr)

7.4 Besonderes architektonisches Anschlussdetail

Gerade bei Vorhangfassaden greift teilweise der Wunsch, die Decken in der Fassade nicht abzubilden, sondern auf Deckenhöhe lediglich ein Fensterprofil anzuordnen. Zu diesem Zweck wird die Decke in Richtung Fassade verjüngt (siehe Bild 7-8).

Hierbei ist jedoch zu beachten, dass für die Decke, abhängig von der GK, an ihrer dünnsten Stelle noch die entsprechend erforderliche Feuerwiderstandsklasse nachgewiesen werden muss und auch die erforderliche Betonüberdeckung ist zu berücksichtigen.

Kann der erforderliche Feuerwiderstand in diesem Bereich nicht nachgewiesen werden, ist ein alternatives Brandschutzkonzept unter Einbeziehung einer Abweichung nach § 67 Abs. 1 MBO denkbar (Vorgehensweise analog zu Punkt 6.4 in diesem Abschnitt).

Bei mehr als zwei betroffenen Geschossen wäre auch hierfür eine automatische Löschanlage eine angemessene Ersatzmaßnahme. Zusätzlich sollte dennoch die Fuge rauchdicht verschlossen werden, um eine Rauchgasausbreitung über mehrere Geschosse hinweg zu vermeiden.

8 Sensible Außenwandbereiche eines Gebäudes

Bestimmte Geometrien, Anbauten oder Nutzungen können sowohl das Brandverhalten als auch die Brandbeanspruchung einer Fassade deutlich verändern. Deshalb sollte auf diese Bereiche ein besonderes Augenmerk gerichtet werden, auch wenn hier in der Gesetzgebung und in den Prüfbedingungen keine Differenzierung erfolgt.

Anders sieht es im Bereich der Brandwände oder der Feuerwehrdurchfahrten aus. Hierfür enthält das Bauordnungsrecht detaillierte Vorgaben.

8.1 Schachtförmiger Fassadenverlauf

Aus Realbränden, aber auch aus der Fassadenprüfung bei der MPA Braunschweig (siehe Punkt 5.1 in diesem Kapi-

8-1 Schachtförmige Fassadengestaltung (Grundriss)

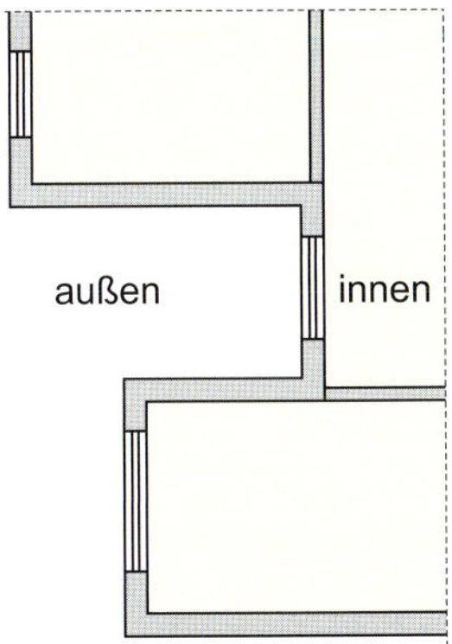

tel) wird deutlich, dass Brände bei einem schachtförmigen Fassadenaufbau anders verlaufen als bei einer linear gestalteten Fassade.

Bei schachtförmigen Fassadengestaltungen (siehe Bild 8-1) wird deshalb empfohlen, über die bauordnungsrechtlichen Vorgaben hinaus ausschließlich nichtbrennbare Fassadensysteme bzw. -verkleidungen zu verwenden.

Dieselbe Wirkung kann im Bereich der Innenecken eines Gebäudes auftreten.

8.2 Bestimmungsgemäße Abstellbereiche und Nutzungen außerhalb des Gebäudes

In den üblichen Brandversuchen wird eine Anhäufung von Brandlasten außerhalb der Fassade nicht berücksichtigt. Andererseits werden aber bestimmte Flächen entlang der Fassade planerisch für eine bestimmte Nutzung vorgesehen. Ein Beispiel hierfür ist eine Abstellfläche für größere brennbare Müllbehältnisse direkt an der

8-2 Bestimmungsgemäße Nutzung des Bereichs vor der Fassade (Schnitt)

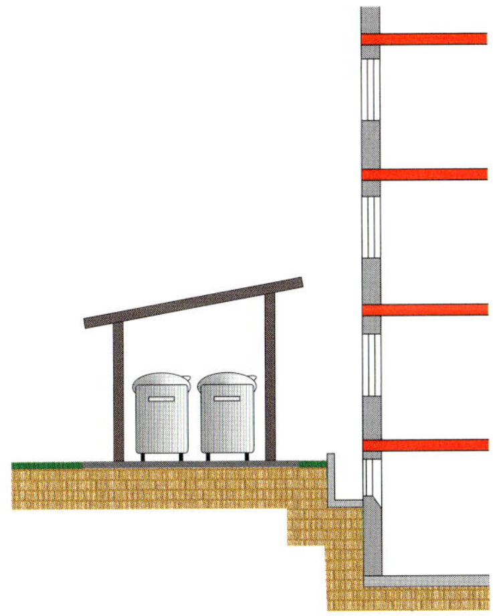

Fassade, ggf. in einer brennbaren Einhausung.

In solchen Fällen wird ebenfalls die Verwendung ausschließlich nichtbrennbarer Baustoffe im Bereich der Fassade empfohlen.

Im Wirkbereich des Gefahrstoff- bzw. des Betriebssicherheitsrechts können sich rechtliche Anforderungen an die Fassade ergeben.

Abhängig von den Abständen zu

- brennbaren Inhalten der Behälter oder Anlagen sowie
- explosionsgefährdeten Inhalten der Behälter oder Anlagen

können sich auch aus Sicherheitsanalysen oder konkreten Vorschriften Anforderungen ergeben, die über die bauordnungsrechtlichen Vorschriften hinausgehen.

8.3 Rettungswege entlang der Außenwände

Werden Rettungswege entlang der Außenwände geführt (z.B. Laubengang im Sinne eines notwendigen Flurs, Außentreppe im Sinne einer notwendigen Treppe, Ausgang ins Freie parallel zur Außenwand), gelten die jeweiligen Anforderungen in den Bauordnungen analog. Dies trifft sowohl für den Feuerwiderstand einschließlich der Standsicherheit des Raumabschlusses zu als auch für die Baustoffe einer Verkleidung.

Hinweis: Werden Rettungswege tangiert, sollten jedoch (teilweise über bauaufsichtliche Anforderungen hinaus) möglichst nur nichtbrennbare Materialien verwendet werden.

Weiteres siehe hierzu in Kapitel 7.5, Abschnitt 4.3, 6.17.2, Abschnitt 2.1.5 und 7.6, Abschnitt 10 in diesem Werk.

8.4 Außenwände von Treppenräumen

Siehe hierzu Kapitel 7.5, Abschnitt 10 in diesem Werk.

8.5 Feuerwehrdurchfahrten

Gemäß Punkt 2 der Muster-Richtlinien über Flächen für die Feuerwehr müssen Wände von Durchfahrten, sofern sie Bestandteil einer notwendigen Feuerwehrzufahrt sind, feuerbeständig sein. Eine analoge Regelung enthält die in manchen Bundesländern angewendete DIN 14090.

Siehe hierzu auch Kapitel 7.1 in diesem Werk.

9 Versicherungstechnische Betrachtung

Auch bei der Gebäude(brand)versicherung spielt die Beschaffenheit der Außenwand oft eine Rolle. Viele Versicherer ermitteln eine versicherungstechnische Bauartklasse, in die meist die Fassadenkonstruktion mit einfließt (Baustoffklasse, Feuerwiderstand).

Letztlich kann die Bauart der Außenwand eines Gebäudes Einfluss auf die Versicherungsprämie oder gar auf die Versicherbarkeit eines Gebäudes haben. Deshalb ist bei Neuerrichtungen – gerade im gewerblichen Bereich – dringend zu empfehlen, die Fassadenkonstruktion im Vorfeld mit dem Versicherer abzustimmen.

6.3 Außenwände, Fassaden, Außenwandverkleidungen
6.3.3 Sondernutzungen

Dipl.-Ing. (FH) Lutz Battran

Inhalt

1 Geregelte Sonderbauten
1.1 Industriebauten
1.2 Hochhäuser
1.3 Versammlungsstätten
1.4 Verkaufsstätten
1.5 Krankenhäuser
1.6 Garagen
2 Nicht geregelte Sonderbauten

6.3.3 Sondernutzungen

Die Ausführungen im vorangegangenen Kapitel gelten zunächst für Gebäude, die keine Sonderbauten sind (Standardbauten). Sonderbauten bzw. Sonderbaunutzungen sind in § 2 Abs. 4 MBO aufgelistet.

Bei Sonderbauten kann es im Einzelfall erforderlich sein, andere Anforderungen an die Außenwand zu stellen als bei Standardbauten.

Bei der Entscheidung, ob und welche Anforderungen zu stellen sind, ist von Bedeutung, ob es sich um einen Sonderbau im Geltungsbereich einer Sonderbauvorschrift (geregelter Sonderbau) handelt oder ob hierfür keine Sonderbauvorschrift bauaufsichtlich eingeführt wurde.

Nutzungen mit eigenen Regeln

In Sonderbauvorschriften bestehen teilweise besondere Anforderungen an Außenwände bzw. Außenwandbekleidungen. Befindet sich das zu beurteilende Gebäude im Geltungsbereich dieser Sonderbauvorschrift, ersetzen dort aufgeführte Vorgaben diejenigen der LBO.

Ist in einer einschlägigen Sonderbauvorschrift keine Anforderung an Außenwände enthalten (Beispiel: Muster-Beherbergungsstättenverordnung bzw. eine daraus abgeleitete Landesverordnung), gelten regelmäßig die Anforderungen der jeweiligen LBO.

Im Folgenden werden beispielhaft einige Anforderungen aus Muster-Sonderbauvorschriften beschrieben.

Vor Übernahme der jeweiligen Regelung ist abzuklären, ob die entsprechende Sonderbauvorschrift im betreffenden Bundesland bauaufsichtlich eingeführt ist. Im Einzelfall können auch andere Fassungen, Formulierungen oder weitere Sonderbauvorschriften gelten (siehe auch die aktuelle Brandschutznachweis-CD).

1 Geregelte Sonderbauten

1.1 Industriebauten

Die Muster-Industriebaurichtlinie enthält hinsichtlich der Anforderungen an Außenwände eigene Vorgaben:

Punkt 5.10
Muster-Industriebaurichtlinie

„Nichttragende Außenwände und Außenwandbekleidungen einschließlich der Dämmstoffe und Unterkonstruktionen müssen bei Industriebauten mit einer Grundfläche von mehr als 2000 m²

- *bei erdgeschossigen Industriebauten ohne selbsttätige Feuerlöschanlagen und bei mehrgeschossigen Industriebauten mit selbsttätigen Feuerlöschanlagen aus mindestens schwer entflammbaren Baustoffen,*
- *bei mehrgeschossigen Industriebauten ohne selbsttätige Feuerlöschanlagen aus nichtbrennbaren Baustoffen*

bestehen. Diese Anforderungen gelten nicht für planmäßig als Wärmeabzugsflächen nach DIN 18230-1 eingesetzte Bauteile."

Auch die Wandanschlüsse von Brandwänden und Wänden zur Trennung von Brandbekämpfungsabschnitten sind in dieser Richtlinie eigenständig geregelt.

Weitere Hinweise hierzu enthält Kapitel 9.2 in diesem Werk.

Hinweis: Es ist geplant, im Laufe des Jahres 2013 die Muster-Industriebaurichtlinie in überarbeiteter Form zu veröffentlichen. Dies wird voraussichtlich auch Auswirkungen auf die oben beschriebenen Außenwanddetails haben.

1.2 Hochhäuser

Gerade bei Hochhäusern spielt die Verhinderung einer Brandausbreitung über die Fassade eine große Rolle für die Sicherheit der Gebäudenutzer: Eine schnelle Brandausbreitung betrifft viele Geschosse. Außerdem ist ein Fassadenbrand ab einer bestimmten Höhe für Einsatzkräfte der Feuerwehr nicht mehr zu beherrschen.

Die Muster-Hochhaus-Richtlinie formuliert deshalb entsprechende Anforderungen an die Außenwand und die Außenwandverkleidungen. Grundsätzlich müssen (Punkt 3.4) *„nichtttragende Außenwände und nichttragende Teile tragender Außenwände in allen ihren Teilen aus nichtbrennbaren Baustoffen bestehen."*

Neben diesen Basisanforderungen enthält die Muster-Hochhausrichtlinie etliche Erleichterungen und Spezialanforderungen.

Diese sind ausführlich in Kapitel 8.8-A, Abschnitt 4.5 in diesem Werk dargestellt.

1.3 Versammlungsstätten

In Versammlungsstätten ist regelmäßig mit einer großen Zahl an Personen zu rechnen. Deshalb negiert die Muster-Versammlungsstättenverordnung in § 3 Abs. 2 Erleichterungen der MBO für Außenwände. Diese müssen in mehrgeschossigen Versammlungsstätten aus nichtbrennbaren Baustoffen bestehen.

Zu Außenwandverkleidungen sind in der Verordnung keine speziellen Regelungen enthalten, so dass davon ausgegangen werden muss, dass die genannten Anforderungen für den gesamten Aufbau der Außenwände gelten.

Weitere Ausführungen siehe Kapitel 8.18, insbesondere dortiger Abschnitt 3.2.2 in diesem Werk.

1.4 Verkaufsstätten

In der Muster-Verkaufsstättenverordnung wird in § 4 hinsichtlich der Anforderungen an Außenwände zwischen eingeschossigen und mehrgeschossigen Verkaufsstätten differenziert.

Die Außenwände eingeschossiger Verkaufsstätten müssen schwer entflammbar sein, soweit die Außenwand nicht als Raumabschluss feuerhemmend ist.

Für mehrgeschossige Verkaufsstätten mit Sprinkleranlagen gilt die Anforderung schwer entflammbar oder feuerbeständiger Raumabschluss, ohne Sprinkleranlage nichtbrennbar oder feuerbeständiger Raumabschluss.

Zu beachten ist, dass die Baustoffanforderungen nach dieser Verordnung für den gesamten Außenwandaufbau gelten, also auch die Außenwandverkleidungen einbeziehen.

Weitere Informationen enthält Kapitel 8.17 in diesem Werk.

1.5 Krankenhäuser

In den meisten Bundesländern existiert keine Krankenhausbauverordnung. Dort werden Krankenhäuser als *nicht geregelte Sonderbauten* (siehe folgenden Punkt 2) behandelt.

Eine früher existierende Muster-Krankenhausbauverordnung wurde mittlerweile zurückgezogen. Viele aktuelle Brandschutzkonzepte (auch Vorschriften und Arbeitspapiere einzelner Bundesländer) orientieren sich jedoch noch an den Grundsatzaussagen dieses früheren Musters.

Siehe hierzu Kapitel 8.7.2-A in diesem Werk.

1.6 Garagen

Für Mittel- und Großgaragen (zur Einstufung siehe Kapitel 8.4-A, Abschnitt 2.3 in diesem Werk) werden in der Muster-Garagenverordnung z.B. besondere Anforderungen an Außenwände gestellt (§ 8). So müssen Außenwände von Mittel- und Großgaragen aus nichtbrennbaren Baustoffen bestehen. Ausgenommen hiervon sind Außenwände von eingeschossigen oberirdischen Garagen, wenn das Gebäude allein der Garagennutzung dient.

Auch diese Verordnung definiert die Baustoffanforderung für den gesamten Außenwandaufbau.

Siehe hierzu Kapitel 8.4-A, insbesondere die Tabellen 4-1 und 4-2.

2 Nicht geregelte Sonderbauten

Die Bauaufsichtsbehörde kann (ausgehend von den Anforderungen der MBO) für nicht geregelte Sonderbauten besondere Anforderungen stellen.

Dies sollte bereits bei der Planung berücksichtigt werden. Schließlich gehört es zu den Aufgaben das Planers, eine genehmigungsfähige Planung zu erstellen.

Abhängig von einer Gefährdungsanalyse kann es im Einzelfall z.B. erforderlich sein, den kompletten Aufbau einer Außenwand oder auch nur die Außenwandverkleidung aus nichtbrennbaren Baustoffen zu errichten.

6.3.3 Seite 4	Außenwände, Fassaden, Außenwandverkleidungen	Sondernutzungen

6.3 Außenwände, Fassaden, Außenwandverkleidungen

6.3.4 Öffnungen in der Fassade

Dipl.-Ing. (FH) Lutz Battran

Inhalt

1 Allgemein

2 Raumabschließende Funktion

3 Rettungswege

4 Entrauchung

6.3.4 Öffnungen in der Fassade

Für Öffnungen in der Fassade gelten allgemeine Anforderungen auf einem sehr niedrigen Niveau. Im Einzelfall sind hier ggf. noch weitere Funktionen dieser Öffnungen bzw. der Öffnungsverschlüsse zu beachten.

1 Allgemein

In der Regel sind bei Anforderungen an Außenwänden die Anforderungen an Fenster und Türen ausgenommen. Wie in Punkt 3.2 dieses Abschnittes erläutert, nimmt die MBO Fenster und Türen von den Brandschutzanforderungen aus. Also gilt zunächst für Fenster und Türen nur die Generalanforderung *normal entflammbar* nach § 26 Abs. 1 Satz 2 MBO.

2 Raumabschließende Funktion

Hat die Außenwand zusätzlich die Funktion einer raumabschließenden Trennung, z.B. im Sinne des § 30 Abs. 2 MBO (zu Gebäudeabschlusswänden an der Grundstücksgrenze siehe Kapitel 6.2.2-A, Abschnitt 3.3 in diesem Werk), ergeben sich für Öffnungen zusätzliche Regeln.

Hierbei ist zu beachten, dass Öffnungen in solchen Gebäudeabschlusswänden grundsätzlich unzulässig sind (siehe § 30 Abs. 8 MBO). Dies bedeutet, dass in diesen Fällen der Einbau von (feuerwiderstandsfähigen) Öffnungsverschlüssen stets eine Abweichung darstellt.

Ein weiteres Beispiel für Anforderungen im Außenwandbereich ergibt sich aus den Regeln für *einspringende Winkel bei Brandwänden und Wänden anstelle von Brandwänden* (§ 30 Abs. 6 MBO; siehe Kapitel 6.2.2-B, Abschnitt 5 in diesem Werk). Hier sind Öffnungsverschlüsse entsprechend der Feuerwiderstandsklasse der Trennwand vorzusehen.

Zu beachten ist, dass nur vereinzelte Bauteile gemäß der jeweiligen ABZ im Außenbereich eingesetzt werden dürfen.

Weitere Ausführungen dazu enthält Kapitel 6.8 in diesem Werk.

3 Rettungswege

Fenster in der Außenwand können nach dem entsprechenden Brandschutzkonzept als zweiter Rettungsweg erforderlich sein. Auf welche Fenster dies im Einzelfall zutrifft, sollte deutlich aus den jeweiligen Brandschutzkonzepten bzw. -plänen hervorgehen.

Solche Fenster müssen durch Feuerwehrleitern anleiterbar sein und jederzeit und ohne Hilfsmittel von innen geöffnet werden können.

Außerdem bestehen Anforderungen an die lichte Mindestgröße, an die maximale Brüstungshöhe sowie bei Dachfenstern an den maximalen Abstand zur Traufe.

Weitere Ausführungen und Hinweise zu diesem Thema enthalten Kapitel 7.3, Abschnitt 5.2 und Kapitel 6.17.2, Abschnitt 1 sowie 2.5 in diesem Werk.

4 Entrauchung

In den LBOs ist das Thema *Entrauchung* oberirdischer Räume nicht gesondert geregelt.

Allerdings kann davon ausgegangen werden, dass dem *Standard-Brandschutzkonzept* der verschiedenen Bauordnungen stillschweigend das Vorhandensein von öffenbaren Fenstern zugrunde liegt. Bei komplett geschlossenen Fassaden sind deshalb Entrauchungsmöglichkeiten im individuellen Brandschutzkonzept zu klären.

Darüber hinaus gelten Mindestanforderungen an Fenster von notwendigen Treppenräumen (§ 35 Abs. 8 MBO). Hiernach müssen *„in jedem oberirdischen Geschoss unmittelbar ins Freie führende Fenster mit einem freien Querschnitt von mind. 0,50 m^2“* vorhanden sein (siehe auch Kapitel 7.5, Abschnitt 4.1 in diesem Werk).

6.3 Außenwände, Fassaden, Außenwandverkleidungen
6.3.5 Literaturangaben zu 6.3

Dipl.-Ing. (FH) Lutz Battran

Inhalt

1 Vorschriften

2 Normen

3 Verschiedenes

6.3.5 Literaturangaben zu 6.3

1 Vorschriften

Musterbauordnung (MBO), Fassung November 2002, zuletzt geändert durch Beschluss der Bauministerkonferenz vom 21.09.2012
sowie
Begründung zur MBO, Stand 21.09.2012

Muster-Beherbergungsstättenverordnung – MBeVO (Fassung Dezember 2000)

Muster-Garagenverordnung – MGarVO (Fassung Mai 2008)

Muster-Industriebaurichtlinie – M IndBauRL (Fassung März 2000)

Muster-Richtlinie über den Bau und Betrieb von Hochhäusern – MHHR (Fassung April 2008)

Muster Richtlinien über Flächen für die Feuerwehr (Fassung Februar 2007)

Muster-Verkaufsstättenverordnung – MVkVO (Fassung September 1995)

Muster-Versammlungsstättenverordnung – MVStättV (Fassung Juni 2005)

Bauregelliste A, Bauregelliste B und Liste C, Hrsg. Deutsches Institut für Bautechnik (DIBt), Berlin

Muster-Liste der Technischen Baubestimmungen Teil I und Teil II mit Anwendungsregelungen für Bauprodukte und Bausätze nach europäischen technischen Zulassungen und harmonisierten Normen nach der Bauproduktenrichtlinie; Hrsg. Deutsches Institut für Bautechnik (DIBt), Berlin

2 Normen

DIN 4102-2:1977-09: Brandverhalten von Baustoffen und Bauteilen; Bauteile, Begriffe, Anforderungen und Prüfungen

DIN 4102-3:1977-09: Brandverhalten von Baustoffen und Bauteilen; Brandwände und nichttragende Außenwände, Begriffe, Anforderungen und Prüfungen

DIN 4102-4:1994-03: Brandverhalten von Baustoffen und Bauteilen; Zusammenstellung und Anwendung klassifizierter Baustoffe, Bauteile und Sonderbauteile

DIN 14090:2003-05: Flächen für die Feuerwehr auf Grundstücken

DIN 18516-1:2010-06: Außenwandbekleidungen, hinterlüftet – Teil 1: Anforderungen, Prüfgrundsätze

DIN EN 13501-1:2007-05: Klassifizierung von Bauprodukten und Bauarten zu ihrem Brandverhalten – Teil 1: Klassifizierung mit den Ergebnissen aus den Prüfungen zum Brandverhalten von Bauprodukten

DIN EN 13501-2:2003-12: Klassifizierung von Bauprodukten und Bauarten zu ihrem Brandverhalten – Teil 2: Klassifizierung mit den Ergebnissen aus den Feuerwiderstandsprüfungen, mit Ausnahme von Lüftungsanlagen

3 Verschiedenes

DIBt: Stellungnahme zum SPIEGEL-Online-Artikel „Styropor-Platten in Fassaden – Wärmedämmung kann Hausbrände verschlimmern“ und zum Beitrag des NDR in der Sendung „45 Minuten“ am 28.11.2011, www.dibt.de/de/Data/Presseinfo_20111207.pdf

DIBt: Stellungnahme zu „brandgefährlichen Polystyrol-Fassaden", www.baulinks.de/webplugin/2011/1926.php4

DIBt: Stellungnahme zu Brandschutz und WDVS, www.zub-kassel.de/news/article?id=550

Europäische Kommission: Entscheidung 2000-147/EG, http://eur-lex.europa.eu

Fachverband Wärmedämm-Verbundsysteme e.V. (Hrsg.): WDV-Systeme zum Thema Brandschutz, Technische Systeminfo 6, 10/2009

FeuerTRUTZ Magazin 1.2009: Dämmen statt Brennen – Brennpunkt

Frankfurter Neue Presse: Tödliche Gefahr an der Wand?, www.fnp.de/fnp/region/lokales/frankfurt/toedliche-gefahr-an-der-wand_rmn01.c.9884706.de.html

Kotthoff, Ingolf: Brandriegel in Wärmedämm-Verbundsystemen, Vortragsunterlagen Mai 2008

Kotthoff, Ingolf: Maßnahmen bei hinterlüfteten Fassaden, Beitrag in Fassadentechnik Mai 2008, Cubus Medien Verlag GmbH, Hamburg

NDR: Brandgefährlich: Wärmedämmung aus Polystyrol, www.ndr.de/ratgeber/verbraucher/haushalt_wohnen/waermedaemmung191.html

6.4 Decken, Balken, Unterzüge

6.4.1 Decken

Dipl.-Ing. (FH) Josef Mayr

Inhalt

Teil A Anforderungen

1 Allgemeines

2 Grundsätzliche Anforderungen der Bauordnungen

Teil B Bauausführung

1 Nationale Klassifizierung nach DIN 4102-2

2 Europäische Klassifizierung nach DIN EN 13501-2

3 Zuordnung der bauaufsichtlichen Benennungen zu den Feuerwiderstandsklassen

4 Erfüllung der bauaufsichtlichen Anforderungen

5 Verwendbarkeitsnachweis

6 Übereinstimmungsnachweis

7 Wichtiges zur Planung und Ausführung von Decken

8 Deckenbauarten von tragenden Decken mit raumabschließender Funktion

- 8.1 Massivdecken ohne Unterdecken oder Bekleidungen
- 8.2 Massivdecken in Verbindung mit Unterdecken oder Bekleidungen
- 8.3 Deckenbauarten aus Holzbauteilen
- 8.4 Deckenbauarten aus Stahlprofilblechen ohne Unterdecken oder Bekleidungen
- 8.5 Deckenbauarten aus Stahlprofilblechen mit Unterdecken oder Bekleidungen

6.4.1	Decken, Balken, Unterzüge	Decken

8.6 Selbstständige Brandschutzunterdecken und -bekleidungen mit Feuerwiderstandsklasse von unten

8.7 Selbstständige Brandschutzunterdecken mit Feuerwiderstandsklasse von oben bzw. von oben und unten

6.4.1 Decken

Teil A Anforderungen

1 Allgemeines

Für die brandschutztechnische Funktion von Decken gelten ähnliche Grundsätze wie für tragende und raumabschließende Wände. Grundsätzliche Anforderungen an das Tragwerk enthält Kapitel 6.1.0, an den Raumabschluss Kapitel 6.2.0.

Bei Decken, die den oberen Abschluss eines Gebäudes bilden (Dachdecken), ist im Hinblick auf den Brandschutz zwischen der eigentlichen Dachdecke, der Dachkonstruktion und der Dachhaut zu unterscheiden. Ist die Dachdecke in ihrem Aufbau mit einer Deckenkonstruktion identisch, gilt sinngemäß das Gleiche wie für Geschosstrenndecken.

Bezüglich der Dachkonstruktion und der Dachhaut siehe Kapitel 6.5.

2 Grundsätzliche Anforderungen der Bauordnungen

Vorbemerkungen hierzu siehe Kapitel 6.1.1-A, Punkt 2.

Bauaufsichtliches Schutzziel

Decken müssen als **tragende** und **raumabschließende** Bauteile zwischen Geschossen im Brandfall ausreichend lange standsicher und widerstandsfähig gegen die Brandausbreitung sein.

Feuerwiderstandsfähige Decken sind für die Funktion des Abschottungsprinzips unverzichtbar. Sie müssen deshalb entsprechend ihrer Feuerwiderstandsdauer raumabschließend sein (raumabschließende Funktion haben). Außerdem müssen sie entsprechend ihrer Feuerwiderstandsdauer ihre tragende Funktion behalten, also auch als Tragwerk entsprechend standsicher sein.

Zusätzlich bestehen bei Decken die hochfeuerhemmend bzw. feuerbeständig sein müssen, noch weitergehende Anforderungen an die Baustoffklasse und die sonstige Ausführung der Decken.

Eine tragende Geschosstrenndecke mit der bauaufsichtlichen Anforderung *feuerbeständig* muss z.B. folgendermaßen ausgebildet sein:

- feuerbeständig-tragend
- feuerbeständig-raumabschließend
- in den wesentlichen Teilen aus nicht brennbaren Baustoffen (mindestens F 90-AB).

An Balkone werden gemäß MBO 2002 dagegen keine besonderen Anforderungen gestellt. Dies bedeutet, dass Balkone keine klassifizierte Feuerwiderstandsdauer aufweisen müssen. Sie müssen jedoch mindestens so ausgeführt werden, dass von ihnen im Brandfall keine Gefährdung ausgehen kann (z.B. durch einstürzende oder herabfallende Balkonplatten).

Außerdem sind sie so auszubilden, dass eine ausreichende Sicherheit gegen Brandweiterleitung (sowohl horizontal als auch vertikal) über die Balkone selbst besteht.

6.4.1-A Seite 2	Decken, Balken, Unterzüge	Decken

Dies gilt jedoch nicht für Laubengänge (offene Gänge, die als notwendige Flure dienen). Bei Laubengängen sind alle Anforderungen einzuhalten, die an Geschosstrenndecken gestellt werden.

Zur Erläuterung der Systematik werden im Folgenden die grundsätzlichen Anforderungen der MBO an Decken tabellarisch zusammengefasst (Tabelle 2-1) und durch Systemskizzen (Bilder 2-1 bis 2-7) visualisiert.

Fußnoten und Abkürzungen zu Tabelle 2-1:

1) oder freistehende land- und forstwirtschaftliche Gebäude

2) oder unterirdische Gebäude

3) Höhe ist das Maß der Fußbodenoberkante des höchstgelegenen Geschosses, in dem ein Aufenthaltsraum möglich ist, über der Geländeoberfläche im Mittel.

Anmerkung: Die Definition der Geländeoberfläche ist in einigen LBOs unterschiedlich geregelt.

4) Die Öffnungen müssen auf die für die Nutzung erforderliche Zahl und Größe beschränkt sein.

DG = Dachgeschosse
AR = Aufenthaltsräume

Tabelle 2-1: Erforderliche Feuerwiderstandsdauer und Ausführung von Decken nach § 31 MBO 2002 (zu Anforderungen der einzelnen LBOs siehe Checklisten der Brandschutz-Nachweis-CD)

Anforderungen der MBO 2002 an Decken					
Gebäudeklasse	GKL 1	GKL 2	GKL 3	GKL 4	GKL 5
Definition	Gebäude freistehend[1]) h[3]) ≤ 7 m NE ≤ 2 NE ≤ 400 m^2	Gebäude h[3]) ≤ 7 m NE ≤ 2 NE ≤ 400 m^2	Gebäude h[3]) ≤ 7 m	Gebäude h[3]) ≤ 13m NE ≤ 400 m^2	sonstige Gebäude[2])
Grundsätzliche Anforderungen					
Normalgeschosse	–	fh	fh	hf	fb
Kellergeschosse	fh	fh	fb	fb	fb
DG, wenn darüber noch AR möglich sind	–	fh	fh	hf	fb
DG, wenn darüber keine AR möglich sind	–	–	–	–	–
Laubengänge	–	fh	fh	hf	fb
Balkone	–	–	–	–	–
Decken unter und über Räumen mit Explosions- oder erhöhter Brandgefahr					
Grundsätzlich	fb (ausgenommen in Wohngebäuden)		fb		
Decken zwischen dem landwirtschaftlich genutzten Teil und dem Wohnteil eines Gebäudes					
Grundsätzlich	fb				
Anschluss der Decken an die Außenwand					
Anforderungen	Ausführung so, dass die Decken als tragende und raumabschließende Bauteile zwischen Geschossen im Brandfall ausreichend lange standsicher und widerstandsfähig gegen die Brandausbreitung sind				
Öffnungen in Decken					
Normalgeschosse	zulässig	zulässig	fh[4])	hf[4])	fb[4])
Kellergeschosse	zulässig	zulässig	fb[4])	fb[4])	fb[4])
Innerhalb einer NE ≤ 400 m^2 ≤ 2 Geschosse	zulässig				

6.4.1-A Seite 4	Decken, Balken, Unterzüge	Decken

2-1 Gebäudeklasse 1a – freistehende Wohngebäude

Gebäudeklasse 1a
freistehende Wohngebäude

	fh	hf	fb
Tragwerk			
Raumabschluss			

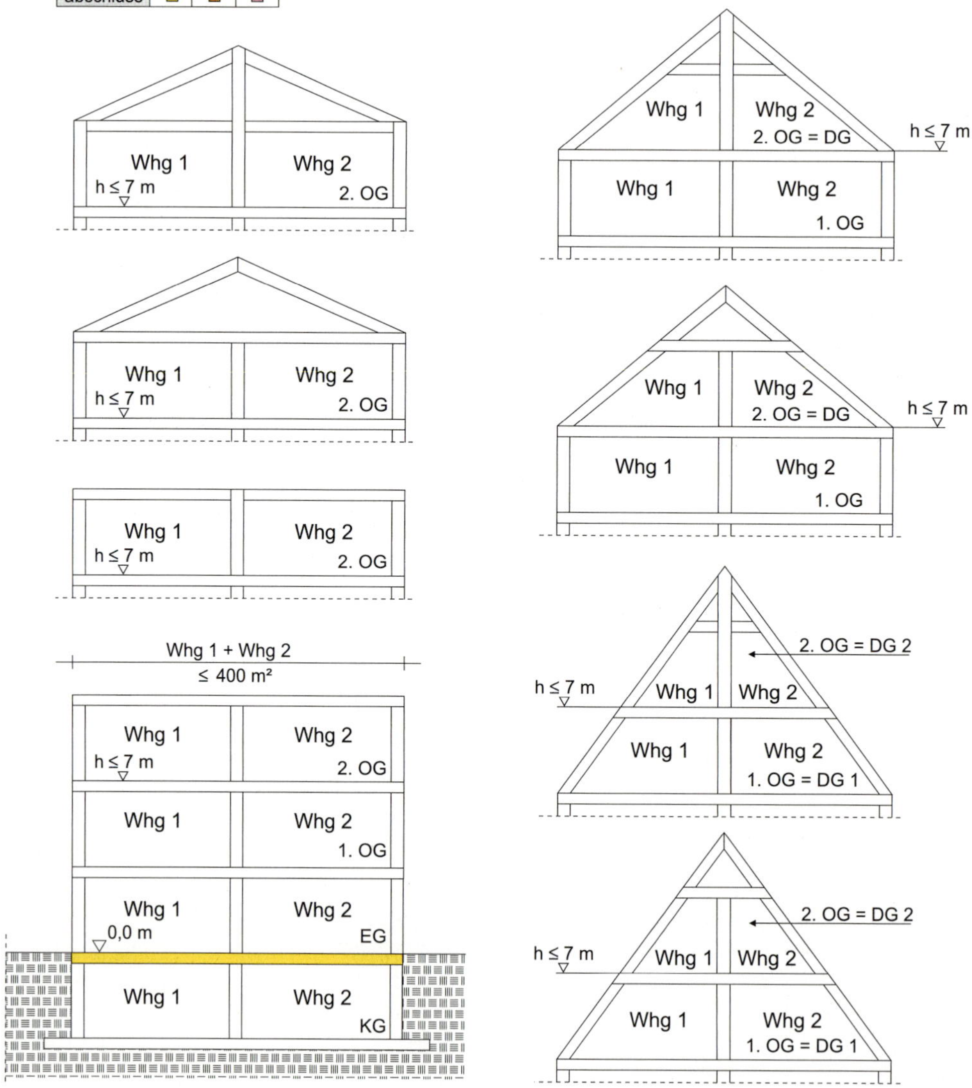

2-2 Gebäudeklasse 1b – sonstige und gemischt genutzte freistehende Gebäude

Gebäudeklasse 1b sonstige und gemischt genutzte freistehende Gebäude

	fh	hf	fb
Tragwerk			
Raumabschluss			

① Ausführung der Trennwände bis zur Rohdecke.

② Ausführung der Trennwände bis unter die Dachhaut. An das Dach werden dann keine besonderen Anforderungen gestellt.

③ Ausführung der Trennwand bis zur Rohdecke im Dachraum. Diese muss dann einschließlich der sie tragenden und aussteifenden Bauteile feuerhemmend sein.

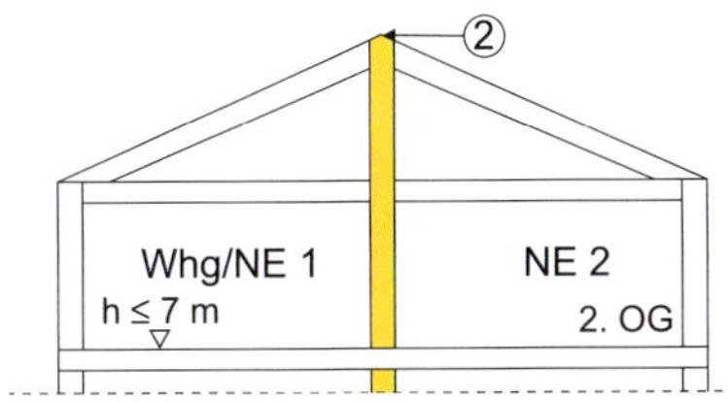

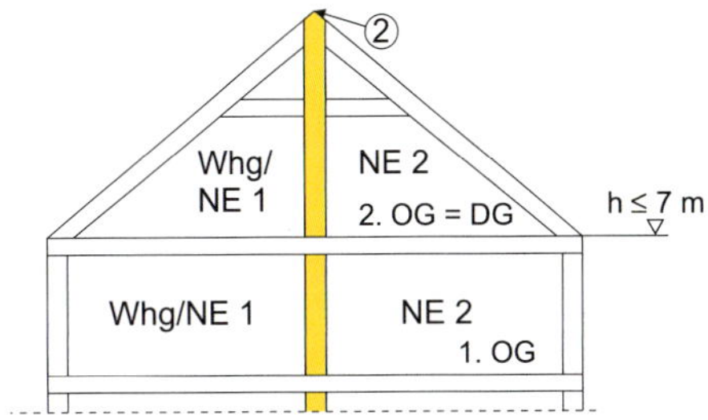

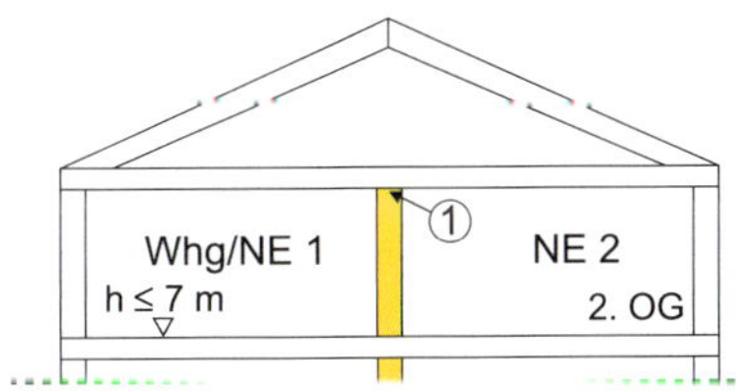

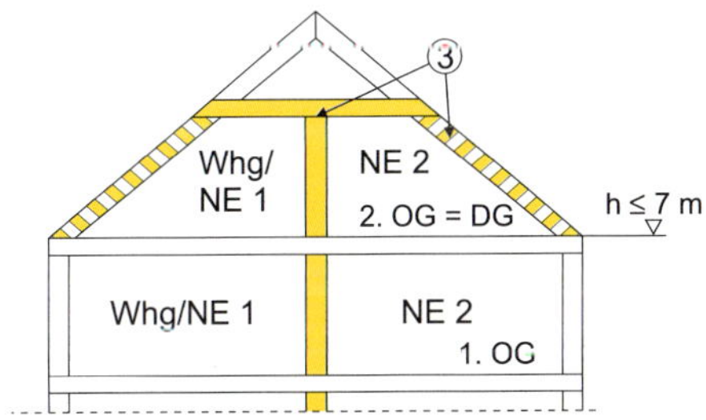

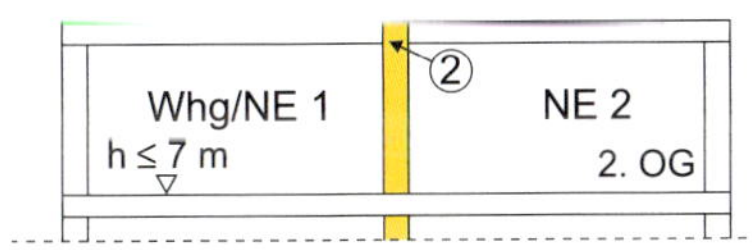

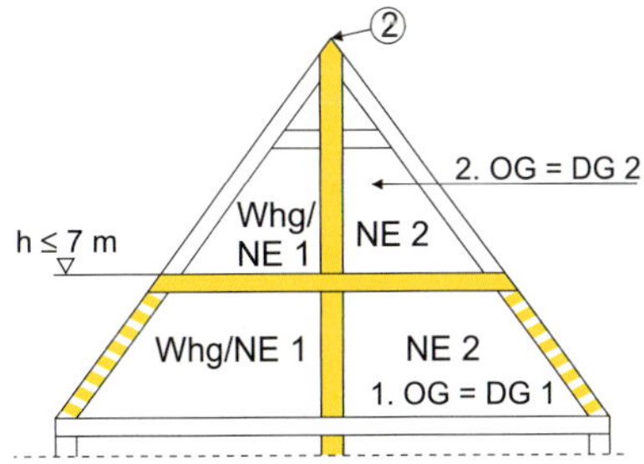

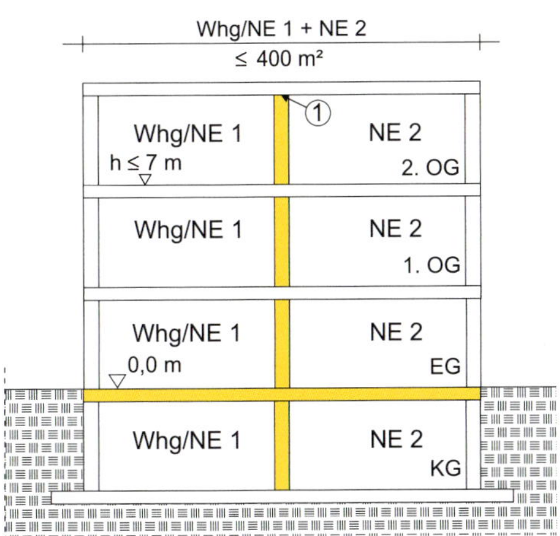

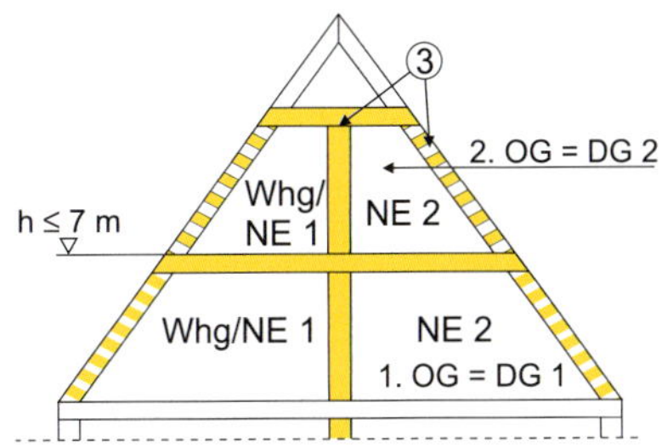

6.4.1-A Seite 6	Decken, Balken, Unterzüge	Decken

2-3 Gebäudeklasse 2a – Wohngebäude

Gebäudeklasse 2a
Wohngebäude

	fh	hf	fb
Trag-werk			
Raum-abschluss			

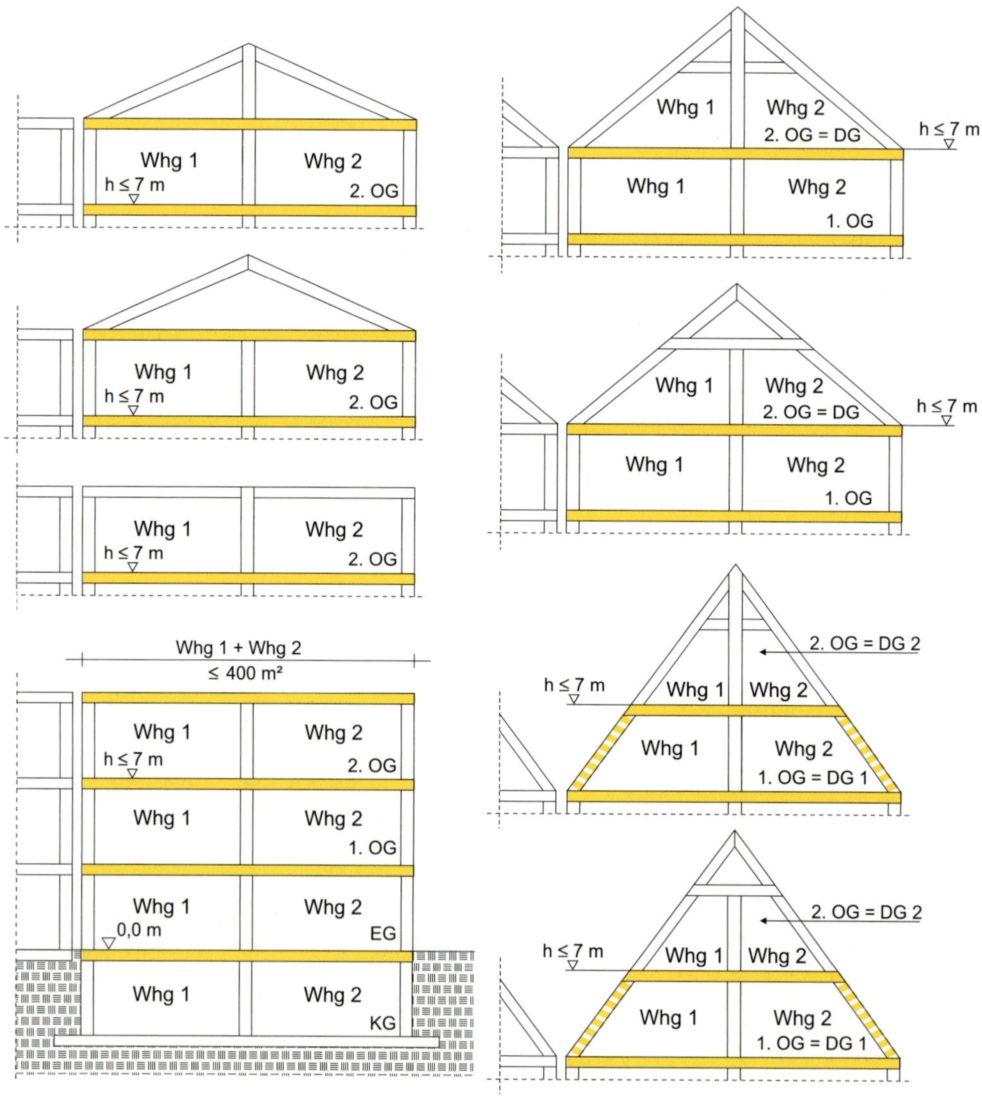

Decken, Balken, Unterzüge	Decken	**6.4.1-A** Seite 7

2-4 Gebäudeklasse 2b – sonstige und gemischt genutzte Gebäude

Gebäudeklasse 2b sonstige und gemischt genutzte Gebäude

	fh	hf	fb
Tragwerk			
Raumabschluss			

① Ausführung der Trennwände bis zur Rohdecke.

② Ausführung der Trennwände bis unter die Dachhaut. An das Dach werden dann keine besonderen Anforderungen gestellt.

③ Ausführung der Trennwand bis zur Rohdecke im Dachraum. Diese muss dann einschließlich der sie tragenden und aussteifenden Bauteile feuerhemmend sein.

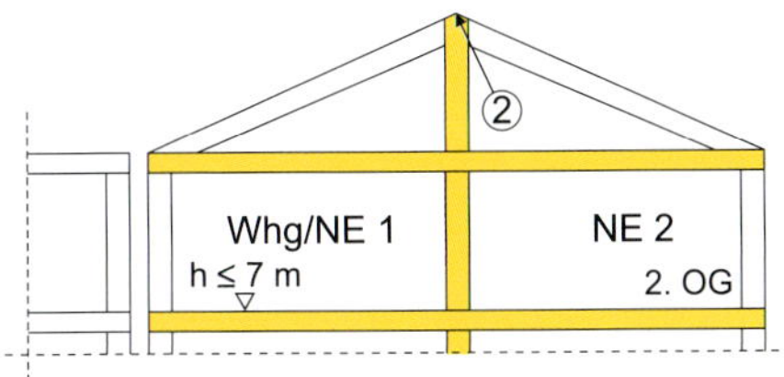

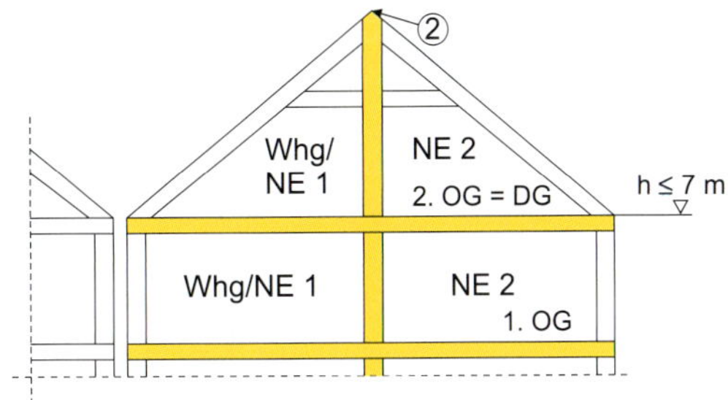

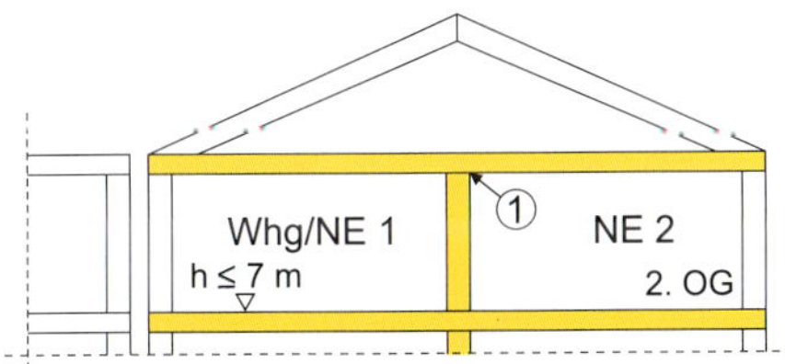

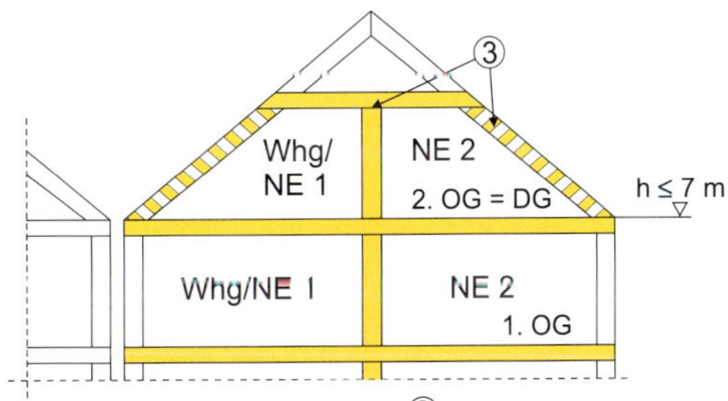

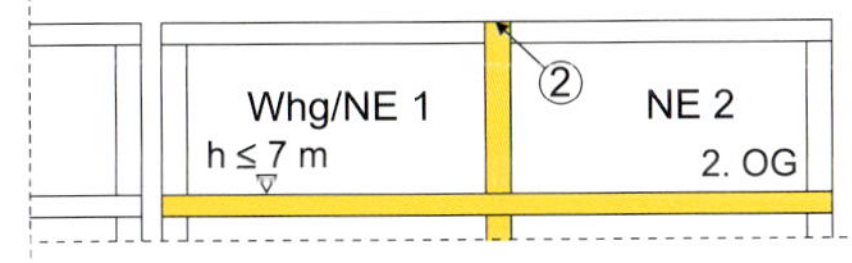

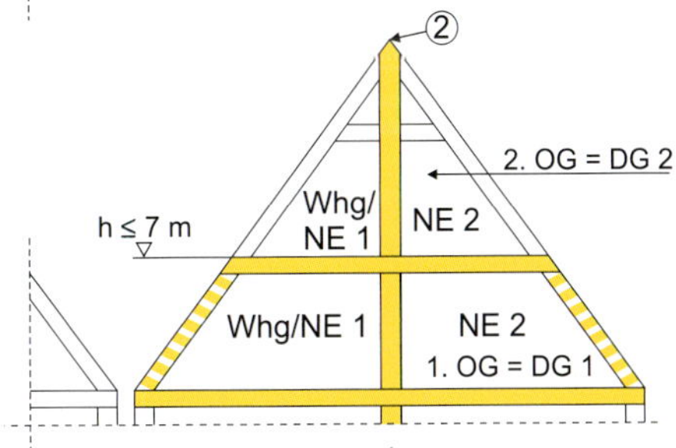

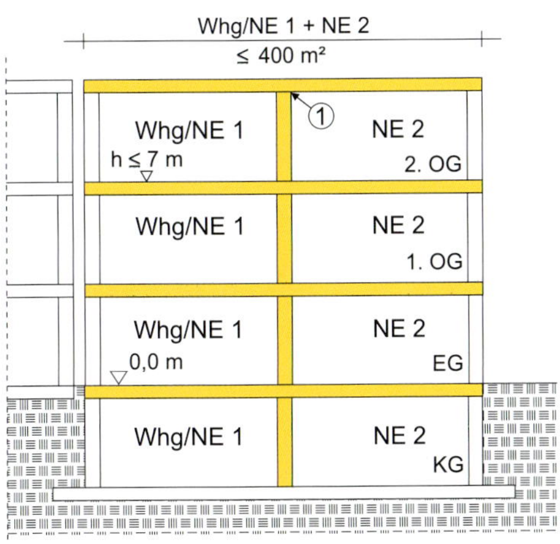

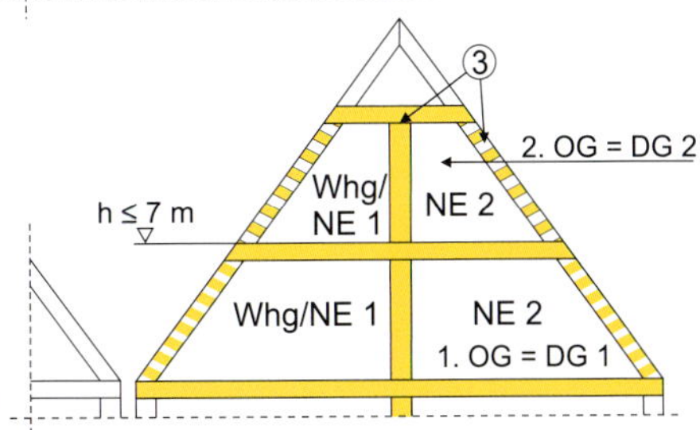

6.4.1-A Seite 8 | Decken, Balken, Unterzüge | Decken

2-5 Gebäudeklasse 3

Gebäudeklasse 3

	fh	hf	fb
Trag-werk			
Raum-abschluss			

① Ausführung der Trennwände bis zur Rohdecke.

② Ausführung der Trennwände bis unter die Dachhaut. An das Dach werden dann keine besonderen Anforderungen gestellt.

③ Ausführung der Trennwand bis zur Rohdecke im Dachraum. Diese muss dann einschließlich der sie tragenden und aussteifenden Bauteile feuerhemmend sein.

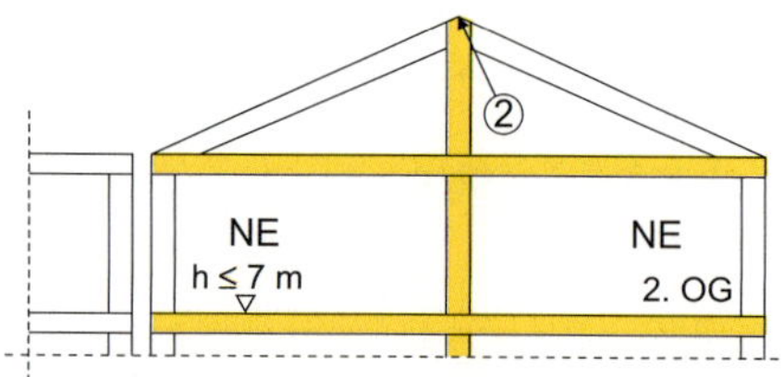

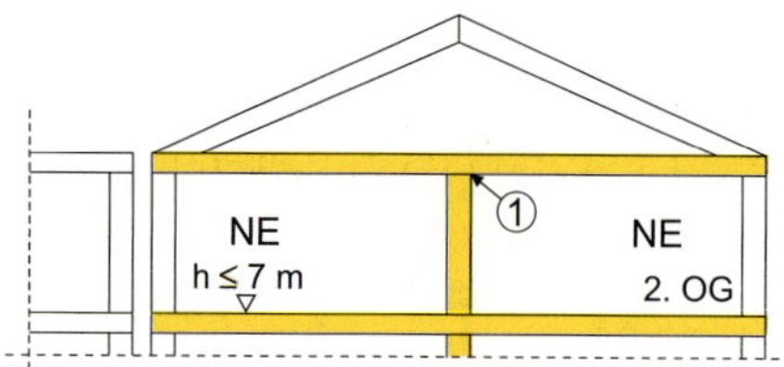

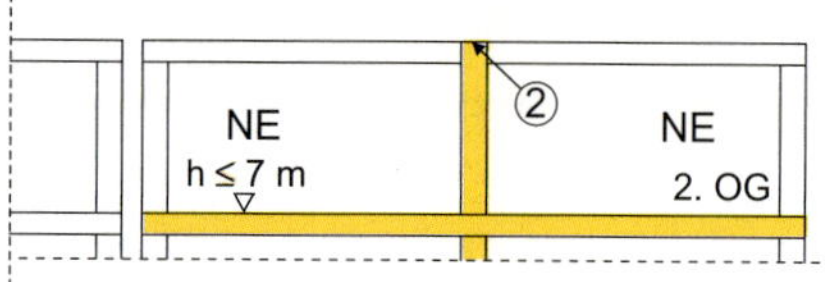

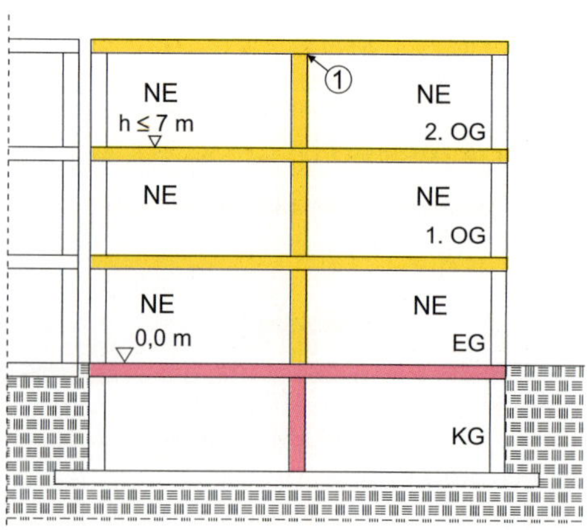

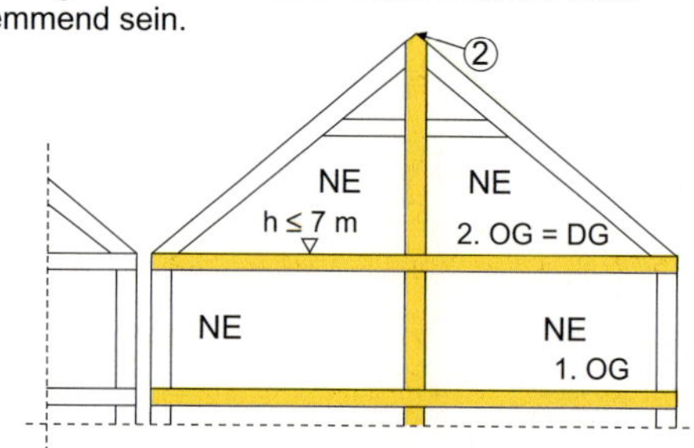

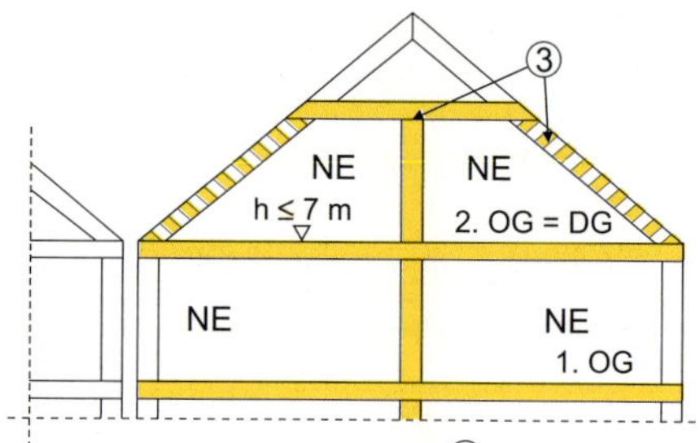

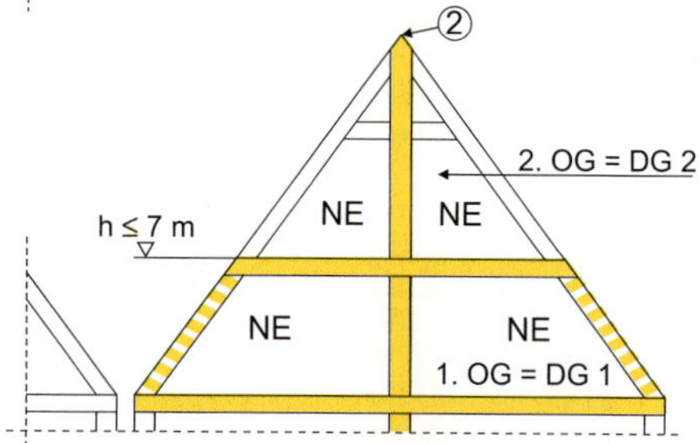

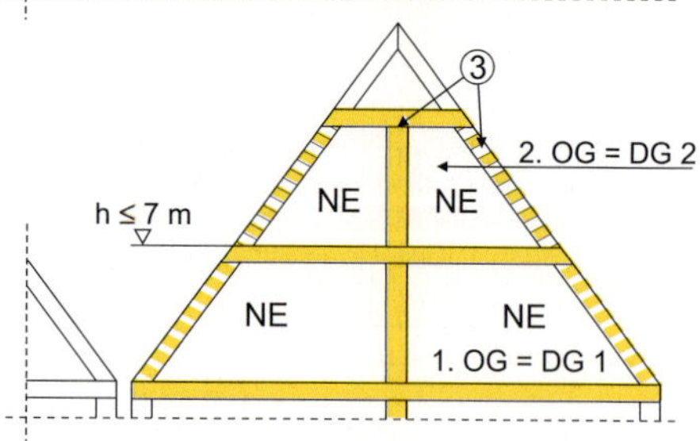

2-6 Gebäudeklasse 4

Gebäudeklasse 4

	fh	hf	fb
Tragwerk			
Raumabschluss			

① Ausführung der Trennwände bis zur Rohdecke.

② Ausführung der Trennwände bis unter die Dachhaut. An das Dach werden dann keine besonderen Anforderungen gestellt.

③ Ausführung der Trennwand bis zur Rohdecke im Dachraum. Diese muss dann einschließlich der sie tragenden und aussteifenden Bauteile feuerhemmend sein.

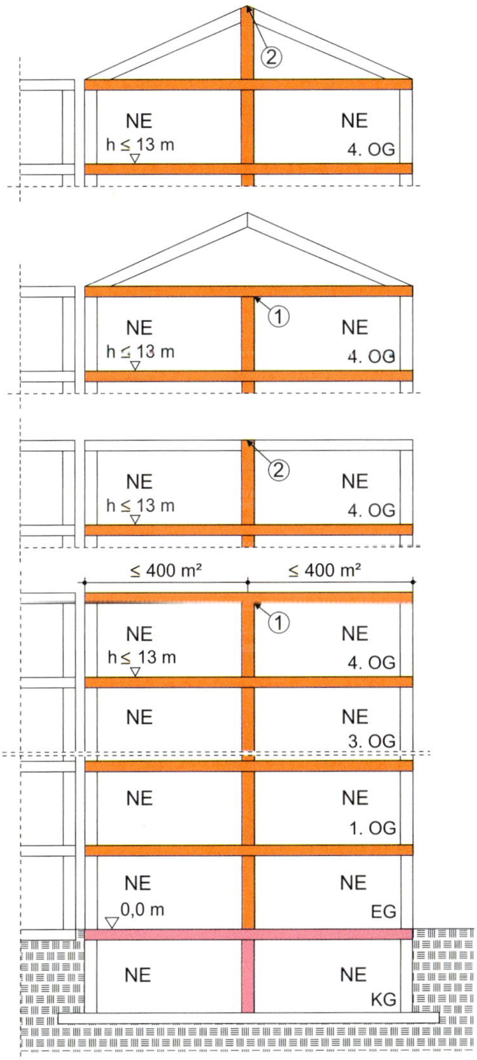

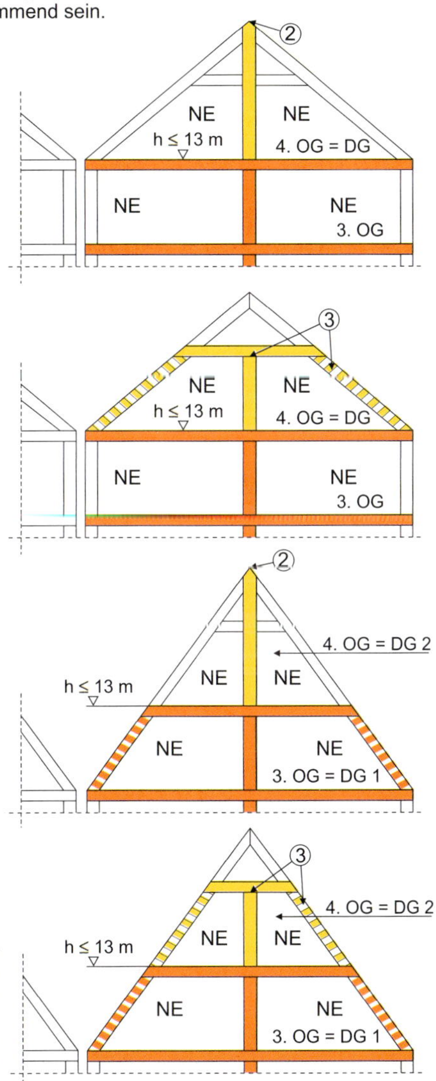

6.4.1-A Seite 10	Decken, Balken, Unterzüge	Decken

2-7 Gebäudeklasse 5

Gebäudeklasse 5

	fh	hf	fb
Tragwerk			
Raumabschluss			

① Ausführung der Trennwände bis zur Rohdecke.

② Ausführung der Trennwände bis unter die Dachhaut. An das Dach werden dann keine besonderen Anforderungen gestellt.

③ Ausführung der Trennwand bis zur Rohdecke im Dachraum. Diese muss dann einschließlich der sie tragenden und aussteifenden Bauteile feuerhemmend sein.

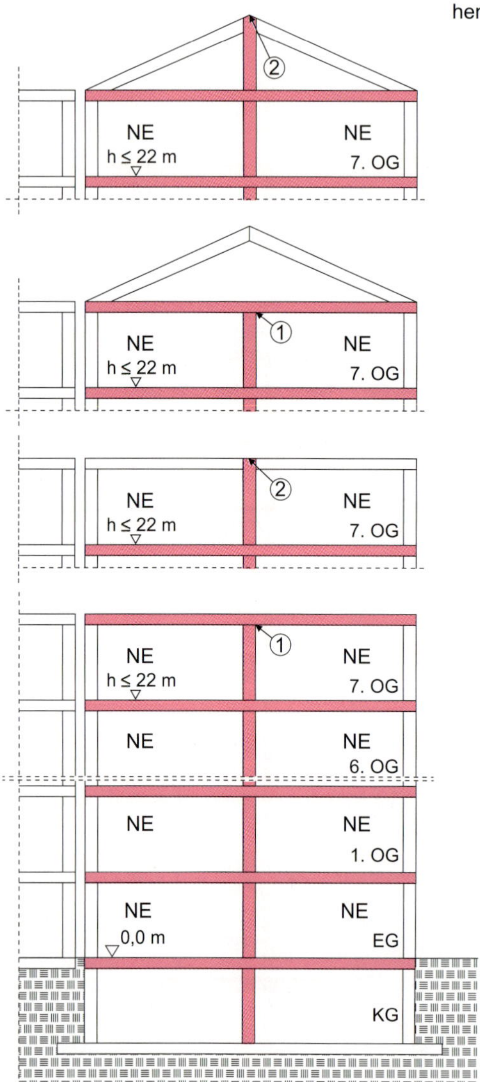

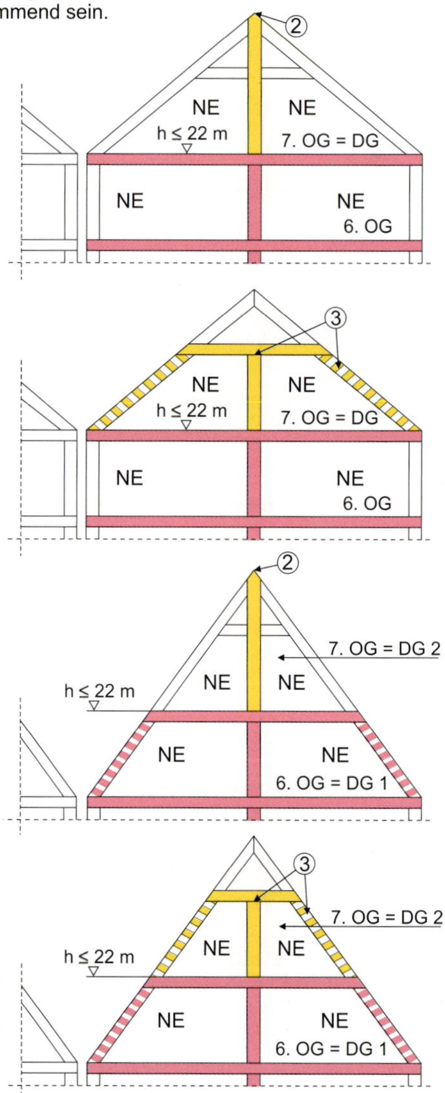

6.4.1 Decken

Teil B Bauausführung

Nachfolgend werden Deckenbauarten, die die Feuerwiderstandsdauer für sich allein (ohne Unterdecken) erreichen, behandelt. Selbstständige Unterdecken enthält Kapitel 6.7.2.

1 Nationale Klassifizierung nach DIN 4102-2

Siehe hierzu Kapitel 6.2.1-B, Punkt 1. Decken müssen im Brandfall während ihrer Feuerwiderstandsdauer standsicher sein und den Durchgang des Feuers (von Feuer und Rauch) sowohl von **unten nach oben** als auch von **oben nach unten** verhindern.

Zur Zuordnung der bauaufsichtlichen Benennungen *feuerhemmend, hochfeuerhemmend* und *feuerbeständig* zu den Feuerwiderstandsklassen nach DIN 4102-2 siehe unter 3 in diesem Kapitel.

2 Europäische Klassifizierung nach DIN EN 13501-2

Gemäß DIN 13501-2 bestehen für Decken mit raumabschließender Funktion folgende Leistungskriterien:

- Tragfähigkeit (**R** = Résistance)
- Raumabschluss (**E** = Etanchéité)
- Wärmedämmung unter Brandeinwirkung (**I** = Isolierung)

In Verbindung mit der jeweiligen Feuerwiderstandsdauer ergeben sich damit Klassifizierungen für folgende Decken:

REI
Tragende Decke **mit** raumabschließender Funktion **und** Wärmedämmung unter Brandeinwirkung.

Anmerkung: Auf nationaler Ebene (im bauaufsichtlichen Verfahren) müssen raumabschließende Decken stets die Kriterien „raumabschließende Funktion" und „Wärmedämmung" (E und I) **gleichzeitig** erfüllen.

RE
*Tragende Decke **nur** mit raumabschließender Funktion **ohne** Wärmedämmung unter Brandeinwirkung. Diese Kriterienkombination ist im bauaufsichtlichen Verfahren **nicht relevant** und wird deshalb auch nicht weiter behandelt. Im bauaufsichtlichen Verfahren müssen Decken neben ihrer tragenden Funktion immer die Kriterien mit raumabschließender Funktion **und** Wärmedämmung unter Brandeinwirkung **zusammen** erfüllen.*

Zusammen mit der Feuerwiderstandsdauer ergeben sich mit den vorgenannten Kriterien die in Tabelle 2-1 aufgeführten Klassifizierungen.

6.4.1-B Seite 2	Decken, Balken, Unterzüge	Decken

Tabelle 2-1:
Feuerwiderstandsklassen REI nach DIN EN 13501-2 (europäische Ebene) für Decken

Tragende Decken mit raumabschließender Funktion	
Feuerwiderstands-dauer in Minuten	Klassifizierung REI
≥ 15	15
≥ 20	20
≥ 30	30*)
≥ 45	45
≥ 60	60*)
≥ 90	90*)
≥ 120	120
≥ 180	180
≥ 240	240

*) Klassifizierung nach derzeitigen bauaufsichtlichen Anforderungen in Deutschland. Bei den Klassifizierungen REI 60 und REI 90 bestehen noch zusätzliche Anforderungen an die Baustoffklassen. Soll die Klassifizierung REI 60 mit tragenden und aussteifenden Bauteilen aus brennbaren Baustoffen erreicht werden, so bestehen noch zusätzliche Anforderungen an die brandschutztechnisch wirksame Bekleidung, die Dämmstoffe und die sonstige Ausführung (siehe Punkt 3 in diesem Kapitel).

Unterschiedliche Prüfbedingungen bei den nationalen und europäischen Klassifizierungen

Auf nationaler Ebene muss die Feuerwiderstandsdauer von Decken grundsätzlich sowohl von **oben nach unten** als auch von **unten nach oben** erfüllt sein.

Die europäischen Klassifizierungen berücksichtigen eine Brandbeanspruchung von **unten nach oben.**

Damit auf eine zusätzliche Brandprüfung mit Brandbeanspruchung auf der Oberseite verzichtet werden kann, müssen gemäß den Vorgaben der Bauregelliste feuerwiderstandsfähige Holzbalkendecken bei den Brandprüfungen oberseitig mindestens die folgenden konstruktiven Bedingungen erfüllen:

Feuerwiderstandsklasse REI 60

Variante 1:

13 mm Spanplatten bzw. 21 mm gespundete Schalung und

15 mm nichtbrennbare Dämmstoffe aus Mineralfasern mit einem Schmelzpunkt ≥ 1000 °C und

20 mm Estrich bzw. nichtbrennbare Trockenestrichplatten (mindestens Klasse A 2)

oder

Variante 2:

13 mm Spanplatten bzw. 21 mm gespundete Schalung und

30 mm Estrich bzw. nichtbrennbare Trockenestrichplatten (mindestens Klasse A 2).

Feuerwiderstandsklasse REI 90:

Variante 1:

13 mm Spanplatten bzw. 21 mm gespundete Schalung und

15 mm nichtbrennbare Dämmstoffe aus Mineralfasern mit einem Schmelzpunkt ≥ 1000 °C und

30 mm Estrich bzw. nichtbrennbare Trockenestrichplatten (mindestens Klasse A 2)

oder

Variante 2:

13 mm Spanplatten bzw. 21 mm gespundete Schalung und

40 mm Estrich bzw. nichtbrennbare Trockenestrichplatten (mindestens Klasse A 2).

3 Zuordnung der bauaufsichtlichen Benennungen zu den Feuerwiderstandsklassen

Sinngemäß gilt das in Kapitel 6.2.1-B, Punkt 3 Gesagte, da Decken grundsätzlich die gleichen Anforderungen erfüllen müssen wie tragende Wände mit raumabschließender Funktion. Im Folgenden werden ergänzend dazu noch die Besonderheiten angegeben bzw. beschrieben, die für Decken mit raumabschließender Funktion zusätzlich zu beachten sind.

Zusätzlich gilt: Für Decken, die hochfeuerhemmend und feuerbeständig sein müssen, bestehen Zusatzanforderungen an die Baustoffklassen und Ausführung. Diese sind in Kapitel 6.2.1-B, Tabellen 3-1 bis 3-3 jeweils angegeben.

Außerdem ist zu beachten: Decken müssen neben ihrer tragenden Funktion auch raumabschließend sein. Für die Anforderung *Raumabschluss* bestehen jedoch vom Grundsatz her auf nationaler Ebene andere Anforderungen bzw. Begriffsdefinitionen als auf europäischer Ebene (siehe Kapitel 6.2.1-B, Punkt 3).

Wichtiges zur bauaufsichtlichen Benennung *hochfeuerhemmend* enthält sinngemäß Kapitel 6.2.1-B, Punkt 3. Bezüglich der Brandbeanspruchung von oben siehe unter 2 in diesem Kapitel, vorletzter Absatz.

Wichtiges zur bauaufsichtlichen Benennung *feuerbeständig* enthält sinngemäß Kapitel 6.1.3-B, Punkt 3. Bezüglich der Brandbeanspruchung von oben siehe unter 2 in diesem Kapitel, letzter Absatz.

4 Erfüllung der bauaufsichtlichen Anforderungen

Siehe sinngemäß Kapitel 6.1.1-B, Punkt 4.

5 Verwendbarkeitsnachweis

Siehe sinngemäß Kapitel 6.1.1-B, Punkt 5.

6 Übereinstimmungsnachweis

Siehe sinngemäß Kapitel 6.1.1-B, Punkt 6.

7 Wichtiges zur Planung und Ausführung von Decken

Bei den in diesem Kapitel angegebenen Unterdecken zur Verbesserung der Feuerwiderstandsfähigkeit von Decken wird vorausgesetzt, dass der Brandangriff *von unten* immer von der *Unterseite der Unterdecke* (Raumseite) und nicht vom Zwischendeckenbereich erfolgt.

Aus diesem Grund dürfen sich im Zwischendeckenbereich zwischen Rohdecke und Unterdecke mit Ausnahme der Teile, die zur Unterdeckenkonstruktion gehören, keine brennbaren Bestandteile befinden.

Als unbedenklich gelten dabei nach DIN 4102-2 Abschnitt 7.2.1 bzw. DIN 4102-4 Abschnitt 6.5.1.2 Kabelisolierungen oder Baustoffe, sofern die dadurch entstehende Brandlast möglichst gleichmäßig verteilt und ≤ 7 kWh/m^2 ist. Ist eine größere Brandlast vorhanden, muss die Eignung der Unterdecke durch eine entsprechende Prüfung (Verwendbarkeitsnachweis = allgemeines bauaufsichtliches Prüfzeugnis) nachgewiesen sein.

Darüber hinaus sollten Brandlasten generell vermieden werden, wenn die darüberliegende Decke aus ungeschützten brennbaren Baustoffen besteht.

Die Beurteilung der Feuerwiderstandsklasse von Geschosstrenndecken bezieht sich jeweils auf die Gesamtkonstruktion der Deckenbauart. Damit können Decken entweder als Bauart für sich allein (ohne Unterdecke) oder in der Kombination Tragdecke + Unterdecke die erforderliche Feuerwiderstandsdauer erreichen.

In bestimmten Bereichen (z.B. zum Schutz von Flucht- und Rettungswegen oder Deckenhohlräumen) müssen die Unterdecken für sich allein (unabhängig von darüber befindlichen Bauteilen) eine Feuerwiderstandsdauer aufweisen, d.h. *selbstständige Unterdecken* sein. Je nach den zugrundegelegten Schutzzielen muss in diesen Fällen die Feuerwiderstandsdauer bei einer Brandbeanspruchung

- *von unten*,
- *von oben aus dem Zwischendeckenbereich* oder
- *von oben aus dem Zwischendeckenbereich* und *von unten*

erfüllt werden.

Selbstständige Unterdecken mit Feuerwiderstandsdauer bei einer Brandbeanspruchung *von oben aus dem Zwischendeckenbereich* und ggf. auch *von unten* werden in Kapitel 6.7.2 behandelt.

Dachdecken, deren Aufbau mit Deckenkonstruktionen identisch sind, können bezüglich ihrer Brandschutzeigenschaften wie Geschosstrenndecken behandelt werden.

8 Deckenbauarten von tragenden Decken mit raumabschließender Funktion

Die folgenden Übersichten enthalten Auszüge aus den entsprechenden Normen(teilen) und dienen der Übersicht und Kurzinformation. Maßgebend sind die Bestimmungen der DIN 4102-4 in Verbindung mit DIN 4102-4/A1 und DIN 4102-22 bzw. der jeweils gültigen Verwendbarkeitsnachweise.

Bei den geregelten (genormten) Bauarten ergibt sich die Ausführung aus DIN 4102-4 in Verbindung mit DIN 4102-4/A1 und DIN 4102-22. Für andere (oder von DIN 4102-4 abweichende) Bauarten und Bauprodukte wird auf die dann erforderlichen Verwendbarkeitsnachweise sowie auf mögliche Feuerwiderstandsklassen hingewiesen.

Die Übersichten erheben nicht den Anspruch auf Vollständigkeit und erfolgen ohne Gewähr für die Richtigkeit.

Legende zu den folgenden Übersichten

DIN 4102-4

Hinweis auf die Fundstelle in DIN 4102-4 in Verbindung mit DIN 4102-4/A1 und DIN 4102-22

Bes. Nachweis Hinweis auf besonders geprüfte Bauprodukte und Bauarten mit Angabe des erforderlichen Verwendbarkeitsnachweises

6.4.1-B Seite 6	Decken, Balken, Unterzüge	Decken

8.1 Massivdecken ohne Unterdecken oder Bekleidungen

Die Übersichten gelten für Deckenbauarten aus **Massivbauteilen,** die **ohne zusätzliche Maßnahmen** wie Unterdecken oder Bekleidungen eine Feuerwiderstandsklasse bei Brandbeanspruchung *von unten* oder *von oben* aufweisen, sowie für diesen gleichzustellende Dächer. Konstruktive Maßnahmen bei einer Brandbeanspruchung *von oben* von Decken der Feuerwiderstandsklassen REI 60 und REI 90 enthält Punkt 2 in diesem Kapitel.

8.1-1 Bewehrte Deckenplatte (unbekleidet)

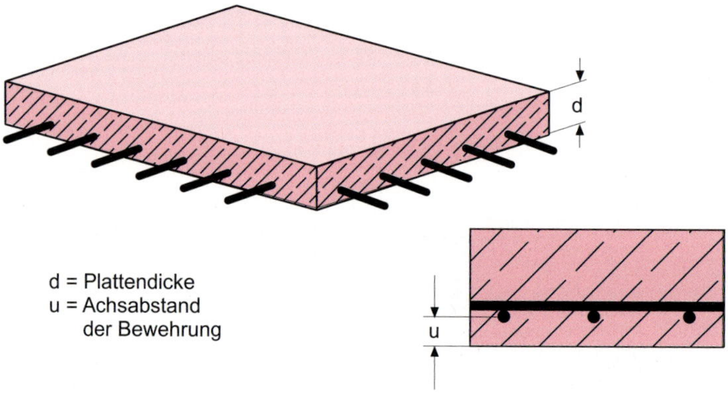

DIN 4102-4

Ausführung nach DIN 4102-4 in Verbindung mit DIN 4102-4/A1 und DIN 4102-22

8.1-2 Bewehrte Deckenplatte (unbekleidet) mit schwimmendem Estrich

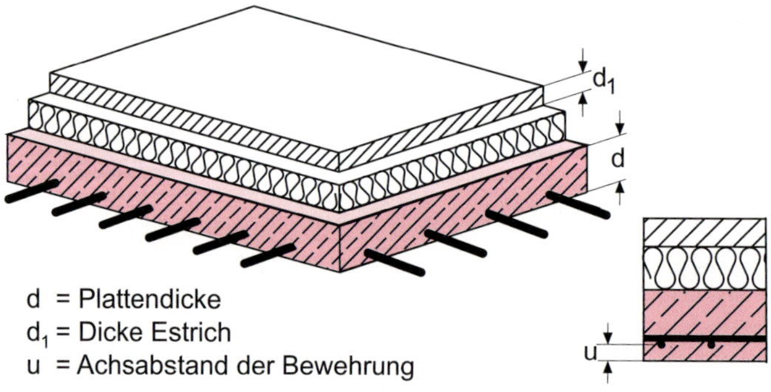

DIN 4102-4

Ausführung nach DIN 4102-4 in Verbindung mit DIN 4102-4/A1 und DIN 4102-22

8.1-3 Stahlbetonhohldielen mit schwimmendem Estrich

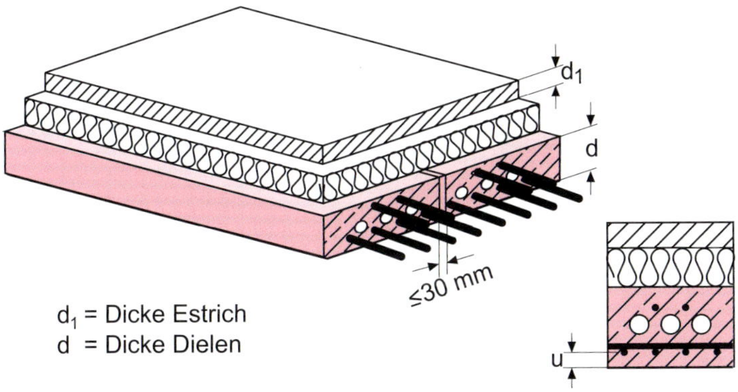

d_1 = Dicke Estrich
d = Dicke Dielen

DIN 4102-4

Ausführung nach DIN 4102-4 in Verbindung mit DIN 4102-4/A1 und DIN 4102-22

8.1-4 Stahlbetonhohldielen mit geschlossenen Fugen

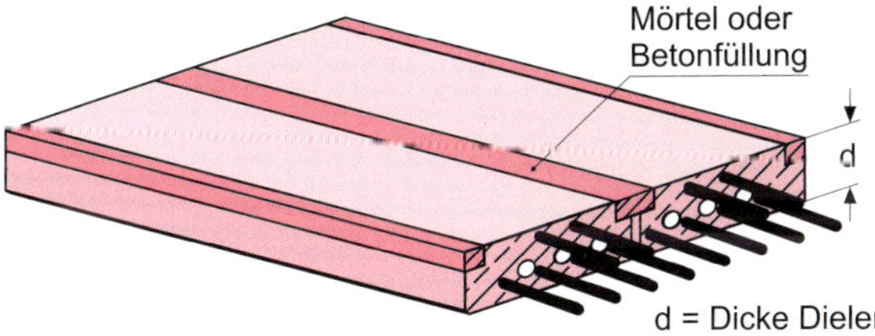

DIN 4102-4

Ausführung nach DIN 4102-4 in Verbindung mit DIN 4102-4/A1 und DIN 4102-22

8.1-5 Decke aus Porenbetondielen

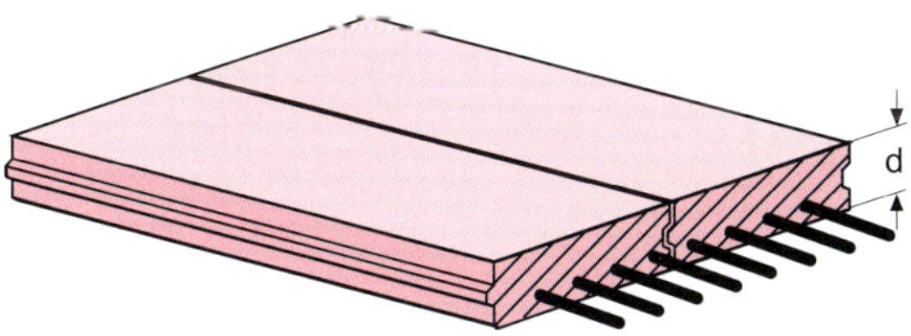

DIN 4102-4

Ausführung nach DIN 4102-4 in Verbindung mit DIN 4102-4/A1 und DIN 4102-22

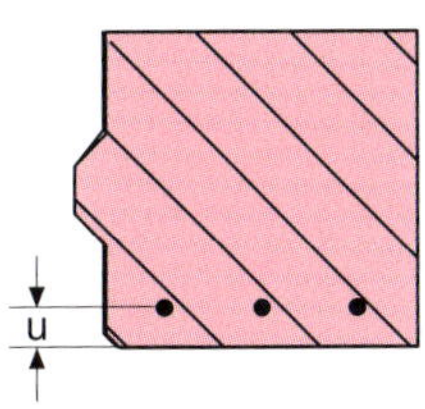

d = Plattendicke
u = Achsabstand Bewehrung

Bes. Nachweis

Ausführung siehe entsprechenden Verwendbarkeitsnachweis. Alle dort aufgeführten Randbedingungen und Bestimmungen sind zu beachten.

6.4.1-B Seite 8	Decken, Balken, Unterzüge	Decken

8.1-6 Ziegelbalkendecken

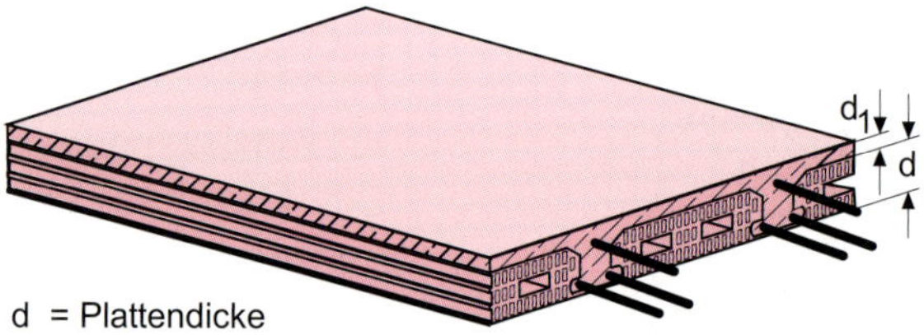

d = Plattendicke
d_1 = Betonüberdeckung

DIN 4102-4

Ausführung nach DIN 4102-4 in Verbindung mit DIN 4102-4/A1 und DIN 4102-22

8.1-7 Stahlbetonrippendecke

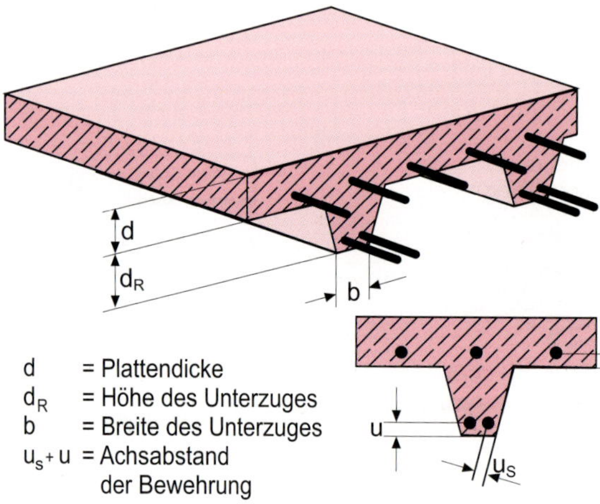

d = Plattendicke
d_R = Höhe des Unterzuges
b = Breite des Unterzuges
$u_s + u$ = Achsabstand der Bewehrung

DIN 4102-4

Ausführung nach DIN 4102-4 in Verbindung mit DIN 4102-4/A1 und DIN 4102-22

8.2 Massivdecken in Verbindung mit Unterdecken oder Bekleidungen

Die Übersicht gilt für Deckenbauarten aus **Massivbauteilen,** die mit **zusätzlichen Maßnahmen** wie Unterdecken oder Bekleidungen eine Feuerwiderstandsklasse bei Brandbeanspruchung *von unten* oder *von oben* aufweisen, sowie für diesen gleichzustellende Dächer. Dabei bezieht sich die Feuerwiderstandsdauer *von unten* auf die *Unterseite der Unterdecke* und die Feuerwiderstandsdauer *von oben* auf die *Oberseite der tragenden Decke*. Konstruktive Maßnahmen bei einer Brandbeanspruchung *von oben* von Decken der Feuerwiderstandsklassen REI 60 und REI 90 enthält Punkt 2 in diesem Kapitel.

8.2-1 Betondecke auf Stahlträgern in Verbindung mit Unterdecke

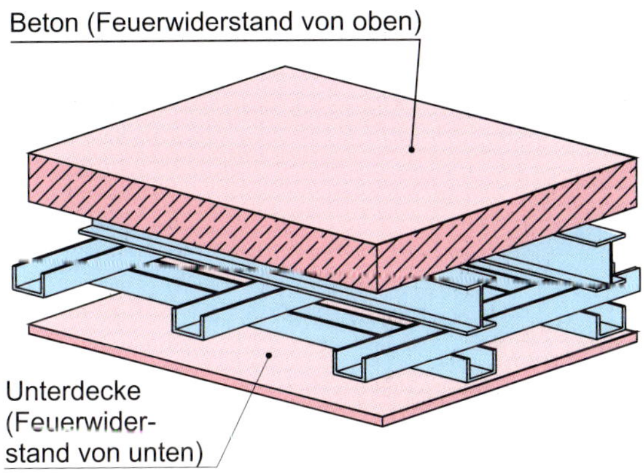

DIN 4102-4

Ausführung nach DIN 4102-4 in Verbindung mit DIN 4102-4/A1 und DIN 4102-22

Bes. Nachweis

Ausführung siehe entsprechendes Prüfzeugnis. Alle dort aufgeführten Randbedingungen und Bestimmungen sind zu beachten. F 30 bis F 180

6.4.1-B Seite 10 | Decken, Balken, Unterzüge | Decken

Die Deckenbauarten sind als Gesamtkonstruktion zu behandeln. Nach DIN 4102-4 Abschnitt 6.5 wird zwischen folgenden Deckenbauarten unterschieden:

Deckenbauart I

Stahlträgerdecken mit Abdeckung aus Leichtbeton sowie Stahlbeton- und Spannbetondecken mit Zwischenbauteilen aus Leichtbeton oder Ziegeln

Deckenbauart II

Stahlträgerdecken mit Abdeckung aus Normalbeton

Deckenbauart III

Stahlbeton- und Spannbetondecken aus Normalbeton

Decken der Bauart I

- Stahlträgerdecken mit im Zwischendeckenbereich freiliegenden Stahlträgern nach DIN 18800-1 „Vollwandträger, Fachwerkträger, Gitterträger“, sofern die Träger und Fachwerk- oder Gitterstäbe einen U/A-Wert ≤ 300 m^{-1} haben (siehe Kapitel 6.6.1). Die obere Abdeckung ist mindestens 5 cm dick aus
  - Porenbetonplatten nach DIN 4223 oder
  - Bimsbeton-Hohldielen nach DIN 4028
- Decken aus Stahlbeton oder Spannbeton nach DIN 1045 mit Zwischenbauteilen aus Leichtbeton nach DIN 4158 oder aus Ziegeln nach DIN 4159 und DIN 4160
- Stahlbeton-Rippendecken nach DIN 1045 mit Zwischenbauteilen aus Leichtbeton nach DIN 4158 oder aus Ziegeln nach DIN 4159 und DIN 4160
- Stahlbetondecken in Verbindung mit in Beton eingebetteten Stahlträgern

8.2-2 a bis 8.2-2 e Beispiele für Decken der Bauart I

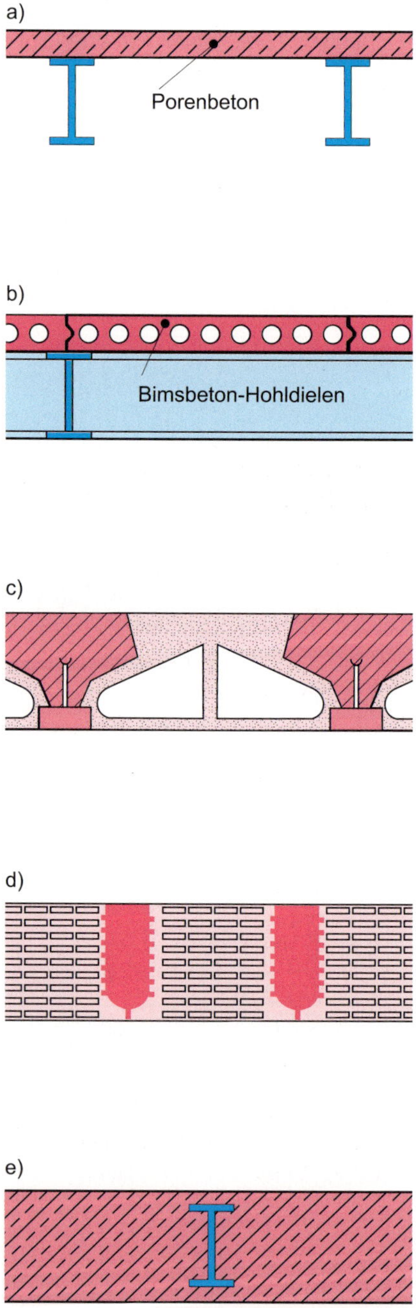

Decken der Bauart II

- Stahlträgerdecken mit im Zwischendeckenbereich freiliegenden Stahlträgern nach DIN 18800-1 „Vollwandträger, Fachwerkträger, Gitterträger", sofern die Träger und Fachwerk- oder Gitterstäbe einen U/A-Wert ≤ 300 m^{-1} haben (siehe Kapitel 6.6.1). Die obere Abdeckung ist mindestens 5 cm dick und aus
  - Ortbeton nach DIN 1045,
  - Fertigplatten mit statisch mitwirkender Ortbetonschicht nach DIN 1045 oder
  - Fertigteilen als Hohldielen aus Stahl- oder Spannbeton.

8.2-3 a und 8.2-3 b Beispiele für Decken der Bauart II

a)

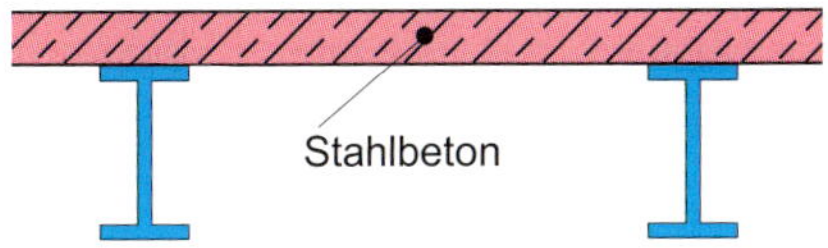

b)

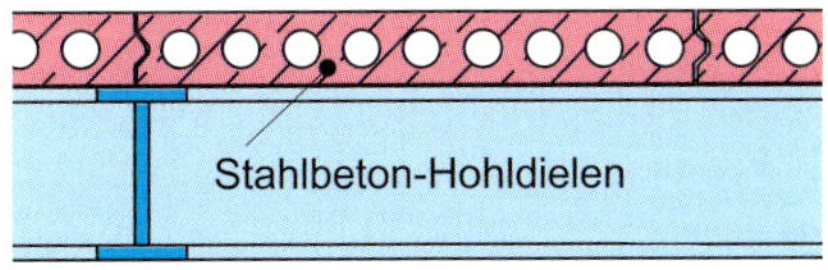

Decken der Bauart III

- Stahlbeton- und Spannbetondecken aus Normalbeton, jedoch nicht mit Bauteilen oder Zwischenbauteilen aus Leicht-, Poren- oder Bimsbeton; hierzu gehören z.B. folgende Decken:
  - Stahlbeton oder Spannbetonplatten nach DIN 1045 aus Normalbeton
  - Stahlbeton oder Stahlbeton-Hohldielen nach DIN 1045 bzw. DIN 4227 aus Normalbeton
  - Stahlbeton-Balkendecken mit Balken und Zwischenbauteilen nach DIN 1045 aus Normalbeton
  - Stahlbeton-Rippendecken nach DIN 1045 ohne Zwischenbauteile oder mit Zwischenbauteilen aus Normalbeton
  - Kassettendecken und Pilzdecken nach DIN 1045 aus Normalbeton.

8.2-4 a bis 8.2-4 d Beispiele für Decken der Bauart III

a) Stahlbeton

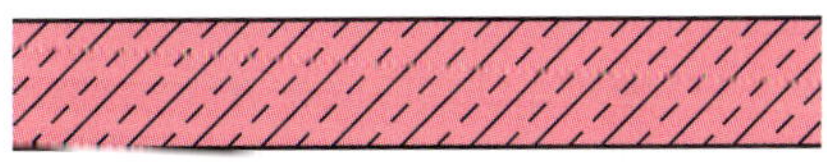

b) Stahlbeton-Hohldielen

c) Stahlbeton

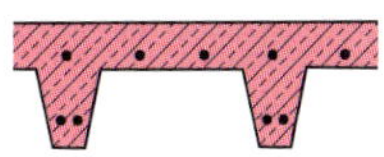

d) Stahlbeton

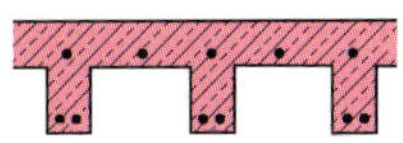

6.4.1-B Seite 12	Decken, Balken, Unterzüge	Decken

Bei einer Ausführung der Unterdecken nach DIN 4102-4 Abschnitt 6.5 sind die folgenden Punkte besonders zu beachten. Falls eine besonders geprüfte Bauart ausgeführt wird (z.B. mit einem Verwendbarkeitsnachweis durch ein allgemeines bauaufsichtliches Prüfzeugnis), gelten die Bestimmungen des jeweiligen Verwendbarkeitsnachweises.

- Die Angaben (DIN 4102-4 Abschnitt 6.5) gelten nur für **unbelastete Unterdecken**. Im Zwischendeckenbereich verlegte Kabel, Rohre und sonstige Installationen sind mit Baustoffen der Baustoffklasse A so an der tragenden Decke (Rohdecke) zu befestigen, dass die Unterdecken im Brandfall für die Zeit der klassifizierten Feuerwiderstandsdauer nicht belastet werden.
- Die Angaben (DIN 4102-4 Abschnitt 6.5) gelten nur für **Unterdecken ohne Einbauten**. Einbauten, wie Einbauleuchten, klimatechnische Geräte oder andere Bauteile, die in der Unterdecke angeordnet sind und diese aufteilen oder unterbrechen, heben die brandschutztechnische Wirkung der Unterdecken auf.
- Die Angaben (DIN 4102-4 Abschnitt 6.5) gelten nur für geschlossene, **an Massivwände angrenzende Unterdecken**, deren Anschlüsse dicht ausgeführt werden. Sofern die Unterdecken an leichte Trennwände angrenzen oder sofern leichte Trennwände von unten oder oben – d.h. raumseitig oder vom Zwischendeckenbereich – angeschlossen werden sollen, muss die Eignung der Unterdecken und Anschlüsse durch eine entsprechende Prüfung (Verwendbarkeitsnachweis = allgemeines bauaufsichtliches Prüfzeugnis) nachgewiesen sein.
- Die Angaben (DIN 4102-4 Abschnitt 6.5) gelten nicht für zusätzlich bekleidete Unterdecken, da diese (insbesondere Blechbekleidungen) die brandschutztechnische Wirkung der Unterdecken aufheben.
- Dämmschichten im Zwischendeckenbereich können die Feuerwiderstandsdauer der klassifizierten Decken beeinflussen. Es wird daher zwischen Decken ohne Dämmschicht und Decken mit Dämmschicht unterschieden.

8.3 Deckenbauarten aus Holzbauteilen

Die Übersichten gelten für Holzbalkendecken und Decken in **Holztafelbauart,** die eine Feuerwiderstandsklasse bei Brandbeanspruchung *von unten* oder *von oben* aufweisen. Konstruktive Maßnahmen bei einer Brandbeanspruchung *von oben* von Decken der Feuerwiderstandsklassen REI 60 und REI 90 enthält Punkt 2 in diesem Kapitel.

Achtung: Holzbalkendecken der Feuerwiderstandsklasse F 60-B erfüllen nicht die bauaufsichtliche Anforderung an *hochfeuerhemmend* und Holzbalkendecken der Feuerwiderstandsklasse F 90-B nicht die Anforderung *feuerbeständig* (siehe auch Kapitel 6.2.1-B, Punkt 3).

8.3-1 Holzbalkendecken mit dreiseitig dem Feuer ausgesetzten Holzbalken mit schwimmendem Estrich oder schwimmendem Fußboden

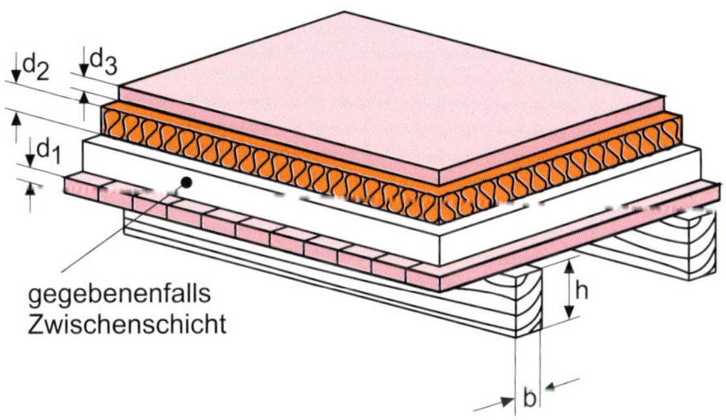

d_1 – Schalung
d_2 = Mineralfaser-Dämmschicht
d_3 = Schwimmender Estrich oder Fußboden bzw. Fußboden auf Lagerhölzern

b/h – Balken, Bemessung nach DIN 4102-4

DIN 4102-4

Ausführung nach DIN 4102-4 in Verbindung mit DIN 4102-4/A1 und DIN 4102-22

Bes. Nachweis

Ausführung siehe entsprechendes Prüfzeugnis. Alle dort aufgeführten Randbedingungen und Bestimmungen sind zu beachten. F 30-B bis F 90-B

6.4.1-B Seite 14	Decken, Balken, Unterzüge	Decken

8.3-2 Holzbalkendecken mit dreiseitig dem Feuer ausgesetzten Holzbalken ohne schwimmendem Estrich oder schwimmendem Fußboden

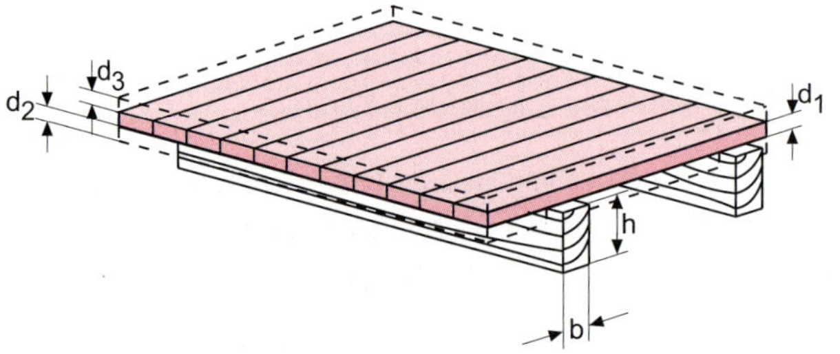

d_1 = Schalung, evtl. gespundet (einfach, zweifach)
d_2 = evtl. untere Fugenabdeckung notwendig
d_3 = evtl. obere Fugenabdeckung notwendig
b/h = Balken, Bemessung nach DIN 4102-4

DIN 4102-4

Ausführung nach DIN 4102-4 in Verbindung mit DIN 4102-4/A1 und DIN 4102-22

Bes. Nachweis

Ausführung siehe entsprechendes Prüfzeugnis. Alle dort aufgeführten Randbedingungen und Bestimmungen sind zu beachten. Balken nach DIN 4102-4. F 30-B bis F 90-B

8.3-3 Decke in Holztafelbauart

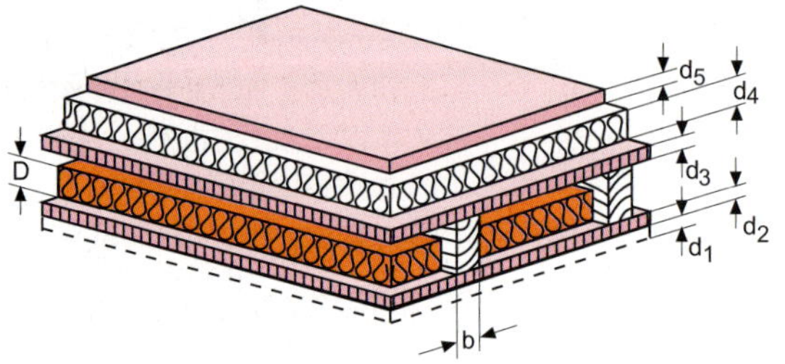

d_1 /d_2 = untere Beplankung oder Bekleidung
D = Dämmschicht (brandschutztechnisch notwendig bzw. nicht notwendig)
d_3 = obere Beplankung oder Schalung
d_4 = Trittschalldämmung
d_5 = Estrich bzw. schwimmender Fußboden (Mörtel, Gips oder Asphalt)
b = Breite des Balkens

DIN 4102-4

Ausführung nach DIN 4102-4 in Verbindung mit DIN 4102-4/A1 und DIN 4102-22

Bes. Nachweis

Ausführung siehe entsprechendes Prüfzeugnis. Alle dort aufgeführten Randbedingungen und Bestimmungen sind zu beachten. F 30-B bis F 90-B

Decken, Balken, Unterzüge	Decken	**6.4.1-B** Seite 15

8.3-4 Holzbalkendecke mit verdeckten Holzbalken (z.B. in Altbauten)

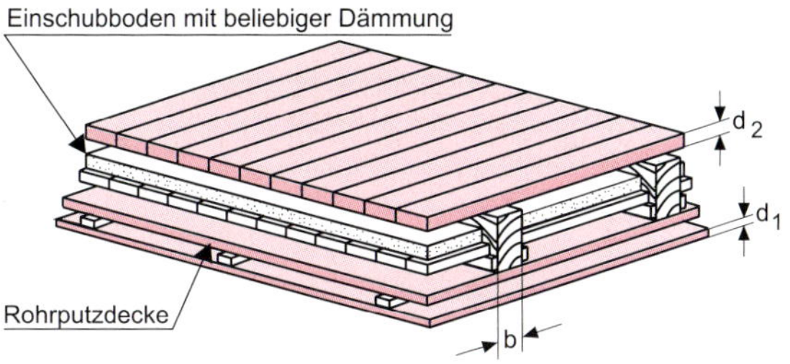

d_1 = Mindestputzstärke bei Drahtputzdecke
d_2 = Mindestdicke der Fußbodenbretter oder des Unterbodens

DIN 4102-4

Ausführung nach DIN 4102-4 in Verbindung mit DIN 4102-4/A1 und DIN 4102-22

Bes. Nachweis

Ausführung siehe entsprechendes Prüfzeugnis. Alle dort aufgeführten Randbedingungen und Bestimmungen sind zu beachten. F 30-B bis F 90-B

8.3-5 Holzbalkendecke mit oberer und unterer Beplankung, mit bzw. ohne brandschutztechnisch notwendiger Dämmung

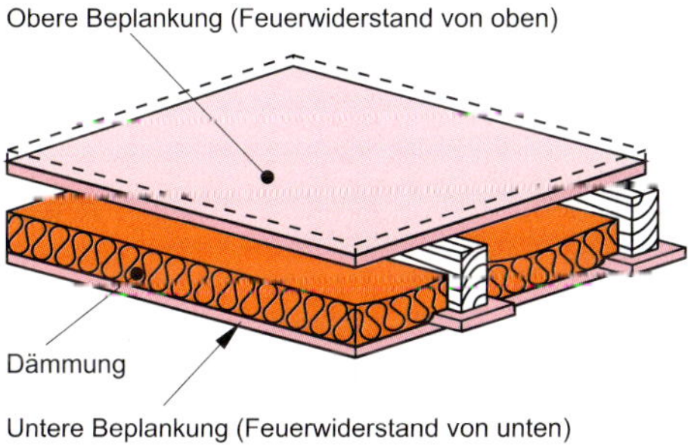

Bes. Nachweis

Ausführung siehe entsprechendes Prüfzeugnis. Alle dort aufgeführten Randbedingungen und Bestimmungen sind zu beachten. F 30-B bis F 90-B

6.4.1-B Seite 16	Decken, Balken, Unterzüge	Decken

Die Deckenbauarten sind als Gesamtkonstruktion zu behandeln.

Nach DIN 4102-4 in Verbindung mit DIN 4102-4/A1 und DIN 4102-22 wird zwischen folgenden Deckenbauarten unterschieden:

- Decken in **Holztafelbauart** nach DIN 1052-1
  Diese bestehen immer aus Holzrippen mit einer oberen und unteren Beplankung.
- **Holzbalkendecken** nach DIN 1051-1 mit folgender Unterscheidung:
  - vollständig freiliegende Holzbalken (dreiseitig dem Feuer ausgesetzt)
  - teilweise freiliegende Holzbalken (dreiseitig dem Feuer ausgesetzt)
  - verdeckte Holzbalken.

Es wird zwischen Decken mit brandschutztechnisch notwendiger und nicht notwendiger Dämmschicht unterschieden. Brandschutztechnisch notwendige Dämmschichten müssen die Bedingungen von DIN 4102-4 in Verbindung mit DIN 4102-4/A1 und DIN 4102-22 erfüllen (Mineralfaser-Dämmstoffe nach DIN 18165, Baustoffklasse A, mit einem Schmelzpunkt ≥ 1000 °C).

Zum Schutz gegen eine Brandbeanspruchung von oben sind für alle Decken zusätzliche Maßnahmen erforderlich, die sich aus dem Verwendbarkeitsnachweis (DIN 4102-4 in Verbindung mit DIN 4102-4/A1 und DIN 4102-22 oder allgemeines bauaufsichtliches Prüfzeugnis) ergeben.

8.4 Deckenbauarten aus Stahlprofilblechen ohne Unterdecken oder Bekleidungen

Die Übersichten gelten für Deckenbauarten aus **Stahlprofilblechen** mit Aufbeton, die **ohne zusätzliche Maßnahmen** wie Unterdecken oder Bekleidungen eine Feuerwiderstandsklasse bei Brandbeanspruchung *von unten* oder *von oben* aufweisen, sowie für diesen gleichzustellende Dächer.

8.4-1 Stahlbetonplatten in Ortbeton auf Stahlprofilblechen als verlorene Schalung

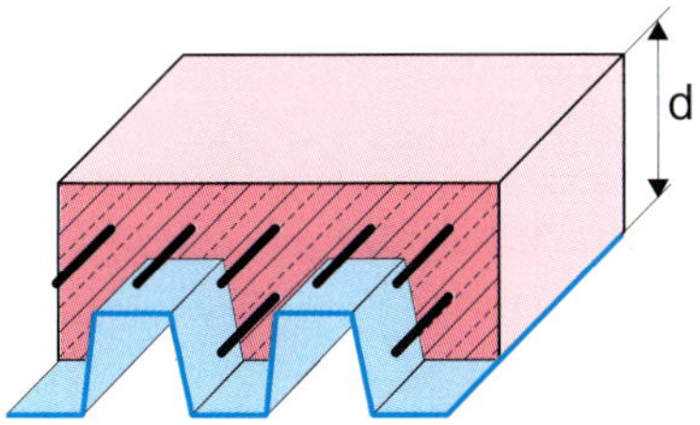

Bes. Nachweis

Mindestdicken d und Mindestachsabstände für Zugbewehrung nach Prüfzeugnis. Mindestachsabstände für Stützbewehrung nach DIN 4102-4 in Verbindung mit DIN 4102-4/A1 und DIN 4102-22. Feuerwiderstandsklassen nach Verwendbarkeitsnachweis, z.B. F 90 oder F 120.

8.4-2 Stahlprofilblech-Verbunddeckenplatten ohne unterseitige Bekleidung (Stahlprofilblech als untere Feldbewehrung der Stahlbetonplatte)

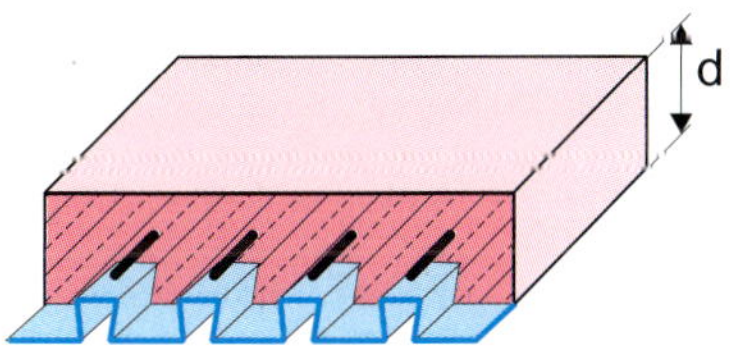

Bes. Nachweis

Mindestdicke d, Zulagebewehrung und Mindestachsabstände für Bewehrung nach Prüfzeugnis. Obere Bewehrung wie bei Durchlaufplatten nach DIN 4102-4 in Verbindung mit DIN 4102-4/A1 und DIN 4102-22. Feuerwiderstandsklassen nach Verwendbarkeitsnachweis, z.B. F 90 oder F 120.

6.4.1-B Seite 18	Decken, Balken, Unterzüge	Decken

8.5 Deckenbauarten aus Stahlprofilblechen mit Unterdecken oder Bekleidungen

Die Übersichten gelten für Deckenbauarten aus **Stahlprofilblechen** mit oder ohne Aufbeton, die **mit zusätzlichen Maßnahmen** wie Unterdecken oder Bekleidungen eine Feuerwiderstandsklasse bei Brandbeanspruchung *von unten* oder *von oben* aufweisen, sowie für diesen gleichzustellende Dächer.

8.5-1 Selbsttragende Stahlprofilbleche mit Aufbeton und unterseitigem Brandschutz aus Spritzputz oder Bekleidung

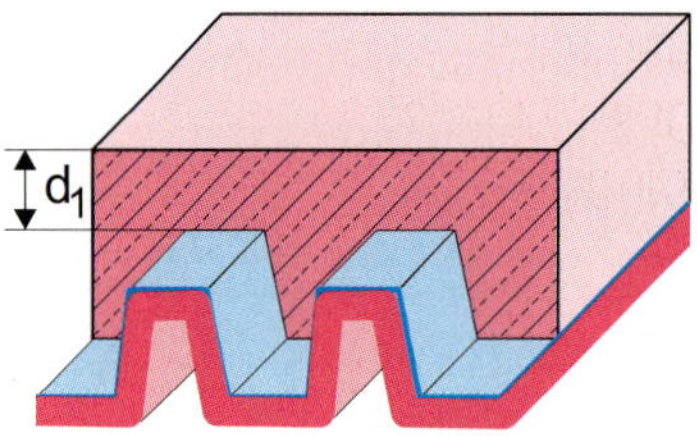

Bes. Nachweis

Oberseitiger Brandschutz:
Aufbeton, $d_1 \geq 50$ mm

Unterseitiger Brandschutz:

- Profilfolgender Spritzputz (Verwendbarkeitsnachweis durch allgemeine bauaufsichtliche Zulassung)
- Bekleidung mit Brandschutzplatten (Verwendbarkeitsnachweis durch allgemeines bauaufsichtliches Prüfzeugnis)

Feuerwiderstandsklassen nach Verwendbarkeitsnachweis, z.B. F 90 oder F 120.

8.5-2 Selbsttragende Stahlprofilbleche mit oberseitiger Plattenbekleidung und unterseitigem Brandschutz aus Spritzputz oder Bekleidung

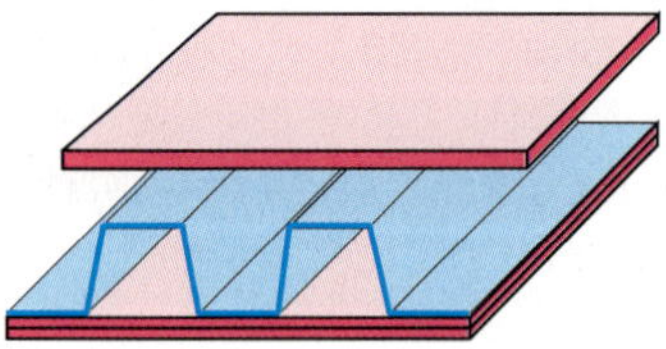

Bes. Nachweis

Oberseitiger Brandschutz:
Plattenbelag nach Prüfzeugnis

Unterseitiger Brandschutz:
siehe sinngemäß Bild 8.5-1

Feuerwiderstandsklassen nach Verwendbarkeitsnachweis, z.B. F 90 oder F 120.

8.6 Selbstständige Brandschutzunterdecken und -bekleidungen mit Feuerwiderstandsklasse von unten

Die Übersichten gelten für **Brandschutzunterdecken und -bekleidungen,** die – ohne Berücksichtigung der Rohdecke – eine Feuerwiderstandsklasse bei Brandbeanspruchung *von unten* aufweisen.

Der Feuerwiderstand von der Oberseite der tragenden Decke muss separat nachgewiesen werden. Abhängig von der vorhandenen tragenden Decke sind hierzu eventuell zusätzliche Maßnahmen entsprechend dem Prüfzeugnis erforderlich (siehe weiter unten).

8.6-1 Beliebige Decke mit Unterdecke (alle Baustoffe nichtbrennbar)

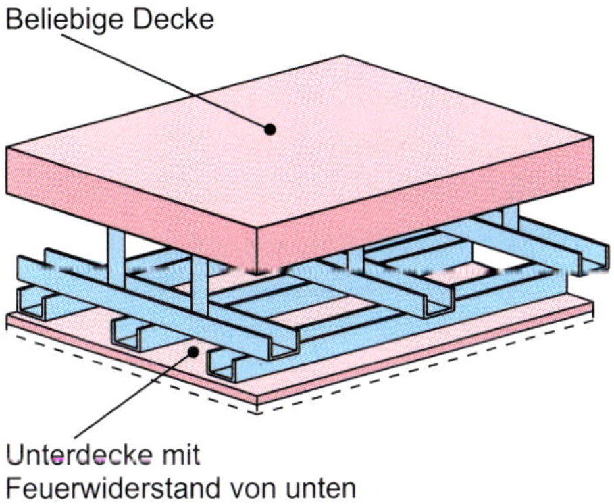

Bes. Nachweis

Ausführung siehe entsprechendes Prüfzeugnis. Alle dort aufgeführten Randbedingungen sind zu beachten.
F 30-A bis F 90-A

8.6-2 Beliebige Decke mit Unterdecke (Unterkonstruktion mit Holzlatten)

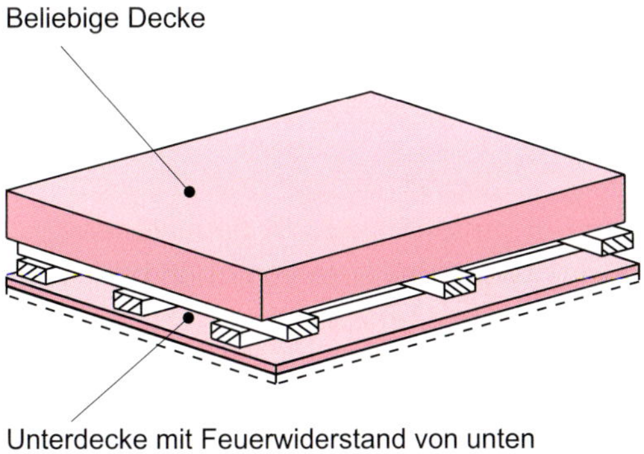

Bes. Nachweis

Ausführung siehe entsprechendes Prüfzeugnis. Alle dort aufgeführten Randbedingungen sind zu beachten.
F 30-B bis F 90-B*)

*) **Achtung:** F 60-B ist nicht gleich hochfeuerhemmend und F 90-B ist nicht gleich feuerbeständig (siehe Kapitel 6.2.1-B, Punkt 3).

6.4.1-B Seite 20	Decken, Balken, Unterzüge	Decken

8.6-3 Beliebige Decke mit Einhängedecke (alle Baustoffe nichtbrennbar)

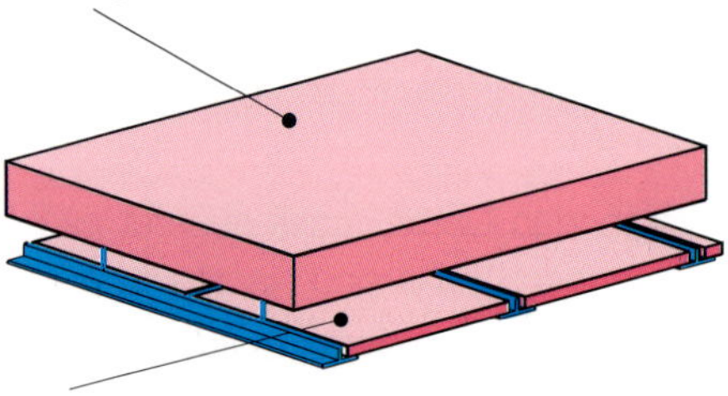

Bes. Nachweis

Ausführung siehe entsprechendes Prüfzeugnis. Alle dort aufgeführten Randbedingungen sind zu beachten.
F 30-A bis F 90-A

Diese Systeme werden z.B. dort eingesetzt, wo eine bestimmte Feuerwiderstandsklasse erforderlich ist, aber die vorhandene Decke keine definierte Feuerwiderstandsdauer aufweist. Dabei wird zunächst nur eine Brandbeanspruchung von der Raumseite angenommen, also eine Feuerwiderstandsklasse der Unterdecke/ Bekleidung *von unten* (Unterseite der Unterdecke/Bekleidung) erreicht.

Die bauaufsichtlichen Anforderungen an die Feuerwiderstandsdauer von Geschosstrenndecken unterscheiden jedoch nicht zwischen Brandbeanspruchung *von unten* und *von oben*. Dementsprechend ist – abhängig von den Schutzzielen – meist auch der Schutz gegen Brandbeanspruchung von oben (Oberseite der tragenden Decke) zu berücksichtigen.

Soll die Feuerwiderstandsklasse auch bei Brandbeanspruchung der Geschosstrenndecke von oben (Oberseite der tragenden Decke) erreicht werden, müssen hierzu – je nach Bauart der vorhandenen Decke – entsprechende Maßnahmen getroffen werden. Diese sind in den jeweiligen Verwendbarkeitsnachweisen (allgemeines bauaufsichtliches Prüfzeugnis) der Brandschutzunterdecken bzw. -bekleidungen angegeben, z.B. ist für Holzbalkendecken bei einer Brandbeanspruchung von oben zusätzlich eine brandschutztechnisch notwendige Abdeckung erforderlich. Der Aufbau dieser Abdeckung ergibt sich für die jeweilige Feuerwiderstandsklasse aus dem Verwendbarkeitsnachweis (Prüfzeugnis).

Konstruktive Maßnahmen bei einer Brandbeanspruchung *von oben* von Decken der Feuerwiderstandsklassen REI 60 und REI 90 enthält Punkt 2 in diesem Kapitel.

8.7 Selbstständige Brandschutzunterdecken mit Feuerwiderstandsklasse von oben bzw. von oben und unten

Derartige Brandschutzunterdecken werden als nichttragende Bauteile in Kapitel 6.7.2 behandelt (siehe auch unter 7 in diesem Kapitel).

6.4 Decken, Balken, Unterzüge
6.4.2 Balken, Unterzüge

Dipl.-Ing. René Stein

Inhalt

Teil A Anforderungen

1 Allgemeines
- 1.1 Begriffe
- 1.2 Bauaufsichtliche Anforderungen
- 1.3 Zuordnung der bauaufsichtlichen Benennungen zu den Feuerwiderstandsklassen

2 Brandschutztechnische Betrachtungen
- 2.1 Einflussfaktoren
- 2.2 Beanspruchbarkeit von Bauteilen
  - 2.2.1 Brandverhalten von Holzbauteilen
  - 2.2.2 Brandverhalten von Stahlbauteilen
  - 2.2.3 Brandverhalten von Stahlbeton-Bauteilen
  - 2.2.4 Hochtemperaturverhalten von Verbundbauteilen
- 2.3 Technische Regeln
- 2.4 Bauprodukte und Bauarten

Teil B Bauausführung

1 Allgemeines zur Klassifizierung nach DIN 4102-4

2 Holzbalken

3 Stahlbauteile

4 Betonbauteile

5 Verbundbauteile
- 5.1 Stahlbeton-Verbundbauteile
- 5.2 Holzbeton-Verbundbauteile

6.4.2	Decken, Balken, Unterzüge	Balken, Unterzüge

6 Klassifizierung nach DIN EN 13501-2

7 Literaturverzeichnis für Teil A und B

6.4.2 Balken, Unterzüge

Teil A Anforderungen

1 Allgemeines

Das Tragwerk eines Gebäudes hat die Aufgabe, alle auf ein Bauwerk einwirkenden Lasten sicher in den Baugrund abzuleiten. Zur Erstellung eines räumlich tragfähigen und aussteifenden Systems wird das Bauwerk aus linienförmigen und flächigen Bauteilen zusammengesetzt.

1.1 Begriffe

Balken

Balken oder auch Träger werden vorwiegend rechtwinklig zur Stabachse beansprucht. Bis zur Mitte des 19. Jahrhunderts wurden sie größtenteils aus Holz hergestellt. Holzbalken wurden als Bestandteil der Tragkonstruktion später durch Stahl- und Betonträger abgelöst. Die Entwicklung immer rationellerer Herstellungsverfahren machte dies möglich [1].

Durch seine Form und Materialbeschaffenheit ist der Balken für viele Konstruktionsarten, z.B. für Decken und Dächer, geeignet.

Unterzüge

Ein **Unterzug** ist ein Träger, der die Lasten der Decke oder einer darüberliegenden Wand aufnimmt und über Auflager auf tragende Bauteile ableitet. Die Funktion der Unterzüge gleicht derjenigen tragender Wände; sie schaffen aber im Gegensatz zu diesen offene und flexible Grundrisse. Neben den sichtbaren Unterzügen unterhalb der Decke besteht auch die Möglichkeit, deckengleiche Unterzüge auszuführen.

Brandbeanspruchung

Aus der Sicht des Brandschutzes werden Bauteile zum einen nach ihrer statischen Funktion in *tragend* und *nichttragend* und nach ihren raumabschließenden Eigenschaften unterschieden und zum anderen in lineare (Balken, Unterzüge, Stützen) und flächige Bauteile (Decken, Wände) aufgeteilt.

1-1 Beispiele für Balken und Unterzüge

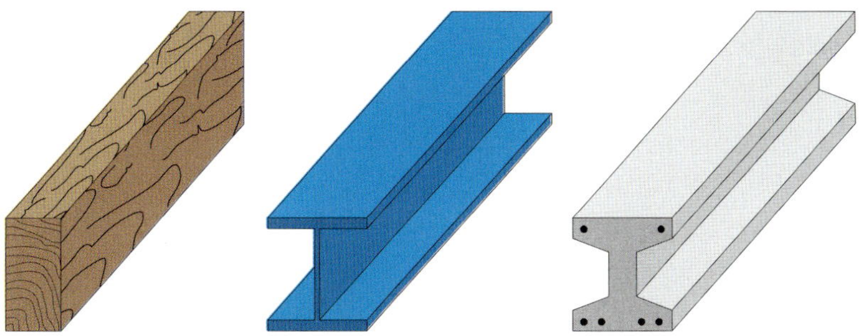

6.4.2-A Seite 2	Decken, Balken, Unterzüge	Balken, Unterzüge

1-2 Brandschutztechnische Beanspruchung von Balken und Unterzügen

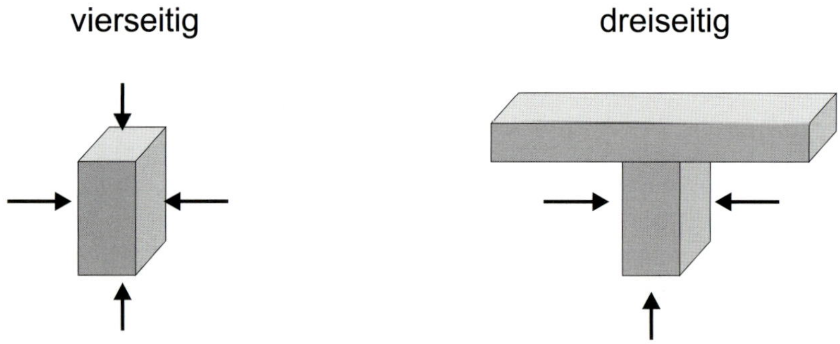

Balken und Unterzüge sind als lineare Bauteile in der Regel tragend und nicht raumabschließend. Im Vergleich zu Decken, die in der Regel tragend und raumabschließend sind, liegen für sie andere brandschutztechnische Randbedingungen vor: Balken und Unterzüge können gleichzeitig von mehreren Seiten brandbeansprucht werden (siehe Bild 1-2).

Werden Balken und Unterzüge ohne Bekleidung ausgeführt, ist die Feuerwiderstandsfähigkeit abhängig von den Hochtemperatureigenschaften der verwendeten Materialien. Kann die erforderliche Feuerwiderstandsklasse in Abhängigkeit von der zugrunde liegenden nominellen oder parametrischen Brandkurve nicht erreicht werden, besteht die Möglichkeit, diese tragenden Bauteile brandschutztechnisch zu bekleiden.

Die Brandschutzbekleidung kann dabei entsprechend der erforderlichen Feuerwiderstandsdauer oder unter Berücksichtigung der möglichen kritischen Temperaturen, z.B. für Stahl- und Stahlbetonbauteile, oder der Abbrandraten, z.B. für Holzbauteile, dimensioniert werden.

Balken und Unterzüge sind Bestandteile des Gesamttragwerkes. Die Feuerwiderstandsfähigkeit, die für die tragenden Bestandteile der Decken und Wände gefordert werden, müssen auch die Balken und Unterzüge erreichen, d.h., sie erhalten die gleiche Feuerwiderstandsfähigkeit wie das übergeordnete Bauteil, dem sie zugeordnet sind.

Der Einbindung der Unterzüge in eine Decke ist besondere Aufmerksamkeit zu schenken, um keine Schwachstellen zu erzeugen.

1.2 Bauaufsichtliche Anforderungen

Nach § 26 Abs. 2 MBO [2] ergeben sich allgemeine Anforderungen an tragende und aussteifende Bauteile. Sie werden unterschieden nach den Anforderungen an ihre Feuerwiderstandsfähigkeit in feuerhemmende (fh), hochfeuerhemmende (hf) und feuerbeständige (fb) Bauteile:

„Die Feuerwiderstandsfähigkeit bezieht sich bei tragenden und aussteifenden Bauteilen auf deren Standsicherheit im Brandfall, bei raumabschließenden Bauteilen auf deren Widerstand gegen die Brandausbreitung. Bauteile werden zusätzlich nach dem Brandverhalten ihrer Baustoffe unterschieden in:

1. *Bauteile aus nichtbrennbaren Baustoffen,*
2. *Bauteile, deren tragende und aussteifende Teile aus nichtbrennbaren Baustoffen bestehen und die bei raumabschließenden Bauteilen zusätzlich eine in Bauteilebene durchgehende Schicht aus nichtbrennbaren Baustoffen haben,*
3. *Bauteile, deren tragende und aussteifende Teile aus brennbaren Baustoffen bestehen und die allseitig eine brandschutztechnisch wirksame Bekleidung aus nichtbrennbaren Baustoffen (Brandschutzbekleidung) und Dämmstoffe aus nichtbrennbaren Baustoffen haben,*
4. *Bauteile aus brennbaren Baustoffen.“* [2]

Entsprechend den weiteren Ausführungen der MBO müssen feuerbeständige Bauteile mindestens den Anforderungen unter Nr. 2 und hochfeuerhemmende Bauteile mindestens den Anforderungen unter Nr. 3 entsprechen. Feuerhemmende Bauteile dürfen in allen Teilen aus brennbaren Baustoffen hergestellt werden.

In Abhängigkeit von der jeweiligen Gebäudeklasse sind die brandschutztechnischen Anforderungen an das Tragwerk und den Raumabschluss für Decken in den Bildern 2-1 bis 2-7, Kapitel 6.4.1-A in diesem Werk dargestellt. Die brandschutztechnischen Anforderungen können entsprechend der Lage auf Balken und Unterzüge übertragen werden. Ein besonderes Augenmerk ist dabei auf die Ausführung des Dachtragwerkes zu legen: Die Tragfähigkeit der Sparren unter Brandeinwirkung muss berücksichtigt werden, wenn an die Kehlbalkendecke brandschutztechnische Anforderungen gestellt werden.

Weitergehende Anforderungen im Vergleich zur MBO können sich ergeben, wenn ein Gebäude als Sonderbau eingestuft wird.

1.3 Zuordnung der bauaufsichtlichen Benennungen zu den Feuerwiderstandsklassen

Die Zuordnung der Feuerwiderstandsklassen zu den bauaufsichtlichen Benennungen erfolgt in der Bauregelliste A Teil 1 Anlagen 0.1.1 (nationale Ebene) und 0.1.2 (europäische Ebene). Danach ergeben sich für Balken und Unterzüge die in Tabelle 1-1 dargestellten Ausführungsmöglichkeiten. Die zusätzlichen Unterscheidungen der Bauteile nach dem Brandverhalten ihrer Baustoffe enthalten die eckigen Klammern in Spalte 3 und 4 der Tabelle.

2 Brandschutztechnische Betrachtungen

2.1 Einflussfaktoren

Grundsätzlich muss jedes Tragwerk in Abhängigkeit von der verwendeten Bauart gemäß den jeweils gültigen Normen eine ausreichende Standsicherheit sowohl unter Normaltemperaturen als auch unter Brandbeanspruchung aufweisen.

Unter Brandeinwirkung werden die Bauteile erwärmt. Da sich während der Brandeinwirkungszeit die Temperaturzustände im Bauteil verändern, erfolgt eine

Tabelle 1-1: Zuordnung der bauaufsichtlichen Benennungen von tragenden und aussteifenden Bauteilen ohne raumabschließende Funktion zu den Feuerwiderstandsklassen nach DIN 4102-2 [3] (nationale Ebene) und DIN EN 13501-2 [4] (europäische Ebene) mit Angaben der bauaufsichtlich verlangten Zusatzanforderungen

Bauteil	Benennung nach MBO/LBO	Kurzbezeichnung nach DIN 4102-2	Kurzbezeichnung nach DIN EN 13501-2
Tragende Balken und Unterzüge	fh	F 30-A [T] oder F 30-AB [T] oder F 30-B [T]	R 30
	hf	F 60-A [T] oder F 60-AB [T]	R 60 [nb] oder R 60 [wnb] oder R 60 [HolzR]
	fb	F 90-A [T] oder F 90-AB [T]	R 90 [nb] oder R 90 [wnb]

Hinweis: Abkürzungen in eckigen Klammern siehe Kapitel 1.1, Punkt 1.1.6

Beeinflussung der Eigenschaften der Baustoffe und damit auch ein Einfluss auf das Trag- und Verformungsverhalten der brandbeanspruchten Bauteile. Wie stark Bauteile unter Brandeinwirkung beansprucht werden, ist u.a. abhängig von [5]:

- *„Brandbeanspruchung*
  - *einseitig*
  - *mehrseitig*
- *Verwendeter Baustoff oder Baustoffverbund*
  - *Holz*
  - *Beton*
  - *Stahl*
  - *Verbundbauweisen, (Holz-Beton-Verbund, Stahl-Beton-Verbund etc.)*
- *Bauteilabmessungen*
  - *Querschnittsabmessungen*
  - *Schlankheit*
  - *Achsabstände etc.*
- *Bauliche Ausbildung*
  - *Anschlüsse*
  - *Auflager*
  - *Halterungen*
  - *Befestigungen*
  - *Fugen*
  - *Verbindungsmittel etc.*
- *Statisches System*
  - *statisch bestimmtes System*
  - *statisch unbestimmtes System*
  - *einachsige Beanspruchung*
  - *mehrachsige Beanspruchung*
- *Materialeigenschaften*
  - *Ausnutzungsgrad infolge äußerer Lasten*
  - *Sortierung bzw. Festigkeitsklasse*
- *Anordnung von Bekleidungen und Beschichtungen*
  - *Ummantelung*
  - *Putze*
  - *Unterdecken*
  - *Vorsatzschalen*
  - *Beschichtungen“*

In erster Linie wird das Brandverhalten von Bauteilen durch die Feuerwiderstandsdauer ausgedrückt. Balken und Unterzüge können anhand ihrer brandschutztechnischen Eigenschaften national gemäß DIN 4102-2 und europäisch gemäß DIN EN 13501-2 nach ihren Feuerwiderstandsklassen klassifiziert werden (siehe Tabelle 1-1).

2.2 Beanspruchbarkeit von Bauteilen

2.2.1 Brandverhalten von Holzbauteilen

Bei einer Brandbeanspruchung von Holz führt der thermische Prozess (Pyrolyse) zur Zersetzung des Bauteils unter Bildung von Holzkohle und brennbaren Gasen. Die Holzkohleschicht schützt den dahinter befindlichen Querschnitt. Diese Schutzwirkung beruht darauf, dass die Holzkohleschicht im Vergleich zum ungeschädigten Holz eine niedrigere Wärmeleitfähigkeit aufweist und damit die Erwärmung des Querschnittes reguliert. Die Abbrandzonen des Querschnittes sind in Bild 2-1 a und b dargestellt.

Bei Rechteckquerschnitten kommt es durch einen erhöhten Abbrand zum Effekt der Eckausrundung (siehe Bild 2-1 b), der durch einen höheren Wärmeeintrag hervorgerufen wird. Dieser Effekt ist vergleichbar mit geometrischen Wärmebrücken, z.B. bei Außenwandecken.

6.4.2-A Seite 6	Decken, Balken, Unterzüge	Balken, Unterzüge

2-1 a und b Abbrandmodelle:

a) Holzquerschnitt bei eindimensionalem Abbrand [6]

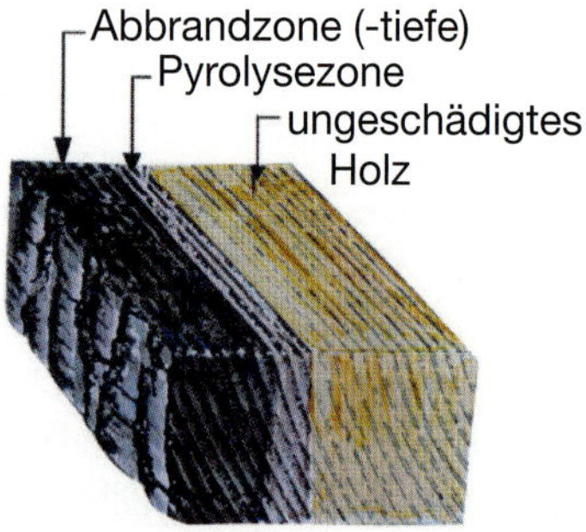

b) Mehrdimensionaler Abbrand

Eckausrundung

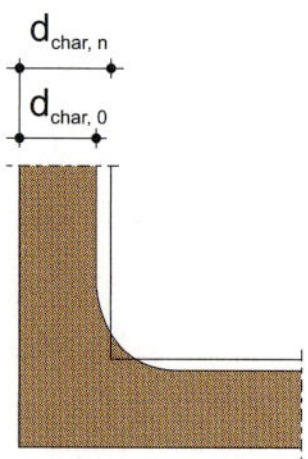

Bemessungsmodell (dreiseitiger Abbrand)

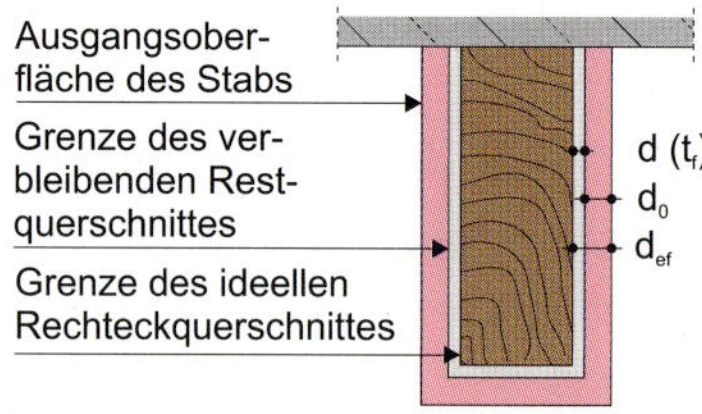

Die Ermittlung von Restquerschnitten in Abhängigkeit von der Branddauer ermöglicht eine Berechnung der Tragfähigkeit der Bauteile unter Brandeinwirkung und damit eine genaue Beurteilung der Bauteileigenschaften. Der höhere Abbrand an Ecken wird dabei über eine ideelle Abbrandtiefe berücksichtigt.

Normativ kann der brandschutztechnische Nachweis der Holzquerschnitte mittels Abbrandraten, die für Holz und Holzwerkstoffe in DIN 4102-4 [7] in Verbindung mit DIN 4102-22 [8] oder DIN V ENV 1995-1-2 [9] in Verbindung mit dem nationalen Anwendungsdokument [10] angegeben sind, erfolgen.

Bei Verwendung der genannten Normen darf keine Vermischung zwischen nationalen und europäischen Regeln erfolgen.

Tabelle 2-1: Bemessungswerte der Abbrandraten von Bauholz für ungeschützte Querschnitte (Auszug aus DIN 4102-22 Tabelle 74)

Nadelholz und Buche β_n [mm/min]		Laubholz β_n [mm/min]	
Brettschichtholz mit einer charakteristischen Rohdichte von ≥ 290 kg/m^3	0,7	massiv oder geklebt mit einer charakteristischen Rohdichte von 290 ≤ ϱ_k < 450 kg/m^3	0,7
Vollholz mit einer charakteristischen Rohdichte von ≥ 290 kg/m^3 Mindestabmessung von 35 mm	0,8	massiv oder geklebt mit einer charakteristischen Rohdichte von ≥ 450 kg/m^3 und Eiche	0,5

Tabelle 2-2: Für die Bemessung der Abbrandraten werden zwei Verfahren angeboten (siehe auch Kapitel 3.5-E in diesem Werk)

1. Methode mit reduziertem Querschnitt

Bei der Bemessung mit ideellen Restquerschnitten werden die Festigkeiten und Steifigkeiten des verbleibenden Restquerschnittes nicht in Abhängigkeit von der Temperatureinwirkung verringert, sondern der Verlust an Festigkeit und Steifigkeit wird über eine erhöhte Abbrandtiefe berücksichtigt.

Abbrandtiefe:

$d_{ef} = d(t_f) + d_0$

d_0 = 7 mm

β_n = Abbrandrate DIN 4102-22 Tabelle 74

t_f = geforderte Feuerwiderstandsdauer in Min.

Festigkeit- und Steifigkeit:

Beiwert $k_{mod,fi} = 1,0$, k_{fi} entsprechend dem Holzprodukt

$$f_{d,\,fi} = k_{mod,\,fi} \times k_{fi} \times \frac{f_k}{\gamma_{M,\,fi}}$$

$$G_{d,\,fi} = k_{mod,\,fi} \times k_{fi} \times \frac{2/3 \times G_{05}}{\gamma_{M,\,fi}} \quad \text{für Vollholz}$$

$$G_{d,\,fi} = k_{mod,\,fi} \times k_{fi} \times \frac{G_{05}}{\gamma_{M,\,fi}} \quad \text{für Brettschichtholz}$$

$$E_{d,\,fi} = k_{mod,\,fi} \times k_{fi} \times \frac{E_{0,05}}{\gamma_{M,\,fi}}$$

2. Methode mit reduzierten Eigenschaften

Eine weitere Möglichkeit bietet die Methode mit reduzierten Eigenschaften, bei der Festigkeits- und Steifigkeitsabfall innerhalb der Pyrolysezone in Bezug auf den verbleibenden Restquerschnitt über Beiwerte berücksichtigt wird.

Abbrandtiefe: $d(t_f) = \beta_n \times t_f$

Festigkeit- und Steifigkeit: Beiwert $k_{mod,fi} = f(u_r/A_r)$

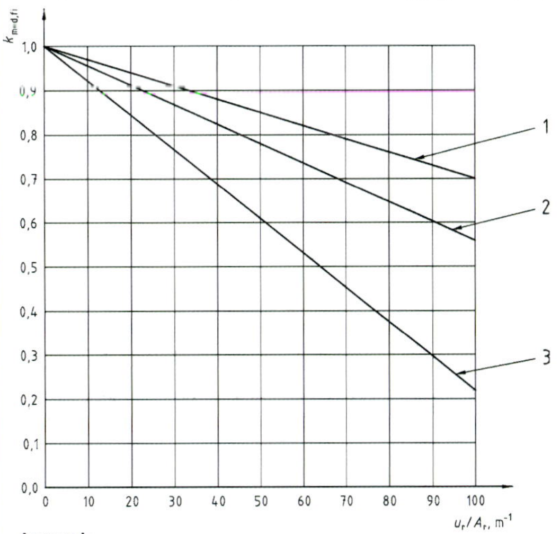

Legende

1 Zug, E-Modul und Schubmodul
2 Biegung
3 Druck

(DIN 4102-22 Bild 4.8.2)

6.4.2-A Seite 8	Decken, Balken, Unterzüge	Balken, Unterzüge

2.2.2 Brandverhalten von Stahlbauteilen

Das Brandverhalten von Stahl wird bestimmt durch den Festigkeits- und Steifigkeitsabfall infolge der Temperaturerhöhung. Die kritische Stahltemperatur ist die, bei der die Streckgrenze des Stahls auf die vorhandenen Spannungen im Stahlquerschnitt absinkt.

Die kritische Stahltemperatur ist bei Stahlbauteilen unter Verwendung der Materialgüten S 235 (St37) und S 355 (St52) gemäß DIN EN 10025 [11] von verschiedenen Parametern abhängig:

- Ausnutzungsgrad
- Formfaktor der Profile α_{pl}
- Verhältniswerte U/A.

Die Tragfähigkeit unter Brandbeanspruchung wird nach DIN 4102-4 unter Ermittlung der kritischen Stahltemperatur nach dem Diagramm in Bild 2-2 bestimmt. Der Beiwert α_{pl} ist dabei abhängig von der Profilform.

Unter Brandeinwirkung wird ersichtlich, dass beim Erreichen einer Stahltemperatur von 500 °C ein Festigkeitsabfall auf 58 % der ursprünglichen Tragfähigkeit entsteht.

Um zu gewährleisten, dass die Stahlbauteile bei Brandbeanspruchung die Temperatur crit. T nicht erreichen, ist im Allgemeinen eine Bekleidung anzuordnen. Die Dimensionierung der Bekleidung richtet

2-2 Verringerung der bezogenen Streckgrenze von Baustählen, abhängig von der Temperatur (DIN 4102-4 Bild 68 und Tabelle 87)

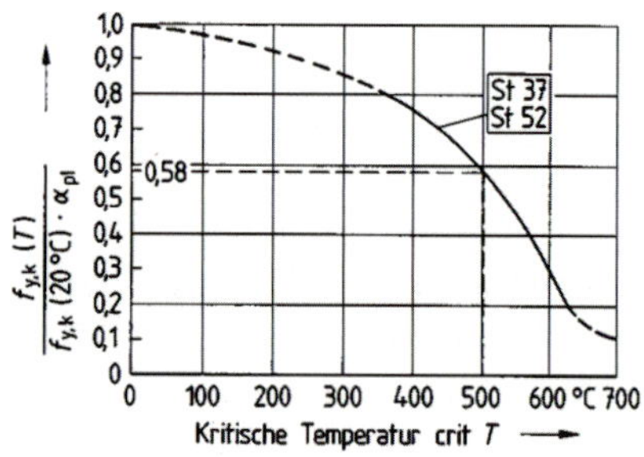

Profil	I	□ 1:1	□ 1:2	○	■	●
α_{pl}	1,14	1,18	1,26	1,27	1,50	1,70

sich nach dem U/A-Wert in m^{-1}, d.h. nach dem Verhältnis des beflammten Umfangs zu der sich erwärmenden Querschnittsfläche. Für klassifizierte Stahlbauteile ist der U/A-Wert auf ≤ 300 m^{-1} begrenzt. Für größere U/A-Werte sind Brandprüfungen nach DIN 4102-2 bzw. DIN EN 1365-3 [12] erforderlich. Größtenteils werden Brandprüfungen nach DIN EN-Normen durchgeführt. Diese decken die Prüfungen nach DIN mit ab.

Anforderungen an Putzbekleidungen und Bekleidungen aus Gipskartonplatten sind in DIN 4102-4 enthalten. Für die Verwendung von Beschichtungen sind allgemeine bauaufsichtliche Prüfzeugnisse erforderlich.

2-3 a bis d Querschnittsformen von Betonbalken

I- und ⊥- Querschnitte

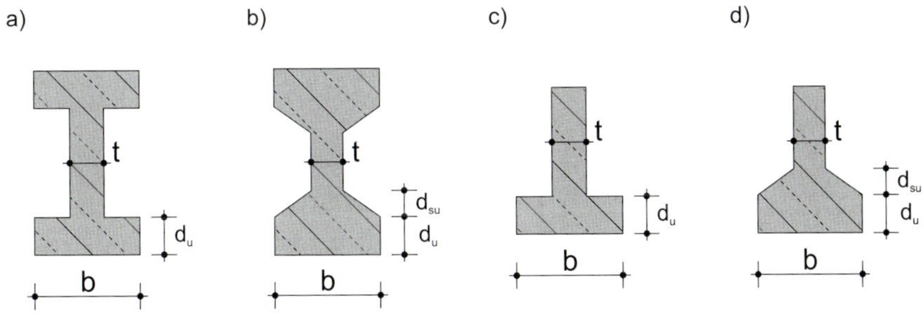

2.2.3 Brandverhalten von Stahlbeton-Bauteilen

Das Brandverhalten von Beton ist wegen der unterschiedlichen Zuschlagstoffe mit unterschiedlichem Dehnungs- und Schrumpfverhalten sehr komplex. Auch die Bauteilgeometrien üben einen Einfluss auf das Brandverhalten aus.

Bei Wasserdampfentwicklung können explosionsartige Betonabplatzungen entstehen. In der Zugzone auf der brandzugewandten Seite können sie sich als besonders gefährlich erweisen. Betonabplatzungen treten jedoch erst bei einem kritischen Feuchtigkeitsgehalt von ca. 4 Gewichts-% und bei Bauteilen mit dicht liegender Bewehrung auf.

Allgemein gelten die nachfolgenden Feststellungen:

- Wärmedehnung und -leitung sind bei karbonathaltigen Zuschlägen geringer als bei quarzhaltigen Zuschlägen.
- Schlanke Bauteilprofile sind infolge eines schnellen Temperaturanstiegs im Querschnitt stärker brandgefährdet als kompakte Bauteile.
- Betonbauteile mit porigem Gefüge zeigen ein relativ günstiges Brandverhalten.
- Gegen Abplatzungen werden bei Stahlbetonbalken weitmaschige Schutzbewehrungen empfohlen.
- Für den Feuerwiderstand von Stahlbetonbalken sind Querschnittsform und Art der Beanspruchung (dreiseitig oder vierseitig) mitbestimmend.
- Bei T- oder I-Querschnitten sind einspringende Ecken ausgerundet oder stumpfwinklig auszuführen (siehe Bild 2-3 b und d).

6.4.2-A Decken, Balken, Unterzüge | Balken, Unterzüge
Seite 10

2-4 Ausnutzungsgrad von Betonstählen $\sigma_{s,fi}/f_{yk}$ (20 °C) und von Spannstählen $\sigma_{s,fi}/f_{pk}$ (20 °C), abhängig von crit. T (DIN 4102-22 Bild 1)

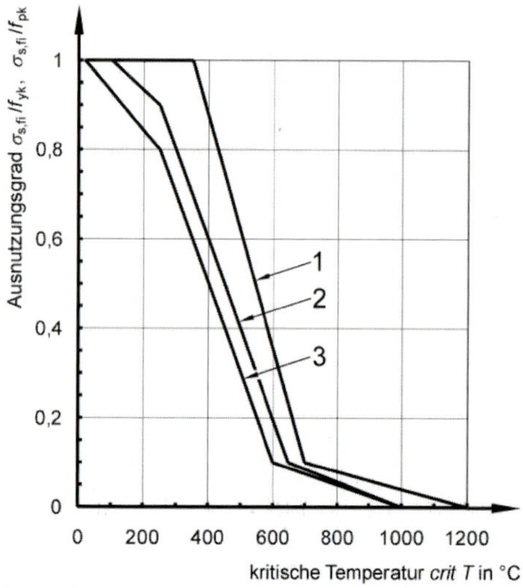

Legende
1 Betonstahl – crit. T = 500 °C; Δu = 0 mm
2 Spannstahl, Stäbe – crit. T = 400 °C; Δu = 10 mm
3 Spannstahl, Drähte + Litze – crit. T = 350 °C; Δu = 15 mm
Die crit. T-Werte gelten für Stahlspannungen entsprechend a) bis c) im Text.

Für die Bemessung von Stahlbeton-Bauteilen wird die kritische Temperatur (crit. T) des Bewehrungsstahls herangezogen, d.h. die Temperatur, bei der die Bruchspannung des Stahls auf die vorhandene Stahlspannung absinkt.

Die vorhandene Stahlspannung ändert sich während der Brandeinwirkung. Für die Ermittlung der crit. T ist die im Bruchzustand vorhandene Stahlspannung maßgebend. Entsprechend DIN 4102-22 Abschnitt 3.1.3.1 darf sie *„für den Wert $E_{fi,d,t} = 0,7 \times E_d$ und $\sigma_s = 1,15$:*

a) bei Stahlbeton-Bauteilen näherungsweise zu $\sigma_{s,fi} = 0,60 \times f_{yk}$,

b) bei vorgespannten Bauteilen mit sofortigem oder nachträglichem Verbund näherungsweise zu $\sigma_{p,fi} = 0,55 \times f_{pk}$ ($f_{p0,1k}/f_{pk} = 0,9$) und

c) bei vorgespannten Bauteilen mit Spanngliedern ohne Verbund näherungsweise zu $\sigma_{p,fi} = 0,5 \times f_{pk}$

angenommen werden.“

Die aus Brandschutzgründen erforderlichen u-Werte dürfen angepasst werden, indem die angegebenen Mindestachsabstände in Abhängigkeit von der ermittelten kritischen Stahltemperatur (siehe Bild 2-4) korrigiert werden.

Als Korrektur ist anzusetzen:

Δu = 10 mm für crit. ΔT = 100 K

mit crit. ΔT als Differenz zu den Angaben Δu in Bild 2-4.

2-5 Abnahme der Festigkeiten von Beton und Stahl (schematische Darstellung)

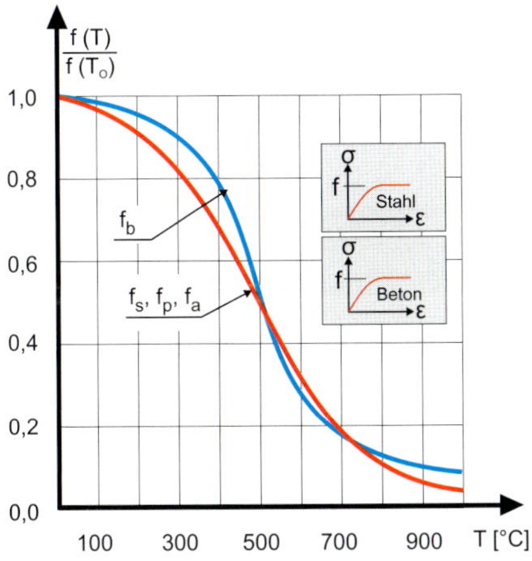

2-6 Querschnitt eines Verbundprofil-Plattenbalkens unter Brandbeanspruchung nach Einheitstemperaturzeitkurve mit Isothermen nach 90 Min. Brandbeanspruchung – IPE 360 mit 12 cm Stahlbetonplatte (nach: [13])

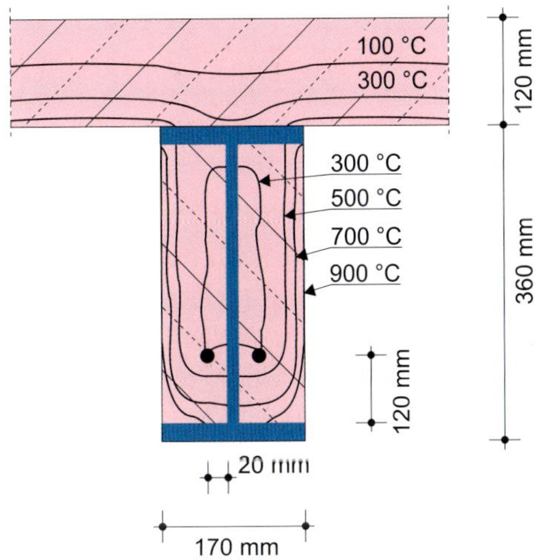

2.2.4 Hochtemperaturverhalten von Verbundbauteilen

Stahlbeton-Verbundbauteile

Bei Verbundbauteilen sind die Einzelbestandteile Baustahl, Betonstahl und Beton an der Tragwirkung des Bauteils beteiligt. Die Vorteile der jeweiligen Bauweisen werden dabei vereint. Der hohe Stahlanteil verleiht dem Bauteil eine hohe Tragfähigkeit. Der Beton weist zwar gegenüber dem Stahl einen ähnlichen Abfall der Festigkeit auf (siehe Bild 2-6), verhindert aber durch die geringere Wärmeleitfähigkeit einen raschen Temperaturanstieg im Verbundquerschnitt.

Infolge des deutlichen Abfalls der Temperatur zum Kern hin verliert der Baustahl, der bei kammerbetonierten Verbundträgern am Untergurt ungeschützt ist, zuerst seine Festigkeit. Dadurch entsteht eine Kräfteumlagerung auf den kälteren Betonkern und den weiter innen liegenden Teil des Baustahls. Auch bei gemessenen Stahltemperaturen von 900 °C an der Oberfläche (siehe Bild 2-6) kommt es nicht zum Versagen des Stahlträgers.

Das Versagen ungeschützter Stahlkonstruktionen erfolgt dagegen im Allgemeinen schon bei Feuerwiderstandsdauern unter 30 Minuten. Verbundträger zeigen damit wegen der langsameren Erwärmung ein günstigeres Brandverhalten gegenüber Stahlträgern gleicher Abmessung.

Im Gegensatz zu Stahlbauteilen ist eine reine Bemessung über die kritische Stahltemperatur nicht möglich (vgl. [13]), da das Erwärmungsverhalten der einzelnen Querschnittsbereiche unterschiedlich ist. Eine einfache und geeignete Methode für die brandschutztechnische Vorbemessung der Verbundträger ist die Bemessung mit reduzierten Querschnitten. Dabei werden brandbeanspruchte Bereiche – der Untergurt und äußere Betonschichten – vernachlässigt.

Holzbeton-Verbundbauteile

Holzbeton-Verbundbauteile setzen sich üblicherweise zusammen aus einer Betonplatte im Druckbereich und einer Brettstapel- oder Holzbalkendecke im Zugbereich. Die Brettstapeldecke kann hierbei mit stehend angeordneten, genagelten, gedübelten oder geklebten Seitenbrettern ausgeführt werden. Die Grundtragstruktur der Holzbalkendecke bilden die auf Abstand verlegten Holzbalken selbst und die aufgelegte Schalung aus Nut- und Federbrettern oder Holzwerkplatten.

Die Verbundwirkung zwischen Betonplatte und den Seitenbrettern der Brettstapeldecke bzw. Deckenbalken wird über Verbundmittel (Schrauben, Dübel usw.) hergestellt.

Für Holzbeton-Verbunddecken mit Holzbalken wurde eine vereinfachte Berechnungsmethode gefunden, die sich an der vereinfachten Bemessungsmethode mit ideellem Restquerschnitt für Holzbauteile im Brandfall orientiert. Der Einfluss der temperaturbedingten Festigkeits- und Steifigkeitsabnahme der Verbundfuge infolge

2-7 a und b a) Prinzipieller Aufbau von Holzbeton-Verbunddecken mit Brettstapelelementen und b) Holzbalken (nach: [14])

a)

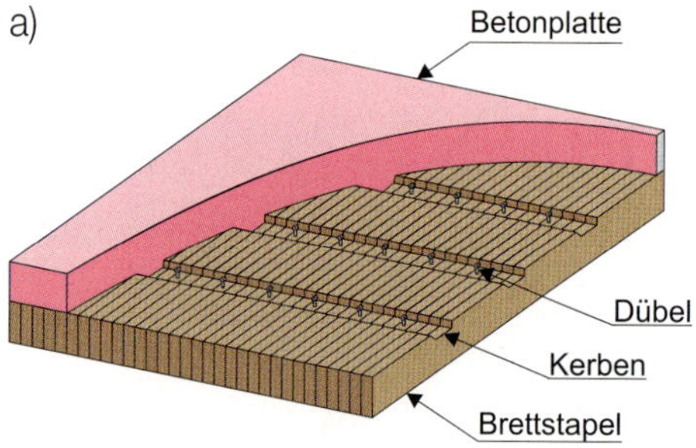

b)

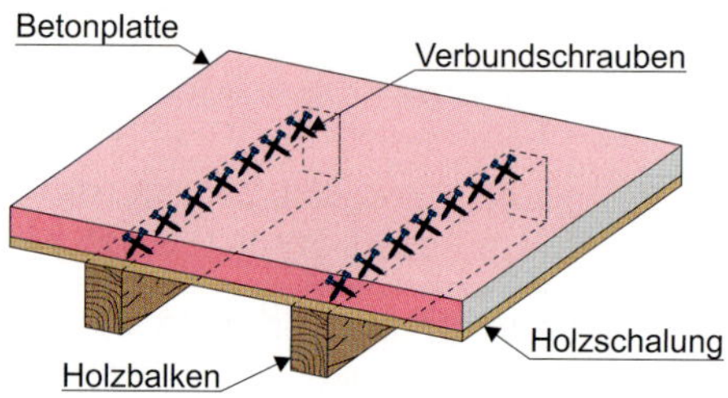

der seitlichen Brandeinwirkung wird hierbei durch einen Modifikationsbeiwert berücksichtigt (vgl. [14]). Diese Abminderung muss für Holzbeton-Verbunddecken unter Verwendung flächiger Brettstapelelemente hingegen nicht berücksichtigt werden, da eine Schutzwirkung durch das flächige Holzelement vorhanden ist. Für die Berechnung der wirksamen Biegesteifigkeit ist nur der überdrückte Bereich der Betonplatte zu berücksichtigen.

Beispielhaft wird im Folgenden die Ermittlung des Abminderungsfaktors $k_{mod,fi}$ in Abhängigkeit von der seitlichen Holzüberdeckung *x* der Verbundschrauben sowie der Brandzeit *t* entsprechend der angegebenen Gleichungen gezeigt (siehe Bild 2-8).

Neben dem Nachweis der Beanspruchbarkeit der Verbundmittel in der Verbundfuge im Brandfall müssen folgende weitere Nachweise geführt werden:

- Holzquerschnitt → Biegezug und Schub
- Betonplatte → Druck.

Die Bemessungswerte der Beanspruchung können mit einer vereinfachten Berechnungsmethode (γ-Verfahren) ermittelt werden.

In Bezug auf die Brandabschnittsbildung (Kriterien E und I nach DIN EN 13501-2) wirkt sich bei Holzbeton-Verbunddecken die obenliegende dichte Betonplatte günstig aus. Holzbeton-Verbunddecken mit einer mindestens 20 mm starken Holzschalung und einer Betonplatte von mindestens 60 mm Dicke erfüllen die Kriterien Rauchdichtigkeit (E) und Wärmedämmung (I) für einen Feuerwiderstand von 60 Minuten.

6.4.2-A Seite 14	Decken, Balken, Unterzüge	Balken, Unterzüge

2-8 Bestimmung des ideellen Restquerschnitts und des Modifikationsfaktors $k_{mod,fi}$ zur Berücksichtigung der temperaturbedingten Abnahme des Verschiebungsmoduls pro Schraubenpaar für die Verbundfuge mit Verbundschrauben abhängig von der seitlichen Holzüberdeckung x in mm und der Brandzeit t in Minuten (Bilder [14], Text nach [14]).

Dreiseitiger Abbrand

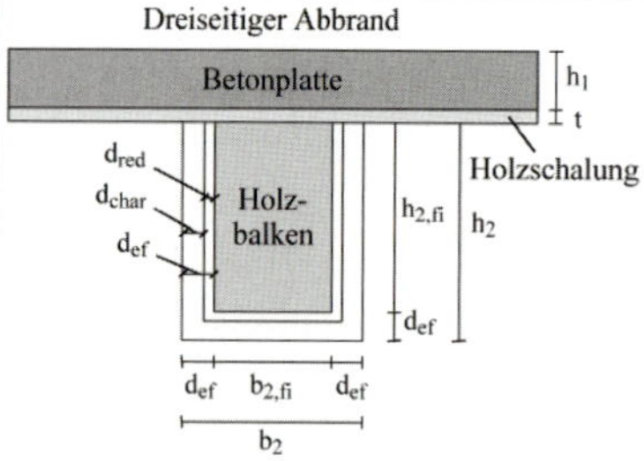

$b; h$ Breite bzw. Höhe des Ausgangsquerschnittes

$b_{fi}; h_{fi}$ Breite bzw. Höhe des ideellen Restquerschnittes

$t_{fi,erf}$ erforderliche Feuerwiderstandsdauer in Min.

β_0 rechnerische Abbrandgeschwindigkeit in mm/Min.

$d_{ef} = d_{char} + d_{red}$

$d_{char} = \beta_0 \cdot t_{fi,erf}$

$d_{red} = 7$ mm (für $t_{fi,erf} > 20$ Min.)

Verbundfuge mit Verbundschrauben

QS: Balken (1 Schraubenpaar)

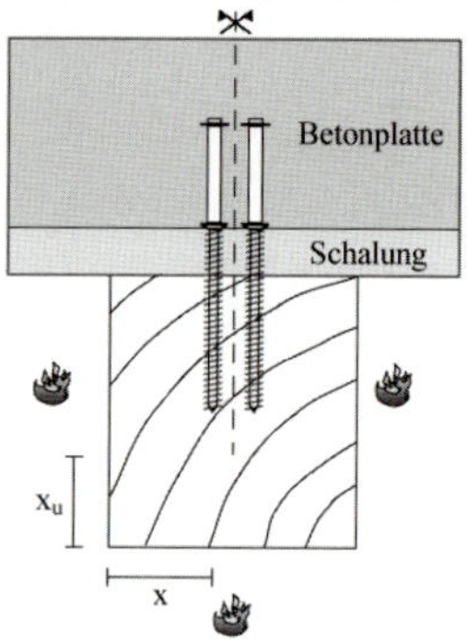

QS: Balken (2 Schraubenpaare)

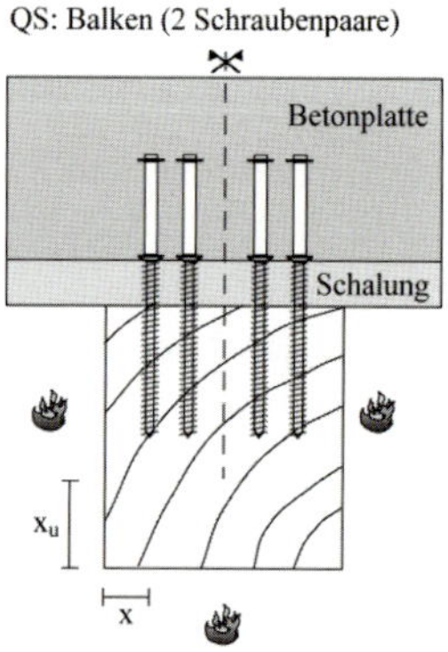

$F_{d,fi,max} \leq F_{R,d,fi} = k_{mod,fi} \cdot k_{fi} \cdot F_k$

$F_{d,fi}$ Bemessungswert der Beanspruchung in der Verbundfuge bei Brand

$F_{R,d,fi}$ Bemessungswert des Tragwiderstandes in der Verbundfuge bei Brand

F_k charakteristischer Tragwiderstand der Verbundfuge bei Raumtemperatur

$k_{mod,fi}$ Beiwert zur Berücksichtigung des Festigkeitsverlustes bei Brand nach unten stehender Tabelle

k_{fi} Beiwert zur Anpassung der charakteristischen Werte an die 20 %-Fraktilwerte ($k_{fi} = 1{,}15$)

Abminderungsfaktor $k_{mod,fi}$	gültig für
$k_{mod,fi} = 0$	$x \leq 0{,}6 \cdot t$
$k_{mod,fi} = \frac{0{,}2 \cdot x - 0{,}12 \cdot t}{0{,}2 \cdot t + 3}$	$0{,}6 \cdot t \leq x \leq 0{,}8 \cdot t + 3$
$k_{mod,fi} = \frac{0{,}8 \cdot x - 0{,}6 \cdot t + 1{,}8}{0{,}2 \cdot t + 21}$	$0{,}8 \cdot t + 3 \leq x \leq t + 24$
$k_{mod,fi} = 1{,}0$	$x \leq t + 24$

Verbundfuge mit Kerben und Dübeln

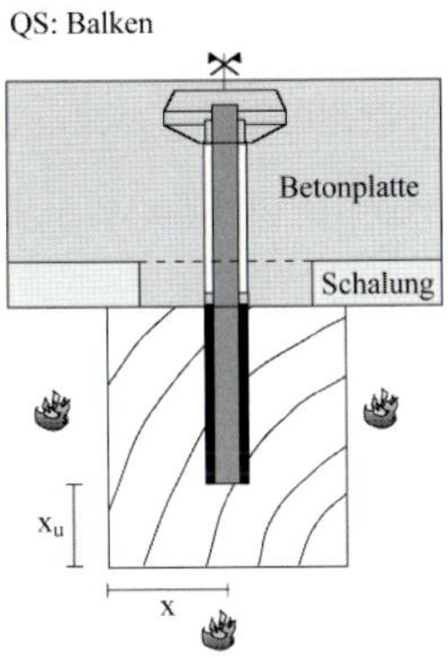

$F_{k,fi}(\text{Dübel}) = 2 \cdot \sqrt{k_{mod,fi} \cdot f_{h,k} \cdot d \cdot M_{u,k}}$

$f_{h,k}$ charakteristische Lochleibungsfestigkeit des Holzes bei Raumtemperatur

$k_{mod,fi}$ Beiwert zur Berücksichtigung des Festigkeitsverlustes bei Brand nach unten stehender Tabelle

$M_{u,k}$ charakteristischer plastischer Biegewiderstand des Dübels bei Raumtemperatur

d Durchmesser des profilierten Bohrloches (d = 20 mm)

Abminderungsfaktor $k_{mod,fi}$	gültig für
$k_{mod,fi} = 0$	$x \leq 0{,}75 \cdot t$
$k_{mod,fi} = \frac{0{,}25 \cdot x - 0{,}188 \cdot t}{0{,}15 \cdot t + 11}$	$0{,}75 \cdot t \leq x \leq 0{,}9 \cdot t + 11$
$k_{mod,fi} = \frac{0{,}75 \cdot x - 0{,}625 \cdot t + 1{,}25}{0{,}2 \cdot t + 28}$	$0{,}9 \cdot t + 11 \leq x \leq 1{,}1 \cdot t + 39$
$k_{mod,fi} = 1{,}0$	$x \geq 1{,}1 \cdot t + 39$

6.4.2-A Seite 16	Decken, Balken, Unterzüge	Balken, Unterzüge

2.3 Technische Regeln

Technische Regeln werden durch die Oberste Baubehörde des jeweiligen Bundeslandes in der *Liste der technischen Baubestimmungen* bekannt gemacht, die auf der durch die ARGEBAU erstellten *Muster-Liste der Technischen Baubestimmungen* [15] basiert. Streichungen einzelner Regeln und Modifizierungen durch zusätzliche Anlagen werden den einzelnen Bundesländern in einem gewissen Umfang gestattet.

Diese Liste enthält technische Regeln für die Planung, Bemessung und Konstruktion baulicher Anlagen und ihrer Teile. Deren Einführung als *Technische Baubestimmungen* erfolgt auf der Grundlage des § 3 Abs. 3 MBO. Dementsprechend sind sie allgemein verbindlich und müssen beachtet werden. Die Regeln für den Brandschutz sind im Teil I Abschnitt 3 der Liste enthalten (siehe Tabelle 2-3).

In DIN 4102-4 sind tabellierte Werte für übliche Holz-, Stahl-, Verbund- (Beton und Stahl) und Massivbauteile (Beton, Stahlbeton und Spannbeton) enthalten.

Die auf den Eurocodes basierenden angegebenen Normen enthalten größtenteils rechenorientierte Bemessungsverfahren (siehe Tabelle 2-1). Technische Regeln sind für Holzbauteile, Verbundtragwerke aus Stahl und Beton, Stahl- und Spannbetonbauteile sowie Stahltragwerke enthalten.

Um die Anwendung auf nationaler Ebene zu gewährleisten, müssen die europäischen Normen zusammen mit dem jeweiligen nationalen Anwendungsdokument und wenn vorhanden mit den Anlagen zu den einzelnen technischen Regeln angewendet werden.

Tabelle 2-3: Muster-Liste der Technischen Baubestimmungen – Auszug Abschnitt 3: Technische Regeln zum Brandschutz ([15], Stand 2010-03)

Technische Regeln		Anlagen
DIN 4102 Brandverhalten von Baustoffen und Bauteilen	Teil 4: Zusammenstellung und Anwendung klassifizierter Baustoffe, Bauteile und Sonderbauteile; März 1994	3.1/8
	Teil 4/A1: Zusammenstellung und Anwendung klassifizierter Baustoffe, Bauteile und Sonderbauteile; Änderung A1; November 2004	3.1/11
	Teil 22: Anwendungsnorm zu DIN 4102-4 auf der Bemessungsbasis von Teilsicherheitsbeiwerten; November 2004	3.1/10
DIN V ENV 1992-1-2	Eurocode 2: Planung von **Stahlbeton- und Spannbetontragwerken;** Teil 1-2: Allgemeine Regeln; Tragwerksbemessung für den Brandfall; Mai 1997	3.1/9
DIN Fachbericht 92	Nationales Anwendungsdokument (NAD), Richtlinie zur Anwendung von DIN V ENV 1992-1-2; *2000*	
DIN V ENV 1993-1-2	Eurocode 3: Bemessung und Konstruktion von **Stahlbauten;** Teil 1-2: Allgemeine Regeln; Tragwerksbemessung für den Brandfall; Mai 1997	3.1/9
DIN Fachbericht 93	Nationales Anwendungsdokument (NAD), Richtlinie zur Anwendung von DIN V ENV 1993-1-2; *2000*	
DIN V ENV 1994-1-2	Eurocode 4: Bemessung und Konstruktion von **Verbundtragwerken aus Stahl und Beton;** Teil 1-2: Allgemeine Regeln; Tragwerksbemessung für den Brandfall; Juni 1997	3.1/9
DIN Fachbericht 94	Nationales Anwendungsdokument (NAD), Richtlinie zur Anwendung von DIN V ENV 1994-1-2; *2000*	
Richtlinie	DIBt-Richtlinie zur Anwendung von DIN V ENV 1994-1-2 in Verbindung mit DIN 18800-5; Oktober 2007	
DIN V ENV 1995-1-2	Eurocode 5: Entwurf, Berechnung und Bemessung von **Holzbauwerken** – Teil 1-2: Allgemeine Regeln; Tragwerksbemessung für den Brandfall; Mai 1997	3.1/9
DIN Fachbericht 95	Nationales Anwendungsdokument (NAD), Richtlinie zur Anwendung von DIN V ENV 1995-1-2:1997-05; *2000*	

2.4 Bauprodukte und Bauarten

Die MBO unterscheidet zwischen geregelten und nicht geregelten Bauprodukten:

- **Geregelte Bauprodukte** werden in der Bauregelliste A Teil 1 bekannt gemacht, davon weichen sie nicht wesentlich ab.
- **Nicht geregelte Bauprodukte** weichen wesentlich von den in der Bauregelliste A Teil 1 bekannt gemachten technischen Regeln ab oder es gibt für sie keine Technischen Baubestimmungen oder allgemein anerkannte Regeln der Technik.

Die Verwendbarkeit von Bauprodukten ergibt sich

- für geregelte Bauprodukte aus der Übereinstimmung mit den bekannt gemachten technischen Regeln
- für nicht geregelte Bauprodukte aus der Übereinstimmung mit
  - der allgemeinen bauaufsichtlichen Zulassung (ABZ) oder
  - dem allgemeinen bauaufsichtlichen Prüfzeugnis (ABP) oder
  - der Zustimmung im Einzelfall (ZiE).

Die Notwendigkeit der Erteilung einer ABZ oder eines ABP ist der Bauregelliste zu entnehmen. Speziell in Deutschland kann als Verwendbarkeitsnachweis eine Zustimmung im Einzelfall (ZiE) erteilt werden. Dazu wird von einer sachverständigen Person oder Stelle, z.B. bauaufsichtlich anerkannte Prüf-, Überwachungs- und Zertifizierungsstelle, an die Baubehörde ein Gutachten eingereicht, in dem aufgrund von Prüfererfahrungen oder Forschungsergebnissen der Nachweis in Abhängigkeit von den festgelegten Schutzzielen geführt wird. Die ZiE darf ausschließlich von den jeweiligen Innenministerien der einzelnen Bundesländer erteilt werden.

Das Zusammenfügen von Bauprodukten zu baulichen Anlagen oder Teilen von baulichen Anlagen wird als Bauart bezeichnet.

Nicht geregelte Bauarten sind Bauarten, die von den Technischen Baubestimmungen wesentlich abweichen oder für die es keine anerkannten Regeln gibt. Die Anwendbarkeit nicht geregelter Bauarten ergibt sich aus der Übereinstimmung mit

- der allgemeinen bauaufsichtlichen Zulassung (ABZ) oder
- dem allgemeinen bauaufsichtlichen Prüfzeugnis (ABP) oder
- der Zustimmung im Einzelfall (ZiE).

Ein ABP genügt, wenn die Bauart in Bauregelliste A Teil 3 aufgeführt ist, z.B. Bauarten zur Errichtung von Trägern, für die Anforderungen an die Feuerwiderstandsdauer gestellt werden.

6.4.2 Balken, Unterzüge

Teil B Bauausführung

1 Allgemeines zur Klassifizierung nach DIN 4102-4

Die Angaben in DIN 4102-4 gelten für statisch bestimmt und unbestimmt gelagerte, auf Biegung oder Biegung mit Längskraft beanspruchte Balken bzw. Träger mit maximal dreiseitiger oder vierseitiger Brandbeanspruchung. Es wird unterschieden zwischen ungeschützten und geschützten Bauteilen.

Eine maximal dreiseitige Brandbeanspruchung liegt vor, wenn die Oberseite des Trägers eine Abdeckung mit gleicher Feuerwiderstandsdauer erhält. Für die Abdeckung gibt es bestimmte Anforderungen an Material und Dicke.

Weitere Bestimmungen sind in der Norm für die Ausbildung von Aussparungen in Balken bzw. Trägern enthalten.

Die Kippaussteifung der Balken bzw. Träger muss entsprechend der geforderten Feuerwiderstandsklasse ausgeführt werden. Andernfalls muss, z.B. bei Verwendung von Holzbalken, ein Seitenverhältnis von $h/b \leq 3$ eingehalten werden.

2 Holzbalken

Bei Holzbalken wird unterschieden zwischen maximal dreiseitiger und vierseitiger Brandbeanspruchung.

Eine maximal dreiseitige Brandbeanspruchung liegt nach DIN 4102-4 vor, wenn die Oberseite der Balken durch

- Betonbauteile nach den Abschnitten 3.4 oder 3.5
- Beplankungen bzw. Schalungen aus Holz oder Holzwerkstoffen nach den Abschnitten 5.2.3.2 bzw. 5.4.4 oder
- Decken aus Holztafeln nach Tabelle 56

jeweils mindestens in der geforderten Feuerwiderstandsdauer abgedeckt ist.

2-1 Statische Systeme bei Holzbalken

Statisch bestimmt oder statisch unbestimmt gelagerter Biegeträger

6.4.2-B Seite 2	Decken, Balken, Unterzüge	Balken, Unterzüge

2-2 Mindestens drei- oder vierseitige Brandbeanspruchung bei Holzbalken (nach: [16])

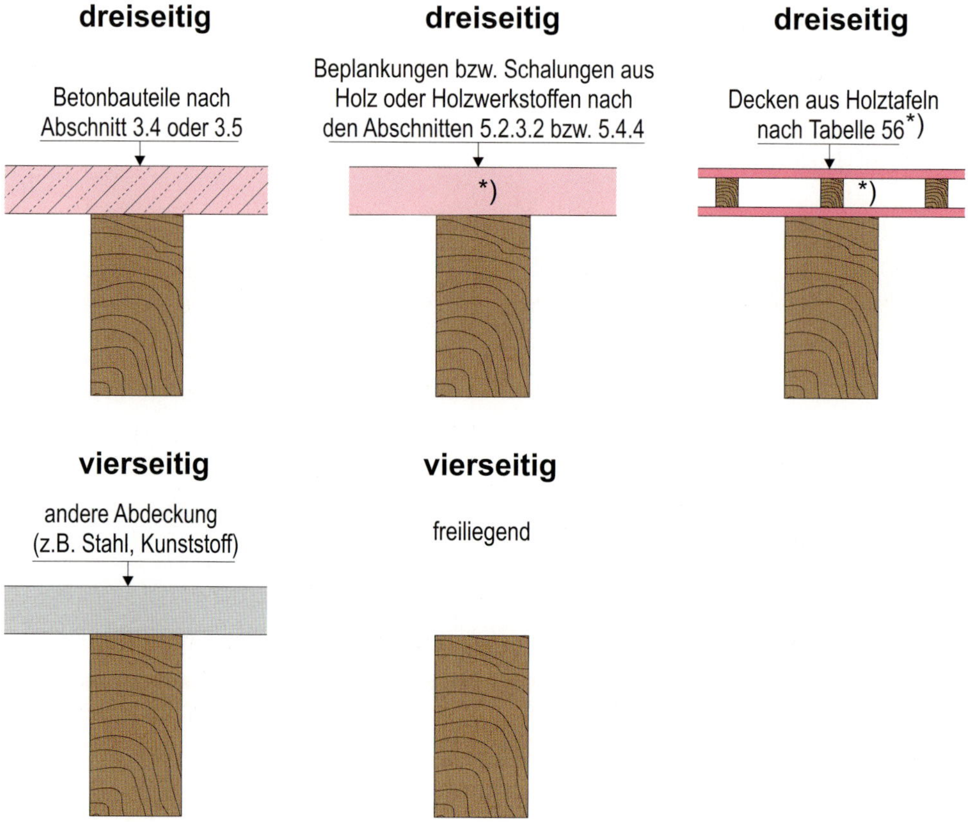

*) Die Abdeckung muss mindestens der geforderten Feuerwiderstandsklasse entsprechen.

Bekleidete Balken werden in DIN 4102-4 Tabelle 84 angegeben. Die Bekleidung ist so ausgeführt, dass der Nachweis des Balkens unter Normaltemperaturen erfolgen kann.

2-3 a und b Beispiele unbekleideter und bekleideter Balken

2-3 a Unbekleidete Balken

dreiseitig **vierseitig**

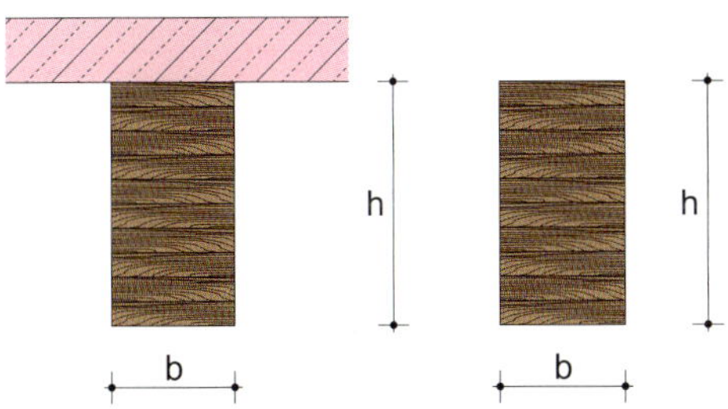

Die Bemessung ist mit dem vereinfachten Verfahren (ideeller Restquerschnitt) oder dem genauen Verfahren (reduzierte Festigkeit und Steifigkeit, siehe Abschnitt 2.2.1 in diesem Kapitel) oder mit einem Bemessungsprogramm durchzuführen.

Für die angegebenen Bemessungsverfahren gibt es normativ keine Einschränkungen hinsichtlich der Feuerwiderstandsdauer.

Hinweis: Die Tabellen 74 bis 83 der DIN 4102-4 dürfen nicht mehr angewendet werden.

2-3 b Bekleidete Balken

Holzbauteile (Ausführung bei dreiseitiger Bekleidung)

einlagige Bekleidung **zweilagige Bekleidung**

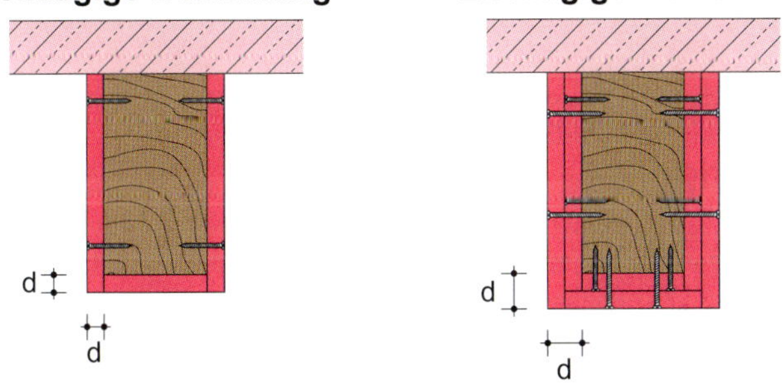

		Feuerwiderstandsklasse-Benennung	
		F 30-B	F 60-B
Mindestdicke d der Bekleidung bei Balken, Stützen und Zuggliedern (Ausführung Schemaskizzen 1 und 2) bei Verwendung von			
Gipskarton-Feuerschutzplatten (GKF) nach DIN 18180	[mm]	12,50	2 x 12,50
Sperrholz nach DIN 68705 Teil 3	[mm]	19	
Sperrholz nach DIN 68705 Teil 5	[mm]	15	
Spanplatten nach DIN EN 312	[mm]	19	
gespundeten Brettern aus Nadelholz nach DIN 4072	[mm]	24	

6.4.2-B Seite 4	Decken, Balken, Unterzüge	Balken, Unterzüge

3 Stahlbauteile

Eine maximal dreiseitige Brandbeanspruchung liegt vor, wenn die Oberseite der Träger durch Platten oder Hohldielen nach den Angaben in den Abschnitten 3.4 bis 3.6 der DIN 4102-4 mit jeweils in mindestens der geforderten Feuerwiderstandsklasse vollständig abgedeckt ist.

Hier werden nur bekleidete oder beschichtete Systeme aufgeführt, da unbekleidete Stahlträger bei einer Beanspruchung nach der Einheitstemperaturzeitkurve die kritische Stahltemperatur schon vor dem Erreichen einer Feuerwiderstandsdauer von 30 Minuten aufweisen.

Die Bekleidung von Stahlträgern kann als profilfolgende oder kastenförmige Bekleidung ausgeführt werden. Das Verhältnis des Umfangs zur Fläche ist auf den Wert $U/A \leq 300\ m^{-1}$ begrenzt.

3-1 Statische Systeme bei Stahlbauteilen

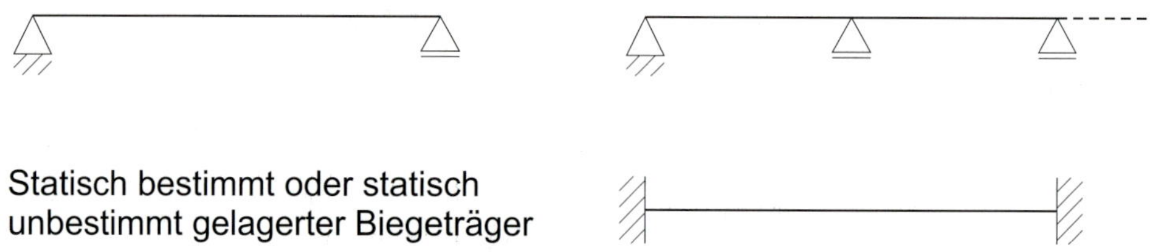

3-2 Mindestens drei- oder vierseitige Brandbeanspruchung bei Stahlträgern (nach: [16])

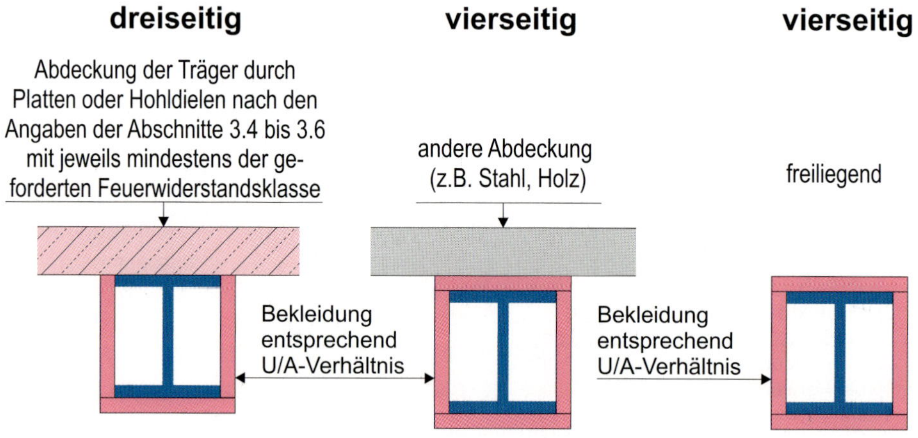

Decken, Balken, Unterzüge	Balken, Unterzüge	**6.4.2-B** Seite 5

3-3 a bis e Beispiele bekleideter Träger

3-3 a Putzbekleidung (DIN 4102-4 Tabelle 90 und 91) – Feuerwiderstandsklassen F 30-A bis F 180-A – jeweils zwei Varianten

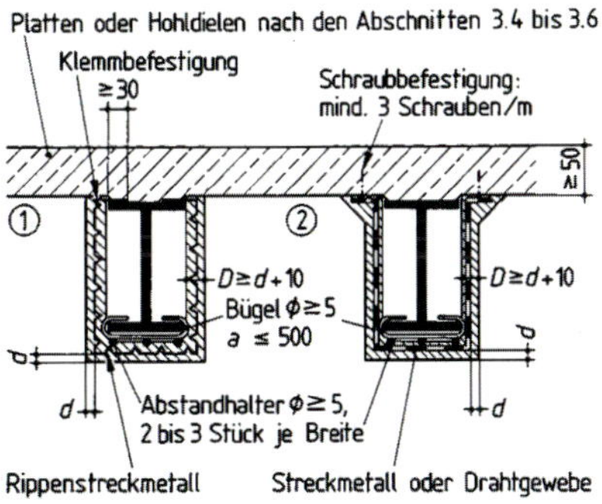

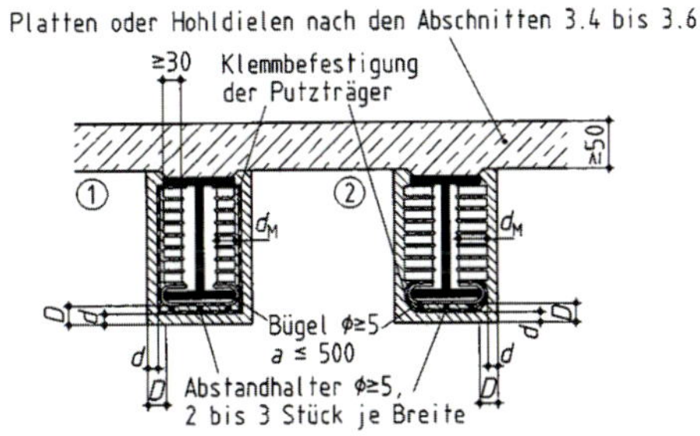

Mauerwerk nach DIN 1053 Teil 1 oder Plattenbekleidung nach DIN 4103 Teil 2 aus

3-3 b Plattenbekleidung (DIN 4102-4 Tabelle 92) – Feuerwiderstandsklassen F 30-A bis F 120-A – zwei Varianten

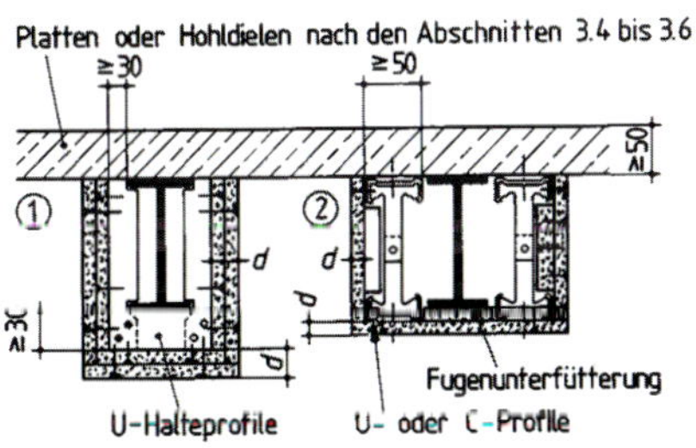

Gipskarton-Feuerschutzplatten (GKF) nach DIN 18180 [17]

Feuerwiderstandsklasse-Benennung			
F 30-A	F 60-A	F 90-A	F 120-A
12,5	12,5 + 9,5	2 × 15	2 × 15 + 9,5

6.4.2-B Seite 6	Decken, Balken, Unterzüge	Balken, Unterzüge

3-3 c bis e Ummantelung/Beschichtungen (c+d nach: [18], e nach: [19]) – Feuerwiderstandsklassen F 30-A bis F 90-A

3-3 c

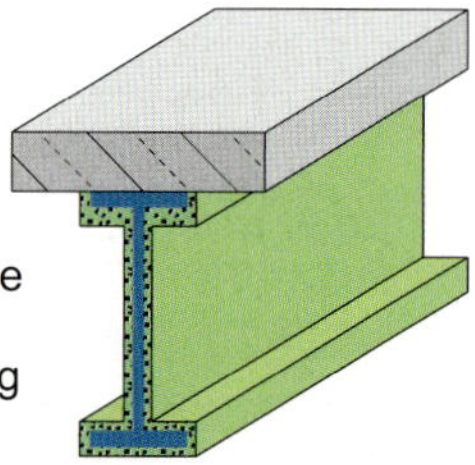

Profilfolgende Spritz-ummantelung

3-3 d

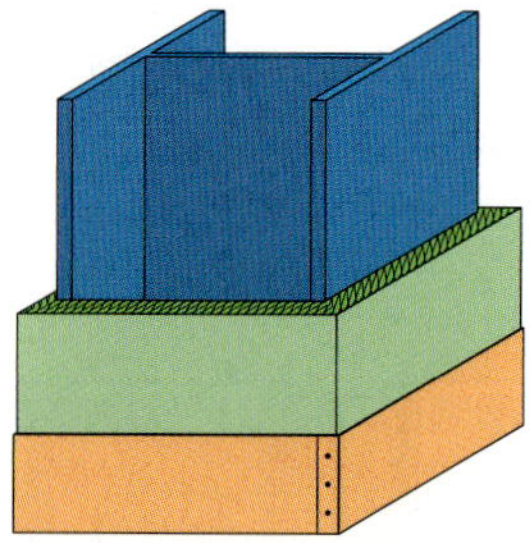

Ummantelung mit Mineral-fasermatten und Blech-bekleidung

Zu Bild 3-3 c:

*„**Spritzputzummantelungen** sind besonders wirtschaftlich für den Schutz vollwandiger Träger und Fachwerkträger. Wo nicht spritzraue, sondern gebrauchsfertige Oberflächen gewünscht werden, können Zement-Hartmantelputze oder Metallverkleidungen (gleichzeitig mechanischer Schutz) eingesetzt werden.*

Die bewährten Vermiculite- und Mineralfaser-Spritzputze, ggf. mit Haftmittelzusätzen, haften ohne Putzträger sicher auf den Stahlbauteilen. Voraussetzung ist, dass der vorhandene Untergrund (Korrosionsschutzbeschichtung) verträglich, d.h. verseifungsbeständig ist. Bewährt haben sich Beschichtungen mit Bindemitteln auf Acrylharz-, Epoxidharz- und Epoxidesterharzbasis." [18] Weitere Randbedingungen können den Zulassungsbescheiden entnommen werden.

Zu Bild 3-3 d:

*„**Ummantelungen aus Mineralfasermatten** erhalten ggf. aus optischen Gründen zusätzliche Blechverkleidungen".* [18]

3-3 e

Beschichtungsaufbau des dämmschichtbildenden Systems

braun = Grundierung
hell = Beschichtung
blau = Schutzlack

Zu Bild 3-3 e:

*„**Mit Dämmschichtbildern,** die ihre brandschützende Schicht erst unter Feuereinwirkung bilden, bleibt das Stahlprofil als architektonisches Element sichtbar. Sie werden wie Anstriche aufgebracht, erlauben vielfältige Farbgebungen und sind gleichzeitig Bestandteil des Korrosionsschutzsystems. Sobald die Temperatur einen bestimmten Wert übersteigt, laufen chemische Reaktionen in der Brandschutzbeschichtung ab, welche diese zum Aufschäumen (Intumeszenz) bringen. Deshalb werden diese Brandschutzbeschichtungen als Dämmschichtbildner bezeichnet. Meistens beginnt der Aufschäumprozess bei etwa 100 °C. Eine Schicht mit 1 mm Dicke kann im Brandfall auf ca. 50 mm aufschäumen und bildet dadurch eine wirksame Hitzeisolierung."* [18]

Stahlbauteile mit dämmschichtbildenden umweltfreundlichen und halogenfreien Beschichtungssystemen für den Innenbereich sind entsprechend den Zulassungen für die Feuerwiderstandsklasse F 30-A, F 60-A und F 90-A erhältlich.

4 Betonbauteile

Eine maximal dreiseitige Brandbeanspruchung kann vorausgesetzt werden, wenn die Oberseite der Balken Abdeckungen aus Betonteilen in mindestens der geforderten Feuerwiderstandsklasse nach den Abschnitten 3.4 und 3.5 der DIN 4102-4 abgedeckt ist.

Wenn in den Tabellen der DIN 4102-4 keine Achsabstände *u* gegeben sind, gilt *nom c* gemäß DIN 1045 [20].

4-1 Statische Systeme bei Betonbauteilen

Statisch bestimmt oder statisch unbestimmt gelagerter Biegeträger

4-2 Mindestens drei- oder vierseitige Brandbeanspruchung bei Betonbalken (nach: [16])

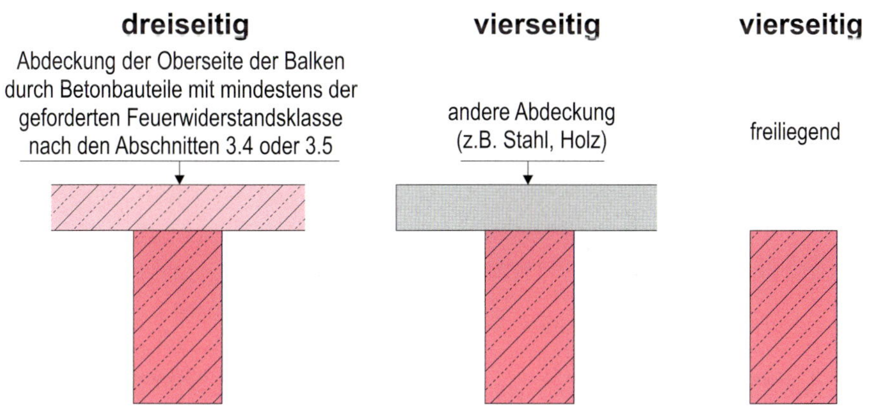

6.4.2-B Seite 8	Decken, Balken, Unterzüge	Balken, Unterzüge

4-3 a und b Randabstände bei Bewehrungen

a) Einlagige Bewehrung

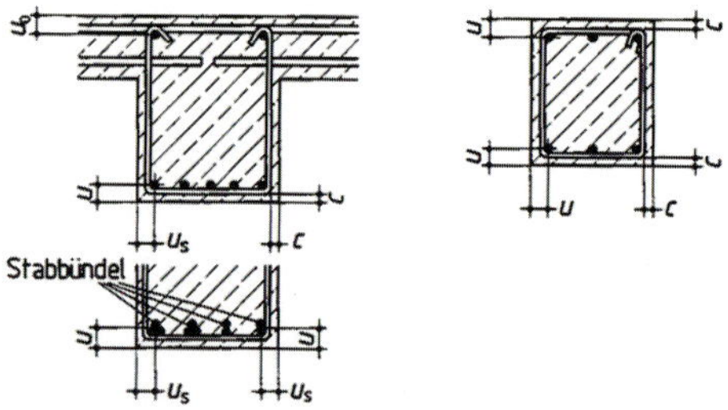

b) Mehrlagige Bewehrung

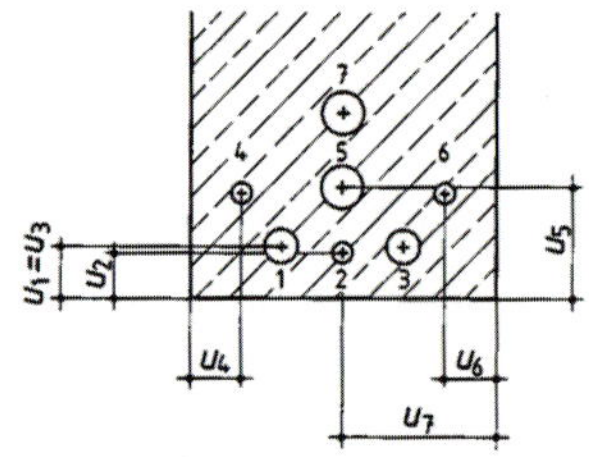

4-4 Beispiele Stahlbetonbalken DIN 4102-4 – Feuerwiderstandsklassen F 30-A bis F 180-A

Konstruktionsmerkmale

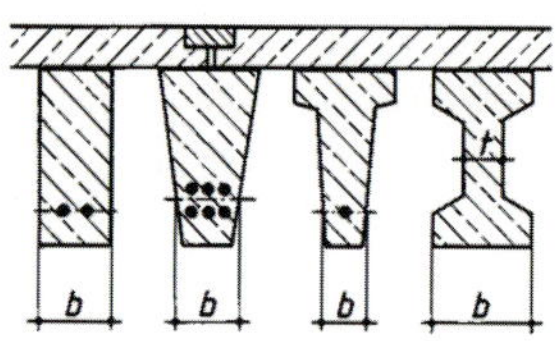

dreiseitig beanspruchte **statisch bestimmt** gelagerte Stahlbeton- und Spannbetonbalken aus Normalbeton

Mindestbreiten und Mindeststegdicken → DIN 4102-4 Tabelle 3

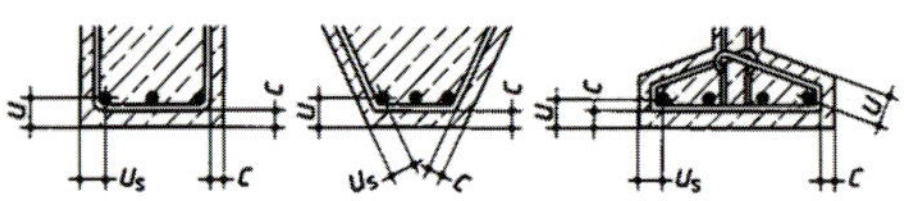

ein- bis vierseitig beanspruchte **statisch bestimmt** gelagerte Stahlbeton- und Spannbetonbalken aus Normalbeton

Mindestachsabstände sowie Mindeststabanzahl der Zugbewehrung → DIN 4102-4 Tabelle 6

Konstruktionsmerkmale

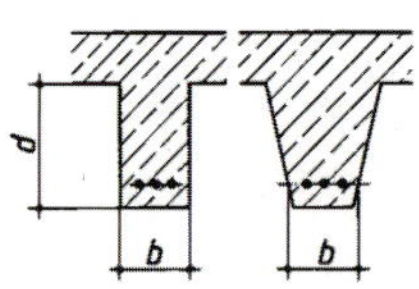

dreiseitig beanspruchte **statisch unbestimmt** gelagerte Stahlbeton- und Spannbetonbalken aus Normalbeton

Mindestbreiten und Mindeststegdicken → DIN 4102-4 Tabelle 7

Konstruktionsmerkmale

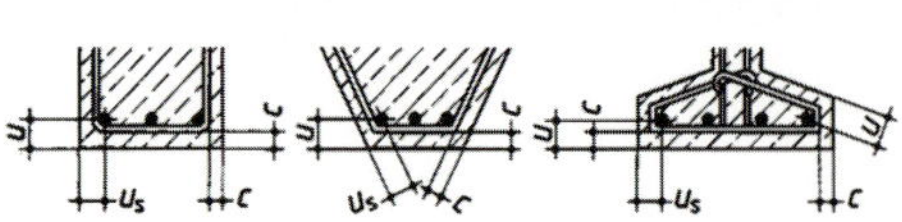

Maximal dreiseitig beanspruchte **unstatisch bestimmt** gelagerte Stahlbeton- und Spannbetonbalken aus Normalbeton

Mindestachsabstände sowie Mindeststabanzahl der Feldbewehrung → DIN 4102-4 Tabelle 8 die Interessenlage von Bauherren, Gebäudenutzern und ihren Partnern aus der Versicherungswirtschaft bestellt sein. Bei einem größeren Bauwerk, das wirtschaftlich erstellt und betrieben werden soll und im Brandfall nur einen eng begrenzten Schaden nehmen darf, ist der vollständige Verlust eines Brandabschnittes nicht tolerierbar. In solchen Fällen ist es unbedingt erforderlich, auch den Brandschutz des Daches in das Brandschutzkonzept einzubeziehen.

8.3 Krankenhäuser

Das Haupttragwerk ist nach dem Muster der KhBauVO [4] bei Gebäuden mit mehr als einem Vollgeschoss feuerbeständig herzustellen, in eingeschossigen Gebäuden mindestens feuerhemmend und aus nichtbrennbaren Baustoffen.

Decken, die zugleich das Dach bilden, müssen in Gebäuden mit mehr als einem Vollgeschoss feuerbeständig hergestellt werden, wobei die Widerstandsfähigkeit gegen Feuer allein durch die Rohdecke erreicht werden muss. Bei eingeschossigen Gebäuden ist eine feuerhemmende Ausführung mit nichtbrennbaren Baustoffen ausreichend.

Dachdecken oder Dächer müssen innerhalb eines Abstandes von 5 m von den Außenwänden höherer Gebäudeteile feuerbeständig sein; sie dürfen keine Öffnungen haben.

Die Dachschalung muss einschließlich der Dämmstoffe aus nichtbrennbaren Baustoffen hergestellt sein.

8.4 Schulen

Die Anforderungen an das Tragwerk und die Decken folgen nach der MSchulbauR [5] im Wesentlichen dem Schema, dass bis zu zwei Vollgeschossen eine feuerhemmende Bauweise zulässig ist.

Bei Gebäudehöhen bis zu 13 m kann hochfeuerhemmende Bauweise zulässig sein, wenn die Geschosse in Einheiten von nicht mehr als 400 m² durch mindestens feuerhemmende Wände getrennt sind. Bei größeren Höhen besteht die Anforderung feuerbeständig.

8.5 Verkaufsstätten

Nach der MVkVO [6] gelten überwiegend dem Verkauf von Waren dienende Gebäude oder Gebäudeteile als Verkaufsstätten (z.B. Warenhäuser oder *Einkaufserlebniswelten*), deren Verkaufsräume und Ladenstraßen insgesamt mehr als 2000 m² Nutzfläche haben. In § 8 der MVkVO sind folgende Anforderungen an Dächer formuliert:

„(1) Das Tragwerk von Dächern, die den oberen Abschluss von Räumen der Verkaufsstätten bilden oder die von diesen Räumen nicht durch feuerbeständige Bauteile getrennt sind, muss

1. *aus nichtbrennbaren Baustoffen bestehen in Verkaufsstätten mit Sprinkleranlagen, ausgenommen in erdgeschossigen Verkaufsstätten,*
2. *mindestens feuerhemmend sein in erdgeschossigen Verkaufsstätten ohne Sprinkleranlagen,*
3. *feuerbeständig sein in sonstigen Verkaufsstätten ohne Sprinkleranlagen.*

(2) Bedachungen müssen

1. *gegen Flugfeuer und strahlende Wärme widerstandsfähig sein und*
2. *bei Dächern, die den oberen Abschluss von Räumen der Verkaufsstätten bilden oder die von diesen Räumen nicht durch feuerbeständige Bauteile getrennt sind, aus nichtbrennbaren Baustoffen bestehen mit Ausnahme der Dachhaut und der Dampfsperre.*

(3) Lichtdurchlässige Bedachungen über Verkaufsräumen und Ladenstraßen dürfen abweichend von Absatz 2 Nr. 1

1. *schwerentflammbar sein bei Verkaufsstätten mit Sprinkleranlagen,*
2. *nichtbrennbar sein bei Verkaufsstätten ohne Sprinkleranlagen.*

Sie dürfen im Brandfall nicht brennend abtropfen."

8.6 Versammlungsstätten

Grundsätzlich sind die Dächer von Versammlungsstätten nach § 4 der MVStättV mindestens feuerhemmend und in ihren tragenden Teilen aus nichtbrennbaren Baustoffen herzustellen, zum Teil auch feuerhemmend und aus schwer entflammbaren Baustoffen. Unter bestimmten Voraussetzungen können Erleichterungen gestattet werden. Wegen der Vielfalt der Regelungen im Zusammenhang mit Versammlungsstätten wird für den Einzelfall auf den Wortlaut der entsprechenden Verordnungen bzw. Richtlinien verwiesen.

9 Erfüllung der Anforderungen und Verwendbarkeitsnachweis für die Bauaufsicht

Grundsätzliche Informationen dazu enthält Kapitel 5.2 in diesem Werk.

9.1 Harte Bedachung

Bedachungen benötigen zur Erfüllung der bauaufsichtlichen Anforderung **harte Bedachung** einen Verwendbarkeitsnachweis. Dieser gilt als erbracht für Bedachungen,

- die allgemein gebräuchlich und bewährt sind = klassifizierte Bedachungen nach DIN 4102-4 Abschnitt 8.7
- für die ein Nachweis durch ein allgemeines bauaufsichtliches Prüfzeugnis vorliegt
- für die eine Zustimmung im Einzelfall der Obersten Baubehörde (= Ausnahmefall) erteilt wurde.

Weitere Einzelheiten enthält das folgende Kapitel 6.5.1-B.

9.2 Feuerwiderstandsfähiges Dach

Der Verwendbarkeitsnachweis für Dächer zur Erfüllung der Anforderungen *feuerhemmend, hochfeuerhemmend* oder *feuerbeständig* gilt als erbracht für Dächer,

- die allgemein gebräuchlich und bewährt sind = klassifizierte Dächer nach DIN 4102-4 Abschnitte 3.12 und 5.4
- für die ein Nachweis durch ein allgemeines bauaufsichtliches Prüfzeugnis vorliegt

- für die eine Zustimmung im Einzelfall der Obersten Baubehörde (= Ausnahmefall) erteilt wurde.

Wird die Feuerwiderstandsfähigkeit des Daches mit Bauprodukten wie Putzbekleidungen erreicht, die brandschutztechnisch nicht notwendig sind und die nicht durch Putzträger am Bauteil gehalten werden, so ist als Verwendbarkeitsnachweis eine allgemeine bauaufsichtliche Zulassung erforderlich.

9.3 Industriedach

Wie in den Abschnitten 3 und 8.2 in diesem Kapitel angegeben, können großflächige Dächer, bei denen der vorbeugende bauliche Brandschutz nicht oder nur unzureichend berücksichtigt wurde, zu einer erheblichen Schadenvergrößerung beitragen. Die in Abschnitt 6 dieses Kapitels genannten Vorschriften und Regelungen enthalten Angaben über Brandschutzmaßnahmen für großflächige Dächer.

9.4 Übereinstimmungsnachweis

Besteht einer der in den Abschnitten 9.1 und 9.2 genannten Verwendbarkeitsnachweise aus einem allgemeinen bauaufsichtlichen Prüfzeugnis, so ist eine Bestätigung der Übereinstimmung mit dem Verwendbarkeitsnachweis in Form eines Übereinstimmungsnachweises erforderlich.

Hierzu hat der Hersteller in der im Verwendbarkeitsnachweis vorgeschriebenen Form eine Übereinstimmungserklärung durch Kennzeichnung mit dem **Übereinstimmungszeichen (Ü-Zeichen)** bzw. einem **CE-Zeichen** (sofern harmonisierte europäische Normen zur Prüfung und Klassifizierung maßgebend sind) unter Hinweis auf den Verwendungszweck abzugeben.

10 Bewertung durch die Schadenversicherer

Die Bauart des Daches hat einen großen Einfluss auf das Schadenrisiko und damit auch auf die Höhe der Versicherungsprämien, z.B. in der Industrie-Feuerversicherung (siehe folgendes Kapitel 6.5.0-S).

Zur Gesamtrisikobetrachtung führt Hammer [8] in seiner Bewertung u.a. aus:

„Wenn das Dach auch einer der wichtigsten Faktoren für die Bauart darstellt, so ist doch die Bauart wiederum nur einer von vielen Risikofaktoren, die ein industrielles Risiko kennzeichnen."

11 Literaturhinweise

[1] Deutsches Dachdeckerhandwerk – Regeln für Abdichtungen – mit Flachdachrichtlinie – Stand Oktober 2008; Hrsg.: Zentralverband des Deutschen Dachdeckerhandwerks – Fachverband Dach-, Wand- und Abdichtungstechnik e.V., Köln, Rudolf Müller Verlag.

[2] Musterbauordnung (MBO) – Fassung November 2002 (zuletzt geändert 2008)

[3] Muster-Richtlinie über den baulichen Brandschutz im Industriebau (Muster-Industriebaurichtlinie – M IndBauRL) – Fassung März 2000

[4] Muster einer Verordnung über den Bau und Betrieb von Krankenhäusern (Krankenhausbauverordnung – KhBauVO) – Fassung Dezember 1976 (mittlerweile von der ARGEBAU zurückgezogen)

[5] Muster-Richtlinie über bauaufsichtliche Anforderungen an Schulen (Muster-Schulbau-Richtlinie – MSchulbauR)

[6] Muster-Verordnung über den Bau und Betrieb von Verkaufsstätten (Muster-Verkaufsstättenverordnung – MVkVO)

[7] Musterverordnung über den Bau und Betrieb von Versammlungsstätten (Muster-Versammlungsstättenverordnung – MVStättV)

[8] Hammer, H.: Bewertung durch den Feuerversicherer, in: VdS-Fachtagung „Baulicher Brandschutz – Industriedächer“ vom 13./14.10.1992, Köln

Weitere Literatur:

- Jagfeld, Peter: Brandverhalten von Bedachungen, Brandschutz im Bauwesen, Heft 26, Hrsg.: Hertel, H.; Kordina, K.; Zwingmann, R.: Erich Schmidt Verlag
- Eine Übersicht über Vorschriften und Regelwerke für Dächer enthält Abschnitt 6 in diesem Kapitel.

6.5 Dächer

6.5.1 Dachhaut „harte Bedachung“

Dieter Brein

Inhalt

Teil B Bauausführung

1 Allgemeines

2 Der Begriff „harte Bedachung“

3 Erfüllung der Anforderung „harte Bedachung“

4 Harte Bedachung nach DIN 4102-4:1994-03 sowie DIN 4102-4/A1:2004-11

5 Harte Bedachung mit einem allgemeinen bauaufsichtlichen Prüfzeugnis

6 Verwendbarkeitsnachweis

7 Prüfungen von Bedachungen nach DIN 18234

8 Europäische Aktivitäten (Grundlagendokument Brandschutz)

9 Praktische Betrachtungen des Brandangriffes auf die Dachoberseite

6.5.1 Dachhaut „harte Bedachung“

Teil B Bauausführung

1 Allgemeines

Bauaufsichtliche Anforderungen an die Ausführung der Dachhaut enthalten die Kapitel 6.5.0 und 5.4 ff. in diesem Werk. Zur Schadenerfahrung siehe Kapitel 6.5.0-S.

2 Der Begriff „harte Bedachung“

In den Landesbauordnungen (LBOs) wird der Begriff „harte Bedachung“ seit Jahrzehnten verwendet. Die DIN 4102-7 „Brandverhalten von Baustoffen und Bauteilen – Teil 7: Bedachungen; Begriffe, Anforderungen und Prüfungen“ enthält die Grundlage für die Realdefinition dieses Begriffs.

Danach werden Bedachungen als *harte Bedachung*, d.h. *„widerstandsfähig gegen Flugfeuer und strahlende Wärme“,* bezeichnet, wenn sie den Anforderungen einer Prüfung nach DIN 4102-7 genügen.

So steht in Abschnitt 4 dieser Norm: *„Gegen Flugfeuer und strahlende Wärme widerstandsfähige Bedachungen müssen die Ausbreitung des Feuers auf dem Dach und eine Brandübertragung vom Dach in das Innere des Gebäudes bei der in dieser Norm festgelegten – von außen auf die Bedachung einwirkenden – Beanspruchung verhindern.“*

Bedachungen sollen demnach ein Brandverhalten aufweisen, dass sie durch ein brennendes Nachbargebäude nicht zu schnell in Brand gesetzt werden können und dass sie den Brand nicht ins Gebäudeinnere eindringen lassen.

Das erstgenannte Kriterium ist den Anforderungen an das Brandverhalten von Baustoffen vergleichbar: Die Brandausbreitung in den Schichten des Dachaufbaus (einschließlich der beflammten Oberfläche) soll begrenzt bleiben. Das weitere Kriterium ist von Bauteilprüfungen bekannt: Der Feuerdurchtritt auf die feuerabgekehrte Seite – durch die Schichten der Bedachung hindurch – soll innerhalb eines festgelegten Zeitraums nicht stattfinden.

Bedingt durch die fortschreitende europäische Normung und deren Auswirkungen auch auf die national anzuwendenden Regelungen, findet derzeit ein mittelfristiger Übergang von nationalen Prüf- und Klassifizierungsnormen auf europäische Prüf- und Klassifizierungsnormen statt, wobei während vereinbarter Übergangsfristen die nationalen und die europäischen Klassifizierungen gleichwertig nebeneinander angewendet werden können. Dies trifft auch für das Brandverhalten von Bedachungen bei Brandbeanspruchung von der Außenseite zu.

Es ist nicht auszuschließen, dass nach dem Ablauf der Übergangsfristen auch die Norm DIN 4102-7 zurückgezogen wird, wenn sie nicht Sachverhalte regelt, die in der entsprechenden europäischen Prüf- und Klassifizierungsnorm nicht geregelt sind. Ansonsten müsste eine nationale

„Restnorm“ erstellt werden. (Detaillierte Ausführungen folgen in den Abschnitten 3 und 4 dieses Kapitels.)

Es ist zu erwarten, dass in der Normensprache der Begriff „harte Bedachung“ offiziell verschwinden wird, er wird jedoch wahrscheinlich auch dann noch umgangssprachlich über einen längeren Zeitraum Bestand haben.

Eine Aufzählung der bereits klassifizierten Bedachungen findet man in „Katalogen“ aus dem nationalen Normungsbereich sowie in Schriftstücken der Europäischen Kommission. (Auch hierzu sind Details in den folgenden Abschnitten 3 und 4 enthalten.)

3 Erfüllung der Anforderung „harte Bedachung“

Um die Anforderung „harte Bedachung“ zu erfüllen, bestehen folgende Möglichkeiten:

Es werden **Bedachungen** verwendet,

- **die allgemein gebräuchlich und bewährt sind:**

  Hierbei handelt es sich im Allgemeinen um klassifizierte Bedachungen, die keinen weiteren prüftechnischen Nachweis benötigen. Auf nationaler Ebene ist die Grundlage dafür der Abschnitt 8.7 im „Katalog“ DIN 4102-4 „Brandverhalten von Baustoffen und Bauteilen – Teil 4: Zusammenstellung und Anwendung klassifizierter Baustoffe, Bauteile und Sonderbauteile“ sowie die Änderung A/1 zu dieser Norm (siehe auch Kapitel 4.6).

  Diese Norm befindet sich (Stand: Ende 2011) in Überarbeitung auf dem Weg zu einer „Restnorm“, wobei die bisherigen Inhalte des Kapitels 8.7 in Bezug auf die klassifizierten Bedachungen weitestgehend erhalten bleiben.

  In den vergangenen Jahren wurden im Bereich der europäischen Normung jedoch auch Regelungen erarbeitet, die einen teilweisen Ersatz der DIN 4102-4 auch im Bereich *Bedachungen* bedeuten bzw. als Ergänzungen hierzu anzusehen sind. Dazu gehören die durch die Europäische Kommission herausgegebene *deemed-to-satisfy-Regelung* für bestimmte Bedachungen, z.B. Schindeln aus nichtbrennbaren Baustoffen auf beliebiger Unterlage, sowie die *CWFT-Regelungen* für eine Reihe weiterer Produktgruppen, z.B. bestimmte Stahlsandwichdächer.

  In beiden Fällen handelt es sich um Beschreibungen von Bedachungen, die auch ohne weiteren prüftechnischen Nachweis als klassifiziert gelten (deemed-to-satisfy bedeutet: als ausreichend erachtet, die Anforderungen zu erfüllen; CWFT bedeutet: classified without further testing = klassifiziert ohne weiteren Nachweis durch Prüfung).

  Wie bereits in Kapitel 6.5.0 aufgeführt, werden in der Muster-Liste der Technischen Baubestimmungen unter Anlage 3.1.8 zur Anwendung von DIN 4102-4 einige Angaben zu den lichtdurchlässigen Teilflächen gemacht. Darüber hinaus sind auch dort Hinweise auf Dachdeckungsprodukte/-materialien enthalten, die einschlägigen europäischen technischen Spezifikationen (harmonisierte Norm oder europäische technische Zulassung) entsprechen und die zusätzliche Bedingungen über angrenzende Schichten erfüllen. Diese gelten demnach auch als gegen Flugfeuer und strahlende Wärme widerstandsfähige Bedachungen.

- **die einen Nachweis durch ein allgemeines bauaufsichtliches Prüfzeugnis haben:**

  In der Bauregelliste A Teil 3 lfd. Nr. 2.8 des Deutschen Instituts für Bautechnik (DIBt) ist geregelt, auf welcher Grundlage ein bauaufsichtliches Prüfzeugnis erstellt werden darf. Bedingt durch die Fortentwicklung der europäischen Normung, ist zurzeit noch die Prüfung und Klassifizierung nach DIN 4102-7 möglich und alternativ dazu nach dem Prüfverfahren 1 der DIN V ENV 1187 in Verbindung mit der Klassifizierung als B_{roof}(t1) nach DIN EN 13501-5.

  Der erweiterte Anwendungsbereich von Prüfergebnissen wird durch die DIN V 4102-23 (künftig DIN SPEC 4102-23) geregelt. In dieser Norm ist beschrieben, unter welchen Modifikationen produkttechnischer oder anwendungstechnischer Art ein bestimmter geprüfter Dachaufbau ebenfalls als geeignet gilt. Diese Vornorm beruht auf langjährigen Entwicklungen von Regeln im Rahmen europäischer Konsultationen auf Normungsebene für eine EXAP-Norm (EXAP = extended application) zum Brandverhalten von Bedachungen, in der für die in der CEN/TS 1187 „Prüfverfahren zur Beanspruchung von Bedachungen durch Feuer von außen" (entwickelt vom European Comittee for Standardization) beschriebenen vier Prüfverfahren die Regeln für den erweiterten Anwendungsbereich zusammengestellt werden. Für das Prüfverfahren 1 handelt es sich dabei überwiegend um Regelungen, die bereits im Vorfeld in Deutschland seit vielen Jahren von den amtlichen Materialprüfungsanstalten aufgrund der dort vorliegenden Prüferfahrungen abgestimmt worden waren (sogenannte ABM-Regeln der Arbeitsgemeinschaft der amtlichen Materialprüfanstalten).

  Die eigene nationale (Vor-)Norm wurde erforderlich, um die Anwendung der Regeln bereits formal zu ermöglichen, bevor ein entsprechendes europäisches Dokument zur Verfügung steht, dessen Fertigstellung sich seit längerm verzögert. Es ist zu erwarten, dass das entsprechende europäische EXAP-Dokument im Laufe des Jahres 2012 zur Verfügung stehen wird. Eine Änderung an den Regelungsinhalten und den Regeln selbst gegenüber der bisher in Deutschland eingeführten Variante der DIN SPEC 4102-23 wird sich jedoch hierdurch zunächst nicht ergeben.

- **für die eine Zustimmung im Einzelfall der Obersten Baubehörde beantragt worden ist.**

  Dies dürfte ein in der Praxis eher seltener Ausnahmefall sein.

Bedachungen werden als „weiche Bedachungen" bezeichnet, wenn für sie keiner der genannten Nachweise geführt worden ist. Entsprechend der europäischen Klassifizierung weisen sie die Klasse F_{roof}(t1) auf. Klasse F steht allgemein für: *keine Leistung festgestellt.* Auch eine weiche Bedachung muss jedoch die allgemein gültige Mindestanforderung des Baurechts an das Brandverhalten von Bauprodukten hinsichtlich ihrer Brennbarkeit erfüllen und mindestens normal entflammbar sein. Dies ist die Baustoffklasse B 2 nach DIN 4102-2 bzw. Klasse E – d2 nach DIN EN 13501-1.

4 Harte Bedachung nach DIN 4102-4:1994-03 sowie DIN 4102-4/A1:2004-11

In Abschnitt 8.7 dieser Norm werden gegen Flugfeuer und strahlende Wärme widerstandsfähige Bedachungen behandelt. Diese gelten hinsichtlich ihres Anwendungsbereichs unabhängig von der Dachneigung als harte Bedachungen. Die Angaben dieses Abschnittes haben auch Gültigkeit für senkrechte oder annähernd senkrechte Bedachungen, wenn deren Höhe ≤ 100 cm beträgt. Dies trifft z.B. zu für Bedachungen von Traufenbereichen, Attiken, Ortgängen.

Die **Feuerwiderstandsklassen von Dächern** haben nichts mit dem Begriff „harte Bedachung“ gemein (siehe auch Kapitel 6.5.0, Abschnitte 7 und 9). Die Begriffe sind nicht aneinander gekoppelt. So kann ein feuerwiderstandsfähiges Dach (z.B. F 30-B) beim Fehlen entsprechender Anforderungen durchaus eine *weiche Bedachung* aufweisen.

Die DIN 4102-4 enthält in Abschnitt 8.7 eine Liste harter Bedachungen (siehe Kapitel 3.5-V). Nach Abschnitt 8.7.2 Nr. 4 gelten auch beliebige Bedachungen als harte Bedachungen, wenn sie eine vollständig bedeckende, mindestens 5 cm dicke Schüttung aus Kies 16/32 oder eine Bedeckung aus mindestens 4 cm dicken Betonwerksteinplatten oder anderen mineralischen Platten aufweisen. So können auch *weiche Bedachungen* zu *harten Bedachungen* werden, wenn sie den genannten schweren Oberflächenschutz erhalten. Voraussetzung für die Umsetzung in der Praxis ist jedoch eine ausreichende Tragfähigkeit der Dachkonstruktion für diese Zusatzlast.

Für *leichte Industriedächer* (z.B. einschalige, wärmegedämmte Stahltrapezprofildächer) wird dies in aller Regel nicht zutreffen, wenn diese Maßnahme als Bauerhaltungsmaßnahme nach einigen Jahren durchgeführt werden soll, da die Tragreserven beim Neubau üblicherweise bereits ausgereizt werden.

Weitere Dächer nach „Katalog“ sind die im europäischen Dokument zu *deemed-to-satisfy* (Entscheidung der Kommission vom 6. September 2000 – 2000/553/EG) gelisteten Dachdeckungsprodukte und/oder -materialien, von denen ohne Prüfung angenommen werden kann, dass sie den Anforderungen für das Merkmal „Verhalten bei einem Brand von außen“ entsprechen, sofern die jeweiligen einzelstaatlichen Vorschriften für Entwurf und Ausführung von Bauwerken beachtet werden.

Betroffen sind z.B. Decksteine aus Schiefer oder anderem Naturstein, Dachsteine aus Stein, Beton, Ton oder Keramik, Dachplatten aus Stahl, Faserzementdeckungen, Profilbleche und ebene Bleche aus verschiedenen Metallen usw.

Des Weiteren gibt es für einige Produkte CWFT-Regelungen (s.o.), d.h. Entscheidungen der Kommission zur Festlegung der Brandverhaltensklassen für bestimmte Bauprodukte bei einem Brand von außen,

- zum Beispiel Nr. 2006/600/EG: Sandwich-Elemente mit beidseitiger Metalldeckschicht für Dächer
- oder Nr. 2005/403/EG: mit Plastisol beschichtetes Stahlblech.

Weitere Angaben hierzu findet man zum Beispiel auf der Website des Deutschen Instituts für Bautechnik.

5 Harte Bedachung mit einem allgemeinen bauaufsichtlichen Prüfzeugnis

Während die in den genannten „Katalogen“ aufgeführten Bedachungen unabhängig von der Dachneigung als widerstandsfähig gegen Flugfeuer und strahlende Wärme gelten, geben die (noch gültige nationale) Prüfnorm DIN 4102-7 und das hieraus entwickelte Prüfverfahren der europäischen Prüfnorm für Bedachungen, in der vier Prüfverfahren unterschiedlichen nationalen Ursprungs aufgeführt sind, zwei Anwendungsbereiche hinsichtlich der Dachneigung an: 15° und 45°. Deshalb ist bei Bedachungen mit einer der beiden vom technischen Inhalt her sehr ähnlichen Prüfungen nach DIN 4102-7 oder nach DIN V ENV 1187 zu beachten, für welche Dachneigung das allgemeine bauaufsichtliche Prüfzeugnis gilt.

Diese Prüfungen können auch auf Lichtplatten, Lichtbänder usw. angewendet werden, für die eine harte Bedachung nachzuweisen ist. Verschiedene andere Bedachungen haben ebenfalls Prüfzeugnisse, z.B. bestimmte Holzschindeln, Sandwich-Verbundelemente (siehe hier aber auch CWFT-Regeln), Kunststoff-Hohlkammerprofile usw.

6 Verwendbarkeitsnachweis für die Bauaufsicht

Grundsätzliche Informationen zu Verwendbarkeitsnachweisen enthält Kapitel 5.2 in diesem Werk.

Bedachungen benötigen zur Erfüllung der bauaufsichtlichen Anforderung „harte Bedachung“ folgende Verwendbarkeitsnachweise:

- **Bedachungen ohne weiteren Nachweis durch Prüfung: DIN 4102-4 sowie DIN 4102-4/A1**

  Da es sich um klassifizierte Bauprodukte handelt, besteht der Verwendbarkeitsnachweis aus der Übereinstimmung mit DIN 4102-4 Abschnitt 8.7 sowie aus den weiteren Angaben hierzu in DIN 4102-4/A1:2004-11. Eine Überarbeitung von DIN 4102-4 steht zurzeit an, wie bereits weiter oben ausgeführt.

- Bedachungen mit Nachweis durch Prüfung und Klassifizierung: DIN 4102-7 oder DIN V ENV 1187

  Gemäß Bauregelliste A Teil 3 Nr. 2.8 fallen Bedachungen, an die Anforderungen hinsichtlich der Widerstandsfähigkeit gegen Flugfeuer und strahlende Wärme gestellt werden (ausgenommen solche, die nach DIN 4102-4 schon klassifiziert sind), unter die Kategorie *„Bauarten, die von Technischen Baubestimmungen wesentlich abweichen oder für die es allgemein anerkannte Regeln der Technik nicht oder nicht für alle Anforderungen gibt und die hinsichtlich dieser Anforderungen nach allgemein anerkannten Prüfverfahren beurteilt werden können“.*

Damit ist nach Nr. 2.8 dieser Liste als Verwendbarkeitsnachweis ein allgemeines bauaufsichtliches Prüfzeugnis erforderlich. Außerdem ist die Bestätigung in Form eines Übereinstimmungsnachweises notwendig, dass die Bedachungen mit dem Verwendbarkeitsnachweis übereinstimmen. Der Übereinstimmungsnachweis besteht aus einer Übereinstimmungserklärung des Herstellers nach vorheriger Prüfung des Bauprodukts durch eine anerkannte Prüfstelle. Die Übereinstimmungserklärung hat der Hersteller durch Kennzeichnung mit dem Übereinstimmungszeichen (Ü-Zeichen) und dem Hinweis auf den Verwendungszweck abzugeben.

Die jeweils aktuellen Anforderungen sind in den DIBt-Mitteilungen abgedruckt, wobei für die Bauregellisten im Regelfall Sonderhefte herausgegeben werden (ein- bis zweimal pro Jahr).

7 Prüfungen von Bedachungen nach DIN 18234

Wegen des Feuerüberschlags auf die Dachabdichtung durch Dachdurchdringungen hindurch und im Randbereich des Daches sowie wegen der darauf folgenden Brandausbreitung auf der Dachoberseite wurde auch im Rahmen der Arbeiten an der DIN 18234 ein einfach durchzuführendes Prüfverfahren mit zusätzlicher Windanströmung auf der Dachoberseite beschrieben. Das verfolgte Hauptziel war, den Nachweis einer wirksamen Begrenzung der Brandweiterleitung zu führen.

Mit einem solchen Prüfverfahren sollten die Auswirkungen einer härteren Brandbeanspruchung gegenüber derjenigen, die durch das bauaufsichtlich eingeführte Prüfverfahren nach z.B. der DIN 4102-7 gegeben ist, für den möglichen Praxisfall mit Wind simuliert werden.

Es ist bekannt, dass unter Windeinfluss eine großflächige Brandausbreitung auch bei Bedachungen, die als harte Bedachung geprüft bzw. klassifiziert waren, oft nicht verhindert werden kann.

Um jedoch kein weiteres Prüfverfahren für Bedachungen einzuführen und damit für die produzierende Industrie zusätzliche Kosten zu verursachen, wurde im Arbeitsausschuss zur DIN 18234 beschlossen, für Einzelfälle, in denen die durch DIN 18234-4 vorgegebenen konstruktiven Maßnahmen (Durchdringungen, An- und Abschlüsse) zum Schutz gegen das Übergreifen der Flammen aus einem Brand im Rauminneren auf die Außenseite des Daches nicht vollständig umgesetzt werden können, auf ein bewährtes und im Rahmen langjähriger europäischer Entwicklung zur Verfügung stehendes Prüfverfahren zurückzugreifen: **Prüfverfahren 3 nach CEN/TS 1187.**

Bedachungen, die bei der Prüfung nach diesem Verfahren die Klassifizierungskriterien nach DIN EN 13501-5 mit der Klassifizierung B_{roof}(t3) erfüllen, sind unter bestimmten in der DIN 18234-4 (wird zurzeit novelliert) genannten Bedingungen geeignet, zur Erfüllung des ebenfalls in dieser Norm genannten Schutzzieles der Begrenzung der Brandweiterleitung bei großflächigen Dächern beizutragen.

8 Europäische Aktivitäten (Grundlagendokument Brandschutz)

Aus den im Grundlagendokument *Brandschutz* genannten grundsätzlichen Parametern für die Brandprüfung von Bedachungen sind zwischenzeitlich vier Prüfverfahren entwickelt worden, die ihren Ursprung in den nationalen Verfahren in Deutschland, Österreich und den Niederlanden entsprechend dem Verfahren nach DIN 4102-7 haben, sowie einem Verfahren aus den nordischen Ländern Dänemark, Norwegen, Schweden und Finnland, einem weiteren aus Frankreich sowie einem vierten aus dem Vereinigten Königreich. Mit diesen vier Prüfverfahren werden unterschiedliche Szenarien von Flugfeuer und strahlender Wärme in unterschiedlichen Belastungskombinationen und Belastungsniveaus abgebildet. Die wesentlichen Parameter sind: Größe der Brandsätze, Wind/kein Wind, zusätzliche Wärmestrahlung/ohne Wärmestrahlung sowie die Dachneigung der Prüfkörper.

Das erste Verfahren verwendet als Brandsatz einen mit 600 g Holzwolle gefüllten Drahtgitterkorb, das zweite Verfahren kleine Brandsätze und eine Windanströmung (2 m/s oder 4 m/s), das dritte Verfahren kleine Brandsätze und eine Windanströmung (3 m/s) sowie einen zusätzlichen großflächigen Wärmestrahler, und das vierte Verfahren verwendet Gasflammen, einen großen Wärmestrahler ähnlich dem Verfahren 3 sowie eine Absaugung unterhalb der Dachfläche. Hieraus ergibt sich eine Fülle von Belastungssituationen, die dazu führen, dass diese Verfahren, angewendet auf den gleichen Dachaufbau, zu den unterschiedlichsten Ergebnissen hinsichtlich der wesentlichen Kriterien Brandausbreitung und Durchbrand führen und deshalb im Allgemeinen untereinander nicht vergleichbar sind.

Für das dritte Verfahren – mit zusätzlicher Windanströmung und einem zusätzlich oberhalb der Dachfläche installierten Wärmestrahler – schließt man hinsichtlich der Brandeinwirkung auf die Dachoberseite auch den Fall ein, dass die Brandbelastung der Dachoberseite aus durch eine Dachöffnung schlagenden Flammen resultieren kann. Dies kommt den Beanspruchungsarten, die in der DIN 18234 genannt sind, entgegen. Dieses Prüfverfahren stellt im Hinblick auf die Vermeidung der Brandausbreitung nach bisherigem Kenntnisstand eine schärfere Beanspruchung als die anderen drei Prüfungen dar, auch wegen der Berücksichtigung von Wind.

Natürlich ist der Zustand mit vier nebeneinander bestehenden und je nach europäischem Mitgliedsland anzuwendenden Prüfverfahren unbefriedigend. Deshalb wurde angestrebt, ein einziges Prüfverfahren für Bedachungen in Europa zu entwickeln. Entsprechende weitentwickelte Arbeiten der CEN-Normung werden jedoch bis auf Weiteres nicht fortgeführt, so dass der augenblickliche Zustand noch über viele Jahre Bestand haben wird. Mindestens 50% der in Europa in den Markt gehenden Dachabdichtungsprodukte werden in Bedachungen verbaut, an die brandschutztechnische Anforderungen entsprechend dem in Deutschland ausgeübten Verfahren gestellt werden.

Bei der Nennung der in Deutschland für die Bauaufsicht relevanten Nachweise wurden auch die erweiterten Anwendungsregeln erwähnt, die eine Hilfestellung für die Bewertung geben, inwieweit sich Variationen produktspezifischer Parameter (z.B. Materialdicke, Farbe, Verstärkungseinlagen, Beschichtungen) und Variationen im Anwendungsbereich (z.B. Dachneigung, Befestigungsart auf dem Untergrund) auf das Brandverhalten auswirken. Diese Regeln wurden für alle vier Prüfverfahren entwickelt, sind jedoch nicht von einem auf das andere Verfahren übertragbar. Es ist abzusehen, dass die europäischen EXAP-Regeln für Bedachungen im Laufe des Jahres 2012 zur Verfügung stehen werden.

Die bauaufsichtliche Einführung von nach dem dritten europäischen Prüfverfahren klassifizierten Bedachungen wird in Deutschland vermutlich auf Jahre hinaus für die meisten Bauwerke keine Relevanz haben. Es wird allerdings erwartet, dass für Sonderanwendungen, z.B. auch im Industriebau für Dächer nach DIN 18234, entsprechende Anforderungen erfüllt werden müssen. Insbesondere bei der Bewertung von Sachschutzmaßnahmen wird der Erfüllung der Anforderungen voraussichtlich künftig ein höherer Stellenwert zukommen.

9 Praktische Betrachtungen des Brandangriffes auf die Dachoberseite

Eine Beschreibung der Beanspruchungsarten enthält Kapitel 6.5.0, Abschnitt 5.

Das Brandverhalten von Dächern mit brennbaren Dämm- und Abdichtungsschichten bei Beanspruchung der Dachoberseite wird in der Praxis häufig durch zusätzliche Windanströmung auf die Dachfläche negativ beeinflusst. Insbesondere bei großflächigen Dächern kann dies zum Totalschaden des Gebäudes führen. Dabei ist es vom Grundsatz her unerheblich, ob der Dachflächenbrand durch einen Brand im Gebäudeinneren mit Durchbrand von unten oder durch eine von außen kommende Beanspruchung verursacht wurde.

Diesem Belastungsfall wurde jedoch bislang in der Bundesrepublik Deutschland (alte Bundesländer) – im Gegensatz etwa zu Frankreich oder auch zur ehemaligen Deutschen Demokratischen Republik – in prüftechnischer Hinsicht nicht Rechnung getragen. Bauaufsichtliche Anforderungen in dieser Hinsicht bestehen zurzeit nicht.

Brandversuche zur Ermittlung der Abhängigkeit der Flammenausbreitungsgeschwindigkeit vom Windeinfluss wurden in Schweden durchgeführt. Dabei zeigte sich, dass bereits bei weniger als 10 m/s die maximale Ausbreitungsgeschwindigkeit der Flammen auf der Dachoberseite erreicht wurde. Bei höheren Geschwindigkeiten kam es allerdings zu einem Ausblaseffekt, der ein Abfallen der Brandausbreitungsgeschwindigkeit bewirkte. Dieser Ausblaseffekt wird sich in der Praxis allerdings nur bedingt auswirken, da auf Dachflächen Staukörper aller Art vorhanden sind, die als Flammenhalter lokale Rückströmzonen mit geringer Geschwindigkeit verursachen, an denen sich die Flammen stabilisieren können.

Schutzmaßnahmen

Nichtbrennbare Abdeckungen, die in einer Breite von 1 m auf der Dachoberseite um die Öffnung herum verlegt wurden, zeigten bei Brandversuchen an Dächern mit Dachöffnungen (Lichtkuppeln) bei Beflammung von unten und zusätzlicher Windanströmung von 5 m/s, dass mit dieser Maßnahme ein Überschlagen der Flammen auf die Dachabdichtung behindert werden kann.

Als Schutzmaßnahmen eignen sich auch Dachbaustoffe, die bei erhöhter Brandbeanspruchung nur eine geringe Neigung zur Brandfortleitung haben.

Im Zuge der Weiterentwicklung konstruktiver Maßnahmen bei großflächigen Dächern (DIN 18234) kommt auch den Bedachungen mit der Klassifizierung B_{roof}(t3) – nicht nur im bauaufsichtlich geregelten Bereich – eine wachsende Bedeutung zu.

6.5.1-B Seite 10	Dächer	Dachhaut „harte Bedachung“

6.5 Dächer

6.5.2 Feuerwiderstandsfähige Dächer

Dipl.-Ing. (FH) Josef Mayr

Dipl.-Ing. (FH) Lutz Battran

Inhalt

Teil B Bauausführung

1 Allgemeines

2 Klassifizierung nach DIN 4102-4

3 Europäische Klassifizierung nach dem Grundlagendokument Brandschutz

4 Verwendbarkeitsnachweis für die Bauaufsicht

5 Wichtiges zur Planung und Ausführung von feuerwiderstandsfähigen Dächern

6 Massivdächer ohne zusätzliche Maßnahmen (Bekleidungen)

7 Dächer mit Sparren oder ähnlichem, ohne unterseitige Bekleidung

8 Dächer mit Sparren oder ähnlichem, mit unterseitiger Bekleidung

9 Holzbalkendächer mit teilweise freiliegenden Sparren oder ähnlichem

10 Dächer mit vollständig freiliegenden, 3seitig dem Feuer ausgesetzten Sparren oder ähnlichem

6.5.2 Feuerwiderstandsfähige Dächer

Teil B Bauausführung

1 Allgemeines

Grundsätzliche Informationen zu den Anforderungen der Bauordnungen siehe Kapitel 6.5.0, Punkte 6 bis 8. Der Brandschutz von ausgebauten Dächern ist in Kapitel 7.7 behandelt.

Es bestehen zahlreiche Möglichkeiten, Dachschrägen feuerwiderstandsfähig auszuführen. Eine Feuerwiderstandsdauer von unten wird üblicherweise durch eine Verkleidung mit Brandschutzplatten erreicht. Um damit jedoch tatsächlich eine definierte Feuerwiderstandsdauer (z.B. F 30-B) zu erreichen, müssen sowohl die Platten als auch deren Einbau entweder DIN 4102-4 Abschnitt 5.4 oder einem allgemeinen bauaufsichtlichen Prüfzeugnis entsprechen (siehe Kapitel 4.3.8, Beispiel 1).

Neben dieser Methode ist es bei Vorliegen eines entsprechenden Prüfzeugnisses auch möglich, die Feuerwiderstandsklasse F 30-B auch ohne Bekleidungen oder in Verbindung mit einer unterseitig angebrachten Holzschalung zu erhalten. Ebenso kann durch eine ausreichend dicke, auf den Dachsparren angebrachte Holzschalung eine definierte Feuerwiderstandsdauer erzielt werden.

Feuerbeständige Dachschrägen (sogenannte Sargdeckel) sind in Massivbauweise aus Stahlbeton oder Porenbeton möglich (siehe DIN 4102-4 Abschnitt 3.4 und 3.5, abgedruckt in Kapitel 3.5-V).

2 Klassifizierung nach DIN 4102-4

Siehe sinngemäß Kapitel 6.2.1-B, Punkt 1.

3 Europäische Klassifizierung nach dem Grundlagendokument Brandschutz

Im Grundlagendokument Brandschutz wird bezüglich der Klassifizierung von Dächern, die einem Brand im Inneren des Gebäudes ausgesetzt sind und für die eine Feuerwiderstandsdauer unter den Bedingungen eines Vollbrandes gefordert wird, auf tragende Bauteile mit raumabschließender Funktion verwiesen (siehe Kapitel 6.2.1-B, Punkt 2).

4 Verwendbarkeitsnachweis für die Bauaufsicht

Siehe sinngemäß Kapitel 6.1.1-B, Punkt 3.

5 Wichtiges zur Planung und Ausführung von feuerwiderstandsfähigen Dächern

Besonders ist darauf zu achten, daß alle An- und Abschlüsse fachgerecht ausgeführt werden und keine Brandbrücken bzw. Schwachstellen aufweisen (siehe Kapitel 7.7).

6.5.2-B Seite 2	Dächer	Feuerwiderstandsfähige Dächer

6 Massivdächer ohne zusätzliche Maßnahmen (Bekleidungen)

Die Dachbauarten aus Massivbauteilen weisen ohne zusätzliche Maßnahmen wie Unterdecken oder Bekleidungen eine Feuerwiderstandsklasse bei Brandbeanspruchung „von unten" und „von oben" auf (siehe auch Kapitel 6.4.1-B, Punkt 6).

6.1 Bewehrte Deckenplatte (Sargdeckel)

DIN 4102-4

Abschnitt 3.4
F 30-A bis F 180-A

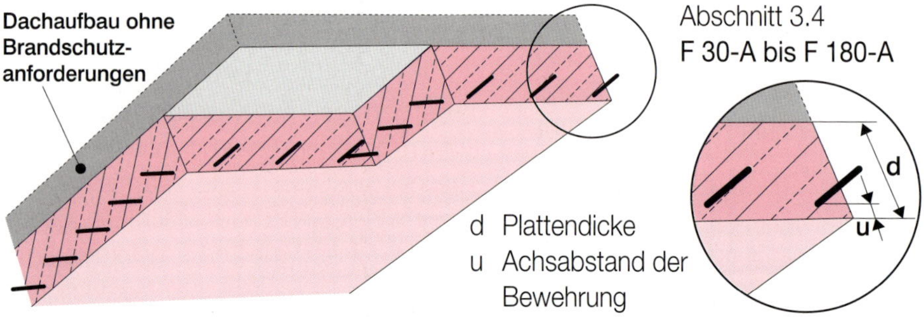

7 Dächer mit Sparren oder ähnlichem, ohne unterseitige Bekleidung

7.1 Dach mit Sparren oder ähnlichem, ohne unterseitige Bekleidung mit bestimmter brandschutztechnischer Dämmung aus Mineralfaserplatten

DIN 4102-4

In DIN 4102-4 nicht klassifiziert

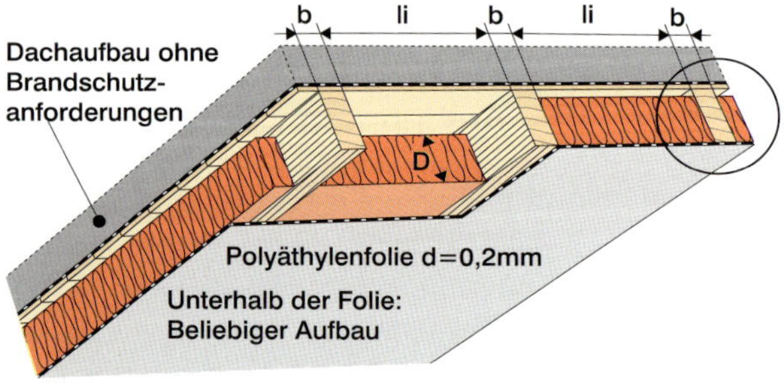

li = lichter Sparrenabstand
b/h = Sparrenabmessungen
d_1 = untere Bekleidung oder Schalung ist nicht erforderlich
d_3 = obere Beplankung oder Schalung (wenn gemäß Prüfzeugnis erforderlich)
D = Dicke der Mineralfaserplatten

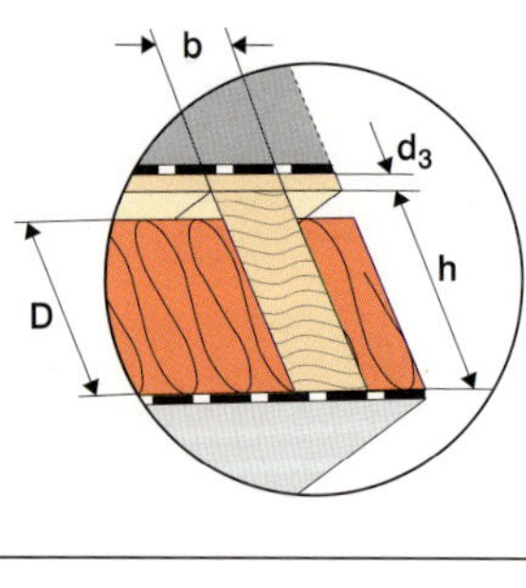

Bes. Nachweis F 30-B

Ausführung nach allgemeinem bauaufsichtlichen Prüfzeugnis. Alle dort aufgeführten Randbedingungen sowie die entsprechenden Ausführungsbestimmungen der Systemhersteller sind zu beachten.

Hinweis: Das Besondere an diesem System ist, daß F 30-B mit der Mineralfaserdämmung alleine erreicht wird. Dabei muß jedoch eine bestimmte, genau für dieses System geprüfte Mineralfaserdämmung verwendet werden (hohe Formstabilität und hoher Schmelzpunkt).

8 Dächer mit Sparren oder ähnlichem, mit unterseitiger Bekleidung

Bei Ausführung nach DIN 4102-4 wird unterschieden zwischen

- Dächern mit Sparren oder ähnlichem mit bestimmten Abmessungen (Abschnitt 5.4.2, Tabelle 65) und
- Dächern mit Dachträgern, Bindern oder ähnlichem mit beliebigen Abmessungen (Abschnitt 5.4.2, Tabelle 69).

Dächer mit bestimmten Abmessungen können auch bei Brandbeanspruchung von oben in die jeweils angegebenen Feuerwiderstandsklassen eingestuft werden, wenn auf der Dachoberseite

- eine mindestens 50 mm dicke Kiesschüttung oder
- eine mindestens 50 mm dicke Schicht aus Betonplatten oder
- ein schwimmender Estrich nach DIN 4102-4 Abschnitt 5.2.5 angeordnet wird.

Außerdem ist bei Dächern mit bestimmten Abmessungen nach Tabelle 65 eine Dämmschicht brandschutztechnisch nicht notwendig. Wird jedoch trotzdem eine brandschutztechnisch wirksame Dämmschicht angeordnet, so können die Bekleidungs- und Beplankungsdicken zum Teil reduziert werden, siehe DIN 4102-4 Abschnitt 5.4.2.4 und 5.3.4.3.

8.1 Dach mit Sparren oder ähnlichem, mit ausschließlich unterseitiger Holzbekleidung

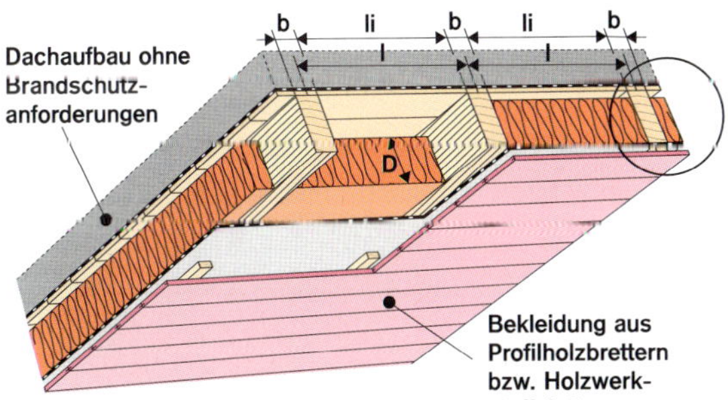

li = lichter Sparrenabstand
l = zulässige Spannweite (Achsabstand)
b/h = Sparrenabmessungen (wenn diesbezügliche Anforderungen bestehen, z.B. nach DIN 4102-4, Tabelle 65)
d_1 = untere Bekleidung oder Schalung
d_3 = obere Beplankung oder Schalung (wenn erforderlich, z.B. nach DIN 4102-4, Tabelle 65)
D = Dicke der Dämmschicht mit brandschutztechnischen Anforderungen (bei Ausführung nach DIN 4102-4, Tabelle 65 nicht erforderlich)

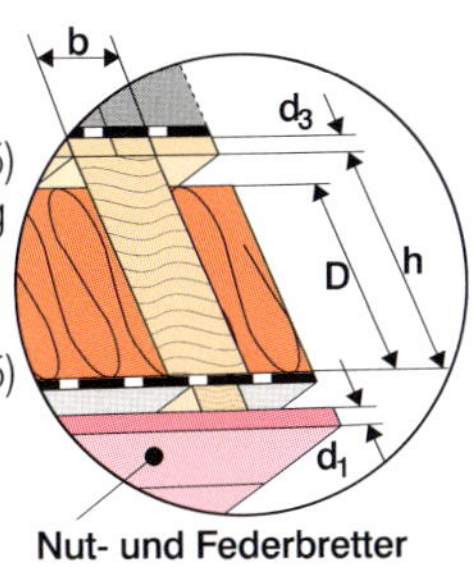

DIN 4102-4

Abschnitt 5.4.2, Tabelle 65, und Abschnitt 5.4.3, Tabelle 69
F 30-B

Ausführung aus Holzwerkstoffplatten (≥ 600 kg/m³). Die Verwendung von Brettern ist unter bestimmten Voraussetzungen ebenfalls möglich. Bei unzureichender Spannweite (l) kann auch eine Lattung angeordnet werden (siehe z.B. DIN 4102-4 Abschnitt 5.4.3.2 bzw. 5.2.3.7 und 5.2.3.8).

Bes. Nachweis F 30-B

Ausführung nach allgemeinem bauaufsichtlichen Prüfzeugnis. Alle dort aufgeführten Randbedingungen (insbesondere die Art der Mineralfaserdämmung) sowie die entsprechenden Ausführungsbestimmungen der Systemhersteller sind zu beachten.

6.5.2-B Seite 4	Dächer	Feuerwiderstandsfähige Dächer

8.2 Dach mit Sparren oder ähnlichem, mit unterseitiger Plattenbekleidung ohne Unterkonstruktion

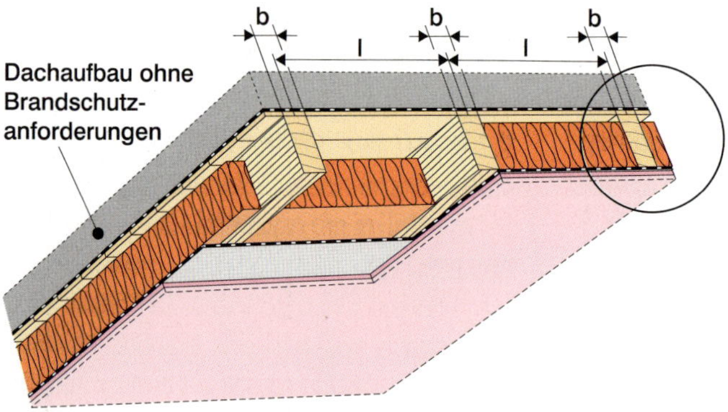

DIN 4102-4

Abschnitt 5.4.2, Tabelle 65, und Abschnitt 5.4.3, Tabellen 66 und 68 (Ausführungsmöglichkeit 1) sowie Tabelle 69

F 30-B (bzw. nach Tabelle 65 auch F 60-B)

Bei unzureichender Spannweite (l) kann auch eine Lattung angeordnet werden (siehe z.B. DIN 4102-4 Abschnitt 5.4.3.2 bzw. 5.2.3.7 und 5.2.3.8).

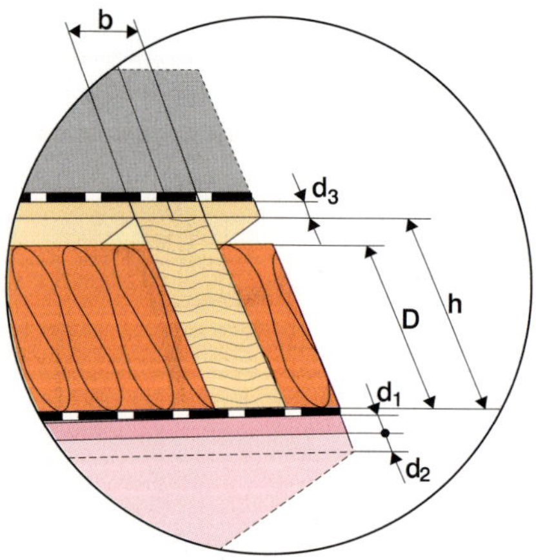

Bes. Nachweis

F 30-B bis F 90-B

Ausführung nach allgemeinem bauaufsichtlichen Prüfzeugnis. Alle dort aufgeführten Randbedingungen sowie die entsprechenden Ausführungsbestimmungen der Systemhersteller sind zu beachten.

- l = zulässige Spannweite (Sparrenabstand)
- b/h = Sparrenabmessungen (wenn diesbezügliche Anforderungen bestehen, z.B. nach DIN 4102-4 Tabelle 65)
- d_1 d_2 = untere Beplankung oder Bekleidung
- d_3 = obere Beplankung oder Schalung (wenn erforderlich, z.B. nach DIN 4102-4 Tabelle 65)
- D = Dicke der Dämmschicht (bei Systemen mit brandschutztechnischen Anforderungen an die Dämmschicht)

Dächer	Feuerwiderstandsfähige Dächer	**6.5.2-B** Seite 5

8.3 Dach mit Sparren oder ähnlichem, mit unterseitiger Plattenbekleidung auf der Unterkonstruktion

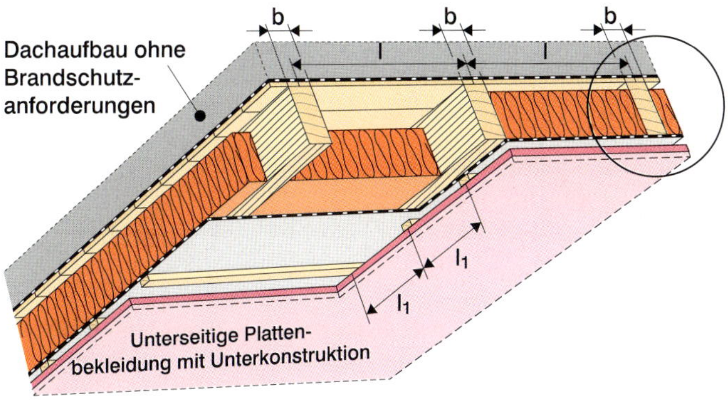

DIN 4102-4

Abschnitt 5.4.2, Tabelle 65, und Abschnitt 5.4.3, Tabellen 66 und 68 (Ausführungsmöglichkeit 2) sowie Tabelle 69

F 30-B (bzw. nach Tabelle 65 auch F 60-B)

Ausführung der Unterkonstruktion siehe DIN 4102-4 (z.B. Abschnitt 5.4.3.2 bzw. 5.2.3.7 und 5.2.3.8).

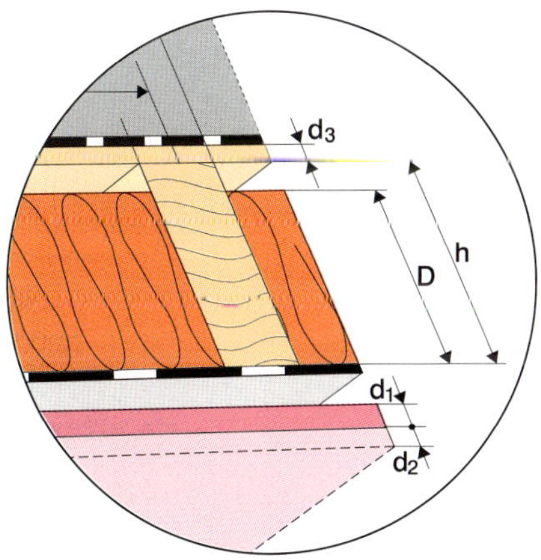

l = zulässige Spannweite (Sparrenabstand)
l_1 = zulässige Spannweite der Unterkonstruktion
b/h = Sparrenabmessungen (wenn diesbezügliche Anforderungen bestehen, z.B. nach DIN 4102-4 Tabelle 65)
d_1 d_2 = untere Beplankung oder Bekleidung
d_3 = obere Beplankung oder Schalung (wenn erforderlich, z.B. nach DIN 4102-4 Tabelle 65)
D = Dicke der Dämmschicht (bei Systemen mit brandschutztechnischen Anforderungen an die Dämmschicht)

Bes. Nachweis

F 30-B bis F 90-B

Ausführung nach allgemeinem bauaufsichtlichen Prüfzeugnis. Alle dort aufgeführten Randbedingungen sowie die entsprechenden Ausführungsbestimmungen der Systemhersteller sind zu beachten.

Es gibt auch Systeme mit Unterkonstruktionen aus Tragprofilen bzw. Metallschienen.

6.5.2-B Seite 6	Dächer	Feuerwiderstandsfähige Dächer

8.4 Dach mit Sparren oder ähnlichem, mit unterseitiger Plattenbekleidung auf der Unterkonstruktion und zusätzlicher Dämmung zwischen der Unterkonstruktion

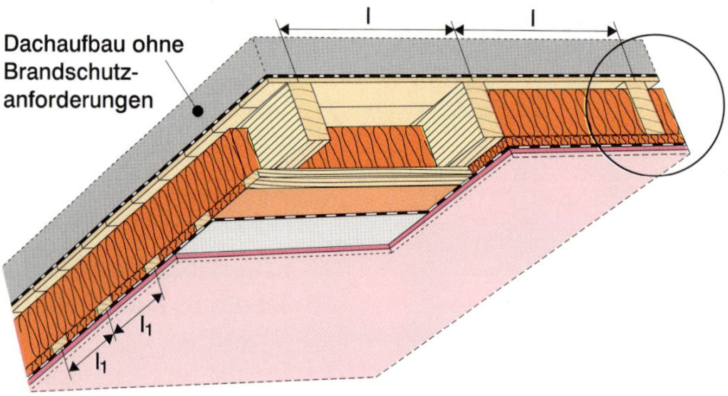

DIN 4102-4

Abschnitt 5.4.3, Tabelle 66 (Ausführungsmöglichkeit 3) und Tabelle 68 (Ausführungsmöglichkeit 3)

F 30-B

Ausführung der Unterkonstruktion siehe DIN 4102-4 (z.B. Abschnitt 5.4.3.2 bzw. 5.2.3.7 und 5.2.3.8).

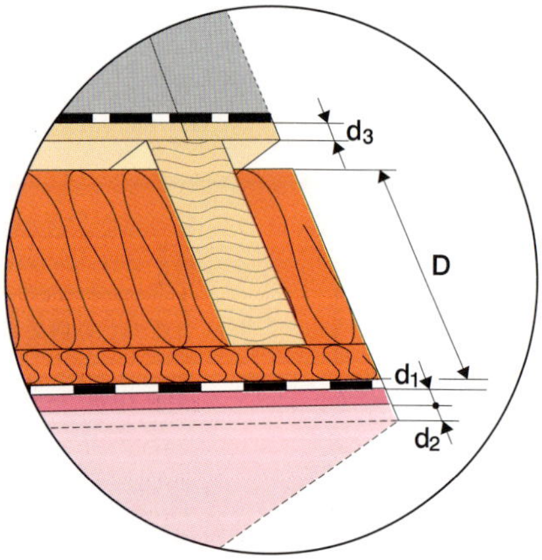

l = zulässige Spannweite (Sparrenabstand)
l_1 = zulässige Spannweite der Unterkonstruktion
d_1 d_2 = untere Beplankung oder Bekleidung
d_3 = obere Beplankung oder Schalung (wenn nach Prüfzeugnis erforderlich)
D = Dicke der Dämmschicht (bei Systemen mit brandschutztechnischen Anforderungen an die Dämmschicht)

Bes. Nachweis

F 30-B bis F 90-B

Ausführung nach allgemeinem bauaufsichtlichen Prüfzeugnis. Alle dort aufgeführten Randbedingungen sowie die entsprechenden Ausführungsbestimmungen der Systemhersteller sind zu beachten.

Es gibt auch Systeme mit Unterkonstruktionen aus Tragprofilen bzw. Metallschienen.

Dächer	Feuerwiderstandsfähige Dächer	**6.5.2-B** Seite 7

8.5 Dach mit Sparren oder ähnlichem, mit unterseitiger Plattenbekleidung auf der Unterkonstruktion und zusätzlichem Schutz der Sparren

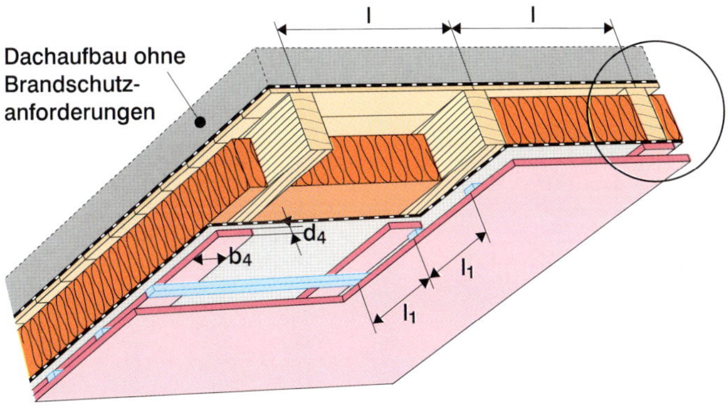

DIN 4102-4

In DIN 4102-4 nicht klassifiziert

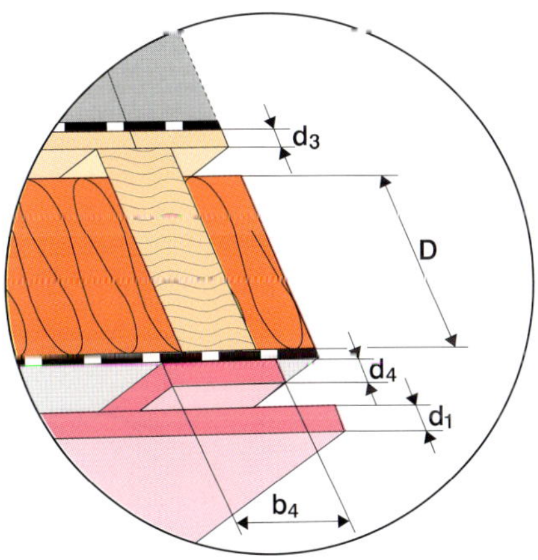

l	= zulässige Spannweite (Sparrenabstand)
l_1	= zulässige Spannweite der Unterkonstruktion
b_4/d_4	= Abmessungen des Abdeckstreifens
d_1	= untere Beplankung oder Bekleidung
d_3	= obere Beplankung oder Schalung (wenn nach Prüfzeugnis erforderlich)
D	= Dicke der Dämmschicht (bei Systemen mit brandschutztechnischen Anforderungen an die Dämmschicht)

Bes. Nachweis

F 30-B bis F 90-B

Ausführung nach allgemeinem bauaufsichtlichen Prüfzeugnis. Alle dort aufgeführten Randbedingungen sowie die entsprechenden Ausführungsbestimmungen der Systemhersteller sind zu beachten.

Es gibt auch Systeme mit Unterkonstruktionen aus Tragprofilen bzw. Metallschienen.

6.5.2-B Seite 8	Dächer	Feuerwiderstandsfähige Dächer

9 Holzbalkendächer mit teilweise freiliegenden Sparren oder ähnlichem

9.1 Holzbalkendach mit teilweise freiliegenden Sparren oder ähnlichem

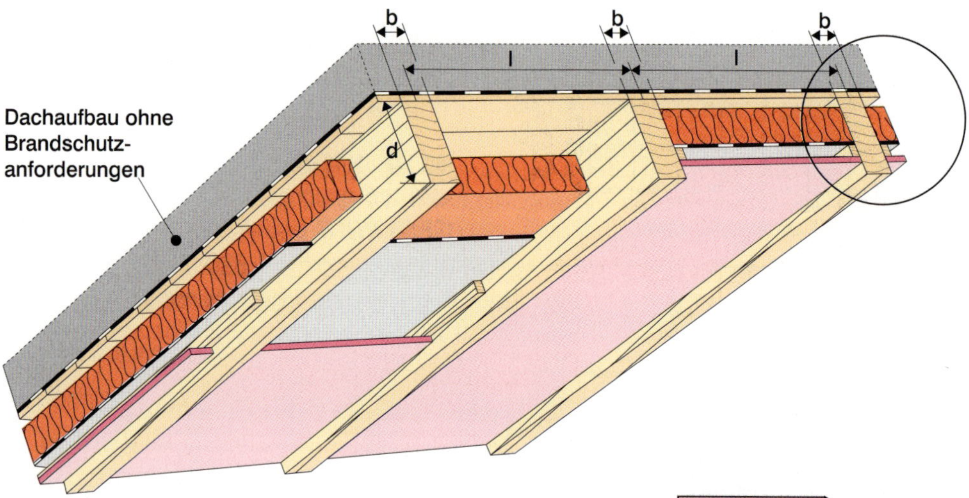

DIN 4102-4

Abschnitt 5.4.5, Tabelle 73

F 30-B bis F 60-B

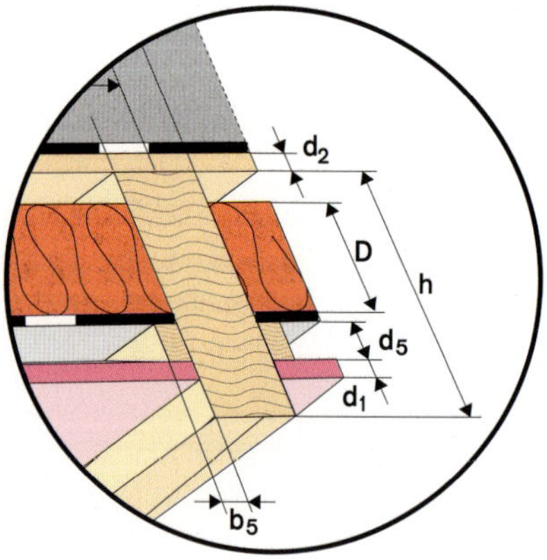

- l = zulässige Spannweite (Sparrenabstand)
- b/h = Mindestquerschnitte der Sparren für F 30-B bzw. F 60-B nach DIN 4102-4 Abschnitt 5.5
- d_1 = untere Bekleidung zwischen den Sparren
- d_2 = obere Schalung ist gemäß Abschnitt 5.4.5 erforderlich
- b_5/d_5 = Mindestquerschnitte der Holzlatten 40/60 mm. Befestigung mit Nägeln in zwei verschiedenen Höhen
- D = Dämmschicht ist brandschutztechnisch nicht erforderlich

Dächer	Feuerwiderstandsfähige Dächer	**6.5.2-B** Seite 9

10 Dächer mit vollständig freiliegenden, 3seitig dem Feuer ausgesetzten Sparren oder ähnlichem

10.1 Dach mit 3seitig dem Feuer ausgesetzten Sparren oder ähnlichem, mit Fugenabdeckung

DIN 4102-4

Abschnitt 5.4.4,
Tabelle 70,
Zeilen 2 bis 4

F 30-B bis F 60-B

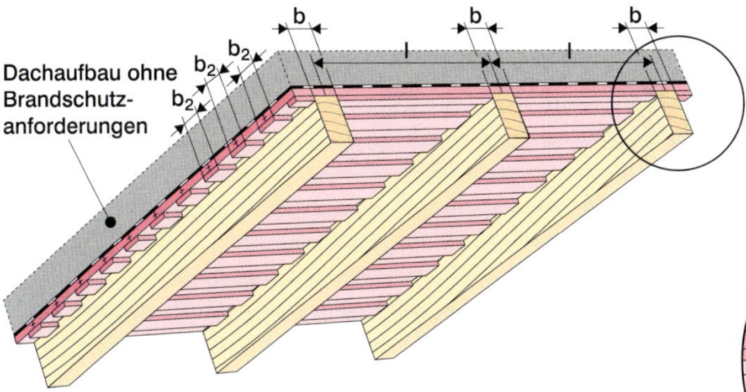

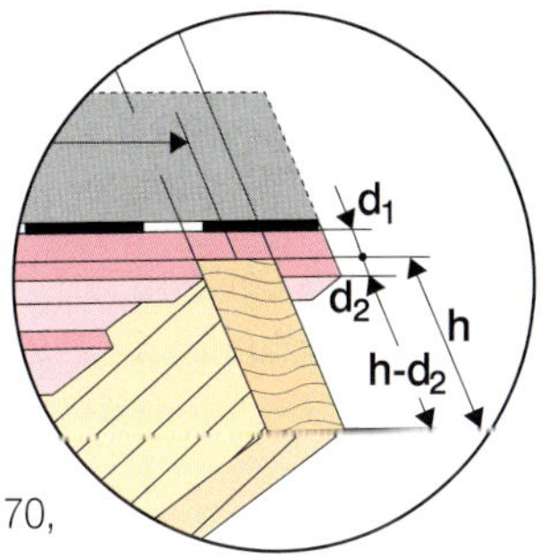

l = zulässige Spannweite (Sparrenabstand)

b/h = Mindestquerschnitte der Sparren für F 30-B bzw. F 60-B nach DIN 4102-4 Abschnitt 5.5

d_1 = Schalung nach Tabelle 70 bzw. Abschnitt 5.2.3.2

d_2 = Fugenausbildung und -abdeckung nach Tabelle 70, Bilder b, c und d

10.2 Dach mit 3seitig dem Feuer ausgesetzten Sparren oder ähnlichem, ohne Fugenabdeckung

DIN 4102-4

Abschnitt 5.4.4,
Tabelle 70,
Zeilen 1 und 5 sowie
Tabelle 71 (Ausführungsmöglichkeit 2)

F 30-B bis F 60-B

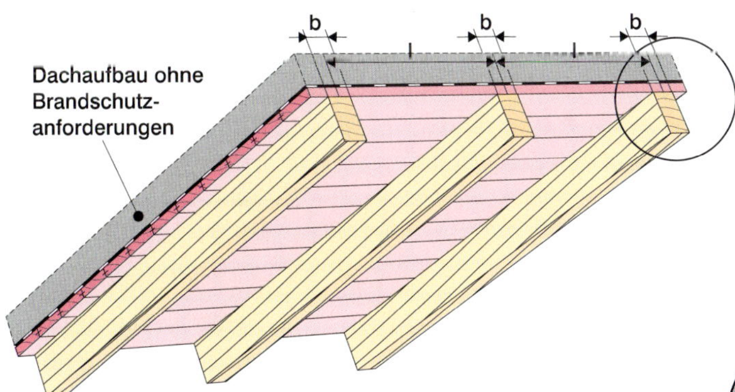

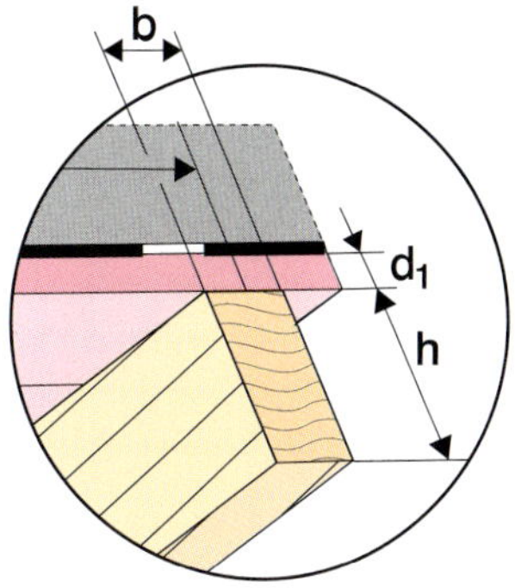

l = zulässige Spannweite (Sparrenabstand)

b/h = Mindestquerschnitte der Sparren für F 30-B bzw. F 60-B nach DIN 4102-4 Abschnitt 5.5

d_1 = Schalung nach Tabelle 70, Bilder a und e (doppelt gespundet) bzw. Tabelle 71 (einfach gespundet)

6.5.2-B Seite 10	Dächer	Feuerwiderstandsfähige Dächer

10.3 Dach mit 3seitig dem Feuer ausgesetzten Sparren oder ähnlichem und obenliegender Wärmedämmung bei Anordnung von Lagerhölzern

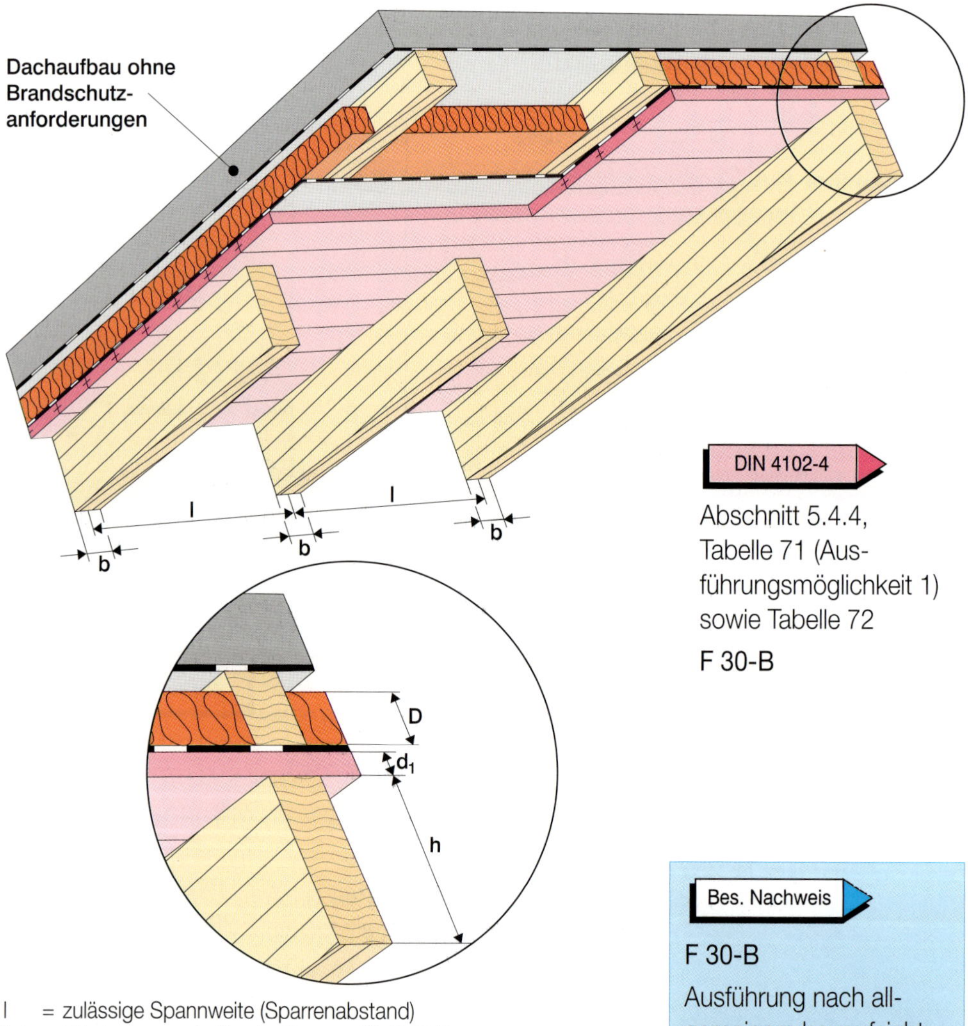

DIN 4102-4

Abschnitt 5.4.4, Tabelle 71 (Ausführungsmöglichkeit 1) sowie Tabelle 72

F 30-B

l = zulässige Spannweite (Sparrenabstand)

b/h = Mindestquerschnitte der Sparren für F 30-B nach DIN 4102-4 Abschnitt 5.5

d_1 = Schalung nach DIN 4102-4 Tabellen 71 oder 72 bzw. nach allgemeinem bauaufsichtlichen Prüfzeugnis

D = Dicke der Dämmschicht:

- Mineralfaser-Dämmschicht (bei Ausführung nach DIN 4102-4 Tabelle 71)
- Dämmschicht aus Schaumkunststoffen (bei Ausführung nach DIN 4102-4 Tabelle 72)
- Dämmschicht nach allgemeinem bauaufsichtlichen Prüfzeugnis

Bes. Nachweis

F 30-B

Ausführung nach allgemeinem bauaufsichtlichen Prüfzeugnis. Alle dort aufgeführten Randbedingungen sowie die entsprechenden Ausführungsbestimmungen der Systemhersteller sind zu beachten.

Dächer	Feuerwiderstandsfähige Dächer	**6.5.2-B** Seite 11

10.4 Dach mit 3seitig dem Feuer ausgesetzten Sparren oder ähnlichem und obenliegender Wärmedämmung ohne Anordnung von Lagerhölzern

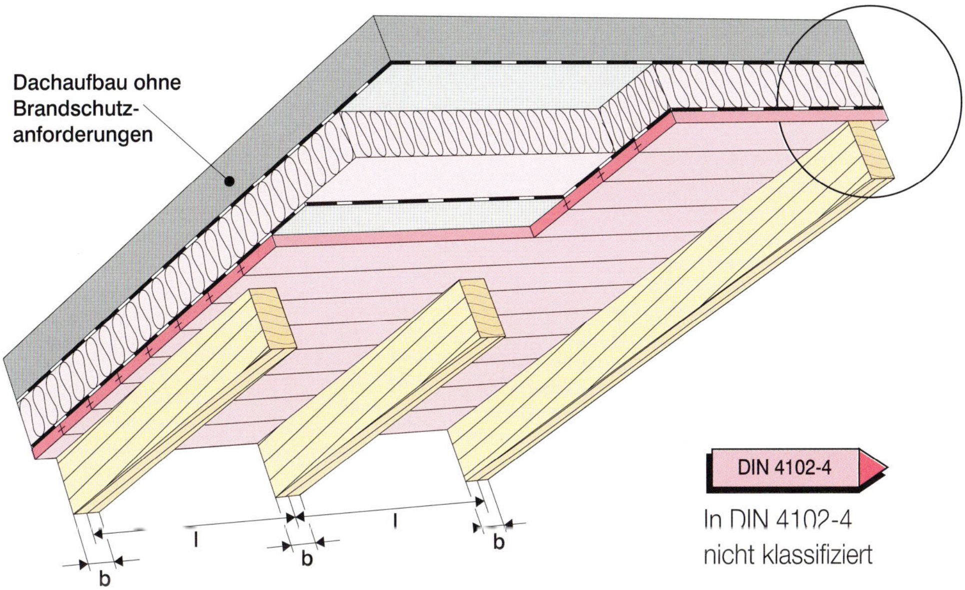

DIN 4102-4

In DIN 4102-4 nicht klassifiziert

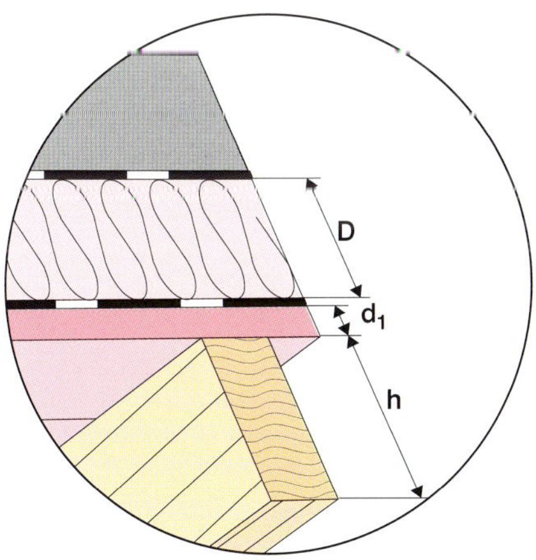

l = zulässige Spannweite (Sparrenabstand)
b/h = Mindestquerschnitte der Sparren für F 30-B nach DIN 4102-4 Abschnitt 5.5
d_1 = Schalung nach allgemeinem bauaufsichtlichen Prüfzeugnis
D = Dämmschicht nach allgemeinem bauaufsichtlichen Prüfzeugnis

Bes. Nachweis

F 30-B

Ausführung nach allgemeinem bauaufsichtlichen Prüfzeugnis. Alle dort aufgeführten Randbedingungen sowie die entsprechenden Ausführungsbestimmungen der Systemhersteller sind zu beachten.

6.5.2-B Seite 12	Dächer	Feuerwiderstandsfähige Dächer

6.8 Wand- und Deckenöffnungen

6.8.0 Grundsätzliche Anforderungen an den Verschluss von Türöffnungen

Dipl.-Ing. (FH) Josef Mayr

Inhalt

1 Erleichterungen für bestimmte Türen
2 Brandwände zum Abschluss von Gebäuden (Gebäudeabschlusswände)
3 Brandwände zur Unterteilung von Gebäuden in Brandabschnitte (innere Brandwände)
4 Brandbekämpfungsabschnittstrennwände
5 Trennwände
6 Schachtwände
7 Treppenraumwände
8 Notwendige Flure
8.1 Wände notwendiger Flure (Flurtrennwände)
8.2 Unterteilung notwendiger Flure
9 „Branddecken"
10 Decken
11 Unfallverhütung
12 Türen im Verlauf von Rettungswegen
13 Sonderbauten
14 Anforderungen der Schadenversicherer

6.8.0 Grundsätzliche Anforderungen an den Verschluss von Türöffnungen

1 Erleichterungen für bestimmte Türen

Bei raumabschließenden feuerwiderstandsfähigen Wänden und Decken werden vom Baurecht besondere Anforderungen an den Verschluss von Öffnungen gestellt. Dabei besteht der Grundsatz, dass alle Öffnungen jeweils in der **gleichen Feuerwiderstandsdauer** wie die raumabschließende Wand bzw. Decke gegen eine Übertragung von Feuer und Rauch zu sichern sind.

Eine **besondere Situation** besteht jedoch bei Türen. Hier wird bei Gebäuden, die nach der Landesbauordnung (LBO) zu behandeln sind (Wohngebäude und vergleichbare Gebäude) vom Baurecht zum Teil sogar erheblich von der Grundsatzanforderung der gleichen Feuerwiderstandsdauer abgewichen.

Ein Grund dafür ist, dass Türen immer zur Erschließung bzw. zur Verbindung verschiedener Räume oder Bereiche erforderlich sind. Außerdem sind in den Gebäuden Türen in erheblicher Stückzahl vorhanden und sie werden meist auch oft begangen.

In bestimmten Standardsituationen, z.B. bei

- Türen von Wohnungen und vergleichbaren Nutzungseinheiten zum notwendigen Flur,
- Türen von Wohnungen und vergleichbaren Nutzungseinheiten zum notwendigen Treppenraum,
- Türen vom notwendigen Treppenraum zum notwendigen Flur,
- Türen vom notwendigen Treppenraum zu Kellergeschossen, nicht ausgebauten Dachräumen, Werkstätten, Läden, Lager- und ähnlichen Räumen sowie zu sonstigen Räumen und Nutzungseinheiten mit einer Fläche von ≥ 200 m^2,
- Türen von einer Nutzungseinheit in die andere,

wird der Einbau von relativ schweren und teuren Feuerschutztüren in der **gleichen Feuerwiderstandsklasse** wie bei der raumabschließenden Wand als störend empfunden.

Außerdem ist die **selbstschließende Eigenschaft** von Feuerschutztüren meist auch hinderlich. Ebenso ist es überzogen, überall Feststellanlagen einzubauen. Dazu kommt, dass die Türöffnungen im Brandfall den ersten Angriffsweg für die Feuerwehr bilden. Deshalb gibt es im Baurecht insbesondere bei den genannten Türen **zahlreiche Erleichterungen.**

Keine Erleichterungen bestehen jedoch in der Regel für Öffnungen in Decken, da Deckenöffnungen im Brandfall erheblich stärker vom Feuer beansprucht werden.

Oft kursiert unter Anwendern die Meinung, dass mit Ausnahme von inneren Brandwänden und Wänden, die anstelle von Brandwänden zulässig sind, die Feuerwiderstandsdauer der Türen *immer* um eine Stufe niedriger sein kann als die der Wände, in der sich die Öffnungen befinden.

Diese Herangehensweise ist nicht sinnvoll und nicht immer richtig! So müssen z.B. Öffnungen in feuerwiderstandsfähigen Installationsschächten immer mit dichten Verschlüssen (z.B. mit umlaufendem Anschlag) in der **gleichen Feuerwiderstandsfähigkeit** wie die Schachtwände selbst gesichert werden.

Wesentlich besser und auch empfehlenswert ist dagegen folgende Herangehensweise: Zunächst wird davon ausgegangen, dass alle Öffnungen in raumabschließenden feuerwiderstandsfähigen Wänden und Decken grundsätzlich in der **gleichen Feuerwiderstandsdauer** wie die raumabschließenden Bauteile zu sichern sind. Anschließend wird für jede Öffnung geprüft, ob und in welchem Umfang gemäß LBO für die Sicherung Erleichterungen bestehen (Übersicht siehe Kapitel 6.8.1-A, Tabelle 1).

In besonderen Fällen können auch besondere Anforderungen an die Sicherung von Türöffnungen bestehen. In Gebäuden mit erhöhter Brandgefahr bei Öffnungen in inneren Brandwänden können z.B. **Sicherheitsschleusen** notwendig sein (siehe Kapitel 6.8.2).

Neben den baurechtlichen Anforderungen an Türen ist es empfehlenswert, insbesondere bei Sonderbauten, zusätzlich die Schutzziele des Nutzers (Bauherrn) und die Belange der Versicherung zu berücksichtigen.

2 Brandwände zum Abschluss von Gebäuden (Gebäudeabschlusswände)

An Brandwände zum Abschluss von Gebäuden (Gebäudeabschlusswände) werden vom Baurecht besonders hohe Anforderungen gestellt, da diese auf der Grundstücksgrenze oder näher als 2,50 m zur Grundstücksgrenze stehen und damit **Nachbar schützend** sind. Ihr Versagen würde einen Brandübergriff auf das Nachbargebäude bedeuten, was aus öffentlichrechtlicher Sicht nicht akzeptabel ist.

Deshalb sind gemäß MBO und in der Regel auch gemäß den LBOs Öffnungen in Gebäudeabschlusswänden **unzulässig.**

Anmerkung: Sind Öffnungen in Gebäudeabschlusswänden (z.B. im Bestand bei enger Stadtbebauung) jedoch erforderlich, so ist deren Einbau nur über eine entsprechende Abweichung/Ausnahme/Befreiung (abhängig von der jeweiligen LBO) unter der Voraussetzung möglich, dass die Öffnung *unverzichtbar* ist und ausreichend gesichert wird.

3 Brandwände zur Unterteilung von Gebäuden in Brandabschnitte (innere Brandwände)

Brandwände zur Unterteilung von Gebäuden in Brandabschnitte (innere Brandwände) sollten ebenfalls keine Öffnungen haben. Ist der Verzicht darauf wegen der Gebäudenutzung nicht möglich, sind gemäß MBO 2002 (in der Regel auch gemäß den LBOs) Öffnungen in inneren Brandwänden nur zulässig, wenn sie auf die für die Nutzung erforderliche Zahl und Größe beschränkt sind. Die Öffnungen müssen feuerbeständige, dicht- und selbstschließende Abschlüsse haben.

4 Brandbekämpfungsabschnittstrennwände

Brandbekämpfungsabschnittstrennwände sind nach der Muster-Industriebaurichtlinie (MIndBauRL) Wände, die Brandbekämpfungsabschnitte trennen. An sie werden besondere Anforderungen gestellt (siehe auch Kapitel 9.2).

Öffnungen in Brandbekämpfungsabschnittstrennwänden müssen mit Feuerschutzabschlüssen in der gleichen Feuerwiderstandsdauer wie die Brandbekämpfungsabschnittstrennwände selbst gesichert werden.

5 Trennwände

Trennwände sind raumabschließende feuerwiderstandsfähige Wände von Räumen oder Nutzungseinheiten, die innerhalb von Geschossen ausreichend lange widerstandsfähig gegen eine Brandausbreitung sein müssen. Die Anforderungen an die Feuerwiderstandsdauer richten sich nach der Gebäudeklasse bzw. -einstufung und -nutzung.

Gemäß MBO 2002 sind Öffnungen in Trennwänden nur zulässig, wenn sie auf die für die Nutzung erforderliche Zahl und Größe beschränkt sind. Sie müssen feuerhemmende, dicht- und selbstschließende Abschlüsse haben, d.h., dass sowohl Öffnungen in feuerbeständigen als auch in hochfeuerhemmenden und feuerhemmenden Trennwänden mit feuerhemmenden, dicht- und selbstschließenden Abschlüssen zu sichern sind.

Damit bleibt die bauaufsichtliche Anforderung bei hochfeuerhemmenden und feuerbeständigen Trennwänden um eine bzw. zwei Stufen unter den Anforderungen, die an die Trennwände selbst gestellt werden. Öffnungen in feuerhemmenden Trennwänden sind dagegen auch feuerhemmend zu sichern.

6 Schachtwände

In feuerwiderstandsfähige Schachtwände müssen immer ebenso feuerwiderstandsfähige Feuerschutzabschlüsse eingebaut werden. Außerdem müssen diese Abschlüsse mindestens eine vierseitig umlaufende Zarge mit entsprechender Dichtung haben. Die Ausführung erfolgt gemäß Zulassung und zugehöriger Einbauanleitung.

7 Treppenraumwände

Notwendige Treppenräume bilden den vertikalen und wichtigsten Teil des ersten (baulichen) Flucht- und Rettungsweges. Deshalb müssen auch die Türöffnungen in den Treppenraumwänden ausreichend gesichert werden.

Da der notwendige Treppenraum eine so große Bedeutung für den ersten baulichen Rettungsweg hat, wäre eigentlich zu erwarten, dass alle Türöffnungen in den raumabschließenden feuerwiderstandsfähigen Treppenraumwänden in der gleichen Feuerwiderstandsfähigkeit wie die Treppenraumwände selbst gesichert werden müssen. Tatsächlich besteht diese Anforderung jedoch für keine einzige Treppenraumtür, da dies das Bauen verteuern und die Nutzung des Treppenraums behindern würde. Das Baurecht lässt deshalb bei Treppenraumtüren zahlreiche Erleichterungen zu (siehe unter 1 in diesem Kapitel und Tabelle 7-1).

Diese Erleichterungen gelten unabhängig von den Anforderungen an die Feuerwiderstandsdauer der Treppenraumwände, also sowohl für Treppenraumwände in der Bauart von Brandwänden als auch für Treppenraumwände, die unter zusätzlicher mechanischer Beanspruchung hochfeuerhemmend sind, sowie für feuerhemmende Treppenraumwände.

7-1 Zwischen Wohnung und Treppenraum waren weder eine feuerwiderstandsfähige Wand noch eine vollwandige Tür vorhanden. Ein Wohnungsbrand konnte sich so innerhalb kürzester Zeit auf den Treppenraum ausbreiten.

Tabelle 7-1: Sicherung von Türöffnungen in Treppenraumwänden notwendiger Treppenräume gemäß MBO 2002

Öffnungen in Treppenraumwänden notwendiger Treppenräume gemäß MBO 2002	Erforderliche Türen
zu Wohnungen sowie zu sonstigen Räumen und Nutzungseinheiten vergleichbarer Größe (bis maximal 200 m^2), ausgenommen zu den im Folgenden genannten Räumen	dicht- und selbstschließende Abschlüsse (siehe Kapitel 6.8.4)
zu notwendigen Fluren	rauchdichte und selbstschließende Abschlüsse (siehe Kapitel 6.8.4)
zu Kellergeschossen, nicht ausgebauten Dachräumen, Werkstätten, Läden, Lager- und ähnlichen Räumen	Feuerhemmende, rauchdichte und selbstschließende Abschlüsse (siehe Kapitel 6.8.1 und 6.8.4)
zu sonstigen Räumen und Nutzungseinheiten > 200 m^2, ausgenommen Wohnungen	

8 Notwendige Flure

8.1 Wände notwendiger Flure (Flurtrennwände)

Wände notwendiger Flure bilden den horizontalen Teil des ersten (baulichen) Flucht- und Rettungsweges. Aus diesem Grund bestehen auch Anforderungen an die Sicherung der Türöffnungen in den Flurtrennwänden.

Allerdings liegen diese Anforderungen an der untersten Grenze, denn die MBO 2002 verlangt lediglich, dass Türen in den Wänden notwendiger Flure dichtschließend sein müssen. Für Öffnungen zu Lagerbereichen im Kellergeschoss sind feuerhemmende, dicht- und selbstschließende Türen vorgeschrieben (zu dichtschließenden Türen siehe Kapitel 6.8.4, zu feuerhemmenden und selbstschließenden Türen siehe Kapitel 6.8.1 und 6.8.4).

Diese erhebliche Erleichterung, in den raumabschließenden und feuerhemmenden Wänden notwendiger Flure nur dichtschließende Türen einbauen zu müssen, darf jedoch nicht zur Annahme verleiten, dass dies auch für alle anderen Öffnungen gilt. Die Erleichterung gilt nur und ausschließlich für die Türen! Andere Öffnungen, wie Sichtöffnungen und Leitungsdurchführungen, müssen gemäß den jeweiligen Anforderungen der LBOs gesichert werden (zu Sichtöffnungen siehe Kapitel 6.9, zu Leitungsanlagen Kapitel 6.10 bis 6.12).

In bestimmten Fällen, z.B. wenn Nutzungseinheiten > 200 m^2 an den notwendigen Flur angeschlossen werden bzw. bei Sonderbauten, können auch feuerhemmende, rauchdichte und selbstschließende Abschlüsse in den Flurwänden empfehlenswert bzw. erforderlich sein. In Hochhäusern müssen z.B. Türen zu Wohnungen und Nutzungseinheiten vergleichbarer Größe sowie zu Beherbergungsräumen feuerhemmend, rauchdicht und selbstschließend sein (MHochhR).

8.2 Unterteilung notwendiger Flure

Notwendige Flure sind durch nichtabschließbare, rauchdichte und selbstschließende Abschlüsse in Rauchabschnitte zu unterteilen. Die Rauchabschnitte sollen nicht länger als 30 m sein (MBO 2002) (zu rauchdichten Türen siehe Kapitel 6.8.4).

9 „Branddecken"

Der Begriff *Branddecke* ist im Baurecht nicht vorgesehen. Mit *Branddecke* ist eine raumabschließende feuerwiderstandsfähige Decke mit besonderen Anforderungen zu verstehen, die wie eine Brandwand einen Brandüberschlag vom unteren in das darüberliegende Geschoss verhindern muss.

Branddecken sind erforderlich, wenn anstelle durchgehender innerer Brandwände geschossweise Brandwände versetzt werden. Durch dieses geschossweise Versetzen werden zwei Brandabschnitte gebildet, die durch eine *Branddecke* voneinander getrennt sind.

Diese Ausführung ist nach MBO 2002 (entsprechend auch nach einigen LBOs) zulässig. Damit ein Brandüberschlag vom unteren in das obere Geschoss verhindert wird, müssen die *Branddecken* **öffnungslos** sein und weitergehende Anforderungen erfüllen.

Falls im begründeten Ausnahmefall in diesen Decken Öffnungen erforderlich sind, ist eine entsprechende Abweichung/Ausnahme/Befreiung erforderlich, und diese Öffnungen sind mit feuerbeständigen, dicht- und selbstschließenden Abschlüssen zu sichern.

10 Decken

Öffnungen in Decken, für die eine Feuerwiderstandsfähigkeit vorgeschrieben ist (feuerbeständige, hochfeuerhemmende oder feuerhemmende Decken), sind nach MBO 2002 in Gebäuden der Gebäudeklassen 1 und 2 sowie innerhalb derselben Nutzungseinheit mit nicht mehr als insgesamt 400 m^2 in nicht mehr als zwei Geschossen ohne Abschottung zulässig.

In allen anderen Fällen sind sie **nur zulässig**, wenn sie auf die für die Nutzung erforderliche Zahl und Größe beschränkt sind und Abschlüsse mit der Feuerwiderstandsfähigkeit der Decke haben.

Für feuerbeständige, hochfeuerhemmende und feuerhemmende Decken gilt nicht die Erleichterung, dass die Feuerwiderstandsdauer der Abschlüsse um eine Stufe niedriger sein kann als die der Trennwand. Decken sollen immer (außer in Gebäuden der Gebäudeklassen 1 und 2 sowie innerhalb derselben Nutzungseinheit mit nicht mehr als insgesamt 400 m^2 in nicht mehr als zwei Geschossen) öffnungslos sein.

Dies ist dadurch begründet, dass Decken im Brandfall besonders von Feuer und Rauch beansprucht werden. Die heißen Brandgase steigen nach oben. Eine ungesicherte oder unzureichend gesicherte Öffnung in einer Decke kann dabei wie ein Kamin wirken und so wesentlich zur Brandausbreitung und Schadenvergrößerung beitragen. Öffnungen sind deshalb nur zulässig, wenn sie auf die für die Nutzung erforderliche Zahl und Größe beschränkt sind und dichtschließende Abschlüsse in der Feuerwiderstandsfähigkeit der Decke haben.

Einschiebbare Bodentreppen und Leitern

Eine Besonderheit ist der Abschluss von Öffnungen mit einschiebbaren Bodentreppen und Leitern. Diese sind auch in feuerwiderstandsfähiger Bauweise erhältlich (mit einer Prüfung in Anlehnung an DIN 4102-2). Es ist jedoch darauf zu achten, dass sie die erforderliche Feuerwiderstandsdauer von beiden Seiten aufweisen (Prüfung der Feuerwiderstandsdauer von oben und unten) und einen entsprechenden bauaufsichtlich anerkannten Verwendbarkeitsnachweis haben.

Teilweise sind einschiebbare Bodentreppen nur für eine Brandbeanspruchung von unten geprüft. Dies ist nicht ausreichend, da Decken grundsätzlich dieselbe Feuerwiderstandsdauer von unten und von oben aufweisen müssen.

Insbesondere bei einer Anordnung von einschiebbaren Bodentreppen und Leitern in notwendigen Treppenräumen und Fluren besteht das Schutzziel hauptsächlich darin, dass bei einem eventuellen Brand im Dachboden (Speicher, Dachbereich) das Eindringen von Feuer und Rauch in den Treppenraum bzw. notwendigen Flur für die Dauer der Feuerwiderstandsfähigkeit der Decke verhindert wird (Gewährleistung des ersten baulichen Rettungsweges). Einschiebbare Bodentreppen und Leitern, die nur von unten geprüft sind, können dieses Schutzziel nicht erfüllen.

10-1 Typische Situation im obersten Geschoss eines Treppenraums: Während eines Wohnungsbrandes in der hinteren linken Wohnung brannte die Wohnungseingangstür durch. Die Flammen schlugen heraus und beanspruchten die Decke des Treppenraums (Putzabplatzungen) und die einschiebbare Bodentreppe.

Das Bild 10-1 zeigt, wie wichtig es ist, auch die Öffnungen (einschiebbare Bodentreppe) der Decke über dem Treppenraum ausreichend feuerwiderstandsfähig zu si-

10-2 Ergänzung zu Bild 10-1: Blick aus der ausgebrannten Wohnung über den Wohnungsflur zum Treppenraum

chern (Brandbeanspruchung von unten). Das hauptsächliche Schutzziel der Bodentreppe besteht jedoch darin, bei einem eventuellen Brand im darüberliegenden Speicher für die Dauer der Feuerwiderstandsfähigkeit der Decke das Eindringen von Feuer und Rauch in den Treppenraum zu verhindern. Auch deshalb muss sie gegen eine Brandbeanspruchung von oben nach unten geprüft sein!

11 Unfallverhütung

Werden Feuerschutzabschlüsse mit Brandschutzverglasungen ausgeführt, ist in bestimmten Gebäuden und Bereichen auch auf den Unfallschutz zu achten. Aus der Sicht des Unfallschutzes können besondere Anforderungen an Verglasungen bestehen, z.B. der Einbau von Sicherheitsglas.

12 Türen im Verlauf von Rettungswegen

Ausführungen zu Türen im Verlauf von Rettungswegen enthält Kapitel 7.8.

13 Sonderbauten

An Sonderbauten werden aus der Sicht des Brandschutzes meist besondere Anforderungen gestellt. Die entsprechenden Rechtsverordnungen und Verwaltungsvorschriften enthalten zum Teil auch Anforderungen an die Feuerwiderstandsdauer bestimmter Wände und Decken und Vorschriften, wie deren Öffnungen zu sichern sind.

14 Anforderungen der Schadenversicherer

Das bauliche Abschottungsprinzip hat für die Industrie-Feuerversicherung eine hohe Bedeutung (siehe Kapitel 6.2.3 und 10.2). Da das Abschottungsprinzip nur voll wirksam werden kann, wenn alle Öffnungen in der **gleichen Feuerwiderstandsdauer** wie die abschottenden Wände und Decken selbst gesichert sind, kann es sein, dass die bauaufsichtlichen Erleichterungen wie *feuerbeständige Wand – T 30-Tür* in bestimmten Bereichen nicht gelten bzw. zu Nachteilen bei der Prämienhöhe führen.

Deshalb ist es insbesondere bei Sonderbauten empfehlenswert, frühzeitig mit dem Feuerversicherer Kontakt aufzunehmen und den vorbeugenden baulichen Brandschutz unter Berücksichtigung der Schutzziele des Bauherrn abzustimmen.

6.8.0 Seite 10	Wand- und Deckenöffnungen	Grundsätzliche Anforderungen an den Verschluss von Türöffnungen

6.8 Wand- und Deckenöffnungen
6.8.1 Feuerschutzabschlüsse

Dipl.-Ing. (FH) Josef Mayr

Inhalt

Teil A Anforderungen
Teil B Bauausführung

1 Allgemeines

2 Nationale Klassifizierung nach DIN 4102-5
- 2.1 Anforderungen
- 2.2 Klassifizierung nach DIN 4102-5
- 2.3 LBO-Anforderung *dichtschließend* und *rauchdicht*
- 2.4 Dauerfunktionstüchtigkeit
- 2.5 Definition von Türen, Toren und Klappen

3 Europäische Klassifizierung nach DIN EN 13501-2
- 3.1 Leistungskriterien und Klassifizierung nach DIN EN 13501-2
- 3.2 Erläuterung der Klassifizierungskriterien und zusätzlichen Anforderungen
  - 3.2.1 E (Raumabschluss)
  - 3.2.2 I_1 bzw. I_2 (Wärmedämmung)
  - 3.2.3 Wärmedämmung I_2
  - 3.2.4 W (Strahlung)
  - 3.2.5 C (selbstschließende Eigenschaft mit Dauerfunktionstüchtigkeit)
  - 3.2.6 S_m (Rauchdichtheit)
  - 3.2.7 LBO-Anforderungen *dichtschließend* und *rauchdicht*
- 3.3 Zuordnung der bauaufsichtlichen Benennungen von Feuerschutzabschlüssen zu den nationalen und europäischen Klassen

4 Verwendbarkeitsnachweis
- 4.1 Feuerschutzabschlüsse, nach nationalen Vorschriften (DIN 4102-5) geprüft und klassifiziert
- 4.2 Ältere Feuerschutzabschlüsse nach DIN 18082-1 und 18082-3
- 4.3 Rauchdichte Feuerschutzabschlüsse
- 4.4 Neue allgemeine bauaufsichtliche Zulassungen des DIBt auf nationaler Ebene
- 4.5 Feuerschutzabschlüsse, nach europäischen Vorschriften (DIN EN 13501-2, 1634-1 und 14600) geprüft und klassifiziert

6.8.1	Wand- und Deckenöffnungen	Feuerschutzabschlüsse

5 Übereinstimmungsnachweis und Kennzeichnung

6 Zulässige Änderungen an Feuerschutzabschlüssen
- 6.1 Änderungen durch *nicht wesentliche Abweichung vom geprüften System*
- 6.2 Bestimmte vom DIBt genehmigte Änderungen
- 6.2.1 Feuerschutzabschlüsse mit Zulassungen, die bis zum 31. Dezember 2009 erteilt wurden
- 6.2.2 Feuerschutzabschlüsse und Feuerschutzabschlüsse mit Rauchschutzeigenschaften mit Zulassungen, die ab dem 1. Januar 2010 erteilt wurden

7 Einbau von Feuerschutzabschlüssen
- 7.1 Fachgerechter Einbau
- 7.2 Einbauanleitung
- 7.3 Einbau nach DIN 18093
- 7.4 Grundsätzliche Anforderungen an den Einbau von Feuerschutzabschlüssen
- 7.5 Häufige Einbaufehler
- 7.6 Übereinstimmungsbestätigung für den Einbau des Feuerschutzabschlusses

8 Wartung und Betrieb

9 Praktische Beispiele
- 9.1 Feuerschutztüren
- 9.2 Feuerschutzschiebetore
- 9.3 Feuerschutzrolltore

6.8.1 Feuerschutzabschlüsse

Teil A Anforderungen

Grundsätzliche Anforderungen an die Sicherung von Wand- und Deckenöffnungen enthält Kapitel 6.8.0.

Sind in raumabschließenden feuerwiderstandsfähigen Wänden und Decken, wie

- Komplextrennwänden
- Brandwänden
- Brandbekämpfungsabschnittstrennwänden
- feuerbeständigen, hochfeuerhemmenden und feuerhemmenden Trennwänden sowie Decken
- Treppenraumwänden notwendiger Treppen
- Flurwänden notwendiger Flure,

Öffnungen für Türen, Tore oder Klappen vorhanden, müssen diese mit geeigneten Abschlüssen gesichert werden.

Geeignete Abschlüsse bedeutet: Die Abschlüsse müssen je nach Lage, Anordnung und Anforderungen der jeweiligen LBO

- eine bestimmte Feuerwiderstandsdauer = Feuerwiderstandsklasse nach DIN 4102-5 (national) bzw. DIN EN 13501-2 (europäisch) aufweisen
- eine bestimmte Dichtigkeit (Rauchdichtigkeit) entsprechend der jeweiligen LBO nach DIN 18095 (national) bzw. DIN EN 13501-2 (europäisch) erfüllen
- eine bestimmte Vollwandigkeit haben
- in der Regel selbstschließend sein (ausgenommen Türen von Wohnungen und vergleichbaren Nutzungseinheiten zu notwendigen Fluren)
- teilweise noch weitere Eigenschaften aufweisen (z.B. nichtabschließbar und Panikverschluss).

Welche Feuerwiderstandsklasse und welche sonstigen Eigenschaften jeweils erforderlich sind, richtet sich nach den Anforderungen, die an die Feuerwiderstandsdauer der raumabschließenden und feuerwiderstandsfähigen Trennwände und Decken bestehen, sowie nach sonstigen weiteren Schutzzielen.

Grundsätzlich sollten die Öffnungsverschlüsse immer die gleiche Feuerwiderstandsdauer haben wie die Wand bzw. Decke, in der sie sich befinden. Die baurechtlichen Anforderungen sind jedoch zum Teil geringer, so dass bei bestimmten Abschlüssen (insbesondere bei Abschlüssen in Treppenraumwänden notwendiger Treppenräume, Flurwänden notwendiger Flure sowie feuerbeständigen und hochfeuerhemmenden Trennwänden) Erleichterungen zulässig sind (siehe Kapitel 6.8.0, Punkt 1). Die Tabelle 1 enthält einen Überblick über die grundsätzlichen Anforderungen der MBO 2002.

6.8.1-A Seite 2 | Wand- und Deckenöffnungen | Feuerschutzabschlüsse

Tabelle 1: Übersicht über die grundsätzlichen Anforderungen der Sicherung von Öffnungen gemäß MBO 2002

<table>
<tr><th colspan="2">Raumabschließende feuerwiderstandsfähige Bauteile</th><th>Anforderungen an den Abschluss von Öffnungen nach MBO 2002</th></tr>
<tr><td colspan="2">Komplextrennwände</td><td>feuerbeständig + dichtschließend + selbstschließend + bauaufsichtlich zugelassene Feststellanlage + weitere Anforderungen (siehe Kapitel 6.2.3)</td></tr>
<tr><td colspan="2">Brandwände zum Abschluss von Gebäuden (Gebäudeabschlusswände)</td><td>unzulässig
bzw. Abweichung/Ausnahme/Befreiung erforderlich</td></tr>
<tr><td colspan="2">Brandwände zur Unterteilung von Gebäuden in Brandabschnitte (innere Brandwände)</td><td>feuerbeständig + dichtschließend + selbstschließend – nur zulässig, wenn die Öffnungen auf die für die Nutzung erforderliche Zahl und Größe beschränkt sind</td></tr>
<tr><td colspan="2">Brandbekämpfungsabschnittstrennwände (Bemessung nach MIndBauRL, Abschnitt 7)</td><td>gleiche Feuerwiderstandsdauer wie Brandbekämpfungsabschnittstrennwand + dichtschließend + selbstschließend</td></tr>
<tr><td colspan="2">Trennwände (feuerbeständig oder hochfeuerhemmend oder feuerhemmend)</td><td>feuerhemmend + dichtschließend + selbstschließend – nur zulässig, wenn die Öffnungen auf die für die Nutzung erforderliche Zahl und Größe beschränkt sind*)</td></tr>
<tr><td colspan="2">Schachtwände (feuerbeständig oder hochfeuerhemmend oder feuerhemmend) + aus nichtbrennbaren Baustoffen</td><td>(feuerbeständig oder hochfeuerhemmend oder feuerhemmend) + dichtschließend + selbstschließend + vierseitig umlaufende Zarge mit entsprechender Dichtung (empfehlenswert: rauchdicht)</td></tr>
<tr><td rowspan="4">Treppenraumwände notwendiger Treppenräume (Bauart von Brandwänden oder auch unter zusätzlicher mechanischer Beanspruchung hochfeuerhemmend oder feuerhemmend mit nichtbrennbarer Bekleidung)</td><td>zu Wohnungen sowie zu sonstigen Räumen und Nutzungseinheiten ≤ 200 m^2, ausgenommen die nachfolgend genannten Räume</td><td>dichtschließend + selbstschließend (siehe Kapitel 6.8.4)</td></tr>
<tr><td>zu notwendigen Fluren</td><td>rauchdicht + selbstschließend (siehe Kapitel 6.8.4)</td></tr>
<tr><td>zu Kellergeschossen, zu nicht ausgebauten Dachräumen, Werkstätten, Läden, Lager- und ähnlichen Räumen</td><td rowspan="2">feuerhemmend + rauchdicht + selbstschließend</td></tr>
<tr><td>zu sonstigen Räumen und Nutzungseinheiten > 200 m^2, ausgenommen Wohnungen</td></tr>
</table>

Raumabschließende feuerwiderstandsfähige Bauteile		Anforderungen an den Abschluss von Öffnungen nach MBO 2002
Flurwände notwendiger Flure	feuerhemmende Flurwände mit nichtbrennbarer Bekleidung in ausreichender Dicke	dichtschließend – in bestimmten Fällen höhere Anforderungen sinnvoll bzw. empfehlenswert, z.B. bei Nutzungseinheiten > 200 m^2: feuerhemmend + rauchdicht + selbstschließend
	feuerbeständige Flurwände im Kellergeschoss zu Lagerbereichen	feuerhemmend + dichtschließend + selbstschließend
Unterteilung notwendiger Flure mit mehr als 30 m Länge in Rauchabschnitte		rauchdicht + selbstschließend + nichtabsperrbar
Branddecken		unzulässig bzw. Abweichung/Ausnahme/Befreiung erforderlich
Decken (feuerbeständig oder hochfeuerhemmend oder feuerhemmend)		gleiche Feuerwiderstandsdauer wie Decke + dichtschließend (vierseitige Dichtung) + sicher geschlossen – nur zulässig, wenn die Öffnungen auf die für die Nutzung erforderliche Zahl und Größe beschränkt sind*)

*) Für bestimmte Gebäude bzw. Situationen keine Anforderungen, z.B. (Wohn-)Gebäude der Gebäudeklassen 1 und 2 bzw. für Decken innerhalb derselben Nutzungseinheit mit nicht mehr als insgesamt 400 m^2 in nicht mehr als zwei Geschossen.

Zur Zuordnung der bauaufsichtlichen Bezeichnungen von Türen mit Anforderungen an die **Feuerwiderstandsfähigkeit** zu den Klassen nach DIN 4102-5 (national) und DIN EN 13501-2 (europäisch) sowie an die **Rauchdichtigkeit und Dichtigkeit** zu den Klassen nach DIN 18095 (national) und DIN EN 13501-2 (europäisch) siehe Kapitel 6.8.1 B, Punkt 3.3, Tabelle 3-5.

Abweichungen/Ausnahmen/Befreiungen

Ist es aus Nutzungsgründen erforderlich, von den bauaufsichtlichen Anforderungen abzuweichen, kann dies im Einzelfall dadurch geschehen, dass eine gleichwertige technische Lösung nachgewiesen und ausgeführt wird. Abweichungen/Ausnahmen/Befreiungen sind aber nur möglich, wenn bei der Sicherung von Tür- und Toröffnungen der Brandschutz gewährleistet ist und eine gleichwertige Sicherheit nachgewiesen wird.

Wichtig: Abweichungen/Ausnahmen/Befreiungen müssen entsprechend den Vorschriften der jeweiligen LBO gehandhabt, beantragt und genehmigt werden.

Beispiel

Im Verlauf von Rettungswegen sind z.B. mit einer entsprechenden Abweichung/Ausnahme/Befreiung in notwendigen Fluren beim Durchgang durch Brandwände Erleichterungen möglich. Voraussetzung dafür ist jedoch, dass keine Gefahr einer Brandweiterleitung besteht.

Diese Gefahr besteht in der Regel nicht, wenn die Wände und Decken der an die Brandwandöffnung anschließenden brandlastfreien Flure feuerbeständig ausgebildet und die Öffnungen zu anderen Räumen mindestens 2,50 m von der Brandwandöffnung entfernt sind. Unter diesen Voraussetzungen kann im Einzelfall anstelle einer feuerbeständigen, rauchdichten und selbstschließenden auch eine feuerhemmende, rauchdichte und selbstschließende Tür angeordnet werden.

6.8.1 Feuerschutzabschlüsse

Teil B Bauausführung

1 Allgemeines

Nach dem Baurecht, der DIN 4102-5 (national) und der DIN EN 1634-1 werden selbstschließende Verschlüsse (Türen, Tore, Klappen*)), die den Durchtritt von Feuer durch Öffnungen in Wänden und Decken verhindern und die Ausbreitung von Rauch behindern, als *Feuerschutzabschlüsse* (FSA) bezeichnet.

Die Bezeichnung *Feuerschutzabschlüsse* umfasst als Oberbegriff feuerwiderstandsfähige und selbstschließende Türen.

FSA müssen selbstschließend sein und einem Brand für die Dauer ihrer Feuerwiderstandsklasse Widerstand bieten. Gemäß MBO 2002 müssen sie außerdem noch mindestens *dichtschließend* sein (siehe Kapitel 6.8.4-B, Punkt 3).

Je nach Verwendungszweck gibt es FSA in verschiedenen Bauarten wie:

- Drehflügeltüren und -tore
- Horizontal- und Vertikalschiebetüren und -tore einschließlich Faltschiebetüren und -tore sowie Sektionaltüren und -tore
- Rolltüren und -tore
- Kipptüren und -tore
- Wand- und Deckenklappen (Feuerschutztüren mit vierseitig umlaufender Zarge [umlaufendem Anschlag] und Dichtung)
- Feuerschutzabschlüsse für Förderanlagen (Förderanlagenabschlüsse).

Als Werkstoffe werden Stahl, Holzwerkstoffe, Aluminium, Brandschutzverglasungen u.Ä. verwendet.

Wichtig: Bei Feuerschutzabschlüssen für Förderanlagen und Fahrschachttüren für Aufzüge gelten andere Anforderungen (siehe Kapitel 6.8.3 und Kapitel 6.8.6).

2 Nationale Klassifizierung nach DIN 4102-5

2.1 Anforderungen

FSA müssen eine ausreichende mechanische Widerstandsfähigkeit aufweisen und auch nach jahrelanger normaler Nutzung zuverlässig funktionieren. Damit bestehen für FSA Anforderungen an das Brandverhalten, die mechanische Beanspruchung, die Dauerfunktionstüchtigkeit sowie den Einbau und Betrieb.

Bei FSA, die gemäß dem bauaufsichtlich erforderlichen Verwendbarkeitsnachweis (in der Regel allgemeine bauaufsichtliche Zulassung) gefertigt, montiert und betrieben werden, ist gewährleistet, dass diese Anforderungen eingehalten sind.

*) Erläuterung der Bezeichnungen *Türen, Toren und Klappen* siehe Punkt 2.5 in diesem Kapitel.

2.2 Klassifizierung nach DIN 4102-5

Feuerschutzabschlüsse (FSA) sind national gemäß DIN 4102-5 in die Feuerwiderstandsklassen laut Tabelle 2-1 eingestuft.

Tabelle 2-1:
Feuerwiderstandsklassen T nach DIN 4102-5 (nationale Ebene)

Feuerwiderstands-klasse	Feuerwiderstands-dauer in Minuten
T 30	≥ 30
T 60	≥ 60
T 90	≥ 90
T 120	≥ 120

FSA, die auf der Grundlage nationaler Vorschriften geprüft werden, müssen die in DIN 4102-5[1]) und 4102-18[2]) festgelegten Anforderungen erfüllen. Dazu gehört u.a., dass sie

- **selbstschließend** sind,
- der ihnen zugeordneten **Feuerwiderstandsklasse** entsprechen,
- den in DIN 4102-5 angegebenen **mechanischen Beanspruchungen** so widerstehen, dass sie voll funktionsfähig bleiben und keine äußerlichen Schäden aufweisen,
- die in DIN 4102-5 angegebenen Brandversuche bestehen und
- die in DIN 4102-18 vorgeschriebene Dauerfunktionstüchtigkeit haben.

[1]) DIN 4102-5 „Brandverhalten von Baustoffen und Bauteilen; Feuerschutzabschlüsse, Abschlüsse in Fahrschachtwänden und gegen Feuer widerstandsfähigen Verglasungen, Begriffe, Anforderungen und Prüfungen"

[2]) DIN 4102-18 „Brandverhalten von Baustoffen und Bauteilen; Feuerschutzabschlüsse, Nachweis der Eigenschaft *selbstschließend* (Dauerfunktionsprüfung)"

2.3 LBO-Anforderung *dichtschließend* und *rauchdicht*

Feuerschutzabschlüsse (FSA) müssen nach den Anforderungen der MBO 2002 immer mindestens *dichtschließend* sein. Diese Eigenschaft ist gewährleistet, wenn sie eine mindestens dreiseitig umlaufende dauerelastische Dichtung zur Behinderung des Durchtritts von Rauch haben. Wird in der LBO die Eigenschaft *rauchdicht* verlangt, müssen die FSA zusätzlich als Rauchschutztüren nach DIN 18095 ausgeführt werden (siehe Kapitel 6.8.4).

2.4 Dauerfunktionstüchtigkeit

FSA müssen in der Lage sein, beim Auftreten von Risikosituationen ihre Schutzfunktion uneingeschränkt zu erfüllen. Deshalb wird nach DIN 4102-18 ihre Dauerfunktionstüchtigkeit zusätzlich geprüft. Die Dauerfunktionsprüfung findet unabhängig von der Brandprüfung statt.

FSA sind dauerfunktionstüchtig, wenn sie im Laufe ihrer vorgesehenen Lebensdauer von ca. 30 Jahren die bei üblichem Gebrauch auftretenden Beanspruchungen (Öffnungs- und Schließvorgänge im Zusammenspiel mit allen beteiligten Bau- und Zubehörteilen) ohne Schäden ertragen. Hierzu müssen Anforderungen an die Verschlüsse, Beschläge, Türbänder, Schließmittel, Feststellanlagen der FSA sowie deren Verbindungen mit anderen Bauteilen und deren Dauerfunktionstüchtigkeit usw. erfüllt sein.

Tabelle 2-2: Anzahl der Öffnungs- und Schließvorgänge von FSA für die Prüfung ihrer Dauerfunktionstüchtigkeit

Feuerschutzabschluss (FSA)	Anzahl der Öffnungs- und Schließvorgänge
Einflügelige Drehflügeltüren	200.000-mal
Einflügelige Drehflügeltüren als Wand- und Deckenklappen, maximale Größe: Breite 0,75 m, Höhe 1,75 m	50.000-mal
Zweiflügelige Drehflügeltüren mit einem Drehflügel als Gangflügel	zunächst beide Flügel 100.000-mal, dann Gangflügel weitere 100.000-mal
Zweiflügelige Drehflügeltüren mit beiden Flügeln als Gangflügel	beide Flügel 200.000-mal
Schiebetüren, Hubtüren und Hubklappen	200.000-mal
Schiebetore und Hubtore	10.000-mal
Rolltüren und -tore	10.000-mal
Feuerschutzabschlüsse für Förderanlagen	200.000-mal

Der Nachweis der Dauerfunktionstüchtigkeit wird geführt, indem die FSA je nach Bauart und Größe zwischen 10.000 und 200.000 Öffnungs- und Schließvorgängen unterzogen werden (siehe Tabelle 2-2).

2.5 Definition von Türen, Toren und Klappen

Die Anforderungen an die Anzahl der Öffnungs- und Schließvorgänge hängen von der Begehungs- und Betätigungshäufigkeit der jeweiligen FSA ab. Allgemein gelten Türen als häufig, Tore als wenig und Klappen als selten betätigt.

Für die Anwendung der Tabelle 2-2 ist es deshalb erforderlich, die Größen für Türen, Tore und Klappen zu definieren. Allerdings ist diese Definition zurzeit nur noch für die Anforderungen an die Dauerfunktionstüchtigkeit notwendig. Künftig werden (in Anpassung an die europäische Definition) alle in der Aufzählung genannten Öffnungsverschlüsse als Feuerschutzabschlüsse (FSA) bezeichnet.

Als Türen gelten nach DIN 4102-18 einflügelige Abschlüsse für lichte Wandöffnungen bis 6,25 m² (2,50 × 2,50 m). Größere einflügelige Abschlüsse werden als Tore bezeichnet. Überschreitet bei einflügeligen Abschlüssen die lichte Breite 2,50 m, werden sie auch bei einer lichten Höhe von weniger als 2,50 m den Toren zugeordnet. Ist ein Flügel eines zwei- oder mehrflügeligen Abschlusses kleiner als 6,25 m², gilt dieser als Tür.

Abschlüsse von Öffnungen mit Rohbaumaßen unter 0,75 m Breite bzw. 1,75 m Höhe werden Klappen (Wand- und Deckenklappen) genannt.

3 Europäische Klassifizierung nach DIN EN 13501-2

3.1 Leistungskriterien und Klassifizierung nach DIN EN 13501-2

Die unter Punkt 1 dieses Kapitels aufgeführten Tür- und Abschlusseinrichtungen mit Anforderungen an die Feuerwiderstandsfähigkeit werden auf europäischer Ebene als Feuerschutzabschlüsse (FSA) bezeichnet.

Gemäß DIN EN 13501-2 bestehen für FSA einschließlich möglicher Verglasung in Bezug auf ihre Funktion und Feuerwiderstandsfähigkeit folgende Leistungs- und Klassifizierungskriterien (siehe auch Tabelle 3-1):

- Raumabschluss (E)
- Raumabschluss und Wärmedämmung I_1 (EI_1)
- Raumabschluss und Wärmedämmung I_2 (EI_2)
- Raumabschluss und Strahlung (EW)
- selbstschließende Eigenschaft mit Dauerfunktionstüchtigkeit (C)
- Rauchdichtigkeit (S_m).

Feuerschutzabschlüsse müssen immer das Zusatzkriterium C (s.o.) und bei zusätzlichen Anforderungen an die Rauchdichtigkeit das Zusatzkriterium S (Smoke) einhalten.

Mit den genannten Leistungskriterien ergeben sich nach DIN 13501-2 die in Tabelle 3-2 aufgeführten Klassifizierungen.

Tabelle 3-1:
Klassifizierungskriterien*) und zusätzliche Angaben zur Klassifizierung von Feuerschutzabschlüssen

Kurzzeichen*)	Bedeutung	Abgeleitet von
E	Raumabschluss	Étanchéité
I	Wärmedämmung unter Brandeinwirkung	Isolation
I_1	Wärmedämmung I_1	
I_2	Wärmedämmung I_2	
W	Begrenzung des Strahlungsdurchtritts	
C	selbstschließend	Closing
S	Begrenzung der Rauchdurchlässigkeit (Dichtheit, Leckrate)	Smoke

*) Erläuterung der Kriterien siehe Punkt 3.2

Feuerschutzabschlüsse, die danach klassifiziert werden, sind nach DIN EN 1634-1 und DIN EN 14600 sowie hinsichtlich der Dauerfunktionsfähigkeit nach DIN EN 1191 und DIN EN 12605 zu prüfen.

Anmerkung: Bei Feuerschutzabschlüssen, die nach europäischen Vorschriften klassifiziert und geprüft wurden (klassifiziert nach DIN EN 13501-2 und geprüft nach DIN EN 1634-1 in Verbindung mit DIN EN 14600, DIN EN 1191 und DIN EN 12605) ist besonders darauf zu achten und auch zu prüfen, ob die Abschlüsse für eine **Beanspruchung** von nur **einer** oder von **beiden Seiten** geprüft und klassifiziert wurden.

Tabelle 3-2:
Leistungskriterien[1]) und Klassifizierung der Feuerwiderstandsdauer nach DIN EN 13501-2

Kriterien	E	EI_1	EI_2	EW
Zusatzkriterien	C (selbstschließend) S_m (Begrenzung der Rauchdurchlässigkeit)			
Feuerwiderstandsdauer in Minuten	Klassifizierung			
≥ 15	x	x	x	
≥ 20	x	x	x	x
≥ 30	x	x	x[2])	x
≥ 45	x	x	x	
≥ 60	x	x	x[2])	x
≥ 90	x	x	x[2])	
≥ 120	x	x	x	
≥ 180	x	x	x	
≥ 240	x	x	x	

[1]) Erläuterung der Kriterien siehe Punkt 3.2
[2]) Klassifizierung nach derzeitigen bauaufsichtlichen Anforderungen in Deutschland

Die auf nationaler Ebene in den LBOs vorgeschriebenen Feuerschutzabschlüsse müssen ihre Anforderungen immer von beiden Seiten erfüllen. Dies ist bei Feuerschutzabschlüssen, die nach nationalem Recht (DIN 4102-5 in Verbindung mit DIN 4102-18) geprüft wurden, gewährleistet, bei europäisch geprüften und klassifizierten Abschlüssen dagegen nicht.

3.2 Erläuterung der Klassifizierungskriterien und zusätzlichen Anforderungen

3.2.1 E (Raumabschluss)

Die Beurteilung des Raumabschlusses erfolgt auf Grundlage folgender Kriterien:

- Spaltgröße oder Öffnung größer als vorgegeben
- Entzündung eines Wattebausches
- andauernde Flammen auf der vom Feuer abgewandten Seite.

Bei einem nur mit E klassifizierten Feuerabschluss wird der Raumabschluss durch die Zeit bis zum Versagen durch die Spalte bzw. Öffnungen oder durch andauernde Flammen bestimmt, je nachdem welches Ereignis zuerst eintritt. Bei Feuerschutzabschlüssen, die sowohl nach dem Raumabschluss E als auch nach der Wärmedämmung I_1 bzw. I_2 klassifiziert werden, erfolgt die Bestimmung des Raumabschlusses durch das Kriterium, das als Erstes versagt.

3.2.2 I_1 bzw. I_2 (Wärmedämmung)

Es wird entweder das Wärmedämmungskriterium I_1 oder das Kriterium I_2 benutzt, wobei an die Wärmedämmung I_1 höhere Anforderungen als an Wärmedämmung I_2 bestehen. Gemäß Bauregelliste A Teil 1 Anlage 0.1.2 ist in Deutschland die Wärmedämmung I_2 relevant. Deshalb werden nachfolgend die Kriterien für Wärmedämmung I_2 genannt und die davon abweichenden Kriterien für I_1 in Klammern angegeben.

3.2.3 Wärmedämmung I_2

Die mittlere Temperaturerhöhung auf der dem Feuer abgekehrten Seite des Türblattes ist auf 140 Kelvin und die maximale Temperaturerhöhung an jeder Stelle des Türblattes auf 180 °C begrenzt.

Innerhalb eines 100 mm (I_1 = 25 mm) breiten Randbereichs des sichtbaren Teils des Türblattes werden keine Temperaturmessungen berücksichtigt.

Bei Zargen mit einer Breite > 100 mm ist die Temperaturerhöhung an allen Stellen der Zarge, gemessen 100 mm von der sichtbaren Kante des Türblattes (auf der vom Feuer abgekehrten Seite), auf 360 Kelvin (I_1 = 180 Kelvin) begrenzt. Andernfalls wird sie an der Grenzlinie zwischen Zarge und Tragkonstruktion gemessen.

Versagt eines der Kriterien für den Raumabschluss, so bedeutet dies auch ein Versagen der Wärmedämmung, unabhängig davon, ob die für die Wärmedämmung spezifischen Temperaturgrenzwerte überschritten worden sind.

3.2.4 W (Strahlung)

Die Strahlungsklassifizierung wird durch die Zeit bestimmt, während der der mittlere Strahlungswert 15 kW/m^2 nicht überschreitet.

3.2.5 C (selbstschließende Eigenschaft mit Dauerfunktionstüchtigkeit)

Die selbstschließende Eigenschaft ist die Fähigkeit, einen Feuerschutzabschluss aus einer bestimmten Position heraus zu schließen. Außerdem wird darunter die Fähigkeit verstanden, Feststelleinrichtungen von Feuerschutzabschlüssen auszulösen und ein zuverlässiges Schließen im Brandfall oder bei Raucheinwirkungen auch bei Ausfall der Energieversorgung sicherzustellen.

Nach den nationalen Anforderungen der LBOs müssen Feuerschutzabschlüsse immer selbstschließend sein.

Feuerschutzabschlüsse, die mit einer Schließvorrichtung ausgestattet sind und die selbstschließende Eigenschaft erfüllen, werden als C0 bis C5 klassifiziert.

C0 bis C5 (Klassifizierung der Dauerhaftigkeit der Selbstschließung)

Leistungsanforderungen zur Klassifizierung der Dauerhaftigkeit der selbstschließenden Eigenschaft C0 bis C5 sind in DIN EN 14600 geregelt. Sie sind abhängig von der Art des beabsichtigten Einsatzes des Feuerschutzabschlusses (bestimmungsgemäßer Gebrauch). Die Klassifizierung zur selbstschließenden Eigenschaft muss unabhängig von der Klassifizierung E, EI und EW erfolgen.

Gemäß DIN EN 14600 ist bei Feuerschutzabschlüssen, die selbstschließend sein müssen, die Dauerhaftigkeit der Selbstschließung für Türen und zu öffnende Fenster nach DIN EN 1191 und für Tore nach DIN EN 12605 zu prüfen und gemäß der Tabelle 3-3 zu klassifizieren.

Tabelle 3-3:
Klassifizierung der selbstschließenden Eigenschaft – Zyklen für die Prüfung der Selbstschließung

Klasse der selbstschließenden Eigenschaft	Anzahl der auszuführenden Prüfzyklen
C5	200.000
C4	100.000
C3	50.000
C2	10.000
C1	500
C0	0

Beispiele für bestimmungsgemäßen Gebrauch der Klassifizierung

- C5 sehr häufige Betätigung
- C4 hohe Anzahl von Betätigungen im öffentlichen Bereich durch Personen mit geringer Motivation zum sorgsamen Umgang
- C3 mäßige Anzahl von Betätigungen hauptsächlich durch Personen mit einer gewissen Motivation zum sorgsamen Umgang
- C2 geringe Anzahl von Betätigungen durch Personen mit hoher Motivation zum sorgsamen Umgang, z.B. Türen von Privathäusern oder große Tore
- C1 offen stehend gehalten
- C0 keine Leistung gefordert.

Schließvorgang

Feuerschutzabschlüsse, deren selbstschließende Eigenschaft gewährleistet sein muss, können gemäß DIN EN 14600 auf europäischer Ebene folgendermaßen ausgelegt werden (Angaben zur jeweiligen Klassifizierung sind unverbindlich):

- standardmäßig geschlossen, jedoch häufig betätigt, z.B. Abschlüsse mit Vorrichtungen für die Selbstschließung (üblicherweise Klassen C5, C4 oder C3)
- standardmäßig in Zeiten, in denen die Gebäude besetzt sind, mit einer Feststellvorrichtung (Feststellanlage) offen stehend gehalten, außerhalb dieser Zeiten jedoch aus brandschutz- und/oder sicherheitstechnischen Gründen geschlossen, z.B. während der Nacht (üblicherweise Klasse C2)
- dauerhaft mit einer Feststellvorrichtung (Feststellanlage) offen stehend gehalten (üblicherweise Klasse C1)
- standardmäßig geschlossen und in der geschlossenen Stellung verriegelt sowie entsprechend beschriftet (üblicherweise Klasse C0)

3.2.6 S_m (Rauchdichtheit)

Ausführungen hierzu enthält Kapitel 6.8.4-B unter Punkt 2.2.2.

3.2.7 LBO-Anforderungen *dichtschließend* und *rauchdicht*

Über die vorstehenden europäischen Klassifizierungskriterien hinaus wird auf nationaler Ebene, z.B. in der MBO 2002, ver-

Tabelle 3-4: Zuordnung der nationalen Anforderungen zu den europäischen Klassen der selbstschließenden Eigenschaft

Feuerschutzabschluss	Anzahl der Öffnungs- und Schließvorgänge auf nationaler Ebene (DIN 4102-18)	Klasse der selbstschließenden Eigenschaft auf europäischer Ebene (DIN EN 14600)
Einflügelige Drehflügeltüren	200.000-mal	C5
Einflügelige Drehflügeltüren als Wand- und Deckenklappen, maximale Größe: Breite 0,75 m, Höhe 1,75 m)	50.000-mal	C3
Zweiflügelige Drehflügeltüren mit einem Drehflügel als Gangflügel	zunächst beide Flügel 100.000-mal, dann Gangflügel weitere 100.000-mal	zunächst beide Flügel C4, dann Gangflügel zusätzlich C4
Zweiflügelige Drehflügeltüren mit beiden Flügeln als Gangflügel	beide Flügel 200.000-mal	beide Flügel C5
Schiebetüren, Hubtüren und Hubklappen	200.000-mal	C5
Schiebetore und Hubtore	10.000-mal	C2
Rolltüren und -tore	10.000-mal	C2
Feuerschutzabschlüsse für Förderanlagen	200.000-mal	C5

Anmerkung: Die Zuordnung in Tabelle 3-4 erfolgte aufgrund der Angaben in DIN 4102-18. Im Zuge der weiteren Umsetzung nationaler Vorschriften in europäische Vorschriften können sich später u.U. auch davon abweichende Klassen ergeben. In der Ausgabe 2007 der Bauregelliste A Teil 1 Anlage 01.1 Tabelle 2 Fußnote 2 heißt es hierzu, dass Festlegungen zur Lastspielzahl für die Dauerfunktionsprüfungen noch getroffen werden.

langt, dass Feuerschutzabschlüsse mindestens *dichtschließend* sein müssen.

Für diese zusätzliche nationale Anforderung gibt es jedoch auf europäischer Ebene kein entsprechendes Kriterium. Deshalb ist darauf zu achten, dass Feuerschutzabschlüsse, die nach DIN EN 13501-2 klassifiziert und nach DIN EN 1634-1 geprüft wurden, gemäß den zusätzlichen nationalen Anforderungen immer noch das Kriterium *dichtschließend* erfüllen müssen.

Wird in der LBO die Eigenschaft *rauchdicht* verlangt, müssen die Feuerschutzabschlüsse zusätzlich als Rauchschutztüren nach DIN EN 1634-3 ausgeführt werden (siehe Kapitel 6.8.4).

3.3 Zuordnung der bauaufsichtlichen Benennungen von Feuerschutzabschlüssen zu den nationalen und europäischen Klassen

Den bauaufsichtlichen Bezeichnungen von Türen mit Anforderungen an die Feuerwiderstandsfähigkeit und Dichtigkeit sind den in Tabelle 3-5 aufgeführten Klassen nach DIN 4102-5 (national) und DIN EN 13501-2 (europäisch) zuzuordnen.

Tabelle 3-5: Zuordnung der bauaufsichtlichen Benennungen von Feuerschutztüren zu den nationalen und europäischen Klassen

Nationale Klassifizierung nach DIN 4102-5 in Verbindung mit DIN 4102-18 und 18095	Bauaufsichtliche Benennung nach LBO	Europäische Klassifizierung nach DIN EN 13501-2 in Verbindung mit DIN EN 1634-1, 1634-3, 14600, 1191 und 12605
T 90 [D]	feuerbeständig + dichtschließend + selbstschließend	$EI_2$90-C5 [D]
T 60 [D]	hochfeuerhemmend + dichtschließend + selbstschließend	$EI_2$60-C5 [D]
T 30 [D]	feuerhemmend + dichtschließend + selbstschließend	$EI_2$30-C5 [D]
T 30 DIN 18095-RS	feuerhemmend + rauchdicht + selbstschließend	$EI_2$30-S_m-C5
DIN 18095-RS [NA]	rauchdicht + selbstschließend + nichtabsperrbar	S_m-C5 [NA]
DIN 18095-RS	rauchdicht + selbstschließend	S_m-C5
[DS]	dichtschließend + selbstschließend	C5 [D]
[D]	dichtschließend	[D]

Legende

EI_2 Raumabschluss und Wärmedämmung I_2

C5 C = (selbstschließende Eigenschaft) Die Klasse der selbstschließenden Eigenschaft (C5) wurde für einflügelige Feuerschutz- bzw. Rauchschutztüren aufgrund der Angaben in DIN 4102-18 bzw. DIN 18095-2 angegeben. Für zweiflügelige Feuerschutz- bzw. Rauchschutztüren, Feuerschutzklappen und -tore gelten andere Werte (siehe Punkt 3.2-5). Gemäß Bauregelliste 2007 werden Festlegungen zur Lastspielzahl für die Dauerfunktionsprüfungen noch getroffen.

S_m Begrenzung der Rauchdurchlässigkeit sowohl bei Umgebungstemperatur als auch bei 200 °C

[D] dichtschließend (siehe Kapitel 6.8.4)

[DS] dichtschließend + selbstschließend (siehe Kapitel 6.8.4)

[NA] nichtabsperrbar

4 Verwendbarkeitsnachweis

4.1 Feuerschutzabschlüsse, nach nationalen Vorschriften (DIN 4102-5) geprüft und klassifiziert

Feuerschutzabschlüsse müssen selbstschließend und entsprechend ihrer Feuerwiderstandsklasse feuerwiderstandsfähig sein sowie die in der LBO angegebenen Anforderungen an ihre Dichtigkeit (dichtschließend, rauchdicht) erfüllen. Grundsätzlich dürfen nur Feuerschutzabschlüsse verwendet werden, die den bauaufsichtlichen Anforderungen entsprechen. Nachgewiesen wird dies durch einen bauaufsichtlich anerkannten Verwendbarkeits- und Übereinstimmungsnachweis.

Der Verwendbarkeitsnachweis gilt auf nationaler Ebene grundsätzlich als erbracht:

- Für geregelte Bauprodukte aus der Feststellung der Übereinstimmung mit den in der Bauregelliste A Teil 1 bekannt gemachten technischen Regeln = Übereinstimmung mit einer **DIN-Norm.**
- Für nicht geregelte Bauprodukte (Bauregelliste A Teil 2) und Bauarten (Bauregelliste A Teil 3), für die es Technische Baubestimmungen oder allgemein anerkannte Regeln der Technik nicht oder nicht für alle Anforderungen gibt und die hinsichtlich dieser Anforderungen nach allgemein anerkannten Prüfverfahren beurteilt werden können (sofern sie nicht in Bauregelliste C aufgeführt sind)
  - aus der Feststellung der Übereinstimmung mit einem **allgemeinen bauaufsichtlichen Prüfzeugnis** (P) einer amtlich anerkannten Materialprüfanstalt oder
  - bei wesentlichen Abweichungen aus der Feststellung der Übereinstimmung mit einer **allgemeinen bauaufsichtlichen Zulassung** (Z) des Deutschen Instituts für Bautechnik oder
  - in bestimmten begründeten Ausnahmefällen aus der Feststellung der Übereinstimmung mit einer **Zustimmung im Einzelfall** (ZiE) der Obersten Bauaufsichtsbehörde.

Da Feuerschutzabschlüsse weder als geregeltes Bauprodukt in Bauregelliste A noch als nicht geregeltes Bauprodukt in Bauregelliste A Teil 2 noch als nicht geregelte Bauart in Bauregelliste A Teil 3 geregelt werden, benötigen sie als **Verwendbarkeitsnachweis immer eine allgemeine bauaufsichtliche Zulassung des DIBt.**

Verwendbarkeitsnachweis durch allgemeine bauaufsichtliche Zulassung

Der Verwendbarkeitsnachweis wird geführt, indem die allgemeine bauaufsichtliche Zulassung in Kopie oder Abschrift an der Verwendungsstätte vorgelegt wird. Die Zulassung muss zum Zeitpunkt der Vorlage noch gültig sein.

Die Angaben zur Konstruktion eines Feuerschutzabschlusses sind in der Zulassung bewusst so allgemein gehalten, dass danach ein zulassungsgemäßer Feuerschutzabschluss nicht herzustellen ist.

4.1-1 Beispiele für eine allgemeine bauaufsichtliche Zulassung des DIBt und Kennzeichnungsschilder

Beispiel für eine allgemeine bauaufsichtliche Zulassung

Deutsches Institut für Bautechnik
Anstalt des öffentlichen Rechts

10829 Berlin, 13. August 2007
Kolonnenstraße 30 L
Telefon: 030 78730-354
Telefax: 030 78730-320
GeschZ: XXX

Allgemeine bauaufsichtliche Zulassung

Zulassungsnummer:	Z-6.20-XXX
Antragsteller:	Firma Straße PLZ Ort
Zulassungsgegenstand:	T 30-1-FSA XXX und T30-1-RS-FSA XXX
Geltungsdauer bis:	31. März 2013

Der oben genannte Zulassungsgegenstand wird hiermit allgemein bauaufsichtlich zugelassen. Diese allgemeine bauaufsichtliche Zulassung umfasst sieben Seiten und vier Anlagen.

Beispiele für Kennzeichnungsschilder für Feuerschutztüren

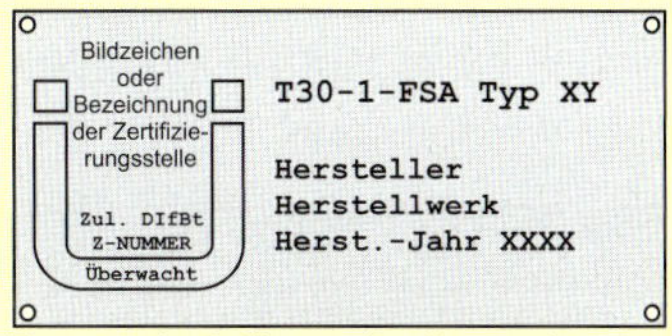

Feuerschutztür nach allgemein bauaufsichtlicher Zulassung

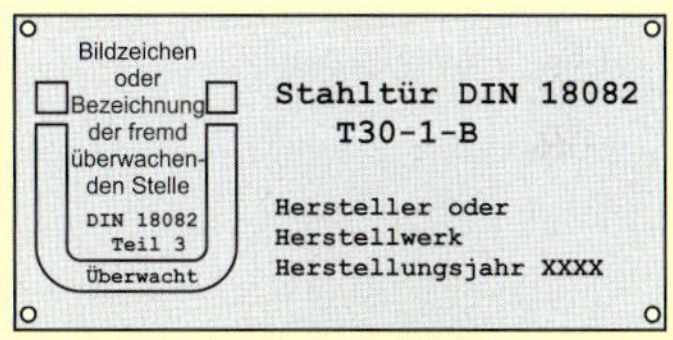

Feuerschutztür im Bestand nach der zurückgezogenen Norm DIN 18082

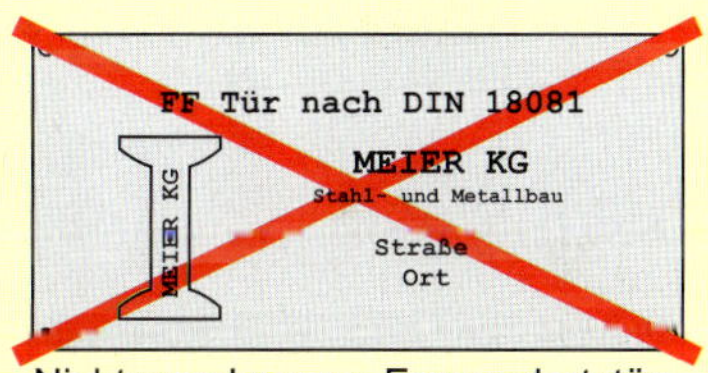

Nicht zugelassene Feuerschutztür mit Fantasieschild

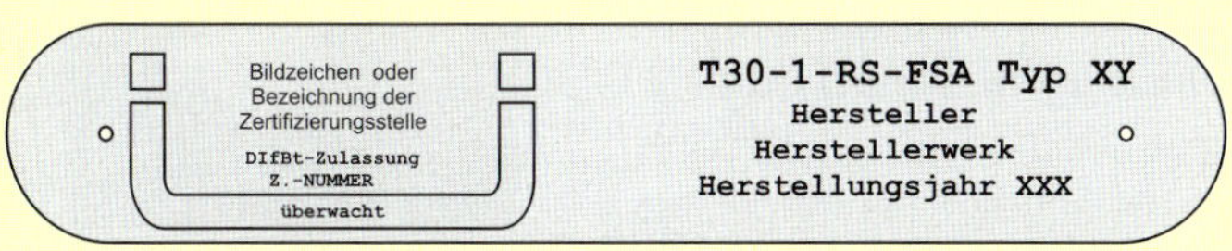

Feuerschutztür nach allgemein bauaufsichtlicher Zulassung mit Rauchschutz nach DIN 18095-1

Verwendbarkeitsnachweis durch Zustimmung im Einzelfall

In begründeten Einzelfällen kann von der Obersten Baubehörde (bzw. von der im jeweiligen Bundesland der Obersten Baubehörde entsprechenden Stelle) eine Zustimmung im Einzelfall erteilt werden, wenn z.B. aus betrieblichen Gründen der Einbau eines Feuerschutzabschlusses in einer Größe unter- oder oberhalb der zulässigen Abmessungen unumgänglich ist, und wenn dieses Problem nicht mithilfe einer anderen Abschluss-Bauart gelöst werden kann.

4.1-2 Feuerschutzschiebetor in einem Theater
Die Erteilung einer Zustimmung im Einzelfall ist nur möglich, wenn die Öffnung nicht mithilfe eines auf dem Markt erhältlichen zugelassenen Feuerschutzabschlusses geschlossen werden kann.

Die Zustimmung im Einzelfall ist nicht auf andere Fälle übertragbar. Der Verwendbarkeitsnachweis wird durch die Vorlage einer Kopie der Zustimmung im Einzelfall geführt. Außerdem ist ein Übereinstimmungszertifikat durch eine hierfür anerkannte Zertifizierungsstelle und die Kennzeichnung mit dem Übereinstimmungszeichen (Ü-Zeichen) erforderlich. Damit einher geht die werkseigene Produktionskontrolle einschließlich der Fremdüberwachung durch eine hierfür anerkannte Überwachungsstelle.

Der Antrag auf Zustimmung im Einzelfall ist vom Bauherrn oder von dessen Beauftragten zu stellen und über die zuständige Untere Bauaufsichtsbehörde einzureichen. Außerdem muss die Eignung der vorgesehenen Abschluss-Bauart nachgewiesen werden.

4.1-3 T 30-Feuerschutzabschluss, der zugleich auch Anforderungen an einen erhöhten Schallschutz erfüllen muss
Falls kein Feuerschutzabschluss auf dem Markt erhältlich ist, mit dem gleichzeitig auch die hohen Schallschutzanforderungen erfüllt werden können, ist eine Zustimmung im Einzelfall erforderlich.

Aus diesen Erfordernissen ergibt sich, dass der Verwendbarkeitsnachweis durch eine Zustimmung im Einzelfall u.U. ein schwieriger, langwieriger und kostenintensiver Weg sein kann. Es ist auch keineswegs gewährleistet, dass dieser Weg immer zum Ziel führt. Falls derartige Abschlüsse erforderlich sind, sollte deshalb der Antrag so früh wie möglich gestellt werden.

Außerdem sollte mit der ausführenden Firma bereits vor Auftragserteilung der Umfang der in diesem Verfahren zu erbringenden Leistungen festgelegt werden. Falls der Antrag abgelehnt wird, empfiehlt es sich, eine Vereinbarung über die weitere Vorgehensweise zu treffen.

4.2 Ältere Feuerschutzabschlüsse nach DIN 18082-1 und 18082-3

Die DIN 18082-1 und 18082-3, in denen T 30-Feuerschutzabschlüsse, Stahltüren T 30-1, Bauarten A und B, geregelt waren, wurden zurückgezogen. Solange diese Normen noch gültig waren, wurden die genannten Feuerschutzabschlüsse in Bauregelliste A Teil 1 lfd. Nrn. 6.1 und 6.2 aufgeführt (z.B. in der Ausgabe 2003).

Damit waren T 30-Stahltüren, die danach hergestellt wurden, **geregelte Bauprodukte.** Ein besonderer Verwendbarkeitsnachweis wurde nicht benötigt, da die Herstellung in der DIN 18082 geregelt war. Der erforderliche Übereinstimmungsnachweis bestand in einem Übereinstimmungszertifikat einer anerkannten Zertifizierungsstelle.

In Spalte 5 der Bauregelliste A Teil 1 war angegeben, dass bei wesentlichen Abweichungen von der DIN 18082 eine Z erforderlich sei. Dies bedeutete, dass alle Feuerschutzabschlüsse, die nicht als geregeltes Bauprodukt (nach DIN 18082) hergestellt wurden (also wesentlich von ihr abwichen), immer eine Z (bzw. eine ZiE) als Verwendbarkeitsnachweis benötigten.

Für bestehende Feuerschutzabschlüsse nach DIN 18082 besteht grundsätzlich Bestandsschutz, wenn sie zu einem Zeitpunkt eingebaut wurden, an dem diese Norm noch galt und sie in allen Punkten den Vorgaben der DIN 18082 und der Bauregelliste A Teil 1 lfd. Nrn. 6.1 und 6.2 entsprechen.

4.3 Rauchdichte Feuerschutzabschlüsse

Feuerschutzabschlüsse, die auch einen klassifizierten Rauchschutz aufweisen sollen, müssen zwei Verwendbarkeitsnachweise haben, eine Zulassung für den Feuerschutz und ein Prüfzeugnis für den Rauchschutz.

Zukünftig wird in den neuen Zulassungen (siehe Punkt 4.4 in diesem Kapitel) und den dazugehörigen Einbauanleitungen geregelt, ob und unter welchen Voraussetzungen die Feuerschutzabschlüsse auch als Rauchschutzabschlüsse nach DIN 18095 ausgeführt werden können. Die Kennzeichnung erfolgt in diesen Fällen nur noch durch ein Kennzeichnungsschild (siehe Punkt 5 in diesem Kapitel).

Für ältere Feuerschutzabschlüsse und während der Übergangszeit, bis alle *alten* Zulassungen in *neue* umgeschrieben wurden, sind für Feuerschutzabschlüsse mit Rauchschutz nach DIN 18095 (T 30/60/90 – DIN 18095-RS) noch zwei Kennzeichnungsschilder erforderlich. Eines für den Feuerschutz und eines für den Rauchschutz). Lediglich für Abschlüsse, die nur den Rauchschutz erfüllen müssen (DIN 18095-RS-Türen), ist ein Prüfzeugnis und ein entsprechendes Kennzeichnungsschild ausreichend (siehe Kapitel 6.8.4-B, Punkt 2.5).

4.4 Neue allgemeine bauaufsichtliche Zulassungen des DIBt auf nationaler Ebene

Zurzeit (2007 bis zum Auslaufen der letzten *alten Zulassungen* wird für Feuerschutzabschlüsse (ohne oder mit Rauchschutz nach DIN 18095) ein neues Zulassungssystem eingeführt.

Die neuen Zulassungen beginnen mit der Zulassungsnummer: **Z-6.20-xxxx.** Sie enthalten im Gegensatz zu den *alten Zulassungen* relativ wenige Informationen. In den neuen Zulassungen wird nur noch beschrieben:

- Zulassungsgegenstand
- Anwendungsbereich
- Eigenschaften (Feuerwiderstand, Dauerfunktion, Dichtheit, Rauchdichtheit)
- Herstellung (nur wenige allgemeine Informationen – die konstruktiven Angaben sind in Dokument A enthalten, das der Z nicht beiliegt und beim Hersteller verbleibt)
- Kennzeichnung
- Übereinstimmungsnachweis
- Bestimmungen für den Einbau: Hier werden nur noch die Wände (Bauteile) angegeben, in die der Feuerschutzabschluss eingebaut werden kann.

  Ansonsten wird auf die schriftliche Einbauanleitung mit allen für den Einbau und Betrieb notwendigen Daten verwiesen, die der Hersteller zusammen mit dem Feuerschutzabschluss ausliefern muss. Der genaue Einbau gemäß Zulassung ist in Dokument B enthalten, das der Z nicht beiliegt und beim Hersteller verbleibt. Die Einbauanleitung muss jedoch die für den jeweiligen Feuerschutzabschluss relevanten Teile des Dokuments B enthalten.
- Feststellanlage
- Übereinstimmungsbestätigung für den Einbau des Feuerschutzabschlusses.

Außerdem enthalten die neuen Zulassungen nur noch folgende Anlagen:

- Angaben zu den Größen des Feuerschutzabschlusses
- Angaben zu den Wänden (Bauteilen), in die der Feuerschutzabschluss eingebaut werden darf
- Übereinstimmungsbestätigung.

Die neuen Dokumente A und B bleiben beim Hersteller und sind für den Anwender nicht zugänglich. Allerdings hat der Hersteller das Dokument A der zuständigen Bauaufsichtsbehörde auf Verlangen vorzulegen und – soweit es für die Fremdüberwachung benötigt wird – den dafür zuständigen Stellen zur Verfügung zu stellen. Dies gilt auch für das Dokument B, das auch Bestandteil der Einbauanleitung ist.

Mit dieser neuen Regelung gewinnt die **schriftliche Einbauanleitung** des Herstellers besondere Bedeutung, da aufgrund der deutlich reduzierten Angaben der Zulassung allein ein fachgerechter Einbau nicht mehr möglich ist. Der Hersteller muss deshalb alle notwendigen Informationen in seiner Einbauanleitung angeben.

Die genaue Beachtung der Zulassung einschließlich der dazugehörigen Einbauanleitung ist von größter Bedeutung, da beim Einbau und Betrieb von Feuerschutzabschlüssen die meisten Fehler gemacht werden. Besonders sollte dabei auf den Anwendungsbereich, die Bestimmungen für die Ausführung sowie auf weitere Vorgaben, z.B. für die Zubehörteile, geachtet werden.

4.5 Feuerschutzabschlüsse, nach europäischen Vorschriften (DIN EN 13501-2, 1634-1 und 14600) geprüft und klassifiziert

Es ist bereits möglich, Feuerschutzabschlüsse nach europäischen Vorschriften (DIN EN 1634-1 und 14600) zu prüfen.

Allerdings ist es noch nicht möglich, mit den Prüfungsergebnissen in einem europäischen Verfahren auch eine europäische Zulassung mit CE-Zeichen zu erhalten. Damit können die nach DIN EN 1634-1 und 14600 geprüften Feuerschutzabschlüsse zunächst in Deutschland **nicht** verwendet werden.

Deshalb werden derartige Prüfungen zurzeit zweigleisig durchgeführt, d.h., sowohl die Messpunkte und Kriterien der europäischen Vorschriften (DIN EN 1634-1 usw.) als auch die der nationalen Vorschriften (DIN 4102-5 und 4102-18) werden geprüft.

Die zusätzlichen Prüfungen und Ergebnisse nach DIN 4102-5 und 4102-18 werden dann mit einem nationalen Anhang bzw. einem eigenen Prüfzeugnis dokumentiert, mit dem wie gewohnt eine allgemeine bauaufsichtliche Zulassung beim DIBt beantragt werden kann.

Damit der nationale Anhang bzw. das entsprechende Prüfzeugnis im bauaufsichtlichen Verfahren (also auch als Grundlage für die Beantragung einer Z beim DIBt) anerkannt wird, müssen die Prüfungen von einer amtlich anerkannten Materialprüfanstalt durchgeführt werden.

In einigen EU-Ländern werden die Prüfungen nach den europäischen Vorschriften (DIN 1634-1 usw.) bereits anerkannt; in anderen gibt es dagegen ebensolche Hemmnisse wie in Deutschland, so dass auch dort zusätzlich zur europäischen Prüfung weitere nationale Prüfungen und Nachweise erforderlich sind.

5 Übereinstimmungsnachweis und Kennzeichnung

Unabhängig davon, durch welchen Verwendbarkeitsnachweis Feuerschutzabschlüsse die bauaufsichtlichen Anforderungen erfüllen, muss ihre Verwendbarkeit mit dem für sie geforderten Übereinstimmungsnachweis bestätigt werden. Welche Bestätigung jeweils erforderlich ist, wird in der **allgemeinen bauaufsichtlichen Zulassung** (Z) bzw. in der **Zustimmung im Einzelfall** (ZiE) vorgeschrieben.

Der Übereinstimmungsnachweis für Feuerschutzabschlüsse besteht aus einem Übereinstimmungszertifikat durch eine hierfür anerkannte Zertifizierungsstelle und aus einer Kennzeichnung mit dem Übereinstimmungszeichen (Ü-Zeichen). Die Feuerschutzabschlüsse unterliegen einer werkseigenen Produktionskontrolle sowie der Fremdüberwachung einer hierfür anerkannten Überwachungsstelle.

Die nach außen sichtbare Bestätigung, dass der Feuerschutzabschluss der allgemeinen bauaufsichtlichen Zulassung (Z) bzw. der Zustimmung im Einzelfall (ZiE) entspricht und einer werkseigenen Produktionskontrolle sowie einer Fremdüberwachung unterlag, ist die Kennzeichnung mit dem Übereinstimmungszeichen (nationale Ebene: Ü-Zeichen, europäische Ebene: CE-Zeichen).

Weitere Informationen zum Verwendbarkeitsnachweis, Übereinstimmungsnachweis und zu Übereinstimmungszeichen enthält 5.2.

Kennzeichnung

Die Kennzeichnung darf nur erfolgen, wenn alle Anforderungen des Verwendbarkeitsnachweises, der dazugehörigen Einbauvorschrift und Übereinstimmungsbestätigung **erfüllt** sind und der Feuerschutzabschluss entsprechend diesen Vorgaben fachgerecht eingebaut wurde.

Der Feuerschutzabschluss muss vom Hersteller mit dem Übereinstimmungszeichen (Ü-Zeichen) nach der Übereinstimmungszeichen-Verordnung des jeweiligen Landes gekennzeichnet werden.

Die Kennzeichnung des Feuerschutzabschlusses muss durch ein Schild aus Stahlblech (Größe 52 mm × 105 mm oder 26 mm × 148 mm) erfolgen, das die folgenden Angaben – dauerhaft lesbar – enthalten muss. Das Schild muss dauerhaft befestigt werden.

Kennzeichnung eines Feuerschutzabschlusses mit Verwendbarkeitsnachweis Z

- Bezeichnung des Feuerschutzabschlusses: (z.B. **T 30-1-FSA** [Name]*)
- Übereinstimmungszeichen (Ü-Zeichen) mit:
  - Name des Herstellers
  - Zulassungsnummer: Z-6.20-xxxx
  - Bildzeichen oder Bezeichnung der Zertifizierungsstelle
- Herstellwerk*)
- Herstellungsjahr*)

*) Die Angaben müssen jeweils in unmittelbarer Nähe zum Buchstaben Ü angebracht werden.

Wichtig: Die bauaufsichtliche Anforderung *dichtschließend* wird von Feuerschutzabschlüssen nur dann erfüllt, wenn diese im Zargenbereich des Flügels mit einer mindestens dreiseitig umlaufenden dauerelastischen Dichtung zur Behinderung des Durchtritts von Rauch ausgeführt werden.

Die Anforderung *dichtschließend* wird in den Verwaltungsvorschriften bzw. Vollzugshinweisen der einzelnen Bundesländer teilweise unterschiedlich kommentiert.

Feuerschutzabschlüsse mit Anforderungen an den Rauchschutz

Feuerschutzabschlüsse mit Anforderungen an den Rauchschutz, deren Zulassungen bis ca. 2006 erstellt wurden, benötigen in der Regel **zwei Kennzeichnungsschilder:** ein Schild für den Feuerschutz (s.o.) und ein weiteres Schild für den Rauchschutz (siehe Kapitel 6.8.4-B, Punkt 2.5).

Feuerschutzabschlüsse mit Anforderungen an den Rauchschutz mit Zulassungen nach dem neuen System (siehe Punkt 4.4 in diesem Kapitel) bzw. mit Zulassungen ab ca. 2007 benötigen nur noch **ein Kennzeichnungsschild,** das folgende Angaben enthalten muss:

Kennzeichnung eines Feuerschutzabschlusses mit Rauchschutz nach DIN 18095 (Verwendbarkeitsnachweis Z für Feuerschutz und P für Rauchschutz)

- Bezeichnung des Feuerschutzabschlusses: (z.B. **T 30-1-RS-FSA** [Name]*)
- Übereinstimmungszeichen (Ü-Zeichen) mit:
  - Name des Herstellers
  - Zulassungsnummer: Z-6.20-xxxx
  - Bildzeichen oder Bezeichnung der Zertifizierungsstelle
- Herstellwerk*)
- Herstellungsjahr*)

*) Die Angaben müssen jeweils in unmittelbarer Nähe zum Buchstaben Ü angebracht werden.

Feuerschutzabschlüsse mit Verwendbarkeitsnachweis ZiE

Feuerschutzabschlüsse, deren Verwendung im begründeten **Ausnahmefall** (Einzelfall) von der obersten Bauaufsichtsbehörde durch eine (ZiE) genehmigt wurde, benötigen ebenfalls einen Übereinstimmungsnachweis und ein Ü-Zeichen. Das Kennzeichnungsschild muss folgende Angaben aufweisen:

Kennzeichnung eines Feuerschutzabschlusses mit Verwendbarkeitsnachweis ZiE
• Feuerwiderstandsklasse des Feuerschutzabschlusses bzw. Bezeichnung des Feuerschutzabschlusses*) • Übereinstimmungszeichen (Ü-Zeichen) • Name des Herstellers • Behörde, die die ZiE erteilt hat • Datum und Aktenzeichen der ZiE • Bauvorhaben • Herstellwerk*) • Herstellungsjahr*)

*) Die Angaben müssen jeweils in unmittelbarer Nähe zum Buchstaben Ü angebracht werden.

Es dürfen nur Feuerschutzabschlüsse eingebaut werden, deren Fertigung beim Hersteller der Fremdüberwachung einer hierfür anerkannten Überwachungsstelle unterliegt, d.h., der Hersteller muss sich vertraglich verpflichten, bei seinen Erzeugnissen eine Produktionskontrolle durchzuführen und sowohl die Eigenüberwachung als auch die Produktion durch eine Fremdüberwachung überprüfen zu lassen.

6 Zulässige Änderungen an Feuerschutzabschlüssen

Die Feuerschutzabschlüsse müssen sowohl in der Konstruktion als auch im Einbau dem entsprechenden Verwendbarkeitsnachweis (in der Regel: Zulassung) und der dazugehörigen Einbauanleitung entsprechen. Mit Ausnahme der nachfolgend beschriebenen Möglichkeiten sind Änderungen unzulässig.

6.1 Änderungen durch *nicht wesentliche Abweichung vom geprüften System*

Gemäß § 22 MBO 2002 (entsprechend auch gemäß den jeweiligen LBOs) gilt als Übereinstimmung auch eine **Abweichung** vom Verwendbarkeitsnachweis (Zulassung), die **nicht wesentlich** ist.

Damit sind Änderungen, die eine **nicht wesentliche Abweichung vom geprüften System** darstellen, grundsätzlich zulässig. In solchen Fällen ist es jedoch unbedingt erforderlich, dass der Hersteller bzw. die Materialprüfanstalt, die den Feuerschutzabschluss geprüft hat, verbindlich und schriftlich bestätigt, dass es sich bei der vorgesehenen Änderung um eine **nicht wesentliche Abweichung vom geprüften System** handelt.

6.2 Bestimmte vom DIBt genehmigte Änderungen

Für bestimmte Fälle werden vom Deutschen Institut für Bautechnik (DIBt) Änderungen und Ergänzungen genehmigt. Die Änderungen werden durch Veröffentlichungen des DIBt bekannt gegeben.

Dabei handelt es sich um Maßnahmen, die brandschutztechnische Eigenschaften der Abschlüsse nicht beeinträchtigen. Es wird zwischen zwei Gruppen unterschieden:

Gruppe 1

Zulassungskonforme Änderungen und Ergänzungen bei der **Herstellung**

Gruppe 2

Zulassungskonforme Änderungen und Ergänzungen am **Verwendungsort**

Für die jeweils zulässigen Änderungen sind zur Zeit (September 2010) zwei Veröffentlichungen des DIBt maßgebend:

- die *Zulässigen Änderungen an Feuerschutzabschlüssen* (Stand Juni 1995, Mitteilungen des DIBt vom 1. Februar 1996)
- die *Zulässigen Änderungen und Ergänzungen an Feuerschutzabschlüssen und Feuerschutzabschlüssen mit Rauchschutzeigenschaften im modifizierten Zulassungsverfahren* (Stand: 1. Dezember 2009)

Welche Änderungen an Feuerschutzabschlüssen und Feuerschutzabschlüssen mit Rauchschutzeigenschaften jeweils zulässig sind, hängt gemäß den *Zulässigen Änderungen vom 1.12.2009* vom Datum der allgemeinen bauaufsichtlichen Zulassung des jeweiligen Abschlusses ab.

- für Feuerschutzabschlüsse mit einer Zulassung, die bis zum 31. Dezember 2009 erteilt wurde, gelten die *Zulässigen Änderungen* vom Juni 1995.
- bei Feuerschutzabschlüssen und Feuerschutzabschlüssen mit Rauchschutzeigenschaften für die eine Zulassung ab dem 1. Januar 2010 erteilt wurde, sind die *Zulässigen Änderungen* vom Dezember 2009 anzuwenden.

6.2.1 Feuerschutzabschlüsse mit Zulassungen, die bis zum 31. Dezember 2009 erteilt wurden

Es gelten die im Folgenden aufgeführten *Zulässigen Änderungen an Feuerschutzabschlüssen (Stand Juni 1995)* des DIBt.

Bei den folgenden Änderungen (Mitteilungen des DIBt vom 1. Februar 1996, Fassung: Juni 1995) bedarf es keines weiteren Verwendbarkeitsnachweises:

Änderungen bei Feuerschutzabschlüssen
(Fassung: Juni 1995)

1 Allgemeines

Nicht genormte Feuerschutzabschlüsse gelten als nicht geregelte Bauprodukte, die des Nachweises ihrer Verwendbarkeit bedürfen (§ 20 Abs. 3 MBO 12.93). Der Nachweis wird vornehmlich durch eine allgemeine bauaufsichtliche Zulassung geführt (§ 21 Abs. 1 MBO).

In den Zulassungen wird geregelt, dass sich der Brauchbarkeitsnachweis auch auf die nachstehend aufgeführten Änderungen von Feuerschutzabschlüssen erstreckt. Die Änderungen sind an Drehflügeltüren zulässig; es bestehen keine Bedenken, sie bei sinngemäßer Anwendung auch an Schiebe-, Hub- und Rolltoren vorzunehmen. In den Zulassungen wird auf diese Veröffentlichung in den „Mitteilungen" des Deutschen Instituts für Bautechnik Bezug genommen. Für diese Änderungen bedarf es also keines weiteren Brauchbarkeitsnachweises.

2 Zulässige Änderungen

2.1 Zulässige Änderungen und Ergänzungen, die auch an bereits hergestellten Feuerschutzabschlüssen durchgeführt werden können:

2.1.1 Anbringung von Kontakten, z.B. Reedkontakte und Schließblechkontakte (Riegelkontakte) zur Verschlussüberwachung, sofern sie aufgesetzt oder in vorhandene Aussparungen eingesetzt werden können (siehe auch Abschnitt 2.2.2).

2.1.2 Austausch des Schlosses durch geeignetes, selbstverriegelndes oder motorisch angetriebenes Schloss mit Falle, sofern dieses Schloss in die vorhandene Schlosstasche eingebaut werden kann und Veränderungen am „Schließblech" nicht erforderlich werden.

2.1.3 Führung von Kabeln auf dem Türblatt.

2.1.4 Einbau optischer Spione.

2.1.5 Anschrauben, Annieten oder Aufkleben von Hinweisschildern auf dem Türblatt.

2.1.6 Anschrauben oder Aufkleben von Streifen (etwa bis 250 mm Breite bzw. Höhe) aus Blech, z.B. Tritt- oder Kantenschutz.

2.1.7 Anbringen von Rammschutzstangen unter Verwendung ggf. erforderlicher Verstärkungsbleche.

2.1.8 Anbringen von geeigneten Panikstangengriffen, wenn nach Auskunft des Türherstellers geeignete Befestigungspunkte vorhanden sind.

2.1.9 Ergänzung von Z- und Stahleckzargen zu Stahlumfassungszargen sowie Anbringung von Wandanschlussleisten bei Holzzargen.

2.1.10 Aufkleben von Leisten aus Holz, Kunststoff, Aluminium, Stahl in jeder Form und Lage auf Glasscheiben.

2.1.11 Auf Holztüren Aufkleben und Nageln von Holzleisten bis ca. 60 mm x 30 mm, jedoch max. 12 dm^3 je Seite, und Anbringung von Zierleisten auf Holzzargen.

2.2 Zulässige Änderungen und Ergänzungen, die ausschließlich bei der Herstellung der Feuerschutzabschlüsse durchgeführt werden dürfen.

Die nachfolgend genannten Änderungen und Ergänzungen bedürfen der zeichnerischen Festlegung. Die Zeichnungen müssen von der/den Prüfstelle(n), die die Eignungsprüfungen im Zulassungsverfahren durchgeführt hat/haben, genehmigt werden.

2.2.1 Anbringung eines Flächenschutzes zur Auslösung eines Signals
- *außen aufgeklebt und bis zu 1 mm Dicke,*
- *außen auf Holztüren aufgebrachte, mit Drähten versehene Sperrholzplatten,*
- *außen auf Stahltüren aufgebrachte, mit Drähten versehene Fiber-/Kalzium-Silikat-Platte, ggf. mit ganzflächiger metallischer Abdeckung,*
- *Folien bis 1 mm Dicke im Inneren von Stahltüren.*

2.2.2 Zusätzlicher Einbau von Kontakten im Türblatt bzw. in der Zarge oder das Vorrichten von Aussparungen für derartige Kontakte.

2.2.3 Zusätzlich im oder auf dem Türblatt angeordnetes Riegelschloss (Motor-, Blockschloss). Bei Anordnung im Türblatt ist hierfür eine Schlosstasche einzubauen, die hinsichtlich der Dicke der Isolierstoffe der Ausführung entsprechen muss, die für den Schlossbereich der zugelassenen Tür vorgeschrieben ist.

2.2.4 Einbau geeigneter elektrischer Türöffner nach dem Arbeitsstromprinzip, sofern sie aus Werkstoffen bestehen, deren Schmelzpunkt nicht unter 1000 °C liegt. Diese elektrischen Türöffner dürfen nicht an Drehflügeltüren verwendet werden, die mit einem Federband als Schließmittel ausgerüstet sind. Sie dürfen nicht mit Dauerentriegelung betrieben werden.

2.2.5 Einbau zusätzlicher Sicherungsstifte/-zapfen an der Bandseite und zusätzlicher Bänder.

2.2.6 Verwendung von Edelstahlblechen anstelle von (normalen) Stahlblechen gleicher Blechdicke.

2.2.7 Anordnung von Schloss und Drücker in anderer Höhenlage (Abweichung bis etwa 200 mm), z.B. für Kindergärten.

2.2.8 Führung von Kabeln im Türblatt
- *bei Stahltüren in einem metallischen Schutzrohr (z.B. PG 7),*
- *bei Holztüren in einer Bohrung bis zu 8 mm Durchmesser oder in einer Ausnehmung bis 8 mm x 8 mm.*

2.2.9 Änderung folgender Zargenmaße:
- *größere Spiegelbreiten,*
- *Abkantungen am Zargenspiegel, z.B. Schattennut.*

2.2.10 Einbau von Vorrichtungen zur Befestigung geeigneter Panikstangengriffe (siehe Abschnitt 2.1.8).

2.2.11 Zusätzlich zu dem vorhandenen Schlosssystem die Anbringung von Halteplatten für Haftmagnete von elektromagnetischen Verriegelungseinrichtungen. Hierzu sind bei der Herstellung im Türblatt geeignete Befestigungspunkte vorzusehen[1].

2.2.12 Wenn Türen ohne Bodeneinstand der Zargen eingebaut werden, ist an beiden Längsseiten jeweils ein zusätzlicher Anker 60 mm ±20 mm über OFF anzubringen.

3 Ausführung

Bei der Ausführung von zulässigen Änderungen und Ergänzungen ist Folgendes zu beachten:

3.1 Änderungen und Ergänzungen dürfen die Funktionsfähigkeit des Feuerschutzabschlusses nicht beeinträchtigen (z.B. selbstschließende Eigenschaft).

3.2 Abschlüsse mit den genannten Änderungen und Ergänzungen bedürfen neben der in der Zulassung beschriebenen keiner zusätzlichen Kennzeichnung.

3.3 Bei Schlössern (2.1.2), Panikstangengriffen (2.1.8 und 2.2.10) und elektrischen Türöffnern (2.2.4) dürfen nur geeignete Ausführungen verwendet werden. Der Nachweis ist durch eine mechanische Festigkeits- und Dauerfunktionstüchtigkeitsprüfung (Abschnitt 2.3.5 der Richtlinien für die Zulassung von Feuerschutzabschlüssen – Fassung Februar 1983 – „Mitteilungen" IfBt Heft 3/1983) zu erbringen.

[1]) Hinsichtlich der Zuverlässigkeit von elektrischen Verriegelungen an Türen in Rettungswegen siehe „Mitteilungen" 20. Jahrgang Nr. 2, vom 31.3.1989.

Wand- und Deckenöffnungen	Feuerschutzabschlüsse	**6.8.1-B** Seite 22-1

3.4 Bei Renovierung (Sanierung) vorhandener Feuerschutztüren dürfen die Zargen dieser Türen – sofern sie ausreichend fest verankert sind – eingebaut bleiben. Die Zargen der neu einzubauenden Feuerschutztüren dürfen an den vorhandenen Zargen – ggf. über entsprechende Verbindungsteile – befestigt werden. Die neuen Zargen müssen die alten, verbleibenden Zargen vollständig umfassen. Hohlräume zwischen den Zargen bzw. Zarge und Wand sind mit Mörtel auszufüllen.

4 Diese Fassung enthält Ergänzungen gegenüber der in den „Mitteilungen“, 20. Jahrgang Nr. 4, vom 1.8.1989 abgedruckten Fassung. Soweit in Zulassungsbescheiden der Hinweis auf die Veröffentlichung vom 1.8.1989 enthalten ist, tritt an dessen Stelle diese Fassung.

5 Diese Zusammenstellung der Änderungen an Feuerschutzabschlüssen darf nur ungekürzt vervielfältigt werden.

6.2.2 Feuerschutzabschlüsse und Feuerschutzabschlüsse mit Rauchschutzeigenschaften mit Zulassungen, die ab dem 1. Januar 2010 erteilt wurden

Es gelten die im Folgenden aufgeführten *Zulässigen Änderungen und Ergänzungen an Feuerschutzabschlüssen und Feuerschutzabschlüssen mit Rauchschutzeigenschaften im modifizierten Zulassungsverfahren (Stand: 1. Dezember 2009)* des DIBt. Darin ist auch angegeben, dass die *Zulässigen Änderungen* künftig noch deutlicher auf den jeweiligen Feuerschutzabschluss abgestimmt und deshalb als Anlage ein Bestandteil der jeweiligen allgemeinen bauaufsichtlichen Zulassung werden.

6.8.1-B Seite 22-2	Wand- und Deckenöffnungen	Feuerschutzabschlüsse

1. Zulassungskonforme Änderungen und Ergänzungen bei der Herstellung

Die nachfolgend genannten Änderungen und Ergänzungen dürfen – sofern sie in der entsprechenden Unterlage zur jeweiligen Zulassung enthalten sind – ausschließlich bei der Herstellung von Feuerschutzabschlüssen als Drehflügelabschluss und nur mit der Zustimmung des Antragstellers/Zulassungsinhabers durchgeführt werden.

Den Prüfstellen wird vom Deutschen Institut für Bautechnik ein Katalog an möglichen Änderungen zur Verfügung gestellt, so dass bei der Erarbeitung des Dokumentes A und des zusammenfassenden Gutachtens darauf zurückgegriffen werden kann. Darüber hinaus sind – ohne weitere Nachweise – zulassungskonform keine Änderungen möglich.

Der Katalog umfasst folgende Punkte:

1. *Anbringung von Auflagen zur Flächenüberwachung*
   - *außen aufgeklebt und bis zu 1 mm Dicke,*
   - *außen auf Holztüren aufgebrachte, mit Drähten versehene Holzwerkstoffplatten,*
   - *außen auf Stahltüren aufgebrachte, mit Drähten versehene Faser-/Kalzium-Silikat-Platten, ggf. mit ganzflächiger metallischer Abdeckung.*

   (Der vorgenannte Punkt ist nicht auf Feuerschutzabschlüsse mit Rauchschutzeigenschaften anwendbar.)

2. *Zusätzlicher Einbau von Kontakten im Türblatt bzw. in der Zarge oder das Vorrichten von Aussparungen für derartige Kontakte. Dabei darf/dürfen die Dichtungsebene(n) nicht beschädigt werden*

3. *Einbau zusätzlicher Sicherungsstifte/-zapfen an der Bandkante und zusätzlicher Bänder[1]).*

4. *Führung von Kabeln innerhalb des Türblattes und/oder der Zarge*
   - *bei Stahltüren im metallischen Schutzrohr (bis zu 12 mm Außendurchmesser),*
   - *bei metallischen Rahmentüren im Rahmenrohr oder im Bereich der Glashalteleisten,*
   - *bei Holztüren in einer Bohrung bis zu 9 mm Durchmesser oder in einer Ausnehmung bis 8 mm x 8 mm.*

   Die Türblätter dürfen nicht in der Türblattdicke durchbohrt werden.

   (Bei Feuerschutzabschlüssen mit Rauchschutzeigenschaften sind Kabelführungen dauerelastisch abzudichten.)

[1]) mit (allgemeinem) bauaufsichtlichem Verwendbarkeitsnachweis

5. *Einbau von Vorrichtungen zur Befestigung von Schutzstangengriffen.*
6. *Zur Befestigung von Ankerplatten für Haftmagnete von Feststellanlagen – mit (allgemeinem) bauaufsichtlichem Verwendbarkeitsnachweis – sind im Türblatt geeignete Befestigungspunkte vorzusehen/anzubringen.*
7. *Wenn Türen ohne Bodeneinstand der Zargen – ausgenommen Umfassungszargen – eingebaut werden, ist an beiden Längsseiten jeweils ein zusätzlicher Anker 60 mm ± 20 mm über OFF anzubringen.*

Grundsätzlich gilt bei Rauchschutzeigenschaft, dass die Spalte und Anschlussfugen des Feuerschutzabschlusses dauerelastisch zu versiegeln sind. Alle Fugen des Feuerschutzabschlusses, der Zarge und der Einbauteile sind mit mindestens normalentflammbaren Baustoffen zu verschließen.

2. Zulassungskonforme Änderungen und Ergänzungen am Verwendungsort

Die nachfolgend genannten Änderungen und Ergänzungen dürfen – nach Abstimmung mit dem Antragsteller der Zulassung bzw. dem Hersteller – an hergestellten und bereits eingebauten Feuerschutzabschlüssen durchgeführt werden, wenn sie in der Anlage zur allgemeinen bauaufsichtlichen Zulassung aufgelistet sind.

Der Zulassungsinhaber/Hersteller kann aus dem vom DIBt zur Verfügung gestellten Katalog an möglichen Änderungen die für den jeweiligen Feuerschutzabschluss zutreffenden festlegen. Darüber hinaus sind – ohne weitere Nachweise – zulassungskonform keine Änderungen möglich.

1. *Anbringung von Kontakten, z.B. Magnetkontakte und Schließblechkontakte (Riegelkontakte) zur Verschlussüberwachung, sofern sie aufgesetzt oder in vorhandene Aussparungen eingesetzt werden können.*
2. *Führung von Kabeln auf dem Türblatt (dies schließt eine Bohrung – Ø ≤ 10 mm – von einer Türblattkante oder -oberfläche in die Schlosstasche ein).*
3. *Austausch des Schlosses durch geeignetes, selbst verriegelndes Schloss mit Falle[1]), sofern dieses Schloss in die vorhandene Schlosstasche eingebaut werden kann und Veränderungen am Schließblech und am Türblatt nicht erforderlich werden. Anzahl und Lage der Verriegelungspunkte müssen eingehalten werden.*
4. *Einbau optischer Spione in feuerhemmenden Abschlüssen, wobei die Kernbohrung im Türblatt den Durchmesser von 15 mm nicht überschreiten darf.*

---

[1]) *mit (allgemeinem) bauaufsichtlichem Verwendbarkeitsnachweis*

6.8.1-B Seite 22-4 | Wand- und Deckenöffnungen | Feuerschutzabschlüsse

5. *Anschrauben, Annieten oder Aufkleben von Hinweisschildern auf dem Türblatt.*

6. *Anschrauben, Annieten oder Aufkleben von Streifen (etwa bis 250 mm Breite bzw. Höhe), angebracht bis maximal in Drückerhöhe, aus max. 1,5 mm Blech, z.B. Tritt- oder Kantenschutz.*

7. *Anbringung von Schutzstangen, sofern geeignete Befestigungspunkte vorhanden sind.*

8. *Ergänzung von Z- und Stahleckzargen zu Stahlumfassungszargen sowie Anbringung von Wandanschlussleisten bei Holzzargen.*

9. *Aufkleben von Leisten aus Holz, Kunststoff, Aluminium, Stahl in jeder Form und Lage auf Glasscheiben.*

10. *Aufkleben und Nageln von Holzleisten bis ca. 60 mm x 30 mm bei Feuerschutzabschlüssen aus Holz, jedoch max. 12 dm^3 je Seite, sowie Anbringung von Zierleisten auf Holzzargen.*

11. *Anbringung von Halteplatten für Haftmagnete von Feststellanlagen[1]) an den im Türblatt vorhandenen Befestigungspunkten.*

12. *Bei Renovierung (Sanierung) vorhandener Feuerschutztüren dürfen die Stahlzargen dieser Türen – sofern sie ausreichend fest verankert sind – eingebaut bleiben. Die Zargen der neu einzubauenden Feuerschutztüren dürfen an den vorhandenen Zargen – ggf. über entsprechende Verbindungsteile – befestigt werden. Die neuen Zargen müssen die alten, verbleibenden Zargen vollständig umfassen. Hohlräume zwischen den Zargen bzw. zwischen Zarge und Wand sind mit Mörtel oder geeigneten nichtbrennbaren mineralischen Materialien, z.B. Gipskarton- und Kalziumsilikatplatten, auszufüllen.*

Grundsätzlich gilt bei Rauchschutzeigenschaft, dass die Spalte und Anschlussfugen des Feuerschutzabschlusses dauerelastisch zu versiegeln sind. Alle Fugen des Feuerschutzabschlusses, der Zarge und der Einbauteile sind mit mindestens normalentflammbaren Baustoffen zu verschließen.

[1]) *mit (allgemeinem) bauaufsichtlichem Verwendbarkeitsnachweis*

7 Einbau von Feuerschutzabschlüssen

7.1 Fachgerechter Einbau

Zugelassene Feuerschutzabschlüsse sind hochwertige Bauprodukte, die alle an sie gestellten Anforderungen erfüllen – vorausgesetzt sie werden fachgerecht eingebaut und betrieben. Immer wieder zeigt sich, dass Feuerschutzabschlüsse falsch bzw. unzureichend eingebaut werden, was im Brandfall zu einem vorzeitigen Versagen führen kann (siehe Kapitel 6.8.1-S). Dem fachgerechten Einbau kommt deshalb eine besondere Bedeutung zu.

Maßgebend für den Einbau von Feuerschutzabschlüssen sind die entsprechende gültige allgemeine bauaufsichtliche Zulassung (Z) des DIBt sowie die dazugehörige Einbauanleitung des Herstellers. Beides muss an der Verwendungsstelle vorliegen.

Feuerschutzabschlüsse dürfen nur in Wände eingebaut werden bzw. an Bauteile anschließen, die den Bestimmungen der Zulassung und der dazugehörigen Einbauanleitung entsprechen. Die Anschlüsse müssen in der jeweiligen Einbauanleitung des Herstellers zeichnerisch dargestellt sein.

7.2 Einbauanleitung

Jeder Feuerschutzabschluss muss mit einer schriftlichen Einbauanleitung ausgeliefert werden. Diese muss der Hersteller in Übereinstimmung mit der Z des Feuerschutzabschlusses erstellen.

Die Einbauanleitung muss mindestens die für den jeweiligen Feuerschutzabschluss relevanten Teile des Dokuments B (siehe auch unter 4.4 in diesem Kapitel) bei Berücksichtigung der jeweiligen Einbausituation sowie die folgenden Angaben enthalten:

- Angaben für den Einbau des Feuerschutzabschlusses (z.B. angrenzende Bauteile, zulässige Befestigungsmittel, Befestigungsabstände, Fugenausbildung)
- Hinweise auf zulässige Ausführungsvarianten und Zubehörteile
- Anweisungen zum ggf. notwendigen Zusammenbau (Zargen, Dichtungen)
- Hinweise bezüglich der Verwendung von Feststellanlagen.

7.3 Einbau nach DIN 18093

Die DIN 18093 „Feuerschutzabschlüsse; Einbau von Feuerschutztüren in massive Wände aus Mauerwerk oder Beton; Ankerlagen, Ankerformen, Einbau" regelt den Einbau von ein- und zweiflügeligen Feuerschutztüren bis zu einem Baurichtmaß der Öffnung von 2,50 m Breite und 2,50 m Höhe mit stählernen Eckzargen (z.B. aus Z-Profil) in massive Wände aus Mauerwerk oder Beton.

Der Vorteil dieser Norm liegt darin, dass für Türen, die nach dieser Norm eingebaut werden können, eine produktneutrale Ausschreibung möglich ist (da damit z.B. die Ankeranordnung und Lage der Anker allgemein gültig geregelt wird). Allerdings darf diese Norm **nur angewandt** werden, wenn dies in der jeweiligen Zulassung und der dazugehörigen Einbauanleitung des Herstellers vorgesehen bzw. angegeben ist.

Wichtig: Maßgebend für den Einbau von Feuerschutzabschlüssen sind immer die

- **entsprechende Zulassung** und die
- **dazugehörige Einbauanleitung des Herstellers.**

Beispiel für die grundsätzliche Anforderung einer Einbauanleitung: *„Feuerschutzabschlüsse sind nach der dazugehörigen Zulassung, der Einbauanleitung und nach den Forderungen der DIN 18093 einzubauen."*

In diesem Fall gelten für den Einbau in erster Linie die entsprechende Zulassung und die dazugehörige Einbauanleitung des Herstellers. Für Punkte, in denen dort keine Aussagen getroffen werden, gilt dann noch die DIN 18093.

7.3-1 a bis d Anordnung und Wandaussparungen für Anker gemäß DIN 18093

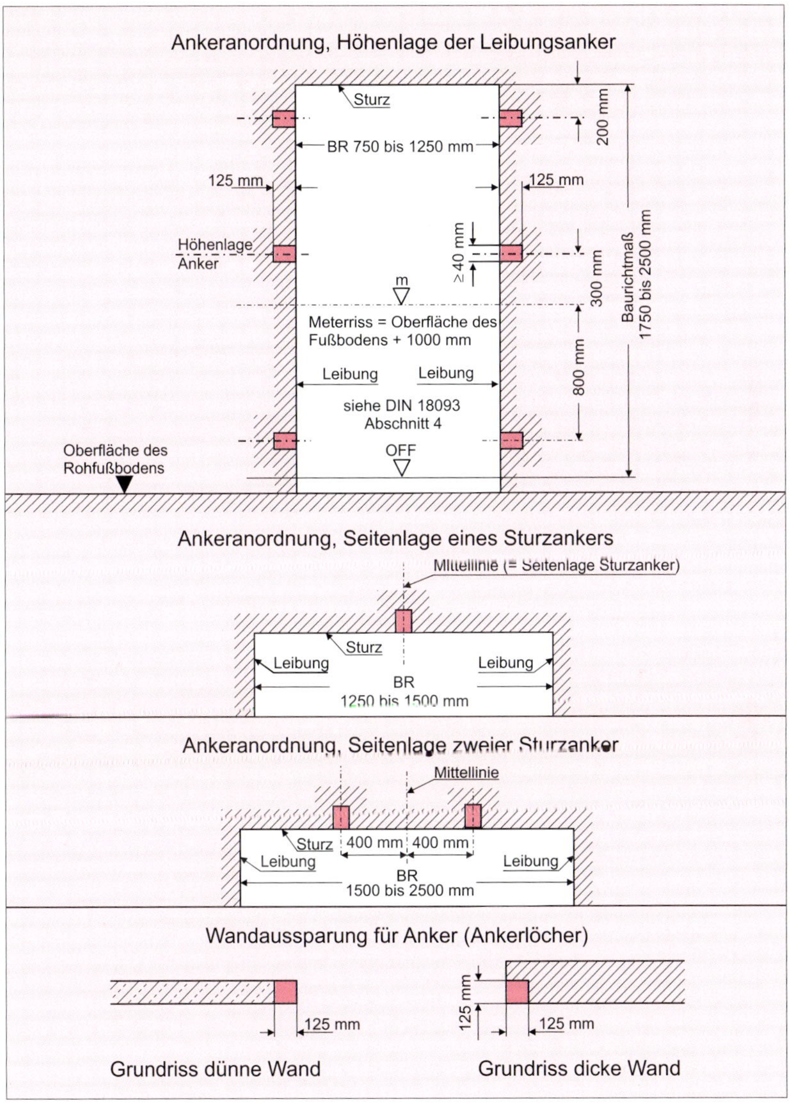

6.8.1-B Seite 26 | Wand- und Deckenöffnungen | Feuerschutzabschlüsse

Tabelle 7.3-1: Voraussetzungen für den Einbau von Feuerschutztüren (DIN 18093 Tabelle 1)

Feuerschutztüren dürfen nur in Wände eingebaut werden, die in der Zulassung vorgesehen sind oder die Mindestvoraussetzungen erfüllen, die in DIN 18093 Tabelle 1 Zeile 1 genannt sind.

	1	2	3	4	5	6
	Feuer-schutztür	Wände[1]) aus				
		Mauerwerk nach DIN 1053 Teil 1			Stahlbeton nach DIN 1045	
		Nenndicke mm mind.	Druckfestig-keitsklasse der Steine	Mörtel-gruppe mind.	Nenndicke mm mind.	Festigkeits-klasse mind.
1	T 90	≥ 240	≥ 12	II	≥ 140	B 15
2 3	T 30	≥ 115	≥ 12	II	≥ 80[2]) ≥ 120[3])	B 15

[1]) Die in den Spalten 2 und 5 aufgeführten Mindestwanddicken gelten, sofern in der Zulassung oder der Einbauanleitung des Herstellers keine anderen Wanddicken angegeben sind.

[2]) Nichttragende Wand F 30 nach DIN 4102-4:1981-03 Tabelle 37

[3]) Tragende Wand F 30 nach DIN 4102-4:1981-03 Tabelle 37

Tabelle 7.3-2: Einbauanleitung für Feuerschutztüren nach DIN 18093 Abschnitt 7.3

Jede Feuerschutztür ist mit einer Einbauanleitung zu liefern, aus der insbesondere die Mindestnenndicke der Wand hervorgeht, in welche die Feuerschutztür eingebaut werden darf.

Die Einbauanleitung muss mindestens enthalten:

a) Grundsätze für den Einbau nach Abschnitt 7.4, bezogen auf die jeweilige Türkonstruktion

b) Hinweise auf die Anbringung lose mitgelieferter Zubehörteile wie
   - Drücker
   - Schilder
   - Türschilder
   - Schließfolgeregler

c) Anweisung zum Zusammenbau von aus Transportgründen zerlegten Zargen

d) Anleitung zum Einziehen etwaiger Dichtungs- oder Dämpfungsprofile

e) Hinweise auf die Anwendung mitgelieferter oder zur Verwendung zugelassener Dübel bei Montage mit Zargenankern (z.B. Dübelgrund und Mindest-Randabstand)

f) Hinweise auf das funktionsgerechte Zusammenspiel aller Teile

g) die Reihenfolge der Arbeits- und Montagevorgänge.

Beschreibungen zu den folgenden Zeichnungen:

7.3-2 bis 7.3-4 Einbaubeispiele für die Verankerung von Feuerschutztüren nach DIN 18093

Jede Feuerschutztür ist nach den Festlegungen der Norm DIN 18093, der Einbauanleitung in Abschnitt 7.3 dieser Norm und den Angaben einzubauen, die entweder in der jeweiligen Zulassung oder in den betreffenden Normen für Feuerschutztüren genannt sind.

Verankerung mit Maueranker n

Maueranker oder wie Maueranker verwendete Zargenanker und Anschweißanker bei Verwendung als Maueranker in Aussparungen sind mit Mörtel der Mörtelgruppe IIa oder III nach DIN 1053-1 in den vorhandenen Aussparungen festzusetzen:

7.3-2 a und b Einbaubeispiele von Mauerankern

Die Maueranker sind zum Einbau der Zarge rechtwinkelig abzubiegen und wie oben angegeben einzumörteln.

Verankerung mit Zargenankern

Hierbei dürfen nur Dübel verwendet werden, die in der Zulassung angegeben sind, oder – bei einem Einbau der Feuerschutztüren nach DIN 18093 – deren Verwendbarkeit nachgewiesen ist, z.B. durch eine allgemeine bauaufsichtliche Zulassung. Auf den minimal zulässigen Randabstand der Dübel ist zu achten.

7.3-3 a bis e Einbaubeispiele von Zargenankern nach DIN 18093

Dübelbefestigung auf Wandfläche und Leibungsfläche:

Die Zargenanker sind im Regelfall wie in Bild 7.3-3 b zu befestigen. *„Zur Montage sind die Anker so abzubiegen, dass je ein Ende auf der Wand aufliegt bzw. in die Leibung steht."* Es dürfen nur Dübel wie oben angegeben verwendet werden.

Dübelbefestigung ausschließlich in der Leibung:

„Bei Sichtmauerwerk und Sichtbetonwänden ist es zulässig, die Zargenanker nur in der Leibung zu befestigen" (siehe Bilder 7.3-3 c und 7.3-3 d). *„Die Montage mit übereinanderliegenden Zargenankerteilen ist zulässig"* (siehe Bild 7.3-3 c). Es wird aber empfohlen, der Montageart mit der versetzten Lage der beiden Zargenankerteile den Vorzug zu geben (siehe Bild 7.3-3 d). Für dünne Wände ist die Montageart nach Bild 7.3-3 d vorzuziehen, aber auch eine Montage nach Bild 7.3-3 e ist zulässig.

Verwendung der Zargenanker als Maueranker:

Die Zargenanker lassen sich auch durch Verdrehen und Kröpfen wie Maueranker in einer Ankerlochaussparung einsetzen. Dazu sind die beiden Enden der Anker auseinanderzubiegen (siehe Bild 7.3-3 a).

6.8.1-B Seite 28	Wand- und Deckenöffnungen	Feuerschutzabschlüsse

7.3-4 a bis c Einbaubeispiele von Anschweißankern in Mauerwerkswänden oder Betonwänden nach DIN 18093

„Bei Verankerungen in Betonwänden oder in Betonstürzen über Wandöffnungen in Mauerwerkswänden ist in der Regel diese Verankerungsart vorzuziehen." Dabei ist besonders wichtig, dass der in der Leibung freiliegende Schenkel der Z-Zarge mit Putz oder anderen gleichwertigen Baustoffen hinterlegt wird.

Bei Mauerwerkswänden können die Anschweißanker in Wandaussparungen nach den Bildern 7.3-1 a bis d mit Mörtel wand- und leibungsbündig eingesetzt werden.

Die Anschweißanker können auch ohne Verwendung von Passstücken in der Höhenlage nach Bild 7.3-1 a angeschweißt werden, so dass die so vorbereitete Tür in Stahlbeton- bzw. Mauerwerkswände mit Wandaussparungen für Anker nach den Bildern 7.3-1 a bis d eingesetzt werden kann.

Hinweis:
In den folgenden Bildern wird die Alternativausführung jeweils durch folgende Linie dargestellt:

—— – – —— —— – – ——

7.3-2 a **Maueranker** – dicke Wand, allseitig geputzt

Horizontalschnitt

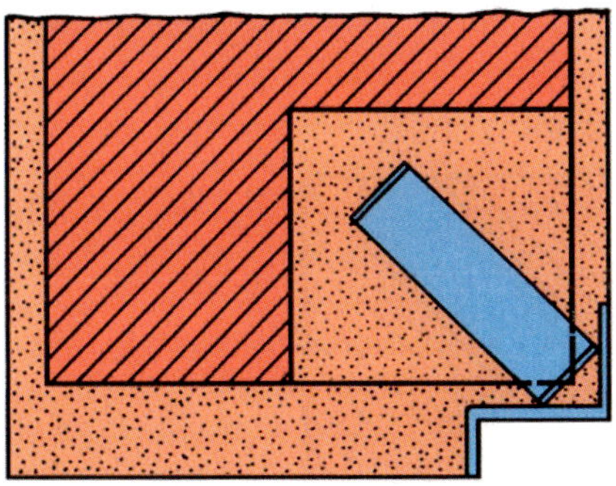

7.3-2 b **Maueranker** – dicke Wand, nur Leibungsfläche geputzt

Horizontalschnitt

7.3-3 a **Zargenanker** – dicke Wand, allseitig geputzt, Befestigung des Zargenankers wie Maueranker im Ankerloch

Horizontalschnitt

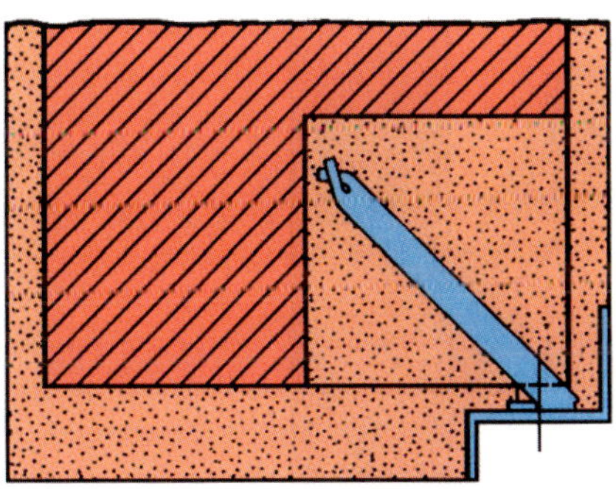

7.3-3 b **Zargenanker** – dicke Wand, allseitig geputzt, Dübelbefestigung auf der Leibung und der Wandfläche

Horizontalschnitt

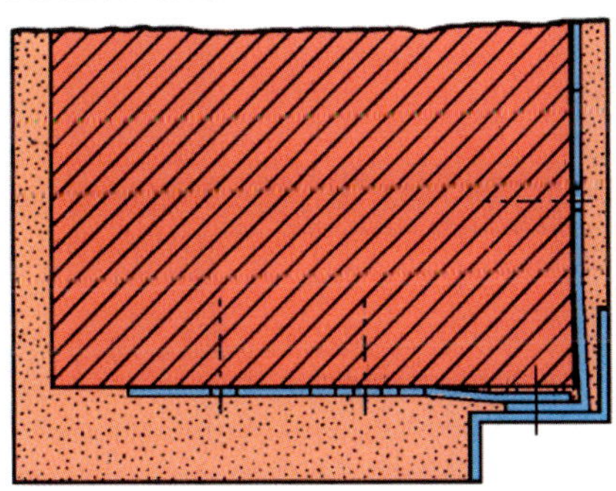

Vertikalschnitt

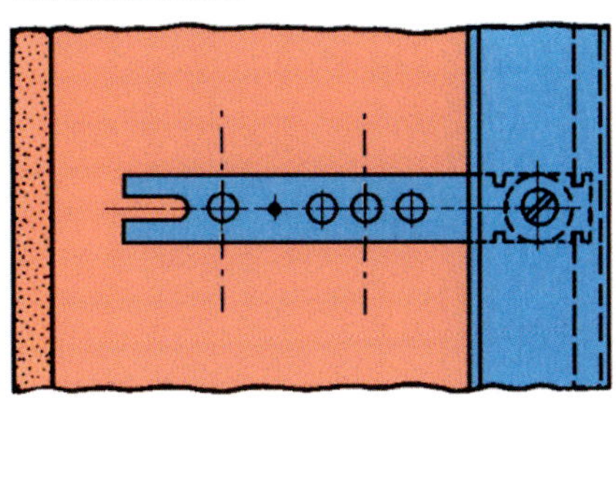

6.8.1-B Seite 30	Wand- und Deckenöffnungen	Feuerschutzabschlüsse

7.3-3 c **Zargenanker** – dicke Wand, nur Leibungsfläche geputzt, Dübelbefestigung nur auf der Leibung, waagerechte Lage des Zargenankers, beide Zargenankerteile übereinanderliegend

Horizontalschnitt

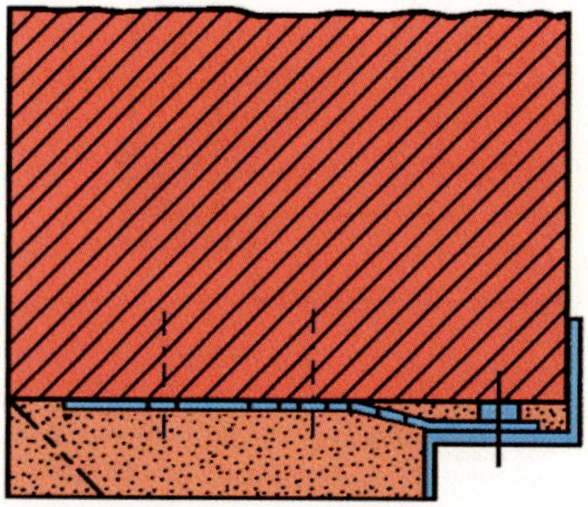

Vertikalschnitt

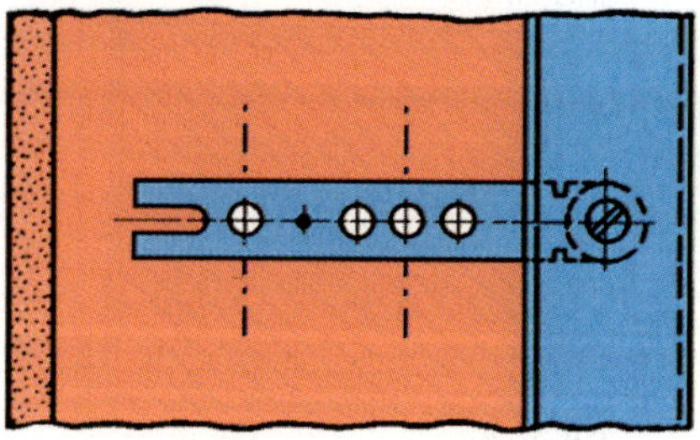

7.3-3 d **Zargenanker** – dünne Wand, nur Leibungsfläche geputzt, Dübelbefestigung nur auf der Leibung, versetzte Lage der beiden Zargenankerteile

Horizontalschnitt

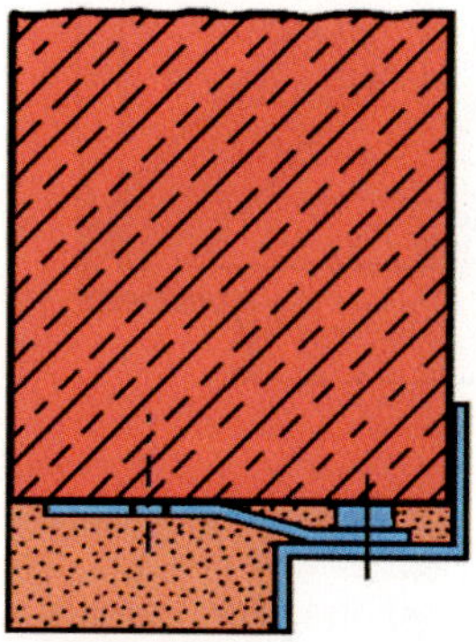

Vertikalschnitt

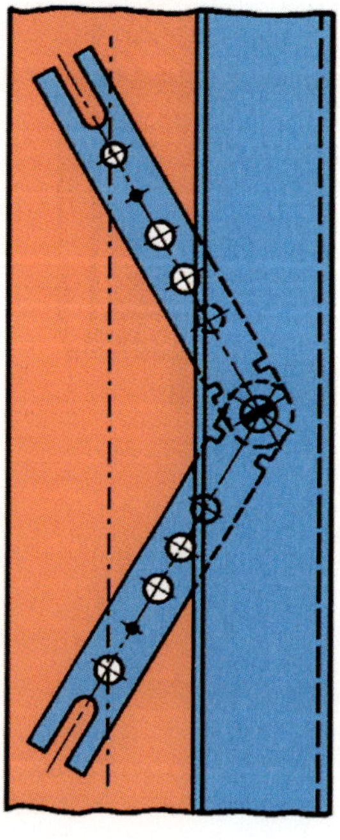

7.3-3 e **Zargenanker** – dünne Wand, allseitig geputzt, Dübelbefestigung auf der Leibung und der Wandfläche, waagerechte Lage der beiden Zargenankerteile, Zargenanker umbiegen oder abschneiden

Vertikalschnitt

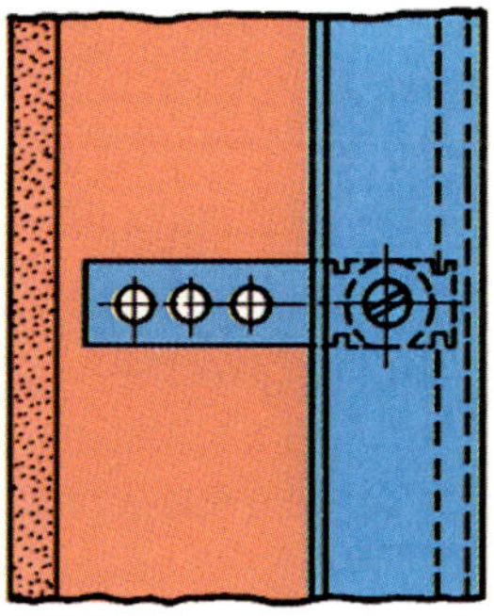

7.3-4 a **Anschweißanker** – dicke Wand, allseitig geputzt, Befestigung der Zarge am Anschweißanker mittels Paßstücken und Schweißung (nicht dargestellt)

Horizontalschnitt

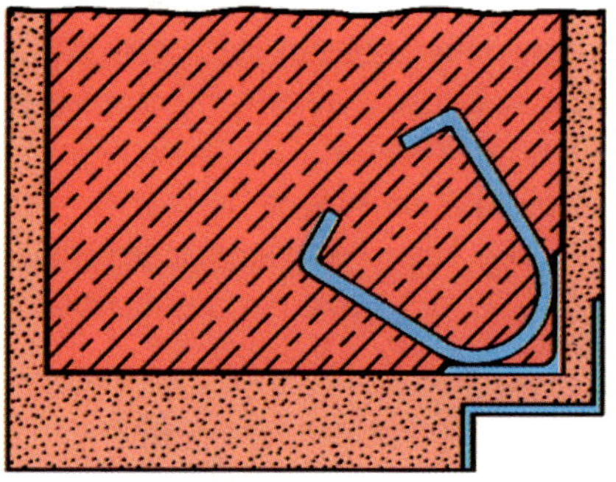

7.3-4 b **Anschweißanker** – dicke Wand, nur Leibungsfläche geputzt, Befestigung der Zarge am Anschweißanker mittels Passstücken und Schweißung (nicht dargestellt)

Horizontalschnitt

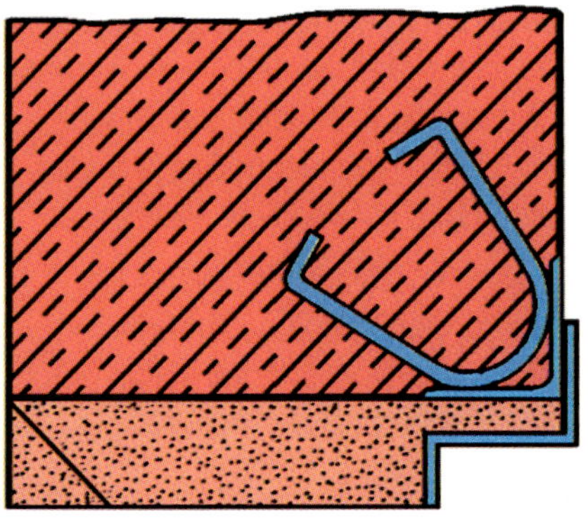

7.3-4 c **Anschweißanker** – dicke Wand, nur Leibungsfläche geputzt, Befestigung der Zarge am Anschweißanker mittels Schweißung mit Passstücken (nicht dargestellt) oder Zargensteg an Winkel angeschweißt (nicht dargestellt), Befestigung des Anschweißankers im Ankerloch wie Maueranker

Horizontalschnitt

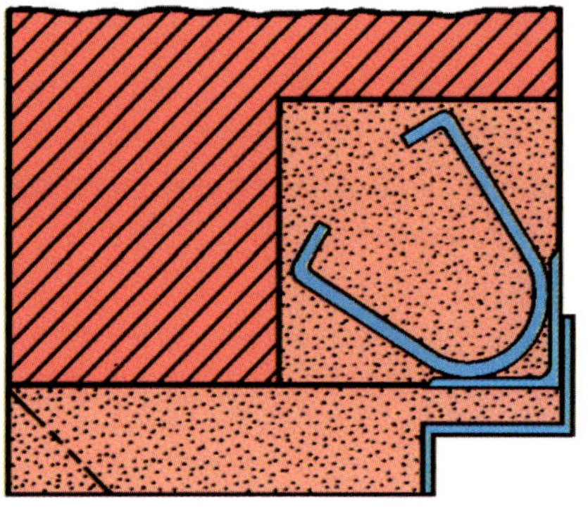

6.8.1-B Seite 32	Wand- und Deckenöffnungen	Feuerschutzabschlüsse

7.4 Grundsätzliche Anforderungen an den Einbau von Feuerschutzabschlüssen

Jeder Feuerschutzabschluss bildet eine Einheit, die aus Zarge, Türblatt, Dichtungen, Beschlägen und Schließmitteln besteht. Er darf nur in die gemäß zugehöriger Zulassung und Einbauanleitung geeigneten Wände eingebaut werden. Konstruktion, Montage, Betrieb und die für den Einbau vorgeschriebenen Wände müssen in allen Einzelheiten dem Verwendbarkeitsnachweis (Z oder ZiE) sowie der dazugehörigen Einbauanleitung entsprechen.

Konstruktionsänderungen (mit Ausnahme der in Punkt 6.2 dieses Kapitels genannten zulässigen Änderungen) oder eine Kombination von Teilen mit verschiedenen Zulassungen zu einem Feuerschutzabschluss sind ebenso unzulässig wie der oben erwähnte Einbau in andere als in der Zulassung und Einbauanleitung genannte Wände.

Als Beispiele zur schnellen Information werden im Folgenden grundsätzliche Anforderungen an Feuerschutzabschlüsse aufgeführt.

Wichtig: Maßgebend für den Einbau und Betrieb von Feuerschutzabschlüssen sind **immer die Zulassung und die zugehörige Einbauanleitung des Herstellers.**

Beispiele für grundsätzliche Anforderungen an Feuerschutzabschlüsse

- Der Betreiber ist für den **einwandfreien Zustand und Betrieb** der Feuerschutzabschlüsse verantwortlich.
- Der **Einbau** der Feuerschutzabschlüsse sowie die Befestigung der Zargen müssen mit besonderer Sorgfalt und unter genauer Beachtung der Zulassung und dazugehöriger Einbauanleitung durchgeführt werden.

  Anmerkung: Da der fachgerechte Einbau grundlegend über die spätere einwandfreie Funktion der Feuerschutzabschlüsse entscheidet, ist es wichtig, dass die einbauende Firma die hierfür notwendigen Kenntnisse und Fähigkeiten aufweist. Dies gilt insbesondere auch, wenn die Feuerschutzabschlüsse noch zusätzliche Anforderungen wie Rauchschutz, Einbruchschutz, Schallschutz usw. erfüllen müssen.

  Leider ist es derzeit in Deutschland nicht vorgesehen zu verlangen, dass die einbauenden Firmen entsprechend geschult und zertifiziert sein müssen. Um späteren Mängeln, Ärgernissen und finanziellen Verlusten vorzubeugen, sollte jedoch unbedingt geprüft werden, ob die einbauende Firma die für den Einbau notwendigen Kenntnisse und Fähigkeiten aufweist.
- **Änderungen** dürfen nur im Rahmen der zugelassenen Möglichkeiten durchgeführt werden (siehe Punkt 6.2 in diesem Kapitel).

- Feuerschutzabschlüsse müssen in eingebautem Zustand **selbstschließend** und mit den für den bestimmungsgemäßen Gebrauch notwendigen und in der Zulassung bzw. Einbauanleitung angegebenen Beschlägen ausgerüstet werden. Selbstschließend bedeutet, dass die Feuerschutzabschlüsse aus jedem Öffnungswinkel selbstständig, zuverlässig und vollständig schließen. Dies sollte bei der Abnahme überprüft werden.
- Feuerschutzabschlüsse dürfen in **Porenbeton- bzw. Montagewände** nur eingebaut werden, wenn dies gemäß Zulassung und Einbauanleitung zulässig ist. Federbänder sind beim zugelassenen Einbau in Porenbeton- bzw. Montagewände aus Gipswerkstoffen jedoch nicht zulässig.
- **Beschläge, Drückergarnituren, Schlösser und Schließmittel** dürfen nur verwendet werden, wenn die bauaufsichtlich vorgeschriebenen Eignungsnachweise vorliegen und die Einbauanleitungen beachtet werden.
- **Dübel** dürfen nur verwendet werden, wenn dies gemäß Zulassung und Einbauanleitung zulässig ist. Außerdem müssen Dübel bauaufsichtlich zugelassen oder über die Brandprüfung nachgewiesen sein. Dübelgrund und Randabstände sind einzuhalten.
- Die **Hinterfüllungen** der Zargen zur Wand sind gemäß der Einbauanleitung der jeweiligen Zargen und Wandart auszuführen.

  Anmerkung: Mögliche Hinterfüllungen können sein: Mörtel, Gipskarton oder Mineralfaser. Die jeweils erforderliche Hinterfüllung der Zarge ist immer abhängig von der jeweiligen Wand, in die sie eingebaut werden darf (z.B. Mauerwerk, Poroton, Beton, Porenbeton, Montagewand, Stahlkonstruktion) und von der jeweiligen Zargenart (z.B. Eckzarge, Umfassungszarge, Gegenzarge, Blockzarge usw.). Sie muss in der zugehörigen Einbauanleitung angegeben sein.

  Erfolgt der Einbau nach DIN 18093, ist der Hohlraum zwischen Zarge (ggf. auch Ergänzungszarge) und Wand mit Zementmörtel auszufüllen. Die Zarge ist im Leibungsbereich auch dann bündig einzuputzen, wenn die anschließende Wand als Sichtmauerwerk oder Sichtbeton ausgeführt ist. Ist es nicht möglich, Zargen voll und bündig einzuputzen, sind sie voll mit Zementmörtel zu hintergießen.

  Müssen die Zargen gemäß Einbauanleitung mit Mörtel hinterfüllt werden, so sollte bereits in der Ausschreibung angegeben werden, von wem das Einputzen bzw. Hinterfüllen der Zargen auszuführen ist. Nicht (oder unzureichend) eingeputzte bzw. hinterfüllte Zargen können im Brandfall bereits nach kurzer Zeit versagen.
- Müssen Feuerschutzabschlüsse aus betrieblichen Gründen eine **Verglasung** aufweisen, muss diese zusammen mit dem Feuerschutzabschluss geprüft und bauaufsichtlich zugelassen sein.

6.8.1-B Seite 34	Wand- und Deckenöffnungen	Feuerschutzabschlüsse

7.4-1 Bei Feuerschutzabschlüssen mit Brandschutzverglasung muss auch der Einbau der Brandschutzverglasung geprüft sein. Die Ausführung erfolgt nach Zulassung und dazugehöriger Einbauanleitung. Der dargestellte Abschluss ist mit einer bauaufsichtlich zugelassenen Feststellanlage ausgerüstet (Haftmagnet als Festhaltevorrichtung unten).

In der Zulassung bzw. bei neuen Zulassungen in der dazugehörigen Einbauanleitung wird geregelt, welche Brandschutzverglasungen möglich sind und wie diese fachgerecht einzubauen und zu warten sind.

7.5 Häufige Einbaufehler

Im Folgenden sind Beispiele für häufige Einbaufehler bei Feuerschutzabschlüssen aufgeführt.

- **Nicht selbstschließend:** Der Feuerschutzabschluss ist nicht selbstschließend.
- **Falsch eingestellte Schließmittel:** Die Schließmittel sind falsch eingestellt, so dass der Feuerschutzabschluss entweder zu leicht oder zu heftig schließt.
- **Falscher Einbau:** Der Feuerschutzabschluss wird in nicht geeignete Wände eingebaut. Hier besteht die Gefahr, dass dieser Abschluss im Brandfall schon nach wenigen Minuten versagt und herausfällt. Damit wird einerseits der bauaufsichtlich geforderte feuerwiderstandsfähige Abschluss nicht gewährleistet, andererseits besteht die Gefahr, dass Menschen (brandbekämpfende Feuerwehrleute) durch den herausfallenden Abschluss verletzt werden.
- **Montage und Verankerung:** Der Hohlraum zwischen Zarge (ggf. auch Ergänzungszarge) und Wand ist nicht vollständig mit dem in der Zulassung und der Einbauanleitung angegebenem Material ausgefüllt, z.B. Zementmörtel, Gipskarton nach DIN 18180 oder Mineralwolle (Steinwolle, Baustoffklasse A1).
  Bei einer Dübelbefestigung der Zargen werden nicht die im Verwendbarkeitsnachweis vorgeschriebenen zugelassenen Dübel verwendet. Die in der

Dübelzulassung vorgeschriebenen Randabstände sind nicht eingehalten. Oft werden auch unzulässige Kunststoffdübel verwendet.

- **Überkopfmontage von obenliegenden Türschließern:** Es wurden Türschließer in Überkopfmontage montiert, obwohl dies in der Zulassung und der Einbauanleitung nicht vorgesehen ist. Ist die nachträgliche Überkopfmontage von obenliegenden Türschließern notwendig, aber nicht in der Zulassung und in der Einbauanleitung vorgesehen, besteht u.U. die Möglichkeit, diese Montage über eine *nicht wesentliche Abweichung vom geprüften System* zu ermöglichen, die vom Zulassungsinhaber bzw. der Materialprüfanstalt, die den Feuerschutzabschluss geprüft hat, schriftlich bestätigt werden muss. Andernfalls bleibt nur noch der Weg über eine Zustimmung im Einzelfall (ZiE) durch die Oberste Bauaufsichtsbehörde. Diese kann in der Regel nur erteilt werden, wenn durch zusätzliche konstruktive Maßnahmen ein zuverlässiges Funktionieren des Türschließers gewährleistet ist.
- **Einbau nicht zugelassener Brandschutzverglasungen:** Brandschutzverglasungen werden eingebaut, obwohl dies in der Zulassung bzw. der dazugehörigen Einbauanleitung nicht vorgesehen ist.
- **Fehlende oder falsche Kennzeichnung:** Der Feuerschutzabschluss ist nicht wie in der Zulassung angegeben gekennzeichnet.
- **Fehlende Übereinstimmungsbestätigung für den Einbau des Feuerschutzabschlusses:** Die in der Zulassung vorgeschriebene Übereinstimmungsbestätigung liegt nicht vor.
- **Fehlender gültiger Verwendbarkeitsnachweis:** Der bauaufsichtlich vorgeschriebene gültige Verwendbarkeitsnachweis (Z oder ZiE) liegt nicht an der Verwendungsstelle vor.
- **Fehlende gültige Einbauanleitung des Herstellers:** Die zur Zulassung gehörende Einbauanleitung des Herstellers liegt nicht an der Verwendungsstelle vor.
- **Einbau falscher Feuerschutzabschlüsse in feuerwiderstandsfähige Schachtwände:** In feuerwiderstandsfähige Schachtwände müssen immer Feuerschutzabschlüsse in der gleichen Feuerwiderstandsfähigkeit wie die Schachtwände eingebaut werden. Außerdem müssen diese Abschlüsse mindestens eine vierseitig umlaufende Zarge mit entsprechender Dichtung haben. Die Ausführung erfolgt gemäß Zulassung und dazugehöriger Einbauanleitung.

7.6 Übereinstimmungsbestätigung für den Einbau des Feuerschutzabschlusses

Der Unternehmer, der den Feuerschutzabschluss/die Feuerschutzabschlüsse eingebaut hat, muss für jedes Bauvorhaben eine Übereinstimmungsbestätigung ausstellen.

Darin muss er bescheinigen, dass der Feuerschutzabschluss hinsichtlich aller Einzelheiten fachgerecht und unter Einhaltung aller Bestimmungen der jeweiligen allgemeinen bauaufsichtlichen Zulassung sowie der dazugehörigen Einbauanleitung eingebaut wurde.

Für diese Bestätigung ist das Muster gemäß Anlage zur Zulassung zugrunde zu legen (siehe Bild 7.6-1). Diese Bestätigung ist dem Bauherrn zur ggf. erforderlichen Weiterleitung an die zuständige Bauaufsichtsbehörde auszuhändigen.

8 Wartung und Betrieb

Ausführungen zur Wartung und zum Betrieb von Feuerschutzabschlüssen enthält Kapitel 6.8.1-W.

Übereinstimmungsbestätigung

- Name und Anschrift des Unternehmens, das den **Feuerschutzabschluss/** die **Feuerschutzabschlüsse** eingebaut hat: ...
- Bauvorhaben: ...
- Zeitraum des Einbaus des Feuerschutzabschlusses/der Feuerschutzabschlüsse: ...

Hiermit wird bestätigt, dass der **Zulassungsgegenstand**/die **Zulassungsgegenstände** hinsichtlich aller Einzelheiten fachgerecht und unter Einhaltung aller Bestimmungen der allgemeinen bauaufsichtlichen Zulassung Nr.: Z-6.20-xxxx des Deutschen Instituts für Bautechnik vom ... (und ggf. der Bestimmungen der Änderungs- und Ergänzungsbescheide vom ...) sowie der Einbauanleitung, die der Antragsteller dieser Zulassung bereitgestellt hat, eingebaut wurde(n).

________________ ________________

(Ort, Datum) (Firma/Unterschrift)

(Diese Bestätigung ist dem Bauherrn zur ggf. erforderlichen Weitergabe an die zuständige Bauaufsichtsbehörde auszuhändigen.)

T30-1-FSA xxxx und T 30-1-RS-FSA xxxx – Übereinstimmungsbestätigung –	Anlage x zur Zulassung Nr. Z-6.20-xxxx vom xx.xx.xxxx

7.6-1 Beispiel für eine Übereinstimmungsbestätigung

9 Praktische Beispiele

9.1 Feuerschutztüren

9.1-1 Beispiel für eine einflügelige verglaste Massivholzrahmentür als feuerhemmender Abschluss der Feuerwiderstandsklasse T 30 – mit eingebauter Bodendichtung auch rauchdicht (RS-1) gemäß DIN 18095 möglich (Werkbild HOBA®, Adelberg, Typ 7G)

Anmerkung: Der Einbau dieser Tür in die daran anschließende F 30-Brandschutzverglasung muss gemäß Zulassung und dazugehöriger Einbauanleitung sowohl der Feuerschutztür als auch der Brandschutzverglasung möglich sein.

9.1-2 Beispiel für eine zweiflügelige Systemglastür mit schmaler Massivholzeinfassung als feuerhemmender Abschluss der Feuerwiderstandsklasse T 30 – mit eingebauter Bodendichtung auch rauchdicht (RS-2) gemäß DIN 18095 möglich (Werkbild HOBA®, Adelberg, Typ 8N)

Anmerkung: Zum Einbau dieser Tür in die daran anschließende F 30-Brandschutzverglasung siehe Anmerkung zu Bild 9.1-1.

6.8.1-B Seite 38	Wand- und Deckenöffnungen	Feuerschutzabschlüsse

9.1-3 Feuerschutzabschluss in einer Brandschutzverglasung
Sollen in Brandschutzverglasungen Öffnungen mit Feuerschutzabschlüssen gesichert werden, muss der Feuerschutzabschluss die gleiche Feuerwiderstandsdauer wie die Brandschutzverglasung haben und für diese Einbausituation geprüft und zugelassen sein.

9.1-4 Beispiel für eine zweiflügelige Systemglastür mit schmaler Edelstahleinfassung als feuerhemmender Abschluss der Feuerwiderstandsklasse T 30 – mit eingebauter Bodendichtung auch rauchdicht (RS-1) gemäß DIN 18095 möglich (Werkbild HOBA®, Adelberg, Typ 6)

9.1-5 Beispiel für eine einflügelige Laubeneingangstür für die Außenanwendung als feuerhemmender Abschluss der Feuerwiderstandsklasse T 30 – mit eingebauter Bodendichtung auch rauchdicht (RS-1) gemäß DIN 18095 möglich
Diese Tür ist auch für die Anwendung im Freien zugelassen (Werkbild HOBA®, Adelberg, Typ 9)

9.2 Feuerschutzschiebetore

Feuerschutzschiebetore sind in zahlreichen Varianten auf dem Markt erhältlich, z.B. (je nach Hersteller) wahlweise.

- mit Rauchschutz nach DIN 18095
- mit Brandschutzverglasungen
- mit Antrieb
- mit Schlupftür
  - wahlweise ohne Schwelle
  - wahlweise mit Verglasung
- mit Abdeckklappen für die Tornischen
- mit Niedrigsturzaufhängung
- mit allgemeiner bauaufsichtlicher Feststellanlage
- als zweiflügeliges Schiebetor
- mit zugelassener motorischer Öffnungs- und Schließhilfe.

Wichtig ist, dass die jeweiligen Varianten in der Zulassung und der Einbauanleitung enthalten sind. Bei Feuerschutzschiebetoren ist besonders darauf zu achten, dass der Einbau in die in der Zulassung angegebenen Wände und gemäß der dazugehörigen Einbauanleitung erfolgt.

6.8.1-B Seite 40 | Wand- und Deckenöffnungen | **Feuerschutzabschlüsse**

9.2-1 bis 9.2-3 Prinzipskizzen eines T 90-Feuerschutzschiebetores – Ausführung immer nach allgemeiner bauaufsichtlicher Zulassung und dazugehöriger Einbauanleitung

9.2-1

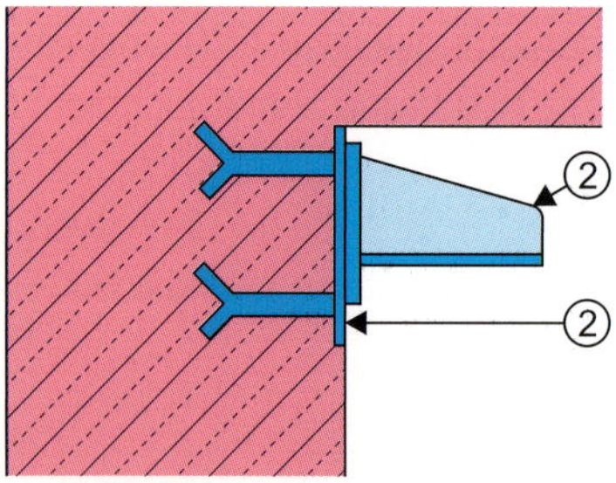

9.2-2

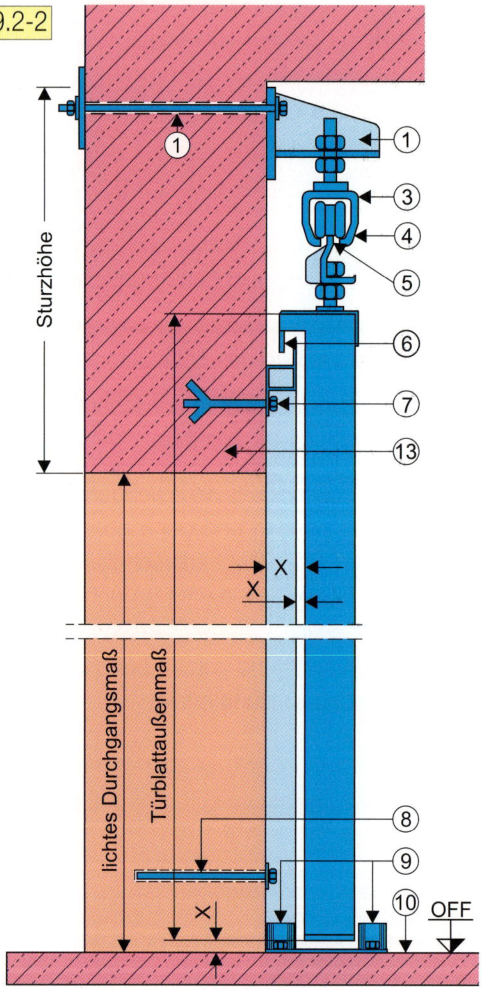

① Winkelbefestigung mit durchgehenden Schraubenbolzen

② Winkelbefestigung für Laufschiene, an einbetonierte Ankerplatte angeschweißt

③ höhenverstellbare Befestigungsmuffe

④ Laufschiene

⑤ doppelpaariger Rollapparat

⑥ Brandschutzleiste

⑦ Befestigung der Sturzabdichtung nach allgemeiner bauaufsichtlicher Zulassung

⑧ Befestigung der senkrechten Abdichtung nach allgemeiner bauaufsichtlicher Zulassung

⑨ untere Führungsrollen

⑩ Befestigung nach allgemeiner bauaufsichtlicher Zulassung

⑪ Befestigungswinkel

⑫ Gewindestange zur Durchschraubmontage nach allgemeiner bauaufsichtlicher Zulassung

⑬ Mindeststurzhöhe gemäß Zulassung

Wand- und Deckenöffnungen	Feuerschutzabschlüsse	**6.8.1-B** Seite 41

9.2-3

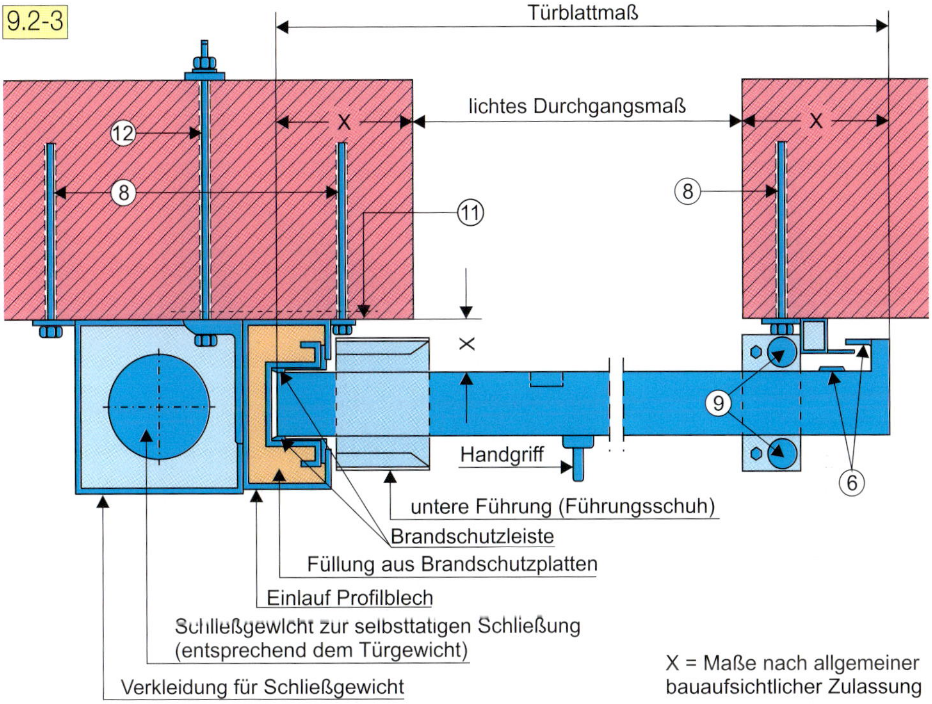

9.2-4 Öffnungen mit Feuerschutzschiebetüren und -toren sind im Zuge von Fluchtwegen nicht geeignet, da das Öffnen von Schiebeverschlüssen ungewohnt ist und bei Schiebetoren mit großen Abmessungen eine erhebliche Kraftanstrengung erfordert. Im Bedarfsfall ist in der Nähe eines Schiebeabschlusses ohne Schlupftür eine entsprechend feuerwiderstandsfähige Schlupftür erforderlich. Schlupftüren dürfen auch direkt in Feuerschutzschiebeabschlüssen angeordnet werden, wenn dies gemäß Zulassung und dazugehöriger Einbauanleitung möglich ist.

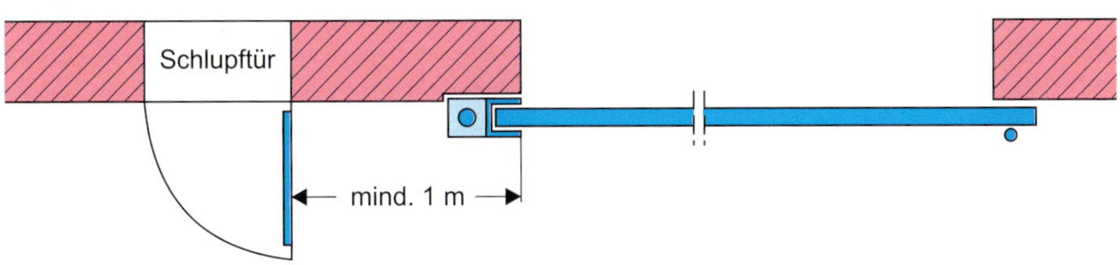

6.8.1-B Seite 42	Wand- und Deckenöffnungen	Feuerschutzabschlüsse

9.2-5 Beispiel für ein Feuerschutzschiebetor mit integrierter Schlupftür ohne Schwelle (Foto: Hörmann, Steinhagen)

Wichtig: Die Anordnung der schwellenlosen Schlupftür muss gemäß Zulassung und dazugehöriger Einbauanleitung möglich sein.

Wand- und Deckenöffnungen	Feuerschutzabschlüsse	**6.8.1-B** Seite 43

9.2-6 a bis c Feuerschutzschiebetor in einem Theater Wird der bauliche Brandschutz frühzeitig in die Planung einbezogen, können auch optisch einwandfreie Lösungen erarbeitet werden. In diesem Beispiel kann der Besucher nicht erkennen, dass er durch die Öffnung einer Brandwand geht.

Das Schiebetor ist mit Abdeckklappen für die Tornischen und einer bauaufsichtlich zugelassenen Feststellanlage ausgerüstet.

6.8.1-B Seite 44	Wand- und Deckenöffnungen	Feuerschutzabschlüsse

9.3 Feuerschutzrolltore

Auch bei Feuerschutzrolltoren ist darauf zu achten, dass der Einbau in die in der Zulassung angegebenen Wände und gemäß der dazugehörigen Einbauanleitung erfolgt.

9.3-1 und 9.3-2 Prinzipskizzen von T 90-Feuerschutzrolltoren
Die Ausführung erfolgt immer nach allgemeiner bauaufsichtlicher Zulassung und dazugehöriger Einbauanleitung

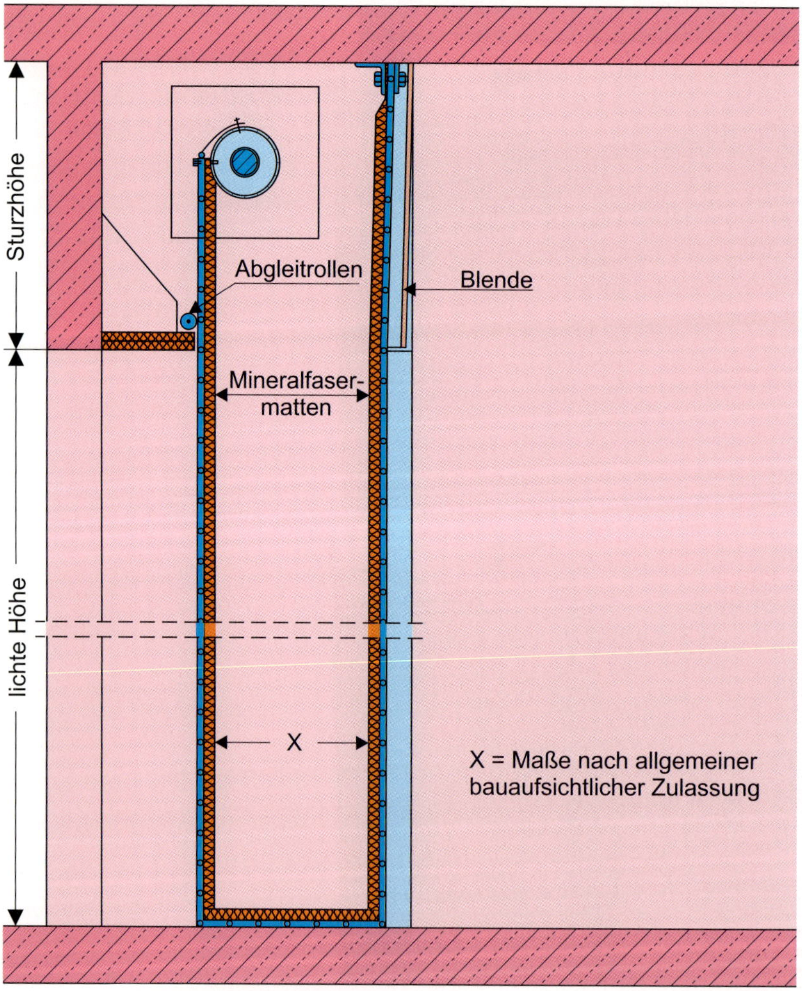

Wand- und Deckenöffnungen	Feuerschutzabschlüsse	**6.8.1-B** Seite 45

Geschlossene Feuerschutzrolltore lassen sich beim Ausfall des elektrischen Antriebs – wenn überhaupt – nur sehr schwer von Hand öffnen. Deshalb müssen neben diesen Toren grundsätzlich Feuerschutztüren als Schlupftüren eingebaut sein.

Rolltore müssen mit einer akustischen Warnanlage ausgerüstet sein, die im Alarmfall das Schließen des Tores nach Auslösen der Feststellanlage ankündigt.

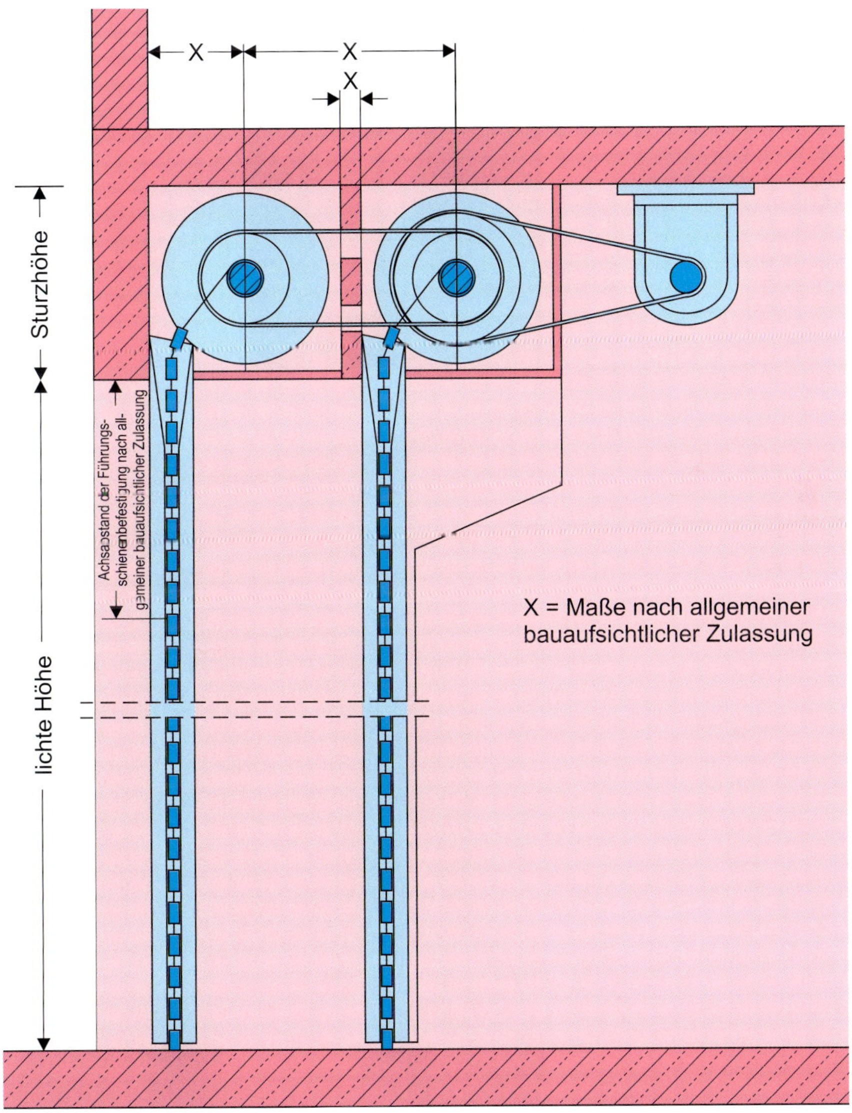

6.8.1-B Seite 46	Wand- und Deckenöffnungen	Feuerschutzabschlüsse

9.3-3 Eine Schreinerei ist ein Betrieb mit besonderer Brandgefahr. Deshalb wurde sie hier mit einer Brandwand vom anschließenden Gebäudeabschnitt abgetrennt. Ein T 90-Feuerschutzrolltor sichert die Öffnung. Daneben (auf dem Bild nicht zu sehen) besteht die Sicherung des Fluchtweges durch eine Schlupftür.

9.3-4 Beispiel für vorbeugenden Brandschutz in einer Schreinerei Das Holzlager wurde mit einem T 30-Feuerschutzrolltor abgeschottet.

9.3-5 Dieser *eiserne Schutzvorhang* sichert die Bühnenöffnung gegen den Versammlungsraum. Er besteht aus nichtbrennbaren Baustoffen und ist mit einer Berieselungsanlage versehen. Dieser Abschluss weist keine definierte Feuerwiderstandsdauer auf, kann jedoch in Verbindung mit dem Brandschutzkonzept des Versammlungsraumes seine Funktion erfüllen.

6.8.1-B Seite 48	Wand- und Deckenöffnungen	Feuerschutzabschlüsse

6.8 Wand- und Deckenöffnungen

6.8.4 Rauchschutzabschlüsse und dichtschließende Türen

Dipl.-Ing. (FH) Josef Mayr

Inhalt

Teil A Anforderungen

Teil B Bauausführung

1 Allgemeines

2 Rauchdichte und selbstschließende Abschlüsse

2.1 Nationale Klassifizierung nach DIN 18095

2.1.1 Anforderungen

2.1.2 Klassifizierung nach DIN 18095-1 bis 18095-3

2.2 Europäische Klassifizierung nach DIN EN 13501-2

2.2.1 Leistungskriterien nach DIN EN 13501-2

2.2.2 Erläuterung der Leistungskriterien

2.3 Zuordnung der bauaufsichtlichen Benennungen von Rauchschutzabschlüssen zu den nationalen und europäischen Klassen

2.4 Verwendbarkeitsnachweis

2.4.1 Rauchschutzabschlüsse, nach nationalen Vorschriften (DIN 18095) geprüft und klassifiziert

2.4.2 Rauchschutzabschlüsse, nach europäischen Vorschriften (DIN EN 13501-2, 1634-3 und 14600) geprüft und klassifiziert

2.5 Übereinstimmungsnachweis und Kennzeichnung

2.6 Einbau von Rauchschutzabschlüssen

2.6.1 Fachgerechter Einbau

2.6.2 Einbauanleitung

2.6.3 Grundsätzliche Anforderungen an den Einbau von Rauchschutzabschlüssen und häufige Einbaufehler

2.6.4 Schwellen und untere Anschläge bei Rauchschutztüren im Zuge von Rettungswegen

6.8.4	Wand- und Deckenöffnungen	Rauchschutzabschlüsse und dichtschließende Türen

2.7 Wartung und Betrieb

2.8 Rauchschutzabschlüsse mit Anforderungen an die Feuerwiderstandsdauer

3 Dichtschließende Türen

3.1 Baurechtlich akzeptiertes Risiko bei dichtschließenden Türen

3.2 Begriff *dichtschließend*

3.3 Begriff *vollwandig*

3.4 Verglasungen in vollwandigen Türen

3.5 Begriff *dichtschließend* + *vollwandig* + *selbstschließend*

4 Selbstschließende Türen

4.1 Baurechtliche Anforderungen

4.2 Fachgerechte Ausführung selbstschließender Türen

4.3 Betrieb und Wartung selbstschließender Türen

5 Feststellanlagen

6.8.4 Rauchschutzabschlüsse und dichtschließende Türen

Teil A Anforderungen

Die Schadenerfahrung zeigt immer wieder deutlich auf, dass bei einem Brand die größte Gefahr für Leib und Leben von Menschen nicht von der Wärmeentwicklung und -ausbreitung, sondern vielmehr von den sich meist sehr schnell ausbreitenden Rauchgasen ausgeht.

Ein Großteil der Brandtoten in Wohngebäuden und vergleichbaren Gebäuden starb an Rauchvergiftung durch toxische Gase. Oft wurden die Menschen vom Feuer überrascht und die Flucht- und Rettungswege waren vollständig verraucht und damit nicht mehr benutzbar.

Dieses Problem gilt in besonderem Maße auch für Gebäude, in denen sich regelmäßig eine größere Anzahl von Menschen aufhält, wie Hotelgebäude oder Versammlungsstätten.

Bei Industrie- und Gewerbegebäuden ist – was den Rauchschutz angeht – die Gefährdung der Personen nicht so groß. Dagegen verursacht der Rauch bei diesen Gebäuden häufig sehr hohe Sachschäden. Die Beschädigungen durch die aggressiven Rauchgase sind oft ebenso schlimm wie die reinen Feuerschäden und nicht selten sogar kostspieliger. Deshalb ist auch in Industriegebäuden der Rauchschutz als wesentlicher Bestandteil des Brandschutzes zu berücksichtigen.

Grundsätzlich ergeben sich Anforderungen an die Dichtigkeit und damit den Rauchschutz von Türen überall dort, wo Menschen oder Sachwerte vor Rauch geschützt werden müssen.

Maßgebend für die Höhe der Anforderungen an die Sicherung von Öffnungen mit Rauchschutzabschlüssen bzw. dichtschließenden Türen sind die jeweiligen Anforderungen der LBOs und die ergänzenden Sonderbauvorschriften und -verordnungen sowie die Schutzziele des Bauherrn.

Grundsätzliche Anforderungen an die Sicherung von Türöffnungen in raumabschließenden feuerwiderstandsfähigen Wänden und Decken mit rauchdichten bzw. dichtschließenden Türen enthält Kapitel 6.8.0.

Die Tabelle 1 in Kapitel 6.8.1-A enthält einen Überblick über die in der MBO 2002 bestehenden Anforderungen an die Rauchdichtigkeit bzw. dichtschließende Ausführung bestimmter Türen.

6.8.4-A Seite 2	Wand- und Deckenöffnungen	Rauchschutzabschlüsse und dichtschließende Türen

1 Hervorragender Brandschutz in einem Verwaltungsgebäude
Die Flurtüren sind vollwandig und dichtschließend ausgeführt. Als Verglasung wurde in einer Höhe von über 1,80 m eine G-Verglasung angeordnet. Sprinkleranlage und Brandmeldeanlage ergänzen das vorbildliche Brandschutzkonzept.

2 Flur in einem Appartementgebäude
Das Schadenfeuer entstand im ersten Appartement (Pfeil) und erfasste mehrere andere auf beiden Seiten des Flurs, breitete sich jedoch nicht durch die Wohnungseingangstüren aus, sondern über nicht gesicherte Lüftungsleitungsdurchführungen durch die Trennwände. Der vorbeugende Brandschutz kann eben nur so gut sein wie seine schwächste Stelle.

3 Wesentlicher Einsatzbereich von Türen mit Anforderungen an den Rauchschutz sind Treppenräume und Flure. Das Bild zeigt den Treppenraum eines Hotels, in dem es im Erdgeschoss brannte. Durch die vorhandene Brandlast wurde der Brand auch in die oberen Geschosse übertragen. Daraus ergibt sich, dass *Türen für den Rauchschutz* je nach Einbausituation und vorhandener Brandlast auch Brandschutzanforderungen erfüllen müssen (siehe auch 6.8.4-S).

6.8.4 Rauchschutzabschlüsse und dichtschließende Türen

Teil B Bauausführung

1 Allgemeines

Derzeit werden Türen, die gemäß bauaufsichtlicher Anforderungen rauchdicht und selbstschließend sein müssen, auf nationaler Ebene noch *Rauchschutztüren* genannt. Vorgesehen ist jedoch, künftig alle Öffnungsverschlüsse, die rauchdicht und selbstschließend sein müssen, auch auf nationaler Ebene als *Rauchschutzabschlüsse* zu bezeichnen. Auf europäischer Ebene werden sie bereits so genannt.

Die Bezeichnung *Rauchschutzabschluss* ist ein Oberbegriff, der rauchdichte und selbstschließende Türen umfasst.

Bauaufsichtliche Anforderungen

Die bauaufsichtlichen Begriffe *feuerhemmend, hochfeuerhemmend bzw. feuerbeständig* sind klar definiert und in Form entsprechender Feuerschutzabschlüsse einfach umzusetzen.

Zusätzlich ist jedoch zu beachten, dass die MBO 2002*) bei allen Türen in raumabschließenden feuerwiderstandsfähigen Wänden neben den genannten Anforderungen an die eigentliche Feuerwiderstandsfähigkeit immer auch noch bestimmte Anforderungen an die Dichtigkeit stellt.

Dabei ist zu unterscheiden zwischen Türen, an die die Anforderung *rauchdicht + selbstschließend* gestellt wird, und Türen mit den Anforderungen *dichtschließend und selbstschließend* bzw. *dichtschließend, selbstschließend und vollwandig* oder nur *dichtschließend.*

Türen mit der Anforderung *rauchdicht + selbstschließend* sind unproblematisch, da die Umsetzung dieser Anforderungen sowohl national (DIN 18095) als auch europäisch (DIN EN 13501-2) eindeutig geregelt ist.

Bei Türen mit der Anforderung *dichtschließend + selbstschließend* bzw. nur *dichtschließend* ist die Umsetzung dieser Anforderungen dagegen nicht eindeutig geregelt, da der Begriff *dichtschließend* in den Bundesländern teilweise unterschiedlich interpretiert wird. Außerdem ist bei diesen Türen auch die Anforderung an die *selbstschließende Eigenschaft* nicht genau geregelt.

In einzelnen Ländern (z.B. Bayern und Brandenburg) müssen die Türen in den Wänden notwendiger Treppenräume zu Wohnungen und Nutzungseinheiten bis 200 m^2 zusätzlich zur Anforderung *dichtschließend + selbstschließend* noch *vollwandig* sein. Auch die genauen Anforderungen an eine *vollwandige Tür* sind nicht eindeutig geregelt.

*) Dies gilt sinngemäß auch für die LBOs, die im materiellen Bereich die MBO weitgehend übernommen haben.

In den folgenden Ausführungen wird jeweils angegeben, wie die bauaufsichtlichen Anforderungen

- rauchdicht + selbstschließend,
- dichtschließend,
- vollwandig und
- selbstschließend

fachgerecht umgesetzt werden können.

2 Rauchdichte und selbstschließende Abschlüsse

2.1 Nationale Klassifizierung nach DIN 18095

2.1.1 Anforderungen

Rauchschutztüren bzw. -abschlüsse müssen selbstschließend sein und in geschlossenem Zustand den Durchtritt von Rauch so behindern, dass der dahinterliegende Raum im Brandfall für eine Zeitspanne von etwa zehn Minuten zur Rettung von Menschen ohne Atemschutz genutzt werden kann.

Bei Rauchschutzabschlüssen, die gemäß dem bauaufsichtlich erforderlichen Verwendbarkeitsnachweis (allgemeines bauaufsichtliches Prüfzeugnis) gefertigt, montiert und betrieben werden, ist gewährleistet, dass diese Anforderungen eingehalten sind.

Je nach Verwendungszweck gibt es Rauchschutzabschlüsse in verschiedenen Bauarten wie:

- ein- und zweiflügelige Drehflügeltüren
- Schiebetüren und -tore einschließlich Faltschiebetüren und -tore
- Rolltüren und -tore
- Vorhänge (horizontal und vertikal).

Erläuterungen der Bezeichnungen *Türen, Tore und Klappen* enthält Kapitel 6.8.1-B unter Punkt 2.5.

2.1.2 Klassifizierung nach DIN 18095-1 bis 18095-3

Die bauaufsichtliche Anforderung *rauchdichte und selbstschließende Türen* wird auf nationaler Ebene durch Rauchschutztüren (-abschlüsse) nach DIN 18095 erfüllt. Diese werden wie folgt bezeichnet:

- Tür DIN 18095-RS-1 = einflügelige Rauchschutztür
- Tür DIN 18095-RS-2 = zweiflügelige Rauchschutztür.

Rauchschutzabschlüsse, die auf der Grundlage nationaler Vorschriften geprüft werden, müssen die in DIN 18095-1 festgelegten Anforderungen erfüllen. Hierzu müssen sie u.a.:

- **selbsttätig schließen** (Türschließer und bei zweiflügeligen Türen Schließfolgeregler nach DIN 18095-1)
- die Prüfung der **Dauerfunktionstüchtigkeit** nach DIN 18095-2 erfüllen
- die **Bauart- und Dichtigkeitsprüfung** nach DIN 18095-2 erfüllen. Dazu darf ihre auf den Normzustand bezogene Leckrate bei einer Druckdifferenz zwischen 0 und 50 Pa und einer Raum-

temperatur von 10 bis 40 °C sowie der Temperatur des Prüfmediums Luft von 200 °C nicht größer sein als 20 m^3/h bei einflügeligen und 30 m^3/h bei zweiflügeligen Rauchschutztüren.

Anmerkung: Ursprünglich waren die DIN 18095-1 „Türen; Rauchschutztüren; Begriffe und Anforderungen" und DIN 18095-2 „Türen; Rauchschutztüren; Bauartprüfung der Dauerfunktionstüchtigkeit und Dichtheit" auf ein- und zweiflügelige Drehflügeltüren bis 2,50 m Breite und 2,50 m Höhe ausgelegt. Damit konnten Rauchschutztüren im Zuge von Rettungswegen (z.B. vom notwendigen Treppenraum in den notwendigen Flur oder zur Unterteilung von längeren Fluren in Rauchabschnitte bis 30 m) klassifiziert werden.

In der Zwischenzeit wurde jedoch zunehmend gefordert, auch in anderen Bereichen größere Rauchabschnitte durch die Anordnung entsprechend größerer Rauchschutzabschlüsse zu bilden. Dies wird ermöglicht durch die DIN 18095-3 „Rauchschutzabschlüsse – Teil 3: Anwendung von Prüfergebnissen". In dieser Norm werden Regeln für die Übertragbarkeit der Beurteilung kleinerer Rauchschutzabschlüsse auf größere festgelegt.

2.2 Europäische Klassifizierung nach DIN EN 13501-2

2.2.1 Leistungskriterien nach DIN EN 13501-2

Die bauaufsichtliche Anforderung *rauchdichte und selbstschließende Türen* wird auf europäischer Ebene durch Rauchschutztüren (-abschlüsse) nach DIN EN 13501-2 erfüllt. Danach bestehen für Rauchschutzabschlüsse einschließlich ihrer möglichen Verglasung bezüglich ihrer Funktion und Rauchdichtigkeit folgende Leistungskriterien:

- Rauchdichtigkeit (S_m bzw. S_a)
- selbstschließende Eigenschaft mit Dauerfunktionstüchtigkeit (C).

Rauchschutzabschlüsse müssen selbstschließend sein, also immer das Zusatzkriterium C einhalten.

2.2.2 Erläuterung der Leistungskriterien

S_m und S_a (Rauchdichtheit)

Rauchschutztüren werden nach DIN EN 13501-2 klassifiziert und DIN EN 1634-3 geprüft. Mit den Leistungskriterien S_m und S_a werden die maximale Leckrate und die Umgebungstemperatur definiert, bei der die Leckrate gemessen wird.

Rauchdichtigkeit S_m bedeutet, dass beim Rauchschutzabschluss die größte Leckrate (gemessen sowohl bei Umgebungstemperatur als auch bei 200 °C und bis zu einem Druck von 50 Pa), für eine einflügelige Türanlage 20 m^3/h und für eine zweiflügelige Türanlage 30 m^3/h nicht überschreitet.

Rauchdichtigkeit S_a bedeutet, dass beim Rauchschutzabschluss die größte Leckrate (gemessen bei Umgebungstemperatur und bis zu einem Druck von 25 Pa), den Wert 3 m^3/h je Meter Spaltlänge zwischen den festen und den beweglichen Teilen der Türeinrichtung (z.B. zwischen Türblatt und Zarge) nicht überschreitet, ausgenommen der Leckage der Schwelle.

Gemäß Bauregelliste A Teil 1 Anlage 0.1.2 ist in Deutschland bei Rauchschutztüren das Leistungskriterium **S_m** maßgebend.

C (selbstschließende Eigenschaft mit Dauerfunktionstüchtigkeit)

Siehe hierzu Kapitel 6.8.1-B, Punkt 3.2.5.

2.3 Zuordnung der bauaufsichtlichen Benennungen von Rauchschutzabschlüssen zu den nationalen und europäischen Klassen

Siehe hierzu Kapitel 6.8.1-B, Punkt 3.3, Tabelle 3-5.

2.4 Verwendbarkeitsnachweis

2.4.1 Rauchschutzabschlüsse, nach nationalen Vorschriften (DIN 18095) geprüft und klassifiziert

Rauchschutzabschlüsse müssen selbstschließend und entsprechend den Prüfvorgaben der DIN 18095 rauchdicht sein. Es dürfen grundsätzlich nur Rauchschutzabschlüsse verwendet werden, die den bauaufsichtlichen Anforderungen entsprechen. Nachgewiesen wird dies durch einen bauaufsichtlich anerkannten Verwendbarkeits- und Übereinstimmungsnachweis.

Rauchschutzabschlüsse gehören gemäß Bauregelliste A Teil 2 zu den Bauprodukten, für die es Technische Baubestimmungen oder allgemein anerkannte Regeln der Technik nicht oder nicht für alle Anforderungen gibt und die hinsichtlich dieser Anforderungen nach allgemein anerkannten Prüfverfahren beurteilt werden können.

Damit gilt der Verwendbarkeitsnachweis als erbracht:

- für **nicht geregelte** Türen und Tore als Rauchschutzabschlüsse gemäß Bauregelliste A Teil 2 Zeilen 2.33 und 2.34 aus der Feststellung der Übereinstimmung mit einem allgemeinen bauaufsichtlichen Prüfzeugnis (P) einer amtlich anerkannten Materialprüfanstalt (anerkannte Prüfverfahren sind DIN 18095-1:1988-10 und DIN 18095-3:1999-06) oder
- bei **wesentlichen Abweichungen** aus der Feststellung der Übereinstimmung mit einer allgemeinen bauaufsichtlichen Zulassung (Z) des Deutschen Instituts für Bautechnik oder
- in bestimmten begründeten **Ausnahmefällen** aus der Feststellung der Übereinstimmung mit einer Zustimmung im Einzelfall (ZiE) von der Obersten Bauaufsichtsbehörde.

Dies bedeutet, dass für Rauchschutzabschlüsse als Verwendbarkeitsnachweis in der Regel immer ein **allgemeines bauaufsichtliches Prüfzeugnis** (P) erforderlich ist.

Verwendbarkeitsnachweis durch allgemeines bauaufsichtliches Prüfzeugnis

Der Verwendbarkeitsnachweis wird geführt, indem das P in Kopie oder Abschrift an der Verwendungsstätte vorgelegt wird. Es muss zum Zeitpunkt der Vorlage noch gültig sein.

Verwendbarkeitsnachweise bei wesentlichen Abweichungen durch in bestimmten begründeten Ausnahmefällen durch ZiE enthält Kapitel 6.8.1-B unter Punkt 4.1.

2.4.2 Rauchschutzabschlüsse, nach europäischen Vorschriften (DIN EN 13501-2, 1634-3 und 14600) geprüft und klassifiziert

Diese Rauschutztüren sind nach DIN EN 1634-3 und bezüglich ihrer selbstschließende Eigenschaft mit Dauerfunktionstüchtigkeit nach DIN EN 14600 zu prüfen.

Der Verwendbarkeitsnachweis wird dann auf europäischer Ebene durch ein im nationalen Verfahren **bauaufsichtlich anerkanntes europäisches Prüfzeugnis** geführt.

Allerdings ist dies zurzeit in Deutschland noch nicht möglich, da DIN EN 1634-3 und 14600 noch nicht in der Bauregelliste A Teil 2 Zeilen 2.33 und 2.34 als anerkannte Prüfverfahren aufgeführt sind.

Nachdem in die Bauregelliste auch die anerkannten Prüfverfahren auf europäischer Ebene aufgenommen wurden (DIN EN 1634-3 und 14600), werden dort auch die weitere Vorgehensweise sowie der Verwendbarkeits- und Übereinstimmungsnachweis geregelt.

2.5 Übereinstimmungsnachweis und Kennzeichnung

Unabhängig davon, durch welchen Verwendbarkeitsnachweis Rauchschutzabschlüsse die bauaufsichtlichen Anforderungen erfüllen, muss ihre Verwendbarkeit mit dem für sie geforderten Übereinstimmungsnachweis bestätigt werden. Welche Bestätigung jeweils erforderlich ist, wird in der Bauregelliste A Teil 2 Zeilen 2.33 und 2.34 bzw. im Prüfzeugnis vorgeschrieben. In der Regel ist für Rauchschutzabschlüsse als Übereinstimmungsnachweis eine **Übereinstimmungserklärung des Herstellers** erforderlich, d.h., der Hersteller muss dem Bauherrn in Form einer Werksbescheinigung bestätigen, dass der Rauchschutzabschluss mit den Anforderungen des dazugehörigen gültigen allgemeinen bauaufsichtlichen Prüfzeugnisses P sowie den ergänzenden weiteren Anforderungen übereinstimmt.

Die nach außen sichtbare Bestätigung, dass der Rauchschutzabschluss dem P entspricht und einer werkseigenen Produktionskontrolle unterzogen wurde, ist die Kennzeichnung mit dem Übereinstimmungszeichen (nationale Ebene: Ü-Zeichen, europäische Ebene: CE-Zeichen).

Weitere Informationen zum Verwendbarkeitsnachweis, Übereinstimmungsnachweis und Übereinstimmungszeichen enthält Kapitel 5.2.

6.8.4-B Seite 6	Wand- und Deckenöffnungen	Rauchschutzabschlüsse und dichtschließende Türen

Werksbescheinigung für Rauchschutzabschluss

- Name des Herstellers: xxxx
- Anschrift: xxxx

bescheinigt hiermit, dass der aus unserer Produktion stammende Rauchschutzabschluss mit der Bezeichnung „xy“ als RS-1-Tür hinsichtlich aller Einzelheiten fachgerecht und unter Einhaltung aller Bestimmungen des allgemeinen bauaufsichtlichen Prüfzeugnisses Nr.: P-xxxx MPA xx der Materialprüfanstalt für das Bauwesen, xxxx, vom xx.xx.xxxx und den in der Materialprüfanstalt für das Bauwesen, xxxx, hinterlegten Konstruktionszeichnungen, die ergänzend weitere detaillierte technische Bestimmungen enthalten,

a) hergestellt wurde*)

b) mit Abweichungen hergestellt wurde*)

Die Abweichungen sind durch die gutachtliche

Stellungnahme Nr.: ____________________ vom ______________

des Prüfinstituts für zulässig erklärt worden.

Für die nicht vom Unterzeichner selbst hergestellten Zubehörbauteile (z.B. Drücker, Schließer) wird die Übereinstimmung ebenfalls bestätigt, aufgrund

- der vorhandenen Kennzeichnung der Zubehörbauteile entsprechend den Bestimmungen des allgemeinen bauaufsichtlichen Prüfzeugnisses,*)
- eigener Kontrollen,*)
- entsprechender schriftlicher Bestätigungen der Hersteller der Zubehörbauteile, die der Unterzeichner zu seinen Akten genommen hat.*)

Der Rauchschutzabschluss wurde im Herstellungsjahr _______ gefertigt.

Das allgemeine bauaufsichtliche Prüfzeugnis kann auf Anforderung als Kopie zur Verfügung gestellt werden.

______________________ ______________________________

Ort, Datum rechtsverbindliche Unterschrift, Stempel

*) Nichtzutreffendes streichen

2-1 Beispiel für eine Übereinstimmungserklärung des Herstellers.

Kennzeichnung

Die Kennzeichnung darf nur erfolgen, wenn alle Anforderungen des dazugehörigen Verwendbarkeitsnachweises, der dazugehörigen Einbauvorschrift und des dazugehörigen Übereinstimmungsnachweises **erfüllt** sind und der Rauchschutzabschluss entsprechend diesen Vorgaben fachgerecht eingebaut wurde.

Der Rauchschutzabschluss muss vom Hersteller mit dem Übereinstimmungszeichen (Ü-Zeichen) nach den Übereinstimmungszeichen-Verordnungen der Länder gekennzeichnet werden.

Die Kennzeichnung des Rauchschutzabschlusses muss durch ein Schild aus Stahlblech (Größe 52 × 105 mm oder 26 × 148 mm) erfolgen, das die nachfolgenden Angaben – dauerhaft lesbar – enthalten muss. Das Schild muss dauerhaft befestigt werden.

Kennzeichnung eines Rauchschutzabschlusses mit Verwendbarkeitsnachweis P
• Normenbezeichnung nach Abschnitt 3 der DIN 18095-1 • Produktbezeichnung des Herstellers (z.B. **RS-1-Tür** [Name]) • Übereinstimmungszeichen (Ü-Zeichen) mit – Name des Herstellers – Nummer des allgemeinen bauaufsichtlichen Prüfzeugnisses: P-xxxx-MPA xx – Herstellungsjahr

Rauchschutzabschlüsse, die auch Anforderungen an die Feuerwiderstandsfähigkeit aufweisen müssen, enthält Kapitel 6.8.1-B unter Punkt 4.3.

2.6 Einbau von Rauchschutzabschlüssen

2.6.1 Fachgerechter Einbau

Rauchschutzabschlüsse mit einem bauaufsichtlich anerkannten Verwendbarkeitsnachweis sind hochwertige Bauprodukte, die alle an sie gestellten Anforderungen erfüllen – vorausgesetzt sie werden fachgerecht eingebaut und betrieben. Immer wieder zeigt sich, dass Rauchschutzabschlüsse falsch bzw. unzureichend eingebaut werden, was im Brandfall zu einem vorzeitigen Versagen führen kann. Dem fachgerechten Einbau kommt deshalb eine besondere Bedeutung zu.

Maßgebend für den Einbau von Rauchschutzabschlüssen sind das dazugehörige gültige allgemeine bauaufsichtliche Prüfzeugnis (P) einer amtlich anerkannten Materialprüfanstalt sowie die dazugehörige Einbauanleitung des Herstellers. Beides muss an der Verwendungsstelle vorliegen.

Rauchschutzabschlüsse dürfen nur in Wände eingebaut werden bzw. an Bauteile anschließen, die den Bestimmungen des Prüfzeugnisses entsprechen. Die Anschlüsse müssen in der jeweiligen Einbauanleitung des Herstellers zeichnerisch dargestellt sein.

2.6.2 Einbauanleitung

Jeder Rauchschutzabschluss muss mit einer schriftlichen Einbauanleitung ausgeliefert werden. Diese muss der Hersteller in Übereinstimmung mit dem (P) und den sonstigen detaillierten technischen Vorschriften des Rauchschutzabschlusses erstellen.

Die Einbauanleitung muss mindestens die für den jeweiligen Rauchschutzabschluss relevanten Angaben unter Berücksichtigung der jeweiligen Einbausituation sowie die nachfolgende Angaben enthalten:

- Name und Anschrift des Herstellers
- Produktbezeichnung des Rauchschutzabschlusses
- alle erforderlichen Angaben für einen fachgerechten Einbau des Rauchschutzabschlusses (Baurichtmaß, Einbaumaße, Verbindung mit angrenzenden Bauteilen, Fugenbreiten [Spaltbreiten] zwischen Türflügel und Zarge

sowie Einbau der Dichtungsmittel und Abdichtung der Fugen zwischen Zarge und anschließenden Gebäudeteilen)

- Angaben zur Einstellung der Türschließmittel und ggf. der Feststellanlage.

2.6.3 Grundsätzliche Anforderungen an den Einbau von Rauchschutzabschlüssen und häufige Einbaufehler

Siehe hierzu sinngemäß Kapitel 6.8.1-B, Punkte 7.4 und 7.5 – mit dem Unterschied, dass für Rauchschutzabschlüsse keine Zulassung, sondern ein Prüfzeugnis als Verwendbarkeitsnachweis erforderlich ist.

2.6.4 Schwellen und untere Anschläge bei Rauchschutztüren im Zuge von Rettungswegen

Im Zuge von Rettungswegen dürfen Rauchschutztüren keine unteren **Anschläge und Schwellen** haben. Ausnahmen sind Flachrundschwellen mit kreissegmentförmigem Querschnitt bis 5 mm Höhe. In bestimmten Sonderbauten wie Krankenhäusern, Pflegeheimen usw. sind jedoch auch diese Flachrundschwellen aus betrieblichen Gründen nicht möglich.

2.7 Wartung und Betrieb

Jedem Rauchschutzabschluss muss eine Wartungsanleitung beiliegen. Diese muss mindestens angeben, welche Arbeiten notwendig sind, damit auch nach längerer Nutzung die sichere Funktion des Rauchschutzabschlusses gewährleistet ist (z.B. Wartung und Einstellung von Türschließmitteln, Wartung von Schlössern, Erneuerung von Dichtungen).

2.8 Rauchschutzabschlüsse mit Anforderungen an die Feuerwiderstandsdauer

Rauchschutzabschlüsse weisen keine klassifizierte Feuerwiderstandsklasse auf. Sie werden bei einer Temperatur des Prüfmediums Luft von 200 °C geprüft.

Grundsätzlich dürfen gemäß MBO 2002 verglaste Rauchschutztüren in Öffnungen von Treppenraumwänden notwendiger Treppenräume zu notwendigen Fluren angeordnet werden.

Allerdings ist (z.B. in Sonderbauten oder bei besonderen Grundrisssituationen) eine Überprüfung empfehlenswert bzw. notwendig, ob die dort eingebauten und in der Regel verglasten Rauchschutztüren im Brandfall mit mehr als 200 °C beansprucht werden können.

Eine Beanspruchung mit mehr als 200 °C ist z.B. zu erwarten, wenn die verglasten Rauchschutztüren unmittelbar bzw. in einem Abstand < 2,50 m zu ungesicherten oder unzureichend gesicherten Öffnungen größerer Räume mit Brandlast angeordnet sind. In diesen Fällen ist es empfehlenswert bzw. notwendig, entweder die ungesicherten Öffnungen ausreichend zu sichern (z.B. durch T 30-Feuerschutztüren) oder die Rauchschutztüren zusätzlich als Feuerschutztüren (T 30-Türen nach DIN 18095-RS) auszuführen.

Rauchschutztüren, die zugleich auch Anforderungen an die Feuerwiderstandsklasse erfüllen werden in Kapitel 6.8.1-B unter Punkt 4.3 beschrieben.

3 Dichtschließende Türen

3.1 Baurechtlich akzeptiertes Risiko bei dichtschließenden Türen

Dichtschließend ist die geringste Mindestanforderung, die das Baurecht an bestimmte Türen in raumabschließenden und feuerwiderstandsfähigen Wänden stellt, bei denen aufgrund der bauaufsichtlichen Schutzzielbetrachtung eine dichtschließende, nicht selbstschließende Tür noch akzeptabel ist. Nach MBO 2002 besteht die Anforderung *dichtschließend* an

- alle Feuerschutzabschlüsse, ausgenommen an Feuerschutzabschlüsse, die rauchdicht sein müssen (siehe Kapitel 6.8.1-B)
- Türen in feuerhemmenden Flurtrennwänden zu Wohnungen sowie zu sonstigen Räumen und Nutzungseinheiten vergleichbarer Größe
- Türen in Wänden notwendiger Treppenräume zu Wohnungen sowie zu sonstigen Räumen und Nutzungseinheiten ≤ 200 m^2 (Diese müssen gemäß MBO 2002 zudem noch selbstschließend sein).

Bei dichtschließenden Türen wird also aus Sicht der baurechtlichen Schutzzielbetrachtung das Risiko akzeptiert, dass sie im Brandfall offen stehen bzw. nach der Flucht nicht mehr geschlossen werden. Außerdem wird akzeptiert, dass sie auch in geschlossenem Zustand weder eine definierte Rauchdichtigkeit noch eine klassifizierte Feuerwiderstandsdauer haben.

Dies bedeutet, dass aus baurechtlicher Sicht lediglich die Hoffnung besteht, dass dichtschließende Türen im Brandfall geschlossen sind und so für eine bestimmte, aber nicht näher definierte Zeit sowohl dem Rauch als auch dem Feuer in einer nicht näher definierten Qualität und Dauer Widerstand leisten.

Gemäß den Erläuterungen zu DIN 18095-1 ist mit dem Begriff *dichtschließend* nur ein bautechnischer Zustand beschrieben, der nicht auf einer bestandenen Prüfung in einer Versuchsanordnung basiert.

3.2 Begriff *dichtschließend*

Als *dichtschließend* im Sinne der LBOs gelten nach den Erläuterungen zu DIN 18095-1 und gemäß den Verwaltungs- bzw. Durchführungsvorschriften einiger Länder (z.B. Mecklenburg-Vorpommern, Nordrhein-Westfalen, Sachsen, Sachsen-Anhalt, Thüringen) allgemein Türen mit stumpf einschlagendem oder gefalztem vollwandigem Türblatt und einer mindestens dreiseitig umlaufenden Dichtung, wobei Verglasungen in diesen Türen zulässig sind. Fußschwellen oder besondere Vorkehrungen im Schwellenbereich sind dabei nicht erforderlich.

3.3 Begriff *vollwandig*

Nach der vorstehenden Definition müssen dichtschließende Türen ein vollwandiges Türblatt haben. Dies ist auch sinnvoll und nachvollziehbar, da die Türen immerhin in feuerhemmende Flurtrennwände bzw. Treppenraumwände in der Bauart einer Brandwand eingebaut werden.

6.8.4-B Seite 10	Wand- und Deckenöffnungen	Rauchschutzabschlüsse und dichtschließende Türen

3-1 und 3-2 Einfache Türen, die nicht vollwandig sind und Hohlräume haben, setzen weder dem Feuer noch den heißen Rauchgasen einen Widerstand entgegen.

Eine nicht vollwandige Tür mit Hohlräumen versagt bei einer Brandbeanspruchung in der Regel bereits nach sehr kurzer Zeit (in wenigen Minuten), wogegen eine vollwandige Tür in der Regel deutlich länger hält (Größenordnung 10 bis 20 Minuten) – allerdings nur, wenn sie geschlossen ist.

Mit der Anforderung *vollwandig* wird also zum Ausdruck gebracht, dass die Türen eine bestimmte, aber nicht näher definierte und klassifizierte Anforderung an den Feuerwiderstand erfüllen sollen. Als *vollwandig* gelten Türen mit Türblättern ohne Hohlräume, z.B. aus ca. 4 cm dickem Vollholz oder ebenso dicken Vollspanplatten. (Ein Beispiel für das Brandverhalten einer vollwandigen Wohnungseingangstür enthält Kapitel 6.8.4-S, Punkt 1, Bilder 1-4, 1-5, 1-7 und 1-8.)

Da handelsübliche Wohnungseingangstüren ohnehin Anforderungen an den Schallschutz erfüllen müssen und deshalb vollwandig (schwer) und mit Dichtungen ausgeführt werden, bereiten die Anforderungen *dichtschließend* und *vollwandig* bei diesen Türen in der Regel keine Probleme.

3.4 Verglasungen in vollwandigen Türen

Problematisch ist, dass die genannten Verwaltungs- bzw. Durchführungsvorschriften (siehe unter 3.2 in diesem Kapitel) in vollwandigen Türen Verglasungen zulassen. Werden hier einfache Verglasungen ohne besondere Maßnahmen eingebaut, besteht die Gefahr eines schnellen Versagens im Brandfall, so dass die Tür keiner vollwandigen Tür mehr entspricht.

Deshalb ist es empfehlenswert, in vollwandige Türen möglichst keine Verglasungen einzubauen. Sind Verglasungen unbedingt erforderlich, sollten diese in ihrer Größe begrenzt und so eingebaut werden, dass sie im Brandfall mindestens genauso lange halten wie das vollwandige Türblatt.

Dies ist z.B. möglich, indem Gläser verwendet werden, die für den Bau von Brandschutzverglasungen geeignet sind (z.B. Drahtglas nach DIN 4102-4 Abschnitt 8.4.4 oder gleichwertiges Glas). Allerdings ist es mit der Verwendung solcher Gläser allein noch nicht getan, da diese bei unzureichender Befestigung im Brandfall bereits nach kurzer Zeit herausfallen können.

Deshalb sollten die Gläser so eingebaut werden, dass sie im Brandfall entsprechend dem Schutzziel der vollwandigen Tür ausreichend lange im Türblatt verbleiben. Besonderes Augenmerk ist dabei auf die ausreichende Befestigung der Gläser zu richten (z.B. nach DIN 4102-4 Abschnitt 8.4.5 bzw. nach den Einbauvorschriften der Hersteller).

Beispiel

Bei einer Stahlrahmentür mit ausreichend befestigtem Drahtglas kann man davon ausgehen, dass sie als vollwandige Tür gilt.

Warnung: Mit der beschriebenen Ausführung wird **keine geprüfte und klassifizierte Brandschutzverglasung** einer bestimmten Feuerwiderstandsklasse erreicht! Es handelt sich dabei nur um eine Möglichkeit (bzw. Notlösung), die in den baurechtlichen Anforderungen zulässige Verglasung in vollwandigen Türblättern so einzubauen, dass sie im Brandfall genauso lange standhält wie das Türblatt. Hier lässt Europa hoffen, dass in Zukunft auch Türen bzw. Abschlüsse mit anderen Klassifizierungen möglich sein werden.

Bei Türen mit großen Verglasungen bzw. Ganzglastüren ist davon auszugehen, dass sich auf die beschriebene Weise keine *Vollwandigkeit* erreichen lässt. In diesen Fällen ist es empfehlenswert, bauaufsichtlich zugelassene Feuerschutzabschlüsse mit entsprechenden Brandschutzverglasungen zu verwenden.

3.5 Begriff *dichtschließend + vollwandig + selbstschließend*

In einigen Ländern (z.B. Bayern) wird bei den Türanforderungen zwischen *dichtschließend* und *dichtschließend + vollwandig + selbstschließend* unterschieden. In Bayern müssen z.B.

- Türen in feuerhemmenden Flurtrennwänden zu Wohnungen sowie zu sonstigen Räumen und Nutzungseinheiten vergleichbarer Größe *dichtschließend* und

- Türen in Wänden notwendiger Treppenräume zu Wohnungen sowie zu sonstigen Räumen und Nutzungseinheiten ≤ 200 m^2 *dichtschließend* + *vollwandig* + *selbstschließend* sein.

Daraus ist zu entnehmen, dass an Türen mit der Anforderung *dichtschließend* + *vollwandig* bezüglich der Vollwandigkeit höhere Anforderungen gestellt werden als an *nur dichtschließende* Türen.

In diesen Fällen ist zur Erfüllung der Anforderung *dichtschließend* entsprechend der Definition in Punkt 3.2 dieses Kapitels zusätzlich auch eine bestimmte *Vollwandigkeit* notwendig (siehe auch Punkte 3.3 und 3.4 in diesem Kapitel). Bei der Anforderung *dichtschließend und vollwandig* ist jedoch davon auszugehen, dass diese höher ist als in der Definition in Punkt 3.2 angegeben. Damit sind Verglasungen in diesen Türen nicht mehr ohne Weiteres zulässig.

Sollen in diese Türen jedoch Verglasungen eingebaut werden, ist es empfehlenswert bzw. erforderlich, hierfür eine entsprechende Abweichung bei der zuständigen Genehmigungsbehörde zu beantragen. Als Grundlage hierfür gilt Punkt 3.4 in diesem Kapitel, wobei jedoch besonderes Augenmerk auf eine ausreichende Befestigung der Verglasung zu legen ist. Diese ist in der Regel gewährleistet, wenn die Verglasung in der Bauart einer Brandschutzverglasung (also in Ahnlehnung an die Zulassung bzw. den Verwendbarkeitsnachweis einer Brandschutzverglasung) ausgeführt wird.

4 Selbstschließende Türen

4.1 Baurechtliche Anforderungen

Klassifizierte Feuer- und Rauchschutzabschlüsse müssen immer *selbstschließend* sein.

Neu ist in der MBO 2002 und allen LBOs mit vergleichbaren Anforderungen, dass auch Türen in Wänden notwendiger Treppenräume zu Wohnungen sowie zu sonstigen Räumen und Nutzungseinheiten ≤ 200 m^2 neben der Anforderung *dichtschließend* noch die Anforderung *selbstschließend* erfüllen müssen.

Diese Anforderung wurde in die MBO aufgenommen, weil sich in der Vergangenheit immer wieder gezeigt hat, dass bei Wohnungen und vergleichbaren Nutzungen im Brandfall die Eingangstüren nach dem fluchtartigen Verlassen der Wohnungen bzw. Nutzungseinheiten nicht mehr geschlossen wurden. Dadurch wurden die notwendigen Treppenräume verraucht, so dass sie nicht mehr für die Selbstrettung zur Verfügung standen.

Häufig verhielten sich dann die übrigen Bewohner nicht so, wie aufgrund der baurechtlichen Schutzzieldefinition vorgesehen. Sie versuchten über den verrauchten Treppenraum zu fliehen, was zu zahlreichen Rauchverletzten und teilweise auch Toten führte. Mit den jetzt in der MBO vorgeschriebenen selbstschließenden Eingangstüren wird diese Situation wesentlich verbessert.

Anmerkung: Eine wesentliche Verbesserung wäre allerdings allein schon dadurch möglich, dass alle Bewohner oder Nutzer eines Gebäudes über das richtige Verhalten im Brandfall ausreichend informiert würden. Sie müssen wissen, dass ein verrauchter Treppenraum als Rettungsweg für die Selbstrettung nicht geeignet ist und zur tödlichen Falle werden kann und dass es in diesem Fall besser ist, auf das Eintreffen der Feuerwehr zu warten, die dann eine Rettung mit ihren Rettungsgeräten durchführt. Hier besteht sicher noch Handlungsbedarf.

4.2 Fachgerechte Ausführung von selbstschließenden Türen

Sinngemäß wie bei *dichtschließend* wird mit der Anforderung *selbstschließend* nur ein bautechnischer Zustand beschrieben, der nicht auf einer bestandenen Prüfung in einer Versuchsanordnung basiert. Es werden auch keine Angaben bezüglich der Dauerfunktionstüchtigkeit der selbstschließenden Türen gemacht. Ebenso fehlen Vorgaben zu deren Betrieb und Wartung.

Allerdings bedeutet die bauaufsichtliche Anforderung *selbstschließend,* dass die betreffenden Türen immer, also für die gesamte Lebens- bzw. Betriebsdauer des Gebäudes, zuverlässig selbstschließend sein müssen.

Unter dem Begriff *selbstschließend* ist zu verstehen, dass die geöffnete Tür ohne menschliches Eingreifen bis in die Zarge und bis zum Einrasten des Verschlusssystems mittels gespeicherter Energie sicher schließen muss.

Um die bauaufsichtlich geforderte Funktion *selbstschließend* unter den genannten Bedingungen sicher zu erfüllen, ist es notwendig, nur hierfür geeignete Schließmittel zu verwenden. Auf der sicheren Seite liegt man, wenn die in DIN 18095-1 für Rauchschutztüren vorgeschriebenen Türschließer nach DIN 18236 eingebaut werden und deren Verwendbarkeit durch die jeweils erforderlichen Verwendbarkeitsnachweise nachgewiesen wird.

Sollen Türschließer nach europäischen Vorschriften verwendet werden, ist darauf zu achten, dass diese einen im bauaufsichtlichen Verfahren anerkannten Verwendbarkeitsnachweis haben. Außerdem ist dabei auch die Dauerhaftigkeit der Selbstschließung zu berücksichtigen (Zahl der Lastwechselspiele). Diese sollte bei 200.000 liegen (Klasse C5, siehe Kapitel 6.8.1-B, Punkt 3.2.5).

4.3 Betrieb und Wartung selbstschließender Türen

Damit die bauaufsichtliche Anforderung *selbstschließend* zuverlässig gewährleistet und erhalten wird, ist eine regelmäßige Überprüfung und Wartung erforderlich. Dies sollte dem Bauherrn bzw. Betreiber des Gebäudes unbedingt schriftlich und gegen Nachweis mitgeteilt werden.

Außerdem ist es notwendig, dass auch die Nutzer des Gebäudes schriftlich und gegen Nachweis über die Bedeutung der selbstschließenden Eigenschaft informiert und belehrt werden. Insbesondere bei Wohnungen ist die selbstschließende Eigenschaft für die Nutzer oft störend – mit der Konsequenz, dass die Bewohner die Türschließer aushängen oder gar ausbauen. Außerdem kann es im laufenden Betrieb vorkommen, dass der Türschließer nicht mehr richtig funktioniert und außerplanmäßig gewartet bzw. repariert werden muss.

Welche fatalen Konsequenzen eine nicht selbstschließende Wohnungseingangstür im Brandfall haben kann, wird in Kapitel 6.8.4-S dargestellt.

5 Feststellanlagen

Werden Feststellanlagen verwendet, muss dies gemäß Verwendbarkeitsnachweis des Rauchschutzabschlusses möglich bzw. vorgesehen sein. Feststellanlagen benötigen als Verwendbarkeitsnachweis eine allgemeine bauaufsichtliche Zulassung (Z). Für Rauchschutztüren sind nur Feststellanlagen geeignet, die auf die Brandkenngröße *Rauch* ansprechen.

6.10 Haustechnische Anlagen, Installationen und Rohrleitungen

6.10.1 Grundsätzliche Anforderungen an den Brandschutz von Leitungsanlagen

Dipl.-Ing. (FH) Josef Mayr

Inhalt

1 Grundlagen
- 1.1 Grundrisiken von Leitungsanlagen
- 1.2 Begriffe
  - 1.2.1 Rohrabschottungen und Rohrummantelungen
  - 1.2.2 Leitungsarten
  - 1.2.3 Leitungen, Leitungsanlagen, elektrische Leitungen mit verbessertem Brandverhalten und Medien
- 1.3 Vorschriften und Regelwerke
- 1.4 Die drei wichtigsten Schutzziele

2 Gewährleistung des Abschottungsprinzips
- 2.1 Bedeutung des Abschottungsprinzips
- 2.2 Abschottungen
- 2.3 Installationsschächte und -kanäle

3 Sicherung der Rettungswege

4 Funktionserhalt von elektrischen Leitungen

5 Brandschutzkonzept und Planung
- 5.1 Brandschutz in der Haustechnik als Bestandteil der Planung
- 5.2 Brandschutzpläne als Grundlage für eine fachgerechte und wirtschaftliche Planung des Brandschutzes in der Haustechnik
- 5.3 Empfehlung für den Bauherrn, Planer und Ersteller des Brandschutzkonzeptes bzw. -nachweises
- 5.4 Brandschutzpläne für die Brandschutzmaßnahmen in der Haustechnik

5.5 Konsequenzen einer unzureichenden Brandschutzplanung beim Brandschutz in der Haustechnik

5.6 Berücksichtigung der Ausführbarkeit von bestimmten Brandschutzmaßnahmen bereits bei der Vorplanung

6 Ausführung und Bauleitung

6.10.1 Grundsätzliche Anforderungen an den Brandschutz von Leitungsanlagen

1 Grundlagen

1.1 Grundrisiken von Leitungsanlagen

Im gleichen Umfang, in dem die haustechnischen Installationen von Gebäuden zunehmen, steigt auch das daraus resultierende Risiko im Brandfall. Abhängig von den jeweiligen Leitungsarten ergeben sich dabei unterschiedliche Grundrisiken.

Grundrisiko aller Leitungsanlagen

Das Grundrisiko aller Leitungsanlagen besteht im so genannten **„Zündschnureffekt"**. Alle Leitungen, die durch feuerwiderstandsfähige raumabschließende Wände und Decken geführt werden, können bildlich gesprochen wie „Zündschnüre" wirken und Feuer und/oder Rauch in andere Geschosse, Wohnungen, Nutzungseinheiten, Abschnitte, Bereiche und Räume übertragen.

Risiken brennbarer Leitungsanlagen

Bei brennbaren Leitungsanlagen bestehen folgende Risiken:

- Bei brennbaren Elektrokabeln kommen gleich zwei ungünstige Faktoren zusammen: Zum einen weisen diese Kabel durch den elektrischen Strom ein Brandentstehungsrisiko auf, zum anderen bilden sie in vielen Fällen einen wesentlichen Teil der Brandlasten. Damit tragen sie erheblich zum Risiko der Brandentstehung und Brandausbreitung bei.
- Bei sonstigen brennbaren Rohrleitungen oder Rohrleitungen mit brennbaren Dämmungen besteht zwar durch die Leitungen selbst kein direktes Brandentstehungsrisiko. Sie tragen jedoch ebenfalls durch ihre Brandlasten zum Risiko der Brandentstehung und Brandausbreitung bei.
- Es besteht die Gefahr einer starken Rauchentwicklung in Rettungswegen (notwendige Treppenräume, notwendige Flure, sonstige Rettungswege in Sonderbauten).
- Es besteht die Gefahr für Leben und Gesundheit von Menschen durch giftige Rauchgase.
- Erhebliche Sachschäden können durch Korrosion bei Abbrand von PVC-haltigen Isolierungen und Dämmungen entstehen (Bildbeispiele siehe Kapitel 11.1, Punkt 4.2).
- Es kann zum Verlust der Funktionsfähigkeit von Leitungsanlagen für sicherheitstechnische Anlagen kommen.

Risiken nichtbrennbarer Leitungsanlagen

Bei nichtbrennbaren Leitungsanlagen bestehen folgende Risiken:

- Gefahr einer Brandübertragung durch thermische Wärmeleitung der Rohrleitungen – diese ist besonders ausgeprägt bei Rohrleitungen aus Metall

6.10.1 Seite 2	Haustechnische Anlagen, Installationen und Rohrleitungen	Grundsätzl. Anforderungen an den Brandschutz von Leitungsanlagen

1.1-1 und 1.1-2 Die Installationskanäle und -schächte haben ihr Schutzziel einwandfrei erfüllt und den notwendigen Treppenraum ausreichend geschützt. Damit stand der bauliche Rettungsweg ausreichend lange zur Verfügung. Allerdings wirkten sie wie Zündschnüre, so dass sich Feuer und Rauch nahezu ungehindert horizontal und vertikal im Gebäude ausbreiten konnten. Es entstand ein Totalschaden, der so groß war, wie die durch die Installationskanäle und -schächte verbundenen Gebäudebereiche.

Auf den Bildern ist deutlich die Problematik solcher Lösungen zu sehen. Die Installationskanäle und -schächte verhindern zwar für die Dauer ihrer Feuerwiderstandsfähigkeit, dass bei einem Brand in den Schächten bzw. Kanälen Feuer und Rauch in die geschützten Rettungswege eindringen können. Sie verhindern bzw. behindern aber auch gleichzeitig eine wirksame Brandbekämpfung, da die Feuerwehr bei einem Brand innerhalb der Installationskanäle und -schächte eine Brandbekämpfung nur schwierig und aufwändig durchführen kann.

Deshalb ist es wichtig, dass die Anordnung und Ausführung von Installationskanälen und -schächten immer im Rahmen eines Gesamt-Brandschutzkonzeptes erfolgt, wobei die jeweiligen Schutzziele vorher genau definiert werden müssen.

1.1-1

1.1-2

1.1-3 und 1.1-4 Brand in einem Hallenbad mit ungehinderter Brandausbreitung oberhalb der untergehängten Feuerschutzdecke. Das Feuer konnte sich über die im Deckenhohlraum angeordneten brennbaren Elektroleitungen nahezu ungehindert in alle mit diesem Hohlraum in Verbindung stehenden Bereiche ausbreiten (weitere Beschreibung der Problematik siehe bei den Bildern 1.1-1 und 1.1-2).

1.1 3

1.1-4

mit größerem Durchmesser und/oder mit großen Wanddicken (Bildbeispiele siehe Kapitel 4.1, Punkt 1.7)

- Gefahr einer Zerstörung oder Beschädigung der feuerwiderstandsfähigen raumabschließenden Wände und Decken infolge thermischer Längenänderung der Leitungen (Bildbeispiel siehe Kapitel 4.2, Punkt 3.3.3)
- Gefahr einer Zerstörung oder Beschädigung der feuerwiderstandsfähigen raumabschließenden Wände und Decken durch das Versagen des Tragwerkes, an dem die Leitungen vor und hinter den Leitungsdurchführungen befestigt sind, oder der Leitungsbefestigungen vor und hinter den Durchführungen (Bildbeispiel siehe Kapitel 6.10.2-B, Punkt 3.3)
- Gefahr einer Brand- und Rauchweiterleitung durch offene Verbindungen nach einer Zerstörung der Leitungen selbst
- Gefahr von Zerstörungen durch im Brandraum herabfallende Bauteile.

1.1-5 Die Brandschutzklappen waren nicht ausreichend und fachgerecht in der Brandwand befestigt und wurden durch herunterstürzende nichtbrennbare Rohrleitungen, die ebenfalls nicht ausreichend befestigt waren, teilweise aus der Brandwand herausgerissen. Durch die so entstandenen Öffnungen konnten sich Feuer und Rauch ausbreiten und führten zu einer Schadenvergrößerung in Millionenhöhe (weitere Schadenbilder siehe Kapitel 6.10.2-B, Punkt 3.3).

Risiken durch die Medien in den Leitungsanlagen

Neben den vorgenannten Risiken durch die Leitungsanlagen selbst können weitere besondere Risiken durch die Medien in den Leitungsanlagen bestehen:

- Gefahr einer Brandübertragung über das Medium in der Rohrleitung
- bei Leitungen mit entsprechenden Medien: Gefahr des Austretens von gefährlichen Flüssigkeiten oder Gasen infolge einer Zerstörung der Leitungen im Brandfall
- bei Lüftungsleitungen: Gefahr einer Weiterleitung von kalten Rauchgasen in andere Brandabschnitte, Geschosse, Wohnungen, Nutzungseinheiten, Abschnitte, Bereiche und Räume.

Je nach Art, Größe, Inhalt und Ausführung der Leitungen bzw. Leitungsanlagen ist deshalb im Einzelfall zu prüfen, ob besondere Risiken und Gefahren bestehen und welche Brandschutzmaßnahmen zur Gefahrenabwehr jeweils notwendig sind.

1.2 Begriffe

1.2.1 Rohrabschottungen und Rohrummantelungen

Gemäß DIN 4102-11 gelten sowohl Rohrabschottungen als auch Rohrummantelungen als Maßnahmen gegen Brandübertragung bei Rohrleitungen.

- **Rohrabschottungen** sind an der Leitungsdurchführung durch ein raumabschließendes feuerwiderstandsfähiges Bauteil eingebaut.
- **Rohrummantelungen** sind vollständige oder teilweise Ummantelungen oder Unterputz-Verlegung der Rohre.

Gemäß dieser Definition werden alle **Sicherungsmaßnahmen an der Leitungsdurchführung** durch raumabschließende feuerwiderstandsfähige Bauteile, die eine Übertragung von Feuer und Rauch verhindern, in der Regel als **Rohrabschottungen** bezeichnet.

Bei brennbaren Rohrleitungen wird dies meist mit einem **Verschluss des Rohrquerschnittes** durch dämmschichtbildende Baustoffe und/oder Mechanik erzielt. Bei nichtbrennbaren Rohrleitungen bestehen die Maßnahmen in der Regel aus dem **Verschluss des Ringspalts** (Raums) zwischen dem umgebenden Bauteil und der Rohrleitung sowie aus einem beiderseits der Rohrdurchführung angebrachten Erwärmungsschutz (Streckenisolierung).

Obwohl die letztgenannten Maßnahmen nicht auf einem Verschluss des Rohrquerschnittes beruhen, werden sie dennoch gemäß vorstehender Definition der DIN 4102-11 in der Regel als Rohrabschottungen bezeichnet, da sie **an der Leitungsdurchführung** eingebaut sind.

So werden z.B. Abschottungen von **nichtbrennbaren Rohrleitungen,** deren Funktion auf einer Ummantelung der Rohrleitungen im Bereich der Durchführungen beruht, in allgemeinen bauaufsichtlichen Prüfzeugnissen als Rohrabschottungen bezeichnet. **Beispiel:** Allgemeines bauaufsichtliches Prüfzeugnis für Rohrabschottungen: „Rockwool Rohrabschottung für nichtbrennbare Rohrleitungen“ vom 19. Januar 2006, MPA Braunschweig.

Aber auch Abschottungen von **brennbaren Rohrleitungen,** deren Funktion ausschließlich auf einer Ummantelung dieser Rohrleitungen im Bereich der Durchführungen beruht, werden in allgemeinen bauaufsichtlichen Prüfzeugnissen als Rohrabschottungen bezeichnet. **Beispiel:** Allgemeines bauaufsichtliches Prüfzeugnis für Rohrabschottungen: „Rockwool Rohrabschottung für brennbare Rohrleitungen“ vom 19. Januar 2006, MPA Braunschweig.

Allerdings wurde diese Art der Bezeichnung in der Praxis leider nicht durchgängig übernommen. So werden z.B. Abschottungen für **brennbare Rohrleitungen,** deren Wirkung auf einer **Abschottungsfunktion** an der Leitungsdurchführung durch **dämmschichtbildende Stoffe** beruht, in einem allgemeinen bauaufsichtlichen Prüfzeugnis der MPA NRW als **Rohrummantelungen** bezeichnet. **Beispiel:** Allgemeines bauaufsichtliches Prüfzeugnis für „Rohrummantelungen von brennbaren Rohren der Feuerwiderstandsklassen R 90: „Pyrostat-Uni plus*K“.

Beim letztgenannten Prüfzeugnis sind zwei Aspekte nicht ohne Weiteres nachvollziehbar:

- dass hier eine Maßnahme als Rohrummantelung bezeichnet wird, die gemäß Definition der DIN 4102-11 und nach allgemeinem Verständnis sowie entsprechend ihrer Funktion eine Rohrabschottung ist.
- dass die Verwendbarkeit einer Sicherungsmaßnahme, die auf der **Abschottungsfunktion** brennbarer Rohrleitungen durch **dämmschichtbildende Stoffe** beruht, von einer amtlich anerkannten Materialprüfanstalt als Rohrummantelung mit einem allgemeinen bauaufsichtlichen Prüfzeugnis nachgewiesen wurde.

Daraus ergibt sich, dass die Bezeichnungen für die Maßnahmen gegen Brandübertragung bei Rohrleitungen zurzeit unterschiedlich sein können, was in der Konsequenz unter Umständen auch zu unterschiedlichen Verwendbarkeitsnachweisen führen kann. Dies ist etwas verwirrend. Eine einheitliche Regelung im Sinne der Definitionen nach DIN 4102-11 sowie gemäß Bauregelliste A Teile 2 und 3 Nrn. 2.5 und 2.6 wäre sicher wünschenswert.

1.2.2 Leitungsarten

Zwischen folgenden Leitungsarten wird unterschieden:

- **Rohrleitungen (DIN 4102-11)** wie
  - Wasser-, Warmwasser- und Heizungsleitungen
  - Abwasserleitungen
  - Brennstoffversorgungsleitungen
  - Druckluftleitungen
  - Gasleitungen
  - Laborleitungen
  - Leitungen für Industriebetriebe, in denen unterschiedlich gefährliche Medien transportiert werden.
- **Elektrische Leitungen und Kabel (DIN 4102-9)**
- **Lüftungsleitungen (DIN 4102-6 sowie DIN 4102-4 Abschnitt 8.5)**

Außerdem in diesem Zusammenhang auch:

- Installationsschächte und -kanäle (DIN 4102-11 sowie DIN 4102-4 Abschnitt 8.6) wie
  - Installationsschächte
  - Installationskanäle
  - Lüftungsschächte
  - Lüftungskanäle.

Eine Besonderheit sind Rohrpostleitungen und Leitungen, in denen Fördergut pneumatisch transportiert wird (pneumatische Förderleitungen). Für derartige Leitungen sind besondere auf den jeweiligen Einzelfall abgestimmte Schutzmaßnahmen erforderlich (siehe Kapitel 6.8.3).

1.2.3 Leitungen, Leitungsanlagen, elektrische Leitungen mit verbessertem Brandverhalten und Medien

Gemäß Muster-Leitungsanlagen-Richtlinie 2005 (MLAR) werden Leitungen, Leitungsanlagen, elektrische Leitungen mit verbessertem Brandverhalten und Medien wie in der Tabelle 1.2-1 angegeben definiert.

1.3 Vorschriften und Regelwerke

Anforderungen an die brandschutztechnische Sicherung haustechnischer Leitungsanlagen, z.B. bei Durchführungen durch raumabschließende feuerwiderstandsfähige Wände und Decken oder bei Verlegung von brennbaren Leitungsanlagen in Rettungswegen, wie notwendigen Fluren und notwendigen Treppenräumen, sowie deren Ausgänge ins Freie, sind im Wesentlichen in folgenden Regelwerken enthalten:

- Landesbauordnungen
- Muster-Richtlinie über brandschutztechnische Anforderungen an Leitungsanlagen (Muster-Leitungsanlagen-Richtlinie MLAR)
- Muster-Richtlinie über brandschutztechnische Anforderungen an Lüftungsanlagen (Muster-Lüftungsanlagen-Richtlinie M-LüAR)
- Muster-Richtlinie über brandschutztechnische Anforderungen an Systemböden (MSysBöR)
- Muster-Richtlinie über brandschutztechnische Anforderungen an hochfeuerhemmende Bauteile in Holzbauweise (M-HFHHolzR)
- Richtlinien der Schadenversicherer.

Die Muster-Richtlinien werden in den Ländern meist über die „Liste der eingeführten Technischen Baubestimmungen" eingeführt. Stand und Umfang dieser Einführungen sind jedoch in Deutschland zurzeit noch sehr unterschiedlich, so dass nicht davon ausgegangen werden kann, dass alle aktuellen Muster-Richtlinien bereits in allen Ländern eingeführt sind. Deshalb ist es wichtig, dass vor Beginn der Planungsarbeiten bzw. der Ausführung genau überprüft wird, welche Muster-Richtlinien bzw. entsprechend in Landesrecht umgesetzten Richtlinien im jeweiligen Land gelten (siehe „Listen der Technischen Baubestimmungen" auf der Brandschutz-Nachweis-CD).

Tabelle 1.2.1: Definitionen von Leitungen, Leitungsanlagen, elektrischen Leitungen mit verbessertem Brandverhalten und Medien gemäß MLAR

Leitungsart	Bestandteile bzw. Definition gemäß MLAR
Leitungen	= Leitungen + Befestigungen + Beschichtungen
Rohrleitungen	= Rohrleitungen + Befestigungen + Beschichtungen
Elektrische Leitungen	= elektrische Leitungen (Kabel) + Befestigungen + Beschichtungen
Leitungsanlagen	= Anlagen aus Leitungen + zugehörige Armaturen + Hausanschlusseinrichtungen + Messeinrichtungen + Steuer-, Regel- und Sicherheitseinrichtungen + Netzgeräte + Verteiler + Dämmstoffe
Rohrleitungsanlagen	= Anlagen aus Rohrleitungen + Dämmstoffe + zugehörige Armaturen und Verbinder + Hausanschlusseinrichtungen + Messeinrichtungen + Steuer-, Regel- und Sicherheitseinrichtungen + Verteiler
Elektrische Leitungsanlagen	= elektrische Leitungen + Hausanschlusseinrichtungen + Messeinrichtungen + Steuer-, Regel- und Sicherheitseinrichtungen + Verteiler + Netzgeräte Lichtwellenleiter, Kabel und elektrische Kabel gelten als elektrische Leitungen.
Elektrische Leitungen mit verbessertem Brandverhalten	Leitungen, die die Prüfanforderungen nach DIN 4102-1:1998-05 in Verbindung mit DIN 4102-16:1998-05 Baustoffklasse B 1 (schwer entflammbare Baustoffe), auch in Verbindung mit einer Beschichtung, erfüllen und eine nur geringe Rauchentwicklung aufweisen
Medien	Flüssigkeiten, Dämpfe, Gase und Stäube

1.4 Die drei wichtigsten Schutzziele

In Bezug auf haustechnische Leitungsanlagen bestehen im Wesentlichen folgende, voneinander unabhängige Schutzziele:

- Gewährleistung des Abschottungsprinzips (siehe Punkt 2 in diesem Kapitel)
- Sicherung der Rettungswege (siehe Punkt 3 in diesem Kapitel)
- Funktionserhalt von elektrischen Leitungen (siehe Punkt 4 in diesem Kapitel)

Diese Schutzziele gelten grundsätzlich für **alle Gebäude,** die nach den Landesbauordnungen zu behandeln sind, und auch für alle Sonderbauten.

Für bestimmte Sonderbauten bzw. Anlagen, Gebäudebereiche und Räume besonderer Art oder Nutzung können bei haustechnischen Leitungsanlagen bzw. dem Brandschutz in der Gebäudetechnik noch weitere Schutzziele bestehen. Diese müssen dann im jeweiligen Gesamt-Brandschutzkonzept bzw. Brandschutznachweis entsprechend berücksichtigt werden.

2 Gewährleistung des Abschottungsprinzips

2.1 Bedeutung des Abschottungsprinzips

Das Abschottungsprinzip ist eine der ältesten und zugleich auch effektivsten Maßnahmen des vorbeugenden baulichen Brandschutzes.

Die Entstehung eines Feuers kann oft nicht verhindert werden. Deshalb gehört es zu den wichtigsten Maßnahmen des vorbeugenden baulichen Brandschutzes, den Brand örtlich zu begrenzen. Hierzu werden die Gebäude je nach Gebäudeklasse, Größe und Nutzung nach dem Abschottungsprinzip durch abschottende Bauteile, wie

- Brandwände (LBO), Brandbekämpfungsabschnittstrennwände (Abschnitt 7 IndBauRL) und Komplextrennwände (Feuerversicherung),
- feuerbeständige, hochfeuerhemmende und feuerhemmende Trennwände und Decken,
- feuerbeständige, hochfeuerhemmende und feuerhemmende Treppenraumtrennwände notwendiger Treppen,
- feuerhemmende Flurtrennwände notwendiger Flure,

in einzelne **brandschutztechnisch getrennte Abschnitte und Bereiche** unterteilt. Zu diesen Abschnitten und Bereichen zählen:

- Brandabschnitte, Brandbekämpfungsabschnitte, Komplexe

- feuerbeständig, hochfeuerhemmend und feuerhemmend abgetrennte Geschosse, Wohnungen, Nutzungseinheiten, Abschnitte, Bereiche und Räume
- für Flucht und Rettung notwendige Treppenräume und Räume zwischen notwendigen Treppenräumen und Ausgängen ins Freie
- für Flucht und Rettung notwendige Flure und deren Ausgänge ins Freie.

Aus der Sicht des vorbeugenden baulichen Brandschutzes wäre es wünschenswert, alle abschnittsbildenden, raumabschließenden Wände und Decken möglichst öffnungslos auszuführen. Dies ist aber meist nicht möglich, da für die Nutzung des Gebäudes eine Vielzahl von Öffnungen erforderlich ist.

Dabei unterscheidet man die für den täglichen Gebrauch des Gebäudes erforderlichen Öffnungen, wie Tür- und Sichtöffnungen, von den Öffnungen, die für die Funktion des Gebäudes notwendig sind, z.B. für Durchführungen von haustechnischen Leitungsanlagen. Alle diese Öffnungen müssen entsprechend den Vorgaben der bauaufsichtlichen Regelwerke (LBOs und ergänzende Verordnungen und Vorschriften) ausreichend gesichert werden.

Für den Brandschutz in der Haustechnik gilt dabei besonders: Die Brandsicherheit eines Gebäudes wird durch abschnittsübergreifende haustechnische Installationsleitungen erheblich beeinträchtigt, wenn durch sie **Feuer und/oder Rauch** in andere Abschnitte übertragen werden können (siehe Bilder 1.1-1 bis 1.1-4).

Deshalb ist in Bezug auf haustechnische Leitungsanlagen das **Abschottungsprinzip unbedingt zu gewährleisten.** Erreicht werden soll dies mit Maßnahmen, die geeignet sind, bei Leitungsdurchführungen durch raumabschließende, feuerwiderstandsfähige Wände und Decken eine Übertragung von Feuer und Rauch ausreichend lange zu verhindern (siehe MLAR Abschnitt 4).

Das grundsätzliche Schutzziel für haustechnische Installationen lautet damit:

> Die Funktion des Abschottungsprinzips darf durch Leitungsdurchführungen nicht gefährdet werden. Deshalb muss gewährleistet sein, dass Feuer und Rauch während einer bestimmten Feuerwiderstandsdauer nicht in andere brandschutztechnisch getrennte Geschosse, Wohnungen, Nutzungseinheiten, Abschnitte, Bereiche und Räume übertragen werden können.

Die jeweils erforderliche Feuerwiderstandsdauer der Schutzmaßnahmen richtet sich dabei grundsätzlich nach den Anforderungen, die an die abschottenden feuerwiderstandsfähigen Wände und Decken gestellt werden.

Besonders zu beachten:

Bei der Sicherung von Leitungsdurchführungen genügt es nicht, nur die Leitungen selbst zu betrachten. Es müssen je nach Leitungstyp auch alle Randbedingungen einschließlich eventuell vorhandener Dämmungen berücksichtigt werden, die sich im Brandfall ungünstig auswirken können.

Gerade in der Haustechnik spielt es eine wesentliche Rolle, um welche Leitungen es sich jeweils handelt und welche Gefahren davon ausgehen können. So können z.B. Schubkräfte einer sich ausdehnenden Leitung oder herunterfallende Leitungen zur Zerstörung einer raumabschließenden feuerwiderstandsfähigen Wand führen (siehe Kapitel 6.10.2-B, Punkt 3.3).

2.1-1 und 2.1-2 Brandausbreitung und entsprechende Schadenvergrößerung über nicht bzw. unzureichend gesicherte Leitungsdurchführungen durch eine Brandwand und eine feuerbeständige Decke.

6.10.1 Seite 12	Haustechnische Anlagen, Installationen und Rohrleitungen	Grundsätzl. Anforderungen an den Brandschutz von Leitungsanlagen

2.1-3 Auch scheinbar kleine Schwachstellen können unter ungünstigen Umständen zu einer erheblichen Schadenvergrößerung führen. Auf der anderen Seite der Brandwand entstand Totalschaden. Der dargestellte angrenzende Brandabschnitt konnte gerettet werden. Das Bild zeigt jedoch, dass hier unter ungünstigeren Umständen über die unzureichend gesicherte Durchführung einer kleinen Stahlrohrleitung eine Brandausbreitung möglich gewesen wäre.

2.2 Abschottungen

Das Abschottungsprinzip kann durch zwei unterschiedliche Konzepte gewährleistet werden: entweder durch die Anordnung von Abschottungen oder von Installationsschächten und -kanälen.

Bei der **Anordnung von Abschottungen** wird in der Regel jede Leitung bzw. Leitungsanlagen-Bauart für sich behandelt. Die Leitungsdurchführungen werden im Durchführungsbereich durch die abschnittsbildenden, raumabschließenden feuerwiderstandsfähigen Wände und Decken mit der jeweils erforderlichen Abschottungsmaßnahme brandschutztechnisch abgeschottet bzw. gesichert.

Vom Grundsatz her müssen dabei die Abschottungen immer mindestens die gleiche Feuerwiderstandsfähigkeit aufweisen wie die raumabschließenden Bauteile. An Leitungsdurchführungen durch raumabschließende feuerhemmende Wände und Decken werden derzeit in verschiedenen Bundesländern vom Baurecht keine konkreten Anforderungen gestellt. In diesen Fällen ist es trotzdem empfehlenswert, die Leitungsdurchführungen feuerhemmend zu sichern (siehe Kapitel 6.10.2-A, Punkt 2.2).

Mit den Abschottungen wird der Raumabschluss der raumabschließenden feuerwiderstandsfähigen Wände und Decken auf einfache und sichere Weise gewährleistet. In diesem Fall muss nur noch darauf geachtet werden, dass im Brandfall keine weiteren Gefahren von den Leitungen ausgehen bzw. für die Abschottungen bestehen.

Unter bestimmten Voraussetzungen ist es auch möglich, mehrere unterschiedliche Leitungen durch eine größere Öffnung zu führen und mit einem Kombischott zu sichern. Die Ausführung muss dann in allen Einzelheiten nach dem Zulassungsbescheid des Kombischotts erfolgen.

Meist sind in größeren bzw. höherinstallierten Gebäuden viele verschiedene Rohrleitungen und Leitungsanlagen vorhanden, die durch raumabschließende, feuerwiderstandsfähige Wände und Decken geführt werden müssen. In diesen Fällen ist es empfehlenswert, die Sicherung der Leitungsdurchführungen im Rahmen eines Brandschutzkonzeptes für die Haustechnik frühzeitig zu planen und dabei alle Randbedingungen zu berücksichtigen.

Vorteile der Abschottungslösung

Mit der Abschottungslösung wird das Abschottungsprinzip einfach und übersichtlich verwirklicht, so dass es für jeden deutlich nachvollziehbar ist. Sofern die jeweils erforderlichen Abschottungsmaßnahmen fachgerecht geplant und ausgeführt sowie alle Randbedingungen eingehalten werden, ist damit eine **relativ einfache, problemlose und wirtschaftliche Umsetzung** des Brandschutzes bei haustechnischen Leitungsanlagen möglich.

Nachteile der Abschottungslösung

Für die Durchführung jeder Leitung bzw. Leitungsanlage sind entsprechende Abschottungs- bzw. Sicherungsmaßnahmen erforderlich. Die vorgeschriebenen Mindestabstände müssen dabei eingehalten werden. Bei Nachinstallationen müssen

6.10.1 Seite 14	Haustechnische Anlagen, Installationen und Rohrleitungen	Grundsätzl. Anforderungen an den Brandschutz von Leitungsanlagen

entsprechende Wand- bzw. Deckendurchbrüche hergestellt und anschließend wieder abgeschottet werden. Die Abschottungsmaßnahmen müssen regelmäßig geprüft und gewartet werden (z.B. Brandschutzklappen oder bei Nachinstallationen).

2.2-1 Abschottungslösung

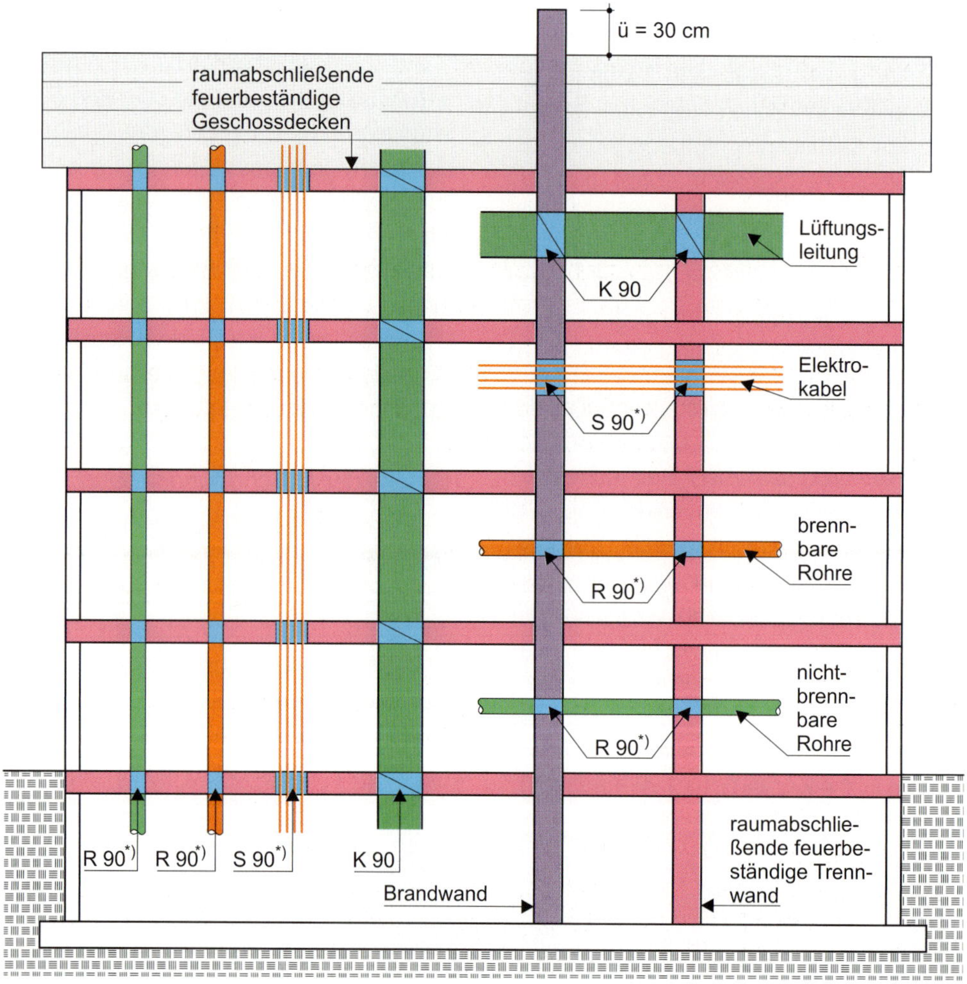

*) Für einzelne elektrische Leitungen sowie für bestimmte brennbare und nichtbrennbare Rohre mit begrenztem Durchmesser sind gemäß MLAR unter bestimmten Voraussetzungen Erleichterungen möglich.

2.2-1 Prinzipbeispiel für die Abschottungslösung bei einem Gebäude der Gebäudeklasse 5 bzw. einem Gebäude mittlerer Höhe

Bei dem Gebäude mit einer Brandwand, raumabschließenden feuerbeständigen Wohnungstrennwänden und raumabschließenden feuerbeständigen Decken führen verschiedene Leitungsanlagen durch die Decken und Wände. Die Leitungsdurchführungen werden bei jedem Decken- und Wanddurchgang mit klassifizierten Abschottungen gesichert.

Die Umsetzung der bauaufsichtlichen Anforderungen an Abschottungen ist vom Grundsatz her relativ einfach. Gemeint sind mit dieser Formulierung klassifizierte Brandschutzmaßnahmen = Abschottungen, für die die bauaufsichtliche Verwendbarkeit nachgewiesen ist, wie:

- Rohrabschottungen oder Rohrleitungsummantelungen (Feuerwiderstandsklasse R)
- Kabelabschottungen (Feuerwiderstandsklasse S)
- Brandschutzklappen für Lüftungsleitungen (Feuerwiderstandsklasse K).

Als Verwendbarkeitsnachweis ist für Kabelabschottungen und Brandschutzklappen in der Regel eine allgemeine bauaufsichtliche Zulassung des DIBt erforderlich. Für Rohrummantelungen sowie Rohrabschottungen, deren Funktion **nicht** auf dem Verschluss des Rohrquerschnittes durch dämmschichtbildende Baustoffe oder Mechanik beruht, ist in der Regel ein allgemeines bauaufsichtliches Prüfzeugnis ausreichend. Rohrabschottungen, deren Funktion auf dem Verschluss des Rohrquerschnittes durch dämmschichtbildende Baustoffe oder Mechanik beruht, benötigen dagegen eine allgemeine bauaufsichtliche Zulassung des DIBt.

Alternativ zur Verwendung der vorgenannten klassifizierten Abschottungen sind für bestimmte Leitungen gemäß MLAR 2005 auch so genannte **Erleichterungen** möglich (siehe Kapitel 6.10.2-B, Punkt 4).

Anmerkungen:

- Für Gebäude der Gebäudeklassen 4 und 3 bzw. Gebäude geringer Höhe kann dieses Bild sinngemäß verwendet werden. Dabei müssen die Abschottungen immer mindestens die gleiche Feuerwiderstandsfähigkeit der durchdrungenen raumabschließenden Bauteile aufweisen.
- Bei raumabschließenden feuerhemmenden Trennwänden und Decken werden derzeit in verschiedenen Ländern vom Baurecht keine konkreten Anforderungen an eine feuerhemmende Sicherung der Leitungsdurchführungen gestellt. In diesen Fällen ist es trotzdem empfehlenswert, die Leitungsdurchführungen feuerhemmend zu sichern.

6.10.1 Seite 16	Haustechnische Anlagen, Installationen und Rohrleitungen	Grundsätzl. Anforderungen an den Brandschutz von Leitungsanlagen

2.3-1 Lösung mit Installationsschächten

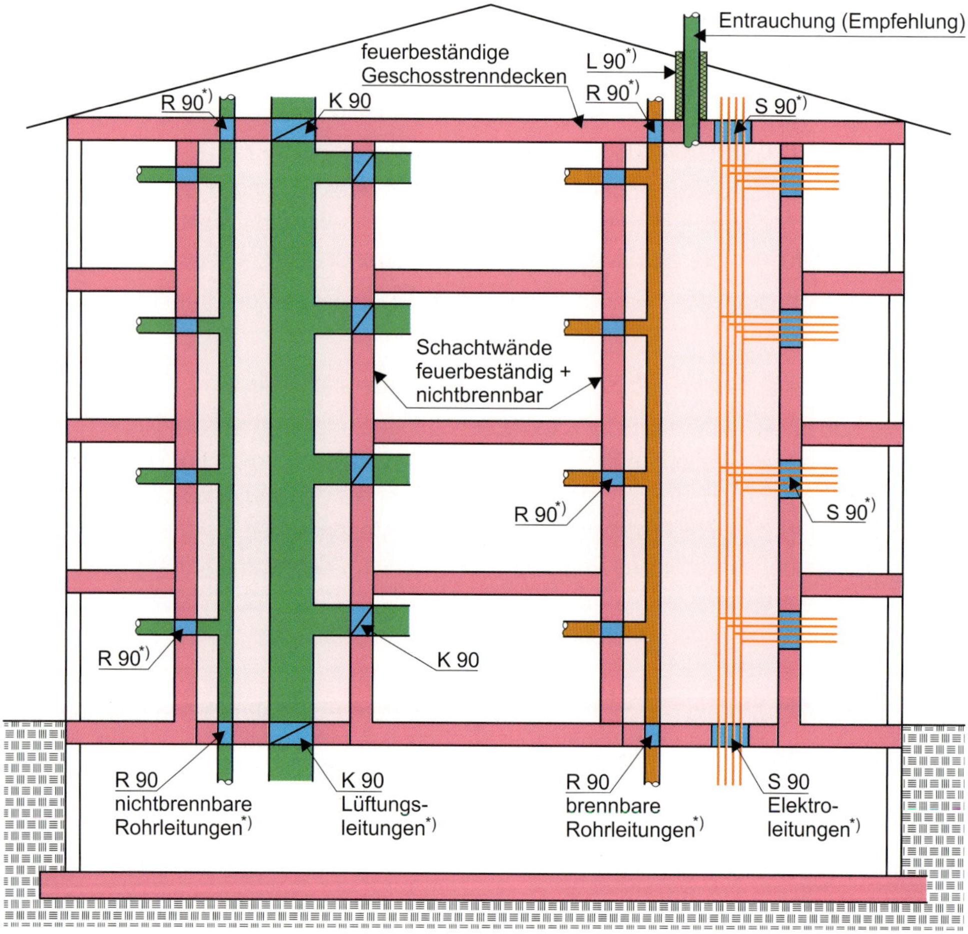

*) Für einzelne elektrische Leitungen sowie für bestimmte brennbare und nichtbrennbare Rohre mit begrenztem Durchmesser sind gemäß MLAR unter bestimmten Voraussetzungen Erleichterungen möglich.

2.3-1 Beispiel für die Schachtlösung bei einem Gebäude der Gebäudeklasse 5 bzw. einem Gebäude mittlerer Höhe

In dem Gebäude mit feuerbeständigen Decken führen Installationsschächte mit gemischter Belegung vom KG bis zum DG (Feuerwiderstandsklasse der Schachtwände F 90-A). Die Leitungen verlaufen jeweils im Schacht und werden beim Schachteintritt im KG und Schachtaustritt im DG sowie in den einzelnen anderen Geschossen entsprechend den bauaufsichtlichen Anforderungen abgeschottet (Feuerwiderstandsklassen R, K und S bzw. gemäß den Erleichterungen der MLAR 2005).

Im linken Schacht ist keine Entrauchung erforderlich, da dort nur nichtbrennbare Leitungen verlegt sind. Beim rechten Schacht ist wegen der dort verlegten brennbaren Leitungen eine Entrauchung empfehlenswert.

Im rechten Schacht können auch Lüftungsleitungen verlegt werden, wenn die Lüftungsleitungsdurchführungen mit Brandschutzklappen (K 30, K 60, K 90) bzw. Lüftungsleitungen (L 30, L 60, L 90) nach DIN 4102-6 gesichert werden (Ausführung nach M-LüAR 2005). Lüftungsleitungen nach DIN 18017 (K 30/DIN 18017, K 60/DIN 18017, K 90/DIN 18017) dürfen dagegen im rechten Schacht **nicht** verlegt werden. Davon ausgenommen sind bestimmte Systemlösungen, bei denen die Verlegung in Schächten zulässig ist (K 30/DIN 18017-S, K 60/DIN 18017-S, K 90/DIN 18017-S).

2.3 Installationsschächte und -kanäle

Eine Alternative zur vorgenannten Abschottungslösung besteht in der Anordnung feuerwiderstandsfähiger Installationsschächte und -kanäle.

Installationsschächte und -kanäle müssen einschließlich der Abschlüsse von Öffnungen mindestens die gleiche Feuerwiderstandsfähigkeit aufweisen wie die durchdrungenen raumabschließenden Bauteile und müssen aus nichtbrennbaren Baustoffen bestehen.

Bei raumabschließenden feuerhemmenden Trennwänden und Decken in Gebäuden der Gebäudeklasse 3 bzw. Gebäuden geringer Höhe werden derzeit in verschiedenen Ländern vom Baurecht keine konkreten Anforderungen an eine feuerhemmende Sicherung der Leitungsdurchführungen bzw. einer feuerhemmenden Ausführung von Installationsschächten und -kanälen gestellt. In diesen Fällen ist es trotzdem empfehlenswert, die Leitungsdurchführungen feuerhemmend zu sichern (siehe auch Kapitel 6.10.2-A, Punkt 2.2).

Installationsschächte mit dem Schutzziel, das Abschottungsprinzip zu gewährleisten, führen zusammen mit den haustechnischen Leitungsanlagen durch mehrere brandschutztechnisch getrennte Gebäudeabschnitte (Geschosse). Innerhalb der Installationsschächte sind im Bereich der Deckendurchführungen keine Abschottungen erforderlich.

Dies hat den Vorteil, dass die Leitungen im Installationsschacht ungehindert verlegt werden können. Die Leitungsdurchführungen müssen jedoch bei allen Ein- und Austritten aus den raumabschließenden feuerwiderstandsfähigen Schachtwänden in der gleichen Feuerwiderstandsfähigkeit der Schachtwände abgeschottet bzw. gesichert werden.

Bei der Installationsschachtlösung ist es empfehlenswert, ein eigenes haustechnisches Brandschutzkonzept zu entwickeln, da die jeweils erforderlichen Brandschutzmaßnahmen u.a. stark von der Bauart und Belegung des Schachtes sowie von der Nutzung des Gebäudes (z.B. bei Sonderbauten) abhängen können.

Vorteile der Schachtlösung

Wirtschaftliche Lösungen sind realisierbar, insbesondere wenn zahlreiche verschiedene haustechnische Leitungen verlegt und gesichert werden müssen. Kombinationslösungen sind möglich, indem mehrere kleine Schächte angeordnet werden (z.B. ein Schacht für die elektrischen Kabelanlagen und brennbaren Leitungen und ein Schacht für die nichtbrennbaren Leitungen einschließlich Lüftung).

Nachteile der Schachtlösung

Installationsschächte sind von der Systematik her eigene haustechnische Bereiche bzw. Abschnitte mit einer feuerwiderstandsfähigen Abtrennung zum Gebäude. Bei Schächten mit brennbaren Leitungen ohne Löschanlagen besteht die Gefahr, dass sich ein eventueller Entstehungsbrand ungehindert auf den gesamten Schacht ausbreiten und diesen zerstören kann. Damit ist im Brandfall für den gesamten Schacht in der Regel der Totalschaden vorprogrammiert.

Da bei einem Brand im Schacht die Gefahr besteht, dass das ganze Gebäude bzw. die notwendigen Flure verraucht werden, ist es empfehlenswert, bei Schächten mit brennbaren Leitungsanlagen bzw. sonstigen Brandlasten immer eine ausreichende Entrauchungsmöglichkeit anzuordnen.

Wichtig ist auch, dass die Installationsschächte zum KG und zum nicht ausgebauten DG feuerwiderstandsfähig abgeschottet werden, da sich sonst ein Kellerbrand in den Schacht und ein Schachtbrand in das nicht ausgebaute DG ungehindert ausbreiten können (siehe Kapitel 6.10.3-B, Punkt 4).

3 Sicherung der Rettungswege

Gemäß § 40 Abs. 2 MBO 2002 und MLAR Abschnitt 3 *„sind Leitungsanlagen in*

- *notwendigen Treppenräumen,*
- *Räumen zwischen notwendigen Treppenräumen und Ausgängen ins Freie und*
- *notwendigen Fluren*

nur zulässig, wenn eine Nutzung als Rettungsweg im Brandfall ausreichend lang möglich ist. Diese Voraussetzung ist erfüllt, wenn die Leitungsanlagen in diesen Räumen den Anforderungen der MLAR 2005 Abschnitte 3.1.2 bis 3.5.6 entsprechen."

Vom Grundsatz her dürfen in den Rettungswegen nur nichtbrennbare Leitungen mit nichtbrennbaren Medien und elektrische Leitungen, die ausschließlich der Versorgung der Rettungswege dienen, **offen** verlegt werden. Eine offene Verlegung ist auch zulässig für Elektroleitungen mit verbessertem Brandverhalten in notwendigen Fluren von Gebäuden der Gebäudeklassen 1 bis 3, deren Nutzungseinheiten eine Fläche von jeweils 200 m² nicht überschreiten und die keine Sonderbauten sind.

Alle anderen Leitungen (brennbare Leitungen) müssen bei einer Verlegung in Rettungswegen (notwendigen Treppenräumen, ihren Ausgängen in Freie und notwendigen Fluren) von den Rettungswegen so abgekapselt werden, dass eine Nutzung der Rettungswege ausreichend lange möglich ist.

Eine ausreichende Abkapselung ist nach MLAR 2005 gewährleistet, wenn die Leitungen wie folgt verlegt werden:

- einzeln oder nebeneinander angeordnet, voll eingeputzt
- in Schlitzen von massiven Bauteilen, die mit mindestens 15 mm dickem mineralischem Putz auf nichtbrennbarem Putzträger oder mit mindestens 15 mm dicken Platten aus mineralischen Baustoffen verschlossen werden
- innerhalb von mindestens feuerhemmenden Wänden in Leichtbauweise, jedoch nur Leitungen, die ausschließlich der Versorgung der in und an der Wand befindlichen elektrischen Betriebsmittel dienen
- in ausreichend feuerwiderstandsfähigen Installationsschächten und -kanälen
- über ausreichend feuerwiderstandsfähigen und nichtbrennbaren Unterdecken
- in ausreichend geschützten Unterflurkanälen
- in Systemböden (siehe Muster-Richtlinie über brandschutztechnische Anforderungen an Systemböden – MSysBöR).

4 Funktionserhalt von elektrischen Leitungen

Nach MLAR 2005, Punkt 5.1 *„müssen die elektrischen Leitungsanlagen für bauordnungsrechtlich vorgeschriebene sicherheitstechnische Anlagen und Einrichtungen so beschaffen oder durch Bauteile abgetrennt sein, dass die sicherheitstechnischen Anlagen und Einrichtungen im Brandfall ausreichend lang funktionsfähig bleiben (Funktionserhalt). Dieser Funktionserhalt muss bei möglicher Wechselwirkung mit anderen Anlagen, Einrichtungen oder deren Teilen gewährleistet bleiben."*

5 Brandschutzkonzept und Planung

5.1 Brandschutz in der Haustechnik als Bestandteil der Planung

Der Brandschutz in der Haustechnik **muss Bestandteil der Planung sein!** Fehlt eine frühzeitige Einbindung in die Planung und versucht man erst kurz vor Fertigstellung, „auch noch den Brandschutz zu erfüllen", lassen sich fachgerechte Lösungen meist nicht mehr realisieren. Wird der haustechnische Brandschutz dem Zufall überlassen, so erhält man auch nur ein *zufälliges Ergebnis,* und das ist in den meisten Fällen aus brandschutztechnischer Sicht nicht akzeptabel.

Damit die an der Haustechnik beteiligten Planer und Firmen überhaupt eine reelle Chance haben, ihren Brandschutz fachgerecht zu planen und auszuführen, ist es insbesondere bei höherinstallierten Gebäuden ein **Muss,** dass hierfür ein Brandschutzkonzept bzw. Brandschutznachweis mit **aussagekräftigen Brandschutzplänen** vorliegt.

Das Brandschutzkonzept bzw. der Brandschutznachweis allein (ohne Brandschutzpläne) würde zwar theoretisch genügen, die tägliche Praxis zeigt jedoch immer wieder, dass die Probleme des *Brandschutzes in der Haustechnik* nur mit aussagekräftigen Brandschutzplänen fachgerecht und wirtschaftlich gelöst werden können.

Liegt nur die *Schreibe* vor, müssen alle an der Haustechnik Beteiligten die jeweiligen Bauteil- und Rettungsweganforderungen aufwändig herauslesen und gedanklich in die daraus resultierenden haustechnischen Brandschutzanforderungen umsetzen. Dies funktioniert – wenn überhaupt – nur sehr mühsam und ist für alle Beteiligten mit einem überdurchschnittlich großen Aufwand und entsprechender Fehlerquote verbunden.

Vollständig anders ist dagegen die Situation, wenn den an der Haustechnik beteiligten Planern und Firmen aussagekräftige Brandschutzpläne vorliegen, in denen alle raumabschließenden feuerwiderstandsfähigen (abschottenden) Wände und Decken sowie die Rettungswege (notwendige Treppenräume mit ihren Ausgängen ins Freie und notwendige Flure) und sonstigen haustechnischen Anforderungen farblich eingezeichnet sind.

In diesen Fällen sind die an der Haustechnik beteiligten Planer und Firmen ausreichend informiert und können „ihre" Haustechnik in das Gebäude so einplanen, dass später auch eine fachgerechte Ausführung möglich ist.

5.2 Brandschutzpläne als Grundlage für eine fachgerechte und wirtschaftliche Planung des Brandschutzes in der Haustechnik

Beispiele für die Vorteile aussagekräftiger Brandschutzpläne enthalten die Bilder 5.2-1 bis 5.2-4 sowie die Tabelle 5.2-1.

Eine wesentlich bessere Ausgangssituation hat der Haustechnik-Planer dagegen, wenn ihm aussagekräftige Brandschutzpläne vorliegen (siehe Bilder 5.2-3 und 5.2-4).

5.2-1 und 5.2-2 Situation ohne Brandschutzpläne

Die Bilder 5.2-1 und 5.2-2 zeigen das 2. und 3. OG eines Büro- und Verwaltungsgebäudes. Für die Installation der Haustechnik sollen in den Bereichen a, b und d brennbare Leitungen (Elektrokabel und Rohrleitungen) und in Bereich c eine nichtbrennbare Rohrleitung verlegt werden. Die Leitungen führen bei b, c und d durch die dort vorhandenen Wände. Im Flur ist die Anordnung einer Unterdecke geplant und die Leitungen führen in Bereich b oberhalb der Flurdecke durch die Wand.

Für den Haustechnik-Planer stellt sich bei diesem Beispiel die Frage, welche brandschutztechnischen Anforderungen im 2. und 3. OG jeweils einzuhalten sind. Hat der Planer nur die beiden in den Bildern 5.2-1 und 5.2-2 dargestellten Pläne und ein 50-seitiges Brandschutzkonzept, muss er sich erst einmal aufwändig durch das Konzept arbeiten, um diese Fragen zu beantworten.

Selbst bei sorgfältiger Durchsicht des Brandschutzkonzeptes besteht hier noch ein nicht unerhebliches Fehlerpotential. Der Grund liegt darin, dass die beiden Grundrisse auf den ersten Blick sehr ähnlich sind. Erst aus dem Brandschutzkonzept ergibt sich hier, dass in Bezug auf den Brandschutz der haustechnischen Leitungsanlagen im 2. OG vollständig andere Anforderungen bestehen als im 3. OG.

6.10.1 Seite 22	Haustechnische Anlagen, Installationen und Rohrleitungen	Grundsätzl. Anforderungen an den Brandschutz von Leitungsanlagen

5.2-1 2. OG eines Büro- und Verwaltungsgebäudes ohne Brandschutzpläne

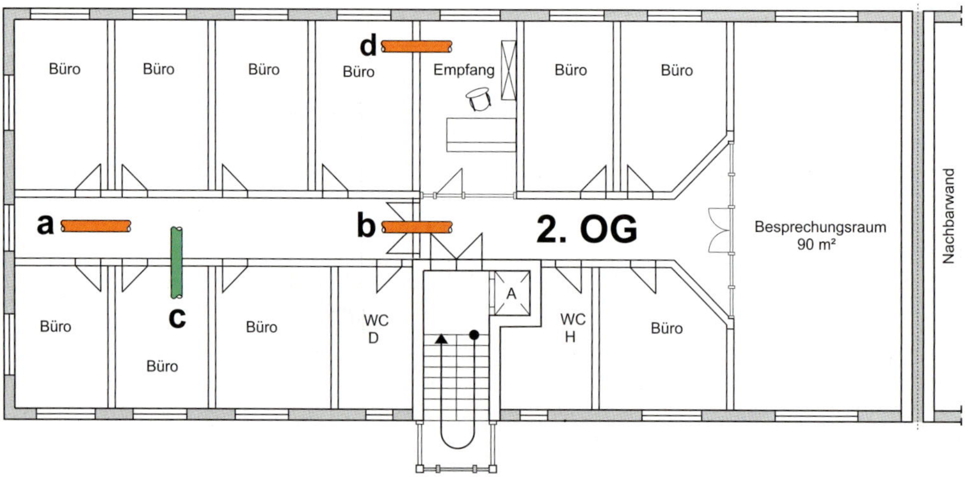

5.2-2 3. OG eines Büro- und Verwaltungsgebäudes ohne Brandschutzpläne

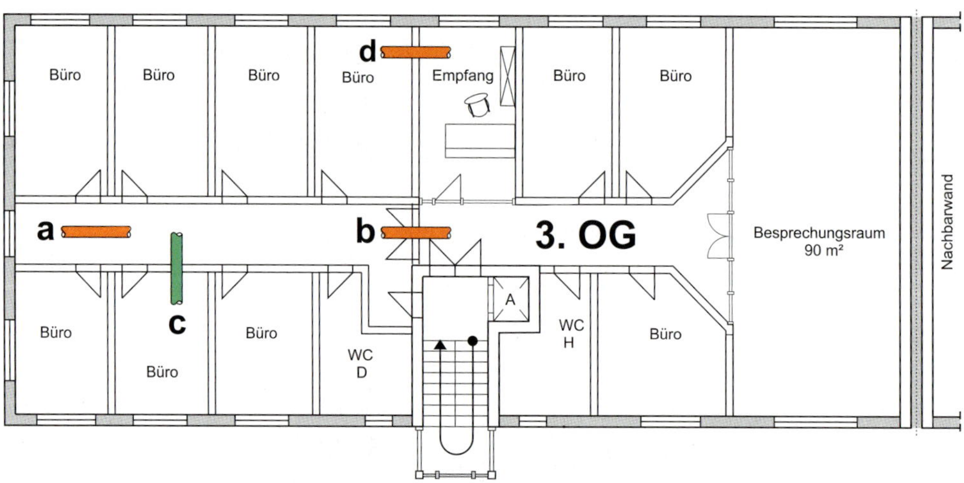

5.2-3 und 5.2-4 **Situation mit Brandschutzplänen**

Aus den Brandschutzplänen in den Bildern 5.2-3 und 5.2-4 ergeben sich die unterschiedlichen Anforderungen an den Brandschutz im 2. OG und 3. OG bei den dort geplanten haustechnischen Leitungsanlagen praktisch mit einem Blick (siehe auch Tabelle 5.2-1). Weitere Brandschutzpläne zu diesem Gebäude und die Legende für Brandschutzpläne enthalten die Kapitel 5.4 und 5.5 in diesem Werk sowie die Brandschutz-Nachweis-CD.

5.2-3 2. OG eines Büro- und Verwaltungsgebäudes mit Brandschutzplänen

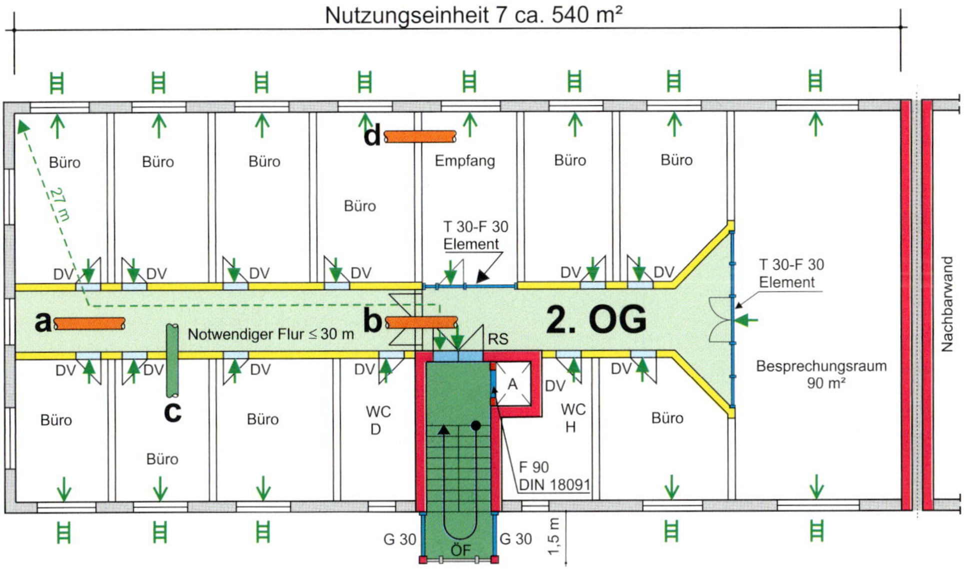

5.2-4 3. OG eines Büro- und Verwaltungsgebäudes mit Brandschutzplänen

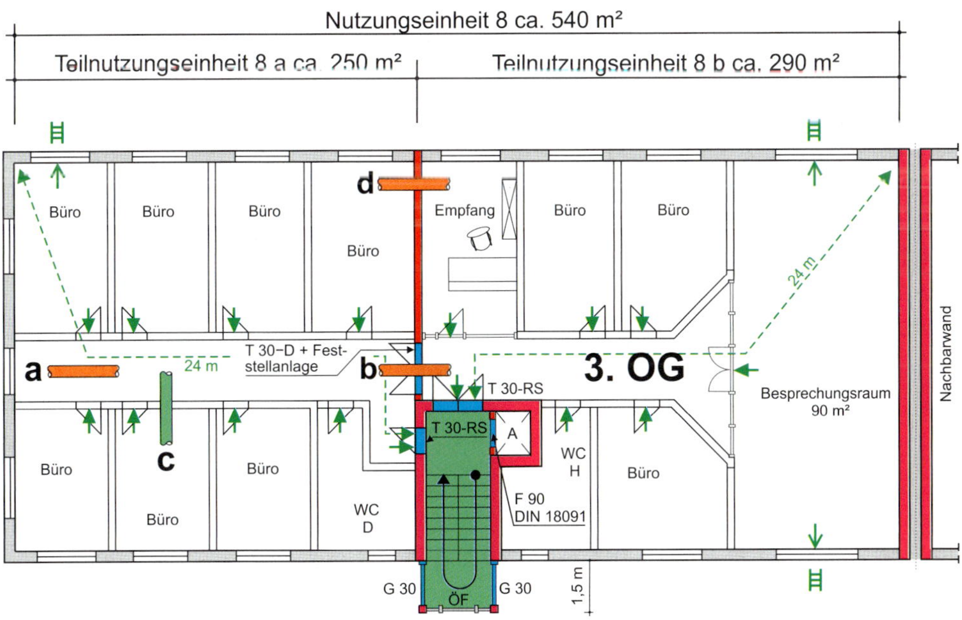

Zusammenfassung der Beispiele in den Bildern 5.2-1 bis 5.2-4

Die Beispiele zeigen, dass zur **eindeutigen Beurteilung und Planung** von Brandschutzmaßnahmen bei haustechnischen Leitungsanlagen **immer** ein Brandschutzkonzept bzw. ein Brandschutznachweis vorhanden sein muss.

Sie zeigen außerdem, dass in der Regel, insbesondere bei höherinstallierten Gebäuden oder komplizierteren Grundrissen, neben dem Brandschutzkonzept bzw. Brandschutznachweis immer aussagekräftige Brandschutzpläne notwendig sind.

Nach Meinung des Autors sind **Brandschutzpläne als Grundlage** so wichtig, dass sie von allen an der Haustechnik Beteiligten (Projektanten, Planer, Bauleiter, ausführende Firmen, Brandschutzbeauftragte usw.) unbedingt angefordert oder notfalls sogar selbst angefertigt werden sollten. Der Aufwand ist im Verhältnis zu den ersparten Kosten und zum vermiedenen Ärger relativ gering. Die Pläne müssen nicht perfekt in CAD angelegt werden, sondern es genügt bereits, alle raumabschließenden feuerwiderstandsfähigen Wände und Decken sowie die notwendigen Rettungswege mit Farbstiften in einen Plansatz einzutragen.

5.3 Empfehlung für den Bauherrn, Planer und Ersteller des Brandschutzkonzeptes bzw. -nachweises

Die besten Voraussetzungen, damit der Brandschutz von haustechnischen Leitungsanlagen fachgerecht, effektiv und kostengünstig geplant und umgesetzt werden kann, sind aussagekräftige Brandschutzpläne, in denen alle raumabschließenden feuerwiderstandsfähigen Wände und Decken sowie alle notwendigen Rettungswege eingetragen sind (siehe Bilder 5.2-3 und 5.2-4).

Diese Pläne (nebst ergänzendem Brandschutzkonzept bzw. -nachweis) sollten möglichst frühzeitig allen an der Haustechnik beteiligten Planern und Firmen in Kopie übergeben werden. Zur Übergabe ist (sinngemäß) das Begleitschreiben auf Seite 26 empfehlenswert.

Tabelle 5.2-1: Zusammenstellung der Brandschutzanforderungen bei einer Verlegung der brennbaren Leitungen a–d, die sich aus den Brandschutzplänen (Bilder 5.2-3 und 5.2-4) ergeben.

Leitung	Geschoss	Brandschutzanforderung	Brandschutzmaßnahmen für die jeweiligen Leitungen
Leitung a (brennbar)	2. OG	notwendiger Flur	**Verlegung:** entweder Abkapselung mit Installationskanal I 30 oder mit F 30-A-Unterdecke
	3. OG	kein notwendiger Flur	**Verlegung:** keine Anforderungen, beliebige Unterdecke ohne Feuerwiderstandsdauer zulässig
Leitung b (brennbar)	2. OG	notwendiger Flur Flurquerwand und Tür ohne Brandschutzanforderungen, da Flurlänge unter 30 m	**Verlegung:** entweder Abkapselung mit Installationskanal I 30 oder mit F 30-A-Unterdecke **Leitungsdurchführung durch Flurquerwand:** keine Anforderungen, da die Leitungen innerhalb der gleichen Nutzungseinheit verlegt werden und die Flurquerwand und Flurtür brandschutztechnisch nicht erforderlich sind
	3. OG	kein notwendiger Flur, jedoch feuerbeständige Trennwand mit T 30-D-Feuerschutzabschluss	**Verlegung:** keine Anforderungen **Leitungsdurchführung:** Sicherung feuerbeständig, da die Leitungen durch eine raumabschließende feuerbeständige Wand führen
Leitung c (nichtbrennbar)	2. OG	feuerhemmende raumabschließende Flurtrennwand	**Verlegung:** keine Anforderungen, da nichtbrennbare Leitung mit nichtbrennbaren Medien **Leitungsdurchführung:** bei Anordnung eines I-30-Kanals für die Leitungen a und b: Sicherung feuerhemmend, da die Leitungen im notwendigen Flur offen verlegt werden und durch die feuerhemmende Flurwand führen bei Anordnung einer F 30-A-Unterdecke im notwendigen Flur: keine Anforderungen, da die Leitungsdurchführung oberhalb der Unterdecke liegt und der notwendige Flur durch die F 30-A-Unterdecke ausreichend geschützt wird
	3. OG	keine Anforderungen, da kein notwendiger Flur	**Verlegung:** keine Anforderungen **Leitungsdurchführung:** keine Anforderungen
Leitung d (brennbar)	2. OG	keine Anforderungen an die Wand	**Leitungsdurchführung:** keine Anforderungen, da Verlegung innerhalb der gleichen Nutzungseinheit
	3. OG	feuerbeständige raumabschließende Flurtrennwand	**Leitungsdurchführung:** Sicherung feuerbeständig, da die Leitungen durch eine raumabschließende feuerbeständige Wand in eine andere (Teil-)Nutzungseinheit führen

Sehr geehrter Haustechnik-Planer,
(bzw. sehr geehrte Haustechnik-Firma)

beiliegend erhalten Sie für das Bauvorhaben Brandschutzpläne nebst Brandschutzkonzept (bzw. -nachweis). Bitte berücksichtigen Sie bei Ihrer Haustechnik-Planung bzw. -Ausführung alle Belange des sich aus diesen Unterlagen ergebenden vorbeugenden Brandschutzes.

Insbesondere ist zu beachten:

A: Sämtliche Wände und Decken, die in den Brandschutzplänen farbig angelegt sind, müssen raumabschließend und feuerwiderstandsfähig (abschottend) sein. Die jeweiligen Anforderungen ergeben sich aus der beiliegenden Legende (z.B. gelb = feuerhemmend, orange = hochfeuerhemmend, rot = feuerbeständig, violett = Brandwand bzw. Bauart einer Brandwand). Immer wenn Leitungen durch derartige Wände und Decken führen, sind nach dem Baurecht und den ergänzenden Richtlinien entsprechende Sicherungsmaßnahmen erforderlich (in der Regel Abschottungen oder gleichwertige Sicherungen in der Feuerwiderstandsfähigkeit des durchdrungenen raumabschließenden Bauteils).

B: Sämtliche Bereiche, die in den Plänen hellgrün und dunkelgrün angelegt sind, dienen als baulich notwendige Rettungswege, siehe Legende (z.B. notwendige Flure, notwendige Treppenräume, Räume zwischen notwendigen Treppenräumen und ihren Ausgängen sowie sichere Ausgänge ins Freie). Immer wenn brennbare Leitungsanlagen oder Leitungsanlagen mit brennbaren Medien in derartigen notwendigen Rettungswegen verlegt werden, sind nach dem Baurecht und den ergänzenden Richtlinien entsprechende Sicherungsmaßnahmen erforderlich (in der Regel Abkapselungen). Davon ausgenommen sind nur Elektroleitungen, die ausschließlich der Versorgung der Rettungswege dienen, sowie bestimmte Elektroleitungen unter ganz bestimmten Voraussetzungen (siehe jeweils geltende LAR).

C: Besondere Bereiche – hier sind besondere Lösungen erforderlich, siehe Brandschutzkonzept bzw. -nachweis.

5.4 Brandschutzpläne für die Brandschutzmaßnahmen in der Haustechnik

Bei höherinstallierten Gebäuden, insbesondere bei umfangreichen Lüftungsanlagen, ist es empfehlenswert, für den Brandschutz in der Haustechnik eigene Brandschutzpläne anzufertigen, in denen die jeweils erforderlichen Maßnahmen farblich eingetragen werden, z.B:

- Abschottungen der Leitungsdurchführungen durch raumabschließende feuerwiderstandsfähige Wände und Decken
- Anordnung, Konzeption und Ausführung von Rohrummantelungen, Installationskanälen und feuerwiderstandsfähigen Lüftungsleitungen
- Anordnung, Konzeption und Ausführung von Installationsschächten
- Sicherung der Leitungen in Rettungswegen
- Funktionserhalt von elektrischen Leitungsanlagen.

5.5 Konsequenzen einer unzureichenden Brandschutzplanung beim Brandschutz in der Haustechnik

Für die ausführenden Firmen stellt eine fehlende bzw. unzureichende Brandschutzplanung ein großes Problem dar. Oft finden sie auf der Baustelle Situationen vor, in denen sich eine fachgerechte Ausführung der Schutzmaßnahmen entsprechend den Verwendbarkeitsnachweisen nicht mehr realisieren lässt. Also wird versucht, die Brandschutzmaßnahmen *„so gut es eben geht"* auszuführen. Dadurch können Wettbewerbsverzerrungen entstehen, d.h., die Angebote sind nicht mehr oder nur noch bedingt vergleichbar. Weitere Nachteile können sein:

- nicht verwendbare Ausführung, hoher Zeit- und Kostenaufwand für die Sanierung
- keine fachgerechte Ausführung gemäß Verwendbarkeitsnachweis möglich, hoher Zeit- und Kostenaufwand für Abweichungen, Sonderlösungen und Zustimmungen im Einzelfall
- erhöhter Zeitbedarf, um eine Lösungsmöglichkeit zu finden
- erhöhte Kosten für Nachträge
- zweifelhafte Lösungen
- schlechte Qualität
- hohe Preise.

Das Ergebnis ist meist für alle Beteiligten nicht zufriedenstellend. Schließlich wurde Mühe, Zeit und teilweise auch sehr viel Geld investiert, ohne dafür eine entsprechende Gegenleistung in Form einer fachgerechten Ausführung zu erhalten. Außerdem ist es ungewiss, ob die nicht fachgerecht ausgeführten Maßnahmen im Brandfall den dringend erforderlichen Schutz gewährleisten. Deshalb ist bei der Planung und Ausführung von Gebäuden, in denen brandschutztechnische Anforderungen an die haustechnischen Installationen bestehen, das Gewerk Brandschutz von Anfang an konsequent mit einzubeziehen.

5.6 Berücksichtigung der Ausführbarkeit von bestimmten Brandschutzmaßnahmen bereits bei der Vorplanung

Der Planer sollte sich möglichst frühzeitig vergewissern, ob für die vorgesehenen Brandschutzmaßnahmen auch Bauprodukte mit dem jeweils erforderlichen Verwendbarkeitsnachweis auf dem Markt erhältlich sind und ob deren Einbau entsprechend dem Verwendbarkeitsnachweis und den Einbauvorschriften des Herstellers fachgerecht möglich ist.

Insbesondere muss er bei allen Abschottungslösungen sowohl für die fachgerechte Ausführung als auch für die später erforderliche regelmäßige Überprüfung und Wartung ausreichende **Abstände und Arbeitsräume** vorsehen.

Beispiel: Kombischott

Beim Kombischott ist z.B. darauf zu achten, dass sämtliche Leitungen bereits im Vorfeld so angeordnet werden, dass später ein zulassungskonformer Einbau des Kombischotts mit Einhaltung aller Randbedingungen und der erforderlichen Abstände möglich ist.

Beispiel: Installationsschacht in Trockenbauweise

Installationsschächte in Trockenbauweise der Feuerwiderstandsklasse F (z.B. F 30-A, F 60-A, F 90-A) benötigen als Verwendbarkeitsnachweis ein allgemeines bauaufsichtliches Prüfzeugnis. Es ist kein Problem, derartige Schacht-Bauarten im Bauproduktenhandel zu beziehen und fachgerecht einzubauen.

Ein Problem können jedoch die *Ausfädelungen* der Leitungen darstellen. Es liegt in der Natur solcher Schächte, dass darin Leitungen jeder Art verlegt werden. Ebenso liegt es in der Natur des Gebäudes, dass diese Leitungen in den verschiedenen Geschossen aus den Schächten wieder *ausgefädelt* werden müssen.

Aus diesem Grund ist bereits bei der Planung solcher Schächte unbedingt darauf zu achten, dass bei der gewählten Schacht-Bauart für alle im Schacht geführten Leitungen auch die jeweils erforderlichen feuerwiderstandsfähigen Sicherungen der Leitungsdurchführungen durch die Schachtwände möglich sind.

Mit anderen Worten: Für alle Leitungen, die im Schacht geführt werden, muss es Leitungsdurchführungen geben, die den Anforderungen der MLAR 2005 entsprechen (entweder geprüfte Abschottungen mit dem jeweils erforderlichen Verwendbarkeitsnachweis oder Ausführung gemäß den Erleichterungen der MLAR).

Bei einer Ausführung gemäß den Erleichterungen der MLAR ist darauf zu achten, ob auch alle hierfür vorgesehenen Randbedingungen (z.B. Mindestwanddicke 8 cm bei feuerbeständigen Wänden und Decken) eingehalten werden. Ist bei geringeren Wanddicken eine örtliche Aufdoppelung auf 8 cm vorgesehen, ist darauf zu achten und zu prüfen, ob dieses im Sinne der MLAR möglich ist. Im Zweifelsfall ist hierfür ein entsprechender Nachweis (z.B. durch eine Abweichung oder eine gutachterliche Stellungnahme) erforderlich.

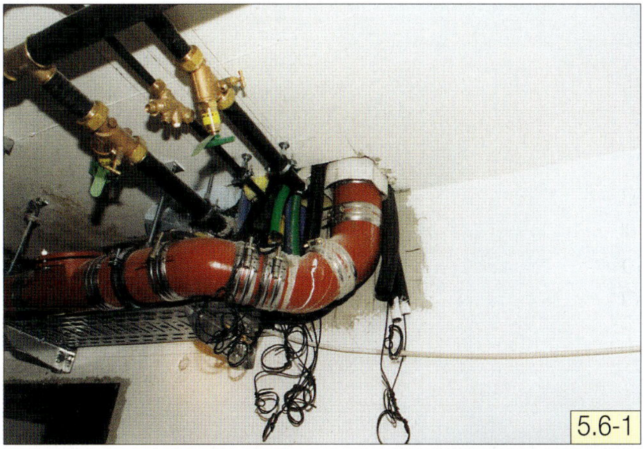

5.6-1

5.6-2

5.6-1 und 5.6-2 Brandschutztechnischer K.o. in der ersten Runde. Bei diesen Situationen hilft selbst der beste Wille nicht mehr. Hier sind fachgerechte Abschottungsmaßnahmen nicht mehr möglich. Durch fehlende bzw. unzureichende Planung ist eine Situation entstanden, die – wenn überhaupt – nur sehr aufwändig gelöst werden kann.

5.6-3

5.6-3 Es geht auch anders, und das ist viel besser und nervenschonender. Wird der Brandschutz bei haustechnischen Leitungsanlagen von Anfang mit geplant, so sind einfache, saubere und kostengünstige Lösungen möglich. Dargestellt ist eine Maßnahme gemäß den Erleichterungen der MLAR.

6.10.1 Seite 30	Haustechnische Anlagen, Installationen und Rohrleitungen	Grundsätzl. Anforderungen an den Brandschutz von Leitungsanlagen

5.6-4 und 5.6-5 Beispiele für fachgerecht geplante und ausgeführte Abschottungen von Leitungsdurchführungen nichtbrennbarer Rohre durch eine feuerbeständige Wand. Die Abschottungen wurden teilweise nach den Erleichterungen der MLAR und teilweise als klassifizierte Rohrabschottungen R 90 ausgeführt. Bei den klassifizierten Rohrabschottungen fehlen noch die Streckenisolierungen (Fotos: Edel, 82024 Taufkirchen).

Gebäudes Mängel an mehreren Hundert Abschottungen festgestellt werden. Die Konsequenzen können für alle Beteiligten fatal sein. Zum einen ist dann die Mängelbeseitigung sehr kosten- und zeitaufwändig und kann natürlich auch zur Insolvenz der ausführenden Firma mit allen sich daraus ergebenden Konsequenzen führen. Zum anderen kann sich die Fertigstellung und Inbetriebnahme des Gebäudes verzögern, wenn es sich um erhebliche Mängel handelt, so dass der Brandschutz nicht gewährleistet ist.

Bildnachweis

Bilder 5.6-4 und 5.6-5:
Karl Edel, Brandschutzplaner,
82024 Taufkirchen, Tel. 089 74427824

6.10.1 Seite 34	Haustechnische Anlagen, Installationen und Rohrleitungen	Grundsätzl. Anforderungen an den Brandschutz von Leitungsanlagen

6.10.1 Seite 32	Haustechnische Anlagen, Installationen und Rohrleitungen	Grundsätzl. Anforderungen an den Brandschutz von Leitungsanlagen

Empfehlungen für die Bauleitung und die Abnahme

Es ist wichtig, dass bereits zu **Beginn** der Arbeiten die richtige Ausführung von Abschottungsmaßnahmen kontrolliert wird. Wartet man bei derartigen Arbeiten bis zur Fertigstellung der gesamten Leistung und stellt dann z.B. grundsätzliche Fehler fest, wie

- Verwendung falscher Dämmstoffe mit Schmelztemperatur < 1000 °C,
- Verwendung von Dämmstoffen oder Bauprodukten ohne gültigen Verwendbarkeitsnachweis
- nicht vollständige Ausfüllung des Raums zwischen den Leitungen und den umgebenen Bauteilen mit Zementmörtel,
- unzureichende Abstände gemäß den Erleichterungen der MLAR 2005 bzw. den Verwendbarkeitsnachweisen,
- falsche Verwendung von Baustoffen und Dämmstoffen,
- Nichteinhaltung der Vorgaben des jeweiligen Verwendbarkeitsnachweises,

so ist eine Mängelbeseitigung nachträglich – wenn überhaupt – oft nur mit einem großen Aufwand möglich. Außerdem multiplizieren sich die Kosten und Probleme, da dann u.U. eine Mängelbeseitigung an sehr vielen Abschottungen erforderlich sein kann.

Wird z.B. bereits zu Beginn der Arbeiten ein bestimmter **Wiederholungsmangel** festgestellt, kann sofort die Mängelbeseitigung und Problemlösung eingeleitet werden. Außerdem ist es dann noch möglich, für eine fachgerechte Ausführung der noch zu erstellenden Abschottungen zu sorgen.

Erfolgt die Mängelfeststellung aber erst nach Abschluss der Leistungen, kann dies bedeuten, dass z.B. bei größeren Bauvorhaben erst kurz vor Fertigstellung des

6-1 Beispiel für unfachgerechte Ausführung von Rohrleitungsdurchführungen durch eine feuerbeständige Decke. Die ganze Ausführung sieht nicht sehr vertrauenerweckend aus und entspricht auch nicht der MLAR. Solche Ausführungen sollten sofort beanstandet werden, da eine spätere Mängelbeseitigung sehr aufwändig sein kann.

6 Ausführung und Bauleitung

Mit der konsequenten Einbindung des Brandschutzes in die Planung allein ist es jedoch nicht getan. Bei der Ausführung müssen zwei kritische Punkte besonders beachtet werden.

- Die Ausführung der haustechnischen Installationen muss genau nach den Planungsvorgaben erfolgen.
- Das Gewerk Brandschutz muss die fachgerecht geplanten Brandschutzmaßnahmen konsequent und fachgerecht ausführen.

Zu beachten ist auch, dass waagerechte oder schräge Schlitze in tragenden, abschottenden Wänden unzulässig sind. Lotrechte Leitungsschlitze dürfen nur so weit eingreifen, dass die Mindestdicke gewahrt bleibt und die Standsicherheit nicht gefährdet wird.

Je nach Art der vorgesehenen Maßnahmen müssen die Brandschutzarbeiten entweder in einem Zug mit der Verlegung der haustechnischen Installationen oder danach ausgeführt werden. In jedem Fall ist darauf zu achten, dass die im Verwendbarkeitsnachweis vorgeschriebene Einbausituation vorliegt. Auch die Ausführung muss genau nach dem Verwendbarkeitsnachweis erfolgen.

Abschließend sollte eine genaue Abnahme durchgeführt werden. Dabei ist besonders auf die vorgeschriebenen Übereinstimmungsnachweise und Kennzeichnungen zu achten (siehe Kapitel 6.10.2-B, Punkt 2.4). Empfehlenswert ist eine Kennzeichnung auch dort, wo diese im Verwendbarkeitsnachweis nicht vorgeschrieben ist. Dies erleichtert später die Kontrolle des Brandschutzes und seine Handhabung, z.B. bei Änderungen oder Umbauten.

Bei allen Abschottungen, die nicht nach den Erleichterungen der MLAR ausgeführt werden, ist darauf zu achten, dass die jeweiligen Verwendbarkeitsnachweise gültig sind und vorliegen. Alle Verwendbarkeitsnachweise sollten für die Dokumentation des Brandschutzes zu den Bauunterlagen genommen werden.

Dies ist heute meist problemlos mit einem geeigneten Datenträger möglich, da die meisten Nachweise und Montagerichtlinien der Hersteller als elektronische Dokumente vorliegen.

Das Gleiche empfiehlt sich für die zum Zeitpunkt der Bauabnahme geltende Liste der Technischen Baubestimmungen sowie für die dazugehörigen, den Brandschutz in der Haustechnik betreffenden Vorschriften und Anlagen (z.B. MLAR, M-LÜAR usw.).

Außerdem ist darauf zu achten, dass vor Zahlung der Schlussrechung alle benötigten Übereinstimmungserklärungen und -bestätigungen vorliegen. Ebenso sollte (als Empfehlung) darauf Wert gelegt werden, dass auch für Abschottungen, die nach den Erleichterungen der MLAR ausgeführt wurden, entsprechende Übereinstimmungserklärungen über die fachgerechte Ausführung gemäß diesen Erleichterungen vorliegen.

7 Bebauung, Rettungswege, Treppen, Räume
7.3 Rettungswege

Dipl.-Ing. (FH) Josef Mayr

Inhalt

1 Begriffe

1.1 Nutzungseinheiten

1.2 Teilnutzungseinheiten

1.3 Aufenthaltsraum

1.4 Fliehen und Fluchtwege

1.5 Retten und Rettungswege

1.6 Rettungsgeräte der Feuerwehr

1.7 Standardbauten und Sonderbauten

2 Grundsätzliche Anforderungen der LBOs und Schutzziel

2.1 Grundsätzliche Anforderungen der MBO

2.2 Für Nutzungseinheiten ...

2.3 ... mit mindestens einem Aufenthaltsraum wie Wohnungen, Praxen, selbstständige Betriebsstätten ...

2.4 ... müssen in jedem Geschoss ...

2.5 ... mindestens zwei voneinander unabhängige Rettungswege ins Freie vorhanden sein; ...

2.6 ... beide Rettungswege dürfen jedoch innerhalb des Geschosses über denselben notwendigen Flur führen.

2.7 Für Nutzungseinheiten mit mindestens einem Aufenthaltsraum, die nicht zu ebener Erde liegen, muss der erste Rettungsweg über eine notwendige Treppe führen.

2.8 Der zweite Rettungsweg kann eine weitere notwendige Treppe oder eine mit Rettungsgeräten der Feuerwehr erreichbare Stelle der Nutzungseinheit sein.

7.3	Rettungswege	Inhalt

2.9 Ein zweiter Rettungsweg ist nicht erforderlich, wenn die Rettung über einen sicher erreichbaren Treppenraum möglich ist, in den Feuer und Rauch nicht eindringen können (Sicherheitstreppenraum).

2.10 Gebäude, deren zweiter Rettungsweg über Rettungsgeräte der Feuerwehr führt und bei denen die Oberkante der Brüstung von zum Anleitern bestimmten Fenstern oder Stellen mehr als 8 m über der Geländeoberfläche liegt, dürfen nur errichtet werden, wenn die Feuerwehr über die erforderlichen Rettungsgeräte wie Hubrettungsfahrzeuge verfügt.

2.11 Bei Sonderbauten ist der zweite Rettungsweg über Rettungsgeräte der Feuerwehr nur zulässig, wenn keine Bedenken wegen der Personenrettung bestehen.

3 Das bauaufsichtliche System der horizontalen und vertikalen Rettungswege

3.1 Grundsätzliches und Definition von Standard- und Nichtstandardnutzungseinheiten

3.2 Standardnutzungseinheiten *ohne* notwendigen Flur mit direktem Anschluss an eine notwendige Treppe
- 3.2.1 Erfordernis notwendiger Flure
- 3.2.2 Erster Rettungsweg
- 3.2.3 Zweiter Rettungsweg
- 3.2.4 Risikobetrachtung

3.3 Standardnutzungseinheiten *ohne* notwendigen Flur mit Anschluss an einen notwendigen Flur *außerhalb* der Nutzungseinheit
- 3.3.1 Erfordernis notwendiger Flure
- 3.3.2 Erster Rettungsweg
- 3.3.3 Zweiter Rettungsweg
- 3.3.4 Risikobetrachtung

3.4 Nichtstandardnutzungseinheiten *mit* notwendigem Flur
- 3.4.1 Erfordernis notwendiger Flure
- 3.4.2 Erster Rettungsweg
- 3.4.3 Zweiter Rettungsweg
- 3.4.4 Risikobetrachtung

3.5 Nichtstandardnutzungseinheiten *ohne* notwendigen Flur
3.5.1 Erfordernis notwendiger Flure
3.5.2 Rettungswege

4 **Der erste Rettungsweg**
4.1 Grundlagen
4.2 Bestandteile des ersten Rettungsweges
4.3 Rettungsweglänge
4.4 Rettungswegbreite
4.5 Türen in Rettungswegen
4.6 Notwendige Flure und Laubengänge
4.7 Notwendige Treppen und Treppenräume
4.8 Sicherheitstreppenräume
4.9 Ausgang ins Freie
4.10 Rettungswege und Rauch
4.10.1 Vertikale Rettungswege (notwendige Treppen in notwendigen Treppenräumen)
4.10.2 Horizontale Rettungswege (notwendige Flure und Rettungswege in der eigenen Nutzungseinheit)
4.10.3 Einhaltung des bauaufsichtlichen Schutzzieles

5 **Der zweite Rettungsweg**
5.1 Zweiter baulicher Rettungsweg durch weitere notwendige Treppe
5.2 Zweiter Rettungsweg mit Rettungsgeräten der Feuerwehr
5.2.1 Für die Rettung erreichbare Stelle (anleiterbares Fenster)
5.2.2 Erforderliche Rettungsgeräte der Feuerwehr
5.2.3 Zeitfaktor
5.2.4 Feuerwehrflächen
5.2.5 Anzahl und Mobilität der zu rettenden Personen
5.2.6 Dokumentation des zweiten Rettungsweges über Rettungsgeräte der Feuerwehr
5.3 Nottreppen und Notleitern
5.4 Sonderformen des zweiten Rettungsweges

7.3	Rettungswege	Inhalt

6 Besondere Formen der Rettungswege
6.1 Rettungsbalkone
6.1.1 Rettungsbalkone ohne Anschluss an eine notwendige Treppe
6.1.2 Rettungsbalkone mit einseitigem Anschluss an eine notwendige Treppe
6.1.3 Rettungsbalkone mit beidseitigem Anschluss an eine notwendige Treppe
6.2 Rettungstunnel
6.3 Flucht in andere Brandabschnitte
7 Fallbeispiele
7.1 Wohngebäude der GK 1 und 2
7.2 Gebäude der GK 3 bis 5 mit Wohnungen und Standardnutzungseinheiten *ohne* notwendigen Flur mit direktem Anschluss an eine notwendige Treppe
7.3 Gebäude der GK 3 bis 5 mit Wohnungen und Standardnutzungseinheiten *ohne* notwendigen Flur mit Anschluss an einen notwendigen Flur *außerhalb* der Nutzungseinheit
7.4 Gebäude der GK 3 bis 5 mit Nichtstandardnutzungseinheiten *mit* notwendigem Flur
7.5 Gebäude der GK 3 bis 5 mit Nichtstandardnutzungseinheiten *ohne* notwendigen Flur
7.6 Rettungswege im Erdgeschoss
7.7 Rettungswege im Kellergeschoss
7.7.1 Übereinanderliegende Kellergeschosse
7.7.2 Kellergeschosse ohne Aufenthaltsräume
7.7.3 Kellergeschosse mit Aufenthaltsräumen
7.8 Rettungswege im Dachgeschoss
7.8.1 Dachgeschosse ohne Aufenthaltsräume
7.8.2 Ausgebaute Dachgeschosse mit Aufenthaltsräumen
7.9 Maisonette-Wohnungen und -Nutzungseinheiten
7.9.1 Definition und Situation im Brandfall
7.9.2 Maisonette-Wohnungen, in beiden Ebenen an den notwendigen Treppenraum angeschlossen

7.9.3 Maisonette-Wohnungen, nur in der unteren Ebene an den notwendigen Treppenraum angeschlossen

7.9.4 Maisonette-Wohnungen, nur in der oberen Ebene an den notwendigen Treppenraum angeschlossen

8 Rettungswege in Sonderbauten und in besonderen Bereichen

8.1 Rettungswege für Behinderte

8.2 Räume mit zwei Ausgängen

8.2.1 Laborräume

8.2.2 Chemieräume in Schulen

8.2.3 Aufenthalts- und Versammlungsräume > 100 m² in Versammlungsstätten

8.2.4 Verkaufsräume > 100 m²

8.2.5 Produktions- und Lagerräume von Industriebauten > 200 m²

8.3 Gefangene Räume

8.4 Beherbergungsstätten

8.5 Garagen

8.6 Hochhäuser

8.7 Industriebauten

8.8 Krankenhäuser

8.9 Schulen

8.10 Verkaufsstätten

8.11 Versammlungsstätten

8.12 Kindertagesstätten

9 Nachweis und Darstellung der Rettungswege

10 Literatur, Regelwerke

7.3 Rettungswege

1 Begriffe

Die jeweiligen Anforderungen an Rettungswege sind teilweise eng an verschiedene Begriffe gekoppelt, bzw. sie ergeben sich aus deren Interpretation. Deshalb werden hier Begriffe erläutert, die im Zusammenhang mit Rettungswegen von Bedeutung sind.

1.1 Nutzungseinheiten

Anmerkung: Im Brandschutzatlas werden zur besseren Handhabung teilweise die Begriffe *Standardnutzungseinheiten* und *Nichtstandardnutzungseinheiten* verwendet. (Definition und Erläuterungen enthält Punkt 3.1 in diesem Kapitel.)

Der Begriff *Nutzungseinheit* ist für die Rettungswege von großer Bedeutung, da diese immer aus der jeweiligen Nutzungseinheit hinausführen. Außerdem sind Nutzung und Größe der Nutzungseinheit wichtige Kriterien für die Ausbildung der horizontalen Rettungswege.

Deshalb muss vor einer Festlegung und Dimensionierung der Rettungswege immer genau bekannt sein, wie die jeweilige Nutzungseinheit beschaffen ist, aus der sie hinausführen. Die *Nutzungseinheit* wird in den meisten LBOs (wenn überhaupt) nur am Rande definiert. Dies führt dazu, dass hierüber in Deutschland bei Sonderbauten wie Krankenhäusern teilweise kontrovers diskutiert wird.

Die Nutzungseinheit ist auch ein Kriterium für die Einstufung der Gebäude in die verschiedenen Gebäudeklassen. In Gebäuden der Gebäudeklassen 1 und 2 dürfen nicht mehr als zwei Nutzungseinheiten mit insgesamt nicht mehr als 400 m² vorhanden sein. In die Gebäudeklasse 4 dürfen Gebäude nur eingestuft werden, wenn sie Nutzungseinheiten von jeweils nicht mehr als 400 m² haben.

Definition der Nutzungseinheit

Was mit einer Nutzungseinheit gemeint ist, wird z.B. in § 33 der MBO 2002 [1] genannt:

> *„Für Nutzungseinheiten mit mindestens einem Aufenthaltsraum wie* ***Wohnungen, Praxen, selbstständige Betriebsstatten*** *…"*

Daraus ergibt sich, dass **Wohnungen, Praxen** und **selbstständige Betriebsstätten** Nutzungseinheiten sind. Schwieriger wird die Festlegung bei verschiedenen Sonderbauten wie Hotels, Schulen und Krankenhäusern.

Allgemein wird *Nutzungseinheit* definiert als ein in sich abgeschlossener Bereich von einem oder mehreren Räumen, die einer Person oder einem Personenkreis zur Benutzung zur Verfügung stehen. Wichtig ist dabei das *Abgeschlossenheitsprinzip.* Die jeweilige Nutzungseinheit muss von anderen Nutzungseinheiten brandschutztechnisch mit entsprechenden raumabschließenden feuerwiderstandsfähigen Bauteilen (Wänden und Decken) *abgetrennt* sein.

Beispiel Hotel

Grundsätzlich gilt das gesamte Hotel als eine Nutzungseinheit. Unabhängig davon sieht die M-BeVO 2000 [2] vor, dass bezüglich der *Rettungswege* jeder Beherbergungsraum als eigene Nutzungseinheit behandelt wird, d.h., für jeden *Beherbergungsraum* müssen mindestens zwei voneinander unabhängige Rettungswege vorhanden sein, die jedoch innerhalb eines Geschosses über denselben notwendigen Flur führen dürfen. Außerdem müssen die *Trennwände* zwischen den Beherbergungsräumen sowie zwischen Beherbergungsräumen und sonstigen Räumen mindestens feuerhemmend sein.

Beispiel Schule

Wie beim Hotel gilt die gesamte Schule als eine Nutzungseinheit. Unabhängig davon gelten bezüglich der Rettungswege aus den Klassenzimmern gemäß MSchulbauR 1998 [3] besondere Anforderungen. Danach müssen für jeden *Unterrichtsraum* im selben Geschoss mindestens zwei voneinander unabhängige Rettungswege zu Ausgängen ins Freie oder zu notwendigen Treppenräumen vorhanden sein. Eine raumabschließende feuerwiderstandsfähige *Trennung* der Unterrichtsräume untereinander ist jedoch nicht vorgeschrieben.

Definition des Begriffs in Hessen

Eine ausführlichere Definition der *Nutzungseinheit* findet sich in Punkt 2.3.1.1 der Handlungsempfehlungen zum Vollzug der Hessischen Bauordnung 2002 (HE-HBO) [4]:

„Als ***Nutzungseinheit*** *gilt eine in sich abgeschlossene Folge von Aufenthaltsräumen, die einer Person oder einem gemeinschaftlichen Personenkreis zur Benutzung zur Verfügung stehen (z.B. abgeschlossene Wohnungen, Einliegerwohnungen, Büros, Praxen).*

Die Nutzungseinheit kann auch aus einem Raum bestehen, z.B. Ein-Zimmer-Appartement oder ein aus einem Raum bestehendes Büro (OVG NW, Beschl. v. 07.07.1997, BRS 59 Nr. 124). Eine Folge von Aufenthaltsräumen ist nicht zwingend vorausgesetzt. [Das einzelne Zimmer in einem Hotel oder einer Pension ist selbst keine eigene Nutzungseinheit, sondern Bestandteil einer Nutzungseinheit.]

Bei ***gewerblich genutzten Aufenthaltsräumen*** *wird die Nutzungseinheit durch die notwendigen Brandabschnitte begrenzt. Nutzungseinheiten sind nur brandschutztechnisch abgegrenzte Einheiten, die gegeneinander geschützt sind und den Feuerwehreinsatz durch räumlich definierte Abschnitte für die Brandbekämpfung begünstigen. Für sie wird zudem jeweils ein eigenes Rettungswegsystem verlangt.*

Soweit ***Garagen*** *keine Aufenthaltsräume enthalten, sind sie keine Nutzungseinheiten, unabhängig davon, ob sie in Gebäude integriert, angebaut oder freistehend sind. In* ***Gebäude integrierte Garagen*** *sind aber* ***anders genutzte Räume.*** *Die Anforderungen an Trennwände sind einzuhalten.*

*Ein separat zugängliches **Büro in einem Wohngebäude** ist eine eigene Nutzungseinheit. Findet die Büronutzung innerhalb einer Wohnung statt, handelt es sich nicht um eine selbständige Nutzungseinheit.*

Auch Flächen von brandschutztechnisch abgetrennten Bereichen einer Nutzungseinheit (z.B. Lagerräume, Technikräume, Archive) sind bei der Berechnung der Fläche der Nutzungseinheit einzubeziehen."

Messung der Größe von Nutzungseinheiten

Die Grundflächen der Nutzungseinheiten sind gemäß MBO 2002 die Brutto-Grundflächen. Bei deren Berechnung zur Bestimmung der Gebäudeklasse bleiben die Flächen in den Kellergeschossen außer Betracht.

Beispiel

Die Trennwand zwischen zwei Teilnutzungseinheiten ist zweimal zu berücksichtigen: einmal bei der Größenberechnung von Teilnutzungseinheit 1 und einmal bei der Größenberechnung von Teilnutzungseinheit 2.

1.2 Teilnutzungseinheiten

Der Begriff Teilnutzungseinheiten ist nur für Nutzungseinheiten relevant, die einer **Büro- und Verwaltungsnutzung** dienen. Gemäß MBO 2002 und den meisten LBOs können größere Nutzungseinheiten, die dieser Nutzung dienen, in nicht mehr als 400 m^2 große Teilnutzungseinheiten unterteilt werden.

Voraussetzung hierfür ist jedoch, dass die Teilnutzungseinheiten untereinander durch raumabschließende feuerwiderstandsfähige Trennwände mit einer Feuerwiderstandsdauer entsprechend der jeweiligen Gebäudeklasse abgetrennt sind und jede Teilnutzungseinheit für sich, also unabhängig von den anderen Teilnutzungseinheiten, die bauaufsichtlich vorgeschriebenen **Rettungswege** hat.

Der Sinn dieser bis zu 400 m^2 großen Teilnutzungseinheiten besteht darin, dass innerhalb dieser Teilnutzungseinheiten keine notwendigen Flure erforderlich sind, was aus der Sicht des baulichen Brandschutzes in der Regel zu erheblichen Vereinfachungen und damit auch zu Kosteneinsparungen führt.

Sollen jedoch andere Nutzungseinheiten als Büro- und Verwaltungsnutzungen mit einer ähnlichen bzw. vergleichbaren Nutzung in Teilnutzungseinheiten aufgeteilt werden, sind sowohl eine Abstimmung mit der für den Brandschutz zuständigen Stelle als auch eine entsprechende Abweichung (Ausnahme/Befreiung) erforderlich.

Grundsätzlich ist zu beachten, dass dieses Konstrukt der Aufteilung in Teilnutzungseinheiten nach derzeitiger Sichtweise und Interpretation nicht zu einer günstigeren Einstufung bei der Gebäudeklasse führt. Maßgebend für die **Einstufung in die Gebäudeklasse** ist immer die Größe der **gesamten Nutzungseinheit** und nicht die der einzelnen Teilnutzungseinheiten.

Beispiel

Ein Gebäude mit einer Höhe[1]) zwischen > 7 m und ≤ 13 m und einer Nutzungseinheit mit Büro- und Verwaltungsnutzung von 800 m^2, die in zwei Teilnutzungseinheiten von je 400 m^2 aufgeteilt wird, kann demnach **nicht** in Gebäudeklasse 4, sondern muss in Gebäudeklasse 5 eingestuft werden.

Anmerkung: Von der im Beispiel beschriebenen Einstufung in Gebäudeklasse 5 ist eine Abweichung (Ausnahme/Befreiung) nicht zulässig, da es sich hier um eine definitionsgemäße Einstufung handelt, von der nicht abgewichen werden kann. Es ist jedoch möglich, von den jeweiligen Brandschutzanforderungen, die sich aus der Gebäudeklasse 5 ergeben, in Richtung der Anforderungen, die gemäß Gebäudeklasse 4 bestehen würden, abzuweichen (z.B. anstelle der Anforderung *feuerbeständig* für Tragwerk und Trennwände zur Anforderung *hochfeuerhemmend*.) Hierfür sind jedoch eine Abstimmung mit der für den Brandschutz zuständigen Stelle und eine entsprechende Abweichung (Ausnahme/Befreiung) erforderlich.

1.3 Aufenthaltsraum

Es gibt keine eigenständige bundesrechtliche Begriffsbestimmung des Aufenthaltsraums. In § 2 (5) MBO 2002 und sinngemäß in den LBOs wird er nur allgemein definiert.

[1]) Höhe im Sinne dieses Satzes ist das Maß der Fußbodenoberkante des höchstgelegenen Geschosses, in dem ein Aufenthaltsraum möglich ist, über der Geländeoberfläche im Mittel.

> *„Aufenthaltsräume sind Räume, die zum nicht nur vorübergehenden Aufenthalt von Menschen bestimmt oder geeignet sind."*

Außerdem bestehen nach der MBO und den LBOs an Aufenthaltsräume noch weitere Anforderungen, z.B. in Bezug auf Raumhöhe und Belichtung. Teilweise sind jedoch nach § 47 MBO auch Aufenthaltsräume ohne bestimmte Mindestraumhöhen (z.B. in Dachgeschossen oder Gebäuden der Gebäudeklassen 1 und 2) bzw. ohne Belichtung durch Tageslicht (bestimmte Räume) zulässig.

In Anlehnung an die Kommentierung des Begriffs *Raum zum dauerhaften Aufenthalt von Menschen* durch Baltz/Fischer [5] gilt als Aufenthaltsraum:

„... ein Raum, der in einer Weise benutzt werden soll, die den Aufenthalt der darin verkehrenden Menschen als einen nicht bloß vorübergehenden erscheinen lässt, wobei die Benutzung nicht nur vereinzelt in größeren Zwischenräumen, sondern im wesentlichen fortgesetzt und stetig, je nach Bedürfnis bald längere, bald kürzere Zeit, zumindest in einer durch die konkreten Verhältnisse bedingten regelmäßigen Wiederholung erfolgt".

Beispiel 1
Wohnungen und Nutzungseinheiten, die dem Wohnen dienen

Aufenthaltsräume sind: Wohnzimmer, Wohnküchen, Küchen, Esszimmer, Schlafräume.

Keine Aufenthaltsräume sind: Flure, Gänge, Bäder, Toiletten, Abstellräume, Waschmaschinenräume.

Sogenannte ***Hobbyräume*** werden in Deutschland unterschiedlich beurteilt.

Hier kommt es auf die tatsächliche Nutzung und die entsprechende Bewertung im jeweiligen Bundesland an. Da jedoch, z.B. bei wärmegedämmten, beheizten, belüfteten und belichteten Hobbyräumen im KG nicht ausgeschlossen werden kann, dass solche Räume tatsächlich als Aufenthaltsräume benutzt werden (z.B. Gästezimmer, Kinderspielzimmer, Computerzimmer), ist es im Zweifelsfall empfehlenswert, sie bezüglich der Rettungswege als Aufenthaltsräume zu bewerten.

Sollen dagegen Hobbyräume nicht als Aufenthaltsräume bewertet werden, ist es empfehlenswert, dies zweifelsfrei festzulegen, zu dokumentieren und vom Bauherrn bzw. Nutzer schriftlich bestätigen zu lassen.

Beispiel 2
Nutzungen, die nicht dem Wohnen dienen

Aufenthaltsräume sind: Büros, Praxen, Werkstätten, Restaurants, Kantinen, Seminarräume, Läden.

Keine Aufenthaltsräume sind: Teeküchen, Abstellräume, Toiletten, Duschen, Waschmaschinenräume, Trockenräume, Technikräume.

Eine unterschiedliche Bewertung in Abhängigkeit zur Nutzung ist möglich bei *Lagerräumen* und *Umkleideräumen* mit oder ohne Duschen.

Werden diese Räume nur vorübergehend genutzt, sind sie nicht als Aufenthaltsräume zu bewerten. Halten sich dort dagegen Personen nicht nur vorübergehend auf, führt dies zu einer Bewertung als Aufenthaltsräume (siehe Beispiele 3 bis 7).

Beispiel 3

Lageräume, die regelmäßig kurzfristig von Personen aufgesucht werden, die dort etwas holen oder etwas zurückbringen sind keine Aufenthaltsräume.

Gibt es in einem Lagerraum aber einen Lageristen, der zu bestimmten Zeiten, z.B. täglich zwischen 9.00 und 10.30 Uhr im Lager an einer Theke arbeitet, um Lagergut anzunehmen oder auszugeben, ist der Raum, in dem sich die Theke befindet, als Aufenthaltsraum zu bewerten. Das restliche Lager wäre in diesem Fall jedoch kein Aufenthaltsraum.

Handelt es sich dagegen um ein Lager, in dem Personen ständig damit beschäftigt sind, ein- bzw. auszulagern (z.B. Auslieferung von Möbeln oder Handelswaren in einem Kaufhaus), ist dieses Lager insgesamt als Aufenthaltsraum zu bewerten.

Beispiel 4

Ein **Umkleideraum** eines Betriebs, mit oder ohne Duschen, in dem sich die Arbeitnehmer jeden Tag morgens und abends zu einem bestimmten Zeitpunkt umziehen und abends ggf. auch duschen, wird in der Regel nicht als Aufenthaltsraum bewertet, da sich die Arbeitnehmer nur vorübergehend dort aufhalten. Er benötigt damit also auch keinen zweiten Rettungsweg.

Wichtig: Allerdings hängt die Bewertung auch von der Zahl der Arbeitnehmer ab. Je mehr Personen einen Umkleideraum benutzen, umso eher ist zu prüfen, ob ein zweiter Rettungsweg erforderlich wird. Benutzen regelmäßig viele Personen den Raum, ist ein zweiter Rettungsweg empfehlenswert (siehe Beispiel 7).

Beispiel 5

Wird der in Beispiel 4 beschriebene **Umkleideraum** wegen Gleitzeit und Nachtschichten jeden Tag über jeweils längere Zeiträume benutzt und erfolgt die Nutzung praktisch fließend, so dass sich jeweils über längere Zeiträume mehrere Personen dort aufhalten, so ist es empfehlenswert, diesen Umkleideraum als Aufenthaltsraum zu bewerten. Dann benötigt er einen zweiten Rettungsweg (siehe Beispiel 7).

Beispiel 6

Handelt es sich um einen **Umkleideraum** mit Duschen **in einer Schulturnhalle,** ist davon auszugehen, dass dieser jeden Tag über jeweils längere Zeiträume, also praktisch fließend, genutzt wird. Außerdem ist die Nutzung durch Schüler besonders sensibel zu betrachten. Es ist also empfehlenswert, solche Umkleideräume als Aufenthaltsräume zu bewerten, so dass sie einen zweiten Rettungsweg benötigen (siehe Beispiel 7).

Beispiel 7

Der **zweite Rettungsweg** aus den Beispielen 4 und 5 kann im einfachsten Fall, z.B. im KG oder EG, über einen Notausstieg ins Freie hergestellt werden (z.B. Fenster $\geq 0{,}90 \times 1{,}20$ m, Brüstungshöhe $\leq 1{,}20$ m, Lichtgraben bzw. Lichtschacht in ausreichender Größe und mit ungehindertem Ausstieg).

Liegt er nicht zu ebener Erde, kann er über Rettungsgeräte der Feuerwehr führen, wenn die Feuerwehr über die erforderlichen Rettungsgeräte verfügt und keine Bedenken wegen der Personenrettung bestehen.

Wichtig: Je größer die Personenzahl ist, die auf diesen Rettungsweg angewiesen ist, umso eher bestehen Bedenken wegen der Personenrettung. Falls solche Bedenken bestehen, ist der zweite Rettungsweg baulich herzustellen.

Der zweite Rettungsweg aus Beispiel 6 ist gemäß Schulbaurichtlinie in jedem Fall baulich herzustellen (siehe auch Punkt 2.11 in diesem Kapitel).

Empfehlung: Im Zweifelsfall ist es sinnvoll, die Bewertung, ob ein *Aufenthaltsraum* bzw. *Nichtaufenthaltsraum* vorliegt, mit der für den Brandschutz zuständigen Stelle und dem Nutzer zu klären bzw. abzustimmen. Ist dies nicht zweifelsfrei möglich, empfiehlt es sich, auf die sichere Seite zu gehen und die fraglichen Räume als Aufenthaltsräume zu bewerten.

1.4 Fliehen und Fluchtwege

Fliehen

ist das schnelle **selbstständige** Verlassen eines Ortes aufgrund einer Gefahr, also das *selbstständige Sich-in-Sicherheit-Bringen* von Personen aus einem Gefahrenbereich.

Fluchtwege

müssen ein rasches Fliehen (selbstständiges Verlassen) des Aufenthaltsbereichs in einem Gefahrenfall ermöglichen. Sie sind damit ständig vorhandene feste bauliche Einrichtungen, die ohne fremde Hilfe jederzeit begangen werden können. An sie werden gemäß den LBOs, ihren ergänzenden Vorschriften und Richtlinien sowie weiteren Vorschriften, wie den Technischen Regeln für Arbeitsstätten (ASR A2.3) [6], besondere Anforderungen gestellt. Unter 3.1 wird in ASR A2.3 definiert:

> *„Fluchtwege sind Verkehrswege, an die besondere Anforderungen zu stellen sind und die der Flucht aus einem möglichen Gefährdungsbereich und in der Regel zugleich der Rettung von Personen dienen. Fluchtwege führen ins Freie oder in einen gesicherten Bereich. Fluchtwege im Sinne dieser Regel sind auch die im Bauordnungsrecht definierten Rettungswege, sofern sie selbstständig begangen werden können."*

1.5 Retten und Rettungswege

Retten

ist das Abwenden eines lebensbedrohlichen Zustandes durch Befreien aus einer Zwangslage. Retten in diesem Sinne erfordert damit immer die aktive **Hilfe Dritter** (Feuerwehr, Rettungskräfte), die zur Beseitigung einer lebensbedrohenden Notlage von Menschen und Tieren eingreifen.

Rettungswege

sind die wichtigsten und baurechtlich unbedingt notwendigen Teile des Gebäudes, über die Personen das Gebäude selbst verlassen oder über die sie gerettet werden können. Rettungswege dienen in erster Linie der *Flucht.* Ist diese (selbstständiges Verlassen des Gefahrenbereichs) nicht bzw. wegen Feuer und Rauch nicht mehr möglich, dienen Rettungswege zur Rettung von Menschen und Tieren durch die Rettungskräfte. Außerdem sind sie auch Angriffswege der Feuerwehr

Die Anforderungen an die Rettungswege sind abhängig von der Nutzung sowie den Nutzungseinheiten und den darin angeordneten Aufenthaltsräumen. An die Rettungswege werden gemäß den LBOs, ihren ergänzenden Vorschriften und Richtlinien sowie weiteren Vorschriften, wie den ASR A2.3 [6], besondere Anforderungen gestellt.

In Nutzungseinheiten ohne Aufenthaltsräume genügt **ein Rettungsweg,** der zugleich auch als Fluchtweg dient. In Nutzungseinheiten mit mindestens einem Aufenthaltsraum sind grundsätzlich **zwei voneinander unabhängige Rettungswege** erforderlich (ausgenommen Nutzungseinheiten mit Sicherheitstreppenraum). Die Unabhängigkeit bezieht sich dabei in der Regel auf die vertikalen Rettungswege.

Der **erste Rettungsweg** muss immer baulich sein (eine ständig vorhandene feste bauliche Einrichtung) und ohne fremde Hilfe jederzeit begangen werden können. Er kann sich aus dem horizontalen Rettungsweg (notwendiger Flur), dem vertikalen Rettungsweg (notwendige Treppe) sowie ihren Ein- und Ausgängen zusammensetzen und muss in der Regel auf eine öffentliche Verkehrsfläche führen.

Der **zweite Rettungsweg** kann entweder baulich sein (eine weitere ständig vorhandene feste bauliche Einrichtung) und muss dann ohne fremde Hilfe jederzeit begangen werden können oder er wird im Gefahrenfall durch Rettungsgeräte der Feuerwehr hergestellt.

Falls der zweite Rettungsweg erst über Rettungsgeräte der Feuerwehr hergestellt wird, muss die Feuerwehr über die erforderlichen Rettungsgeräte verfügen, und bei Sonderbauten dürfen keine Bedenken wegen der Personenrettung bestehen.

1.6 Rettungsgeräte der Feuerwehr

Rettungsgeräte der Feuerwehr sind Geräte, die geeignet sind, Menschen und Tiere aus einem Gefahrenbereich herauszuführen oder aus einer lebensbedrohlichen Zwangslage zu befreien. Zu ihnen gehören z.B. tragbare Leitern, Hubrettungsfahrzeuge und andere Einsatzmittel wie Rauchschutzhauben (siehe Kapitel 6.17 in diesem Werk).

1.7 Standardbauten und Sonderbauten

Zur einfacheren Definition werden Gebäude in Standardbauten und Sonderbauten aufgeteilt.

Standardbauten

sind Gebäude für die sich die Brandschutzanforderungen abschließend in der MBO bzw. den entsprechenden LBOs befinden. Darüber hinausgehende Brandschutzanforderungen bestehen in der Regel nicht.

Sonderbauten

sind in der MBO bzw. den LBOs konkret aufgezählt, dabei wird zwischen *geregelten* und *nicht geregelten Sonderbauten* unterschieden.

Für die *geregelten Sonderbauten* sind meist weitergehende Brandschutzanforderungen einzuhalten, die in den entsprechenden Sondervorschriften geregelt sind. Werden dort für bestimmte Bereiche keine besonderen Anforderungen gestellt, gilt grundsätzlich die MBO bzw. die jeweilige LBO.

Alle anderen Sonderbauten werden als *nicht geregelte Sonderbauten* bezeichnet. Für diese bestehen keine Sondervorschriften, bzw. sie sind im jeweiligen Bundesland nicht eingeführt. Die jeweils erforderlichen Brandschutzmaßnahmen werden dann im Rahmen eines Brandschutzkonzeptes bzw. -nachweises im Einzelnen festgelegt. Als Basis hierzu dienen in der Regel die jeweilige LBO und (falls vorhanden) die entsprechenden Mustervorschriften.

1-1 Rettungswege – Begriffe

Flucht- und Rettungswege werden kurz als

Rettungswege bezeichnet.

Der Rettungsweg dient als

❑ **Fluchtweg**

Weg für die Flucht der Bewohner, Beschäftigten, Kunden und anderer Personen

Über diesen Weg können Sie sich selbst in Sicherheit bringen.

Beispiele:
- notwendiger Flur
- notwendige Treppe mit notwendigem Treppenraum
- nicht notwendige Treppen*)
- Notleitern*)

❑ **Rettungsweg**

Weg, über den Rettungskräfte zu den in Not befindlichen Personen vordringen können, um von diesen unmittelbare Gefahr abzuwenden

Retten = abwenden eines lebensbedrohenden Zustandes

Beispiele:
- notwendiger Flur
- notwendige Treppe mit notwendigem Treppenraum
- nicht notwendige Treppen*)
- Notleitern*)
- Rettungsgeräte der Feuerwehr

❑ **Angriffsweg**

Weg, den die Feuerwehr benutzt, um Menschen und Tiere zu retten, Sachwerte zu bergen und einen Brand zu bekämpfen bzw. Gefahr abzuwenden

*) In der Regel ist hierfür eine Abstimmung mit der für den Brandschutz zuständigen Stelle und eine entsprechende Abweichung (Ausnahme/Befreiung) erforderlich.

7.3 Seite 10 | Rettungswege

1-2 Übersicht: Rettungswege in Gebäuden

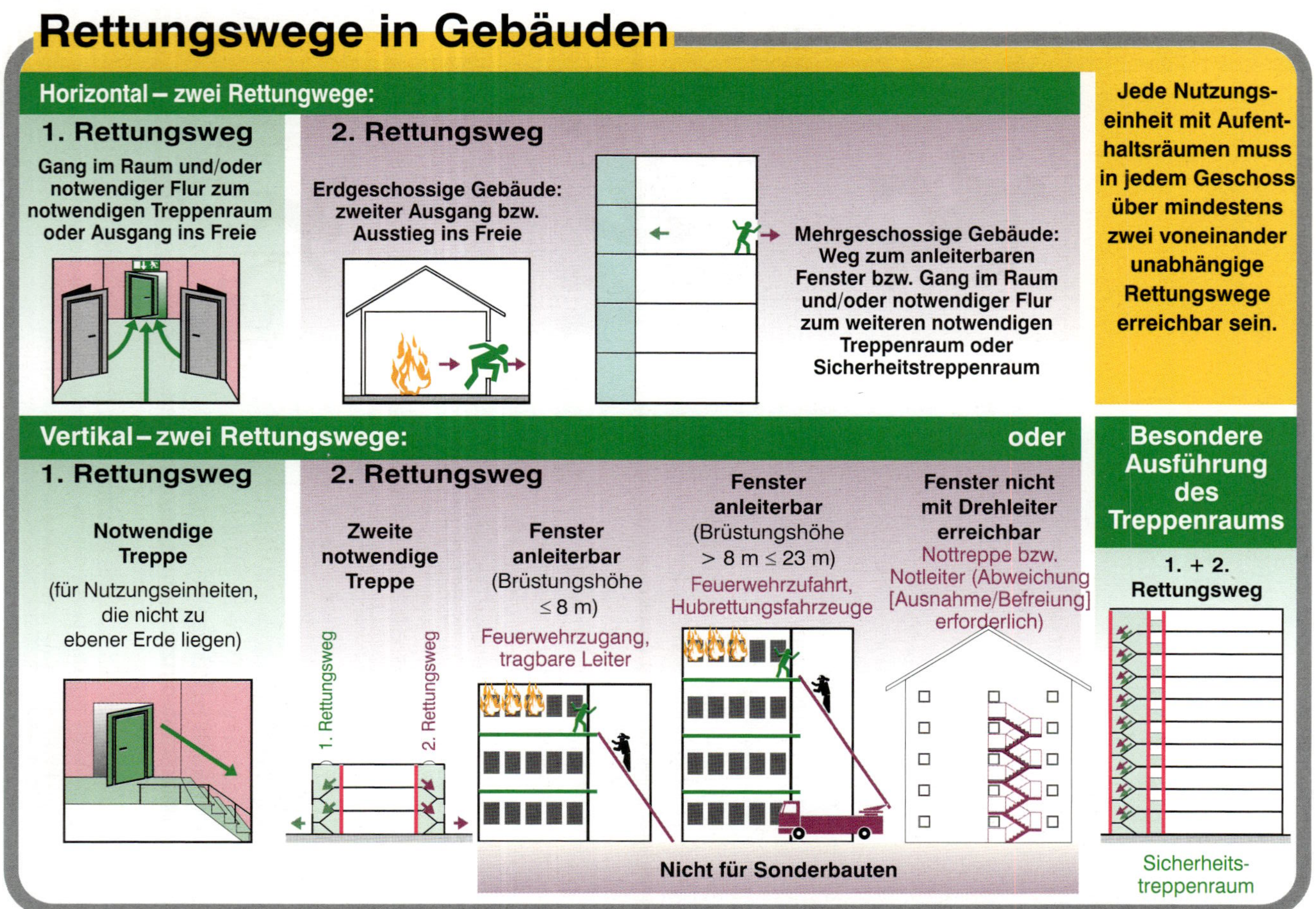

2 Grundsätzliche Anforderungen der LBOs und Schutzziel

2.1 Grundsätzliche Anforderungen der MBO

Die bauaufsichtlichen Anforderungen an Rettungswege haben das grundsätzliche Ziel, dass der erste Rettungsweg möglichst sicher und deshalb auch möglichst lange für die **Selbstrettung** als Fluchtweg benutzbar ist. Dies ist eine Idealvorstellung, die in der Praxis nicht bzw. nur mit einem relativ großen Aufwand realisiert werden kann.

Deshalb geht der Gesetzgeber in seinem bauaufsichtlich geregelten System der Rettungswege davon aus, dass unter ungünstigen Umständen der **erste Rettungsweg** durch Feuer und Rauch unpassierbar werden kann. Er akzeptiert also dessen Totalausfall und fordert deshalb, dass jede Nutzungseinheit mit Aufenthaltsräumen über einen **zweiten** (vom ersten Rettungsweg unabhängigen) **Rettungsweg** verfügen muss.

Allerdings wird diese Unabhängigkeit nur für die vertikalen Teile der Rettungswege verlangt. Bezüglich der horizontalen Rettungswege bestehen in Standardbauten wesentlich geringere Anforderungen.

In der MBO 2002 [1] und in den LBOs wird das grundsätzliche Schutzziel in Bezug auf die Rettung von Menschen und Tieren wie folgt angegeben:

> MBO 2002 § 14 Brandschutz
>
> *„Bauliche Anlagen sind so anzuordnen, zu errichten, zu ändern und instand zu halten, dass ... bei einem Brand die Rettung von Menschen und Tieren ... möglich ist.“*

Mit dieser grundsätzlichen Schutzzieldefinition kann man jedoch in der Praxis wenig anfangen. Deshalb wird in den LBOs genauer geregelt, wann dieses Schutzziel als eingehalten gilt. In der MBO 2002 und in den LBOs bestehen demnach folgende Anforderungen:

> MBO 2002 § 33 Erster und zweiter Rettungsweg
>
> *„(1) Für Nutzungseinheiten mit mindestens einem Aufenthaltsraum wie Wohnungen, Praxen, selbstständige Betriebsstätten müssen in jedem Geschoss mindestens zwei voneinander unabhängige Rettungswege ins Freie vorhanden sein; beide Rettungswege dürfen jedoch innerhalb des Geschosses über denselben notwendigen Flur führen.*
>
> *(2) [1]Für Nutzungseinheiten nach Absatz 1, die nicht zu ebener Erde liegen, muss der erste Rettungsweg über eine notwendige Treppe führen. [2]Der zweite Rettungsweg kann eine weitere notwendige Treppe oder eine mit Rettungsgeräten der Feuerwehr erreichbare Stelle der Nutzungseinheit sein. [3]Ein zweiter Rettungsweg ist nicht erforderlich, wenn die Rettung über einen sicher erreichbaren Treppenraum möglich ist, in den Feuer*

und Rauch nicht eindringen können (Sicherheitstreppenraum).

(3) [1]Gebäude, deren zweiter Rettungsweg über Rettungsgeräte der Feuerwehr führt und bei denen die Oberkante der Brüstung von zum Anleitern bestimmten Fenstern oder Stellen mehr als 8 m über der Geländeoberfläche liegt, dürfen nur errichtet werden, wenn die Feuerwehr über die erforderlichen Rettungsgeräte wie Hubrettungsfahrzeuge verfügt. [2]Bei Sonderbauten ist der zweite Rettungsweg über Rettungsgeräte der Feuerwehr nur zulässig, wenn keine Bedenken wegen der Personenrettung bestehen."

Die vorstehenden Anforderungen behandeln jedoch lediglich das bauaufsichtliche Prinzip der Rettungswege. Eine Konkretisierung erfolgt durch die entsprechenden Vorschriften der LBOs und ergänzende Verordnungen, Richtlinien und Technischen Baubestimmungen. Dort wird konkret angegeben, welche genauen Anforderungen bestehen, z.B. an

- notwendige Flure und Laubengänge
- notwendige Treppen
- notwendige Treppenräume bzw. sichere Außentreppen
- Sicherheitstreppenräume
- Ausgänge ins Freie
- maximale Länge von Rettungswegen
- Größe und Anordnung von Fenstern, die als Rettungswege dienen
- Rettungsgeräte der Feuerwehr
- Feuerwehrflächen.

Nachfolgend werden die bauaufsichtlichen Anforderungen an die Rettungswege kommentiert, indem die einzelnen Satzteile bzw. Begriffe erläutert und interpretiert werden.

2.2 Für Nutzungseinheiten ...

Die **Nutzungseinheit** bildet die Basis für das bauaufsichtliche System der Rettungswege, die grundsätzlich immer in der jeweiligen Nutzungseinheit beginnen und aus dieser hinausführen und erst im Freien an einer öffentlichen Verkehrsfläche enden.

Die Anzahl der erforderlichen Rettungswege (einer oder zwei) und die Ausbildung der Rettungswege innerhalb und außerhalb der Nutzungseinheit ist abhängig von deren Größe und Nutzung.

Für die Festlegung und den Nachweis der jeweiligen Rettungswege ist es deshalb unabdingbar, dass das Gebäude in einzelne Nutzungseinheiten aufgeteilt wird. Es ist empfehlenswert und wird in einigen Bundesländern teilweise auch verlangt, diese in entsprechenden Brandschutzplänen zu visualisieren (siehe Punkt 9 in diesem Kapitel).

Die Nutzungseinheiten selbst müssen gemäß MBO 2002 mit raumabschließenden, feuerwiderstandsfähigen Trennwänden in einer ihrer Gebäudeklasse entsprechenden Feuerwiderstandsdauer voneinander abgetrennt werden. Außerdem ist eine der LBO entsprechende raumabschließende feuerwiderstandsfähige Abtrennung zu den notwendigen Fluren und zu den notwendigen Treppen erforderlich.

(Definition und Erläuterung der Nutzungseinheit siehe Punkt 1.1 in diesem Kapitel.)

2.3 … mit mindestens einem Aufenthaltsraum wie Wohnungen, Praxen, selbstständige Betriebsstätten …

Auch der **Aufenthaltsraum** hat eine zentrale Bedeutung für das bauaufsichtliche System der Rettungswege. Er regelt, ob **ein** oder **zwei** voneinander unabhängige Rettungswege vorhanden sein müssen. Deshalb ist es sehr wichtig, dass bei allen baulichen Anlagen genau geprüft wird, ob Aufenthaltsräume vorhanden sind bzw. welche Räume als solche zu bewerten sind.

Nutzungseinheiten ohne Aufenthaltsraum

benötigen in der Regel nur **einen Rettungsweg**, an dessen horizontale Ausbildung keine besonderen Anforderungen gestellt werden. Liegt die Nutzungseinheit jedoch nicht zu ebener Erde, muss der Rettungsweg über eine notwendige Treppe führen. Liegt die Nutzungseinheit im KG, muss ein Ausgang in einen notwendigen Treppenraum oder ins Freie in höchstens 35 m Entfernung erreichbar sein.

Nutzungseinheiten mit mindestens einem Aufenthaltsraum

müssen in jedem Geschoss mindestens **zwei** voneinander unabhängige **Rettungswege** ins Freie haben.

(Definition und Erläuterung des Aufenthaltsraums siehe Punkt 1.3 in diesem Kapitel.)

2.4 … müssen in jedem Geschoss …

Rettungswege müssen in jedem Geschoss vorhanden sein. Auch bei Nutzungseinheiten, die sich über mehrere Geschosse erstrecken, z.B. Einfamilienhäuser der Gebäudeklasse 1 und Reihenhäuser der Gebäudeklasse 2, sind Rettungswege in jedem Geschoss erforderlich.

Beispiel

Ob in den genannten Gebäuden der Gebäudeklassen 1 und 2 im KG oder im DG ein oder zwei Rettungswege vorhanden sein müssen, richtet sich danach, ob dort Aufenthaltsräume vorhanden sind.

Ist im KG kein Aufenthaltsraum vorhanden, wird nur ein Rettungsweg benötigt, der durch die ohnehin vorhandene Treppe gewährleistet wird. Wenn dagegen im KG ein Aufenthaltsraum liegt, sind zwei Rettungswege erforderlich. Der erste führt dann über die vorhandene Treppe in das EG und von dort ins Freie; der zweite kann ein hierfür geeignetes Fenster im KG sein (mit entsprechender lichter Öffnungsgröße, maximaler Brüstungshöhe sowie einem Lichtgraben bzw. Lichtschacht in ausreichender Größe und mit ungehindertem Ausstieg) oder eine Kelleraußentreppe. Für Aufenthaltsräume im Dachgeschoss gilt sinngemäß das Gleiche.

Einen Sonderfall bilden Maisonette-Wohnungen (siehe unter Punkt 7.9 in diesem Kapitel).

2.5 ... mindestens zwei voneinander unabhängige Rettungswege ins Freie vorhanden sein; ...

Die Anforderung, dass zwei Rettungswege voneinander unabhängig (mit Ausnahme von Sicherheitstreppenräumen) sein müssen, bezieht sich auf die **vertikalen Rettungswege.** Angaben zu **horizontalen Rettungswegen** enthält Punkt 2.6.

Weist eine Nutzungseinheit auch nur einen einzigen Aufenthaltsraum auf, muss dieser in jedem Geschoss *zwei voneinander unabhängige Rettungswege* (vertikale) haben.

Der **erste** (vertikale) **Rettungsweg** ist grundsätzlich **immer** eine notwendige Treppe. Diese muss entweder in einem notwendigen Treppenraum liegen (mit sicherem Ausgang ins Freie) bzw. als sichere Außentreppe ausgeführt sein.

Für den Fall, dass der erste (vertikale) Rettungsweg im Brandfall ausfällt und nicht mehr benutzt werden kann (wenn z.B. Feuer und/oder Rauch eindringen), ist ein **zweiter** (vertikaler) **Rettungsweg** erforderlich (Redundanz). Damit der zweite (vertikale) Rettungsweg im Ernstfall immer zur Verfügung steht, muss er unabhängig vom ersten sein. Davon ausgenommen sind Sicherheitstreppenräume.

In der Regel kann der zweite (vertikale) Rettungsweg über eine **weitere notwendige Treppe** oder über **Rettungsgeräte der Feuerwehr** hergestellt werden. Eine weitere notwendige Treppe als zweiter Rettungsweg muss von der notwendigen Treppe des ersten Rettungsweges unabhängig sein. Ein zweiter Rettungsweg über Rettungsgeräte der Feuerwehr ist nur möglich, wenn die Feuerwehr über die erforderlichen Geräte verfügt und diese auch einsetzen kann. Außerdem dürfen bei Sonderbauten keine Bedenken wegen der Personenrettung bestehen.

2.6 ... beide Rettungswege dürfen jedoch innerhalb des Geschosses über denselben notwendigen Flur führen.

Diese Anforderung bezieht sich auf die **horizontalen Rettungswege.** Angaben zu vertikalen Rettungswegen enthät Punkt 2.5.

Ob bzw. welche Anforderungen an die horizontalen Rettungswege bestehen, hängt von der Größe und Nutzung der Nutzungseinheiten ab.

Bei Standardbauten wird zwischen Standardnutzungseinheiten und Nichtstandardnutzungseinheiten (Definition siehe Punkt 3.1 in diesem Kapitel) unterschieden: Die bauordnungsrechtlichen Anforderungen an die Rettungswege regeln für **Standardnutzungseinheiten** nur den Fall, dass es **außerhalb** der jeweiligen Nutzungseinheit brennt und dadurch der erste bauliche (vertikale) Rettungsweg nicht mehr benutzbar ist.

Anmerkung: Ein Brand in der eigenen Nutzungseinheit bleibt hier unberücksichtigt und für dieses Szenario bestehen, mit Ausnahme der maximalen Rettungsweglänge, keine besonderen Anforderungen, wie sicher die Rettungswege zu erreichen sein müssen. Damit wird baurechtlich bewusst das Risiko für die Nutzer in Kauf genommen, ob bei einem Brand in der eigenen Standardnutzungseinheit die Rettungswege erreichbar sind oder nicht, was in ungünstigen Fällen (z.B. wenn die Nutzer im Schlaf vom Brand überrascht werden) zu Toten und Schwerverletzten führen kann (siehe Szenario 2 unter Punkt 3.2.4 in diesem Kapitel).

Bei **Nichtstandardnutzungseinheiten** wird dagegen auch der Fall geregelt, dass es **innerhalb** der jeweiligen Nutzungseinheit brennt. Für dieses Szenario wird die Erreichbarkeit der baulichen vertikalen Rettungswege nicht mehr dem Zufall überlassen und es sind gesicherte horizontale Rettungswege in Form von notwendigen Fluren notwendig (Regelausführung). Der notwendige Flur soll bei einem Brand innerhalb der Nutzungseinheit eine möglichst sichere Erreichbarkeit der vertikalen Rettungswege ermöglichen (siehe Punkt 3.4 in diesem Kapitel).

Für Nichtstandardnutzungseinheiten sind auch noch andere Lösungen ohne notwendige Flure möglich, wenn durch entsprechende Kompensationsmaßnahmen eine gleichwertige Sicherheit erreicht wird (siehe Punkt 3.5 in diesem Kapitel).

Mit der Formulierung, dass beide Rettungswege innerhalb des Geschosses über *denselben notwendigen Flur* führen dürfen, wird ausgesagt, dass die horizontalen Rettungswege nicht unabhängig voneinander sein müssen. Werden der erste und der zweite Rettungsweg baulich hergestellt, dürfen beide (baulichen) Rettungswege über einen gemeinsamen notwendigen Flur führen; von diesem Flur müssen dann jedoch zwei voneinander unabhängige bauliche Rettungswege (notwendige Treppen oder Ausgänge ins Freie) erreichbar sein.

2.7 Für Nutzungseinheiten mit mindestens einem Aufenthaltsraum, die nicht zu ebener Erde liegen, muss der erste Rettungsweg über eine notwendige Treppe führen.

Liegen die Nutzungseinheiten mit mindestens einem Aufenthaltsraum zu ebener Erde, ist für den ersten Rettungsweg keine notwendige Treppe erforderlich. Der erste Rettungsweg kann dann einfach aus einem direkten Ausgang ins Freie bestehen. Bei Standardnutzungseinheiten (Definition siehe Punkt 3.1 in diesem Kapitel) kann dieser Ausgang in einem beliebigen Raum der Nutzungseinheit liegen. Bei Nichtstandardnutzungseinheiten (Definition siehe Punkt 3.1 in diesem Kapitel) muss der Ausgang ins Freie jedoch über einen notwendigen Flur führen.

Liegen die Nutzungseinheiten mit mindestens einem Aufenthaltsraum nicht zu ebener Erde (sondern in KG oder OG), ist immer eine notwendige Treppe als erster Rettungsweg erforderlich. Diese muss entweder in einem notwendigen Treppenraum liegen und einen unmittelbaren Ausgang ins Freie haben oder sie kann auch als sichere Außentreppe ausgeführt werden, wenn deren Benutzung im Brandfall nicht gefährdet werden kann.

7.3 Seite 16 | **Rettungswege**

Maximale Rettungsweglänge

An den Ausgang ins Freie bzw. die notwendige Treppe besteht eine Entfernungsanforderung: Bei Standardbauten muss von jeder Stelle eines Aufenthaltsraums sowie eines Kellergeschosses mindestens ein Ausgang in einen notwendigen Treppenraum oder ins Freie in höchstens 35 m Entfernung erreichbar sein[1]). In Sonderbauten bestehen zum Teil besondere Vorschriften, die im jeweiligen Bundesland zu beachten sind.

Kann die Entfernungsanforderung zu einem sicheren Ausgang bzw. einer notwendigen Treppe nicht eingehalten werden, ist ein zweiter Ausgang (bei ebenerdiger Lage) bzw. eine zweite notwendige Treppe erforderlich. Diese sollten dann möglichst entgegengesetzt liegen.

2.8 Der zweite Rettungsweg kann eine weitere notwendige Treppe oder eine mit Rettungsgeräten der Feuerwehr erreichbare Stelle der Nutzungseinheit sein.

Diese Anforderungen an den zweiten Rettungsweg beziehen sich auf den zweiten **vertikalen** Rettungsweg.

Er kann baulich hergestellt werden, also durch eine weitere notwendige Treppe, die entweder in einem notwendigen Treppenraum liegen muss oder als sichere Außentreppe ausgeführt wird. Alternativ kann er auch eine über Rettungsgeräte der Feuerwehr erreichbare Stelle der Nutzungseinheit sein. (Zu Rettungsgeräten der Feuerwehr siehe Punkt 1.6 in diesem Kapitel und Kapitel 6.17.2 dieses Werkes.)

Es wird hier jedoch keine Aussage darüber getroffen, welche Voraussetzungen zum Erreichen des zweiten Rettungsweges auf horizontaler Ebene vorhanden sein müssen (siehe unter 2.6, 3.4 und 3.5 in diesem Kapitel).

Bei einer baulichen Herstellung des zweiten Rettungsweges kann die zweite notwendige Treppe entweder direkt von der Nutzungseinheit (siehe z.B. Bild 3.2-3, linke obere NE) oder über einen notwendigen Flur (siehe z.B. Bilder 3.3-3 und 3.4-3) erschlossen werden.

Wird der zweite Rettungsweg über Rettungsgeräte der Feuerwehr hergestellt, muss jede Nutzungseinheit mit Aufenthaltsräumen mindestens eine mit den Rettungsgeräten erreichbare Stelle aufweisen. An deren Lage werden keine besonderen Anforderungen gestellt. Es muss lediglich sichergestellt sein, dass sie von der Nutzungseinheit jederzeit zugänglich ist und von den Rettungsgeräten der Feuerwehr erreicht werden kann. Außerdem dürfen bei Sonderbauten keine Bedenken wegen der Personenrettung bestehen (siehe Punkt 2.11 in diesem Kapitel).

[1]) Gemäß MBO und den meisten LBOs (in Baden-Württemberg 40 m)

2.9 Ein zweiter Rettungsweg ist nicht erforderlich, wenn die Rettung über einen sicher erreichbaren Treppenraum möglich ist, in den Feuer und Rauch nicht eindringen können (Sicherheitstreppenraum).

Auch aus dieser Anforderung wird deutlich, dass das bauaufsichtliche System der voneinander unabhängigen Rettungswege im Wesentlichen auf die **vertikalen Rettungswege** abzielt. Dies geht sogar so weit, dass auf einen zweiten (vertikalen) Rettungsweg vollständig verzichtet werden kann, wenn ein Sicherheitstreppenraum (in der jeweiligen Hochhausrichtlinie definiert) angeordnet wird.

Steht als Rettungsweg ausschließlich ein Sicherheitstreppenraum zur Verfügung, ist es natürlich wichtig, dass dieser auch möglichst sicher erreicht werden kann. Bei Standardnutzungseinheiten (Definition siehe Punkt 3.1 in diesem Kapitel) in Standardbauten bestehen jedoch keine besonderen Anforderungen an die horizontalen Rettungswege **innerhalb** der jeweiligen Nutzungseinheit.

Allerdings werden weitergehende Anforderungen an die **notwendigen Flure** gestellt. Wird der Sicherheitstreppenraum über einen notwendigen Flur erschlossen, handelt es sich in der Regel (wenn nur eine Treppe vorhanden ist) um einen Stichflur, dessen Länge von der MBO 2002 auf maximal 15 m begrenzt wird.

Bei Hochhäusern werden weitergehende Anforderungen an die Rettungswege und notwendigen Flure gestellt (siehe Hochhausrichtlinie [7]).

Ausführungshinweise zu Sicherheitstreppenräumen enthält Kapitel 8.8-A in den Punkten 5.3, 5.4, 5.5.3, 5.5.4 und 5.6.

2.10 Gebäude, deren zweiter Rettungsweg über Rettungsgeräte der Feuerwehr führt und bei denen die Oberkante der Brüstung von zum Anleitern bestimmten Fenstern oder Stellen mehr als 8 m über der Geländeoberfläche liegt, dürfen nur errichtet werden, wenn die Feuerwehr über die erforderlichen Rettungsgeräte wie Hubrettungsfahrzeuge verfügt.

Grundsätzlich darf der zweite Rettungsweg nur dann über Rettungsgeräte der Feuerwehr führen, wenn die Feuerwehr über die erforderlichen Rettungsgeräte verfügt, diese für den Einsatz als zweiter Rettungsweg geeignet und innerhalb der Hilfsfrist vor Ort sind. Sind diese Geräte innerhalb der Hilfsfrist nicht verfügbar, ist der zweite Rettungsweg baulich auszubilden. (Weitere Informationen enthält Punkt 5.2 in diesem Kapitel.)

2.11 Bei Sonderbauten ist der zweite Rettungsweg über Rettungsgeräte der Feuerwehr nur zulässig, wenn keine Bedenken wegen der Personenrettung bestehen.

Bei **Standardbauten** kann davon ausgegangen werden, dass der zweite Rettungsweg regelmäßig über Rettungsgeräte der Feuerwehr führen darf, wenn die entsprechenden Voraussetzungen eingehalten werden (siehe Punkte 2.10 und 5.2 in diesem Kapitel). Bei Standardbauten muss also nicht jedes Mal geprüft werden, ob bei einer Herstellung des zweiten Rettungsweges durch Rettungsgeräte der Feuerwehr Bedenken wegen der Personenrettung bestehen.

Bei den meisten **geregelten Sonderbauten** (mit Aufenthaltsräumen), die zum Geltungsbereich einer eigenen Muster-Verordnung oder -Richtlinie gehören (Beherbergungsstätten, Schulen, Verkaufsstätten, Versammlungsstätten), werden bauliche Rettungswege zwingend verlangt. Bei nicht geregelten Sonderbauten muss dagegen in jedem Einzelfall geprüft werden, ob Bedenken wegen der Personenrettung bestehen (siehe auch Punkt 5.2.5 in diesem Kapitel).

3 Das bauaufsichtliche System der horizontalen und vertikalen Rettungswege

3.1 Grundsätzliches und Definition von Standard- und Nichtstandardnutzungseinheiten

Im bauaufsichtlichen System der Rettungswege sind sowohl **horizontale** als auch **vertikale Rettungswege** vorgesehen. Die bauordnungsrechtlichen Vorschriften regeln jedoch im Wesentlichen die vertikalen Rettungswege, die voneinander unabhängig sein müssen. Die Anforderungen an horizontale Rettungswege werden im Rettungswegparagrafen nur am Rande angesprochen. Sie ergeben sich in der Regel aus den Vorschriften für notwendige Treppen und notwendige Flure.

Im Folgenden werden die jeweils erforderlichen Rettungswege für die hier aufgeführten Situationen erläutert:

- Standardnutzungseinheiten **ohne** notwendigen Flur mit direktem Anschluss an eine notwendige Treppe (Punkt 3.2)
- Standardnutzungseinheiten **ohne** notwendigen Flur mit Anschluss an einen notwendigen Flur außerhalb der Nutzungseinheit (Punkt 3.3)
- Nichtstandardnutzungseinheiten **mit** notwendigem Flur (Punkt 3.4)
- Nichtstandardnutzungseinheiten **ohne** notwendigen Flur (Punkt 3.5).

Definition: Standardnutzungseinheit

Folgende Nutzungseinheiten benötigen **innerhalb** einer Nutzungseinheit keinen notwendigen Flur und werden als **Standardnutzungseinheiten** bezeichnet:

- Wohnungen (ohne Größenbeschränkung)
- Nutzungseinheiten, die nicht dem Wohnen dienen, bis 200 m^2
- Nutzungseinheiten, die einer Büro- oder Verwaltungsnutzung dienen, bis 400 m^2
- Teilnutzungseinheiten, die einer Büro- oder Verwaltungsnutzung dienen, wenn die Teile nicht größer als 400 m^2 sind, Trennwände entsprechend ihrer Gebäudeklasse haben und jeder Teil unabhängig von anderen Teilen Rettungswege hat.

Standardnutzungseinheiten selbst müssen keinen notwendigen Flur aufweisen. Sie schließen entweder

- an eine notwendige Treppe bzw. einen Ausgang ins Freie an (Punkt 3.2) oder
- an einen notwendigen Flur, der im weiteren Verlauf des ersten Rettungsweges zu einer notwendigen Treppe bzw. zu einem Ausgang ins Freie führt (Punkt 3.3).

Definition: Nichtstandardnutzungseinheit

Folgende Nutzungseinheiten benötigen **innerhalb** einer Nutzungseinheit in der Regel einen notwendigen Flur und werden nachfolgend als **Nichtstandardnutzungseinheiten** mit notwendigem Flur bezeichnet:

- Nutzungseinheiten, die nicht dem Wohnen dienen, mit mehr als 200 m^2 (ausgenommen Wohnnutzungen sowie Büro- und Verwaltungsnutzungen bis 400 m^2)
- Nutzungseinheiten, die einer Büro- oder Verwaltungsnutzung dienen, mit mehr als 400 m^2.

Nichtstandardnutzungseinheiten werden in der Regel mit notwendigem Flur ausgeführt (Punkt 3.4). Sie sind aber auch ohne notwendigen Flur möglich, wenn dessen Fehlen durch entsprechende Kompensationsmaßnahmen ausgeglichen wird (Punkt 3.5).

7.3 Seite 20	Rettungswege	

3.2 Standardnutzungseinheiten *ohne* notwendigen Flur mit direktem Anschluss an eine notwendige Treppe

3.2-1 Beispiel für Standardnutzungseinheiten ohne notwendigen Flur im 5. OG der Gebäudeklasse 5 – zweiter Rettungsweg durch anleiterbare Stellen

1. RW: Innerhalb der jeweiligen Standardnutzungseinheit ist kein notwendiger Flur erforderlich. Die maximale Rettungsweglänge von 35 m bis zum Ausgang in den notwendigen Treppenraum bzw. ins Freie (gemäß MBO 2002) muss von der ungünstigsten Stelle eines jeden Aufenthaltsraums eingehalten werden.

2. RW: In jeder Nutzungseinheit ist für den zweiten Rettungsweg eine mit Rettungsgeräten der Feuerwehr erreichbare Stelle notwendig. Hierfür sind entsprechende Feuerwehrflächen anzuordnen. Die Lage der anleiterbaren Stelle innerhalb der Nutzungseinheit ist beliebig; sie muss jedoch jederzeit zugänglich sein. Falls nur eine bestimmte Stelle möglich ist, sollte darauf mit entsprechenden Fluchtwegkennzeichen hingewiesen werden.

Gebäudeklasse 5 im 5. OG

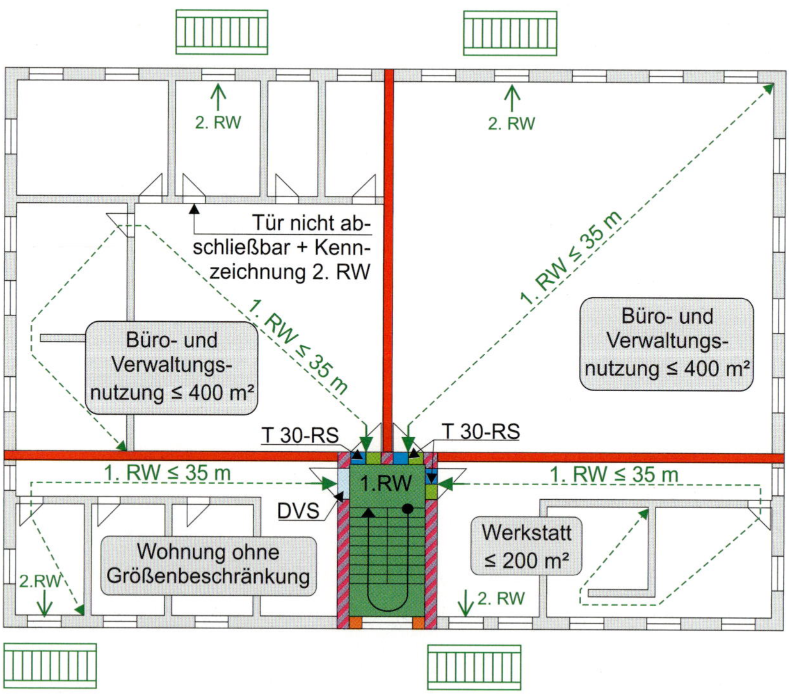

Legende

- Feuerwehrzufahrt + Aufstellflächen für Rettungsgeräte
- Feuerwehrzugang
- 1. RW
- 2. RW: ein als 2. RW geeignetes Fenster

3.2-2 Beispiel für Standardnutzungseinheiten ohne notwendigen Flur im EG der Gebäudeklasse 5 – zweiter Rettungsweg durch geeignete Fenster

1. RW: Der erste Rettungsweg besteht aus einem Ausgang der Nutzungseinheit ins Freie. Weitere Erläuterungen siehe bei Bild 3.2-1.

2. RW: Der zweite Rettungsweg besteht aus einem geeigneten Fenster. Da dieses im EG liegt, sind hierfür lediglich Feuerwehrzugänge erforderlich (siehe Kapitel 7.1 in diesem Werk und Richtlinien über Flächen für die Feuerwehr). Die Lage des geeigneten Fensters innerhalb der Nutzungseinheit ist beliebig. Es muss jedoch innerhalb der Nutzungseinheit jederzeit zugänglich sein.

Gebäudeklasse 5 im EG

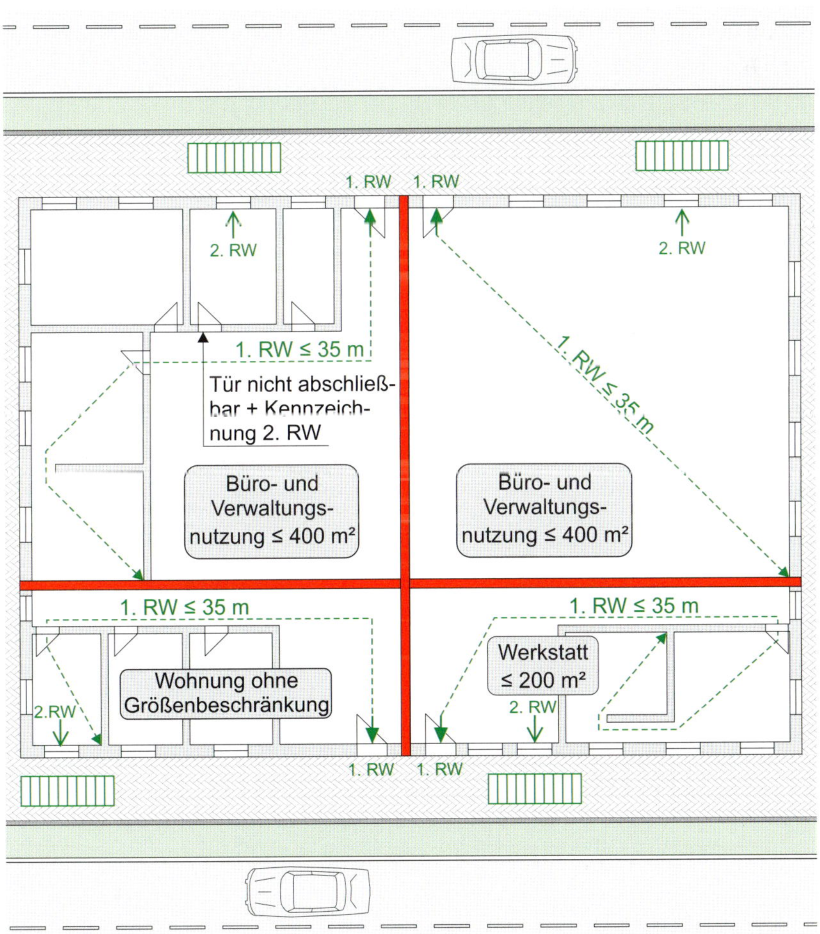

7.3 Seite 22	Rettungswege	

3.2-3 Beispiel für Standardnutzungseinheiten ohne notwendigen Flur im 5. OG der Gebäudeklasse 5 – zweiter Rettungsweg durch zweite notwendige Treppe bzw. Nottreppe

1. RW: sinngemäß wie Bild 3.2-1

2. RW der beiden oberen Nutzungseinheiten: Der zweite Rettungsweg wäre zwar von der Nutzung her durch Rettungsgeräte der Feuerwehr zulässig, kann hier jedoch nicht bewerkstelligt werden, da eine Feuerwehrzufahrt fehlt. Deshalb wird er baulich hergestellt.

2. RW der oberen linken Nutzungseinheit: Der zweite Rettungsweg besteht aus einer weiteren notwendigen Treppe, die als Außentreppe ausgeführt wird. Ihre Nutzung muss ausreichend sicher sein und darf im Brandfall nicht gefährdet werden können. Der Zugang muss jederzeit möglich sein. (Zur Ausführung siehe Kapitel 7.5, Punkt 4.3 in diesem Werk.)

2. RW der oberen rechten Nutzungseinheit: Der zweite Rettungsweg wird durch eine Nottreppe hergestellt. Diese darf vor der Fassade und den ungeschützten Fenstern verlaufen, da sie als Ersatz für die Rettungsgeräte der Feuerwehr dient. Der Zugang muss jederzeit möglich sein. (Zur Ausführung siehe Kapitel 7.5, Punkt 4.3 in diesem Werk.)

Wichtig: Für diese Ausführung ist eine Abweichung (Ausnahme/Befreiung) erforderlich. Eine Abstimmung mit der für den Brandschutz zuständigen Stelle ist empfehlenswert. Nottreppen sind (mit einer Abweichung) grundsätzlich nur möglich, wenn eigentlich Rettungsgeräte der Feuerwehr zulässig wären, diese aber z.B. wegen fehlender Feuerwehrflächen nicht eingesetzt werden können.

3.2-3

Gebäudeklasse 5 im 5. OG

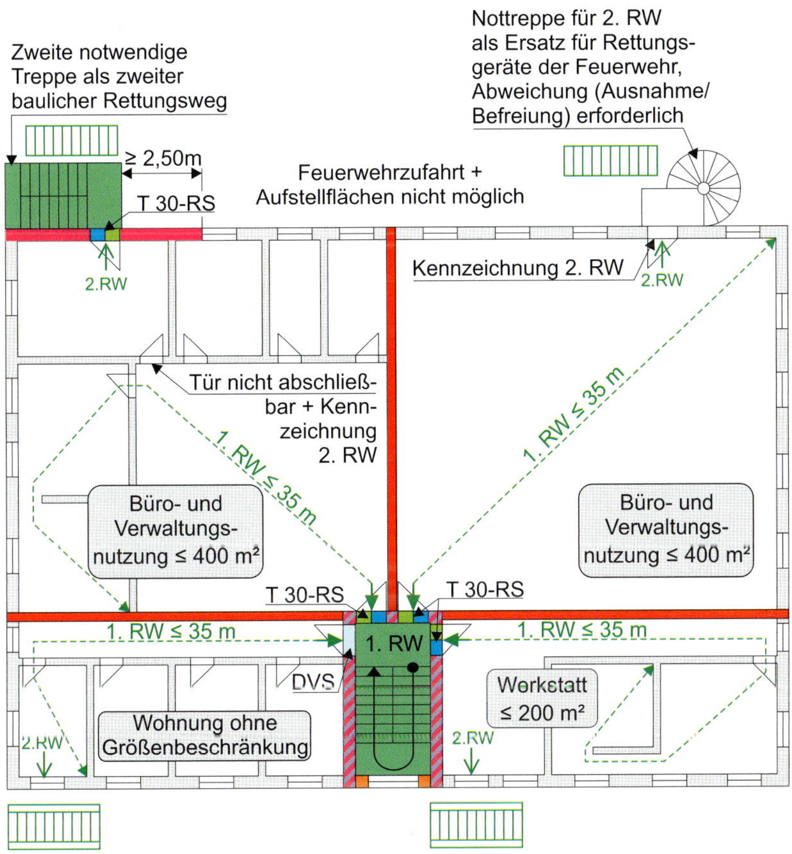

3.2.1 Erfordernis notwendiger Flure

Innerhalb der Standardnutzungseinheiten sind keine notwendigen Flure erforderlich. Da sie unmittelbar an eine notwendige Treppe bzw. einen Ausgang ins Freie angeschlossen werden, benötigen sie auch außerhalb der jeweiligen Nutzungseinheit keinen notwendigen Flur.

Damit bestehen für die hier behandelten Standardnutzungseinheiten keine besonderen Anforderungen an die **horizontalen Rettungswege** (mit Ausnahme der maximalen Rettungsweglänge, siehe Punkt 4.3 in diesem Kapitel), und es müssen auch keine speziellen horizontalen Rettungswege angeordnet bzw. nachgewiesen werden.

Dies bedeutet jedoch nicht, dass innerhalb der Standardnutzungseinheiten gar keine horizontalen Rettungswege vorhanden sein müssen. Der Gesetzgeber geht jedoch davon aus, dass die zur Erschließung und Nutzung ohnehin erforderlichen horizontalen Verkehrswege für die Flucht und Rettung ausreichend sind, so dass es hierfür keiner besonderen Anforderungen und Nachweise bedarf.

3.2.2 Erster Rettungsweg

Der erste Rettungsweg aus der Standardnutzungseinheit muss baulich hergestellt werden und besteht aus

- einer notwendigen Treppe mit notwendigem Treppenraum und Ausgang ins Freie oder
- einer notwendigen Treppe als sichere Außentreppe, die im Brandfall nicht gefährdet werden kann, oder
- einem Ausgang ins Freie (siehe Bilder 3.2-1 bis 3.2-3).

Bauordnungsrechtliche Anforderungen werden erst ab der Tür gestellt, die aus der jeweiligen Nutzungseinheit in den ersten Rettungsweg führt (mit Ausnahme der maximalen Rettungsweglänge). Erst ab dieser Ausgangstür beginnt der baurechtlich gesicherte Bereich, der aus einer notwendigen Treppe bzw. dem Ausgang ins Freie besteht. Bezüglich der sicheren Erreichbarkeit dieser Tür innerhalb der jeweiligen Nutzungseinheit (über horizontale Rettungswege) stellt das Baurecht keine besonderen Anforderungen.

Dies bedeutet, dass es aus der Sicht des Brandschutzes praktisch dem Zufall überlassen wird, ob und wie sicher die Ausgangstür zum ersten baulichen Rettungsweg erreicht werden kann. Die Lage dieser Tür (bezogen auf die Nutzungseinheit) ist damit nach dem Baurecht beliebig. Allerdings ist bei Gebäuden, die dem Arbeitsstättenrecht unterliegen, die Problematik der gefangenen Räume zu beachten (siehe Kapitel 7.6 in diesem Werk).

3.2.3 Zweiter Rettungsweg

Der zweite Rettungsweg aus der Standardnutzungseinheit kann entweder über

- eine weitere notwendige Treppe bzw.
- einen weiteren Ausgang ins Freie oder
- eine mit Rettungsgeräten der Feuerwehr erreichbare Stelle

der Nutzungseinheit hergestellt werden (siehe Bilder 3.2-1 bis 3.2-3).

Bei einem Sicherheitstreppenraum ist ein zweiter Rettungsweg nicht erforderlich.

Zweiter Rettungsweg über eine weitere notwendige Treppe (Bild 3.2-3)

Da die Standardnutzungseinheiten direkt an eine notwendige Treppe anschließen und bei Standardbauten in der Regel keine Bedenken bestehen, den zweiten Rettungsweg über Rettungsgeräte der Feuerwehr zu führen, ist eine zweite notwendige Treppe eher der Ausnahmefall.

Falls es jedoch nicht möglich ist, den zweiten Rettungsweg über Rettungsgeräte der Feuerwehr zu führen, kann auch eine zweite notwendige Treppe angeordnet werden. Diese ist auch als Außentreppe möglich, wenn ihre Nutzung ausreichend sicher ist und im Brandfall nicht gefährdet werden kann (siehe Bild 3.2-2, obere linke Nutzungseinheit).

Wird der zweite Rettungsweg aus der Standardnutzungseinheit baulich hergestellt, also über eine zweite notwendige Treppe, ist hierfür eine zweite Ausgangstür erforderlich. Damit besteht eine sehr günstige Rettungsweglösung, da die Nutzungseinheit dann über zwei Ausgänge, die zu zwei voneinander unabhängigen notwendigen Treppen führen, verlassen werden kann.

Alternativ wäre für den zweiten Rettungsweg auch eine Nottreppe bzw. Notleiter möglich. Für diese ist jedoch eine Abweichung (Ausnahme/Befreiung) erforderlich (siehe Bild 3.2-3, obere rechte Nutzungseinheit und Kapitel 7.5, Punkt 4.3 in diesem Werk).

Sicherheitstreppenraum

Ist ein Sicherheitstreppenraum vorhanden, ist kein zweiter (vertikaler) Rettungsweg erforderlich. In diesem Fall beginnen sowohl der erste als auch der zweite Rettungsweg aus der Standardnutzungseinheit an der einzigen Ausgangstür in den Sicherheitstreppenraum.

Zweiter Rettungsweg über Rettungsgeräte der Feuerwehr (Bild 3.2-1)

Der zweite Rettungsweg über Rettungsgeräte der Feuerwehr ist für die hier behandelten Standardnutzungseinheiten der Regelfall (siehe Bilder 3.2-1 und 3.2-3). In diesem Fall genügt in der Nutzungseinheit eine einzige mit Rettungsgeräten der Feuerwehr erreichbare Stelle.

7.3 Seite 26	Rettungswege	

An die sichere Erreichbarkeit dieser Stelle innerhalb der Nutzungseinheit selbst (über horizontale Rettungswege) werden keine besonderen Anforderungen gestellt. Die mit Rettungsgeräten der Feuerwehr erreichbare Stelle kann an einer beliebigen Stelle innerhalb der Nutzungseinheit liegen, also z.B. auch direkt neben dem Ausgang in den notwendigen Treppenraum. Es muss lediglich sichergestellt sein, dass sie von den Nutzern jederzeit erreichbar, also immer zugänglich ist und nicht abgeschlossen werden kann.

Erläuterung: Die bauordnungsrechtlichen Anforderungen an die Rettungswege regeln für Standardnutzungseinheiten nur den Fall, dass es **außerhalb** der jeweiligen Nutzungseinheit **brennt** und dadurch der erste bauliche (vertikale) Rettungsweg nicht mehr benutzbar ist. Ein Brand in der eigenen Nutzungseinheit bleibt unberücksichtigt. Deshalb geht es hier nicht um eine zweite Möglichkeit, die Wohnung bzw. Nutzungseinheit zu verlassen, wenn es innerhalb der Nutzungseinheit selbst brennt, sondern darum, bei einem Ausfall des ersten vertikalen Rettungsweges (der notwendigen Treppe) einen davon unabhängigen zweiten vertikalen Rettungsweg (die Rettungsgeräte der Feuerwehr) aus der Nutzungseinheit heraus zu ermöglichen.

3.2-4 Beispiel für Standardnutzungseinheit (Büro- und Verwaltungsnutzung bis 400 m²) ohne notwendigen Flur im 5. OG der Gebäudeklasse 5

1. RW: siehe Erläuterungen zu Bild 3.2-1

2. RW: Für den zweiten Rettungsweg ist eine mit Rettungsgeräten der Feuerwehr erreichbare Stelle notwendig. Diese darf auch direkt neben dem Zugang zum ersten Rettungsweg liegen.

Gemäß den bauordnungsrechtlichen Vorschriften wird ein Brand innerhalb der Standardnutzungseinheit nicht berücksichtigt. Der zweite (vertikale) Rettungsweg ist notwendig, wenn der erste (vertikale) Rettungsweg ausfällt, d.h., wenn der Treppenraum nicht mehr benutzbar ist und ausfällt. In diesem Fall spielt es keine Rolle, wo die anleiterbare Stelle liegt.

Gebäudeklasse 5 im 5. OG

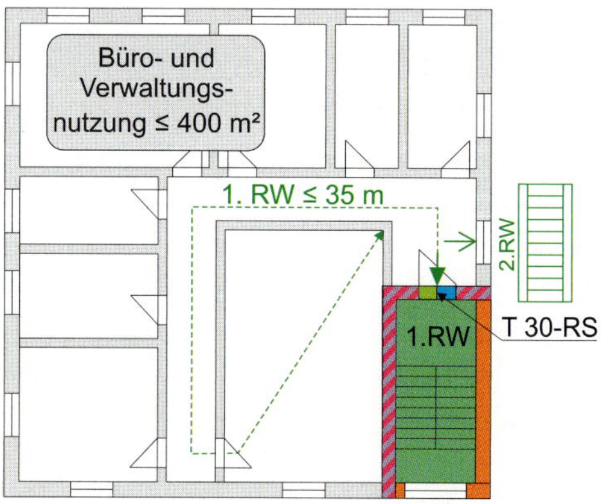

3.2.4 Risikobetrachtung

Bei Standardnutzungseinheiten verzichtet der Gesetzgeber auf Anforderungen an die horizontalen Rettungswege innerhalb der jeweiligen Nutzungseinheit. Das Erreichen der Ausgangstür zu den gesicherten baulichen Rettungswegen bzw. der mit Rettungsgeräten erreichbaren Stelle wird dem Zufall überlassen.

Die bauaufsichtlichen Anforderungen an die Rettungswege beginnen erst außerhalb der jeweiligen Standardnutzungseinheit. Damit wird über das bauaufsichtliche System der Rettungswege nur der Fall geregelt, dass es außerhalb der Nutzungseinheit brennt und durch ungünstige Umstände der erste Rettungsweg (= notwendige Treppe) nicht mehr benutzbar ist. Für diesen Fall stellt das Baurecht dann den zweiten unabhängigen vertikalen Rettungsweg zur Verfügung.

Ein eventueller Brand innerhalb der eigenen Standardnutzungseinheit bleibt damit unberücksichtigt und stellt derzeit die größte Gefahr für Leib und Leben in Deutschland dar.

Folgende zwei Szenarien sind möglich:

Szenario 1:
Es brennt in einer anderen Nutzungseinheit und die notwendige Treppe steht nicht mehr für die Flucht und Rettung zur Verfügung.

Erster baulicher Rettungsweg

Bei diesem Szenario fällt der erste bauliche Rettungsweg, also die notwendige Treppe, für die Flucht und Rettung aus. Genau für diesen Fall verlangt das Baurecht einen zweiten unabhängigen Rettungsweg, über den dann die Flucht bzw. Rettung möglich ist (Redundanz).

Zweiter Rettungsweg über eine weitere notwendige Treppe

Die Flucht ist über die zweite notwendige Treppe möglich, da diese unabhängig von der ersten notwendigen Treppe geführt ist.

Zweiter Rettungsweg über Rettungsgeräte der Feuerwehr

Die Rettung mit Rettungsgeräten der Feuerwehr ist möglich, da die Nutzungseinheiten untereinander raumabschließend und feuerwiderstandsfähig abgetrennt sind. Damit steht in den Nutzungseinheiten, in denen es nicht brennt, in der Regel eine ausreichend lange Zeitspanne für die Rettung durch Rettungsgeräte der Feuerwehr zur Verfügung.

7.3 Seite 28 | **Rettungswege**

Wichtig: Damit die auf die Rettung angewiesenen Personen auch wirklich ausreichend lange und sicher auf die Rettungsgeräte der Feuerwehr warten können, müssen die raumabschließenden und feuerwiderstandsfähigen Abtrennungen der Nutzungseinheiten untereinander fachgerecht und mängelfrei ausgeführt werden. Dabei ist besonders auch auf die einwandfreie und fachgerechte Sicherung aller Leitungsdurchführungen und Lüftungsleitungen zu achten.

Bemerkung: Da es sich um Standardbauten handelt, kann in der Regel davon ausgegangen werden, dass keine Bedenken wegen der Personenrettung bestehen (siehe auch Punkt 5.2.5 in diesem Kapitel).

Szenario 2:
Es brennt in der eigenen Nutzungseinheit.

Wichtig: Dieses Szenario wird im bauaufsichtlichen System der Rettungswege nicht berücksichtigt.

Erster baulicher Rettungsweg

Das Szenario stellt bei Nutzungseinheiten, die nicht dem Wohnen und Schlafen dienen, in der Regel kein größeres Problem dar. Da die Nutzer nicht schlafen, wird ein Brand in der Regel so frühzeitig bemerkt, dass die Alarmierung der betroffenen Personen und eine rechtzeitige Flucht bzw. Selbstrettung in der Regel möglich sind.

Problematisch wird es jedoch bei Nutzungseinheiten, die dem Wohnen dienen. Wird der Brand in der eigenen Wohnung erst relativ spät bemerkt (weil die Bewohner im Schlaf davon überrascht werden oder bei einem Brandausbruch im Kinderzimmer), steht – wenn überhaupt – nur noch wenig Zeit für die Flucht zur Verfügung.

Kommt dann der ungünstige Umstand dazu, dass der Weg zum ersten Rettungsweg (zur Ausgangstür aus der Nutzungseinheit) bereits vom Feuer versperrt ist bzw. nicht mehr begangen werden kann, wird die Situation unmittelbar zur tödlichen Gefahr, die in der Regel zu Toten und Schwerverletzten führt.

Zweiter Rettungsweg über eine weitere notwendige Treppe

Da in diesem Fall zwei Ausgangstüren vorhanden sind (siehe unter dem vorigen Punkt 3.2.3), ist die Situation relativ günstig. Vorausgesetzt die Nutzer sind wach bzw. die Bewohner werden rechtzeitig wach, so steht ihnen, wenn ein Ausgang bereits vom Feuer versperrt ist, noch der zweite Ausgang zur zweiten notwendigen Treppe bzw. Nottreppe zur Verfügung. Der Vorteil des zweiten Ausgangs besteht darin, dass die Betroffenen nicht auf die Rettungsgeräte der Feuerwehr warten müssen.

Zweiter Rettungsweg über Rettungsgeräte der Feuerwehr

In Nutzungseinheiten, die nicht dem Wohnen und Schlafen dienen, sind die Nutzer in der Regel wach und können meist über den ersten Rettungsweg fliehen.

Wird dagegen bei Wohnnutzungen der Brand in der eigenen Wohnung zu spät bemerkt und ist der Weg zur Ausgangstür vom Feuer versperrt, besteht eine sehr ungünstige Situation. Theoretisch gäbe es zwar noch die Möglichkeit einer Rettung über eine mit Rettungsgeräten der Feuerwehr erreichbare Stelle. Dafrür müsste jedoch das Eintreffen und Retten der Feuerwehr abgewartet werden können (Größenordnung 10 bis 13 Minuten). Dies ist in der Regel in solchen Fällen nicht möglich, so dass akute Lebensgefahr, meist mit tödlichem Ausgang, besteht.

Zusammenfassung

Brennt es in der eigenen Wohnung und ist der Weg zur Ausgangstür durch das Feuer versperrt, hat man unter ungunstigen Umständen überhaupt keinen Rettungsweg und entsprechend schlechte Karten, da dieses Szenario von den bauordnungsrechtlichen Vorschriften nicht berücksichtigt wird.

Ein Vermeiden dieser gefährlichen Situationen ist durch **Wohnungsrauchmelder** möglich, da diese bei einem Brand in der eigenen Nutzungseinheit in der Regel so rechtzeitig alarmieren, dass noch eine Flucht über den ersten Rettungsweg aus eigener Kraft möglich ist.

Aus der Sicht des vorbeugenden Brandschutzes und der Schadenverhütung ist es deshalb **dringend empfehlenswert,** dass in allen Wohnungen in den Aufenthaltsräumen (zumindest in den Kinderzimmern und Schlafräumen) sowie in den Fluren, über die Rettungswege führen, jeweils mindestens ein Rauchwarnmelder angeordnet wird. Die Rauchwarnmelder müssen so eingebaut und betrieben werden, dass Brandrauch frühzeitig erkannt und gemeldet wird.

Mit dieser einfachen und kostengünstigen Maßnahme könnten in Deutschland die Toten und Schwerverletzten bei Wohnungsbränden erheblich reduziert werden.

In einigen Ländern werden solche Rauchmelder für Wohnungen bereits vorgeschrieben und tragen bei einem Brand in der eigenen Wohnung erheblich zur Sicherheit der Bewohner bei.

7.3 Seite 30 | Rettungswege

3.3 Standardnutzungseinheiten *ohne* notwendigen Flur mit Anschluss an einen notwendigen Flur *außerhalb* der Nutzungseinheit

3.3-1 Beispiel für Standardnutzungseinheiten ohne notwendigen Flur mit Anschluss an einen notwendigen Flur im 5. OG der Gebäudeklasse 5 – Treppenraum mittig angeordnet, zweiter Rettungsweg durch anleiterbare Stellen

1. RW: Innerhalb der jeweiligen Standardnutzungseinheit ist kein notwendiger Flur erforderlich. Die maximale Rettungsweglänge von 35 m bis zum Ausgang in den notwendigen Treppenraum bzw. ins Freie (gemäß MBO 2002) muss von der ungünstigsten Stelle eines jeden Aufenthaltsraums eingehalten werden.

Der bauordnungsrechtlich gesicherte Bereich des ersten horizontalen Rettungsweges beginnt an der Tür der jeweiligen Nutzungseinheit. Er besteht aus dem notwendigen Flur, der maximal 30 m lang sein darf. Dieser führt zum ersten vertikalen Rettungsweg (der notwendigen Treppe) und von dort ins Freie.

Tür zur Büro- und Verwaltungsnutzung: Die Tür zum notwendigen Flur muss gemäß MBO 2002 nur dichtschließen. Sie liegt direkt gegenüber der Rauchschutztür zum Treppenraum. Im Brandfall kann (unter ungünstigen Umständen) dadurch diese Rauchschutztür sehr schnell mit Feuer beaufschlagt werden. Deshalb ist es empfehlenswert, entweder die Tür zur Büronutzungseinheit oder die zum Treppenraum als T 30-RS-Tür auszuführen. Alternativ kann die Tür zur Büronutzungseinheit auch um 2,50 m gegenüber der Treppenraumtür versetzt werden. (Weitere Erläuterungen enthält Kapitel 7.5, Punkt 14.3 in diesem Werk.)

2. RW: sinngemäß wie Bild 3.2-1

3.3-1

Gebäudeklasse 5 im 5. OG

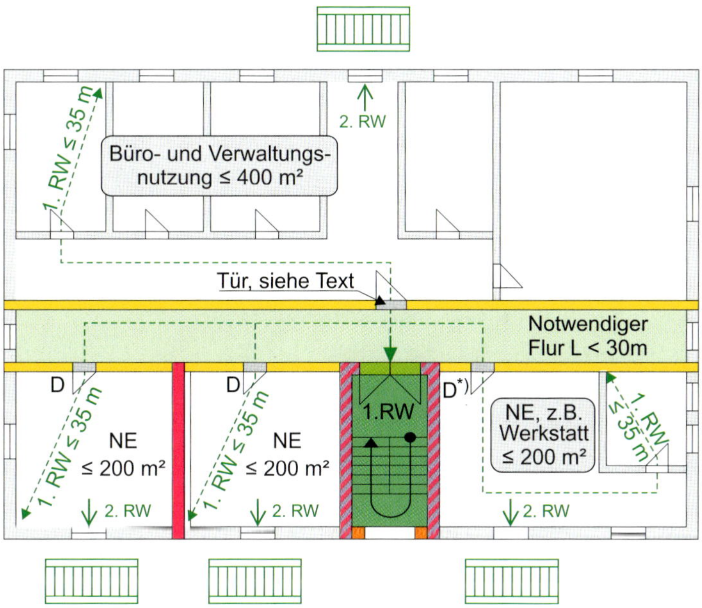

Legende

- Feuerwehrzufahrt + Aufstellflächen für Rettungsgeräte
- Feuerwehrzugang
- 1. RW
- 2. RW: ein als 2. RW geeignetes Fenster
- *) Empfehlung: T 30-D

7.3 Seite 32 | Rettungswege

3.3-2 Beispiel für Standardnutzungseinheiten ohne notwendigen Flur mit Anschluss an einen notwendigen Flur im 5. OG der Gebäudeklasse 5 – Treppenraum endständig angeordnet, zweiter Rettungsweg durch anleiterbare Stellen

Der notwendige Treppenraum wurde endständig angeordnet. Dies ergibt eine relativ ungünstige Situation, da der notwendige Flur dann ein Stichflur ist. Allerdings ist die Ausführung nach MBO und den meisten LBOs zulässig[1]). Im ungünstigsten Fall kann der Stichflur eine Länge von ca. 25 bis 28 m erreichen, da die maximale Rettungsweglänge von 35 m (gemäß MBO 2002) bis zum notwendigen Treppenraum eingehalten werden muss. Wird diese Länge überschritten, sind zwei notwendige Treppen erforderlich (siehe Bild 3.3-3).

Würde der Stichflur zu einem Sicherheitstreppenraum führen, wäre seine Länge auf 15 m begrenzt. Auch in verschiedenen Sonderbauvorschriften wird die Länge von Stichfluren begrenzt, z.B. nach Muster-Schulbaurichtlinie auf maximal 10 m.

Weitere Erläuterungen siehe bei Bild 3.3-1.

Gebäudeklasse 5 im 5. OG

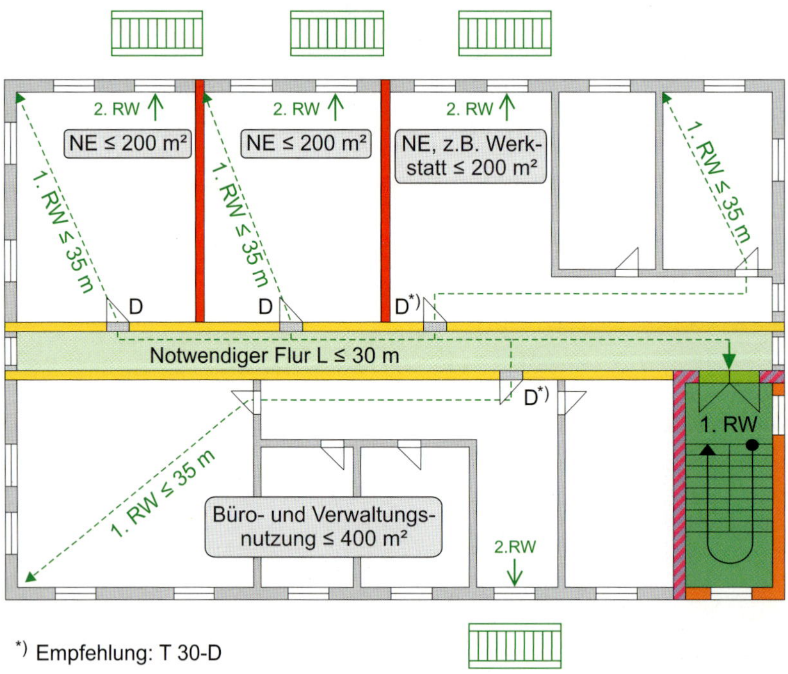

*) Empfehlung: T 30-D

[1]) Dargestellt ist das Beispiel gemäß MBO 2002. Gemäß LBO NRW darf der Stichflur maximal 20 m lang sein, und die Türen zu den Nutzungseinheiten sind als Rauchschutztüren auszuführen.

3.3-3 Beispiel für Standardnutzungseinheiten ohne notwendigen Flur mit Anschluss an einen notwendigen Flur im 5. OG der Gebäudeklasse 5 – zweiter Rettungsweg durch zweite notwendige Treppe

Da in diesem Fall beide vertikalen Rettungswege baulich (durch zwei notwendige Treppen) hergestellt werden, ist eine Unterscheidung in 1. RW und 2. RW nicht sinnvoll. Beide führen innerhalb der jeweiligen Nutzungseinheit zur Ausgangstür zum notwendigen Flur.

Ab dieser Tür beginnen die gesicherten horizontalen Rettungswege über den notwendigen Flur zu den beiden notwendigen Treppen, wobei beide Rettungswege über den gemeinsamen notwendigen Flur führen dürfen. Bei jeder Nutzungseinheit muss dabei **ein** Rettungsweg die maximale Rettungsweglänge von 35 m einhalten.

Die Flurlänge darf 30 m nicht überschreiten. Damit besteht im ungünstigsten Fall die im notwendigen Flur zurückzulegende Strecke 15 m. Wird im Brandfall der Weg in eine Richtung versperrt, weil dort z.B. Feuer und Rauch in den notwendigen Flur eindringen, ist noch der Weg in die andere Richtung zur zweiten notwendigen Treppe möglich, wobei eine Selbstrettung in einem verrauchten Flur problematisch ist (siehe auch Szenario 4 unter Punkt 3.3.4 in diesem Kapitel).

Gebäudeklasse 5 im 5. OG

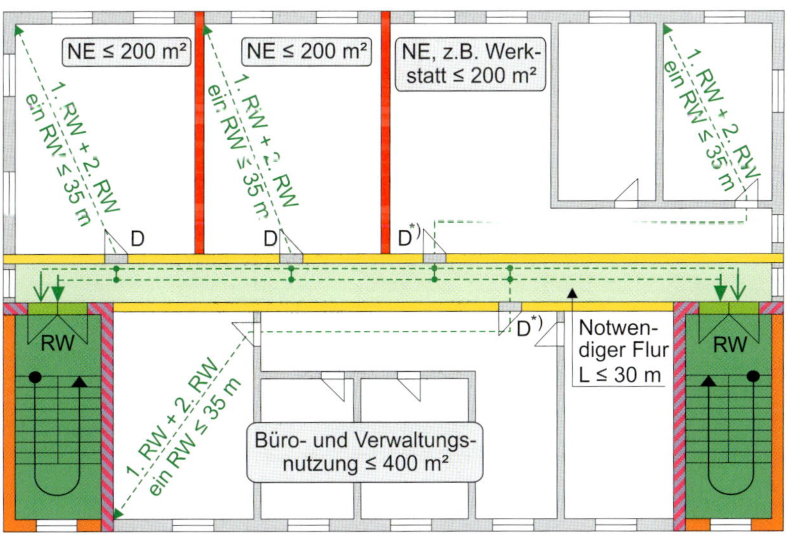

*) Empfehlung: T 30-D

7.3 Seite 34 | Rettungswege

3.3-4 Beispiel für Standardnutzungseinheiten ohne notwendigen Flur mit Anschluss an einen notwendigen Flur im EG der Gebäudeklasse 5 – zweiter Rettungsweg durch geeignete Fenster.

1. RW: Der erste Rettungsweg besteht aus einem Ausgang aus der Nutzungseinheit in den notwendigen Flur und von dort ins Freie. (Weitere Erläuterungen siehe sinngemäß bei Bild 3.3-1.)

2. RW: Der zweite Rettungsweg besteht aus einem geeigneten Fenster. Da dieses im EG liegt, sind hierfür lediglich Feuerwehrzugänge erforderlich. Die Lage des Fensters innerhalb der Nutzungseinheit ist beliebig. Es muss jedoch innerhalb der Nutzungseinheit jederzeit zugänglich sein.

Gebäudeklasse 5 im EG

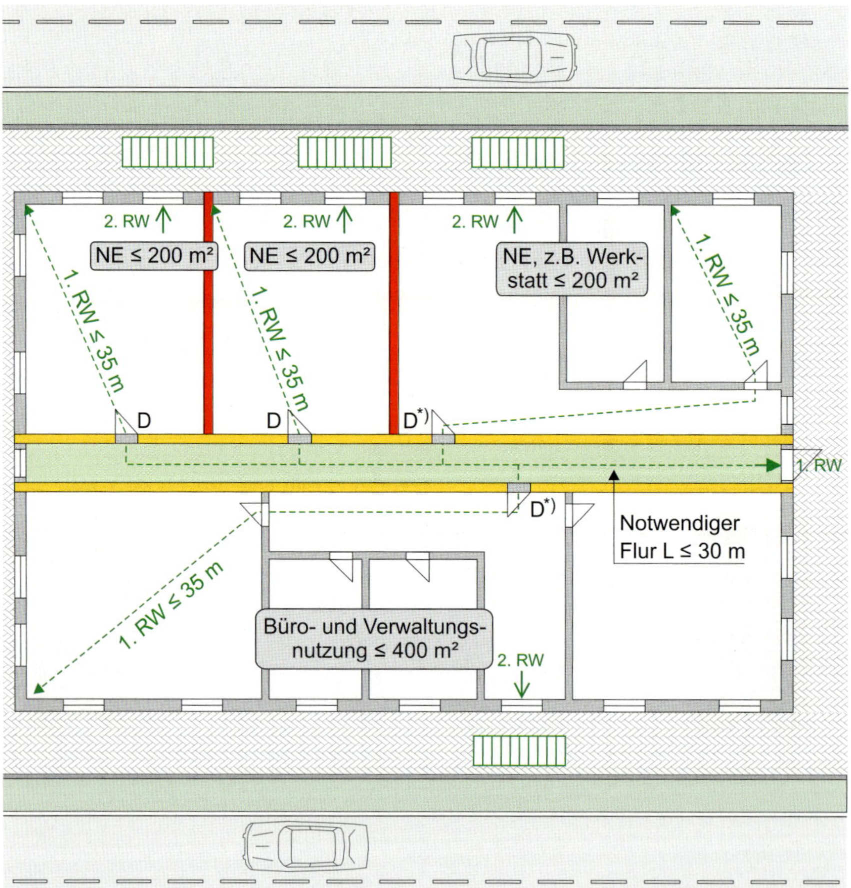

*) Empfehlung: T 30-D

3.3-5 Beispiel für Standardnutzungseinheiten ohne notwendigen Flur mit Anschluss an einen notwendigen Flur im EG der Gebäudeklasse 5 – zweiter Rettungsweg durch zweiten Ausgang

Erläuterungen siehe sinngemäß bei Bild 3.3-3, mit dem Unterschied, dass anstelle von zwei notwendigen Treppen zwei Ausgänge ins Freie angeordnet sind.

Gebäudeklasse 5 im EG

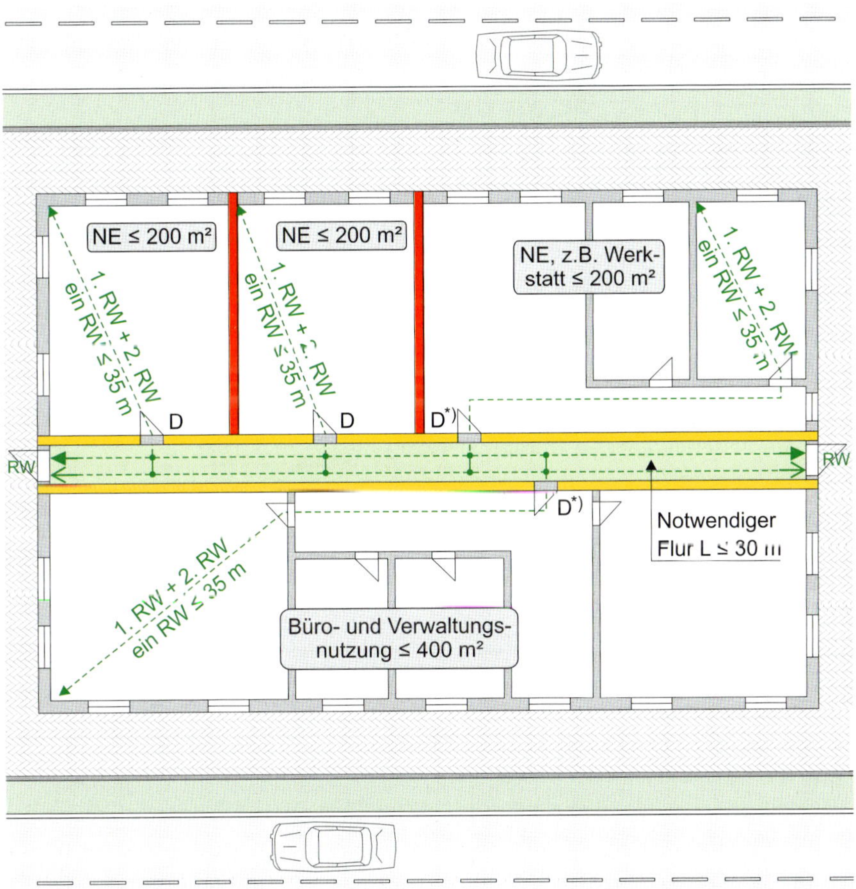

*) Empfehlung: T 30-D

7.3
Seite 36

Rettungswege

3.3.1 Erfordernis notwendiger Flure

Innerhalb der Standardnutzungseinheiten sind nach MBO 2002 keine notwendigen Flure erforderlich. Die hier behandelten Nutzungseinheiten benötigen jedoch außerhalb der jeweiligen Nutzungseinheit einen notwendigen Flur, da sie über diesen horizontal erschlossen werden.

3.3.2 Erster Rettungsweg

Der erste Rettungsweg, der aus der Standardnutzungseinheit hinausführt, muss baulich hergestellt werden und besteht aus einem notwendigen Flur außerhalb der Nutzungseinheit mit

- Anschluss an eine notwendige Treppe mit notwendigem Treppenraum und Ausgang ins Freie oder
- Anschluss an eine notwendige Treppe als sichere Außentreppe, die im Brandfall nicht gefährdet werden kann, oder
- einem Ausgang ins Freie.

Bauordnungsrechtliche Anforderungen werden erst ab der Tür gestellt, die aus der jeweiligen Nutzungseinheit in den notwendigen Flur führt (mit Ausnahme der maximalen Rettungsweglänge).

Erst ab dieser Tür beginnt der baurechtlich gesicherte Bereich, der aus dem notwendigen Flur und einer notwendigen Treppe bzw. dem Ausgang ins Freie besteht. Bezüglich der sicheren Erreichbarkeit dieser Tür innerhalb der jeweiligen Nutzungseinheit (über horizontale Rettungswege) stellt das Baurecht keine besonderen Anforderungen.

3.3.3 Zweiter Rettungsweg

Der zweite Rettungsweg aus der Standardnutzungseinheit kann entweder über

- eine weitere notwendige Treppe bzw.
- einen weiteren Ausgang ins Freie oder
- eine mit Rettungsgeräten der Feuerwehr erreichbare Stelle

der Nutzungseinheit hergestellt werden (Bilder 3.3-1 bis 3.3-5).

Bei einem Sicherheitstreppenraum ist kein zweiter Rettungsweg erforderlich.

Zweiter Rettungsweg über eine weitere notwendige Treppe (Bild 3.3-3)

Wird der zweite Rettungsweg aus der Standardnutzungseinheit baulich, also über eine weitere notwendige Treppe oder einen weiteren Ausgang ins Freie, hergestellt, führen sowohl der erste als auch der zweite Rettungsweg über die gleiche Ausgangstür aus der Nutzungseinheit hinaus.

An die horizontalen Rettungswege innerhalb der Nutzungseinheit, also die sichere Erreichbarkeit der Ausgangstür, die ja für beide Rettungswege zur Verfügung stehen muss, werden keine besonderen Anforderungen gestellt.

Erst ab der Ausgangstür aus der Nutzungseinheit beginnt der bauordnungsrechtlich gesicherte Bereich des baulichen zweiten Rettungsweges. Dieser besteht aus dem gemeinsamen notwendigen Flur und den zwei daran angeschlossenen notwendigen Treppen bzw. Ausgängen ins Freie. Die beiden notwendigen Treppen bzw. Ausgänge ins Freie müssen voneinander unabhängig sein. Für den notwendigen Flur ist dies nicht vorgeschrieben.

Damit führen die beiden horizontalen Rettungswege über den gemeinsamen notwendigen Flur. Dies ist gemäß dem Rettungswegparagrafen in den LBOs und der MBO 2002 ausdrücklich zulässig.

Sicherheitstreppenraum

Bei einem Sicherheitstreppenraum ist ein zweiter (vertikaler) Rettungsweg nicht erforderlich. In diesem Fall beginnen der erste und der zweite Rettungsweg an der einzigen Ausgangstür aus der Standardnutzungseinheit in den notwendigen Flur, der dann in den Sicherheitstreppenraum führt.

Da in diesem Fall in der Regel nur eine notwendige Treppe vorhanden ist, besteht der zum Sicherheitstreppenraum führende notwendige Flur aus einem Stichflur. An diesen werden besondere Anforderungen gestellt: Bei Standardbauten darf er nicht länger als 15 m sein. Bei Hochhäusern bestehen weitergehende Bestimmungen an Flurwände und Türen (siehe jeweilige Hochhausrichtlinie).

Zweiter Rettungsweg über Rettungsgeräte der Feuerwehr (Bilder 3.3-1 und 3.3-2)

Führt der zweite Rettungsweg aus der Standardnutzungseinheit über Rettungsgeräte der Feuerwehr, genügt in der Nutzungseinheit eine einzige mit Rettungsgeräten der Feuerwehr erreichbare Stelle (weitere Erläuterungen siehe Punkt 3.2.3).

3.3.4 Risikobetrachtung

Grundsätzliches zur Risikobetrachtung enthält Punkt 3.2.4. Dort sind auch die Szenarien 1 und 2 dargestellt.

Folgende Szenarien sind möglich:

Szenario 3:
Es brennt in einer anderen Nutzungseinheit in einem anderen Geschoss.

Erster baulicher Rettungsweg

Beim Brand in einem anderen Geschoss wird unter ungünstigen Umständen nur der notwendige Flur im brandbetroffenen Geschoss verraucht. Der erste bauliche Rettungsweg (die notwendige Treppe) für die Nutzungseinheiten in den anderen Geschossen steht damit auch weiterhin zur Verfügung. Eine Flucht und Rettung ist deshalb aus den Geschossen, in denen es nicht brennt, problemlos über die notwendige Treppe möglich.

Zweiter Rettungsweg

Falls der erste Rettungsweg unter besonders ungünstigen Umständen ausfällt, kann die Flucht und Rettung über den zweiten (vertikalen) Rettungsweg erfolgen (siehe sinngemäß bei Szenario 1, Punkt 3.2.4).

7.3
Seite 38

Rettungswege

Szenario 4:
Es brennt in einer anderen Nutzungseinheit im gleichen Geschoss und in den gemeinsamen notwendigen Flur dringen Feuer und Rauch ein.

Erster baulicher horizontaler Rettungsweg

Da es im gleichen Geschoss brennt, dringen unter ungünstigen Umständen in den gemeinsamen notwendigen Flur (der auch als erster Rettungsweg aus den nicht vom Brand betroffenen Nutzungseinheiten in diesem Geschoss dient) Feuer und Rauch ein. Er ist damit nicht mehr benutzbar.

Erster baulicher vertikaler Rettungsweg

Der erste bauliche Rettungsweg (notwendige Treppe) stände zwar rauchfrei zur Verfügung, kann jedoch wegen des Eindringens von Feuer und Rauch in den ersten horizontalen Rettungsweg (gemeinsamen notwendigen Flur) nicht erreicht werden.

Zweiter Rettungsweg über eine weitere notwendige Treppe

Obwohl zwei bauliche Rettungswege in der Regel als beste Lösung gelten, da dann das Eintreffen der Feuerwehr nicht abgewartet werden muss, stellen sie in diesem Szenario die denkbar ungünstigste Situation dar.

Es gibt zwar zwei bauliche vertikale Rettungswege (notwendige Treppen), die auch beide rauchfrei sind, also problemlos zur Flucht benutzt werden könnten. Das Problem besteht jedoch darin, dass diese nicht oder nur unter großen Gefahren erreichbar sind, weil in den gemeinsamen notwendigen Flur Feuer und Rauch eindringen.

Genau dieser Fall wird jedoch in den LBOs ausdrücklich geregelt und zugelassen. Hierzu heißt es in § 33 MBO 2002:

„... beide Rettungswege dürfen jedoch innerhalb eines Geschosses über ***denselben*** *notwendigen Flur führen."*

Positiv ist im vorliegenden Fall, dass von der Ausgangstür der Standardnutzungseinheit eine Flucht in zwei verschiedene Richtungen möglich ist und die maximale Fluchtweglänge im notwendigen Flur nicht mehr als 15 m beträgt (notwendige Flure sollen gemäß den LBOs nicht länger als 30 m sein).

Damit bestehen in der Anfangsphase der Verrauchung des notwendigen Flurs noch recht gute Möglichkeiten für eine Flucht bzw. Selbstrettung. Wenn allerdings in größerem Umfang Feuer und Rauchgase eindringen, ist es nicht empfehlenswert, aus eigener Kraft über einen vollständig verrauchten Flur zu fliehen. Besser kann es in diesem Fall sein, in der Nutzungseinheit, die ja von den angrenzenden Nutzungseinheiten raumabschließend und feuerwiderstandsfähig abgetrennt ist, das Eintreffen der Feuerwehr und die Rettung mithilfe der Feuerwehr (z.B. mit Fluchthauben) abzuwarten.

Auf die Rettungsgeräte der Feuerwehr kann man sich bei diesem Szenario nicht verlassen, da zwei bauliche vertikale Rettungswege in der Regel immer in den Fällen angeordnet werden, wenn eine Rettung mit Leitern der Feuerwehr nicht möglich ist (z.B. auch wegen fehlender Feuerwehrflächen).

Eine wesentlich günstigere Situation bestände z.B. bei Laubengängen mit zwei endständig angeschlossenen notwendigen Treppen. Hier ist eine Flucht immer problemlos in eine Richtung möglich.

Zweiter Rettungsweg über Rettungsgeräte der Feuerwehr

Die Rettung mit Rettungsgeräten der Feuerwehr ist möglich (siehe sinngemäß bei Szenario 1, Punkt 3.2.4).

Szenario 5:
Es brennt in der eigenen Nutzungseinheit.

Siehe hierzu die Erläuterungen bei Szenario 2, Punkt 3.2.4.

Zweiter Rettungsweg über eine weitere notwendige Treppe

Beide baulichen Rettungswege wären zwar außerhalb der brandbetroffenen Nutzungseinheit begehbar, können jedoch nicht erreicht werden, wenn der Weg zur einzigen Ausgangstür aus der Nutzungseinheit selbst durch das Feuer versperrt ist. In diesem Fall besteht unmittelbare Lebensgefahr, nicht selten mit tödlichem Ausgang.

7.3 Seite 40 | Rettungswege

3.4 Nichtstandardnutzungseinheiten *mit* notwendigem Flur

3.4-1 Beispiel für Nichtstandardnutzungseinheit mit notwendigem Flur im 5. OG der Gebäudeklasse 5 – Treppenraum mittig angeordnet, zweiter Rettungsweg durch anleiterbare Stelle

1. RW: Der erste Rettungsweg beginnt im jeweiligen Aufenthaltsraum an der ungünstigsten Stelle. An den Weg vom Aufenthaltsraum zur Tür zum notwendigen Flur werden keine besonderen Anforderungen gestellt. Die maximale Rettungsweglänge von 35 m bis zum Ausgang in den notwendigen Treppenraum bzw. ins Freie (gemäß MBO 2002) muss von der ungünstigsten Stelle eines jeden Aufenthaltsraums eingehalten werden.

Ab der Ausgangstür zum notwendigen Flur bestehen bauordnungsrechtliche Anforderungen sowohl an den ersten horizontalen (notwendiger Flur) als auch an den ersten vertikalen Rettungsweg (notwendige Treppe). Weitere Erläuterungen siehe bei Bild 3.3-1.

2. RW: In der Nutzungseinheit ist für den zweiten Rettungsweg mindestens eine mit Rettungsgeräten der Feuerwehr erreichbare Stelle notwendig. Hierfür sind entsprechende Feuerwehrflächen anzuordnen. Die Lage der anleiterbaren Stelle innerhalb der Nutzungseinheit ist gemäß MBO 2002 beliebig. Sie muss jedoch innerhalb der Nutzungseinheit jederzeit zugänglich sein. Falls nur eine bestimmte Stelle möglich ist, sollte darauf mit entsprechenden Fluchtwegkennzeichen hingewiesen werden.

(Erläuterungen zur Lage der anleiterbaren Stelle siehe unter Punkt 3.4.3.)

3.4-1

Gebäudeklasse 5 im 5. OG

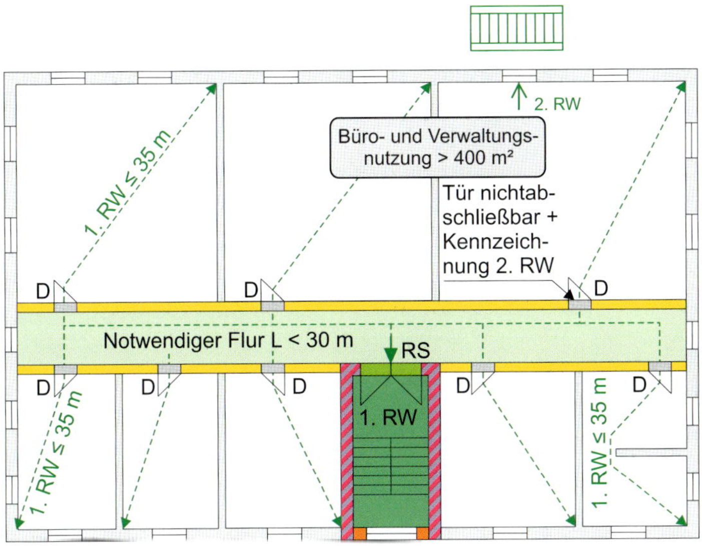

Legende

- Feuerwehrzufahrt + Aufstellflächen für Rettungsgeräte
- Feuerwehrzugang
- 1. RW
- 2. RW: ein als 2. RW geeignetes Fenster

7.3 Seite 42	Rettungswege	

3.4-2 Beispiel für Nichtstandardnutzungseinheit mit notwendigem Flur im 5. OG der Gebäudeklasse 5 – Treppenraum endständig angeordnet, zweiter Rettungsweg durch anleiterbare Stelle

Durch die endständige Anordnung des notwendigen Treppenraums ergibt sich eine relativ ungünstige Situation mit einem Stichflur, die gemäß MBO 2002 jedoch zulässig ist[1]) (siehe auch Erläuterungen zu Bild 3.3-2).

1. RW: sinngemäß wie bei Bild 3.4-1

2. RW: sinngemäß wie bei Bild 3.4-1

Weitere Erläuterungen enthält der Vorschlag für eine Verbesserung der Rettungswegsituation bei einem Brand in der eigenen Nutzungseinheit in Punkt 3.4.3. Hierfür wird der Raum mit der anleiterbaren Stelle raumabschließend feuerhemmend abgetrennt. Die Tür zum Flur ist eine Rauchschutztür und muss nichtabschließbar sein. Eine entsprechende Information und Kennzeichnungen für die Nutzer sind empfehlenswert.

Gebäudeklasse 5 im 5. OG

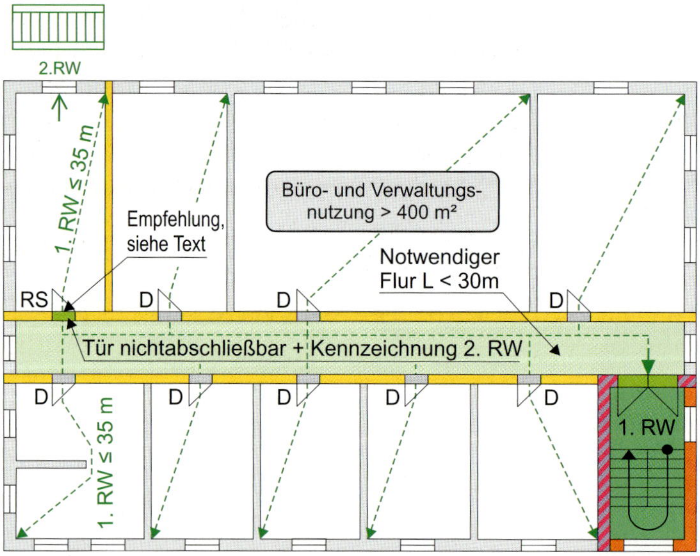

1) Dargestellt ist das Beispiel gemäß MBO 2002. Gemäß LBO NRW darf der Stichflur maximal 20 m lang sein, und die Türen zu den Nutzungseinheiten sind als Rauchschutztüren auszuführen.

3.4-3 Beispiel für Nichtstandardnutzungseinheit mit notwendigem Flur im 5. OG der Gebäudeklasse 5 – zweiter Rettungsweg durch zweite notwendige Treppe

Da in diesem Fall beide vertikalen Rettungswege baulich (durch zwei notwendige Treppen) hergestellt werden, ist eine Unterscheidung zwischen erstem und zweitem Rettungsweg nicht sinnvoll. Beide führen innerhalb eines jeden Aufenthaltsraums über die Ausgangstür zum notwendigen Flur.

Ab dieser Tür beginnen die horizontalen Rettungswege zu den beiden notwendigen Treppen, wobei beide Rettungswege über den gemeinsamen notwendigen Flur führen dürfen. Von jeder Stelle eines Aufenthaltsraums muss die maximale Rettungsweglänge von 35 m eingehalten werden (siehe auch Bild 3.3-3 und Szenario 7, Punkt 3.4.4).

Gebäudeklasse 5 im 5. OG

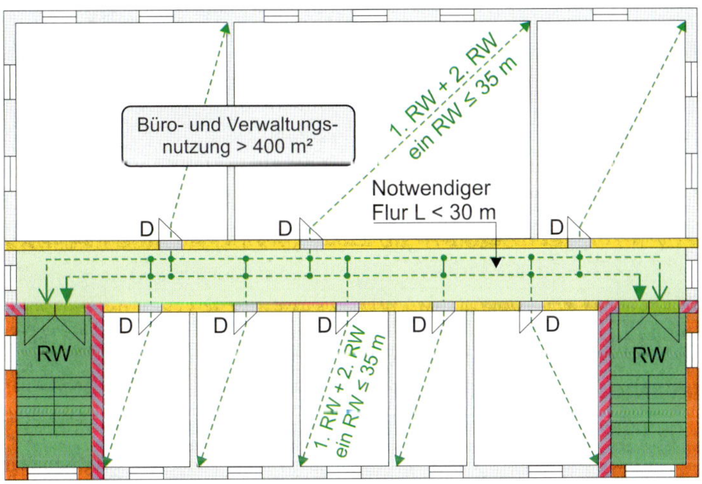

7.3 Seite 44	Rettungswege	

3.4-4 Beispiel für Nichtstandardnutzungseinheit mit notwendigem Flur im EG der Gebäudeklasse 5 – zweiter Rettungsweg durch ein geeignetes Fenster

1. RW: Der erste Rettungsweg besteht aus dem Ausgang des notwendigen Flurs ins Freie. (Weitere Erläuterungen siehe bei Bild 3.4-1.)

2. RW: Der zweite Rettungsweg besteht aus einem geeigneten Fenster. Da dieses im EG liegt, ist lediglich ein Feuerwehrzugang erforderlich. Die Lage dieses Fensters innerhalb der Nutzungseinheit ist beliebig. Es muss jedoch innerhalb der Nutzungseinheit jederzeit zugänglich sein.

In diesem Beispiel wurde, wie bei Bild 3.4-2 beschrieben, der Raum mit dem geeigneten Fenster feuerwiderstandsfähig abgetrennt. Alternativ kann auch jeder Aufenthaltsraum mit einem geeigneten Fenster ausgerüstet werden, da im EG für den zweiten Rettungsweg das Eintreffen der Feuerwehr in der Regel nicht abgewartet werden muss (weitere Erläuterungen zur Lage des Fensters siehe Punkt 3.4.3).

Gebäudeklasse 5 im EG

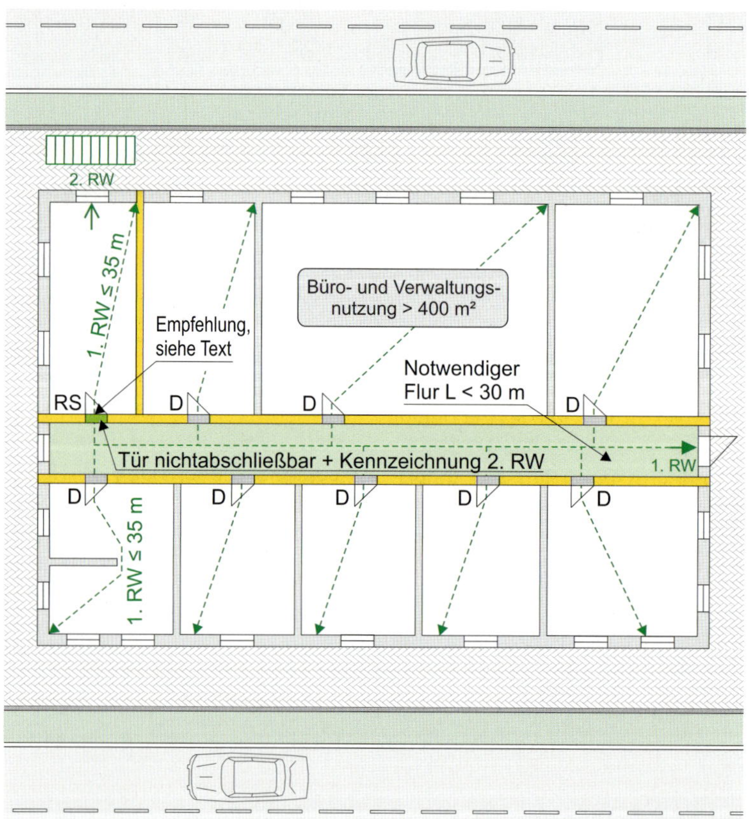

Rettungswege | 7.3 Seite 45

3.4-5 Beispiel für Nichtstandardnutzungseinheit mit notwendigem Flur im EG der Gebäudeklasse 5 – zweiter Rettungsweg durch zweiten Ausgang

Erläuterungen siehe sinngemäß bei Bild 3.4-3, mit dem Unterschied, dass anstelle von zwei notwendigen Treppen zwei Ausgänge ins Freie angeordnet sind.

Gebäudeklasse 5 im EG

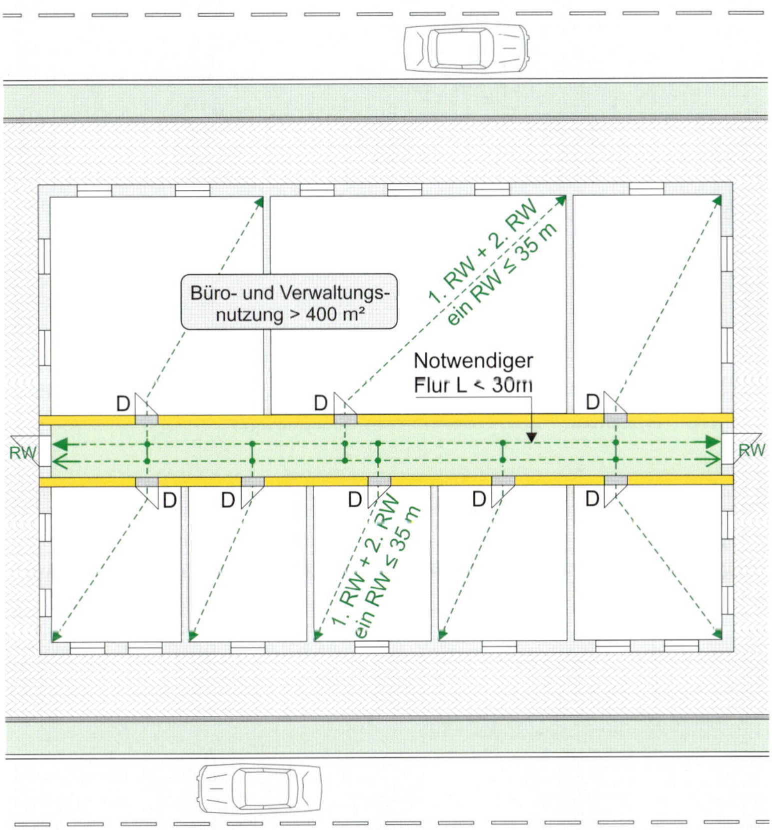

7.3
Seite 46

Rettungswege

3.4.1 Erfordernis notwendiger Flure

Aus der bauordnungsrechtlichen Regelung, dass für die in den Punkten 3.2 und 3.3 behandelten Standardnutzungseinheiten **innerhalb** der jeweiligen Nutzungseinheit notwendige Flure nicht erforderlich sind, kann im **Umkehrschluss** abgleitet werden, dass für alle anderen Nutzungseinheiten (also für die Nichtstandardnutzungseinheiten) **besondere Anforderungen** an die horizontalen (innerhalb der jeweiligen Nutzungseinheit liegenden) Rettungswege bestehen.

Diese Anforderungen können in der Regel durch die Anordnung der notwendigen Flure erfüllt werden. Damit wird bei Nichtstandardnutzungseinheiten der horizontale Rettungsweg standardmäßig durch notwendige Flure hergestellt.

(Alternative Lösungen zu notwendigen Fluren siehe Punkt 3.5.)

3.4.2 Erster Rettungsweg

Für die genannten Nichtstandardnutzungseinheiten mit notwendigen Fluren bestehen sowohl Anforderungen an die vertikalen als auch an die horizontalen Rettungswege.

Erster horizontaler Rettungsweg

Der erste horizontale Rettungsweg muss baulich sein und besteht in der Regel aus dem notwendigen Flur, der dann im weiteren Verlauf zur notwendigen Treppe bzw. zum sicheren Ausgang ins Freie führt.

Alle Aufenthaltsräume der Nichtstandardnutzungseinheit müssen unmittelbar an den notwendigen Flur angeschlossen werden. Bauordnungsrechtliche Anforderungen an die horizontalen Rettungswege werden erst ab der Ausgangstür gestellt, die aus dem Aufenthaltsraum zum notwendigen Flur führt. Innerhalb der jeweiligen Aufenthaltsräume selbst bestehen keine besonderen Anforderungen (mit Ausnahme der maximalen Rettungsweglänge).

Aufenthaltsräume, die keinen direkten Anschluss aufweisen, sind sogenannte *gefangene Räume,* die besondere Anforderungen erfüllen müssen (siehe Kapitel 7.6, Punkt 3.7 in diesem Werk).

Räume, die keine Aufenthaltsräume sind, benötigen keinen unmittelbaren Anschluss an den notwendigen Flur. Ihr erster (baulicher) Rettungsweg führt jedoch auch über den notwendigen Flur.

Erster vertikaler Rettungsweg

Der erste vertikale Rettungsweg ist die Fortsetzung des ersten horizontalen Rettungsweges. Er muss baulich hergestellt werden und besteht aus

- einer notwendigen Treppe mit notwendigem Treppenraum und Ausgang ins Freie oder
- einer notwendigen Treppe als sichere Außentreppe, die im Brandfall nicht gefährdet werden kann, oder
- einem Ausgang ins Freie.

3.4.3 Zweiter Rettungsweg

Der zweite Rettungsweg aus der Nichtstandardnutzungseinheit kann entweder über

- eine weitere notwendige Treppe bzw.
- einen weiteren Ausgang ins Freie oder
- eine mit Rettungsgeräten der Feuerwehr erreichbare Stelle

der Nutzungseinheit hergestellt werden (Bilder 3.4-1 bis 3.4-5). Bei einem Sicherheitstreppenraum ist kein zweiter Rettungsweg erforderlich.

Zweiter Rettungsweg über eine weitere notwendige Treppe (Bild 3.4-3)

Wird der zweite Rettungsweg aus der Nichtstandardnutzungseinheit **baulich**, also über eine zweite notwendige Treppe, hergestellt, führen sowohl der erste als auch der zweite Rettungsweg über die gleiche Ausgangstür aus dem jeweiligen Aufenthaltsraum hinaus.

An die horizontalen Rettungswege innerhalb des Aufenthaltsraums, also die sichere Erreichbarkeit der Ausgangstür, die dann ja für beide Rettungswege zur Verfügung stehen muss, werden keine besonderen Anforderungen gestellt.

Erst ab der Ausgangstür, die aus der Nutzungseinheit hinausführt, beginnt der bauordnungsrechtlich gesicherte Bereich des baulichen zweiten Rettungsweges in Form des notwendigen Flurs, der die Verbindung sowohl zum ersten (vertikalen) als auch zum zweiten (vertikalen) Rettungsweg herstellt (siehe auch Punkt 3.3.3).

Sicherheitstreppenraum

Erläuterungen enthält sinngemäß Punkt 3.3.3.

Zweiter Rettungsweg über Rettungsgeräte der Feuerwehr

Die bauordnungsrechtlichen Anforderungen sind hier relativ allgemein gehalten. Es wird lediglich eine mit Rettungsgeräten der Feuerwehr erreichbare Stelle der Nutzungseinheit verlangt. Damit wird ausschließlich die redundante Ausführung der vertikalen Rettungswege geregelt.

Es bestehen jedoch keine besonderen Anforderungen, wie sicher die anleiterbare Stelle bei einem Brand innerhalb der Nutzungseinheit selbst erreichbar sein und wie lange sie zur Verfügung stehen muss. Dabei erfolgt auch keine Unterscheidung zwischen Standardnutzungseinheiten (ohne notwendigen Flur) oder Nichtstandardnutzungseinheiten (mit notwendigem Flur).

Mit der bauordnungsrechtlichen Anforderung soll lediglich gewährleistet werden, dass bei einem Ausfall des ersten vertikalen Rettungsweges (notwendige Treppe) die Rettung über den zweiten vertikalen Rettungsweg (über Rettungsgeräte der Feuerwehr) möglich ist. Für diesen Fall spielt es keine Rolle, an welcher Stelle innerhalb der Nutzungseinheit die mit Rettungsgeräten der Feuerwehr erreichbare Stelle angeordnet wird, da die Nutzungseinheit raumabschließend und feuerwiderstandsfähig vom Treppenraum abgetrennt ist und somit in der Regel (bei Standardbauten) ausreichend Zeit für die Rettung mit Rettungsgeräten der Feuerwehr zur Verfügung steht.

7.3
Seite 48

Rettungswege

Bei einem Brand in der Nutzungseinheit selbst geht das Bauordnungsrecht davon aus, dass alle Nutzer den Brand rechtzeitig bemerken und aus eigener Kraft über den ersten Rettungsweg (notwendiger Flur und notwendige Treppe bzw. Ausgang ins Freie) fliehen können. Problematisch wird es jedoch, wenn der Brand nicht rechtzeitig bemerkt wird bzw. wenn er sehr frühzeitig den notwendigen Flur verraucht und/oder den Zugang zur notwendigen Treppe versperrt. Dies kann bereits bei Standardnutzungseinheiten (siehe Punkte 3.2 und 3.3) zu einer schwierigen und unter ungünstigen Umständen auch lebensbedrohlichen Situation führen.

Bei Nichtstandardnutzungseinheiten mit notwendigem Flur kann die Situation teilweise günstig und teilweise ungünstig sein.

Günstig kann sie sein, weil es sich bei diesen Nutzungen um keine Wohnnutzungen handelt und ein eventueller Brand somit in der Regel schnell bemerkt wird, so dass eine Flucht aller Nutzer über die notwendige Treppe möglich ist.

Ungünstig kann sie sein, weil es sich um größere Nutzungseinheiten handelt und mit zunehmender Größe natürlich auch das Risiko steigt, dass der erste vertikale Rettungsweg (notwendige Treppe) über den ersten horizontalen Rettungsweg (notwendiger Flur) aus eigener Kraft nicht mehr erreicht werden kann. Für diesen Fall ist es notwendig, dass eine für die Feuerwehr erreichbare Stelle als zweiter Rettungsweg zur Verfügung steht. Allerdings wird deren Lage innerhalb der jeweiligen Nutzungseinheit bauordnungsrechtlich nicht geregelt und damit mehr oder weniger dem Zufall überlassen.

Bemerkung: Für die beschriebene Situation besteht kein großer Handlungsbedarf, da gerade bei Bränden in Büro- und Verwaltungsnutzungen nur sehr wenige Tote zu beklagen sind. Allerdings kann mit wenigen einfachen Maßnahmen die Situation so verbessert werden, dass sie mit der Sicherheit von zwei baulichen Rettungswegen vergleichbar ist (bezogen auf das Brandszenario, dass es in der eigenen Nutzungseinheit brennt).

Vorschlag für eine Verbesserung der Rettungswegsituation bei einem Brand in der eigenen Nutzungseinheit:

In der Nutzungseinheit wird nur eine mit Rettungsgeräten der Feuerwehr erreichbare Stelle angeordnet. Ihre Lage wird so gewählt, dass sie möglichst entgegengesetzt zur notwendigen Treppe (zum ersten baulichen Rettungsweg) liegt. Der Raum, in dem die anleiterbare Stelle liegt, wird raumabschließend feuerwiderstandsfähig (in der Regel reicht feuerhemmend) abgetrennt, erhält eine **nichtabschließbare** Rauchschutztür zum notwendigen Flur und wird als anleiterbare Stelle des zweiten Rettungsweges gekennzeichnet. Die Nutzer werden über das richtige Verhalten im Brandfall informiert (Beispiele siehe Bilder 3.4-2 und 3.4-4).

Diese Lösung kann in der Regel ohne größere Mehrkosten ausgeführt werden.

Sie entspricht den bauaufsichtlichen Schutzzielen und bietet bei einem Brand in der eigenen Nutzungseinheit eine ausreichende Sicherheit für eine Rettung durch Rettungsgeräte der Feuerwehr. Natürlich ist die Erreichbarkeit des Raums mit der anleiterbaren Stelle bei einem bereits verrauchten Flur problematisch (Bild 3.4-2). Das gleiche Problem besteht jedoch auch, wenn der zweite Rettungsweg durch eine zweite notwendige Treppe hergestellt wird (Bild 3.4-3). Genau diesen Fall lässt das Bauordnungsrecht jedoch zu (s.o.).

Wichtig: Diese Lösung ist nur geeignet, wenn keine Bedenken wegen der Personenrettung mit Rettungsgeräten der Feuerwehr bestehen (diese bestehen in der Regel bei Standardbauten nicht).

Mögliche Lösung für anleiterbare Stellen bei einem Brand in der eigenen Nutzungseinheit:

Eine Lösung besteht z.B. darin, für jeden Aufenthaltsraum in der Nutzungseinheit eine mit Rettungsgeräten der Feuerwehr erreichbare Stelle anzuordnen. Dies ist für die Nutzer relativ günstig. Bei einem Brand außerhalb der Nutzungseinheit steht genügend Zeit für eine Rettung zur Verfügung. Entsteht ein Brand in ihrer Nutzungseinheit, müssen sie bei einem verrauchten Flur ihren Aufenthaltsraum nicht verlassen (vorausgesetzt er wird nicht vom Brand beeinträchtigt).

Für die rettende Feuerwehr ist diese Situation dagegen gar nicht so günstig, da sie in diesem Fall an viele verschiedene Stellen der Nutzungseinheit anleitern muss. Außerdem bleibt es dem Zufall überlassen, wie lange die einzelnen Nutzer in ihren Aufenthaltsräumen auf die Rettung warten können, da die Räume nicht raumabschließend und feuerwiderstandsfähig gegeneinander abgeschottet sind.

Ungeeignete Lösung für anleiterbare Stellen bei einem Brand in der eigenen Nutzungseinheit:

Eine Möglichkeit wäre z.B., in der Nutzungseinheit nur eine mit Rettungsgeräten der Feuerwehr erreichbare Stelle an einem Fenster des notwendigen Flurs anzuordnen. Diese Lösung sieht auf den ersten Blick vorteilhaft aus, da der notwendige Flur immer zugänglich und zudem noch ein geschützter Bereich ist. Allerdings ist sie nur für einen Brand **außerhalb** der Nutzungseinheit geeignet.

Für den Fall eines Brandes **innerhalb** der Nutzungseinheit ist diese Lösung ungeeignet, da der zweite Rettungsweg genau dann erforderlich ist, wenn der erste nicht mehr erreichbar ist. Wenn aber bei einem verrauchten Flur der erste Rettungsweg nicht mehr erreicht werden kann, ist ein zweiter Rettungsweg über eine anleiterbare Stelle im Flur auch nicht möglich.

3.4.4 Risikobetrachtung

Grundsätzliches zur Risikobetrachtung enthält Punkt 3.2.4. Die Szenarien 1 bis 5 sind in den Punkten 3.2.4 und 3.3.4 dargestellt.

Szenario 6: Es brennt in einer anderen Nutzungseinheit in einem anderen Geschoss

Siehe hierzu sinngemäß Szenario 3, Punkt 3.3.4.

Szenario 7: Es brennt in der eigenen Nutzungseinheit

Erster baulicher horizontaler Rettungsweg

Da es in der eigenen Nutzungseinheit brennt, wird unter ungünstigen Umständen genau der notwendige Flur verraucht, der als horizontaler Rettungsweg aus den nicht vom Brand betroffenen Aufenthaltsräumen in dieser Nutzungseinheit dient. Er ist damit nicht mehr benutzbar.

Erster baulicher vertikaler Rettungsweg

Der erste bauliche vertikale Rettungsweg (notwendige Treppe) steht zwar rauchfrei zur Verfügung, kann jedoch wegen des Eindringens von Feuer und Rauch in den ersten horizontalen Rettungsweg (gemeinsamen notwendigen Flur) nicht erreicht werden.

Zweiter Rettungsweg über eine weitere notwendige Treppe

Es gibt zwar zwei notwendige Treppen, die auch beide rauchfrei, also benutzbar sind. Das Problem besteht bei diesem Szenario jedoch darin, dass der notwendige Flur, über den diese zu erreichen sind, unter Umständen verraucht sein kann (weil es in einem an diesen Flur angeschlossenen Aufenthaltsraum brennt).

Weitere Erläuterungen enthält sinngemäß Szenario 4, Punkt 3.3.4, mit dem Unterschied, dass in Szenario 7 eine günstigere Situation besteht, da die Nutzer nicht schlafen und einen eventuellen Brand in der Regel so schnell bemerken, dass noch eine Flucht (Selbstrettung) in die beiden notwendigen Treppen möglich ist. Wird der Brand dagegen zu spät bemerkt, ist die Situation ähnlich ungünstig wie in Szenario 4.

Zweiter Rettungsweg über Rettungsgeräte der Feuerwehr

Wird der Brand in der Nutzungseinheit rechtzeitig bemerkt, so dass alle Nutzer über die notwendige Treppe fliehen können, werden Rettungsgeräte der Feuerwehr nicht benötigt, da ja der erste Rettungsweg (notwendige Treppe) zur Verfügung steht.

Eine ungünstige Situation entsteht dagegen, wenn der Brand nicht rechtzeitig entdeckt wird oder wenn er zu einem frühen Zeitpunkt die Flucht über die notwendige Treppe versperrt. In diesem Fall stände zwar der erste vertikale Rettungsweg zur Verfügung, er wäre jedoch für die vom Brand betroffene Nutzungseinheit nicht mehr benutzbar.

Bei diesem Szenario dient dann die mit Rettungsgeräten der Feuerwehr erreichbare Stelle als zweiter Rettungsweg (siehe Punkt 3.4.3).

3.5 Nichtstandardnutzungseinheiten *ohne* notwendigen Flur

3.5.1 Erfordernis notwendiger Flure

Die Anordnung notwendiger Flure ist bei Nichtstandardnutzungseinheiten der Regelfall. Dies ist jedoch nicht zwingend. Es sind auch andere Lösungen möglich, z.B. weitere möglichst entgegengesetzt liegende Ausgänge, Brandmeldeanlagen mit Evakuierungsalarm, Fluchtbalkone usw. Diese müssen dann jedoch mindestens die gleiche Sicherheit wie notwendige Flure bieten und ausreichende vertikale Rettungswege haben.

Allerdings stellt die MBO 2002 (sowie die LBOs) in Standardbauten die Anordnung von notwendigen Fluren als Standardlösung dar. Dies bedeutet, dass für alle anderen Lösungen weitergehende Maßnahmen erforderlich sind.

Beispiel

Die MBO verlangt nicht, dass in Nichtstandardnutzungseinheiten, die aus einem einzigen Raum bestehen, z.B. Hallen und Großraumbüros, notwendige Flure angeordnet werden. In diesen Fällen sind jedoch dann zur Gewährleistung der Rettungswege weitere Maßnahmen, z.B. weitere Ausgänge bzw. weitere bauliche Rettungswege, erforderlich.

3.5.2 Rettungswege

Für Nichtstandardnutzungseinheiten ohne notwendigen Flur bestehen in der Regel in Abhängigkeit von ihrer Nutzung, Größe und ihrem Grundriss weitergehende Anforderungen an die Ausbildung der horizontalen Rettungswege. Diese werden für Sonderbauten zum Teil in den entsprechenden Sondervorschriften geregelt. Bei Sonderbauten ohne entsprechende Regelungen bzw. Nichtsonderbauten ergeben sich die jeweils erforderlichen Maßnahmen aus dem Brandschutznachweis bzw. -konzept.

Eine Abstimmung mit der für den Brandschutz zuständigen Stelle ist in diesem Fall empfehlenswert. Für Sonderlösungen wird in der Regel eine entsprechende Abweichung (Ausnahme/Befreiung) benötigt.

7.3 Seite 52	Rettungswege	

3.5-1 Beispiel für Nichtstandardnutzungseinheiten ohne notwendigen Flur mit zwei Ausgängen und zwei baulichen vertikalen Rettungswegen im 5. OG der Gebäudeklasse 5

Horizontaler RW: Da es sich um Nichtstandardnutzungseinheiten ohne notwendige Flure handelt, wurde in jeder Nutzungseinheit ein zweiter, möglichst entgegengesetzt liegender Ausgang aus der jeweiligen Nutzungseinheit angeordnet.

1. und 2. vertikaler RW: Beide Rettungswege führen über notwendige Treppen, so dass zwei vertikale bauliche Rettungswege vorhanden sind. Für mindestens einen Ausgang in einen notwendigen Treppenraum bzw. ins Freie muss die maximale Rettungsweglänge von 35 m (gemäß MBO 2002) von der ungünstigsten Stelle eines jeden Aufenthaltsraums eingehalten werden.

Wichtig: Ob die Anordnung eines zweiten Ausgangs mit zweiter notwendiger Treppe ausreichend ist, hängt vom Grundriss, der Größe und von der Nutzung der jeweiligen Nutzungseinheit ab. Bei größeren Nutzungseinheiten können weitere Ausgänge und notwendige Treppen erforderlich sein. Weist die Nutzungseinheit abgetrennte oder gefangene Räume auf, z.B. Kombibüros, bestehen weitergehende Anforderungen an die frühzeitige Alarmierung der Personen, die einen Brand in der eigenen Nutzungseinheit nicht rechtzeitig bemerken können (siehe Kapitel 8.2 in diesem Werk [zu Kombibüros] und 7.6 [zu gefangenen Räumen]).

Eine Abstimmung mit der für den Brandschutz zuständigen Stelle ist empfehlenswert. Für Sonderlösungen wird in der Regel eine entsprechende Abweichung (Ausnahme/Befreiung) benötigt.

3.5-1

Gebäudeklasse 5 im 5. OG

Abweichung (Ausnahme/Befreiung) erforderlich

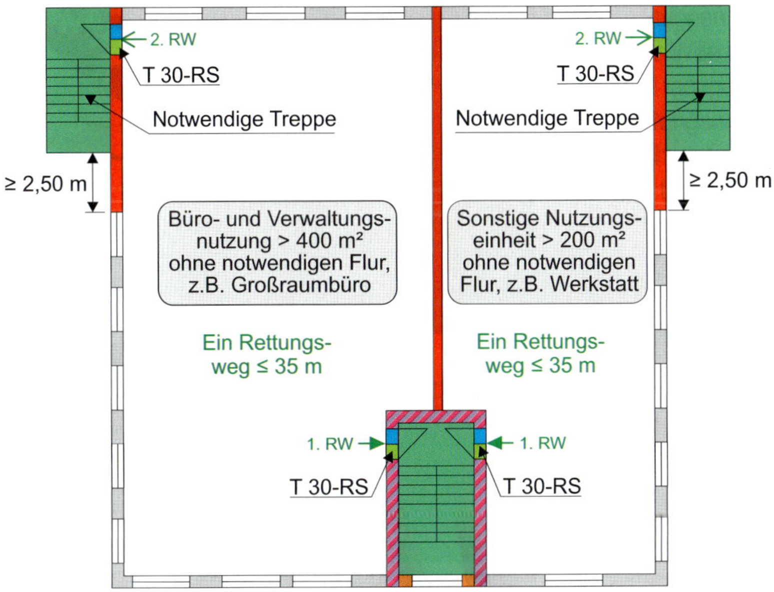

Legende

- → 1. RW
- → 2. RW

7.3 Seite 54 | Rettungswege

3.5-2 Beispiel für Nichtstandardnutzungseinheiten ohne notwendigen Flur mit zwei baulichen Rettungswegen im EG der Gebäudeklasse 5

Es ist zu prüfen, ob der zweite Ausgang als Kompensationsmaßnahme für den fehlenden notwendigen Flur ausreichend ist (siehe hierzu die Erläuterungen zu Bild 3.5-1). In der Regel wird eine Abweichung (Ausnahme/Befreiung) benötigt.

Gebäudeklasse 5 im EG

Abweichung (Ausnahme/Befreiung) erforderlich

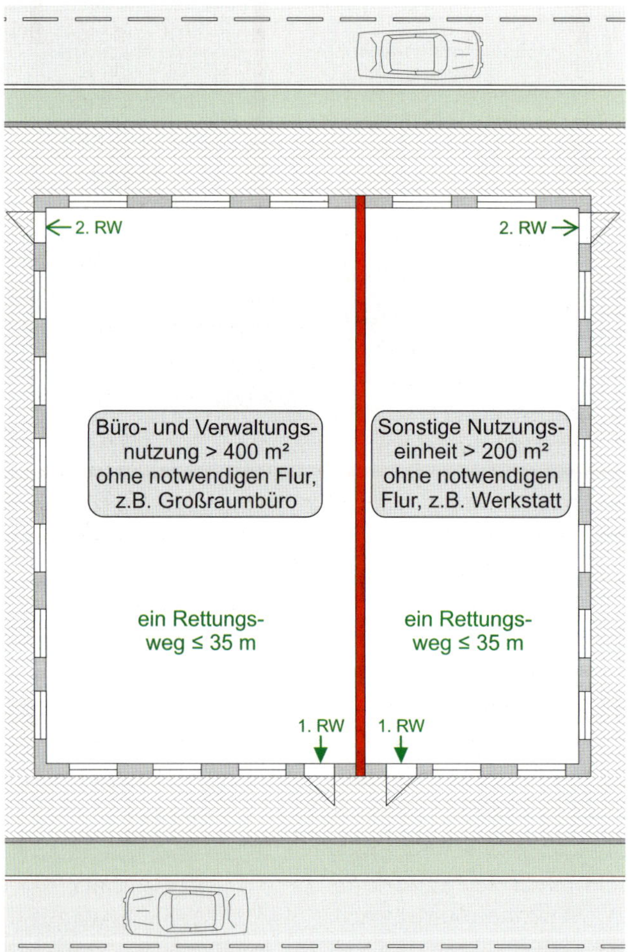

Legende

→ 1. RW

→ 2. RW

4 Der erste Rettungsweg

4.1 Grundlagen

Stark vereinfacht ausgedrückt ist der erste Rettungsweg der Weg aus der Nutzungseinheit ins Freie. Seine Anforderungen hängen u.a. von der Größe, Lage und Nutzung der jeweiligen Nutzungseinheit ab. Nutzungseinheiten ohne Aufenthaltsräume benötigen nur einen ersten Rettungsweg. Für Nutzungseinheiten mit Aufenthaltsräumen sind zwei voneinander unabhängige Rettungswege oder ein Sicherheitstreppenraum vorgeschrieben.

Der erste Rettungsweg muss immer **baulich** sein und ist damit fester Bestandteil des Gebäudes. Er besteht in Nutzungseinheiten, die nicht zu ebener Erde liegen, aus einem horizontalen und vertikalen Teil. In Nutzungseinheiten, die zu ebener Erde liegen, ist er in der Regel nur horizontal.

Der horizontale Rettungsweg setzt sich in Abhängigkeit von der Größe, Lage und Nutzung der jeweiligen Nutzungseinheit aus ungesicherten Wegen (Wege innerhalb der Aufenthaltsräume bzw. Standardnutzungseinheiten) und gesicherten Wegen (notwendige Flure, Ausgänge ins Freie) zusammen. Der vertikale Rettungsweg muss für Nutzungseinheiten, die nicht zu ebener Erde liegen, immer über mindestens eine notwendige Treppe führen. Diese kann entweder in einem notwendigen Treppenraum liegen oder auch als sichere Außentreppe ausgeführt werden.

Vom Grundsatz her muss der erste Rettungsweg mit zunehmender Länge immer sicherer werden. An seinen Anfang (z.B. innerhalb eines Aufenthaltsraums bzw. innerhalb einer Standardnutzungseinheit) bestehen keine bzw. nur sehr geringe Anforderungen. An seinem Ende (Ausgang ins Freie) werden die höchsten Anforderungen gestellt.

Innerhalb von Standardnutzungseinheiten, wie Wohnungen, Nutzungseinheiten bis 200 m^2 und Büro- und Verwaltungsnutzungen bis 400 m^2, bestehen an die horizontalen Rettungswege, mit Ausnahme der maximalen Entfernung zu einem notwendigen Treppenraum bzw. Ausgang ins Freie, keine besonderen Anforderungen.

Außerhalb der Standardnutzungseinheiten und in Nutzungseinheiten mit notwendigen Fluren wird der erste Rettungsweg gesichert, indem er entlang seines Weges durch raumabschließende feuerwiderstandsfähige Trennwände und Decken von den angrenzenden Nutzungseinheiten bzw. Gebäudeteilen abgetrennt wird. Außerdem bestehen weitergehende Anforderungen, z.B. an die Sicherung der Öffnungsverschlüsse (Türen, Sichtöffnungen), das Brandverhalten der Bauteile (Wände, Decken, Unterdecken, Bodenbeläge, Dämmstoffe) und an die Brandlasten durch Leitungen (nur nichtbrennbare Leitungen zulässig, Abkapselung von brennbaren Leitungsanlagen).

4.2 Bestandteile des ersten Rettungsweges

Verfolgt man gedanklich den ersten Rettungsweg aus einer nicht zu ebener Erde liegenden Nutzungseinheit mit Aufenthaltsraum, ergibt sich der in der Tabelle 4.2-1 dargestellte Zusammenhang.

7.3
Seite 56

Rettungswege

Tabelle 4.2-1: Bestandteile des ersten Rettungsweges gemäß MBO 2002 – Nichtstandardnutzungseinheiten (Definition siehe Punkt 3.1) ohne notwendige Flure benötigen Sonderlösungen (siehe Punkt 3.5).

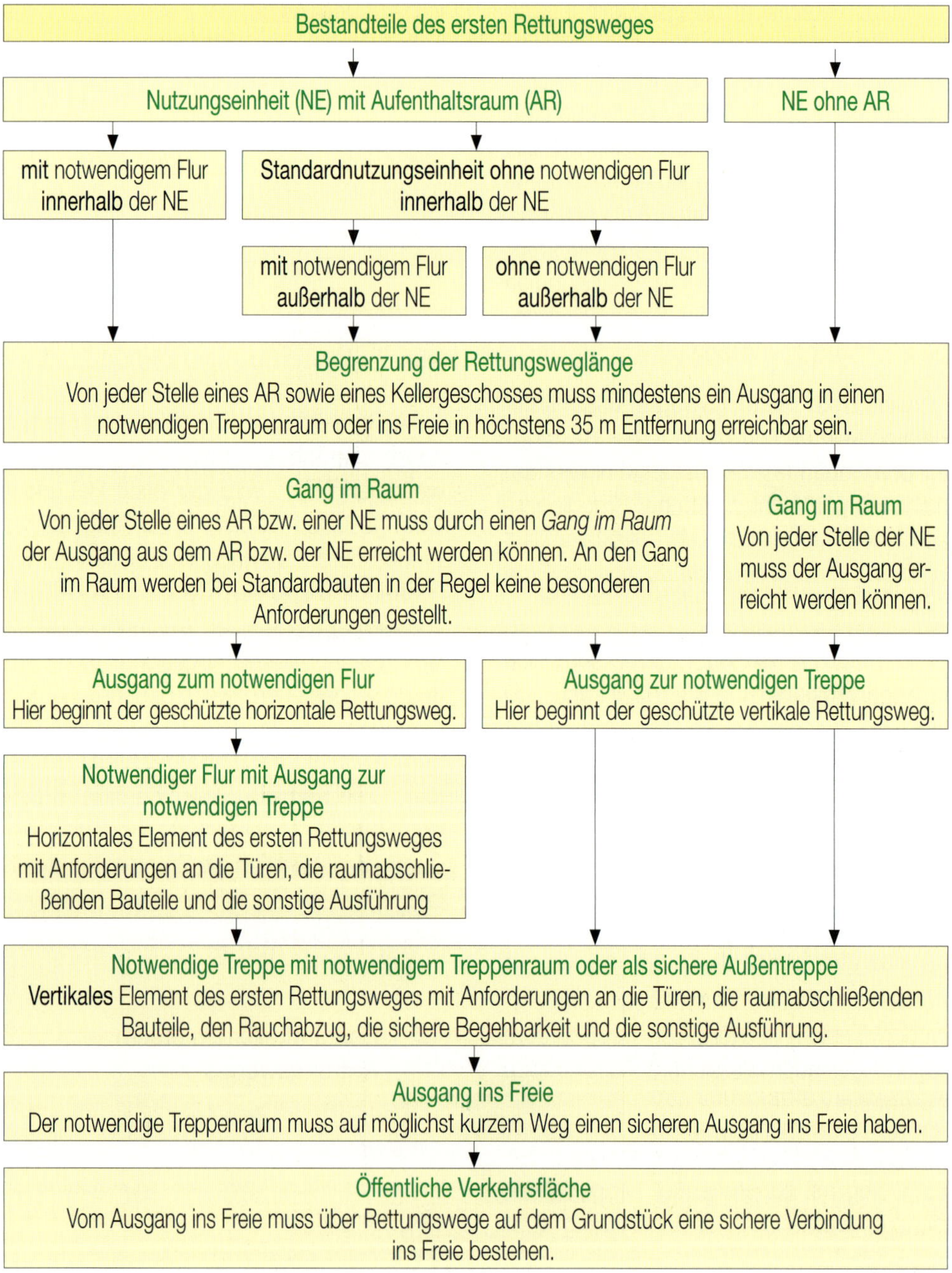

4.2-1 Beispiel für die Bestandteile des ersten Rettungsweges aus einer Nutzungseinheit mit Aufenthaltsraum in einem mehrgeschossigen Gebäude

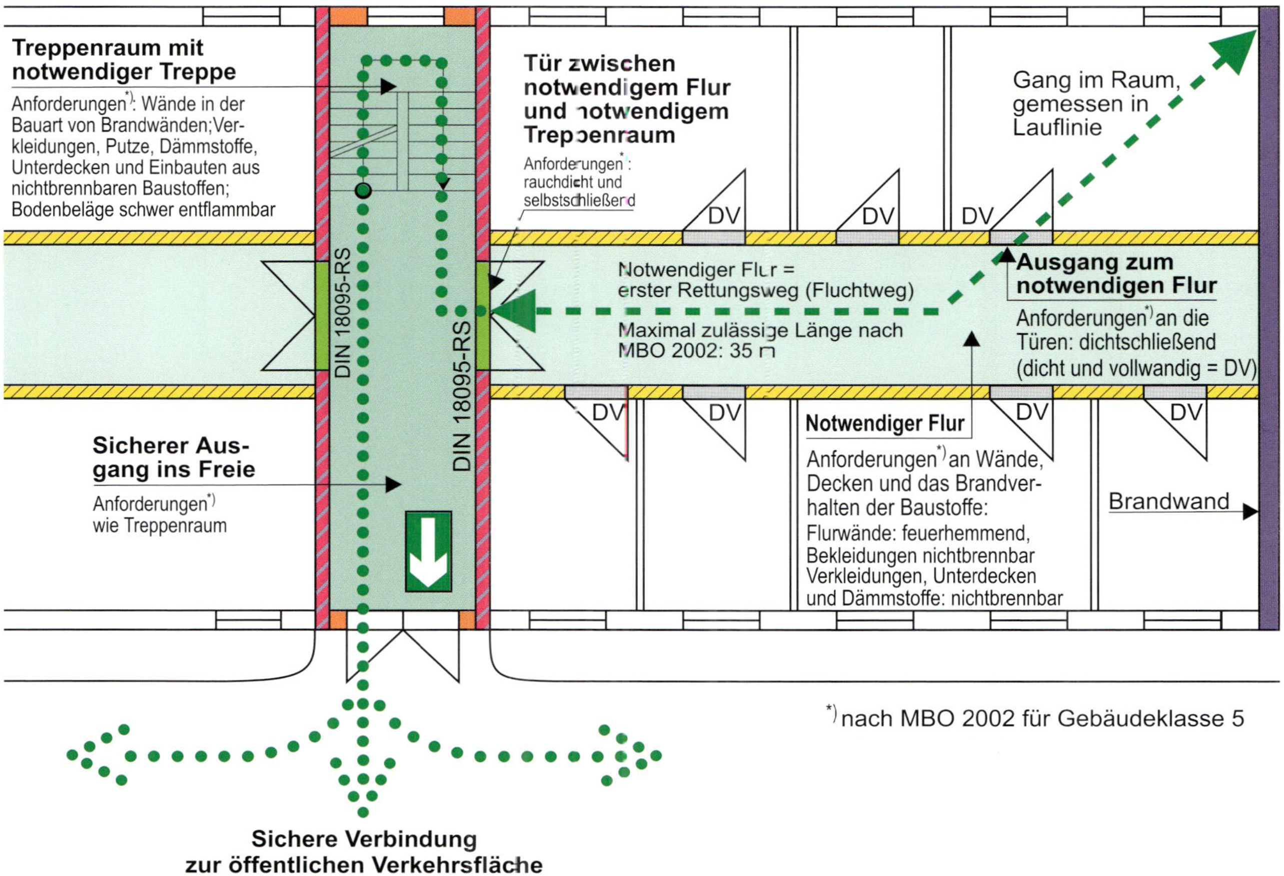

*) nach MBO 2002 für Gebäudeklasse 5

7.3
Seite 58

Rettungswege

4.2-2 Beispiel für die Bestandteile des ersten Rettungsweges aus einer Nutzungseinheit mit Aufenthaltsraum im Erdgeschoss

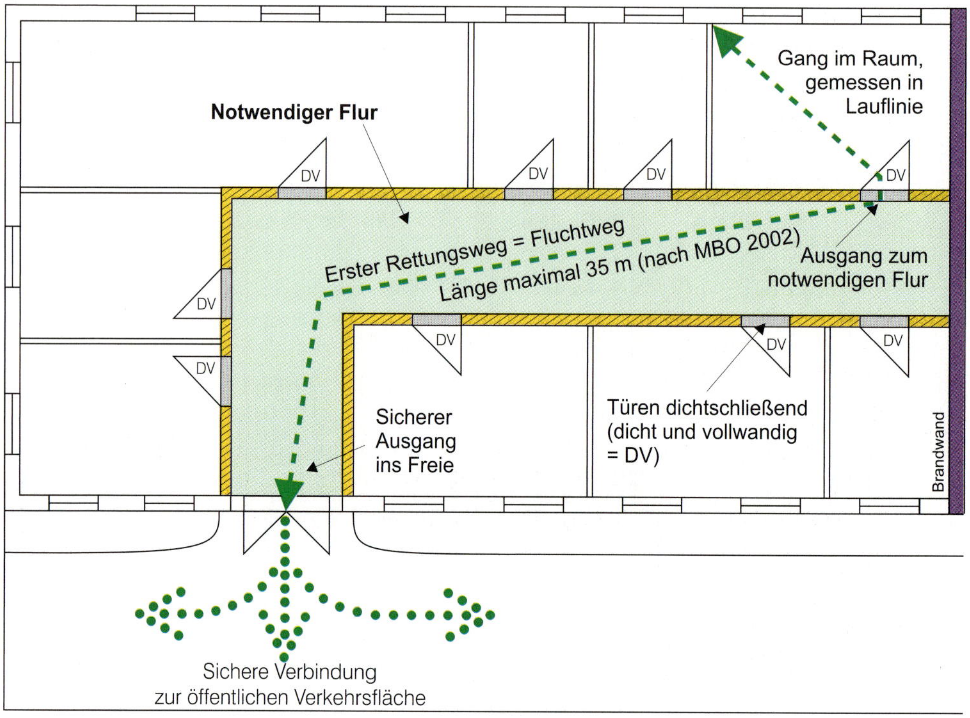

Anmerkung: Die Tabelle 4.2-1 kann auch für Nutzungseinheiten mit Aufenthaltsraum, die zu ebener Erde liegen, verwendet werden. In diesen Fällen entfallen notwendige Treppe und notwendiger Treppenraum.

Gang im Raum

An den *Gang im Raum* bestehen keine besonderen Anforderungen. Die dabei zurückzulegende Lauflänge ist Bestandteil der maximal zulässigen Rettungsweglänge. Bei Sonderbauten wie Verkaufsstätten, Versammlungsstätten, Krankenhäusern und Industriegebäuden werden darüber hinausgehende Anforderungen gestellt (siehe jeweilige Sondervorschrift).

4.2-3 Beispiel für die Bestandteile des ersten Rettungsweges im Kellergeschoss eines Gebäudes der Gebäudeklasse 5

Da hier keine Aufenthaltsräume vorhanden sind, ist nur ein Rettungsweg erforderlich. Dieser darf jedoch gemäß MBO 2002 auch im Kellergeschoss die erforderliche maximale Länge von 35 m nicht überschreiten.

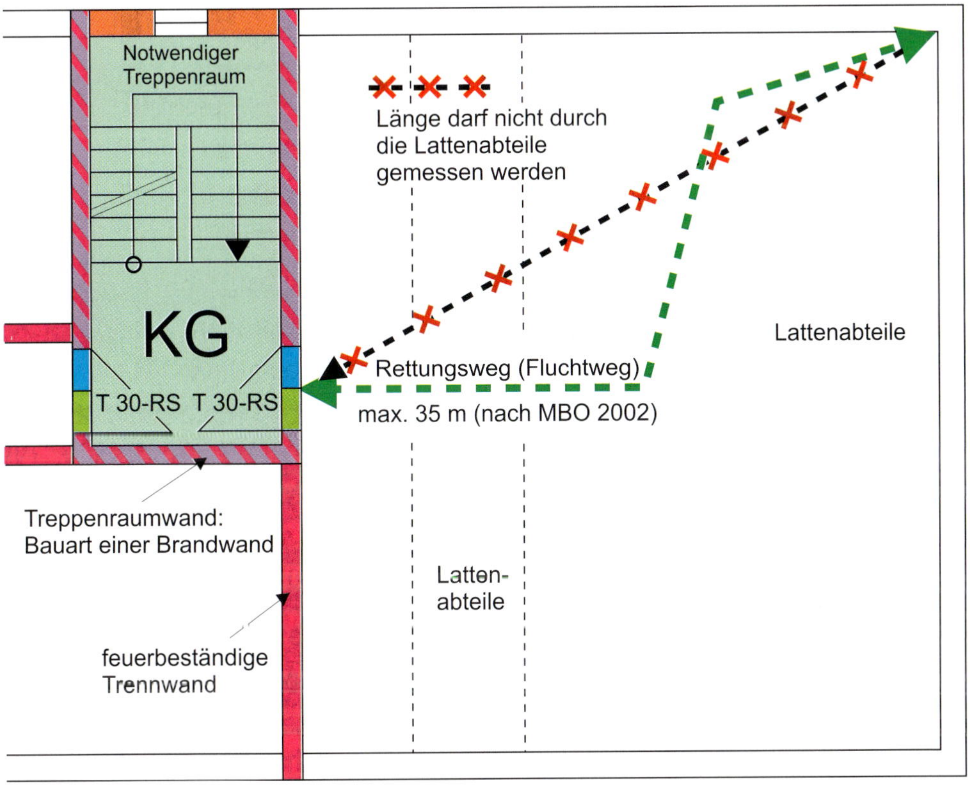

7.3 Seite 60 | Rettungswege

4.3 Rettungsweglänge

Der erste bauliche Rettungsweg,

- im Erdgeschoss der Weg bis ins Freie,
- in den Obergeschossen der Weg von jeder Stelle eines Aufenthaltsraums bis zum nächstgelegenen Treppenraum und
- in Kellergeschossen der Weg von jeder Stelle bis zum nächstgelegenen Treppenraum

wird begrenzt durch die maximal zulässige Rettungsweglänge. Diese ist in der MBO 2002 und in den meisten LBOs auf 35 m festgelegt und wird für Sonderbauten in den entsprechenden Sondervorschriften geregelt.

Die maximal zulässige Rettungsweglänge bestimmt u.a., ob eine notwendige Treppe oder ein Ausgang ins Freie ausreichend ist oder ob davon mehrere benötigt werden. In diesem Zusammenhang ist es natürlich auch von großer Bedeutung, wie die Rettungsweglänge gemessen wird. Dabei werden die Begriffe Luftlinie und Lauflinie verwendet.

Luftlinie

Die Messung in der Luftlinie berücksichtigt weder die Raumaufteilung (Grundrissgestaltung) noch die Raumausstattung (Möblierung). Gemessen wird jeweils der kürzeste Abstand zwischen zwei Punkten (Zirkelschlag). Damit ergibt die Luftlinie in der Regel einen niedrigeren Wert als die tatsächlich zurückzulegende Rettungsweglänge.

Teilweise wird für Sonderbauten verlangt, dass die Entfernung in der Luftlinie, nicht jedoch durch feste Bauteile zu messen ist. In diesen Fällen ist zwar ebenfalls der kürzeste Abstand zwischen zwei Punkten maßgebend, durch feste Bauteile wird jedoch nicht gemessen.

Lauflinie

Bei der Messung in der Lauflinie wird davon ausgegangen, dass der Weg direkt und ohne Berücksichtigung der Raumausstattung zurückgelegt wird. Gemessen wird die kürzeste Entfernung, jedoch nicht durch feste Einbauten und Wände (siehe Bilder 4.3-1 bis 4.3-4).

Die Möblierung braucht dabei nicht berücksichtigt zu werden, da diese im Planungsstadium nicht bekannt ist und auch später jederzeit verändert werden kann. Wände und feste Einbauten, wie Einbauschränke, Labortische und im Boden fest verankerte Bestuhlungen, müssen jedoch berücksichtigt werden.

Wichtig: Teilweise steht in der Planungsphase, insbesondere bei Büro- und Verwaltungsnutzungen bis 400 m² und Nutzungseinheiten, die nicht dem Wohnen dienen, bis 200 m², die spätere Grundrisseinteilung noch nicht fest oder sie wird ständig verändert. In diesen Fällen ist es empfehlenswert, beim Nachweis der maximalen Rettungsweglänge von der ungünstigsten Situation auszugehen, ansonsten besteht die Gefahr, dass bei einer Grundrissänderung die zulässige Rettungsweglänge (gemäß MBO ≤ 35 m) überschritten wird (siehe z.B. Bilder 4.3-1 und 4.3-2 sowie 3.2-1 und 3.2-4).

Dabei ist zu berücksichtigen, dass Abweichungen gerade beim Überschreiten der maximal zulässigen Rettungsweglängen problematisch sind, da sich bei einem eventuellen Schaden die Beweislast umkehrt. Kommt es bei einer zu großen Rettungsweglänge im Brandfall zu einem Personenschaden, bei dem die unzulässig große Rettungsweglänge ursächlich war, muss bewiesen werden, dass die Kompensationen ausreichend waren (was gerade in diesem Fall dann durch den Personenschaden widerlegt wird).

Arbeitsstätten

Für Gebäude bzw. Räume, die dem Arbeitsstättenrecht unterliegen, ist die ASR A2.3 [6] zu beachten. Punkt 5 der ASR A2.3 schreibt vor:

„Die Fluchtweglänge muss möglichst kurz sein und darf

a) für Räume, ausgenommen Räume nach b) bis f) bis zu 35 m

b) für brandgefährdete Räume mit selbsttätigen Feuerlöscheinrichtungen bis zu 35 m

c) für brandgefährdete Räume ohne selbsttätige Feuerlöscheinrichtungen bis zu 25 m

d) für giftstoffgefährdete Räume bis zu 20 m

e) für explosionsgefährdete Räume, ausgenommen Räume nach f) bis zu 20 m

f) für explosivstoffgefährdete Räume bis zu 10 m

betragen. Die tatsächliche Laufweglänge darf jedoch nicht mehr als das 1,5fache der Fluchtweglänge betragen. Sofern es sich bei einem Fluchtweg nach a), b) oder c) auch um einen Rettungsweg handelt und das Bauordnungsrecht der Länder für diesen Weg eine von Satz 1 abweichende längere Weglänge zulässt, können beim Einrichten und Betreiben des Fluchtweges die Maßgaben des Bauordnungsrechts angewandt werden.“

Sonderbauten

Maximal zulässige Rettungsweglängen von Sonderbauten siehe Abschnitt 8 in diesem Kapitel.

7.3 Seite 62	Rettungswege	

4.3-1 Beispiel für die Messung der Rettungsweglänge in Lauflinie – es darf nicht durch Wände der Wohnung/Nutzungseinheit gemessen werden.

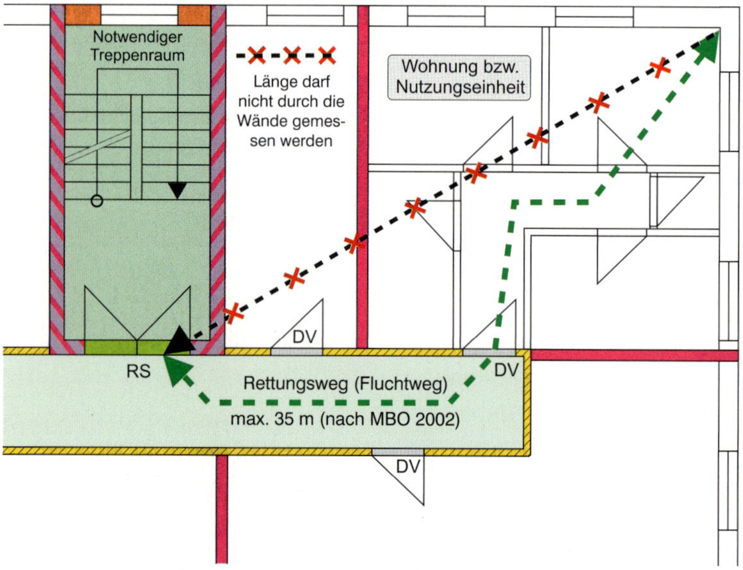

4.3-2 Beispiel für die Messung der Rettungsweglänge in Lauflinie – 35 m gemäß MBO 2002 müssen von der ungünstigsten Stelle der Nutzungseinheit aus eingehalten werden.

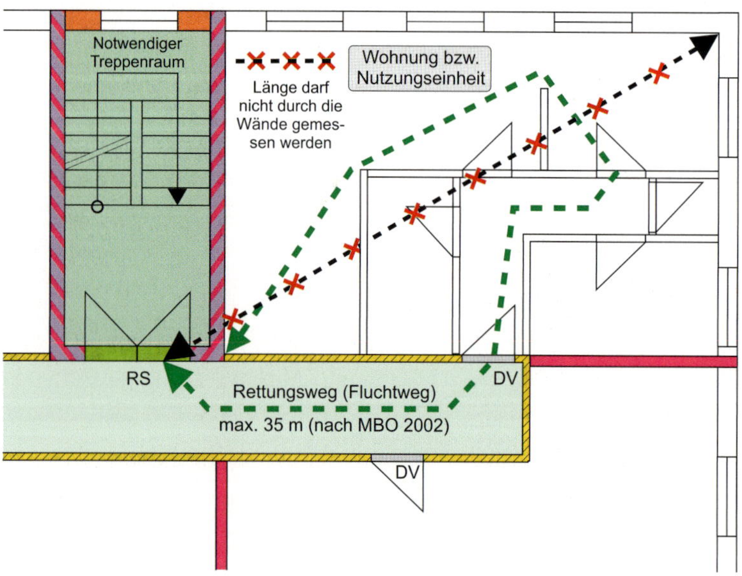

Rettungswege		7.3 Seite 63

4.3-3 Beispiel für die Messung der Rettungsweglänge von maximal 35 m – die Rettungsweglänge ist von der ungünstigsten Stelle der Büro- und Verwaltungsnutzung bis zur Tür zum notwendigen Treppenraum zu messen.

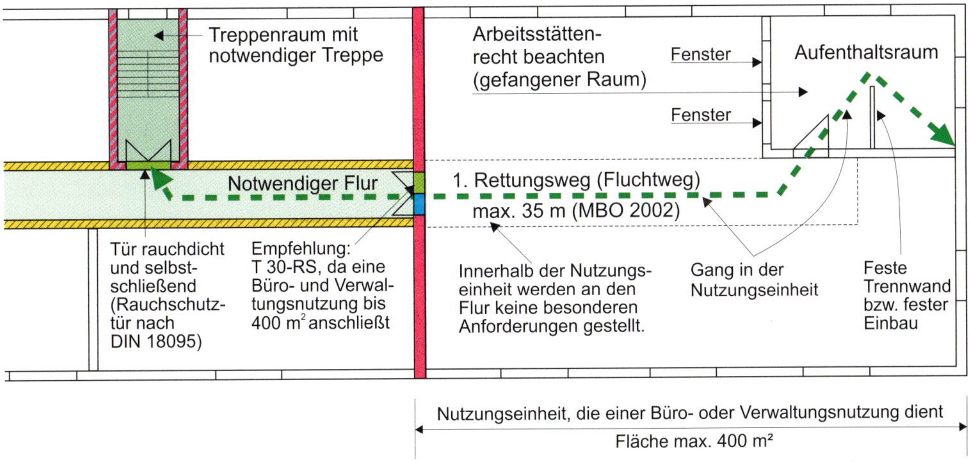

4.3-4 Beispiel für die Messung der Rettungsweglänge – gemessen wird die kürzeste Entfernung, jedoch nicht durch Wände und feste Einbauten. Die Möblierung kann übermessen werden, der feste Einbau nicht.

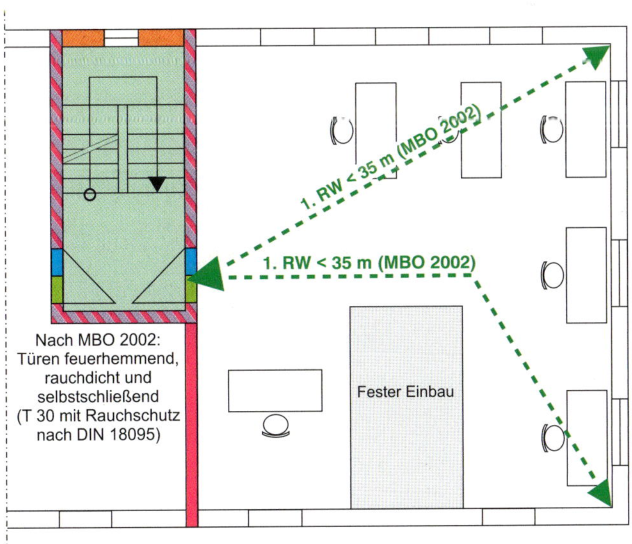

4.4 Rettungswegbreite

Die erforderliche Rettungswegbreite wird in der MBO 2002 und in den meisten LBOs nur allgemein beschrieben: Sie muss für den größten zu erwartenden Verkehr ausreichen.

Weitere Informationen hierzu enthält Kapitel 7.4, Punkt 8 in diesem Werk; Mindestbreiten von Rettungswegen in Sonderbauten siehe auch Punkt 8 in diesem Kapitel.

4.5 Türen in Rettungswegen

Türen in Rettungswegen müssen jederzeit geöffnet werden können. Häufig bereitet jedoch die Aufschlagrichtung der Türen Probleme.

Aufschlagrichtung von Türen in Rettungswegen

Die MBO 2002 und die LBOs enthalten keine bestimmten Anforderungen an die Aufschlagrichtung von Türen in Rettungswegen. Danach kann bei Standardbauten die Aufschlagrichtung entsprechend den funktionellen Anforderungen festgelegt werden. Wichtig ist dabei, dass die Mindestbreiten von Rettungswegen eingehalten werden.

Für Sonderbauten wird die bauaufsichtlich erforderliche Aufschlagrichtung, wenn diesbezüglich Anforderungen bestehen, in den Sondervorschriften geregelt.

Für Gebäude bzw. Räume, die dem Arbeitsstättenrecht unterliegen, ist die ASR A2.3 [7] zu beachten. Punkt 6 ASR A2.3 schreibt Folgendes vor:

> *„Manuell betätigte Türen in Notausgängen müssen in Fluchtrichtung aufschlagen. Die Aufschlagrichtung von sonstigen Türen im Verlauf von Fluchtwegen hängt von dem Ergebnis der Gefährdungsbeurteilung ab, die im Einzelfall unter Berücksichtigung der örtlichen und betrieblichen Verhältnisse, insbesondere der möglichen Gefahrenlage, der Anzahl der Personen, die gleichzeitig einen Fluchtweg benützen müssen, sowie des Personenkreises, der auf die Benutzbarkeit der Türen angewiesen ist, durchzuführen ist.“*

Dies bedeutet, dass auch in Gebäuden, die dem Arbeitsstättenrecht unterliegen, nicht alle Türen im Verlauf von Rettungswegen in Fluchtrichtung aufschlagen müssen. Bei einer üblichen Nutzung von Büro- und Verwaltungsgebäuden ist davon auszugehen, dass auch eine Aufschlagrichtung gegen die Fluchtrichtung möglich ist. Maßgebend für die Beurteilung ist dabei u.a., wie viele Personen im Brandfall gleichzeitig diesen Fluchtweg benutzen und ob diese Personen alle gleichzeitig an der Tür eintreffen.

Anmerkung: Gemäß der Sächsischen Schulbaurichtlinie [8] müssen Türen im Zuge von Rettungswegen, ausgenommen Türen zu Unterrichts- und Aufenthaltsräumen, die für höchstens 80 Benutzer bestimmt sind, in Fluchtrichtung des ersten Rettungsweges aufschlagen. Danach wird in Sachsen bei Räumen bis zu 80 Benutzern eine Aufschlagrichtung der Türen entgegen der Fluchtrichtung zugelassen.

Beispiel

In der Regel kann davon ausgegangen werden, dass bei Türen, auf die nicht mehr als 60 bis 80 Personen angewiesen sind und bei denen nicht zu erwarten ist, dass im Brandfall alle Personen nahezu gleichzeitig vor der Tür drängeln, bei einer Aufschlagrichtung gegen die Fluchtrichtung keine Gefährdung vorliegt. Im Zweifelsfall ist eine Abstimmung mit den für das Arbeitsstättenrecht zuständigen Stellen empfehlenswert.

Weitere Informationen siehe Kapitel 7.8 in diesem Werk.

4.6 Notwendige Flure und Laubengänge

Notwendige Flure und Laubengänge sind das horizontale Element des ersten baulichen Rettungsweges. Sie verbinden die Aufenthaltsräume bzw. Nutzungseinheiten mit der notwendigen Treppe bzw. dem Ausgang ins Freie. Ob innerhalb einer Nutzungseinheit ein notwendiger Flur erforderlich ist, hängt von ihrer Größe und Nutzung ab (siehe Punkt 3.1 in diesem Kapitel).

Laubengänge sind eine besonders sichere Form des horizontalen Rettungsweges. Ihr großer Vorteil besteht darin, dass man praktisch von der jeweiligen Nutzungseinheit ins Freie gelangen kann. Allerdings wird dann noch die vertikale Fortsetzung des baulichen Rettungsweges in Form einer notwendigen Treppe benötigt, um das *sichere* Freie zu erreichen (siehe Kapitel 7.6, Punkt 10 in diesem Werk).

Das Erfordernis und die Funktion notwendiger Flure wird in den Punkten 3.2 bis 3.5 dieses Kapitels erläutert. Zu Anforderungen und Ausführung notwendiger Flure und Laubengänge siehe Kapitel 7.6 in diesem Werk.

4.7 Notwendige Treppen und Treppenräume

Notwendige Treppen sind das vertikale Element des ersten baulichen Rettungsweges. Sie verbinden die Ausgänge aus den Nutzungseinheiten bzw. notwendigen Fluren und Laubengängen mit dem Ausgang ins Freie und müssen entweder in einem notwendigen Treppenraum liegen oder können als Außentreppen ausgeführt werden, wenn ihre Nutzung ausreichend sicher ist und im Brandfall nicht gefährdet werden kann.

Das Erfordernis und die Funktion notwendiger Treppen wird in den Punkten 3.2 bis 3.5 dieses Kapitels erläutert. Zu Anforderungen und Ausführung von Treppen siehe Kapitel 7.4 und 7.5 in diesem Werk.

4.8 Sicherheitstreppenräume

Sicherheitstreppenräume sind so beschaffen, dass Feuer und Rauch nicht eindringen können. Diese Anforderung kann entweder baulich oder technisch realisiert werden.

Bei einer baulichen Realisierung erfolgt der Zugang zum Treppenraum in jedem Geschoss über das Freie, z.B. über einen offenen Gang oder Balkon. Damit wird das Risiko einer Verrauchung des Sicherheitstreppenraums praktisch ausgeschlossen.

Eine technische Realisierung ist z.B. durch Zugänge über ein überdruckbelüftetes Schleusensystem möglich. Dabei wird im Brandfall der Volumenstrom in der Sicherheitsschleuse so vergrößert bzw. geregelt, dass das Eindringen von Rauchgasen ausgeschlossen wird.

Bei einer technischen Lösung ist darauf zu achten, dass diese ein aufwändiges Lüftungssystem erfordert, das systembedingt anfälliger ist als eine bauliche Lösung und dass sie eine regelmäßige Überprüfung und Wartung benötigt.

Weitere Informationen zu Sicherheitstreppenräumen siehe Punkt 2.9 in diesem Kapitel.

4.9 Ausgang ins Freie

Die baulichen Rettungswege enden erst im Freien und benötigen hierzu sichere Ausgänge ins Freie. *Das Freie* in diesem Sinne ist eine öffentliche Verkehrsfläche, auf der die fliehenden Personen die Möglichkeit haben, sich vom Gebäude beliebig weit zu entfernen.

Führen die baulichen Rettungswege auf eine nichtbebaute Stelle des Grundstücks, muss diese einen sicheren Zugang zur öffentlichen Verkehrsfläche haben und von der Feuerwehr im Brandfall leicht erreichbar sein.

Rettungswege, die in Innenhöfe ohne Anschluss an die öffentliche Verkehrsfläche führen, sind kein sicherer Ausgang ins Freie. Sie sind unter bestimmten Umständen, z.B. bei Sonderbauten, möglich. In diesen Fällen ist jedoch eine Abstimmung mit den für den Brandschutz zuständigen Stellen notwendig und eine entsprechende Abweichung (Ausnahme/Befreiung) wird erforderlich.

Weitere Informationen zum sicheren Ausgang ins Freie siehe Kapitel 7.5, Punkt 8 in diesem Werk.

4.10 Rettungswege und Rauch

Damit Rettungswege für die Selbstrettung (Flucht) benutzt werden können, müssen sie möglichst rauchfrei sein. Sind nur geringe Mengen an Rauchgasen eingedrungen und die Rettungswege nicht zu lang, übersichtlich und bekannt, mag eine Flucht gerade noch möglich sein.

Anders sieht es jedoch bei in größerem Umfang verrauchten Rettungswegen aus. Hier ist eine Selbstrettung nicht mehr möglich bzw. mit erheblichen Risiken für Leib und Leben verbunden.

4.10.1 Vertikale Rettungswege (notwendige Treppen in notwendigen Treppenräumen)

Das bauordnungsrechtliche System der Rettungswege geht grundsätzlich davon aus, dass vertikale Rettungswege (notwendige Treppen in notwendigen Treppenräumen), die stärker verraucht sind, nicht mehr für die Selbstrettung geeignet sind, und schreibt für diesen Fall den zweiten, vom ersten unabhängigen, vertikalen Rettungsweg vor.

Ausführliche Erläuterungen hierzu enthält Kapitel 7.5, Punkte 4.2 und 16.

Eine Entrauchung der vertikalen Rettungswege mit dem Ziel, die Selbstrettung zu ermöglichen, wird im Bauordnungsrecht nicht vorgeschrieben. Die im Bauordnungsrecht vorgesehenen Öffnungen zur Rauchableitung in notwendigen Treppenräumen dienen lediglich zur Unterstützung der brandbekämpfenden Feuerwehr.

Mit einfachen Maßnahmen zur Rauchableitung lässt sich keinesfalls ein Treppenraum herstellen, der im Brandfall so entraucht werden kann, dass er als sicherer (rauchfreier bzw. raucharmer) vertikaler Rettungsweg zur Selbstrettung benutzt werden kann.

Ein notwendiger Treppenraum kann im Brandfall nur dann sicher als vertikaler Rettungsweg zur Verfügung stehen, wenn Maßnahmen zur Rauchfreihaltung getroffen werden, d.h., die Maßnahmen müssen bewirken, dass Feuer und Rauch gar nicht erst in den Treppenraum eindringen können. Dieses Schutzziel wird mit Sicherheitstreppenräumen erreicht, bei denen dann kein zweiter vertikaler Rettungsweg notwendig ist (siehe Punkt 4.8).

4.10.2 Horizontale Rettungswege (notwendige Flure und Rettungswege in der eigenen Nutzungseinheit)

Notwendige Flure

Notwendige Flure bilden den horizontalen Teil der Rettungswege. Werden beide Rettungswege baulich hergestellt, lässt es das Bauordnungsrecht ausdrücklich zu, dass beide Rettungswege über einen gemeinsamen notwendigen Flur führen. Damit kann bei einem Brand im gleichen Geschoss oder in der eigenen Nutzungseinheit der notwendige Flur verraucht werden, bevor eine Selbstrettung möglich bzw. abgeschlossen ist.

Dieses Risiko wird jedoch vom Bauordnungsrecht akzeptiert. Für notwendige Flure in Standardbauten werden deshalb keine besonderen Maßnahmen zur Rauchableitung bzw. Rauchfreihaltung vorgeschrieben, um eine Selbstrettung sicher zu ermöglichen. Risikobeschreibung siehe Punkt 3.3.4, Szenario 4 und Punkt 3.4.4, Szenario 7.

Für die Brandbekämpfung geht man davon aus, dass die Feuerwehr im betroffenen Geschoss bzw. in der betroffenen Nutzungseinheit den Rauch durch das Öffnen von Fenstern ableiten kann. Hat der notwendige Flur selbst keine Fenster, ist eine Rauchableitung über die Fenster der angrenzenden Räume möglich.

Horizontale Rettungswege in der eigenen Nutzungseinheit

Bei Standardbauten werden an die Rettungswege innerhalb der eigenen Nutzungseinheit bzw. des eigenen Aufenthaltsraums keine besonderen Anforderungen gestellt (mit Ausnahme des notwendigen Flurs, s.o.).

Sind bei geregelten Sonderbauten Maßnahmen zur Rauchableitung erforderlich, werden diese in der jeweiligen Sondervorschrift gefordert. Sind dort keine diesbezüglichen Bestimmungen, sind Maßnahmen zur Entrauchung bzw. Rauchfreihaltung in der Regel nicht notwendig, es sei denn, sie dienten innerhalb eines Brandschutzkonzeptes bzw. -nachweises der Kompensation oder der Einhaltung entsprechender Schutzziele.

Bei Industriebauten gemäß Muster-Industriebaurichtlinie [10] dienen Einrichtungen zum Rauchabzug primär der Unterstützung der Brandbekämpfung. Die Selbstrettung wird durch Anforderungen an die Rettungswege sowie an die Alarmierungseinrichtungen und nicht durch Rauchabzugseinrichtungen sichergestellt (siehe Kapitel 9.2, Punkt 5.6 in diesem Werk).

Bei nicht geregelten Sonderbauten ergeben sich die Anforderungen zur Entrauchung bzw. Rauchfreihaltung aus dem schutzzielorientierten Brandschutzkonzept bzw. -nachweis.

Gemäß den Grundsätzen zur Auslegung des § 14 MBO [11] können in Gebäuden und Räumen mit vielen Menschen Maßnahmen zur Rauchableitung für eine schnelle Evakuierung keinen Beitrag leisten. Maßgebend für eine schnelle Evakuierung sind danach in erster Linie die Anordnung (Lage, Anzahl) und Breite der Ausgänge und ggf. der Gänge im Raum.

4.10.3 Einhaltung des bauaufsichtlichen Schutzzieles

In den Grundsätzen zur Auslegung des § 14 MBO [11] heißt es zum Thema Rauchableitung in Punkt 3 u.a.:

„Grundlagen der bauordnungsrechtlichen Anforderungen zur Rettung von Personen sind

- *die innere Abschottung von Gebäuden,*
- *die Führung, Bemessung und bauliche Ausbildung von Rettungswegen sowie*
- *betriebliche/organisatorische und ggf. anlagentechnische Maßnahmen einschließlich der Alarmierung.*

Sind diese grundlegenden bauordnungsrechtlichen Anforderungen eingehalten (= im Normalfall), ist eine Rauchableitung nur zur Unterstützung der Brandbekämpfung durch die Feuerwehr vorgesehen."

Dies bedeutet: Werden bei Standardgebäuden die konkreten Anforderungen der LBOs und bei geregelten Sonderbauten die konkreten Anforderungen der entsprechenden Sondervorschriften eingehalten, gilt das bauordnungsrechtliche Schutzziel als eingehalten. Weitere Maßnahmen sind in der Regel dann nicht notwendig. Dies gilt sowohl für die Rauchableitung in notwendigen Treppenräumen (s.o.) als auch für die Frage, ob Rettungsgeräte der Feuerwehr bei Standardbauten ausreichend sind (siehe Punkt 5.2.5 in diesem Kapitel).

5 Der zweite Rettungsweg

Das Baurecht schreibt für jede Nutzungseinheit mit Aufenthaltsräumen einen zweiten Rettungsweg vor. Dieser muss vom ersten unabhängig sein. Diese Unabhängigkeit bezieht sich bei Standardbauten im Wesentlichen auf den **vertikalen** Teil des zweiten Rettungsweges.

Der erste Rettungsweg muss immer baulich hergestellt werden. Beim zweiten Rettungsweg besteht eine Wahlmöglichkeit. Er kann ebenfalls baulich (durch eine weitere notwendige Treppe) hergestellt werden. Alternativ sind aber auch Rettungsgeräte der Feuerwehr möglich. Dann wird bei einem Brand die Hilfe der Feuerwehr für die Rettung erforderlich. Diese stellt den zweiten Rettungsweg mit ihren Rettungsgeräten dort her, wo der erste Rettungsweg nicht mehr benutzbar ist oder wo Hilfe benötigt wird.

Voraussetzung hierfür ist natürlich, dass die Feuerwehr über die erforderlichen Rettungsgeräte verfügt und diese auch einsetzten kann. Weiter ist es von entscheidender Bedeutung, dass die auf die Hilfe der Feuerwehr angewiesenen Personen die Rettung durch die Feuerwehr abwarten können. Deshalb ist bei Sonderbauten der zweite Rettungsweg über Rettungsgeräte der Feuerwehr nur zulässig, wenn keine Bedenken wegen der Personenrettung bestehen.

Als dritte Möglichkeit besteht die Anordnung eines Sicherheitstreppenraums, weil dann ein zweiter vertikaler Rettungsweg nicht erforderlich ist.

5.1 Zweiter baulicher Rettungsweg durch weitere notwendige Treppe

Wird der zweite Rettungsweg baulich, d.h. durch eine weitere notwendige Treppe hergestellt, hat dies den Vorteil, dass im Brandfall in der Regel eine Selbstrettung der betroffenen Personen möglich ist. Fällt also der erste bauliche Rettungsweg (= die erste notwenige Treppe) aus, steht ein weiterer baulicher Rettungsweg (= eine weitere notwendige Treppe) zur Verfügung (Redundanz). Diese muss von der ersten notwendigen Treppe baulich unabhängig sein.

Bei Sonderbauten mit ausschließlich baulichen Rettungswegen bedarf es für die Personenrettung in aller Regel nicht der Mitwirkung der Feuerwehr. Die Gebäude sind so zu planen, dass sich die Personen darin im Gefahrenfall selbst in Sicherheit bringen können.

Maximale Rettungsweglänge

Eine maximale Rettungsweglänge ist für den zweiten baulichen Rettungsweg nicht vorgeschrieben. Werden beide Rettungswege baulich hergestellt, also durch zwei oder mehrere notwendige Treppen, ist eine Unterscheidung zwischen erstem und zweitem Rettungsweg nicht notwendig, da beide Rettungswege gleichwertig sind.

In diesem Fall genügt es, wenn von jeder Stelle eines Aufenthaltsraums mindestens ein Ausgang in einen der notwendigen Treppenräume oder ins Freie innerhalb der maximal zulässigen Rettungsweglänge (in der Regel 35 m) erreichbar ist.

7.3
Seite 70

Rettungswege

5.1-1

5.1-2

5.1-3

5.1-1 bis 5.1-3 Zweiter baulicher Rettungsweg

5.1-1 Optimale Situation der Flucht- und Rettungswege bei einem Laborgebäude durch zwei endständige Treppenräume sowie Fluchtbalkone mit zwei endständigen Notleitern

5.1-2 Das Bürogebäude wird im mittleren Bereich durch Aufzüge und einen vom Aufzugvorraum direkt zugänglichen außen liegenden Treppenraum erschlossen. Der zweite Rettungsweg wurde baulich in Form der zu beiden Seiten angeordneten endständigen Treppenräume ausgeführt.

5.1-3 Büro und Verwaltungsgebäude mit zweitem baulichem Rettungsweg durch endständigen Treppenraum

Der zweite (andere) bauliche Rettungsweg darf dann auch länger sein, wobei natürlich die maximal zulässige Flurlänge notwendiger Flure (in der Regel 30 m) zu berücksichtigen ist.

Ausführung einer weiteren notwendigen Treppe

Eine zweite (weitere) notwendige Treppe als zweiter baulicher Rettungsweg ist wie eine notwendige Treppe auszuführen (siehe Punkt 4.7 in diesem Kapitel).

Angaben zu Nottreppen und -leitern enthält Punkt 5.3.

5.2 Zweiter Rettungsweg mit Rettungsgeräten der Feuerwehr

Ausführungen zu Rettungsgeräten der Feuerwehr enthält Kapitel 6.17.2 in diesem Werk.

Für Standardbauten ist es als Regelfall möglich, den zweiten Rettungsweg über Rettungsgeräte der Feuerwehr herzustellen, wenn die folgenden Voraussetzungen hierfür eingehalten werden:

- Jede Nutzungseinheit mit mindestens einem Aufenthaltsraum muss in jedem Geschoss mindestens eine Stelle haben, die für die Rettung mit Rettungsgeräten erreichbar ist (= für die Rettung erreichbare Stelle, siehe Punkt 5.2.1).
- Die Feuerwehr muss über die hierfür erforderlichen Rettungsgeräte verfügen, mit denen sie an die erreichbare Stelle herankommen kann (= erforderliche Rettungsgeräte der Feuerwehr, siehe Punkt 5.2.2).
- Die Feuerwehr muss innerhalb einer bestimmten Zeit vor Ort sein können (= Zeitfaktor, siehe Punkt 5.2.3).
- Die Feuerwehr muss ihre Rettungsgeräte an Ort und Stelle so aufstellen können, dass sie alle anzuleiternden Stellen erreichen kann (= Feuerwehrflächen, siehe Punkt 5.2.4).
- Die Rettungsgeräte der Feuerwehr müssen geeignet sein, die auf die Rettung angewiesenen Personen in einer vertretbaren Zeit zu retten (= Anzahl und Mobilität der zu rettenden Personen, siehe Punkt 5.2.5).

Für geregelte Sonderbauten werden die jeweils erforderlichen Rettungswege in den entsprechenden Sondervorschriften vorgeschrieben. In den meisten Fällen sind dabei bauliche Rettungswege erforderlich, so dass hier eine Rettung mit Rettungsgeräten der Feuerwehr nicht in Betracht kommt.

Enthalten die Sondervorschriften bezüglich des zweiten Rettungsweges keine besonderen Anforderungen oder sind diese im jeweiligen Land nicht bauaufsichtlich eingeführt bzw. bestehen bei nicht geregelten Sonderbauten keine entsprechenden Vorschriften, ist der zweite Rettungsweg über Rettungsgeräte der Feuerwehr nur zulässig, wenn keine Bedenken wegen der Personenrettung bestehen.

7.3 Seite 72	Rettungswege	

5.2-1

5.2-2

5.2-3

5.2-1 bis 5.2-3 Rettungsgeräte der Feuerwehr

5.2-1 Stark verrauchter Treppenraum, der ohne umluftunabhängigen Atemschutz nicht mehr begehbar ist. Eine Selbstrettung ist über diesen Weg nicht möglich. Die Hilfe der Feuerwehr muss abgewartet werden. (Foto: Berufsfeuerwehr München)

5.2-2 Rettung über den von der Feuerwehr über Leitern hergestellten zweiten Rettungsweg. Bis zu einer Brüstungshöhe von 8 m ist eine Rettung noch mit der vierteiligen Steckleiter möglich, rechts im Bild. Darüber hinaus wird der Einsatz von Hubrettungsgeräten, z.B. Drehleitern (DL 23-12), erforderlich, links im Bild. (Foto: FIRE Foto Gaulke)

5.2-3 Alle Hände voll zu tun hat die Feuerwehr, wenn der erste Rettungsweg (= notwendiger Treppenraum) verraucht ist und nicht mehr benutzt werden kann. Sind unter den zu rettenden Menschen auch Kinder und gebrechliche Personen, erfordert dies eine besondere Unterstützung durch die Feuerwehr und natürlich entsprechend mehr Zeit. (Foto: FIRE Foto Gaulke)

5.2.1 Für die Rettung erreichbare Stelle (anleiterbares Fenster)

In der Regel genügt pro Wohnung bzw. Nutzungseinheit in jedem Geschoss eine Stelle, die mit Rettungsgeräten der Feuerwehr erreichbar ist.

Erreichbare Stelle in Obergeschossen

Die für die Rettung erreichbare Stelle kann in den Obergeschossen ein anleiterbares Fenster, ein Balkon, eine Dachterrasse oder eine sonstige Stelle sein, an die die Feuerwehr mit ihren Rettungsgeräten anleitern kann. Bei Wohn- und vergleichbaren Gebäuden handelt es sich in der Regel um ein anleiterbares Fenster, dessen Mindestgröße gemäß MBO 2002 und den meisten LBOs 0,90 × 1,20 m beträgt. In einigen Ländern bestehen andere Mindestmaße, z.B. in Baden-Württemberg: 0,90 × 0,90 m und in Bayern: b × h = 0,60 × 1,00 m. Die Brüstungshöhe darf nicht mehr als 1,20 m über der Fußbodenoberkante liegen. Natürlich müssen die anleiterbaren Fenster jederzeit und ohne fremde Hilfe von innen zu öffnen sein. Dies gilt auch für Türen, die zu den geeigneten Stellen führen, z.B. Balkon- und Terrassentüren.

Anmerkung: Ist in einer Nutzungseinheit nur ein einziges, ganz bestimmtes Fenster mit Rettungsgeräten der Feuerwehr erreichbar, muss man darauf achten, dass dieses Fenster jederzeit zugänglich ist. Die Tür zum Raum mit diesem Fenster muss nichtabschließbar sein bzw. muss sich jederzeit ohne fremde Hilfe öffnen lassen. Außerdem ist eine entsprechende Kennzeichnung notwendig.

7.3 Seite 74 | **Rettungswege**

Erreichbare Stelle im Erdgeschoss

In Erdgeschossen ist bei üblichen Brüstungshöhen eine Anleiterbarkeit nicht erforderlich. Bezüglich der Mindestgröße und Zugänglichkeit gilt das Gleiche wie bei den Obergeschossen (siehe auch Punkt 7.6 in diesem Kapitel).

Erreichbare Stelle im Keller- und Dachgeschoss

Zur Mindestgröße und Zugänglichkeit siehe bei den Obergeschossen, zur Ausführung siehe Punkte 7.7 und 7.8 in diesem Kapitel.

5.2.2 Erforderliche Rettungsgeräte der Feuerwehr

Die Rettung über Rettungsgeräte der Feuerwehr ist nur möglich, wenn die Feuerwehr über die erforderlichen Rettungsgeräte verfügt. Welche Rettungsgeräte jeweils notwendig sind bzw. eingesetzt werden können, ergibt sich in erster Linie aus der Brüstungshöhe der für die Rettung erreichbaren Stelle.

Die erste wichtige Grenze liegt hier bei **8 m.** Die MBO geht davon aus, dass jede öffentliche Feuerwehr über Rettungsgeräte verfügt, mit denen Brüstungen in einer Höhe von bis zu 8 m über Geländeoberfläche erreicht werden können.

Über eine Brüstungshöhe von 8 m hinaus bestehen besondere Anforderungen an die Rettungsgeräte der Feuerwehr. Sie muss dann in der Regel über geeignete Hubrettungsgeräte verfügen.

Eine weitere Grenze liegt bei **23 m,** da die üblichen Hubrettungsgeräte nur eine Rettungshöhe von maximal 23 m erreichen können. Bei einer darüber hinausgehenden Rettungshöhe muss deshalb der zweite Rettungsweg baulich (in der Regel durch weitere notwendige Treppen) hergestellt werden. Alternativ ist auch ein Sicherheitstreppenraum möglich. In Hochhäusern mit mehr als 60 m Höhe müssen alle notwendigen Treppenräume als Sicherheitstreppenräume ausgebildet sein.

Brüstungshöhe bis 8 m

Auch bei einer Brüstungshöhe der anleiterbaren Stelle von unter 8 m darf der zweite Rettungsweg nur über Rettungsgeräte der Feuerwehr führen, wenn diese über die erforderlichen Rettungsgeräte verfügt. Dies bereitet meist keine Probleme, da bis zu dieser Höhe der zweite Rettungsweg relativ einfach über die vierteilige Steckleiter hergestellt werden kann, die die meisten Feuerwehren mit sich führen.

Anmerkung: Bei bestimmten älteren Feuerwehrfahrzeugen, z.B. Tragkraftspritzenfahrzeugen (TSF), sind nur zwei Leiterteile an Bord. Damit ist eine Rettung nur bis zu einer Höhe von 3,70 m möglich. Weitere Informationen enthält Kapitel 6.17.2 in diesem Werk.

Brüstungshöhe über 8 m bis 23 m

Liegt die Oberkante der Brüstung von zum Anleitern bestimmten Fenstern oder Stellen mehr als 8 m über der Geländeoberfläche, dürfen die Gebäude nur errichtet werden, wenn die Feuerwehr über die erforderlichen Rettungsgeräte wie Hubrettungsfahrzeuge verfügt.

Anmerkung: Bei einer Rettungshöhe über 8 m bis 12 m würde als Rettungsgerät der Feuerwehr grundsätzlich auch die dreiteilige Schiebleiter in Betracht kommen. Allerdings wird diese in der Zwischenzeit in den meisten Ländern nicht mehr als geeignetes Rettungsgerät zur Herstellung des zweiten Rettungsweges angesehen (siehe auch Kapitel 6.17.2 in diesem Werk). Deshalb kann deren Gebrauch für Neubauten in der Regel nicht angesetzt werden. Im Zweifelsfall ist eine Abstimmung mit der für den Brandschutz zuständigen Stelle empfehlenswert.

Damit sind bei einer Rettungshöhe über 8 m bis 23 m als Rettungsgeräte der Feuerwehr in der Regel nur Hubrettungsgeräte (Drehleitern) möglich. Voraussetzung hierfür ist, dass die Feuerwehr über diese Geräte verfügt und sie innerhalb der Hilfsfrist auch einsetzen kann (siehe Punkt 5.2.3). Außerdem müssen natürlich auch die hierfür erforderlichen Feuerwehrflächen wie Feuerwehrzufahrten und -durchfahrten sowie Aufstell- und Bewegungsflächen (siehe Punkt 5.2.4) angeordnet und gewährleistet sein.

Geschützte Bestandsgebäude mit einer Brüstungshöhe über 8 m bis 12 m

Wurde bei bestehenden Gebäuden mit einer Rettungshöhe über 8 m bis maximal 12 m zum Zeitpunkt ihrer Errichtung die dreiteilige Schiebeleiter als zweiter Rettungsweg angesetzt, besteht grundsätzlich Bestandsschutz. Dies kann man auch aus der Formulierung in § 33 Abs. 3 MBO 2002 ableiten. Hier heißt es: *„Gebäude, deren … mehr als 8 m über der Geländeoberfläche liegt, dürfen nur* ***errichtet*** *werden, wenn …"*

Damit bezieht sich die entsprechende Anforderung, dass für solche Rettungshöhen Hubrettungsgeräte erforderlich sind, auf **zu errichtende Neubauten.**

Für bestehende Gebäude (z.B. in Hinterhöfen, bei Baudenkmälern oder in dicht bebauten Altstadtbereichen) besteht grundsätzlich **Bestandsschutz.** Voraussetzung hierfür ist jedoch, dass die zuständige Feuerwehr über eine tragbare dreiteilige Schiebleiter verfügt und die für den abwehrenden Brandschutz zuständigen Stellen (Kreisbrandrat, Kommandant, bei Berufsfeuerwehren die/das zuständige Abteilung/Sachgebiet) zustimmen.

Für Bestandsgebäude mit Rettungshöhen über 12 m, die durch Rettungsgeräte der Feuerwehr nicht erreicht werden können, besteht jedoch **kein Bestandsschutz** mehr. Sie benötigen den bauaufsichtlich vorgeschriebenen zweiten Rettungsweg. Kann dieser mit Hubrettungsgeräten nicht hergestellt werden (z.B. wegen fehlender bzw. unzureichender Feuerwehrflächen) sind entsprechende Kompensationsmaßnahmen erforderlich (z.B. zweite notwendige Treppe, Nottreppe, Notleiter usw.). In solchen Fällen ist eine Abstimmung mit den für den Brandschutz zuständigen Stellen notwendig. Bei Nottreppen, Notleitern und sonstigen Maßnahmen ist eine entsprechende Abweichung (Ausnahme/Befreiung) erforderlich.

7.3 Seite 76 | Rettungswege

Brüstungshöhe über 23 m

Bei diesen Gebäuden handelt es sich gemäß MBO 2002 um Sonderbauten (Hochhäuser). Da die üblichen Hubrettungsgeräte nur bis zu einer Rettungshöhe von 23 m angesetzt werden können, sind mindestens zwei bauliche Rettungswege (zwei notwendige Treppen) oder ein Sicherheitstreppenraum erforderlich.

5.2.3 Zeitfaktor

Wird der zweite Rettungsweg nicht baulich ausgeführt, spielt der Zeitfaktor eine große Rolle. Die zu rettenden Personen müssen die Hilfe und Rettung durch die Feuerwehr abwarten können.

Grundsätzlich wird vorausgesetzt, dass die Feuerwehr mit ihren Rettungsgeräten **innerhalb der Hilfsfrist** an der Brandstelle eintrifft und dort Hilfe leisten kann. Die Hilfsfrist ist in den jeweiligen Brandschutz- und Feuerwehrgesetzen vorgeschrieben und beträgt in der Regel 10 Minuten.

Beispiel für die Regelung der Hilfsfrist in der Vollzugsbekanntmachung zum Bayerischen Feuerwehrgesetz [12]:

„Aufgaben der Gemeinden – Hilfsfrist

Um ihre Aufgaben im abwehrenden Brandschutz erfüllen zu können, müssen die Gemeinden ihre Feuerwehren so aufstellen und ausrüsten, dass diese möglichst schnell Menschen retten sowie Schadenfeuer begrenzen und wirksam bekämpfen können. Hierfür ist es notwendig, dass grundsätzlich jede an einer Straße gelegene Einsatzstelle von einer gemeindlichen Feuerwehr in höchstens zehn Minuten nach Eingang der Brandmeldung bei der alarmauslösenden Stelle (Hilfsfrist) erreicht werden kann."

Wichtig: Im Zweifelsfall (wenn z.B. dem Verfasser des Brandschutznachweises bzw. -konzeptes die Verhältnisse der örtlichen Feuerwehr nicht genau bekannt sind) ist es empfehlenswert bzw. notwendig, mit der Feuerwehr abzuklären, welche Rettungsgeräte innerhalb der Hilfsfrist eingesetzt werden können.

5.2.4 Feuerwehrflächen

Es muss gewährleistet sein, dass die Feuerwehr die zum Anleitern bestimmten Stellen nicht nur erreichen, sondern die Rettungsgeräte dort auch aufstellen kann. Hierzu sind gemäß den Muster-Richtlinien über Flächen für die Feuerwehr [8]

- bis zu einer Brüstungshöhe von 8 m Feuerwehrzugänge oder -durchgänge und
- ab einer Brüstungshöhe von mehr als 8 m bis 23 m Feuerwehrzufahrten und -durchfahrten sowie entsprechende Aufstell- und Bewegungsflächen

erforderlich (siehe Kapitel 7.1 in diesem Werk).

Wichtig: In bestimmten Fällen, z.B.

- bei Gebäuden in ländlichen und/oder einsamen Gegenden,
- Reihenhauszeilen ohne Zugänge zu den Gärten,
- Wohnanlagen ohne Straßen, die durch Tiefgaragen erschlossen werden oder
- Wohngebäuden, die auf andere großflächige Gebäude aufgesetzt sind,

ist es auch bei einer Höhe der anleiterbaren Stelle von unter 8 m notwendig, zu prüfen, ob die vorstehenden Anforderungen eingehalten werden und eine Rettung mit der vierteiligen Steckleiter möglich ist. Im Zweifelsfall ist eine Abstimmung mit der für den Brandschutz zuständigen Stelle empfehlenswert.

5.2.5 Anzahl und Mobilität der zu rettenden Personen

Sonderbauten

Bei Sonderbauten mit Aufenthaltsräumen sind die Anforderungen an die Rettungswege in der Regel in der jeweiligen Sondervorschrift enthalten. Für viele Sonderbauten, wie Schulen, Krankenhäuser, Beherbergungsstätten, Verkaufsstätten und Versammlungsstätten, werden in der Regel zwingend zwei bauliche Rettungswege verlangt. Teilweise bestehen auch noch weitergehende Anforderungen, z.B. in Krankenhäusern, wenn die Mobilität der zu rettenden Personen eingeschränkt ist.

In Sonderbauten, die nicht in den Geltungsbereich von Sondervorschriften fallen bzw. bei denen die Sondervorschriften keine besonderen Anforderungen an die Rettungswege stellen, darf der zweite Rettungsweg nur dann über Rettungsgeräte der Feuerwehr führen, wenn keine **Bedenken** wegen der Personenrettung bestehen. Die Klärung dieser Frage ist im Einzelfall natürlich nur mit den für den abwehrenden Brandschutz zuständigen Stellen (Kreisbrandrat, Feuerwehrdienststellen) möglich.

Nach Auffassung des Arbeitskreises der Leiter der Berufsfeuerwehren (Sitzungsergebnis Nr. 3/2000 vom April 2000) ist die Sicherstellung des zweiten Rettungsweges für bis zu 10 Personen innerhalb einer Nutzungseinheit sachgerecht. Ab 30 Personen innerhalb einer Nutzungseinheit wird ein baulicher zweiter Rettungsweg als erforderlich angesehen.

Legt man diese Auffassung zugrunde, wird sich bei der individuellen Prüfung für Sonderbauten in der Regel ergeben, dass Bedenken wegen der Personenrettung bestehen und deshalb ein zweiter baulicher Rettungsweg erforderlich ist.

Standardbauten

Die Pflicht, zu prüfen, ob der zweite Rettungsweg über Rettungsgeräte der Feuerwehr zulässig ist, besteht gemäß MBO 2002 ausdrücklich nur für Sonderbauten. Bei Standardbauten ist eine solche Prüfung nicht vorgeschrieben.

Daraus lässt sich ableiten, dass bei Standardbauten grundsätzlich davon ausgegangen werden kann, dass der zweite Rettungsweg über Rettungsgeräte der Feuerwehr möglich ist, wenn die Feuerwehr über die erforderlichen Rettungsgeräte verfügt. Eine Prüfung, ob Bedenken wegen der Personenrettung bestehen, ist bei Standardbauten nicht erforderlich.

Eine entsprechende Klarstellung erfolgt auch in den Grundsätzen zur Auslegung des § 14 MBO [11]. Dort heißt es unter 1.2:

> *„Bei Standardbauten darf der zweite Rettungsweg regelmäßig über Rettungsgeräte der Feuerwehr führen."*

7.3 Seite 78 **Rettungswege**

Damit ist auch bei **Standardbauten** mit z.B. größerer Büro- und Verwaltungsnutzung mit notwendigem Flur und deutlich mehr als 30 Personen ohne weitere Prüfung der zweite Rettungsweg mit Rettungsgeräten der Feuerwehr möglich. Das Gleiche gilt bei einer Büro- und Verwaltungsnutzung bis 400 m^2, die aus einem einzigen Raum mit mehr als 30 Personen bestehen kann.

Anmerkung: Würde man in diesen Fällen die oben genannte Auffassung des Arbeitskreises der Leiter der Berufsfeuerwehren zugrunde legen, wäre ein zweiter Rettungsweg über Rettungsgeräte der Feuerwehr nicht zulässig, da Bedenken wegen der Personenrettung bestehen. Handelt es sich jedoch nicht um einen Sonderbau, ist die Prüfung, ob Bedenken wegen der Personenrettung bestehen, jedoch **nicht erforderlich,** so dass der zweite Rettungsweg über Rettungsgeräte der Feuerwehr als **Standardlösung** möglich ist.

Wichtig: Für Standardbauten wurden die Rettungswege praktisch standardisiert, so dass nicht jedes Mal geprüft werden muss, ob bei einem zweiten Rettungsweg mit Rettungsgeräten der Feuerwehr Bedenken bestehen. Vom Baurecht wird praktisch als gesellschaftlich akzeptiertes Risiko akzeptiert, dass dies unter ungünstigen Umständen zu Toten und Verletzten führen könnte. Allerdings ist dieses Risiko gerade bei den beschriebenen Bürogebäuden so gering, dass hier kein Handlungsbedarf besteht.

Damit diese Standardisierung nicht schiefgeht, wurden in die MBO 2002 (sinngemäß auch in die LBOs, die sich nach der MBO richten) drei *„Schalter“* eingebaut. Danach sind die nachfolgenden Gebäude als **Sonderbauten** zu bewerten:

- Verkaufsstätten, deren Verkaufsräume und Ladenstraßen eine Grundfläche von insgesamt mehr als 800 m^2 haben
- Gebäude mit Räumen, die einer Büro- oder Verwaltungsnutzung dienen und einzeln eine Grundfläche von mehr als 400 m^2 haben
- Gebäude mit Räumen, die einzeln für die Nutzung durch mehr als 100 Personen bestimmt sind.

Soll bei diesen Gebäuden der zweite Rettungsweg über Rettungsgeräte der Feuerwehr führen, muss – weil es sich um Sonderbauten handelt – besonders geprüft werden, ob Bedenken wegen der Personenrettung bestehen. Diese Prüfung wird immer ergeben, dass ein zweiter baulicher Rettungsweg erforderlich ist.

Interessant: Damit werden auch die *„Schalter“* sichtbar, bei dem gemäß MBO 2002 davon ausgegangen werden kann, dass ein zweiter baulicher Rettungsweg erforderlich ist. Dieser liegt bei Räumen mit Büro- und Verwaltungsnutzungen, die einzeln mehr als 400 m^2 groß sind (Großraumbüros) und bei Räumen, die einzeln für eine Nutzung durch mehr als 100 Personen bestimmt sind, sowie bei Verkaufsstätten, deren Verkaufsräume und Ladenstraßen eine Grundfläche von insgesamt mehr als 800 m^2 haben.

Rettungswege		7.3 Seite 79

Daraus kann im Umkehrschluss abgeleitet werden (ergibt sich auch aus dem genannten Grundsatzpapier), dass in Nutzungseinheiten von Standardbauten bei Räumen, die einzeln für eine Nutzung von weniger als 100 Personen bestimmt sind, oder bei Büro- und Verwaltungsnutzungen, die einzeln Räume mit weniger als 400 m^2 haben, keine Bedenken wegen der Personenrettung bestehen, wenn der zweite Rettungsweg über Rettungsgeräte der Feuerwehr hergestellt wird. Da es sich in diesen Fällen nicht um Sonderbauten handelt, ist eine Prüfung, ob Bedenken wegen der Personenrettung bestehen, gemäß MBO auch nicht erforderlich.

Anmerkung: Das derzeit bestehende und teilweise auch kontrovers diskutierte Spannungsfeld wird damit klar erkennbar. Nach dem Arbeitskreis der Leiter der Berufsfeuerwehren ist die Sicherstellung des zweiten Rettungsweges für bis zu 10 Personen innerhalb einer Nutzungseinheit sachgerecht. Ab 30 Personen innerhalb einer Nutzungseinheit wird ein baulicher zweiter Rettungsweg als erforderlich angesehen. Gemäß dem **Grundsatzpapier der ARGEBAU** kann bei Standardbauten (also mit Räumen, die einzeln für bis zu 100 Personen bestimmt sind, und Büro- und Verwaltungsnutzungen mit einzelnen Räumen bis 400 m^2) jedoch davon ausgegangen werden, dass Rettungsgeräte der Feuerwehr ausreichend sind.

Im bauaufsichtlichen Verfahren maßgebend sind allerdings die Anforderungen der LBOs, und die lassen für Standardbauten ohne weitere Prüfung eine Rettung mit Rettungsgeräten der Feuerwehr zu. Dies wird im Grundsatzpapier der ARGEBAU nochmals bestätigt.

Personen mit Mobilitätseinschränkungen

Bei Standardbauten wird die Konstitution und Mobilität der zu rettenden Personen nicht berücksichtigt. Man geht davon aus, dass die Feuerwehr mit ihren Rettungsgeräten auch die Rettung von Kindern und älteren gebrechlichen oder auch bettlägerigen Personen bewerkstelligen kann.

Allerdings sollte bei Gebäuden, die noch keine Sonderbauten sind, bei denen aber davon ausgegangen werden kann, dass überdurchschnittlich viele Personen eine Mobilitätseinschränkung haben (z.B. betreutes Wohnen), im Einzelfall sehr genau geprüft werden, ob eine Rettung mit Rettungsgeräten der Feuerwehr möglich ist. Insbesondere bei Gebäuden für betreutes Wohnen ist es in der Regel notwendig, den zweiten Rettungsweg baulich herzustellen. Im Zweifelsfall ist eine Abstimmung mit den für den Brandschutz zuständigen Stellen empfehlenswert.

5.2.6 Dokumentation des zweiten Rettungsweges über Rettungsgeräte der Feuerwehr

Wird der zweite Rettungsweg über Rettungsgeräte der Feuerwehr hergestellt, muss der Verfasser des Brandschutznachweises bzw. -konzeptes insbesondere bei einer Rettungshöhe über 8 m bis 23 m die vorstehenden Punkte prüfen und nachweisen. Hierzu ist es u.a. empfehlenswert bzw. notwendig, die erforderlichen Feuerwehrflächen in die Brandschutzpläne einzutragen und den Bauherrn (schriftlich) darauf hinzuweisen, dass er diese für die Betriebsdauer des Gebäudes gewährleisten muss (siehe auch Punkt 10 in diesem Kapitel).

5.3 Nottreppen und Notleitern

Kann bei Standardgebäuden im Bestand der zweite Rettungsweg nicht durch Rettungsgeräte der Feuerwehr hergestellt werden, weil z.B.:

- bei Brüstungshöhen von mehr als 8 m bis 23 m die Feuerwehrzufahrten und -durchfahrten und/oder Aufstellflächen für Hubrettungsgeräte der Feuerwehr nicht möglich sind,
- bei Brüstungshöhen von mehr als 8 m bis 12 m die Feuerwehr keine dreiteilige Schiebeleiter hat bzw. diese nicht einsetzen will oder kann,
- bei Brüstungshöhen bis 8 m die Feuerwehrzugänge und -durchgänge für tragbare Leitern fehlen,
- bei zweistufig ausgebauten Dachgeschossen die oberen Dachflächenfenster nicht mit Feuerwehrleitern erreicht werden können,
- die Rettungsgeräte der Feuerwehr nicht innerhalb der Hilfsfrist verfügbar sind,

wäre zwar immer ein zweiter baulicher Rettungsweg in Form einer notwendigen Treppe erforderlich. In Bestandsgebäuden ist es jedoch oft nicht möglich, eine solche Treppe nachträglich herzustellen. Für diese Fälle kann der zweite Rettungsweg durch Nottreppen und/oder Notleitern hergestellt werden.

Wichtig: Hierfür ist eine Abweichung (Ausnahme/Befreiung) sowie eine Abstimmung mit der für den Brandschutz zuständigen Stelle notwendig.

Notleitern müssen gemäß den Bestimmungen der DIN 14094 [13] sicher benutzbar sein.

Weitere Informationen zu Nottreppen und Notleitern sind enthalten in Bild 3.2-3 in diesem Kapitel sowie in Kapitel 7.4, Punkt 4.5 und Kapitel 7.5, Bild 4.3-6.

Rettungswege | | **7.3** Seite 81

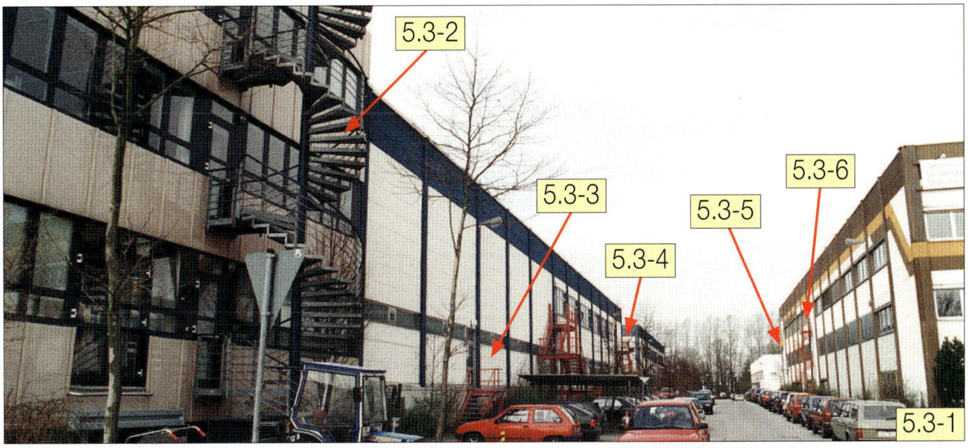

5.3-1 bis 5.3-6 Nottreppen und Notleitern
Hierfür ist jeweils eine Abweichung (Ausnahme/Befreiung) erforderlich. In der Reihenfolge von links nach rechts am Gesamtkomplex und in den Einzelbildern: Wendeltreppe mit Anschluss in jedem Geschoss (5.3-2), Notausgang mit Podest und kleiner Treppe (5.3-3), zweiläufige Nottreppe (5.3-4), Notausstieg mit Notleiter (5.3-5), Wendeltreppe ohne weiteren Anschluss in jedem Geschoss (5.3-6).

5.4 Sonderformen des zweiten Rettungsweges

Neben den in den Punkten 5.2 und 5.3 behandelten Möglichkeiten, den zweiten Rettungsweg herzustellen, gibt es noch Sonderformen, die entweder von der Feuerwehr eingesetzt oder baulich fest montiert werden.

Rettungsgeräte der Feuerwehr

- Sprungtuch (nicht mehr zeitgemäß und durch Sprungkissen und Sprungpolster ersetzt)
- Sprungkissen und Sprungpolster (werden nur als letztes Mittel eingesetzt, wenn alle anderen Rettungsgeräte nicht möglich sind)
- Hubschrauber
- mobile Fluchtröhren

Rettungsgeräte mit fester Montage

- Rettungsrutschen (siehe auch Punkt 8.12)
- Rettungsschläuche
- Abseilgeräte

Wichtig: Die aufgeführten Sonderformen des zweiten Rettungsweges sind in der Regel nicht geeignet, den bauordnungsrechtlich vorgeschriebenen Rettungsweg zu gewährleisten. Wenn sie im Einzelfall unter Berücksichtigung besonderer Umstände eingesetzt werden sollen, ist dies nur mit Abstimmung der für den Brandschutz zuständigen Stellen und einer entsprechenden Abweichung (Ausnahme/Befreiung) möglich.

6 Besondere Formen der Rettungswege

6.1 Rettungsbalkone

Rettungsbalkone haben ähnlich wie Laubengänge den großen Vorteil, dass man von der jeweiligen Nutzungseinheit über die Balkontür praktisch ins Freie gelangen kann. Allerdings ist es von Bedeutung, wie der weitere Verlauf des Rettungsbalkons gestaltet ist.

Grundsätzlich sind die drei in den folgenden Punkten beschriebenen Situationen bei Flucht- und Rettungsbalkonen möglich.

6.1.1 Rettungsbalkone ohne Anschluss an eine notwendige Treppe

Solche Balkone werden zwar oft als Rettungsbalkone bezeichnet, sind aber in Wirklichkeit nichts anderes als eine mit den Rettungsgeräten der Feuerwehr erreichbare Stelle. Sie haben jedoch gegenüber anleiterbaren Fenstern den Vorteil, dass die fliehenden Personen bei einem Brand in der eigenen Nutzungseinheit nicht in der Nutzungseinheit selbst auf die Feuerwehrleiter warten müssen, sondern sich über den Rettungsbalkon auf horizontaler Ebene schon etwas von der Brandstelle entfernen können.

Dies gilt sinngemäß auch bei einem Brand in der unteren Nutzungseinheit, wenn die Flammen nach oben schlagen. Auch hier bietet der Rettungsbalkon eine etwas größere Wahlmöglichkeit.

Da dieser Rettungsbalkon jedoch keinen Anschluss an eine notwendige Treppe hat und lediglich als eine mit den Rettungsgeräten der Feuerwehr erreichbare Stelle gilt, werden an seine bauliche Ausführung die gleichen Anforderungen gestellt wie an übliche Balkone. Er kann also z.B. aus Stahl ohne klassifizierte Feuerwiderstandsdauer und mit Gitterrosten hergestellt werden.

6.1.2 Rettungsbalkone mit einseitigem Anschluss an eine notwendige Treppe

Auf den ersten Blick sieht die Situation für einen Rettungsbalkon, der an einer Seite an eine notwendige Treppe angeschlossen ist, schon besser aus, da betroffene Personen ihn auf diesem Weg ohne Hilfe der Feuerwehr verlassen können. Dies ist allerdings nur möglich, wenn dieser Weg nicht durch einen Brand und aus dem Fenster schlagende Flammen (entweder aus dem gleichen oder darunterliegenden Geschoss) versperrt wird.

Dadurch bestehen zwei Möglichkeiten für die Herstellung des Balkons:

- Der Rettungsbalkon wird ohne besondere Anforderungen hergestellt, z.B. aus Stahl ohne klassifizierte Feuerwiderstandsdauer und mit Gitterrosten. In diesem Fall ist unter ungünstigen Umständen eine Flucht zur notwendigen Treppe nicht möglich und es gilt sinngemäß das unter Punkt 6.1.1 Aufgeführte.
- Der Rettungsbalkon wird als notwendiger Laubengang hergestellt. Dann müssen alle Anforderungen, die an notwendige Flure als Laubengänge bestehen, erfüllt werden (siehe Punkt 4.6 in diesem Kapitel) und der Laubengang kann als baulicher horizontaler Rettungsweg bewertet werden. Eine Abweichung (Ausnahme/Befreiung) ist nicht erforderlich, da die Anforderungen an einen notwendigen Laubengang erfüllt werden.

  Allerdings ist in diesem Fall noch der zweite vertikale Rettungsweg zu klären. Führt der Rettungsbalkon als Laubengang zur gleichen notwendigen Treppe, die auch dem ersten baulichen Rettungsweg dient, ist noch ein zweiter vertikaler Rettungsweg erforderlich, z.B. durch Rettungsgeräte der Feuerwehr, wenn diesbezüglich keine Bedenken wegen der Personenrettung bestehen.

Führt der Rettungsbalkon als Laubengang dagegen zu einer zweiten notwendigen Treppe, kann er auch als zweiter baulicher Rettungsweg gewertet werden.

6.1.3 Rettungsbalkone mit beidseitigem Anschluss an eine notwendige Treppe

Ein Rettungsbalkon mit beidseitigem Anschluss an eine notwendige Treppe ist ein besonders günstiger zweiter Rettungsweg. Wichtig ist, dass er von jedem beliebigen Punkt in jeweils zwei Richtungen verlassen werden kann und dann zu einer notwendigen Treppe führt.

An seine Ausführung bestehen dann keine besonderen Anforderungen und er kann aus Stahl ohne klassifizierte Feuerwiderstandsdauer und mit Gitterrosten hergestellt werden.

7.3
Seite 84

Rettungswege

6.1-1

6.1-2

6.1-3

6.1-4

6.1-1 bis 6.1-4 Rettungsbalkone eines Laborgebäudes

Da jeder Balkon über zwei entgegengesetzt liegende Notleitern verlassen werden kann, bestehen keine besonderen Anforderungen an den Boden und die Fensterbrüstung. Für die gesamte Ausführung des zweiten Rettungsweges ist eine Abstimmung mit der für den Brandschutz zuständigen Stelle sowie eine entsprechende Abweichung (Ausnahme/Befreiung) erforderlich.

6.1-2 Auch die Aufenthaltsräume im KG weisen einen zweiten Rettungsweg zum EG auf.

6.1-4 Gesicherter Einstieg zur endständigen Nottreppe mit Beleuchtung

Es ist jedoch eine Abweichung (Ausnahme/Befreiung) erforderlich, da diese Art des Rettungsweges im Bauordnungsrecht nicht behandelt wird. Da der Rettungsbalkon in beide Richtungen verlassen werden kann und zu einer notwendigen Treppe führt, bestehen keine Bedenken wegen der Personenrettung, so dass die Abweichung problemlos möglich ist.

Bezüglich der Bewertung als zweiter Rettungsweg ist es jedoch von Bedeutung, ob der Rettungsbalkon an eine oder an zwei notwendige Treppen angeschlossen wird.

Bei einer umlaufenden Ausführung mit Anschluss an die gleiche notwendige Treppe, die auch den ersten baulichen Rettungsweg darstellt, kann der Rettungsbalkon nur als sicherer horizontaler Rettungsweg bewertet werden. Für die Nutzungseinheit ist dann ein zweiter vertikaler Rettungsweg erforderlich, z.B. durch Rettungsgeräte der Feuerwehr, wenn diesbezüglich keine Bedenken wegen der Personenrettung bestehen.

Wird der Rettungsbalkon dagegen beidseitig an zwei unabhängige notwendige Treppen angeschlossen, kann er auch als zweiter baulicher Rettungsweg gewertet werden. Diese Art der Rettungswegführung gehört zu den besten und sichersten Rettungswegen und ist z.B. ideal für Laborgebäude, an die besonders hohe Anforderungen in Bezug auf die Rettungswege bestehen (siehe Punkt 8.2.1 in diesem Kapitel).

7.3 Seite 86 | Rettungswege

6.2 Rettungstunnel

Rettungstunnel sollen in Situationen, in denen es schwierig bzw. nicht möglich ist, die im bauaufsichtlichen System geforderten Rettungswege herzustellen, als bauliche Rettungswege den Ausgang ins Freie gewährleisten. Kann in einem Geschoss der sichere Ausgang ins Freie nicht realisiert werden, können die Rettungstunnel auch ein Geschoss höher oder tiefer angeordnet werden.

Grundsätzlich müssen Rettungstunnel die gleichen Anforderungen erfüllen, die gemäß MBO 2002 (und sinngemäß in den LBOs) an den Raum zwischen dem notwendigen Treppenraum und dem Ausgang ins Freie gestellt werden. Abhängig von der jeweiligen Situation bestehen jedoch weitere Anforderungen, die mit der für den Brandschutz zuständigen Stelle abgestimmt werden sollten. Diese können z.B. sein:

- Ausführung geradlinig und stufenlos zum Ausgang bzw. zu einer notwendigen Treppe oder Rampe führend
- feuerbeständige und öffnungslose Abtrennung zu allen angrenzenden Nutzungseinheiten, Geschossen und Räumen
- Anschluss nur an notwendige Treppen oder Rampen die ausschließlich für den Rettungstunnel genutzt werden; Verbindung mit anderen Rettungswegen möglichst vermeiden, andernfalls Abtrennung durch T 30-RS-Türen
- Mindestbreite 2,50 m, Mindesthöhe 2,30 m, maximale Länge 50 m
- keine brennbaren Bau- und Dämmstoffe
- mit Ausnahme der unmittelbar für den Betrieb des Fluchttunnels erforderlichen Leitungen keine brennbaren Leitungsanlagen
- Zugänge nur über Sicherheitsschleusen (Verhinderung des Rauchzutritts)
- Beleuchtung und Sicherheitskennzeichnung mit Funktionserhalt
- ausreichende und sichere Lüftungsmöglichkeit
- sicherer Ausgang ins Freie
- günstige optische Hervorhebung und farbliche Gestaltung.

Auch wenn Rettungstunnel noch so sicher ausgeführt werden, sind sie aus brandschutztechnischer Sicht eher umstritten. Personen, die im Brandfall gefährdet sind, versuchen unter Stressbelastung meist, das Gebäude auf den bekannten, also den täglich benutzten Wegen zu verlassen. Deshalb sind für Rettungstunnel ergänzend zu den baulichen auch entsprechende betriebliche und organisatorische Maßnahmen erforderlich (z.B. Übungen).

6.3 Flucht in andere Brandabschnitte

Als besondere Form des Rettungsweges gibt es die Fluchtmöglichkeit in einen anderen Brandabschnitt. Für Krankenhäuser ist diese sogar vorgeschrieben (siehe Punkt 8.8 in diesem Kapitel). Auch die Industriebaurichtlinie [10] lässt eine Flucht in andere Brandabschnitte unter bestimmten Voraussetzungen zu (siehe Kapitel 9.2, Punkt 5.5.3 in diesem Werk).

Wichtig: Die T 90-RS-Tür muss nichtabschließbar sein.

Anmerkung: Anstelle einer T 90-RS-Tür kann im Rahmen einer Abweichung auch eine T 30-RS-Tür angeordnet werden, wenn die Flurwände und Decken auf 2,50 m Länge auf beiden Seiten der Brandwand öffnungslos sind bzw. eventuell vorhandene Öffnungen mit dichten T 30-Abschlüssen gesichert werden (siehe Kapitel 7.6, Bilder 5.3-3 bis 5.3-6 in diesem Werk).

6.3-1 Zweiter baulicher Rettungsweg über einen anderen Brandabschnitt

Diese Ausführung ist nur möglich, wenn beide Brandabschnitte der gleichen Nutzungseinheit angehören. Als Tür in der Brandwand ist eine nichtabschließbare T 90-RS-Tür erforderlich, da diese Tür gleichzeitig der Unterteilung des notwendigen Flurs in Rauchabschnitte dient.

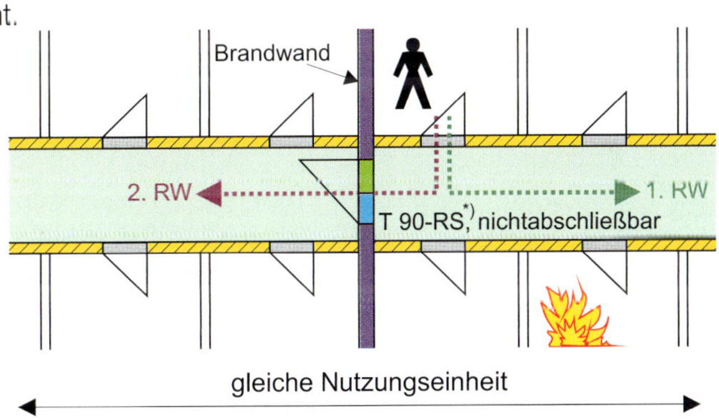

*) Unter bestimmten Voraussetzungen: T 30-RS + 2,50 m beidseitig der Tür öffnungslose Wände bzw. Öffnung mit T 30-D Türen gesichert. Hierfür ist eine Abweichung (Ausnahme/Befreiung) erforderlich. Beispiel siehe Kapitel 7.6, Punkt 5.2.

7.3 Seite 88 | Rettungswege

7 Fallbeispiele

7.1 Wohngebäude der GK 1 und 2

Wohngebäude der GK 1 und 2 gemäß MBO 2002				
	Erster Rettungsweg		Zweiter Rettungsweg	
	horizontal	vertikal	baulich oder →	Leitern der Feuerwehr
KG ohne AR	von jeder Stelle des KG bis zum Ausgang ins Freie ≤ 35 m	notwendige Treppe mit Ausgang ins Freie	nicht erforderlich	
KG mit AR[1])	von jeder Stelle eines AR bis zum Ausgang ins Freie ≤ 35 m		zweite notwendige Treppe mit Ausgang ins Freie[2])	geeignete Stelle[3])
EG		Ausgang ins Freie	zweiter Ausgang ins Freie	geeignete Stelle
OG		notwendige Treppe mit Ausgang ins Freie	zweite notwendige Treppe mit Ausgang ins Freie	geeignete Stelle
Ausgebautes DG[1])				geeignete Stelle[4])
Speicher	keine Anforderungen		nicht erforderlich	

KG: Kellergeschoss, EG: Erdgeschoss, OG: Obergeschoss, DG: Dachgeschoss, AR: Aufenthaltsraum, GK: Gebäudeklasse

1) Definition von AR siehe Punkt 1.3 in diesem Kapitel. Besonders zu beachten ist, dass gemäß MBO 2002 in Gebäuden der Gebäudeklassen 1 und 2 sowie in DG keine Mindesthöhen für AR vorgeschrieben sind. Damit können z.B. in GK 1 und 2 sowie in DG auch Räume mit einer geringeren Höhe als 2,20 m als AR bewertet werden. Hobbyräume sind AR, wenn davon auszugehen ist, dass sie nicht nur vorübergehend genutzt werden.

2) Der Ausgang ins Freie im KG kann in einem beliebigen Raum im KG angeordnet werden und benötigt in der Regel eine notwendige Treppe, z.B. Kelleraußentreppe.

3) Das geeignete Fenster im KG kann in einem beliebigen Raum im KG angeordnet werden. Nach MBO 2002 beträgt die lichte Öffnungsgröße 0,90 × 1,20 m und die Mindestbrüstungshöhe 1,20 m. Es ist darauf zu achten, dass von diesem Fenster aus das Freie erreicht werden kann (siehe Punkt 7.7).

4) Das geeignete Fenster im ausgebauten DG kann in einem beliebigen Raum im DG angeordnet werden (Ausführung siehe Punkt 7.8).
Bei einer Höhe der anleiterbaren Stelle bis maximal 8 m ist eine Rettung mit der vierteiligen Steckleiter möglich. Es ist darauf zu achten, dass die anleiterbare Stelle von der Feuerwehr mit der Steckleiter erreicht werden kann (geradliniger Feuerwehrzugang). Bei einer Höhe der anleiterbaren Stelle von mehr als 8 m sind Feuerwehrzufahrten und Aufstellflächen für Hubrettungsfahrzeuge notwendig.

Rettungswege		7.3 Seite 89

7.2 Gebäude der GK 3 bis 5 mit Wohnungen und Standardnutzungseinheiten *ohne* notwendigen Flur mit direktem Anschluss an eine notwendige Treppe

Zu den Standardnutzungseinheiten zählen Wohnungen ohne Größenbegrenzung, Büro- und Verwaltungsnutzungen bis 400 m^2 und andere Nutzungen bis 200 m^2. Sie benötigen innerhalb der jeweiligen Nutzungseinheit keinen notwendigen Flur und werden in diesem Fall direkt an eine notwendige Treppe angeschlossen. Definition siehe Punkt 3.1. Beispiele siehe Bilder 3.2-1 bis 3.2-4 in diesem Kapitel.

Gebäude der GK 3 bis 5 mit Standardnutzungseinheiten *ohne* notwendigen Flur mit Anschluss an eine notwendige Treppe gemäß MBO 2002

	Erster Rettungsweg		Zweiter Rettungsweg	
	horizontal	vertikal	baulich oder →	Leitern der Feuerwehr
KG ohne AR	• von jeder Stelle des KG bis zum Ausgang in den notwendigen Treppenraum oder ins Freie ≤ 35 m • Weg innerhalb des KG ohne Anforderungen	Ausgang aus KG zur notwendigen Treppe mit Ausgang ins Freie	nicht erforderlich	
KG mit AR	von jeder Stelle eines AR bis zum Ausgang in den notwendigen Treppenraum oder ins Freie ≤ 35 m sowie weitere Anforderungen (siehe Punkt 7.7)			
EG	• von jeder Stelle eines AR bis zum Ausgang in den notwendigen Treppenraum oder ins Freie ≤ 35 m • Weg innerhalb der NE ohne Anforderungen	Ausgang aus NE ins Freie	zweiter Ausgang aus NE ins Freie	geeignete Stelle mit beliebiger Lage innerhalb der jeweiligen Nutzungseinheit
OG		Ausgang aus NE zur notwendigen Treppe mit Ausgang ins Freie	zweiter Ausgang aus NE in zweite notwendige Treppe mit Ausgang ins Freie	
Ausgebautes DG				
Speicher	keine Anforderungen	notwendige Treppe	nicht erforderlich	
Maisonette	von jeder Stelle eines AR bis zum Ausgang in den notwendigen Treppenraum oder ins Freie ≤ 35 m sowie weitere Anforderungen (siehe Punkt 7.9)			

7.3
Seite 90

Rettungswege

7.3 Gebäude der GK 3 bis 5 mit Wohnungen und Standardnutzungseinheiten *ohne* notwendigen Flur mit Anschluss an einen notwendigen Flur *außerhalb* der Nutzungseinheit

Definitionen der Standardnutzungseinheiten sind in Punkt 7.2 und Punkt 3.1 enthalten. Die Standardnutzungseinheiten werden in diesem Fall zunächst an einen notwendigen Flur und über diesen an eine notwendige Treppe angeschlossen. Beispiele dazu siehe Bilder 3.3-1 bis 3.3-5 in diesem Kapitel.

<table>
<tr><th colspan="5">Gebäude der GK 3 bis 5 mit Wohnungen und Standardnutzungseinheiten ohne notwendigen Flur mit Anschluss an einen notwendigen Flur außerhalb der Nutzungseinheit gemäß MBO 2002</th></tr>
<tr><th rowspan="2"></th><th colspan="2">Erster Rettungsweg</th><th colspan="2">Zweiter Rettungsweg</th></tr>
<tr><th>horizontal</th><th>vertikal</th><th>baulich oder →</th><th>Leitern der Feuerwehr</th></tr>
<tr><td>KG</td><td colspan="4">siehe Punkt 7.2</td></tr>
<tr><td>EG</td><td rowspan="3">• von jeder Stelle eines AR bis zum Ausgang in den notwendigen Treppenraum oder ins Freie ≤ 35 m
• Weg innerhalb der NE ohne Anforderungen
• Ausgang aus der NE in den notwendigen Flur (Bei zwei baulichen Rettungswegen führen beide Rettungswege über den gleichen Ausgang.)
• notwendiger Flur</td><td>Ausgang aus notwendigem Flur ins Freie</td><td>zweiter Ausgang aus notwendigem Flur ins Freie</td><td rowspan="3">geeignete Stelle mit beliebiger Lage innerhalb der jeweiligen Nutzungseinheit</td></tr>
<tr><td>OG</td><td rowspan="2">Ausgang aus notwendigem Flur zur notwendigen Treppe und von dort ins Freie</td><td rowspan="2">zweiter Ausgang aus notwendigem Flur zur zweiten notwendigen Treppe und von dort ins Freie*)</td></tr>
<tr><td>Ausgebautes DG</td></tr>
<tr><td>Speicher</td><td>keine Anforderungen</td><td>notwendige Treppe</td><td colspan="2">nicht erforderlich</td></tr>
<tr><td>Maisonette</td><td colspan="4">von jeder Stelle eines AR bis zum Ausgang in den notwendigen Treppenraum oder ins Freie ≤ 35 m sowie weitere Anforderungen (siehe Punkt 7.9)</td></tr>
</table>

*) Beide Rettungswege dürfen innerhalb des Geschosses über denselben notwendigen Flur führen.

7.4 Gebäude der GK 3 bis 5 mit Nichtstandardnutzungseinheiten *mit* notwendigem Flur

Zu den Nichtstandardnutzungseinheiten zählen Büro- und Verwaltungsnutzungen mit mehr als 400 m² und sonstige Nutzungen, die nicht dem Wohnen dienen mit mehr als 200 m². Sie benötigen in diesem Fall einen notwendigen Flur. Definition siehe Punkt 3.1, Beispiele siehe Bilder 3.4-1 bis 3.4-5 in diesem Kapitel.

<table>
<tr><th colspan="5">Gebäude der GK 3 bis 5 mit Nichtstandardnutzungseinheiten mit notwendigem Flur gemäß MBO 2002</th></tr>
<tr><th rowspan="2"></th><th colspan="2">Erster Rettungsweg</th><th colspan="2">Zweiter Rettungsweg</th></tr>
<tr><th>horizontal</th><th>vertikal</th><th>baulich oder →</th><th>Leitern der Feuerwehr</th></tr>
<tr><td>KG</td><td colspan="4">siehe Punkt 7.2</td></tr>
<tr><td>EG</td><td rowspan="3">• von jeder Stelle eines AR bis zum Ausgang in den notwendigen Treppenraum oder ins Freie ≤ 35 m
• Weg innerhalb des jeweiligen AR ohne Anforderungen
• Ausgang aus dem AR in den notwendigen Flur (Bei zwei baulichen Rettungswegen führen beide Rettungswege über den gleichen Ausgang zum notwendigen Flur)
• notwendiger Flur</td><td>Ausgang aus notwendigem Flur ins Freie</td><td>zweiter Ausgang aus notwendigem Flur ins Freie</td><td rowspan="3">geeignete Stelle innerhalb der jeweiligen Nutzungseinheit (Erläuterungen zur Lage enthalten Punkt 3.4.3 und Bild 3.4-2 in diesem Kapitel)</td></tr>
<tr><td>OG</td><td rowspan="2">Ausgang aus notwendigem Flur zur notwendigen Treppe und von dort ins Freie</td><td rowspan="2">zweiter Ausgang aus notwendigem Flur zur zweiten notwendigen Treppe und von dort ins Freie*)</td></tr>
<tr><td>Ausgebautes DG</td></tr>
<tr><td>Speicher</td><td>keine Anforderungen</td><td>notwendige Treppe</td><td colspan="2">nicht erforderlich</td></tr>
<tr><td>Maisonette</td><td colspan="4">von jeder Stelle eines AR bis zum Ausgang in den notwendigen Treppenraum oder ins Freie ≤ 35 m sowie weitere Anforderungen (siehe Punkt 7.9)</td></tr>
</table>

*) Beide Rettungswege dürfen innerhalb des Geschosses über denselben notwendigen Flur führen.

7.3
Seite 92 | Rettungswege

7.5 Gebäude der GK 3 bis 5 mit Nichtstandardnutzungseinheiten *ohne* notwendigen Flur

Definitionen der Nichtstandardnutzungseinheiten sind in Punkt 7.4 und Punkt 3.1 enthalten. Die Nichtstandardnutzungseinheiten werden in diesem Fall ohne notwendigen Flur ausgeführt. Beispiele siehe Bilder 3.5-1 und 3.5-2.

<table>
<tr><th colspan="5">Gebäude der GK 3 bis 5 mit Nichtstandardnutzungseinheiten ohne notwendigen Flur gemäß MBO 2002</th></tr>
<tr><th rowspan="2"></th><th colspan="2">Erster Rettungsweg*)</th><th colspan="2">Zweiter Rettungsweg*)</th></tr>
<tr><th>horizontal</th><th>vertikal</th><th>baulich oder →</th><th>Leitern der Feuerwehr</th></tr>
<tr><td>EG</td><td rowspan="3">• von jeder Stelle eines AR bis zum Ausgang in den notwendigen Treppenraum oder ins Freie ≤ 35 m
• Da ein notwendiger Flur fehlt, sind entsprechende Kompensationsmaßnamen erforderlich, z.B. zwei oder mehrere möglichst entgegengesetzt liegende Ausgänge.
• Je nach Nutzung, Größe und Grundriss der NE bestehen weitergehende Anforderungen, z.B. zweiter (vertikaler) baulicher Rettungsweg, Brandmeldeanlage mit Evakuierungsalarm usw.</td><td>Ausgang aus NE ins Freie</td><td>zweiter entgegengesetzt liegender Ausgang aus NE ins Freie</td><td rowspan="3">geeignete Stelle innerhalb der jeweiligen Nutzungseinheit, nur möglich, wenn keine Bedenken wegen der Personenrettung bestehen (Erläuterungen enthält Punkt 3.5 in diesem Kapitel)</td></tr>
<tr><td>OG</td><td rowspan="2">Ausgang aus NE zur notwendigen Treppe und von dort ins Freie</td><td rowspan="2">zweiter entgegengesetzt liegender Ausgang aus NE zur zweiten notwendigen Treppe und von dort ins Freie</td></tr>
<tr><td>Ausgebautes DG</td></tr>
</table>

*) Eine Abstimmung der Rettungswege mit der für den Brandschutz zuständigen Stelle ist empfehlenswert. Für bestimmte Lösungen ist eine Abweichung (Ausnahme/Befreiung) erforderlich.

7.6 Rettungswege im Erdgeschoss

In ebenerdigen Geschossen besteht eine günstige Situation. Wird der zweite Rettungsweg über geeignete Fenster hergestellt, muss für die Flucht bzw. Selbstrettung in der Regel nicht das Eintreffen der Feuerwehr abgewartet werden.

Außerdem ist es im Erdgeschoss natürlich relativ einfach, zwei bauliche Rettungswege durch zusätzliche Ausgangstüren herzustellen. Grundsätzlich sollte allerdings beachtet werden, dass Nichtstandardnutzungseinheiten (Definition siehe Punkt 3.1) auch im EG einen notwendigen Flur oder entsprechende Kompensationsmaßnahmen benötigen.

7.3 Seite 94	Rettungswege	

7.6-1 Gebäude der Gebäudeklasse 5 im EG mit zwei Werkstätten

Die linke Werkstatt hat eine Größe bis 200 m² und benötigt keinen notwendigen Flur:
1. RW: Ausgang zum Treppenraum und von dort ins Freie; 2. RW: ein geeignetes Fenster.

Die rechte Werkstatt ist größer als 200 m² (z.B. 250 m²). Die dargestellten Rettungswege sind unfachgerecht und entsprechen nicht dem bauordnungsrechtlichen System. Es fehlt ein notwendiger Flur, der direkt an den Treppenraum oder an einen Ausgang ins Freie angeschlossen ist. Beispiele für fachgerechte Ausführung siehe Bilder 7.6-2 und 7.6-3.

Gebäudeklasse 5 im EG

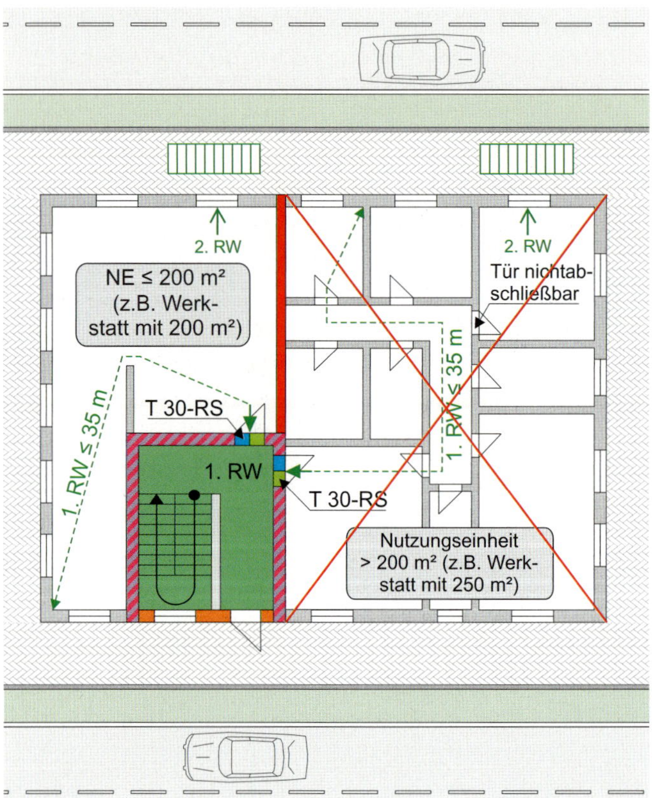

7.6-2 Gleiches Gebäude wie in Bild 7.6-1

Richtige Ausführung der Rettungswege in der rechten Werkstatt durch Anordnung eines notwendigen Flurs: 1. RW: notwendiger Flur, Ausgang in den Treppenraum und von dort ins Freie; 2. RW: ein geeignetes Fenster.

Gebäudeklasse 5 im EG

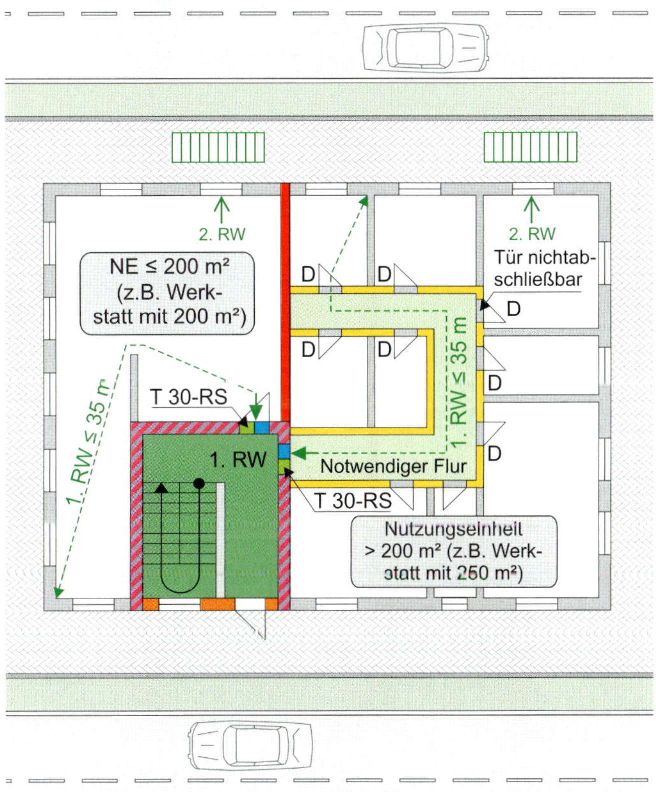

7.3 Seite 96	Rettungswege	

7.6-3 Gleiches Gebäude wie in Bild 7.6-1

Richtige Ausführung der Rettungswege in der rechten Werkstatt durch Anordnung eines zweiten Ausgangs. Als Kompensation für den fehlenden notwendigen Flur wurde ein zweiter Ausgang ins Freie angeordnet. Eine Abstimmung mit der für den Brandschutz zuständigen Stelle ist in einem solchen Fall empfehlenswert, u.U. ist eine Abweichung (Ausnahme/Befreiung) erforderlich.

Gebäudeklasse 5 im EG

Abweichung (Ausnahme/Befreiung) erforderlich

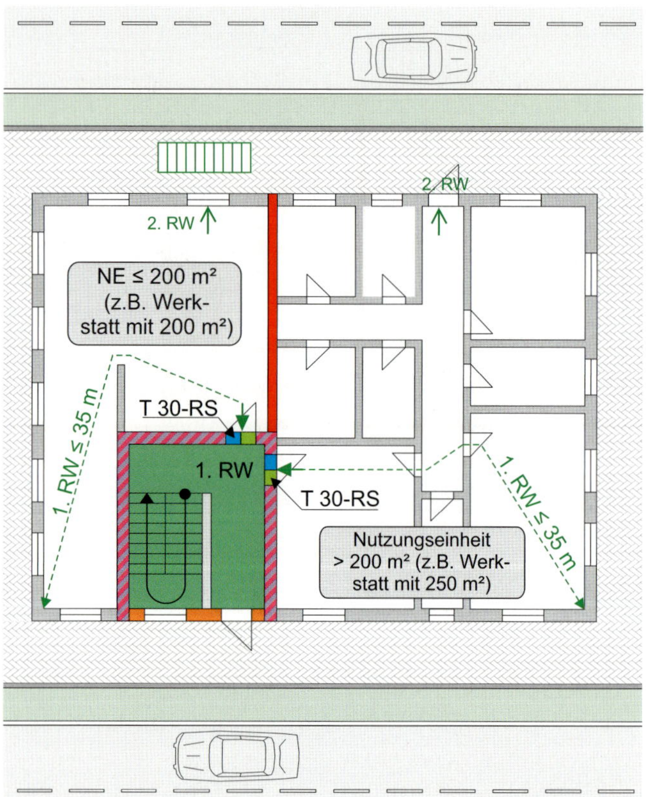

7.6-4 Gebäude der Gebäudeklasse 5 im EG mit zwei Werkstätten – Beispiel für standardmäßige Ausführung der Rettungswege

Linke Werkstatt (Standardnutzungseinheit bis 200 m²): 1. RW: Ausgang ins Freie; 2. RW: ein geeignetes Fenster.

Rechte Werkstatt (Standardnutzungseinheit größer 200 m², z.B. 250 m²): 1. RW: notwendiger Flur mit Ausgang ins Freie; 2. RW: ein geeignetes Fenster.

Gebäudeklasse 5 im EG

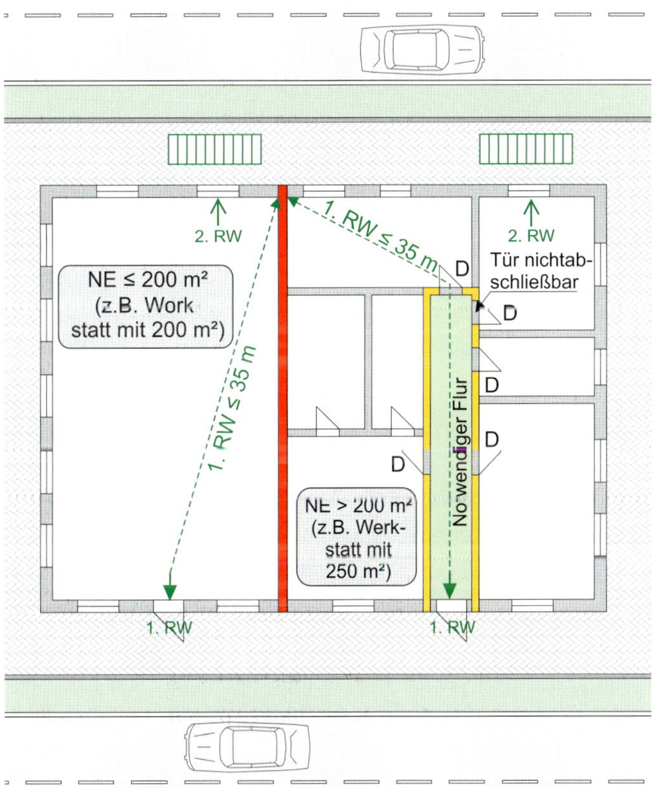

7.3
Seite 98

Rettungswege

7.6-5 Gleiches Gebäude wie in Bild 7.6-4 – Beispiel mit nicht standardmäßiger Ausführung der Rettungswege

In diesem Beispiel sind alle Fenster nicht öffenbar bzw. wegen ihrer kleinformatigen Ausführung nicht als zweiter Rettungsweg geeignet. Deshalb sollen beide Rettungswege aus der einzigen Zugangstür ins Freie führen.

Frage: Ist das gemäß den bauordnungsrechtlichen Anforderungen zulässig?

Antwort: Es ist nicht ohne Weiteres zulässig. § 33 der MBO bezieht sich zwar im Wesentlichen auf eine redundante Ausführung der vertikalen Rettungswege, die allgemeine Schutzzielanforderung lautet jedoch: *„Für Nutzungseinheiten mit mindestens einem Aufenthaltsraum wie Wohnungen, Praxen, selbstständige Betriebsstätten* müssen in **jedem Geschoss** *mindestens* **zwei voneinander unabhängige** ***Rettungswege*** *ins Freie vorhanden sein; beide Rettungswege dürfen jedoch innerhalb des Geschosses über denselben notwendigen Flur führen."*

Die Rettungswege der linken Werkstatt sind danach zunächst nicht in Ordnung, da sie nicht voneinander unabhängig sind. Bei der rechten Werkstatt ist es schon nicht mehr so eindeutig, da die MBO ja extra angibt, dass beide Rettungswege innerhalb eines Geschosses (also auch innerhalb des Erdgeschosses) über denselben notwendigen Flur führen dürfen. Somit stellt sich nur noch die Frage, wie es ab dem Ausgang aus dem notwendigen Flur weitergehen muss. Hier lässt die MBO Stichflure zu Sicherheitstreppenräumen zu, die bis zu 15 m sein dürfen (siehe Bild 7.6-7). Damit dürfte ein Flur, der direkt ins Freie führt, eine akzeptable Lösung darstellen.

Würde man die beiden Werkstätten im 5. OG anordnen und an einen notwendigen Flur anschließen, der zu zwei möglichst entgegengesetzt liegenden notwendigen Treppen führt, wäre die Ausführung baurechtlich wieder in Ordnung und könnte problemlos realisiert werden. Dabei ist die eben geschilderte Situation im 5. OG wesentlich ungünstiger als im EG, wo ohne notwendigen Flur sofort das Freie erreicht werden kann (siehe Bild 7.6-6).

Alternativ wäre es nach dem Bauordnungsrecht auch zulässig, einen Sicherheitstreppenraum anzuordnen. In diesem Fall kann auf den zweiten (vertikalen) Rettungsweg verzichtet werden. Die Ausgänge aus den beiden Werkstätten direkt ins Freie sind mit Ausgängen in Sicherheitstreppenräume vergleichbar, so dass sie eine gleichwertige Sicherheit bieten. Allerdings ist in diesem Fall darauf zu achten, dass Stichflure zum Sicherheitstreppenraum nicht länger als 15 m sein dürfen (siehe Bild 7.6-7).

Nach diesen vorstehenden Überlegungen ist die in Bild 7.6-5 dargestellte Rettungswegsituation nicht ungünstiger, sondern teilweise sogar besser als bestimmte gemäß dem bauordnungsrechtlichen System der Rettungswege zulässige Lösungen. Deshalb wäre sie auch grundsätzlich möglich. Allerdings ist hierfür eine entsprechende Abweichung (Ausnahme/Befreiung) notwendig. Im Zweifelsfall ist eine Abstimmung mit den für den Brandschutz zuständigen Stellen empfehlenswert.

7.6-5

Anmerkung: Das bauordnungsrechtliche System der Rettungswege berücksichtigt bei Standardbauten nicht den Brand in der eigenen Nutzungseinheit. Eine wesentliche Verbesserung der Situation ist mit Wohnungsrauchmeldern möglich (siehe Punkt 3.2.4, Szenario 2 in diesem Kapitel).

Gebäudeklasse 5 im EG

Abweichung (Ausnahme/Befreiung) erforderlich

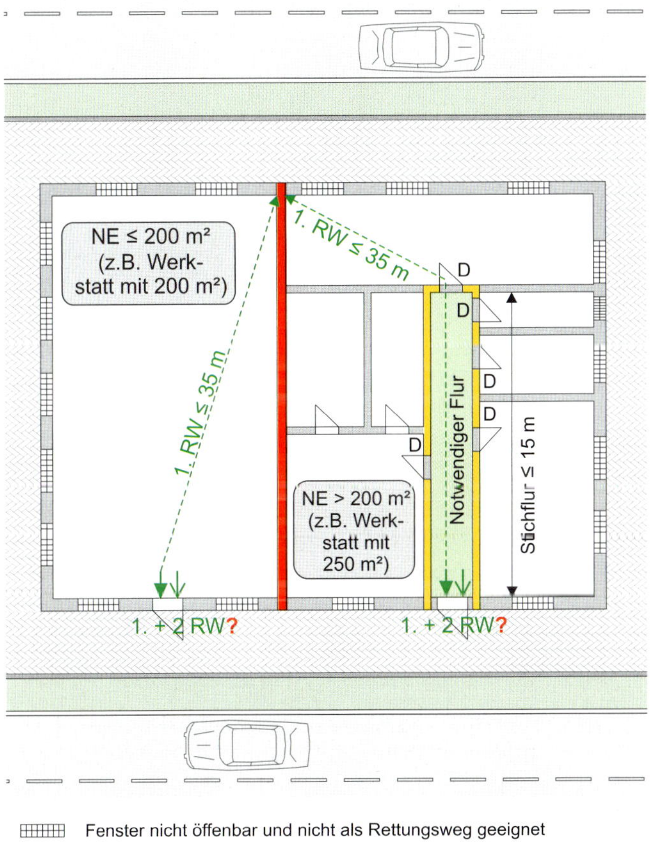

7.3
Seite 100

Rettungswege

7.6-6 Beispiel für eine Verlegung des in Bild 7.6-5 dargestellten Grundrisses in das 5. OG mit notwendigem Flur und zwei notwendigen Treppen

Hier ist die Rettungswegführung über den gemeinsamen notwendigen Flur gemäß LBO problemlos zulässig. Die Situation im 5. OG ist jedoch deutlich ungünstiger als im EG, da im 5. OG unter ungünstigen Umständen Feuer und Rauch in den notwendigen Flur eindringen können. Weitere Erläuterungen siehe Bild 7.6-5; weiteres Beispiel siehe Bild 3.3-3.

Gebäudeklasse 5 im 5. OG

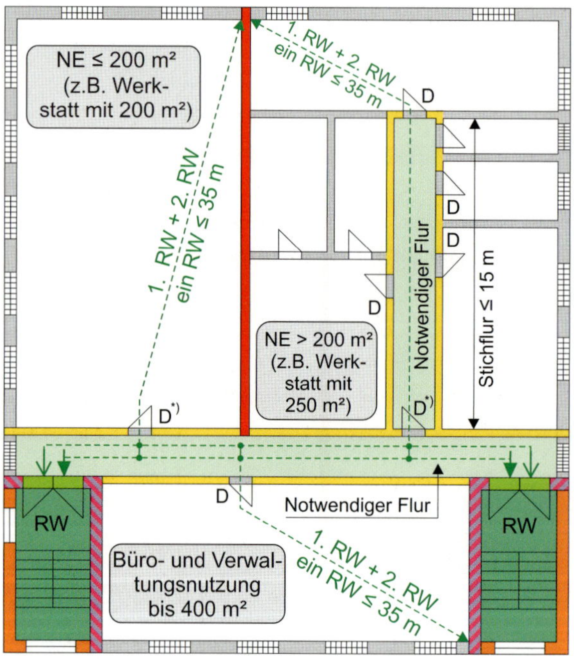

Fenster nicht öffenbar und nicht als Rettungsweg geeignet

*) Empfehlung: T 30-RS

7.6-7 Beispiel für eine Verlegung des in Bild 7.6-5 dargestellten Grundrisses in das 5. OG mit Sicherheitstreppenräumen

Auch diese Rettungswegführung ist problemlos zulässig. Ein zweiter Rettungsweg ist dann nach LBO nicht erforderlich. Die Situation im 5. OG mit Sicherheitstreppenräumen ist jedoch vergleichbar mit den Ausgängen ins Freie im EG. In beiden Fällen können Feuer und Rauch den weiteren Rettungsweg nicht beeinträchtigen. Weitere Erläuterungen siehe Bild 7.6-5.

Gebäudeklasse 5 im 5. OG

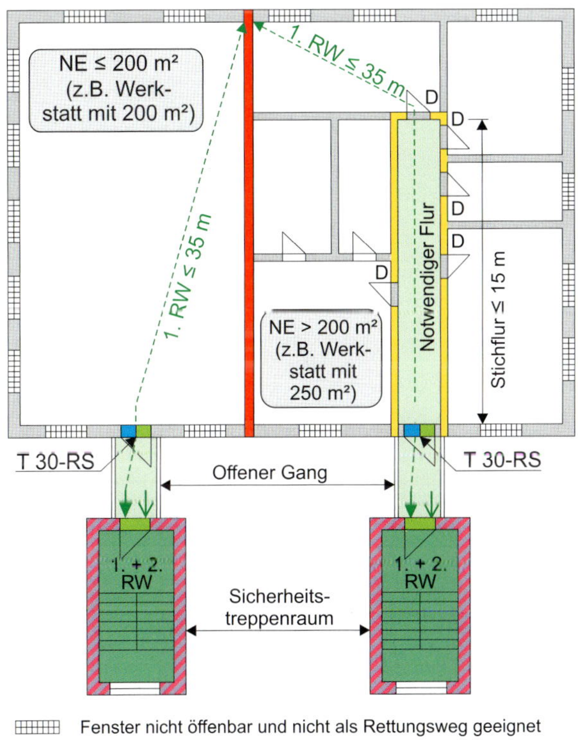

7.3 Seite 102 Rettungswege

7.7 Rettungswege im Kellergeschoss

Den Brandschutz in Kellergeschossen behandelt ausführlich Kapitel 8.30 in diesem Werk.

Die Mindestgröße und Zugänglichkeit der für die Rettung erreichbaren Stelle im Kellergeschoss entspricht denen in Obergeschossen (siehe Punkt 5.2.1). Von diesem Fenster muss das Freie erreicht werden können.

Die maximale Brüstungshöhe beträgt 1,20 m. In Kellergeschossen wird diese Höhe häufig überschritten. In diesen Fällen ist eine Abweichung (Ausnahme/Befreiung) erforderlich. Eine Kompensation ist in der Regel problemlos mit entsprechenden Ausstiegshilfen möglich. Diese müssen jedoch fest montiert sein.

Führt der Weg ins Freie über einen **Lichtschacht,** muss dieser ausreichend groß sein. Das Abdeckungsgitter muss von unten jederzeit ohne fremde Hilfsmittel zu öffnen bzw. zu entfernen sein. Darauf darf nichts abgestellt werden (können). Die Mindestbrüstungshöhe des Lichtschachtes beträgt ebenfalls 1,20 m. Falls diese nicht eingehalten wird, ist eine entsprechende Abweichung (Ausnahme/Befreiung) notwendig. Kompensation ist wie beim Kellerfenster möglich.

Im Zweifelsfall ist eine Abstimmung mit der für den Brandschutz zuständigen Stelle empfehlenswert.

7.7.1 Übereinanderliegende Kellergeschosse

Dieses Thema behandelt ausführlich Kapitel 8.30 in diesem Werk.

7.7.2 Kellergeschosse ohne Aufenthaltsräume

Wenn in Kellergeschossen keine Aufenthaltsräume vorhanden sind, ist nur ein baulicher Rettungsweg erforderlich.

An den horizontalen Teil dieses Rettungsweges bestehen keine besonderen Anforderungen mit Ausnahme der Bestimmung in MBO 2002, dass von jeder Stelle eines Kellergeschosses mindestens ein Ausgang in einen notwendigen Treppenraum oder ins Freie in höchstens 35 m erreichbar sein muss.

Der vertikale Teil des Rettungsweges besteht aus einer notwendigen Treppe, die in einem notwendigen Treppenraum liegen muss. Alternativ wäre auch eine Kelleraußentreppe möglich, wenn ihre Nutzung ausreichend sicher ist und im Brandfall nicht gefährdet werden kann.

7.7-1 Beispiel für ein Kellergeschoss ohne Aufenthaltsraum

Es ist nur ein baulicher Rettungsweg erforderlich. Die maximale Rettungsweglänge von 35 m muss jedoch eingehalten werden (gemessen in Lauflinie, jedoch nicht durch feste Einbauten und Wände).

Gebäudeklasse 5 im KG

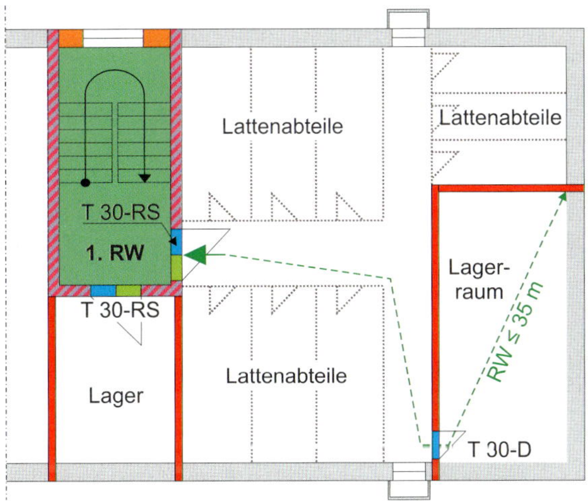

2. Rettungsweg nicht notwendig, da kein Aufenthaltsraum im Kellergeschoss vorhanden ist.

Legende

- 1. RW
- 2. RW: ein als 2. RW geeignetes Fenster

7.7.3 Kellergeschosse mit Aufenthaltsräumen

Ist im Kellergeschoss auch nur ein Aufenthaltsraum vorhanden, kann dies bezüglich der Rettungswege zu relativ aufwändigen Anforderungen führen.

Wichtig ist in diesem Zusammenhang, ob es sich um eine Standardnutzungseinheit handelt (Definition siehe Punkt 3.1, Beispiel siehe Bild 7.7-2) oder um eine Kellernutzung, in die ein *fremder* Aufenthaltsraum angeordnet wurde, der nicht einer eigenen Standardnutzung zuzuordnen ist (Beispiele siehe Bilder 7.7-3 und 7.7-4).

7.3 Seite 104	Rettungswege	

7.7-2 Beispiel für ein Kellergeschoss mit einer Standardnutzungseinheit, die nicht dem Wohnen dient (bis 200 m², z.B. Werkstatt)

Diese Nutzungseinheit könnte auch im EG oder in einem OG liegen. Hier ist kein notwendiger Flur erforderlich. Der erste Rettungsweg führt in den notwendigen Treppenraum. Für den zweiten Rettungsweg ist ein geeignetes Fenster notwendig. Die Lage dieses Fensters innerhalb der Nutzungseinheit ist beliebig.

Es ist jedoch darauf zu achten, dass dieses Fenster für den zweiten Rettungsweg geeignet ist. Falls z.B. die Brüstungshöhe von maximal 1,20 m nicht eingehalten werden kann, werden eine Abweichung (Ausnahme/Befreiung) und Kompensation (z.B. fest montierte Ausstiegshilfe) benötigt. Im Zweifelsfall ist eine Abstimmung mit der für den Brandschutz zuständigen Stelle empfehlenswert.

Gebäudeklasse 5 im KG

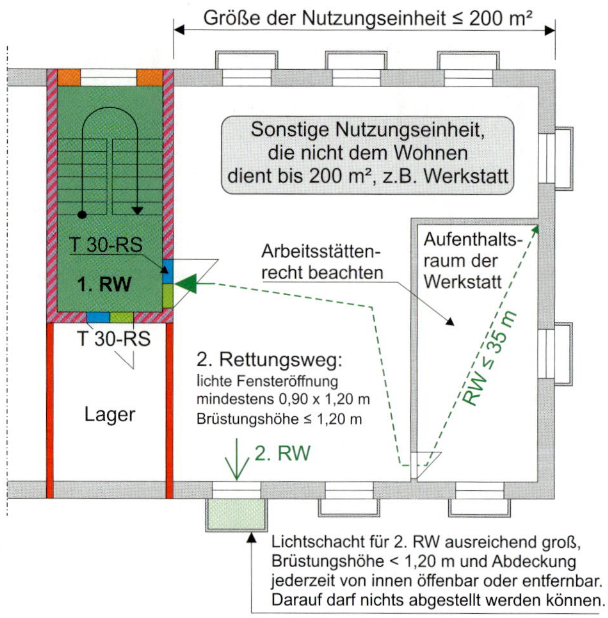

7.7-3 Beispiel für eine übliche Kellernutzung mit zweiter kleiner Nutzungseinheit

Innerhalb dieser Nutzungseinheit *Kellergeschoss*, wurde ein *fremder* Aufenthaltsraum angeordnet (z.B. Werkstatt), der eine weitere kleine Nutzungseinheit bildet.

Dieser Aufenthaltsraum benötigt deshalb zwei Rettungswege. Da der erste Rettungsweg durch die nicht mit dem Aufenthaltsraum in funktionaler Verbindung stehende Kellernutzung führt, ist ein notwendiger Flur erforderlich, der nach MBO 2002 in Kellergeschossen feuerbeständig abgetrennt werden muss (Türen T 30-D). Auch die *fremde* Nutzungseinheit (der Aufenthaltsraum) ist feuerbeständig abzutrennen (Tür T 30-D).

Als zweiter Rettungsweg ist ein hierfür geeignetes Fenster, das jetzt im Aufenthaltsraum liegen muss, erforderlich (siehe hierzu auch Bild 7.7-2).

Die dargestellte Lösung ist wegen des im KG erforderlichen notwendigen Flurs sehr aufwändig und in der Regel in der Praxis nicht realisierbar. Eine Alternative enthält Bild 7.7-4.

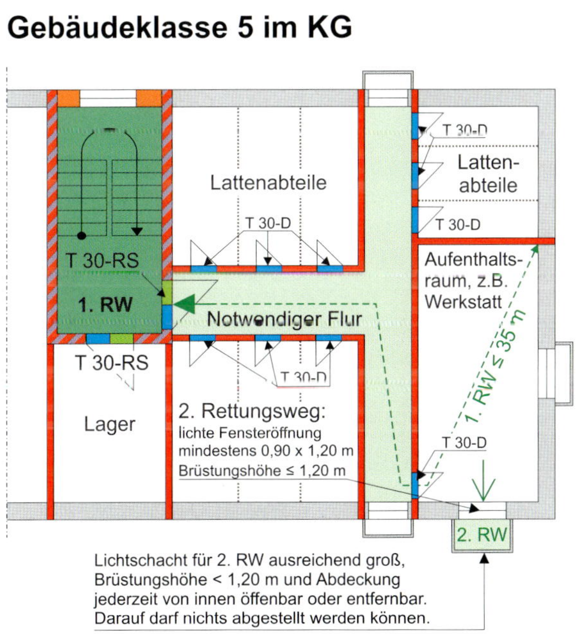

7.3 Seite 106	Rettungswege	

7.7-4 Alternative zu Bild 7.7-3

Bei dieser Lösung führt der erste Rettungsweg über die Kelleraußentreppe, die als notwendige Treppe ausgeführt wird. Der zweite Rettungsweg kann über den Keller erfolgen. Hierfür ist jedoch eine entsprechende Abweichung (Ausnahme/Befreiung) erforderlich.

Alternativ wäre es auch denkbar, den zweiten Rettungsweg über die gleiche Kelleraußentreppe zu führen. Dies entspricht zwar formal nicht dem allgemeinen Rettungswegparagrafen (§ 33 MBO), der grundsätzlich fordert, dass jeder Aufenthaltsraum zwei voneinander unabhängige Rettungswege haben muss. Allerdings wäre es zulässig, beide Rettungswege innerhalb eines Geschosses über einen gemeinsamen notwendigen Flur zu führen (siehe Bilder 7.6-5 bis 7.6-7). Da die Kelleraußentreppe viel sicherer ist als ein gemeinsamer notwendiger Flur, ist diese Lösung möglich. Auch hierfür wird eine Abweichung (Ausnahme/Befreiung) benötigt.

Gebäudeklasse 5 im KG

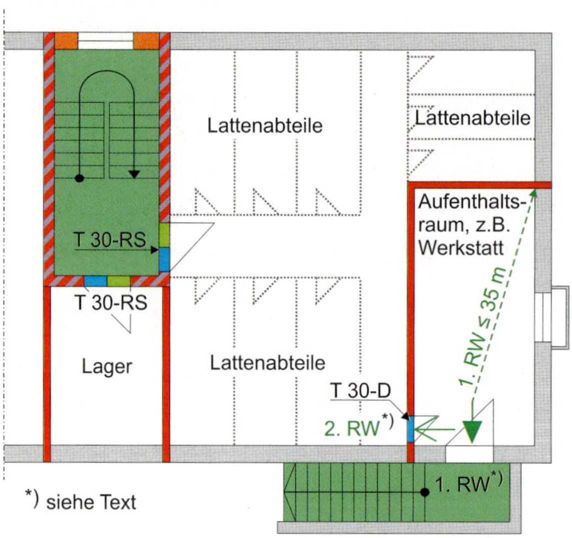

7.8 Rettungswege im Dachgeschoss

Mindestgröße und Zugänglichkeit der für die Rettung erreichbaren Stelle im Dachgeschoss sind in Punkt 5.2.1 enthalten. Maisonette-Wohnungen behandelt der folgende Punkt 7.9.

7.8.1 Dachgeschosse ohne Aufenthaltsräume

Sind im benutzbaren Dachraum keine Aufenthaltsräume vorhanden, ist nur ein baulicher Rettungsweg erforderlich, der an die notwendige Treppe angeschlossen sein muss. Eine Entfernungsanforderung wie im KG, wo von jeder Stelle in maximal 35 m Entfernung eine notwendige Treppe oder ein Ausgang ins Freie erreichbar sein muss, besteht im DG nicht. Allerdings ist es empfehlenswert, bei einem benutzbaren Dachraum, der ähnlich wie ein KG benutzt wird (Trockenraum, Speicherabteile, Haustechnikräume), diese Entfernung ebenfalls einzuhalten.

7.8.2 Ausgebaute Dachgeschosse mit Aufenthaltsräumen

Werden im Dachraum Aufenthaltsräume angeordnet, z.B. bei ausgebauten Dachgeschossen, müssen diese natürlich genauso wie in den übrigen Geschossen alle Anforderungen an den ersten und zweiten Rettungsweg erfüllen. Dabei bestehen im Wesentlichen zwei besondere Situationen:

- Zum einen ist der zweite Rettungsweg durch mit Rettungsgeräten der Feuerwehr erreichbare Stellen in Dachflächen schwieriger herzustellen. Bei einstufig ausgebauten Dachgeschossen ist dies in der Regel noch problemlos möglich. Sollen dagegen höhere Dachgeschosse zweistufig (zweigeschossig) ausgebaut werden, kann der zweite Rettungsweg durch mit Rettungsgeräten der Feuerwehr erreichbare Stellen in den Dachflächen des oberen Geschosses in der Regel nicht mehr hergestellt werden, bzw. es sind entsprechend aufwändige (und meist auch hässliche) Auf- und Einbauten notwendig. Problematisch kann auch die Nichteinsehbarkeit der anleiterbaren Stellen von unten sein. Die zu rettenden Personen müssen sich bei der Feuerwehr bemerkbar machen können. Davon ausgenommen sind natürlich Dachgeschosse mit Giebelwänden. Hier besteht bezüglich der Anleiterbarkeit die gleiche Situation wie in Normalgeschossen.
- Zum anderen besteht bei ausgebauten Dachgeschossen das Tragwerk meist aus Holz. Dort ist über die in solchen Konstruktionen oft vorhandenen Hohlräume in Verbindung mit den verwendeten brennbaren Bau- und Dämmstoffen oft eine relativ schnelle Brandausbreitung möglich.

7.3
Seite 108

Rettungswege

7.8-1 Beispiel für die Sicherstellung des zweiten Rettungsweges mit Rettungsgeräten der Feuerwehr durch Dachflächenfenster

Liegt die anleiterbare Stelle in Dachschrägen oder Dachaufbauten, darf ihre Unterkante oder ein davorliegender Austritt von der Traufkante horizontal nicht mehr als 1 m entfernt sein. Außerdem müssen die anleiterbaren Stellen von unten ausreichend einsehbar sein, so dass sich die zu rettenden Personen bemerkbar machen können.

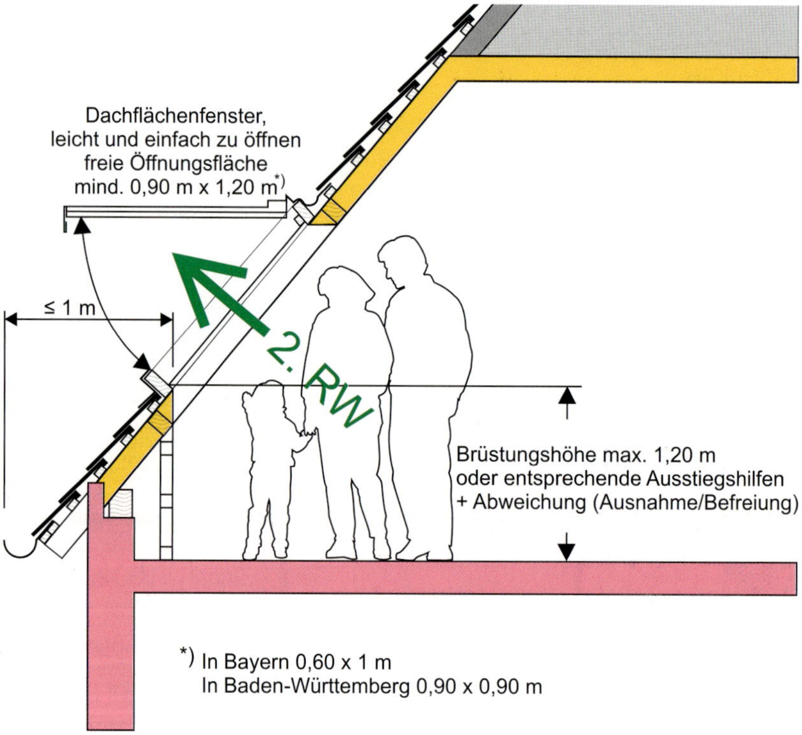

7.8-2 Beispiel für die Sicherstellung des zweiten Rettungsweges mit Rettungsgeräten der Feuerwehr bei einem Abstand von mehr als 1 m von der Traufkante

Für diese Ausführung ist eine Abstimmung mit der für den Brandschutz zuständigen Stelle empfehlenswert. Außerdem wird eine Abweichung (Ausnahme/Befreiung) benötigt.

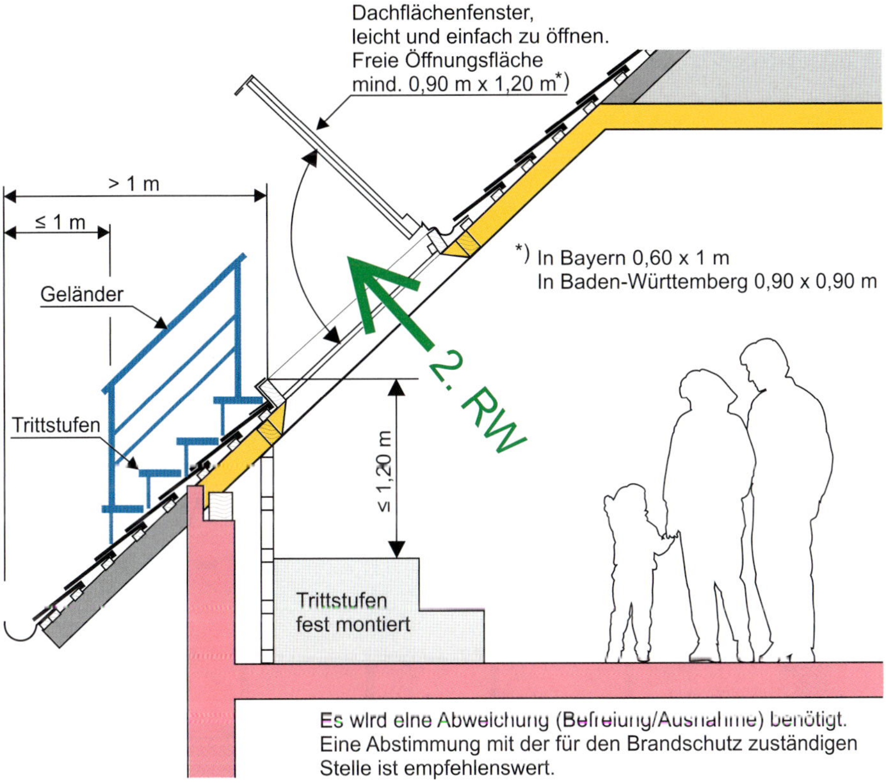

7.3 Seite 110	Rettungswege	

7.8-3 bis 7.8-5 Dachaustritt mit Ausstiegspodest und Leiter – nicht schön, aber besser, als im Brandfall „in der Falle zu sitzen“

7.8-3

7.8-4

7.8-5

Rettungswege

7.3
Seite 111

7.8-6 Unzulässige Ausführung des zweiten Rettungsweges, da das Dachflächenfenster mit der Drehleiter nicht erreichbar ist (Foto: Berufsfeuerwehr München)

7.8-7 Problematik: Erreichbarkeit der Dachgeschosswohnung mit Leitern der Feuerwehr (Foto: Berufsfeuerwehr München)

7.8-8 Nur eine Notlösung in Bestandsgebäuden, wenn keine andere Möglichkeit besteht, den zweiten Rettungsweg herzustellen – als Regelausführung unzulässig (Benutzbarkeit im Winter)

Eine Abstimmung mit der für den Brandschutz zuständigen Stelle und entsprechende Abweichung (Ausnahme/Befreiung) ist erforderlich. (Foto: Berufsfeuerwehr München)

7.3 Seite 112 Rettungswege

7.9 Maisonette-Wohnungen und -Nutzungseinheiten

7.9.1 Definition und Situation im Brandfall

Gemäß MBO 2002 sind bei Maisonette-Wohnungen und -Nutzungseinheiten innerhalb derselben Nutzungseinheit von insgesamt nicht mehr als 200 m^2 höchstens zwei Geschosse durch eine offene Treppe miteinander verbunden. Dies ist jedoch nur zulässig, wenn in jedem Geschoss ein anderer Rettungsweg erreicht werden kann.

Die Maisonette-Wohnungen können in beiden Ebenen jeweils an den notwendigen Treppenraum angeschlossen sein. In diesen Fällen besteht bezüglich der Rettungswege eine relativ günstige Situation, da die Maisonette-Wohnung damit praktisch zwei Ausgänge in zwei Ebenen hat, was im Brandfall die Flucht und Selbstrettung erleichtert.

Maisonette-Wohnungen, die nur in einer Ebene (z.B. beim zweigeschossigen Dachausbau) einen Anschluss an den notwendigen Treppenraum haben, sind aus der Sicht des vorbeugenden Brandschutzes deutlich ungünstiger als Geschosswohnungen. Die ungesicherte Deckenöffnung in der (eigentlich raumabschließenden und feuerwiderstandsfähigen) Decke für die innere Verbindungstreppe ermöglicht bei einem eventuellen Brand im unteren Wohnungsteil eine meist ungehinderte und schnelle Ausbreitung von Feuer und Rauch in die obere Wohnungsebene.

Handelt es sich bei dem gemäß Bauordnung notwendigen *anderen Rettungsweg* in der oberen Ebene nur um ein von der Feuerwehr anleiterbares Fenster (was bei Wohngebäuden die Regel ist), kann es bei einem eventuellen Brand in der unteren Ebene schnell „eng" werden, da oben meist die Schlafräume angeordnet sind. Besonders nachts besteht die Gefahr, dass die Bewohner vom Feuer überrascht werden und der Weg zum notwendigen Treppenraum über die interne Treppe nach unten nicht mehr möglich ist.

In diesem Fall wäre theoretisch der zweite Rettungsweg in der oberen Ebene in Form eines mit Rettungsgeräten der Feuerwehr erreichbaren Fensters vorhanden. Voraussetzung für dessen Nutzung ist jedoch, dass es möglich ist, das Eintreffen der Feuerwehr und Aufstellen der Rettungsgeräte abzuwarten. Die offene Verbindungstreppe wirkt nämlich wie ein Schornstein und Feuer und Rauch können sich schnell nach oben ausbreiten, so dass für die Personen in der oberen Maisonette-Ebene akute Lebensgefahr besteht.

Allerdings gilt für Maisonette-Wohnungen und -Nutzungseinheiten das Gleiche wie für alle anderen in der MBO geregelten Nutzungseinheiten von Standardbauten: Im bauaufsichtlichen System der Rettungswege wird ein eventueller Brand in der eigenen Nutzungseinheit nicht berücksichtigt.

Eine wesentliche Verbesserung der Situation wäre auch bei Maisonette-Wohnungen durch Wohnungsrauchmelder möglich, die rechtzeitig alarmieren und noch die Flucht über die interne Verbindungstreppe nach unten und von dort in den notwendigen Treppenraum ermöglichen. Solche Rauchmelder sind zurzeit nur in einigen Ländern vorgeschrieben. Wo sie nicht vorgeschrieben sind, ist es dringend zu empfehlen, sie in Maisonette-Wohnungen freiwillig anzuordnen (siehe Punkt 3.2.4, Szenario 2 in diesem Kapitel).

In der MBO 2002 und den LBOs sind die Rettungswege in Maisonette-Wohnungen und -Nutzungseinheiten wie in den folgenden Abschnitten aufgeführt geregelt.

7.9.2 Maisonette-Wohnungen, in beiden Ebenen an den notwendigen Treppenraum angeschlossen

Beispiele für Rettungswege in diesen Wohnungen enthalten die Bilder 7.9-1 und 7.9-3 (mit Alternative A) und Bild 7.9-5 (Alternative B) in Abschnitt 7.9.4:

- 1. RW in der oberen Maisonette-Ebene: Ausgang in den notwendigen Treppenraum
- 2. RW in der oberen Maisonette-Ebene: eine mit Rettungsgeräten der Feuerwehr erreichbare Stelle oder Alternative A (s.u.).
- 1. RW in der unteren Maisonette-Ebene: Ausgang in den notwendigen Treppenraum
- 2. RW in der unteren Maisonette-Ebene: eine mit Rettungsgeräten der Feuerwehr erreichbare Stelle oder Alternative B (s.u.).

Da die hier behandelten Maisonette-Wohnungen in beiden Ebenen an den notwendigen Treppenraum angeschlossen sind, gibt es zur Gewährleistung der erforderlichen Rettungswege folgende Alternativen. Dabei ist jedoch immer nur eine Alternative möglich, also A oder B.

Alternative A: In der **oberen Maisonette-Ebene** ist keine mit Rettungsgeräten der Feuerwehr erreichbare Stelle möglich. Diese Situation besteht häufig, wenn eine oder beide Ebenen im Dachgeschoss liegen. In diesen Fällen kann der zweite Rettungsweg in der oberen Maisonette-Ebene alternativ wie folgt hergestellt werden (siehe Bilder 7.9-1 und 7.9-3):

- 2. RW in der oberen Maisonette-Ebene: interne Verbindungstreppe in die untere Maisonetten-Ebene und von dort eine mit Rettungsgeräten der Feuerwehr erreichbare Stelle. Die interne Verbindungstreppe wird dann zur notwendigen Treppe und muss die entsprechenden Anforderungen erfüllen.

Anmerkung: Diese Lösung ist bei Maisonetten in zweistufig ausgebauten Dachgeschossen ohne Giebelwand meist die Regel, da dort in der oberen Ebene keine mit Rettungsgeräten der Feuerwehr erreichbare Stelle in der Dachfläche angeordnet werden kann. Ist es in solchen Fällen jedoch nicht möglich, den notwendigen Treppenraum bis zur oberen Ebene zu führen und die Maisonette dort anzuschließen, muss in der oberen Maisonette-Ebene zwingend eine mit Rettungsgeräten der Feuerwehr erreichbare Stelle angeordnet werden. Ist dies auch nicht möglich, kann kein zweistufiger Ausbau des Dachgeschosses mit Aufenthaltsräumen in der oberen Ebene erfolgen. Eine Alternative wäre dann nur noch der Einbau einer Galerie bzw. Empore (siehe Kapitel 7.7).

7.3 Rettungswege
Seite 114

Alternative B: In der **unteren Maisonette-Ebene** ist keine mit Rettungsgeräten der Feuerwehr erreichbare Stelle bzw. kein als zweiter Rettungsweg geeignetes Fenster möglich. Diese Situation besteht häufig, wenn die untere Ebene im KG liegt. In diesem Fall kann der zweite Rettungsweg in der unteren Maisonette-Ebene alternativ wie folgt hergestellt werden (siehe Bild 7.9-5):

- 2. RW in der unteren Maisonette-Ebene: interne Verbindungstreppe in die obere Ebene und von dort eine mit Rettungsgeräten der Feuerwehr erreichbare Stelle oder ein als zweiter Rettungsweg geeignetes Fenster. Die interne Verbindungstreppe wird dann zur notwendigen Treppe und muss die entsprechenden Anforderungen erfüllen.

7.9.3 Maisonette-Wohnungen, nur in der unteren Ebene an den notwendigen Treppenraum angeschlossen

Beispiele für Rettungswege in diesen Wohnungen enthalten die Bilder 7.9-2 und 7.9-4 in Abschnitt 7.9.4:

- 1. RW in der oberen Maisonette-Ebene: innere Verbindungstreppe (als notwendige Teppe) in die untere Ebene und von dort Ausgang in den notwendigen Treppenraum
- 2. RW in der oberen Maisonette-Ebene: eine mit Rettungsgeräten der Feuerwehr erreichbare Stelle
- 1. RW in der unteren Maisonette-Ebene: Ausgang in den notwendigen Treppenraum
- 2. RW in der unteren Maisonette-Ebene: eine mit Rettungsgeräten der Feuerwehr erreichbare Stelle.

Voraussetzung für diese Lösung ist, dass in der oberen Maisonette-Ebene eine mit den Rettungsgeräten der Feuerwehr erreichbare Stelle angeordnet wird. Ist dies nicht möglich (z.B. bei zweistufig ausgebauten DG in der oberen Ebene), muss die notwendige Treppe in das zweite DG geführt und dort an die obere Ebene angeschlossen werden (siehe Punkt 7.9-2).

7.9.4 Maisonette-Wohnungen, nur in der oberen Ebene an den notwendigen Treppenraum angeschlossen

Ein Beispiel für Rettungswege in diesen Wohnungen enthält Bild 7.9-6:

- 1. RW in der unteren Maisonette-Ebene: innere Verbindungstreppe (als notwendige Treppe) in die obere Ebene und von dort Ausgang in den notwendigen Treppenraum
- 2. RW in der unteren Maisonette-Ebene: eine mit den Rettungsgeräten der Feuerwehr erreichbare Stelle oder ein als zweiter Rettungsweg geeignetes Fenster
- 1. RW in der oberen Maisonette-Ebene: Ausgang in den notwendigen Treppenraum

Rettungswege		**7.3** Seite 115

- 2. RW in der oberen Maisonette-Ebene: eine mit den Rettungsgeräten der Feuerwehr erreichbare Stelle oder ein als zweiter Rettungsweg geeignetes Fenster.

Voraussetzung für diese Lösung ist, dass in der unteren Maisonette-Ebene eine mit den Rettungsgeräten der Feuerwehr erreichbare Stelle oder ein als zweiter Rettungsweg geeignetes Fenster angeordnet wird. Ist dies nicht möglich (z.B. bei Maisonetten im KG und EG in der Kellergeschossebene), muss die notwendige Treppe in das KG geführt und dort an die untere Maisonette-Ebene angeschlossen werden (siehe Punkt 7.9-2).

Bezüglich des zweiten Rettungsweges über das Kellerfenster und den Lichtschacht siehe sinngemäß Punkt 7.7.3 in diesem Kapitel.

7.9-1 bis 7.9-6 **Rettungswege bei Maisonette-Wohnungen**

Erläuterungen siehe unter den Punkten 7.9-2 bis 7.9-4.

7.9-1

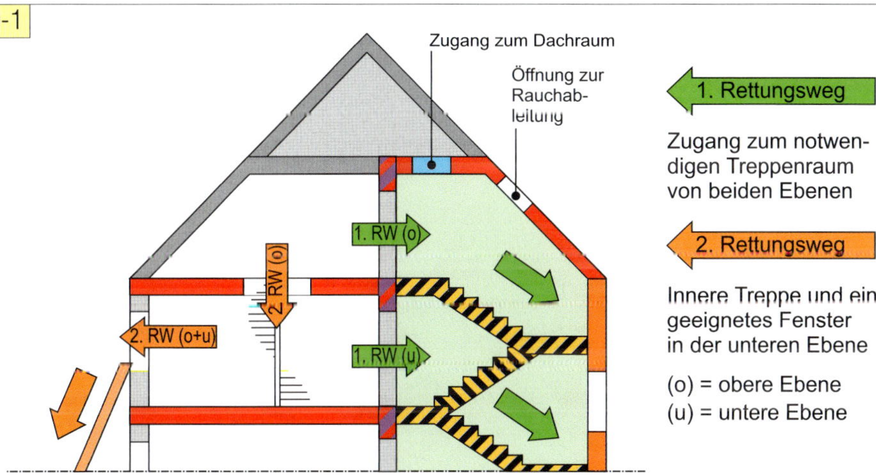

7.3 Seite 116 | Rettungswege

7.9-2

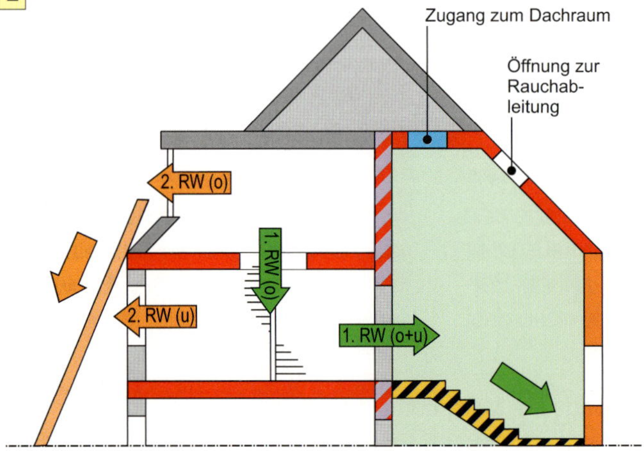

1. Rettungsweg

Innere Treppe und Zugang zum notwendigen Treppenraum in der unteren Ebene

2. Rettungsweg

Je ein geeignetes Fenster in der oberen und unteren Ebene

(o) = obere Ebene
(u) = untere Ebene

7.9-3

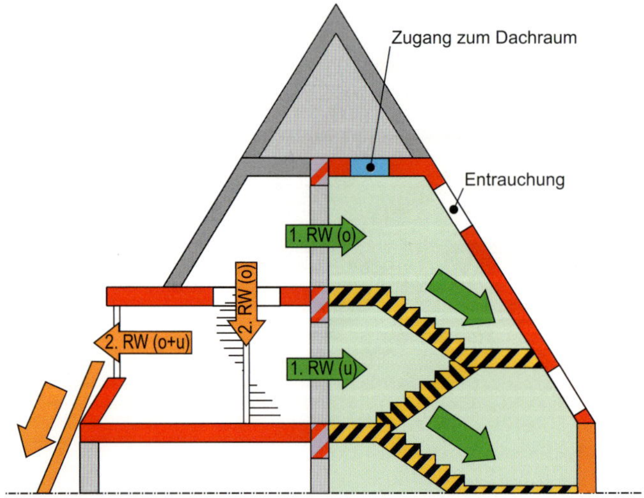

1. Rettungsweg

Zugang zum notwendigen Treppenraum von beiden Ebenen

2. Rettungsweg

Innere Treppe und ein geeignetes Fenster in der unteren Ebene

(o) = obere Ebene
(u) = untere Ebene

Rettungswege

7.3
Seite 117

7.9-4

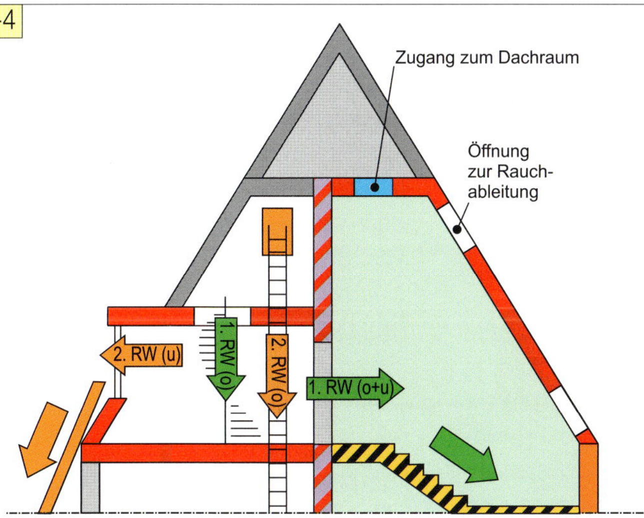

1. Rettungsweg

Innere Treppe und Zugang zum notwendigen Treppenraum in der unteren Ebene

2. Rettungsweg

Je ein geeignetes Fenster in der oberen und unteren Ebene. (In der oberen Ebene: Giebelfenster)

(o) = obere Ebene
(u) = untere Ebene

7.9-5

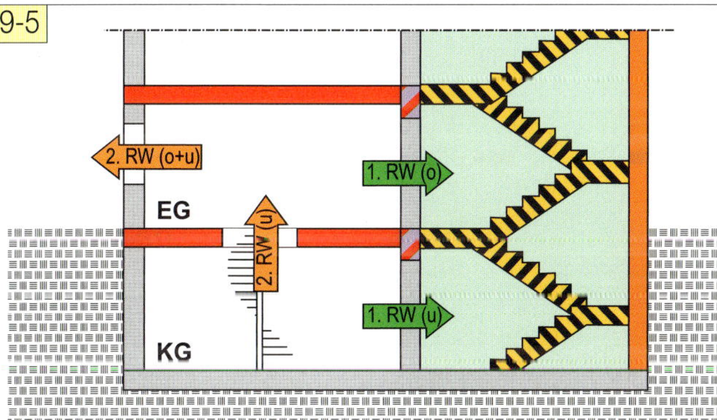

1. Rettungsweg

Zugang zum notwendigen Treppenraum von beiden Ebenen

2. Rettungsweg

Innere Treppe und ein geeignetes Fenster in der obersten Ebene

(o) = obere Ebene
(u) = untere Ebene

7.9-6

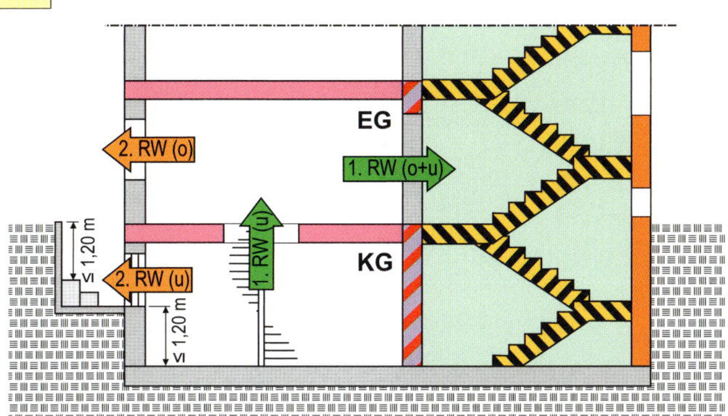

1. Rettungsweg

Innere Treppe und Zugang zum notwendigen Treppenraum in der oberen Ebene

2. Rettungsweg

Je ein geeignetes Fenster in der oberen und unteren Ebene, siehe Text

(o) = obere Ebene
(u) = untere Ebene

7.3 Seite 118 | Rettungswege

8 Rettungswege in Sonderbauten und in besonderen Bereichen

Grundsätzliche Informationen zu Sonderbauten enthalten die Punkte 1.7 und 2.11 in diesem Kapitel.

8.1 Rettungswege für Behinderte

Gemäß MBO 2002 müssen bauliche Anlagen, die öffentlich zugänglich sind, in den dem allgemeinen Besucherverkehr dienenden Teilen von Menschen mit Behinderungen, alten Menschen und Personen mit Kleinkindern barrierefrei erreicht und ohne fremde Hilfe zweckentsprechend genutzt werden können. Diese Anforderungen gelten insbesondere für:

- Einrichtungen der Kultur und des Bildungswesens
- Sport- und Freizeitstätten
- Einrichtungen des Gesundheitswesens
- Büro-, Verwaltungs- und Gerichtsgebäude
- Verkaufs- und Gaststätten
- Stellplätze, Garagen und Toilettenanlagen.

In besonderem Maße gilt dies natürlich für Gebäude und Einrichtungen, die überwiegend und ausschließlich von älteren und Menschen mit Behinderung genutzt werden, wie Tagesstätten, Werkstätten und Heime für Behinderte sowie Seniorenheime, Seniorenwohnheime, Seniorenpflegeheime und Wohnanlagen für betreutes Wohnen.

Konkrete Anforderungen über Rettungswege für Behinderte in Form bauaufsichtlicher Vorschriften bestehen in Deutschland bis auf wenige Ausnahmen nicht. In Berlin gab es eine Behindertenrettungswegeverordnung von 1996, die jedoch zurückgezogen und 2000 durch die Verordnung über die Evakuierung von Rollstuhlbenutzern [14] ersetzt wurde (siehe Brandschutznachweis-CD).

In den Grundsätzen zur Auslegung des § 14 MBO heißt es:

> *„Soweit es sich* [bei Sonderbauten] *um Gebäude handelt, die überwiegend von Personen genutzt werden, die sich nicht oder nur eingeschränkt selbst retten können (z.B. Personen mit Mobilitätseinschränkung, Kinder, alte Menschen oder Patienten), muss die Evakuierung (Räumung) als Teil der Personenrettung im Brandfall Gegenstand geeigneter betrieblicher/organisatorischer Maßnahmen sein (in aller Regel eingewiesenes Personal/Verbringen in einen sicheren Bereich).“*

Grundsätzlich sollte differenziert werden, ob eine durchschnittliche oder überdurchschnittliche Nutzung durch Behinderte vorliegt (bezogen auf den Bevölkerungsanteil an Behinderten). Werden bauliche Anlagen und Einrichtungen oder Teile davon überdurchschnittlich von Behinderten genutzt, sind neben den in den LBOs vorgeschriebenen Rettungswegen weitere Maßnahmen erforderlich. Art und Umfang dieser Maßnahmen richten sich nach Zahl, Behinderungen und Betreuung der behinderten Benutzer.

In der Regel wird es sich bei solchen Gebäuden um Sonderbauten handeln, bei denen die jeweils erforderlichen Maßnahmen im Rahmen des Brandschutzkonzeptes bzw. -nachweises mit der für den Brandschutz zuständigen Stellen abzustimmen sind. Aus der Sicht des vorbeugenden baulichen Brandschutzes sind in der Regel zwei bzw. mehrere bauliche vertikale Rettungswege notwendig. Die weiteren erforderlichen baulichen Maßnahmen ergeben sich u.a. aus der Zahl, Behinderung und Betreuung der behinderten Benutzer.

Wichtig sind in diesem Zusammenhang vor allem auch betriebliche und organisatorische Maßnahmen wie Unterweisungen, Räumungsübungen und eine Brandschutzordnung, die sicherstellen, dass die behinderten Personen mithilfe anwesender gehfähiger Personen bzw. Betreuer im Brandfall gerettet werden können. Dabei sollten auch die Behinderten selbst in eine entsprechende Brandschutzaufklärung einbezogen werden. Besonders wichtig ist auch eine Abstimmung der jeweils erforderlichen Maßnahmen mit der zuständigen Feuerwehr. Hierfür ist eine entsprechende Einsatzplanung mit Brandschutzplänen, Feuerwehreinsatzplänen und Flucht- und Rettungsplänen notwendig.

8.2 Räume mit zwei Ausgängen

Im Folgenden werden bestimmte Räume in Gebäuden (in der Regel Sonderbauten) behandelt, die zusätzlich zur generellen Anforderung an zwei voneinander unabhängige Rettungswege im jeweiligen Raum einen zweiten Ausgang benötigen.

Dabei handelt es sich nicht um einen unabhängigen zweiten baulichen Rettungsweg, sondern um eine weitere (zweite) Möglichkeit, den jeweiligen Raum zu verlassen, wenn z.B. der erste Ausgang durch einen Brand versperrt bzw. nicht mehr benutzbar ist. Um dieses Schutzziel zu gewährleisten, sollten beide Ausgänge möglichst weit auseinanderliegen.

Räume mit zwei Ausgängen sind nicht zu verwechseln mit Räumen, für die ein zweiter baulicher Rettungsweg erforderlich ist und die auch einen zweiten Ausgang benötigen. Dieser muss dann jedoch zu einem zweiten baulichen Rettungsweg (Redundanz) führen, der zudem vom ersten unabhängig ist. Beispiele hierfür sind größere Versammlungsräume, Verkaufsräume, Hallen und Industrieräume, die einen zweiten bzw. weitere bauliche Rettungswege benötigen.

7.3 Seite 120	Rettungswege	

8.2-1 Beispiel für einen Chemieraum für 40 Personen mit zweitem Ausgang in einer Schule

Es handelt sich hier nicht um einen zweiten baulichen Rettungsweg, da der zweite Ausgang in den gleichen notwendigen Flur führt wie der erste Ausgang.

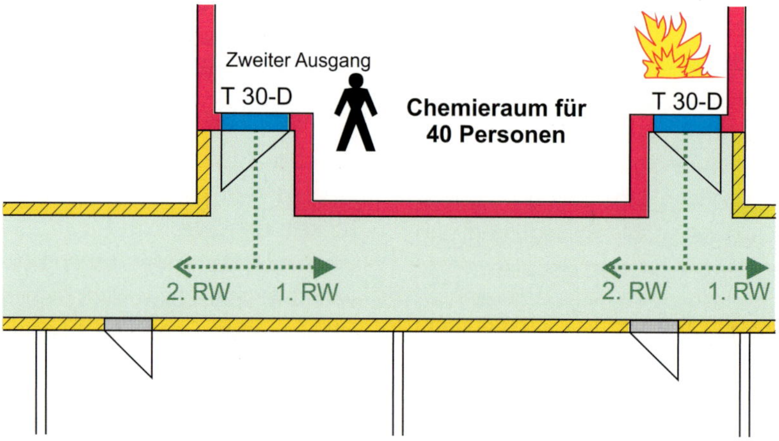

8.2-2 Beispiel für einen Chemie-Lehrsaal mit zwei baulichen Rettungswegen

Hier führt der zweite Ausgang in einen zweiten baulichen Rettungsweg, der vom ersten unabhängig ist. Damit weist der Raum zwei bauliche Rettungswege auf.

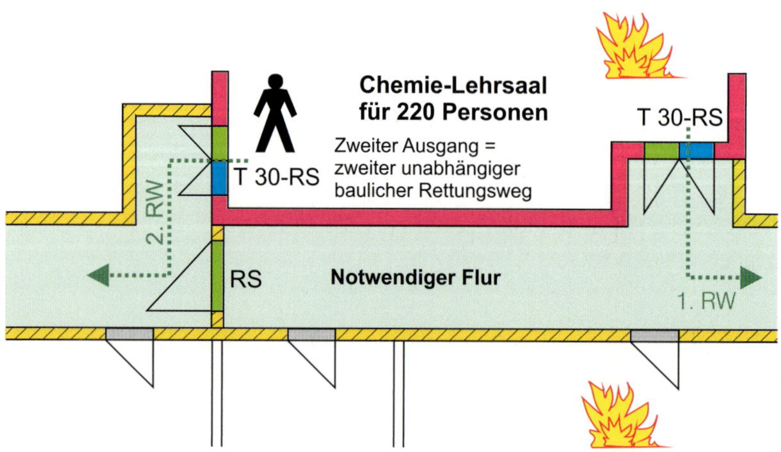

Rettungswege		**7.3** Seite 121

8.2.1 Laborräume

In Laboratorien müssen unter Berücksichtigung der örtlichen Gegebenheiten, der verwendeten Stoffe und der Arbeitsverfahren Rettungswege und Ausgänge in ausreichender Zahl vorhanden sein. Rettungswege (Notausgänge) dürfen nur über einen benachbarten Raum führen, wenn dieser auch im Gefahrfall während des Betriebs ein sicheres Verlassen ohne fremde Hilfe ermöglicht. Die Türen von Laboratorien müssen nach außen aufschlagen und wegen des Personenschutzes mit einem Sichtfenster ausgerüstet sein.

Neben den jeweils erforderlichen Rettungswegen müssen Laborräume mit Explosions- oder erhöhter Brandgefahr grundsätzlich jeweils zwei Ausgänge haben, die möglichst weit auseinanderliegen sollten.

Beide Ausgänge können jedoch zu den gleichen baulichen Rettungswegen (z.B. zum notwendigen Flur) führen (siehe Bild 8.2-3). Es sind jedoch auch Sonderlösungen, z.B. über Fluchtbalkone, möglich (siehe Bild 8.2-4).

7.3
Seite 122

Rettungswege

8.2-3 Gebäude der Gebäudeklasse 5 – im 5. OG mit Büro- und Labornutzung

Die beiden oberen Labors haben jeweils einen zweiten Ausgang, der über die benachbarten Büros führt. Dies ist möglich, da die Büros auch im Gefahrfall während des Betriebs ein sicheres Verlassen ohne fremde Hilfe ermöglichen. Allerdings muss gewährleistet sein, dass die Bürotüren jederzeit von innen geöffnet werden können. Das untere Labor hat zwei entgegengesetzt liegende Ausgänge zum notwendigen Flur. Beide Rettungswege führen über den notwendigen Flur und sind an zwei notwendige Treppen angeschlossen.

Gebäudeklasse 5 im 5. OG

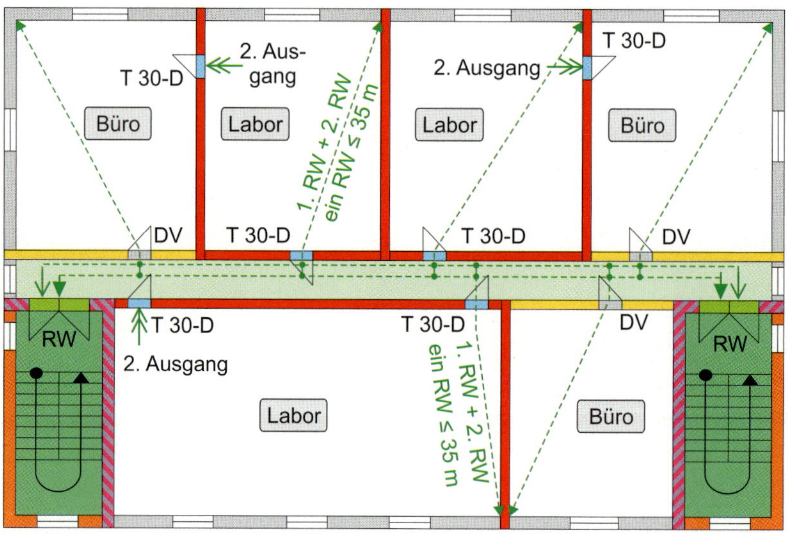

Legende

- 1. RW
- 2. RW
- 2. Ausgang

Rettungswege		**7.3** Seite 123

8.2-4 Gebäude der Gebäudeklasse 5 – im 5. OG mit Büro- und Labornutzung sowie einem Fluchtbalkon für die Labors

Alle Labors haben einen zweiten Ausgang zum Fluchtbalkon. Dieser kann zugleich als sicherer zweiter baulicher Rettungsweg genutzt werden, da eine selbstständige Flucht in zwei Richtungen möglich ist und in beiden Richtungen jeweils eine notwendige Treppe erreicht werden kann. Durch die beidseitige Fluchtmöglichkeit bestehen auch keine besonderen Anforderungen an die Ausbildung des Fluchtbalkons. Er kann z.B. auch mit Gitterrosten ausgeführt werden.

Gebäudeklasse 5 im 5. OG

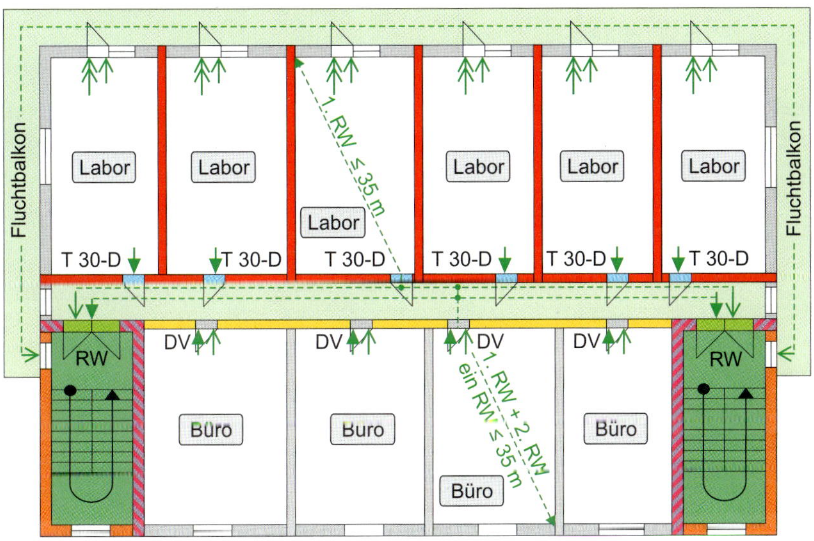

Legende

7.3 Seite 124 | Rettungswege

8.2.2 Chemieräume in Schulen

In Schulen müssen gemäß den Unfallverhütungsvorschriften für Fachräume mit erhöhter Brandgefahr (z.B. Chemieräume, Holzwerkräume) mindestens zwei sichere Fluchtmöglichkeiten vorhanden sein. Diese können durch zwei möglichst weit auseinanderliegende Ausgänge hergestellt werden.

Beide Ausgänge können in den gleichen notwendigen Flur führen. Alternativ kann der zweite Ausgang auch über einen benachbarten Raum in den notwendigen Flur führen.

Es ist jedoch darauf zu achten, dass die Türen in Fluchtrichtung aufschlagen und jederzeit ohne fremde Hilfe zu öffnen sind (siehe Bild 8.2-1).

8.2.3 Aufenthalts- und Versammlungsräume > 100 m² in Versammlungsstätten

In Versammlungsstätten, die der Versammlungsstättenverordnung [15] unterliegen, müssen gemäß Muster-Versammlungsstättenverordnung Versammlungsräume und sonstige Aufenthaltsräume mit mehr als 100 m^2 Grundfläche jeweils mindestens zwei möglichst weit auseinander- und entgegengesetzt liegende Ausgänge ins Freie oder zu Rettungswegen haben.

Es ist nicht ohne Weiteres zulässig, einen Ausgang über einen benachbarten Raum und von dort zum notwendigen Flur zu führen. Für eine solche Lösung ist eine Abstimmung mit der für den Brandschutz zuständigen Stelle empfehlenswert. In der Regel wird hierfür eine Abweichung benötigt.

Weitere Informationen enthält Kapitel 8.18 in diesem Werk.

8.2.4 Verkaufsräume > 100 m²

Gemäß § 14 Muster-Verkaufsstättenverordnung [16] muss jeder Verkaufsraum, Aufenthaltsraum und jede Ladenstraße mindestens zwei Ausgänge haben, die ins Freie oder zu Treppenräumen notwendiger Treppen führen.

Für Verkaufs- und Aufenthaltsräume, die eine Fläche von nicht mehr als 100 m^2 haben, genügt ein Ausgang.

Dabei ist zu beachten, dass die beiden vorgeschriebenen Ausgänge als zwei voneinander unabhängige bauliche Rettungswege auszuführen sind. Sie müssen zum Freien oder zu notwendigen Treppen führen. Ein gemeinsamer notwendiger Flur ist hier nicht zulässig!

8.2.5 Produktions- und Lagerräume von Industriebauten > 200 m²

Gemäß Muster-Industriebaurichtlinie [10] muss jeder Produktions- oder Lagerraum mit einer Fläche von mehr als 200 m^2 mindestens zwei Ausgänge haben. Diese Ausgänge müssen nicht unmittelbar auf Rettungswege führen. Es reicht, wenn sie in einen anderen Raum führen.

Die betreffenden Produktions- oder Lagerräume müssen jedoch an das Rettungswegesystem der Muster-Industriebaurichtlinie angeschlossen sein und alle diesbezüglichen Anforderungen erfüllen (≤ 15 m bis zum nächsten Hauptgang, maximale Entfernung, maximale Rettungsweglänge). Weitere Informationen siehe Kapitel 9.2 in diesem Werk.

8.3 Gefangene Räume

Gefangene Räume sind Aufenthaltsräume, die keinen direkten Ausgang ins Freie, in einen notwendigen Treppenraum oder in einen notwendigen Flur haben. Anforderungen und Ausführung siehe Kapitel 7.6, Punkt 3.7 in diesem Werk.

8.4 Beherbergungsstätten

Für Beherbergungsstätten, die der Beherbergungsstättenverordnung unterliegen, bestehen gemäß Muster-Beherbergungsstättenverordnung 2000 [2] bezüglich der Rettungswege folgende besonderen Anforderungen:

- Für jeden Beherbergungsraum müssen mindestens zwei voneinander unabhängige Rettungswege vorhanden sein; sie dürfen jedoch innerhalb eines Geschosses über denselben notwendigen Flur führen.
- Der erste Rettungsweg muss für Beherbergungsräume, die nicht zu ebener Erde liegen, über eine notwendige Treppe führen.
- Der zweite Rettungsweg muss für Beherbergungsräume, die nicht zu ebener Erde liegen, über eine weitere notwendige Treppe oder eine Außentreppe führen.
- In Beherbergungsstätten mit insgesamt nicht mehr als 60 Gastbetten genügt als zweiter Rettungsweg eine mit Rettungsgeräten der Feuerwehr erreichbare Stelle des Beherbergungsraums; dies gilt nicht, wenn in einem Geschoss mehr als 30 Gastbetten vorhanden sind.
- An Abzweigungen notwendiger Flure, an den Zugängen zu notwendigen Treppenräumen und an den Ausgängen ins Freie ist durch Sicherheitszeichen auf die Ausgänge hinzuweisen; diese müssen beleuchtet sein.

Alle Anforderungen enthalten die im jeweiligen Land geltenden Beherbergungsstättenverordnung bzw. die entsprechenden Sondervorschriften sowie Kapitel 8.3, Punkt 3 in diesem Werk.

8.5 Garagen

Für Mittel- und Großgaragen, die der Garagenverordnung unterliegen, bestehen gemäß Muster-Garagenverordnung 2008 [17] bezüglich der Rettungswege folgende besonderen Anforderungen:

- Jede Mittel- und Großgarage muss in jedem Geschoss mindestens zwei voneinander unabhängige Rettungswege haben.
- Der zweite Rettungsweg darf auch über eine Rampe führen.
- In oberirdischen Mittel- und Großgaragen genügt ein Rettungsweg, wenn ein

Ausgang ins Freie in höchstens 10 m Entfernung erreichbar ist.

- Bei oberirdischen Mittel- und Großgaragen, deren Einstellplätze im Mittel nicht mehr als 3 m über der Geländeoberfläche liegen, sind Treppenräume für notwendige Treppen nicht erforderlich.
- Von jeder Stelle einer Mittel- und Großgarage muss in demselben Geschoss mindestens ein Treppenraum einer notwendigen Treppe oder, wenn ein Treppenraum nicht erforderlich ist, mindestens eine notwendige Treppe oder ein Ausgang ins Freie
  1. bei offenen Mittel- und Großgaragen in einer Entfernung von höchstens 50 m,
  2. bei geschlossenen Mittel- und Großgaragen in einer Entfernung von höchstens 30 m erreichbar sein.

  Die Entfernung ist in der Luftlinie, jedoch nicht durch Bauteile zu messen.
- In Mittel- und Großgaragen müssen dauerhafte und leicht erkennbare Hinweise auf die Ausgänge vorhanden sein.
- In Großgaragen müssen die zu den notwendigen Treppen oder zu den Ausgängen ins Freie führenden Wege auf dem Fußboden durch dauerhafte und leicht erkennbare Markierungen sowie an den Wänden durch beleuchtete Hinweise gekennzeichnet sein.

Alle Anforderungen enthalten die im jeweiligen Land geltende Garagenverordnung bzw. die entsprechenden Sondervorschriften.

8.6 Hochhäuser

Gebäude mit einer Höhe der Fußbodenoberkante des höchstgelegenen Geschosses, in dem ein Aufenthaltsraum möglich ist, über der Geländeoberfläche im Mittel von mehr als 22 m werden als Hochhäuser bezeichnet und sind Sonderbauten. Ihre besonderen Anforderungen werden in der Muster-Hochhausrichtlinie [7] bzw. den im jeweiligen Land eingeführten Sondervorschriften geregelt.

Da Rettungsgeräte der Feuerwehr nur bis zu einer Höhe von 23 m eingesetzt werden können, bestehen für die vertikalen Rettungswege bei Hochhäusern gemäß der Muster-Hochhausrichtlinie u.a. folgende besonderen Anforderungen:

- Für Nutzungseinheiten und für Geschosse ohne Aufenthaltsräume müssen in jedem Geschoss mindestens zwei voneinander unabhängige bauliche Rettungswege ins Freie vorhanden sein, die zu öffentlichen Verkehrsflächen führen.
- Beide Rettungswege dürfen innerhalb des Geschosses über denselben notwendigen Flur führen. Die Rettungswege aus den oberirdischen Geschossen und den Kellergeschossen müssen getrennt ins Freie führen.
- In Hochhäusern mit nicht mehr als 60 m Höhe genügt anstelle von zwei notwendigen Treppenräumen ein Sicherheitstreppenraum.

- In Hochhäusern mit mehr als 60 m Höhe müssen alle notwendigen Treppenräume als Sicherheitstreppenräume ausgebildet sein.
- Innen liegende notwendige Treppenräume von oberirdischen Geschossen und notwendige Treppenräume von Kellergeschossen mit Aufenthaltsräumen müssen als Sicherheitstreppenraum ausgebildet sein.
- Notwendige Treppenräume von Kellergeschossen dürfen mit den Treppenräumen oberirdischer Geschosse nicht in Verbindung stehen.
- Innen liegende Sicherheitstreppenräume dürfen durchgehend sein.
- Weitere besondere Anforderungen bestehen an Treppenräume, Vorräume, notwendige Flure, Türen, Kennzeichnung von Rettungswegen usw.

Alle Anforderungen enthält die im jeweiligen Land geltende Hochhausrichtlinie bzw. die entsprechenden Sondervorschriften.

8.7 Industriebauten

Für Industrie- und Gewerbebauten, die der Industriebaurichtlinie unterliegen, bestehen gemäß Muster-Industriebaurichtlinie 2000 [10] bezüglich der Rettungswege folgende besonderen Anforderungen:

- Zu den Rettungswegen in Industriebauten gehören insbesondere die Hauptgänge in den Produktions- und Lagerräumen, die Ausgänge aus diesen Räumen, die notwendigen Flure, die notwendigen Treppen und die Ausgänge ins Freie.
- Jeder Produktions- oder Lagerraum mit einer Fläche von mehr als 200 m^2 muss mindestens zwei Ausgänge haben (siehe Punkt 8.2.5 in diesem Kapitel).
- Von jeder Stelle eines Produktions- oder Lagerraums soll mindestens ein Hauptgang nach höchstens 15 m Lauflänge erreichbar sein.
- Hauptgänge müssen mindestens 2 m breit sein und geradlinig auf kurzem Wege zu Ausgängen ins Freie, zu notwendigen Treppenräumen, zu anderen Brandabschnitten oder zu anderen Brandbekämpfungsabschnitten führen. Diese anderen Brandabschnitte oder Brandbekämpfungsabschnitte müssen Ausgänge unmittelbar ins Freie oder zu notwendigen Treppenräumen mit einem sicheren Ausgang ins Freie haben.
- Für mehrgeschossige Industriebauten mit einer Grundfläche von mehr als 1600 m^2 müssen in jedem Geschoss mindestens zwei möglichst entgegengesetzt liegende bauliche Rettungswege vorhanden sein. Einer dieser Rettungswege darf über Außentreppen ohne Treppenräume, über Rettungsbalkone, über Terrassen und/oder über begehbare Dächer auf das Grundstück führen, wenn er im Brandfall durch Feuer und Rauch nicht gefährdet werden kann.

7.3 Rettungswege
Seite 128

- Von jeder Stelle eines Produktions- oder Lagerraums muss mindestens ein Ausgang ins Freie, ein notwendiger Treppenraum, ein anderer Brandabschnitt oder ein anderer Brandbekämpfungsabschnitt
  - bei Räumen mit einer mittleren lichten Raumhöhe[1]) von bis zu 5 m in höchstens 35 m Entfernung[2]),
  - bei Räumen mit einer mittleren lichten Raumhöhe[1]) von mindestens 10 m in höchstens 50 m Entfernung[2])

  erreichbar sein.
- Bei Vorhandensein
  - einer automatischen Brandmeldeanlage mit geeigneten schnellansprechenden Meldern, wie Rauch- oder Flammenmelder, und einer daran angeschlossenen Alarmierungseinrichtung für die Nutzer (Internalarm) oder
  - einer selbsttätigen Feuerlöschanlage und einer Alarmierungsanlage mit mindestens Handauslösung

  ist es zulässig, dass der Ausgang ins Freie, der notwendige Treppenraum, der andere Brandabschnitt oder der andere Brandbekämpfungsabschnitt
  - bei Räumen mit einer mittleren lichten Raumhöhe[1]) von bis zu 5 m in höchstens 50 m Entfernung[2]),
  - bei Räumen mit einer mittleren lichten Raumhöhe[1]) von mindestens 10 m in höchstens 70 m Entfernung[2]) erreicht wird.
- Bei mittleren lichten Raumhöhen[1]) zwischen 5 m und 10 m darf zur Ermittlung der zulässigen Entfernung zwischen den vorstehenden Werten interpoliert werden.
- In Produktions- oder Lagerräumen mit höher gelegenen betriebstechnischen Ebenen mit Arbeitsbereichen ist die mittlere lichte Raumhöhe[1]) auf diese Ebene zu beziehen.

Alle Anforderungen sind in den im jeweiligen Land geltenden Industriebaurichtlinien bzw. den entsprechenden Sondervorschriften enthalten sowie in Kapitel 9.1, Punkt 5.5 in diesem Werk.

8.8 Krankenhäuser

Krankenhäuser sind im Brandfall in Bezug auf die Menschenrettung und Rettungswege besonders problematisch, da für die „ans Bett gefesselten" Personen eine Selbstrettung (Flucht) nicht möglich ist und eine Rettung über vertikale Rettungswege nicht bzw. nur mit sehr hohem Aufwand bewerkstelligt werden kann.

Aufzüge sind als vertikale Rettungswege grundsätzlich nicht geeignet. Deshalb besteht ein wesentlicher Teil des Rettungswegkonzeptes in Krankenhäusern und auch in Pflegeheimen darin, dass eine horizontale Evakuierung in andere Brandabschnitte möglich ist.

[1]) Bei der Ermittlung der mittleren lichten Raumhöhe werden untergeordnete Räume oder Ebenen mit einer Fläche von bis zu 400 m^2 nicht berücksichtigt.

[2]) Die Entfernung wird in der Luftlinie, jedoch nicht durch Bauteile gemessen. Die tatsächliche Lauflänge darf jedoch nicht mehr als das 1,5-fache der Entfernung betragen.

Um die horizontale Evakuierung zu ermöglichen, müssen immer mindestens zwei Brandabschnitte angeordnet werden. Diese müssen unmittelbar miteinander und jeweils mit einem notwendigen Treppenraum verbunden und so bemessen sein, dass sie zusätzlich einen bestimmten Teil (in der Regel 30 %) der Betten des benachbarten Brandabschnittes vorübergehend aufnehmen können.

Die Muster-Krankenhausbauverordnung [18] stammt von 1976 und ist teilweise überholt. Sie wurde in einigen Ländern mit mehr oder weniger großen Veränderungen und Anpassungen eingeführt (z.B. Brandenburgische Krankenhaus- und Pflegeheim-Bauverordnung [19]). Für Krankenhäuser und Pflegeheime, die der Krankenhausbauverordnung unterliegen bzw. die nach dieser Verordnung behandelt werden, bestehen bezüglich der Rettungswege folgende besonderen Anforderungen:

- Jedes Obergeschoss im Pflegebereich muss mindestens zwei Brandabschnitte haben.
- Jeder Brandabschnitt muss mit einem anderen Brandabschnitt und mit einem Treppenraum unmittelbar verbunden sein und ist so zu bemessen, dass zusätzlich mindestens 30 % der Betten des benachbarten Brandabschnittes vorübergehend aufgenommen werden können.
- Rettungswege (notwenige Flure, notwendige Treppen und Ausgänge ins Freie) müssen in solcher Zahl und Breite vorhanden und so verteilt sein, dass Kranke, Besucher und Personal unmittelbar oder über andere Brandabschnitte, Flure oder Treppenräume ins Freie, auf Rettungswege auf dem Grundstück oder auf öffentliche Verkehrsflächen gelangen können.
- Von jeder Stelle eines zu ebener Erde liegenden Aufenthaltsraums muss mindestens ein unmittelbar ins Freie führender Ausgang oder ein notwendiger Flur in höchstens 30 m Entfernung erreichbar sein.
- Von jeder Stelle eines nicht zu ebener Erde liegenden Aufenthaltsraums muss mindestens ein Treppenraum mit einer notwendigen Treppe in höchstens 30 m Entfernung erreichbar sein.
- Von jedem Aufenthaltsraum in Gebäuden mit mehr als einem Vollgeschoss müssen mindestens zwei voneinander unabhängige und möglichst entgegengesetzt liegende Rettungswege erreichbar sein, die unmittelbar oder über notwendige Treppen und Flure ins Freie führen. Mindestens einer der Rettungswege darf die im vorangehenden Punkt angegebenen zulässigen Längen nicht überschreiten,
- Flure, die nur in einer Richtung verlassen werden können (Stichflure), sind nur bis zu 10 m Länge zulässig.
- Außerhalb des Pflegebereichs kann einer der Rettungswege auch über außen angeordnete Treppen und Gänge (Rettungsbalkone), Terrassen und begehbare Dächer in Verbindung mit Treppen führen, wenn diese Bauteile feuerbeständig hergestellt und ausreichend breit sind.

- An den Kreuzungen und Abzweigungen der Hauptflure sowie an allen Ausgängen und Türen, die im Zuge von Rettungswegen liegen, ist durch Sicherheitskennzeichen auf die Ausgänge und die notwendigen Treppen hinzuweisen. Die Sicherheitskennzeichen müssen beleuchtet sein. Im Übrigen sind die Rettungswege durch gut sichtbare Richtungspfeile zu kennzeichnen.
- Der Hauptzugang und die Zugänge für Kranke müssen von Verkehrsflächen aus stufenlos erreichbar und überdacht sein.

Alle Anforderungen enthalten die im jeweiligen Land geltenden Krankenhausbauverordnung bzw. die entsprechenden Sondervorschriften. In Ländern, die keine Krankenhausbauverordnung eingeführt haben, kann die Muster-Krankenhausbauverordnung bezüglich der Rettungswege in der Regel als Orientierungshilfe verwendet werden.

8.9 Schulen

Schulen sind Gebäude, in denen sich regelmäßig eine große Anzahl von Kindern und Jugendlichen aufhält. Trotzdem konnte gemäß der früher geltenden Muster-Schulbaurichtlinie bis etwa 1998 unter bestimmten Voraussetzungen der zweite Rettungsweg über Rettungsgeräte der Feuerwehr hergestellt werden.

Dabei ging man u.a. davon aus, dass die Schüler immer betreut sind und durch betriebliche und organisatorische Maßnahmen eine Evakuierung im Ernstfall so schnell möglich ist, dass dieser zweite Rettungsweg nur unter besonders ungünstigen Umständen und dann nur für einzelne Räume benötigt würde. Dies führte dazu, dass in Deutschland viele Schulen gebaut wurden und auch noch existieren, die nicht für alle Unterrichtsräume zwei bauliche vertikale Rettungswege haben.

Etwa ab 1998 begann mit der Veröffentlichung der neuen Schulbaurichtlinie ein Umdenkprozess. Die für den Brandschutz zuständigen und in Deutschland maßgebenden Stellen kamen zu dem Schluss, dass bei Unterrichtsräumen wegen der großen Personenzahlen eine Rettung mit Rettungsgeräten der Feuerwehr nicht möglich ist. Deshalb wurde in die Muster-Schulbaurichtlinie von 1998 [3] aufgenommen, dass für Unterrichtsräume immer zwei voneinander unabhängige bauliche vertikale Rettungswege erforderlich sind.

Wenn also bei Unterrichtsräumen der zweite Rettungsweg über Rettungsgeräte der Feuerwehr nach „offizieller Meinung" (siehe Muster-Schulbaurichtlinie [3]) nicht möglich ist, bedeutet dies für alle bestehenden Unterrichtsräume, für die in der Vergangenheit von einer Rettungsmöglichkeit durch die Feuerwehr ausgegangen wurde, dass jetzt kein zweiter Rettungsweg mehr vorhanden ist.

Da es für diesen fehlenden zweiten Rettungsweg in der Regel keinen Bestandsschutz gibt, wurde damit in Deutschland eine beispiellose Sanierungswelle eingeleitet. Dabei würde es bei bestandsgeschützten Schulen eigentlich genügen, nur den (ab der neuen Erkenntnis) fehlenden zweiten baulichen Rettungsweg herzustellen, also die Feuerwehrleiter zu ersetzen, die bis zu diesem Zeitpunkt als Rettungsmittel akzeptiert war. Dies könnte z.B. durch notwendige Treppen als Außentreppen, Beipasstüren zwischen den Unterrichtsräumen, Fluchtbalkone und ähnlichen Maßnahmen geschehen. Grundsätzlich wären hierfür bei begrenzten Personenzahlen auch Nottreppen geeignet, da es ja nur um den Ersatz der fehlenden Feuerwehrleiter geht.

Anmerkung: In der Praxis schoss man hier jedoch oft über das Ziel hinaus und begann den Brandschutz der gesamten Schule in Frage zu stellen. Dies führte dann in vielen Fällen zu einer brandschutztechnischen Totalsanierung (ohne Berücksichtigung des Bestandsschutzes), die in der Regel mit sehr hohen Kosten verbunden ist. Oft wurde dabei z.B. festgestellt, dass für die Geschossdecken der Schule der Nachweis nicht erbracht werden kann, dass sie feuerbeständig sind. Also wurden im Zuge der brandschutztechnischen Sanierung die Decken entsprechend ertüchtigt bzw. durch Kompensationsmaßnahmen kompensiert. Hier stellt sich die Frage, ob solche Maßnahmen bei Schulen, bei denen es eigentlich nur darum geht, den fehlenden zweiten baulichen Rettungsweg herzustellen, unbedingt notwendig sind.

Grundsätzliche Anforderungen an die Rettungswege

Für Schulen, die der Schulbaurichtlinie unterliegen, bestehen gemäß Muster-Schulbaurichtlinie 1998 [3] bezüglich der Rettungswege folgende besonderen Anforderungen:

- Für jeden Unterrichtsraum müssen in demselben Geschoss mindestens zwei voneinander unabhängige Rettungswege zu Ausgängen ins Freie oder zu notwendigen Treppenräumen vorhanden sein.
  Anmerkung: Obwohl es in der Richtlinie nicht eigens erwähnt wird, dürfen wie in der MBO angegeben beide Rettungswege über einen gemeinsamen notwendigen Flur führen.
- Anstelle eines dieser Rettungswege darf ein Rettungsweg über Außentreppen ohne Treppenräume, Rettungsbalkone, Terrassen und begehbare Dächer auf das Grundstück führen, wenn dieser Rettungsweg im Brandfall nicht gefährdet ist; dieser Rettungsweg gilt als Ausgang ins Freie.
- Einer der beiden Rettungswege darf durch eine Halle führen, wenn die Halle eine Rauchabzugsanlage hat.
  Anmerkung: Damit ist gemeint, dass einer der baulichen Rettungswege über diese Halle führen darf, die Halle also ein Bestandteil dieses Rettungsweges ist. Der zweite Rettungsweg muss dann jedoch vollständig unabhängig von dieser Halle über eine weitere notwendige Treppe bzw. einen weiteren Ausgang ins Freie verlaufen.
- Notwendige Flure mit nur einer Fluchtrichtung (Stichflure) dürfen nicht länger als 10 m sein.
- Die erforderliche nutzbare Breite der notwendigen Flure und notwendigen Treppen darf durch offen stehende Türen, Einbauten oder Einrichtungen nicht eingeengt werden.

7.3 Seite 132 Rettungswege

- Ausgänge zu notwendigen Fluren dürfen nicht breiter sein als der notwendige Flur. Ausgänge zu notwendigen Treppenräumen dürfen nicht breiter sein als die notwendige Treppe. Ausgänge aus notwendigen Treppenräumen müssen mindestens so breit sein wie die notwendige Treppe.
- An den Ausgängen zu notwendigen Treppenräumen oder ins Freie müssen Sicherheitszeichen angebracht sein.

Alle Anforderungen enthält die im jeweiligen Land geltende Schulbaurichtlinie. In Ländern, die keine Schulbaurichtlinie eingeführt haben, kann die Muster-Schulbaurichtlinie in der Regel als Grundlage für das Brandschutzkonzept bzw. den -nachweis verwendet werden. Weitere Informationen enthält auch Kapitel 8.16 in diesem Werk.

8.10 Verkaufsstätten

Für Verkaufsstätten, die der Verkaufsstättenverordnung unterliegen, bestehen gemäß Muster-Verkaufsstättenverordnung 1995 [16] bezüglich der Rettungswege folgende besonderen Anforderungen:

- Für jeden Verkaufsraum, Aufenthaltsraum und für jede Ladenstraße müssen in demselben Geschoss mindestens zwei voneinander unabhängige Rettungswege zu Ausgängen ins Freie oder zu Treppenräumen notwendiger Treppen vorhanden sein.
- Anstelle eines dieser Rettungswege darf ein Rettungsweg über Außentreppen ohne Treppenräume, Rettungsbalkone, Terrassen und begehbare Dächer auf das Grundstück führen, wenn hinsichtlich des Brandschutzes keine Bedenken bestehen; dieser Rettungsweg gilt als Ausgang ins Freie.
- Von jeder Stelle
  1. eines Verkaufsraums in höchstens 25 m Entfernung,
  2. eines sonstigen Raums oder einer Ladenstraße in höchstens 35 m Entfernung

  muss mindestens ein Ausgang ins Freie oder ein Treppenraum notwendiger Treppen erreichbar sein (erster Rettungsweg). Die Entfernung wird in der Luftlinie, jedoch nicht durch Bauteile gemessen.
- Der erste Rettungsweg darf, soweit er über eine Ladenstraße führt, auf der Ladenstraße eine zusätzliche Länge von höchstens 35 m haben, wenn diese Rauchabzugsanlagen hat und der zweite Rettungsweg für Verkaufsräume mit einer Fläche von mehr als 100 m^2 nicht über diese Ladenstraße führt.
- In Verkaufsstätten mit Sprinkleranlagen oder in erdgeschossigen Verkaufsstätten darf der in den beiden vorangehenden Punkten genannte Rettungsweg innerhalb von Brandabschnitten eine zusätzliche Länge von höchstens 35 m haben, soweit er über einen notwendigen Flur mit einem unmittelbaren Ausgang ins Freie oder in einen Treppenraum notwendiger Treppen führt.
- Von jeder Stelle eines Verkaufsraums muss ein Hauptgang oder eine Ladenstraße in höchstens 10 m Entfernung, gemessen in der Luftlinie, erreichbar sein.

Rettungswege 7.3 Seite 133

- In Rettungswegen ist nur eine Folge von mindestens drei Stufen zulässig. Diese müssen eine Stufenbeleuchtung haben.
- Jeder Verkaufsraum, Aufenthaltsraum und jede Ladenstraße müssen mindestens zwei Ausgänge haben, die ins Freie oder zu Treppenräumen notwendiger Treppen führen. Für Aufenthaltsräume, die eine Fläche von nicht mehr als 100 m^2 haben, genügt ein Ausgang.
- Ein Ausgang, der in einen Flur führt, darf nicht breiter sein als der Flur.
- Ein Ausgang, der in einen Treppenraum führt, darf nicht breiter sein als die notwendige Treppe.
- Ausgänge aus Treppenräumen notwendiger Treppen ins Freie oder in Treppenraumerweiterungen müssen mindestens so breit sein wie die notwendigen Treppen.
- An Kreuzungen der Ladenstraßen und der Hauptgänge sowie an Türen im Zuge von Rettungswegen ist deutlich und dauerhaft auf die Ausgänge durch Sicherheitszeichen hinzuweisen. Diese müssen beleuchtet sein.
- Weitere besondere Anforderungen bestehen an Treppenräume, Vorräume, notwendigen Flure, Türen, Rauchabführung usw.

Alle Anforderungen enthalten die im jeweiligen Land geltende Verkaufsstättenverordnung bzw. die entsprechenden Sondervorschriften.

8.11 Versammlungsstätten

Für Versammlungsstätten, die der Versammlungsstättenverordnung unterliegen, bestehen gemäß Muster-Versammlungsstättenverordnung 2005 [15] bezüglich der Rettungswege folgende besonderen Anforderungen:

- Rettungswege müssen ins Freie zu öffentlichen Verkehrsflächen führen. Zu den Rettungswegen von Versammlungsstätten gehören insbesondere die frei zu haltenden Gänge und Stufengänge, die Ausgänge aus Versammlungsräumen, die notwendigen Flure und Treppen, die Ausgänge ins Freie, die als Rettungsweg dienenden Balkone, Dachterrassen und Außentreppen sowie die Rettungswege im Freien auf dem Grundstück.
- Versammlungsstätten müssen in jedem Geschoss mit Aufenthaltsräumen mindestens zwei voneinander unabhängige bauliche Rettungswege haben; dies gilt entsprechend für Tribünen. Die Führung beider Rettungswege innerhalb eines Geschosses durch einen gemeinsamen notwendigen Flur ist zulässig. Rettungswege dürfen über Balkone, Dachterrassen und Außentreppen auf das Grundstück führen, wenn sie im Brandfall sicher begehbar sind.
- Rettungswege dürfen über Gänge und Treppen durch Foyers oder Hallen zu Ausgängen ins Freie geführt werden, soweit mindestens ein weiterer von dem Foyer oder der Halle unabhängiger baulicher Rettungsweg vorhanden ist.

7.3 Seite 134 **Rettungswege**

- Versammlungsstätten müssen für Geschosse mit jeweils mehr als 800 Besucherplätzen nur diesen Geschossen zugeordnete Rettungswege haben.
- Versammlungsräume und sonstige Aufenthaltsräume mit mehr als 100 m^2 Grundfläche müssen jeweils mindestens zwei möglichst weit auseinander- und entgegengesetzt liegende Ausgänge ins Freie oder zu Rettungswegen haben.
- Ausgänge und Rettungswege müssen durch Sicherheitszeichen dauerhaft und gut sichtbar gekennzeichnet sein.
- Die Entfernung von jedem Besucherplatz bis zum nächsten Ausgang aus dem Versammlungsraum oder von der Tribüne darf nicht länger als 30 m sein. Bei mehr als 5 m lichter Höhe ist je 2,50 m zusätzlicher lichter Höhe über der zu entrauchenden Ebene für diesen Bereich eine Verlängerung der Entfernung um 5 m zulässig. Die Entfernung von 60 m bis zum nächsten Ausgang darf nicht überschritten werden.
- Ausstellungshallen müssen durch Gänge so unterteilt sein, dass die Tiefe der zur Aufstellung von Ausstellungsständen bestimmten Grundflächen (Ausstellungsflächen) nicht mehr als 30 m beträgt. Die Entfernung von jeder Stelle einer Ausstellungsfläche bis zu einem Gang darf nicht mehr als 20 m betragen; sie wird auf die wie im vorangehenden Punkt angegebene Entfernung nicht angerechnet. Die Gänge müssen auf möglichst geradem Weg zu entgegengesetzt liegenden Ausgängen führen. Die lichte Breite der Gänge und der zugehörigen Ausgänge muss mindestens 3 m betragen.
- Die Entfernung von jeder Stelle einer Bühne bis zum nächsten Ausgang darf nicht länger als 30 m sein. Gänge zwischen den Wänden der Bühne und dem Rundhorizont oder den Dekorationen müssen eine lichte Breite von 1,20 m haben; in Großbühnen müssen solche Gänge vorhanden sein.
- Die Entfernung von jeder Stelle eines notwendigen Flurs oder eines Foyers bis zum Ausgang ins Freie oder zu einem notwendigen Treppenraum darf nicht länger als 30 m sein.
- Die Entfernungen werden in der Lauflinie gemessen.
- Die Breite der Rettungswege ist nach der größtmöglichen Personenzahl zu bemessen. Die lichte Breite eines jeden Teiles von Rettungswegen muss mindestens 1,20 m betragen. Sie muss für die darauf angewiesenen Personen mindestens betragen bei
  - Versammlungsstätten im Freien sowie Sportstadien: 1,20 m je 600 Personen,
  - anderen Versammlungsstätten: 1,20 m je 200 Personen.

  Staffelungen sind nur in Schritten von 0,60 m zulässig. Bei Rettungswegen von Versammlungsräumen mit nicht mehr als 200 Besucherplätzen und im Bühnenhaus genügt eine lichte Breite von 0,90 m. Für Rettungswege von

Arbeitsgalerien genügt eine Breite von 0,80 m.

- Weitere besondere Anforderungen bestehen an Treppen, Vorräume, notwendige Flure, Türen, Bestuhlung, Gänge, Stufengänge usw.

Alle Anforderungen enthalten die im jeweiligen Land geltende Versammlungsstättenverordnung bzw. die entsprechenden Sondervorschriften sowie Kapitel 8.18 in diesem Werk.

8.12 Kindertagesstätten

Gruppenräume von Kindergärten benötigen immer zwei bauliche Rettungswege. Im Idealfall liegen die Gruppenräume im EG und haben pro Raum einen zweiten Ausgang ins Freie. Gruppenräume, die nicht zu ebener Erde liegen, benötigen zwei voneinander unabhängige bauliche vertikale Rettungswege.

Notrutschen

Insbesondere bei Kindergärten im Bestand mit Gruppenräumen in Obergeschossen und einem fehlenden zweiten baulichen Rettungsweg wird über Notrutschen diskutiert.

Wichtig: Gemäß MBO 2002 und auch den LBOs sind Notrutschen grundsätzlich kein geeigneter zweiter Rettungsweg. Dies gilt vom Grundsatz her natürlich auch für Kindertagesstätten.

Allerdings ist der Einbau von Notrutschen in bestehende Kindertagesstätten nicht grundsätzlich abzulehnen. Die Notrutsche kann den zweiten Rettungsweg jedoch nicht vollständig ersetzen, da sie gegenüber einem zweiten baulichen Rettungsweg einige Nachteile aufweist und auch keine gleichwertige Option für die Rettungskräfte zum Einstieg in das Gebäude bietet.

Insbesondere bei bestehenden Kindertagesstätten mit fehlendem zweitem baulichem Rettungsweg in den Gruppenräumen im 1. OG bieten sich Notrutschen als einfache alternative Lösung an. Dabei ist jedoch zu beachten, dass solche Möglichkeiten in Deutschland kontrovers diskutiert werden. Deshalb müssen derartige Lösungen mit den für den Brandschutz zuständigen Stellen abgestimmt werden und es ist eine Abweichung (Ausnahme/Befreiung) erforderlich.

Beispiel: Für die Rettung der Kinder aus einem Gruppenraum im 1. OG wird eine Notrutsche angeordnet. Zusätzlich ist eine mit Rettungsgeräten der Feuerwehr erreichbare Stelle (in der Regel ein anleiterbares Fenster) erforderlich, so dass die Feuerwehr bei einem Ausfall des ersten baulichen Rettungswegs den Gruppenraum unabhängig von der Notrutsche erreichen kann.

Anmerkung: Diese anleiterbare Stelle dient nicht der Rettung der Kinder über Rettungsgeräte der Feuerwehr, sondern dem Zugang der Rettungskräfte, um z.B. den Rettungsvorgang über die Notrutsche zu unterstützen oder einzelne verletzte Kinder zu retten.

7.3 Seite 136 **Rettungswege**

Zusätzlich sollte Folgendes beachtet werden (nach: Landesunfallkasse Nordrhein-Westfalen, „Notrutschen in Tageseinrichtungen für Kinder“, http://www.luk-nrw.de/praev/thema/thema_07_03.asp#p1):

- Es ist eine Abweichung (Ausnahme/Befreiung) erforderlich.
- Die Funktionstauglichkeit der Notrutsche ist nach ihrer Errichtung zu überprüfen; sie ist einer wiederkehrenden, in der Regel jährlichen Sachkundigenprüfung zu unterziehen, deren Ergebnis dokumentiert werden muss.
- Der Gebrauch der Notrutsche ist regelmäßig zu üben. Der praxiserprobte Ablauf bei einer Rettungssituation ist festzulegen und allen Beteiligten bekannt zu machen (Aushang, Einweisung). Räumungsübungen im Kindergarten sollten mit Unterstützung der Feuerwehr durchgeführt werden.
- Bei der Evakuierung sollte sich nach Möglichkeit eine Betreuungsperson am Rutschenende und eine zweite am Einstieg postieren.
- Es ist sicherzustellen, dass kein Kind „vergessen“ worden ist, bevor als letzte Person die/der zweite Erzieherin/Erzieher aus dem Gebäude rutscht.
- Es ist wichtig, dass eine Sicht- und Kommunikationsverbindung zwischen Ein- und Auslauf der Notrutsche gegeben ist, damit ein Überblick über den Evakuierungsprozess möglich ist; d.h., gewendelte Notrutschen sind in der Regel ungeeignet.
- Notrutschen, die auch als Spielgerät genutzt werden, müssen den grundlegenden Anforderungen der DIN EN 1176 [20] entsprechen.
- Der Neigungswinkel des Rutschteils zur Horizontalen darf gemäß DIN EN 1176-3 [21] an keiner Stelle 60° überschreiten, womit ausgeschlossen werden soll, dass gefährdende Rutschgeschwindigkeiten entstehen; d.h., Notrutschen können in der Regel nur für die Rettung aus dem ersten Obergeschoss installiert werden.
- Die Notrutsche muss in ihrer Sitzbreite so dimensioniert sein, dass ein Benutzen durch erwachsene Personen unproblematisch möglich ist.
- Die Notrutsche sollte oben geschlossen (Tunnelrutsche) ausgeführt sein, um unabhängiger von Witterungseinflüssen, z.B. Schnee oder Regen, zu sein und die Absturzgefahr, die bei offenen Rutschen gegeben wäre, zu minimieren.
- Kleinstkinder oder körperlich und geistig behinderte Kinder, die die Notrutsche nicht allein benutzen können, sollten möglichst im Erdgeschoss betreut werden.
- Falls in einer Kindertageseinrichtung nur ein/e Erzieher/in anwesend ist, sind alle Kinder bevorzugt im Erdgeschoss zu betreuen.
- Ebenso wie andere Flucht- und Rettungswege sind die Notrutschen jederzeit frei zugänglich und nutzbar zu halten.

Rettungswege

7.3
Seite 137

8.12-1 Zweiter baulicher Rettungsweg aus dem 1. OG eines Kindergartens

8.12-2 Beispiel für eine Notrutsche aus dem 1. OG als zweiter Rettungsweg (Foto: Spath Architektur- und Ingenieurbüro, Würzburg)

9 Nachweis und Darstellung der Rettungswege

Der Nachweis der bauaufsichtlich geforderten Rettungswege gehört zum wichtigsten Punkt jedes Brandschutzkonzeptes bzw. -nachweises. Sie müssen dort ihrer Bedeutung entsprechend einwandfrei beschrieben, erläutert und dokumentiert werden.

Da es erfahrungsgemäß (insbesondere bei größeren bzw. komplexen Gebäuden) für die am Bau und Brandschutz Beteiligten teilweise aufwändig und mühsam sein kann, den Nachweis der Rettungswege im Brandschutzkonzept bzw. -nachweis nachzuvollziehen und zu prüfen, ist es in der Regel notwendig, die Rettungswege bzw. das Rettungswegkonzept (und auch die sonstigen Brandschutzanforderungen) in Brandschutzplänen zu visualisieren. Beispiele solcher Brandschutzpläne enthält Kapitel 5.5 in diesem Werk.

Nach Meinung des Verfassers ist bei größeren bzw. komplexeren Gebäuden ein Brandschutzkonzept bzw. -nachweis ohne entsprechende Visualisierung in Brandschutzplänen unzureichend und damit nicht gebrauchstauglich.

Dabei dienen die Brandschutzpläne in Verbindung mit dem Brandschutzkonzept bzw. -nachweis nicht nur dem Nachweis des baurechtlich konformen Brandschutzes für die Genehmigungsbehörden, sondern sie sind immer auch eine wichtige und unverzichtbare Dokumentation des Brandschutzes für den Bauherrn bzw. Betreiber des Gebäudes.

Verantwortlich für die Bereitstellung und baurechtlich einwandfreie Einhaltung der Rettungswege für das Gebäude ist der Bauherr bzw. Betreiber des Gebäudes. Deshalb ist es wichtig, dass dieser ausreichend über die jeweils erforderlichen Rettungswege informiert ist. Diese Information sollte in erster Linie mit den Brandschutzplänen erfolgen. In diese müssen dann auch alle für die Gewährleistung der Rettungswege erforderlichen Maßnahmen eingetragen werden, z.B. Türen in Rettungswegen, Notausgangstüren und – wenn der zweite Rettungsweg über Rettungsgeräte der Feuerwehr erfolgt – natürlich auch die hierfür erforderlichen Feuerwehrflächen.

Die Brandschutzpläne dienen damit dem Bauherrn als vorrangige Informationsquelle und zur schnellen Übersicht über alle baulichen, betrieblichen und organisatorischen Brandschutzmaßnahmen, die er für sein Gebäude einhalten muss.

Von besonderer Bedeutung und damit unverzichtbar sind die Brandschutzpläne in Verbindung mit dem Brandschutzkonzept bzw. -nachweis auch für den Betrieb des Gebäudes. Bei allen Nutzungsänderungen, Umbauten und Sanierungen muss das jeweils bestehende Brandschutzkonzept entsprechend ergänzt und angepasst werden. Voraussetzung hierfür sind aktuelle Brandschutzpläne, in denen das bestehende Brandschutzkonzept farblich visualisiert ist.

Daneben sind z.B. für Sonderbauten noch weitere Brandschutzpläne, wie Feuerwehrpläne und Flucht- und Rettungspläne, erforderlich, siehe Kapitel 12.1 und 12.2 in diesem Werk.

10 Literatur, Regelwerke

[1] Musterbauordnung (MBO) vom November 2002

[2] Muster-Beherbergungsstättenverordnung (M-BeVO) vom Dezember 2000

[3] Muster-Richtlinie über bauaufsichtliche Anforderungen an Schulen (Muster-Schulbau-Richtlinie – MSchulbauR) vom Juli 1998

[4] Handlungsempfehlungen zum Vollzug der Hessischen Bauordnung 2002 (HE-HBO) vom 22. Januar 2004, aktualisierter Stand 3. Januar 2005

[5] Baltz/Fischer: Preußisches Baupolizeirecht, unveränderter Nachdruck 1954, Beck

[6] ASR A2.3 – Technische Regeln für Arbeitsstätten „Fluchtwege, Notausgänge, Flucht- und Rettungsplan", August 2007

[7] Muster-Richtlinie über den Bau und Betrieb von Hochhäusern (Muster-Hochhausrichtlinie – MHHR) vom April 2008

[8] Muster-Richtlinien über Flächen für die Feuerwehr vom Februar 2007

[9] Richtlinie des Sächsischen Staatsministeriums des Innern über den Bau und Betrieb von Schulen (Sächsische Schulbaurichtlinie – SächsSchulBauR) vom 9. April 2005

[10] Muster-Richtlinie über den baulichen Brandschutz im Industriebau (Muster-Industriebaurichtlinie – M IndBauRL) vom März 2000

[11] Grundsätze zur Auslegung des § 14 MBO der Fachkommission Bauaufsicht der Bauministerkonferenz (ARGEBAU) abgestimmt mit dem AK Grundsatzfragen und dem AK VB/G der AGBF (16./17.10.2008)

[12] Vollzug des Bayerischen Feuerwehrgesetzes (VollzBekBayFwG), Bekanntmachung des Bayerischen Staatsministeriums des Innern, in der Fassung der Bekanntmachung vom 28. August 1998

[13] DIN 14094: Feuerwehrwesen – Notleiteranlagen (mehrteilige Norm)

[14] Verordnung über die Evakuierung von Rollstuhlbenutzern (EvakVO) vom 15. Juni 2000 – aufgrund des § 76 Abs. 1 Nr. 3 der Bauordnung für Berlin

[15] Musterverordnung über den Bau und Betrieb von Versammlungsstätten (Muster-Versammlungsstättenverordnung – MVStättV) vom Juni 2005

[16] Muster-Verordnung über den Bau und Betrieb von Verkaufsstätten (Muster-Verkaufsstättenverordnung – MvkVO) vom September 1995

[17] Muster einer Verordnung über den Bau und Betrieb von Garagen (Muster-Garagenverordnung – M-GarVO) vom Mai 1993, letzte Änderung vom 30. Mai 2008

[18] Muster einer Verordnung über den Bau und Betrieb von Krankenhäusern (Krankenhausbauverordnung – KhBauVO) vom Dezember 1976

7.3 Seite 140 | Rettungswege

[19] Verordnung über bauaufsichtliche Anforderungen an Krankenhäuser und Pflegeheime im Land Brandenburg (Brandenburgische Krankenhaus- und Pflegeheim-Bauverordnung – BbgKPBauV) vom 21. Februar 2003, zuletzt geändert am 23. März 2005

[20] DIN EN 1176: Spielplatzgeräte und Spielplatzböden (mehrteilige Norm)

[21] DIN EN 1176-3:2008-08: Spielplatzgeräte und Spielplatzböden – Teil 3: Zusätzliche und besondere sicherheitstechnische Anforderungen und Prüfverfahren für Rutschen

7 Bebauung, Rettungswege, Treppen, Räume
7.4 Treppen

Dipl.-Ing (FH) Josef Mayr

Inhalt

1 Allgemeines
2 Grundsätzliche Anforderungen der Landesbauordnungen
3 Notwendige Treppe
4 Weitere Treppen
4.1 Weitere notwendige Treppen zur Herstellung eines zweiten baulichen Rettungsweges
4.2 Weitere notwendige Treppen bei zu großer Entfernung von Aufenthaltsräumen zum notwendigen Treppenraum
4.3 Nicht notwendige Treppen
4.4 Weitere Treppen (Nottreppen) als Ersatz für Rettungsgeräte der Feuerwehr
4.5 Notleitern aus Metall
5 Einschiebbare Treppen und Rolltreppen
6 Verlauf notwendiger Treppen
7 Anforderungen an Feuerwiderstandsdauer und Brandverhalten
7.1 Nichtbrennbare Treppen
7.2 Feuerhemmende Treppen
7.3 Innere Verbindungstreppen von Maisonette-Wohnungen
8 Nutzbare Breite der Treppenläufe und Treppenabsätze
9 Wendeltreppen und Spindeltreppen
10 Literaturhinweis

7.4 Treppen

1 Allgemeines

Bauaufsichtliche Anforderungen an Treppen werden im Wesentlichen wegen der Verkehrssicherheit und des Brandschutzes gestellt. Die grundlegenden Vorschriften sind dabei in den Paragrafen der Landesbauordnungen (LBO) über *Brandschutz* (§ 14 MBO), *Verkehrssicherheit* (§ 16 MBO) und *Standsicherheit* (§ 12 MBO) aufgeführt. Die Paragrafen über Rettungswege, Treppen, notwendige Treppenräume und Ausgänge, notwendige Flure und offene Gänge sowie Öffnungen und Umwehrungen (§§ 33 bis 38 MBO) füllen diese allgemeinen Vorschriften dann aus.

Ergänzt werden die bauaufsichtlichen Anforderungen durch Technische Baubestimmungen. So wird z.B. in der Musterliste der Technischen Baubestimmungen (und sinngemäß in den einzelnen Listen der Bundesländer, die die Musterliste übernommen haben) unter Punkt 7 „Technische Regeln als Planungsunterlagen" die DIN 18065:2000-01 „Gebäudetreppen; Definitionen, Messregeln, Hauptmaße" als Technische Baubestimmung eingeführt und muss bei der Planung und Ausführung von Treppen entsprechend beachtet werden.

Die (Muster-)Liste der Technischen Baubestimmungen enthält als Anlage 7.1.1 auch die bauaufsichtlichen Anforderungen an den Einbau von Treppenliften in Treppenräumen notwendiger Treppen in bestehenden Gebäuden.

Zu beachten ist, dass für besondere Personengruppen (Menschen mit Behinderungen, alte Menschen, Mütter mit Kleinkindern) weitergehende Anforderungen bestehen können (§ 50 MBO). Dies gilt insbesondere für öffentlich zugängliche bauliche Anlagen, die dem allgemeinen Besucherverkehr dienen, wie

- Einrichtungen der Kultur und des Bildungswesens
- Sport- und Freizeitstätten
- Einrichtungen des Gesundheitswesens
- Büro-, Verwaltungs- und Gerichtsgebäude
- Verkaufs- und Gaststätten
- Stellplätze, Garagen und Toilettenanlagen.

2 Grundsätzliche Anforderungen der Landesbauordnungen

Die Tabelle 2-1 enthält eine Übersicht über die grundsätzlichen Anforderungen der MBO (§ 34) an notwendige Treppen. (Genaue Anforderungen siehe LBOs und Checklisten auf der Brandschutz-Nachweis-CD.)

7.4
Seite 2

Treppen

Tabelle 2-1: Anforderungen an Treppen nach § 34 MBO 2002

Gebäudeklasse	1 und 2	3	4	5
Erfordernis notwendiger Treppen	Jedes nicht zu ebener Erde liegende Geschoss und der benutzbare Dachraum eines Gebäudes müssen über mindestens eine Treppe zugänglich sein = **notwendige Treppe**.			
Rampen	Statt notwendiger Treppen sind Rampen mit flacher Neigung zulässig.			
Rolltreppen	als notwendige Treppen unzulässig			
Einschiebbare Treppen und Leitern	zulässig zu Dachräumen ohne AR	als notwendige Treppen unzulässig		
Verlauf notwendiger Treppen	–		• in einem Zuge zu allen angeschlossenen Geschossen[1] • müssen mit den Treppen zum Dachraum unmittelbar verbunden sein[1]	
Tragende Teile notwendiger Treppen – Innentreppen	–	fh oder nb	nb	fh und nb
Tragende Teile notwendiger Treppen – Außentreppen	–	nb		
Nutzbare Breite notwendiger Treppen	Die nutzbare Breite der Treppenläufe und Treppenabsätze muss für den größten zu erwartenden Verkehr ausreichen.			
Handlauf	Treppen müssen einen festen und griffsicheren Handlauf haben. Soweit die Verkehrssicherheit dies erfordert, sind Handläufe auf beiden Seiten und Zwischenhandläufe vorzusehen.			
Beginn einer Treppe	Eine Treppe darf nicht unmittelbar hinter einer Tür beginnen, die in Richtung der Treppe aufschlägt; zwischen Treppe und Tür ist ein ausreichender Treppenabsatz anzuordnen.			

[1]) Gilt nicht für Treppen, die höchstens zwei Geschosse innerhalb derselben Nutzungseinheit von insgesamt nicht mehr als 200 m² verbinden (Maisonette-Treppen), wenn in jedem Geschoss ein anderer Rettungsweg erreicht werden kann.

Abkürzungen:

AR Aufenthaltsraum
fh feuerhemmend
nb nichtbrennbar

3 Notwendige Treppen

Treppen dienen im Brandfall als Flucht- und Rettungswege für die Gebäudebenutzer und gleichzeitig als Rettungs- und Angriffswege für Hilfskräfte wie Feuerwehr und Rettungsmannschaften. Deshalb müssen alle Geschosse eines Gebäudes, mit Ausnahme des Erdgeschosses, über mindestens eine Treppe zugänglich sein. Diese Treppe wird von den LBOs als *notwendige Treppe* bezeichnet und stellt den ersten Rettungsweg dar.

Der § 35 MBO schreibt vor: *„Jede notwendige Treppe muss zur Sicherstellung der Rettungswege aus den Geschossen ins Freie in einem eigenen, durchgehenden Treppenraum liegen"* = notwendiger Treppenraum (siehe Kapitel 7.5 in diesem Werk).

Grundsätzlich müssen von jeder Nutzungseinheit mit mindestens einem Aufenthaltsraum wie Wohnungen, Praxen und selbstständige Betriebsstätten, in jedem Geschoss mindestens zwei voneinander unabhängige Rettungswege ins Freie vorhanden sein. Im Idealfall sind dies zwei bauliche Rettungswege, also zwei voneinander unabhängige notwendige Treppen.

Fehlt ein zweiter baulicher Rettungsweg (eine zweite unabhängige Treppe), müssen die Nutzungseinheiten mit Aufenthaltsräumen mit den Rettungsgeräten der Feuerwehr zu erreichen sein. Allerdings ist dies nur zulässig, wenn damit die Rettung möglich ist. Bei Sonderbauten ist der zweite Rettungsweg über Rettungsgeräte der Feuerwehr nur zulässig, wenn keine Bedenken wegen der Personenrettung bestehen.

Ein zweiter Rettungsweg ist nicht erforderlich, wenn die Rettung über einen Sicherheitstreppenraum möglich ist (siehe Kapitel 7.3 in diesem Werk).

Anmerkung: Mit Ausnahme besonders ausgeführter und geschützter Feuerwehraufzüge dürfen Aufzüge im Brandfall nicht benutzt werden, da sie bei einem Brand zur tödlichen Falle werden können (Stromausfall, Türen schließen nicht durch Rauchgase im Bereich der Lichtschranke). Deshalb kommen Aufzüge als Rettungswege nicht in Betracht.

4 Weitere Treppen

4.1 Weitere notwendige Treppen zur Herstellung eines zweiten baulichen Rettungsweges

Weitere notwendige Treppen sind z.B. erforderlich

- zur Gewährleistung des zweiten Rettungsweges in Gebäuden, in denen sich so viele Menschen oder bestimmte Personengruppen aufhalten, dass im Brandfall eine Rettung mit Rettungsgeräten der Feuerwehr nicht gewährleistet ist (in der Regel bei Sonderbauten)
- bei unterschiedlichen Nutzungen im Gebäude.

Der zweite Rettungsweg in Form von *mit Rettungsgeräten der Feuerwehr erreichbaren Stellen* ist nur für Wohngebäude und Gebäude mit vergleichbarer Nutzung ausreichend. Für Gebäude, bei denen im Brandfall eine ausreichend schnelle Rettung der Gebäudebenutzer über Rettungsgeräte der Feuerwehr nicht möglich ist, sind weitere notwendige Treppen zur Herstellung eines zweiten baulichen Rettungsweges oder ein Sicherheitstreppenraum erforderlich. Dies gilt für Gebäude, die in der Regel Sonderbauten sind und in denen sich mehr Menschen oder andere Personengruppen als bei üblicher Wohnnutzung aufhalten.

Für die meisten Sonderbauten wird deshalb in den entsprechenden Sonderverordnungen und -vorschriften gefordert, dass mindestens zwei notwendige Treppen vorhanden sein müssen, z.B. in

- Beherbergungsstätten ab einer bestimmten Größe (Anzahl von Gastbetten)
- Gaststätten ab einer bestimmten Größe (Anzahl von Gastplätzen)
- Verkaufsstätten ab einer bestimmten Größe
- Hochhäusern
- Schulen
- Versammlungsstätten
- Krankenhäusern usw.

In Hochhäusern kann anstelle von zwei notwendigen Treppen auch eine Treppe in einem Sicherheitstreppenraum ausgeführt werden.

Auch in vielen Sonderbauten, für die es keine Sonderverordnungen und -vorschriften gibt, z.B. in mehrgeschossigen Kindergärten, Heimen und Pflegeheimen usw., müssen im Rahmen des jeweils erforderlichen Brandschutznachweises bzw. Brandschutzkonzeptes in der Regel zwei bauliche Rettungswege (= zwei notwendige Treppen) angeordnet werden, wenn Bedenken wegen der Personenrettung durch Rettungsgeräte der Feuerwehr bestehen.

In den genannten Fällen werden weitere notwendige Treppen als weitere bauliche Rettungswege erforderlich, die möglichst so zu verteilen sind, dass die Rettungswege kurz sind.

4.2 Weitere notwendige Treppen bei zu großer Entfernung von Aufenthaltsräumen zum notwendigen Treppenraum

Weitere bzw. mehrere notwendige Treppen sind erforderlich, wenn nicht von jeder Stelle eines Aufenthaltsraums sowie eines Kellergeschosses mindestens ein Ausgang in einen notwendigen Treppenraum oder ins Freie in höchstens 35 m Entfernung erreichbar ist (siehe Kapitel 7.5 in diesem Werk).

Die höchstzulässige Rettungsweglänge (in der Regel 35 m, z.B. nach § 35 Abs. 2 MBO 2002) ist in den LBOs festgelegt. Für Sonderbauten bestehen in der Regel besondere Anforderungen an die Rettungsweglängen (siehe entsprechende Sondervorschriften).

Aus den jeweils zulässigen Rettungsweglängen ergeben sich die erforderliche Zahl und die Lage weiterer notwendiger Treppen in Abhängigkeit von ihrer Erreichbarkeit und den jeweils einzuhaltenden Vorschriften.

4.3 Nicht notwendige Treppen

Neben den bauaufsichtlich geforderten *notwendigen Treppen,* die immer in einem *notwendigen Treppenraum* liegen müssen, sind unter bestimmten Voraussetzungen auch *nicht notwendige Treppen* möglich. Diese liegen in der Regel nicht in einem notwendigen Treppenraum. Sie können z.B. aus architektonischen, funktionalen oder sonstigen Gründen angeordnet werden.

An die *nicht notwendige Treppen* selbst werden keine besonderen Brandschutzanforderungen gestellt. Da sie meist nicht in einem notwendigen Treppenraum liegen, können sie jedoch nur zusätzlich zu den bauaufsichtlich geforderten notwendigen Treppen angeordnet werden. Dabei ist jedoch zu beachten, dass durch die nicht notwendigen Treppen Deckendurchbrüche entstehen, die zusätzlich brandschutztechnisch gesichert bzw. abgeschottet werden müssen. Hierfür ist in der Regel eine genehmigungspflichtige Abweichung (Ausnahme/Befreiung) von der LBO bzw. Sonderverordnung erforderlich, es sei denn, die Treppe ohne eigenen Treppenraum wird in der Sondervorschrift speziell behandelt.

Beispiel

Treppen ohne eigenen durchgehenden notwendigen Treppenraum (in mehrgeschossigen offenen Hallen bzw. Atrien von Kaufhäusern, Bürogebäuden, Schulen, Theatern usw.) sind keine notwendigen Treppen. In diesen Fällen sind in der Regel zusätzlich zu den offenen (nicht notwendigen) Treppen weitere (bauaufsichtlich verlangte) notwendige Treppen erforderlich, die dann jeweils in entsprechend sicheren notwendigen Treppenräumen angeordnet werden müssen. Für die Deckenöffnungen der nicht notwendigen Treppen ist eine genehmigungspflichtige Abweichung (Ausnahme/Befreiung) erforderlich (siehe sinngemäß vorstehenden Absatz).

4.4 Weitere Treppen (Nottreppen) als Ersatz für Rettungsgeräte der Feuerwehr

Bei Gebäuden, die keine Sonderbauten sind und bei denen es gemäß LBO zulässig wäre, den zweiten Rettungsweg über Rettungsgeräte der Feuerwehr herzustellen, kann der zweite Rettungsweg auch durch

- weitere *notwendige Treppen* oder durch
- weitere Treppen, die keine notwendigen Treppen sind (= *Nottreppen*), hergestellt werden.

Solche Nottreppen können z.B. sinnvoll bzw. erforderlich sein, wenn die anzuleiternden Aufenthaltsräume nicht mit den Hubrettungsgeräten der Feuerwehr erreicht werden können (z.B. ab einer Höhe der anleiterbaren Stelle von mehr als 8 m in einem Innenhof, der mit Hubrettungsfahrzeugen nicht befahren werden kann).

Die Anordnung weiterer *notwendiger Treppen* ist problemlos möglich und in den LBOs auch vorgesehen. Diese müssen dann alle Anforderungen an notwendige Treppen erfüllen (siehe Kapitel 7.5 in diesem Werk).

Dagegen ist die Anordnung sogenannter *Nottreppen,* also weiterer Treppen, die keine notwendigen Treppen sind, in der

7.4
Seite 6

Treppen

MBO 2002 nicht vorgesehen. Dies bedeutet, dass für sie eine genehmigungspflichtige Abweichung (Ausnahme/Befreiung) von der Bauordnung erforderlich ist. Hierzu sollten die nachfolgend angegebenen Überlegungen berücksichtigt werden.

Wie erwähnt ersetzt die weitere Treppe (= Nottreppe) für die betroffenen Aufenthaltsräume lediglich die Rettungsgeräte der Feuerwehr. Daraus lässt sich ableiten, dass sie vom Grundsatz her keinen höheren Anforderungslevel zu erfüllen braucht als die geeigneten Rettungsgeräte der Feuerwehr. Sie darf deshalb z.B. auch ungeschützt vor einer Fassade mit Fensteröffnungen angeordnet werden.

Allerdings besteht ein wesentlicher Unterschied zwischen den Rettungsgeräten der Feuerwehr und der Nottreppe: Die Nottreppe ist fest montiert und kann damit im Brandfall nicht flexibel verwendet werden. Daraus ergeben sich z.B. die folgenden grundsätzlichen Anforderungen:

Die Nottreppe sollte

- am oder im Gebäude so platziert bzw. brandschutztechnisch so gesichert sein, dass sie vom Szenarium, das die Haupttreppe (= notwendige Treppe) unpassierbar gemacht hat, nicht in Mitleidenschaft gezogen werden kann (unabhängiger Rettungsweg)
- von den betroffenen Menschen sicher erreicht werden können, ohne dass diese den Luftraum der Haupttreppe durchqueren müssen (siehe Bilder 4-1 und 4-2)
- so bemessen sein, dass ein Mensch auf einer Krankentrage darauf transportiert werden kann.

Da gemäß MBO 2002 grundsätzlich die Ausführung von Außentreppen aus nichtbrennbaren Baustoffen zulässig ist, genügt auch für die Nottreppen eine Ausführung aus nichtbrennbaren Baustoffen.

4-1 und 4-2 **Beispiel für die Ausbildung des Rettungsweges zur Nottreppe im Bereich der „notwendigen Treppe“**

4-1

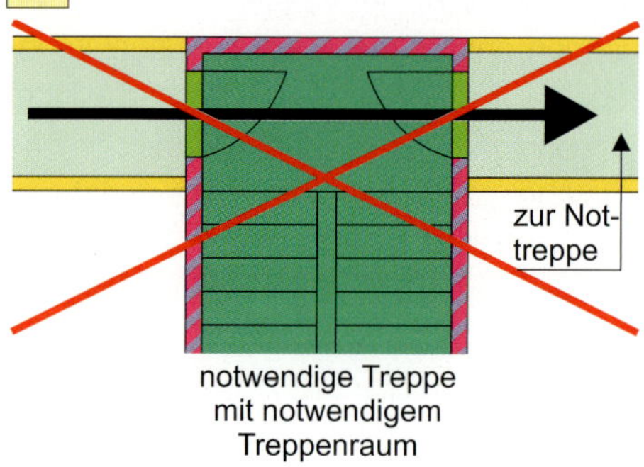

4-2

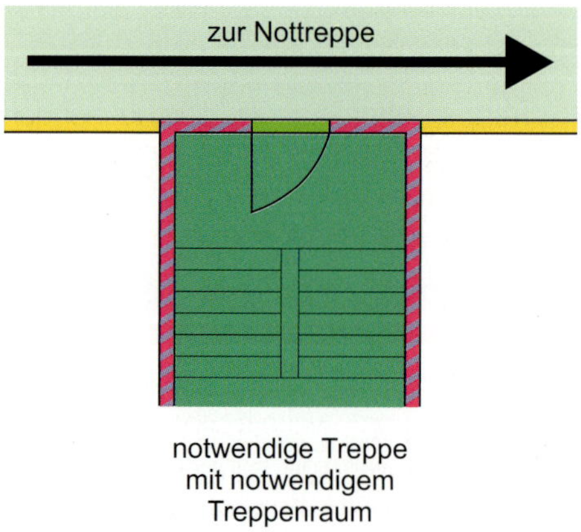

4.5 Notleitern aus Metall

Wenn es um den Ersatz von Rettungsgeräten der Feuerwehr geht, wird in den LBOs ausdrücklich nur von *„weiteren notwendigen Treppen"* gesprochen, nicht von Nottreppen (siehe Punkt 4.4), und von fest montierten *„Notleitern aus Metall"*, z.B. nach DIN 14094.

Für diese Notleitern gilt damit das Gleiche wie für Nottreppen. Sie sind in der Regel nur unter bestimmten Voraussetzungen zulässig (z. B. bei Bestandsgebäuden in Innenhöfen, die mit Rettungsgeräten der Feuerwehr nicht erreicht werden können). Außerdem benötigen sie immer eine genehmigungspflichtige Abweichung (Ausnahme/Befreiung) von der jeweiligen LBO.

Vor einer Ausführung von Notleitern sollte genau geprüft werden, ob damit alle Schutzziele erreicht werden, insbesondere ob sie im jeweiligen Einzelfall als zweiter Rettungsweg für die Rettung der im Gebäude befindlichen Menschen genügen.

5 Einschiebbare Treppen und Rolltreppen

Einschiebbare Treppen und Rolltreppen bieten im Brandfall keine Gewähr für eine sichere Benutzung. Sie sind deshalb als notwendige Treppen nicht zulässig und können nur zusätzlich zu notwendigen Treppen – nicht anstelle von – errichtet werden.

Lediglich in Gebäuden der Gebäudeklassen 1 und 2 sind einschiebbare Treppen und Leitern als Zugang zu einem Dachraum ohne Aufenthaltsraum zulässig.

In den Gebäudeklassen 3 bis 5 und in Sonderbauten sind nach MBO 2002 einschiebbare Treppen und Leitern als Zugang zu einem Dachraum ohne Aufenthaltsraum grundsätzlich unzulässig. Sind sie trotzdem erforderlich, z. B. in Bestandsgebäuden, ist hierfür eine genehmigungspflichtige Abweichung (Ausnahme/Befreiung) von der entsprechenden LBO erforderlich.

In diesen Fällen muss der Öffnungsverschluss mit der einschiebbaren Treppe (Deckel und Zarge) vom Grundsatz her die gleiche Feuerwiderstandsdauer haben wie die Decke, in der diese Treppe eingebaut ist.

Einschiebbare Treppen sind auch in feuerwiderstandsfähiger Bauweise erhältlich (mit einer Prüfung in Anlehnung an DIN 4102-2). Dabei ist darauf zu achten, dass sie die erforderliche Feuerwiderstandsdauer grundsätzlich von beiden Seiten aufweisen müssen. Ist das nicht möglich, müssen sie die Feuerwiderstandsdauer von der Seite her aufweisen, von der im Brandfall die Brandbeanspruchung erfolgt (siehe Kapitel 6.8.0 in diesem Werk).

Beispiel 1

Wird die einschiebbare Treppe in der feuerbeständigen Decke eines notwendigen Treppenraums zum darüberliegenden Speicher angeordnet, muss sie ihre Feuerwiderstandsdauer F 90 in erster Linie von oben nach unten aufweisen, da das Schutzziel darin besteht, dass bei einem Brand im Speicher Feuer und Rauch für 90 Minuten nicht in den Treppenraum eindringen können. Da ein Brand im Treppenraum selbst und eine entsprechende Beanspruchung der einschiebbaren Treppe von unten nach oben eher unwahrscheinlich ist, könnte im Einzelfall mit einer entsprechenden genehmigungspflichtigen Abweichung (Ausnahme/Befreiung) auf eine Feuerwiderstandsfähigkeit von unten nach oben verzichtet werden.

Beispiel 2

Wird die einschiebbare Treppe in der feuerhemmenden Decke eines Aufenthaltsraums zum darüberliegenden Speicher angeordnet, muss sie die Feuerwiderstandsdauer F 30 von beiden Seiten aufweisen und entsprechend geprüft sein, wenn das Schutzziel *feuerhemmend* für die Decke von beiden Seiten besteht.

Anmerkung: Grundsätzlich müssen Öffnungen in raumabschließenden feuerwiderstandsfähigen Decken – wenn sie nach den LBOs bzw. im Rahmen einer genehmigungspflichtigen Abweichung (Ausnahme/Befreiung) zulässig sind – in der Feuerwiderstandsdauer der Decke mit selbstschließenden Abschlüssen gesichert werden. Einschiebbare Treppen sind jedoch nicht selbstschließend. Damit ist ihr Einbau nur möglich, wenn sichergestellt ist, dass sie immer geschlossen beiben. Im Brandfall müssen sie jedoch von der Feuerwehr ohne Probleme geöffnet werden können.

5-1 Beispiel für die Ausführung einschiebbarer Treppen

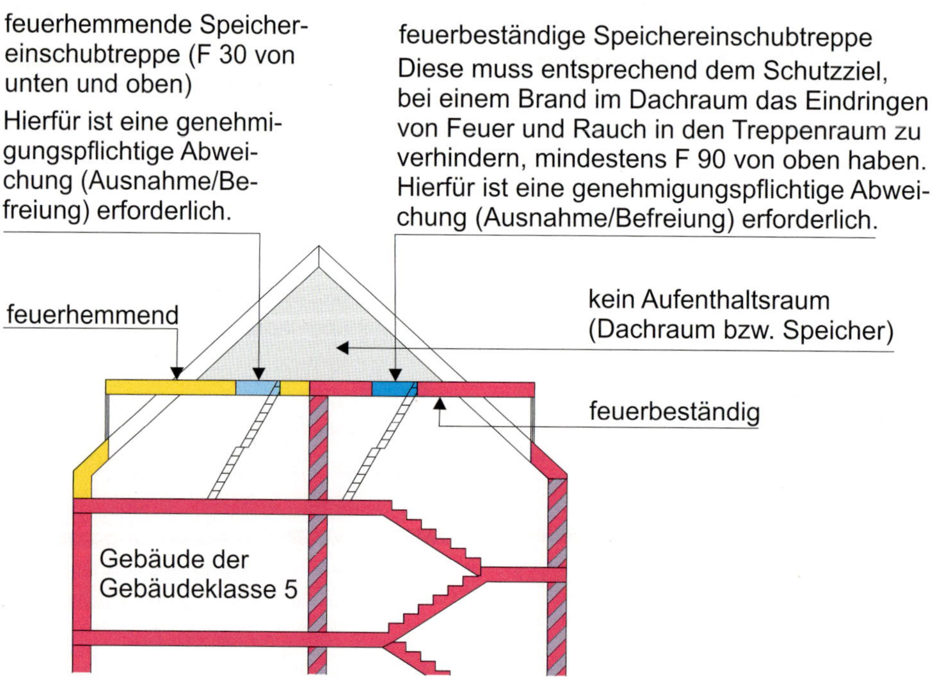

6 Verlauf notwendiger Treppen

Um einen möglichst sicheren Flucht- und Rettungsweg sowie einen Angriffsweg für die Feuerwehr zu bieten, wird verlangt, dass in Gebäuden der Gebäudeklassen 4 und 5 die notwendigen Treppen

- in einem Zuge zu allen angeschlossenen Geschossen führen
- mit den Treppen zum Dachraum in unmittelbarer Verbindung stehen
- in einem eigenen Treppenraum liegen
- auf möglichst kurzem Weg einen sicheren Ausgang ins Freie haben.

7 Anforderungen an Feuerwiderstandsdauer und Brandverhalten

Die notwendigen Treppen sind sowohl *Angriffswege* als auch *Rückzugswege* für Feuerwehr- und Rettungskräfte. Sie müssen deshalb auch dann noch für eine gewisse Zeit *gefahrlos* begangen werden können, wenn sich ein Brand schon in den Treppenraum ausgedehnt hat.

Die Anforderungen sind in den einzelnen LBOs teilweise unterschiedlich. Nach der MBO 2002 (siehe Tabelle 7-1) müssen in Gebäuden der Gebäudeklasse 5 die tragenden Teile notwendiger Treppen *feuerhemmend* und *nichtbrennbar* sein. Für Gebäude der Gebäudeklasse 4 genügt eine *nichtbrennbare* Ausführung. Bei Gebäuden der Gebäudeklasse 3 können sie entweder *feuerhemmend* oder *nichtbrennbar* ausgeführt werden. Für die Gebäudeklassen 1 und 2 bestehen keine besonderen Anforderungen.

Da bei Außentreppen, die als notwendige Treppen angeordnet werden, das Risiko eines Brandes oder Brandeintrags sehr gering ist, genügt hier bei den Gebäudeklassen 3 bis 5 für die tragenden Teile eine Ausführung aus nichtbrennbaren Baustoffen.

Die jeweiligen Anforderungen an die Feuerwiderstandsdauer und Baustoffklasse der Treppen gelten sowohl für die Treppen als auch für die Podeste.

7.4 Seite 10 | Treppen

Tabelle 7-1: Anforderungen an die Feuerwiderstandsdauer und das Brandverhalten von tragenden Teilen notwendiger Treppen gemäß MBO 2002 mit Zuordnung zu den Feuerwiderstands- und Baustoffklassen nach DIN 4102 (nationale Ebene) und DIN EN 13501 (europäische Ebene)

Gebäudeklasse	Innentreppe/ Außentreppe	Bauaufsichtliche Anforderung	Kurzbezeichnung nach DIN 4102	Kurzbezeichnung nach DIN EN 13501
5	Innentreppe	fh und nb	F 30-A	R 30-A 1 oder R 30-A 2-s1-d0
	Außentreppe	nb	A 1 oder A 2	A 1 oder A 2-s1-d0
4	Innentreppe	nb	A 1 oder A 2	A 1 oder A 2-s1-d0
	Außentreppe	nb	A 1 oder A 2	A 1 oder A 2-s1-d0
3	Innentreppe	fh oder nb	F 30-B oder A 1 oder A 2	R 30 oder A 1 oder A 2-s1-d0
	Außentreppe	nb	A 1 oder A 2	A 1 oder A 2-s1-d0
1–2	keine besonderen Anforderungen			

Abkürzungen:

fh	feuerhemmend
nb	nichtbrennbar (aus nichtbrennbaren Baustoffen)
A	und aus nichtbrennbaren Baustoffen
A 1 oder A 2	nationale Baustoffklassen für nichtbrennbare Baustoffe nach DIN 4102-1
R	Résistance (Tragfähigkeit) nach DIN EN 13501-2
A 1 oder A 2-s1-d0	europäische Baustoffklassen für nichtbrennbare Baustoffe nach DIN EN 13501-1

7.1 Nichtbrennbare Treppen

Möglich ist die Ausführung der Treppe aus nichtbrennbaren Baustoffen für Innentreppen in Gebäuden der Gebäudeklassen 3 und 4 sowie für Außentreppen von Gebäuden der Gebäudeklassen 3 bis 5. Die Anforderung *aus nichtbrennbaren Baustoffen* wird z.B. durch eine Stahltreppe mit nichtbrennbaren Setz- und Trittstufen erfüllt (siehe Bild 7-1).

7-1 Beispiel für eine Treppe aus nichtbrennbaren Baustoffen (Stahl)

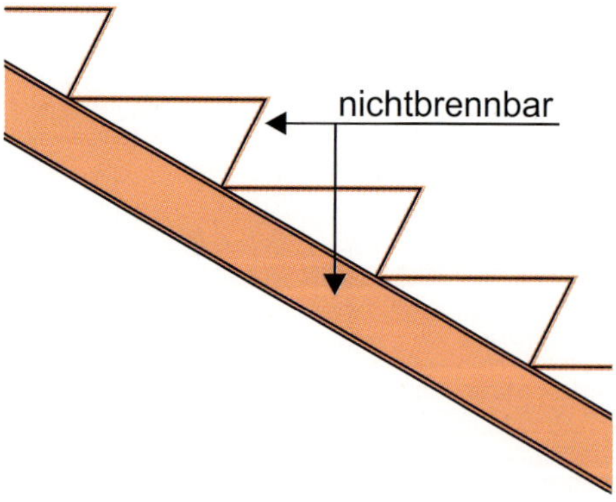

7.2 Feuerhemmende Treppen

Bei Gebäuden der Gebäudeklasse 3 können die tragenden Teile notwendiger Treppen feuerhemmend und aus brennbaren Baustoffen hergestellt werden (= F 30-B). In Gebäuden der Gebäudeklasse 5 besteht dagegen die Mindestanforderung *feuerhemmend* und *nichtbrennbar* (= F 30-A).

Treppen aus Stahlbeton

Feuerhemmende und nichtbrennbare Treppen aus Stahlbeton werden nach DIN 4102-4 in Verbindung mit DIN 4102-4/A1 und DIN 4102-22 bemessen (siehe Bild 7-2).

7-2 Beispiel für eine feuerhemmende und nichtbrennbare (F 30-A-)Treppe aus Stahlbeton nach DIN 4102-4 in Verbindung mit DIN 4102-4/A1 und DIN 4102-22

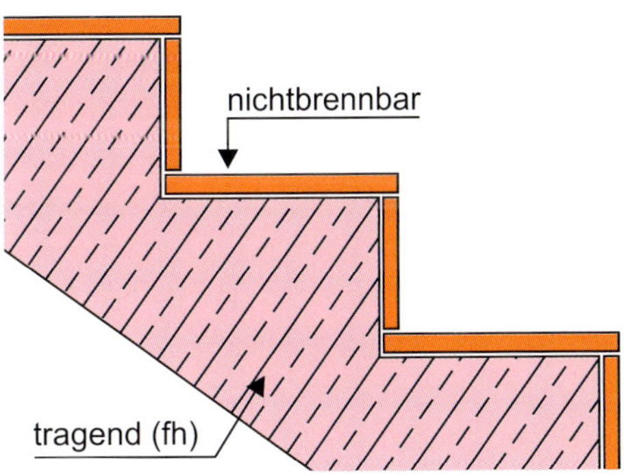

Treppen aus Stahl

Treppen, deren tragende Teile aus Stahl bestehen, erfüllen die Forderung *feuerhemmend,* wenn die verwendeten Stahlprofile relativ massig sind (U/A-Verhältniswert

7-3 Beispiel für eine feuerhemmende Treppe mit Stahltragwerk und Holzstufen

Da diese Treppe Holzstufen aufweist, kann sie nicht in Gebäuden der Gebäudeklasse 5 angeordnet werden, weil die Treppen in dieser Gebäudeklasse feuerhemmend und aus nichtbrennbaren Baustoffen bestehen müssen. Eine Verwendung in Gebäuden der Gebäudeklasse 5 wäre nur möglich, wenn die Stufen ebenfalls feuerhemmend und aus nichtbrennbaren Baustoffen hergestellt würden.

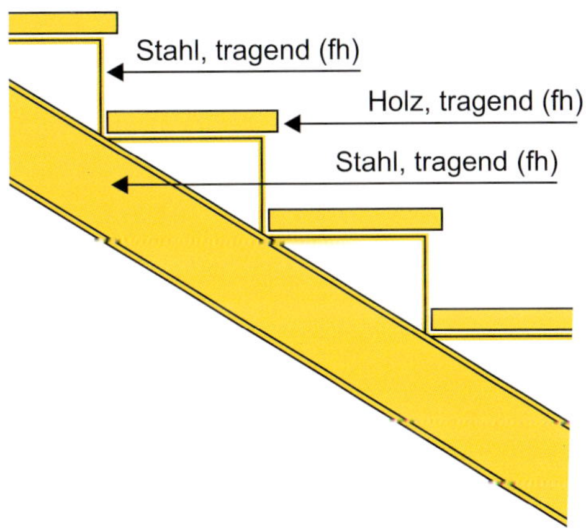

≤ 300 m^{-1}) und mit einer bauaufsichtlich zugelassenen dämmschichtbildenden Brandschutzbeschichtung versehen werden, die bei Einwirkung von Feuer eine isolierende Dämmschicht bildet (siehe Bild 7-3 sowie unter 6.6.1 in diesem Werk).

Für die tragenden Treppenstufen ist der Nachweis *feuerhemmend* entweder durch eine Bauart nach DIN 4102-4 oder durch eine allgemeine bauaufsichtliche Zulassung bzw. ein allgemeines bauaufsichtliches Prüfzeugnis zu erbringen (siehe Kapitel 5.2 in diesem Werk).

Die Mindestdicke der im Bild 7-3 dargestellten Treppenstufen aus Holz ist abhängig vom Abstand der tragenden Unterstützungsprofile (= Stützweite), der Stufenbreite und der verwendeten Holzart (z.B. Eiche, Buche, Nadelholz). Nähere Einzelheiten enthält das Holz-Brandschutz-Handbuch (siehe Literaturhinweis).

Treppen aus Holz

Treppen und Treppenpodeste, deren tragende Teile aus Holz bestehen, können ebenfalls feuerhemmend hergestellt werden (siehe Bild 7-4). Bezüglich der Bemessung der einzelnen tragenden Teile und ihrer Verbindungen wird auf DIN 4102-4 in Verbindung mit DIN 4102-4/A1 und DIN 4102-22 (siehe Kapitel 3.5-V in diesem Werk) und auf den Literaturhinweis verwiesen.

Eine brandschutztechnische wirksame Verkleidung der Untersicht einer Holz- oder Stahltreppe allein ist kein Ersatz für eine feuerhemmende Bemessung der tragenden Teile der Treppe, weil nicht bekannt ist, von welcher Seite ein Brand auf eine Treppe einwirkt.

7-4 Beispiel für eine feuerhemmende Treppe mit Holztragwerk und Holzstufen

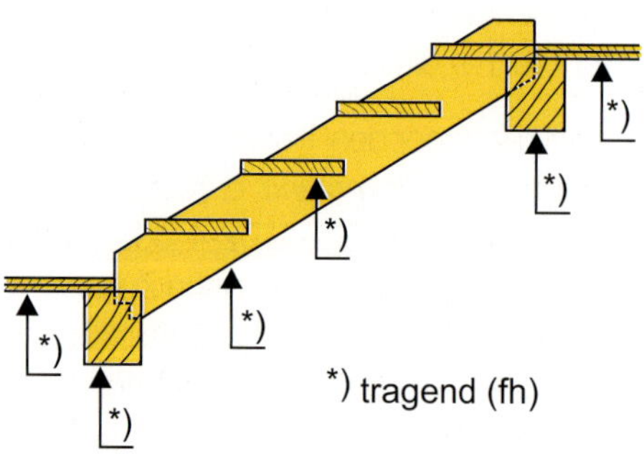

7.3 Innere Verbindungstreppen von Maisonette-Wohnungen

Nach MBO 2002 sind notwendige Treppen ohne eigenen Treppenraum höchstens zulässig für die Verbindung von zwei Geschossen innerhalb derselben Nutzungseinheit von insgesamt nicht mehr als 200 m², wenn in jedem Geschoss ein anderer Rettungsweg erreicht werden kann. Diese inneren Verbindungstreppen werden nachfolgend Maisonette-Treppen genannt.

Für die Ausführung und brandschutztechnische Beurteilung dieser Treppen ist entscheidend, ob beide Maisonette-Ebenen oder nur eine an die notwendige Treppe des Gebäudes (Haupttreppe) angeschlossen ist.

Beide Maisonette-Ebenen mit Anschluss an die notwendige Treppe des Gebäudes (Haupttreppe)

Sind beide Maisonette-Ebenen an die notwendige Treppe des Gebäudes mit notwendigem Treppenraum (Haupttreppe) angeschlossen, bildet die Haupttreppe die notwendige Treppe für jede Maisonette-Ebene. In diesem Fall stellt die innere Maisonette-Treppe zwischen den beiden Ebenen nur die zulässige offene Verbindung zwischen den Ebenen dar. Weitere Anforderungen muss sie deshalb nicht erfüllen, da die eigentliche (bauaufsichtlich notwendige) Erschließung beider Maisonette-Ebenen über die Haupttreppe erfolgt.

Nur eine Maisonette-Ebene mit Anschluss an die notwendige Treppe des Gebäudes (Haupttreppe)

In diesem Fall wird nur jeweils eine Maisonette-Ebene durch die notwendige Treppe des Gebäudes (Haupttreppe) erschlossen. Die Erschließung der zweiten Ebene erfolgt dann über die zulässige offene Verbindung mit der inneren Maisonette-Treppe. Damit wird diese zur notwendigen Treppe, da gemäß MBO 2002 jedes nicht zu ebener Erde liegende Geschoss über mindestens eine notwendige Treppe erschlossen werden muss.

Als notwendige Treppe müsste die innere Maisonette-Treppe grundsätzlich die Anforderungen der LBO an notwendige Treppen einhalten, also auch entsprechend der jeweiligen Gebäudeklasse die Anforderungen an die Feuerwiderstandsklasse und das Brandverhalten der tragenden Teile erfüllen.

Allerdings besteht hier in der Regel die Möglichkeit einer Abweichung (Ausnahme/Befreiung), z.B. für eine Ausführung aus mindestens normal entflammbaren Baustoffen. Gegen eine derartige Abweichung (Ausnahme/Befreiung) dürften in der Regel keine Einwände bestehen, da es sich lediglich um eine kleine Treppe innerhalb einer Nutzungseinheit handelt und damit das Risiko entsprechend begrenzt ist.

In der Verwaltungsvorschrift des Sächsischen Staatsministeriums des Innern zur Sächsischen Bauordnung (VwVSächsBO) vom 18. März 2005 ist z.B. unter Punkt 35.1 angegeben: *„Bei einer notwendigen Treppe ohne Treppenraum (für die Verbindung von höchstens zwei Geschossen innerhalb derselben Nutzungseinheit von insgesamt nicht mehr als 200 m², wenn in jedem Geschoss ein anderer Rettungsweg erreicht werden kann = Maisonette-Treppe) werden keine Forderungen an den Feuerwiderstand der tragenden Teile gestellt. Sie müssen aus mindestens normal entflammbaren Baustoffen bestehen. Dies gilt auch für notwendige Treppen in Gebäuden der Gebäudeklassen 1 und 2."*

8 Nutzbare Breite der Treppenläufe und Treppenabsätze

Die nutzbare Breite notwendiger Treppen und ihrer Treppenabsätze muss für den größten zu erwartenden Verkehr genügen.

Im Allgemeinen gilt dies als eingehalten, wenn die Treppenläufe und Treppenabsätze die in DIN 18065 angegebenen Mindestbreiten haben. Die Mindestbreite beträgt danach 1 m.

In Wohngebäuden mit bis zu zwei Wohnungen und innerhalb von Wohnungen, z.B. Maisonette-Wohnungen, sowie für untergeordnete Treppen und Nottreppen kann eine Breite von 80 cm ausreichend sein.

Bei Sonderbauten ergibt sich die Mindestbreite aus der jeweiligen Sonderbauvorschrift. Für Hochhäuser wird z.B. in der Muster-Hochhausrichtlinie (MHHR) eine Mindestbreite von 1,25 m vorgeschrieben. Einen allgemeinen Anhaltswert liefert die in der Muster-Versammlungsstättenverordnung (MVStättV) geforderte lichte Rettungswegbreite von mindestens 1,20 m je 200 darauf angewiesenen Personen, wobei Staffelungen nur in Schritten von 0,60 m zulässig sind (siehe auch Kapitel 8.18 in diesem Werk).

Für Gebäude, die dem Arbeitsstättenrecht unterliegen, sind zusätzlich zu den bauaufsichtlichen Anforderungen noch die *Technischen Regeln für Arbeitsstätten* zu beachten. Gemäß ASR A2.3 vom August 2007 „Fluchtwege und Notausgänge, Flucht- und Rettungsplan", wird die Mindestbreite der Fluchtwege nach der Höchstzahl der Personen bemessen, die im Bedarfsfall den Fluchtweg benutzen. Danach sind die in Tabelle 8-1 angegebenen Mindestbreiten vorgeschrieben. Ab 200 Personen gelten die gleichen Breiten wie bei der MVStättV.

Tabelle 8-1:
Mindestbreite der Fluchtwege nach ASR A2.3, Ausgabe August 2007

Anzahl der Personen (Einzugsgebiet)	Lichte Breite (m)
bis 5	0,875
bis 20	1,00
bis 200	1,20
bis 300	1,80
bis 400	2,40

Wichtig:

Besonders ist darauf zu achten, dass die lichte Mindestbreite der notwendigen Treppen grundsätzlich durch Einbauten oder Einrichtungen sowie in Richtung des Fluchtweges zu öffnende Türen nicht eingeengt werden darf.

9 Wendeltreppen und Spindeltreppen

Wendeltreppen (Auftrittsbreite an der schmalsten Stelle ≥10 cm) und Spindeltreppen (Auftrittsbreite an der schmalsten Stelle < 10 cm) sind in Gebäuden, die keine Sonderbauten sind, grundsätzlich als notwendige Treppen zulässig, wenn sie alle Anforderungen der DIN 18065 erfüllen.

Bei *Sonderbauten* bestehen jedoch teilweise besondere Anforderungen. So sind z.B. nach MVStättV Wendeltreppen (und damit auch Spindeltreppen) als notwendige Treppen unzulässig. Auch in anderen Sonderbauvorschriften werden Wendel- und Spindeltreppen als notwendige Treppen nicht zugelassen.

Im *Arbeitsstättenrecht* wird die Verwendung von Wendeltreppen und Spindeltreppen als notwendige Treppen eingeschränkt. So heißt es z.B. in den unter 8 genannten Technischen Regeln ASR A2.3: *„Treppen im Verlauf von ersten Fluchtwegen müssen, Treppen im Verlauf von zweiten Fluchtwegen sollen über gerade Läufe verfügen."*

Allgemein kann davon ausgegangen werden, dass Wendel- und Spindeltreppen als notwendige Treppen für den zweiten Rettungsweg immer dann **unzulässig** sind, wenn

- eine größere Personenzahl darauf angewiesen ist (z.B. Versammlungsstätten, Geschäftshäuser, Schulen, Kindergärten)

- sie von bestimmten Personengruppen begangen werden (z.B. Heime, Krankenhäuser, Schulen, Kindergärten, Seilbahngebäude)
- gemäß Arbeitsstättenrecht die Verwendung von Wendel- und Spindeltreppen unzulässig ist.

> Wichtiger Hinweis:
>
> Da die Verwendung von Wendel- und Spindeltreppen teilweise unterschiedlich akzeptiert wird, ist es dringend empfehlenswert, die Anwendbarkeit von Wendel- und Spindeltreppen als notwendige Treppen bzw. Nottreppen frühzeitig mit den zuständigen Stellen abzusprechen und zu klären.

Beispiel

Gemäß der Verwaltungsvorschrift des sächsischen Staatsministeriums des Innern zur Sächsischen Bauordnung (VwVSächsBO) vom 18. März 2005 *„sind an Gebäuden, die keine Sonderbauten sind, Außentreppen mit gewendelten Treppenläufen als zweiter notwendiger Rettungsweg zulässig, soweit nur eine geringe Anzahl von Personen auf die Treppe als Rettungsweg angewiesen ist. Als Richtwert gelten zehn Personen pro Geschoss. Eine größere Anzahl von Personen ist zulässig, wenn im Hinblick auf die konkreten Nutzer keine Bedenken wegen der Personenrettung bestehen."*

10 Literaturhinweis

Kordina, Prof. Dr.-Ing. Dr.-Ing. E.h.K.; Meyer-Ottens, Claus, Dr.-Ing.; Scheer, C., Prof. Dipl.-Ing.: Holz-Brandschutz-Handbuch. Deutsche Gesellschaft für Holzforschung e.V., München

7.4 Seite 16	Treppen	

7 Bebauung, Rettungswege, Treppen, Räume
7.5 Treppenräume

Dipl.-Ing. (FH) Josef Mayr

Inhalt

1 Allgemeines

2 Grundsätzliche Anforderungen der Landesbauordnungen

3 Erfordernis und Definition notwendiger Treppenräume

3.1 Grundsätzliche Anforderungen

3.2 Gebäude der Gebäudeklassen 1 und 2

3.3 Treppen innerhalb von Wohnungen (= Maisonette-Wohnungen)

3.4 Notwendige Außentreppe

3.5 Durchgehender Treppenraum

3.6 Definition des *eigenen* notwendigen Treppenraums

3.7 Anordnung notwendiger Flure

4 Lage des notwendigen Treppenraums

4.1 An der Außenwand liegender notwendiger Treppenraum

4.2 Innen liegender notwendiger Treppenraum

4.2.1 Grundsätzliche Anforderungen der MBO 2002

4.2.2 Unterschiedliche Anforderungen in Deutschland

4.2.3 Grundsätzliche brandschutztechnische Risikobetrachtung innen liegender Treppenräume

4.2.4 Auswertung der Risikobetrachtung

4.2.5 Ausrüsten der Wohnungen mit Rauchmeldern und richtiges Verhalten der Bewohner

4.3 Notwendige Außentreppe

5 Erreichbarkeit des notwendigen Treppenraums/Ausgangs ins Freie

6 Anordnung mehrerer notwendiger Treppen

7 Übereinanderliegende Kellergeschosse

8 Sicherer Ausgang ins Freie

7.5	Treppenräume	Inhalt

9 Wände notwendiger Treppenräume und ihrer Ausgänge ins Freie
9.1 Anforderungen an den feuerwiderstandsfähigen Raumabschluss
9.2 Bekleidungen, Putze und Dämmstoffe von Treppenraumwänden
9.3 Bauart von Brandwänden
9.4 Wände, hochfeuerhemmend auch unter zusätzlicher mechanischer Beanspruchung
9.5 Feuerhemmende Wände aus brennbaren Baustoffen
10 Außenwände notwendiger Treppenräume
10.1 Fall A: Treppenraumaußenwände nicht gefährdet
10.2 Fall B: Treppenraumaußenwände gefährdet – Maßnahmen an Treppenraumaußenwänden
10.3 Fall C: Treppenraumaußenwände gefährdet – Maßnahmen an anschließenden Gebäudeteilen
11 Oberer Abschluss des Treppenraums
11.1 Schutzziel
11.2 Oberer Treppenraumabschluss durch raumabschließende feuerwiderstandsfähige Bauteile
11.3 Oberer Treppenraumabschluss durch das Dach mit Treppenraumwänden bis unter die Dachhaut
12 Bekleidungen, Putze, Dämmstoffe, Unterdecken, Einbauten und Bodenbeläge
13 Besondere Anforderungen an Wände und Decken aus brennbaren Baustoffen
14 Sicherung von Öffnungen
14.1 Grundsätzliche Anforderungen der MBO 2002
14.2 Rauchdichte Feuerschutzabschlüsse
14.3 Rauchschutzabschlüsse
14.4 Dichte und selbstschließende Türen

14.5 Türelemente mit lichtdurchlässigen Seitenteilen und Oberlichten
14.5.1 Feuer- und Rauchschutzabschlüsse mit lichtdurchlässigen Seitenteilen und Oberlichten ≤ 2,50 m Breite
14.5.2 Rauchschutztüren mit lichtdurchlässigen Seitenteilen und Oberlichten > 2,50 m Breite
14.5.3 Rauchdichte Feuerschutztüren mit lichtdurchlässigen Seitenteilen und Oberlichten > 2,50 m Breite

15 Beleuchtung

16 Belüftung und Öffnung zur Rauchableitung
16.1 Grundsätzliche Anforderungen
16.2 Qualität und Ausführung der Öffnungen zur Rauchableitung
16.3 Prüfung und Wartung

17 Haustechnische Leitungsanlagen in notwendigen Treppenräumen
17.1 Grundsätzliches
17.2 Sicherung der Rettungswege
17.3 Offene Verlegung von Leitungen in notwendigen Fluren
17.3.1 Elektrische Leitungen
17.3.2 Rohrleitungen für nichtbrennbare Medien
17.3.3 Rohrleitungen für brennbare oder Brand fördernde Medien
17.3.4 Gaszähler
17.4 Leitungsverlegung unter Putz bzw. in Schlitzen
17.4.1 Verlegung unter Putz
17.4.2 Verlegung in Schlitzen
17.5 Leitungsverlegung innerhalb leichter Trennwände
17.6 Leitungsverlegung in Installationsschächten und -kanälen
17.6.1 Anforderungen der MLAR
17.6.2 Fachgerechte Ausführung von Installationskanälen
17.7 Leitungsverlegung oberhalb von Unterdecken
17.7.1 Anforderungen der MLAR
17.7.2 Fachgerechte Ausführung der Unterdecke
17.7.3 Alternativen zur Unterdecke
17.7.4 Überwachung des Deckenhohlraums mit automatischer Brandmeldeanlage
17.7.5 Brandbekämpfung im Deckenhohlraum notwendiger Treppenräume

7.5	Treppenräume	Inhalt

17.8 Leitungsverlegung in Unterflurkanälen
17.9 Leitungsverlegung in Systemböden
17.10 Verwendung nichtbrennbarer Bauprodukte
17.11 Gewährleistung des Abschottungsprinzips

7.5 Treppenräume

1 Allgemeines

Notwendige Treppen in notwendigen Treppenräumen sind für die bauaufsichtlichen Schutzziele *Schutz von Leben und Gesundheit* sowie *Ermöglichung wirksamer Löscharbeiten* von entscheidender Bedeutung. Sie stellen den **vertikalen Teil des baulichen Rettungsweges** dar. Hierzu müssen sie im Brandfall zunächst (möglichst lange) für die Flucht und Selbstrettung der sich im Gebäude aufhaltenden Personen als Fluchtweg zur Verfügung stehen. Außerdem dienen Sie der Feuerwehr und den Hilfskräften als primärer Angriffsweg für die Menschenrettung und zur Brandbekämpfung.

Dies ist jedoch nur so lange möglich, wie die Treppenräume möglichst rauchfrei bleiben. Falls größere Mengen Rauchgase eindringen, stehen sie für die Selbstrettung der Bewohner nicht mehr zur Verfügung. Auch wird dann ihre Funktion als Angriffsweg für die Feuerwehr erheblich eingeschränkt. In diesem Fall erfolgt die Rettung der Bewohner über den zweiten Rettungsweg.

Damit das bauaufsichtliche Brandschutzkonzept funktioniert, müssen die **notwendigen Treppen** entsprechend sicher sein. Wenn sie **innerhalb von Gebäuden** angeordnet werden, benötigen sie deshalb immer entsprechend geschützte **notwendige Treppenräume.** Notwendige Treppen können auch außerhalb von Gebäuden als **Außentreppen** angeordnet werden. Dies ist jedoch nur zulässig, wenn ihre Nutzung ausreichend sicher ist und im Brandfall nicht gefährdet werden kann.

Wichtig ist in diesem Zusammenhang jedoch auch das richtige Verhalten der Personen im Gebäude (siehe unter 4.2.5 in diesem Kapitel).

2 Grundsätzliche Anforderungen der Landesbauordnungen

Grundsätzlich müssen **notwendige Treppenräume** folgende Anforderungen erfüllen:

- Schutz gegen Eindringen von Feuer und Rauch aus den Geschossen bzw. von außen
- Behinderung einer Übertragung von Feuer und Rauch von Geschoss zu Geschoss
- ausreichend lange Standsicherheit und Begehbarkeit im Brandfall
- frei sein von Brandlasten
- sichere Erreichbarkeit von allen Nutzungseinheiten und Aufenthaltsräumen
- sicherer Ausgang ins Freie
- Möglichkeit, eingedrungenen Rauch schnell abzuführen
- Möglichkeit einer ausreichenden Belichtung und Beleuchtung.

In Abhängigkeit von der

- Gebäudehöhe,
- der Anzahl der Wohnungen und Nutzungseinheiten im Gebäude,

7.5 Seite 2 Treppenräume

Tabelle 2-1: Anforderungen an notwendige Treppenräume nach § 35 MBO 2002

Gebäudeklasse GK		3	4	5
Schutzziel		Notwendige Treppenräume müssen so angeordnet und ausgebildet sein, dass die Nutzung der notwendigen Treppen im Brandfall ausreichend lange möglich ist.		
Erfordernis	grundsätzlich	Jede notwendige Treppe muss zur Sicherstellung der Rettungswege aus den Geschossen ins Freie in einem eigenen durchgehenden notwendigen Treppenraum liegen.		
Ohne notwendigen Treppenraum zulässig	Außentreppe	Notwendige Treppen ohne eigenen Treppenraum sind als Außentreppe zulässig, wenn ihre Nutzung ausreichend sicher ist und im Brandfall nicht gefährdet werden kann.		
	Maisonette-Wohnungen	Notwendige Treppen ohne eigenen Treppenraum sind zulässig für die Verbindung von höchstens zwei Geschossen innerhalb derselben Nutzungseinheit von insgesamt nicht mehr als 200 m^2, wenn in jedem Geschoss ein anderer Rettungsweg erreicht werden kann.		
	GK 1 u. 2	Notwendige Treppen ohne eigenen Treppenraum sind zulässig.		
Erreichbarkeit des Treppenraums bzw. Ausgangs ins Freie		Von jeder Stelle eines **Aufenthaltsraums** sowie eines **Kellergeschosses** muss mindestens ein Ausgang in einen notwendigen Treppenraum oder ins Freie in **höchstens 35 m Entfernung** erreichbar sein.		
Mehrere notwendige Treppenräume		Sie müssen so verteilt sein, dass sie möglichst entgegengesetzt liegen und die Rettungswege möglichst kurz sind.		
Übereinanderliegende Kellergeschosse		Es sind jeweils mindestens zwei Ausgänge in notwendige Treppenräume oder ins Freie erforderlich.		
Lage und Anordnung		Jeder notwendige Treppenraum muss an einer Außenwand liegen und einen unmittelbaren Ausgang ins Freie haben.		
Innen liegende notwendige Treppenräume		Zulässig, wenn ihre Nutzung ausreichend lange nicht durch Raucheintritt gefährdet werden kann.		
Treppenräume ohne unmittelbaren Ausgang ins Freie		Der Raum zwischen dem notwendigen Treppenraum und dem Ausgang ins Freie muss • mindestens so breit sein wie die dazugehörigen Treppenläufe, • Wände haben, die die Anforderungen an die Wände des Treppenraums erfüllen, • rauchdichte und selbstschließende Abschlüsse zu notwendigen Fluren haben und • ohne Öffnungen zu anderen Räumen, ausgenommen zu notwendigen Fluren, sein.		
Wände notwendiger Treppenräume und ihrer Ausgänge ins Freie		feuerhemmend[1])	unter zusätzlicher mechanischer Beanspruchung hochfeuerhemmend	Bauart von Brandwänden
		Dies gilt nicht für Außenwände von Treppenräumen, die aus nichtbrennbaren Baustoffen bestehen und durch andere an diese Außenwände anschließende Gebäudeteile im Brandfall nicht gefährdet werden können.		
Oberer Abschluss notwendiger Treppenräume		feuerhemmend[1])	hochfeuerhemmend	feuerbeständig
		Dies gilt nicht, wenn der obere Abschluss das Dach ist und die Treppenraumwände bis unter die Dachhaut reichen.		

Bekleidungen, Putze, Dämmstoffe, Unterdecken und Einbauten	nichtbrennbar	
Wände und Decken aus brennbaren Baustoffen	Es ist eine Bekleidung aus nichtbrennbaren Baustoffen in ausreichender Dicke erforderlich.	
Bodenbeläge, ausgenommen Gleitschutzprofile	schwer entflammbar	
Beleuchtung	• Notwendige Treppenräume müssen zu beleuchten sein. • Innen liegende notwendige Treppenräume müssen in Gebäuden mit einer Höhe[2]) von mehr als 13 m eine Sicherheitsbeleuchtung haben.	
Lüftung	Notwendige Treppenräume müssen belüftet werden können.	
Rauchabzug	• Notwendige Treppenräume an Außenwänden müssen in jedem oberirdischen Geschoss unmittelbar ins Freie führende Fenster mit einem freien Querschnitt von mindestens 0,50 m^2 haben, die geöffnet werden können. • Für innen liegende notwendige Treppenräume und notwendige Treppenräume in Gebäuden mit einer Höhe[2]) von mehr als 13 m ist an der obersten Stelle eine Öffnung zur Rauchableitung mit einem freien Querschnitt von mindestens 1 m^2 erforderlich. Sie muss vom Erdgeschoss sowie vom obersten Treppenabsatz aus geöffnet werden können.	
Leitungs- und Lüftungsanlagen	Anforderungen siehe Muster-Leitungsanlagen-Richtlinie (MLAR) bzw. Muster-Lüftungsanlagen-Richtlinie (M-LüAR) oder die jeweils eingeführten Richtlinien	
Sicherung von Öffnungen	zu Kellergeschossen, zu nicht ausgebauten Dachräumen, Werkstätten, Läden, Lager- und ähnlichen Räumen sowie zu sonstigen Räumen und Nutzungseinheiten mit einer Fläche von mehr als 200 m^2, ausgenommen Wohnungen	feuerhemmende, rauchdichte und selbstschließende Abschlüsse
	zu notwendigen Fluren	rauchdichte und selbstschließende Abschlüsse
	zu sonstigen Räumen und Nutzungseinheiten	dicht- und selbstschließende Abschlüsse
Lichtdurchlässige Seitenteile und Oberlichte	Die Feuerschutz- und Rauchschutzabschlüsse dürfen lichtdurchlässige Seitenteile und Oberlichte enthalten, wenn der Abschluss insgesamt nicht breiter als 2,50 m ist.	

[1]) Wände und Decken aus brennbaren Baustoffen müssen eine Bekleidung aus nichtbrennbaren Baustoffen haben.

[2]) Höhe ist das Maß der Fußbodenoberkante des höchst gelegenen Geschosses, in dem ein Aufenthaltsraum möglich ist (gemessen über der Geländeoberfläche im Mittel)

- der Gebäudeart und -nutzung

  sowie der

- Lage im Gebäude

müssen diese Forderungen mehr oder weniger streng erfüllt werden.

Werden notwendige Treppen ohne eigene Treppenräume als Außentreppen angeordnet, ist das nach MBO 2002 nur zulässig, wenn ihre Nutzung ausreichend sicher ist und im Brandfall nicht gefährdet werden kann.

In Hochhäusern bestehen besondere Anforderungen an die Ausbildung notwendiger Treppenräume, z.B. als Sicherheitstreppenräume. Diese sind in der Regel in den Sondervorschriften für Hochhäuser geregelt, z.B. Muster-Hochhausrichtlinie (MHHR).

Für die in den Landesbauordnungen (LBOs) behandelten Wohngebäude und die *mit Wohngebäuden vergleichbaren Gebäude* ergeben sich gemäß § 35 MBO die in Tabelle 2-1 zusammengestellten Anforderungen.

Genaue Anforderungen der einzelnen Länder enthalten die Brandschutz-Nachweis-CD und die Brandschutzatlas-DVD.

3 Erfordernis und Definition notwendiger Treppenräume

3.1 Grundsätzliche Anforderungen

Jede notwendige Treppe muss zur Sicherstellung der Rettungswege aus den Geschossen ins Freie in einem **eigenen durchgehenden Treppenraum** liegen (= notwendiger Treppenraum). Notwendige Treppenräume müssen so angeordnet und ausgebildet sein, dass die Nutzung der notwendigen Treppen im Brandfall ausreichend lang möglich ist.

Der notwendige Treppenraum muss durch alle Geschosse führen und sollte grundsätzlich an einer Außenwand angeordnet sein. Er dient **ausschließlich** der Aufnahme der notwendigen Treppe und ist von den übrigen Räumen des Gebäudes durch raumabschließende feuerwiderstandsfähige Wände abzutrennen.

Notwendige Treppen ohne eigenen Treppenraum sind nach § 35 Abs. 1 MBO 2002 nur *„zulässig*

- *in Gebäuden der Gebäudeklassen 1 und 2,*
- *für die Verbindung von höchstens zwei Geschossen innerhalb derselben Nutzungseinheit von insgesamt nicht mehr als 200 m², wenn in jedem Geschoss ein anderer Rettungsweg erreicht werden kann* [Maisonette-Wohnungen],
- *als Außentreppe, wenn ihre Nutzung ausreichend sicher ist und im Brandfall nicht gefährdet werden kann."*

3.2 Gebäude der Gebäudeklassen 1 und 2

An Gebäude der Gebäudeklassen 1 und 2 werden bezüglich des Treppenraums keine besonderen Anforderungen gestellt. Sie benötigen zwar eine notwendige Treppe. Diese muss jedoch nicht in einem eigenen notwendigen Treppenraum liegen. Deshalb bestehen an den Raum, in dem die notwendige Treppe angeordnet wird, sowie an dessen Wände und Türen keine besonderen Anforderungen. Damit kann die notwendige Treppe z.B. in Einfamilienhäusern und Reihenhäusern der Gebäudeklassen 1 und 2 offen vom KG bis zum ausgebauten DG führen.

3.3 Treppen innerhalb von Wohnungen (= Maisonette-Wohnungen)

In sogenannten Maisonette-Wohnungen sind Geschosse derselben Wohnung durch eine innere Treppe ohne eigenen (notwendigen) Treppenraum miteinander verbunden.

Gemäß MBO 2002 dürfen jedoch **höchstens zwei Geschosse** innerhalb derselben Nutzungseinheit von insgesamt nicht mehr als 200 m² miteinander verbunden sein, wenn in jedem Geschoss ein anderer Rettungsweg erreicht werden kann. Damit ist die wohnungsinterne offene Treppe ohne eigenen Treppenraum nur zulässig, wenn für die Aufenthaltsräume, die über sie erschlossen werden, sichere Rettungswege vorhanden sind.

Beispiel für sichere Rettungswege in einer Maisonette-Wohnung

Bei einer typischen Maisonette-Wohnung über zwei Geschosse bis maximal 200 m², die nur in der unteren Ebene über den notwendigen Treppenraum direkt erschlossen ist und deren obere Ebene nur über die wohnungsinterne offene Treppe erreicht werden kann, sind folgende Rettungswege notwendig:

- **Obere Maisonette-Ebene**

  Erster Rettungsweg: wohnungsinterne Treppe zur unteren Maisonette-Ebene und von dort über den notwendigen Treppenraum zum sicheren Ausgang ins Freie.

  Zweiter Rettungsweg: ein anleiterbares und als zweiter Rettungsweg geeignetes Fenster in der oberen Maisonette-Ebene (lichte Größe 0,90 m × 1,20 m, Brüstungshöhe maximal 1,20 m. Bei einer Lage in Dachschrägen oder Dachaufbauten: Abstand der Unterkante bzw. eines davorliegenden Austritts von der Traufkante horizontal gemessen maximal 1 m).

- **Untere Maisonette-Ebene**

  Erster Rettungsweg: notwendiger Treppenraum mit sicherem Ausgang ins Freie.

  Zweiter Rettungsweg: ein anleiterbares und als zweiter Rettungsweg geeignetes Fenster in der unteren Maisonette-Ebene (Größe und Lage s.o.).

Diese Anforderungen an die Rettungswege sind in den Normalgeschossen in der Regel problemlos einzuhalten. Zu Problemen kann es dagegen kommen, wenn die obere Maisonette-Ebene in einem ausgebauten Dachgeschoss oder beim zweistufigen Dachgeschossausbau beide Maisonette-Ebenen in ausgebauten Dachgeschossen liegen.

In derartigen Fällen muss besonders darauf geachtet werden, dass insbesondere in der oberen Ebene jeweils mindestens ein als zweiter Rettungsweg geeignetes und mit Rettungsgeräten der Feuerwehr erreichbares Fenster vorhanden sein muss. Dieses Fenster kann beim zweistufigen Dachausbau z.B. auch ein anleiterbares und geeignetes Giebelfenster sein.

Problematisch wird es beim zweistufigen Dachausbau jedoch, wenn keine anleiterbare Giebelwand vorhanden ist, da ein in der Dachfläche liegendes Fenster in der Regel nicht mit Rettungsgeräten der Feuerwehr erreichbar ist. In diesem Fall ist entweder der Ausbau der oberen Maisonette-Ebene nicht möglich, bzw. es sind Sonderlösungen mit einer genehmigungspflichtigen Abweichung (Ausnahme/Befreiung) und entsprechenden Kompensationsmaßnahmen erforderlich.

Anforderungen an die tragenden Bauteile der Maisonette-Treppe sowie an die weitere Ausführung enthält Kapitel 7.4 in diesem Werk.

3.4 Notwendige Außentreppe

Ausführungen hierzu enthält Abschnitt 4.3 in diesem Kapitel.

3.5 Durchgehender Treppenraum

Der notwendige Treppenraum muss durch alle Geschosse gehen, d. h., er darf nicht durch andere zwischengeschaltete Räume bzw. Nutzungen unterteilt bzw. unterbrochen werden. Ebenso ist die notwendige Treppe in einem Zuge zu allen angeschlossenen Geschossen zu führen.

Als durchgehend kann ein Treppenraum noch gelten, wenn seine Lage im Gebäude abschnittsweise so versetzt ist, dass der unmittelbare Raumzusammenhang beibehalten wird. Voraussetzung ist jedoch, dass keine Flure oder anderen Räume zwischengeschaltet werden und die notwendige Treppe innerhalb des Gesamttreppenraums in einem Zuge verläuft. Im Zweifelsfall ist eine Abstimmung mit der für den Brandschutz zuständigen Stelle empfehlenswert.

Wird der notwendige Treppenraum dagegen so versetzt (z.B. im obersten Geschoss zum Speicher), dass der weiterführende Treppenraum in den Speicher nur über einen notwendigen Flur oder einen sonstigen zwischengeschalteten Raum zu erreichen ist, dann ist der Treppenraum nicht mehr durchgehend. In diesem Fall ist eine genehmigungspflichtige Abweichung (Ausnahme/Befreiung) mit entsprechenden Kompensationsmaßnahmen erforderlich.

3.6 Definition des *eigenen* notwendigen Treppenraums

Im Baurecht wird zwischen notwendigem Treppenraum und notwendigem Flur unterschieden.

Die notwendige Treppe muss gemäß MBO 2002 in einem *eigenen* Treppenraum, dem *notwendigen Treppenraum* liegen. Dieser bildet den vertikalen Teil des ersten baulichen Rettungsweges und muss eine **sichere vertikale Verbindung** der daran angeschlossenen Nutzungseinheiten bzw. notwendigen Flure mit dem Freien herstellen.

Demgegenüber bildet der notwendige Flur den horizontalen Teil des ersten Rettungsweges, der eine (relativ) **sichere horizontale Verbindung** der daran angeschlossenen Nutzungseinheiten und Räume mit dem notwendigen Treppenraum oder bei erdgeschossigen Gebäuden mit dem Freien herstellt.

Damit sind beide Funktionen klar getrennt. Es kann deshalb nicht Aufgabe des notwendigen Treppenraums sein, als notwendiger Flur zu dienen und umgekehrt.

Daraus ergibt sich, dass der notwendige Treppenraum nur dann ein *Raum* im Sinne der MBO 2002 ist, wenn er entsprechend seiner ausschließlichen Funktion, die sichere horizontale Verbindung mit dem Freien herzustellen, tatsächlich auch einen *eigenen Raum* bildet und von anderen Räumen und natürlich auch von notwendigen Fluren entsprechend raumabschließend abgetrennt ist.

Wird der Treppenraum einer notwendigen Treppe so aufgeweitet, dass er seinen Charakter als *ausschließlicher Raum für die notwendige Treppe* verliert und auch als notwendiger Flur innerhalb der einzelnen Geschosse oder der horizontalen Erschließung von verschiedenen Räumen bzw. Nutzungseinheiten dient, so kann er nicht mehr als notwendiger Treppenraum bewertet werden. In diesem Fall wird er zu einem offenen (nicht notwendigen) Treppenraum, der dann natürlich auch nicht die Anforderungen der MBO 2002 an einen notwendigen Treppenraum erfüllen muss. Dann verliert auch die Treppe ihren Status als notwendige Treppe und wird zu einer bauaufsichtlich nicht erforderlichen (nicht notwendigen) Treppe.

Wenn in solchen Fällen Treppe und Treppenraum **nicht mehr als notwendig** gewertet werden, ist eine entsprechende genehmigungspflichtige Abweichung (Ausnahme/ Befreiung) mit entsprechenden Kompensationen erforderlich. Im Zweifelsfall ist eine Abstimmung mit der für den Brandschutz zuständigen Stelle empfehlenswert.

Eine Möglichkeit für eine Kompensation besteht z.B. darin, dass mindestens eine weitere Treppe als **notwendige Treppe** angeordnet wird (in einem notwendigen Treppenraum oder als sichere Außentreppe). Diese muss dann selbstverständlich auch von allen, sich im jeweiligen Geschoss befindlichen Nutzungseinzeiten und Räumen entsprechend den jeweiligen bauaufsichtlichen Anforderungen sicher erreichbar sein (z.B. durch notwendige Flure).

Weitere Möglichkeiten der Kompensation sind z.B. auch die Anordnung von Fluchtbalkonen, die sicher in zwei Richtungen verlassen werden können oder eine besondere Ausbildung des nicht notwendigen Treppenraums und der daran angeschlossenen Nutzungseinheiten in Verbindung mit weiteren Maßnahmen, z.B. weiteren notwendigen Treppen.

3.7 Anordnung notwendiger Flure

Gemäß (alter) MBO 1996 mussten in Gebäuden mittlerer Höhe mit mehr als vier Wohnungen oder Nutzungseinheiten vergleichbarer Größe notwendige Flure angeordnet werden, die vom notwendigen Treppenraum raumabschließend (in der Regel rauchdicht) abzutrennen waren.

In der aktuellen MBO 2002 wird auf diese Einschränkung verzichtet. Die Begründung hierfür lautet, dass die Türen von notwendigen Treppenräumen zu Wohnungen sowie zu vergleichbaren Nutzungseinheiten bis 200 m² neben der Anforderung *dichtschließend* nunmehr zusätzlich die Anforderung *selbstschließend* erfüllen müssen.

Damit ist es bei Gebäuden, die nach der MBO 2002 beurteilt werden, nunmehr grundsätzlich möglich, in den Gebäudeklassen 3 bis 5 auch mehr als vier Wohnungen oder Nutzungseinheiten vergleichbarer Größe direkt an den notwendigen Treppenraum anzuschließen.

Anmerkung: Zu beachten ist, dass derzeit (September 2008) in einigen Ländern unterschiedliche Regelungen bestehen. Teilweise dürfen nicht mehr als vier bzw. sechs Wohnungen bzw. vergleichbare Nutzungseinheiten angeschlossen werden. In den meisten Ländern mit einer LBO gemäß MBO 2002 ist diese Begrenzung jedoch entfallen. Allerdings kann sie z.B. bei innen liegenden Treppenräumen über ergänzende Verwaltungsvorschriften wieder relevant werden (z.B. in Sachsen, siehe unter 4.2.2 in diesem Kapitel).

Allgemein gilt: Die Grundfläche des Treppenraums bemisst sich u.a. nach der erforderlichen nutzbaren Breite der Treppenläufe und -absätze in Abhängigkeit vom *größten zu erwartenden Verkehr.* Wird danach in einem konventionellen Wohngebäude ein Treppenabsatz bemessen, lassen sich maximal vier Wohnungen direkt erschließen (siehe Bild 3.7-1).

Sollen mehr als vier Wohnungen angeschlossen werden, ist hierfür eine entsprechende Vergrößerung des Treppenraums notwendig, z.B. durch Anordnung einer größeren Tiefe des Treppenabsatzes (siehe Bild 3.7-2). Auch eine flurartige Erweiterung ist möglich (siehe Bild 3.7-3).

Grundsätzlich sollte jedoch darauf geachtet werden, dass der notwendige Treppenraum seinen Charakter als eigener Treppenraum nicht verliert (siehe unter 3.6 in diesem Kapitel). So ist es z.B. in der Regel unzulässig, den Treppenraum zum Flur aufzuweiten (siehe Bild 3.7-4) oder es sind hierfür besondere Maßnahmen im Rahmen einer Abweichung (Ausnahme/Befreiung) mit entsprechender Kompensation) notwendig. Im Zweifelsfall ist eine Abstimmung mit der für den Brandschutz zuständigen Stelle empfehlenswert.

3.7-1 Beispiel für einen notwendigen Treppenraum mit vier angeschlossenen Nutzungseinheiten (NE)

Bei üblicher Bemessung des Treppenabsatzes ist eine maximale Erschließung von vier Wohnungen bzw. NE möglich.

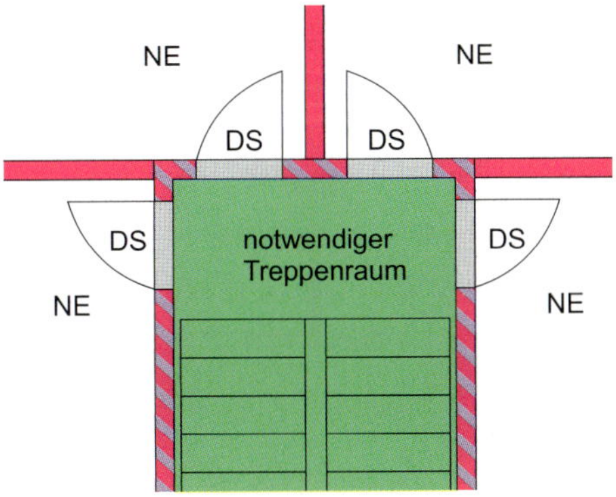

NE = Nutzungseinheit
DS = dicht- und selbstschließend

Wichtig:

In diesem Fall müssen die Eingangstüren zu den NE nach innen aufschlagen, da sonst die erforderliche Breite des notwendigen Treppenabsatzes und Treppenlaufes unzulässig eingeschränkt würde.

3.7-2 Beispiel für einen notwendigen Treppenraum mit einer größeren Tiefe des Treppenabsatzes und sechs angeschlossenen Wohnungen bzw. Nutzungseinheiten (NE)

Auch bei dieser Ausführung kann noch davon ausgegangen werden, dass es sich um einen notwendigen Treppenraum mit notwendiger Treppe im Sinne der MBO 2002 handelt.

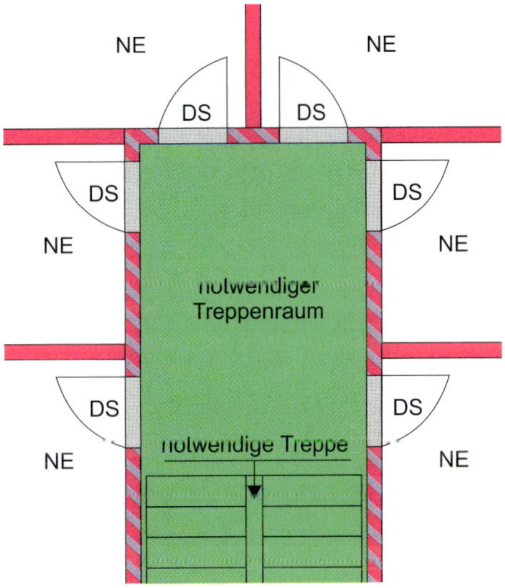

NE = Nutzungseinheit
DS = dicht- und selbstschließend

Abkürzungen in den folgenden Bildern 3.7-1 bis 3.7-6:

NE = Nutzungseinheit
DS = dicht- und selbstschließend
D = dichtschließend

7.5
Seite 10

Treppenräume

Anmerkung: In einigen LBOs wird (teilweise auch abhängig von der Gebäudehöhe und Größe der einzelnen NE) gefordert, dass in Geschossen mit mehr als vier Wohnungen oder Nutzungseinheiten vergleichbarer Größe vor Treppenräumen notwendige Flure angeordnet werden müssen. Auch in der MBO 1996 war diese Anforderung enthalten. In der MBO 2002 wird die Anzahl der in einem Geschoss direkt an den Treppenraum anzuschließenden NE bzw. Wohnungen allerdings nicht mehr begrenzt. Sie findet jedoch ihre natürliche Begrenzung im Begriff Treppen*raum,* da der notwendige Treppenraum nicht den Charakter als *Raum für die notwendige Treppe* verlieren darf (siehe oben).

3.7-3 Beispiel für flurartige Erweiterung des notwendigen Treppenraums mit sechs angeschlossenen Nutzungseinheiten (NE)

Wie bei einer größeren Tiefe des Treppenabsatzes kann auch bei dieser Ausführung noch davon ausgegangen werden, dass es sich um einen notwendigen Treppenraum mit notwendiger Treppe im Sinne der MBO 2002 handelt (siehe jedoch Anmerkung zu Bild 3.7-2).

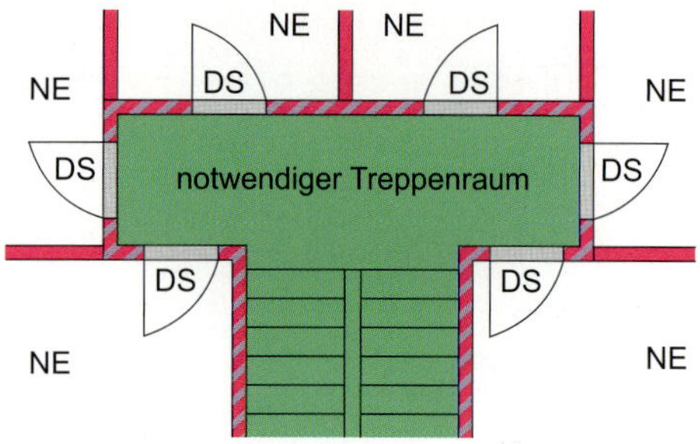

NE = Nutzungseinheit
DS = dicht- und selbstschließend

3.7-4 **Beispiel für eine Aufweitung des Treppenraums zum Flur**

Die dargestellte Ausführung ist unzulässig, da durch die offene Verbindung des Treppenraums mit dem notwendigen Flur der Treppenraum seinen Charakter als *notwendiger Treppenraum* verloren hat.

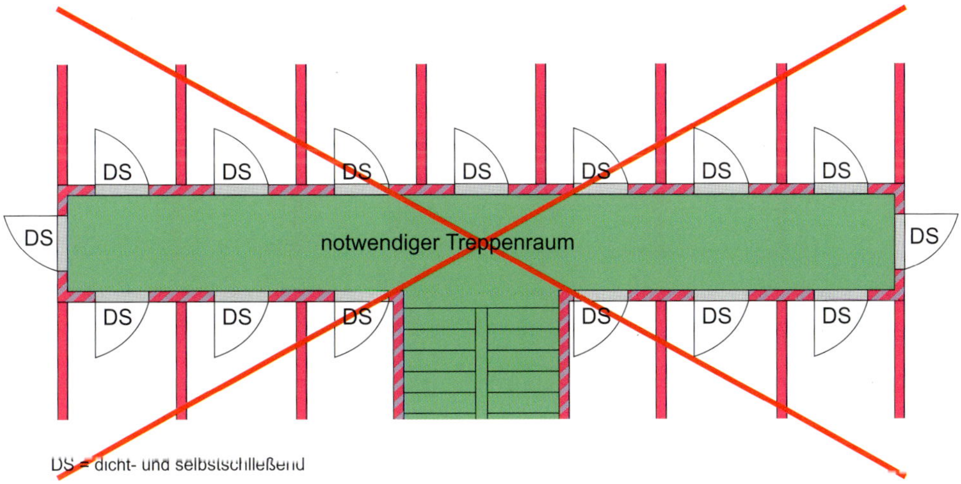

Damit ist die Treppe nicht mehr als notwendige Treppe und der Treppenraum nicht mehr als notwendiger Treppenraum zu bewerten. Da nach Baurecht eine notwendige Treppe, ein notwendiger Treppenraum und ein notwendiger Flur erforderlich sind, ist diese Ausführung unzulässig, bzw. es ist eine genehmigungspflichtige Abweichung (Ausnahme/Befreiung) mit entsprechenden Kompensationsmaßnahmen erforderlich. Im Zweifelsfall ist eine Abstimmung mit der für den Brandschutz zuständigen Stelle empfehlenswert.

Als Kompensation reicht es im vorliegenden Fall nicht aus, z. B. nur die Türen brandschutztechnisch zu verbessern. Eine mögliche Kompensationsmaßnahme wäre dagegen z.B. die Anordnung eines Fluchtbalkons, der sicher in beide Richtungen verlassen werden kann bzw. die Anordnung zusätzlicher notwendiger Treppen in notwendigen Treppenräumen. Diese müssen dann von allen sich im jeweiligen Geschoss befindlichen Nutzungseinzeiten und Räumen entsprechend den jeweiligen bauaufsichtlichen Anforderungen sicher erreichbar sein (z.B. durch notwendige Flure).

Die einfachste Lösung besteht jedoch darin, einen bauaufsichtlich konformen Zustand herzustellen, indem der notwendige Treppenraum wie in der LBO vorgesehen, mit einer Rauchschutztür vom notwendigen Flur getrennt wird (siehe Bilder 3.7-5 und 3.7-6).

7.5
Seite 12

Treppenräume

3.7-5 Beispiel für eine bauaufsichtlich konforme Ausführung mit fachgerechter Trennung des notwendigen Treppenraums von den notwendigen Fluren durch Anordnung von Rauchschutztüren nach DIN 18095

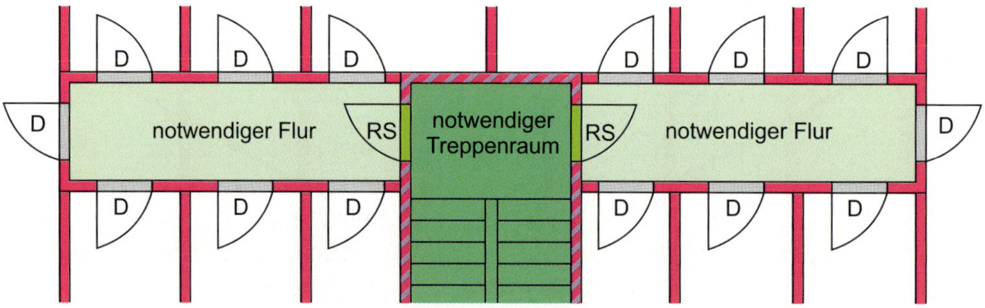

3.7-6 Beispiel für eine Mischlösung

Hier kann sinngemäß wie bei Bild 3.7-3 beschrieben davon ausgegangen werden, dass es sich noch um einen notwendigen Treppenraum mit notwendiger Treppe im Sinne der MBO 2002 handelt.

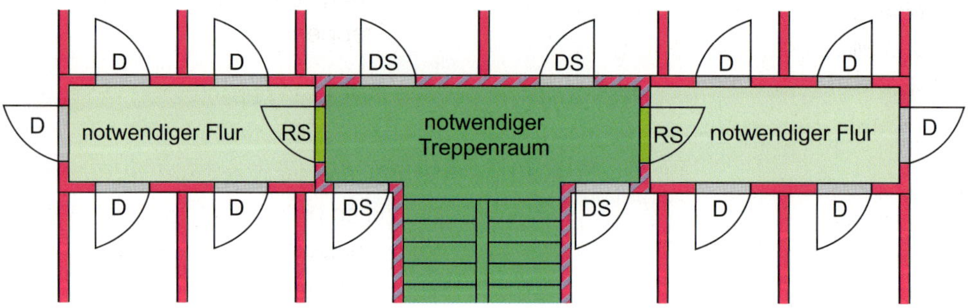

Allerdings ist die Risikosituation für die über den notwendigen Flur angeschlossenen NE ungünstiger als bei einer Ausführung nach Bild 3.7-5, da das Risiko einer Verrauchung des Treppenraums durch die vier zusätzlichen und direkt angeschlossenen NE deutlich größer ist. Deshalb ist diese Ausführung nicht empfehlenswert.

Soll sie trotzdem (im Einzelfall unter besonderen Umständen) angewendet werden, so ist es empfehlenswert, dies mit der für den Brandschutz zuständigen Stelle vorher abzustimmen und zu ermitteln, welche zusätzlichen Maßnahmen unter Umständen erforderlich sind. So ist z.B. eine Verbesserung der erhöhten Risikosituation des Treppenraums möglich, indem die direkt in den Treppenraum führenden Nutzungseinheiten mit T 30-DIN 18095-RS-Türen angeschlossen werden.

4 Lage des notwendigen Treppenraums

Grundsätzlich gibt es drei Möglichkeiten, Treppenräume für ein Gebäude anzuordnen:

- an der Außenwand liegend = an der Außenwand liegender notwendiger Treppenraum
- im Inneren des Gebäudes liegend = innen liegender notwendiger Treppenraum
- außerhalb des Gebäudegrundrisses liegend = notwendige Außentreppe.

4.1 An der Außenwand liegender notwendiger Treppenraum

Der an der Außenwand liegende notwendige Treppenraum stellt den **Regelfall** dar und wird auch in der MBO grundsätzlich gefordert. Ein Treppenraum gilt als an der Außenwand liegend, wenn in jedem oberirdischen Geschoss mindestens ein Treppenpodest an der Außenwand liegt und von hier aus ausreichend beleuchtet und belüftet werden kann.

Diese Treppenräume sind sowohl für die tägliche Benutzung als auch im Brandfall günstiger zu bewerten als innen liegende Treppenräume, da sie mit Tageslicht belichtet und über Fenster belüftet bzw. im Brandfall entraucht werden können.

Damit eine Entrauchung im Brandfall möglich ist, müssen die Treppenräume in jedem oberirdischen Geschoss unmittelbar ins Freie führende Fenster mit einem freien Querschnitt von mindestens 0,50 m^2 haben, die geöffnet werden können. Sind in einem Dachgeschoss Aufenthaltsräume angeordnet, muss auch dort ein solches ins Freie führende und öffenbare Fenster angeordnet werden. Dieses Fenster sollte dabei etwa in der oberen Hälfte des Dachgeschosses liegen und muss jederzeit ohne Hilfsmittel geöffnet werden können.

Ab einer Höhe der Fußbodenoberkante des höchst gelegenen Geschosses, in dem ein Aufenthaltsraum möglich ist, von mehr als 13 m (gemessen über der Geländeoberfläche im Mittel) ist an der obersten Stelle eine Öffnung zur Rauchableitung mit einem freien Querschnitt von mindestens 1 m^2 erforderlich. Diese muss vom Erdgeschoss sowie vom obersten Treppenabsatz aus geöffnet werden können.

4.2 Innen liegender notwendiger Treppenraum

4.2.1 Grundsätzliche Anforderungen der MBO 2002

Bei innen liegenden notwendigen Treppenräumen bilden alle Treppenraumwände feuerwiderstandsfähige und raumabschließende Trennwände zum Gebäude. Da keine Treppenraumwand die Außenwand bildet, fehlen natürliche Entrauchungsmöglichkeiten durch öffenbare Fenster, so dass immer an der obersten Stelle eine Öffnung zur Rauchableitung mit einem freien Querschnitt von mindestens 1 m^2 erforderlich ist. Diese muss vom Erdgeschoss und vom obersten Treppenabsatz geöffnet werden können.

Außerdem sind innen liegende Treppenräume auch bezüglich der Belichtung und Belüftung ungünstiger als Treppenräume, die an einer Außenwand liegen und die durch öffenbare Fenster natürlich belüftet und belichtet werden. Auch bei Dunkelheit ist meist so viel Restlicht vorhanden, dass bei nicht eingeschalteter Treppenraumbeleuchtung zumindest eine grobe Orientierung möglich ist.

Innen liegende Treppenräume haben dagegen keine natürlichen Belüftungsmöglichkeiten durch Fenster und sind bei einem Ausfall der Beleuchtung vollständig finster. Sie sind deshalb nach MBO 2002 nur zulässig, wenn sie entsprechend belüftet werden können und ab einer Höhe der Fußbodenoberkante des höchstgelegenen Geschosses, in dem ein Aufenthaltsraum möglich ist, von mehr als 13 m (gemessen über der Geländeoberfläche im Mittel) eine Sicherheitsbeleuchtung haben.

Aus der Sicht des Brandschutzes sind innen liegende Treppenräume deshalb nicht so günstig zu bewerten wie an der Außenwand liegende. Sie sollten möglichst die Ausnahme bleiben und sind gemäß MBO 2002 nur zulässig, *„wenn ihre Nutzung ausreichend lang nicht durch Raucheintritt gefährdet werden kann“.* Dabei handelt es sich um eine allgemeine Formulierung, und die MBO 2002 gibt hierzu bis auf die Sicherheitsbeleuchtung und den notwendigen Rauchabzug keine weiteren Details an, wie diese erfüllt werden kann.

Dies hat in Deutschland teilweise zu erheblich unterschiedlichen Anforderungen der einzelnen Bundesländer an innen liegende Treppenräume geführt (siehe folgenden Punkt 4.2.2).

> Wichtig:
>
> Bei innen liegenden Treppenräumen ist darauf zu achten, dass der Ausgang ins Freie noch Bestandteil des Treppenraums ist.

4.2.2 Unterschiedliche Anforderungen in Deutschland

Relativ hohe bzw. umfangreiche Anforderungen an innen liegende notwendige Treppenräume zusätzlich zu den grundsätzlichen Anforderungen der jeweiligen LBO bestehen abhängig von der Gebäudeklasse bzw. Gebäudehöhe zurzeit z.B. in folgenden Ländern:

- Hessen (Handlungsempfehlungen zum Vollzug der HBO 2002 [HE-HBO] vom 22. Januar 2004, aktualisierter Stand: 3. Januar 2005, Punkt 31.3.2 in Verbindung mit dem Brandschutztechnischen Sicherheitskonzept für innen liegende Treppenräume von Wohngebäuden unterhalb der Hochhausgrenze – Technische Baubestimmung nach § 3 Abs. 3 der Hessischen Bauordnung [HBO], Stand: 9. August 2000)
- Mecklenburg-Vorpommern (Verwaltungsvorschrift zur Landesbauordnung Mecklenburg-Vorpommern (VVLBauO M-V) – Erlass des Ministeriums für Arbeit und Bau vom 11. November 1999, Punkt 33.42 ff.).
- Nordrhein-Westfalen
- Sachsen (Verwaltungsvorschrift des sächsischen Staatsministeriums des Innern zur Sächsischen Bauordnung

[VwVSächsBO] vom 18. März 2005, Punkt 35.3.2 ff.).

- Thüringen (Bekanntmachung des Ministeriums für Bau und Verkehr zum Vollzug der Thüringer Bauordnung [VollzBekThürBO] vom 13. Juli 2004, Punkt 3.32 ff.).

Genaue Anforderungen der einzelnen Länder enthalten die Brandschutz-Nachweis-CD und die Brandschutzatlas-DVD.

Beispiel 1: Sachsen

In Sachsen sind die Anforderungen an innen liegende Treppenräume in Gebäuden der Gebäudeklassen 4 und 5 relativ hoch und umfangreich. Werden bei Wohngebäuden nicht mehr als höchstens vier Wohnungen je Geschoss an den Treppenraum angeschlossen, sind T 30-DIN 18095-RS-Wohnungseingangstüren mit Feststellanlagen und Freilauftürschließern erforderlich sowie erweiterte Maßnahmen zur Entrauchung. Bei anderen Gebäuden gehen die Anforderungen in Richtung *Sicherheitstreppenraum*.

Innen liegende Treppenräume sind gemäß VwVSächsBO wie folgt auszuführen:

Besondere Anforderungen der VwVSächsBO vom 18. März 2005, Punkt 35.3.2 ff. an die Ausführung von innen liegenden notwendigen Treppenräumen

1 Gebäude der Gebäudeklasse 3

Keine besonderen über die SächsBO hinausgehenden Anforderungen (Treppenraum muss zu beleuchten und zu belüftten sein und einen Rauchabzug mit einem freien Querschnitt von mindestens 1 m² haben).

2 Gebäude der Gebäudeklasse 4

2.1 *„Der Treppenraum darf aus den Geschossen nur über einen Vorraum oder einen höchstens 15 m langen notwendigen Flur oder Flurabschnitt zugänglich sein. Die Tür zwischen dem Treppenraum und dem Vorraum oder dem notwendigen Flur muss mindestens in der Feuerwiderstandsklasse T 30 und rauchdicht sein. Bei einem Abstand von mehr als 2,50 m zu den Türen der Nutzungseinheiten oder Wohnungseingangstüren kann eine rauchdichte und selbstschließende Tür angeordnet werden. Die aus den Nutzungseinheiten in den Vorraum oder den notwendigen Flur oder Flurabschnitt führenden Ausgänge müssen rauchdichte und selbstschließende Türen haben."*

2.2 Die in der Sächsischen Bauordnung für innen liegende Treppenräume *„geforderte Anlage zur Rauchableitung muss darüber hinaus im Abstand von maximal drei Geschossen bedient werden können und im Erdgeschoss eine gleich große Zuluftöffnung (mindestens 1 m² geometrische Öffnungsfläche) haben. Als Zuluftöffnung kann die geöffnete Haustür dienen, wenn sie eine Feststellvorrichtung hat.*

2.3 *In Wohngebäuden mit innen liegenden notwendigen Treppenräumen kann auf den Vorraum, den Flur oder Flurabschnitt verzichtet werden, wenn höchstens vier Wohnungen je Geschoss an den Treppenraum anbinden und wenn nachfolgende Anforderungen an die Wohnungseingangstüren und die Anlage zur Rauchableitung erfüllt werden:*

- *Die Türen müssen mindestens feuerhemmend (T 30) und rauchdicht sein und mit Türschließern mit elektrohydraulischer Feststellung und Freilaufgestänge sowie Auslösevorrichtungen (Rauchmelder oder Rauchschalter) und Netzteil (Stromversorgung) oder mit Feststellanlagen mit Freilauffunktion und Rauchmeldern (sogenannte Freilauftürschließer) versehen sein.*

- *Rauchmelder, Rauchschalter oder die Rauchmeldezentrale müssen sich in jeder Wohnung über der Eingangstür befinden. Bei der Positionierung der Rauchmelder sind die Richtlinien für Feststellanlagen des DIBt (Fassung Oktober 1988, veröffentlicht in den Mitteilungen des DIBt, Heft 1/1989) zugrunde zu legen.*

- *Die Anlagen sind entsprechend den Regelungen der SächsTechPrüfVO erstmalig vor Nutzung des Gebäudes und wiederkehrend zu prüfen (§ 2 Abs. 3 SächsTechPrüfVO).*

- *Der innen liegende Treppenraum muss im Brandfall durch eine Rauchableitungsanlage von unten nach oben mit einem Volumenstrom von mindestens 10.000 m³/h durchspült werden können. Der Volumenstrom ist an der Abströmöffnung nachzuweisen, die mit mindestens 1 m² geometrischer Öffnungsfläche an oberster Stelle des Treppenraumes anzuordnen ist. Die Hauseingangstür ist bei der Bemessung der Anlage als geschlossen zu betrachten, wenn sie selbstschließend ist.*

- *Der Druck im Treppenraum darf bei geschlossenen Türen 50 Pa nicht überschreiten, jeweils gemessen gegen den atmosphärischen Druck in einem ungestörten Außenbereich. Der Öffnungswiderstand darf darüber hinaus 100 N je Tür nicht überschreiten.*

2.4 *Die Stromversorgung der Anlage zur Rauchableitung ist über einen eigenen Stromkreis im Brandfall durch folgende besondere Maßnahmen zu sichern:*

- *Anschluss an eine Ersatzstromquelle (Batterien, Ersatzstromaggregat),*

- *Anschluss an ein besonders gesichertes Netz (Nummer 6.4.6 der DIN VDE 0108 Teil 1, Ausgabe Oktober 1989, in der jeweils geltenden Fassung), das heißt, Anschluss an zwei voneinander unabhängige öffentliche Verteilungsnetze oder*

- *Anschluss über eine geschützte Einspeisung mit eigener, besonders gekennzeichneter Absicherung direkt hinter der Hauptsicherung des Stromkreises der Anlage zur Rauchableitung.*

2.5 *Die Dauer des zu gewährleistenden Funktionserhalts der Anlage zur Rauchableitung bestimmt sich nach RbALei.*

- *Die Kapazität der Ersatzstromquelle muss mindestens 90 Minuten betragen.*
- *Die Aufstellung des Ventilators muss entweder im Treppenraum selbst oder in einem von übrigen Räumen mindestens feuerhemmend abgetrennten Raum und mit einer gegebenenfalls erforderlichen feuerhemmenden Lüftungsleitung bis zum Treppenraum im unteren Bereich erfolgen.*
- *Wesentliche Anlagenteile, wie Ventilatoren, Steuereinrichtungen, Leitungen, müssen funktionsüberwacht sein und Störungen selbsttätig akustisch anzeigen.*
- *Zu den Anlagenteilen muss jeweils ein Verwendbarkeitsnachweis vorliegen. Verwendung und Einbau müssen in Übereinstimmung mit den Vorgaben nach den Verwendbarkeitsnachweisen stehen. Die Inbetriebnahme der Anlage zur Rauchableitung hat selbsttätig bei Ansprechen eines Rauchmelders der Feststellanlage einer Wohnungseingangstür zu erfolgen. Außerdem ist eine Handauslösung vom Erdgeschoss und vom obersten Treppenabsatz aus sowie im Abstand von maximal drei Geschossen vorzusehen. Mindestens ein zusätzlicher Rauchmelder ist im Treppenraum in Höhe des obersten Geschosses anzuordnen.*
- *Die lüftungstechnische Leistung jeder Anlage zur Rauchableitung ist unter Beachtung der objektspezifischen Randbedingungen, wie Strömungswiderstände, Leckraten und andere, nachzuweisen. Zu jeder Anlage ist eine Anlagenbeschreibung mit Hinweisen zur Pflege, Wartung und zu Funktionsproben sowie eine Prinzipskizze (Installationsplan) mit Angabe der wesentlichen funktionellen und brandschutztechnischen Parameter anzufertigen, die zusammen mit den entsprechenden Verwendbarkeitsnachweisen der Anlagenteile der Bauaufsichtsbehörde vorzulegen sind. Im Übrigen gelten die Anforderungen nach der SächsTechPrüfVO im Hinblick auf die Prüfung solcher Anlagen vor der ersten Inbetriebnahme sowie den Wiederholungsprüfungen im Abstand von maximal drei Jahren durch entsprechende Prüfsachverständige.*
- *In jedem Treppenraum, der mit einer derartigen Anlage zur Rauchableitung entraucht wird, ist ein Schild an gut sichtbarer Stelle dauerhaft zu befestigen, das neben Angaben zur Bedienung und Funktion der Anlage den Hinweis enthält, an welche Stelle, zum Beispiel Wartungsfirma, Störungen der Anlage zu melden sind.*

7.5 Seite 18	Treppenräume	

2.6 *Die aufgezeigte Lösung kann auch bei Gebäuden mit vergleichbaren Nutzungen, zum Beispiel Büros, Arztpraxen, Rechtsanwaltskanzleien, angewendet werden, wenn höchstens vier Nutzungseinheiten an den Treppenraum anbinden und die Brutto-Grundfläche jeder Nutzungseinheit 200 m² nicht überschreitet.*

3 Gebäude der Gebäudeklasse 5 mit Ausnahme von Hochhäusern

3.1 *„Der Treppenraum darf aus den Geschossen nur über einen Vorraum zugänglich sein, der eine Grundfläche von mindestens 3 m² und eine Mindestbreite von 1 m aufweisen muss. Neben den Türen zum Geschoss und zum Treppenraum dürfen die Vorräume nur Zugänge zu Aufzügen und Sanitärräumen haben.*

Die Wände der Vorräume sind in der Feuerwiderstandsklasse F 90 und aus nichtbrennbaren Baustoffen (F 90-A) herzustellen. Türen zwischen Vorraum und Geschoss müssen mindestens die Feuerwiderstandsklasse T 30 aufweisen und rauchdicht sein. Türen zwischen Treppenraum und Vorraum müssen mindestens rauchdicht und selbstschließend sein. Zwischen diesen Türen muss der Abstand mindestens 3 m betragen.

3.2 *Die Vorräume sind mit einer maschinellen Rauchabzugsanlage so auszustatten, dass in mindestens drei zu einem Treppenraum gehörenden unmittelbar übereinanderliegenden Vorräumen ein mindestens 30facher stündlicher Außenluftwechsel gewährleistet wird. Die Anlage muss bei Auslösung der Rauchmelder, die in jedem Geschoss in dem jeweils vor dem Vorraum liegenden Raum (in der Regel ist dies der notwendige Flur) anzuordnen sind, automatisch in Betrieb gesetzt werden. Voraussetzung dafür ist, dass die erforderlichen Öffnungen für die Zuluftzuführung und die Rauchgasabführung in jedem Vorraum mit entsprechenden Klappen versehen sind. Diese Klappen müssen durch Auslösung der Rauchmelder im Brandgeschoss automatisch geöffnet werden und bleiben sonst, wie alle Klappen in den anderen Vorräumen, geschlossen. Die Klappen müssen im geschlossenen Zustand die Anforderungen der Feuerwiderstandsklasse K 90 nach DIN 4102 Teil 6 erfüllen."*

3.3 Für die Rauchableitung aus den Treppenräumen gilt Punkt 2.2.

3.4 *„Es muss eine Sicherheitsstromversorgungsanlage vorhanden sein, die sich bei Ausfall der allgemeinen Stromversorgung selbsttätig innerhalb von 15 Sekunden einschaltet und die Stromversorgung für die Sicherheitseinrichtungen (Anlage zur Rauchableitung zu den Vorräumen, Sicherheitsbeleuchtung der Rettungswege) der innen liegenden Rettungswege übernimmt. Die Funktion aller Sicherheitseinrichtungen muss über die Sicherheitsstromversorgungsanlage für einen mindestens einstündigen Betrieb gewährleistet werden. Die Sicherheitsstromversorgung kann durch ein Ersatzstrom-*

aggregat oder Batterien erfolgen. Die Beleuchtungsstärke in den Achsen der Rettungswege muss mindestens 1 Lux betragen."

3.5 *In Wohngebäuden mit innen liegenden Treppenräumen kann auf die Ausbildung der Vorräume verzichtet werden, wenn nicht mehr als vier Wohnungen je Geschoss an den Treppenraum anbinden und die Anforderungen* der Punkte 2.3 bis 2.5 und die Anforderungen des Punktes 3.4 *„erfüllt sind. Anstelle der Stromversorgung für die Sicherheitseinrichtungen über einen eigenen Stromkreis* [siehe Punkt 2.4] *ist eine Sicherheitsstromversorgung* nach Punkt 3.4 *zu gewährleisten."*

4 Innen liegender notwendiger Treppenraum in Hochhäusern

4.1 *„Die Anforderungen* nach Punkt 3.1 *zur Anordnung von Vorräumen müssen erfüllt sein.*

4.2 *Der Treppenraum ist mit einer Lüftungsanlage zu versehen, die auf Dauer einen mindestens einfachen Luftwechsel je Stunde erreicht. Im Brandfall muss diese oder eine andere Anlage die Rauchableitung durch Erzeugung eines Volumenstromes von mindestens 10.000 m³/h von unten nach oben im Treppenraum gewährleisten. Der im Treppenraum durch diesen Volumenstrom entstehende maximale Druck, gemessen gegen den atmosphärischen Druck in einem ungestörten Außenbereich, darf 50 Pa an keiner Stelle überschreiten. Je Tür darf der Öffnungswiderstand nicht größer als 100 N sein. Die Anlage zur Rauchableitung muss in jedem Geschoss durch Rauchschalter selbsttätig in Betrieb gesetzt werden. Sie muss im Erdgeschoss auch von Hand eingeschaltet werden können. Die Treppenläufe dürfen im Treppenraum nicht durch Wände oder Schächte voneinander getrennt sein, so dass eine ausreichende Durchströmung gesichert ist.*

4.3 *Die Anlage zur Rauchableitung ist an die Sicherheitsstromversorgung des Hochhauses anzuschließen, die die Funktion aller Sicherheitseinrichtungen auch bei Ausfall der allgemeinen Stromversorgung gewährleistet.*

4.4 *Die Anforderungen für die Bemessung, die Sicherung des Funktionserhaltes, die Funktionsüberwachung, die Erstellung der Dokumentation und die Prüfung der Anlage zur Rauchableitung aus dem Treppenraum* nach Punkt 2.5 *müssen entsprechend erfüllt sein. Die Dauer des zu gewährleistenden Funktionserhaltes bestimmt sich nach RbALei."*

5 Hochhäuser, bei denen der Fußboden eines Aufenthaltsraums mehr als 60 m über Geländeoberfläche liegt

Es *„sind die Vorräume* [Punkt 4.1] *zu den innen liegenden Treppenräumen zusätzlich mit Anlagen zur Rauchableitung* nach Punkt 3.2 *auszustatten, soweit das Hochhaus* *nicht mit mindestens einem Sicherheitstreppenraum und einem Feuerwehraufzug ausgestattet ist, die in jedem Geschoss von jeder Nutzungseinheit erreicht werden können."*

6 Abweichungen

„Soweit je Geschoss von jeder Nutzungseinheit mindestens zwei voneinander unabhängig und entgegengesetzt angeordnete innen liegende Treppenräume erreicht werden können, sind Abweichungen von den Anforderungen zu den Anlagen zur Rauchableitung nach Punkt 3.5 und 2.3 *zulässig."*

7 Geländer und Handläufe

„Geländer, mit Ausnahme von Handläufen, müssen in Gebäuden der Gebäudeklassen 4 und 5 aus nichtbrennbaren Baustoffen bestehen."

Beispiel 2: Bayern

In anderen Ländern, z.B. Bayern bestehen dagegen keine über die jeweilige LBO hinausgehenden Anforderungen. In diesen Ländern müssen dann in der Regel bei innen liegenden Treppenräumen nur die Anforderungen der LBO erfüllt werden. Hier gilt das allgemein formulierte Schutzziel: *„... wenn ihre Nutzung ausreichend lang im Brandfall nicht gefährdet werden kann"* als eingehalten, wenn die in der jeweiligen LBO angegebenen Anforderungen erfüllt werden.

Anforderungen der BayBO (2008) Art. 33 (7) und (8) an die Ausführung von innen liegenden notwendigen Treppenräumen in Gebäuden der Gebäudeklassen 3 bis 5

- *„Notwendige Treppenräume müssen zu beleuchten sein.*
- *Innen liegende notwendige Treppenräume müssen in Gebäuden mit einer Höhe der Fußbodenoberkante des höchstgelegenen Geschosses, in dem ein Aufenthaltsraum möglich ist, über der Geländeoberfläche im Mittel von mehr als 13 m eine Sicherheitsbeleuchtung haben.*
- *Notwendige Treppenräume müssen belüftet werden können.*
- *Für innen liegende notwendige Treppenräume ist an der obersten Stelle eine Öffnung zur Rauchableitung mit einem freien Querschnitt von mindestens 1 m^2 erforderlich; sie muss vom Erdgeschoss sowie vom obersten Treppenabsatz aus geöffnet werden können."*

Werden die vorstehenden Vorschriften eingehalten, gelten z.B. in Bayern die Anforderungen an innen liegende Treppenräume als erfüllt. Darüber hinausgehende Maßnahmen sind in der Regel nicht erforderlich. Allerdings sollte insbesondere bei innen liegenden Treppenräumen unbedingt darauf geachtet werden, dass der Charakter des notwendigen Treppenraums als eigener Raum für die notwendige Treppe nicht verloren geht (siehe unter 3.6 und 3.7 in diesem Kapitel).

Wichtig:

Wegen der teilweise unterschiedlichen zusätzlichen Anforderungen ist es unbedingt empfehlenswert, vor der Planung innen liegender notwendiger Treppenräumen im jeweiligen Land genau zu prüfen, ob bzw. welche über die jeweilige LBO hinausgehenden Vorschriften bestehen (z.B. in Verwaltungsvorschriften [Sachsen], in Vollzugsbekanntmachungen [Thüringen], eigenen Technischen Baubestimmungen [Hessen]).

4.2.3 Grundsätzliche brandschutztechnische Risikobetrachtung innen liegender Treppenräume

Da die bauaufsichtlichen Anforderungen an innen liegende Treppenräume in den einzelnen Ländern so gravierende Unterschiede aufweisen können, stellt sich für die Anwender folgende Frage:

Muss ich, um das bauaufsichtliche Schutzziel: *„... ihre Nutzung darf ausreichend lang im Brandfall nicht gefährdet werden“* einzuhalten, relativ hohe zusätzliche (nicht in der MBO 2002 angegebene) Anforderungen erfüllen (siehe unter 4.2.2, Beispiel 1) oder genügt es, hierzu einfach die Anforderungen der jeweiligen LBO zu erfüllen (siehe unter 4.2.2, Beispiel 2).

In den Ländern, in denen solche relativ hohen Anforderungen gestellt werden, müssen sie natürlich eingehalten werden. Allerdings bietet die LBO immer die Möglichkeit einer Abweichung (Ausnahme/Befreiung). Voraussetzung hierfür ist in der Regel der Nachweis, dass die bauaufsichtlichen Schutzziele eingehalten werden, z.B. durch entsprechende Kompensationsmaßnahmen.

In den Ländern, in denen nur die Anforderungen der jeweiligen LBO einzuhalten sind, müssen in der Regel keine weiteren Maßnahmen getroffen werden. Aber auch hier kann es im Einzelfall, z.B. bei einer besonders ungünstigen Risikosituation, notwendig sein, nach Rücksprache mit der für den Brandschutz zuständigen Stelle den Brandschutz über das in der LBO geforderte Maß hinaus zu verbessern (z.B. durch Anordnung von T 30-DIN 18095-RS-Eingangstüren zu Wohnungen bzw. Nutzungseinheiten).

Für eine sachliche Diskussion ist es sicher interessant, zwei grundsätzlich unterschiedliche Szenarien in notwendigen Treppenräumen zu betrachten. Diese gelten sinngemäß auch für Gebäude mit Nutzungseinheiten bzw. Brände im Kellergeschoss (KG).

7.5
Seite 22

Treppenräume

Szenario 1:

Wohnungsbrand im Erdgeschoss (EG), Brand wird rechtzeitig bemerkt; Wohnungseingangstür ist nach Verlassen der Wohnung geschlossen; Treppenraum steht für die Selbstrettung zur Verfügung.

Der Wohnungsbrand im EG wird rechtzeitig bemerkt und die Feuerwehr wird alarmiert. Die Bewohner der betroffenen Wohnung können ohne fremde Hilfe fliehen und schließen nach Verlassen der Wohnung die Wohnungseingangstür, bzw. diese schließt selbstständig. Es erfolgt eine frühzeitige Verständigung der anderen Gebäudebewohner. Diese können ebenfalls ohne fremde Hilfe fliehen (Selbstrettung).

Infolge der geschlossenen (selbstschließenden) und dichten Wohnungseingangstür können nur relativ geringe Mengen Rauch in den Treppenraum eindringen. Durch ihre Vollwandigkeit gewährleistet sie zwar keine definierte Feuerwiderstandsdauer, hält jedoch ausreichend lange stand (15 bis 20 Minuten), um eine Selbstrettung der sich im Gebäude aufhaltenden Menschen zu ermöglichen.

Nach dem Eintreffen der Feuerwehr wird die Selbstrettung bzw. Rettung mithilfe der Feuerwehr abgeschlossen und mit der Brandbekämpfung begonnen. Die baulichen Maßnahmen des Treppenraums (öffenbare Fenster, Rauchabzug) dienen jetzt ausschließlich zur Unterstützung der Feuerwehr, um den eingedrungenen Brandrauch mit deren Hilfsmitteln (z.B. Druckbelüfter) zu entrauchen.

Bei diesem Szenario macht es für die Selbstrettung der Bewohner (bis zum Eintreffen der Feuerwehr) in der Regel keinen wesentlichen Unterschied, ob es sich um einen innen liegenden oder an der Außenwand liegenden Treppenraum handelt, obwohl Treppenräume an der Außenwand etwas günstiger für die Rettung sind, da sie durch die öffenbaren Fenster besser entraucht bzw. entlüftet werden können.

Ausschlaggebend ist jedoch allein der Verrauchungsgrad des notwendigen Treppenraums. Bei sehr geringer Verrauchung ist eine Selbstrettung sowohl beim innen liegenden als auch beim an der Außenwand liegenden Treppenraum gleichermaßen möglich.

Ab dem Zeitpunkt, in dem der Treppenraum stärker verraucht wird, stellt weder die Entrauchung durch die öffenbaren Fenster noch durch den oben angeordneten Rauchabzug eine geeignete Maßnahme dar, um die Selbstrettung der Bewohner zu gewährleisten. In diesem Fall steht der Treppenraum für die Selbstrettung nicht mehr zur Verfügung (siehe Szenario 2). Die baulichen Einrichtungen (in jedem Geschoss öffenbare Fenster bzw. Rauchabzug an oberster Stelle) dienen dann ausschließlich dazu, den eingedrungenen Brandrauch mit den Hilfsmitteln der Feuerwehr (z.B. Druckbelüfter) abzuführen.

Daraus ergibt sich, dass bei Szenario 1 bezüglich der Selbstrettung der Bewohner der innen liegende Treppenraum nicht gravierend unsicherer ist als der an der Außenwand liegende.

- Dringt nur sehr wenig Rauch ein, sind sowohl innen liegende als auch an der Außenwand liegende Treppenräume für die Selbstrettung in der Regel geeignet.
- Dringen größere Mengen Rauch ein, sind sowohl innen liegende als auch an der Außenwand liegende Treppenräume für die Selbstrettung in der Regel nicht mehr geeignet (siehe Szenario 2).

Szenario 2:

Wohnungsbrand im EG; Brand wird rechtzeitig bemerkt; Wohnungseingangstür ist nach Verlassen der Wohnung nicht geschlossen bzw. Brand wird nicht rechtzeitig bemerkt und Wohnungseingangstür versagt; Treppenraum steht für Selbstrettung nicht zur Verfügung.

Hier gibt es für die Ausgangssituation folgende Fälle:

Fall 1:

Der Wohnungsbrand im EG wird rechtzeitig bemerkt und die Feuerwehr alarmiert. Die Bewohner der betroffenen Wohnung können ohne fremde Hilfe fliehen, schließen aber nach Verlassen der Wohnung die Wohnungseingangstür **nicht**, bzw. diese schließt **nicht** selbstständig. Es erfolgt zwar eine frühzeitige Verständigung der anderen Gebäudebewohner. Diese können jedoch **nicht** ohne fremde Hilfe fliehen (keine Selbstrettung), da durch die offene Tür in den notwendigen Treppenraum bereits größere Mengen Rauch eingedrungen sind.

Fall 2:

Der Wohnungsbrand im EG wird von den Bewohnern **nicht** rechtzeitig bemerkt (fehlende Rauchmelder), die Bewohner sterben an Rauchvergiftung oder in der brandbetroffenen Wohnung halten sich keine Bewohner auf. Der Wohnungsbrand breitet sich unbemerkt und ungehindert aus und wird erst zu einem Zeitpunkt X bemerkt. In diesem Fall erfolgt **keine** frühzeitige Verständigung der anderen Gebäudebewohner. Nachdem eine Verständigung erfolgte (z.B. beim Eintreffen der Feuerwehr), hat die Wohnungseingangstür bereits versagt. Eine Selbstrettung der Bewohner ist nicht mehr möglich, da nach dem Versagen der Wohnungseingangstür bereits größere Mengen Rauch in den notwendigen Treppenraum eingedrungen sind.

Sowohl im Fall 1 als auch im Fall 2 sind bereits vor der Verständigung der anderen Gebäudebewohner größere Mengen an Rauchgasen in den notwendigen Treppenraum eingedrungen. Damit steht der erste bauliche Rettungsweg (= notwendige Treppe mit notwendigem Treppenraum) für die Selbstrettung der Bewohner nicht mehr zur Verfügung, da eine Selbstrettung in einem verrauchten Treppenraum in der Regel ein erhebliches Risiko darstellt, das nicht selten tödlich oder mit schweren Verletzungen endet (siehe Schadenbeispiel unter 6.8.4-S in diesem Werk).

Für diese Situation stellt das Baurecht den zweiten Rettungsweg zur Verfügung, der vom ersten unabhängig sein muss. Steht dieser nicht baulich (durch eine weitere notwendige Treppe) zur Verfügung, wird er nach Eintreffen der Feuerwehr mit deren Rettungsgeräten hergestellt. Im gleichen Zug bzw. nach Abschluss der Rettung erfolgt die Brandbekämpfung. Die baulichen Maßnahmen des Treppenraums (öffenbare Fenster, Rauchabzug) dienen dann ausschließlich zur Unterstützung der Feuerwehr, den eingedrungenen Brandrauch mit ihren Hilfsmitteln (z.B. Druckbelüfter) zu entrauchen.

Auch beim Szenario 2 macht es in der Regel keinen wesentlichen Unterschied, ob es sich um einen innen liegenden oder an der Außenwand liegenden Treppenraum handelt.

Da der Treppenraum zum Zeitpunkt der Verständigung der Bewohner bereits so verraucht ist, dass er für die Selbstrettung nicht mehr benutzt werden kann, sind die Bewohner immer auf den zweiten Rettungsweg (= Rettungsgeräte der Feuerwehr) angewiesen. Eine Selbstrettung wäre bei diesen Szenarien weder bei einem an der Außenwand liegenden Treppenraum mit öffenbaren Fenstern noch bei einem innen liegenden Treppenraum mit Rauchabzug möglich (siehe Schadenbeispiel unter 6.8.4-S in diesem Werk).

Daraus ergibt sich, dass auch beim Szenario 2 der innen liegende Treppenraum nicht gravierend unsicherer ist als der an der Außenwand liegende. Sind in einem notwendigen Treppenraum (unabhängig davon, ob es sich um einen innen liegenden oder um einen an der Außenwand liegenden handelt) erst einmal größere Mengen an Rauchgasen eingedrungen, ist dieser in der Regel nicht mehr für die Selbstrettung geeignet.

Für diesen Fall stellt das Baurecht den zweiten Rettungsweg zur Verfügung. Die baulichen Maßnahmen wie öffenbare Fenster und Rauchabzug dienen dann ausschließlich zur Unterstützung der Feuerwehr, den eingedrungenen Brandrauch mit ihren Hilfsmitteln (z.B. Druckbelüfter) zu entrauchen.

4.2.4 Auswertung der Risikobetrachtung

Die Auswertung der Szenarien 1 und 2 ergibt, dass innen liegende Treppenräume bezüglich der Selbstrettung der Nutzer nicht gravierend unsicherer sind, als an der Außenwand liegende.

Allgemein gilt und ist sicher auch unumstritten: Ein Treppenraum (unabhängig ob innen liegend oder nicht) in den größere Mengen Rauchgase eingedrungen sind, wird zum lebensbedrohlichen Risiko und steht für die Selbstrettung nicht mehr zur Verfügung (siehe Schadenbeispiel unter 6.8.4-S in diesem Werk). Für diesen Fall ist vom Baurecht zur Rettung der zweite unabhängige Rettungsweg vorgesehen.

Deshalb ist es zur Erfüllung der bauaufsichtlichen Schutzziele auch bei innen liegenden Treppenräumen ausreichend, die in der MBO bzw. z.B. in der BayBO angegebenen grundsätzlichen Anforderungen zu erfüllen.

Die u.a. in Sachsen bestehenden zusätzlichen Anforderungen gehen weit darüber hinaus und dienen in erster Linie dazu, die Sicherheit notwendiger innen liegender Treppenräume **insgesamt zu verbessern** (in Richtung *Sicherheitstreppenraum*). Damit könnten grundsätzlich sowohl innen liegende als auch an der Außenwand liegende Treppenräume gleichermaßen sicherer gemacht werden. Allerdings wird dieses über die bauaufsichtliche Standardsicherheit hinausgehende Maß in den betreffenden Ländern nur für innen liegende Treppenräume zusätzlich verlangt. Diese werden damit wesentlich sicherer als an der Außenwand liegende, obwohl das grundsätzliche Risiko nicht gravierend schlechter ist.

Dieser Gedankengang lässt sich z.B. auch bei der selbstschließenden Eigenschaft von Türen zu Wohnungen nachvollziehen.

Grundsätzlich wird bei an der Außenwand liegenden Treppenräumen verlangt, dass Türen zu Wohnungen dichtschließend (vollwandig) und selbstschließend sein müssen. Bei **innen liegenden Treppenräumen** dürfen z.B. in Sachsen nicht mehr als vier Nutzungseinheiten je Geschoss angeschlossen werden, und die Türen müssen dann T 30-DIN 18095-RS-Türen sein. Da man aber offensichtlich der Praktikabilität und Funktion von Türschließern in Wohnungseingangstüren nicht traut, müssen diese Türen **zusätzlich** mit Feststellanlagen und Freilauftürschließern ausgerüstet werden.

Damit wird die Sicherheit von innen liegenden Treppenräumen im Vergleich zu an der Außenwand liegenden erheblich verbessert, obwohl grundsätzlich auch bei **an der Außenwand liegenden Treppenräumen das gleiche Problem** besteht. Auch hier müssen die Wohnungseingangstüren selbstschließend sein. Dies ist sehr wichtig, damit der Treppenraum im Brandfall durch offen gelassene Wohnungstüren nicht sofort verraucht wird. Hier wird jedoch offensichtlich die bloße Anforderung an selbstschließende Wohnungseingangstüren als ausreichend erachtet, obwohl das Risiko bezüglich der Selbstrettung durch in den Treppenraum eingedrungenen Rauch für beide Treppenräume nahezu gleich ist.

Zusammenfassend kann man sagen, dass im Brandfall der Unterschied zwischen einem an der Außenwand liegenden und einem innen liegenden Treppenraum, der den Mindestanforderungen der MBO 2002 genügt, nicht so gravierend ist, dass er die wesentlich höheren Anforderungen in den Sondervorschriften einiger Länder rechtfertigen würde.

> Wesentlich wichtiger und viel entscheidender über Leben und Tod sind in jedem Fall das Ausrüsten der Wohnungen mit Rauchmeldern und das richtige Verhalten der Bewohner im Brandfall, siehe folgenden Punkt in diesem Kapitel. Hier besteht in Deutschland erheblicher Handlungsbedarf.

4.2.5 Ausrüsten der Wohnungen mit Rauchmeldern und richtiges Verhalten der Bewohner

Im täglichen Betrieb

- Wichtig ist, dass alle Wohnungen mit Rauchmeldern ausgerüstet werden, deren Funktion auf einfache Weise regelmäßig kontrolliert wird.

  Durch die frühzeitige Alarmierung kommt es zu einer schnellen Verständigung der Bewohner und damit auch zur rechtzeitigen Selbstrettung zu einem Zeitpunkt, in dem noch kein bzw. nur sehr wenig Rauch in den notwendigen Treppenraum eingedrungen ist.

- Wichtig ist, dass die selbstschließende Eigenschaft der Wohnungseingangstür nicht außer Funktion gesetzt wird und eine regelmäßige Kontrolle erfolgt.

  Hierzu müssen die Bewohner regelmäßig darauf hingewiesen werden, wie wichtig es für den vorbeugenden Brandschutz und ihre eigene Sicherheit ist, dass die Wohnungseingangstüren selbstschließend sind. Sie müssen wissen, dass sie die selbstschließende Eigenschaft nicht außer Betrieb setzen dürfen (z.B. durch Aushängen oder Abmontieren des Türschließers). Außerdem sollten Sie darauf hingewiesen werden, dass sie sofort melden müssen, wenn ihre Wohnungseingangstür nicht mehr selbstschließend ist.

Im Brandfall

Unabhängig davon, wie die bauaufsichtlichen Anforderungen der einzelnen LBOs und ergänzenden Sondervorschriften bei notwendigen Treppenräumen umgesetzt werden, ist es wichtig, dass sich die Bewohner im Brandfall richtig verhalten.

Die Bewohner der vom Brand betroffenen Wohnung sollten darauf achten, dass nach dem Verlassen der Wohnung die Wohnungseingangstür geschlossen wird.

Die Bewohner der anderen Wohnungen sollten nicht versuchen, sich selbst über einen verrauchten Treppenraum in Sicherheit zu bringen, sondern in diesem Fall ihre Wohnungseingangstüren schließen und ggf. abdichten (z.B. im Schwellenbereich mit einem nassen Handtuch). Anschließend sollten sie sich an das für den zweiten Rettungsweg vorgesehene anleiterbare Fenster begeben und sich dort bemerkbar machen.

Auch hier besteht in Deutschland noch erheblicher Handlungsbedarf. Die Auswertung von Wohnungsbränden zeigt immer wieder: Allein durch das Ausrüsten der Wohnungen mit Rauchmeldern und das richtige Verhalten der Bewohner im Brandfall könnten vermutlich jedes Jahr in Deutschland mehr Menschenleben gerettet werden als durch alle Verschärfungen baulicher Brandschutzvorschriften insgesamt.

4.3 Notwendige Außentreppe

Gemäß MBO 2002 sind notwendige Außentreppen ohne eigenen Treppenraum zulässig, wenn ihre Nutzung ausreichend sicher ist und im Brandfall nicht gefährdet werden kann.

Außentreppen können geschlossen und offen sein. Bei einer geschlossenen Außentreppe liegen Treppenraum und Treppe außerhalb des Gebäudegrundrisses. Üblich ist diese Ausführung z.B. bei Hochhäusern als Sicherheitstreppenraum.

Offene Außentreppen ohne Treppenraum sind als notwendige Treppen nur zulässig und auch geeignet, wenn sie ganzjährig sicher begehbar sind. Hierzu müssen sie ausreichend verkehrssicher sein und auch unter winterlichen Witterungseinflüssen (bei Eis und Schnee) sicher benutzt werden können.

Außerdem bestehen für diese Treppen auch Vorschriften aus der Sicht des vorbeugenden baulichen Brandschutzes. Ihre Nutzung darf im Brandfall nicht gefährdet werden können.

Damit diese Anforderung eingehalten wird, sind Außentreppen z.B. vor geschlossenen Wandscheiben aus nichtbrennbaren Baustoffen anzuordnen, die als raumabschließende Bauteile die gleiche Feuerwiderstandsdauer wie die Geschossdecken haben. Fenster in diesen Wandscheiben sind unzulässig oder müssen in der gleichen Feuerwiderstandsdauer wie die Wandscheibe mit Brandschutzverglasungen gesichert werden. Die Wandscheiben sind auf beiden Seiten der Außentreppe so weit zu verlängern, dass die Außentreppe im Brandfall nicht durch Feuer beaufschlagt werden kann.

7.5 Seite 28 | Treppenräume

4.3-1 Beispiel für ein Gebäude der Gebäudeklasse 5 mit notwendiger Treppe als Außentreppe und Anschluss an einen notwendigen Flur

Die Außentreppe muss auch unter winterlichen Witterungseinflüssen z.B. bei Eis und Schnee sicher genutzt werden können, z.B. durch Anordnung einer Überdachung.

Die Tür zwischen dem notwendigem Flur und der Außentreppe müsste wie bei Treppenräumen, die an einer Außenwand liegen, als selbstschließende Rauchschutztür (RS) ausgeführt werden. Da solche Türen in der Außenwand schon aus Wärme- und Zugluftschutzgründen relativ dicht sein müssen, würde hier auch eine dichte und selbstschließende Außentür (Fassadentür) genügen. Dabei ist jedoch zu prüfen, ob hierfür eine entsprechende Abweichung (Ausnahme/Befreiung) erforderlich ist.

Da die Außentreppe im Brandfall nicht gefährdet werden darf, muss die Außenwand vor der Treppe als raumabschließende Wand die gleiche Feuerwiderstandsdauer wie die Geschossdecken (bei Gebäudeklasse 5: fb) aufweisen. Der Abstand von ungesicherten Öffnungen muss ausreichend groß sein, um eine Gefährdung auszuschließen. Leider ist dieser in den LBOs nicht angegeben. Es ist jedoch davon auszugehen, dass der hier dargestellte Abstand von 2,50 m in der Regel ausreichend ist. Im Zweifelsfall ist es empfehlenswert, den notwendigen Abstand mit der für den Brandschutz zuständigen Stelle abzustimmen.

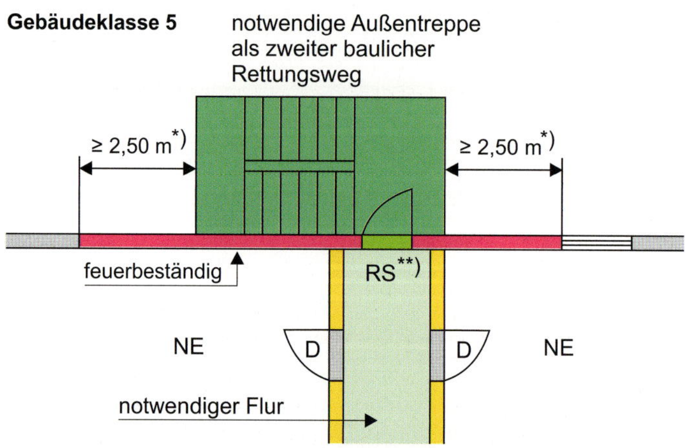

*) Vorschlag: Bei 2,50 m Abstand kann davon ausgegangen werden, dass die Benutzung der notwendigen Außentreppe durch ungesicherte Fensteröffnungen nicht mehr gefährdet wird.

**) Vorschlag: Es genügt eine dichte und selbstschließende Außentür, siehe Bildbeschreibung.

4.3-2 Beispiel für ein Gebäude der Gebäudeklasse 5 mit notwendiger Treppe als Außentreppe und Anschluss an eine Büro- und Verwaltungsnutzung mit einer Größe von maximal 400 m² (grundsätzliche Anforderungen siehe Beschreibung zu Bild 4.3-1)

Die Tür zwischen der Nutzungseinheit (NE) und der Außentreppe muss sinngemäß die gleiche Anforderung erfüllen wie bei einem an der Außenwand liegenden notwendigen Treppenraum und damit als T 30-DIN 1809-RS-Tür ausgebildet werden. Würde an die Außentreppe eine Wohnung anschließen, so müsste die Tür dicht (vollwandig) und selbstschließend sein.

Da der Abstand von der Fensteröffnung zur Außentreppe unter 2,50 m beträgt, müsste diese Öffnung vom Grundsatz her feuerbeständig gesichert werden (Brandschutzverglasung F 90). Hier wurde jedoch anstelle der F 90- nur eine G 90-Brandschutzverglasung ausgeführt. Die Begründung hierfür ist, dass es sich nur um ein relativ kleines Fenster handelt und immerhin noch ein Abstand von ca. 1 m zur Außentreppe vorhanden ist. Damit ist nur eine relativ geringe Gefährdung der Außentreppe im Brandfall zu erwarten, so dass eine G 90-Brandschutzverglasung ausreicht.

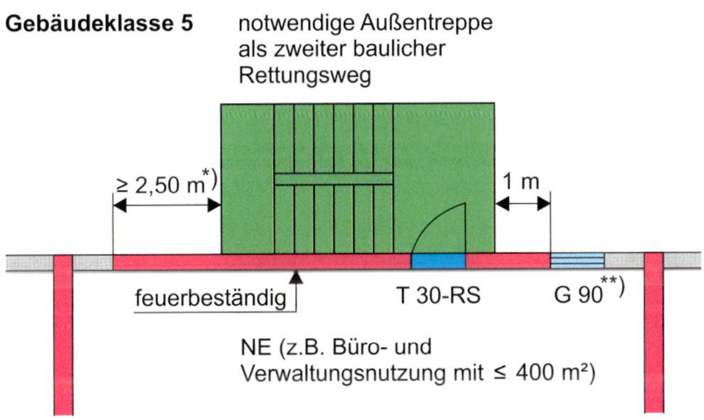

*) Vorschlag: Bei 2,50 m Abstand kann davon ausgegangen werden, dass die Benutzung der notwendigen Außentreppe durch ungesicherte Fensteröffnungen nicht mehr gefährdet wird.

**) Vorschlag: Grundsätzlich wäre hier eine F 90-Brandschutzverglasung erforderlich. Voraussetzungen für eine Abweichung nach unten siehe Bildbeschreibung.

Wichtig:

Falls in solchen Situationen von der Grundsatzanforderung, Brandschutzverglasung in der gleichen Feuerwiderstandsdauer wie die Wand, in der die Verglasung angeordnet wird, nach unten abgewichen werden soll, sind hierfür entsprechende Fachkenntnisse und ausreichende Erfahrung notwendig. Im Zweifelsfall sollte die Lösung mit der für den Brandschutz zuständigen Stelle abgestimmt werden. Unter Umständen ist hierfür eine Abweichung (Ausnahme/Befreiung) erforderlich.

7.5
Seite 30

Treppenräume

4.3-3 Beispiel für ein Gebäude der Gebäudeklasse 5 mit notwendiger Treppe als Außentreppe und Anschluss an einen notwendigen Flur (grundsätzliche Anforderungen siehe Beschreibung zu Bild 4.3-1)

Da die Außentreppe im Brandfall nicht gefährdet werden darf, wurde die Verglasung der linken NE als Brandschutzverglasung F 90 ausgeführt. Eine Abweichung nach unten, z.B. in Richtung F 60, F 30 bzw. G 90, G 60, G 30 ist hier nicht ohne Weiteres möglich, da wesentliche Teile der Außentreppe direkt an der Sichtöffnung vorbeiführen. Falls hier nach unten abgewichen werden soll, ist dies nur im Einzelfall nach besonderer Prüfung und einem entsprechenden Nachweis möglich. Dies sollte mit der für den Brandschutz zuständigen Stelle vorher abgestimmt werden. Unter Umständen ist hierfür eine Abweichung (Ausnahme/Befreiung) erforderlich.

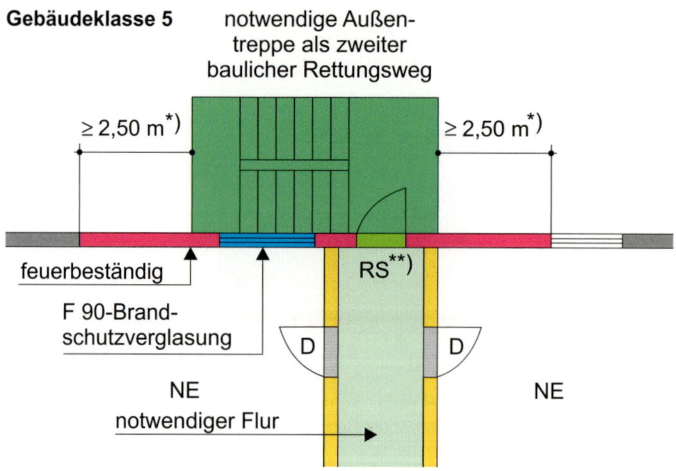

*) Vorschlag: Bei 2,50 m Abstand kann davon ausgegangen werden, dass die Benutzung der notwendigen Außentreppe durch die ungesicherte Fensteröffnung nicht mehr gefährdet wird.

**) Vorschlag: Es genügt eine dichte und selbstschließende Außentür, siehe Bildbeschreibung.

4.3-4 Beispiel für ein Gebäude der Gebäudeklasse 5 mit Aluminium-Stahl-Glas-Fassade und unzulässiger Ausführung der notwendigen Treppe als Außentreppe, (grundsätzliche Anforderungen siehe Beschreibung zu Bild 4.3-1)

Die Ausführung ist unzulässig, da durch die nicht raumabschließend feuerwiderstandsfähige Aluminium-Stahl-Glas-Fassade die Nutzung der notwendigen Außentreppe im Brandfall gefährdet werden kann. Richtige Ausführung siehe Bild 4.3-5.

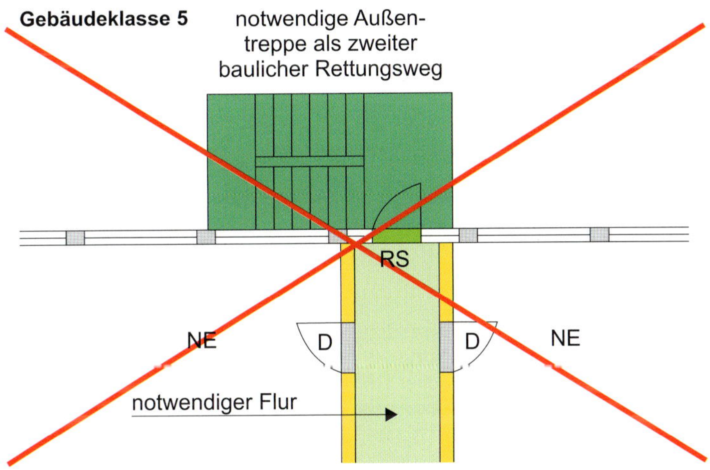

7.5 Seite 32	Treppenräume	

4.3-5 Beispiel für ein Gebäude der Gebäudeklasse 5 mit Aluminium-Stahl-Glas-Fassade und fachgerechter Anordnung der notwendigen Treppe als Außentreppe, (grundsätzliche Anforderungen siehe Beschreibung zu Bild 4.3-1)

Die Ausführung ist zulässig, da durch die raumabschließende feuerbeständige Aluminium-Stahl-Glas-Fassade die Nutzung der notwendigen Außentreppe im Brandfall nicht gefährdet werden kann.

Für die Tür zwischen dem notwendigen Flur und der notwendigen Außentreppe würde eine Rauchschutztür nach DIN 18095 ausreichen (siehe auch Bild 4.3-1). Allerdings ist hier darauf zu achten, dass der Einbau der Tür in die Brandschutzverglasung im Verwendbarkeitsnachweis der Brandschutzverglasung mit geprüft sein muss. Dadurch ergeben sich für die Tür besondere Anforderungen oder eine besondere Ausführung, bzw. es ist für den Türeinbau eine entsprechende Abweichung oder Zustimmung im Einzelfall notwendig.

Bezüglich einer Abweichung der feuerbeständigen Fassadenausführung nach unten siehe sinngemäß Beschreibung zu Bild 4.3-3.

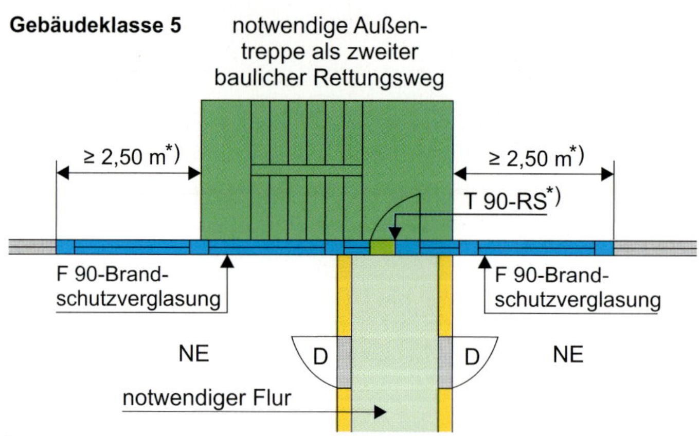

*) Vorschlag. Siehe Bildbeschreibung

4.3-6 Beispiel für ein Gebäude der Gebäudeklasse 5 mit Aluminium-Stahl-Glas-Fassade und Nottreppe als Ersatz für die Rettungsgeräte der Feuerwehr

Bei dieser Nottreppe handelt es sich nicht um eine notwendige Treppe als zweiter baulicher Rettungsweg, sondern um eine Nottreppe als Ersatz für die Rettungsgeräte der Feuerwehr. Deshalb kann sie ohne weitere Maßnahmen, also auch direkt vor einer nicht raumabschließend feuerwiderstandsfähigen Fassade mit ungesicherten Öffnungen angeordnet werden, denn die Nottreppe muss grundsätzlich nicht besser sein als die Rettungsgeräte der Feuerwehr (siehe Kapitel 7.4, Punkt 4.4 in diesem Werk).

Allerdings ist für die Ausführung sogenannter Nottreppen immer eine genehmigungspflichtige Abweichung (Ausnahme/Befreiung) erforderlich, da sie nicht als Regelfall des zweiten Rettungsweges in den LBOs aufgeführt werden.

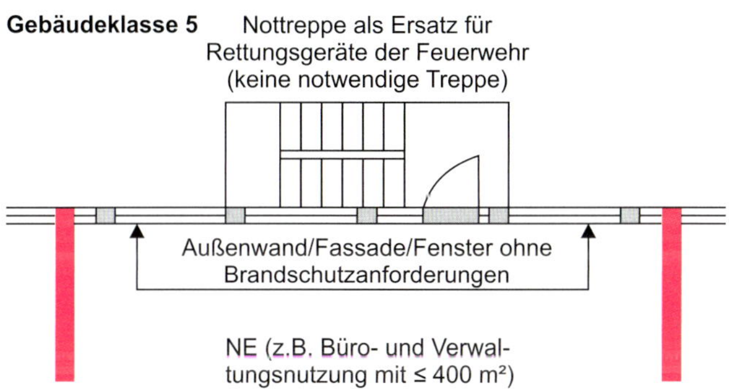

7.5 Seite 34 | Treppenräume

5 Erreichbarkeit des notwendigen Treppenraums/Ausgangs ins Freie

Von jeder Stelle eines Aufenthaltsraums sowie eines Kellergeschosses muss mindestens ein Ausgang in einen notwendigen Treppenraum oder ins Freie in höchstens 35 m*) Entfernung erreichbar sein.

Gemessen werden diese 35 m in Lauflinie in der kürzesten Entfernung, jedoch nicht durch feste Einbauten und Wände hindurch. Auch bei Maisonette-Wohnungen sind 35 m einzuhalten.

> Wichtig:
> Die Begrenzung auf höchstens 35 m gilt auch im Kellergeschoss.

Ausführliche Erläuterungen enthält Kapitel 7.3 in diesem Werk.

6 Anordnung mehrerer notwendiger Treppen

Sind mehrere notwendige Treppenräume erforderlich, müssen sie so verteilt sein, dass sie möglichst entgegengesetzt liegen und die Rettungswege möglichst kurz sind.

Bei ausgedehnten Gebäuden werden aufgrund der Begrenzung der maximalen Entfernung zum notwendigen Treppenraum von 35 m mehrere notwendige Treppenräume erforderlich. Diese sind so im Gebäude zu verteilen, dass die Rettungswege möglichst kurz sind.

*) In einzelnen Ländern gelten auch andere Entfernungen (z.B. Baden-Württemberg: 40 m)

6-1 Beispiel für eine unzulässige Anordnung der notwendigen Treppenräume

Obwohl die in der LBO vorgeschriebenen 35 m für den ersten baulichen Rettungsweg eingehalten wurden, und der zweite Rettungsweg gewährleistet ist, entspricht die Ausführung nicht der Bauordnung, da die beiden notwendigen Treppenräume nicht so verteilt wurden, dass sie möglichst entgegengesetzt liegen und die Rettungswege (RW) möglichst kurz sind.

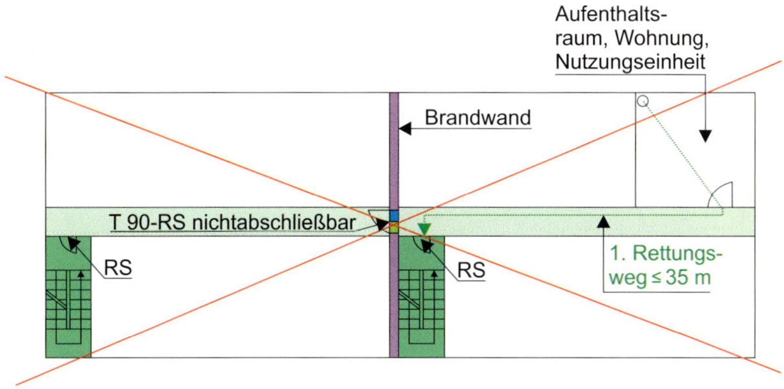

6-2 Beispiel für eine richtige Anordnung der notwendigen Treppenräume

Hier wurden die Treppenräume zur Erlangung möglichst kurzer Rettungswege gleichmäßig verteilt.

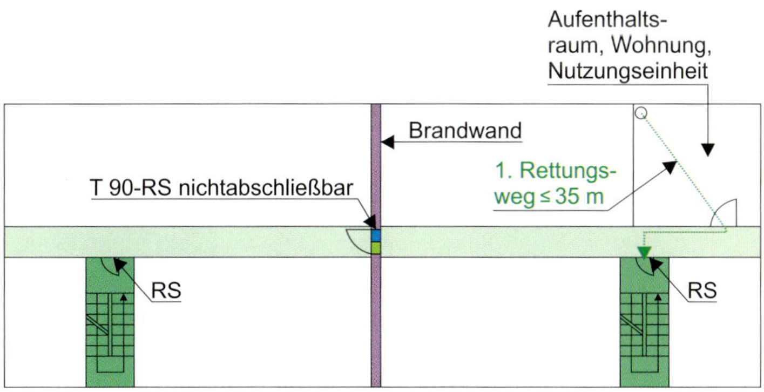

7.5 Seite 36 | Treppenräume

7 Übereinanderliegende Kellergeschosse

Übereinanderliegende Kellergeschosse müssen jeweils mindestens zwei Ausgänge in notwendige Treppenräume oder ins Freie haben.

Grundsätzlich gilt, dass von jeder Stelle eines Kellergeschosses in höchstens 35 m Entfernung ein Ausgang in einen notwendigen Treppenraum oder ins Freie erreichbar sein muss.

Da Brände in Kellergeschossen wegen der schlechteren Zugänglichkeit sowohl für die Gebäudebenutzer als auch für die Feuerwehr besondere Risiken mit sich bringen, werden in übereinanderliegenden Kellergeschossen jeweils mindestens zwei Ausgänge in notwendige Treppenräume oder ins Freie vorgeschrieben (siehe auch Kapitel 8.30 in diesem Werk).

8 Sicherer Ausgang ins Freie

Der sichere Ausgang ins Freie ist ein wesentliches Element des ersten baulichen Rettungsweges. Jeder notwendige Treppenraum muss an einer Außenwand liegen und einen unmittelbaren Ausgang ins Freie haben, d.h., dass der Treppenraum

- auf möglichst kurzem Weg
- einen sicheren Ausgang
- ins Freie

haben muss.

Die Türbreite des Ausgangs muss mindestens so breit sein (lichtes Durchgangsmaß) wie die vorgeschriebene nutzbare Breite der Treppenläufe und -absätze der dazugehörigen Treppe. Der Ausgang muss von den Benutzern leicht zu finden sein. In Gebäuden mit Besucherverkehr, Arbeitsstätten und Sonderbauten ist eine entsprechende Beschilderung (Sicherheitskennzeichen, Rettungszeichen) erforderlich.

Ein zwischen dem notwendigen Treppenraum und dem Freien angeordneter brandlastfreier Vorraum (Windfang), der nur zu diesem Zweck genutzt wird, gilt als unbedenklich und damit als unmittelbarer Ausgang.

Der Ausgang muss direkt ins Freie führen, entweder auf eine öffentliche Verkehrsfläche oder eine nicht überbaute Stelle des Grundstücks, die einen sicheren Zugang zur öffentlichen Verkehrsfläche haben soll. Er muss von der Feuerwehr im Brandfall leicht zu erreichen sein.

Anmerkung: Damit ist z.B. der Ausgang in einen begrenzten Innenhof ohne direkten Anschluss an die öffentliche Verkehrsfläche kein sicherer Ausgang und nur in besonders geprüften Fällen im Zuge einer genehmigungspflichtigen Abweichung (Ausnahme/Befreiung) möglich.

Ausgänge aus innen liegenden notwendigen Treppenräumen

Führt der Ausgang eines notwendigen Treppenraums nicht unmittelbar ins Freie, muss der Raum zwischen dem notwendigen Treppenraum und dem Ausgang ins Freie gemäß MBO 2002

- mindestens so breit sein wie die dazugehörigen Treppenläufe
- Wände haben, die die Anforderungen an die Wände des Treppenraums erfüllen
- rauchdichte und selbstschließende Abschlüsse zu notwendigen Fluren haben
- ohne Öffnungen zu anderen Räumen, ausgenommen zu notwendigen Fluren, sein.

7.5 Seite 38	Treppenräume	

8-1 Beispiel für einen notwendigen Treppenraum in einem Gebäude der Gebäudeklasse 5, dessen einziger Ausgang durch eine Schaufensterpassage ins Freie führt

Die Anforderung der LBO nach einem sicheren Ausgang ins Freie ist nicht erfüllt, da die Wände der Schaufensterpassage nicht raumabschließend in der Bauart einer Brandwand ausgeführt wurden. Damit ist die Ausführung unzulässig.

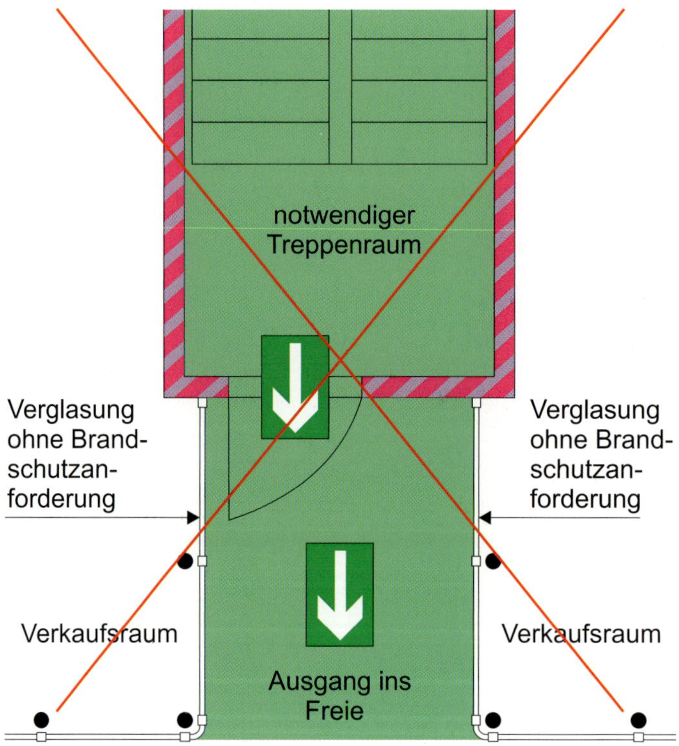

8-2 **Beispiel für einen notwendigen Treppenraum in einem Gebäude der Gebäudeklasse 5, dessen einziger Ausgang durch eine Schaufensterpassage ins Freie führt**

Die Wände der Schaufensterpassage weisen eine F 90-Brandschutzverglasung auf. Damit ist die Ausführung wesentlich besser, als die in Bild 8-1 dargestellte. Allerdings entspricht sie immer noch nicht der LBO, da diese für die Treppenraumwände die Bauart von Brandwänden verlangt und diese Anforderung von einer F 90-Brandschutzverglasung nicht eingehalten wird.

Deshalb ist für die Ausführung eine genehmigungspflichtige Abweichung (Ausnahme/Befreiung) erforderlich. Dabei ist zu prüfen, ob die großflächigen Brandschutzverglasungen möglich sind oder ob ggf. für die fehlende *Bauart von Brandwänden* Kompensationsmaßnahmen erforderlich sind (z.B. Verbot des Aufstellens von Gegenständen und Regalen, die im Brandfall einstürzen und die Brandschutzverglasung beschädigen können, oder zusätzlicher Schutz gegen einstürzende Gegenstände und Regale oder automatische Löschanlage [Sprinklerschutz]).

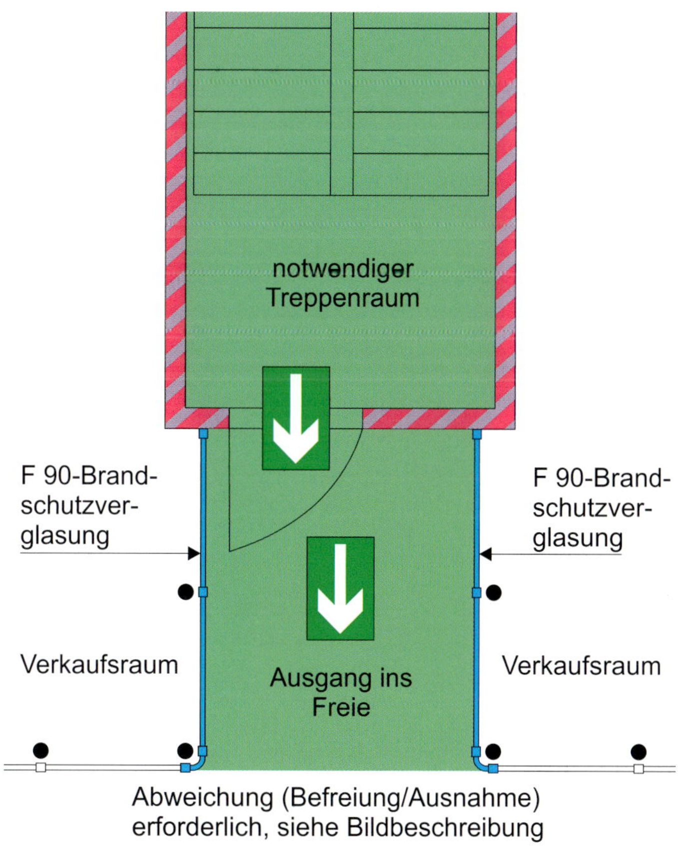

7.5 Seite 40 | Treppenräume

8-3 Alternative zu den in den Bildern 8-1 und 8-2 dargestellten Ausführungen – Beispiel für einen notwendigen Treppenraum in einem Gebäude der Gebäudeklasse 5 mit einem Ausgang durch eine Schaufensterpassage

Die Ausführung ist möglich, da die Öffnung zur Schaufensterpassage mit einer T 30-DIN 18095-RS-Tür gesichert wurde und der Treppenraum einen zusätzlichen sicheren Ausgang ins Freie aufweist.

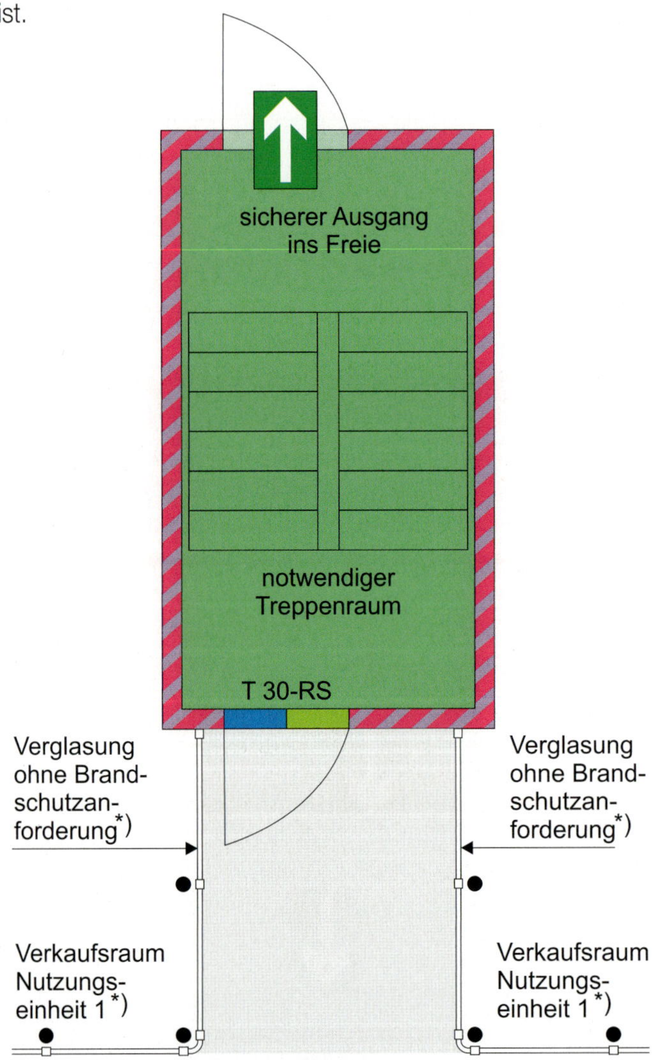

*) Gleiche Nutzungseinheit. Bei unterschiedlichen Nutzungseinheiten ist eine feuerwiderstandsfähige Trennung erforderlich, z.B. durch Anordnung einer Brandschutzverglasung.

8-4 Beispiel für einen innen liegenden Treppenraum mit Ausgang, der nicht unmittelbar ins Freie führt, bei einem Gebäude der Gebäudeklasse 5

Führt der Ausgang eines notwendigen Treppenraums nicht unmittelbar ins Freie, muss der Raum zwischen dem notwendigen Treppenraum und dem Ausgang ins Freie

- mindestens so breit sein wie die dazugehörigen Treppenläufe
- Wände haben, die die Anforderungen an die Wände des Treppenraums erfüllen
- rauchdichte und selbstschließende Abschlüsse zu notwendigen Fluren haben
- ohne Öffnungen zu anderen Räumen, ausgenommen zu notwendigen Fluren, sein.

Die Treppenraumwände in der Bauart einer Brandwand sind bis zur Außenkante der Außenwand zu führen. An die Treppenraumaußenwand selbst besteht nur die Anforderung *nichtbrennbar*.

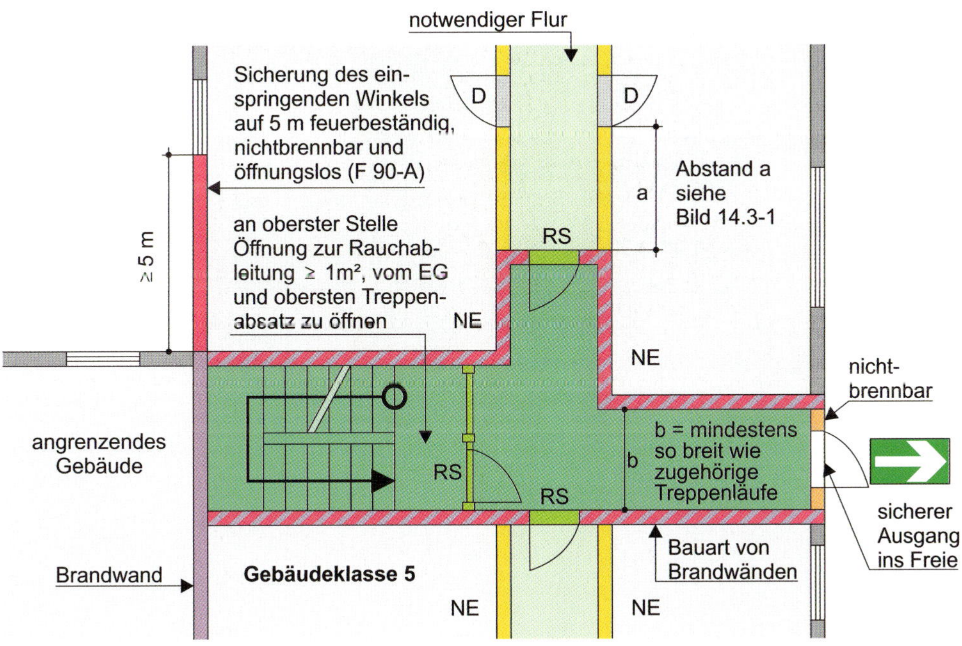

7.5
Seite 42

Treppenräume

8-5 Beispiel für einen innen liegenden Treppenraum mit Ausgang, der nicht unmittelbar ins Freie führt, bei einem Gebäude der Gebäudeklasse 5 (grundsätzliche Beschreibung siehe bei Bild 8-4)

Die Tür vom Treppenraum zur NE 1 ist nicht zulässig. Hierfür sind eine genehmigungspflichtige Abweichung (Ausnahme/Befreiung) und entsprechende Kompensationsmaßnahmen erforderlich. Als Kompensationsmaßnahme wurde hier die Tür als T 30-DIN 18095-RS-Tür ausgeführt.

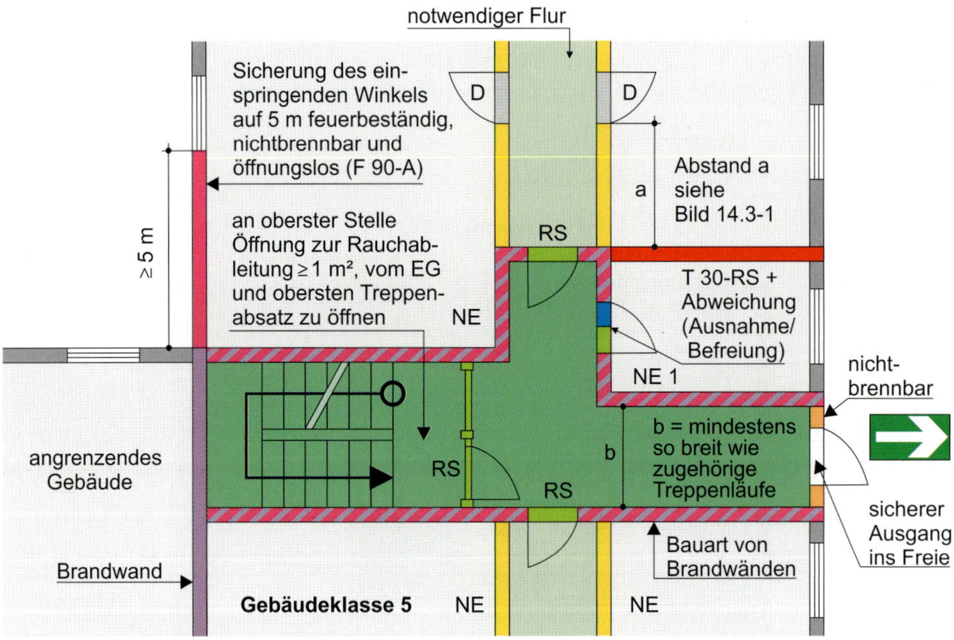

8-6 Beispiel für einen an der Außenwand liegenden Treppenraum mit Ausgang, der nicht unmittelbar ins Freie führt, bei einem Gebäude der Gebäudeklasse 5 (grundsätzliche Beschreibung siehe bei den Bildern 8-4 und 8-5)

Die Öffnung zur Rauchableitung ist gemäß MBO 2002 auch für an der Außenwand liegende Treppenräume erforderlich, wenn die Höhe der Fußbodenoberkante des höchstgelegenen Geschosses, in dem ein Aufenthaltsraum möglich ist, über der Geländeoberfläche im Mittel mehr als 13 m beträgt.

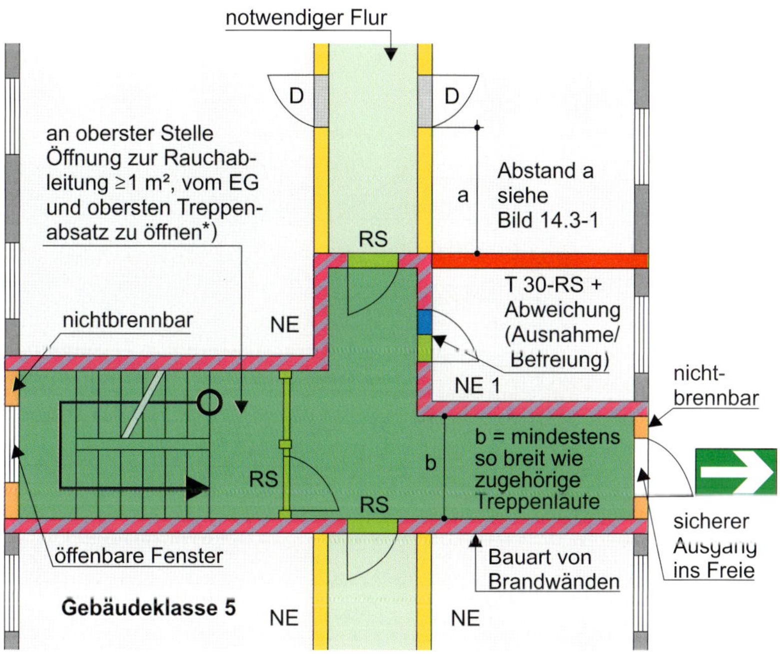

*) Siehe Bildbeschreibung

7.5 Seite 44	Treppenräume	

8-7 Beispiel für eine unzulässige Ausführung eines an der Außenwand liegenden Treppenraums bei einem Gebäude der Gebäudeklasse 5

Der Ausgang des Treppenraums wird als Empfangs- und Aufenthaltsraum genutzt. Außerdem besteht eine offene ungesicherte Verbindung zum Empfang. Damit weist der Treppenraum keinen sicheren Ausgang ins Freie mehr auf. Beispiel für eine zulässige Ausführung siehe Bild 8-8.

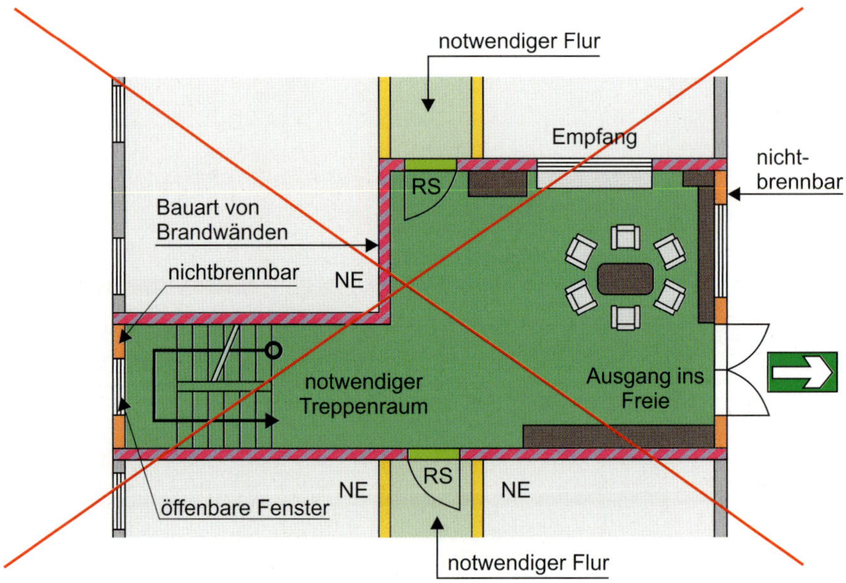

8-8 Beispiel für eine zulässige Ausführung eines an der Außenwand liegenden Treppenraums mit Empfang und Theke bei einem Gebäude der Gebäudeklasse 5

Als Kompensationsmaßnahme wurde der Treppenraum von der Empfangshalle durch einen Abschluss T 30-DIN 18095-RS-Tür mit bauaufsichtlich zugelassener Feststellanlage abgetrennt. Außerdem erhielt der notwendige Treppenraum einen weiteren und durch die Abtrennung mit der T 30-RS-Tür auch sicheren Ausgang ins Freie.

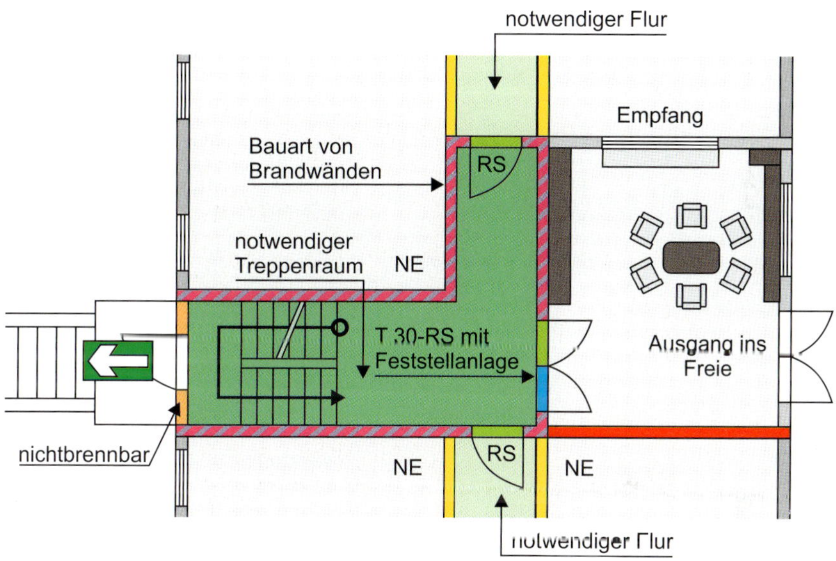

7.5 Seite 46	Treppenräume	

9 Wände notwendiger Treppenräume und ihrer Ausgänge ins Freie

9.1 Anforderungen an den feuerwiderstandsfähigen Raumabschluss

Wände notwendiger Treppenräume müssen gemäß MBO als raumabschließende Bauteile die in der Tabelle 9-1 genannten Anforderungen erfüllen.

Tabelle 9-1: Anforderungen an die Wände notwendiger Treppenräume gemäß MBO 2002 mit Zuordnung zu den Feuerwiderstandsklassen nach DIN 4102 (nationale Ebene) und DIN EN 13501-2 (europäische Ebene) mit Angabe der bauaufsichtlich verlangten Zusatzanforderungen[1])

Anforderung an Treppenraumwände als raumabschließendes Bauteil				
GK	tragend/ nichttragend	Bauaufsichtliche Anforderung	Kurzbezeichnung nach DIN 4102	Kurzbezeichnung nach DIN EN 13501-2
5	tragend	Bauart von Brandwänden	F 90-A + M [TR]	REI 90-M [nb]
	nichttragend		F 90-A + M [R]	EI 90-M [nb]
4	tragend	auch unter zusätzlicher mechanischer Beanspruchung hochfeuerhemmend	F 60-A + M [TR] F 60-AB + M [TR] F 60 + M [HolzR] [TR]	REI 60-M [nb] REI 60-M [wnb] REI 60-M [HolzR]
	nichttragend		F 60-A + M [R] F 60-AB + M [R] F 60 + M [HolzR] [R]	EI 60-M [nb] EI 60-M [wnb] EI 60-M [HolzR]
3	tragend	feuerhemmend Wände und Decken aus brennbaren Baustoffen müssen eine Bekleidung aus nichtbrennbaren Baustoffen in ausreichender Dicke haben.	F 30-A [TR] F 30-AB [TR] F 30-B [bnb] [TR]	REI 30 [nb] REI 30 [wnb] REI 30 [bnb]
	nichttragend		F 30-A [R] F 30-AB [R] F 30-B [bnb] [R]	EI 30 [nb] EI 30 [wnb] EI 30 [bnb]
1 und 2		keine besonderen Anforderungen; Treppenraumwände nicht erforderlich		

Treppenräume

7.5
Seite 47

Abkürzungen:

-A und aus nichtbrennbaren Baustoffen

-AB und in den wesentlichen Teilen aus nichtbrennbaren Baustoffen

Bei raumabschließenden Bauteilen (Bauteilen mit raumabschließender Funktion) müssen die Bauteile eine zusätzlich in Bauteilebene durchgehende Schicht aus nichtbrennbaren Baustoffen haben.[2])

Zu den wesentlichen Teilen gehören bei tragenden Bauteilen alle tragenden oder aussteifenden Bauteile (grundsätzliche Definition siehe Kapitel 4.3, Punkt 5.2 in diesem Werk).

-B und aus brennbaren Baustoffen (ohne besondere Anforderungen an die Baustoffklasse)

R Résistance (Tragfähigkeit)

E Etanchéité (Raumabschluss)

I Isolation (Wärmedämmung unter Brandeinwirkung)

M Mechanical (Mechanische Einwirkung auf Wände – Stoßbeanspruchung)

[nb] nichtbrennbar (aus nichtbrennbaren Baustoffen)

[T] Tragwerk (tragende Bauteile ohne raumabschließende Funktion)

[R] Raumabschluss (mit raumabschließender Funktion)[2])

[wnb] und in den wesentlichen Teilen aus nichtbrennbaren Baustoffen (wie -AB)

[bnb] Bekleidung nichtbrennbar; Wände und Decken aus brennbaren Baustoffen mit einer Bekleidung aus nichtbrennbaren Baustoffen in ausreichender Dicke

[HolzR] Ausführung gemäß *Muster-Richtlinie über brandschutztechnische Anforderungen an hochfeuerhemmende Bauteile in Holzbauweise* (M-HFHHolzR) Fassung Juli 2004

= Bauteile, deren tragende und aussteifende Teile aus brennbaren Baustoffen bestehen und die allseitig eine brandschutztechnisch wirksame Bekleidung aus nichtbrennbaren Baustoffen (Brandschutzbekleidung) und Dämmstoffe aus nichtbrennbaren Baustoffen haben (siehe auch Kapitel 4.3, Punkt 6.3 in diesem Werk)

Damit bedeutet der Zusatz [HolzR], dass bei hochfeuerhemmenden Bauteilen mit tragenden und aussteifenden Teilen aus brennbaren Baustoffen zusätzliche Anforderungen bestehen an

- die Baustoffklassen der Bekleidungen und Dämmstoffe (nichtbrennbar)
- den Einbau der Dämmstoffe
- die brandschutztechnische Wirksamkeit der Bekleidungen ($K_2 60$)
- die sonstige Ausführung gemäß M-HFHHolzR (siehe Kapitel 4.3, Punkt 5.5 in diesem Werk).

Anmerkung: F 60-B bzw. R(EI) 60 ist **nicht gleich** hochfeuerhemmend! Teilweise wird die Anforderung *hochfeuerhemmend mit tragenden und aussteifenden Bauteilen aus brennbaren Baustoffen* auf nationaler Ebene auch als F 60-BA bezeichnet. Dabei ist darauf zu achten, dass dieser Begriff nicht nur im Sinne von DIN 4102-2 zu verstehen ist (brennbares Tragwerk, nichtbrennbare Bekleidung), sondern im Sinne der vorstehenden Zusatzanforderung [HolzR].

[1]) Wichtig: Bei den in [ ] stehenden Abkürzungen handelt es sich nicht um genormte oder offizielle Abkürzungen, sondern um ein Abkürzungssystem zur Verknüpfung der Bauteilklassen mit den zusätzlichen Anforderungen der Landesbauordnungen, das im Brandschutzatlas zur besseren Handhabbarkeit verwendet wird (siehe Kapitel 4.3, Punkt 6.2 in diesem Werk).

[2]) Auf europäischer Ebene müssen raumabschließende Wände immer eine raumabschließende Funktion und eine Wärmedämmung unter Brandeinwirkung haben.

9.2 Bekleidungen, Putze und Dämmstoffe von Treppenraumwänden

Zusätzlich zur Anforderung an einen feuerwiderstandsfähigen Raumabschluss ist noch zu beachten, dass Bekleidungen, Putze, Dämmstoffe und Einbauten von Wänden und Decken notwendiger Treppenräume aus nichtbrennbaren Baustoffen bestehen müssen (siehe unter 12 in diesem Kapitel).

Für feuerhemmende Wände und Decken mit tragenden und aussteifenden Bauteilen aus brennbaren Baustoffen bestehen besondere Anforderungen an die Bekleidung (siehe unter 13 in diesem Kapitel).

9.3 Bauart von Brandwänden

Die bauaufsichtliche Bezeichnung *Bauart von Brandwänden* bedeutet, dass die Wände in ihrer gesamten Bauart wie Brandwände herzustellen sind. Hierzu müssen sie feuerbeständig und aus nichtbrennbaren Baustoffen ausgeführt werden und so beschaffen sein, dass sie bei einem Brand ihre Standsicherheit nicht verlieren. Allerdings bestehen im Gegensatz zu Brandwänden bei der *Bauart von Brandwänden* in Bezug auf die Sicherung von Türöffnungen und den oberen Abschluss teilweise erhebliche Erleichterungen.

In Brandwänden müssen alle Türöffnungen mit feuerbeständigen, dichten und selbstschließenden Abschlüssen gesichert werden. Außerdem sind Brandwände in den Gebäudeklassen 4 und 5 mindestens 30 cm über die Bedachung zu führen oder in Höhe der Dachhaut mit einer beiderseits 0,50 m auskragenden feuerbeständigen Platte aus nichtbrennbaren Baustoffen abzuschließen.

Bei der *Bauart von Brandwänden* werden an die Sicherung von Türöffnungen deutlich geringere Anforderungen gestellt (je nach Lage: dicht und selbstschließend, rauchdicht und selbstschließend oder feuerhemmend, rauchdicht und selbstschließend). Auch im Dachbereich bestehen hier in den Gebäudeklassen 4 und 5 geringere Anforderungen als bei Brandwänden (keine Überdachführung erforderlich, sondern Ausführung bis unter die Dachhaut bzw. bis an eine Decke mit der gleichen Feuerwiderstandsfähigkeit wie die Geschossdecken).

Abgesehen von den genannten Erleichterungen für die Türöffnungen und den oberen Abschluss müssen die Treppenraumwände in dieser Bauart jedoch alle anderen Anforderungen an Brandwände (Mindestdicke, Ausführung aus nichtbrennbaren Baustoffen, Standsicherheit, Sicherung von Leitungsdurchführungen usw.) voll erfüllen.

Eingreifende Bauteile, Leitungen und Leitungsschlitze

Bauteile, Leitungen und Leitungsschlitze dürfen in Treppenraumwände in der *Bauart von Brandwänden* nur so weit eingreifen, dass deren Feuerwiderstandsfähigkeit nicht beeinträchtigt wird. Außerdem müssen dabei natürlich auch die sonstigen einschlägigen Vorschriften eingehalten werden (z.B. DIN 1053 „Mauerwerk“).

Bezüglich des Brandschutzes gilt die Anforderung als eingehalten, wenn durch die eingreifenden Bauteile, Leitungen und Leitungsschlitze die Feuerwiderstandsdauer und Standsicherheit der Treppenraumwände nicht gefährdet werden. Dies ist in der Regel der Fall, wenn die Bauteile, Leitungen und Leitungsschlitze nur örtlich begrenzt angeordnet werden und dort nur so weit eingreifen, dass der restliche Wandquerschnitt feuerbeständig bleibt.

9.4 Wände, hochfeuerhemmend auch unter zusätzlicher mechanischer Beanspruchung

Diese Wände müssen hochfeuerhemmend sein (Ausführung nach M-HFHHolzR) und wie bei der Bauart von Brandwänden einer zusätzlichen mechanischen Beanspruchung standhalten (siehe Kapitel 6.2.2 in diesem Werk). Erleichterungen bezüglich der Sicherung von Öffnungen und der Ausführung im Dachbereich enthält der vorangehende Punkt 9.3.

9.5 Feuerhemmende Wände aus brennbaren Baustoffen

In Gebäuden der Gebäudeklasse 3 müssen die Treppenraumwände notwendiger Treppen mindestens feuerhemmend hergestellt werden. Damit sind Ausführungen in F 30-A, F 30-AB und F 30-B zulässig.

Werden die Wände vollständig bzw. in den wesentlichen Teilen aus nichtbrennbaren Baustoffen hergestellt (F 30-A bzw. F 30-AB), ist nur noch zu beachten, dass Bekleidungen, Putze, Dämmstoffe, Unterdecken und Einbauten aus nichtbrennbaren Baustoffen bestehen müssen (siehe unter 12 in diesem Kapitel).

Bei einer feuerhemmenden Ausführung mit tragenden und aussteifenden Bauteilen aus brennbaren Baustoffen (= F 30-B) ist darauf zu achten, dass die Wände (und Decken) eine Bekleidung aus nichtbrennbaren Baustoffen in ausreichender Dicke haben müssen (siehe unter 13 in diesem Kapitel).

10 Außenwände notwendiger Treppenräume

Grundsätzlich müssen die Wände notwendiger Treppenräume die im vorangehenden Punkt 9 angegebenen Anforderungen erfüllen (z.B. bei Gebäudeklasse 5 *Bauart von Brandwänden*).

Für Außenwände von Treppenräumen, die durch andere an diese anschließende Gebäudeteile im Brandfall nicht beansprucht werden können, gelten jedoch **erhebliche Erleichterungen.** Diese müssen nur aus nichtbrennbaren Baustoffen bestehen. Damit können sie auch normale Sichtöffnungen haben. Ebenso sind dort nichtbrennbare Fassaden mit normalen Verglasungen (z.B. Aluminium-Glas bzw. Stahl-Glas) möglich.

Die wesentliche Voraussetzung ist dabei, dass diese Treppenraumaußenwände *„durch andere an diese Außenwände anschließende Gebäudeteile im Brandfall nicht beansprucht werden können"* (§ 35 Abs. 4 Satz 2 MBO).

7.5 Seite 50 Treppenräume

Deshalb ist es bei Treppenraumwänden notwendiger Treppenräume äußerst wichtig, in jedem Einzelfall zu klären, ob die **Treppenraumaußenwände** durch andere an diese Außenwände anschließende Gebäudeteile im Brandfall beansprucht werden können oder nicht.

Es muss also geklärt werden, wann diese Anforderung erfüllt wird und wann nicht. Grundsätzlich muss der Abstand von ungesicherten an die Treppenraumaußenwände anschließenden Öffnungen ausreichend groß sein, andernfalls sind kompensierende Maßnahmen erforderlich (z.B. Brandschutzverglasung, Feuerschutzvorhang), um eine Gefährdung auszuschließen.

Gelingt es nicht, durch diese Maßnahmen eine Gefährdung der Treppenraumaußenwände auszuschließen, müssen diese grundsätzlich in der gleichen Bauart wie die Treppenrauminnenwände ausgeführt werden (bei Gebäudeklasse 5: Bauart von Brandwänden). Sichtöffnungen sind in diesem Fall nur zulässig, wenn sie brandschutztechnisch gesichert werden (nicht öffenbare Brandschutzverglasungen F 90), und es ist eine genehmigungspflichtige Abweichung (Ausnahme/Befreiung) erforderlich, da Brandschutzverglasungen nicht die Bauart einer Brandwand aufweisen.

Leider enthalten die LBOs und die teilweise vorhandenen Durchführungsverordnungen bzw. Vollzugsbekanntmachungen keine weiteren Informationen, wann Treppenraumaußenwände durch andere an diese Außenwände anschließende Gebäudeteile im Brandfall beansprucht werden und wann nicht.

In den folgenden Abschnitten wird die Problematik durch einige Beispiele erläutert. Grundsätzlich bestehen drei Möglichkeiten einer Gefährdung der Treppenraumaußenwände:

- Fall A:
  Die Treppenraumaußenwände sind nicht gefährdet.
- Fall B:
  Die Treppenraumaußenwände sind gefährdet – Maßnahmen an den Treppenraumaußenwänden sind erforderlich.
- Fall C:
  Die Treppenraumaußenwände sind gefährdet – Maßnahmen an den anschließenden Gebäudeteilen sind erforderlich, so dass die Treppenraumaußenwände danach nicht mehr gefährdet sind.

Wichtiger Hinweis:

Bei den Beispielen handelt es sich nicht um geprüfte und nachgewiesene Ausführungen, sondern um Vorschläge, wie nach Meinung des Autors die bauaufsichtlichen Anforderungen umgesetzt werden können. Es besteht demnach auch keine 100-prozentige Sicherheit, dass alle Beispiele von allen am Brandschutz Beteiligten akzeptiert werden. Deshalb sollte vor jeder Anwendung die brandschutztechnische Eignung überprüft werden. Im Zweifelsfall ist eine entsprechende Abstimmung mit der für den Brandschutz zuständigen Stelle erforderlich. Teilweise sind Abweichungen (Ausnahmen/Befreiungen) erforderlich.

10.1 Fall A: Treppenraumaußenwände nicht gefährdet

Die Außenwände des notwendigen Treppenraums können durch andere an diese anschließende Gebäudeteile im Brandfall nicht gefährdet werden.

In diesem Fall müssen die Treppenraumaußenwände lediglich aus nichtbrennbaren Baustoffen bestehen. Sichtöffnungen für Fenster sind ohne weitere Maßnahmen zulässig.

Bei nichtbrennbaren Fassaden aus Aluminium-Glas bzw. Stahl-Glas ist jedoch darauf zu achten, dass die Treppenraumaußenwände (wie Brandwände) bis zur Außenkante der Fassade geführt werden. Dies ist notwendig, um das Schutzziel einzuhalten, dass bei einem Brand in der an den Treppenraum angrenzenden Nutzungseinheit Feuer und Rauch nicht nach kurzer Zeit über den Fassadenanschlussbereich in den Treppenraum eindringen können (Beispiele siehe Kapitel 6.3.3 und 6.2.2-B in diesem Werk).

10.1-1 Beispiel für einen an der Außenwand liegenden notwendigen Treppenraum bei einem Gebäude der Gebäudeklasse 5

Die Treppenraumaußenwand kann im Brandfall nicht durch andere an diese Außenwand anschließende Gebäudeteile gefährdet werden. Deshalb kann sie aus nichtbrennbaren Baustoffen bestehen. Normale Fenster sind möglich.

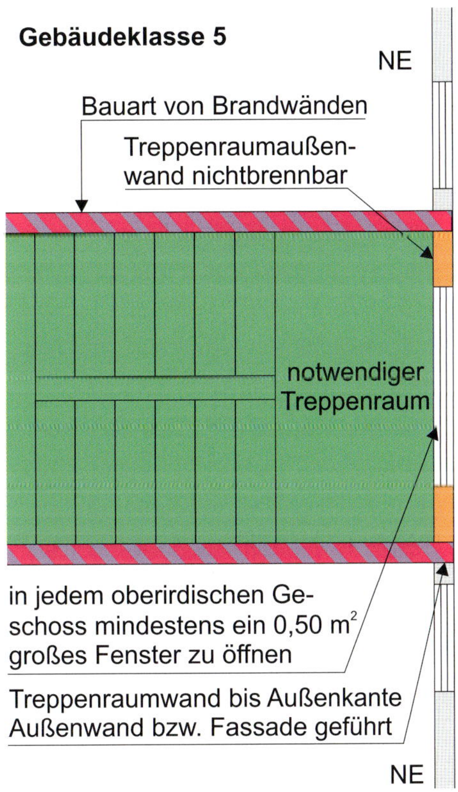

7.5
Seite 52

Treppenräume

10.1-2 Beispiel für einen an der Außenwand liegenden notwendigen Treppenraum bei einem Gebäude der Gebäudeklasse 5

Die Treppenraumaußenwände bestehen aus einer nichtbrennbaren Aluminium-Glas- bzw. Stahl-Glas-Fassade ohne weitere Brandschutzanforderungen.

Die Treppenraumaußenwand kann im Brandfall nicht durch andere an diese Außenwand anschließende Gebäudeteile gefährdet werden, da die Fenster der Nutzungseinheiten NE 1 und NE 2 einen ausreichenden Abstand zur Treppenraumaußenwand aufweisen.

Fenster NE 1 und NE 2:
Bei einem Abstand der Fenster von der Treppenraumaußenwand von ≥ 2,50 m kann davon ausgegangen werden, dass die Treppenraumaußenwand im Brandfall durch diese Fenster nicht mehr gefährdet wird.*)

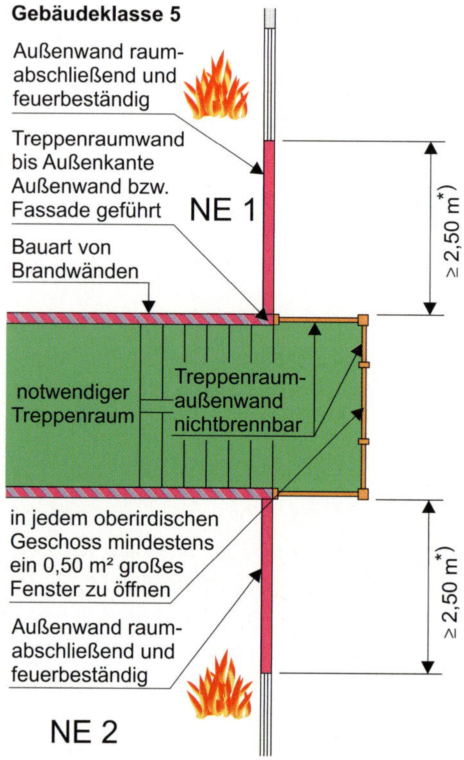

*) Vorschlag. Siehe Bildbeschreibung

*) Im Zweifelsfall ist eine Abstimmung mit der für den Brandschutz zuständigen Stelle erforderlich. Teilweise sind Abweichungen (Ausnahmen/Befreiungen) erforderlich (siehe vorstehenden wichtigen Hinweis).

10.1-3 Bildbeschreibung siehe Bild 10.1-2

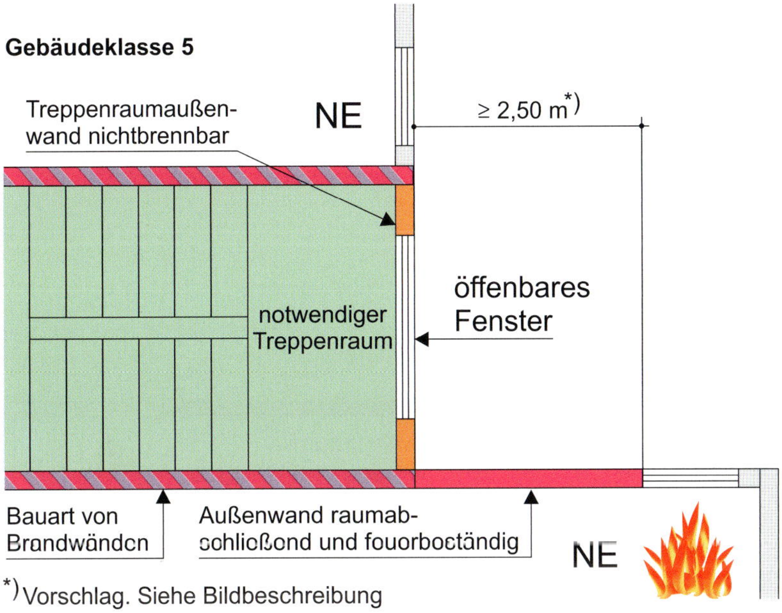

*) Vorschlag. Siehe Bildbeschreibung

7.5 Seite 54 | Treppenräume

10.1-4 Bildbeschreibung siehe Bild 10.1-2

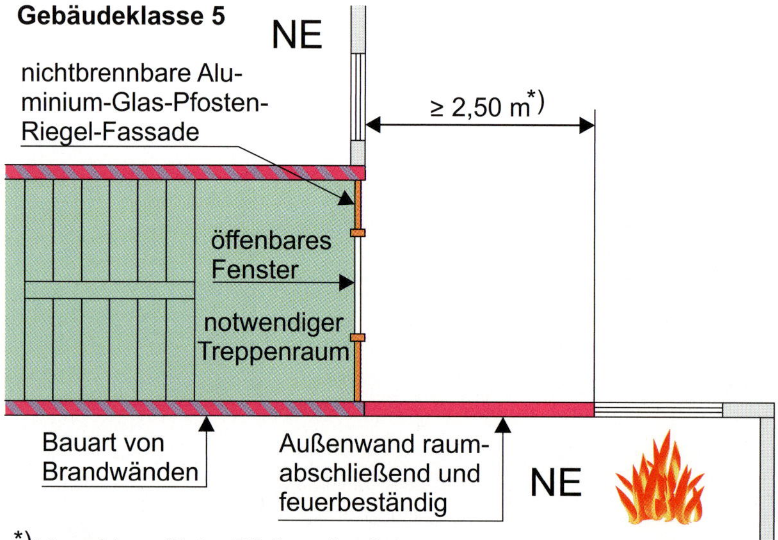

*) Vorschlag. Siehe Bildbeschreibung

10.2 Fall B: Treppenraumaußenwände gefährdet – Maßnahmen an Treppenraumaußenwänden

Die Außenwände des notwendigen Treppenraums können durch andere an diese Außenwände anschließende Gebäudeteile (z.B. durch Öffnungen in den anschließenden Außenwänden) im Brandfall gefährdet werden. In diesem Fall gelten keine Erleichterungen und die Treppenraumaußenwände sind in der gleichen Qualität wie die Treppenrauminnenwände herzustellen (z.B. bei Gebäudeklasse 5: Bauart von Brandwänden). Sichtöffnungen sind dann entsprechend mit F 90-Brandschutzverglasungen (Festverglasungen) zu sichern.

Anmerkung: Hier kann folgendes Problem entstehen: Der notwendige Treppenraum liegt an der Außenwand und müsste in jedem oberirdischen Geschoss unmittelbar ins Freie führende Fenster mit einem freien Querschnitt von mindestens 0,50 m² aufweisen, die geöffnet werden können. Diese öffenbaren Fenster sind im vorliegenden Fall nicht möglich, wenn die Treppenraumaußenwand in der gleichen Qualität wie die Treppenrauminnenwände herzustellen ist.

Theoretisch wären zwar öffenbare Fenster mit Brandschutzverglasungen möglich. Praktisch sind solche Brandschutz-Lüftungsflügel an dieser Stelle jedoch unzulässig, da sie kontraproduktiv wären. Die Brandschutzverglasung ist als Festverglasung auszuführen, da sie den Treppenraum bei einem Brand in der angrenzenden NE vor dem Eindringen von Feuer und Rauch schützen muss.

Entsprechend diesem Schutzziel ist es dann nicht möglich, sie gleichzeitig zum Entrauchen zu öffnen, d.h., dass der so gesicherte Treppenraum praktisch zu einem innen liegenden Treppenraum wird, obwohl er an der Außenwand liegt. Er muss dann auch bezüglich der Entrauchung die Anforderungen an innen liegende Treppenräume erfüllen (siehe auch unter 4.2 in diesem Werk).

7.5
Seite 56

Treppenräume

10.2-1 Beispiel für einen an der Außenwand liegenden notwendigen Treppenraum bei einem Gebäude der Gebäudeklasse 5

Die Treppenraumaußenwände können im Brandfall durch andere an diese Außenwände anschließende Gebäudeteile mit Fensteröffnungen gefährdet werden. Deshalb werden Brandschutzmaßnahmen an den Treppenraumaußenwänden getroffen.

WC-Fenster:
Die an das WC-Fenster angrenzende Treppenraumaußenwand müsste in der Bauart von Brandwänden hergestellt werden. Falls hier eine Sichtöffnung angeordnet werden soll, wäre eine F 90-Brandschutzverglasung (als Festverglasung) mit einer genehmigungspflichtigen Abweichung (Ausnahme/Befreiung) erforderlich, da die Brandschutzverglasung nicht die Bauart einer Brandwand aufweist.

Es wurde jedoch nur eine G 30-Brandschutzverglasung ausgeführt. Hierfür ist eine genehmigungspflichtige Abweichung (Ausnahme/Befreiung) erforderlich. **Begründung:** Der gefährdende Raum ist ein WC mit sehr geringer Brandlast. Außerdem ist nur ein kleines Fenster vorhanden. Damit ist bei einem Brand keine bzw. nur eine sehr geringe Gefährdung der Treppenraumaußenwand durch Feuer und Rauch zu erwarten, so dass eine G 30-Brandschutzverglasung zur Sicherung ausreicht.

Anmerkung 1:
Wenn eindeutig festgelegt und später auch so gebaut wird, dass das WC praktisch brandlastfrei ist, könnte auch auf die G 30-Brandschutzverglasung verzichtet werden. Eine genehmigungspflichtige Abweichung (Ausnahme/Befreiung) wäre jedoch erforderlich.

Anmerkung 2:
Bei solchen Lösungen sollte der Bauherr immer besonders eindringlich auf folgenden Umstand hingewiesen werden: Mit der Abweichung wird die Nutzung des Raums als WC verbindlich festgelegt. Er darf dann nicht anders genutzt werden, bzw. bei einer späteren Umnutzung ist der Brandschutznachweis entsprechend anzupassen. Bei einer Nutzung z.B. als Putzmittellager mit Brandlasten wäre eine F 90-Brandschutzverglasung erforderlich (siehe Fenster der Büro- und Verwaltungsnutzung).

Anmerkung 3:
Die beiden äußeren Stützen wurden mit Feuerwiderstandsdauer dargestellt. Sie wären aus statischen Gründen verzichtbar, sind jedoch hier erforderlich, damit die Brandschutzverglasungen zulassungskonform an- bzw. abgeschlossen werden können. Alternativ wäre es möglich, Brandschutzverglasungen anzuordnen, die übereck geführt werden, wenn dies gemäß Verwendbarkeitsnachweis (allgemeine bauaufsichtliche Zulassung) zulässig ist. Allerdings muss dann auch geprüft werden, ob und zu welchen Kosten die öffenbaren Fenster an der Treppenraumwandaußenseite ausführbar sind.

Treppenräume		7.5 Seite 57

Fenster der Büro- und Verwaltungsnutzung:

Hierauf trifft sinngemäß die Beschreibung zum WC-Fenster zu. Allerdings ist hier eine F 90-Brandschutzverglasung notwendig, da die Treppenraumaußenwand im Brandfall durch das große Fenster der Büro- und Verwaltungsnutzung mit entsprechender Brandlast erheblich gefährdet werden kann.

(Alternativen enthält Punkt 10.3 in diesem Kapitel.)

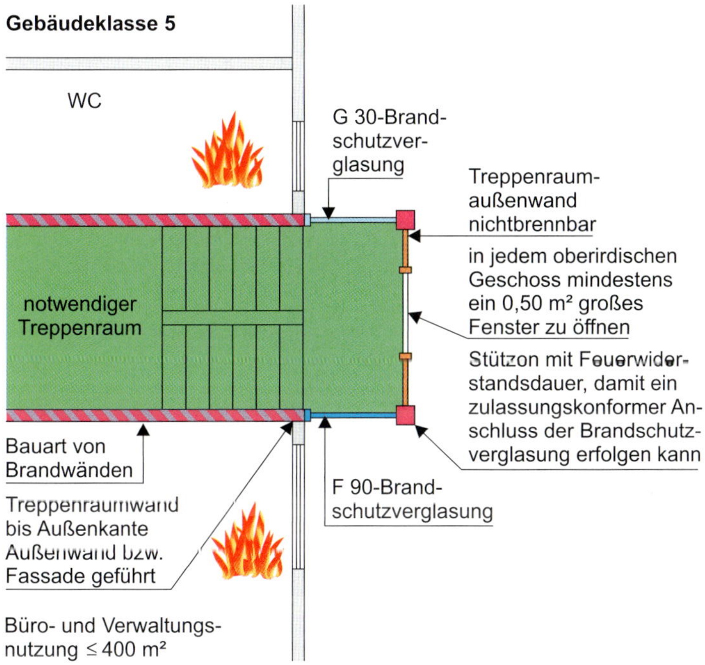

7.5 Seite 58	Treppenräume	

10.2-2 Bildbeschreibung siehe Bild 10.2-1

Hier ist eine F 90-Brandschutzverglasung mit entsprechender Abweichung (Ausnahme/Befreiung) erforderlich, da die Treppenraumaußenwand im Brandfall durch das große Fenster der Büro- und Verwaltungsnutzung mit Brandlast gefährdet werden kann.

Anmerkung: Die Brandschutzverglasung darf nicht öffenbar sein, da dies dem entsprechenden Schutzziel widerspräche. Der eigentlich an einer Außenwand liegende Treppenraum wird dadurch bezüglich seiner Entrauchung zum innen liegenden Treppenraum mit den entsprechenden Anforderungen (siehe unter 4.2 in diesem Kapitel).

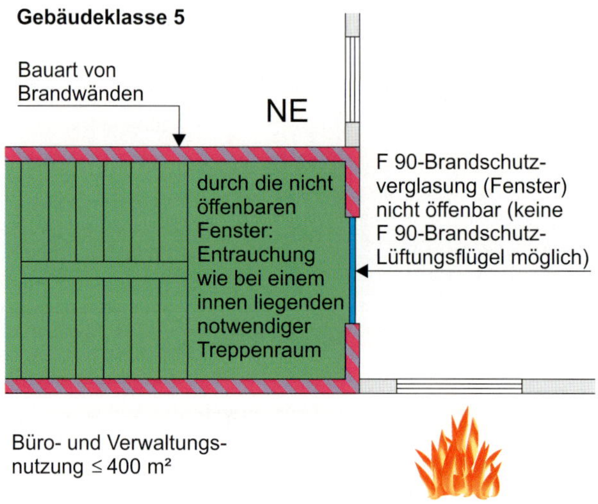

10.2-3 Bildbeschreibung siehe Bild 10.2-2

Die gesamte Treppenraumaußenwand ist in diesem Fall als F 90-Brandschutzfassade mit F 90-Brandschutzverglasungen (Festverglasungen) auszuführen.

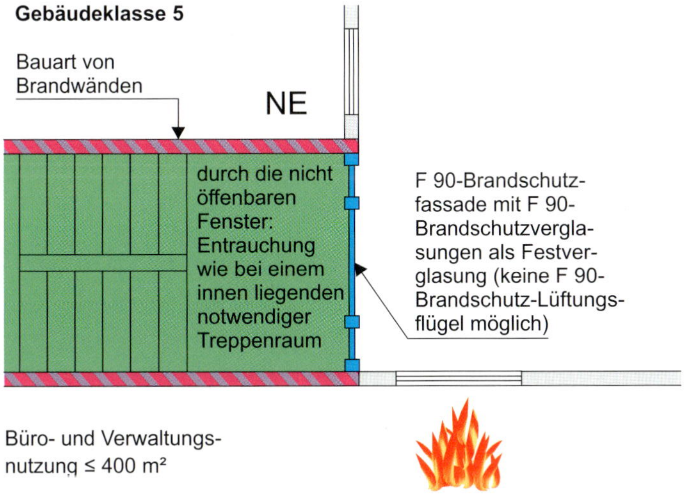

10.3 Fall C: Treppenraumaußenwände gefährdet – Maßnahmen an anschließenden Gebäudeteilen

Die Außenwände des notwendigen Treppenraums können durch andere an diese Außenwände anschließende Gebäudeteile (z.B. durch Öffnungen in den anschließenden Außenwänden) im Brandfall gefährdet werden. Es werden Maßnamen an den Außenwänden der an den Treppenraum anschließenden Gebäudeteile getroffen, so dass keine Gefährdung der Treppenraumaußenwände mehr vorliegt.

Anstatt Maßnahmen an den Treppenraumaußenwänden zu treffen (siehe unter 10.2 in diesem Kapitel), werden die Außenwände der an den Treppenraum anschließenden Gebäudeteile so ertüchtigt, dass eine Gefährdung der Treppenraumaußenwände nicht mehr zu erwarten ist.

Für diese Maßnahmen ist entsprechend der MBO 2002 in der Regel keine genehmigungspflichtige Abweichung (Ausnahme/Befreiung) erforderlich, da durch die gewählten Maßnahmen erreicht wird, dass die Treppenraumaußenwände im Brandfall nicht mehr gefährdet werden können.

Wichtig:

Durch das Fehlen einer genehmigten Abweichung birgt diese Lösung jedoch das nicht zu unterschätzende Risiko, dass später, z.B. bei der Abnahme, einer Feuerbeschau oder einer Brandschutzbegehung, die dann beurteilenden Personen die getroffenen Maßnahmen als nicht ausreichend erachten.

7.5 Seite 60 | Treppenräume

In diesem Fall wäre die Situation der Treppenraumaußenwände plötzlich wieder so, dass sie im Brandfall gefährdet werden können und entsprechende Maßnahmen erforderlich wären. Da diese Feststellungen jedoch erst *nach* Fertigstellung des Gebäudes erfolgen, sind solche Maßnahmen entweder nicht mehr oder nur mit erheblichen Umbaumaßnahmen und Mehrkosten möglich.

Um dieses Risiko klein zu halten, ist es empfehlenswert, bei den Lösungen die sichere Seite zu wählen. Im Zweifelsfall ist eine entsprechende Abstimmung mit der für den Brandschutz zuständigen Stelle erforderlich.

Als Lösungsmöglichkeiten bieten sich an, die Öffnungen in den angrenzenden Außenwänden

- ausreichend weit zu verschieben
- mit Brandschutzverglasungen zu sichern
- mit Brandschutzvorhängen zu sichern.

Öffnungen ausreichend weit verschieben

Die einfachste Lösungsmöglichkeit besteht darin, die Öffnungen soweit zu verschieben, dass keine Gefährdung der Treppenraumaußenwände mehr vorliegt (siehe unter 10.1 in diesem Kapitel).

Öffnungen mit Brandschutzverglasungen sichern

Bei der Sicherung der Öffnungen durch Brandschutzverglasungen sollten diese grundsätzlich die gleiche Feuerwiderstandsdauer wie die Treppenraumwände aufweisen. Abweichungen nach unten sind möglich, wenn keine Bedenken wegen des Brandschutzes und der Strahlungswärme bestehen (siehe auch Bild 10.2-1).

Es können auch Brandschutz-Lüftungsflügel angeordnet werden, die dann einen entsprechenden Verwendbarkeitsnachweis benötigen (allgemeine bauaufsichtliche Zulassung bzw. Zustimmung im Einzelfall). Dabei ist jedoch zu beachten, dass diese eine bauaufsichtlich zugelassene Feststellanlage benötigen, die regelmäßig geprüft und gewartet werden muss. Außerdem muss der Schließbereich zuverlässig frei gehalten werden.

Öffnungen mit Brandschutzvorhängen sichern

Alternativ zur Brandschutzverglasung ist auch die Anordnung von Brandschutzvorhängen möglich. Diese haben den Vorteil, dass sie unter Umständen auch nachträglich (z.B. bei einer Sanierung) angebracht werden können. Zurzeit besteht das Problem jedoch darin, dass Brandschutzvorhänge (bis auf wenige Ausnahmen, die jedoch für den hier vorgesehenen Verwendungszweck nicht geeignet sind) in der Regel keine allgemeine bauaufsichtliche Zulassung als Feuerschutz- bzw. Brandschutzabschlüsse haben.

Deshalb ist bei der Verwendung von Brandschutzvorhängen darauf zu achten, dass nur Bauprodukte, deren Eignung durch entsprechende Prüfzeugnisse nachgewiesen wurde, verwendet werden. Außerdem sind im Brandschutznachweis immer auch alle notwendigen Rahmen- und

Randbedingungen, wie die erforderliche Abnahme und die regelmäßige Prüfung und Wartung durch einen Sachkundigen, mit anzugeben bzw. vorzuschreiben.

In diesem Zusammenhang muss auch gewährleistet sein, dass der Schließbereich immer frei gehalten wird. Dies ist insbesondere bei an der Innenseite angeordneten Brandschutzvorhängen von besonderer Bedeutung, da die Gefahr besteht, dass Fensterbänke mit Gegenständen vollgestellt werden, so dass das sichere Schließen der Brandschutzvorhänge nicht mehr gewährleistet ist.

Eine Lösungsmöglichkeit besteht z.B. darin, schräge Fensterbänke so anzuordnen, dass ein Abstellen darauf nicht möglich ist; ggf. sind hier auch entsprechende organisatorische Maßnahmen notwendig.

Eine Abweichung (Ausnahme/Befreiung) ist für die Anordnung solcher Brandschutzvorhänge in der Regel nicht notwendig, da gemäß MBO keine Sicherung in einer bestimmten Feuerwiderstandsklasse verlangt wird, sondern es dort lediglich heißt, dass die Treppenraumaußenwände nicht durch die angrenzenden Öffnungen gefährdet werden dürfen. Wenn der Brandschutzvorhang diese Anforderung erfüllt, benötigt er dafür auch keine Abweichung (Ausnahme/Befreiung).

Allerdings ist für die Verwendung des Bauprodukts *Brandschutzvorhang* ein bauaufsichtlich anerkannter Verwendbarkeitsnachweis erforderlich. Dieser besteht in einer allgemeinen bauaufsichtlichen Zulassung des Deutschen Instituts für Bautechnik. Wenn keine Zulassung vorliegt, ist eine Zustimmung im Einzelfall von der Obersten Baubehörde notwendig.

Wichtig:

Wenn gemäß Baurecht ein Raumabschluss mit einer bestimmten Feuerwiderstandsklasse gefordert wird (z.B. feuerbeständig, T 90-D, F 90-Brandschutzverglasung) und dort ein Brandschutzvorhang zum Einsatz kommen soll, ist in der Regel eine genehmigungspflichtige Abweichung (Ausnahme/Befreiung) und eine Zustimmung im Einzelfall durch die Oberste Baubehörde erforderlich, es sei denn, die Verwendbarkeit des Brandschutzvorhangs wird durch eine allgemeine bauaufsichtliche Zulassung nachgewiesen.

7.5 Seite 62 | Treppenräume

10.3-1 Beispiel für einen an der Außenwand liegenden notwendigen Treppenraum bei einem Gebäude der Gebäudeklasse 5

Die Treppenraumaußenwände können im Brandfall durch andere an diese Außenwände anschließende Gebäudeteile mit Öffnungen gefährdet werden. Die Öffnungen in den anschließenden Gebäudeteilen werden mit Brandschutzverglasungen bzw. Brandschutzvorhängen so gesichert, dass keine Gefährdung der Treppenraumaußenwände mehr vorliegt (Alternative siehe Beschreibung bei Bild 10.2-1).

Erläuterungen, insbesondere zur Verantwortung, zur Anordnung von Brandschutz-Lüftungsflügeln und zu den Brandschutzvorhängen, enthält dieses Kapitel.

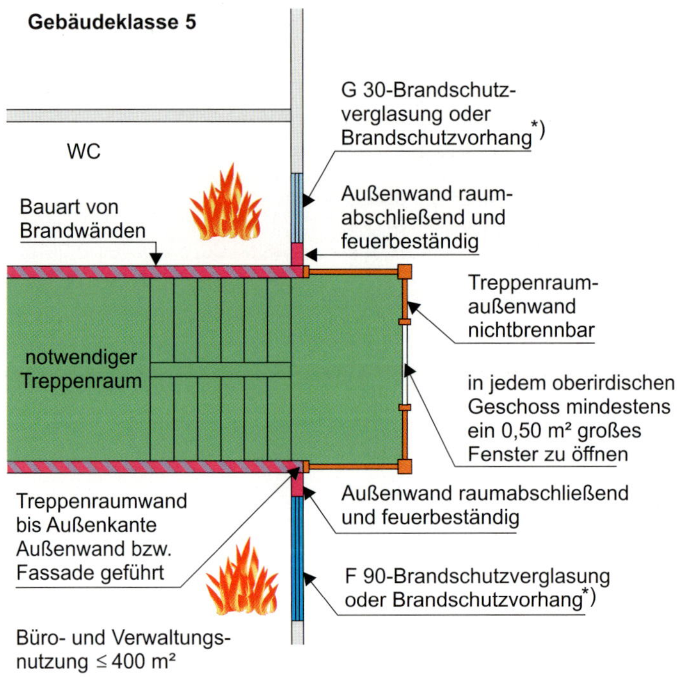

*) Vorschlag. Siehe Text in Punkt 10.3

10.3-2 Treppenraumaußenwand aus Mauerwerk mit Fenster, die im Brandfall durch die Fensteröffnung des anschließenden Gebäudeteils gefährdet werden kann

Die Sicherung der Fensteröffnung des anschließenden Gebäudeteils mit F 90-Brandschutzverglasung bzw. Brandschutzvorhang ist so durchzuführen, dass keine Gefährdung der Treppenraumaußenwand mehr vorliegt (siehe weitere Beschreibung bei Bild 10.3-1).

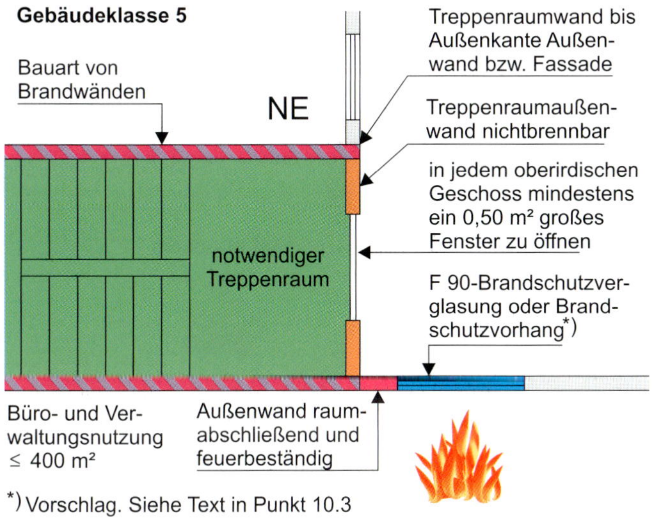

7.5
Seite 64

Treppenräume

10.3-3 Treppenraumaußenwand mit nichtbrennbarer Aluminium-Glas-Pfosten-Riegel-Fassade (weitere Beschreibung siehe bei Bild 10.3-2)

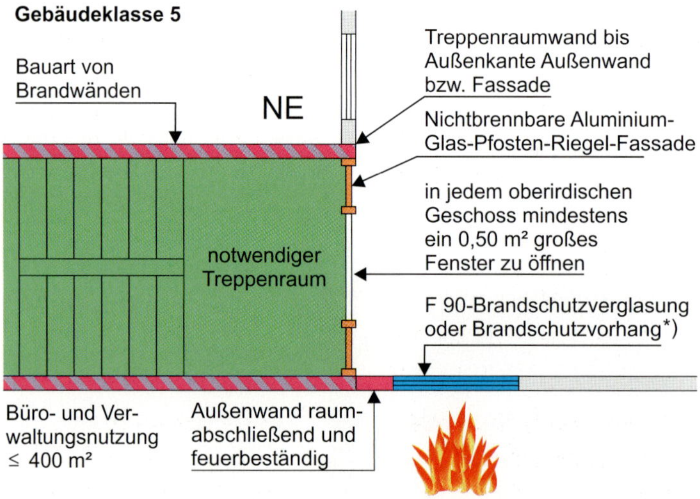

*) Vorschlag. Siehe Text in Punkt 10.3

11 Oberer Abschluss des Treppenraums

Der obere Abschluss des notwendigen Treppenraums muss als raumabschließendes Bauteil die Feuerwiderstandsfähigkeit der Decken des Gebäudes haben. Dies gilt nicht, wenn der obere Abschluss das Dach ist und die Treppenraumwände bis unter die Dachhaut reichen.

11.1 Schutzziel

Das Schutzziel besteht darin, dass bei einem Brand außerhalb des Treppenraums (in den angrenzenden Nutzungseinheiten bzw. im Dachraum) Feuer und Rauch für die Dauer der Feuerwiderstandsfähigkeit der Treppenraumwände nicht in den Treppenraum eindringen dürfen. Deshalb muss der obere Abschluss des Treppenraums vorrangig gegen eine Brandeinwirkung ausreichend widerstandsfähig sein, die von oben oder von der Seite erfolgt.

11.2 Oberer Treppenraumabschluss durch raumabschließende feuerwiderstandsfähige Bauteile

Wird der obere Abschluss des notwendigen Treppenraums durch raumabschließende feuerwiderstandsfähige Bauteile hergestellt, so müssen diese bei Gebäuden der

- Gebäudeklasse 5: feuerbeständig
- Gebäudeklasse 4: hochfeuerhemmend
- Gebäudeklasse 3: feuerhemmend

ausgeführt werden.

Bei einer feuerhemmenden Ausführung kann diese aus nichtbrennbaren Baustoffen (F 30-A), in den wesentlichen Teilen aus nichtbrennbaren Baustoffen (F 30-AB) oder auch aus brennbaren Baustoffen (F 30-B) erfolgen. Allerdings ist bei einer feuerhemmenden Ausführung aus brennbaren Baustoffen eine Bekleidung aus nichtbrennbaren Baustoffen in ausreichender Dicke erforderlich (siehe auch unter 9.5 in diesem Kapitel).

Wird der obere Abschluss durch das Dach gebildet, gibt es zwei Möglichkeiten, die Brandschutzanforderungen zu erfüllen:

- Der obere Abschluss wird als raumabschließendes feuerwiderstandsfähiges Bauteil gebildet.
- Die Treppenraumwände werden ähnlich wie bei Brandwänden in der Gebäudeklasse 3 bis unmittelbar unter die Dachhaut geführt (siehe im folgenden Punkt 11.3).

Wird der obere Treppenraumabschluss im Dach als raumabschließendes feuerwiderstandsfähiges Bauteil ausgeführt, muss er in Gebäudeklasse 5 feuerbeständig sein, also in den wesentlichen Teilen aus nichtbrennbaren Baustoffen sein. Deshalb ist dort **kein Holzdachstuhl möglich,** da mit Holz als Tragwerk nur F 90-B erreicht werden kann, was im bauaufsichtlichen Sinn nicht als feuerbeständig eingestuft wird.

Dies führt insbesondere im Bestand häufig zu Problemen, da nachträglich ein raumabschließender feuerbeständiger oberer Treppenraumabschluss nur sehr aufwändig herzustellen ist. In solchen Fällen besteht unter Berücksichtigung des Bestandsschutzes meist die Möglichkeit, über eine entsprechende genehmigungspflichtige Abweichung (Ausnahme/Befreiung) den oberen Treppenraumabschluss in F 90-B herzustellen.

Allerdings ist dabei Folgendes zu beachten und sollte bei den Kompensationsmaßnahmen mit berücksichtigt werden:

Es ist unzureichend, nur die Unterseite der Holzsparren mit F 90-B zu bekleiden, da das Schutzziel darin besteht, dass bei einem Brand im Dachraum Feuer und Rauch für eine bestimmte Zeit nicht über den Speicher und die Dachfläche in den Treppenraum eindringen können. Deshalb ist es bei solchen Abweichungen wichtig, dass die **Feuerwiderstandsklasse F 90-B von oben und von unten** erbracht wird.

Außerdem besteht bei F 90-B-Decken die Gefahr einer **Brandausbreitung innerhalb der Konstruktion.** Um dies zu verhindern bzw. weitgehend zu begrenzen, ist es empfehlenswert, sämtliche Hohlräume der Deckenkonstruktion im Treppenraumbereich hohlraumfrei mit nichtbrennbaren raumbeständigen Dämmstoffen (Schmelzpunkt ≥ 1000 °C) auszufüllen.

7.5 Seite 66 | Treppenräume

11.2-1 Gebäude der Gebäudeklasse 5 mit oberem Treppenraumabschluss als raumabschließende feuerbeständige Decke

Die feuerbeständige Stahlbetondecke erfüllt die Feuerwiderstandsdauer sozusagen „automatisch" von oben, von unten und von den Seiten.

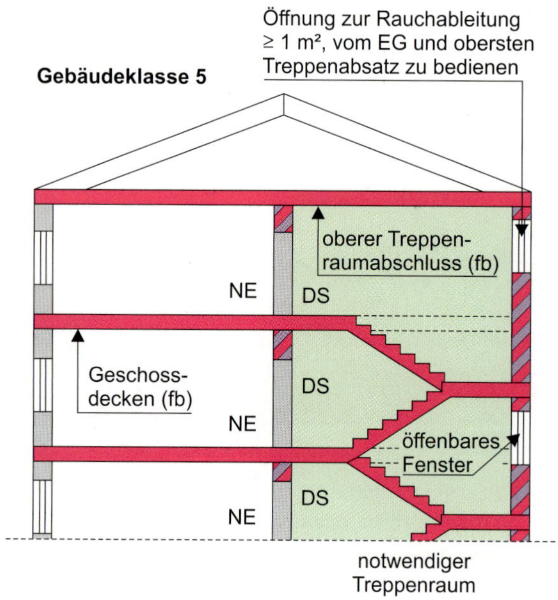

11.2-2 Gebäude der Gebäudeklasse 5 mit oberem Treppenraumabschluss als raumabschließende feuerbeständige Decke und Dachschräge aus Holzbalken

Die Lastabtragung der feuerbeständigen Stahlbetondecke muss auf feuerbeständiges Tragwerk (feuerbeständige Treppenraumwände in der Bauart von Brandwänden) erfolgen. Problematisch ist der Deckenanschluss an die Dachschräge (siehe Bilder 11.2-3 bis 11.2-5).

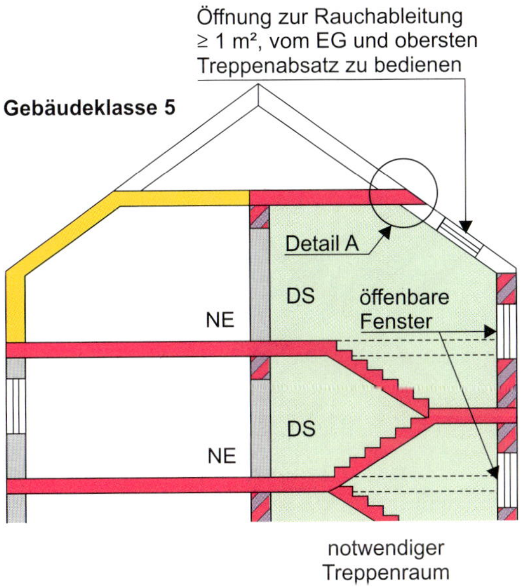

7.5 Seite 68	Treppenräume	

11.2-3 Detail A zu Bild 11.2-2

Diese Ausführung ist unzulässig, da der Anschlussbereich zwischen Stahlbetondecke und Dachschräge nicht raumabschließend feuerbeständig ist. Bei einem Brand im Dachraum können hier voraussichtlich nach kurzer Zeit Feuer und Rauch in den Treppenraum eindringen.

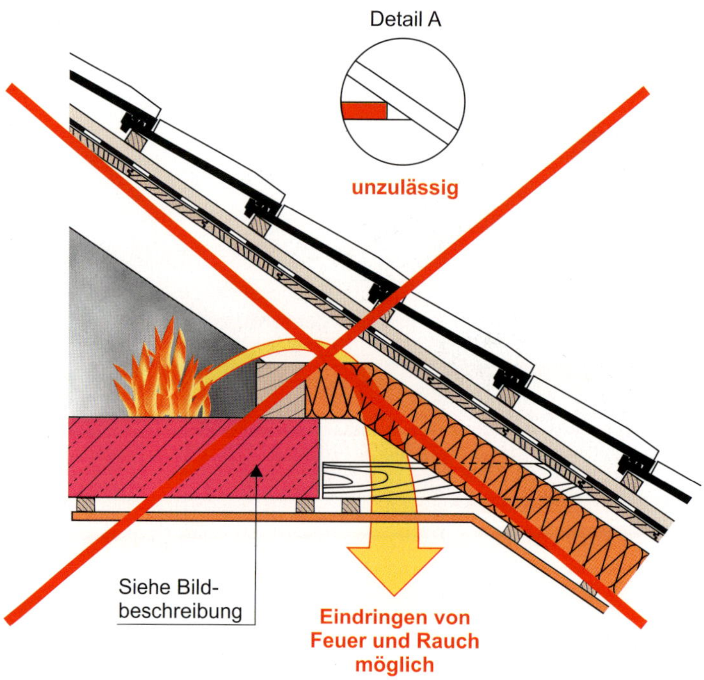

11.2-4 Detail A zu Bild 11.2-2

Diese Ausführung erfüllt zwar die bauaufsichtlichen Schutzziele. Die handwerkliche Ausführung ist jedoch relativ aufwändig. Außerdem bestehen durch Kältebrücken bauphysikalische Probleme, die nur schwierig zu lösen sind.

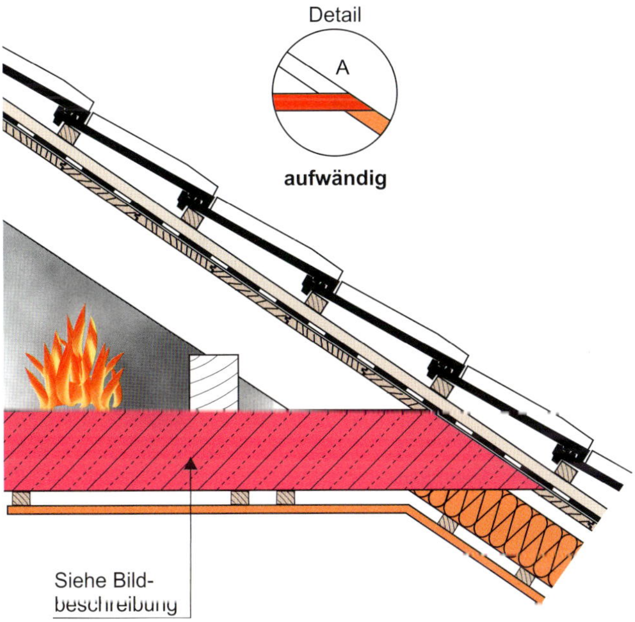

7.5 Seite 70	Treppenräume	

11.2-5 Detail A zu Bild 11.2-2

Vorschlag für eine brandschutztechnisch einwandfreie Ausführung, mit der auch alle bauphysikalischen Probleme gut gelöst werden können.

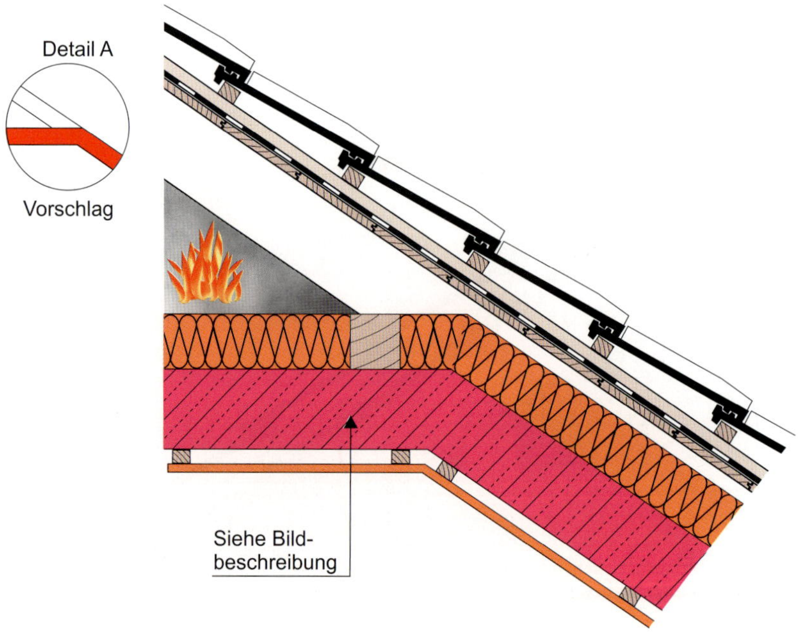

Treppenräume		**7.5** Seite 71

11.2-6 Gebäude der Gebäudeklasse 5 mit oberem Treppenraumabschluss bei einem Flachdach aus Trapezblechen

Problematisch ist der obere An- bzw. Abschluss der Treppenraumwände (siehe Bilder 11.2-7 und 11.2-8).

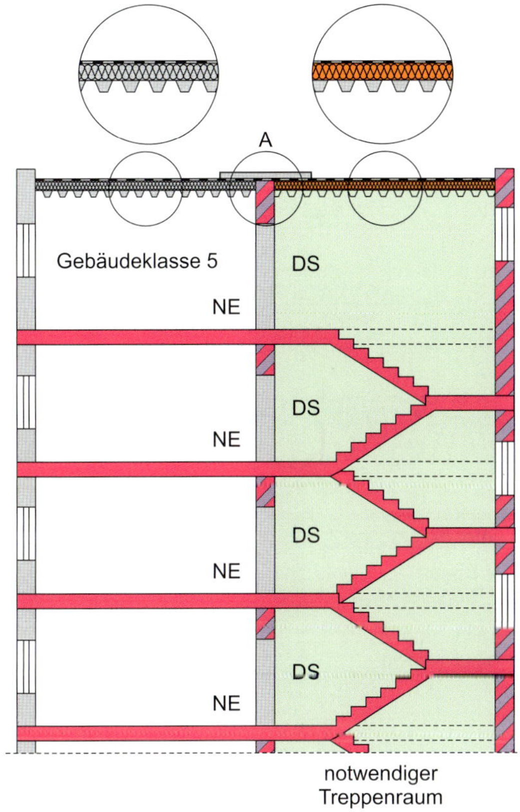

11.2-7 Variante 1 zu Bild 11.2-6, Detail A: Beispiel des oberen Treppenraumabschlusses mit raumabschließender feuerbeständiger Dachdecke

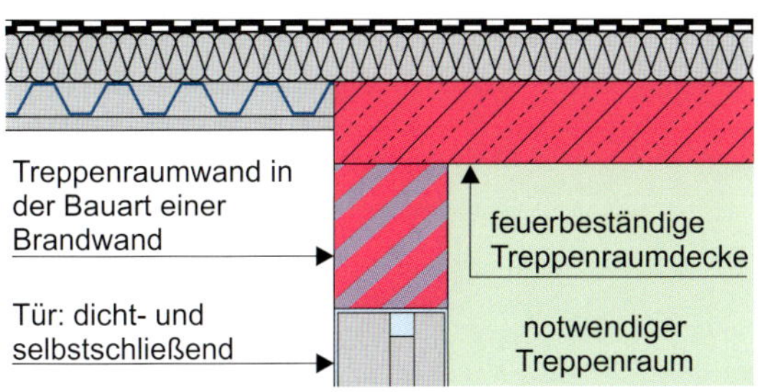

7.5
Seite 72

Treppenräume

11.2-8 Variante 2 zu Bild 11.2-6, Detail A: Beispiel des oberen Treppenraumabschlusses mit Leichtdach aus Trapezblechprofilen

Da die Treppenraumwand bis unter die Dachhaut geführt wurde, bestehen keine Anforderungen an die Feuerwiderstandsdauer der Treppenraumdachdecke. Es ist jedoch unbedingt darauf zu achten, dass die Trapezbleche im Bereich der Treppenraumwand vollständig getrennt werden und die Treppenraumwand bis unmittelbar unter die Dachhaut geführt wird. Außerdem ist eine Bekiesung notwendig, um eine Brandweiterleitung über die brennbare Dachhaut von der angrenzenden Nutzung auf das Treppenraumdach zu verhindern.

Anmerkung: Ein Detail für Trapezbleche, die rechtwinklig zur Treppenraumwand verlaufen, enthält Bild 4.8.5 in Kapitel 6.2.2-B dieses Werkes.

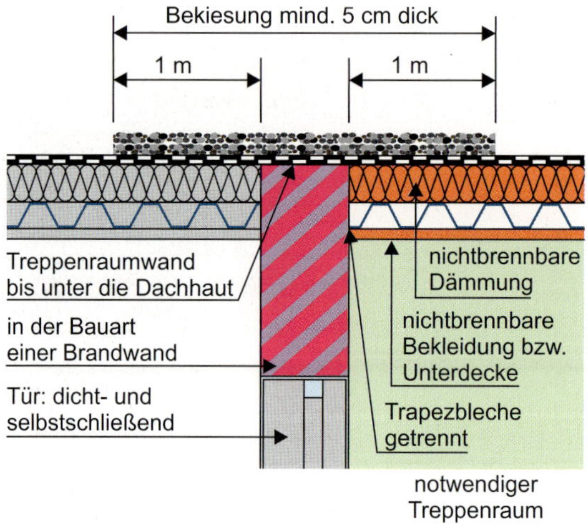

Treppenräume | | 7.5 Seite 73

11.2-9 Beispiel für ein Gebäude der Gebäudeklasse 5 im Bestand mit oberem Treppenraumabschluss als raumabschließendes Bauteil in F 90-B

Hierfür ist eine genehmigungspflichtige Abweichung (Ausnahme/Befreiung) erforderlich. Als Kompensation wird eine F 90-Brandschutzbekleidung oben, unten und seitlich angebracht. Außerdem werden sämtliche Hohlräume der Deckenkonstruktion hohlraumfrei mit nichtbrennbaren raumbeständigen Dämmstoffen (Schmelzpunkt ≥ 1000 °C) ausgefüllt.

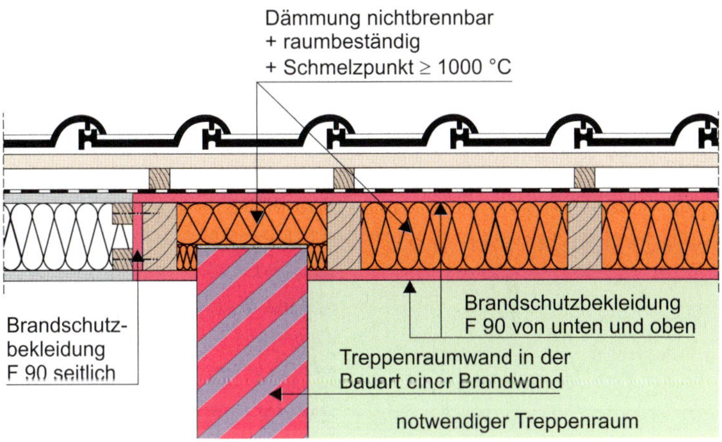

11.2-10 Alternative zu Bild 11.2-9 – Beschreibung siehe dort

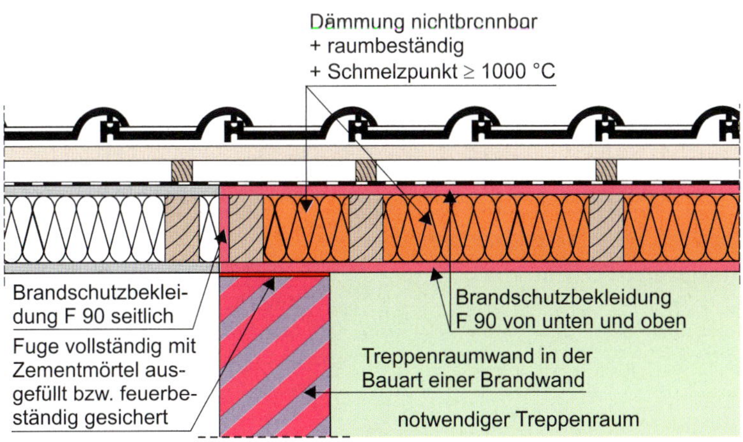

7.5 Seite 74	Treppenräume	

11.3 Oberer Treppenraumabschluss durch das Dach mit Treppenraumwänden bis unter die Dachhaut

Wird der obere Treppenraumabschluss gegenüber dem Freien nicht raumabschließend in der Feuerwiderstandsfähigkeit der Decken ausgeführt, müssen die Treppenraumwände bis dicht unter die Dachhaut reichen. Die Wände sind in der vorgeschriebenen Bauart (bei Gebäuden der Gebäudeklasse 5 in der Bauart von Brandwänden) bis dicht unter die Dachhaut zu führen.

Bei dieser Ausführung bestehen keine Anforderungen an die Feuerwiderstandsdauer der Treppenraumdachdecke. Falls jedoch noch ein oberer Treppenraumabschluss gegenüber dem Dachraum vorhanden ist (z.B. im Spitzboden), muss dieser jedoch feuerbeständig sein (siehe Bilder 11.3-1 und 11.3-2). In Teil S wird gezeigt, wie sich die dargestellte Lösung im Brandfall bewährt hat.

Weitere Beispiele für eine fachgerechte Ausführung enthalten das Bild 11.2-8 in diesem Kapitel sowie Kapitel 6.2.2 dieses Werkes in den Bildern 4.3-1 bis 4.3-3, 4.3-5, 4.3-8 und 4.3-9. Dabei ist jedoch zu beachten, dass im Bereich des Treppenraums Bekleidungen, Putze, Dämmstoffe und Unterdecken aus nichtbrennbaren Baustoffen bestehen müssen.

Ausbildung des oberen Abschlusses

Falls die Treppenraumwände wie beschrieben bis unmittelbar unter die Dachhaut geführt werden, bestehen an das Dach selbst folgende Anforderungen:

Die Dachhaut muss gegen Flugfeuer und strahlende Wärme widerstandsfähig sein (harte Bedachung). Außerdem müssen Bekleidungen, Putze, Dämmstoffe, Unterdecken und Einbauten aus nichtbrennbaren Baustoffen bestehen.

Das Gleiche gilt auch für ein Glasdach, wenn die Verglasung sowohl gegen mechanische Beschädigungen (z.B. Hagelschlag) als auch gegen Flugfeuer und strahlende Wärme ausreichend widerstandsfähig ist. Es muss gewährleistet sein, dass das Glasdach nicht durch einen Brand im angrenzenden Gebäudebereich (Dachraum) zerstört werden kann. Außerdem sind die entsprechenden Technischen Baubestimmungen einzuhalten.

11.3-1 Beispiel für die Ausführung eines notwendigen Treppenraums im Dachraum, bei geneigtem Dach mit oberem Abschluss gegenüber dem Freien

Die Treppenraumwände müssen in der Bauart einer Brandwand bis unmittelbar unter die Dachhaut reichen.

Zwischen Oberkante der Treppenraumwände und der Dachdeckung sind Hohlräume unzulässig. Brennbare Teile des Daches (Dachschalung) dürfen nicht darüber hinweggeführt werden. Hölzerne Dachlatten sind durch Blechwinkel zu ersetzen. Die Dachdeckung sollte im Bereich der Treppenraumwand mit geeignetem Mörtel satt aufgemörtelt werden.

Zur Vermeidung von Kältebrücken kann zwischen Treppenraumwandoberseite und Aufmörtelung der Dachdeckung eine raumbeständige, druckbelastbare und nichtbrennbare Wärmedämmung (Schmelzpunkt ≥ 1000 °C) eingelegt werden. Weitere Erläuterungen und Ausführungsbeispiele mit Wärmedämmung sind in Kapitel 6.2.2 dieses Werkes in den Bildern 4.3-1 bis 4.3-3, 4.3-5, 4.3-8 und 4.3-9 enthalten.

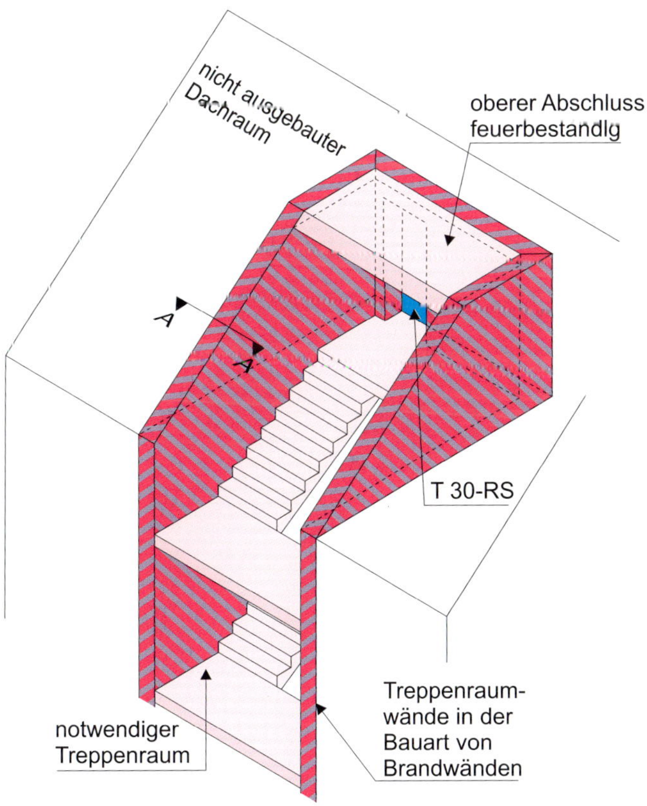

Gebäudeklasse 5

7.5 Seite 76 | Treppenräume

11.3-2 Detail zu Bild 11.3-1, Schnitt A-A

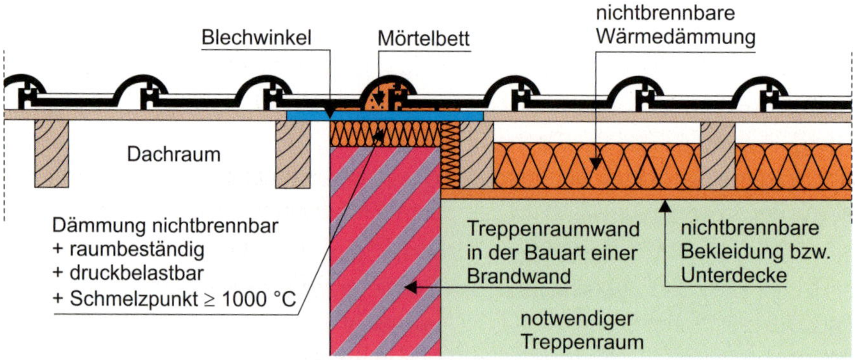

11.3-3 Beispiel für den Abstand einer Dachgaube aus brennbaren Baustoffen zu Treppenraumwänden in der Bauart von Brandwänden in einem Gebäude der Gebäudeklasse 5

Soll in die Dachdecke des Treppenraums eine Dachgaube aus brennbaren Baustoffen eingebaut werden, muss die raumseitige Ver- bzw. Bekleidung einschließlich der Wärmedämmung aus nichtbrennbaren Baustoffen bestehen.

In diesem Fall ergibt sich bei sinngemäßer Beachtung der bauaufsichtlichen Anforderung, wonach Dachgauben aus brennbaren Baustoffen von Brandwänden und Wänden anstelle von Brandwänden mindestens 1,25 m entfernt sein müssen (wenn sie nicht durch diese Wände gegen Brandübertragung geschützt sind), ein Mindestabstand a von 1,25 m (z.B. nach § 32 Absatz MBO).

Gleiches gilt, wenn statt einer Dachgaube ein Oberlicht eingebaut wird, das zu Lüftungszwecken jederzeit offen stehen kann und nicht ausschließlich als Rauchabzug dient.

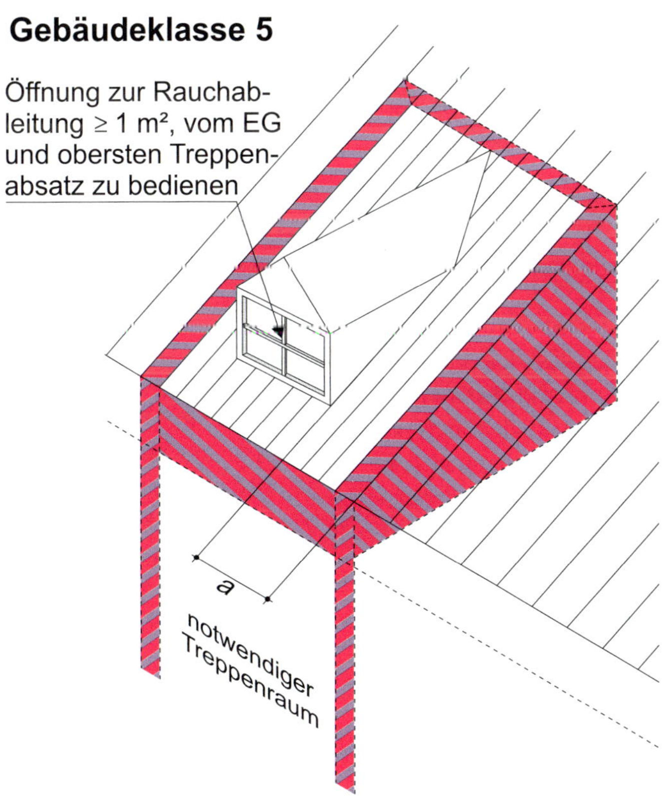

7.5
Seite 78

Treppenräume

12 Bekleidungen, Putze, Dämmstoffe, Unterdecken, Einbauten und Bodenbeläge

Damit notwendige Treppenräume ihr Schutzziel erfüllen können und im Brandfall auch unter ungünstigen Umständen als Flucht- und Rettungswege zur Verfügung stehen, dürfen sie keine Brandlasten enthalten.

Entsprechend müssen gemäß MBO in notwendigen Treppenräumen und in Räumen zwischen notwendigen Treppenräumen und Ausgängen ins Freie Bekleidungen, Putze, Dämmstoffe, Unterdecken und Einbauten aus nichtbrennbaren Baustoffen bestehen. Bodenbeläge, ausgenommen Gleitschutzprofile, müssen aus mindestens schwer entflammbaren Baustoffen bestehen.

Damit sind Holz- und Kunststoffbekleidungen aus normal entflammbaren bzw. schwer entflammbaren Baustoffen an Treppenraumwänden und -decken unzulässig. Handläufe und Fenster aus Holz fallen jedoch nicht darunter und sind damit in der Regel erlaubt. Dies gilt auch für Handläufe und Fenster aus mindestens normal entflammbaren Kunststoffen. Für Gleitschutzprofile besteht die Mindestanforderung *aus normal entflammbaren Baustoffen.*

Sämtliche Dämmstoffe müssen aus nichtbrennbaren Baustoffen bestehen. Dies ist besonders zu beachten, wenn z.B. bei offenen notwendigen Treppenräumen, zu denen die Außenluft ständig Zutritt hat (Lauben-Treppenräumen), die Treppenraumwände mit einem Wärmedämmverbundsystem gedämmt werden sollen. Hier sind nur Wärmedämmverbundsysteme mit nichtbrennbaren Baustoffen zulässig.

Einbauten, wie Schaukästen, Schlüsselkästen, Blenden und ähnliche Einrichtungen, müssen ebenfalls aus nichtbrennbaren Baustoffen hergestellt werden. Dies gilt natürlich auch für im begrenzten Umfang vorgesehene Möblierungen, z.B. Stühle, Empfangstheken, Tische und Pflanzen.

Bei Möblierungen, wie bei Empfangstheken und Tischen, ist außerdem auch darauf zu achten, dass bei der späteren Nutzung keinerlei Brandlasten, wie Computer, Drucker, Faxgeräte, Kopierer, Bücher, Zeitschriften, Bürobedarf und Aktenordner, vorhanden sein dürfen. Außerdem müssen die Möblierungen so abseits von den Treppenläufen und ihren Ausgängen ins Freie angeordnet und fixiert werden, dass die sichere Benutzung der notwendigen Treppen und ihrer Ausgänge auch bei einer Verrauchung zuverlässig gewährleistet bleibt.

In diesem Zusammenhang ist das Abstellen von Gebrauchsgegenständen im notwendigen Treppenraum problematisch, z.B. von Kinderwagen. Dies ist unzulässig und gefährlich, da Kinderwagen mit Schaumstoffmatratzen und sonstigen brennbaren Stoffen eine Brandlast darstellen, die z.B. bei einer vorsätzlichen Brandstiftung bereits nach kurzer Zeit zu einer Verrauchung des gesamten Treppenraums führen kann.

13 Besondere Anforderungen an Wände und Decken aus brennbaren Baustoffen

Wände und Decken aus brennbaren Baustoffen müssen in notwendigen Treppenräumen eine Bekleidung aus nichtbrennbaren Baustoffen in ausreichender Dicke haben. Dies gilt insbesondere für feuerhemmende Wände und Decken mit tragenden Bauteilen aus brennbaren Baustoffen (F 30-B), die in notwendigen Treppenräumen in Gebäuden der Gebäudeklasse 3 zulässig sind.

Mit dieser Anforderung der MBO sind nicht die hochfeuerhemmenden Wände und Decken mit tragenden und aussteifenden Teilen aus brennbaren Baustoffen gemeint, da diese ohnehin eine brandschutztechnisch wirksame Bekleidung haben müssen (Ausführung nach Holzbaurichtlinie siehe Kapitel 8.20 in diesem Werk).

Es ist damit auch nicht gemeint, dass feuerhemmende Wände und Decken mit tragenden und aussteifenden Teilen aus brennbaren Baustoffen eine brandschutztechnisch wirksame Bekleidung wie oder ähnlich wie hochfeuerhemmende Bauteile haben müssen.

Gemeint ist damit, dass feuerhemmende Wände und Decken mit tragenden und aussteifenden Teilen aus brennbaren Baustoffen in Treppenräumen

- als Bauteil die Feuerwiderstandsklasse F 30-B erfüllen müssen und
- eine Bekleidung aus nichtbrennbaren Baustoffen in ausreichender Dicke benötigen.

Als *ausreichende Dicke* kann allgemein eine Schicht aus nichtbrennbaren Baustoffen angesehen werden, die für die Dauer ihrer Feuerwiderstandsfähigkeit (bei einer Prüfung nach DIN 4102-2) nicht zerstört wird.

Welche Bekleidungen die Anforderung *ausreichende Dicke* erfüllen, wird in der MBO nicht genannt. Es muss jedoch keine Bekleidung mit nachgewiesenem Kapselkriterium sein. Einen Anhaltspunkt liefert z.B. die Verwaltungsvorschrift zur Landesbauordnung Nordrhein-Westfalen (VV BauO NRW) von 2000. Dort wird erläutert, was bei F 30-B-Flurwänden von notwendigen Fluren unter einer *„beidseitig angeordneten ausreichend widerstandsfähigen Schicht aus nichtbrennbaren Baustoffen“* zu verstehen ist, nämlich:

- mineralischer Putz auf nichtbrennbarem Putzträger mit einer Dicke von ≥ 15 mm
- Gipskartonplatten mit einer Dicke von ≥ 12,50 mm
- Gipsfaserplatten mit einer Dicke von ≥ 10 mm
- Gipsglasvliesplatten mit einer Dicke von ≥ 10 mm
- Kalziumsilikatplatten mit einer Dicke von ≥ 8 mm.

Da genauere Aussagen der MBO fehlen, kann nach Meinung des Autors davon ausgegangen werden, dass die genannten Bekleidungen die Anforderung der MBO nach einer ausreichenden Dicke erfüllen. Natürlich muss neben der Bekleidung dann noch nachgewiesen werden, dass die

7.5 Seite 80	Treppenräume	

Wände bzw. Decken insgesamt die Feuerwiderstandsklasse F 30-B erfüllen (Ausführung nach DIN 4102-4 bzw. allgemeines bauaufsichtliches Prüfzeugnis einer amtlich anerkannten Materialprüfanstalt).

13-1 Beispiel für eine feuerhemmende Treppenraumwand mit brennbarem Tragwerk (F 30-B) in einem Gebäude der Gebäudeklasse 3 mit einer Bekleidung aus nichtbrennbaren Baustoffen in ausreichender Dicke

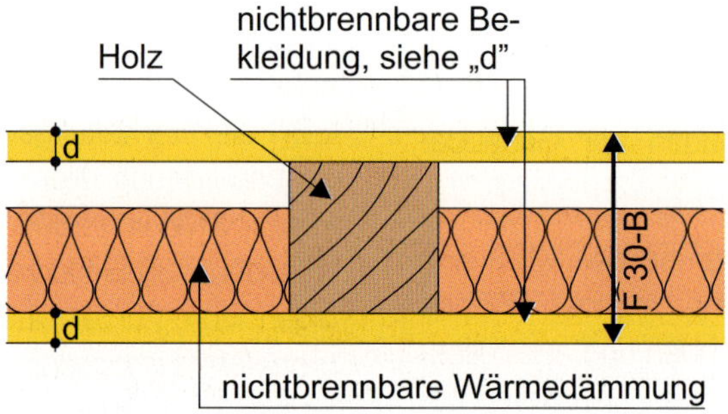

d =
- mineralischer Putz auf nichtbrennbarem Putzträger mit einer Dicke von ≥ 15 mm
- Gipskartonplatten mit einer Dicke von ≥ 12,5 mm
- Gipsfaserplatten mit einer Dicke von ≥ 10 mm
- Gipsglasvliesplatten mit einer Dicke von ≥ 10 mm
- Kalziumsilikatplatten mit einer Dicke von ≥ 8 mm

14 Sicherung von Öffnungen

14.1 Grundsätzliche Anforderungen der MBO 2002

Zur Erfüllung des Schutzziels, die sichere Benutzung der Treppenräume als Flucht- und Rettungswege zu gewährleisten, müssen alle Türöffnungen, die nicht ins Freie führen, entsprechend gesichert werden.

Dabei sind die jeweiligen Anforderungen an die Abschlüsse unabhängig von der Gebäudeklasse. Dies bedeutet, dass in Gebäudeklasse 3 bei gleicher Situation die gleichen Abschlüsse anzuordnen sind wie in Gebäudeklasse 5. Eine Übersicht über die jeweils erforderlichen Abschlüsse enthält die Tabelle 14-1.

Tabelle 14-1: Sicherung von Türöffnungen in Wänden notwendiger Treppenräume

Türöffnungen in notwendigen Treppenräumen zu	Bauaufsichtliche Anforderung	Nationale Umsetzung nach DIN 4102-5[1])
Kellergeschossen, nicht ausgebauten Dachräumen, Werkstätten, Läden, Lager- und ähnlichen Räumen	feuerhemmende, rauchdichte und selbstschließende Abschlüsse	T 30-DIN 18095-RS
sonstigen Räumen und Nutzungseinheiten mit einer Fläche von mehr als 200 m², ausgenommen Wohnungen		
notwendigen Fluren	rauchdichte und selbstschließende Abschlüsse	DIN 18095-RS
Wohnungen sowie zu sonstigen Räumen und Nutzungseinheiten bis 200 m²	dicht- und selbstschließende Abschlüsse[2])	dicht- und selbstschließend

[1]) Europäische Umsetzung gemäß DIN EN 13501-2 (siehe Kapitel 6.8.1-B und 6.8.4-B)

[2]) Siehe unter 14.4 in diesem Kapitel sowie Kapitel 6.8.1-B und 6.8.4-B.

14.2 Rauchdichte Feuerschutzabschlüsse

Zur Ausführung rauchdichter Feuerschutzabschlüsse siehe Kapitel 6.8.1 und 6.8.4 in diesem Werk.

Bei der Anordnung rauchdichter Feuerschutzabschlüsse in hochfeuerhemmenden und feuerhemmenden Treppenraumwänden ist jedoch darauf zu achten, dass die Abschlüsse gemäß Verwendbarkeitsnachweis (Zulassung) und Einbauanleitung des Herstellers in die jeweiligen Wände eingebaut werden müssen.

Beispiel

Die meisten T 30-RS-Feuerschutzabschlüsse dürfen gemäß Verwendbarkeitsnachweis (Zulassung) und Einbauanleitung nur in feuerbeständige Wände eingebaut werden. Damit ist der Einbau in eine F 30-B-Treppenraumwand bei einem Gebäude der Gebäudeklasse 3 nicht möglich.

Das Gleiche gilt für Treppenraumwände, die auch unter zusätzlicher mechanischer Beanspruchung hochfeuerhemmend sind. Soll in eine solche Wand ein T 30-RS-Feuerschutzabschluss eingebaut werden, ist das nur möglich, wenn der Einbau der Zulassung und Einbauvorschrift des Herstellers entspricht.

14.3 Rauchschutzabschlüsse

Zur Ausführung der Rauchschutzabschlüsse siehe Kapitel 6.8.4 in diesem Werk. Bezüglich des Einbaus in F 30-B-Treppenraumwände siehe unter 14.2 in diesem Kapitel.

Rauchschutzabschlüsse sind nur deshalb möglich, weil bestimmungsgemäß nach der MBO sowohl die notwendigen Treppenräume als auch die notwendigen Flure besonders geschützte Räume darstellen, in denen keine Brandlasten sein dürfen. Damit wird bei einem eventuellen Brand die Tür zwischen Treppenraum und Flur in erster Linie von Brandrauch beansprucht und es genügt eine Rauchschutztür nach DIN 18095.

Unter ungünstigen Umständen, wenn sich z.B. der Brand direkt neben der Rauchschutztür ereignet und die Tür zur Nutzung offen steht bzw. vom Brand zerstört wird, können die Rauchschutztüren relativ schnell auch durch Feuer und Wärme beansprucht werden. Bei verglasten (nicht vollwandigen) Rauchschutztüren besteht dann das Problem, dass ein frühzeitiges Versagen zu erwarten ist, da verglaste Rauchschutztüren nur bis zu einer Temperatur von 200 °C geprüft sind.

Allerdings wird dieses Risiko von der MBO akzeptiert, d.h., dass bei Gebäuden, die nach der MBO bzw. jeweiligen LBO zu behandeln sind und bei denen keine außergewöhnliche bzw. besondere Risikosituation besteht, die Anordnung von verglasten Rauchschutztüren zulässig ist, ohne dass in jedem Fall die im Folgenden beschriebenen Szenarien zu prüfen sind.

In Sonderbauten und Gebäuden, in denen eine außergewöhnliche bzw. besondere Risikosituation besteht (z.B. bei innen liegenden Treppenräumen), ist es jedoch empfehlenswert, bei Rauchschutztüren zwischen notwendigen Treppenräumen und notwendigen Fluren zu prüfen, ob die Gefahr einer frühzeitigen Zerstörung von verglasten Rauchschutztüren besteht und welche Maßnahmen jeweils notwendig sind. Im Zweifelsfall ist eine Abstimmung mit der für den Brandschutz zuständigen Stelle empfehlenswert.

Im Folgenden wird die Problematik durch einige Beispielen erläutert. Grundsätzlich bestehen drei Lösungsmöglichkeiten, wenn in unmittelbarer Nähe der Rauchschutztür ungesicherte Öffnungen mit Brandlasten vorhanden sind:

- Lösung A: Anordnung von Abständen von 2,50 m
- Lösung B: Sicherung der Öffnungen
- Lösung C: Ausführung der Rauchschutztür als T 30-DIN 18095-RS-Tür

Treppenräume		7.5 Seite 83

Lösung A: Anordnung von Abständen von 2,50 m

14.3-1 Beispiel für eine verglaste Rauchschutztür in einem Treppenraum mit besonderer Risikosituation – Verbesserung des Brandschutzes durch Anordnung von Abständen von 2,50 m

Problem: Bei einem Brand in der NE 1 oder NE 2 und offen stehender Tür zum Flur bzw. nach Versagen dieser Tür kann bei unzureichendem Abstand a die verglaste DIN 18095-RS-Tür zwischen Treppenraum und Flur direkt vom Brand beaufschlagt werden, so dass ihr frühzeitiges Versagen zu erwarten ist, da verglaste Rauschutztüren nur bis zu einer Temperatur von 200 °C geprüft sind.

Empfehlung: Es ist empfehlenswert, bei Treppenräumen mit besonderer Risikosituation, (z.B. bei innen liegenden Treppenräumen bzw. Treppenräumen von Sonderbauten) einen ausreichenden Abstand a (≥ 2,50 m) anzuordnen. Diese Maßnahme ist in der MBO 2002 nicht vorgeschrieben. Sie dient jedoch bei der beschriebenen besonderen Risikosituation zur Verbesserung des Brandschutzes.

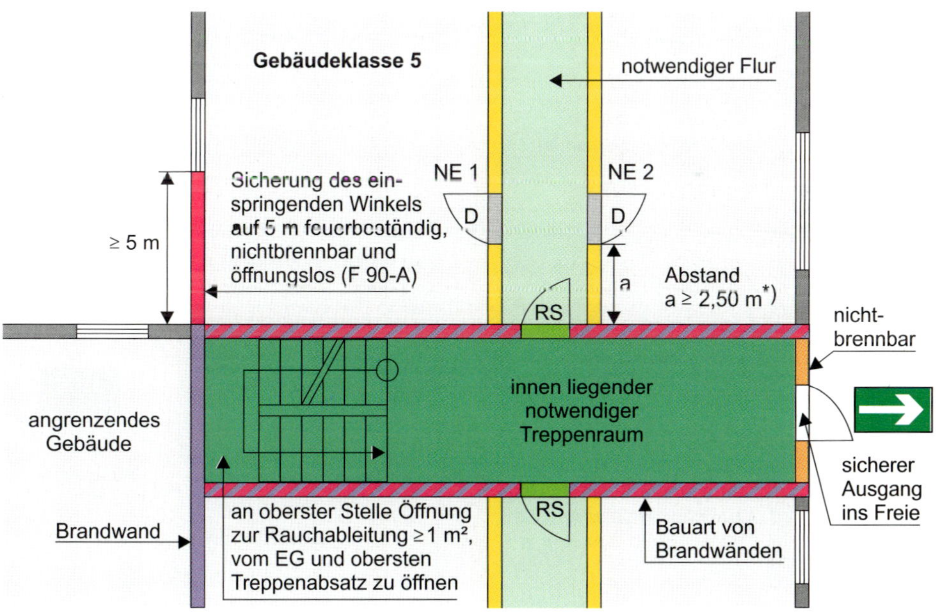

*) Empfehlung

7.5
Seite 84

Treppenräume

Lösung B: Sicherung der Öffnungen

14.3-2 **Beispiel für eine verglaste Rauchschutztür in einem Treppenraum mit besonderer Risikosituation – Verbesserung des Brandschutzes durch Sicherung der Öffnungen, die keinen Abstand a von mindestens 2,50 m aufweisen**

Alternativ zur Anordnung des Abstandes a von 2,50 m (siehe Bild 14.3-1) können die in geringerem Abstand angeordneten Türen zwischen dem Flur und den Nutzungseinheiten als dichte T 30-Feuerschutzabschlüsse ausgeführt werden (siehe Tür zu NE 1).

Eine Verbesserung würde auch durch eine dichte, vollwandige und selbstschließende Ausführung der Türen erreicht, wobei zu prüfen ist, ob dies zur Gewährleistung der Schutzziele ausreichend ist (siehe Tür zu NE 2).

Als weitere Alternative kann die Tür zwischen Treppenraum und notwendigem Flur als T 30-DIN 18095-RS-Tür ausgeführt werden (siehe Bild 14.3-4).

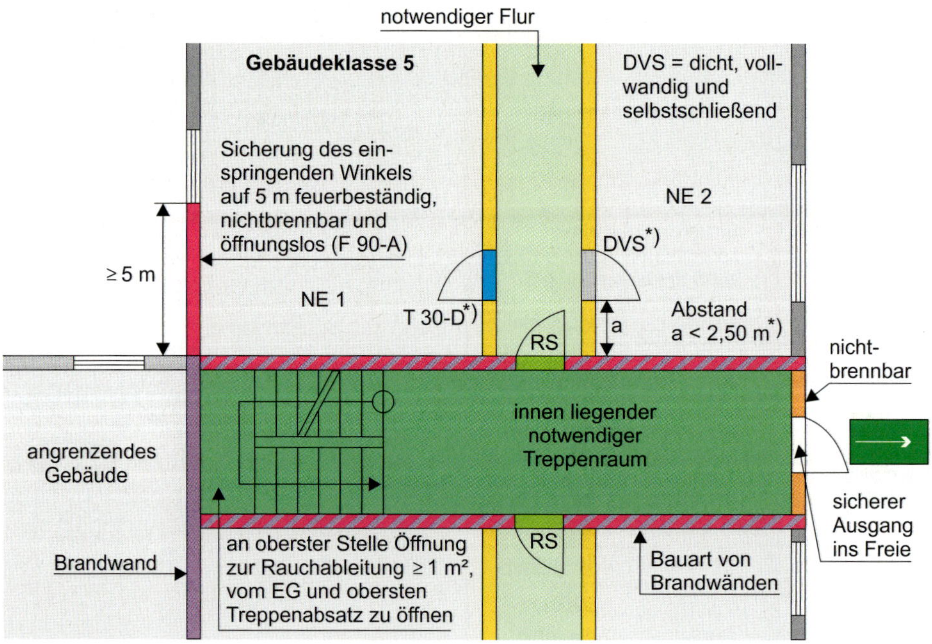

*) Empfehlung

14.3-3 Bildbeschreibung siehe bei Bild 14.3-2

Obwohl die beiden Türen zu den WCs weniger als 2,50 m von der Rauchschutztür entfernt sind, ist in der Regel keine besondere Sicherung der Türen (wie in Bild 14.3-2 angegeben) notwendig, da die WCs weitgehend brandlastfrei sind und davon auszugehen ist, dass die WC-Türen in der Regel geschlossen sind.

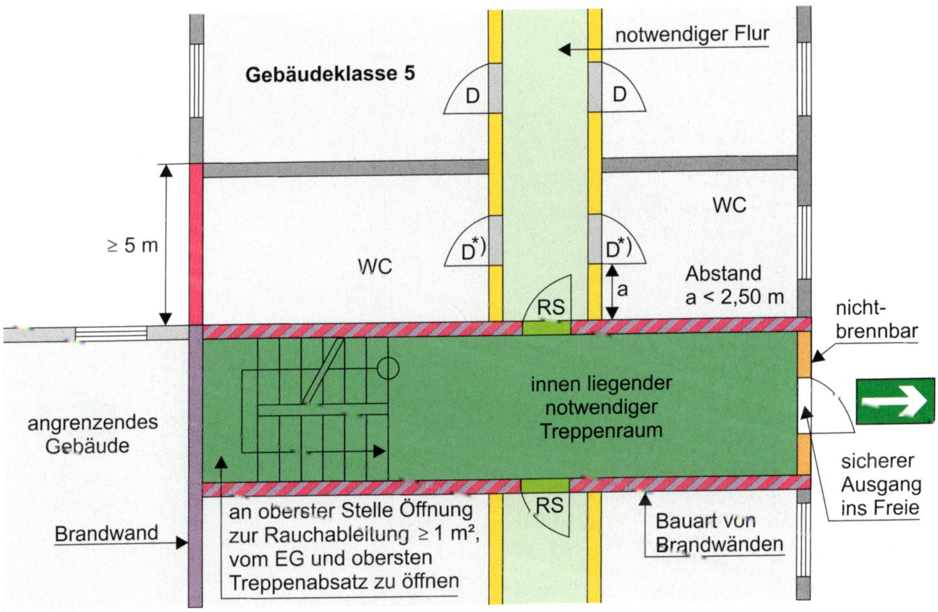

*) Empfehlung. Siehe Bildbeschreibung

7.5 Seite 86 | Treppenräume

Lösung C: Ausführung der Rauchschutztür als T 30-DIN 18095-RS-Tür

14.3-4 Beispiel für eine Verbesserung des Brandschutzes durch Anordnung einer T 30-Rauchschutztür

Alternativ zur Anordnung des Abstandes a von 2,50 m (siehe Bild 14.3-1) kann die Tür zwischen Treppenraum und notwendigem Flur als T 30-DIN 18095-RS-Tür ausgeführt werden.

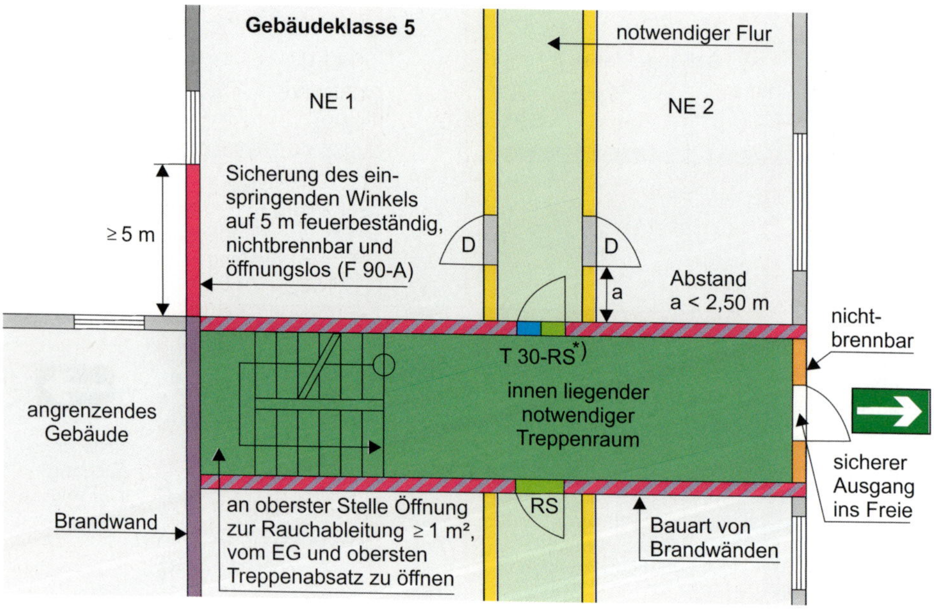

*) Empfehlung

14.4 Dichte und selbstschließende Türen

Die wichtigste Änderung der MBO 2002 gegenüber der vorangehenden Ausgabe besteht darin, dass nunmehr in notwendigen Treppenräumen auch alle Türen zu Wohnungen und zu vergleichbaren Räumen und Nutzungseinheiten (NE) bis 200 m² Größe **dicht und selbstschließend** sein müssen. Diese nun geforderte Eigenschaft *selbstschließend* bringt eine erhebliche Verbesserung der Sicherheit gegen Verrauchung in den ersten 15 bis 20 Minuten eines eventuellen Brandes.

In der Vergangenheit kam es bei Bränden in Wohnungen oder vergleichbaren Nutzungseinheiten häufig zu folgendem Szenario: Die Bewohner der betroffenen Wohnung flohen, ohne die Türen zu schließen. Dies führte in der Regel zu einem sehr frühen Zeitpunkt zu einer starken Verrauchung des Treppenraums, der dann als erster Fluchtweg nicht mehr zur Verfügung stand. Die Bewohner der angrenzenden Wohnungen und Nutzungseinheiten, die trotzdem versuchten, über den verrauchten Treppenraum zu fliehen, erlitten Rauchvergiftungen oder starben.

Dichte (vollwandige) und selbstschließende Wohnungseingangstüren verbessern die Situation wesentlich, weil davon auszugehen ist, dass beim wie oben beschriebenen Szenario die Türen ca. 15 bis 20 Minuten standhalten, so dass in dieser Zeit eine Selbstrettung der Bewohner und Nutzer möglich ist (siehe auch unter 4.2.5 in diesem Kapitel sowie Schadenbeispiele in Kapitel 6.8.4-S dieses Werkes).

Ausführung der dichten und selbstschließenden Türen

Mit den beiden Anforderungen *dichtschließend* und *selbstschließend* wird nur ein bautechnischer Zustand beschrieben, der nicht auf einer bestandenen Prüfung in einer Versuchsanordnung basiert. Entsprechend gibt es auch keine nationalen Klassifizierungen und es wird hierfür auch kein bauaufsichtlicher Verwendbarkeitsnachweis benötigt.

Unter *dichtschließenden* bzw. *dichten* Abschlüssen versteht man allgemein Türen mit stumpf einschlagendem oder gefalztem vollwandigem Türblatt und einer mindestens dreiseitig umlaufenden Dichtung. Fußschwellen oder besondere Vorkehrungen im Schwellenbereich sind dabei nicht erforderlich.

Unter dem Begriff *selbstschließend* ist zu verstehen, dass die geöffnete Tür ohne menschliches Eingreifen bis in die Zarge und bis zum Einrasten des Verschlusssystems mittels gespeicherter Energie sicher schließen muss. Im Baurecht werden aber keine Angaben bezüglich der Dauerfunktionstüchtigkeit der selbstschließenden Türen gemacht. Ebenso fehlen Vorgaben zu deren **Betrieb und Wartung.**

Allerdings bedeutet die bauaufsichtliche Anforderung *selbstschließend,* dass die betreffenden Türen immer, also für die gesamte Lebens- bzw. Betriebsdauer des Gebäudes, zuverlässig selbstschließend sein müssen. Deshalb müssen hierfür geeignete Schließmittel verwendet werden. Auf der sicheren Seite liegen die in DIN 18095-1 für Rauchschutztüren vorge-

7.5
Seite 88

Treppenräume

schriebenen Türschließer nach DIN 18236, deren Verwendbarkeit durch die jeweils erforderlichen Verwendbarkeitsnachweise nachgewiesen wird.

Bei Türschließern nach europäischen Vorschriften ist darauf zu achten, dass sie einen im bauaufsichtlichen Verfahren anerkannten Verwendbarkeitsnachweis haben.

Außerdem ist dabei auch die Dauerhaftigkeit der Selbstschließung zu berücksichtigen (Zahl der Lastwechselspiele). Diese sollte in der Regel bei 200.000 liegen (Klasse C5)

Weitere Informationen zu dichten (vollwandigen) und selbstschließenden Türen enthält das Kapitel 6.8.4-B unter den Punkten 3 und 4 in diesem Werk.

14.4.1 Beispiel für eine Problemlösung, wenn die selbstschließende Eigenschaft von Wohnungseingangstüren stört

In vielen Fällen stört die selbstschließende Eigenschaft der Türen. Eine Alternative wäre z.B. die Anordnung von Feststellanlagen mit Freilauftürschließern. Diese Maßnahme ist jedoch relativ teuer und aufwändig. Außerdem ist sie problematisch, da hierfür gemäß Zulassung regelmäßige Prüfungen vorgeschrieben sind (monatlich und jährlich). Zusätzlich ist eine relativ intensive Wartung erforderlich.

Eine Abhilfe ist mit dem im Bild dargestellten Prinzip möglich. Da die Wohnungseingangstüren in einen notwendigen Flur führen, müssen sie nur dichtschließend sein. Die Rauchschutztür zwischen dem notwendigen Treppenraum und dem notwendigen Flur wird mit einer Feststellanlage offen gehalten. Damit sind die Wohnungseingangstüren problemlos erreichbar. Im Brandfall löst die Feststellanlage aus und der notwendige Flur wird vom notwendigen Treppenraum durch den Rauchschutzabschluss abgetrennt.

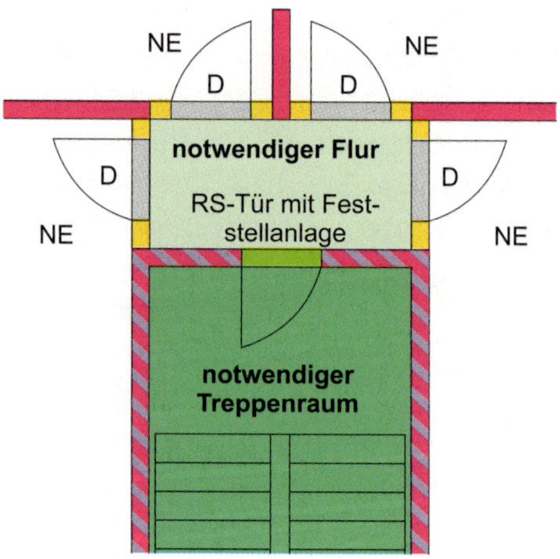

NE = Nutzungseinheit
D = dichtschließend

14.5 Türelemente mit lichtdurchlässigen Seitenteilen und Oberlichten

Die Erfüllung der bauaufsichtlichen Anforderung, in den raumabschließenden feuerwiderstandsfähigen Treppenraumwänden Feuer- und Rauchschutzabschlüsse anzuordnen, bereitet in der Praxis keine Probleme – vorausgesetzt die Öffnungsgröße ist gleich der Türgröße.

In vielen Fällen ist jedoch die Öffnung in der Treppenraumwand größer als die Türgröße, und es sollen Feuer- und Rauchschutzabschlüsse mit feststehenden, verglasten Seiten- und/oder Oberteilen angeordnet werden. Grundsätzlich sind diese verglasten feststehenden Seiten und/oder Oberteile aber keine Tür mehr, sondern sie sind der Treppenraumwand zuzuordnen.

Da die Treppenraumwand z.B. in der Gebäudeklasse 5 *in der Bauart einer Brandwand* ausgeführt werden muss, würde sich daraus als Konsequenz ergeben, dass die lichtdurchlässigen Seitenteile und Oberlichte als Teile der Wand ebenfalls in der Bauart einer Brandwand oder zumindest als feststehende F 90-Brandschutzverglasung mit einer entsprechenden genehmigungspflichtigen Abweichung (Ausnahme/Befreiung) auszuführen wären.

Als weitere Konsequenz würde sich dann ergeben, dass zur Sicherung der verbleibenden Türöffnung ein T 90-RS-Feuerschutzabschluss notwendig wäre, da gemäß Verwendbarkeitsnachweis (Zulassung) der Brandschutzverglasungen in der Regel nur die Kombination F 90-Brandschutzverglasung – T 90-RS-Feuerschutzabschluss möglich ist.

Dies führte in der Vergangenheit häufig zu Problemen und hohen Kosten oder war aus finanziellen Gründen nicht durchführbar. Gemäß MBO 2002 sind jedoch hier unter bestimmten Voraussetzungen Erleichterungen möglich. Folgende Risikosituationen werden in den folgenden Abschnitten untersucht und beschrieben:

- Feuer- und Rauchschutzabschlüsse mit lichtdurchlässigen Seitenteilen und Oberlichten ≤ 2,50 m Breite
- Rauchschutzabschlüsse mit lichtdurchlässigen Seitenteilen und Oberlichten > 2,50 m Breite
- Feuerschutzabschlüsse mit lichtdurchlässigen Seitenteilen und Oberlichten > 2,50 m Breite.

14.5.1 Feuer- und Rauchschutzabschlüsse mit lichtdurchlässigen Seitenteilen und Oberlichten ≤ 2,50 m Breite

Eine wichtige Änderung der MBO 2002 gegenüber der vorangehenden Ausgabe besteht darin, dass die Feuer- und Rauchschutzabschlüsse lichtdurchlässige Seitenteile und Oberlichte enthalten dürfen. Voraussetzung hierfür ist jedoch, dass der Abschluss insgesamt **nicht breiter als 2,50 m** ist.

Die Höhe derartiger Abschlüsse wird nicht beschränkt. Es ist jedoch davon auszugehen, dass diese Regelung für übliche Geschosshöhen gilt. Bei deutlich größeren Geschosshöhen bestehen höhere Anforderungen (siehe folgenden Text).

7.5 Seite 90 | Treppenräume

Die feststehenden Seitenteile und Oberlichte müssen bezüglich ihrer Feuerwiderstandsdauer bzw. Rauchdichtheit lediglich die gleichen Anforderungen erfüllen, wie die dazugehörigen Feuer- und Rauchschutztüren. In der Regel handelt es sich dabei um komplette Elemente, bestehend aus Seitenteilen, Oberlichten und den dazugehörigen Abschlüssen.

Bezüglich des erforderlichen Verwendbarkeitsnachweises gibt es zwei Möglichkeiten: Entweder der Verwendbarkeitsnachweis wird über eine allgemeine bauaufsichtliche Zulassung jeweils für das gesamte Element erbracht oder für jedes Teil des Elements ist ein entsprechender Verwendbarkeitsnachweis erforderlich, z.B. Zulassung für feststehende Seitenteile und Oberlichte mit F 30-Brandschutzverglasung, Zulassung für feststehende Seitenteile und Oberlichte als F 30-Wandteile, Zulassung für T 30-Tür (einschließlich Brandschutzverglasung) und Prüfzeugnis für Rauchschutz nach DIN 18095.

14.5-1 Beispiel für einen Rauchschutzabschluss zwischen notwendigem Treppenraum und notwendigem Flur

Der Rauchschutzabschluss darf lichtdurchlässige Seitenteile und Oberlichte enthalten, wenn er insgesamt nicht breiter als 2,50 m ist.

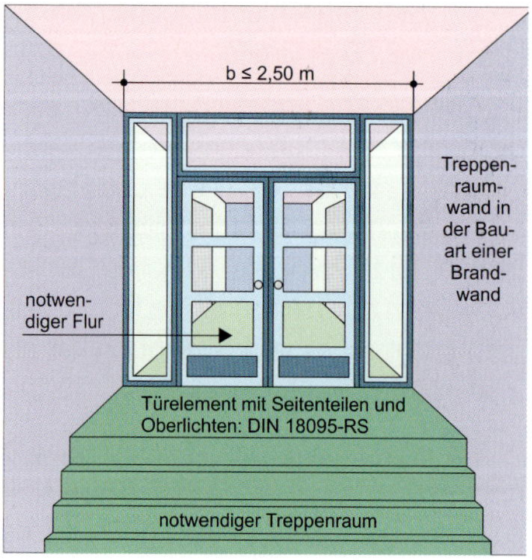

14.5-2 Beispiel für einen Feuerschutzabschluss zwischen notwendigem Treppenraum und einer Nutzungseinheit ≤ 400 m² ohne notwendigen Flur

Der rauchdichte Feuerschutzabschluss darf lichtdurchlässige Seitenteile und Oberlichte enthalten, wenn er insgesamt nicht breiter als 2,50 m ist.

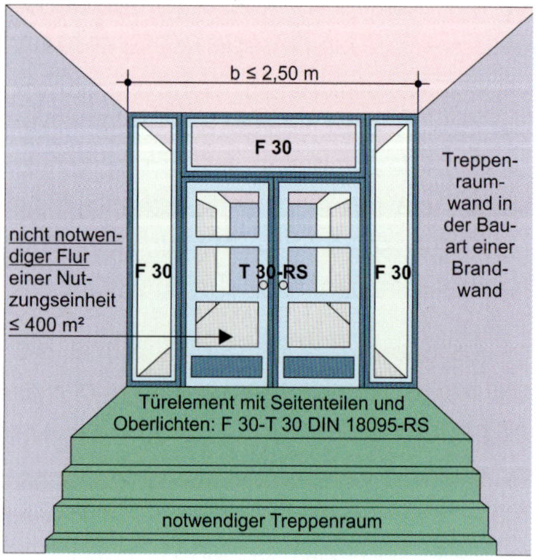

14.5.2 Rauchschutztüren mit lichtdurchlässigen Seitenteilen und Oberlichten > 2,50 m Breite

Für Rauchschutztüren mit lichtdurchlässigen Seitenteilen und Oberlichten, die breiter als 2,50 m sind bzw. höher als übliche Geschosshöhen, gilt die vorstehende Erleichterung nicht.

Allerdings würde bei Gebäuden der Gebäudeklasse 5 die Anordnung lichtdurchlässige Seitenteile und Oberlichte als F 90-Brandschutzverglasung mit dem dazugehörigen T 90-RS-Feuerschutzabschluss weit über das Schutzziel der MBO bzw. der jeweiligen LBO hinausgehen, die ja für die Tür eigentlich nur eine Rauchschutztür nach DIN 18095 fordert. Das Gleiche gilt für Gebäude der Gebäudeklasse 4.

Hier ist es im Rahmen einer Abweichung (Ausnahme/Befreiung) in der Regel möglich, insgesamt ein F 30-T 30-RS-Element anzuordnen, mit lichtdurchlässigen Seitenteilen und Oberlichten als F 30-Brandschutzverglasung und dem dazugehörigen T 30-RS-Feuerschutzabschluss (zum Verwendbarkeitsnachweis siehe unter 14.5.1 in diesem Kapitel).

Natürlich müssen auch solche Elemente in der Breite begrenzt werden. Die Größe der zu schließenden Öffnungen sollte sich den dazugehörigen Wandflächen unterordnen, so dass die Wand insgesamt nicht ihren Charakter als Treppenraumwand verliert. Als mögliche Öffnungsgröße ist eine Breite von bis zu 3,50 m bei üblichen Gebäudehöhen sicher nicht unrealistisch.

Begründung für die Abweichung

Die Tür als T 30-RS-Abschluss wird deutlich besser ausgeführt als in der MBO bzw. der jeweiligen LBO verlangt. Deshalb sind Erleichterungen bei den lichtdurchlässigen Seitenteilen und Oberlichten möglich, für die dann nur noch eine F 30-Brandschutzverglasung notwendig ist. Außerdem wird die Breite des Elements auf maximal 3,50 m begrenzt. Damit ist zu erwarten, dass das bauaufsichtliche Schutzziel vom vorgesehenen F 30-T 30-RS-Element sogar besser erfüllt wird, als bei einem nur bis zu 2,50 m breiten Rauchschutzelement.

7.5 Seite 92 | Treppenräume

14.5-3 **Beispiel für einen Feuerschutzabschluss zwischen notwendigem Treppenraum und notwendigem Flur mit einer Breite von mehr als 2,50 m bis 3,50 m**

Die lichtdurchlässigen Seitenteile und Oberlichte müssten eigentlich in F 90-Brandschutzverglasung ausgeführt werden. Als Tür würde dagegen eine Rauchschutztür genügen. Hier ist es in der Regel möglich, im Zuge einer genehmigungspflichtigen Abweichung (Ausnahme/Befreiung) insgesamt ein F 30-T 30-RS-Element anzuordnen.

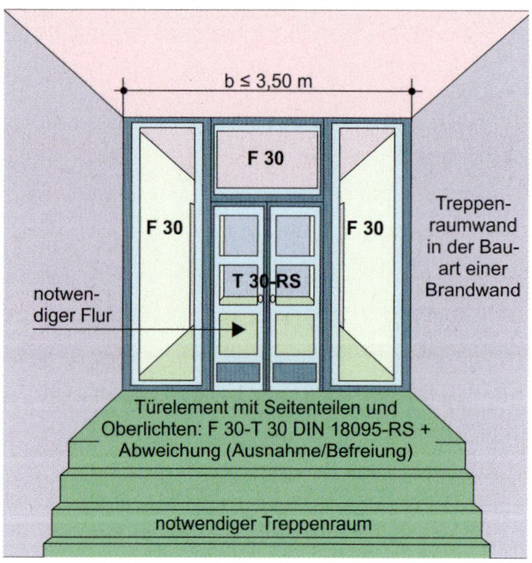

Größere Öffnungen als 3,50 m

Wenn die Größe der Öffnung deutlich größer wird als 3,50 m, ist die vorangehende Argumentation nicht mehr ohne Weiteres möglich. In diesem Fall würden die Seitenteile praktisch zu Treppenraumwänden.

Grundsätzlich sind dann bei Gebäudeklasse 4 Brandschutzverglasungen in F 60 und bei Gebäudeklasse 5 in F 90 notwendig, mit Feuer- und Rauchschutzabschlüssen in der gleichen Feuerwiderstandsklasse wie die Verglasungen. Außerdem ist hierfür eine genehmigungspflichtige Abweichung (Ausnahme/Befreiung) erforderlich, da diese Brandschutzverglasungen nicht die Bauart einer Brandwand haben bzw. nicht unter zusätzlicher mechanischer Beanspruchung hochfeuerhemmend sind.

Bei Gebäuden der Gebäudeklasse 3 bestehen dagegen keine besonderen Anforderungen. Hier können in der Regel auch größere Öffnungen als 3,50 m als F 30-T 30-RS-Elemente ausgeführt werden. Allerdings ist auch hier eine entsprechende Abweichung (Ausnahme/Befreiung) erforderlich, da größere Brandschutzverglasungen in Treppenraumwänden in der MBO nicht geregelt sind.

14.5.3 Rauchdichte Feuerschutztüren mit lichtdurchlässigen Seitenteilen und Oberlichten > 2,50 m Breite

Für rauchdichte Feuerschutztüren mit lichtdurchlässigen Seitenteilen und Oberlichten, die breiter als 2,50 m sind, ist die im vorangehenden Punkt 14.5.2 beschriebene Abweichung bis zu einer Größe von 3,50 m nicht mehr ohne Weiteres möglich.

Eine Voraussetzung für die Abweichungsmöglichkeit bei Rauchschutztüren besteht darin, dass diese zwischen notwendigen Treppenräumen und notwendigen Fluren angeordnet werden, also zwischen Räumen, in denen keine Brandlasten zulässig sind.

Rauchdichte T 30-Feuerschutzabschlüsse sind dagegen zwischen Treppenräumen und Räumen bzw. Nutzungseinheiten mit größerer Brandlast bzw. Brandgefahr erforderlich. Deshalb kann im Brandfall sofort eine entsprechende Beanspruchung des Feuerschutzabschlusses mit seinen lichtdurchlässigen Seitenteilen und Oberlichten erfolgen.

Aus diesen Gründen sollte bei einer Öffnungsgröße von mehr als 2,50 m das gesamte Element in der Feuerwiderstandsklasse der Wand ausgeführt werden (in Gebäudeklasse 5 als F 90-T 90-RS-Element, in Gebäudeklasse 4 als F 60-T 60-RS-Element und in Gebäudeklasse 3 als F 30-T 30-RS-Element). Hierfür ist jeweils eine genehmigungspflichtige Abweichung (Ausnahme/Befreiung) erforderlich (siehe auch unter 14.5.2 in diesem Kapitel).

Abweichungen hiervon sind in besonders begründeten Fällen möglich, wenn die Öffnungsgröße z.B. auf 3,50 m begrenzt wird. Außerdem muss gewährleistet sein, dass z.B. ein F 30-T 30-RS-Element eine ausreichende Sicherheit bietet.

14.5-4 Beispiel für einen Feuerschutzabschluss zwischen notwendigem Treppenraum und einer Nutzungseinheit ≤ 400 m² ohne notwendigen Flur

Da die Breite des Abschlusses einschließlich der Seitenteile mehr als 2,50 m beträgt, wurde ein F 90-T 90-DIN 18095 RS-Element angeordnet.

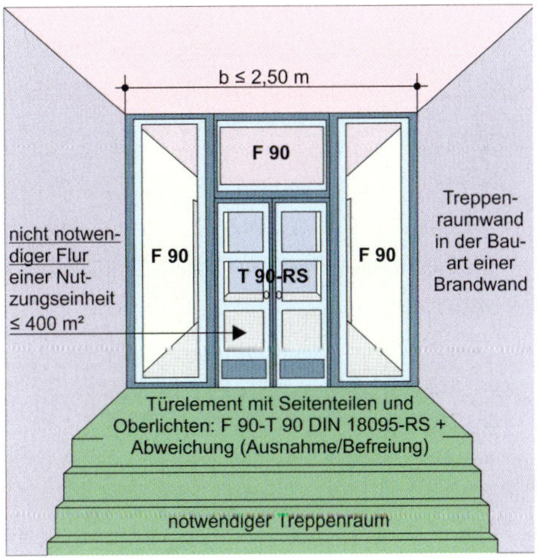

15 Beleuchtung

Notwendige Treppenräume müssen zu beleuchten sein.

Innen liegende notwendige Treppenräume müssen in Gebäuden mit einer Höhe der Fußbodenoberkante des höchst gelegenen Geschosses, in dem ein Aufenthaltsraum möglich ist, von mehr als 13 m (gemessen über der Geländeoberfläche im Mittel) eine Sicherheitsbeleuchtung haben. Anforderungen an die Sicherheitsbeleuchtung siehe Muster-Leitungsanlagenrichtlinie.

7.5 Seite 94 | Treppenräume

Erläuterungen zu notwendigen Treppenräumen, die an einer Außenwand liegen, siehe unter 4.1 und zu innen liegenden Treppenräumen unter 4.2 in diesem Kapitel.

16 Belüftung und Öffnung zur Rauchableitung

16.1 Grundsätzliche Anforderungen

Weitere Erläuterungen zu notwendigen Treppenräumen, die an einer Außenwand liegen, enthält 4.1 und zu innen liegenden Treppenräumen enthält 4.2 in diesem Kapitel.

Notwendige Treppenräume müssen zu belüften sein.

Notwendige Treppenräume, die an einer Außenwand liegen, müssen in jedem oberirdischen Geschoss unmittelbar ins Freie führende Fenster mit einem freien Querschnitt von mindestens 0,50 m^2 haben, die geöffnet werden können.

Innen liegende notwendige Treppenräume und notwendige Treppenräume in Gebäuden mit einer Höhe der Fußbodenoberkante des höchst gelegenen Geschosses, in dem ein Aufenthaltsraum möglich ist, von mehr als 13 m (gemessen über der Geländeoberfläche im Mittel) benötigen an der obersten Stelle eine Öffnung zur Rauchableitung mit einem freien Querschnitt von mindestens 1 m^2. Diese muss vom Erdgeschoss sowie vom obersten Treppenabsatz aus geöffnet werden können.

Schutzziel

Das Schutzziel in Bezug auf die Entrauchung des Treppenraums lautet, dass die genannten Öffnungen zur Rauchableitung nicht zur Rauchfreihaltung, sondern lediglich der Entrauchung nach der Evakuierung (Selbstrettung der betroffenen Personen) dienen, d.h., die Öffnungen zur Rauchableitung müssen nicht wirksam werden, um den Rauch so abzuleiten, das eine Selbstrettung (Evakuierung) der Bewohner über den Treppenraum stattfinden kann. Das ist in verrauchten Treppenräumen in der Regel auch gar nicht möglich, weil diese wie Kamine wirken, so dass die für die Selbstrettung erforderliche raucharme Schicht in den oberen Geschossen mit einfachen Rauchabzügen nicht herzustellen ist.

Demnach sind die Öffnungen zur Rauchableitung erst für den Zeitpunkt vorgesehen, an dem die Selbstrettung bereits abgeschlossen ist bzw. bei einem verrauchten Treppenraum der zweite Rettungsweg durch die Feuerwehr hergestellt wurde. Die Öffnungen ermöglichen es dann der Feuerwehr, den Treppenraum im Zuge der Brandbekämpfung bzw. danach mit ihren Hilfsmitteln (z.B. Druckbelüfter) zu entrauchen.

Bei Treppenräumen, die an einer Außenwand liegen, wird dies durch die in jedem Geschoss erforderlichen öffenbaren Fenster und bei innen liegenden Treppenräumen sowie Treppenräumen, die an einer Außenwand liegen und eine bestimmte Höhe aufweisen, durch die Öffnung zur Rauchableitung an der obersten Stelle ermöglicht.

Wichtig:

Können die Fenster von an der Außenwand angeordneten Treppenräumen nicht oder nur unter Benutzung von Werkzeugen geöffnet werden, wird das genannte Schutzziel nicht mehr ohne Weiteres erreicht. Solche Treppenräume sind dann in Bezug auf den Rauchabzug als innen liegend zu bewerten und benötigen die für innen liegende Treppenräume vorgeschriebene Öffnung zur Rauchableitung an oberster Stelle.

Das Gleiche gilt auch für an der Außenwand liegende Treppenräume, die im oberen Bereich keine zu öffnenden Fenster haben. Die Schadenerfahrung zeigt hier eindeutig, dass sich im Treppenraum ein *Rauchsack* bildet, wobei die untere Zone der Verrauchung in etwa die Höhe des höchsten zu öffnenden Fensters hat (siehe Teil S dieses Kapitels).

Eine mechanische Entrauchung des Treppenraums ist in der Regel nicht zielführend, da durch den dabei entstehenden Unterdruck zusätzlicher Rauch in den Treppenraum hineintransportiert wird. Mechanische Anlagen sind deshalb als ingenieurgemäß bemessene Überdruck-Lüftungsanlagen auszuführen.

16-1 Beispiel für eine Rauchsackbildung im Treppenraum, wenn im oberen Bereich kein zu öffnendes Fenster und auch keine Einrichtung zur Rauchableitung vorhanden sind

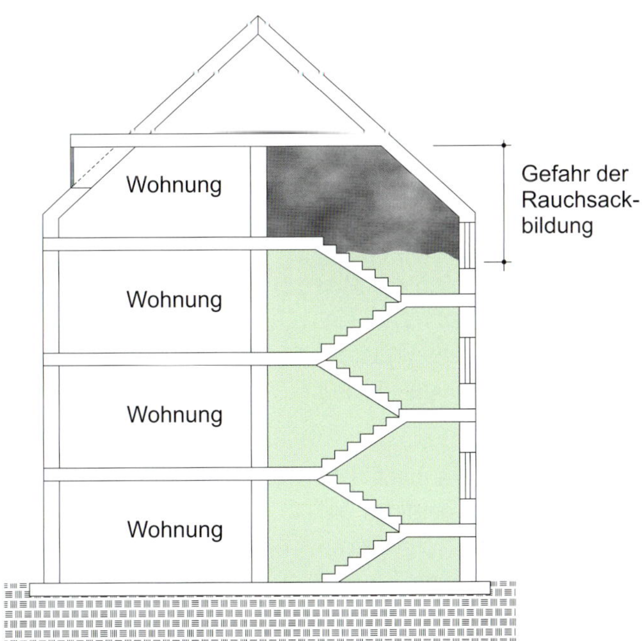

7.5 Seite 96	Treppenräume	

16.2 Qualität und Ausführung der Öffnungen zur Rauchableitung

Die MBO spricht bewusst von *Öffnungen zur Rauchableitung* und nicht von Rauchabzügen bzw. RWAs. Sie enthält zwar Anforderungen zur Mindestgröße und Bedienbarkeit, jedoch keine weiteren Angaben über den technischen Level wie Qualität, Ausführung, sichere Bedienbarkeit und regelmäßige Prüfung und Wartung.

Daraus ergibt sich grundsätzlich, dass die in der MBO geforderten Öffnungen zur Rauchableitung keine automatischen Rauchabzugsanlagen nach DIN 18232 mit aerodynamisch wirksamer Öffnungsfläche sein müssen. Hierfür ist lediglich als Mindestanforderung an der obersten Stelle eine manuell auslösbare Öffnung mit einer lichten Größe von 1 m^2 herzustellen, die vom Erdgeschoss und obersten Treppenabsatz aus geöffnet werden kann.

Dies geht auch aus der Bauregelliste C hervor. Hier sind unter Punkt 3.10 Rauchabzüge in notwendigen Treppenräumen aufgeführt, die nicht zur Rauchfreihaltung sondern der Entrauchung nach Evakuierung dienen. Damit gelten sie im Sinne der Bauregelliste C als Bauprodukte und Verwendungen, die lediglich die Mindestanforderung *normalentflammbar* einhalten müssen und an die keine weitergehenden Brandschutzanforderungen gestellt werden.

Es muss also keine RWA nach DIN 18232 angeordnet werden. Allerdings genügt es auch nicht, nur die vorgeschriebene 1 m^2 große Öffnung mit Auslöseeinrichtungen im Erdgeschoss und am obersten Treppenabsatz herzustellen, ohne sich darüber Gedanken zu machen, dass sichergestellt sein muss, dass die Auslöseeinrichtung im Brandfall zuverlässig ausgelöst werden kann.

Damit dieses Schutzziel der MBO bzw. der jeweiligen LBO eingehalten wird, muss im Brandfall für eine bestimmte Zeit garantiert werden, dass die Öffnung zur Rauchableitung sicher vom Erdgeschoss und obersten Treppenabsatz zu öffnen ist, d.h., es muss z.B. bei einem Kellerbrand, bei dem Rauch in den Treppenraum eindringt, auch noch nach einer gewissen Zeit gewährleistet sein, dass bei einer Betätigung der Auslöseeinrichtung die Öffnung zur Rauchableitung zuverlässig funktioniert. (Weiteres zum Kellergeschoss siehe Kapitel 8.30 in diesem Werk.)

Dies kann z.B. wie folgt gewährleistet werden:

- Aktivierung über mechanische Bauteile, z.B. ein Gestänge, das im Treppenraum so verlegt wird, dass jederzeit eine sichere Auslösung gewährleistet ist
- Aktivierung über Gaspatronen (CO_2) mit Leitungsverlegung im geschützten Treppenraum
- Aktivierung über elektrische Bauteile, z.B. elektromagnetisch bzw. elektromotorisch. In diesem Fall muss jedoch gewährleistet sein, dass auch bei einem Ausfall der Stromversorgung die Auslöseeinrichtungen für eine bestimmte (ausreichende) Zeit funktionsfähig bleiben, z.B. durch Ersatzstromversorgung.

Treppenräume

7.5
Seite 97

Im Baurecht ist nicht angegeben, wie lange eine elektrische Aktivierug funktionsfähig sein muss und wie der Funktionserhalt durch Ersatzstromversorgung einschließlich der dazugehörigen elektrischen Versorgungs- und Steuerleitungen auszuführen ist. Es muss jedoch für eine bestimmte Zeit gewährleistet werden, dass die Öffnung zur Rauchableitung sicher öffnet.

Auf der sicheren Seite steht man hier, wenn die Ausführung so erfolgt wie in der Muster-Leitungsanlagenrichtlinie (MLAR) vorgeschrieben. Danach bestehen für die Ausführung der Auslöseeinrichtung zur Öffnung der Rauchableitung folgende Möglichkeiten:

- Ausführung mit einem Funktionserhalt E 30. Dies ist ein relativ aufwändiger Weg, da hier neben der Ersatzstromversorgung auch sämtliche Versorgungs- und Steuerleitungen mit einzubeziehen sind.
- Ausführung so, dass die Öffnung zur Rauchableitung bei einer Störung der Stromversorgung selbsttätig öffnet. Dies ist ein einfacher Weg, der sich in der Regel jedoch aus Nutzungsgründen verbietet, da er z.B. dazu führen kann, dass bei einem nächtlichen Stromausfall die Öffnung unkontrolliert öffnet und bei Regen dadurch ein entsprechender Wasserschaden entsteht.
- Ausführung der Öffnung zur Rauchableitung mit einer Ersatzstromversorgung und einem Rauchmelder so, dass ein Ansprechen des Rauchmelders durch Rauch ein sicheres und selbsttätiges Öffnen der Anlage bewirkt.

Da es sich bei der Öffnung zur Rauchableitung um ein Bauprodukt nach der Bauregelliste C handelt (s.o.), bestehen grundsätzlich auch noch andere Ausführungsmöglichkeiten. Allerdings sollten sich alle am Bau Beteiligten ihrer Verantwortung (und auch Haftung) bewusst sein und eine Lösung wählen, die ein sicheres Öffnen zur Rauchableitung für eine ausreichend lange Zeit gewährleistet.

Kennzeichnung der Bedienungsstellen

Die Bedienungsstellen sind so auszuführen, dass sie deutlich erkennbar und leicht zu bedienen sind, z.B. mit der Aufschrift *„Rauchabzug“*. Auch sollte die Stellung der Rauchabzugsöffnung – offen oder geschlossen – an der Bedienungsstelle erkennbar sein. Sie sind in der Nähe des Hauseingangs (im EG) und am obersten Treppenabsatz anzubringen.

Zuluft

Da es sich bei den *Öffnungen zur Rauchableitung* um keine Rauch- und Wärmeabzugsanlagen (RWA) nach DIN 18232 handelt, ist auch keine automatische Regelung der Zuluft erforderlich. In der Regel genügt als Zuluftöffnung die Hauseingangstür, die dann manuell von der Feuerwehr geöffnet und offen gestellt wird.

16.3 Prüfung und Wartung

Eine regelmäßige Prüfung und Wartung für die *Öffnungen zur Rauchableitung* ist in der MBO bzw. der jeweiligen LBO nicht vorgeschrieben. Sie fallen bei den in den LBOs geregelten Gebäuden dann in der

Regel auch nicht in den Geltungsbereich von technischen Prüfverordnungen.

Allerdings ist der Bauherr bzw. Betreiber des Gebäudes dafür verantwortlich, dass die Öffnungen zur Rauchableitung im Brandfall bei einer Betätigung der Auslöseeinrichtung sicher öffnen. Deshalb ist eine regelmäßige Prüfung und Wartung notwendig, wobei Umfang und Häufigkeit von der jeweiligen Anlage und ihrer sonstigen Betätigung abhängig sind.

Beispiel

Öffnungen, die auch ansonsten regelmäßig betätigt werden (z.B. zur Lüftung) müssen unter Umständen anders bzw. nicht so häufig geprüft werden wie Öffnungen, die nur im Brandfall geöffnet werden.

17 Haustechnische Leitungsanlagen in notwendigen Treppenräumen

17.1 Grundsätzliches

In Bezug auf haustechnische Leitungsanlagen in notwendigen Treppenräumen und Räumen zwischen notwendigen Treppenräumen und Ausgängen ins Freie bestehen gemäß MLAR 2005 folgende voneinander unabhängige Schutzziele:

- Sicherung der Rettungswege und
- Gewährleistung des Abschottungsprinzips.

Diese Schutzziele gelten grundsätzlich für alle Gebäude, die nach den LBOs zu behandeln sind, und auch für alle Sonderbauten.

Für bestimmte Sonderbauten bzw. Anlagen, Gebäudebereiche und Räume besonderer Art oder Nutzung können für haustechnische Leitungsanlagen bzw. den Brandschutz in der Gebäudetechnik noch weitere Schutzziele bestehen. Diese müssen dann im jeweiligen Gesamt-Brandschutzkonzept bzw. im Brandschutznachweis entsprechend berücksichtigt werden.

17.2 Sicherung der Rettungswege

Leitungsanlagen sind in notwendigen Treppenräumen und Räumen zwischen notwendigen Treppenräumen und Ausgängen ins Freie nur zulässig, wenn eine Nutzung als Rettungsweg im Brandfall ausreichend lange möglich ist.

Diese Voraussetzung ist erfüllt, wenn die Leitungsanlagen den folgenden Anforderungen der Muster-Leitungsanlagenrichtlinie (MLAR) 2005 entsprechen.

Wichtig:

Im folgenden Punkt 17.3 wird angegeben, welche Leitungen unter bestimmten Voraussetzungen in notwendigen Treppenräumen und Räumen zwischen notwendigen Treppenräumen und Ausgängen ins Freie offen verlegt werden dürfen.

Für alle anderen Leitungen sind unter 17.4 ff. jeweils Maßnahmen angegeben, mit denen die bauaufsichtlichen Anforderungen erfüllt werden können.

17.3 Offene Verlegung von Leitungen in notwendigen Fluren

17.3.1 Elektrische Leitungen

Elektrische Leitungen dürfen in notwendigen Treppenräumen und Räumen zwischen notwendigen Treppenräumen und Ausgängen ins Freie offen verlegt werden, wenn sie

- nichtbrennbar sind (z.B. Leitungen nach DIN EN 60702-1 (VDE 0284-1 : 2002-11) oder
- ausschließlich der Versorgung der notwendigen Treppenräumen und Räume zwischen notwendigen Treppenräumen und den Ausgängen ins Freie dienen.

Werden für die offene Verlegung Elektro-Installationskanäle oder -rohre (nach DIN EN 50085-1 (VDE 0604-1) : 1998-04 und DIN EN 50086-1 (VDE 0605-1 : 1994-05) verwendet, müssen diese aus nichtbrennbaren Baustoffen bestehen.

Messeinrichtungen und Verteiler

Messeinrichtungen und Verteiler sind von notwendigen Treppenräumen und Räumen zwischen notwendigen Treppenräumen und Ausgängen ins Freie durch mindestens feuerhemmende Bauteile aus nichtbrennbaren Baustoffen abzutrennen. Öffnungen in diesen Bauteilen sind durch mindestens feuerhemmende Abschlüsse mit umlaufender Dichtung zu verschließen.

17.3.2 Rohrleitungen für nichtbrennbare Medien

Rohrleitungsanlagen für nichtbrennbare Medien dürfen in notwendigen Treppenräumen und Räumen zwischen notwendigen Treppenräumen und Ausgängen ins Freie offen verlegt werden, wenn sie einschließlich ihrer Dämmstoffe aus nichtbrennbaren Baustoffen bestehen. Brennbare Dichtungs- und Verbindungsmittel und brennbaren Rohrbeschichtungen bis 0,50 mm Dicke sind zulässig.

17.3.3 Rohrleitungen für brennbare oder Brand fördernde Medien

Rohrleitungsanlagen für brennbare oder Brand fördernde Medien dürfen in notwendigen Treppenräumen und Räumen zwischen notwendigen Treppenräumen und Ausgängen ins Freie unter den im Folgenden genannten Voraussetzungen verlegt werden, wenn sie einschließlich ihrer Dämmstoffe aus nichtbrennbaren Baustoffen bestehen. Brennbare Dichtungs- und Verbindungsmittel und brennbaren Rohrbeschichtungen bis 2 mm Dicke sind zulässig. Die Dichtungen von Rohrverbindungen müssen wärmebeständig sein.

Die Rohrleitungsanlagen müssen

- einzeln mit mindestens 15 mm Putzüberdeckung voll eingeputzt werden oder
- in feuerwiderstandsfähigen nichtbrennbaren Installationsschächten oder -kanälen (mit einer Feuerwiderstandsfähigkeit, die der höchsten notwendigen Feuerwiderstandsfähigkeit der von ihnen durchdrungenen raumabschließenden Bauteile entspricht) verlegt werden. Diese Installationsschächte und -kanäle sind mit nichtbrennbaren Baustoffen formbeständig und dicht zu

verfüllen oder müssen abschnittsweise oder im Ganzen be- und entlüftet werden. Die Be- und Entlüftungsöffnungen müssen mindestens 10 cm^2 groß sein. Sie dürfen nicht in notwendigen Treppenräumen und nicht in Räumen zwischen notwendigen Treppenräumen und Ausgängen ins Freie angeordnet werden. Die Befestigung der Installationsschächte und -kanäle ist mit nichtbrennbaren Befestigungsmitteln auszuführen. Die Abschlüsse müssen mit einer umlaufenden Dichtung dichtschließen.

17.3.4 Gaszähler

Gaszähler sind in notwendigen Treppenräumen und Räumen zwischen notwendigen Treppenräumen und Ausgängen ins Freie nicht zulässig.

17.4 Leitungsverlegung unter Putz bzw. in Schlitzen

Leitungsanlagen dürfen in tragende, aussteifende oder raumabschließende Bauteile sowie in Bauteile von Installationsschächten und -kanälen nur so weit eingreifen, dass die erforderliche Feuerwiderstandsfähigkeit erhalten bleibt.

17.4.1 Verlegung unter Putz

Elektrische Leitungen in notwendigen Treppenräumen und Räumen zwischen notwendigen Treppenräumen und Ausgängen ins Freie müssen wie folgt verlegt werden:

- einzeln oder nebeneinander angeordnet, voll eingeputzt.

Bei Rohrleitungsanlagen aus brennbaren Baustoffen oder mit brennbaren Dämmstoffen ist eine Verlegung unter Putz in der MLAR nicht vorgesehen.

17.4.2 Verlegung in Schlitzen

Elektrische Leitungen und Rohrleitungsanlagen aus brennbaren Baustoffen oder mit brennbaren Dämmstoffen in notwendigen Treppenräumen und Räumen zwischen notwendigen Treppenräumen und Ausgängen ins Freie müssen wie folgt verlegt werden:

- in Schlitzen massiver Wände bzw. Bauteile, die mit mindestens 15 mm dickem mineralischem Putz auf nichtbrennbarem Putzträger oder mit mindestens 15 mm dicken Platten aus mineralischen Baustoffen verschlossen werden.

(Beispiel siehe Kapitel 7.6, Bild 11.4-1 in diesem Werk.)

17.5 Leitungsverlegung innerhalb leichter Trennwänden

In notwendigen Treppenräumen und Räumen zwischen notwendigen Treppenräumen und Ausgängen ins Freie dürfen innerhalb raumabschließender feuerwiderstandsfähiger Trennwände in Leichtbauweise elektrische Leitungen nur verlegt werden, wenn sie ausschließlich der Versorgung der in und an der Wand befindlichen elektrischen Betriebsmittel dienen. Bei Wänden, die auch unter zusätzlicher mechanischer Beanspruchung hochfeuerhemmend sind, dürfen Leitungen nur gemäß den Vorgaben des Verwendbarkeitsnachweises (Prüfzeugnis) und der Muster-Holzbaurichtlinie (siehe Kapitel 8.20 in diesem Werk) verlegt werden.

17.6 Leitungsverlegung in Installationsschächten und -kanälen

17.6.1 Anforderungen der MLAR

Elektrische Leitungen und Rohrleitungsanlagen aus brennbaren Baustoffen oder mit brennbaren Dämmstoffen in notwendigen Treppenräumen und Räumen zwischen notwendigen Treppenräumen und Ausgängen ins Freie sind in Installationsschächten und -kanälen zu verlegen. Diese müssen die nachfolgend genannten Anforderungen erfüllen.

Installationsschächte, die Decken überbrücken

Ausführungen hierzu siehe in Kapitel 6.10.3 in diesem Werk.

Installationsschächte, die keine Decken überbrücken, und Installationskanäle

Die Installationsschächte und -kanäle müssen – einschließlich der Abschlüsse von Öffnungen – aus nichtbrennbaren Baustoffen bestehen und eine Feuerwiderstandsfähigkeit haben, die der höchsten notwendigen Feuerwiderstandsfähigkeit der von ihnen durchdrungenen raumabschließenden Bauteile entspricht. Die Abschlüsse müssen mit einer umlaufenden Dichtung dichtschließen. Die Befestigung der Installationsschächte und -kanäle ist mit nichtbrennbaren Befestigungsmitteln auszuführen.

17.6.2 Fachgerechte Ausführung von Installationskanälen

Ausführungen hierzu siehe in Kapitel 7.6, Punkt 11.6.3 in diesem Werk.

7.5 Seite 102	Treppenräume	

17-1 Notwendiger Treppenraum mit brennbaren elektrischen Leitungen – Brandschutz durch feuerwiderstandsfähigen, nichtbrennbaren Installationskanal

Die Feuerwiderstandsklasse des I-Kanals muss der höchsten notwendigen Feuerwiderstandsfähigkeit der von ihm durchdrungenen raumabschließenden Bauteile entsprechen.

Die Abkapselungsmaßnahmen für die brennbaren Leitungen sind unabhängig von der Brandlast erforderlich, ausgenommen elektrische Leitungen, die ausschließlich der Versorgung des notwendigen Treppenraums dienen (siehe unter 17.3.1 in diesem Kapitel). Die Unterdecke ist aus brandschutztechnischer Sicht nicht notwendig. Falls sie angeordnet wird, muss sie aus nichtbrennbaren Baustoffen bestehen.

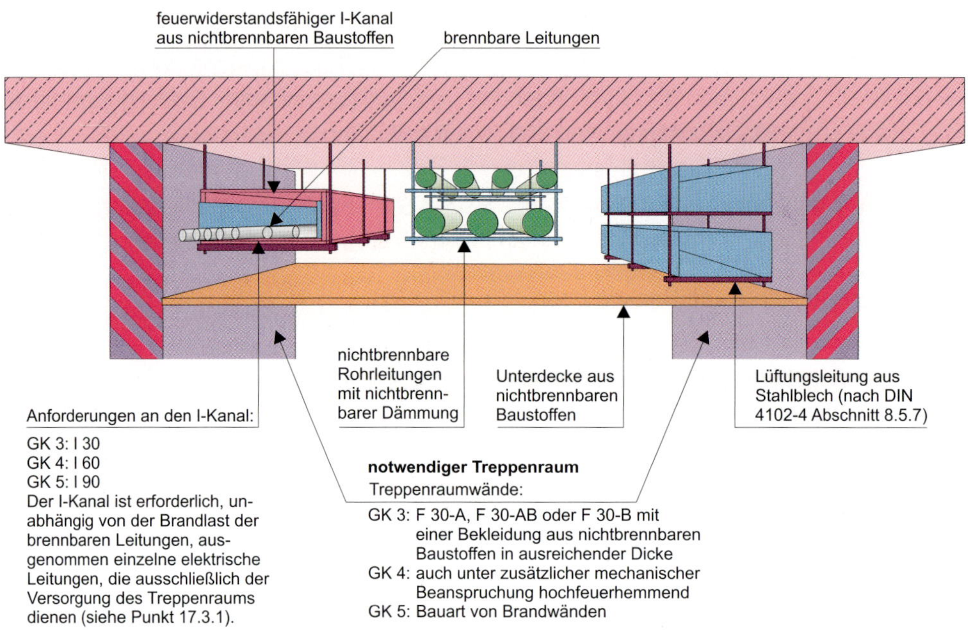

Treppenräume		7.5 Seite 103

17.7 Leitungsverlegung oberhalb von Unterdecken

17.7.1 Anforderungen der MLAR

Elektrische Leitungen und Rohrleitungsanlagen aus brennbaren Baustoffen oder mit brennbaren Dämmstoffen in notwendigen Treppenräumen und Räumen zwischen notwendigen Treppenräumen und Ausgängen ins Freie sind oberhalb von Unterdecken zu verlegen. Diese müssen die nachfolgend genannten Anforderungen erfüllen.

Die Unterdecken müssen – einschließlich der Abschlüsse von Öffnungen – aus nichtbrennbaren Baustoffen bestehen und bei einer Brandbeanspruchung sowohl von oben als auch von unten mindestens der notwendigen Feuerwiderstandsfähigkeit der Geschossdecken entsprechen. Die besonderen Anforderungen hinsichtlich der brandsicheren Befestigung der im Bereich zwischen den Geschossdecken und Unterdecken verlegten Leitungen sind zu beachten.

7.5
Seite 104

Treppenräume

17-2 Notwendiger Treppenraum mit brennbaren Leitungen – Brandschutz durch feuerwiderstandsfähige Unterdecke, die – einschließlich der Abschlüsse von Öffnungen – aus nichtbrennbaren Baustoffen besteht und bei einer Brandbeanspruchung sowohl von oben als auch von unten mindestens der notwendigen Feuerwiderstandsfähigkeit der Geschossdecken entspricht

Die Unterdecke ist unabhängig von der Brandlast der brennbaren Leitungen erforderlich, ausgenommen elektrische Leitungen, die ausschließlich der Versorgung des Flurs dienen (siehe unter 17.3.1 in diesem Kapitel).

Wichtig:
Alle Installationen oberhalb der Unterdecke müssen in der gleichen Feuerwiderstandsdauer wie die Unterdecke befestigt werden. Die Unterdecke darf für die Dauer ihrer Feuerwiderstandsfähigkeit bei einem Brand im Deckenhohlraumbereich nicht durch herabfallende Installationen bzw. Bauteile belastet werden.

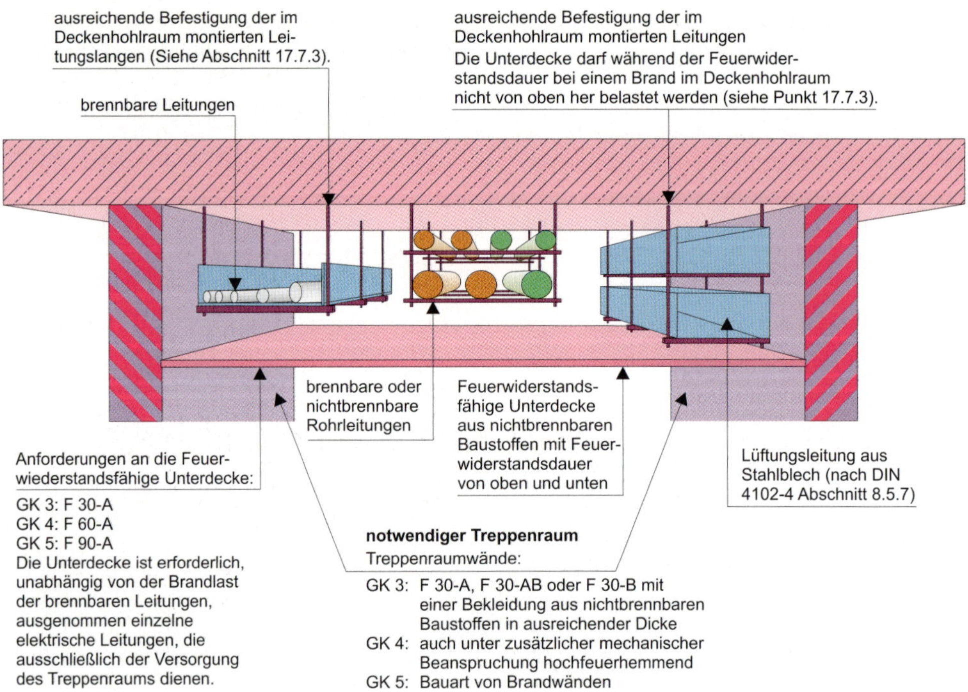

17.7.2 Fachgerechte Ausführung der Unterdecke

Ausführungen hierzu siehe in Kapitel 7.6, Punkt 11.7.3 in diesem Werk.

17.7.3 Alternativen zur Unterdecke

Ausführungen hierzu siehe in Kapitel 7.6, Punkt 11.7.4 in diesem Werk.

17.7.4 Überwachung des Deckenhohlraums mit automatischer Brandmeldeanlage

Ausführungen hierzu siehe in Kapitel 7.6, Punkt 11.7.5 in diesem Werk.

17.7.5 Brandbekämpfung im Deckenhohlraum notwendiger Treppenräume

Ausführungen hierzu siehe in Kapitel 7.6, Punkt 11.7.6 in diesem Werk.

17.8 Leitungsverlegung in Unterflurkanälen

Elektrische Leitungen und Rohrleitungsanlagen aus brennbaren Baustoffen oder mit brennbaren Dämmstoffen in notwendigen Treppenräumen und Räumen zwischen notwendigen Treppenräumen und Ausgängen ins Freie sind in Unterflurkanälen zu verlegen. Diese müssen die nachfolgend genannten Anforderungen erfüllen.

Estrichbündig oder -überdeckt angeordnete Unterflurkanäle für die Verlegung von Leitungen müssen eine obere Abdeckung aus nichtbrennbaren Baustoffen haben. Sie dürfen keine Öffnungen haben.

17.9 Leitungsverlegung in Systemböden

Hierzu siehe Musterrichtlinie über brandschutztechnische Anforderungen an Systemböden (MSysBöR), die in vielen Bundesländern über die Liste der Technischen Baubestimmungen eingeführt ist.

17.10 Verwendung nichtbrennbarer Bauprodukte

Ausführungen hierzu siehe in Kapitel 7.6, Punkt 11.10 in diesem Werk.

17.11 Gewährleistung des Abschottungsprinzips

Ausführungen hierzu siehe in Kapitel 7.6, Punkt 11.11 in diesem Werk.

Die jeweils erforderlichen Brandschutzmaßnahmen hängen von mehreren Faktoren ab. Diese sind in Kapitel 6.10.3 dieses Werkes beschrieben. Praxisbeispiele enthält Kapitel 6.10.3, Bilder 3-4 und 3-5 a bis h, sowie 3-7 a bis d in diesem Werk.

7.5 Seite 106	Treppenräume	

7 Bebauung, Rettungswege, Treppen, Räume

7.6 Notwendige Flure

Dipl.-Ing. (FH) Josef Mayr

Inhalt

1 Allgemeines

2 Grundsätzliche Anforderungen der Landesbauordnungen

3 Erfordernis notwendiger Flure

- 3.1 Grundsätzliche Anforderungen
- 3.2 Nicht notwendige Flure in Gebäuden der Gebäudeklassen 1 und 2
- 3.3 Nicht notwendige Flure in Nutzungseinheiten ≤ 200 m² und Wohnungen
- 3.4 Nicht notwendige Flure in Nutzungseinheiten und Teilnutzungseinheiten, die einer Büro- oder Verwaltungsnutzung dienen, ≤ 400 m²
- 3.5 Nutzungseinheiten > 200 m² bzw. Büro- und Verwaltungsnutzungen > 400 m²
  - 3.5.1 Nutzungen mit notwendigem Flur
  - 3.5.2 Nutzungen ohne notwendigen Flur
- 3.6 Nicht notwendige Flure in Nutzungen ohne Aufenthaltsräume
- 3.7 Gefangene Räume
  - 3.7.1 Grundsätzliches
  - 3.7.2 Bauaufsichtliche Anforderungen
  - 3.7.3 Anforderungen des Arbeitsrechts
  - 3.7.4 Lösungsmöglichkeiten

4 Flurbreite und Stufen in notwendigen Fluren

5 Unterteilung längerer Flure

- 5.1 Grundsätzliche Anforderungen
- 5.2 Anordnung von Rauchabschnitten
- 5.3 Zusammenfallen der Brandabschnitte mit den Rauchabschnitten notwendiger Flure
- 5.4 Nichtabschließbare Türen

7.6	Notwendige Flure	Inhalt

5.5 Selbstschließende Türen
5.6 Rauchdichtigkeit der Türen
5.7 Fachgerechter Türeinbau
5.8 Türeinbau in Parallelmontage in Flure ohne Unterdecke
5.8.1 Türen ohne Wandschürze
5.8.2 Türen mit Wandschürze
5.8.3 Türen mit Oberteil
5.8.4 Türen mit Seiten- und Oberteil(en)
5.9 Türeinbau in Flure ohne Unterdecke in Leibungsmontage
5.10 Flure mit Unterdecke

6 Stichflure zu einem Sicherheitstreppenraum

7 Sichere Begehbarkeit notwendiger Flure

8 Flurtrennwände, Türen und Sichtöffnungen

8.1 Anforderungen an den feuerwiderstandsfähigen Raumabschluss
8.2 Wände notwendiger Flure als Außenwände
8.3 Bekleidungen, Putze und Dämmstoffe von Flurwänden
8.4 An- und Abschlüsse der Flurwände
8.4.1 Ausführung von Rohdecke zu Rohdecke
8.4.2 Ausführung bis an eine feuerhemmende Unterdecke
8.4.3 Ausführung bis an die nicht feuerwiderstandsfähige Dachkonstruktion
8.4.4 Fluchttunnel
8.4.5 Ausführung bei Systemböden
8.4.6 Anschluss von Flurwänden an die Außenwand bzw. Fassade
8.5 Türen in Flurwänden
8.5.1 Grundsätzliche Anforderungen
8.5.2 Türen mit Oberteilen (Oberlichten)
8.5.3 Türen zum notwendigen Treppenraum
8.6 Lichtdurchlässige Flächen in Flurwänden

9 Flurdecken, Unterdecken, Bekleidungen, Putze, Dämmstoffe, Fußbodenbeläge und Brandlasten in notwendigen Fluren

9.1 Flurdecken als Geschossdecken
9.2 Unterdecken, Bekleidungen, Putze und Dämmstoffe

Notwendige Flure	Inhalt	7.6

9.3 Besondere Anforderungen an Wände und Decken aus brennbaren Baustoffen

9.4 Feuerhemmende Unterdecken

9.5 Fußbodenbeläge

9.6 Brandlasten in notwendigen Fluren

10 Laubengänge

10.1 Grundsätzliches

10.2 Unterteilung längerer Laubengänge und Stichflure

10.3 Anforderungen an Wände und Brüstungen

10.3.1 Grundsätzliche Anforderungen
10.3.2 Ausbildung der Brüstungen
10.3.3 Sicherung von Türen
10.3.4 Sicherung von Sichtöffnungen

10.4 Laubengangdecken, Unterdecken, Bekleidungen, Putze, Dämmstoffe, Fußbodenbeläge und Brandlasten in notwendigen Fluren

10.5 Anschluss an notwendige Treppenräume

10.5.1 An einen notwendigen Treppenraum angeschlossene Laubengänge
10.5.2 An zwei notwendige Treppenräume angeschlossene Laubengänge
10.5.3 An einen Sicherheitstreppenraum angeschlossene Laubengänge

10.6 Leitungsanlagen in Laubengängen

11 Haustechnische Leitungsanlagen in notwendigen Fluren

11.1 Grundsätzliches

11.2 Sicherung der Rettungswege

11.3 Offene Verlegung von Leitungen in notwendigen Fluren

11.3.1 Elektrische Leitungen
11.3.2 Rohrleitungen für nichtbrennbare Medien
11.3.3 Rohrleitungen für brennbare oder brandfördernde Medien
11.3.4 Gaszähler

11.4 Leitungsverlegung unter Putz bzw. in Schlitzen

11.4.1 Verlegung unter Putz
11.4.2 Verlegung in Schlitzen

7.6	Notwendige Flure	Inhalt

11.5 Leitungsverlegung innerhalb leichter Trennwände
11.6 Leitungsverlegung in Installationsschächten und -kanälen
11.6.1 Anforderungen der MLAR
11.6.2 Gebäude der Gebäudeklassen 1 bis 3 mit Nutzungseinheiten $\leq 200\ m^2$
11.6.3 Fachgerechte Ausführung von I 30-Installationskanälen
11.7 Leitungsverlegung oberhalb von Unterdecken
11.7.1 Anforderungen der MLAR
11.7.2 Gebäude der Gebäudeklassen 1 bis 3 mit Nutzungseinheiten $\leq 200\ m^2$
11.7.3 Fachgerechte Ausführung der F 30-A-Unterdecke
11.7.4 Alternativen zur F 30-A-Unterdecke
11.7.5 Überwachung des Deckenhohlraums mit einer automatischen Brandmeldeanlage
11.7.6 Brandbekämpfung im Deckenhohlraum notwendiger Flure
11.8 Leitungsverlegung in Unterflurkanälen
11.9 Leitungsverlegung in Systemböden
11.10 Verwendung nichtbrennbarer Bauprodukte
11.11 Gewährleistung des Abschottungsprinzips
11.11.1 Brandschutztechnisches Gesamtkonzept für haustechnische Installationen
11.11.2 Deckenhohlraum des Flurs nur innerhalb einer größeren Nutzungseinheit
11.11.3 Trennung mehrerer Nutzungseinheiten durch deckenhohlraumgroßen Installationskanal
11.11.4 Brandschutzmaßnahmen bei Leitungsdurchführungen durch raumabschließende feuerwiderstandsfähige Flurwände
12 Entrauchung notwendiger Flure

7.6 Notwendige Flure

1 Allgemeines

Notwendige Flure sind als **horizontaler Teil** des baulichen Flucht- und Rettungsweges das Bindeglied zwischen den Aufenthaltsräumen bzw. Nutzungseinheiten und

- dem **vertikalen Teil** des Flucht- und Rettungsweges = notwendige Treppe mit notwendigem Treppenraum (bei nicht ebenerdiger Lage) bzw.
- dem Ausgang ins Freie (bei ebenerdiger Lage).

Dabei dienen sie im Brandfall nicht nur der Flucht und Selbstrettung der sich im Gebäude aufhaltenden Personen, sondern auch als primärer Rettungs- und Angriffsweg für die Feuerwehr.

Damit notwendige Flure diese Anforderungen erfüllen können, müssen sie von anderen Räumen feuerwiderstandsfähig und raumabschließend getrennt sein und entsprechend den Schutzzielen weiteren Brandschutzanforderungen genügen.

Deshalb wird in der Musterbauordnung (MBO) und sinngemäß auch in den Landesbauordnungen (LBOs) als grundsätzliches Schutzziel verlangt, dass Flure, über die Rettungswege aus Aufenthaltsräumen oder aus Nutzungseinheiten mit Aufenthaltsräumen zu Ausgängen in notwendige Treppenräume oder ins Freie führen (notwendige Flure), so angeordnet und ausgebildet sein müssen, dass die Nutzung im Brandfall ausreichend lange möglich ist.

Dieses allgemein formulierte bauaufsichtliche Schutzziel gilt als erreicht, wenn die in den jeweiligen LBOs angegebenen Anforderungen für notwendige Flure eingehalten werden (siehe folgende Punkte in diesem Kapitel).

Aus der Bezeichnung *notwendige* Flure ergibt sich, dass es auch *nicht notwendige* Flure gibt. Diese sind für bestimmte Nutzungen unter bestimmten Voraussetzungen zulässig und müssen keine besonderen Brandschutzanforderungen erfüllen.

2 Grundsätzliche Anforderungen der Landesbauordnungen

Grundsätzlich müssen notwendige Flure folgende Anforderungen erfüllen:

- Schutz gegen Eindringen von Feuer und Rauch aus den angrenzenden Wohnungen, Nutzungseinheiten und sonstigen Räumen
- Behinderung einer Übertragung von Feuer und Rauch von den angeschlossenen Wohnungen, Nutzungseinheiten und sonstigen Räumen untereinander
- ausreichend lange Standsicherheit und Begehbarkeit im Brandfall
- frei von Brandlasten
- sichere Erreichbarkeit aller Nutzungseinheiten und Aufenthaltsräume
- sicherer Ausgang in einen notwendigen Treppenraum (bei nicht ebenerdiger Lage) bzw. ins Freie (bei ebenerdiger Lage)

7.6 Seite 2 — **Notwendige Flure**

- Möglichkeit ausreichender Belichtung und Beleuchtung.

Diese Anforderungen müssen in Abhängigkeit von der

- Lage im Gebäude – Kellergeschoss (KG) oder übrige Geschosse
- Gebäudeklasse und Größe der in einem Geschoss angeschlossenen Nutzungseinheiten
- Gebäudeart und -nutzung

mehr oder weniger streng erfüllt werden.

In Hochhäusern bestehen besondere Anforderungen an die Ausbildung notwendiger Flure, die in der Regel in den Sondervorschriften für Hochhäuser (z.B. Muster-Hochhausrichtlinie) geregelt sind.

Für die in den LBOs behandelten Wohngebäude und *mit Wohngebäuden vergleichbaren Gebäude* ergeben sich gemäß § 36 MBO die in Tabelle 2-1 zusammengestellten Anforderungen.

Genaue Anforderungen der einzelnen Länder enthalten die Brandschutz-Nachweis-CD und die Brandschutzatlas-DVD.

Tabelle 2-1: Anforderungen an Flure und Laubengänge nach § 36 MBO 2002

<table>
<tr><th></th><th>Notwendige Flure</th><th>Notwendige Laubengänge</th><th>Nicht notwendige Flure und Laubengänge</th></tr>
<tr><td>Schutzziel</td><td colspan="2">Notwendige Flure müssen so angeordnet und ausgebildet sein, dass die Nutzung im Brandfall ausreichend lange möglich ist.</td><td>keine besonderen Anforderungen[1]</td></tr>
<tr><td>Erfordernis</td><td colspan="2">Notwendige Flure sind Flure, über die Rettungswege aus Aufenthaltsräumen oder aus Nutzungseinheiten mit Aufenthaltsräumen zu Ausgängen in notwendige Treppenräume oder ins Freie führen, mit Ausnahme der rechts genannten nicht notwendigen Flure.</td><td rowspan="12">Notwendige Flure sind nicht erforderlich:
1. in Wohngebäuden der Gebäudeklassen (GK) 1 und 2
2. in sonstigen Gebäuden der GK 1 und 2, ausgenommen in Kellergeschossen
3. innerhalb von Wohnungen oder innerhalb von Nutzungseinheiten mit nicht mehr als 200 m²
4. innerhalb von Nutzungseinheiten, die einer Büro- oder Verwaltungsnutzung dienen, mit nicht mehr als 400 m². Das gilt auch für Teile größerer Nutzungseinheiten, wenn diese Teile nicht größer als 400 m² sind, Trennwände entsprechend ihrer GK haben und jeder Teil unabhängig von anderen Teilen eigene Rettungswege hat.</td></tr>
<tr><td>Flurbreite</td><td colspan="2">Sie muss für den größten zu erwartenden Verkehr ausreichen. (Anhaltswert: 1 m oder nach MVStättV 1,20 m für 200 Personen siehe Kapitel 7.4)</td></tr>
<tr><td>Unterteilung längerer Flure in Rauchabschnitte</td><td>bei Flurlänge > 30 m: Unterteilung in Rauchabschnitte durch nichtabschließbare, rauchdichte und selbstschließende Abschlüsse, die bis an die Rohdecke oder an eine feuerhemmende Unterdecke zu führen sind</td><td>keine Anforderungen</td></tr>
<tr><td>Flur zum Sicherheitstreppenraum</td><td>Flure mit nur einer Fluchtrichtung zum Sicherheitstreppenraum: Länge ≤ 15 m</td><td>keine Anforderungen</td></tr>
<tr><td>Flurwände sowie Laubengangwände und -brüstungen</td><td colspan="2">in oberirdischen Geschossen: raumabschließend feuerhemmend,
in Kellergeschossen, deren tragende und aussteifende Bauteile feuerbeständig sein müssen: raumabschließend feuerbeständig</td></tr>
<tr><td>Oberer An- bzw. Abschluss der Wände</td><td colspan="2">bis an die Rohdecke
Sie dürfen bis an die Unterdecke der Flure geführt werden, wenn die Unterdecke feuerhemmend und ein der Feuerwiderstandsdauer der Flurwand vergleichbarer Raumabschluss sichergestellt ist.</td></tr>
<tr><td>Türen</td><td colspan="2">in oberirdischen Geschossen: dichtschließend,
zu Lagerbereichen in Kellergeschossen: feuerhemmend, dicht- und selbstschließend</td></tr>
<tr><td>Sichtöffnungen</td><td>gleiche Feuerwiderstandsdauer wie Wand, oberhalb von 1,80 m Höhe auch als G-Verglasung zulässig[2]</td><td>Brüstungshöhe ≥ 90 cm: normale Fenster möglich.
Brüstungshöhe < 90 cm: gleiche Feuerwiderstandsdauer wie Wand[2]</td></tr>
<tr><td>Bekleidungen, Putze, Unterdecken, Dämmstoffe</td><td colspan="2">aus nichtbrennbaren Baustoffen</td></tr>
<tr><td>Wände und Decken aus brennbaren Baustoffen</td><td colspan="2">Bekleidung aus nichtbrennbaren Baustoffen in ausreichender Dicke erforderlich</td></tr>
<tr><td>Leitungsanlagen</td><td colspan="2">Anforderungen siehe Muster-Leitungsanlagenrichtlinie (MLAR) bzw. die jeweils eingeführte LAR</td></tr>
<tr><td>Stufen</td><td colspan="2">Folge von weniger als drei Stufen ist unzulässig.</td></tr>
</table>

1) Arbeitsstättenrecht beachten

2) Die MBO enthält hier keine Regelung. Es kann davon ausgegangen werden, dass mit der angegebenen Anforderung das bauaufsichtliche Schutzziel erfüllt wird. Unter Umständen ist hierfür eine genehmigungspflichtige Abweichung (Ausnahme/Befreiung) erforderlich. Im Zweifelsfall ist eine Abstimmung mit der für den Brandschutz zuständigen Stelle empfehlenswert.

3 Erfordernis notwendiger Flure

3.1 Grundsätzliche Anforderungen

Als *notwendige Flure* gelten grundsätzlich Flure, über die Rettungswege aus Aufenthaltsräumen oder aus Nutzungseinheiten mit Aufenthaltsräumen zu Ausgängen in notwendige Treppenräume oder ins Freie führen. Sie müssen so angeordnet und ausgebildet sein, dass die Nutzung im Brandfall ausreichend lange möglich ist.

Die notwendigen Flure können auch als offene Gänge vor den Außenwänden als *Laubengänge* angeordnet werden, an die bis auf einige Ausnahmen grundsätzlich die gleichen Anforderungen wie an innen liegende notwendige Flure bestehen (siehe Punkt 10 in diesem Kapitel).

Notwendige Flure sind nach MBO 2002 nicht erforderlich

- in Wohngebäuden der Gebäudeklassen (GK) 1 und 2
- in sonstigen Gebäuden der Gebäudeklassen 1 und 2, ausgenommen in Kellergeschossen
- innerhalb von Wohnungen oder innerhalb von Nutzungseinheiten mit nicht mehr als 200 m^2
- innerhalb von Nutzungseinheiten, die einer Büro- oder Verwaltungsnutzung dienen, mit nicht mehr als 400 m^2. Das gilt auch für Teile größerer Nutzungseinheiten, wenn diese Teile nicht größer als 400 m^2 sind, Trennwände entsprechend ihrer GK haben und jeder Teil unabhängig von anderen Teilen eigene Rettungswege hat.

3.1-1 Beispiel für Gebäude mit mehreren Wohnungen bzw. Nutzungseinheiten

Ein notwendiger Flur ist erforderlich.

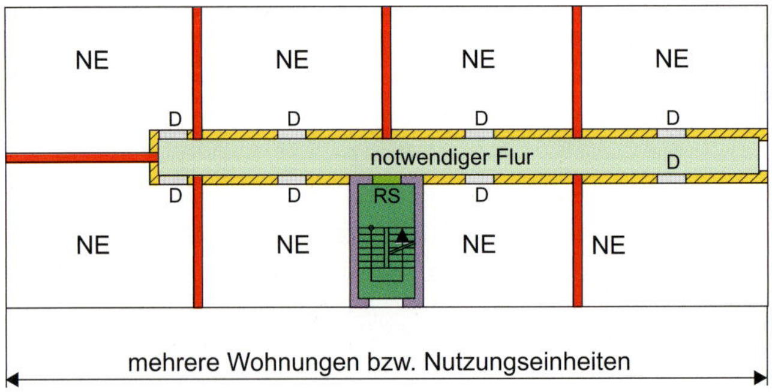

NE = Nutzungseinheit
D = dichtschließend

3.1-2 Beispiel für Gebäude mit einer Geschossfläche von mehr als 400 m² und einer Büro- oder Verwaltungsnutzung

Ein notwendiger Flur ist erforderlich, da die Nutzfläche in einem Geschoss mehr als 400 m² beträgt.

> **Wichtig:**
> In einzelnen Ländern können besondere Anforderungen bestehen (siehe Anmerkung zu Punkt 3.5.1 in diesem Kapitel).

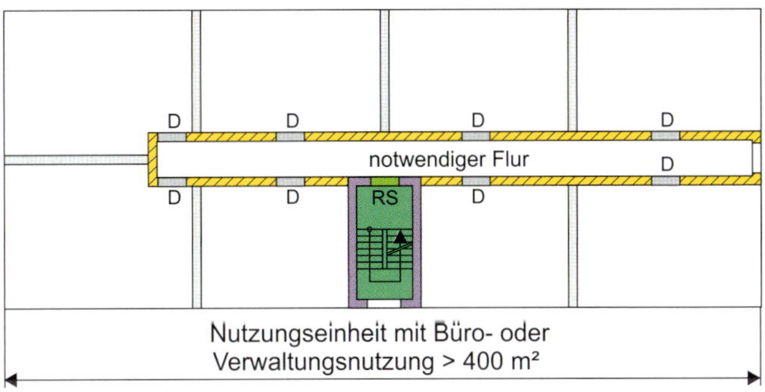

3.1-3 Beispiel für Gebäude mit einer Geschossfläche bis 400 m² und einer Nutzungseinheit mit Büro- oder Verwaltungsnutzung

Ein notwendiger Flur ist nicht erforderlich, da die Nutzfläche in einem Geschoss nicht mehr als 400 m² beträgt. Ab einer Größe von mehr als 200 m² ist nach MBO zum notwendigen Treppenraum eine Tür T 30-DIN 18095-RS erforderlich.

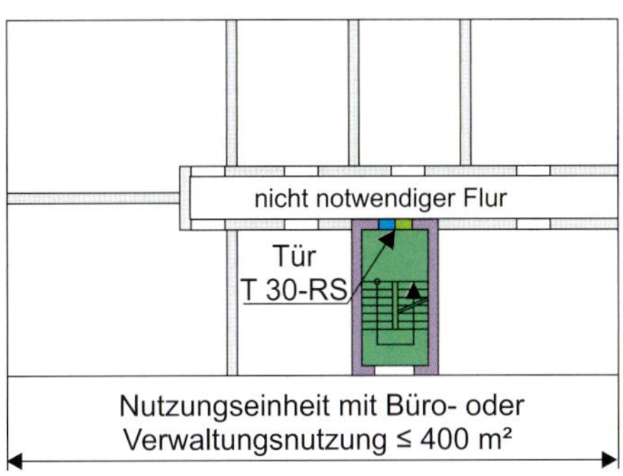

7.6
Seite 6

Notwendige Flure

3.1-4 Beispiel für Gebäude mit einer Geschossfläche bis 400 m^2 und mehreren Wohnungen bzw. Nutzungseinheiten

Ein notwendiger Flur ist erforderlich.

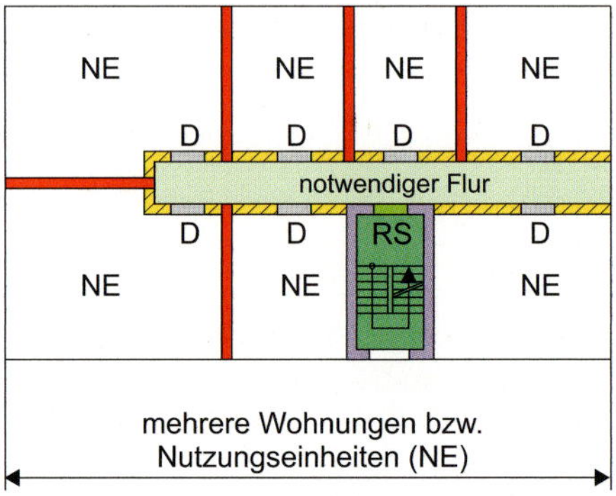

3.1-5 Beispiel für Gebäude mit mehreren unterschiedlich großen Nutzungseinheiten nach MBO 2002

- In der Büro- und Verwaltungsnutzung ≥ 400 m² ist ein notwendiger Flur erforderlich – Tür zum Treppenraum = DIN 18095-RS.

> Wichtig:
> In einzelnen Ländern können besondere Anforderungen bestehen (siehe Anmerkung zu Punkt 3.5.1 in diesem Kapitel).

- Die Büro- und Verwaltungsnutzung ≤ 400 m² benötigt keinen notwendigen Flur. Es wäre auch ein einziger großer Raum zulässig, der sich direkt an den notwendigen Treppenraum anschließt – Tür zum Treppenraum = T 30-DIN 18095-RS.
- Die Wohnung benötigt unabhängig von ihrer Größe keinen notwendigen Flur – Tür zum Treppenraum = dichtschließend und selbstschließend.
- Da die auf der rechten Seite angeschlossene Nutzungseinheit unter 200 m² groß ist, benötigt sie keinen notwendigen Flur – Tür zum Treppenraum = dichtschließend und selbstschließend.

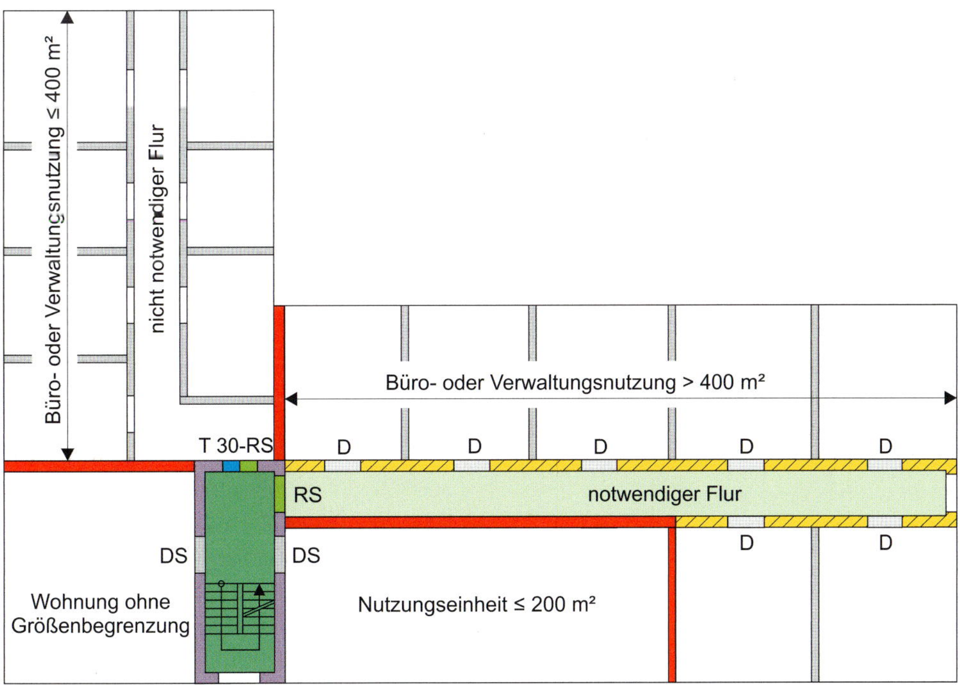

DS = dicht- und selbstschließend

3.2 Nicht notwendige Flure in Gebäuden der Gebäudeklassen 1 und 2

In Gebäuden der Gebäudeklassen 1 und 2 mit Ausnahme der Kellergeschosse von sonstigen Gebäuden der Gebäudeklasse 1 und 2 sind notwendige Flure nicht erforderlich.

Werden in Kellergeschossen von sonstigen Gebäuden der Gebäudeklassen 1 und 2 Aufenthaltsräume angeordnet, ist entweder ein notwendiger Flur erforderlich oder es werden andere Maßnahmen notwendig (siehe Punkt 3.5.2 in diesem Kapitel).

3.3 Nicht notwendige Flure in Nutzungseinheiten ≤ 200 m² und Wohnungen

Wohnungen benötigen grundsätzlich keinen notwendigen Flur. Sie dürfen auch wesentlich größer als 200 m² sein, ohne dass ein notwendiger Flur erforderlich wird (siehe auch Bild 3.1-5).

Bei anderen Nutzungseinheiten (mit Ausnahme von Büro- und Verwaltungsnutzungen bis 400 m²) ist die Größe, bis zu der kein notwendiger Flur benötigt wird, auf 200 m² begrenzt. Sind solche Nutzungseinheiten größer, ist entweder ein notwendiger Flur erforderlich oder es werden Kompensationsmaßnahmen notwendig (siehe Punkt 3.5.2 in diesem Kapitel).

Der bauliche Rettungsweg muss jedoch auch gewährleistet sein, wenn kein notwendiger Flur vorgeschrieben ist. Bei Wohnungen bereitet dies grundsätzlich keine Probleme, da der *Flur ohne Anforderungen* (= Wohnungsflur) in der Regel ohnehin zur Erschließung benötigt wird. Sinngemäß gilt dies auch für Nutzungseinheiten bis 200 m² Größe.

3.4 Nicht notwendige Flure in Nutzungseinheiten und Teilnutzungseinheiten, die einer Büro- oder Verwaltungsnutzung dienen, ≤ 400 m²

Für Nutzungseinheiten mit nicht mehr als 400 m², die einer Büro- und Verwaltungsnutzung dienen, gelten bezüglich des notwendigen Flurs besondere Erleichterungen. Sie benötigen keinen notwendigen Flur, d.h., dass Flure, in solchen Nutzungen keine notwendigen Flure sind und bezüglich des Brandschutzes auch keine besonderen Anforderungen erfüllen müssen (= Flure ohne Anforderungen, siehe Bild 3.1-5).

In diesen Fällen darf der *Flur ohne Anforderungen* auch zu Zwecken genutzt werden, zu denen ein bauaufsichtlich erforderlicher *notwendiger Flur* nicht genutzt werden darf (z.B. als Empfangsraum oder für das Aufstellen von Fotokopiergeräten, Schränken, Regalen usw.). In einem solchen Flur dürfen auch brennbare Leitungsanlagen verlegt werden. Seine Wände benötigen keine Feuerwiderstandsdauer und dürfen z.B. auch aus Glas bestehen.

Natürlich muss aber auch bei Nutzungen ohne notwendigen Flur der bauliche Flucht- und Rettungsweg innerhalb der jeweiligen Nutzungseinheiten einwandfrei gewährleistet sein (siehe auch Arbeitsstättenrecht). Durch die relativ großzügige Behandlung der bis zu 400 m² großen Büro- und Verwaltungsnutzungen kommt den Türen zum notwendigen Treppenraum eine besondere Bedeutung zu, da ein *Flur ohne Anforderungen* oder ein bis zu 400 m^2 großer Raum direkt anschließt. Deshalb fordert die MBO ab einer Nutzfläche von mehr als 200 m^2 (ausgenommen bei Wohnungen) T 30-Rauchschutztüren (T 30-DIN 18095-RS).

Ein notwendiger Flur ist auch nicht erforderlich für Teile größerer Nutzungseinheiten (= Teilnutzungseinheiten), die einer Büro- und Verwaltungsnutzung dienen. Voraussetzung hierfür ist, dass die Teilnutzungseinheiten

- nicht größer als 400 m^2 sind
- Trennwände mit einer Feuerwiderstandsdauer entsprechend ihrer Gebäudeklasse und Nutzung haben
- jeweils eigene Rettungswege haben, die unabhängig von den Rettungswegen der anderen Teilnutzungseinheiten sind.

Sind Nutzungseinheiten bzw. Teilnutzungseinheiten, die einer Büro- und Verwaltungsnutzung dienen, größer als 400 m^2, ist entweder ein notwendiger Flur erforderlich oder es werden Kompensationsmaßnahmen notwendig (siehe Punkt 3.5.2 in diesem Kapitel).

Anmerkung: Bei Arbeitsstätten sind besondere Anforderungen des Arbeitsstättenrechts zu beachten (*gefangene Räume* siehe Punkt 3.7 in diesem Kapitel).

Wichtig:

Bei der Einstufung von Gebäuden in Gebäudeklassen nach MBO 2002 besteht ein wichtiges Kriterium für die Gebäudeklasse 4 darin, dass die Größe der einzelnen Nutzungseinheiten jeweils nicht mehr als 400 m^2 betragen darf. Der Begriff Nutzungseinheit bezieht sich dabei auf die Größe der von einem Nutzer genutzten Einheit. Besteht diese aus zwei Teilnutzungseinheiten von je 400 m^2, beträgt die Größe der Nutzungseinheit insgesamt 800 m^2, so dass auch bei einer Höhe des obersten möglichen Aufenthaltsraums unter 13 m keine Einstufung in Gebäudeklasse 4 möglich ist.

Deshalb sollte bei der Einstufung eines Gebäudes in die Gebäudeklasse 4 unbedingt sorgfältig geprüft werden, ob die Bildung von Teilnutzungseinheiten später geplant bzw. möglich ist, weil diese dann insgesamt zu größeren Nutzungseinheiten als 400 m^2 und damit zu einer Einstufung in die Gebäudeklasse 5 führen würde. In diesem Fall empfiehlt es sich, das Gebäude (auch wenn die Höhe des obersten möglichen Aufenthaltsraums unter 13 m liegt) in Gebäudeklasse 5 einzustufen, so dass später bei einer entsprechenden Nutzungsänderung keine Schwierigkeiten zu erwarten sind.

7.6
Seite 10

Notwendige Flure

3.4-1 bis 3.4-6 Beispiele für die Bildung von Teilnutzungseinheiten bei Büro- und Verwaltungsgebäuden, die größer als 400 m² sind

3.4-1 Da die Büro- und Verwaltungsnutzung eine Größe von mehr als 400 m² aufweist, ist ein notwendiger Flur erforderlich.

Wichtig:
In einzelnen Ländern können besondere Anforderungen bestehen (NRW: Stichfluranforderungen, Berlin: zweiter baulicher Rettungsweg, siehe Anmerkung zu Punkt 3.5.1 in diesem Kapitel).

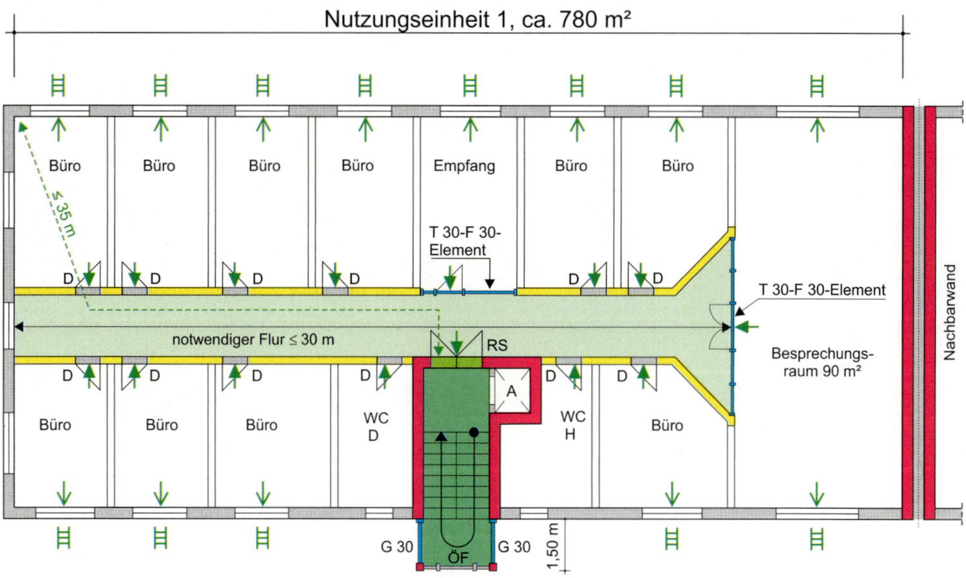

ÖF = öffenbares Fenster
D = dichtschließend

3.4-2 Die in Bild 3.4-1 dargestellte Büro- und Verwaltungsnutzung wurde hier in zwei Teilnutzungseinheiten aufgeteilt. Damit kann auf einen notwendigen Flur verzichtet werden.

> **Wichtig:**
> Jede Teilnutzungseinheit muss unabhängig von anderen Teilnutzungseinheiten eigene Rettungswege haben, die nicht durch andere Teilnutzungseinheiten führen dürfen.

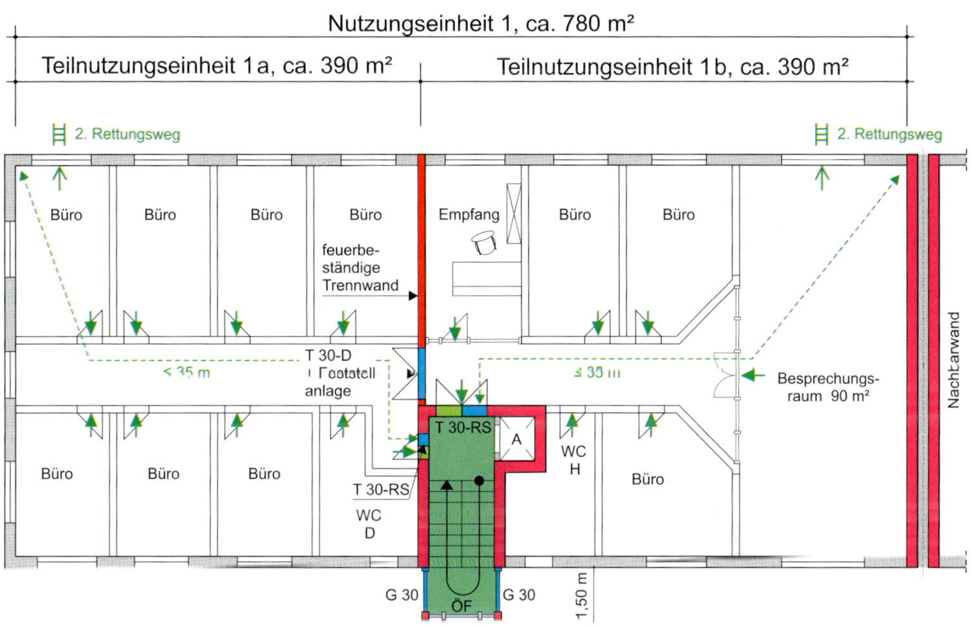

7.6
Seite 12

Notwendige Flure

3.4-3 Falsche Ausführung, da der erste bauliche Rettungsweg aus der rechten Teilnutzungseinheit 1 b nicht direkt in den notwendigen Treppenraum, sondern über die Teilnutzungseinheit 1 a führt, was nicht zulässig ist.

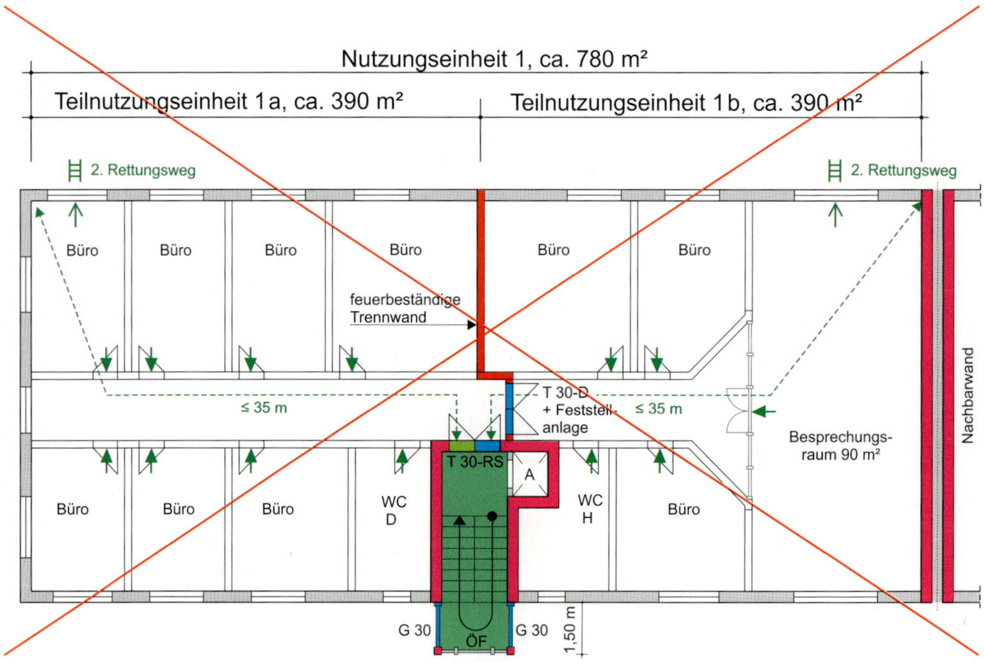

3.4-4 Zulässige Ausführung, da es sich um keine Teilnutzungseinheiten, sondern um zwei verschiedene Nutzungseinheiten handelt. Obwohl die MBO für die Tür vom notwendigen Flur zu den beiden Nutzungseinheiten nur *dichtschließend* verlangt, ist es in dieser Situation empfehlenswert, T 30-DIN 18095-RS-Türen anzuordnen.

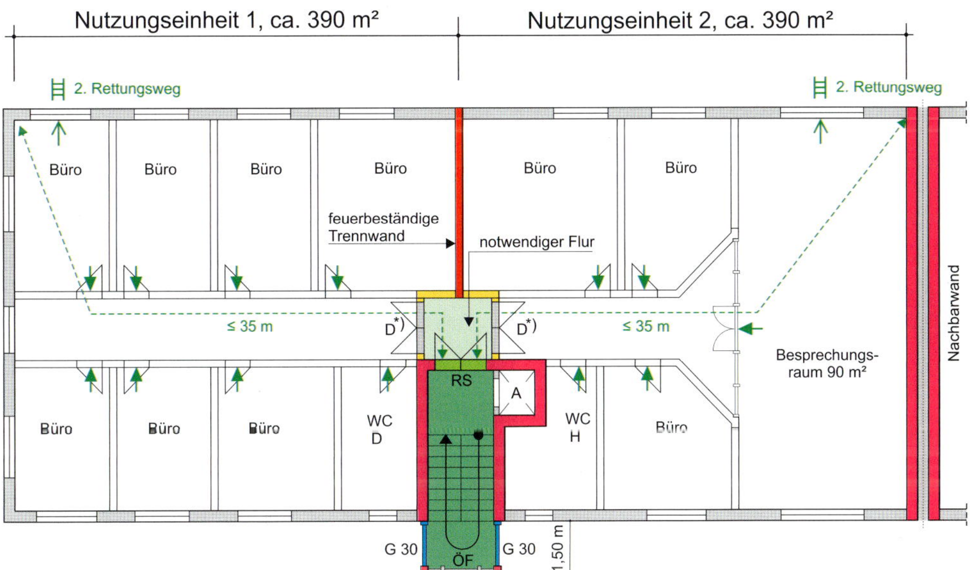

*) Empfehlung: Türen T 30-DIN 18095-RS und Wand zum notwendigem Flur feuerbeständig, siehe Bild 3.4-5.

7.6
Seite 14

Notwendige Flure

3.4-5 Diese Ausführung ist zwar besser, als die in Bild 3.4-3, sie ist jedoch besonders zu behandeln, da die Einhaltung der Anforderung, dass jede Teilnutzungseinheit unabhängig von anderen Teilnutzungseinheiten eigene Rettungswege haben muss, nicht eindeutig gewährleistet ist.

Bei einer Nutzung als zwei Teilnutzungseinheiten ist davon auszugehen, dass die beiden Türen mit Feststellanlagen offen gehalten werden, so dass zunächst keine unabhängigen Rettungswege vorhanden sind und ein notwendiger Flur fehlt. Erst nach dem Auslösen der Feststellanlagen und dem Schließen der Türen steht ein notwendiger Flur zur Verfügung und die Situation ist dann mit Bild 3.4-4 vergleichbar.

Eine Abstimmung mit der für den Brandschutz zuständigen Stelle ist empfehlenswert und unter Umständen ist eine Abweichung (Ausnahme/Befreiung) erforderlich.

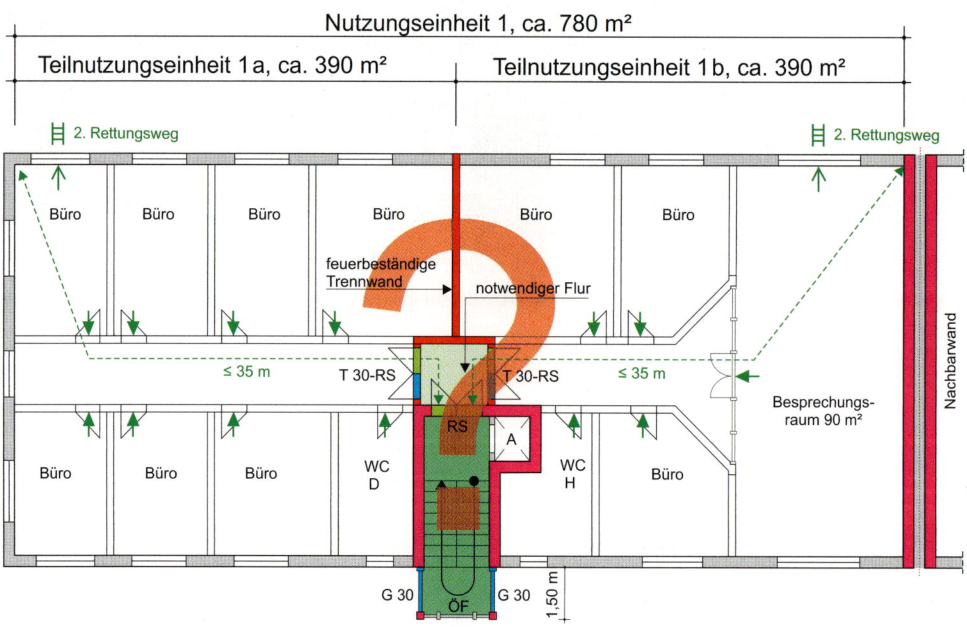

3.4-6 Alternative zu Bild 3.4-5, weitere Beschreibung siehe bei Bild 3.4-2.

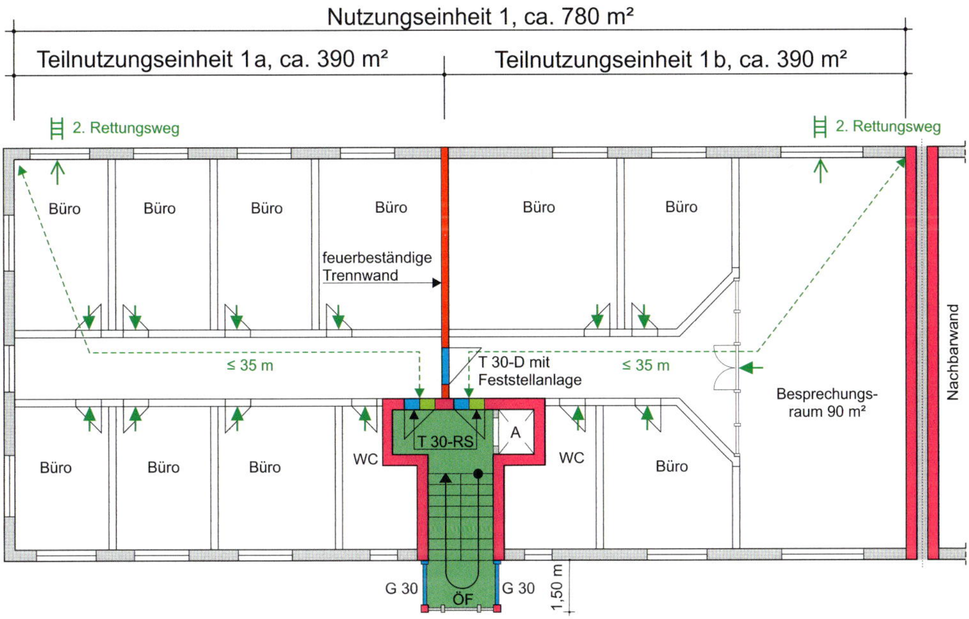

3.5 Nutzungseinheiten > 200 m^2 bzw. Büro- und Verwaltungsnutzungen > 400 m^2

3.5.1 Nutzungen mit notwendigem Flur

Bei Nutzungseinheiten > 200 m^2 bzw. Büro- und Verwaltungsnutzungen > 400 m^2 ist standardmäßig ein notwendiger Flur erforderlich. Falls dieser aus Nutzungsgründen nicht möglich ist, sind entsprechende Kompensationsmaßnahmen zu treffen (siehe Punkt 3.5.2 in diesem Kapitel).

Ein Beispiel für die Anordnung eines notwendigen Flurs in einer Büro- und Verwaltungsnutzung > 400 m^2 enthält das Bild 3.4-1.

> **Anmerkung:** In einzelnen LBOs können besondere Anforderungen bestehen, die über die Standardanforderungen der MBO hinausgehen, z.B.: Gemäß BauONW sind Stichflure nur bis 20 m zulässig, deren Türen müssen als Rauchschutztüren ausgeführt werden. Nach BauOBln ist bei Nutzungseinheiten > 400 m^2 mit notwendigem Flur ein zweiter baulicher Rettungsweg erforderlich.

3.5.2 Nutzungen ohne notwendigen Flur

Die Formulierung des § 36 Abs. 1 Satz 2 MBO: *„Notwendige Flure sind nicht erforderlich …“* sagt nur aus, wann keine notwendigen Flure notwendig sind. Sie fordert jedoch im Umkehrschluss nicht automatisch, dass in allen anderen Fällen immer notwendige Flure angeordnet werden müssen. Allerdings lässt sich daraus ableiten, dass immer, wenn die Situation nicht unter die in der MBO genannten Fälle einzuordnen ist, entweder notwendige Flure anzuordnen oder entsprechende Kompensationsmaßnahmen zu treffen sind.

Grundlegende Voraussetzung für das Erfordernis eines notwendigen Flurs ist in der Regel ein Aufenthaltsraum bzw. eine Nutzungseinheit mit mindestens einem Aufenthaltsraum. Das Schutzziel besteht nun darin, dass von diesem Aufenthaltsraum aus der Ausgang in den notwendigen Treppenraum oder ins Freie im Brandfall ausreichend lange möglich sein muss.

In den Fällen, in denen nach MBO notwendige Flure nicht erforderlich sind, besteht bezüglich der Flucht und Rettung aus der Sicht der MBO eine so günstige Situation, dass das genannte Schutzziel ohne weitere Maßnahmen als eingehalten gilt.

In allen anderen Fällen ist zunächst davon auszugehen, dass das bauaufsichtliche Schutzziel nur eingehalten wird, wenn notwendige Flure angeordnet werden. Über diese führen dann die Rettungswege zu Ausgängen in notwendige Treppenräume oder ins Freie. Sie müssen deshalb so angeordnet und ausgebildet sein, dass sie ausreichend lange genutzt werden können.

Falls nutzungsbedingt ein notwendiger Flur nicht möglich ist (z.B. Großraumbüros, Kombibüros, selbstständige Betriebsstätten und kleinere Verkaufsstätten, die keine Sonderbauten sind und auch keiner entsprechenden Sondervorschrift unterliegen), sind jedoch auch andere Lösungen zulässig, in denen auf notwendige Flure verzichtet werden kann. Allerdings ist es dann erforderlich, den fehlenden notwendigen Flur durch Kompensationsmaßnahmen auszugleichen, z.B. durch einen zweiten baulichen Rettungsweg in Form eines zweiten sicheren Ausgangs an entgegengesetzter Seite. Unter Umständen ist hierfür eine genehmigungspflichtige Abweichung (Ausnahme/Befreiung) erforderlich. Im Zweifelsfall ist eine Abstimmung mit der für den Brandschutz zuständigen Stelle empfehlenswert.

Anmerkung: Falls innerhalb der genannten Nutzungen einzelne Aufenthaltsräume abgetrennt sind, ist die Rettungswegführung aus diesen Räumen besonders zu prüfen und auf den jeweiligen Einzelfall abzustimmen. Wenn die Aufenthaltsräume nicht in einem unmittelbar funktionellen Zusammenhang mit der Nutzung stehen, sind in der Regel besondere Maßnahmen erforderlich, z.B. Anordnung eines notwendigen Flurs für den ersten Rettungsweg aus diesen Räumen, ein baulicher zweiter Rettungsweg oder eine Brandmeldeanlage mit Räumungsalarm.

3.6 Nicht notwendige Flure in Nutzungen ohne Aufenthaltsräume

In Nutzungen ohne Aufenthaltsräume (z.B. benutzbarer Dachraum oder Keller) ist ein notwendiger Flur in der Regel nicht erforderlich.

Dabei ist zu beachten, dass auch in Nutzungen ohne Aufenthaltsräume immer ein baulicher (erster) Rettungsweg notwendig ist. Dieser muss in der Regel keine besonderen Anforderungen an seine Sicherheit erfüllen und darf innerhalb der Nutzungseinheit in Fluren ohne Anforderungen oder ganz ohne Flure verlaufen. Es muss jedoch gewährleistet sein, dass von jeder Stelle eines Kellergeschosses in höchstens 35 m Entfernung mindestens ein Ausgang in einen notwendigen Treppenraum oder ins Freie erreichbar ist.

3.7 Gefangene Räume

3.7.1 Grundsätzliches

Gefangene Räume haben keinen direkten Ausgang ins Freie, in einen notwendigen Flur oder in einen Treppenraum. Die Anforderungen an diese Räume hängen davon ab, ob und wie sie als Aufenthaltsräume genutzt werden, von welchen und wie vielen Personen sie genutzt werden, aber auch von der Größe und Nutzung der Nutzungseinheit, in der sie liegen.

Gefangene Räume sind aus folgenden Gründen ungünstig:

- Die Flucht ist im Brandfall nur über fremde Räume mit Brandlasten möglich.
- Personen, die sich in einem gefangenen Raum aufhalten, haben keinen unmittelbaren Kontakt zum davorliegenden fremden Raum. Ein eventuell ausbrechender Brand im anderen Raum wird unter Umständen zu spät entdeckt und der bauliche Flucht- und Rettungsweg ist nicht mehr gewährleistet.

  In diesem Fall steht nur noch der zweite Rettungsweg zur Verfügung. Wird dieser erst durch Rettungsgeräte der Feuerwehr hergestellt, ist die Situation kritisch, da das Eintreffen der Feuerwehr abgewartet werden muss.

- Weist der gefangene Raum keinen zweiten Rettungsweg (z.B. durch ein anleiterbares Fenster) auf, kann dieser bei einem Brand im davorliegenden Raum zur tödlichen Falle werden.

3.7.2 Bauaufsichtliche Anforderungen

Nutzungseinheiten, die keinen notwendigen Flur benötigen

In Nutzungseinheiten, die keinen notwendigen Flur benötigen (Wohnungen, Nutzungseinheiten bis 200 m^2 bzw. Büro- und Verwaltungsnutzungen bis 400 m^2) stellt die MBO 2002 keine besonderen Anforderungen an gefangene Räume.

Obwohl in diesen Nutzungseinheiten kein notwendiger Flur vorgeschrieben wird, ist in der Regel ein *nicht notwendiger* Flur (= Flur ohne Anforderungen zur Erschließung) erforderlich. Dieser sollte so angeordnet werden, dass die Flucht und Rettung aus der Nutzungseinheit gewährleistet sind.

Nutzungseinheiten, die einen notwendigen Flur benötigen

Bei gefangenen Räumen in Nutzungseinheiten, die einen notwendigen Flur benötigen, und in Sonderbauten (z.B. in größeren Büro- bzw. Verwaltungsgebäuden) ist in jedem Einzelfall zu klären, welche Maßnahmen zur Gewährleistung einwandfreier Flucht- und Rettungswege erforderlich sind.

Dabei muss ein Brand in einem anderen Bereich auch im gefangenen Raum so rechtzeitig bemerkt werden können, dass Flucht und Rettung aus diesem Raum gewährleistet sind (Lösungsmöglichkeiten siehe Punkt 3.7.4 und Bilder 3.7-1 bis 3.7-4).

3.7.3 Anforderungen des Arbeitsrechts

Unabhängig vom Baurecht sind für Gebäude, die dem Arbeitsrecht unterliegen, bei gefangenen Räumen besondere Anforderungen zu beachten.

Gemäß ASR A 2.3 „Technische Regeln, für Arbeitsstätten – Fluchtwege, Notausgänge, Flucht- und Rettungsplan", Ausgabe August 2007 dürfen gefangene Räume als Arbeits-, Bereitschafts-, Liege-, Erste-Hilfe- und Pausenräume nur genutzt werden, wenn sie lediglich von einer geringen Anzahl Personen genutzt werden und folgende Maßgaben beachtet wurden:

- Sicherstellung der Alarmierung im Gefahrenfall, z.B. durch eine automatische Brandmeldeanlage mit Alarmierung oder
- Gewährleistung einer Sichtverbindung zum Nachbarraum, sofern der gefangene Raum nicht zum Schlafen genutzt und eine nur geringe Brandgefährdung im vorgelagerten Raum gegeben ist.

3.7.4 Lösungsmöglichkeiten

Im Folgenden werden als Beispiele Voraussetzungen für Nutzungseinheiten, die

- einen notwendigen Flur benötigen und/oder
- in Sonderbauten liegen und/oder
- dem Arbeitsstättenrecht unterliegen,

angegeben, unter denen gefangene Räume in der Regel zulässig sind. Im Zweifelsfall ist eine Abstimmung mit der für den Brandschutz zuständigen Stelle empfehlenswert.

A Der gefangene Raum hat zwei Ausgänge durch verschiedene Räume. Außerdem weist er einen zweiten Rettungsweg (z.B. durch ein anleiterbares Fenster) auf. Da ein gleichzeitiger Brand in beiden Räumen unwahrscheinlich ist, kann er im Ernstfall durch den zweiten Ausgang verlassen werden (siehe Bild 3.7-1).

B Der gefangene Raum hat einen zweiten baulichen Rettungsweg, z.B. durch einen Fluchtbalkon.

C Eine Alarmierung im Gefahrenfall wird sichergestellt, z.B. durch eine automatische Brandmeldanlage mit Evakuierungsalarm (siehe Bild 3.7-2).

D Der gefangene Raum weist eine ausreichend große Sichtverbindung zum vorgelagerten Raum auf und der vorgelagerte Raum hat nur eine geringe Brandgefährdung. In diesem Fall geht man davon aus, dass ein eventueller Brand im vorgelagerten Raum durch die Sichtverbindung rechtzeitig bemerkt wird, so dass der gefangene Raum rechtzeitig verlassen werden kann. – Diese Lösung ist nur möglich, wenn der gefangene Raum lediglich von einer geringen Personenzahl und nicht zum Schlafen genutzt wird und nur eine geringe Brandgefährdung im vorgelagerten Raum gegeben ist (siehe Bild 3.7-3).

E Der gefangene Raum wird nicht als Aufenthaltsraum genutzt (siehe Bild 3.7-4).

3.7-1 Im Ernstfall kann der gefangene Raum durch einen zweiten Ausgang verlassen werden (siehe Lösungsmöglichkeit A).

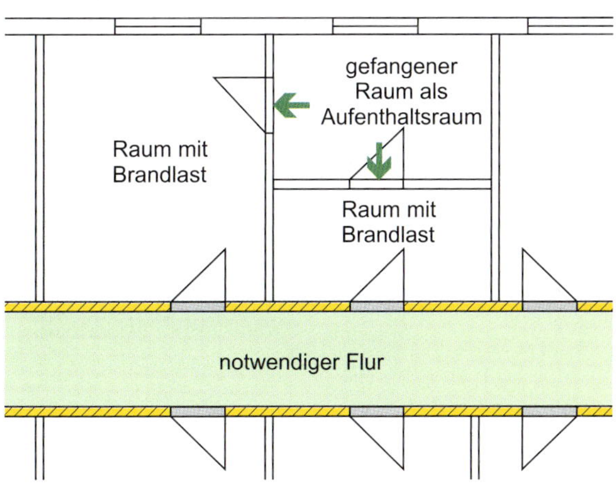

7.6 Seite 20 | Notwendige Flure

3.7-2 Durch die Warneinrichtung (automatische Brandmeldeanlage mit Evakuierungsalarm) kann der gefangene Raum im Ernstfall über den vorgelagerten Raum verlassen werden (siehe Lösungsmöglichkeit C).

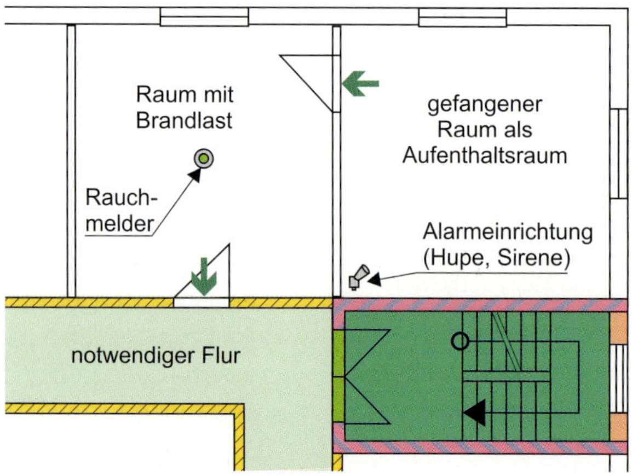

3.7-3 Durch die Sichtverbindung wird ein eventueller Brand im vorgelagerten Raum rechtzeitig bemerkt, so dass der gefangene Raum verlassen werden kann (siehe Lösungsmöglichkeit D).

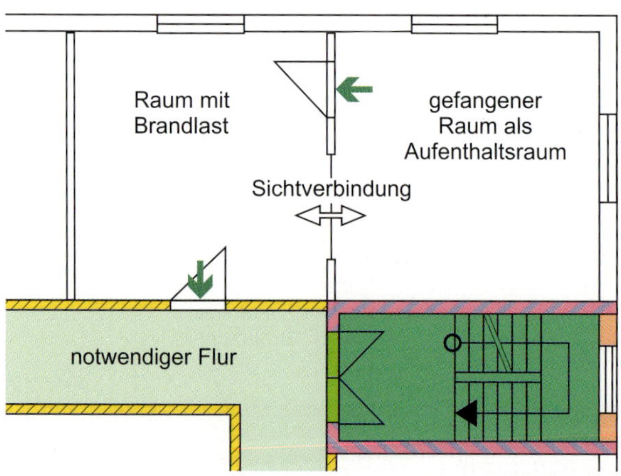

3.7-4 Es bestehen keine besonderen Anforderungen, da der gefangene Raum kein Aufenthaltsraum ist (siehe Lösungsmöglichkeit E). Bei dieser Lösung muss sichergestellt werden, dass der gefangene Raum auch später nicht als Aufenthaltsraum genutzt wird.

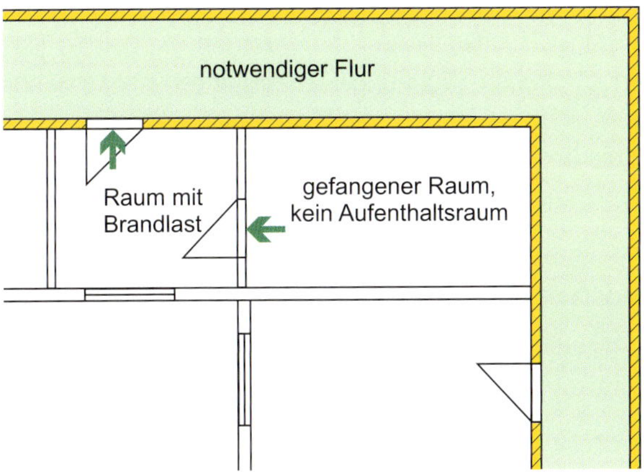

4 Flurbreite und Stufen in notwendigen Fluren

Mindestbreite notwendiger Flure

Notwendige Flure müssen so breit sein, dass sie für den größten zu erwartenden Verkehr ausreichen, d.h., dass alle Personen, die sich in den angeschlossenen Wohnungen und Nutzungseinheiten aufhalten, das Gebäude bei Gefahr leicht und sicher verlassen können.

Da in den meisten LBOs keine festen Breiten genannt sind, kann als Anhaltswert die DIN 18065 herangezogen werden. Danach beträgt die Mindestbreite 1 m.

Bei Sonderbauten ergibt sich die Mindestbreite aus der jeweiligen Sonderbauvorschrift. Einen allgemeinen Anhaltswert liefert die in der Muster-Versammlungsstättenverordnung (MVStättV) geforderte lichte Rettungswegbreite von mindestens 1,20 m je 200 darauf angewiesener Personen, wobei Staffelungen nur in Schritten von 0,60 m zulässig sind.

Für Gebäude, die dem Arbeitsstättenrecht unterliegen, sind zusätzlich zu den bauaufsichtlichen Anforderungen die Regeln des Arbeitsstättenrechts zu beachten (siehe Kapitel 7.4, Punkt 8, Tabelle 8-1 in diesem Werk).

Weitere Informationen enthält sinngemäß Kapitel 7.4.

Stufen in notwendigen Fluren

Eine Folge von weniger als drei Stufen ist in notwendigen Fluren unzulässig.

7.6
Seite 22

Notwendige Flure

5 Unterteilung längerer Flure

5.1 Grundsätzliche Anforderungen

Notwendige Flure sollten als horizontales Element des ersten Rettungsweges im Brandfall möglichst rauchfrei bleiben. Bei ungünstigen Umständen (z.B. offen stehende Türen zur brandbetroffenen Wohnung bzw. Nutzungseinheit, schnelle Brandausbreitung, späte Alarmierung der Feuerwehr) kann aber auch ein notwendiger Flur schnell verraucht werden.

Aus diesen Gründen ist es bei längeren Fluren erforderlich, die maximal mögliche Verrauchung durch die Anordnung von Rauchabschnitten zu begrenzen. In der MBO 2002 wird deshalb verlangt, dass notwendige Flure *„durch nichtabschließbare, rauchdichte und selbstschließende Abschlüsse in Rauchabschnitte“* unterteilt werden, wobei die Rauchabschnitte nicht länger als 30 m sein sollen.

Die Rauchschutzabschlüsse sind bis an die Rohdecke zu führen. Sie dürfen auch bis an die Unterdecke der Flure geführt werden, wenn diese feuerhemmend ist.

5.2 Anordnung von Rauchabschnitten

5.2-1 bis 5.2-4 Die Bilder zeigen Beispiele für die Unterteilung notwendiger Flure von mehr als 30 m Länge durch nichtabschließbare, selbstschließende und rauchdichte Abschlüsse.

5.2-1 Falsche Ausführung, da Flurlänge > 30 m und fehlende Unterteilung in Rauchabschnitte

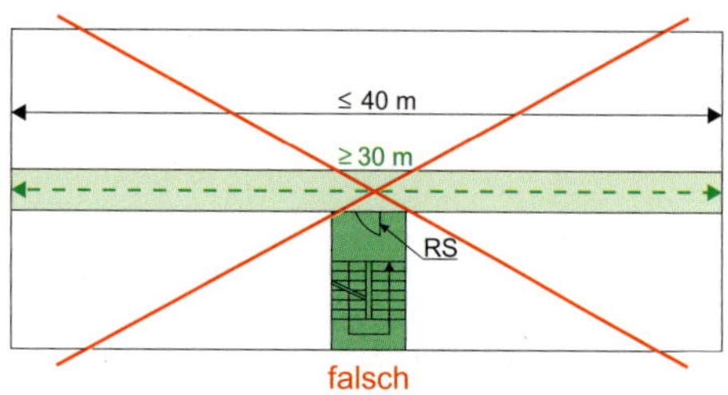

falsch

5.2-2 Gesetzeskonform, jedoch ungünstig, weil Stichflure angeordnet wurden – in einigen LBOs bestehen besondere Anforderungen (z.B. in NRW und Berlin).

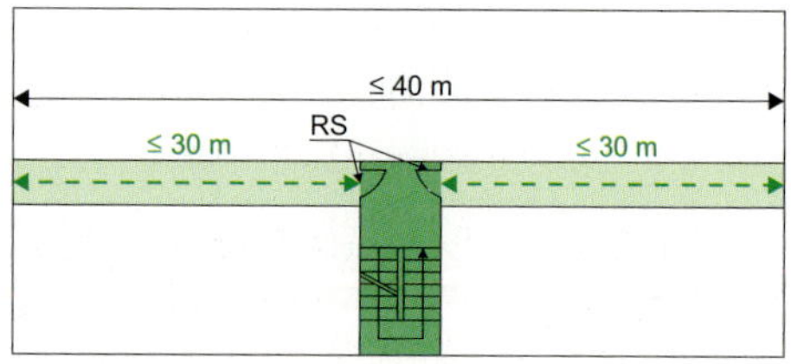

gesetzeskonform, jedoch ungünstig, weil Stichflure

Notwendige Flure

7.6
Seite 23

5.2-3 Gute Ausführung, da durch die Bildung von Rauchabschnitten und die beiden notwendigen Treppenräume eine Flucht nach zwei Richtungen möglich ist

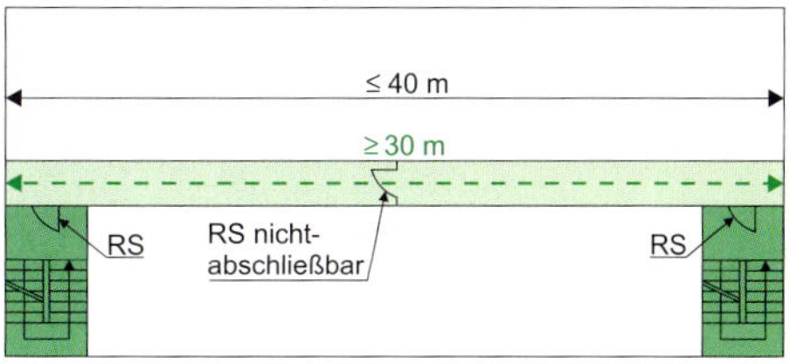

5.2-4 Beispiel für die Unterteilung eines notwendigen Flurs in Rauchabschnitte

Anmerkung: Bei Stichfluren können besondere Anforderungen bestehen (siehe unter 6 in diesem Kapitel).

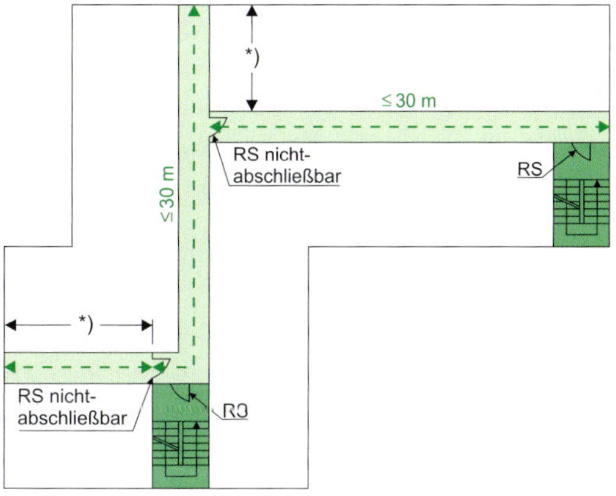

5.3 Zusammenfallen der Brandabschnitte mit den Rauchabschnitten notwendiger Flure

Bei ausgedehnten Gebäuden, die durch Brandwände in Brandabschnitte unterteilt werden, ist es empfehlenswert, die Rauchabschnitte in notwendigen Fluren möglichst so zu planen, dass sie mit den Brandabschnitten zusammenfallen.

Damit übernehmen die Feuerschutzabschlüsse zugleich auch den Rauchschutz, und die Anzahl der Türen kann reduziert werden. Dies hat zwei Vorteile: zum einen werden natürlich Kosten eingespart (weniger Türen), zum anderen sind weniger den Verkehr behindernde selbstschließende Türen vorhanden. In diesen Fällen verläuft die Brandwand dann quer zum Flur, wobei je nach Flurgröße, Größe des Abschlusses und Ausführung der Unterdecke die Brandwand im Flur selbst nicht oder nur in Teilbereichen zu sehen ist.

An Abschlüsse, die in derartige Brandwände eingebaut werden, bestehen zwei Anforderungen. Einmal wird gefordert *nichtabschließbar, rauchdicht und selbstschließend,* weil es sich um Türen zur Begrenzung von Rauchabschnitten in Fluren von mehr als 30 m Länge handelt, zum anderen: *Öffnungen in Brandwänden sind*

7.6
Seite 24

Notwendige Flure

selbstschließend und feuerbeständig zu sichern. Daraus ergibt sich die Anforderung „nichtabschließbar + T 90-DIN 18095-RS“.

Weitere Informationen zu diesen Türen enthalten die Kapitel 6.8.1 und 6.8.4 in diesem Werk.

5.3-1 Beispiel für ungünstige Anordnung der nichtabschließbaren Rauchschutztüren

In diesem Fall müssen die Feuerschutzabschlüsse in der Brandwand (BW) jedoch keine Rauchschutzfunktion übernehmen. Es genügen dichtschließende T 90-D-Feuerschutztüren.

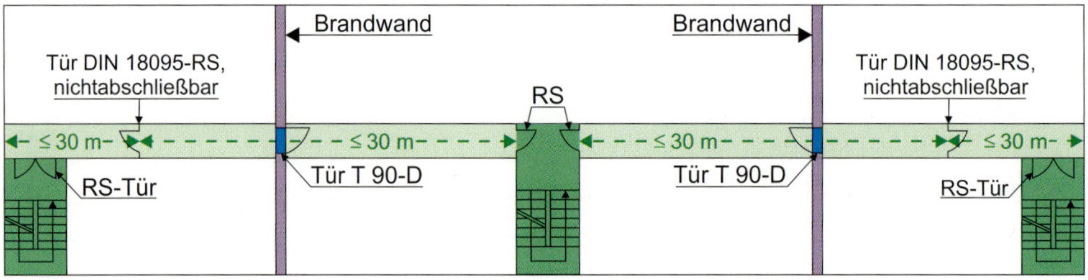

5.3-2 Beispiel für günstige Anordnung der nichtabschließbaren Rauch- und Feuerschutzabschlüsse

Die T 90-Türen in der Brandwand (BW) müssen in diesem Fall gleichzeitig auch den Rauchschutz nach DIN 18095 erfüllen (Tür T 90-DIN 18095-RS) und dürfen nicht abgeschlossen werden können.

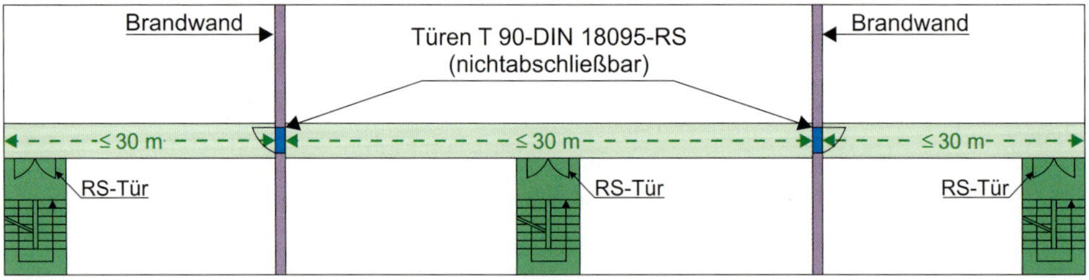

Einbau von Feuer- und Rauchschutzabschlüssen in Brandwände, die mit der Rauchabschnittsbildung des notwendigen Flurs zusammenfallen

Grundsätzlich muss die Tür in der Brandwand, die gleichzeitig den notwendigen Flur in Rauchabschnitte unterteilt, als nichtabschließbare T 90-DIN 18095-RS-Tür ausgeführt werden.

Im Einzelfall ist es z.B. bei Büro- und Verwaltungsgebäuden und Sonderbauten als Erleichterung möglich, anstelle feuerbeständiger Rauchschutzabschlüsse feuerhemmende Rauchschutzabschlüsse anzuordnen. Hierfür ist eine genehmigungspflichtige Abweichung (Ausnahme/Befreiung) erforderlich. Voraussetzung dazu ist die Gewährleistung des Schutzzieles der Brandwand, dass für mindestens 90 Minuten keine Gefahr einer Brandweiterleitung besteht.

In Fachkreisen geht man grundsätzlich davon aus, dass eine Gefahr der Brandweiterleitung nicht besteht, wenn die Wände und Decken der an die Brandwandöffnung anschließenden brandlastfreien Flure feuerbeständig und die Öffnungen zu anderen Räumen mindestens 2,50 m von der Brandwandöffnung entfernt sind. Falls Öffnungen näher an der Brandwand liegen, müssen diese mit selbstschließenden dichten T 30-Türen gesichert werden.

Anmerkung: Bei dieser Lösung ist eine Rücksprache mit dem Feuerversicherer empfehlenswert, da Brandwände von der Feuerversicherung in der Regel nur anerkannt werden, wenn auch alle Öffnungen mit mindestens 90 Minuten gesichert sind.

5.3-3 Rauchabschnittsbildung des notwendigen Flurs und Brandwand fallen zusammen

Ein nichtabschließbarer Abschluss T 90-DIN 18095-RS ist erforderlich.

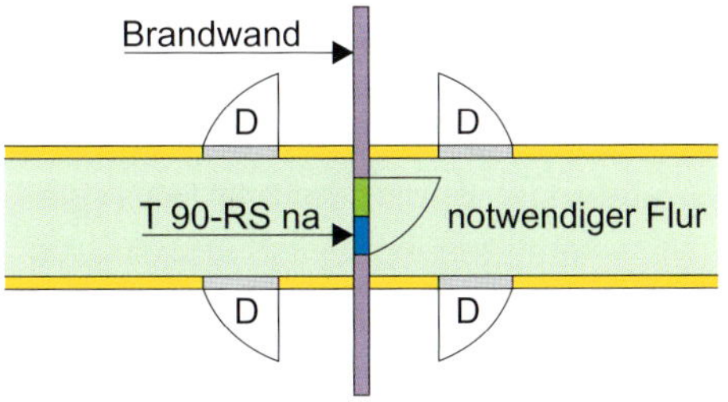

T 90-RS na = Feuer- und Rauchschutzabschluss T 90-DIN 18095-RS nichtabschließbar

7.6 Seite 26	Notwendige Flure	

5.3-4 Rauchabschnittsbildung des notwendigen Flurs und Brandwand fallen zusammen

Ein Element mit feststehenden Seiten- und Oberteilen in F 90-Brandschutzverglasung und mit einem nichtabschließbaren Feuer- und Rauchschutzabschluss T 90-DIN 18095-RS wurde angeordnet. Es ist zu prüfen, ob für die Ausführung der feststehenden Brandschutzverglasungen eine genehmigungspflichtige Abweichung (Ausnahme/Befreiung) erforderlich ist.

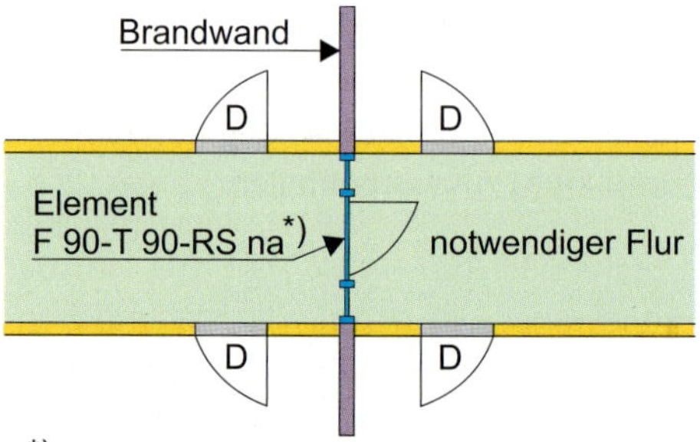

*) Element mit feststehenden Seiten- und Oberteilen in F 90-Brandschutzverglasung und Feuer- und Rauchschutzabschluss T 90-DIN 18095-RS nichtabschließbar

Wichtig:

Es ist darauf zu achten, dass die Kombination von feststehender Brandschutzverglasung und der Tür T 90-DIN 18095-RS gemäß den allgemeinen bauaufsichtlichen Zulassungen möglich ist.

5.3-5 Rauchabschnittsbildung des notwendigen Flurs und Brandwand fallen zusammen – Beispiel für eine genehmigungspflichtige Abweichung (Ausnahme/Befreiung)

Es bestehen keine Bedenken wegen des Brandschutzes, da die Wände und Decken der an die Brandwandöffnung anschließenden brandlastfreien Flure feuerbeständig und die Öffnungen zu anderen Räumen mindestens 2,50 m von der Brandwandöffnung entfernt sind bzw. die Öffnungen, die näher als 2,50 m an der Brandwand liegen mit selbstschließenden und dichten T 30-Türen gesichert werden.

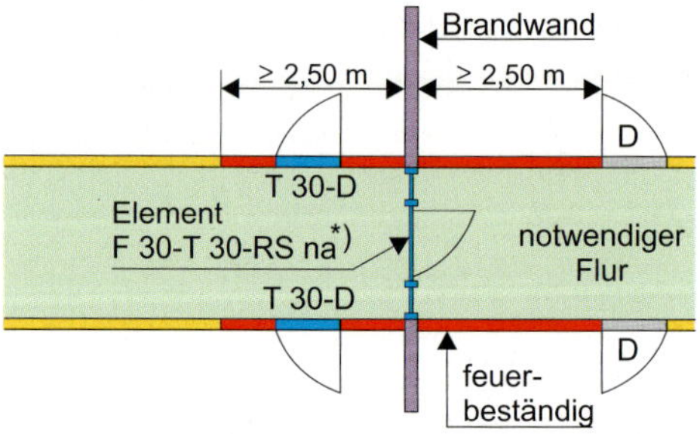

*) Element mit feststehenden Seiten- und Oberteilen in F 30-Brandschutzverglasung und Feuer- und Rauchschutzabschluss T 30-DIN 18095-RS nichtabschließbar – Abweichung (Ausnahme/Befreiung) erforderlich

5.3-6 Rauchabschnittsbildung des notwendigen Flurs und feuerbeständige raumabschließende Trennwand fallen zusammen.

Ein nichtabschließbarer Abschluss T 30-DIN 18095-RS ist erforderlich.

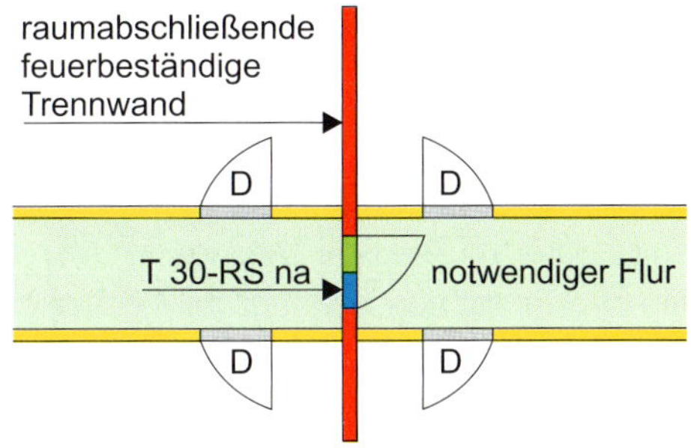

T 30-RS na = Feuer- und Rauchschutzabschluss T 30-DIN 18095-RS nichtabschließbar

5.3-7 Rauchabschnittsbildung des notwendigen Flurs und feuerbeständige raumabschließende Trennwand fallen zusammen.

Ein Element mit feststehenden Seiten- und Oberteilen in F 30-Brandschutzverglasung und mit einem nichtabschließbaren Feuer- und Rauchschutzabschluss T 30-DIN 18095-RS wurde angeordnet. Für die Ausführung der feststehenden Brandschutzverglasungen ist eine genehmigungspflichtige Abweichung (Ausnahme/Befreiung) erforderlich (Begründung siehe bei Bild 5.3-5).

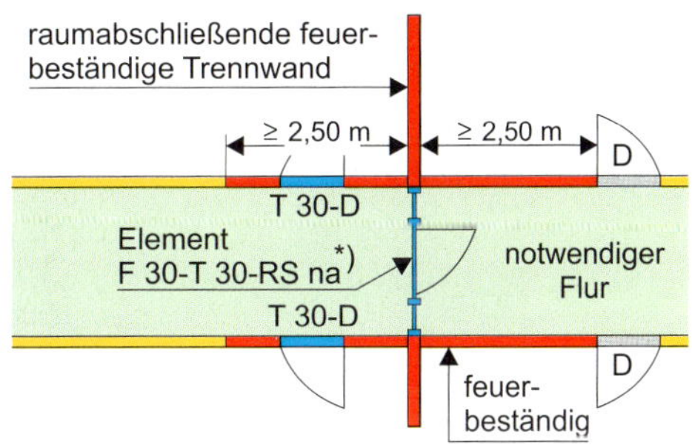

*) Element mit feststehenden Seiten- und Oberteilen in F 30-Brandschutzverglasung und Feuer- und Rauchschutzabschluss T 30-DIN 18095-RS nichtabschließbar – Abweichung (Ausnahme/Befreiung) erforderlich

7.6 Seite 28	Notwendige Flure	

5.3-8 Rauchabschnittsbildung des notwendigen Flurs und Brandwand fallen zusammen – Beispiel für die Sicherung von Leitungsdurchführungen im Deckenhohlraum oberhalb einer feuerhemmenden untergehängten Decke

Fällt die Rauchabschnittstrennung mit einer Brandwand bzw. feuerbeständigen Trennwand zusammen, müssen die Leitungsdurchführungen oberhalb der Tür im Deckenhohlraum feuerbeständig abgeschottet bzw. gesichert werden (R 90, S 90, K 90).

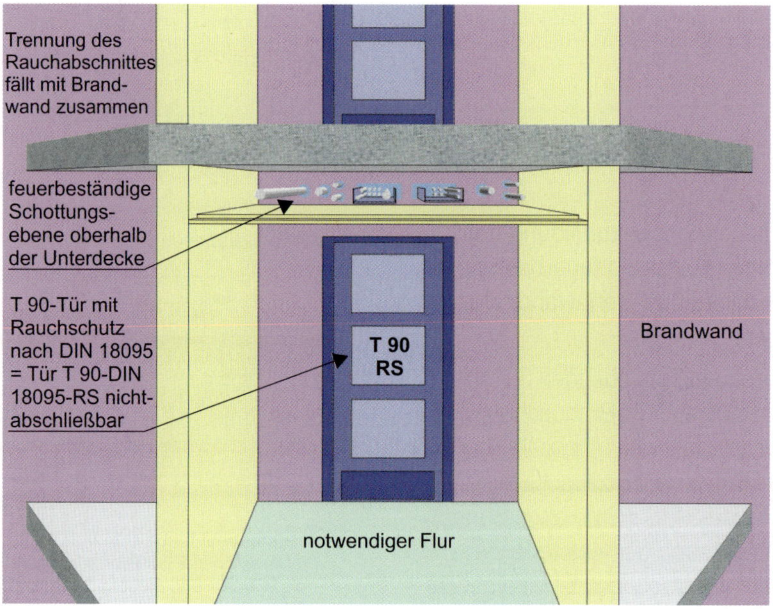

5.3-9 Rauchabschnittsbildung des notwendigen Flurs und Brandwand fallen zusammen – Beispiel für die fachgerechte Befestigung der Zarge von Feuerschutz- und Rauschutzabschlüssen sowie die Schottung von Leitungsdurchführungen entsprechend der feuerwiderstandsdauer der Trennwand

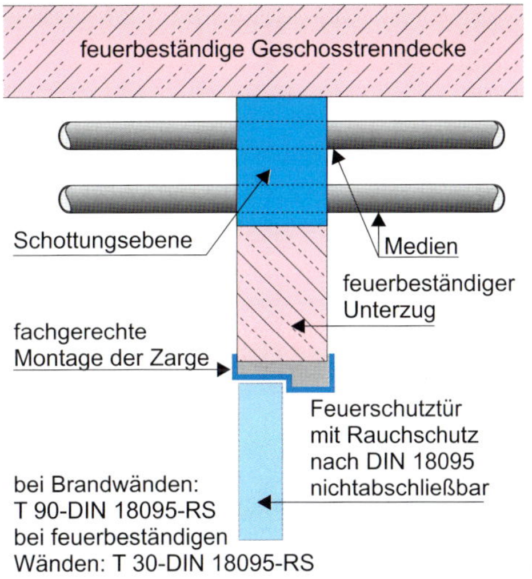

Wenn vorgesehen ist, im Deckenhohlraumbereich des Flurs Installationsleitungen zu verlegen, wird häufig die Brandwand (bzw. feuerbeständige Wand) im Flurbereich geschosshoch ausgespart. In diesen Fällen ist darauf zu achten, dass die obere horizontale Zarge der Feuerschutztür gemäß dem Verwendbarkeitsnachweis und der Einbauanleitung des Herstellers eingebaut wird.

Das bedeutet z.B., dass entweder eine feuerbeständige Wandschürze oder ein feuerbeständiger Unterzug vorhanden sein muss, an den ein Anschluss gemäß Zulassung bzw. Einbauanleitung des Herstellers möglich ist. Für Rauchschutztüren muss der Einbau gemäß Prüfzeugnis und Einbauanleitung des Herstellers erfolgen. Die Leitungsdurchführungen oberhalb des Unterzuges bzw. durch die Wandschürze sind fachgerecht abzuschotten.

7.6
Seite 30

Notwendige Flure

5.3-10 Brandwand und Rauchabschnittsbildung des notwendigen Flurs fallen zusammen.

Häufiges Problem: Oberhalb des Feuerschutzabschlusses mit Rauchschutz nach DIN 18095 ist keine ausreichende feuerbeständige Abschottung vorhanden. Dies kann im Brandfall zu einer unkontrollierbaren Brandausbreitung im Deckenhohlraumbereich des notwendigen Flurs in den anderen Brandabschnitt führen. Eine fachgerechte Sanierung ist erforderlich.

Nachinstallationen

Besonders zu beachten ist, dass nach der Ausführung von Nachinstallationen alle Durchführungen wieder fachgerecht abgeschottet werden. Dies ist vor allem wichtig, weil diese Bereiche durch die Unterdecken meist nur schwer zugänglich sind. Deshalb können Mängel und Schwachstellen im Brandfall zu einer unbemerkten und auch unkontrollierbaren Brandausbreitung in die angrenzenden Abschnitte führen.

Dies gilt besonders für Elektroinstallationen, die erfahrungsgemäß häufig nachgerüstet werden. Die Kabelabschottungen müssen nach jeder Nachinstallation wieder fachgerecht abgeschottet werden (entsprechend den Vorgaben der Zulassung, siehe auch Kapitel 6.12 in diesem Werk).

5.4 Nichtabschließbare Türen

Damit in längeren notwendigen Fluren, die durch Rauchschutztüren in Rauchabschnitte unterteilt sind, jeweils eine Flucht und Rettung nach beiden Richtungen möglich ist, dürfen die Türen im Brandfall nicht abgeschlossen sein. Deshalb wird vom Baurecht gefordert, dass die Türen zur Bildung von Rauchabschnitten *nichtabschließbar* ausgeführt werden müssen, d.h., die Türen müssen in ihrer Bauart so ausgeführt werden, dass sie nicht abgeschlossen werden können und der Einbau von Türschlössern nicht ohne Weiteres möglich ist. Außerdem sollte der Bauherr bzw. Betreiber des Gebäudes, z.B. im Rahmen des Brandschutznachweises bzw. -konzeptes besonders darauf hingewiesen werden, dass diese Türen *nichtabschließbar* sind und es auch bleiben müssen.

5.5 Selbstschließende Türen

So banal es auch klingen mag: Die rauchabschnittsbildenden Türen können ihre Aufgabe, die Rauchausbreitung auf maximal 30 m langen Flurabschnitte zu begrenzen, natürlich nur erfüllen, wenn sie geschlossen sind. Deshalb wird in den LBOs die selbstschließende Eigenschaft ausdrücklich gefordert.

Wichtig ist in diesem Zusammenhang, dass Türen, die selbstschließend sein müssen, auch später während des Betriebs nicht durch Keile, Verstellen oder ähnliche Maßnahmen unzulässig offen gehalten werden dürfen.

Dieser Umstand muss bereits bei der Planung berücksichtigt werden. Ist z.B. bereits während der Planung abzusehen, dass die Flurtrenntüren häufig frequentiert werden, sollten von vornherein bauaufsichtlich zugelassene Feststellanlagen eingeplant werden. Diese Maßnahme gewährleistet nach Fertigstellung des Gebäudes den bauaufsichtlich vorgeschriebenen Rauchabschluss und somit den rechtlich einwandfreien Betrieb und erspart dem späteren Nutzer des Gebäudes eine Menge Ärger, Zeit und Geld.

Hinzu kommt noch, dass bei rechtzeitiger Einplanung von Feststellanlagen auch ästhetisch ansprechende Lösungen möglich sind (z.B. Feststellanlagen in Kompaktbauweise), wogegen der nachträgliche Einbau häufig einige Schwierigkeiten und Mehrkosten mit sich bringt. Weitere Informationen enthält Kapitel 6.8.5 in diesem Werk.

5.6 Rauchdichtigkeit der Türen

Die Türen müssen rauchdicht sein. Dies bedeutet, sie müssen als Rauchschutztüren nach DIN 18095 (= Türen DIN 18095-RS) ausgeführt werden. Der Verwendbarkeitsnachweis ist ein allgemeines bauaufsichtliches Prüfzeugnis. Einbau und Kennzeichnung erfolgen gemäß dem allgemeinen bauaufsichtlichen Prüfzeugnis und der Einbauanleitung des Herstellers. Weitere Informationen enthält Kapitel 6.8.4 in diesem Werk.

5.7 Fachgerechter Türeinbau

Einbau und Betrieb der Türen müssen gemäß den Einbau- und Wartungsanleitungen der Hersteller erfolgen.

7.6
Seite 32

Notwendige Flure

Damit das Schutzziel *Bildung von Rauchabschnitten* erfüllt wird, genügt es jedoch nicht, *nur* Rauchschutztüren nach DIN 18095 anzuordnen. Die fachgerechte Ausführung der Rauchschutztüren, insbesondere

- der seitlichen und oberen An- und Abschlüsse und
- der Abschottung des eventuell über den Rauchschutztüren vorhandenen Deckenhohlraums bzw. des darunterliegenden Hohlraumbodens

ist genauso wichtig.

Dies gilt sinngemäß auch für Feuer- und Rauchschutzabschlüsse, wenn die Rauchabschnittsbildung des notwendigen Flurs und die Brandwand zusammenfallen.

Da es sich in der Vergangenheit immer wieder gezeigt hat, dass es bei der Ausführung der oberen Anschlüsse der Rauchschutztüren zu Problemen kommt, wurden die diesbezüglichen Anforderungen in der MBO 2002 konkretisiert. Danach sind die Rauchschutzabschlüsse bis an die Rohdecke zu führen. Sie dürfen auch bis an die Unterdecke der Flure geführt werden, wenn diese feuerhemmend ist.

Türeinbau in massive Wände aus Mauerwerk oder Beton

Bei massiven Wänden aus Mauerwerk oder Beton ist der Türeinbau in der Regel ohne besondere Maßnahmen möglich, da die Wände eine ausreichende Stabilität aufweisen.

Türeinbau in leichte Trennwände

Bei einem Türeinbau in leichte Trennwände ist darauf zu achten, dass eine ausreichende (den statischen Erfordernissen entsprechende) Montage und Befestigung der Türzarge erfolgt. Hierzu sind teilweise (abhängig von der Trennwandbauart und der Bauart der Rauchschutztür) besondere Maßnahmen erforderlich, z.B. der Einbau verstärkender Profile.

Nachfolgend werden anhand von Prinzip-Beispielen typische Einbausituationen dargestellt und erläutert. Die im konkreten Einzelfall erforderlichen Maßnahmen ergeben sich aus dem Verwendbarkeitsnachweis der Rauchschutztür-Bauart und der Einbauanleitung des Herstellers.

5.8 Türeinbau in Parallelmontage in Flure ohne Unterdecke

Bei der Parallelmontage werden die Rauchschutztüren direkt an die beiden Flurtrennwände angeschlossen.

5.8.1 Türen ohne Wandschürze

Ausführungsbeispiele zu Türen ohne Wandschürze enthalten die Bilder 5.8-1 bis 5.8-5.

Seitlicher Türanschluss an die Flurtrennwände

Ist die Flurbreite identisch mit der Türbreite, wird die Rauchschutztür direkt in den Flur eingebaut und an die bestehenden Flurtrennwände angeschlossen (= Parallelmontage). Bei leichten Trennwänden bzw. Leichtbauwänden ist besonders zu beachten, dass der Türzargenanschluss fachgerecht an die Flurtrennwände erfolgt.

Die leichte Trennwand bzw. Leichtbauwand ist im Bereich der seitlichen Türanschlüsse so zu verstärken bzw. auszubilden, dass eine ausreichende mechanische Festigkeit gewährleistet ist. Dies kann bei einigen Bauarten z.B. durch den Einbau eines Stahlhohlprofils mindestens 50 × 50 × 4 mm erfolgen, das ausreichend (nach statischen Erfordernissen) an Boden und Decke verankert wird.

Oberer Türanschluss an die Geschosstrenndecke

Bei einem Einbau ohne Wandschürze (Türhöhe = Flurhöhe) gilt für den oberen Türanschluss sinngemäß das Gleiche wie für den seitlichen Wandanschluss. Massive Rohdecken weisen eine ausreichende Stabilität auf und erfüllen damit problemlos alle Anforderungen.

Eine andere Situation besteht jedoch bei nicht massiven Geschosstrenndecken, z.B. feuerhemmenden bzw. hochfeuerhemmenden Holzbalkendecken in Gebäuden der Gebäudeklassen 3 und 4. In diesem Fall ist darauf zu achten, dass der obere Türanschluss so erfolgt, dass eine ausreichende mechanische Festigkeit gewährleistet ist. Maßgebend sind der Verwendbarkeitsnachweis (Prüfzeugnis) und die Einbauanleitung des Türherstellers.

7.6 Seite 34	Notwendige Flure	

5.8-1 bis 5.8-3 Beispiele für den Einbau von Rauchschutztüren in Parallelmontage ohne Wandschürzen

① Geschosshoher zweiflügeliger Rauchschutzabschluss bzw. geschosshohes zweiflügeliges Rauchschutzabschluss-Element mit Verwendbarkeitsnachweis (Prüfzeugnis)

② Oberlicht (Rauchschutzabschluss mit Oberlicht)

③ Montagewand (z.B. leichte Trenn- bzw. Leichtbauwand)

④ Verstärkung in der Montagewand im Bereich des Türanschlusses gemäß Verwendbarkeitsnachweis bzw. Einbauanleitung des Herstellers, z.B. bei einigen Bauarten mit Stahlprofil 50 × 50 × 4 mm

⑤ Türanschluss an massive Trennwand aus Mauerwerk oder Beton – falls es sich um Sichtmauerwerk handelt, muss eine einwandfreie (rauchdichte) Abdichtung des Wandanschlusses erfolgen.

⑥ Rohdecke – die Zarge der geschosshohen Rauchschutztür (Bild 5.8-1) bzw. des geschosshohen Türelements (Bild 5.8-3) kann problemlos angeschlossen und befestigt werden.

⑦ Beim Einbau von Rauchschutztüren in Gebäude mit Holzbalkendecken ist darauf zu achten, dass der obere Anschluss fachgerecht (entsprechend den Vorgaben des Verwendbarkeitsnachweises und der Einbauanleitung des Herstellers) erfolgt.

⑧ Unterdecke (Holzbalkendecke) in Gebäuden der Gebäudeklasse 3: mindestens feuerhemmend und mit einer Bekleidung aus nichtbrennbaren Baustoffen in ausreichender Dicke, in Gebäuden der Gebäudeklasse 4: hochfeuerhemmend.

Notwendige Flure

7.6
Seite 35

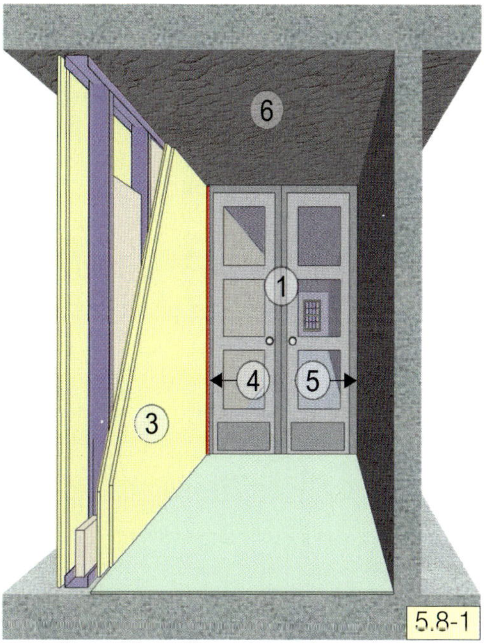

5.8-1

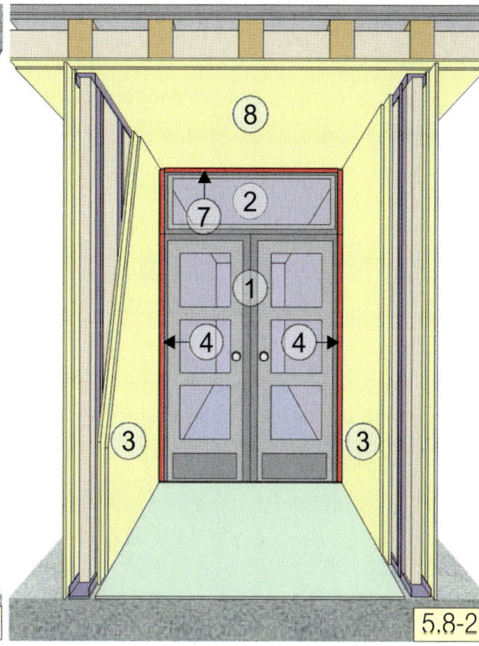

5.8-2

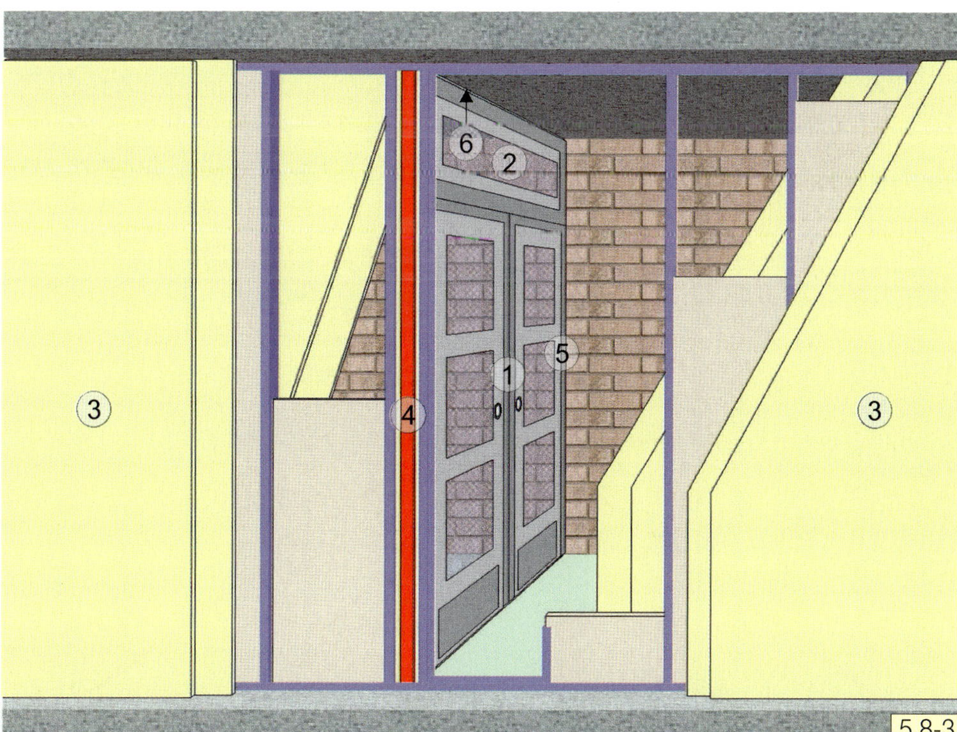

5.8-3

7.6
Seite 36

Notwendige Flure

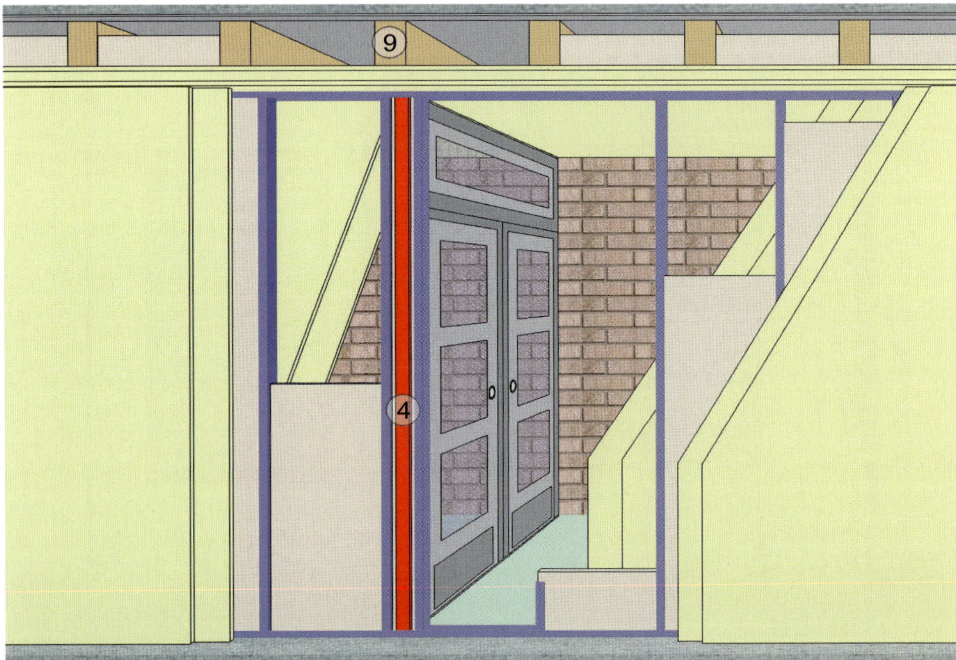

5.8-4

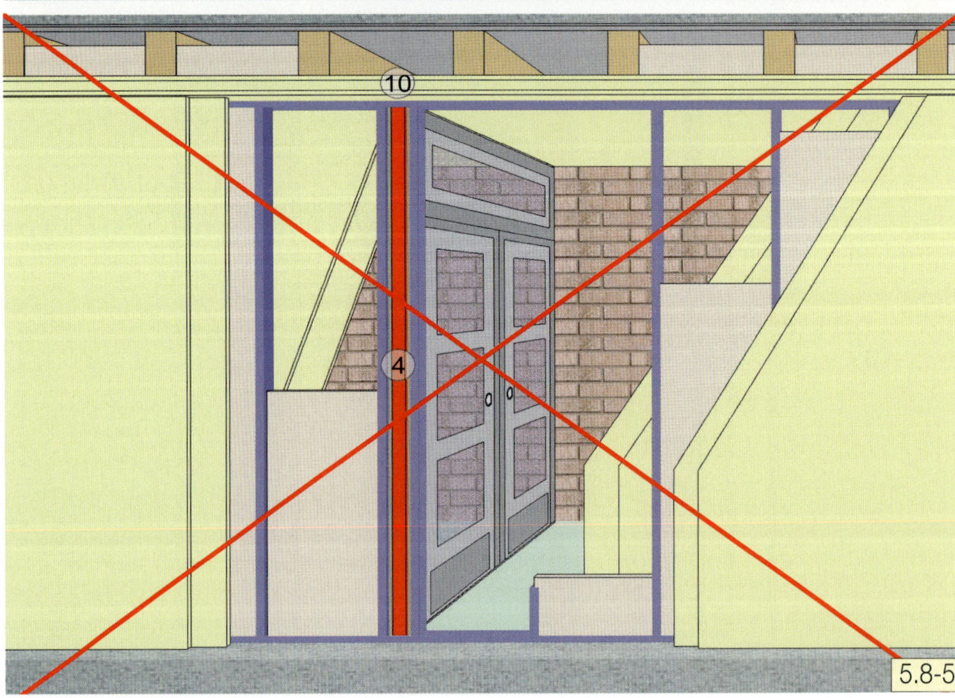

5.8-5

5.8-4 Beispiel für einen oberen Anschluss der Rauchschutztür ⑨ an eine Holzbalkendecke in einem Gebäude der Gebäudeklasse 3

Der obere Anschluss muss so ausgeführt werden, dass eine ausreichende mechanische Festigkeit gewährleistet ist. Außerdem muss die Verstärkung der Montagewand ④ fachgerecht an der Holzbalkendecke befestigt werden. Ausführung gemäß Verwendbarkeitsnachweis und Einbauanleitung des Türherstellers.

5.8-5 Diese Ausführung ⑩ ist unzulässig. Es fehlt ein fachgerechter oberer Anschluss.

5.8.2 Türen mit Wandschürze

Ein Ausführungsbeispiel enthält das Bild 5.8-6.

Bei dieser Einbausituation wird oberhalb der Tür eine Wandschürze eingebaut. Bauaufsichtliche Anforderungen an die Wandschürze sind in der MBO nicht genannt. Deshalb ist davon auszugehen, dass (entsprechend dem Schutzziel, Rauchabschnitte zu bilden) die Mindestanforderung *rauchdicht* lautet.

Wird die Wandschürze als leichte Trennwand ausgeführt, ist diese im Bereich des Türzargenanschlusses so zu verstärken, dass eine ausreichende mechanische Festigkeit für den Türeinbau gewährleistet ist. Die Ausführung erfolgt entsprechend dem Verwendbarkeitsnachweis (Prüfzeugnis) und der Einbauanleitung des Herstellers der Rauchschutztür.

5.8.3 Türen mit Oberteil

Ein Ausführungsbeispiel enthält das Bild 5.8-7.

Die Mindestanforderung an das Oberteil lautet *rauchdicht* (siehe vorangehenden Punkt 5.8.2).

Die Verwendbarkeit der Bauteilkombination *Rauchschutzabschluss + Oberteil* (als Element) muss nachgewiesen sein. Die Rauchschutztür und das dazugehörige Oberteil sind gemäß dem Verwendbarkeitsnachweis (Prüfzeugnis) und der Montageanleitung des Türherstellers einzubauen.

Das Oberteil kann auch verglast sein, wenn dies gemäß Verwendbarkeitsnachweis möglich ist. Die Verglasung muss dann mindestens die gleiche Dicke und Qualität aufweisen wie die (mögliche) Verglasung der Rauchschutztür und zusammen mit der Rauchschutztür geprüft sein.

5.8.4 Türen mit Seiten- und Oberteil(en)

Ein Ausführungsbeispiel enthält das Bild 5.8-8.

Die Verwendbarkeit für die Bauteilkombination *Rauchschutzabschluss + Seitenteil(e) + Oberteil(e)* (als Element) muss nachgewiesen sein. Der Einbau erfolgt gemäß der Einbauanleitung des Türherstellers. Anschlüsse der Seitenteile an die Flurtrennwände enthält sinngemäß der Punkt 5.8.1 in diesem Kapitel.

7.6
Seite 38

Notwendige Flure

5.9 Türeinbau in Flure ohne Unterdecke in Leibungsmontage

Ein Ausführungsbeispiel enthält das Bild 5.9-1.

Ist die Flurbreite größer als die Türbreite, wird der Rauchschutzabschluss in eine Querwand in Leibungsmontage eingebaut. An die Querwand besteht die Anforderung rauchdicht (siehe Punkt 5.8.2 in diesem Kapitel).

Abhängig von der Bauart der Trennwand und der Bauart des Rauchschutzabschlusses sind für eine ausreichende mechanische Befestigung der Türzarge beim Anschluss an die Querwand verstärkende Maßnahmen erforderlich. Für bestimmte Bauarten ist z.B. der Einbau eines Türgewänderahmens, bestehend aus U-Stahlprofilen mit den Mindestabmessungen 50 × 40 × 2 mm, notwendig.

Dabei ist darauf zu achten, dass die vertikalen Stahlprofile vom Rohboden bis zur Rohdecke durchgehen und dort fachgerecht befestigt werden. Ebenso ist eine ausreichende Befestigung (Verschraubung) des horizontalen Stahlprofils erforderlich. Außerdem müssen ergänzende Maßnahmen durchgeführt werden, z.B. die Abdichtung der Anschlussfugen. Maßgebend sind der Verwendbarkeitsnachweis (Prüfzeugnis) der Bauart des Rauchschutzabschlusses und die Einbauanleitung des Türherstellers.

5.8-6 bis 5.9-1

① Rauchschutzabschluss bzw. Rauchschutzabschluss-Element

② Oberlicht/Seitenteil des Rauchschutzabschluss-Elements

③ Querwand als Montagewand (z.B. leichte Trenn- bzw. Leichtbauwand)

④ Verstärkung in der Flurtrennwand (z.B. leichte Trenn- bzw. Leichtbauwand) im Bereich des Türanschlusses gemäß Verwendbarkeitsnachweis bzw. Einbauanleitung des Herstellers, z.B. bei einigen Bauarten mit Stahlprofil 50 × 50 × 4 mm

⑤ Türanschluss an massive Trennwand aus Mauerwerk oder Beton

⑥ Verstärkung der Querwand bzw. der Wandschürze im Bereich des Türanschlusses gemäß Verwendbarkeitsnachweis bzw. Montageanleitung des Herstellers, z.B. bei einigen Bauarten mit Türgewänderahmen, bestehend aus U-Stahlprofilen mit Mindestabmessungen 50 × 40 × 2 mm

⑦ Wandschürze – Mindestanforderung: rauchdicht

5.8-6 Beispiel für den Einbau einer Rauchschutztür in Parallelmontage mit Wandschürze

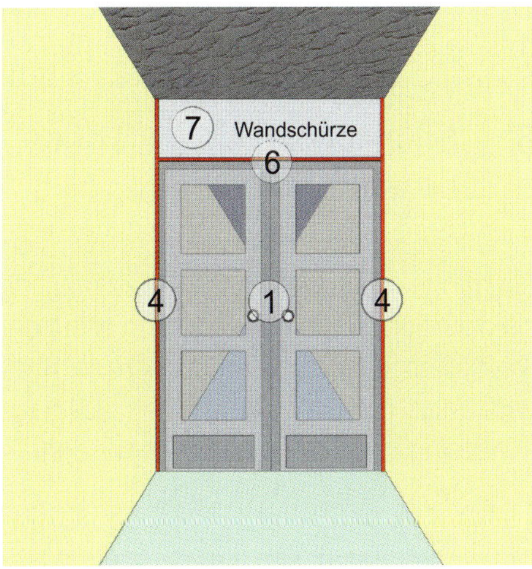

5.8-7 Beispiel für den Einbau einer Rauchschutztür in Parallelmontage mit Oberteil. Für die Kombination „Rauchschutztüre + Oberteil" muss ein gültiger Verwendbarkeitsnachweis vorliegen.

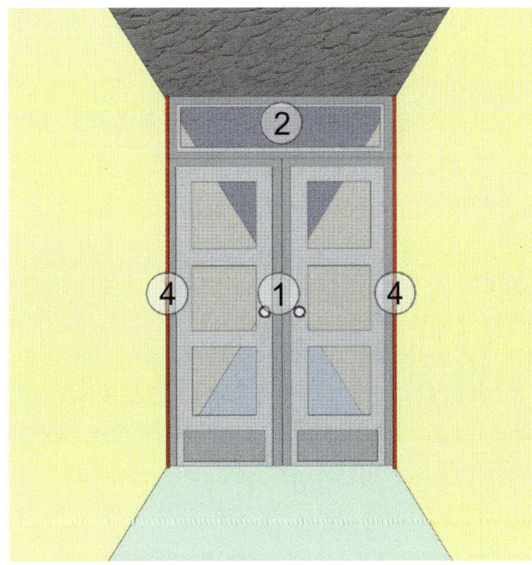

5.8-8 Beispiel für den Einbau einer Rauchschutztür in Parallelmontage mit Seiten- und Oberteil

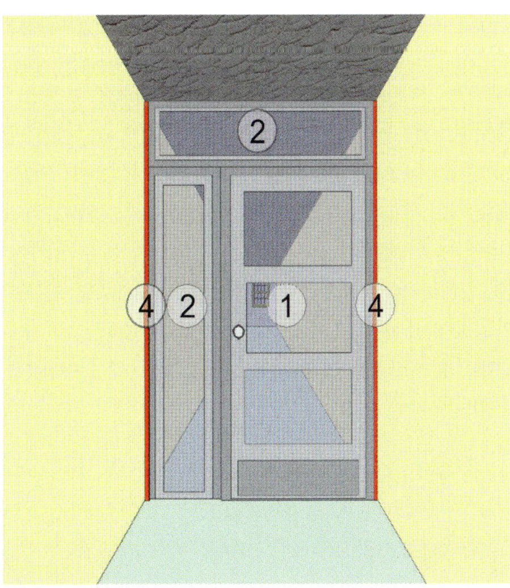

5.9-1 Beispiel für den Einbau einer Rauchschutztür in Leibungsmontage in Flur-Querwand

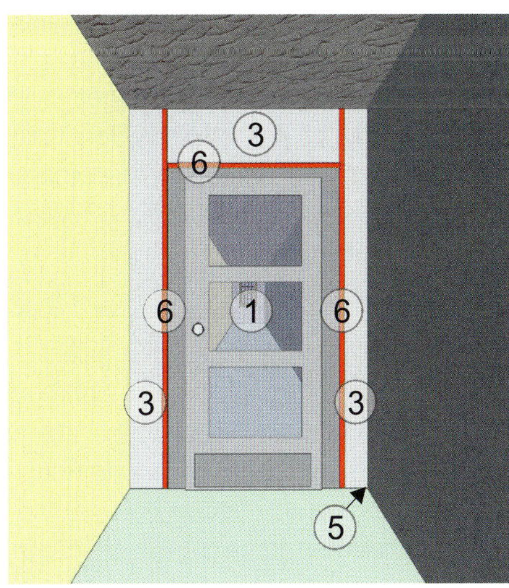

5.10 Flure mit Unterdecke

Die erforderliche brandschutztechnische Qualität von Unterdecken in notwendigen Fluren hängt im Wesentlichen von den im Deckenhohlraumbereich vorhandenen Brandlasten ab (siehe Punkt 11.7 in diesem Kapitel).

Die Rauchschutzabschlüsse sind entweder bis an die Rohdecke zu führen (siehe vorangehende Punkte und Bilder). Sie können auch bis an die Unterdecke des Flurs geführt werden, wenn diese feuerhemmend und nichtbrennbar ist.

Falls der Rauchschutzabschluss bis an eine feuerhemmende und nichtbrennbare Unterdecke des Flurs geführt wird, ist darauf zu achten, dass dieser Einbau mit dem oberen Anschluss an die feuerhemmende Flurdecke entsprechend dem Verwendbarkeitsnachweis (Prüfzeugnis) und der Einbauanleitung des Herstellers möglich ist und auch entsprechend ausgeführt wird.

In diesem Fall müssten Leitungsdurchführungen oberhalb des Abschlusses nicht abgeschottet und auch nicht abgedichtet werden, da das bauaufsichtliche Schutzziel durch die nichtbrennbare und feuerhemmende Unterdecke des Flurs für 30 Minuten gewährleistet wird.

Allerdings ist es empfehlenswert – sinngemäß wie im notwendigen Flur selbst –, auch im Deckenhohlraumbereich oberhalb des notwendigen Flurs Rauchabschnitte zu bilden, da sich ansonsten Feuer und Rauch bei einem Brand im Deckenhohlraumbereich oberhalb der durch die Rauchschutzabschlüsse gebildeten Rauchabschnitte nahezu ungehindert ausbreiten können.

Falls die Rauchabschnittsbildung des notwendigen Flurs und eine Brandwand bzw. eine raumabschließende feuerwiderstandsfähige Trennwand zusammenfallen, dann ist die hier beschriebene Ausführung natürlich nicht möglich (siehe Punkt 5.3 in diesem Kapitel).

6 Stichflure zu einem Sicherheitstreppenraum

Stichflure sind aus der Sicht des vorbeugenden Brandschutzes ungünstig, da sie die Flucht nur in eine Richtung erlauben. Sie sollten deshalb insbesondere in Sonderbauten möglichst vermieden oder zumindest in ihrer Länge begrenzt werden.

Bei den in der MBO 2002 geregelten Gebäuden bestehen keine besonderen Längenbegrenzungen und Anforderungen an Stichflure mit einer Ausnahme: Flure mit nur einer Fluchtrichtung (Stichflure), die zu einem Sicherheitstreppenraum führen, dürfen nicht länger als 15 m sein.

Allerdings ist zu beachten, dass einzelne LBOs besondere Anforderungen haben. So sind z.B. gemäß BauONW Flure, die zu einem Sicherheitstreppenraum führen oder als Stichflure nur eine Fluchtrichtung haben, auf maximal 10 m begrenzt. Sie dürfen 20 m lang sein, wenn die Räume einen zweiten Rettungsweg haben. Türen in diesen Fluren müssen rauchdicht und selbstschließend sein.

Viele Sonderverordnungen (z.B. für Hochhäuser, Krankenhäuser, Schulen, Beherbergungsstätten usw.) begrenzen die Länge von Stichfluren in der Regel auf 10 m (Beherbergungsstätten 15 m).

6-1 Beispiel für ein Gebäude der Gebäudeklasse 5 (kein Hochhaus) mit einem Sicherheitstreppenraum und einem Stichflur

Der Sicherheitstreppenraum wurde angeordnet, weil die Nutzungseinheiten keine anleiterbaren Fenster als zweiten Rettungsweg haben. Der Stichflur darf gemäß MBO 2002 nicht länger als 15 m sein. Weitere Anforderungen an den notwendigen Flur bestehen gemäß MBO nicht, da es sich um keinen Sonderbau handelt.

Anmerkung: Es können besondere Anforderungen in einzelnen LBOs bestehen (siehe Text in diesem Kapitel).

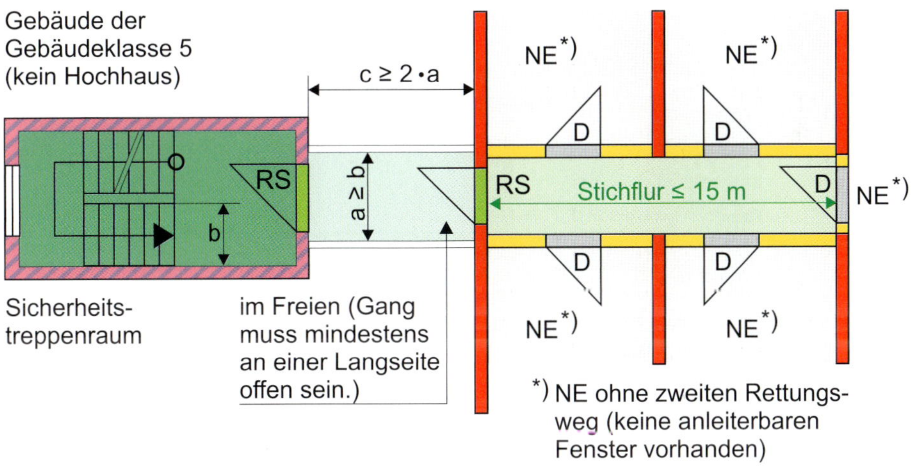

7.6
Seite 42

Notwendige Flure

6-2 Beispiel für ein Gebäude der Gebäudeklasse 5 (kein Sonderbau) mit Stichflur

Dargestellt ist der ungünstigste Fall mit einem endständigen Treppenraum. Diese Ausführung ist nicht empfehlenswert, jedoch gemäß MBO 2002 zulässig. Besser wäre eine Ausführung gemäß Bild 5.2-2, wobei auch dort noch Stichflure vorhanden sind, die allerdings nur halb so lang sind. Eine aus brandschutztechnischer Sicht gute Ausführung mit zwei notwendigen Treppenräumen zeigt das Bild 5.2-3.

Anmerkung: In einzelnen LBOs können besondere Anforderungen bestehen (siehe Text in diesem Kapitel). Gemäß BauONW sind solche Stichflure nur bis 20 m zulässig und die Flurtüren müssen als Rauchschutztüren ausgeführt werden. Nach BauOBln ist bei Nutzungseinheiten > 400 m^2 mit notwendigem Flur ein zweiter baulicher Rettungsweg erforderlich.

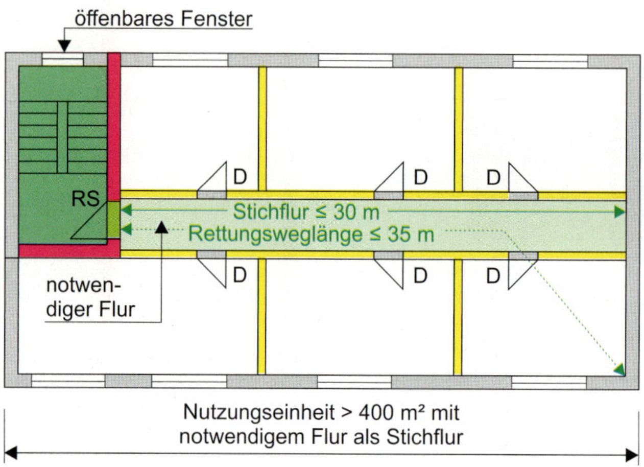

6-3 Beispiel für eine Beherbergungsstätte als Sonderbau

Die Länge des Stichflurs darf nicht mehr als 15 m betragen. In anderen Sonderbauten, wie Schulen und Hochhäusern, ist die Länge des Stichflurs insgesamt auf 10 m begrenzt.

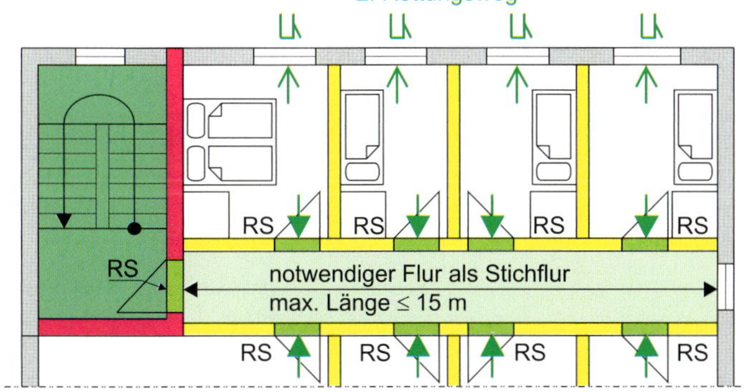

7 Sichere Begehbarkeit notwendiger Flure

Der notwendige Flur muss auch unter erschwerten Bedingungen (z.B. bei Panik und/oder Verrauchung) sicher begehbar sein und als Flucht- und Rettungsweg benutzt werden können. Er darf deshalb nicht durch Mobiliar, Einrichtungen, Einbauten oder Ähnliches eingeengt werden. Praxisbeispiele enthält Kapitel 8.2-A in diesem Werk.

Außerdem sind, um die sichere Begehbarkeit des Flurs zu gewährleisten, Stolperstufen (einzelne Stufen oder zwei Stufen) unzulässig. Es müssen mindestens drei Stufen zusammenhängend (wie eine kleine Treppe) angeordnet werden. Zur Stufenhöhe und -breite gelten sinngemäß die Vorschriften für Treppen.

8 Flurtrennwände, Türen und Sichtöffnungen

8.1 Anforderungen an den feuerwiderstandsfähigen Raumabschluss

Die Aufgabe der Flurtrennwände ist es, den notwendigen Flur für eine bestimmte Zeit gegen das Eindringen von Feuer und Rauch zu schützen. Die brandschutztechnischen Anforderungen an Flurtrennwände hängen von der Gebäudenutzung und -höhe ab. In Gebäuden, die durch die MBO bzw. die jeweilige LBO geregelt werden, besteht in der Regel in oberirdischen Geschossen die Anforderung *feuerhemmend* und im Kellergeschoss *feuerbeständig.* Wände zu Räumen mit erhöhter Explosions- und Brandgefahr müssen *raumabschließend* und *feuerbeständig* sein.

7.6 Seite 44 — Notwendige Flure

Die Wände notwendiger Flure müssen gemäß MBO 2002 als raumabschließende Bauteile die in Tabelle 8.1-1 genannten Anforderungen erfüllen. Bei tragenden Flurtrennwänden sind zusätzlich noch die brandschutztechnischen Anforderungen an das Tragwerk zu berücksichtigen (siehe auch Kapitel 6.1 in diesem Werk).

Tabelle 8.1-1: Anforderungen an die Wände notwendiger Flure gemäß MBO 2002

Gebäudeklasse, Raumnutzung, Gebäudeart		Anforderungen an Trennwände von Nutzungseinheiten und Räumen zum notwendigen Flur[1] [2]				
		Normalgeschosse	Kellergeschosse	Dachgeschoss, wenn darüber noch Aufenthaltsräume möglich sind	Dachgeschoss, wenn darüber keine Aufenthaltsräume möglich sind	Laubengänge
GK 2	Raumabschluss	–	fh	–	–	–
	Tragwerk	fh	fh	fh	–	fh
GK 3	Raumabschluss	fh	fb	fh	fh	fh
	Tragwerk	fh	fb	fh	–	fh
GK 4	Raumabschluss	fh	fb	fh	fh	fh
	Tragwerk	hf	fb	hf	–	hf
GK 5	Raumabschluss	fh	fb	fh	fh	fh
	Tragwerk	fb	fb	fb	–	fb
Räume mit Explosions- oder erhöhter Brandgefahr	Raumabschluss	Trennwände zum notwendigen Flur: feuerbeständig				
	Tragwerk	siehe GK 2 bis 5				
Sonderbauten		Siehe jeweilige Sondervorschrift – ist diese bauaufsichtlich nicht eingeführt, gelten die Anforderungen des Brandschutznachweises.				

Abkürzungen:

AR Aufenthaltsraum
DG Dachgeschoss
GK Gebäudeklasse
fb feuerbeständig
fh feuerhemmend
hf hochfeuerhemmend

[1]) Feuerhemmende Flurwände und -decken mit brennbarem Tragwerk (F 30-B) müssen eine Bekleidung aus nichtbrennbaren Baustoffen in ausreichender Dicke haben (siehe Kapitel 7.5, Punkt 13 in diesem Werk).

[2]) Auf die fachgerechte Ausführung des oberen An- bzw. Abschlusses ist zu achten, insbesondere wenn dieser das Dach ist (siehe folgenden Punkt 8.4).

8.2 Wände notwendiger Flure als Außenwände

Bilden die Wände notwendiger Flure zugleich die Außenwand, gelten für die Flurwand, die dann eine Außenwand ist, zunächst einmal vom Grundsatz her die in Punkt 8.1 genannten Anforderungen. Danach wäre eine raumabschließende (= öffnungslose Flurwand) erforderlich.

Wie bei Außenwänden notwendiger Treppenräume ist jedoch eine raumabschließende öffnungslose Ausführung der Fluraußenwand nicht erforderlich, wenn sie durch anschließende Gebäudeteile im Brandfall nicht gefährdet werden kann (siehe sinngemäß Kapitel 7.5, Punkt 10 in diesem Werk).

In solchen Fällen bestehen dann für die Flurwände die gleichen Anforderungen wie an Außenwände. Fenster zum Öffnen sind dann zulässig, sogar erwünscht, weil damit eine Entrauchungsmöglichkeit besteht und der Brandschutz des Flurs verbessert wird. Allerdings ist dabei zu beachten, dass Bekleidungen, Putze, Unterdecken und Dämmstoffe aus nichtbrennbaren Baustoffen bestehen müssen und bei F 30-B-Wänden eine Bekleidung aus nichtbrennbaren Baustoffen in ausreichender Dicke erforderlich ist.

8.3 Bekleidungen, Putze und Dämmstoffe von Flurwänden

Zusätzlich zur Anforderung an einen feuerwiderstandsfähigen Raumabschluss ist noch zu beachten, dass Bekleidungen, Putze, Dämmstoffe und Einbauten von Wänden notwendiger Flure aus nichtbrennbaren Baustoffen bestehen müssen (siehe auch Punkt 9 in diesem Kapitel).

Für feuerhemmende Wände und Decken mit tragenden und aussteifenden Bauteilen aus brennbaren Baustoffen ist in den notwendigen Fluren eine Bekleidung in ausreichender Dicke erforderlich (siehe sinngemäß Kapitel 7.5, Punkt 13 in diesem Werk).

8.4 An- und Abschlüsse der Flurwände

Die raumabschließenden Wände notwendiger Flure sind bis an die Rohdecke zu führen. Sie dürfen bis an die Unterdecke der Flure geführt werden, wenn die Unterdecke feuerhemmend und ein der Feuerwiderstandsdauer der Flurwand vergleichbarer Raumabschluss sichergestellt ist.

8.4.1 Ausführung von Rohdecke zu Rohdecke

Der notwendige Flur kann seine Funktion als Rettungsweg nur erfüllen, wenn zwischen den angrenzenden Nutzungseinheiten und dem Flur ein Raumabschluss in der Feuerwiderstandsdauer der Flurwand besteht. Um dies zu gewährleisten, müssen die Flurwände von Rohdecke zu Rohdecke reichen (Ausnahmen siehe unter folgendem Punkt).

7.6 Seite 46 | Notwendige Flure

8.4-1 Beispiel für Gebäude der Gebäudeklassen 3 bis 5 ohne Brandlasten im Deckenhohlraum

Die Flurwände müssen grundsätzlich von Rohdecke zu Rohdecke reichen.

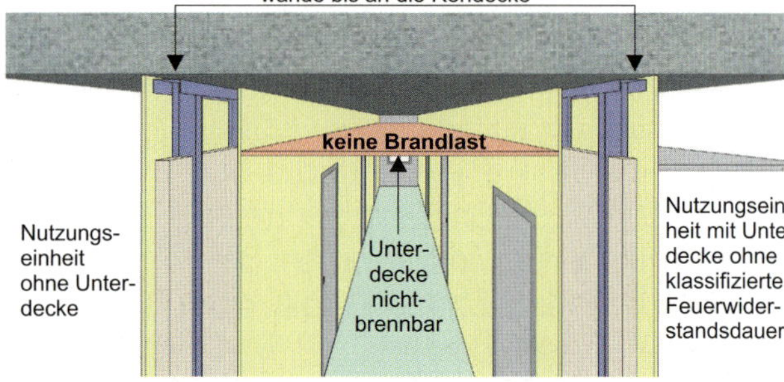

8.4.2 Ausführung bis an eine feuerhemmende Unterdecke

Weitere Ausführungsbeispiele enthalten sinngemäß Kapitel 6.7.1-B, Bilder 6.2-1 bis 6.2-13, 6.4-1 bis 6.4-3, 7.3.4-1 bis 7.3.5-2 sowie Kapitel 6.2.1-A, Bilder 2-1 bis 2-6 in diesem Werk.

Es ist auch zulässig, die Flurwände bis an eine feuerhemmende Unterdecke des Flurs zu führen. In diesem Fall muss ein der Feuerwiderstandsdauer der Flurwand vergleichbarer Raumabschluss sichergestellt werden.

Wichtig:

Bei dieser Ausführung ist unbedingt darauf zu achten, dass der Anschluss der raumabschließenden feuerwiderstandsfähigen (in der Regel feuerhemmenden) Flurwände an die raumabschließende feuerwiderstandsfähige (in der Regel feuerhemmende) Unterdecke gemäß Verwendbarkeitsnachweis (in der Regel allgemeines bauaufsichtliches Prüfzeugnis) von Flurwand und Unterdecke möglich ist.

Beispiel

Werden die Flurwände als feuerhemmende leichte Trennwände hergestellt, sind bei einer Ausführung nach DIN 4102-4 Abschnitt 4.10 (siehe Kapitel 3.5-V in diesem Werk) nur obere Wandanschlüsse an Massivdecken möglich. Anschlüsse an feuerhemmende Unterdecken sind dort nicht geregelt.

In diesen Fällen bietet sich als Lösungsmöglichkeit feuerhemmende leichte Trennwände mit einem allgemeinen bauaufsichtlichen Prüfzeugnis als Verwendbarkeitsnachweis an. Dann ist natürlich darauf zu achten, dass der Anschluss an die feuerhemmende Unterdecke gemäß Prüfzeugnis (und Einbauvorschrift des Herstellers) von Wand und Decke möglich sind.

Falls solche Anschlüsse in den Prüfzeugnissen nicht enthalten bzw. geregelt sind, besteht unter Umständen noch der Weg über eine nicht wesentliche Abweichung. Hierbei ist in der Regel eine schriftliche Bestätigung des Herstellers bzw. der Materialprüfanstalt, die die Wand geprüft hat, erforderlich. Grundsätzliche Informationen zu Anschlüssen von leichten Trennwänden enthält Kapitel 6.7.1-B in diesem Werk.

8.4-2 Beispiel für einen Anschluss der feuerhemmenden Flurwände an eine feuerhemmende Unterdecke

Die Ausführung des Anschlusses muss gemäß Verwendbarkeitsnachweis (allgemeines bauaufsichtliches Prüfzeugnis) möglich sein und in allen Punkten wie im Verwendbarkeitsnachweis angegeben ausgeführt werden. Entsprechend dem Schutzziel, das Eindringen von Feuer und Rauch in den notwendigen Flur für 30 Minuten zu verhindern, müssen in diesem Beispiel auch die Unterdecken der an die Flurwände angrenzenden Nutzungseinheiten feuerhemmend sein.

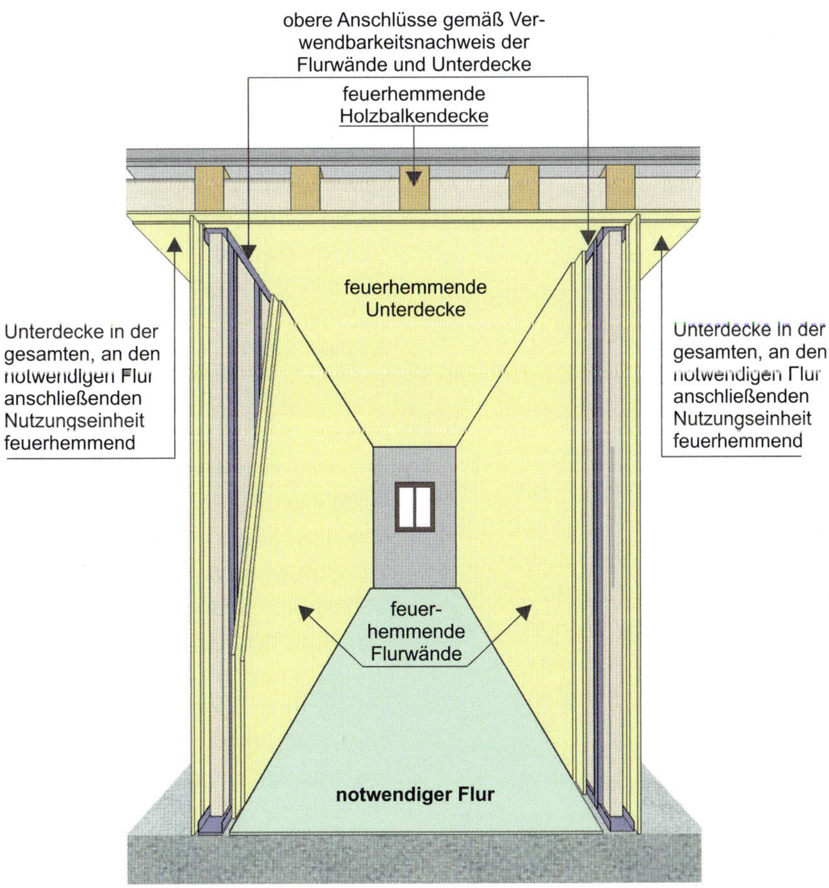

7.6 Seite 48 | Notwendige Flure

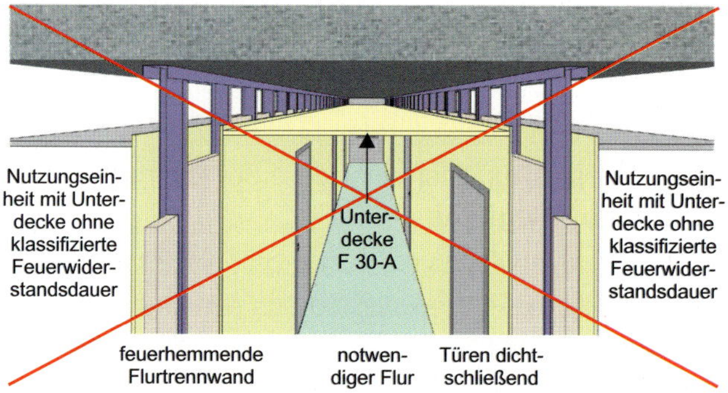

8.4-3 Beispiel für einen unzulässigen Anschluss der feuerhemmenden Flurwände an eine feuerhemmende Unterdecke

Die Ausführung ist nicht zulässig, da weder der Anschluss der Flurwände an die feuerhemmende Unterdecke noch der obere Anschluss der Flurwände an die Geschossdecke den jeweiligen Verwendbarkeitsnachweisen entspricht.

8.4.3 Ausführung bis an die nicht feuerwiderstandsfähige Dachkonstruktion

Weitere Ausführungsbeispiele enthalten sinngemäß Kapitel 6.7.1-B, Bilder 6.2-1 bis 6.2-13, 6.4-1 bis 6.4-3, 7.3.4-1 bis 7.3.5-2 sowie Kapitel 6.2.1-A, Bilder 2-1 bis 2-6 in diesem Werk.

Sollen feuerhemmende Flurwände an das Dach angeschlossen werden, besteht das Problem, die oberen An- bzw. Abschlüsse so auszuführen, dass sie den jeweiligen Verwendbarkeitsnachweisen entsprechen und auch die bauaufsichtlichen Schutzziele der feuerhemmenden Flurwände als *raumabschließende feuerwiderstandsfähige Trennwände* einhalten.

Bei An- bzw. Abschlüssen an tragende Dachschalen aus mineralischen Baustoffen (wie Beton und Porenbeton) ist dies in der Regel problemlos möglich (siehe Punkt 8.4.1 in diesem Kapitel).

Problematisch bzw. schwierig wird es jedoch bei Dachkonstruktionen aus Holz bzw. Trapezblechdächern oder sonstigen nicht raumabschließend feuerwiderstandsfähigen Dächern. Zur Problemlösung bestehen u.a. folgende Möglichkeiten:

Möglichkeit 1:

Das gesamte Dach wird mit einer feuerhemmenden Unterdecke bzw. Bekleidung (F 30 von unten) versehen. Bei dieser Ausführung muss der Anschluss der feuerhemmenden Flurwände an die feuerhemmende Unterdecke bzw. Bekleidung gemäß den Verwendbarkeitsnachweisen möglich sein (siehe sinngemäß vorangehenden Punkt 8.4.2). Außerdem sind in den Deckenhohlräumen mit Ausnahme der zur unmittelbaren Versorgung dienenden Elektroinstallation keine fremden Brandlasten zulässig.

Möglichkeit 2:

Die feuerhemmenden Flurwände werden bis unter die Dachhaut geführt. In diesem Fall ist jedoch unbedingt darauf zu achten, dass der obere An- bzw. Abschluss an eine nicht feuerwiderstandsfähige Dachkonstruktion gemäß Verwendbarkeitsnachweis der Flurwände möglich ist (feuerhemmende Aussteifung).

Dies ist z.B. bei leichten Trennwänden in der Regel nicht bzw. nur mit besonderen Maßnahmen realisierbar. Außerdem muss der obere Anschluss so ausgeführt werden, dass das Schutzziel der feuerhemmenden Flurwände, das Eindringen von Feuer und Rauch ausreichend lange zu verhindern, bei einem Brand im angrenzenden Dach bzw. In den angrenzenden Dachräumen gewährleistet wird.

Anschluss an Trapezblechdächer

Besonders problematisch sind in diesem Zusammenhang Flurtrennwände, die an nicht feuerwiderstandsfähige Trapezblechdächer anschließen. Hierbei ist ein fachgerechter oberer Anschluss der feuerhemmenden Flurwände an die Trapezbleche – wenn überhaupt – nur mit besonderen Maßnahmen ausführbar (siehe Bild 8.4-4).

Beispiel 1

Als Alternative bietet sich ein Fluchttunnel an, der so ausgeführt werden muss, dass er bei einem eventuellen Brand in den angrenzenden Nutzungseinheiten und einem Einsturz der nicht feuerwiderstandsfähigen Dachkonstruktion das Schutzziel für 30 Minuten gewährleistet (siehe folgenden Punkt 8.4.4 und Bild 8.4-7). Hierfür ist ein entsprechender Verwendbarkeitsnachweis erforderlich.

Beispiel 2

Eine weitere Alternative besteht darin, dass das gesamte Trapezblechdach unterseitig mit einer F 30-A-Unterdecke versehen wird (F 30-A von unten) und die Flurwände an diese Unterdecke angeschlossen werden. In diesem Fall müssen die Anschlüsse gemäß den Verwendbarkeitsnachweisen möglich sein (siehe Bilder 8.4-5 und 8.4-6).

Außerdem sind dann in allen Deckenhohlraumbereichen keine fremden Brandlasten zulässig (ausgenommen die zur unmittelbaren Versorgung erforderlichen elektrischen Installationen). Auch die Bedachung des Trapezblechdaches muss dann so ausgeführt werden, dass eine Brandausbreitung über das Dach innerhalb eines Brandabschnittes behindert wird. Dies gilt z.B. als erfüllt bei Dächern nach DIN 18234-1 einschließlich Beiblatt 1.

7.6 Seite 50	Notwendige Flure	

8.4-4 Beispiel für einen unzulässigen Anschluss einer feuerhemmenden Flurwand an ein nicht feuerwiderstandsfähiges Trapezblechdach

Der obere An- bzw. Abschluss muss gemäß Verwendbarkeitsnachweis und Einbauvorschrift des Herstellers ausgeführt werden. Außerdem wurde die Flurwand nicht bis unter die Dachhaut geführt, wie es in der MBO bzw. der jeweiligen LBO für Trennwände vorgeschrieben ist.

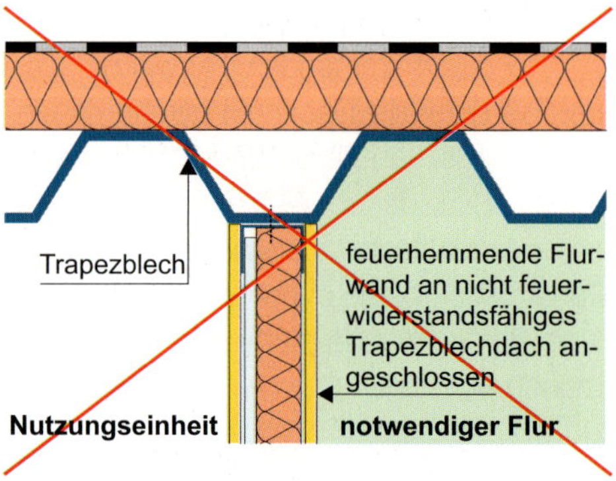

Anmerkung: Bei Trapezblechdächern sind auch bei unter die Dachhaut geführten Trennwänden noch zusätzliche Maßnahmen erforderlich, um das bauaufsichtliche Schutzziel zu erreichen, z.B. Bekiesung (siehe sinngemäß Kapitel 6.2.2-B, Bild 4.8-5 in diesem Werk).

8.4-5 und 8.4-6 Beispiele für zulässige Anschlüsse von feuerhemmenden Flurwänden an feuerhemmende Unterdecken des Trapezblechdachs

Es ist darauf zu achten, dass die An- bzw. Abschlüsse gemäß Verwendbarkeitsnachweis und Einbauvorschrift des Herstellers ausgeführt werden. Außerdem dürfen in den Deckenhohlräumen mit Ausnahme der zur unmittelbaren Versorgung erforderlichen elektrischen Installationen keine fremden Brandlasten angeordnet werden. Wichtig ist, dass das gesamte Trapezblechdach mit einer feuerhemmenden Unterdecke ausgestattet wird, da bei einem Brand in einer Nutzungseinheit nur so verhindert wird, dass Feuer und Rauch ausreichend lange nicht in den notwendigen Flur eindringen können.

8.4-5 Feuerhemmende Unterdecke direkt befestigt

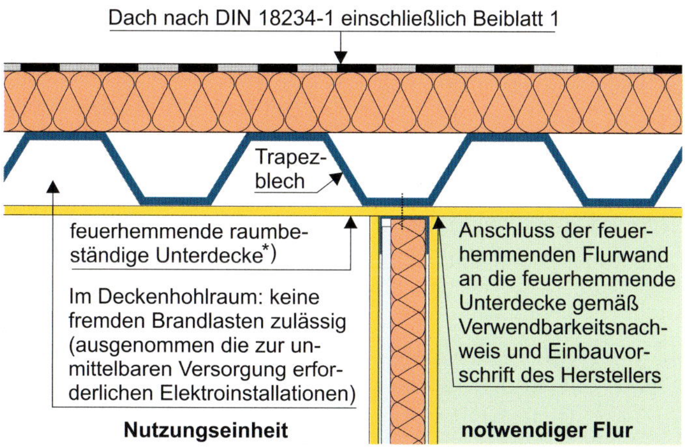

*) Öffnungen, z.B. für Lichtkuppeln, sind ausreichend gegen eine Brandausbreitung in die Dachkonstruktion bzw. auf das Dach zu sichern, z.B. Sicherung nach DIN 18234.

8.4-6 Feuerhemmende Unterdecke abgehängt

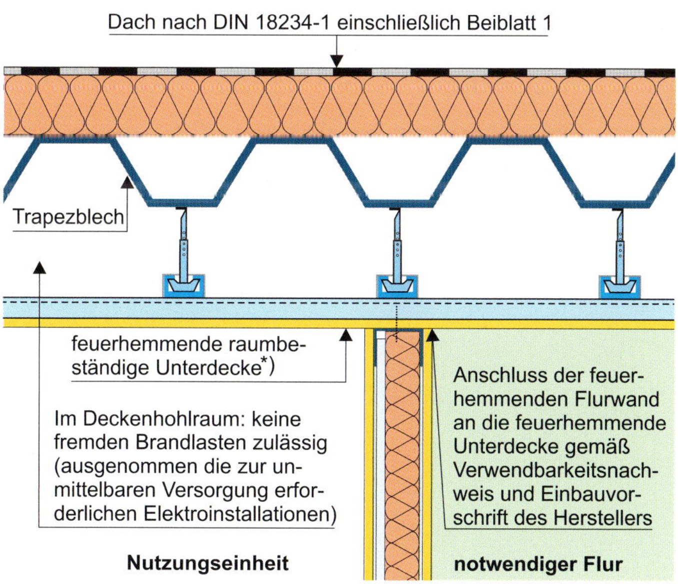

*) Öffnungen, z.B. für Lichtkuppeln, sind ausreichend gegen eine Brandausbreitung in die Dachkonstruktion bzw. auf das Dach zu sichern, z.B. Sicherung nach DIN 18234.

7.6
Seite 52

Notwendige Flure

8.4.4 Fluchttunnel

Bei der Fluchttunnellösung reichen die raumabschließenden feuerwiderstandsfähigen Flurtrennwände nur bis zur Unterdecke des notwendigen Flurs. Dadurch steht der Deckenhohlraum des notwendigen Flurs mit dem Deckenhohlraum der beidseitig angrenzenden Räume in offener Verbindung und der Flur bildet den *Fluchttunnel*.

Wenn die beidseitig angrenzenden Räume keine feuerhemmenden Unterdecken aufweisen, wird der Hohlraum oberhalb der Flurdecke im Brandfall durch die in den Räumen vorhandenen Brandlasten beansprucht. Außerdem befinden sich oberhalb der Flurdecke meist Brandlasten durch elektrische Kabel, brennbare Leitungen bzw. mit brennbaren Dämmstoffen gedämmte Leitungen.

Damit der Fluchttunnel im Brandfall den erforderlichen Schutz bietet, müssen die Flurtrennwände mit der Flurdecke für die Zeit ihrer Feuerwiderstandsdauer ausreichend standsicher und entsprechend miteinander verbunden sein. Flurdecke und Flurwand bilden damit eine Konstruktionseinheit. Die Flurdecke muss die gleiche Feuerwiderstandsdauer wie die Flurwände aufweisen (Brandbeanspruchung von oben und unten).

Für derartige Konstruktionen ist in der Regel als Verwendbarkeitsnachweis eine allgemeine bauaufsichtliche Zulassung notwendig. Die Ausführung muss in allen Punkten der Zulassung entsprechen. Damit sind z.B. Öffnungen für Beleuchtungskörper oder Revisionsöffnungen nur zulässig, wenn dies in der Zulassung ausdrücklich angegeben ist und die Ausführung entsprechend erfolgt.

8.4-7 Beispiel für die Lösung mit Fluchttunnel

Der Fluchttunnel wurde aus feuerbeständigen Massivbauteilen (Mauerwerkswände und Stahlbetondecke) ausgeführt, da damit ohne größere Probleme eine ausreichend sichere Verbindung der Wände zur Flurdecke und auch eine ausreichende Standsicherheit des Fluchttunnels gewährleistet werden können.

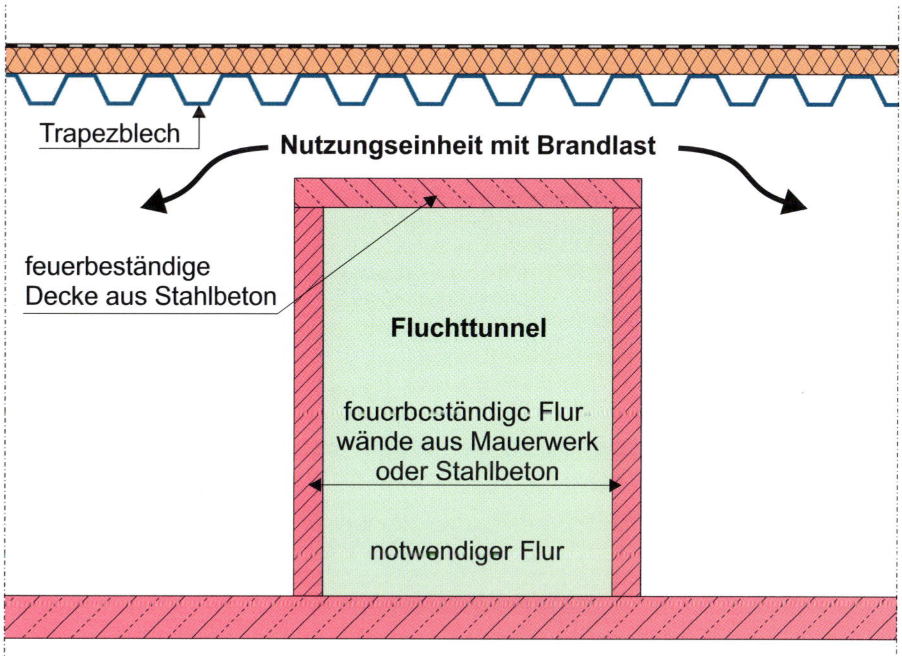

8.4.5 Ausführung bei Systemböden

Auch bei Systemböden (Hohl- und Doppelböden) gilt vom Prinzip her, dass die raumabschließenden feuerwiderstandsfähigen Flurwände von Rohdecke zu Rohdecke reichen müssen.

Die brandschutztechnischen Anforderungen sind in der „Muster-Richtlinie über brandschutztechnische Anforderungen an Systemböden – Muster-Systembödenrichtlinie (MSysBöR), Fassung September 2005 geregelt. Diese Richtlinie ist in der „Muster-Liste der Technischen Baubestimmungen" unter der lfd. Nr. 3.4 enthalten und wurde in den meisten Ländern eingeführt. Aber auch in den Ländern, in denen sie nicht eingeführt wurde, kann die Richtlinie zur Orientierung und Beurteilung des Brandschutzes dienen.

Gemäß MSysBöR wird unterschieden zwischen notwendigen Fluren, die Nutzungseinheiten trennen, und Fluren innerhalb einer (größeren) Nutzungseinheit.

7.6 Seite 54 | Notwendige Flure

Bei notwendigen Fluren, die Nutzungseinheiten trennen, dürfen die feuerwiderstandsfähigen raumabschließenden Flurwände nicht von Systemböden aus hochgeführt werden, d.h., sie müssen immer bis an Rohdecke führen.

Bei notwendigen Fluren innerhalb von Nutzungseinheiten ist es zulässig, die feuerwiderstandsfähigen raumabschließenden Flurwände von Hohlböden hochzuführen. Sie dürfen auch von Doppelböden hochgeführt werden, wenn diese einen lichten Hohlraum bis maximal 200 mm haben und bei Brandbeanspruchung von unten mindestens feuerhemmend sind.

Wichtig:
In diesem Fall muss der Anschluss der Flurwände an den Hohl- bzw. Doppelboden gemäß Verwendbarkeitsnachweis und Einbauvorschrift des Herstellers möglich sein.

8.4-8 Beispiel für einen notwendigen Flur, der verschiedene Nutzungseinheiten trennt

In diesem Fall sind die raumabschließenden feuerhemmenden Flurwände bis an die Rohdecke zu führen. Der Systemboden ist entsprechend der MSysBöR auszuführen.

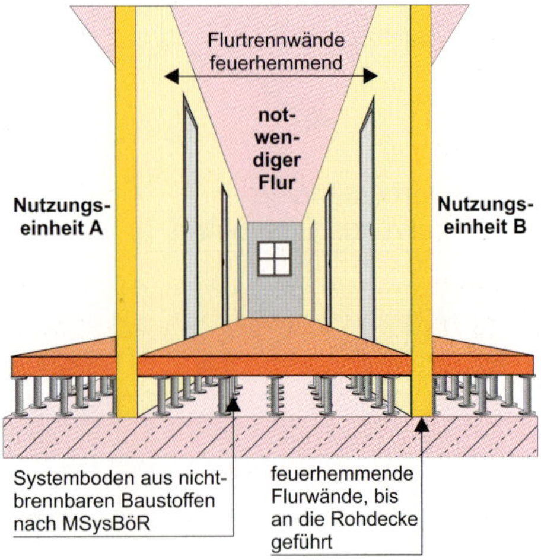

8.4-9 Beispiel für einen notwendigen Flur innerhalb einer größeren Nutzungseinheit

Gemäß MSysBöR ist es zulässig, die feuerwiderstandsfähigen raumabschließenden Flurwände von Hohlböden hochzuführen. Sie dürfen auch von Doppelböden hochgeführt werden, wenn diese einen lichten Hohlraum bis maximal 200 mm haben und bei Brandbeanspruchung von unten mindestens feuerhemmend sind.

Wichtig:

Der Anschluss der Flurwände an die Hohl- bzw. Doppelböden muss gemäß Verwendbarkeitsnachweis und Einbauvorschrift des Herstellers ausgeführt werden.

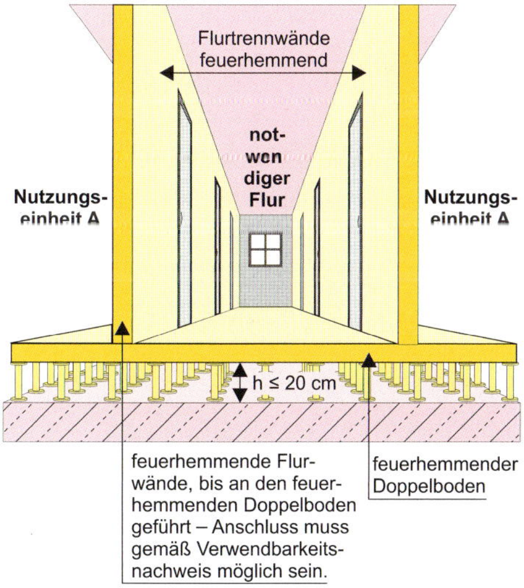

8.4.6 Anschluss von Flurwänden an die Außenwand bzw. Fassade

Der Anschluss raumabschließender feuerwiderstandsfähiger Flurwände an massive Außenwände (z.B. aus Mauerwerk) ist in der Regel problemlos möglich, da diese Anschlüsse in den Verwendbarkeitsnachweisen mit geregelt sind.

Besonderes Augenmerk ist jedoch auf die Anschlüsse an Fassaden (z.B. aus Aluminium-Stahl-Glas) zu legen. Anschlüsse an nicht massive und nicht feuerwiderstandsfähige Außenwände bzw. vorgehängte Fassaden in Pfosten-Riegel-Konstruktion sind nach den Verwendbarkeitsnachweisen der Flurwände in der Regel nicht möglich bzw. nicht vorgesehen.

In diesen Fällen sind besondere An- und Abschlusskonstruktionen erforderlich, mit denen die bauaufsichtlichen Schutzziele und die Anforderungen der Verwendbarkeitsnachweise eingehalten werden. Da es sich dabei in der Regel um wesentliche Abweichungen handelt, sind ein besonderer Nachweis und eine Zustimmung im Einzelfall erforderlich. Im Zweifelsfall ist eine Abstimmung mit der für den Brandschutz zuständigen Stelle empfehlenswert.

8.5 Türen in Flurwänden

8.5.1 Grundsätzliche Anforderungen

Türen in feuerwiderstandsfähigen und raumabschließenden Flurwänden müssen dicht schließen. Öffnungen zu Lagerbereichen im Kellergeschoss und zu Räumen mit Explosions- oder erhöhter Brandgefahr müssen feuerhemmende, dicht- und selbstschließende Abschlüsse haben.

7.6
Seite 56

Notwendige Flure

Falls es in einer an den notwendigen Flur angrenzenden Nutzungseinheit brennt, müssen die raumabschließenden feuerwiderstandsfähigen Flurwände den Flur ausreichend lange vor dem Eindringen von Feuer und Rauch schützen. Die Flurtrennwände selbst können dieses Schutzziel in der Regel erfüllen. Ganz anders sieht es jedoch mit den Türöffnungen aus. Die einzige Anforderung der MBO lautet hier: *„Türen müssen dicht schließen"*.

Als dichtschließend im Sinne der Bauordnung gelten Türen mit stumpf einschlagendem oder gefälztem vollwandigem Türblatt mit mindestens dreiseitig umlaufenden Dichtungen (siehe Kapitel 6.8.4-B in diesem Werk).

Dadurch ist jedoch nicht gewährleistet, dass die Türen im Brandfall geschlossen sind. Außerdem werden keine bestimmten bzw. besonderen Anforderungen an die brandschutztechnische Qualität der Türen gestellt. Deshalb können auch geschlossene Türen unter ungünstigen Umständen bereits nach wenigen Minuten versagen, und der Flur kann durch die Einwirkung von Feuer und Rauch nicht mehr als Fluchtweg dienen.

Für diesen Fall steht Personen, die sich in angrenzenden Räumen aufhalten, der zweite Rettungsweg (z.B. ein anleiterbares Fenster) zur Verfügung. Relativ ungünstig ist die Situation jedoch im brandbetroffenen Geschoss, wenn der zweite Rettungsweg baulich hergestellt wird, also durch einen zweiten notwendigen Treppenraum. In diesem Fall führen beide Rettungswege über einen gemeinsamen notwendigen Flur, der unter den beschriebenen ungünstigen Umständen durch Feuer und Rauch unpassierbar wird.

Deshalb ist es wichtig, dass die Türen in den notwendigen Fluren möglichst bis zum Eintreffen der Feuerwehr standhalten. Damit sie zumindest in geschlossenem Zustand einen gewissen Mindestschutz bieten, sollten sie nicht nur dicht, sondern mindestens auch vollwandig sein. Vollwandige Türen erfüllen zwar nicht die Anforderungen an eine definierte Feuerwiderstandsklasse. Mit dem Begriff *vollwandig* verbindet sich jedoch die Vorstellung, dass eine solche Tür im Ernstfall länger standhält als eine einfache, nicht vollwandige Tür und damit auch etwas länger Schutz bietet.

Sinngemäß das Gleiche gilt auch für einfache Verglasungen in den Türen, da diese bei Hitzeeinwirkung bereits nach wenigen Minuten zerstört werden. Eine Verbesserung kann hier z.B. der Einbau von Glas, das für G 30-Brandschutzverglasungen geeignet ist, mit geeigneten Glashalteleisten bringen. Damit wird zwar ebenfalls keine definierte Feuerwiderstandsdauer erreicht, doch eine Tür mit fachgerecht eingebauten G-Scheiben widersteht einer Brandeinwirkung deutlich länger als eine Tür mit einfacher Verglasung. Voraussetzung hierfür ist allerdings, dass die Verglasung durch eine Fachfirma erfolgt, die ausreichende Erfahrungen mit Brandschutzverglasungen hat.

Bei der Frage, welche brandschutztechnische Qualität die Türen mindestens aufweisen müssen, ist natürlich auch die Nutzung der damit erschlossenen Aufenthaltsräume bzw. Nutzungseinheiten zu berücksichtigen. Je mehr die Nutzung von der in den LBOs zugrunde gelegten Nutzungen abweicht, umso wahrscheinlicher ist es, dass die bauaufsichtlichen Mindestanforderungen (dichtschließende Türen) nicht mehr ausreichen.

Eine besondere Situation besteht auch, wenn an einen notwendigen Flur Büro- und Verwaltungsnutzungen mit einer Größe zwischen 200 und 400 m^2 angeschlossen werden. Dieser Fall ist in der MBO nicht besonders geregelt, so dass die Mindestanforderung nur *dichtschließend* lautet. Hierbei kann es empfehlenswert sein (analog zu Treppenraumtüren), Türen mit Rauch- und Brandschutzanforderungen, z.B. T 30-Türen mit Rauchschutz nach DIN 18095, anzuordnen.

Bei Sonderbauten können besondere Anforderungen an die Sicherung der Türöffnungen bestehen. Räume mit Explosions- oder erhöhter Brandgefahr erfordern eine feuerbeständige (F 90-AB-)Abtrennung zum notwendigen Flur. Türöffnungen in diesen Wänden sind durch mindestens feuerhemmende selbstschließende und dichtschließende Türen (T 30-D) zu sichern.

8.5.2 Türen mit Oberteilen (Oberlichten)

An den Einbau von dichtschließenden Türen in raumabschließende feuerhemmende Flurwände bestehen keine besonderen Anforderungen. Dies gilt jedoch nur für die Türen selbst. Eventuell vorhandene feststehende Oberteile wie Oberlichte werden nicht als Tür, sondern als Teil der Flurtrennwand angesehen und müssen dementsprechend grundsätzlich die gleichen Anforderungen wie die Flurwand erfüllen.

Aus diesen Gründen ist z.B. bei verglasten Oberlichten vom Grundsatz her eine Brandschutzverglasung in der gleichen Feuerwiderstandsdauer wie die Flurtrennwände erforderlich (in der Regel 30 Minuten).

Ab einer Höhe von 1,80 m darf diese Verglasung in der Regel als G-Brandschutzverglasung ausgeführt werden, weil bei dieser Einbausituation in Fluren in der Regel keine Bedenken wegen der Strahlungswärme bestehen.

Bis jetzt bereitete der fachgerechte Einbau von Oberlichten über Türen Probleme, da es für diese Kombinationen von einfachen, dichtschließenden Türen mit G 30-Oberlichten keine Bauprodukte mit Verwendbarkeitsnachweis gibt. Damit ist entweder eine Abweichung (Ausnahme/ Befreiung) oder eine Zustimmung im Einzelfall erforderlich. Alternativ ist auch die in Bild 8.5-2 dargestellte *Behelfslösung* möglich.

Bei der Beurteilung der Risikosituation ist Folgendes zu bedenken: Theoretisch kann die Tür geschosshoch sein. In diesem Fall wäre im oberen Bereich nur ein einfaches Türblatt notwendig. Andererseits steigt bei einem eventuellen Brand die thermische Beanspruchung mit der Türhöhe an und ist im Bereich des Oberlichtes am größten (siehe z.B. Bilder 8.5-3 und 8.5-4).

7.6 Seite 58 | Notwendige Flure

8.5-1 Für die Ausführung ist eine Abweichung (Ausnahme/Befreiung) oder Zustimmung im Einzelfall erforderlich, da gemäß Verwendbarkeitsnachweis der G 30-Brandschutzverglasung bzw. Einbauanleitung des Herstellers ein Anschluss an eine dichtschließende Tür nicht möglich bzw. vorgesehen ist.

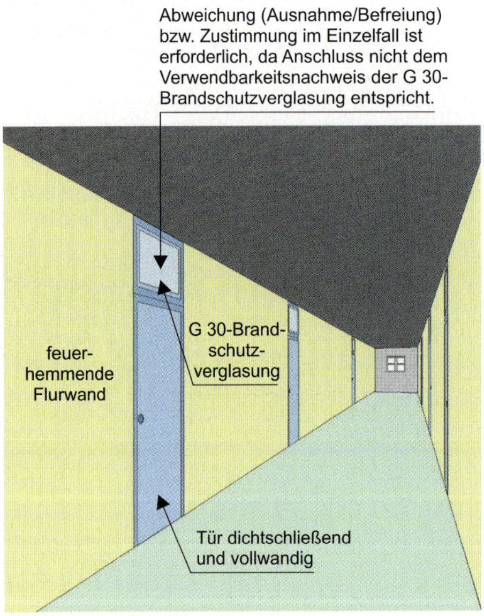

8.5-2 Beispiel für eine dichtschließende Türe mit Oberlicht

Als Behelfslösung wurde oberhalb der Türzarge ein feuerhemmender Türsturz angeordnet, an den dann die G 30-Brandschutzverglasung gemäß Verwendbarkeitsnachweis und Einbauanleitung angeschlossen werden kann.

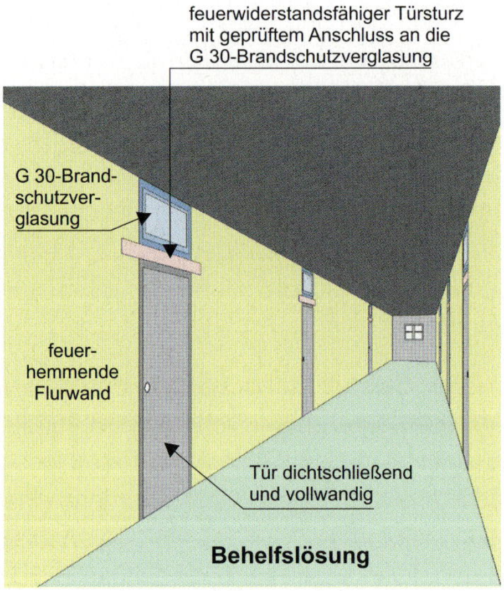

Notwendige Flure		**7.6** Seite 59

8.5-3 und 8.5-4 Die Oberlichte werden am meisten vom Schadenfeuer beansprucht. Bei Sonderlösungen sollte immer berücksichtigt werden, dass sich die Oberlichte bzw. feststehenden Oberteile in der am meisten von der Brandhitze beanspruchten Zone befinden. Dies ist auf den Bildern deutlich zu erkennen.

7.6
Seite 60

Notwendige Flure

8.5.3 Türen zum notwendigen Treppenraum

Siehe Kapitel 7.5 Punkt 14.

8.6 Lichtdurchlässige Flächen in Flurwänden

Bei den Türen in den Wänden notwendiger Flure sind die bauaufsichtlichen Anforderungen sehr niedrig, da hier in der Regel nur *dichtschließend* gefordert wird, obwohl die Wände mindestens *raumabschließend und feuerhemmend* sein müssen.

Die geringen Anforderungen an Türen in Flurtrennwänden sind nicht auf andere Öffnungsverschlüsse wie lichtdurchlässige Öffnungen übertragbar. Sichtöffnungen müssen grundsätzlich in der gleichen Feuerwiderstandsdauer wie die Flurtrennwand geschlossen werden (= F 30-Brandschutzverglasung, siehe Bild 8.6-1).

Lediglich bei Öffnungen ab 1,80 m Höhe (Oberlichte) kann anstelle einer F 30-Verglasung eine G 30-Brandschutzverglasung verwendet werden (siehe Bild 8.6-2). In einigen Ländern ist hierfür eine entsprechende Abweichung (Ausnahme/Befreiung) erforderlich. Im Zweifelsfall ist eine Abstimmung mit der für den Brandschutz zuständigen Stelle empfehlenswert.

Beim Einbau der G-30-Brandschutzverglasung muss besonders auf eine fachgerechte Ausführung geachtet werden, da diese Verglasung in der am meisten vom Brand beanspruchten Zone liegt. Eine Verglasung aus Normalglas würde hier bereits nach wenigen Minuten zerspringen, und der notwendige Flur wäre dann als Fluchtweg nicht mehr benutzbar. Entsprechend hoch ist auch das Risiko eines vorzeitigen Versagens bei einer nicht fachgerecht eingebauten G-Verglasung.

Wichtig ist, dass die Einbausituation von Brandschutzverglasungen dem Verwendbarkeitsnachweis (in der Regel allgemeine bauaufsichtliche Zulassung, für bestimmte G 30-Verglasungen auch DIN 4102-4 Abschnitt 8.4) entspricht. Wird z.B. eine einzelne F 30-Brandschutzverglasung in eine feuerhemmende leichte Trennwand eingebaut, muss die Verglasung für diese Einbausituation geprüft und zugelassen sein. Die Tür zu diesem Raum muss dagegen nur *dichtschließend (und vollwandig)* sein (bauaufsichtliche Mindestanforderung).

8.6-1 Beispiel für eine F 30-Brandschutzverglasung in der feuerhemmenden raumabschließenden Flurwand eines notwendigen Flurs

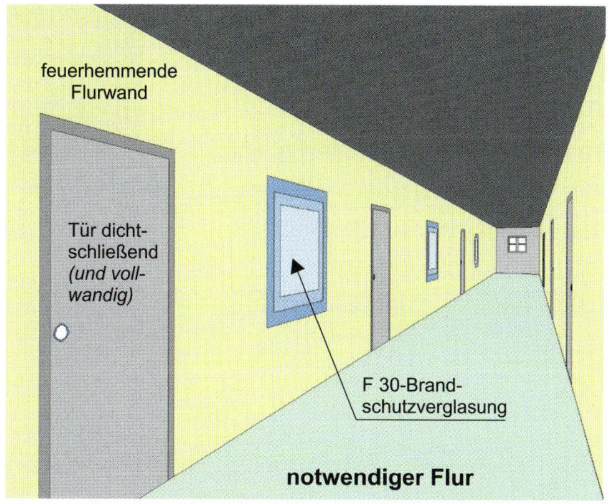

Die Verglasung muss grundsätzlich die gleiche Feuerwiderstandsklasse wie die Flurtrennwand aufweisen (= F 30-Brandschutzverglasung).

Anmerkung: Unter der Voraussetzung, dass der Brandschutz besonders geprüft wird und keine Bedenken wegen des Brandschutzes (= wegen der Strahlungswärme) bestehen, kann auch (als genehmigungspflichtige Abweichung (Ausnahme/Befreiung) eine G 30-Brandschutzverglasung ausgeführt werden.

Das wäre z.B. möglich, wenn der angrenzende Raum keine bzw. nur eine sehr geringe Brandlast aufweist. Natürlich muss dies auch für die Zukunft gegeben und gewährleistet sein, und der Bauherr bzw. Betreiber sollte besonders auf diesen Umstand hingewiesen werden. Andernfalls müsste, wenn sich z.B. später durch eine Nutzungsänderung die Brandlast in dem Raum wesentlich erhöht, eine F 30-Brandschutzverglasung nachgerüstet werden, was mit einem erheblichen Aufwand verbunden ist.

8.6-2 Beispiel für eine G 30-Brandschutzverglasung ab 1,80 m Höhe in der feuerhemmenden raumabschließenden Flurwand eines notwendigen Flurs

Da das Lichtband in einer Höhe von über 1,80 m angeordnet ist, bestehen in der Regel keine Bedenken wegen der Strahlungswärme und es kann eine G 30-Brandschutzverglasung ausgeführt werden. In einigen Ländern ist hierfür eine entsprechende Abweichung (Ausnahme/Befreiung) erforderlich.

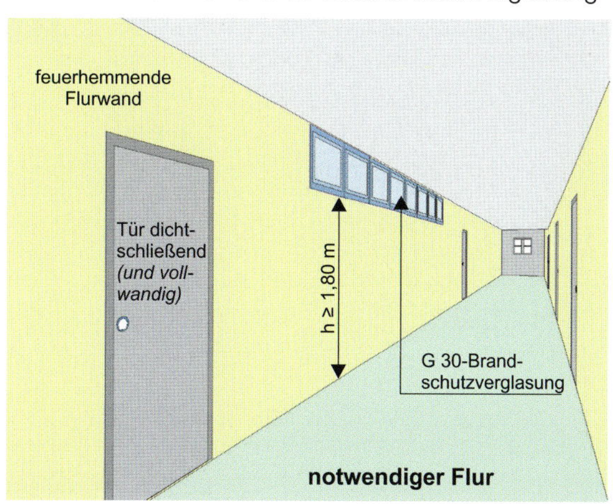

Der Einbau der G 30-Verglasung in die leichte Trennwand muss gemäß Zulassung möglich sein. Insbesondere ist darauf zu achten, dass alle An- und Abschlüsse entsprechend den Vorgaben der allgemeinen bauaufsichtlichen Zulassung und der Einbauanleitung des Herstellers ausgeführt werden.

7.6 Seite 62	Notwendige Flure	

8.6-3 **Beispiel einer Brandbeanspruchung von Oberlichten im Ernstfall**

Im oberen Bereich ist die Belastung mit Strahlungshitze am größten, so dass besonders auf den fachgerechten Einbau der Brandschutzverglasungen geachtet werden muss.

8.6-4 **Beispiel für ein F 30-Wandelement mit F 30-Brandschutzverglasung und T 30-D-Tür**

Wandelemente müssen grundsätzlich die gleiche Feuerwiderstandsdauer wie die Flurtrennwände aufweisen. Verglasungen sind als F 30-Brandschutzverglasungen auszubilden. Gemäß den Verwendbarkeitsnachweisen (allgemeine bauaufsichtliche Zulassung) sind in solchen F 30-Wandelementen mit F 30-Brandschutzverglasungen nur T 30-D-Türen zulässig.

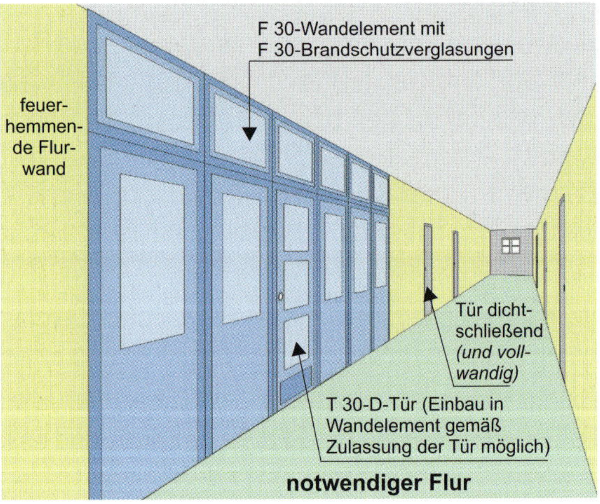

9 Flurdecken, Unterdecken, Bekleidungen, Putze, Dämmstoffe, Fußbodenbeläge und Brandlasten in notwendigen Fluren

9.1 Flurdecken als Geschossdecken

Die MBO und entsprechend auch die LBOs enthalten keine besonderen Anforderungen an Flurdecken, die zugleich Geschossdecken sind. Damit gelten dafür grundsätzlich die gleichen Anforderungen wie an Geschossdecken.

Allerdings ist zu beachten, dass, wie im Folgenden angegeben, in notwendigen Fluren Bekleidungen, Putze, Unterdecken und Dämmstoffe aus nichtbrennbaren Baustoffen bestehen müssen und Wände und Decken aus brennbaren Baustoffen eine Bekleidung aus nichtbrennbaren Baustoffen in ausreichender Dicke benötigen.

9.2 Unterdecken, Bekleidungen, Putze und Dämmstoffe

Unterdecken, Bekleidungen, Putze und Dämmstoffe in notwendigen Fluren müssen aus nichtbrennbaren Baustoffen bestehen.

7.6
Seite 64

Notwendige Flure

9.2-1 Die brennbare Deckenverkleidung aus Holz wirkte wie eine Zündschnur und ermöglichte eine schnelle Brandausbreitung in Längsrichtung des Flurs, der nicht mehr als Flucht- und Rettungsweg benutzbar war.

9.2-2 Bei diesem Schaden waren sowohl die Flurwände als auch die Flurdecke mit Holzbrettern verkleidet. Diese ungünstige Situation ermöglichte eine schnelle Ausbreitung und Vergrößerung des Schadenfeuers. Für die Flucht und Rettung war der notwendige Flur bereits kurze Zeit nach Brandausbruch nicht mehr benutzbar.

9.2-3 Die brennbaren Flurtrennwände trugen erheblich zur Brandlast und damit auch zur Brandausbreitung bei. Außerdem breiteten sich Feuer und Rauch über brennbare Installationsleitungen aus, die im Deckenhohlraum des Flurs verlegt waren.

9.2-4 Im Deckenhohlraum befand sich an der Deckenunterseite eine Wärmedämmung aus Polystyrol-Hartschaumplatten (Baustoffklasse B 1). Durch diese brennenden Schaumkunststoffplatten konnten sich Feuer und Rauch unkontrollierbar im Deckenhohlraum ausbreiten und einen katastrophalen Schaden verursachen, bei dem leider auch Menschenleben zu beklagen waren.

Nachteilig wirkt sich bei diesen Konstruktionen auch aus, dass die Feuerwehr einen solchen Brand in Deckenhohlräumen nicht bzw. nur sehr schwierig löschen kann, da diese für die Brandbekämpfung nicht bzw. nur sehr schwierig zugänglich sind. Als Konsequenz ist in der Regel ein Totalschaden in der Größe der zusammenhängenden Deckenhohlräume, die Brandlasten enthalten, zu erwarten.

9.2-1

9.2-2

9.2-3

9.2-4

9.3 Besondere Anforderungen an Wände und Decken aus brennbaren Baustoffen

Wände und Decken aus brennbaren Baustoffen müssen in notwendigen Fluren eine Bekleidung aus nichtbrennbaren Baustoffen in ausreichender Dicke haben. Dies gilt insbesondere für feuerhemmende Wände und Decken mit tragenden Bauteilen aus brennbaren Baustoffen (F 30-B). Weitere Informationen enthält Kapitel 7.5, Punkt 13 in diesem Werk.

9.4 Feuerhemmende Unterdecken

Im Unterdeckenbereich von Fluren sind keine besonderen Brandschutzmaßnahmen erforderlich, wenn die Flurtrennwände bis an die Rohdecke reichen und der Deckenhohlraum frei von Brandlasten ist.

Sind Brandlasten im Deckenhohlraumbereich (oberhalb der Unterdecken) vorhanden (z.B. in Form von Elektrokabeln und/oder anderen brennbaren Leitungen, die nicht der unmittelbaren Versorgung des notwendigen Flurs dienen, oder Dämmstoffen) sind Brandschutzmaßnahmen notwendig. Diese haben das Ziel, bei einem Brand im Deckenhohlraum den notwendigen Flur für mindestens 30 Minuten als Flucht- und Rettungsweg frei von Feuer und Rauch zu halten.

Eine häufige Brandschutzmaßnahme ist die Anordnung nichtbrennbarer feuerhemmender Unterdecken, die sowohl von oben als auch von unten ihre Feuerwiderstandsklasse erfüllen müssen (F 30-A von oben und unten). Diese hat jedoch einige Nachteile, insbesondere wenn der Flurdeckenbereich auch nach der Gebäudefertigstellung zugänglich bleiben soll (z.B. für Nachinstallationen).

Alternativ kann auf feuerwiderstandsfähige Unterdecken (F 30-A von oben und unten) verzichtet werden, wenn die Elektrokabel und brennbaren Leitungen in Installationsschächten I 30 verlegt werden. Abhängig von der Situation und den jeweiligen Anforderungen kann diese Variante gegenüber der feuerhemmenden Unterdecke Vorteile aufweisen.

Da die Brandschutzanforderungen im Unterdeckenbereich notwendiger Flure in engem Zusammenhang mit den dort verlegten Leitungsanlagen stehen, wird das Thema auch in Punkt 11.7.3 dieses Kapitels behandelt.

9.5 Fußbodenbeläge

Die MBO enthält keine Angaben bezüglich der Baustoffklassen von Fußbodenbelägen, d.h., dass die Fußbodenbeläge gemäß MBO 2002 mindestens aus normalentflammbaren Baustoffen bestehen müssen.

In einigen LBOs wird jedoch verlangt, dass Fußbodenbeläge mindestens aus schwerentflammbaren Baustoffen bestehen müssen.

Für Fußbodenbeläge in Sicherheitsschleusen und Vorräumen von Feuerwehraufzügen besteht grundsätzlich die Anforderung *nichtbrennbar.*

9.6 Brandlasten in notwendigen Fluren

Da es durch die geringen Anforderungen an die Flurtüren (nur dichtschließend) ohne Weiteres möglich ist, dass unmittelbar nach Brandbeginn (bei offen stehenden Türen) oder bereits kurze Zeit später (nach dem Versagen der Türen) Feuer und Rauch in den Flur eindringen können, muss der notwendige Flur frei von Brandlasten sein.

Ein brandlastfreier Flur ist natürlich auch erforderlich, weil ausgeschlossen werden soll, dass im Flur selbst ein Brand entstehen und sich ausbreiten kann. Deshalb dürfen z. B. Fotokopiergeräte nicht in notwendigen Fluren aufgestellt werden, da sie in brandschutztechnischer Hinsicht gleich dreifach ungünstig sein können (Zündquelle, Brandlast und Hindernis).

Auch andere Brandlasten, wie Schränke aus brennbaren Baustoffen oder mit brennbarem Inhalt, können die Situation im notwendigen Flur (= baulichen Flucht- und Rettungsweg) im Brandfall wesentlich verschlechtern und dürfen deshalb grundsätzlich nicht dort aufgestellt werden.

10 Laubengänge

10.1 Grundsätzliches

Laubengänge sind auf einer Längsseite offene, seitlich von Gebäudeaußenwänden und Brüstungen begrenzte Gänge, die als baulicher Rettungsweg zu einem Treppenraum, zu zwei Treppenräumen oder zu einem Sicherheitstreppenraum führen.

Damit ist der Laubengang eine Sonderform des baulichen Rettungsweges. Er ist ein notwendiger Flur, der an der Außenwand liegt und dort nicht verschließbare Öffnungen ins Freie hat. Sein großer Vorteil besteht darin, dass man auch in oberen Geschossen aus der Wohnungseingangstür praktisch *ins Freie* gelangt. Allerdings wird dann noch die vertikale Fortsetzung des baulichen Rettungsweges in Form einer notwendigen Treppe benötigt, um das *sichere Freie* zu erreichen.

Laubengänge unterscheiden sich damit wesentlich von notwendigen Fluren, da diese zwar einen Außenwandanteil haben können, aber von Wänden und Decken mit einem definierten Feuerwiderstand umschlossen, also nicht *offen* sind.

Brandschutztechnisch sind Laubengänge grundsätzlich positiv zu bewerten, da sie gerade wegen ihrer Offenheit, also der einseitigen direkten Verbindung mit dem Freien, nicht verrauchen können.

10.2 Unterteilung längerer Laubengänge und Stichflure

Da Laubengänge nicht verrauchen können, müssen sie nicht wie notwendige Flure (siehe Punkt 5 in diesem Werk) alle 30 m in Rauchabschnitte unterteilt werden.

Auch die im Punkt 6 dieses Kapitels beschriebene Längenbegrenzung von 15 m für notwendige Flure mit nur einer Fluchtrichtung zu einem Sicherheitstreppenraum ist für Laubengänge nicht relevant.

7.6
Seite 68

Notwendige Flure

10.3 Anforderungen an Wände und Brüstungen

10.3.1 Grundsätzliche Anforderungen

Die Wände und Brüstungen von Laubengängen (notwendige Flure mit nur einer Fluchtrichtung, die als offene Gänge vor den Außenwänden angeordnet sind) müssen gemäß MBO 2002 die gleichen Anforderungen erfüllen wie die Wände notwendiger Flure (siehe Punkt 8 in diesem Kapitel).

Dabei ist zu beachten, dass dies sowohl für die Außenwand des Laubengangs (= Trennwand zu den angrenzenden Nutzungseinheiten) als auch für die Brüstung der äußeren Laubengangbegrenzung (= Geländer) gilt (siehe Bild 10.3-3). Eine Erleichterung ist nur für Sichtöffnungen vorgesehen (siehe auch folgenden Punkt).

10.3-1 und 10.3-2 Laubengang mit nur einer Fluchtrichtung zu einem notwendigen Treppenraum

Die Sturzunterkante liegt in Höhe der Deckenunterkante, so dass keine Gefahr einer Verrauchung besteht. Die äußere Brüstung wurde feuerhemmend und nichtbrennbar hergestellt. Bei einer Brüstungshöhe der Laubengangwand ab einer Höhe von 0,90 m sind normale Fenster zulässig.

10.3.2 Ausbildung der Brüstungen

Die Brüstungen von Laubengängen müssen als raumabschließende Bauteile feuerhemmend ausgeführt werden (siehe Bild 10.3-3). Falls auf diese raumabschließende feuerhemmende Ausbildung verzichtet werden soll, ist eine genehmigungspflichtige Abweichung (Ausnahme/Befreiung) erforderlich. Solche Abweichungen sind in der Regel nur möglich, wenn über entsprechende Kompensationsmaßnahmen das gleiche Schutzziel erreicht wird.

Das Risiko besteht darin, dass bei einem Brand in einer Nutzungseinheit der unteren Laubengangebene die Flammen so zum Fenster bzw. zur Tür auf den Gang herausschlagen, dass davon die obere Laubengangebene unzulässig beeinträchtigt wird und nicht mehr als Flucht- und Rettungsweg zur Verfügung steht. Damit bieten sich bei einer fehlenden feuerhemmenden Ausbildung der Laubengangbrüstungen die folgenden Lösungsansätze an. Im Zweifelsfall ist eine Rücksprache mit der für den Brandschutz zuständigen Stelle empfehlenswert.

Beispiel 1

Vergrößerung der Laubengangbreite: Je breiter der Laubengang wird, umso geringer wird das Risiko eines Brandüberschlags bzw. einer Beeinträchtigung der oberen Laubengangebene bei einem eventuellen Brand in der unteren Nutzungseinheit. Je nach Risikosituation kann davon ausgegangen werden, dass es bei einer auskragenden Breite des Laubengangs von mindestens 1,50 m nicht mehr erforderlich ist, die Brüstungen feuerhemmend auszubilden. Allerdings sollten sie geschlossen sein und aus nichtbrennbaren Baustoffen bestehen (siehe Bild 10.3-4).

Beispiel 2

Sicherung der Tür- und Fensteröffnungen: Je besser die Öffnungen vom Laubengang in die Nutzungseinheiten gesichert werden, umso geringer wird das Risiko eines Brandüberschlags bzw. einer Beeinträchtigung der oberen Laubengangebene bei einem eventuellen Brand in der unteren Nutzungseinheit. Bei Anordnung von dichten, vollwandigen und selbstschließenden Türen zu den Nutzungseinheiten und Sicherung der Sichtöffnungen mit G 30-Brandschutzverglasungen kann davon ausgegangen werden, dass das beschriebene Risiko ausreichend reduziert wird, so dass die Brüstungen des Laubengangs nicht mehr feuerhemmend ausgeführt werden müssen. In diesem Fall wäre es auch möglich, offene Brüstungen aus nichtbrennbaren Baustoffen zu verwenden (siehe Bild 10.3-5).

7.6 Seite 70 — Notwendige Flure

10.3-3 Beispiel für einen Laubengang in einem Gebäude der Gebäudeklasse 5

Ab einer Brüstungshöhe von 0,90 m sind normale Fenster ohne Verglasung möglich. Die äußere Laubengangbrüstung muss die gleichen Anforderungen erfüllen wie die Wände von notwendigen Fluren, also feuerhemmend sein.

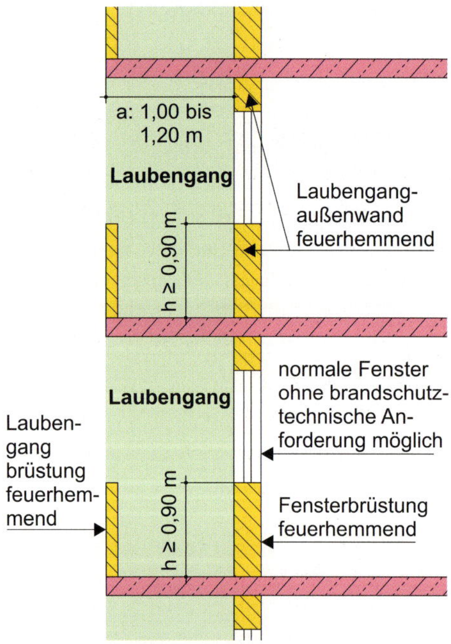

Anforderungen an Bekleidungen, Putze, Unterdecken und Dämmstoffe siehe Punkt 9

a = Laubengangbreite

10.3-4 Beispiel für einen Laubengang in einem Gebäude der Gebäudeklasse 5 mit genehmigungspflichtiger Abweichung (Ausnahme/Befreiung)

Die Laubengangbrüstung kann ohne Anforderungen an die Feuerwiderstandsdauer ausgeführt werden. Sie sollte jedoch geschlossen und nichtbrennbar sein. Als Kompensation wird der Laubengang mindestens 1,50 m breit ausgeführt.

Abweichung (Ausnahme/Befreiung) erforderlich

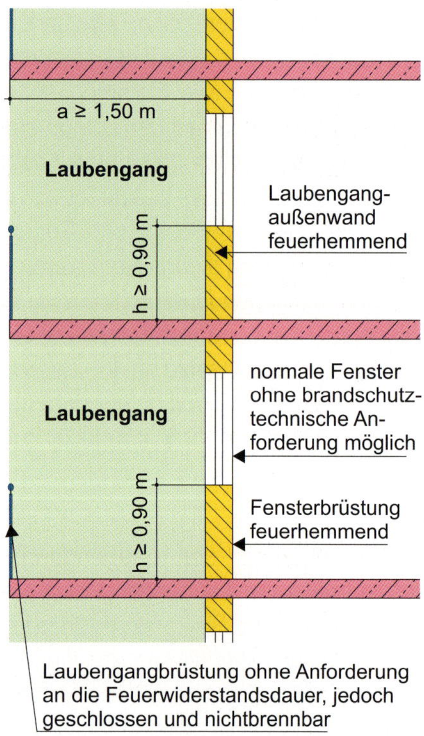

Anforderungen an Bekleidungen, Putze, Unterdecken und Dämmstoffe siehe Punkt 9

a = Laubengangbreite

10.3-5 Beispiel für einen Laubengang in einem Gebäude der Gebäudeklasse 5 mit genehmigungspflichtiger Abweichung (Ausnahme/Befreiung)

Die Laubengangbrüstung kann ohne Anforderungen an die Feuerwiderstandsdauer aus nichtbrennbaren Baustoffen ausgeführt werden. Sie kann auch offen sein. Als Kompensation werden alle Sichtöffnungen mit einer G 30-Brandschutzverglasung gesichert und die Türen zu den Nutzungseinheiten dicht, vollwandig und selbstschließend ausgeführt.

Abweichung (Ausnahme/Befreiung) erforderlich

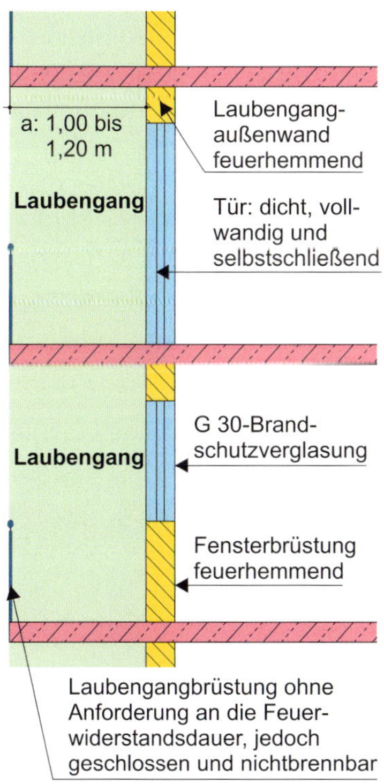

Anforderungen an Bekleidungen, Putze, Unterdecken und Dämmstoffe siehe Punkt 9

a = Laubengangbreite

10.3.3 Sicherung von Türen

Die Türen von Laubengängen müssen die gleichen Anforderungen erfüllen wie die Türen notwendiger Flure (siehe Punkt 8.5 in diesem Kapitel).

10.3.4 Sicherung von Sichtöffnungen

Notwendige Flure weisen in der Regel nur Türen zu den Nutzungseinheiten und zum notwendigen Treppenraum auf. In Laubengänge münden zusätzlich zu den Türen der Nutzungseinheiten und zum notwendigen Treppenraum meist auch Fenster. Damit stellt sich grundsätzlich die Frage, wie diese Fenster zu sichern sind.

Diese Frage wird von der MBO 2002 beantwortet. Danach sind ab einer Brüstungshöhe von 90 cm Fenster ohne brandschutztechnische Anforderungen zulässig. Diese relativ geringe Anforderung ist möglich und nachvollziehbar, da der Laubengang auf einer Seite offen ist. Damit besteht im Brandfall die günstige Situation, dass Feuer und Rauch, die aus dem Fenster auf den Gang herausschlagen, weitgehend nach außen ins Freie entweichen können.

Allerdings müssen sowohl die Brüstungen im Bereich der Fenster als auch die äußeren Brüstungen der Laubengänge raumabschließend und feuerhemmend ausgebildet werden. Alternativen mit entsprechenden Abweichungen enthalten der vorangehende Punkt 10.3.2 und die Bilder 10.3-4 und 10.3-5.

Sichtöffnungen mit einer Brüstungshöhe unter 0,90 m sind wie bei notwendigen Fluren in der Regel als F 30-Brandschutzverglasung auszuführen.

7.6 Seite 72 | Notwendige Flure

10.4 Laubengangdecken, Unterdecken, Bekleidungen, Putze, Dämmstoffe, Fußbodenbeläge und Brandlasten in notwendigen Fluren

Es gelten die gleichen Anforderungen wie bei notwendigen Fluren (siehe vorangehenden Punkt 9).

10.5 Anschluss an notwendige Treppenräume

Laubengänge können zu einem notwendigen Treppenraum, zu zwei notwendigen Treppenräumen oder zu Sicherheitstreppenräumen führen.

10.5.1 An einen notwendigen Treppenraum angeschlossene Laubengänge

Wenn der Laubengang nur an einen notwendigen Treppenraum angeschlossen ist, wird im Brandfall nur die Flucht in eine Richtung möglich. Die Situation ist durch die einseitige Offenheit der Laubengänge jedoch wesentlich besser als bei innen liegenden notwendigen Fluren.

Über den Laubengang und den notwendigen Treppenraum wird der erste (= bauliche Rettungsweg) gewährleistet. Natürlich benötigt jede Nutzungseinheit mit einem Aufenthaltsraum, wie Wohnungen, Praxen, selbstständigen Betriebsstätten, in jedem Geschoss einen zweiten Rettungsweg. Dieser besteht hierbei für jede Nutzungseinheit aus einer mit den Rettungsgeräten der Feuerwehr erreichbaren Stelle. Diese muss sich in der Nutzungseinheit selbst befinden, kann also nicht über den Laubengang hergestellt werden.

10.5-1 **Beispiel für einen Laubengang, der nur an einen notwendigen Treppenraum angeschlossen ist, in einem Gebäude der Gebäudeklasse 5**

Jede Nutzungseinheit benötigt einen zweiten Rettungsweg in Form eines anleiterbaren Fensters. Die anleiterbaren Stellen dürfen sich nicht auf dem Laubengang befinden.

Anmerkung: Bei der Tür zwischen dem Laubengang und notwendigem Treppenraum kann auch anstelle einer Rauchschutztür eine dichte und selbstschließende Türe ausgeführt werden, da der Laubengang nicht verrauchen kann und keine Gefahr einer Verrauchung des notwendigen Treppenraums besteht. Hierfür ist u.U. eine Abweichung (Ausnahme/Befreiung) erforderlich.

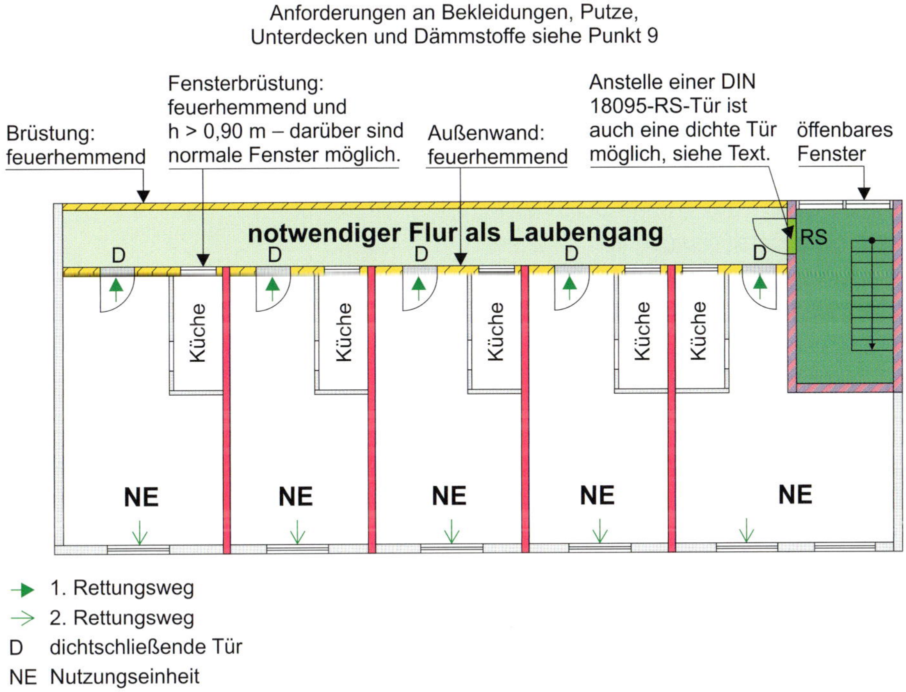

7.6
Seite 74

Notwendige Flure

10.5.2 An zwei notwendige Treppenräume angeschlossene Laubengänge

In diesem Fall werden beide Rettungswege baulich hergestellt. Damit sind auch in den einzelnen Nutzungseinheiten keine mit Rettungsgeräten der Feuerwehr erreichbaren Stellen mehr notwendig.

Anmerkung: Bei endständig angeordneten notwendigen Treppenräumen sind die Laubengänge jeweils an beiden Enden an einen Treppenraum angeschlossen. Damit ist eine Flucht nach zwei Richtungen möglich. Ist der Weg in die eine Richtung (in den einen notwendigen Treppenraum) versperrt, ist problemlos und ohne Gefahr eine Flucht in die andere Richtung (den zweiten notwendigen Treppenraum) möglich. Da der Laubengang nicht verraucht werden kann, bestehen in diesem Fall hervorragende und sichere Flucht- und Rettungswege. Mit anderen Worten: Laubengänge, die an zwei endständige notwendige Treppenräume angeschlossen sind, bilden die sichersten und bestmöglichen baulichen Rettungswege.

Diese Situation wird in der MBO nicht eigens behandelt. Aufgrund der besonders sicheren Rettungswegsituation kann jedoch davon ausgegangen werden, dass an die Brüstungen der Laubengänge keine besonderen Anforderungen bestehen. Außerdem müssen die Außenwände der Laubengänge lediglich die bauaufsichtlichen Anforderungen an Außenwände erfüllen. Sie sollten jedoch keine Bekleidungen, Putze, Unterdecken und Dämmstoffe aus brennbaren Baustoffen haben.

Anmerkung: Da die Situation in der MBO nicht behandelt wird, ist im Zweifelsfall eine Abstimmung mit der für den Brandschutz zuständigen Stelle empfehlenswert.

10.5-2 **Beispiel für einen Laubengang, der an zwei endständige notwendige Treppenräume angeschlossen ist, in einem Gebäude der Gebäudeklasse 5**

Da beide Rettungswege baulich hergestellt werden, sind in den einzelnen Nutzungseinheiten keine mit Rettungsgeräten der Feuerwehr erreichbaren Stellen notwendig. Außerdem sind durch die besonders günstige Rettungswegsituation für die Laubengangwände und -brüstungen Erleichterungen (Ausnahme/Befreiung erforderlich) möglich. Eine Anmerkung zu den Türen zwischen Laubengang und notwendigem Treppenraum enthält Bild 10.5-1.

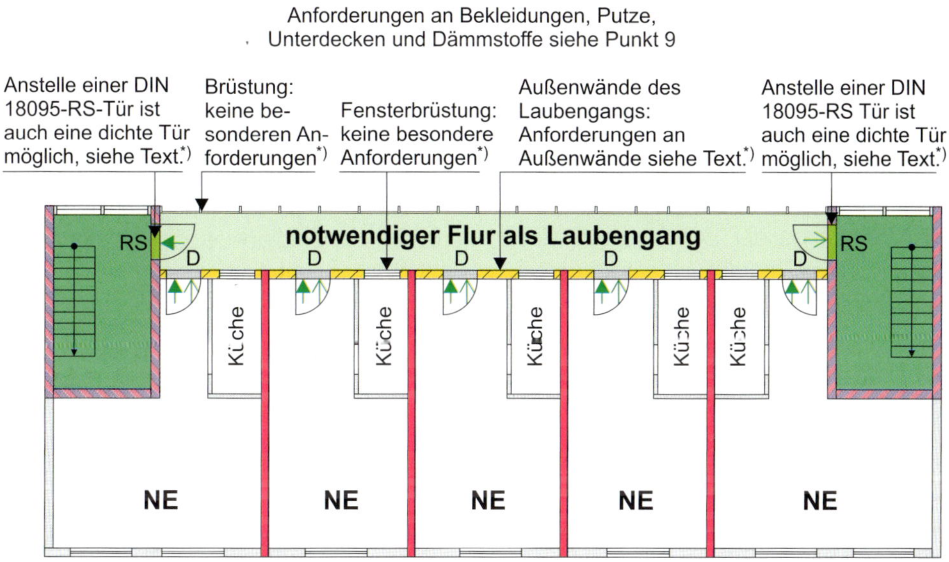

1. und 2. Rettungsweg

D dichtschließende Tür

NE Nutzungseinheit

*) Abweichung (Ausnahme/Befreiung) ist erforderlich.

7.6
Seite 76

Notwendige Flure

10.5.3 An einen Sicherheitstreppenraum angeschlossene Laubengänge

Ein Laubengang mit nur einer Fluchtrichtung, die zu einem Sicherheitstreppenraum führt, bildet den einzigen Rettungsweg. In diesem Fall benötigen die einzelnen Nutzungseinheiten keine mit Rettungsgeräten erreichbare Stellen, da durch den Sicherheitstreppenraum ein vertikaler Rettungsweg gewährleistet wird, der so sicher ist, dass auf anleiterbare Stellen verzichtet werden kann.

Bei notwendigen Fluren wird in solchen Fällen die Länge der Stichflure auf 15 m begrenzt. Diese Begrenzung entfällt gemäß MBO bei Laubengängen, da durch ihre einseitige Offenheit die Gefahr einer Verrauchung wesentlich geringer ist, als bei notwendigen Fluren.

Bei Laubengängen in Sonderbauten wie Hochhäusern bestehen weitergehende Anforderungen (siehe z.B. die Muster-Hochhausrichtlinie).

10.6 Leitungsanlagen in Laubengängen

Die Muster-Richtlinie über brandschutztechnische Anforderungen an Leitungsanlagen von 2005 (MLAR) gilt nicht für Leitungsanlagen in offenen Gängen vor Außenwänden (§ 1 MLAR). Deshalb ist davon auszugehen, dass bei Gebäuden, die von den LBOs geregelt werden, wegen der günstigen Situation von Laubengängen keine besonderen Anforderungen an den Brandschutz der dort verlegten Leitungsanlagen bestehen.

Bei Sonderbauten oder in besonderen Situationen können jedoch entsprechende Brandschutzmaßnahmen erforderlich werden. Im Zweifelsfall ist eine Abstimmung mit der für den Brandschutz zuständigen Stelle empfehlenswert.

11 Haustechnische Leitungsanlagen in notwendigen Fluren

11.1 Grundsätzliches

In Bezug auf haustechnische Leitungsanlagen in notwendigen Fluren bestehen gemäß MLAR folgende voneinander unabhängige Schutzziele:

- Sicherung der Rettungswege und
- Gewährleistung des Abschottungsprinzips.

Diese Schutzziele gelten grundsätzlich für alle Gebäude, die nach den LBOs zu behandeln sind, und auch für alle Sonderbauten.

Für bestimmte Sonderbauten bzw. Anlagen, Gebäudebereiche und Räume besonderer Art oder Nutzung können bei haustechnischen Leitungsanlagen bzw. dem Brandschutz in der Gebäudetechnik noch weitere Schutzziele bestehen. Diese müssen dann im jeweiligen Gesamt-Brandschutzkonzept bzw. Brandschutznachweis entsprechend berücksichtigt werden.

11.2 Sicherung der Rettungswege

Leitungsanlagen sind in notwendigen Fluren nur zulässig, wenn eine Nutzung als Rettungsweg im Brandfall ausreichend lange möglich ist. Diese Voraussetzung ist erfüllt, wenn die Leitungsanlagen den folgenden Anforderungen der Muster-Leitungsanlagenrichtlinie (MLAR), 2005 (abgedruckt in Kapitel 6.10.0-V) entsprechen.

> **Wichtig:**
>
> In Punkt 11.3 dieses Kapitels wird angegeben, welche Leitungen unter bestimmten Voraussetzungen in notwendigen Fluren offen verlegt werden dürfen.
>
> Für alle anderen Leitungen sind in den Punkten 11.4 ff. jeweils Maßnahmen angegeben, mit denen die bauaufsichtlichen Anforderungen erfüllt werden können.

11.3 Offene Verlegung von Leitungen in notwendigen Fluren

11.3.1 Elektrische Leitungen

Elektrische Leitungen dürfen in notwendigen Fluren offen verlegt werden, wenn sie

- nichtbrennbar sind (z.B. Leitungen nach DIN EN 60702-1 (VDE 0284 Teil 1):2002-11),
- ausschließlich der Versorgung der notwendigen Flure dienen
- Leitungen mit verbessertem Brandverhalten in notwendigen Fluren von Gebäuden der Gebäudeklassen 1 bis 3 sind, deren Nutzungseinheiten eine Fläche von jeweils 200 m^2 nicht überschreiten und die keine Sonderbauten sind.

Außerdem dürfen in notwendigen Fluren einzelne kurze Stichleitungen offen verlegt werden.

Werden für die offene Verlegung Elektro-Installationskanäle oder -rohre (siehe DIN EN 50085-1 (VDE 0604 Teil 1):1998-04 und DIN EN 50086-1 (VDE 0605 Teil 1): 1994-05) verwendet, müssen diese aus nichtbrennbaren Baustoffen bestehen.

Messeinrichtungen und Verteiler

Messeinrichtungen und Verteiler sind gegenüber notwendigen Fluren durch Bauteile aus nichtbrennbaren Baustoffen mit geschlossenen Oberflächen abzutrennen. Öffnungen in diesen Bauteilen sind mit Abschlüssen aus nichtbrennbaren Baustoffen mit geschlossenen Oberflächen zu verschließen.

7.6
Seite 78

Notwendige Flure

11.3-1 Beispiel für eine zulässige offene Verlegung elektrischer Leitungen mit verbessertem Brandverhalten in notwendigen Fluren von Gebäuden der Gebäudeklassen 1 bis 3, deren Nutzungseinheiten eine Fläche von jeweils 200 m^2 nicht überschreiten und die keine Sonderbauten nach MLAR sind

11.3-2 Beispiel für eine zulässige offene Verlegung elektrischer Leitungen, die ausschließlich der Versorgung des Flurs dienen und von nichtbrennbaren Rohrleitungen in notwendigen Fluren nach MLAR

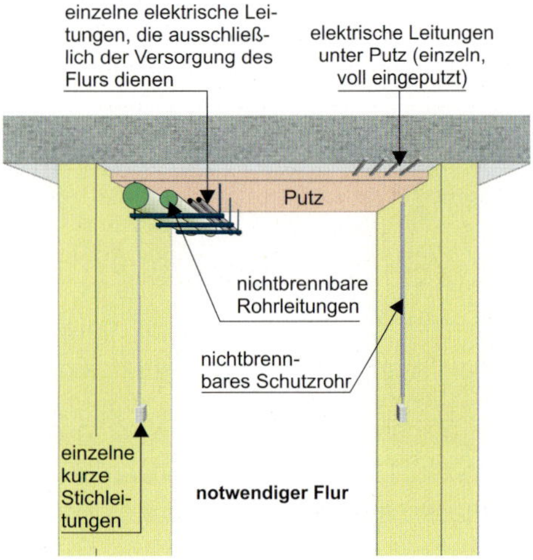

11.3.2 Rohrleitungen für nichtbrennbare Medien

Rohrleitungsanlagen für nichtbrennbare Medien dürfen in notwendigen Fluren offen verlegt werden, wenn sie einschließlich ihrer Dämmstoffe aus nichtbrennbaren Baustoffen bestehen. Brennbare Dichtungs- und Verbindungsmittel und brennbare Rohrbeschichtungen bis 0,50 mm Dicke sind zulässig.

11.3.3 Rohrleitungen für brennbare oder brandfördernde Medien

Bei Rohrleitungen für brennbare oder brandfördernde Medien gelten die gleichen Anforderungen wie für nichtbrennbare Medien (siehe vorangehenden Punkt 11.3.2). Die Dichtungen von Rohrverbindungen müssen wärmebeständig sein.

Außerdem sind bei Rohrleitungen für brennbare oder brandfördernde Medien Rohrbeschichtungen bis 2 mm Dicke zulässig, wenn die Rohrleitungsanlagen einzeln mit mindestens 15 mm Putzüberdeckung voll eingeputzt werden. Auch eine Verlegung in feuerhemmenden nichtbrennbaren Installationsschächten oder

-kanälen ist möglich, wenn diese mit nichtbrennbaren Baustoffen formbeständig und dicht verfüllt bzw. abschnittsweise oder im Ganzen be- und entlüftet werden. Die Be- und Entlüftungsöffnungen müssen mindestens 10 cm^2 groß sein. Sie dürfen nicht in notwendigen Treppenräumen und nicht in Räumen zwischen notwendigen Treppenräumen und Ausgängen ins Freie angeordnet werden. Die Befestigung der Installationsschächte und -kanäle ist mit nichtbrennbaren Befestigungsmitteln auszuführen. Die Abschlüsse müssen mit einer umlaufenden Dichtung dicht schließen.

11.3.4 Gaszähler

Gaszähler müssen in notwendigen Fluren

- thermisch erhöht belastbar,
- durch eine thermisch auslösende Absperreinrichtung geschützt oder
- durch mindestens feuerbeständige Bauteile aus nichtbrennbaren Baustoffen abgetrennt sein. Öffnungen in diesen Bauteilen sind mit mindestens feuerbeständigen Abschlüssen zu verschließen. Die Abschlüsse müssen mit umlaufenden Dichtungen versehen sein.

11.4 Leitungsverlegung unter Putz bzw. in Schlitzen

Leitungsanlagen dürfen in tragende, aussteifende oder raumabschließende Bauteile sowie in Bauteile von Installationsschächten und -kanälen nur so weit eingreifen, dass die erforderliche Feuerwiderstandsfähigkeit erhalten bleibt.

11.4.1 Verlegung unter Putz

Elektrische Leitungen in notwendigen Fluren müssen wie folgt verlegt werden:

- einzeln oder nebeneinander angeordnet, voll eingeputzt (siehe Bild 11.3-2)

Für Rohrleitungsanlagen aus brennbaren Baustoffen oder mit brennbaren Dämmstoffen ist eine Verlegung unter Putz in der MLAR nicht vorgesehen.

11.4.2 Verlegung in Schlitzen

Elektrische Leitungen und Rohrleitungsanlagen aus brennbaren Baustoffen oder mit brennbaren Dämmstoffen in notwendigen Fluren müssen wie folgt verlegt werden:

- in Schlitzen von massiven Wänden bzw. Bauteilen, die mit mindestens 15 mm dickem mineralischem Putz auf nichtbrennbarem Putzträger oder mit mindestens 15 mm dicken Platten aus mineralischen Baustoffen verschlossen werden.

7.6 Seite 80 | Notwendige Flure

11.4-1 Beispiel für die Verlegung elektrischer Leitungen bzw. Rohrleitungsanlagen aus brennbaren Baustoffen oder mit brennbaren Dämmstoffen in notwendigen Fluren in Wandschlitzen nach MLAR

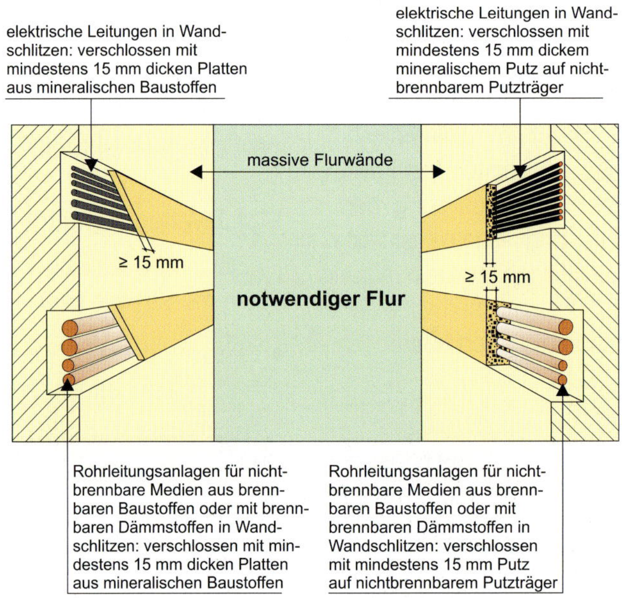

11.5 Leitungsverlegung innerhalb leichter Trennwände

In notwendigen Fluren dürfen innerhalb raumabschließender feuerwiderstandsfähiger Trennwände in Leichtbauweise elektrische Leitungen nur verlegt werden, wenn sie ausschließlich der Versorgung der in und an der Wand befindlichen elektrischen Betriebsmittel dienen.

11.6 Leitungsverlegung in Installationsschächten und -kanälen

11.6.1 Anforderungen der MLAR

Elektrische Leitungen und Rohrleitungsanlagen aus brennbaren Baustoffen oder mit brennbaren Dämmstoffen in notwendigen Fluren sind in Installationsschächten und -kanälen zu verlegen. Diese müssen die nachfolgend genannten Anforderungen erfüllen:

Installationsschächte, die Decken überbrücken

Ausführungen hierzu enthält Kapitel 6.10.3 in diesem Werk.

11.6-1 Notwendiger Flur mit brennbaren elektrischen Leitungen

Brandschutz durch feuerhemmenden nichtbrennbaren Installationskanal I 30. Die Abkapselungsmaßnahmen sind unabhängig von der Brandlast der elektrischen Leitungen erforderlich, ausgenommen elektrische Leitungen, die ausschließlich der Versorgung des Flurs dienen (siehe Punkt 11.3.1). Die Unterdecke ist aus brandschutztechnischer Sicht nicht notwendig. Falls sie angeordnet wird, muss sie aus nichtbrennbaren Baustoffen bestehen.

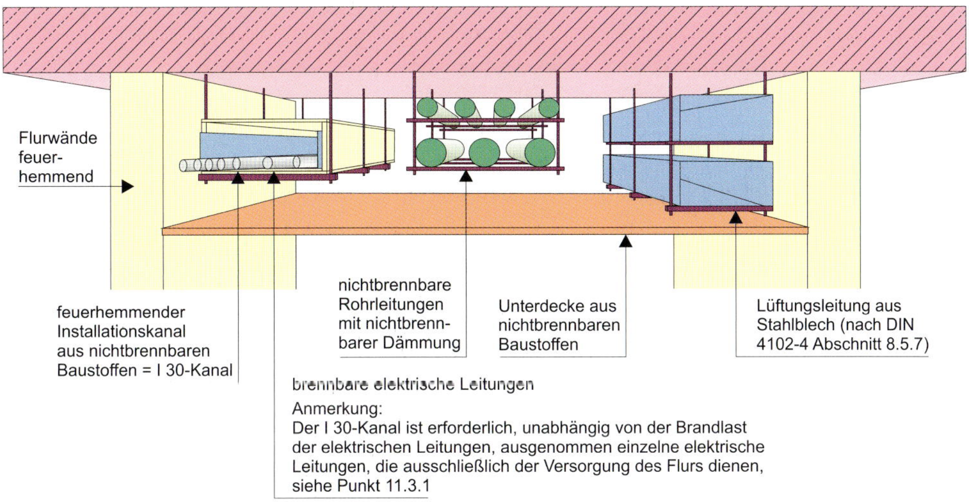

notwendiger Flur

Installationsschächte, die keine Decken überbrücken, und Installationskanäle

In notwendigen Fluren genügen Installationsschächte, die keine Geschossdecken überbrücken, und Installationskanäle (einschließlich der Abschlüsse von Öffnungen), die mindestens feuerhemmend sind und aus nichtbrennbaren Baustoffen bestehen.

11.6.2 Gebäude der Gebäudeklassen 1 bis 3 mit Nutzungseinheiten $\leq$ 200 m^2

In notwendigen Fluren von Gebäuden der Gebäudeklassen 1 bis 3, deren Nutzungseinheiten (NE) eine Fläche von jeweils 200 m^2 nicht überschreiten und die keine Sonderbauten sind, brauchen Installationsschächte, die keine Geschossdecken überbrücken, sowie Installationskanäle und Unterdecken (einschließlich der Abschlüsse von Öffnungen) nur aus nichtbrennbaren Baustoffen mit geschlossenen Oberflächen zu bestehen. Einbauten, wie Leuchten und Lautsprecher, bleiben unberücksichtigt.

7.6
Seite 82

Notwendige Flure

11.6-2 Notwendiger Flur von Gebäuden der Gebäudeklassen 1 bis 3, die keine Sonderbauten sind, mit Nutzungseinheiten ≤ 200 m^2

Ein Installationskanal aus nichtbrennbaren Baustoffen mit geschlossener Oberfläche ist zulässig. Die Unterdecke ist aus brandschutztechnischer Sicht nicht notwendig. Falls sie angeordnet wird, muss sie aus nichtbrennbaren Baustoffen bestehen.

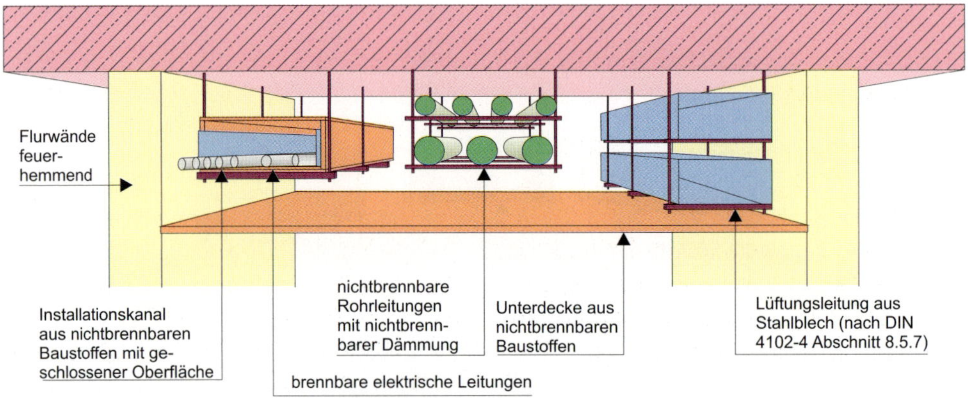

notwendiger Flur in Gebäuden der Gebäudeklassen 1 bis 3, die keine Sonderbauten sind, mit Nutzungseinheiten ≤ 200 m²

11.6.3 Fachgerechte Ausführung von I 30-Installationskanälen

Schutzziel

Das Schutzziel eines Installationskanals mit der Feuerwiderstandsklasse I 30 besteht darin, dass bei einem Brand im Installationskanal Feuer und Rauch während der Feuerwiderstandsdauer (= 30 Minuten) nicht in den Deckenhohlraum bzw. in den notwendigen Flur eindringen können. Es geht dabei also um den Schutz des Deckenhohlraums bzw. des notwendigen Flurs vor einem Brand im Installationskanal.

Im Gegensatz dazu würde das Schutzziel eines Installationskanals der Feuerwiderstandsklasse E 30 (= Funktionserhalt im Brandfall) darin bestehen, dass bei einem Brand außerhalb des Kanals Feuer und Rauch während der Feuerwiderstandsdauer nicht in den Installationskanal eindringen können.

Verwendbarkeitsnachweis

Installationskanäle müssen entweder als geregelte Bauart nach DIN 4102-4 Abschnitt 7.4 oder als besonders geprüfte Bauprodukte mit einem allgemeinen bauaufsichtlichen Prüfzeugnis als Verwendbarkeitsnachweis ausgeführt werden.

Nachinstallationen

Da insbesondere bei den Elektroinstallationen nach Fertigstellung des Gebäudes häufig nachinstalliert wird, sollte bei der Planung und Auswahl des *geeigneten Kanals* darauf geachtet werden, dass Nachinstallationen problemlos möglich sind. Hierzu sind z.B. Kabelkanäle mit lose aufliegenden Deckeln gut geeignet.

Sollen solche Kabelkanäle ausgeführt werden, ist darauf zu achten, dass für diese Bauart die Verwendbarkeit durch ein allgemeines bauaufsichtliches Prüfzeugnis nachgewiesen ist und die Ausführung entsprechend dem Prüfzeugnis und der Einbauanleitung des Herstellers erfolgt.

Beispiel

Bei einigen Bauprodukten sind für I-Kanäle mit losem Deckel andere bzw. stärkere Brandschutzplatten erforderlich als für die gleichen I-Kanäle ohne losen Deckel. Sind Nachinstallationen vorhersehbar, müssen die I-Kanäle zu diesem Zweck im Deckenhohlraum so angeordnet werden, dass sie nachträglich gut zugänglich sind. Revisionsöffnungen müssen ebenfalls dem Verwendbarkeitsnachweis entsprechen.

11.7 Leitungsverlegung oberhalb von Unterdecken

11.7.1 Anforderungen der MLAR

Elektrische Leitungen und Rohrleitungsanlagen aus brennbaren Baustoffen oder mit brennbaren Dämmstoffen in notwendigen Fluren sind oberhalb von Unterdecken zu verlegen. Diese müssen die folgenden Anforderungen erfüllen:

Die Unterdecken müssen – einschließlich der Abschlüsse von Öffnungen – aus nichtbrennbaren Baustoffen bestehen und bei einer Brandbeanspruchung sowohl von oben als auch von unten mindestens feuerhemmend sein. Die besonderen Anforderungen hinsichtlich der brandsicheren Befestigung der im Bereich zwischen den Geschossdecken und Unterdecken verlegten Leitungen sind zu beachten.

7.6 Seite 84	Notwendige Flure	

11.7-1 Notwendiger Flur mit brennbaren elektrischen Leitungen

Brandschutz durch eine feuerhemmende Unterdecke aus nichtbrennbaren Baustoffen (F 30-A von oben und unten). Die Unterdecke ist unabhängig von der Brandlast erforderlich, ausgenommen elektrische Leitungen, die ausschließlich der Versorgung des Flurs dienen (siehe Punkt 11.3.1).

Wichtig:

Alle Installationen oberhalb der Unterdecke müssen so befestigt werden, dass sie im Brandfall für 30 Minuten nicht herunterfallen (= F 30-Befestigung). Die Unterdecke darf für die Dauer ihrer Feuerwiderstandsfähigkeit bei einem Brand im Deckenhohlraumbereich nicht durch herabfallende Installationen bzw. Bauteile belastet werden.

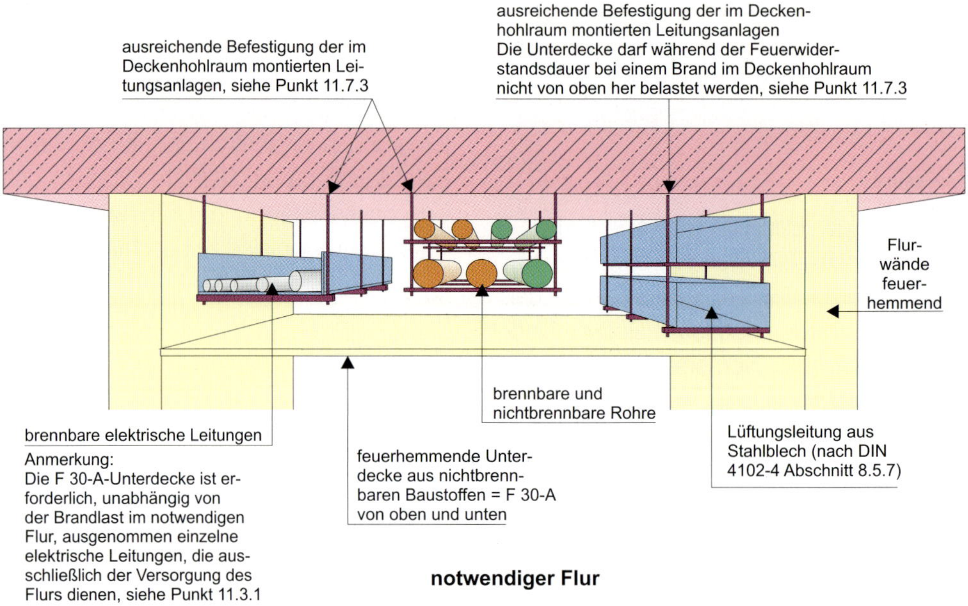

11.7.2 Gebäude der Gebäudeklassen 1 bis 3 mit Nutzungseinheiten ≤ 200 m²

Ausführungen hierzu enthält Punkt 11.6.2 in diesem Kapitel.

11.7-2 Notwendiger Flur von Gebäuden der Gebäudeklassen 1 bis 3, die keine Sonderbauten sind, mit Nutzungseinheiten ≤ 200 m²

Eine Unterdecke aus nichtbrennbaren Baustoffen mit geschlossener Oberfläche ist zulässig.

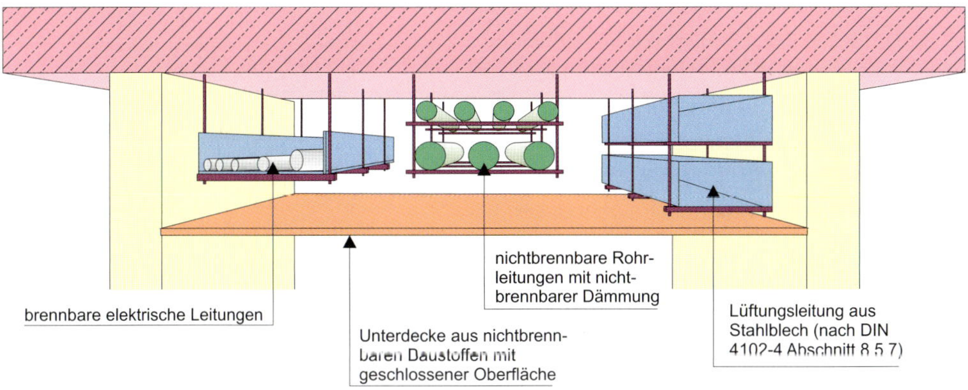

notwendiger Flur in Gebäuden der Gebäudeklassen 1 bis 3, die keine Sonderbauten sind, mit Nutzungseinheiten ≤ 200 m²

7.6 Seite 86 Notwendige Flure

11.7.3 Fachgerechte Ausführung der F 30-A-Unterdecke

Grundsätzliche Informationen hierzu enthält Punkt 9.4 in diesem Kapitel.

Schutzziel

Das Schutzziel einer raumabschließenden feuerhemmenden nichtbrennbaren Unterdecke mit der Feuerwiderstandsklasse F 30-A besteht in erster Linie darin, dass bei einem Brand im Deckenhohlraum Feuer und Rauch während der Feuerwiderstandsdauer (= 30 Minuten) nicht in den notwendigen Flur eindringen können. Es geht dabei also um den Schutz des notwendigen Flurs vor einem Brand im Deckenhohlraum.

Da nach der MLAR die F 30-A-Unterdecken die geforderte Feuerwiderstandsklasse bei einer Brandbeanspruchung von oben und von unten aufweisen müssen, besteht auch das Schutzziel, dass bei einem Brand, der z.B. aus einer Nutzungseinheit in den notwendigen Flur eindringt, für 30 Minuten ein Eindringen in den Deckenhohlraum verhindert wird.

Verwendbarkeitsnachweis

Für raumabschließende feuerwiderstandsfähige Unterdecken, die einer Brandbeanspruchung von oben und unten genügen müssen, gibt es keine allgemein gebräuchlichen (geregelten) Bauarten nach DIN 4102-4. Deshalb besteht der Verwendbarkeitsnachweis in der Regel aus einem allgemeinen bauaufsichtlichen Prüfzeugnis.

Dabei ist besonders darauf zu achten, dass die Ausführung den im Verwendbarkeitsnachweis vorgegebenen Rahmenbedingungen entspricht (z.B. Wandanschlüsse, Befestigung der Unterdecke, Ausführung und Befestigung der über der Unterdecke angeordneten Installationsleitungen). Außerdem muss der Einbau gemäß dem allgemeinen bauaufsichtlichen Prüfzeugnis sowie der Einbauanleitung des Herstellers erfolgen.

Übereinstimmungsnachweis

Ein Übereinstimmungsnachweis ist erforderlich. Werden die Unterdecken als Bauart ausgeführt, muss der Anwender, der die Unterdecke herstellt, gegenüber dem Auftraggeber eine schriftliche Übereinstimmungserklärung ausstellen, mit der er bescheinigt, dass die von ihm ausgeführte Unterdecke den Bestimmungen des allgemeinen bauaufsichtlichen Prüfzeugnisses und der Einbauanleitung entspricht.

Maximale Deckenspannweite bei selbstständigen freitragenden Unterdecken

Die im Prüfzeugnis vorgegebene maximale Deckenspannweite darf nicht (auch nicht geringfügig) überschritten werden, da dies im Ernstfall zu einem vorzeitigen Versagen der Unterdecke führen kann.

Befestigung der Unterdecken

Aufhänge- und Tragmittel der Unterdecke müssen aus nichtbrennbaren Baustoffen bestehen und die gleiche Feuerwiderstandsdauer wie die Unterdecke aufweisen. Es ist darauf zu achten, dass die Ausführung gemäß Prüfzeugnis und Einbauvorschrift des Herstellers erfolgt.

Notwendige Flure | **7.6** Seite 87

Befestigung der im Deckenhohlraum verlegten Leitungsanlagen

In den Verwendbarkeitsnachweisen (Prüfzeugnissen) wird grundsätzlich vorausgesetzt, dass die Unterdecken für die Zeit ihrer Feuerwiderstandsdauer bei einem Brand im Deckenhohlraum nicht von oben her belastet werden dürfen.

Diese Forderung hat weitreichende Folgen bezüglich der Abhängungen bzw. Befestigungen der im Deckenhohlraum montierten elektrischen Leitungen, Rohrleitungsanlagen und Lüftungsleitungen.

Sofern keine speziell für den Brandfall geprüften Trag- und Befestigungssysteme mit entsprechenden Verwendbarkeitsnachweisen eingesetzt werden (z.B. für Installationskanäle mit Funktionserhalt E 30), kann als Alternative eine Ausführung wie bei Lüftungsleitungen nach DIN 4102-4 Abschnitt 8.5.7 erfolgen (siehe Kapitel 3.5-V in diesem Werk).

Danach dürfen die Abhänger einen Abstand von maximal 1,50 m aufweisen und sind so zu dimensionieren, dass die rechnerische Spannung nicht größer als 6 N/mm^2 ist. Die Abhänger sind entweder U-förmig um die Leitungen herumzuführen oder mit Schrauben (mindestens M 8) an Flanschverbindungen der Leitungen zu befestigen.

Die Befestigung der Abhänger muss mit Stahlspreizdübeln (mindestens M 8) erfolgen. Die brandschutztechnische Eignung der Dübel ist mit einer Zulassung bzw. einem Prüfzeugnis nachzuweisen. Dübel ohne brandschutztechnischen Eignungsnachweis müssen aus Stahl mindestens der Größe M 8 bestehen und sind doppelt so tief wie in der Zulassung gefordert – mindestens jedoch 6 cm tief – einzubauen. Sie dürfen rechnerisch höchstens mit 500 N auf Zug belastet werden (weitere Ausführung nach DIN 4102-4 Abschnitt 8.5.7).

Anschluss an Wände in Montagebauweise

Es ist darauf zu achten, dass die F 30-A-Unterdecke gemäß dem Verwendbarkeitsnachweis (allgemeines bauaufsichtliches Prüfzeugnis) zwischen die vorhandenen Wände eingebaut und die Anschlusssituation entsprechend dem Prüfzeugnis und der Einbauanleitung des Herstellers ausgebildet wird. Je nach Verwendbarkeitsnachweis können hier besondere Maßnahmen erforderlich sein (siehe Bilder 11.7-3 a bis c).

Beispiel

Wenn die Unterdecke gemäß dem Prüfzeugnis nur für den Anschluss an massive Wände (Mauerwerk, Beton) geprüft wurde, darf diese Decke nicht an leichte Trennwände angeschlossen werden, bzw. für diesen Anschluss ist ein besonderer Nachweis erforderlich, z.B. in Form eines Gutachtens der Materialprüfanstalt, die das allgemeine bauaufsichtliche Prüfzeugnis der Unterdecke erstellt hat.

Anmerkung: Die im jeweiligen Einzelfall erforderlichen Maßnahmen ergeben sich aus dem Verwendbarkeitsnachweis (Prüfzeugnis) und der Montageanleitung des Herstellers. Bei verschiedenen Systemen ist der in den Bildern 11.7-3 a bis c gezeigte Plattenstreifen nicht erforderlich. In diesen Fällen muss jedoch ein entsprechendes Prüfzeugnis vorliegen.

7.6 Seite 88 | Notwendige Flure

11.7-3 a bis 11.7-3 c Beispiele für besondere Maßnahmen bei Anschlüssen von feuerwiderstandsfähigen Unterdecken an feuerwiderstandsfähige leichte Trennwände

Die Ausführung erfolgt gemäß dem Prüfzeugnis. Weitere Informationen enthält Kapitel 6.7.1-B, Punkt 7.3.9 in diesem Werk.

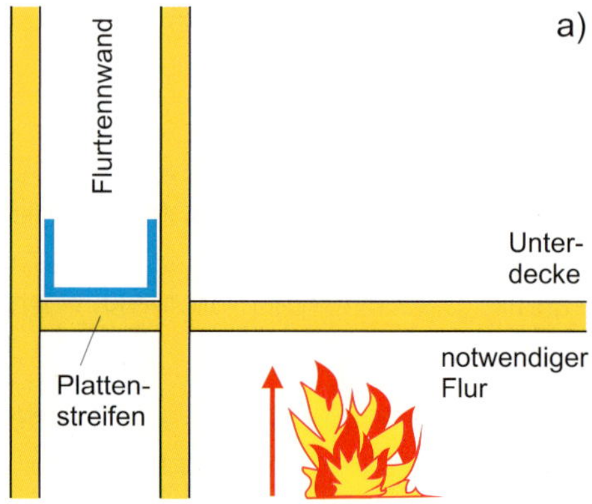

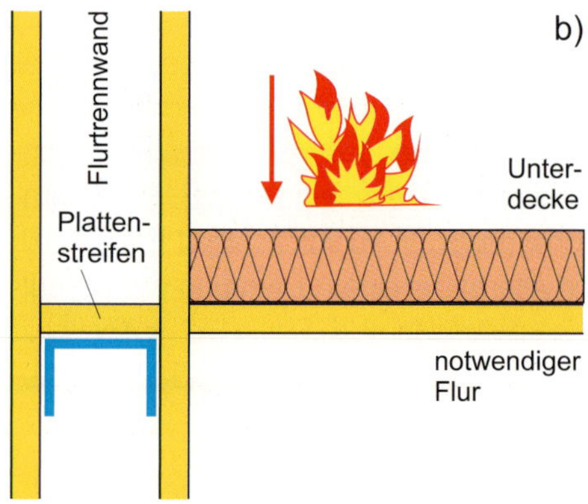

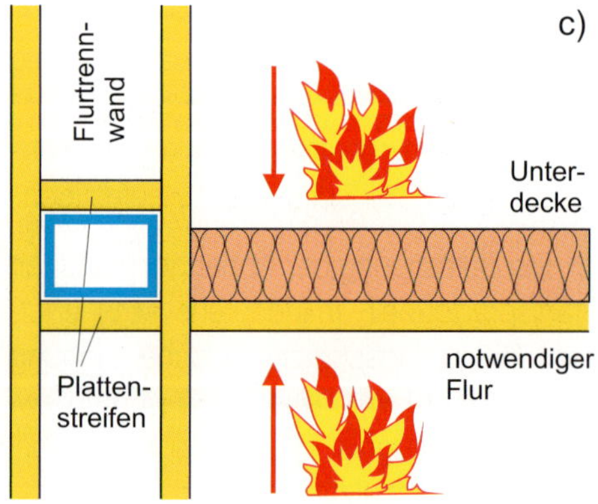

11.7.4 Alternativen zur F 30-A-Unterdecke

Die Anordnung feuerhemmender Unterdecken aus nichtbrennbaren Baustoffen ist *eine* Möglichkeit, den Brandschutz in notwendigen Fluren so zu gewährleisten, dass die bauaufsichtlichen Anforderungen erfüllt werden.

Je nach Gebäudenutzung und brandschutztechnischen Schutzzielen gibt es jedoch auch andere Möglichkeiten, den bauaufsichtlich erforderlichen und sicherheitstechnisch gewünschten Brandschutz zu realisieren. Allerdings sollte die Wahl der Möglichkeiten bereits zu einem frühen Zeitpunkt erfolgen, da nachträgliche Änderungen bzw. Verbesserungen meist nicht bzw. oft nur mit erheblichem Aufwand und entsprechenden Mehrkosten durchgeführt werden können.

Eine Voraussetzung für eine wirtschaftliche, fachgerechte und fehlerfreie Planung besteht darin, dass aussagekräftige Brandschutzpläne vorliegen (siehe Kapitel 6.10.1, Punkt 6 in diesem Werk).

Installationsführung

Eine feuerhemmende und nichtbrennbare Unterdecke ist nicht immer die optimale Lösung, da in diesem Fall der gesamte Deckenhohlraum in den notwendigen Fluren brandschutztechnisch geschützt werden muss. Es kann z.B. besser (und auch kostengünstiger) sein, die Installationen nicht im notwendigen Flur, sondern neben dem Flur (in den Räumen) unterzubringen. In diesem Fall sind (innerhalb des gleichen Geschosses und der jeweiligen Nutzung) keine Brandschutzmaßnahmen erforderlich.

Eine weitere Möglichkeit besteht darin, im Deckenhohlraum des notwendigen Flurs nur die nichtbrennbaren Leitungen zu verlegen und alle brennbaren Leitungen wie beschrieben neben dem Flur (in den Räumen) zu verlegen.

Falls es für die Unterbringung der haustechnischen Installationen keine Alternative zum notwendigen Flur gibt, bietet sich an, im Deckenhohlraum des notwendigen Flurs soweit möglich nur nichtbrennbare Leitungen zu verlegen und alle brennbaren Leitungen (Elektrokabel) in einem Installationskanal I 30 zu verlegen (siehe Punkt 11.6 in diesem Kapitel). Der Vorteil liegt darin, dass nicht der gesamte Deckenhohlraum, sondern nur noch vergleichsweise kleine Installationskanäle brandschutztechnisch geschützt werden müssen. An die nichtbrennbare untergehängte Flurdecke werden dann keine besonderen Brandschutzanforderungen gestellt.

7.6 Seite 90	Notwendige Flure	

11.7-4 a und 11.7-4 b Beispiele für alternative Installationsführungen in einem Gebäude der Gebäudeklasse 5

Da die brennbaren Leitungen in den Räumen der größeren Büro- oder Verwaltungsnutzung geführt werden, bleibt der notwendige Flur frei von Brandlasten und damit auch frei von besonderen Brandschutzanforderungen.

Die Unterdecke (Bild 11.7-4 a) bzw. die Brüstungsverkleidung (Bild 11.7-4 b) müssen keine besonderen Brandschutzanforderungen erfüllen. Sie sollten jedoch so ausgeführt werden, dass die Leitungen (z.B. für Nachinstallationen) auch später noch leicht zugänglich sind.

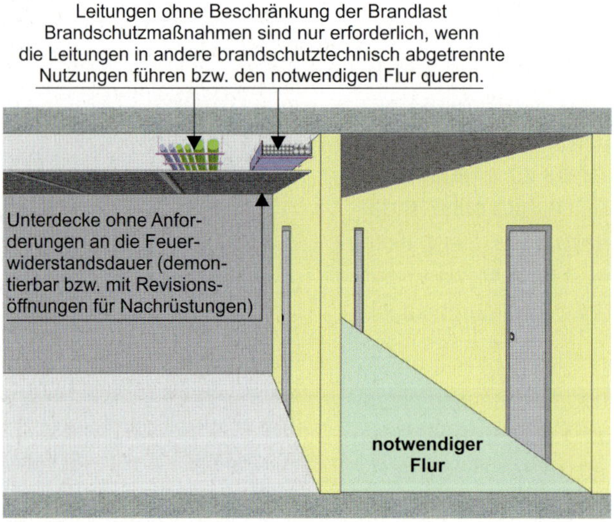

a)

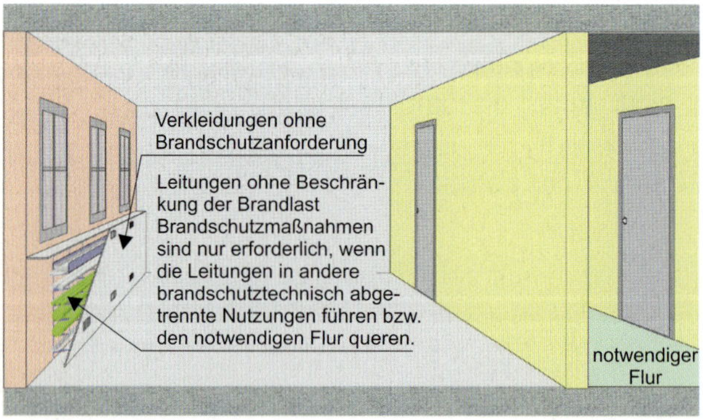

b)

11.7.5 Überwachung des Deckenhohlraums mit einer automatischen Brandmeldeanlage

Die Frage, ob eine automatische Brandmeldeanlage im Deckenhohlraum erforderlich ist bzw. ob der Deckenhohlraum an eine bereits bestehende Brandmeldeanlage angeschlossen werden soll, wird besonders unter dem Kostenaspekt kontrovers diskutiert. Im Bauordnungsrecht sind hierzu keine Anforderungen enthalten.

Allerdings sollte berücksichtigt werden, dass die Sicherheit, die mit einer feuerhemmenden Ausführung der Flurdecke erzielt wird, relativ ist, solange niemand zuverlässig mitteilt, wann diese 30-minütige Sicherheit beginnt. Eine Brandmeldeanlage alarmiert bereits in der Entstehungsphase des Schadenfeuers und hilft so, den durch die feuerhemmende Ausführung der Unterdecke „erkauften" Brandschutz auch umzusetzen.

Unter günstigen Umständen wird ein Brand im Deckenhohlraum auch ohne Brandmeldeanlage frühzeitig bemerkt, und alle sich im Gebäude aufhaltenden Personen können sicher das Gebäude verlassen.

Hierzu sollten aber einige Fragen berücksichtigt werden:

Was ist, wenn die Umstände weniger günstig sind, wenn sich z.B. die Personen überwiegend in den an den notwendigen Flur angrenzenden Aufenthaltsräumen aufhalten (z.B. bei Büronutzung oder in Besprechungs- bzw. Schulungsräumen)?

Was ist, wenn der Brand erst entdeckt wird, nachdem durch Schwachstellen in der Unterdecke (z.B. durch Versagen von Wandanschlüssen oder Beschädigungen der Unterdecke infolge Brandeinwirkung) plötzlich Feuer und vor allem Rauch in den Flur eindringen? Dann ist die *Sicherheitszeit* bereits abgelaufen und es wird trotz der theoretisch vorhandenen 30-minütigen Sicherheit für die betroffenen Menschen kritisch, da niemand bemerkt hat, wann die Uhr zu laufen anfing.

Aus diesen Gründen ist es bei Sonderbauten empfehlenswert, zu prüfen, ob ein Anschluss des Deckenhohlraums an eine automatische Brandmeldeanlage sinnvoll bzw. erforderlich ist.

Bei Gebäuden, die keine Sonderbauten sind und die nach der MBO und MLAR geregelt werden, ist im Normalfall keine Überwachung der Deckenhohlräume mit einer Brandmeldeanlage notwendig.

11.7.6 Brandbekämpfung im Deckenhohlraum notwendiger Flure

Nach der Brandentdeckung und Alarmierung der Feuerwehr ist das Problem noch lange nicht gelöst. Für die Feuerwehr stellt sich nach der Menschenrettung nämlich die Frage, wie eine Brandbekämpfung möglich ist.

Im Deckenhohlraum findet in der Regel wegen Sauerstoffmangels eine unvollständige Verbrennung statt. Wird jetzt die Unterdecke zur Brandbekämpfung geöffnet, kommt der Luftsauerstoff hinzu und ein Flash-Over (= Feuerübersprung), wenn nicht gar eine Explosion, sind vorprogrammiert.

Damit sind zum einen Leib und Leben der brandbekämpfenden Feuerwehrleute bedroht, zum anderen wird der Brand in den Flur und über den zugeführten Sauerstoff noch weiter in die Deckenhohlräume hineingetragen.

Außerdem taucht z.B. bei größeren Gebäuden das Problem auf, wie verhindert werden kann, dass sich Feuer und Rauch über die Brandlasten in den Deckenhohlräumen (die wie eine Zündschnur wirken) auch in andere Geschosse bzw. brandschutztechnisch getrennte Abschnitte ausbreiten können.

In diesem Zusammenhang kommt der brandschutztechnisch fachgerechten Ausführung der haustechnischen Installation eine besondere Bedeutung zu. Weist diese Schwachstellen und Mängel auf (insbesondere in den Abschottungen), ist durch den Zündschnureffekt eine Brandausbreitung in den Deckenhohlräumen praktisch nicht mehr aufzuhalten und der Großschaden, oder gar der Totalschaden des gesamten Brandabschnittes bzw. Gebäudes sind vorprogrammiert.

11.8 Leitungsverlegung in Unterflurkanälen

Elektrische Leitungen und Rohrleitungsanlagen aus brennbaren Baustoffen oder mit brennbaren Dämmstoffen in notwendigen Fluren sind in Unterflurkanälen zu verlegen. Diese müssen die folgenden Anforderungen erfüllen:

Estrichbündig oder -überdeckt angeordnete Unterflurkanäle für die Verlegung von Leitungen müssen in notwendigen Fluren eine obere Abdeckung aus nichtbrennbaren Baustoffen aufweisen. Sie dürfen nur Revisions- oder Nachbelegungsöffnungen mit dichtschließenden Verschlüssen aus nichtbrennbaren Baustoffen haben.

11.9 Leitungsverlegung in Systemböden

Die Anforderungen hierzu enthält die Muster-Richtlinie über brandschutztechnische Anforderungen an Systemböden (MSysBöR), die in vielen Ländern über die Liste der Technischen Baubestimmungen eingeführt ist.

11.10 Verwendung nichtbrennbarer Bauprodukte

Natürlich spielt bei der Frage, wie der erforderliche Brandschutz der haustechnischen Leitungsanlagen in den notwendigen Fluren gewährleistet werden kann, auch das Brandverhalten der verwendeten Bauprodukte eine große Rolle.

So sind z.B. brandschutztechnische Probleme von Anfang an zu vermeiden bzw. erheblich zu reduzieren, wenn ausschließlich nichtbrennbare Leitungen und Dämmungen verwendet werden.

Ist es nicht möglich oder erwünscht, ausschließlich nichtbrennbare Leitungen zu verwenden, kann auch eine Trennung erfolgen. In diesem Fall können z.B. alle nichtbrennbaren Leitungen (die natürlich nur nichtbrennbare Dämmstoffe aufweisen dürfen) ohne besondere Brandschutzmaßnahmen im notwendigen Flur geführt werden; die brennbaren Leitungen (z.B. Elektroleitungen) werden dagegen in einem Installationskanal I 30 untergebracht.

11.11 Gewährleistung des Abschottungsprinzips

11.11.1 Brandschutztechnisches Gesamtkonzept für haustechnische Installationen

Neben den beschriebenen Maßnahmen müssen die haustechnischen Installationen und Leitungsanlagen natürlich auch insgesamt so ausgeführt werden, dass das bauaufsichtlich vorgeschriebene Abschottungsprinzip für das gesamte Gebäude gewährleistet ist.

Bei einer Verlegung von Leitungsanlagen im Deckenhohlraum eines notwendigen Flurs wird der gesamte Deckenhohlraum oberhalb des notwendigen Flurs praktisch selbst zu einem Installationskanal, der so groß ist wie der Deckenhohlraum selbst.

Zur Ermittlung der erforderlichen Brandschutzmaßnahmen für einen *deckenhohlraumgroßen Installationskanal* ist zu unterscheiden, ob dieser innerhalb einer größeren Nutzung (z.B. größeren Büro- und Verwaltungsgebäuden oder Sonderbauten) verläuft oder ob er mehrere Nutzungseinheiten trennt. Außerdem richten sich die Maßnahmen nach der Feuerwiderstandsdauer der Flurtrennwände.

Ein Praxisbeispiel hierzu enthält Kapitel 6.10.1, Punkt 6; Prinzipbeispiele enthält Kapitel 6.10.3-A, Bilder 3-6 a bis 3-6 h sowie 3-7 a bis 3-7 d in diesem Werk.

11.11.2 Deckenhohlraum des Flurs nur innerhalb einer größeren Nutzungseinheit

Falls der Deckenhohlraum nur innerhalb einer größeren Nutzungseinheit (eines brandschutztechnisch abgetrennten Bereichs) verläuft, stehen nur die Räume dieser einen Nutzung über den Deckenhohlraum miteinander in Verbindung. Die Anforderungen an die Abschottung von Leitungsdurchführungen durch die raumabschließenden feuerwiderstandsfähigen Flurwände richten sich in diesem Fall nach der Feuerwiderstandsdauer der Flurtrennwände und nach den brandschutztechnischen Schutzzielen.

Besteht an die Flurtrennwände die Anforderung *feuerhemmend* (z.B. bei Gebäuden bis zur Hochhausgrenze nach MBO) und wird ein Totalschaden dieser Nutzungseinheit im Brandfall hingenommen, muss vom Grundsatz her nur gewährleistet sein, dass der erste Rettungsweg ausreichend lange (30 Minuten) durch den notwendigen Flur sicher zu benutzen ist.

Die hierzu erforderlichen Brandschutzmaßnahmen (z.B. Unterdecke F 30-A bzw. Verlegung der brennbaren Leitungen in Installationskanälen I 30) wurden in den vorangehenden Punkten erläutert.

Wenn z.B. eine F 30-A-Unterdecke vorhanden ist, sind besondere Abschottungsmaßnahmen bei den im Deckenhohlraumbereich verlegten Leitungsdurchführungen durch die feuerhemmenden Flurtrennwände nicht erforderlich, da die feuerhemmende Unterdecke die Funktion des Flurs als Rettungsweg gewährleistet.

Weitergehende Maßnahmen sind dagegen notwendig, wenn die Leitungsanlagen in ein anderes Geschoss bzw. in einen Installationsschacht führen.

Soll bei feuerhemmenden Flurtrennwänden eine Chance bestehen, den Totalschaden im Brandfall zu vermeiden, muss eine Situation geschaffen werden, die es der Feuerwehr ermöglicht, einen eventuellen Brand innerhalb dieser Nutzung auf den Entstehungsbereich zu begrenzen. In diesem Fall ist es empfehlenswert, die Leitungsdurchführungen durch die feuerhemmenden Flurtrennwände in der gleichen Feuerwiderstandsdauer wie die Wände (= für 30 Minuten) abzuschotten bzw. zu sichern.

Ob der Totalschaden einer Nutzungseinheit im Brandfall hingenommen werden kann oder nicht, hängt im Wesentlichen von der Nutzung ab. Für übliche Büro- und Verwaltungs- und gleichartige Gebäude bestehen seitens des Gesetzgebers (der LBOs) in der Regel keine besonderen Anforderungen.

Anders sieht es dagegen bei Gebäuden besonderer Art oder Nutzung aus, z.B. Krankenhäuser, Versammlungsstätten, Schulen und Warenhäuser. Bei diesen Sonderbauten ist grundsätzlich ein individuelles Brandschutzkonzept erforderlich.

Außerdem sind neben dem öffentlich-rechtlichen Mindestbrandschutz auch die Schutzziele des Bauherrn (Betreibers) zu berücksichtigen. Es kann durchaus sein, dass aus öffentlich-rechtlicher Sicht keine weiteren Brandschutzmaßnahmen erforderlich sind (also im Brandfall ein Totalschaden der größeren Nutzung hingenommen wird), der Betreiber aber ein höheres Brandschutzniveau als der Gesetzgeber benötigt, z.B. aus Gründen der Produktionssicherheit.

Einige Prinzipbeispiele hierzu enthält Kapitel 6.10.3-A, Bilder 3-6 a, c, e und g sowie 3-7 a und 3-7 c in diesem Werk.

11.11.3 Trennung mehrerer Nutzungseinheiten durch *deckenhohlraumgroßen Installationskanal*

In diesem Fall werden verschiedene Nutzungseinheiten bzw. brandschutztechnisch abgetrennte Bereiche vom notwendigen Flur und dem darüber angeordneten deckenhohlraumgroßen Installationskanal getrennt.

Dabei müssen die Leitungsdurchführungen durch die Flurtrennwände brandschutztechnisch so gesichert werden, dass das bauaufsichtliche Schutzziel erreicht wird. Die Brandübertragung von einer Nutzungseinheit auf die angrenzende bzw. von einem brandschutztechnisch abgetrennten Bereich auf den angrenzenden muss für die Zeit der jeweils erforderlichen Feuerwiderstandsdauer verhindert werden.

Grundsätzlich sind Brandschutzmaßnahmen immer erforderlich, wenn die Leitungsanlagen in

- einen anderen Brandabschnitt,
- eine andere feuerwiderstandsfähig abgetrennte Nutzungseinheit (Wohnung, Büro),
- einen anderen feuerbeständig abgetrennten Bereich oder

- ein anderes Geschoss

führen (also brandschutztechnisch getrennte Bereiche miteinander verbinden).

Einige Prinzipbeispiele hierzu enthält Kapitel 6.10.3-A, Bilder 3-6 b, d, f und h sowie 3-7 b und 3-7 d in diesem Werk.

11.11.4 Brandschutzmaßnahmen bei Leitungsdurchführungen durch raumabschließende feuerwiderstandsfähige Flurwände

Ergibt sich aus den in den vorstehenden Punkte beschriebenen Schutzzielbetrachtungen, dass Leitungsdurchführungen durch Flurwände brandschutztechnisch gesichert werden müssen, sind entsprechende Abschottungs- bzw. Sicherungsmaßnahmen erforderlich (siehe Punkt 6.10.2 in diesem Werk).

12 Entrauchung notwendiger Flure

Der notwendige Flur soll sicherstellen, dass im Brandfall die Selbstrettung von Personen möglich ist. Eine wesentliche Voraussetzung hierfür ist, dass er im Brandfall weitgehend rauchfrei bleibt. Dies soll mit den beschriebenen Maßnahmen erreicht werden.

Erfahrungsgemäß kann – trotz der beschriebenen bauaufsichtlichen Vorschriften – im Brandfall relativ häufig Rauch in den notwendigen Flur eindringen (z.B. durch offen stehende Türen oder nachdem die Türen unter Brandeinwirkung versagt haben). In diesen Fällen wäre es wünschenswert, den eindringenden Rauch so schnell abzuführen, dass eine Benutzung des Flurs als Flucht- und Rettungsweg gerade noch möglich ist.

Allerdings ist dies im Baurecht nicht vorgesehen und wird bei Gebäuden, die keine Sonderbauten sind, auch nicht verlangt.

Im Baurecht wird davon ausgegangen, dass für einen notwendigen Flur, in den Brandrauch eingedrungen ist, das Gleiche gilt wie für einen notwendigen Treppenraum mit eingedrungenem Brandrauch. Beide stehen dann für die Selbstrettung nicht mehr zur Verfügung. Die weitere Brandbekämpfung und Rettung erfolgt dann durch die Feuerwehr, die entsprechend ausgerüstet ist und in der Regel auch einen Weg findet, um notwendige Flure während oder nach Abschluss der Brandbekämpfungsmaßnahmen zu entrauchen (z.B. über Fenster der daran angeschlossenen Nutzungseinheiten).

7.6 Seite 96 Notwendige Flure

Eine weitere Überlegung betrifft den Deckenhohlraum, wenn dieser eine Brandlast aufweist: Im Brandfall entstehen im Deckenhohlraum (abhängig von der dort untergebrachten Brandlast) Brandrauch und Überdruck. Natürlich wäre es wünschenswert, diesen schadlos aus dem Deckenhohlraum abzuführen. Andernfalls besteht die Gefahr, dass bei einer nicht dichten Unterdecke (z.B. durch Schwachstellen, Ausführungsmängel oder Brandfolgeerscheinungen) der notwendige Flur als Rauchabzug und Druckausgleichsraum dient und entsprechend verraucht wird.

7 Bebauung, Rettungswege, Treppen, Räume
7.8 Türen in Rettungswegen

Dipl.-Ing. (FH) Lutz Battran

Inhalt

1 Allgemeines
2 Erkennen von Türen in Rettungswegen
3 Mindestbreiten von Türen in Rettungswegen
4 Aufschlagrichtung von Türen in Rettungswegen
4.1 Allgemeine Anforderungen
4.2 Notausgänge in Arbeitsstätten
5 Ungehinderte Begehbarkeit von Türen in Rettungswegen
5.1 Allgemeine Anforderungen
5.2 Verschließen von Türen
5.3 Anti-Panikschlösser
5.4 DIN EN-Normen für Notausgangs- und Panikverschlüsse
5.5 Fluchtwegsicherungen
5.6 Sonderfall: Haustüren von Mehrfamilienhäusern
6 Besondere Türsysteme im Verlauf von Rettungswegen
6.1 Nichtautomatische Schiebetüren
6.2 Automatische Schiebetüren
6.3 Karusselltüren/Drehtüren
6.4 Pendeltüren
6.5 Rolltore
7 Literatur und Bildquellen

7.8 Türen in Rettungswegen

1 Allgemeines

Flucht- und Rettungswege, einschließlich ihrer Türen und Ausgänge ins Freie, ermöglichen den Menschen, im Gefahrenfall einen Raum oder ein Gebäude auf kurzem Wege zu verlassen.

Türen in Rettungswegen sind Bestandteil dieser Flucht- und Rettungswege. Sie dürfen daher deren Funktionalität nicht beeinträchtigen.

Gerade diese Türen müssen einige teils gegensätzliche Anforderungen miteinander in Einklang bringen: Im Notfall muss gewährleistet sein, dass Personen schnell und ungehindert ins Freie gelangen. Hilfskräften muss es möglich sein, in das Gebäude zu gelangen. Gleichzeitig müssen aber die Betreiber oder Bewohner von Gebäuden davor geschützt werden, dass Personen unbefugt das Gebäude betreten oder verlassen.

Allgemeine Anforderungen an Flucht- und Rettungswege enthält Kapitel 7.3.

2 Erkennen von Türen in Rettungswegen

Türen in Rettungswegen können ihre Funktion nur erfüllen, wenn sie auf den ersten Blick als Türen identifiziert werden können. Oft wurde darüber nachgedacht, Notausgangstüren zu „tarnen". Es sind Fälle bekannt, in denen sich Türen durch Beklebung oder Anstrich optisch nicht von der sie umgebenden Wand abhoben und deshalb nicht mehr wahrgenommen werden konnten. Bei anderen Planungen war vorgesehen, vor die Tür einen Sichtschutz zu platzieren.

2-1 Klares Kenntlichmachen von Fluchttüren

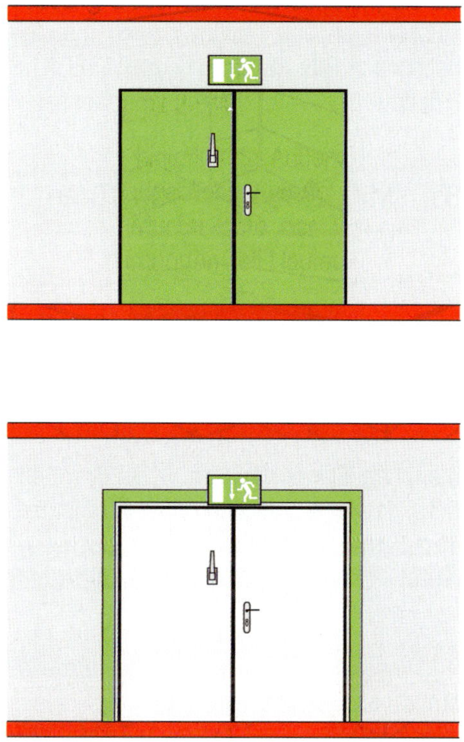

In beiden Fällen ist ein schnelles Auffinden der Türen nicht gewährleistet. Dies kann in der Regel auch nicht durch das Anbringen eines Fluchtwegschildes kompensiert werden.

Im Gegensatz zum „Tarnen" ist es von Vorteil, Fluchtwegtüren farblich von der Umgebung abzuheben (Bild 2-1).

Darüber hinaus ist in einigen Sonderbauvorschriften und in Nr. 1.3 des Anhangs der ArbStättV eine Kennzeichnung von Fluchtwegen und Notausgängen mit Zeichen nach DIN 4844-2 [1] und ASR A1.3 [1a] bzw. BGV A 8 [2] vorgeschrieben.

3 Mindestbreiten von Türen in Rettungswegen

Die Mindestbreiten von Türen in Rettungswegen orientieren sich an den erforderlichen Mindestbreiten von Rettungswegen.

Im Baurecht sind hierfür jedoch nur in manchen Bundesländern (z.B. Brandenburg) konkrete Anforderungen zu finden. In den meisten Bundesländern gibt es lediglich für einige Sonderbauten konkrete Vorgaben.

Weitere Angaben enthält das Arbeitsstättenrecht (siehe Kapitel 3.3 dieses Werkes).

In jedem Fall muss der Planer die Breite der Rettungswege, einschließlich der Türen, so wählen, dass eine **ungehinderte Rettung**, für die maximal darauf angewiesene Personenzahl möglich ist.

Die erforderlichen Türbreiten können aus den folgenden Tabellen 3-1 und 3-2 abgeleitet werden bzw. sind im Geltungsbereich der entsprechenden Regelwerke obligatorisch:

Tabelle 3-1:
Mindestbreiten nach DIN 18065: Gebäudetreppen [3]:

Gebäudetyp	Lichte Mindestbreite
Wohngebäude mit nicht mehr als zwei Wohnungen	0,80 m
sonstige Gebäude	1,00 m

Tabelle 3-2:
Mindestbreiten nach der ASR A2.3[1]) [4]:

Höchstmögliche Anzahl der Personen (Einzugsgebiet)	Mindestbreite[2]) = lichte Breite
bis 5	0,875 m
bis 20	1,00 m
bis 200	1,20 m
bis 300	1,80 m
bis 400	2,40 m

1) Gemäß § 7 Abs. 4 der Arbeitsstättenverordnung (ArbStättV) [5] wurden die vom Ausschuss für Arbeitsstätten des BMAS beschlossenen Technischen Regeln (ASR A2.3) bekannt gemacht.

2) Eine Einschränkung der Mindestbreite der Flure von maximal 0,15 m an Türen kann vernachlässigt werden. Für Einzugsgebiete bis 5 Personen darf die lichte Breite jedoch an keiner Stelle weniger als 0,80 m betragen.

In vielen Sonderbauvorschriften sind spezielle Angaben zu Fluchtweg- und Türbreiten enthalten. Fallen Bauvorhaben in deren Geltungsbereich, sind entsprechende Vorgaben bei der Planung zu berücksichtigen.

In diesem Zusammenhang ist hauptsächlich die Muster-Versammlungsstättenverordnung (MVStättV) vom Juni 2005 [6], zu erwähnen.

Tabelle 3-3:
Mindestbreiten nach Muster-Versammlungsstättenverordnung (MVStättV)

Auf den Rettungsweg angewiesene Personen	Lichte Mindestbreite
bis 200	0,90 m
mehr als 200	1,20 m je 200 Personen Staffelungen sind nur in Schritten von 0,60 m zulässig.

Versammlungsstättenverordnungen (VStättV), die auf älteren Mustern basieren, gaben Rettungswegbreiten von 1 m für 150 darauf angewiesene Personen vor. Diese Regelung hat sich allerdings bei Versuchen im Vorfeld der Fußballweltmeisterschaft nicht bewährt: Ausgehend von einem Schultermaß von 0,60 m würden bei einer Tür von 1 m Breite zwei Personen nebeneinander quasi stecken bleiben und die Tür blockieren (siehe Bild 3-2). Bei Abstufungen von 0,60 m können auch Personen nebeneinander durch die Türöffnungen „geschoben" werden, ohne einen Stützbogen zu bilden und so den Fluchtweg zu blockieren (siehe Bild 3-1).

Zu beachten ist, dass die Maße in der MStättV lichte Mindestbreiten der fertigen Türen darstellen. Die Rohbaumaße sind entsprechend größer festzulegen.

Die Breite einer Fluchttür aus einer Versammlungsstätte kann wie im folgenden Beispiel ermittelt werden.

3-1 Lichtes Öffnungsmaß: 1,20 m

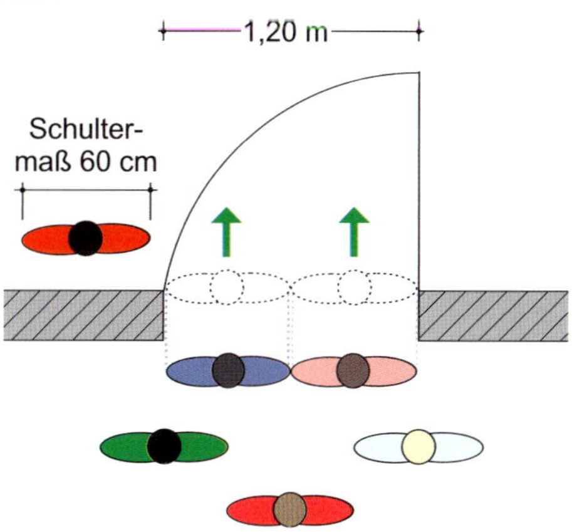

3-2 Lichtes Öffnungsmaß: 1,00 m

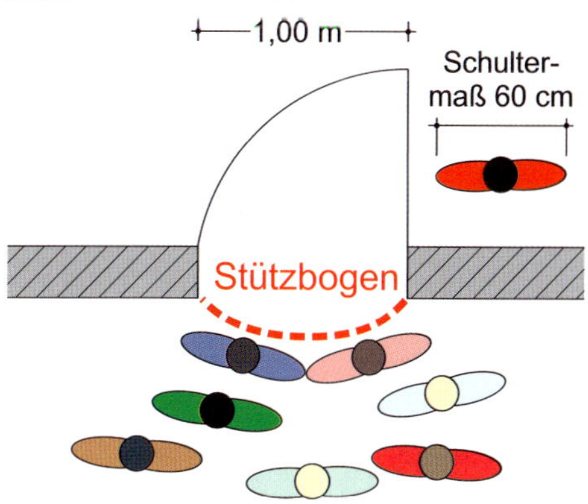

Beispiel: Fluchttürbreite

Annahme: 480 auf einen Rettungsweg angewiesene Personen

→ 5 angefangene 100 Personen

→ 5 × 0,60 m = 3 m

Mindestbreite der Tür: 1,20 m

→ gewählt: eine Tür 1,20 m und eine Tür 1,80 m

→ Rohbaumaße der Türöffnungen nach Baurichtmaß (mindestens) 1,385 und 2,01 m

Im Bereich bis 200 Personen ist zu beachten, dass die ArbStättV und einige VStättV der Länder größere Mindestmaße als die oben genannten 0,90 m vorgeben. Nach Auffassung des Autors sollten Fluchttüren bereits ab 100 darauf angewiesene Personen mindestens 1,20 m breit ausgebildet werden.

Detaillierte Angaben sind in den Vorschriften auf der Brandschutz-Nachweis-CD enthalten.

Weitere Vorschriften und Richtlinien, in denen Fluchtwegbreiten geregelt sind:

- Muster-Verkaufstättenverordnung (MVkV) [7]

  Ausgänge aus Verkaufsräumen müssen mindestens 2 m breit sein. Bei einer Fläche von nicht mehr als 500 m^2 genügt jedoch eine Breite von 1 m. Ein Ausgang, der in einen Flur führt, darf nicht breiter sein als der Flur.

  Die Ausgänge aus einem Geschoss einer Verkaufsstätte ins Freie oder in Treppenräume notwendiger Treppen müssen eine Breite von mindestens 30 cm je 100 m^2 der Flächen der Verkaufsräume haben; dabei bleiben die Flächen von Ladenstraßen außer Betracht. Ausgänge aus Geschossen einer Verkaufsstätte müssen mindestens 2 m breit sein. Ein Ausgang, der in einen Treppenraum führt, darf nicht breiter sein als die notwendige Treppe.

- Muster-Hochhausrichtlinien (MHochhausRL 1981, MHHR 2008) [8]

  Die lichte Breite jedes Teils eines Rettungsweges (allgemein zugängliche Flure, Vorräume, Schleusen, Treppen, Ausgänge usw.) muss nach MHochhausRL 1981 mindestens 1,25 m betragen. Dieses Maß darf durch Türen eingeschränkt werden, aber 1,10 m nicht unterschreiten. Die MHHR 2008 sieht für jeden Teil eines Rettungsweges ein Mindestmaß von 1,20 m vor und eine lichte Breite der Türen aus Nutzungseinheiten auf notwendige Flure von mindestens 0,90 m.

- Muster-Schulbaurichtlinie (MSchulbauR) [9]

  Die nutzbare Breite der Ausgänge von Unterrichtsräumen und sonstigen Aufenthaltsräumen sowie der notwendigen Flure und notwendigen Treppen muss mindestens 1 m pro 150 darauf angewiesene Benutzer betragen. Bei Ausgängen von Unterrichtsräumen und sonstigen Aufenthaltsräumen muss jedoch mindestens eine nutzbare Breite von 0,90 m vorhanden sein. Ausgänge zu notwendigen Fluren dürfen nicht breiter sein als der notwendige Flur.

Ausgänge zu notwendigen Treppenräumen dürfen nicht breiter sein als die notwendige Treppe. Ausgänge aus notwendigen Treppenräumen müssen mindestens so breit sein wie die notwendige Treppe. Zusätzliche Anforderungen führt die MSchulbauR für notwendige Flure und Treppen auf.

Eine **Besonderheit** stellen Bauvorhaben dar, in denen sich bestimmungsgemäß Personen mit körperlichen Einschränkungen aufhalten. In diesem Zusammenhang ist die DIN 18024-2 [10] erwähnenswert. Der Geltungsbereich dieser Norm umfasst insbesondere für Rollstuhlbenutzer, Blinde und Sehbehinderte, Gehörlose und Hörgeschädigte, Gehbehinderte, ältere Menschen, Kinder sowie klein- und großwüchsige Menschen. Türen für diese Personengruppen müssen eine lichte Breite von mindestens 0,90 m haben.

Eine **weitere Besonderheit** bilden Krankenhäuser, Pflegeeinrichtungen und ähnliche Anlagen. Die Brandschutzkonzepte für solche Gebäude beinhalten in der Regel eine schnelle horizontale Evakuierung der Patienten mit ihren Betten in einen sicheren Abschnitt. Dies ist jedoch nur möglich, wenn die Türen im Zuge dieser Rettungswege entsprechend breit sind. Hierfür ist eine lichte Breite von mindestens 1,25 m erforderlich. Ergänzend ist bei Bauvorhaben dieser Art zu beachten, dass manche Bundesländer eine eigene Krankenhausbauvorschrift haben.

Die notwendige Breite von Türen im Zuge von Rettungswegen sollte bei einer Gebäudenutzung, für die keine eigene Regelung besteht, in Anlehnung an die oben genannten Vorgaben ermittelt werden. Im Zweifelsfall haben sich die Regelungen, unter Berücksichtigung ihrer Hintergründe, in der MVStättV [6] bewährt.

Hinsichtlich der Ausführungen zu den Sonderbauvorschriften ist zu beachten, dass gültige Bauvorschriften in einzelnen Bundesländern hiervon erheblich abweichen können.

Baurechtlich maßgebliche Vorschriften für die einzelnen Bundesländer sind auf der Brandschutz-Nachweis-CD zu finden.

Ergänzend hierzu folgt ein Zitat aus den Vorgaben der Schweizer Brandschutznorm für Flucht- und Rettungswege [11] , da es sich hierbei um eine pragmatisch anzuwendondo und für alle Gebäudetypen geltende Bestimmung handelt:

„Je nach Personenbelegung haben Räume mindestens folgende Ausgänge aufzuweisen:

a bis 50 Personen: ein Ausgang mit 0.9 m Breite;

b bis 100 Personen: zwei Ausgänge mit je 0.9 m Breite;

c bis 200 Personen: drei Ausgänge mit je 0.9 m Breite oder zwei Ausgänge, von denen einer 0.9 m und der andere 1.2 m breit ist.

Bei größerer Personenbelegung haben Ausgänge insgesamt mindestens folgende Breiten aufzuweisen:

a im Erdgeschoss: 0.6 m pro 100 Personen

b in den Obergeschossen: 0.6 m pro 60 Personen

c in den Untergeschossen: 0.6 m pro 50 Personen

Die einzelnen Ausgänge sind mindestens 1.2 m breit zu erstellen. Ergibt die Berechnung der erforderlichen Breite der Ausgänge mehr als 1.2 m, ist auf das nächste Vielfache von 0.6 m aufzurunden."

Immer wieder wird darüber diskutiert, inwieweit allgemein gültige Maße, die in den Vorschriften vorgegeben sind, im Bereich der Türen **verringert** werden dürfen. Tatsächlich wird in Kommentierungen zu Breiten von **Verkehrswegen** oft eine mögliche Reduzierung der Türbreiten gegenüber angrenzenden Fluchtwegen angesprochen. Aus den Formulierungen der oben genannten Vorschriften kann jedoch keine Verringerung der ermittelten Breiten von **Rettungswegen** abgeleitet werden. Sind Leibungen um die Türen herum erforderlich, müssen die daran angrenzenden Räume entsprechend breiter geplant werden.

Dasselbe gilt bei konstruktiv erforderlichen Verengungen (z.B. durch Panikstangen – siehe Bild 5.4-4). Diese sind bereits bei der Festlegung der Rohbaumaße zu berücksichtigen.

Türen sollten keine größere lichte Breite als 1,50 m bei einflügligen Elementen bzw. 2,40 m bei zweiflügligen Elementen aufweisen, da ansonsten ein leichtes Öffnen nicht mehr gewährleistet ist.

Ergibt sich bei der Ermittlung eine größere Breite, sind entsprechend dieser Feststellung mehrere Türen vorzusehen. Dies gilt auch, wenn die zulässigen Fluchtweglängen (siehe Kapitel 7.3) überschritten werden.

4 Aufschlagrichtung von Türen in Rettungswegen

4.1 Allgemeine Anforderungen

Die Aufschlagrichtung von Türen in Rettungswegen ist in den Landesbauordnungen nicht allgemein geregelt. Ist im Fluchtfall nicht damit zu rechnen, dass gleichzeitig mehrere Personen an der Fluchttür eintreffen (die sich gegen eine nach innen schlagende Tür drängen könnten), ist es durchaus vertretbar, die Tür gegen die Fluchtrichtung aufschlagen zu lassen.

Wo hier die Grenze zu ziehen ist, muss im Einzelfall festgelegt werden. Dabei kommt es nicht nur auf die Größe der Gebäudeteile an, für die diese Tür vorgesehen ist, sondern auch auf den Zeitverzug, d.h. die jeweiligen Fluchtweglängen.

Eindeutige baurechtliche Festlegungen sind z.B. in folgenden Muster-Vorschriften zu finden:

- Muster-Versammlungsstättenverordnung (MVStättV) [6]
- Muster-Verkaufsstättenverordnung (MVkV) [7]
- Muster-Schulbaurichtlinie (MSchulbauR) [9]
- Muster-Feuerungsanlagenverordnung (MFeuVO) [12] (für Türen zu Heizräumen)
- Muster-Hochhausrichtlinie (MHochhausRL) [8].

Im Geltungsbereich dieser Landesvorschriften müssen Fluchttüren in Fluchtrichtung aufschlagen.

Die in den jeweiligen Bundesländern gültigen Sonderbauvorschriften sind auf der Brandschutz-Nachweis-CD enthalten.

Die Vorgabe der Aufschlagrichtung gilt jedoch nicht automatisch für die Zugangstür zum Rettungsweg (z.B. vom Raum auf den Flur). Hier sind in Fluchtrichtung aufschlagende Türen erforderlich, wenn es sich um Versammlungsräume handelt. Dasselbe gilt für **Räume mit erhöhter Brandgefahr**, in denen sich bestimmungsgemäß Personen aufhalten (z.B. Labors, Unterrichtsräume für Naturwissenschaften mit Experimentierständen).

Die Anforderungen an Türen von Labors und Unterrichtsräumen für Naturwissenschaften sind in den entsprechenden Unfallverhütungsvorschriften geregelt [13, 14, 15]. Offizielle Festlegungen für Grenzen bei sonstigen Klassenräumen sind nur vereinzelt bekannt (z.B. aus der sächsischen Schulbaurichtlinie: *„bei Klassenräumen und sonstigen Aufenthaltsräumen > 180 m² Netto-Grundfläche"*).

Müssen Türen aus Räumen in Rettungswege aufschlagen, ist darauf zu achten, dass diese den vorbeiführenden Rettungsweg nicht einengen dürfen (siehe Bild 4.1-1).

Zusätzlich ist zu berücksichtigen, dass Türen, aus Gründen des Unfallschutzes, nur maximal 15 cm in den Verkehrsweg ragen dürfen. Um diese Vorgaben einzuhalten, müssen Türen, die aus Räumen in die Flure aufschlagen, zurückgesetzt werden (siehe Bild 4.1-2).

4.1-1 Nach außen aufschlagende Türen, die den Rettungsweg einengen

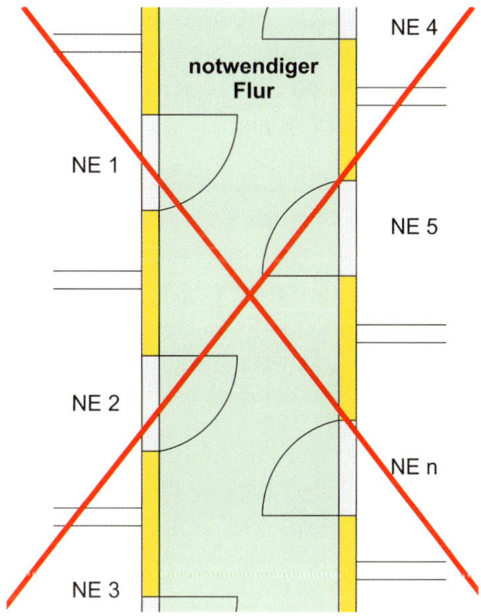

4.1-2 Durch Zurücksetzen der Türen keine Einengung des Rettungsweges

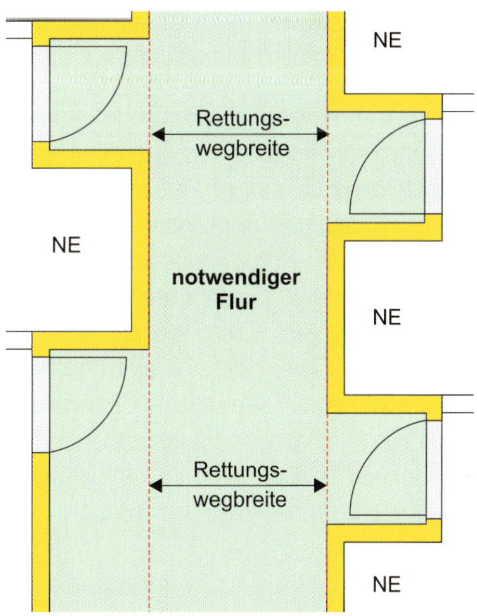

4.2 Notausgänge in Arbeitsstätten

Eine Besonderheit ergibt sich bei den Regelungen für Arbeitsstätten. In der ArbStättV [5] werden *Türen im Verlauf von Fluchtwegen* und *Türen von Notausgängen* explizit unterschieden.

Gemäß Anhang zur ArbStättV [5] (Ziffer 2.3 Abs. 2) müssen sich (nur) Türen von Notausgängen nach außen öffnen lassen. In diesem Zusammenhang wird in der offiziellen Begründung der Bundesregierung zum Entwurf der Arbeitsstättenverordnung [5 a] Folgendes vermerkt:

„Die Vorschrift greift Anforderungen der EG-Arbeitsstättenrichtlinie in Ziffer 4 des Anhanges I und in Ziffer 3 des Anhanges IV Teil A der EG-Baustellenrichtlinie auf und orientiert sich inhaltlich an § 19 der bisherigen Arbeitsstättenverordnung. Der Weg ins Freie wird vor der Flucht in einen gesicherten Bereich als geeignete Schutzmaßnahme genannt.

Das in Bezug auf Notausgänge in der EG-Arbeitsstättenrichtlinie und der EG-Baustellenrichtlinie u.a. formulierte generelle Verbot von Schiebe- und Karusselltüren als Notausgänge wird unter Beachtung der hierzu eindeutigen begründeten Stellungnahme der EG-Kommission in nationales Recht umgesetzt. Die Anforderung richtet sich aber nur an Türen, die als spezielle Notausgänge konzipiert und ausschließlich im Notfall benutzt werden. Ausgänge am Ende von Fluchtwegen, durch die Beschäftigte im Notfall ebenfalls ins Freie gelangen können, erfasst die Regelung nicht.“

Die ASR A2.3 „Fluchtwege und Notausgänge, Flucht- und Rettungsplan“ [4] dient der Konkretisierung der Arbeitsstättenverordnung (ArbStättV) [5] und enthält in Abschnitt 6 (1) ebenfalls entsprechende Anforderungen:

„Manuell betätigte Türen in Notausgängen müssen in Fluchtrichtung aufschlagen. Die Aufschlagrichtung von sonstigen Türen im Verlauf von Fluchtwegen hängt von dem Ergebnis der Gefährdungsbeurteilung ab, die im Einzelfall unter Berücksichtigung der örtlichen und betrieblichen Verhältnisse, insbesondere der möglichen Gefahrenlage, der Anzahl der Personen, die gleichzeitig einen Fluchtweg benützen müssen, sowie des Personenkreises, der auf die Benutzbarkeit der Türen angewiesen ist, durchzuführen ist.“

Im Rahmen der beschriebenen Gefährdungsbeurteilung durch den Arbeitgeber können sich auch für andere Türen Anforderungen an die notwendige Fluchtrichtung ergeben. Außerdem können baurechtlich entsprechende Anforderungen entstehen, z.B. bei *Sonderbauten.*

5 Ungehinderte Begehbarkeit von Türen in Rettungswegen

5.1 Allgemeine Anforderungen

In vielen öffentlich-rechtlichen Vorschriften (z.B. in der ArbStättV) wird u.a. gefordert, dass während der Anwesenheit von Personen die Türen eines Gebäudes im Verlauf von Rettungswegen **nicht verschlossen oder versperrt** sein dürfen.

Türverriegelungen an solchen Türen müssen

- jederzeit von innen,
- leicht (Öffnungseinrichtung gut erkennbar und an gut zugänglicher Stelle angebracht, Betätigungsart leicht verständlich, das Öffnen mit nur geringer Kraft möglich) und
- ohne Hilfsmittel (bei Gefahr unmittelbar von jeder Person zu öffnen),
- in voller Breite

zu öffnen sein.

Manche Vorschriften (z.B. ArbStättV) verlangen zudem ein notwendiges Öffnen mit einem Griff. (Zum Einbruchschutz in Verbindung mit dem Brandschutz siehe Kapitel 13.5.)

Gemäß ASR A2.3 Abschnitt 6 (4) müssen *„verschließbare Türen und Tore im Verlauf von Fluchtwegen jederzeit von innen ohne besondere Hilfsmittel leicht zu öffnen sein. Dies ist gewährleistet, wenn sie mit besonderen mechanischen Entriegelungseinrichtungen ausgestattet sind."*

Als Öffnungsmechanismen sind denkbar:

- Türdrücker
- Paniktreibriegel (Panikriegel – siehe unter 5.5 in diesem Kapitel)
- Querstangen (Panikstangen) oder Stoßplatte (Panikverschlüsse – siehe unter 5.4 in diesem Kapitel).

Kantenriegel, Schwenkriegel, Schubriegel und ähnliche Verschlüsse erfüllen die oben genannten Anforderungen nicht und sind deshalb für den Einsatz in Fluchttüren nicht geeignet.

Türgriffe, Panikstangen, Beschläge sowie weitere Bestandteile der Tür müssen so ausgebildet sein, dass Flüchtende nicht behindert werden. Bei Türdrückern wird dies z.B. durch eine U-Form erreicht, was ein *Hängenbleiben* am Griff verhindert.

Die Höhe von Türelementen und anderen Bedienungselementen der Tür ist so zu wählen, dass diese auch Kinder und Rollstuhlfahrer erreichen können. Eine konkrete Festlegung ist in den materiellrechtlichen Bauvorschriften oder eingeführten technischen Regeln nicht enthalten.

Das Standardmaß zwischen Fertigfußboden und Türgriffen von 1,05 m ergibt sich aus der DIN 18101 [15 a]. Für das barrierefreie Bauen in öffentlich zugänglichen Gebäuden und Arbeitsstätten gibt die DIN 18024-2 [10] ein Maß von 0,85 m vor. Einen zusätzlichen Hinweis enthält der Anhang A der DIN EN 179 [16]. Dort ist ein *übliches Höhenmaß* von 0,90 bis 1,10 m angegeben, das bei Berücksichtigung von Kindern unterschritten werden sollte.

7.8
Seite 8-2

Türen in Rettungswegen

Nach Auffassung des Autors ist in Bestandsgebäuden eine Maximalhöhe von 1,50 m im Einzelfall vertretbar.

Im Bereich von Notausgängen dürfen sich **keine Schwellen** befinden.

Über die genannten technischen Anforderungen an Fluchttüren hinaus, ist auf der organisatorischen Ebene zu gewährleisten, dass die Türen

- frei zugänglich,
- nicht verstellt und
- nicht verschlossen sind (siehe folgenden Abschnitt).

5.2 Verschließen von Türen

Oftmals besteht ein betriebliches Interesse, Türen verschlossen zu halten. Dies kann entweder dadurch begründet sein, unberechtigten oder unerwünschten Personen den Zutritt zu verwehren oder zu verhindern, dass im Raum befindliche Personen unkontrolliert den Raum verlassen.

Beispiele hierfür sind: Verkaufstätten, Gaststätten, Kinos, Diskos, Theater usw.

Um diesen gegensätzlichen Interessen gerecht zu werden, sind in der Praxis unterschiedliche Lösungen anzutreffen. Hierzu gehörten in der Vergangenheit auch die sogenannten Schlüsselkästen (siehe Bild 5.2-1).

> Bereits 1978 wurde durch das Verwaltungsgericht Düsseldorf (Az. 3 K 3464/77) festgestellt, dass Schlüsselkästen an oder neben Türen von Notausgängen kein zulässiges Mittel darstellen, um diese Türen gegen Missbrauch zu schützen. Andere Gerichte (z.B. OVG NW – Urteil vom 03.12.1991 4 a 1766/90, BVerwG Beschluss vom 17.06.1992 B 5592-OVG Münster) kamen zu ähnlichen Ergebnissen.

Damit ist der Einsatz von Schlüsselkästen im Verlauf von Fluchtwegen für Planer und ausführende Firmen absolut tabu.

Die Gründe, warum Schlüsselkästen in diesem Anwendungsbereich nicht vertretbar sind, beruhen auf Erfahrungen der Vergangenheit:

5.2-1 Im Verlauf von Fluchtwegen unzulässiger Schlüsselkasten

- Der Schlüsselkasten konnte in verrauchten Räumen nicht aufgefunden werden.
- In Paniksituationen waren Personen nicht in der Lage, rational vorzugehen, d.h. mehrere Tätigkeiten durchzuführen, um die Tür zu entriegeln.

Darüber hinaus waren die erforderlichen Schlüssel oft aus dem Kasten entfernt worden.

Eine Lösung der gegensätzlichen Anforderungen findet sich sowohl in der Schloss- bzw. Beschlagtechnik als auch in einer mechanischen oder elektrischen Öffnungshemmung. Diese kann mit einer akustischen Meldung der Türöffnung verknüpft werden (siehe unter 5.5 in diesem Kapitel).

5.3 Anti-Panikschlösser

Die ständige Begehbarkeit von Türen im Verlauf von Rettungswegen ist im einfachsten Fall durch den Einbau von Blindzylindern in das Türschloss zu gewährleisten, die ein Absperren der Tür verhindern.

Diese Lösung ist jedoch nur im Inneren von Gebäuden möglich, wenn die entsprechende Tür keine Schutzfunktion hinsichtlich unbefugter Zugänglichkeit erfüllen muss.

(Zum Einbruchschutz siehe Kapitel 13.5 in diesem Werk.)

Im Rahmen der meisten Versicherungen gegen Einbruch und Diebstahl gehört es zu den Pflichten des Versicherungsnehmers, Türen ins Freie oder zu fremden bzw. allgemein zugänglichen Bereichen durch Schlösser mit entsprechenden Qualitätsanforderungen außerhalb der Geschäfts- oder Nutzungszeiten zu verschließen. In vielen Situationen ist es aber nicht möglich, den Zeitraum zwischen Anwesenheit und Abwesenheit der Gebäudenutzer genau zu definieren.

Nicht einzusehende Türen sind auch während der Anwesenheit von Personal oder Besuchern geschlossen zu halten, wenn über diese unbemerkt ein Diebstahl durchgeführt werden könnte.

Ein bloßes Einrasten der Falle oder Magnetzuhaltungen von Fluchtwegsteuerungen genügen im Rahmen der Einbruchdiebstahlversicherungen in der Regel nicht als Schutz.

Ungenügende Schließvorrichtungen können zum Verlust des Versicherungsschutzes führen, wenn aufgrund dieses Schwachpunktes ein Einbruch ermöglicht wurde.

Dies bedeutet, dass Fluchtwegtüren mit Beschlägen auszustatten sind, die die Anforderungen hinsichtlich Einbruchs oder unbefugten Zutritts erfüllen, im Notfall aber unverzüglich entriegeln. Eine entsprechende technische Lösung enthalten Anti-Panikschlösser.

Bei einem Anti-Panikschloss werden während der Betätigung eines Türdrückers die Falle und der Riegel des Schlosses zurückgezogen. Dadurch kann die abgeschlossene Tür in einer definierten Richtung (in der Regel von innen nach außen) jederzeit ohne Schlüssel begangen werden.

Nach Betätigung des Anti-Panikschlosses muss die Tür mit dem Schlüssel wieder abgeschlossen werden (siehe Bild 5.3-1).

Das selbstverriegelnde Anti-Panikschloss enthält eine Zusatzfunktion: Wird die Tür nach erfolgter Öffnung wieder geschlossen, fährt der Riegel selbstständig wieder aus. Dieses Schloss hat den Vorteil, dass die betroffenen Türen nicht unkontrolliert unverschlossen bleiben.

Beispiel

In einem Verwaltungsgebäude werden abends zu einer bestimmten Zeit die Außentüren versperrt. Verlässt ein Mitarbeiter später das Büro, entriegelt das Schloss bei Betätigung des Türgriffs (ohne dass dies von der Person wahrgenommen wird).

Ein Anti-Panikschloss ohne Selbstverriegelung bleibt anschließend offen, d.h., jeder kann ungehindert das Gebäude betreten.

Gibt es anstelle des äußeren Türdrückers einen Knauf, ist die Tür dennoch nur „ins Schloss gefallen", jedoch nicht verriegelt. In diesem Fall kann die Tür mit einfachem Einbruchwerkzeug geöffnet werden.

Ein Anti-Panikschloss mit Selbstverriegelung hingegen versperrt die Tür nach ihrer Benutzung wieder, so dass der ordnungsgemäß verschlossene Zustand wieder hergestellt wird.

5.3-1 Prinzip eines Anti-Panikschlosses

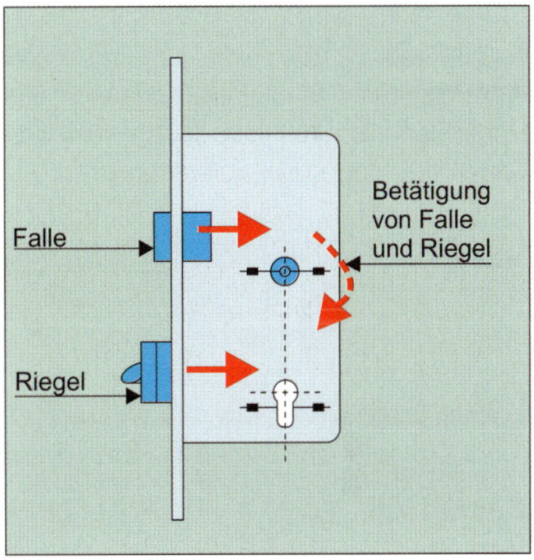

Eine weitere Sonderfunktionen ist die mechanische Entkoppelung zwischen innerem und äußerem Türdrücker, die durch eine besondere Stellung des Schlüssels geschaltet werden kann. Somit ist es möglich, die Anti-Panikfunktion von innen oder außen flexibel zu variieren.

Bei den Bezeichnungen Panikschloss oder Anti-Panikschloss handelt es sich um klassische Bezeichnungen aus der Schloss- und Beschlagsindustrie. Sie sind nicht zu verwechseln mit dem Begriff Pani**ver**schluss nach DIN EN 1125 [17].

Klassische Panikschlösser oder Anti-Panikschlösser sind vergleichbar mit der Komponente *Schloss bei Systemen* nach DIN EN 179 [16].

5.4 DIN EN-Normen für Notausgangs- und Panikverschlüsse

Für die Verriegelung und Freigabe von Fluchttüren in öffentlich zugänglichen Gebäuden sind die europäisch harmonisierten Normen DIN EN 179 und DIN EN 1125 [16 und 17] in Kraft getreten. Beide Normen beschreiben unterschiedliche Mindestanforderungen an Beschlagsysteme, bestehend aus Schloss und Drücker bzw. Druckstange (z.B. Freigabedrücke, Dauerfunktionsfähigkeit).

Verschlüsse nach diesen neuen Normen unterteilen sich in

- Notausgangs- und
- Panikverschlüsse.

Die **DIN EN 179** regelt die Türverschlüsse in Gebäuden, in denen eine Panikwahrscheinlichkeit gering ist. Hiervon wird ausgegangen, wenn vorausgesetzt werden kann, dass die Funktionsweise dieser Verschlüsse Benutzern und Besuchern vertraut sind oder wenn nur eine kleine Anzahl von Personen im Gefahrenfall auf die Fluchttür angewiesen ist. Kann von solchen Voraussetzungen ausgegangen werden, ist ein Notausgangsverschluss mit Drücker gemäß DIN EN 179 das Mittel der Wahl.

In der **DIN EN 1125** werden Verschlüsse für Türen in Gebäuden mit hoher Panikwahrscheinlichkeit beschrieben. Solche Verschlüsse sind vorgesehen, wenn mit einer größeren Anzahl an Benutzern oder Besuchern zu rechnen ist, die die Funktion der Fluchttür nicht kennen und diese im Notfall ohne Einweisung betätigen müssen.

5.4-1 Panikverschluss Typ A und B

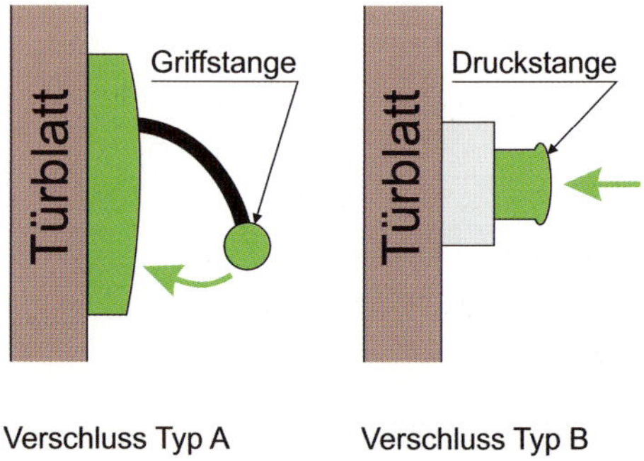

5.4-2 Panikverschluss mit Griffstange (Typ A)

In solchen Fällen ist ein Panikverschluss mit durchgehender Betätigungsstange nach DIN EN 1125 vorzusehen. In dieser Norm werden zwei Typen unterschieden (siehe Bild 5.4-1):

- Typ A: Griffstange
- Typ B: Druckstange, auch Push-Bottom oder Push-Bar genannt.

Die beiden Normen unterscheiden sich im Wesentlichen durch die **Panikstange** (DIN EN 1125) und den **Türdrücker in**

Fluchtrichtung (DIN EN 179) sowie durch die festgelegte maximale Öffnungskraft in DIN EN 1125.

Die Anwendungspflicht der beiden Normen steht in der Fachwelt zur Diskussion, zumal bisher in keiner öffentlich-rechtlichen Vorschrift die Begriffe *Notausgangsverschluss* oder *Panikverschluss* zu finden sind.

Die Fachkommission *Bauaufsicht* der Bauministerkonferenz (ARGEBAU) hat in ihrer Sitzung im September 2004 zur Verbindlichkeit der beiden Normen Folgendes festgestellt [18]:

„Die harmonisierten Normen DIN EN 179 und DIN EN 1125 stellen einheitliche Spezifikationen dar, die den ungehinderten Handel und die ungehinderte Verwendung der Bauprodukte ermöglichen sollen, die diesen Normen entsprechen. Sie regeln hingegen nicht die rein bauaufsichtliche Frage, ob und in welchen Fällen die Verwendung eines bestimmten Bauprodukts vorgeschrieben ist. Diese Entscheidung hat nicht der (europäische) Normgeber, sondern der (nationale) Gesetzgeber im Rahmen der Landesbauordnungen und der auf deren Grundlage erlassenen Sonderbauverordnungen zu treffen. Sowohl die Musterbauordnung (MBO) und die einschlägigen Muster-Sonderbauverordnungen als auch die Bauordnungen und Sonderbauverordnungen der Länder verlangen von Türen im Zuge von Rettungswegen in der Regel nur ein ... leichtes Öffnen ... von innen ... in voller Breite (ggf. ... mit einem Griff). Keine dieser Anforderungen fordert den ausschließlichen Einsatz der in DIN EN 179 bzw. DIN EN 1125 geregelten Produkte. Vielmehr können diese Anforderungen auch durch andere Verschlüsse erfüllt werden."

Auch die zwingende Anwendung im Rahmen der *allgemein anerkannten Regeln der Technik* kommt für die relativ neuen Normen derzeit noch nicht in Betracht.

Beim Einsatz von Panikverschlüssen (Griffstange oder Druckstange) ist darüber hinaus Folgendes zu beachten:

In Veröffentlichungen wird oftmals suggeriert, dass der Einbau von Panikverschlüssen im Bereich von Fluchtwegtüren für den Entscheidungsträger die *sichere Alternative* darstellt. Demgegenüber sind aus der Vergangenheit keine Personenschäden bekannt, die bei einem von innen zu öffnenden Notausgang mit üblichem Drücker, ohne Panikstange, entstanden sind. Allerdings konnte in letzter Zeit beobachtet werden, dass Personen vor einer unverschlossenen Fluchttür mit Panikstange verharrten, weil deren Funktion nicht zu erkennen war. Dies betraf vor allem die Druckstangen vom Typ B.

In den letzten Jahren wurden am Markt viele neue, teils hochwertig gestaltete Panikverschlüsse angeboten. Oft kann deren Funktion nicht mehr ohne Weiteres abgelesen werden. In diesem Zusammenhang zeigt sich ein Schwachpunkt der Norm: In DIN EN 1125 wird im informativen Anhang lediglich empfohlen, die Funktionalität der Panikstange durch ein Piktogramm zu erläutern, obwohl gerade diese Systeme gemäß Norm angewendet werden sollen, wenn nicht vorausgesetzt werden kann, dass Benutzer und Besucher mit der Funk-

7.8
Seite 14

Türen in Rettungswegen

5.4-3 a und b Funktion (bzw. Vorhandensein) der Panikverschlüsse ist – ohne zusätzliche Kennzeichnung – nicht auf Anhieb zu erkennen.

tionsweise dieser Verschlüsse vertraut sind.

Nach Auffassung des Autors sind Panikverschlüsse, deren Funktion nicht auf Anhieb zu erkennen ist, nicht geeignet, die bauaufsichtliche Anforderung *leichtes Öffnen von innen,* zumindest im Sinne von *Erkennen der Betätigungseinrichtung* zu erfüllen. Deshalb ist der Einbau solcher Systeme – ohne zusätzliche deutliche Kennzeichnung – **unvertretbar** (siehe Bild 5.4-3 a und b).

Eine weitere Problematik besteht bei einflügligen Notausgangstüren mit Panikstange, wenn die Aufschlagrichtung nicht eindeutig erkennbar ist. Das Drücken auf der Bandseite führt nicht nur zu Verzögerungen beim Öffnen der Tür, sondern birgt

5.4-4 Öffnungsrichtung der Tür ist nicht zu erkennen.

5.4-5 Panikverschlüsse müssen beim Öffnungsmaß berücksichtigt werden.

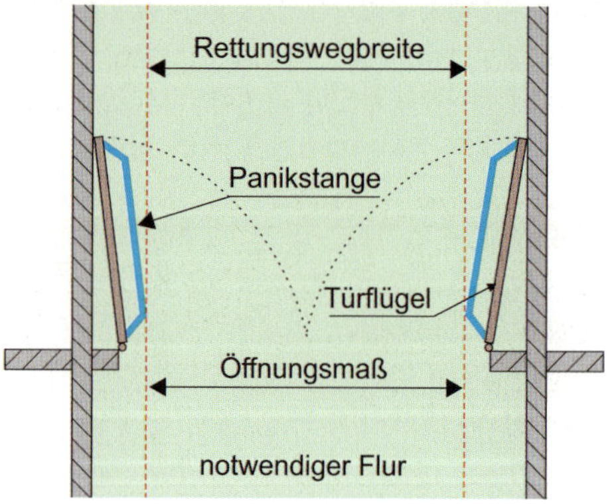

Verletzungsgefahren, auch im Normalbetrieb (siehe Bild 5.4-4).

Beim Einsatz von Panikstangen ist darüber hinaus zu beachten, dass diese Systeme, im Gegensatz zu Türdrückern, die lichten Türbreiten deutlich einschränken, d.h., dass beim Einsatz von Panikverschlüssen ein entsprechend größeres Öffnungsmaß der Tür vorgesehen werden muss (siehe Bild 5.4-5).

Um hier keine Fehlschlüsse zu erzeugen: Es geht in diesem Beitrag nicht darum, neue Entwicklungen wie Panikstangen schlechtzureden, sondern darauf hinzuweisen, dass beim Einsatz solcher Systeme die oben genannten Randbedingungen beachtet werden.

Auch sind Panikverschlüsse nicht überall das richtige Mittel, die Funktionalität von Notausgangstüren sicherzustellen. Nur wo im Gefahrfall mit einem gleichzeitigen Ansturm mehrerer Personen auf solche Türen zu rechnen ist, kann das System des Panikverschlusses seine Wirksamkeit entfalten. In anderen Fällen ist eine jedem in *Fleisch und Blut* übergegangene Bedienung eines Drückers (z.B. in Verbindung mit einem *Anti Panik Beschlag* bzw. einem Notausgangsverschluss nach DIN EN 179) die für den Nutzer meist pragmatischere Alternative.

Generell ist damit zu rechnen, dass die beiden Normen, DIN EN 179 und DIN EN 1125, ggf. in modifizierter Fassung, in den nächsten Jahren zu allgemein anerkannten Regeln der Technik werden und Türen mit Panikstangen (wie in vielen ausländischen Staaten) auch Einzug in das Bauordnungsrecht nehmen. Deshalb ist es sicherlich nicht von Nachteil, diese genormten Türverschlüsse mit CE-Zeichen, allerdings unter Beachtung der genannten Randbedingungen, bereits jetzt einzusetzen. Bei Panikverschlüssen sollten nur solche Systeme angewendet werden, bei denen deren Funktionalität und die Aufschlagrichtung der Tür auf Anhieb erkannt wird (siehe Bild 5.4-6).

5.4-6 Panikverschluss mit Griffstange – Funktion und Aufschlagrichtung werden durch die Gestaltung sofort erkannt.

5.5 Fluchtwegsicherungen

In manchen Fällen ist es betrieblich bedingt erforderlich eine *Hemmung* vorzusehen, durch die ein unkontrolliertes Verlassen des Gebäudes verhindert wird.

Beispiele hierfür sind Verkaufsstätten und Gaststätten (Personen sollen nicht ohne zu bezahlen den Raum verlassen), Veranstaltungsräume (Personen sollen die Türen nicht öffnen, um „Bekannten" einen unkontrollierten Zutritt zu ermöglichen) und Ausstellungsräume (Personen sollen nicht unkontrolliert die Räume verlassen können).

Produkte, die einerseits ein ungewolltes Benutzen von Fluchttüren unterbinden, andererseits die uneingeschränkte Benutzbarkeit der Tür im Notfall gewährleisten, werden **Fluchtwegsicherungen** genannt.

Im Folgenden werden verschiedene Systeme zur Fluchtwegsicherung beschrieben:

Akustisches Signal beim Öffnen der Tür

Ein einfaches und kostengünstiges Mittel, im Normalbetrieb die Benutzung einer (Notausgangs-)Tür zu unterbinden, ist eine akustische und/oder optische Signalisierung der Türöffnung, in Verbindung mit entsprechenden Hinweisen an der Tür. Dies kann über eine vorhandene Einbruchmeldeanlage erfolgen. Wenn es eine solche Anlage nicht gibt, kann mit Bauteilen aus der Alarmanlagentechnik (Reed-Kontakte, Signalgeber) eine entsprechende Anlage aufgebaut werden. Teils sind auch fertige Kompaktgeräte erhältlich.

Nachteil dieser Einrichtung ist, dass die Hemmschwelle, diese Tür dennoch missbräuchlich zu öffnen, nicht sehr hoch ist.

Siegel für Fluchttüren

Eine kostengünstige und einfache Art der Fluchtwegsicherung stellen Siegel dar. Diese werden beim Öffnen der Tür zerstört. Beim Einsatz von Siegeln ist darauf zu achten, dass diese die Bedienbarkeit der Tür nicht merklich beeinträchtigen.

Als Siegel haben sich vorgefertigte Papier- oder Kunststoffstreifen mit einer „Sollbruchstelle" in Form einer Stanzung bewährt (siehe Bild 5.5-1). Ggf. kann auch ein zusätzliches Hinweisschild dienlich sein.

5.5-1 Siegel für Fluchttüren, ggf. mit zusätzlichem Hinweisschild

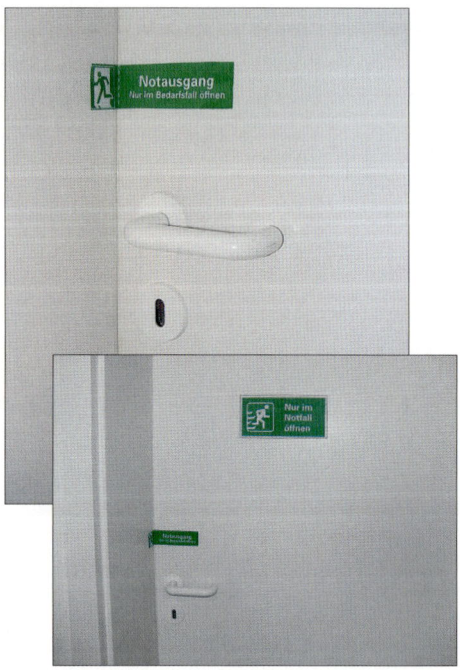

Elektronische Bereichsüberwachung

Ein neues System, den Missbrauch von Türen in Rettungswegen durch eine Hemmschwelle zu unterbinden, wurde mit der elektronischen Bereichsüberwachung (siehe Bilder 5.5-2 a bis d) geschaffen. Dabei wird die Überwachungseinheit über der betroffenen Tür montiert und mit einer Spannungsversorgung verbunden. Sensoren überwachen nun den individuell definierbaren Bereich vor der Tür.

Das Gerät enthält zusätzlich eine Steuerung, eine Alarmleuchte, sowie einen akustischen Signalgeber.

Nähert sich eine Person der Tür, wird ein optisches und ein akustisches Signal ausgelöst. Beide Signale verstärken sich, je näher die Person der Tür kommt. Optional kann ein an der Tür angebrachtes Notausgangsschild durch einen Spot separat angestrahlt werden.

Das System bietet den Vorteil, dass an der Fluchtwegtür keine Veränderungen vorgenommen werden müssen. Außerdem wird die Funktion der Tür nicht beeinflusst. Somit werden einschlägige technische Baubestimmungen nicht tangiert, die eine Bauartzulassung des Systems nach sich ziehen oder Anforderungen an den Errichter definieren.

7.8 Seite 16-2 | **Türen in Rettungswegen**

5.5-2 a bis d Beispiel einer Bereichsüberwachung (nach: Gretsch-Unitas)

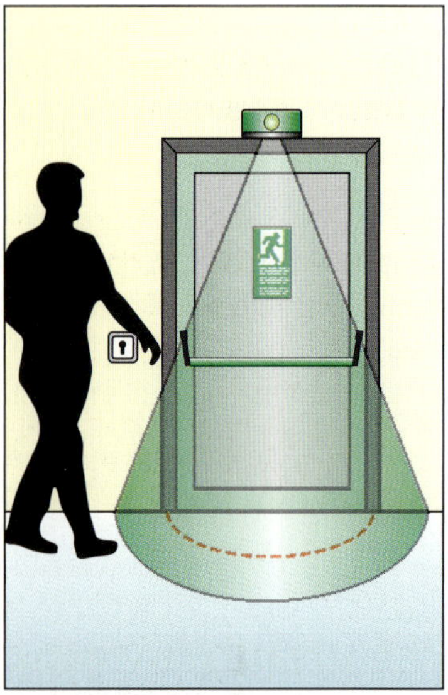

a) Ruhezustand der Tür im Rettungsweg

b) Optischer/akustischer Alarm – Voralarm 1

c) Optischer/akustischer Alarm und zusätzlicher Spot – Voralarm 2

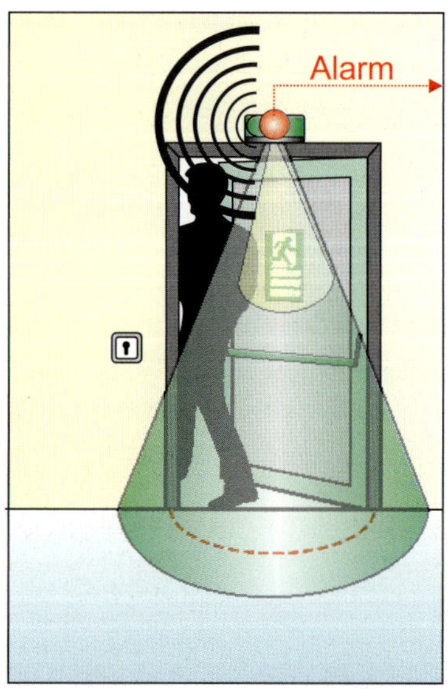

d) Tür öffnet sich – Hauptalarm

Fluchttürhauben/Türwächter

Eine weitere Möglichkeit, die ungewollte Betätigung des Türdrückers zu verhindern, ist der Einbau optisch-mechanischer Hemmschwellen. Diese dürfen jedoch niemals die schnelle Benutzbarkeit der Fluchttür im Notfall beeinträchtigen, d.h.,

- die Funktion der Einrichtung muss für jedermann auf den ersten Blick erkennbar sein.
- vor Betätigung des Türdrückers darf maximal ein zusätzlicher Handgriff erforderlich sein.
- für die Benutzung darf kein großer Kraftaufwand erforderlich sein.
- die Benutzung darf kein Verletzungsrisiko beinhalten.

Die Industrie bietet als Lösung durchsichtige Fluchttürhauben an, die den Tür- oder Fenstergriff abdecken (siehe Bild 5.5-3). Wird im Notfall gegen diese Haube geschlagen, geht ein Befestigungsclip oder eine Plombe zu Bruch, so dass der Griff bzw. der Drücker frei zugänglich ist.

5.5-3 Fluchttürhauben

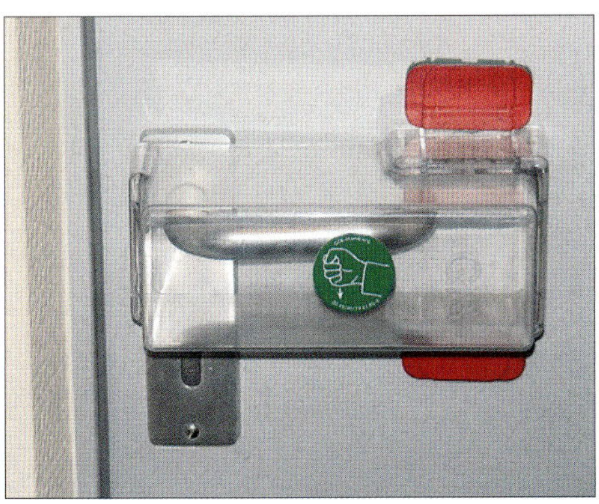

Die Abdeckhaube ist auch mit integriertem Schloss zum zeitweiligen Entfernen der Haube erhältlich. Eine weitere Zusatzausstattung ist ein integrierter Alarmgeber, der beim Abschlagen der Haube einen akustischen Alarmton ertönen lässt.

Hauben, die vor möglicher Öffnung zerstört werden müssen, erfüllen in der Regel die genannten Schutzziele nicht und sollten deswegen nicht eingesetzt werden.

Ein anderes Produkt der Fluchtwegsicherung ist der Türwächter. Hierbei wird

5.5-4 a Türwächter

5.5-4 b Türwächter weggeschwenkt

7.8 Seite 18 | **Türen in Rettungswegen**

das entsprechende Gerät so unter dem Drücker der Tür montiert, dass dieser nicht betätigt werden kann (siehe Bild 5.5-4 a).

Im Notfall kann der Türwächter weggeschwenkt werden, wobei die Türklinke freigegeben wird (siehe Bild 5.5-4 b). In dieser Stellung rastet er ein, gleichzeitig ertönt ein lautes Alarmsignal. Mit einem Schlüssel kann der Türwächter zurückgestellt werden. Gleichzeitig wird der Alarm zurückgestellt. Mit dem Schlüssel ist ebenfalls eine Einzelfreigabe oder Dauerfreigabe der Türklinke möglich.

5.5-5 Einhand-Türwächter

5.5-6 Einhand-Türwächter – Notöffnung

Bei Versuchen wurde festgestellt, dass in die Funktion eingewiesene Personen, auch unter Stressbedingungen sehr gut mit dem schwenkbaren Türwächter zurechtkommen und die Tür in kürzester Zeit geöffnet war. Andere Personen, besonders ältere Menschen, hatten unter Fluchtbedingungen Schwierigkeiten, das Prinzip des Öffnens zu verstehen.

Aus diesem Grund bieten Hersteller von Türwächtern nunmehr eine neue Generation dieser Geräte an. Diese werden nicht mehr geschwenkt, sondern sind senkrecht zur Bewegungsrichtung des Drückers auf einer Schiene gelagert (siehe Bild 5.5-5). Wird die Türklinke gedrückt, schiebt diese den Türwächter nach unten, wobei gleichzeitig Alarm ertönt (siehe Bild 5.5-6).

Einhand-Türwächter sind mittlerweile auch mit Prüfzertifikat erhältlich. Hiermit kann nachgewiesen werden, dass die Produkte, zusammen mit entsprechenden Notausgangsverschlüssen, die Anforderungen der DIN EN 179 erfüllen (siehe unter 5.4 in diesem Kapitel).

Hinweis:

Verlangt die maßgebliche Vorschrift ein *Öffnen mit einem Griff,* stellen die beschriebenen Produkte, mit Ausnahme des Einhand-Fluchtwächters, einen Abweichungstatbestand dar, der im Rahmen des bauaufsichtlichen Genehmigungsverfahrens gestattet werden muss.

Einige Produkte sind in der Lage, drahtgebunden oder über Funk ein Signal an ein Anzeigegerät (z.B. an der Pforte angebracht) zu senden.

5.5-7 Türwächter für Panikstangen

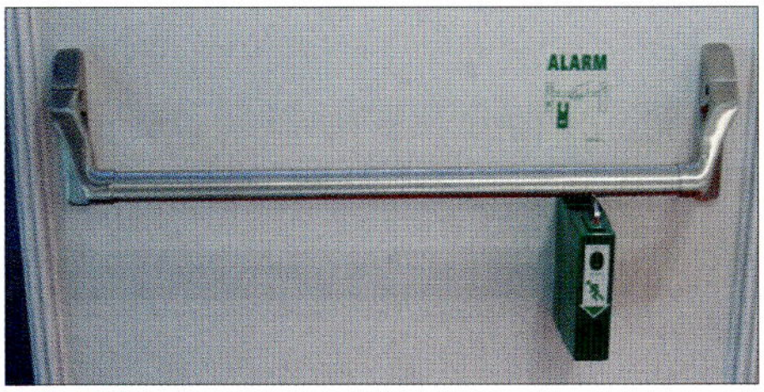

Türwächter sind auch zur Sicherung von Panikstangen erhältlich (siehe Bild 5.5-7) Hierbei sind jedoch nur Systeme zulässig, die die Panikstange blockieren. Die Notöffnung mit einem Handgriff muss gewährleistet sein. Geeignet sind Geräte, die – vergleichbar mit einem Einhand-Türwächter – beim Betätigen der Panikstange nach unten weggleiten oder ein Signal auslösen.

Treibriegel

Bei zweiflügeligen Türen kann ein Treibriegel (siehe Bild 5.5-8) zur Notöffnung eingesetzt werden. Durch Betätigen des Hebels werden die Stangen des Treibriegelschlosses zurückgezogen, gleichzeitig werden Falle und Riegel zurückgeschoben. Zur Abschreckung vor missbräuchlichem Öffnen und zu Kontrollzwecken kann der Drehhebel durch einen dünnen Draht mit Plombe gesichert werden. Dabei muss sichergestellt sein, dass der Draht bei Betätigung das Drückers ohne größeren Kraftaufwand abreißt. Der obere Handgriff darf in Fluchtwegen nicht verriegelbar sein, weil die Tür sich sonst nicht in voller Breite öffnen lässt.

5.5-8 Treibriegel an zweiflügeliger Fluchttür

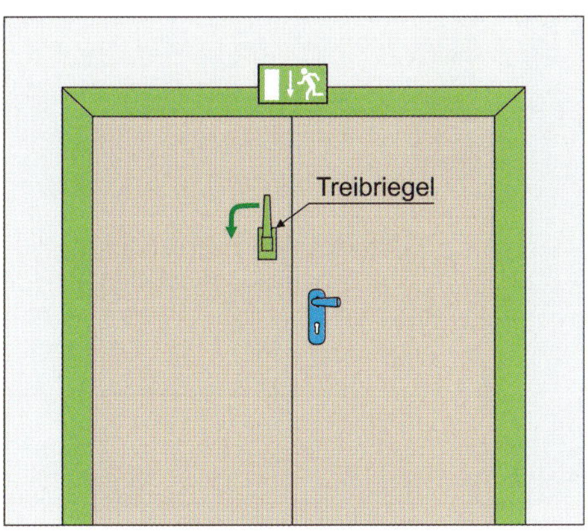

Auch für Riegel sind mittlerweile entsprechende Türwächter erhältlich (siehe Bild 5.5-9).

5.5-9 Einhand-Türwächter – Notöffnung

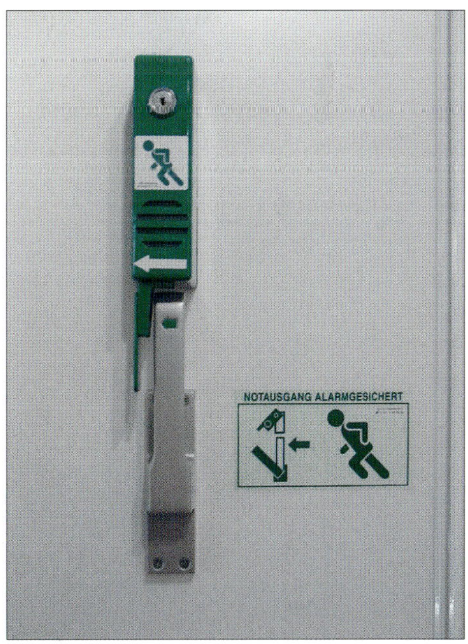

7.8 Seite 20 Türen in Rettungswegen

Elektrische Verriegelung von Rettungswegen/Fluchtwegsteuerung

Die eleganteste und wirkungsvollste, wenn auch kostenintensivste Art der Fluchtwegsicherung ist die elektrische Fluchtwegsteuerung (siehe Bild 5.5-10). Als einziges der hier vorgestellten Systeme entspricht die Fluchtwegsteuerung einer in der Bauregelliste bekannt gemachten technischen Regel und bietet somit die höchste Rechtssicherheit für den Planer.

Die betroffene Tür wird mit einem elektrischen Flächenhaftmagneten, oder einem anderen elektrischen Verriegelungsmechanismus zugehalten.

Neuere Entwicklungen sind selbstverriegelnde Anti-Panikschlösser, in die elektrische Fluchttürverriegelungen integriert sind. Hierbei befindet sich der Fluchttüröffner im Schließblech. Mit dem Schloss und dem Schließblech wird also gleichzeitig der Verriegelungsmechanismus eingebaut, und

5.5-10 Prinzip einer elektrischen Fluchtwegsteuerung

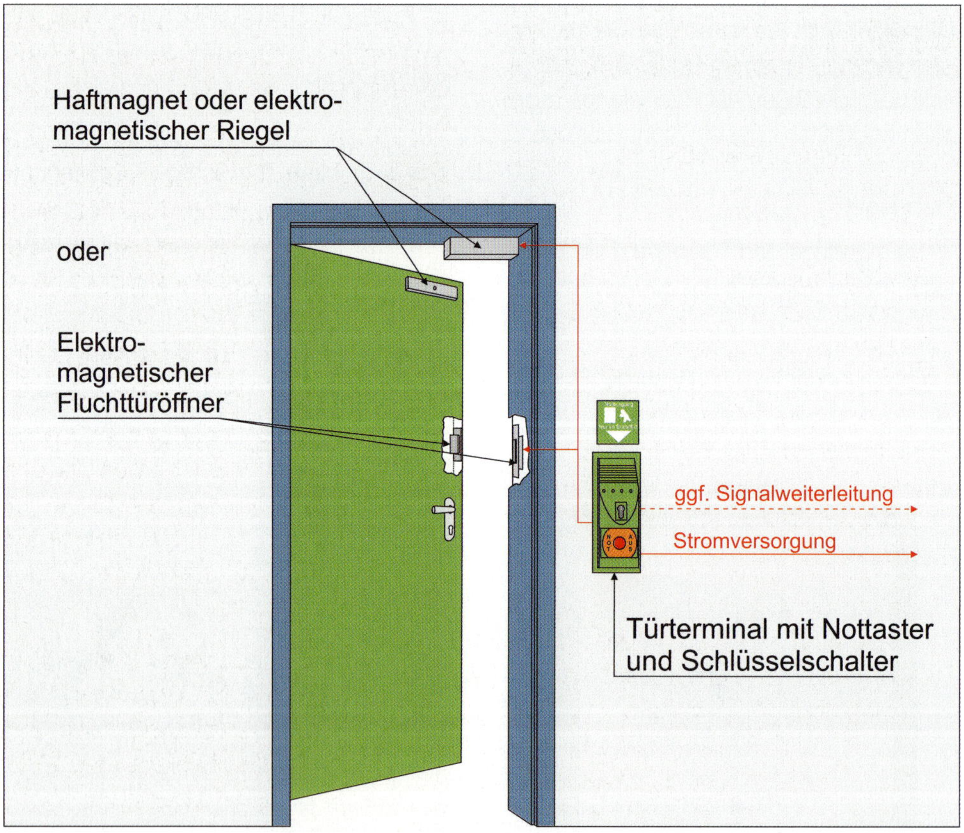

5.5-11 Elektrische Fluchttürsteuerung

5.5-12 Elektrische Fluchttürsteuerung in modularer Ausführung

eine zusätzliche Installation von Haftmagneten oder anderen Verriegelungssystemen entfällt.

Die beschriebenen Systeme werden jeweils durch einen Nottaster neben der Tür (siehe Bild 5.5-11) angesteuert. Wird dieser betätigt, gibt der Impuls die Tür frei. Gleichzeitig kann ein drahtloses oder drahtgebundenes Signal an eine Pforte oder Sicherheitszentrale übermittelt werden. Außerdem kann die Tür über Schlüsselschalter oder Codetastatur freigeschaltet werden.

Die Geräte werden heute zum Teil in modularer Ausführung (siehe Bild 5.5-12) angeboten, so dass verschiedene Anwendungsmöglichkeiten bestehen.

7.8 Seite 20-2	Türen in Rettungswegen	

Das Zuhalten der Tür funktioniert nach dem Ruhestromprinzip, so dass sich im Fall einer Stromunterbrechung oder einer Gerätestörung die Anlage **selbst entriegelt.**

Der große Vorteil dieses Systems besteht darin, dass es auch von entfernteren Stellen angesteuert werden kann. So ist es z.B. möglich, in einem Gebäude mit Brandmeldeanlage die Fluchtwegsteuerung über den potentialfreien Ausgang der Brandmeldezentrale zu beeinflussen.

Beim Auslösen der Brandmeldeanlage werden dann die Fluchttüren automatisch freigeschaltet. In BGI 606 [19] wird diese Freischaltung beim Vorhandensein einer Brandmeldanlage sogar als obligatorisch beschrieben.

Eine weitere Möglichkeit der Ansteuerung von außen besteht in der Statusänderung von einer zentralen Stelle oder über Zeitschalter. Hierbei kann die Tür vom Status *Frei* in den Status *Zu öffnen über Nottaster* geschaltet werden.

Beispiel

Ein größeres Gebäude soll tagsüber frei begehbar sein. Ab einer bestimmten Zeit sollen die Zugänge jedoch blockiert sein. Noch im Gebäude befindliche Personen dürfen das Gebäude dann nur noch über die besetzte Pforte verlassen.

Im Notfall können die Notausgänge aber noch über die Fluchtwegsteuerung (Taster oder Fernwirkung) geöffnet werden.

Elektrische Fluchtwegsteuerungen müssen der Richtlinie über elektrische Verriegelungssysteme von Türen in Rettungswegen (EltVTR) [20] entsprechen. Bei der Anwendung der Richtlinie in Verbindung mit dem Einsatz entsprechend geprüfter Geräte hat der Planer einen Nachweis, dass sich die elektrisch verriegelten Türen im Notfall leicht öffnen lassen.

Der Einsatz von elektrischen Verriegelungssystemen kann außerdem eine Abweichung von den bauaufsichtlichen Anforderungen darstellen (z.B. wenn baurechtlich die Öffnung durch einen Handgriff vorgeschrieben ist). Im Zweifelsfall sollte der Einsatz mit der zuständigen Bauaufsichtsbehörde im Vorfeld abgesprochen werden.

7.8 Seite 22 Türen in Rettungswegen

Fluchtwegsteuerungen nach EltVTR müssen entsprechend der Richtlinie und zusätzlich betroffener Sicherheitsnormen geprüft sein. Als geregelte Bauprodukte gemäß Bauregelliste A Teil 1 müssen die in den Prüfgrundlagen gestellten Anforderungen durch eine **Baumusterprüfbescheinigung** (Zertifikat, Prüfzeugnis) bestätigt werden. Diese Bescheinigung muss von einer vom Deutschen Institut für Bautechnik benannten Prüfstelle ausgestellt sein. Darüber hinaus ist eine Übereinstimmungserklärung des Herstellers erforderlich.

Die EltVTR soll mittelfristig durch die Normen DIN EN 13633 und DIN EN 13637 ersetzt werden. Diese sind bereits als Entwürfe erschienen:

- E DIN EN 13633:2009-04: Schlösser und Baubeschläge – Elektrisch gesteuerte Paniktürverschlüsse für Türen in Rettungswegen – Anforderungen und Prüfverfahren; Deutsche Fassung prEN 13633:2009
- E DIN EN 13637:2009-04: Schlösser und Baubeschläge - Elektrisch gesteuerte Notausgangsanlagen für Türen in Rettungswegen – Anforderungen und Prüfverfahren; Deutsche Fassung prEN 13637:2009.

Deren Anwendung wird bauaufsichtlich verbindlich, wenn in der Bauregelliste A Teil 1 die EltVTR durch diese Normen ersetzt wird.

Hinweis:

Das Zuhalten von Türen mit den genannten elektrischen Verriegelungssystemen stellt keine Verriegelung im versicherungstechnischen Sinn dar. Deshalb müssen Zugangstüren zu Nutzungseinheiten oder Türen, die aus versicherungstechnischen Gründen verriegelt sein müssen, zusätzlich durch ein Schloss verriegelt sein. Um die Funktionsfähigkeit des Fluchtweges nicht zu gefährden, sollten hier (selbstverriegelnde) Anti-Panikschlösser eingesetzt werden.

Elektrische Verriegelung von Rettungswegen in Kindergärten

Bei Kindergärten besteht ein Schutzziel, dass Kinder bestimmte Bereiche nicht selbstständig verlassen dürfen. Ein Versperren der Türen durch das Aufsichtspersonal birgt die Gefahr, dass diese in einem Notfall nicht schnell genug geöffnet werden können. Hierbei stehen also Haftungsprobleme in Bezug auf die Aufsichtspflicht gegen Haftungsprobleme bei Personenschaden, z.B. im Brandfall.

Eine Lösung besteht in der Sicherung der Fluchttüren durch eine elektrische Verriegelung nach EltVTR: Das Basissystem wird so installiert, dass sich der Nottaster auf einer Höhe von ca. 0,85 m befindet. Zusätzlich wird in einer Höhe von ca. 1,80 m ein für Kinder nicht erreichbarer normaler Taster installiert. Darüber hinaus wird außen ein externer Schlüsselschalter angebracht.

Im Normalbetrieb wird die entsprechende Tür durch das elektrische Verriegelungssystem gesichert. Das Aufsichtspersonal kann sie jederzeit über den Taster öffnen. Im Notfall können auch die Kinder die Tür über den Nottaster entriegeln, wobei optischer und akustischer Alarm ausgelöst wird.

Besucher werden nach dem Klingeln vom Personal eingelassen. Das Personal kann die Tür außerdem von außen mithilfe des Schlüsselschalters freischalten.

Hinweis:

Aus jeder Kindergruppe sollte eine Tür direkt ins Freie bzw. in einen baulichen Rettungsweg führen, da Flure, die als Spielbereich oder Garderobe dienen keinen „sicheren" notwendigen Flur darstellen.

5.6 Sonderfall: Haustüren von Mehrfamilienhäusern

Das Abschließen von Haustüren in Mehrfamilienhäusern führt in der Praxis oft zu kontroversen Diskussionen. Während die einen befürchten, dass durch ein Nichtabschließen ein erhöhtes Einbruchrisiko besteht, haben die anderen Bedenken, dass im Notfall ein schnelles Verlassen des Hauses nicht möglich ist. Tatsächlich ist bei verschlossener Haustür in der Regel nicht sichergestellt, dass der Flüchtende den passenden Schlüssel bei sich trägt und schnell in der Lage ist, die Haustür zu öffnen.

Deshalb stellt das Abschließen der Haustür einen Verstoß gegen die baurechtliche Forderung nach einem baulichen Rettungsweg dar. Dieser ist nämlich nur dann benutzbar (und faktisch vorhanden), wenn er nicht versperrt ist.

Bei der Diskussion (teils auch im Rahmen früherer Gerichtsentscheidungen) zeigt sich oft ein fatales Missverständnis: Während beim Einfamilienhaus der Sicherungsbereich an der Haustür endet, reicht dieser beim Mehrfamilienhaus nur bis zur Wohnungseingangstür. Dies ist in der Regel auch Grundlage der Versicherungsverträge.

Sind auch Gegenstände im Keller versichert, grenzt die Kellertür ebenfalls einen Sicherungsbereich ab. Ähnlich sieht es die Kriminalpolizei. Dies wurde aufgrund einer Anfrage durch ein Schreiben des Bayerischen Landeskriminalamts bestätigt [21]. Im Hinblick auf einen Einbruchschutz müssen also nur die Wohnungseingangstür und ggf. die Kellertür verschlossen und eventuell einbruchhemmend ausgerüstet sein.

Dies bedeutet jedoch nicht, dass es im Sinn der Sicherheit ist – nicht zuletzt auch im Hinblick auf den Schutz vor vorsätzlicher Brandstiftung –, wenn jeder jederzeit ein Mehrfamilienhaus betreten kann. Zur Erfüllung dieser Schutzziele genügt es jedoch, wenn die Haustür außen nur einen Knauf besitzt und beim Schließen in die Falle fällt. Die geschlossene, aber nicht abgeschlossene Türe kann in diesem Fall jederzeit von innen durch einen Drücker geöffnet werden.

Diese Auffassung wird mittlerweile auch von Rechtsgutachten geteilt (z.B. Aufsatz [22]).

7.8
Seite 24

Türen in Rettungswegen

Darüber hinaus weisen die Gutachten ausdrücklich darauf hin, dass das Versperren von Haustüren neben baurechtlichen Folgen auch haftungsrechtliche oder strafrechtliche Folgen nach sich ziehen kann, wenn z.B. die verschlossene Tür im Brandfall zu Personenschäden geführt hat. Außerdem wird festgestellt, dass eine Bestimmung der Hausordnung, die die Bewohner gemäß § 134 BGB [23] zum Abschließen der Haustür verpflichtet, in Verbindung mit der bauordnungsrechtlichen Generalklausel unwirksam ist, denn sie verpflichtet die Bewohner zu einem gesetzwidrigen, weil gegen die Brandschutzbestimmungen verstoßenden Verhalten.

In diesem Zusammenhang ist auch nicht nachzuvollziehen, dass Hausordnungen das Absperren der Türen zu bestimmten Nachtzeiten vorschreiben. Die Einbruchstatistiken (z.B. Kölner Studie [24]) zeigen, dass die Gefahr von Einbrüchen am Tage, wenn das Haus verlassen ist, eher größer ist als in der Nacht, wenn die meisten Bewohner zu Hause sind. Außerdem zeigen Versuche, dass zwei normal gesicherte Türen (Hauseingangstür und Wohnungseingangstür) schneller überwunden sind als eine gut gesicherte (Wohnungseingangs-)Tür.

Bei der Planung von Mehrfamilienhäusern muss der Planer das Sicherungskonzept der Hauseingangstür frühzeitig be-

5.6-1 Selbstverriegelndes Fluchttürschloss mit elektrischem Türöffner

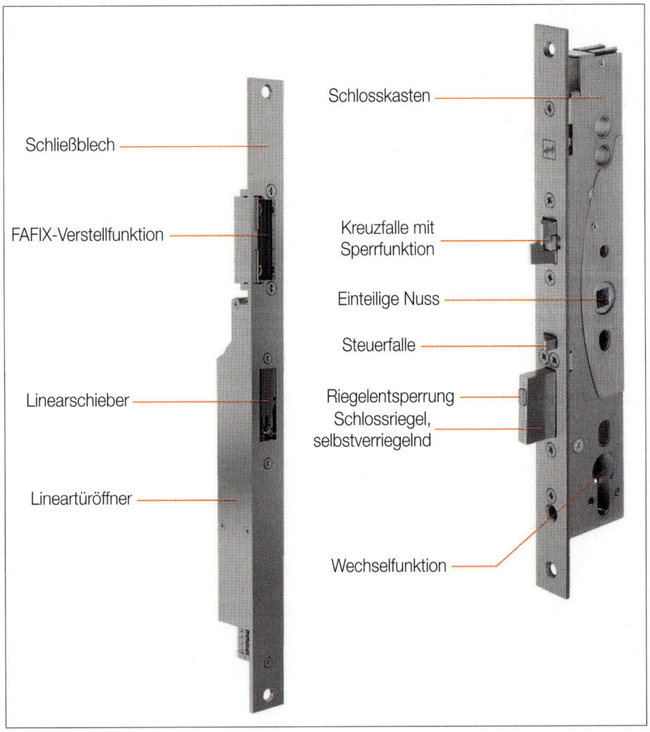

rücksichtigen. Um sich nicht in die Gefahr der Haftung zu begeben, darf dieses Konzept nicht zum Verschließen der Hauseingangstüre führen, d.h., ein Absperren darf nicht möglich sein.

Sind Hauseigentümer, Hausverwaltung oder Mieter nicht mit dem zuvor beschriebenen Konzept einverstanden, ist ein Anti-Panikbeschlag vorzusehen, der im Notfall die verschlossene Tür freigibt. Ein Nachteil dieser Lösung ist allerdings, dass bei verschlossener Tür den Rettungskräften nicht mit dem elektrischen Türöffner der Zutritt zum Gebäude ermöglicht werden kann. Eine neue Entwicklung ist das selbstverriegelnde Fluchttürschloss (Anti-Panikbeschlag) mit elektrischem Türöffner. Dieses bietet den Vorteil, dass die Haustür sowohl

- durch Drücker innen,
- Schlüssel außen als auch
- durch Türöffner von der Wohnung aus

geöffnet werden kann. Gleichzeitig gilt, dass die Tür im geschlossenen Zustand auch verschlossen ist (siehe Bild 5.6-1).

Zum Einbruchschutz in Verbindung mit dem Brandschutz bitte Kapitel 13.5 beachten.

6 Besondere Türsysteme im Verlauf von Rettungswegen

Schiebetüren, Rolltore, Karusselltüren oder Pendeltüren stellen im Verlauf von Rettungswegen eine besondere Problematik dar. Grundsätzlich ist davon auszugehen, dass diese Türen in bestimmten Situationen eine Flucht erheblich behindern, wenn nicht sogar unmöglich machen. Deshalb muss diesen Türen bei der Konzeption von Rettungswegen eine besondere Beachtung geschenkt werden.

6.1 Nichtautomatische Schiebetüren

Es ist davon auszugehen, dass ein Fliehender im Notfall nichtautomatische Schiebetüren nicht öffnen kann. Sind mehrere Personen auf den Fluchtweg angewiesen, ist damit zu rechnen, dass diese in der Fluchtsituation gegen die Türen drücken und so ein Öffnen unmöglich machen.

Gemäß der Arbeitsstätten-Regel ASR A2.3, Abschnitt 6 (2) [4] sind manuelle Schiebe- und Karusselltüren in Fluchtwegen unzulässig.

Auch im Geltungsbereich folgender Musterbauvorschriften sind nichtautomatische Schiebetüren in Rettungswegen ausdrücklich **unzulässig:**

- Muster-Verkaufstättenverordnung (MVkV) [7]
- Muster-Versammlungsstättenverordnung (MVStättV) [6]
- Muster-Krankenhausbauverordnung (mittlerweile zurückgezogen)

- Muster-Schulbaurichtlinie (MSchulbauR) [9]
- Arbeitsstättenverordnung (ArbStättV) [5] – bei Notausgängen (siehe unter 4.2 in diesem Kapitel).

In allen anderen Fällen sind nichtautomatische Schiebetüren demnach grundsätzlich **formal nicht verboten.** Dennoch sollten diese Türen im Bereich von Fluchtwegen aus den genannten Gründen generell vermieden werden.

Führen Fluchtwege durch Bereiche, in denen nichtautomatische Schiebetüren (z.B. Feuerschutzabschlüsse in Brandwänden) betriebstechnisch erforderlich sind, kann der Fluchtweg durch eine Flügeltür neben dieser Schiebetür sichergestellt werden (siehe Bild 6.1-1).

Außerdem bietet die Industrie mittlerweile Schiebetüren auch als Feuerschutzabschlüsse mit integrierten Schlupftüren an. Hierbei ist darauf zu achten, dass im Bereich der Schlupftür Produkte ohne Schwellen gewählt werden (siehe Bild 6.1-2).

6.1-1 Fluchttür als „Bypass-Lösung"

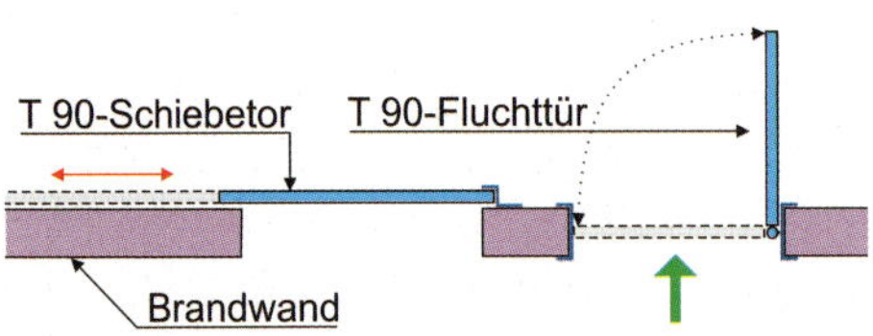

6.1-2 Schlupftür in der Schiebetür

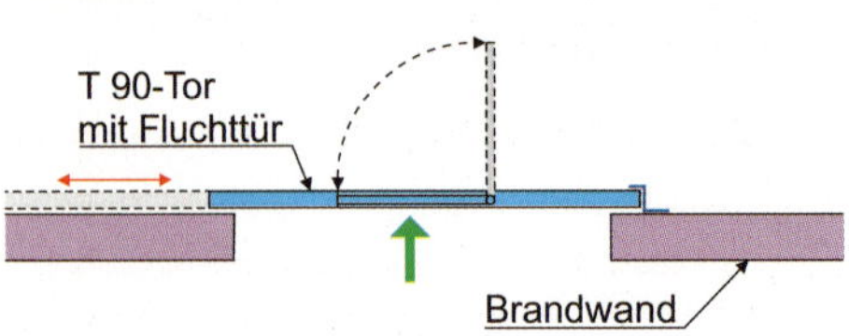

Bei kraftbetätigten Türen sind neben den brandschutztechnischen Belangen auch sicherheitstechnische Vorgaben zu beachten.

6.2 Automatische Schiebetüren

Automatische Schiebetüren dürfen in Rettungswegen nur eingebaut werden, wenn sie diese nicht beeinträchtigen. Entsprechende Formulierungen finden sich auch in den meisten Sonderbauvorschriften, die grundsätzlich Schiebetüren in Rettungswegen untersagen.

Nach ASR A2.3 sind automatische Türen und Tore im Verlauf von Fluchtwegen nur in Fluren und für Räume ohne besondere Gefährdungsmerkmale oder für brandgefährdete Räume mit selbsttätigen Feuerlöscheinrichtungen zulässig. Detaillierte Definitionen der genannten Bereiche sind in Abschnitt 6 (2) in Verbindung mit Abschnitt 5 (2) der ASR A2.3 enthalten.

Rettungswege werden durch Schiebetüren nicht beeinträchtigt, wenn diese nach der Richtlinie über automatische Schiebetüren in Rettungswegen (AutSchR) [25] ausgeführt werden.

Die AutSchR unterscheidet zwei Typen von automatischen Schiebetüren für Rettungswege:

- Türen, mit Einfehlersicherheit
- Türen mit Drehflügel.

Bei **Türen mit Einfehlersicherheit** darf das Auftreten eines Fehlers nicht zu einem

Versagen der Tür führen. Deshalb müssen bestimmte Bauteile, wie Motor, Steuerung, Signalgeber (Bewegungsmelder), redundant ausgeführt und Getriebe und Führung so ausgebildet werden, dass die Tür auch bei Druck funktionsfähig bleibt.

Die Funktionsfähigkeit der Türanlage muss ständig überwacht werden. Bei Energieausfall (bzw. Abschalten der Stromzufuhr) oder Ausfall eines Signalgebers in Fluchtrichtung müssen die Schiebetüren selbsttätig auffahren und in dieser Stellung verbleiben (siehe Bild 6.2-1).

6.2-1 Automatische Schiebetüren

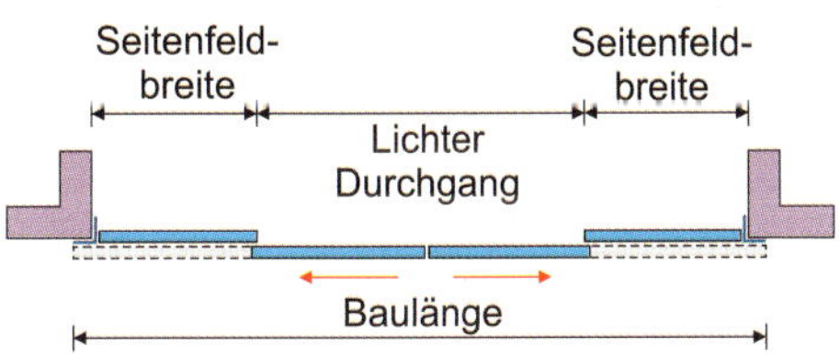

6.2-2 Automatische Schiebetüren mit Drehflügel

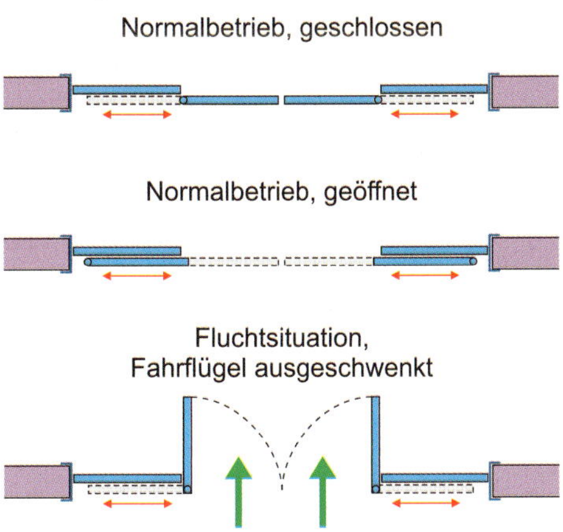

Bei **Türen mit Drehflügeln** sind diese Drehflügel in die Schiebetüren integriert. Fahren die Türen im Notfall nicht oder zu träge auf, schwenken die Drehflügel bei einer Krafteinwirkung von maximal 220 N in Fluchtrichtung auf (Break-Out-Beschlagsystem). Um ein Verkanten zu verhindern, müssen die Drehflügel in jeder Stellung ausschwenkbar sein (siehe Bild 6.2-2).

Beide Türtypen müssen in Fluchtrichtung durch Signalgeber für die Aktivierung des Antriebs ausgestattet sein. Diese müssen flächendeckend arbeiten, d.h., sie müssen in voller Türbreite an jeder Stelle bis mindestens 1,50 m vor den Türflügeln wirksam sein.

Oftmals wird bei Objekten, wie Krankenhäusern, Heimen, Anstalten usw., gefordert, dass automatische Schiebetüren in Rettungswegen zu bestimmten Zeiten verriegelt sind. Die verriegelte Tür soll weiterhin als Fluchtweg zur Verfügung stehen. Eine manuelle Ansteuerung, z.B. durch Druckknopf o.Ä., ist in der Richtlinie aber nicht vorgesehen.

Weil die Richtlinie bei Schiebetüren *mit integrierten Drehflügeln* eine Redundanz der Signalgeber nicht vorschreibt und somit im Gefahrfall dessen Versagen in Kauf nimmt, bestehen aber keine Bedenken, bei diesem Türtyp die automatische Signalgebung abzuschalten und die Tür über eine manuelle Ansteuerung, z.B. vergleichbar einer Fluchtwegsteuerung, zu öffnen.

Bei Schiebetüren *mit Einfehlersicherheit* ist der Verzicht auf die automatische Signalgebung problematischer. Soll dennoch eine manuelle Ansteuerung erfolgen,

7.8
Seite 28

Türen in Rettungswegen

ist hierfür eine formelle behördliche Zustimmung erforderlich. Dies gilt auch für andere Abweichungen von der Richtlinie. Hierbei sind grundsätzlich zwei Wege möglich:

- Die untere Bauaufsichtsbehörde akzeptiert ein System, das nicht der AutSchR entspricht.
- Die Abweichung von der Richtlinie wird im Rahmen einer Zustimmung im Einzelfall durch die oberste Bauaufsichtsbehörde des jeweiligen Bundeslandes erteilt.

Welche Vorgehensweise im jeweiligen Fall in Frage kommt, ist regional unterschiedlich zu beurteilen und sollte im Bedarfsfall mit den zuständigen Behörden abgestimmt werden. Dies hängt mit zum Teil unterschiedlichen Rechtslagen aber auch mit differenzierten Sichtweisen in den einzelnen Bundesländern zusammen.

Werden die Türen – ggf. nach behördlicher Zustimmung – mit einem Taster angesteuert, ist darauf zu achten, dass dieser sich deutlich vom Not-Aus-Schalter unterscheidet. (Unlängst wurde ein tödlicher Unfall durch eine solche Verwechselung bekannt.)

Werden neben den Schiebeelementen transparente Seitenteile vorgesehen, muss hier optisch der Unterschied zur Schiebetür deutlich gemacht werden, damit der Flüchtende nicht die Seitenelemente als Fluchtweg wahrnimmt. Dies gilt nicht, wenn Schiebetüren und Seitenelemente mit integrierten Drehflügeln ausgestattet werden (siehe Bild 6.2-3).

6.2-3 Schiebetüren und Seitenteile mit Drehflügel

Fluchtsituation,
Türflügel in Stellung
Break-Out ausgeschwenkt

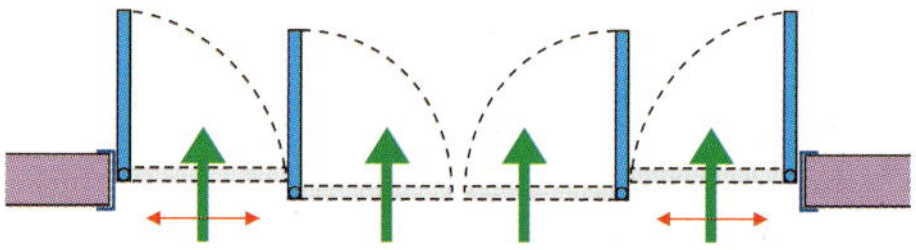

Fluchtsituation mit
max. Durchgangsbreite
(Fahrflügel lassen sich in
jeder Position aufschieben)

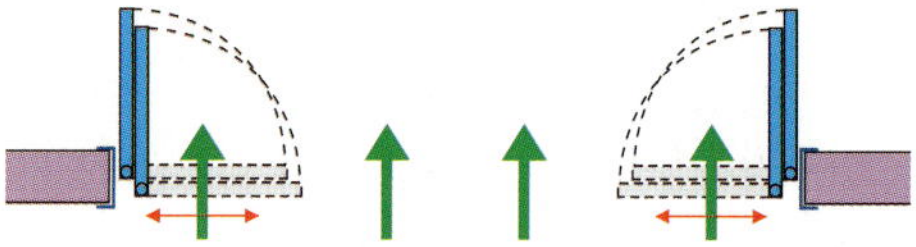

Durch die zusätzlichen Drehflügel in den Seitenelementen wird die Breite des Notausgangs gegenüber der Breite des Ausgangs im Normalbetrieb deutlich vergrößert. Dies kann auch ein Segment eines individuellen Fluchtwegkonzeptes darstellen.

Türen mit Einfehlersicherheit und Türen mit Drehflügeln stellen ein vergleichbares Sicherheitsniveau dar.

Schwellen sind in automatischen Schiebetüren nicht zulässig.

Bei Windfanganlagen gelten die genannten Anforderungen für beide Türen.

Türen nach AutSchR müssen entsprechend der Richtlinie und zusätzlich betroffener Sicherheitsnormen geprüft sein. Als geregelte Bauprodukte gemäß Bauregelliste A Teil 1 müssen die in den

Prüfgrundlagen gestellten Anforderungen durch eine Baumusterprüfbescheinigung (Zertifikat, Prüfzeugnis) bestätigt werden. Diese Bescheinigungen müssen von einer vom Deutschen Institut für Bautechnik (DIBt) benannten Prüfstelle ausgestellt sein. Darüber hinaus ist eine Übereinstimmungserklärung des Herstellers erforderlich.

Automatische Schiebetüren dürfen, wie alle Türen im Verlauf von Rettungswegen, nur versperrt werden, wenn sich keine Personen mehr im Gebäude befinden, die auf diese Türen angewiesen sind.

6.3 Karusselltüren/Drehtüren

Karussell- oder Drehtüren bilden einen wirksamen Schutz als Windfang, sind jedoch als Bestanteil von Rettungswegen grundsätzlich nicht geeignet. Jeder, der entsprechende Türanlagen begangen hat, konnte feststellen, dass ein zügiges Durchtreten nicht möglich ist. Wollen mehrere Personen gleichzeitig durch die Tür gehen, kommt es zu Blockaden und Staus. Dies betrifft sowohl manuell betätigte als auch elektrisch angetriebene Anlagen.

Gemäß ASR A2.3, Abschnitt 6 (2) sind manuelle Karusselltüren in Fluchtwegen unzulässig.

Auch im Geltungsbereich folgender Musterbauvorschriften sind Karussell- oder Drehtüren in Rettungswegen **ausdrücklich unzulässig:**

- Muster-Verkaufstättenverordnung
- Muster-Krankenhausbauverordnung (mittlerweile zurückgezogen)
- Muster-Schulbaurichtlinie
- Arbeitsstättenverordnung (zu Notausgängen siehe unter 3.1 in diesem Kapitel).

Wie bei den automatischen Schiebetüren beschrieben, sehen auch hier die meisten Vorschriften Ausnahmen vor, wenn die Rettungswege im Brandfall nicht beeinträchtigt sind. Wie dies durch technische Maßnahmen an den Türen erreicht werden kann, ist jedoch im Gegensatz zu den automatischen Schiebetüren nicht geregelt. Für Drehtüren existiert keine entsprechende Richtlinie.

Am Markt angebotene Türen mit aufklappbaren Flügeln sind in der Regel nur für Lüftungszwecke geeignet.

Denkbar wäre allenfalls eine Lösung in Anlehnung an die AutSchR. Dies bedeutet, im Notfall müssen nachweislich die Türflügel auf Knopfdruck in Querstellung fahren oder die Rotorflügel lassen sich bei einer Krafteinwirkung von maximal 220 N von Hand aufklappen.

Weil diese Lösungen nicht durch Richtlinien abgedeckt sind, benötigen sie jeweils eine ausdrückliche formelle Zustimmung der zuständigen Bauaufsichtsbehörde.

Bei Verwendung von Freigabetastern muss darauf geachtet werden, dass diese **deutlich sichtbar** sind und sich von Not-Aus-Tastern unterscheiden.

Die aufgezeigten Lösungen sind nur in Ausnahmefällen empfehlenswert. Deshalb sollte der Flucht- und Rettungsweg bei Karussell- oder Drehtüren in der Regel durch zusätzliche Flügeltüren (Bypass-Lösung) sichergestellt werden.

In Bezug auf das zulässige Absperren gilt auch hier der Hinweis unter 6.2 in diesem Kapitel.

6.4 Pendeltüren

Pendeltüren bergen die Gefahr, dass sie bei schwunghaftem Öffnen (womit im Gefahrfall zu rechnen ist) schnell zurückpendeln und somit auf nachfolgende Personen treffen. Hierbei besteht eine Verletzungsgefahr. In jedem Fall wird die Flucht erheblich beeinträchtigt. Deshalb sollten durchpendelnde Türen in Rettungswegen generell vermieden werden.

Die genannte Problematik wird in der Muster-Versammlungsstättenverordnung (MVStättV) und der Muster-Verkaufsstättenverordnung (MVkV) folgendermaßen erwähnt:

„Pendeltüren müssen in Rettungswegen Schließvorrichtungen haben, die ein Durchpendeln der Türen verhindern."

6.5 Rolltore

Rolltore sind im Laufe von Rettungswegen nicht vertretbar. Müssen Rolltore im Verlauf von Rettungswegen aus bestimmten Gründen eingeplant werden, kommt in der Regel der Einbau einer zusätzlichen Flügeltür (Bypass-Lösung) als einzige Möglichkeit, diese Türart zu vertreten, in Betracht.

7 Literatur und Bildquellen

[1] DIN 4844-2:2001-02: Sicherheitskennzeichnung – Teil 2: Darstellung von Sicherheitszeichen

[1a] ASR A1.3, Technische Regeln für Arbeitsstätten „Sicherheits- und Gesundheitsschutzkennzeichnung", Bekanntmachung des Bundesministeriums für Arbeit und Soziales (BMAS) vom 16. April 2007

[2] BGV A 8: Unfallverhütungsvorschrift Sicherheits- und Gesundheitsschutzkennzeichnung am Arbeitsplatz (bisherige VBG 125) vom 1. April 1995, in der Fassung vom 1. Januar 2002, Hrsg. Gewerbliche Berufsgenossenschaften, Karl Heymanns Verlag, Köln

[3] DIN 18065:2000-01: Gebäudetreppen – Definitionen, Messregeln, Hauptmasse

[4] ASR A2.3, Technische Regeln für Arbeitsstätten „Fluchtwege und Notausgänge, Flucht- und Rettungsplan", Bekanntmachung des Bundesministeriums für Arbeit und Soziales (BMAS) vom 15. August 2007

[5] Verordnung über Arbeitsstätten (Arbeitsstättenverordnung – ArbStättV) vom 12. August 2004, letzte Änderung am 31. Oktober 2006 (BGBl. I S. 2407)

[5a] Begründung der Bundesregierung zum Entwurf der Arbeitsstättenverordnung vom 20. April 2004

[6] Muster-Versammlungsstättenverordnung (MVStättV) vom Juni 2005, verabschiedet durch die ARGEBAU

[7] Muster-Verkaufsstättenverordnung (MVkV) vom September 1995, verabschiedet durch die ARGEBAU

[8] Muster für die Richtlinien über die bauaufsichtliche Behandlung von Hochhäusern – Muster-Hochhausrichtlinie (MHochhausRL) vom Mai 1981, sowie neue Fassung (MHHR) vom April 2008

[9] Muster-Schulbaurichtlinie (MSchulbauR) vom Juli 1998, verabschiedet durch die ARGEBAU

[10] DIN 18024-2:1996-11: Barrierefreies Bauen – Teil 2: Öffentlich zugängige Gebäude und Arbeitsstätten, Planungsgrundlagen

[11] Brandschutzrichtlinie 16-03d: Flucht- und Rettungswege, vom 26. März 2003, Vereinigung Kantonaler Feuerversicherungen (VKF), Bern/Schweiz, http://bsvonline.vkf.ch

[12] Muster-Feuerungsanlagenverordnung vom Juni 2005, verabschiedet durch die ARGEBAU

[13] BGR 120: Richtlinien für Laboratorien vom Oktober 1993, Aktualisierte Fassung 1998, Hrsg. Gewerbliche Berufsgenossenschaften, Karl Heymanns Verlag, Köln

[14] GUV-V S 1 (bisher GUV 6.3): Schulen, Ausgabe Mai 2001, mit Durchführungsanweisungen vom Juni 2002, Hrsg. Bundesverband der Unfallkassen, www.unfallkassen.de

[15] GUV-R 120 (bisher GUV 16.17): Laboratorien, Ausgabe Oktober 1993, Aktualisierte Fassung 1998, Hrsg. Bundesverband der Unfallkassen, www.unfallkassen.de

[15a] DIN 18101:1985-01 Türen; Türen für den Wohnungsbau; Türblattgrößen, Bandsitz und Schlosssitz; Gegenseitige Abhängigkeit der Maße

[16] DIN EN 179:2002-06: Schlösser und Baubeschläge – Notausgangsverschlüsse mit Drücker oder Stoßplatte – Anforderungen und Prüfverfahren

[17] DIN EN 1125:2006-06: Schlösser und Baubeschläge – Paniktürverschlüsse mit horizontaler Betätigungsstange – Anforderungen und Prüfverfahren

[18] Schreiben des Bayerischen Staatsministeriums des Inneren – im Auftrag der Fachkommission Bauaufsicht der Bauministerkonferenz (ARGEBAU) – an die Architektenkammern, die Ingenieurkammern Bau, BDA und VBI: Verwendung von Produkten nach DIN EN 179 und DIN EN 1125, 14. Oktober 2004 (IIB4-4112.60-002/2)

[19] BGI 606: Verschlüsse für Türen von Notausgängen (bisher ZH 1/265), April 2000, Hrsg. Hauptverband der gewerblichen Berufsgenossenschaften, Fachausschuss Bauliche Einrichtungen, Karl Heymanns Verlag, Köln

7.8 Seite 32 Türen in Rettungswegen

[20] Richtlinie über elektrische Verriegelungssysteme von Türen in Rettungswegen (EltVTR), vom Dezember 1997, verabschiedet durch die ARGEBAU

[21] Antwortschreiben Bayerisches Landeskriminalamt Sachgebiet 514 vom 4. Februar 2007

[22] Verbietet der Brandschutz das Abschließen der Haustür? Aufsatz auf http://www.verwalter-kompetenz.de/infoh_bewohner/brandschutz_haustuer.pdf

[23] Bürgerliches Gesetzbuch (BGB), Fassung der Bekanntmachung vom 2. Januar 2002, zuletzt geändert durch Gesetz vom 22. Dezember 2006

[24] Wohnungseinbrüche in Köln, Täterarbeitsweisen (modi operandi), *Kölner Studie 2001,* Kommissariat Vorbeugung Kriminalität/K61, Kriminal-Polizeiliche Beratungsstelle, herausgegeben vom Polizeipräsidium Köln 2002

[25] Richtlinie über automatische Schiebetüren in Rettungswegen (AutSchR), Fassung Dezember 1997, verabschiedet durch die ARGEBAU

Hinsichtlich der Vorschriften, Normen und Richtlinien siehe auch Kapitel 3.

Bildquellen

Fotos (bis auf 5.5-12 und 5.6-1): Lutz Battran

Bild 5.5-12: GEZE GmbH, 71229 Leonberg, www.geze.com

Bild 5.6-1: ASSA ABLOY Sicherheitstechnik GmbH, 72425 Albstadt, www.assaabloy.de

Stichwortverzeichnis

A

Abbrandraten
–, Bauholz 6.4.2-A/2.1
Abkühlphase, Außenwände 6.3.0/5.4
Abschlüsse
–, Fahrschachtwände, Prämienrichtlinien 4.4/3
–, Feuerschutz 6.8.1
Abschottungen (bauliche Trennung) 6.10.1/1.2.1, 2, 6.10.2-B, 6.10.3-B/3.2.3
–, Rohr- 4.4/5.10, 6.10.1/1.2.1, 2, 6.10.2-B
Abschottungen, Kabel (s.a. Schotts) 4.4/3, 4.4/5.9
Abschottungs-
- maßnahmen, Leitungen 7.6/11.11
- prinzip 6.2.0/1, 6.2.1-A/1, 7.6/11.11
Absperrvorrichtungen (Brandschutzklappen) 4.4/3
Abweichungen
–, Feuer- und Rauchschutzabschlüsse 7.6/5.3
Achsabstand
–, Längsbewehrung 6.1.2-B/2
- zu der Bewehrung 6.2, 6.4
Allgemeine
- Bedingungen für die Feuerversicherung 3.10/1.1
- Sicherheitsvorschriften 3.10/1.1
Angriffs-, Rückzugswege, Feuerwehr, Rettungskräfte 7.3/1.5, 7.4/3, 7
Anleiterbare Stelle 7.3/5.2.1
–, Brüstungshöhe 7.3/5.2.2
Anschlüsse
–, Rauchschutztüren 7.6/5.3
Anti-Panikschlösser 7.8/5.3
Arbeitsschutzgesetz 3.3/5.1.3
Arbeitsstätten
–, Notausgänge 7.8/4.2
- regeln 3.3/5.3.2
- verordnung 3.3/5.2.3
ARGEBAU 3.4/1.2, 3.4/7
Atemgifte 4.1/4.2
ATEX-Richtlinien 3.2/4.2.1
Aufenthaltsräume 7.3/1.3
–, DG, Rettungswege 7.3/7.8.2
Aufzugsverordnung 3.3/5.2.2
Ausdehnungskoeffizient 4.2/3.3.3
Ausgang ins Freie 7.5/8
Ausgebautes Dachgeschoss, Rettungswege 7.3/7.8.2
Außentreppe, notwendige 7.5/4.3
Außenwände 6.3
–, Abstände zu anderen Gebäuden, Grundstücksgrenzen 6.3.1
–, Bekleidungen 4.2/8.4.4, 4.4/5.2, 6.3.2/4
–, Bekleidungen, hinterlüftete 6.3.2/6.3
–, Bekleidungen, vorgehängte hinterlüftete 6.3.2/4
–, Brandausbreitungsgefahren 6.3.0/3
–, Brandversuch 6.3.0/5
–, Feuerüberschlag 6.3.0/4
–, Garagen 6.3.3/1.6
–, Hochhäuser 6.3.3/1.2
–, Industriebauten 6.3.3/1.1
–, Krankenhäuser 6.3.3/1.5
–, Löschanlage 6.3.3/4
–, nichttragend 4.4/3, 6.3.0, 6.3.2/3, 6.3.3
–, Oberflächen 6.3.0/1.3
–, Sonderbauten 6.3.3
–, tragend 6.3.0, 6.3.2/2, 6.3.3
–, Verkaufsstätten 6.3.3/1.4
–, Versammlungsstätten 6.3.3/1.3
–, Vollbrandphase 6.3.0/5.3
–, Wohnraumbrand 6.3.0/6

B

Balken 6.4.2-A, 6.4.2-B/2
Balkone 6.4.1-A/2
–, Rettungs- 7.3/6.1
Bauart von Brandwänden 7.5/9.3
Bauarten 4.5
–, Decken 6.4.1-B/8
- tragende Trennwände 6.2.1-B/8
Bauaufsichtliche Anforderungen 4.3/3
Baugefährdung 3.3/2.2
Baugesetzbuch 3.3/3.1
Bauholz, Abbrandraten 6.4.2-A/2.1
Bauliche
- Anlagen 3.4/2.2, 6.8.0/13
- Trennung 6.2.0/4
Bauministerkonferenz 3.4/1.2
Baunutzungsverordnung 3.3/3.2

Bauordnungsrecht 3.1/2
Bauplanungsrecht 3.3/3
Bauprodukten
- gesetz 3.3/4
- richtlinie, -verordnung 3.2/4.1.1
Baurecht, Entwicklung 3.1/1
Baustoffe 4.2
–, Verbundsystem 4.2/8.4.4
–, Verhalten 4.2
Baustoffklassen, Klassifizierung 4.2/6
Baustoffverbund 4.2/8.4.1
Bauteile 4.3
Bauvorlagen 3.4/8.2
Bauwerksanalyse 4.2.1
Bedachung 4.4/3, 4.4/5.15
–, harte 6.5.1-B/2, 3
–, nach DIN 18234 6.5.1-B/7
–, weiche 6.5.1-B/3
Beherbergungsräume, -stätten
–, Rettungswege 7.3/8.4
Behinderte, Rettungswege für 7.3/8.1
Bekleidungen
–, Außenwände 6.3.2/4
–, Putze, Dämmstoffe 7.5/9.2, 12
Beratungspflichten 4.1.2
Berufsgenossenschaften 3.8/1.2
Beton
- bauteile 6.4.2-B/4
Betriebliche
- Brandlast 4.2/1
Betriebs-
- ausfall 4.1/6
- räume, elektrische 3.4/6.1
- sicherheitsverordnung (BetrSichV) 3.3/5.2.4
BG-Vorschriftensammlung (BGV) 3.8/1.2.1, 3
Boden
- abläufe 6.10.2-B/3.18
- beläge 4.2/8.4.4, 7.5/12
Brand 4.1
- auswirkungen auf Produktionsbetriebe 4.1/6
- brücke, Hohlraum, Holzfachwerkbinder, Dach
- entstehung 4.1/1.1
- klassen 4.1/1.3
- phasen 4.1/1.5
- rauch 4.1/4.2, 4.2/3.3.4
- riegel 6.3.2/5.4
- sperre 6.3.2/6.3
- stiftung 3.3/2.3
- temperatur 4.1/1.4.4
- übergriff von klein auf groß 7.7-A/3
- verlauf 4.1/1.5, 4.2/3
- versuch, Außenwände 6.3.0/5
Brandabschnitte 6.2.2-A/2.4, 7.6/5.3
–, Trennung 6.2.2-A/1
Brandausbreitung 6.5.0/4, 5
–, Gefahren, Außenwände 6.3.0/3
Brandbeanspruchung
–, Dächer, von unten 6.5.0/4
–, Dächer, Außenseite 6.5.0/5
–, Decken, Richtung 6.4.1-B/2
–, Fassade 6.3.0/2
Brandbekämpfung
–, Deckenhohlräume 7.6/11.7.6
Brandbekämpfungsabschnitte 6.2.4,
–, Trennwände 6.2.2-A/2.8, 6.2.4
Brandgefahr
–, erhöhte, Trennwände 6.2.1-A/2
Brandlast 4.1/1.1, 4.2/3.1
–, baulich, betrieblich 4.2/3.1.1
- in notwendigen Fluren 7.6/9.6
–, Zwischendecken 6.4.1-B/7
Brandmeldeanlagen
–, Flurdeckenhohlraum 7.6/11.7.5
Brandschutz
–, abwehrender 3.4/2.3,
–, baulicher 3.4/2.3
–, Grundlagendokument 3.1/5
Brandschutzbeschichtung
–, Holz 6.1.2-B/2.7
Brandschutzklappen 4.4/3, 4.4/5.12
Brandschutzkonzept, -pläne 6.10.1/5, 6.10.2-B/1
Brandschutzverglasungen 4.4/3
Brandübertragung
–, Wärmeleitung, Schadenbeispiel 4.1/1.7.1
Brandverhalten
–, Baustoffe 4.2/6
–, Stahlbauteile 6.4.2-A/2.2.2
–, Stahlbeton-Bauteile 6.4.2-A/2.2.3
–, Wärmedämmverbundsysteme 6.3.2/5
Brandwände 4.4/3, 4.4/5.1, 6.2.2
–, Abweichung 6.2.2-A/3.4

–, aneinandergebaute, -gereihte Gebäude 6.2.2-A/3.5
–, Anforderungen 6.2.2-A
–, Ausbildung im Dachbereich 6.2.2-B/4
–, Ausbildung im Fassadenbereich 6.2.2-B/6
–, Ausführung nach MBO 6.2.2-A/3.2
–, Bauausführung 6.2.2-B
–, Bauart 6.2.2-B/1
–, Benennung und Klassifizierung 6.2.2-B/1.2.2
–, Bewegungsfugen und Anschlüsse 6.2.2-B
–, Dachöffnungen, Abstand 6.2.2-B/4.13
–, Durchgängigkeit 6.2.2-B/3
–, einspringende Winkel 6.2.2-B/5
–, innere (IBW) 6.2.2-A/2.3
–, Kamine 6.2.2-B
–, Längspfetten, Trennung 6.2.2-B
–, Pfettenauflager 6.2.2-B
–, Prämienrichtlinien 6.2.0/5.3
–, Stahlstützen davor 6.2.2-B/Bilder 7.1-4, 7.1-5
–, Standsicherheit 6.2.2-B/Bild 7.1-8
–, technische Einrichtungen 6.2.2-B/Bilder 7.1-9, 7.1-10
–, Unterteilung landwirtschaftlich genutzter Gebäude 6.2.2-A/3.6
–, Wärmodämmverbundsystem 6.2.2-B/6.1, Bild 6.1-3
–, Wand an deren Stelle 6.2.2-A/2.5, 6.2.2-B/2
–, weiche Bedachung 6.2.2-B/4.10
– zwischen Gebäuden unterschiedlicher Höhe 6.2.2-B/4.11
Brandweiterleitung
– bei Dächern 6.5.0/4, 5
– durch Flugfeuer 4.1/1.7.2
Breite, Rettungswege 7.3/4.4
Brennbare Flüssigkeiten 3.3/5.2.4
Brennbare oder brandfördernde Gase, Stäube 6.10.2-B/7
Brennen, Grundlagen 4.1
Brennendes Abtropfen 4.2/3.3.5, 4.2/7, 4.2/8.4.7
Brennpunkt 4.1/1.4.2
Brennstoffleitungen 6.10.3-B/3.2.3
Bundesimmissionsschutzgesetz 3.3/6.1.2
Bundesrecht 3.3
Bürgerliches Gesetzbuch 3.3/2.3
Büro- und Verwaltungsnutzung, notwendige Flure 7.6/3.4

C

CE-Kennzeichnung 3.2/6
Chemieräume, Rettungswege 7.3/8.2.2
Chemikaliengesetz 3.3/5.1.5
CLP-Verordnung 3.2/4.1.2
Comité Européen des Assurances (CEA) 3.10/2.1
Crack-Prozess 4.2/3.2.3

D

Dach 6.5
–, Bekiesung 4.2/3.2.3
– explosion 4.1/1.7.3
– konstruktion 6.5.0/2
–, Trapezblech- 4.2/3.2.3
–, Verwendbarkeitsnachweis 6.5.2-B
Dachdecke 6.4.1-A/1
Dachgeschoss
–, Planung, Ausschreibung 6.5.2-B
–, Rettungswege 7.3/7.8.2
Dachhaut
–, harte Bedachung 6.5.1-B
–, Widerstandsfähigkeit gegen Flugfeuer und strahlende Wärme 6.5.1-B/2
Dächer 6.5
–, Anforderungen der Bauordnungen 6.5.0/7
–, Brandausbreitung 6.5.0/4, 5
–, Brandbeanspruchung, Dachaußenseite 6.5.0/5
–, Brandbeanspruchung von unten 6.5.0/4
–, Brandweiterleitung 6.5.0/4, 5
–, brennbare Abdichtung 4.2/3.2.3
–, Feuerwiderstandsdauer 6.5.2-B
–, Hochhäuser 6.5.0/8.1
–, Industriebauten 6.5.0/8.2
–, Krankenhäuser 6.5.0/8.3
–, Schulen 6.5.0/8.4
–, Verkaufsstätten 6.5.0/8.5
–, Versammlungsstätten 6.5.0/8.6

Dämmstoffe
–, baubiologische 4.2/8.4.6
–, in notwendigen Fluren 7.6/8.3
– in Treppenräumen 7.5/9.2, 12
Decken 4.3/1, 6.4.1-A, 6.4.1-B
–, Bauarten 6.4.1-B/8,
–, Bauausführung 6.4.1-A/2, 6.4.1-B
–, Bestand 4.3.3
–, Brandbeanspruchung, Richtung 6.4.1-B/2
–, Dach- 6.4.1-A/1
–, erforderliche Feuerwiderstandsdauer 6.4.1-A/2
–, hochfeuerhemmend, Leitungsdurchführung 6.10.2-B/3.15
– hohlraum in notwendigen Fluren 7.6/5.3, 5.10, 7, 8.4
–, Holzbalken-, Leitungsdurchführung 6.10.2-B/3.16
– öffnungen 6.8.0/1, 9, 10, 6.8.1-A
–, Unter- 6.4.1-B/7
–, Zwischen-, Brandlast 6.4.1-B/7
Deflagration 4.1/2.1
Denkmalschutz 4.2.3
Detonation 4.1/2.1
Deutsches Institut für Normung (DIN) 3.5/2
Dienstanweisungen 3.1/6.4
DIN-Normen 3.5
DIN 4102-4, 4102-4/A1, 4102-22 3.4/5, 5.1
DIN EN-Normen 3.5/3.6
DIN SPEC 3.5/5
DIN VDE-Normen 3.5/3.7
DIN VDE 0100-Reihe 3.6/4
Doppelböden 4.3/1,
Doppelfassaden 6.3.0/1.5, 6.3.2/6.4
Drehtüren
–, Rettungswege 7.8/6.3
Druckgeräteverordnung 3.3/5.2.2
Dübel
–, Leitungsanlagen, Befestigung, Flure 7.6/11.7
Durchführung
–, Leitungen, Flurwände 7.6/5.3, 5.10, 11.11
Durchführungsanweisungen, Richtlinien 3.8/4
DVGW-Arbeitsblätter 3.9

E

Einbauten
–, Treppenräume 7.5/12
Einführungserlasse 3.1/6.4
Einheitstemperaturzeitkurve 4.3/5.1
–, abgeminderte 4.4/5.2
Elektrische
– Fluchtwegsteuerung, Verriegelung von Rettungswegen 7.8/5.5
Elektrische Betriebsräume 3.4/6
Elektrische Leitungen 4.4/5.14
–, Funktionserhalt 6.10.1/4, 6.10.3-A/3.1
Elektronische Bereichsüberwachung 7.8/5.5
Entrauchung
–, Installationsschächte und –kanäle 6.10.3-B/3.6
–, notwendiger Flure 7.6/8.2, 12, 7.3/4.10
Entschädigung, Ablehnung, Kürzung durch Versicherer 3.10/1.1, 6.2.0/7
Erleichterungen nach MLAR 6.10.2-B/4
Erreichbarkeit
–, Treppenraum 7.5/5
Erster Rettungsweg 7.3/1.5, 4
Etanchéité (Raumabschluss) 4.3/6
EU 3.2
– Richtlinien 3.2/4.2.2
– Verordnungen 3.2/4.1
Europäische Vorschriften 3.2
Explosion 4.1/2,
–, Staub- 4.1/2.3
Explosions-
– gefahr, erhöhte, Trennwände 6.2.1-A/2
– grenzen 4.1/2.4,
Explosionsschutz 3.4
– Regeln 3.8/4
– verordnung 3.3/5.2.2
External Thermal Insulation Composite Systems (ETICS) 6.3.2/5.1

F

Fassade 6.3.2/5, 6, 7, 6.3.4
–, Doppel- 6.3.2/6.4
–, Öffnungen 6.3.4
–, Vorhang- 6.3.2/7
–, vorgehängte hinterlüftete 6.3.0/1.3.1, 6.3.2/2.2, 6
Fenster
–, anleiterbares, zweiter Rettungsweg 7.3/5.2.1, 7.6/6.1
Feste Stoffe 4.1/3.1
Feststellanlagen 4.4/5.6,
–, notwendige Flure 7.6/3.4, 5.5
–, selbstschließend 4.4/5.6
Feuer 4.1
– dreieck 4.1/1.1
–, Schaden- 4.1/1.1
– und Rauchschutzabschluss 7.6/5.3, 5.8
Feuerschutz
– rolltore 6.8.1-B/9.3
– schiebetore 6.8.1-B/9.2
– schiebetor, unfachgerechte Montage in Porenbetonwandtür in notwendigen Fluren 7.6/5.3
Feuerschutzabschlüsse 4.4/3, 4.4/5.3, 4.4/5.4, 6.8.1
–, Beschläge 6.8.1-B/7.4
–, dichtschließend 4.4/5.3, 7.6/3.1, 3.4, 5.3
–, Dübel 6.8.1-B/7.4
–, Einbau 6.8.1-B/4.4, 7.4
–, Einbaufehler 6.8.1-B/7.5
–, europäische Vorschriften 6.8.1-B/4.5
–, Hinterfüllungen der Zargen 6.8.1-B/7.4
–, Klappen 4.4/3
–, Porenbeton- und Montagewände 6.8.1-B/7.4
–, Übereinstimmungsbestätigung für den Einbau 6.8.1-B/7.6
–, Übereinstimmungsnachweis, Kennzeichnung 6.8.1-B/5
–, Verwendbarkeitsnachweis 6.8.1-B/4
–, zulässige Änderungen 6.8.1-B/6.2
Feuerüberschlag
–, Außenwände 6.3.0/4
Feuerungsanlagen 3.4/6.2
– prämie, Rabatt durch Bauart 6.1.0/7
Feuerwehr
–, Angriffswege 7.3/1.5
–, anleiterbare, erreichbare Stelle, Brüstungshöhe 7.3/5.2.1, 5.2.2
–, Rettungsgeräte 7.3/1.6, 5.2
Feuerwiderstandsdauer
–, Tragwerk 6.1.0/4
Feuerwiderstandsfähigkeit
–, Dächer 6.5.0/9.2, 6.5.2-B
Feuerwiderstandsklassen
– F 30, F 90 6.1, 6.2
Flachdachrichtlinien 6.5.0/2
Flammpunkt 4.1/1.4.1
Flucht
– tunnellösung 7.3/6.2, 7.6/8.4.4
– türhauben/Türwächter 7.8/5.5
Fluchtwege 7.3/1.4
–, Sicherung, Steuerung, elektrische 7.8/5.5
–, Treppen, -räume 7.4/1
Flugfeuer 4.1/1.7.2
–, Widerstandsfähigkeit gegen 6.5.1-B/2
Flure
–, Entrauchung 7.3/4.10, 7.6/5, 12
–, Erschließung von Nutzungseinheiten 7.6/3.3, 3.6
–, Installationskanäle 6.10.3-A/3
–, Länge 7.6/2, 5, 6, 10
–, Nachinstallationen 7.6/5.3
–, Parallelmontage 7.6/5.8
–, Trennwände 7.6/5.3, 8, 7.6/9.4
Flure, notwendige 7.6
–, Begehbarkeit 7.6/7
–, Breite 7.6/2
–, Erfordernis 7.3/3, 4.6
–, Mindestbreite 7.6/4
–, Rauchfreihaltung 7.3/4.10.2
–, Unterteilung 7.6/5
Flüssigkeiten 4.1/3.2
–, brennbare 3.3/5.2.4, 6.10.2-B/7
FM Global-Richtlinien 3.10/2.2
Fotokopiergeräte in notwendigen Fluren 7.6/3.4, 9.6
Funk
– elektrischer Leitungen 6.10.1/4, 6.10.3-B/3.1
–, Leitungsanlagen 4.4/5.14

G

Garagen
–, Außenwände 6.3.3/1.6
Gas 4.1/3.3
– brennbar, brandfördernd 6.10.2-B/7
– leitungen, Absperrvorrichtung 6.10.2-B/7
Gebäude
– klassen, MBO 2002 3.4/2.5.1
Gebäudeabschlusswände 6.2.2-A/2.2, 3.3, 6.3.1/2.2, 6.3.2/4.2
– an der Grundstücksgrenze 6.2.2-A/3.3
– gegenüber der Grundstücksgrenze 6.2.2-A/3.3, 6.3.1/2.2
–, Wärmedämmverbundsystem 6.3.2/5
Gefahr
–, Erhöhung 3.10/1.1
– klassen 3.3/5.2.4
– stoffe in Rohrleitungen 6.10.4/1
– stoffverordnung 3.3/5.2.5
Gefangene Räume, Rettungswege 7.3/8.3
Gemeindeunfallversicherungsverbände 3.8/5
Gesamtverband der deutschen Versicherungswirtschaft 3.10/2.1
Gesetze 3.1/6.1
Gesetzgebung, konkurrierende 3.1/1
Gesundheitsschutz 3.3/5
Gewerbeordnung 3.3/5.1.4
Glasfassaden 6.3.0/1.2.4
Grundgesetz 3.3/2.1
Grundlagendokument Brandschutz 3.1/5, 3.2/4.4.1

H

Harte Bedachung 6.5.0/9.1, 6.5.1-B
Haus
– technische Anlagen 6.10, 6.10.1, 6.10.2-A, 6.10.2-B
– technische Anlagen und Installationen 7.6/11
– türen von Mehrfamilienhäusern 7.8/5.6
Hinterlüftete Außenwandbekleidungen 6.3.2/6.3
Hobbyraum 7.3/3.1
Hochhaus
–, Außenwände 6.3.3/1.2
–, Rettungswege 7.3/8.6
Hohlraum
– estriche, Ausführung von Flurtrennwänden 7.6/9.4
–, Holzkonstruktion 4.2/3.2.1
Holz
– balken 6.4.2-B/2
– balkendecken, Leitungsdurchführung 6.10.2-B/3.16
– beton-Verbundbauteile 6.4.2-A/2.2.4, 6.4.2-B/5.2
–, brennbarer Baustoff 4.2/3.1.3, 3.2.1

I

Industriebau, -gebäude 3.4/5.2
–, Außenwände und Außenwandbekleidungen 6.3.3/1.1
–, Dächer 6.5.0/9.3
–, Kopfbauten 7.5.1.2
–, Rettungswege 7.3/8.2.5, 8.7, 6.1.1.2
Inhibition 4.1/1.2
Innen liegende Treppenräume 7.5/4, 4.2
Installationen
– im Bestand 6.4
–, Nach- in Fluren 7.6/5.3/11.6.3
Installationskanäle 6.10.1, 6.10.3-B/3.1
–, Beispiele 6.10.3-B/4
–, Belegung 6.10.3-B/3.7
–, Entrauchung 6.10.3-B/3.6
–, in notwendigen Fluren 7.6
– in notwendigen Fluren und Treppenräumen 6.10.3-A/3
–, Revisions- und Türöffnungen 6.10.3-B/3.5.3
–, Risiko 6.10.3-B/3.8
–, und -schächte 4.4/3, 4.4/5.13, 6.10.1, 6.10.3-A und B
Installationsschacht
–, Beispiele 6.10.3-B/4
–, Belegung 6.10.3-B/3.7
–, Entrauchung 6.10.3-B/3.6
–, Revisions- und Türöffnungen 6.10.3-B/3.5.3
–, Risiko 6.10.3-B/3.8
–, Schachtwände 6.10.3-B/1
– und -kanäle 4.4/3, 4.4/5.13, 6.10.1, 6.10.3-A

Isolation 4.3/6
Isolierung, Strecken- 6.10.2-B/3.7, 5.2

K

Kabelabschottungen (s.a. Schotts) 4.4/3, 4.4/5.9
Karusselltüren 7.8/6.3
Kennzeichnung
-, Baustoffe 4.2/9.3
-, Bauteile 4.2/8.3
-, Rohrleitungen 6.10.4
Kindergärten
-, Verriegelung von Rettungswegen 7.8/5.5
Kindertagesstätten
-, Rettungswege 7.3/8.12
Klassifizierung
-, Baustoffe 4.2/6, 4.2/7
-, Bauteile 4.3/5, 6, 4.4/4
-, Brandwände 6.2.2-B/1.2.2
-, feuerwiderstandsfähige Dächer 6.5.2-B/2
-, Rohrabschottungen, -ummantelungen 6.10.2-B/2, 3.6.1
Kleinfeuerungsanlagenverordnung 3.3/6.2.1
Kombischotts 6.10.2-B/5.7
Konkurrierende Gesetzgebung 3.1/1
Krankenhauser
-, Außenwände 6.3.3/1.5
-, Flucht- und Rettungswege 7.3/8.8

L

Laborräume, Rettungswege 7.3/8.2.1
Labyrinth-Bleche 6.3.2/6.3
Landesbauordnungen 3.4/2
Landesrecht 3.4
Landwirtschaftliche Gebäude, Brandwände 6.2.2-A/3.6
Längen
- änderung, Rohrleitungen, thermische 6.10.2-B/3.4
- ausdehnungskoeffizienten, -zunahme 4.1/3.1
Längspfetten, Trennung 6.2.2-B/Bild 7.1-6
Laubengänge 6.4.1-A/2, 7.6/10
Leibungsmontage 7.6/5.9
Leicht-
- bauwand, Türeinbau 7.6/5.8
- entflammbar, B 3 4.2/7
Leichte Trennwände 7.6
-, Leitungsdurchführungen 6.10.2-B/3.12
-, Türeinbau 7.6/5.7
Leitungen
-, brennbar, nichtbrennbar 6.10.2-A, 6.10.3-A/3
-, Brennstoff- 6.10.3-B/3.2.3
-, elektrische, Funktionserhalt 6.10.1/4,
-, Gas- 6.10.2-B/7
-, Ummantelung 6.10.1, 6.10.2-B
Leitungsanlagen 6.10.1, 6.10.2-A, 6.10.2-B
-, in notwendigen Fluren 7.6/10.6, 11
-, Funktionserhalt 4.4/5.14
-, Rettungswege 6.10.1/3
-, Treppenräume 7.5/17
- richtlinie 6.10.2-A/2, 6.10.2-B/1, 4
Leitungsdurchführungen 6.10.1/3.15, 7.6/5.3, 5.10
-, brennbare und nichtbrennbare Rohrleitungen 6.10.2-A/1
-, hochfeuerhemmende Decken, Wände 6.10.2-B/3.15
-, Holzbalkendecken 6.10.2 B/3.16
- im Deckenhohlraum 7.6/5.3
-, Installationsschächte und -kanäle 6.10.3-A und B
-, leichte Trennwände 6.10.2-B/3.12
-, Schachtwände 6.10.2-B/3.13, 6.10.3-B/3.2.3
Lichtdurchlässige Flächen in Flurwänden 7.6/8.6

M

Maisonette-Wohnungen
-, Rettungswege 7.3/7.9
-, Treppen 7.4/7.3, 7.5/3.3
Maschinenverordnung 3.3/5.2.2
Massivdächer mit Feuerwiderstandsdauer 6.5.2-B/6
Mauerwerk
-, mineralische Wandbausteine 4.2/3.3.1
Mehrfamilienhäuser, Haustüren 7.8/5.6
Merkblätter, Regelwerke 3.10, 3.10/2

Mineralfaser
–, Stopfdichte, Rohrleitungen 6.10.2-B/3.10
MLAR 6.10.2-A/2, 6.10.2-B/1
–, Erleichterungen 6.10.2-B/4
Muster
– bauordnung 3.1/5
– vorschriften 3.4/1.2

N

Nicht notwendige Flure 7.6/3.2, 3.3, 3.4, 3.6
Nichtbrennbar (A 1, A 2) 4.2/7
–, Rohrleitungen 6.10.1, 6.10.2-A, 6.10.2-B
–, Rohrleitungen, Abschottungsmaßnahmen 7.6/5.3
–, Rohrleitungen, Rohrabschottungen 6.10.1/1.1, 6.10.2-B
Nichttragende
– Außenwände 4.4/3, 6.3.0/1.2.2, 6.3.2/3, 6.3.3
– Teile tragender Außenwände 6.3.0/1.2.2, 6.3.2/3, 6.3.3
Normal entflammbar (B 2) 4.2/7
Normentwurf 3.5/3.1
Not
– ausgänge in Arbeitsstätten 7.8/4.2
– ausgangsverschlüsse 7.8/5.4
– rutschen 7.3/8.12
Notwendige Flure 7.6
–, Erfordernis 7.3/3, 4.6
–, Installationskanäle 6.10.3-A/3
–, Mindestbreite 7.6/4
–, Nutzungseinheiten 7.6/3
–, Rauchfreihaltung 7.3/4.10.2
Notwendige Treppenräume 7.3/4.7, 7.4/4.4
–, Installationskanäle 6.10.3-A/3
Nutzungseinheiten 7.3/1.1, 1.2, 3

O

Oberlichte
–, Türen 7.6/8.5.2
Obliegenheit, Verletzung 3.10/1.1
Öffnungen
–, Decken- 6.8.0/1, 9, 10, 6.8.1-A
– in notwendigen Fluren 6.8.0/8
–, Sicherung 6.2.0/6
–, Treppenräume 7.5/14
–, Tür- 6.8.0
–, Wand- 6.8.0/2–7
–, Wände und Decken, Dachgeschossausbau 7.7-A/14
Öffnungsverschlüsse 6.8.1-A
Organisationsverschulden 1.3/5.2.2,
Oxidationsvorgang 4.1/1.1

P

Panikstange, -verschlüsse 7.8/5.4
Pendeltüren 7.8/6.4
Personenschutz 3.4/2.3
Pfetten
– auflager auf Brandwand 6.2.2-B
–, Längs-, Trennung 6.2.2-B
Pfosten- und Riegelkonstruktion, Vorhangfassade 6.3.2/6
Produktionsbetriebe, Brandauswirkungen 4.1/6
Produktsicherheitsgesetz 3.3/5.1.2
Prüfverordnung 3.4/6.3.1
Pyrolysegase 4.1/1.7.3

R

Rauch
– abschnitte 7.6/5.2, 5.3
– auslöseeinrichtung 7.5/17
– dichtheit 6.8.4-B/2.2.2
– entwicklung 4.2/3.3.4, 4.2/7, 4.2/8.4.7
– mengen 4.1/1.6
–, Wirkung auf Menschen 4.1/4.2
Rauchableitung
–, -freihaltung, Rettungswege 7.3/4.10
Rauchgas
–, Dichtigkeit gegen Durchgang, Rohrleitungen 6.10.2-B/3.9
Rauchschutz
– abschlüsse 6.8.4
– abschlüsse, Einbau 6.8.4-B/2.6
– türen 4.4/5.5, 6.8.4, 7.6/3.4, 5, 6

Raumabschließende
- Funktion 6.2.1-A und B
- Wände 6.2
Raumabschluss 4.3/6, 6.2
–, grundsätzliche Anforderungen, Verantwortung 6.2.0
Räume
- mit besonderer Brandgefahr 7.6/8.1
- mit erhöhter Brand- oder Explosionsgefahr, Trennwände 6.2.1-A/2
Räumliche Trennung (Brandschutz durch Abstand) 6.2.0/4
Raumlufttechnik, Bestand 6.4.5
REACH-Verordnung 3.2/4.1.2
Regelwerke
–, Merkblätter 3.10, 3.10/2
–, NFPA 3.12
–, vfdb 3.11
REI (europäische Klassifizierung) 4.3/6
Résistance (Tragfähigkeit) 4.3/6
Retten, Definition 7.3/1.5
Rettung 7.3/1
Rettungs-
- balkone 7.3/6.1
- geräte der Feuerwehr 7.3/1.6, 5.2
- tunnel 7.3/6.2
Rettungsweg 7.3, 7.4, 7.5,
–, Ausgänge 7.8
–, Beherbergungsstätten 7.3/8.4
–, Breite 7.3/4.4
–, Chemieräume 7.3/8.2.2
–, Dachgeschoss 7.3/7.8.2
–, Definition 7.3/1.5
–, elektrische Verriegelung 7.8/5.5
–, Erdgeschoss 7.3/7.6
–, erster 7.3/4
–, erster, zweiter, Definition 7.3/1.5
–, Fluchtwegsteuerung 7.8/5.5
–, Flure, Rauchschutz 7.6
- für Behinderte 7.3/8.1
–, Garagen 7.3/8.5
–, Hochhäuser 7.3/8.6
–, horizontal, vertikal 7.3/3
–, Industriebau 7.3/8.2.5
–, Leitungsanlagen 6.10.1/3
–, Laborräume 7.3/8.2.1
–, Länge, Luft-/Lauflinie 7.3/4.3
–, Länge, maximale 7.3/2.7
–, LBO, MBO 7.3/2
–, Maisonette 7.3
–, Rauchableitung, -freihaltung 7.3/4.10
–, Schulen 7.3/8.9
–, Sonderbauten 7.3/8
–, Treppen 7.4/1, 3
–, Türen 6.8.0/12, 7.8
–, Verkaufsräume, -stätten 7.3/8.2.4
–, Versammlungsräume, -stätten 7.3/8.2.3
–, zweiter baulicher 7.3/5
–, zweiter, mit Rettungsgeräten 7.3/5.2
Revisionsöffnungen 6.10.3-B/3.5.2
Rohr
–, Aluminium-Falz 6.10.2-A/1
- durchführungen 4.4/3
- für Lüftungsleitungen 4.4/3, 4.4/5.11
Rohrabschottungen 4.4/5.10, 6.10.1/1.2.1, 2, 6.10.2-B
–, Aufdoppelung 6.10.2-B/3.12.1
–, brennbare Leitungen 6.10.2-B/6
–, Dämmung 6.10.2-B/3.6.1
–, Dichtigkeit 6.10.2-B/3.9
–, Kennzeichnung 6.10.2-B/2.4.4
–, Klassifizierung 6.10.2-B/2, 3.6.1, 6
–, nichtbrennbare Leitungen 6.10.2-B/5
–, Systeme 6.10.2-B/5
–, Übereinstimmungserklärungen 6.10.2-B/2.4.3
Rohrleitungen 6.10.1, 6.10.2-A, 6.10.2-B
–, Abschottungen 6.10.1/1.2.1, 6.10.2-B
–, Beschichtungen 6.10.2-B/3.5
–, Bewegungen 6.10.2-B/3.4
–, brennbar 6.10.1/1.2.1, 6.10.2-A/1, 6.10.2-B, 6.10.3-A/3
–, Einzel- 6.10.2-B/4.4
–, Gefahrstoffe 6.10.4/1
–, Kennzeichnung 6.10.4
–, Mindestabstände 6.10.2-B/3.17
–, nichtbrennbar 6.10.1/1.1, 6.10.2-A/1, 6.10.2-B, 6.10.3-A/3
–, nichtbrennbar, Befestigung 6.10.2-B/3.3
–, nichtbrennbar, Bewegungen 6.10.2-B/3.4
–, Ringspalt 6.10.1/1.2.1
–, Schallschutz 6.10.2-B/3.8

–, Stopfdichte, Mineralfaser 6.10.2-B/3.10
–, Streckenisolierung 6.10.2-B/3.7, 6.10.2-B/5.2
–, Wärmedurchtrag, -leitung 6.10.2-B/3.7
Rohrleitungs-
– anlagen für brennbare Flüssigkeiten, Gase, Stäube 6.10.2-B/7
– durchführungen 6.10.2-A, 6.10.2-B
– verschlüsse 6.10.2-B/2.2
Rohrummantelungen 6.10.1/1.2.1, 6.10.2-B
–, brennbare Leitungen 6.10.2-B/6
–, Kennzeichnung 6.10.2-B/2.4.4
–, Klassifizierung 6.10.2-B/3.6.1
–, Mineralfaser 6.10.2-B/3.11
Rolltor 7.8/6.5
–, Feuerschutz- 6.8.1-B/9.3
Rolltreppen 7.4/5
Rückversicherer, Regelwerke, Merkblätter 3.10/1
Rückzugswege für Feuerwehr und Rettungskräfte 7.4/3, 7

S

Sachversicherung
–, staatlich anerkannte Prüf- 3.4/6.3.2
Sandwich-Paneele 6.3.0/1.2.5
Satzungen 3.1/6.3
Schachtwände
–, Installationsschächte 6.10.3-B/1
–, Trockenbauweise, Leitungsdurchführungen 6.10.2-B/3.13
Schaumkunststoffe 4.2/3.2.2
Schiebetore, Feuerschutz- 6.8.1-B/9.2
Schiebetüren
–, automatische 7.8/6.2
–, nichtautomatische 7.8/6.1
Schließvorrichtung 6.8.1-B/3.2.5
Schlupftür 7.8/6.1
Schlüsselkästen 7.8/5.2
Schotts, Kabel-
–, Multi- 6.10.2-B/5.7
– systeme 6.10.2-B/5
Schulen 3.4/7.9
–, Rettungswege 7.3/8.9
Schutz
– interessen 4
Schwelbrandphasen 6.3.0/5.2
Schwer entflammbar B 1 4.2/7
Selbstentzündung 4.1/1.8
Selbstschließende Türen 7.6/3.1, 5, 6, 8.5, 10.3, 10.5
Selbstständige Unterdecken (s.a. Unterdecken) 4.3.1
Sicherheits-
– treppenräume 7.3/3.2.3, 4.8
– vorschriften 3.10/1.1
Sicherung von Öffnungen 6.2.0/6, 7.5/14
Sonderbauteile 4.4
Sonderbauten 3.4/2.4
–, Rettungswege 7.3/8
Sozialgesetzbuch 3.3/5.1.1
Sprengstoffgesetz 3.3/5.1.6
Stabilität, Gesamt- eines Gebäudes 6.1.0/3
Stahl
–, nichtbrennbar 4.2/3.1.3, 3.3
–, Standfestigkeit 4.2/3.3
– stützen vor Brandwand 6.2.2-B/Bilder 7.1-4, 7.1-5
–, Ummantelung 6.10.1, 6.10.2-B
Stahlbauteile 6.4.2-A/2, 6.4.2-B/3
–, Brandverhalten 6.4.2-A/2.2.2
Stahlbeton
– Bauteile, Brandverhalten 6.4.2-A/2.2.3
– Verbundbauteile 6.4.2-A/2.2.4, 6.4.2-B/5.1
Standsicherheit 6.1.0/3, 6.1.0/4
– von Brandwänden 6.2.2-B/Bild 7.1-8
Stäube
–, brennbare 6.10.2-B/7
Stich
– flure 7.6/6
– leitungen 7.6/11.3
Störfall-Verordnung 3.3/6.2.2
Strafgesetzbuch 3.3/2.2
Stützen 4.3/1, 6.1.2
– und Balken, tragende 6.1.2-B/2
Sturzschutz 6.3.2/5.3

T

Technische
– Baubestimmungen, Liste 3.4/5
– Güte- und Lieferbedingungen (TGL) 3.1/4
Technische Regeln 3.3/5.3, 3.4/6
– für Betriebssicherheit 3.3/5.3.3
– für Gefahrstoffe 3.3/5.3.4
Teilnutzungseinheit 7.3/1.2
Temperaturzeitkurve, abgeminderte 4.4/5.2
TGL 3.1/4
Thermische Längenänderung 4.2/3.3.3, 6.1.0/3
–, Rohrleitungen 6.10.2-B/3.4
Tore 4.4/3
–, Roll 7.8/6.5
Tragende
– Außenwände 6.3.0, 6.3.2, 6.3.3
– Stützen 6.1.2
– Wände 6.1.1
– Wände mit raumabschließender Funktion 6.2.1-A und B
– Wände mit Verwendbarkeitsnachweis 6.1.1, 6.1.1-B/3
Tragfähigkeit 4.3/6
Tragwork 6.1.0
–, bauaufsichtliche Anforderungen 6.1.0/5
–, Bewertung durch den Schadenversicherer 6.1.0/7
–, brandschutztechnische Bedeutung 6.1.0/2
–, materielle Anforderungen 6.1.0/8
–, Verwendbarkeitsnachweis 6.1.0/9
Trapezblechdächer 4.2/3.2.3
Treibriegel 7.8/5.5
Trennwände 6.2.1-A, 6.2.1-B
–, Brandgefahr 6.2.1-A/2
–, Flur 7.6/8, 11.5
–, leichte, Türeinbau 7.6/5.7, 5.8
–, leichte, Leitungsdurchführungen 6.10.2-B/3.12
–, lichtdurchlässige Flächen 7.6/8.6
–, mit raumabschließender Funktion 6.2.1-A und B
–, Räume mit Explosions- oder erhöhter Brandgefahr 6.2.1-A/2
– zwischen Nutzungseinheiten 6.2.1-A/2
Treppen 4.3/1, 7.4
–, Anforderungen 7.4/2
–, Angriffswege, Rückzugswege 7.4/3, 7
–, Anordnung mehrerer notwendiger 7.5/6
–, Außen-, notwendige 7.5/4.3
–, einschiebbare und Roll- 7.4/5
–, innere Verbindungstreppen, Maisonette-Wohnungen 7.4/7.3
–, Flucht-, Rettungswege 7.4/1, 3
– läufe und -absätze 7.4/8
–, notwendige 7.3/4.7, 7.4/3, 6, 7.5/4.3
–, Not- 7.4/4.4
–, nutzbare Breite 7.4/8
–, Wendel-, Spindel- 7.4/9
Treppenräume 7.5
–, anschließende Gebäudeteile, Außenwand 7.5/10.1
–, Bekleidungen, Putze, Dämmstoffe 7.5/9.2, 12
–, Bodenbeläge 7.5/12
–, durchgehende 7.5/3.5
–, Einbauten 7.5/12
–, Handläufe 7.5/12
–, Installationskanäle 6.10.3-A/3
–, Maisonette-Wohnungen 7.5/3.3
–, Öffnungen 7.5/14
–, Sicherheits- 7.3/3.2.3, 4.8, 7.5/2
–, Unterdecken 7.5/12
Treppenräume, notwendige 7.5
–, an der Außenwand 7.5/4.1
–, Anforderungen 7.5/3
–, Anforderungen an den Raumabschluss 7.5/9.1
–, Beleuchtung 7.5/15
–, Belüftung 7.5/16
–, Erreichbarkeit 7.5/5
–, innen liegend 7.5/4, 4.2
–, Leitungsanlagen 7.5/17
–, Leitungsverlegung, Unterdecken 7.5/17.7
–, Rauchableitung 7.3/4.10.1, 4.10.2, 7.5/16
–, Sicherheits- 7.3/3.2.3, 4.8
–, Wände 7.5/9, 10
Tür
– öffnungen 6.8.0
– wächter 7.8/5.5

Türen 4.4/3, 4.4/5.3
–, Aufschlagrichtung 7.8/4
–, dichtschließende 6.8.4, 6.8.4-B/3
–, Dreh- 7.8/6.3
–, Einbau in notwendigen Fluren 7.6/5
–, Haus- von Mehrfamilienhäusern 7.8/5.6
– in Leichtbauwänden, leichten Trennwänden 7.6/5.7, 5.8
– in notwendigen Fluren 7.6/3.1, 5
– in Rettungswegen 7.8
–, Karussell- 7.8/6.3
–, Mindestbreiten 7.8/3
–, nichtabschließbar 7.6/5.4
–, Öffnungen 6.10.3-B/3.5.2
–, Pendel- 7.8/6.4
–, Personen mit körperlichen Einschränkungen 7.8/3
–, rauchdicht 7.6/5.6, 6.8.4-B/1
–, Rauchschutz- 6.8.4
–, Schiebe-, automatische 7.8/6.2
–, Schiebe-, nichtautomatische 7.8/6.1
–, Schlupf- 7.8/6.1
–, selbstschließend 6.8.4-B/4, 7.6/5.5
–, Verglasung 7.6/5.3
–, verschließen, versperren 7.8/5.1, 5.2
–, vollwandig 6.8.4-B/1, 3.3, 3.4
–, vollwandig, Verglasungen 6.8.4-B/3.4
– vom Flur zum Treppenraum 7.6/8.5.3

U

Übereinstimmungserklärung, Brandwände 6.2.2-B/1.2.4, 2.4
Umweltschutz 3.3/6
Unfallverhütungsvorschriften 3.3/5.1.1, 3.8
–, baulicher Brandschutz 3.8/3
Unfallversicherungsträger 3.8/1.2
Unterdecken 6.4.1-B/7
– in Fluren 7.6/5, 9, 10.4, 11.7
–, Treppenräume 7.5/12
–, selbstständige 4.3/1
–, selbstständige, Anschlüsse an nichttragende
Unterzüge 4.3/1, 6.4.2-A

V

VDE-Vorschriftenwerk 3.6
VDI-Richtlinien 3.7
VdS 3.10/2
Verband der Sachversicherer, Verband der Schadenversicherer 3.10/1
Verbrennungs-
– produkte 4.1/1.6
– temperatur 4.1/1.4.4
– vorgang 4.1/1.1
Verbundbauteile 6.4.2-A/2, 6.4.2-B/5
–, Holzbeton 6.4.2-A/2.2.4, 6.4.2-B/5.2
–, Stahlbeton 6.4.2-A/2.2.4, 6.4.2-B/5.1
Verfahrensvorschriften 3.4/8
Verglasungen 4.4/3, 4.4/5.8
– vollwandiger Türen 6.8.4-B/3.4
Verhaltensregeln
–, Rettungswege 7.3/8.2.4
Verordnungen 3.1/6.2
Verriegelung
– von Rettungswegen, elektrische 7.8/5.5
Versammlungsräume
–, Rettungswege 7.3/8.2.3
Versammlungsstätten
–, Außenwände 6.3.3/1.3
–, Rettungswege 7.3/8.2.3, 8.11
Versicherungen
–, Bewertung des Tragwerkes 6.1.0/7
–, Industrie-Feuerversicherung 6.2.2-A/4, 6.2.2-B/1.4
–, Regelwerke, Merkblätter 3.10/1
Verwaltungsvorschriften 3.1/6.4
Verwendbarkeitsnachweise
–, Baustoffe 4.2/9.1, 4.2/9.2
–, Brandwände 6.2.2-B/1.2.4, 2.4
–, Dächer 6.5.0/9
–, Decken 6.4.1-B/5
–, Feuerschutzabschlüsse 6.8.1-B/4
–, Installationsschächte und -kanäle 6.10.1, 6.10.2-B
–, raumabschließende Wände 6.2.0/8
–, Sonderbauteile 4.4
–, Trennwände 6.2.0/8
Vollholzwände 6.1.1-B/5.10
Vollwandige Tür 6.8.4-B/1, 3.3, 3.4

Vorgehängte hinterlüftete Fassaden bzw. Außenwandbekleidungen 6.3.0/1.3.1, 6.3.2/2.2, 6
Vorhangfassaden 6.3.0/1.2.3, 6.3.2/7
Vornorm 3.5/3.3
Vorraum (Windfang) 7.5/8

W

Wand
- abschnitte 6.1.0/1
- abschnitte aus Mauerwerk, tragend 6.1.2-B/2.3
- anstelle einer Brandwand 6.2.2-A/2.5, 6.2.2-B/2
- bauarten 6.1, 6.2
- bauarten, Trennwände mit raumabschließender Funktion 6.2.1-A und B
- elemente in Fluren 7.6/8.6
- öffnungen 6.8.0/2–7
Wände 4.3/1, 6.1, 6.2
-, brandschutztechnische Funktion 6.1.0/1
-, hochfeuerhemmend, Leitungsdurchführung 6.10.2-B/3.15
-, nichttragend, ohne raumabschließende Funktion 6.1.0/1.4
-, nichttragend, mit raumabschließender Funktion 6.1.0/1.3
- notwendiger Treppenräume 7.5/9, 10
-, tragend 6.1.1
-, tragend, ohne raumabschließende Funktion 6.1.0/1.1, 6.1.1
-, tragend, mit raumabschließender Funktion 6.1.0/1.2, 6.2
-, Schacht-, Leitungsdurchführung 6.10.2-B/3.13
- von Treppenräumen 7.5/9, 10
-, Trenn-, mit raumabschließender Funktion 6.2.1-A und B
Wärme 4.1/1.7.1
- durchtrag, Rohrleitungen 6.10.2-B/3.7
- leitfähigkeit 4.2/3.3.2
- leitung 4.1/1.7.1
- stau 4.1/1.7.1
-, strahlende, Widerstandsfähigkeit 6.5.1-B/2
- strahlung 4.1/1.7.1
-, Wirkung auf Menschen 4.1/4.1
Wärmedämmung
- Rohrleitungen 6.10.2-B/3.6
- unter Brandeinwirkung 4.3/6
Wärmedämmverbundsysteme 6.3.0/1.3.2, 6.3.2/5
Wasserhaushaltsgesetz 3.3/6.1.1
Weiche Bedachung 6.5.1-B/3
Wendeltreppen 7.4/9

Z

Zünd
- energie, Mindest- 4.1/1
- phase, Außenwände 6.3.0/5.1
- punkt, -temperatur, -verzug 4.1/1.4.3
- schnureffekt 6.10.1/1.1
Zündung 4.1/1.1
Zweiter Rettungsweg 7.3/1.5, 5
-, anleiterbares Fenster 7.3/5.2.1